# CITOLOGÍA E HISTOLOGÍA VEGETAL Y ANIMAL

4.ª edición

## Volumen I: Biología celular

# CITOLOGÍA E HISTOLOGÍA VEGETAL Y ANIMAL

4.ª edición

## Volumen I: Biología celular

RICARDO PANIAGUA
Manuel Nistal
Pilar Sesma
Manuel Álvarez-Uría
Benito Fraile
Ramón Anadón
Francisco José Sáez

McGRAW-HILL • INTERAMERICANA
MADRID • BUENOS AIRES • CARACAS • GUATEMALA • LISBOA • MÉXICO
NUEVA YORK • PANAMÁ • SAN JUAN • BOGOTÁ • SANTIAGO • SÃO PAULO
AUCKLAND • HAMBURGO • LONDRES • MILÁN • MONTREAL • NUEVA DELHI • PARÍS
SAN FRANCISCO • SYDNEY • SINGAPUR • ST. LOUIS • TOKIO • TORONTO

***CITOLOGÍA E HISTOLOGÍA VEGETAL Y ANIMAL. Biología celular***



**McGRAW-HILL - INTERAMERICANA DE ESPAÑA, S. A. U.**
Edificio Valrealty. C/ Basauri, 17, 1ª planta
28023 Aravaca (Madrid)

Primera edición: 1993
Segunda edición: 1997
Tercera edición: 2002
Cuarta edición: 2007

ISBN: 978-84-481-5593-3 (Obra completa)
ISBN: 978-84-481-5594-0 (Vol. I)

Fotocompuesto en: FER, S. A. Bocángel, 45. 28028 Madrid

PRINTED IN CHINA

# AUTORES

RICARDO PANIAGUA GÓMEZ-ÁLVAREZ
Catedrático de Biología Celular
Departamento de Biología Celular y Genética
Universidad de Alcalá de Henares

MANUEL NISTAL MARTÍN DE SERRANO
Catedrático de Histología
Departamento de Morfología
Universidad Autónoma de Madrid

PILAR SESMA EGOZCUE
Profesora Ordinaria de Biología Celular
Departamento de Histología y Anatomía Patológica
Universidad de Navarra

MANUEL ÁLVAREZ-URÍA RICO-VALDEMORO
Catedrático de Biología Celular
Departamento de Morfología y Biología Celular
Universidad de Oviedo

BENITO FRAILE LÁIZ
Profesor Titular de Biología Celular
Departamento de Biología Celular y Genética
Universidad de Alcalá de Henares

RAMÓN ANADÓN ÁLVAREZ
Catedrático de Biología Celular
Departamento de Biología Fundamental
Universidad de Santiago de Compostela

FRANCISCO JOSÉ SÁEZ CRESPO
Profesor Titular de Biología Celular
Departamento de Biología Celular e Histología
Universidad del País Vasco

# Prefacio

El estudiante de Ciencias Biológicas que debe cursar la disciplina *Citología e Histología Vegetal y Animal* se encuentra con un grave problema a la hora de elegir un texto para su estudio. Si bien existen excelentes manuales que tratan con profundidad la mayoría de los temas que forman el programa de la asignatura, ninguno de ellos, pese a su considerable extensión, se adapta al programa completo. Así, el alumno debe hacerse con un moderno texto de Biología Celular, un tratado de Embriología, una Histología Humana de las habitualmente utilizadas por los estudiantes de Medicina, una Histología Animal Comparada (de la que no existe un manual, sino que hay que recurrir a un conjunto de monografías) y una Anatomía Vegetal. De cada uno de estos libros, como es lógico, al alumno sólo le interesarán unos cuantos capítulos, enteros o en parte. El motivo que nos llevó a escribir la presente obra es facilitar al estudiante de Ciencias Biológicas un único libro de texto en el que se encuentren, condensados a la par que actualizados, los numerosos y variados temas cuyo estudio deberá abarcar. El destacado progreso de la Biología Celular en los últimos años es la razón por la que hemos considerado necesario preparar una nueva edición, basada en las numerosas revisiones que han ido apareciendo en las revistas especializadas de este campo a lo largo de los últimos años.

Debido al creciente desarrollo de la Biología Celular, cuyo ámbito de estudio, aun reducido a los aspectos fundamentales, es inabarcable en una sola asignatura, en los actuales planes de estudio de la mayoría de las Facultades de Ciencias Biológicas, se tiende a desglosar la *Citología e Histología* al menos en dos asignaturas: una de carácter general, la *Citología e Histología Vegetal y Animal*, que se imparte en el primer ciclo, y una *Organografía Microscópica Animal Comparada*, que se imparte como asignatura obligatoria u optativa en el primer o segundo ciclo. Frecuentemente, ambas asignaturas se completan con otras materias, como la *Embriología Animal Comparada* y la *Biología Celular*.

La presente obra pretende abarcar cumplidamente el programa de la asignatura básica de primer ciclo. Aproximadamente la primera mitad del libro se dedica al estudio de la célula en general, tal como se hace habitualmente en la docencia, y constituye la primera parte del libro. Aunque en el título del libro hemos mantenido el término clásico *Citología*, para adecuarnos a la denominación de la materia en los planes de estudios oficiales, en la primera parte hemos reemplazado este término por el más actual de *Biología Celular*. El estudio de la célula está especialmente orientado hacia la morfología, aunque se ha abordado teniendo en cuenta las conclusiones de los estudios realizados con las técnicas más modernas y puesto siempre en relación con los últimos aspectos funcionales conocidos. Esta finalidad nos ha llevado, por una parte, a tratar de forma más resumida los aspectos propiamente moleculares de algunos temas, que se estudian con más detalle en los textos modernos de Biología Celular, y que el alumno completará sin duda en otras disciplinas como Bioquímica o Genética, y por otra parte, a ampliar temas de interés morfológico, cuyo conocimiento ha aumentado considerablemente en los últimos años.

Sin embargo, para ofrecer una visión completa de la estructura y función de la célula, nos ha parecido oportuno incluir en la Biología Celular algunos temas como la matriz extracelular y la pared celular vegetal, que se volverán a tratar en el apartado dedicado a la Histología. También nos ha parecido preferible hacer referencia a los aspectos particulares de la célula vegetal en cada tema, en vez de concentrarlos en un único capítulo final, como se observa en otros tratados.

Así mismo, hemos considerado imprescindible en esta cuarta edición ofrecer un tratamiento más detallado del ciclo vital de la célula, el cual comprende, además del ciclo celular y su regulación, el envejecimiento y la muerte celular. Por otra parte, se han ampliado también contenidos relativos al tráfico intracelular y a los diversos tipos de vesículas que intervienen en éste, así como a las relaciones de la célula con otras células y con la matriz extracelular. Por ello, hemos modificado la distribución de los contenidos de los capítulos de esta primera parte del libro con respecto a las anteriores ediciones, y hemos añadido un nuevo capítulo.

La segunda parte del libro se dedica a la Embriología, pues para comprender e integrar las restantes partes de la asignatura son necesarias al menos unas nociones sobre esta materia. Como la Embriología es una asignatura específica en muchos planes de estudio, sólo se han considerado las primeras etapas del desarrollo embrionario, que se abordan de un modo comparado. Con especto a las ediciones anteriores, esta parte se ha enriquecido con micrografías que corresponden al desarrollo embrionario de diferentes especies, de las que carecían las ediciones anteriores. Además de la embriología descriptiva tradicional, se dedica un capítulo al enfoque más moderno de determinación y diferenciación celular.

La tercera parte del libro es una Histología Animal sin Organografía Microscópica, ya que ésta es también una asignatura independiente. En una moderna concepción de la Histología ésta no puede limitarse a una mera descripción morfológica de los componentes de los diversos tejidos, sino que debe enfocarse hacia la integración funcional de esos componentes. Así pues, en esta cuarta edición hemos actualizado todos los temas y se han añadido nuevas micrografías y reemplazado algunas de las antiguas. Con respecto a otros tratados clásicos de Histología, se presta especial atención a la respuesta inmunitaria, aunque no aborda la estructura microscópica de los órganos linfoides, y al tejido nervioso, sin tratar tampoco la organografía microscópica del sistema nervioso. En todos los temas de histología animal se incluye el estudio de vertebrados no mamíferos y de invertebrados, lo que distingue a éste de otros tratados y lo hace especialmente adecuado para los estudiantes de Biología.

Finalmente, se incluye una Histología y Organografía Vegetal de las plantas vasculares que responde ampliamente a los aspectos microscópicos contenidos en los grandes tratados de Anatomía Vegetal y que, en esta cuarta edición, han sido completados con aquellos aspectos fisiológicos necesarios para su comprensión.

En todos los temas se incluyen numerosas ilustraciones que contienen micrografías de microscopía óptica y electrónica y esquemas para facilitar su comprensión. Todas estas ilustraciones se han ido ampliando y mejorando en cada edición. Cada uno de los temas concluye con la bibliografía actualizada que se ha consultado para la elaboración del texto, cuya lectura permitirá ampliar los datos forzosamente simplificados en el texto.

El libro, o alguna de sus partes, puede ser también de utilidad para los alumnos de otras Facultades, como Farmacia, Veterinaria y Medicina, para especialistas en Biología Animal o en Biología Vegetal y, desde luego, deseamos que también lo sea para todo estudioso de la Histología.

Quisiera expresar mi más sincero agradecimiento a todos cuantos han contribuido a la realización de este libro, sin cuya ayuda no hubiese sido posible terminarlo:

A los coautores del libro, profesores de larga experiencia en la docencia y en la investigación, que accedieron con prontitud y entusiasmo a colaborar conmigo en esta obra. Con su dedicación y empeño han hecho realidad este libro, que ha reunido por primera vez la Citología e Histología Vegetal y Animal.

A los investigadores, autores y editoriales que, amablemente y de forma desinteresada, han cedido ilustraciones para su reproducción y cuyos nombres omito aquí, pues formarían una lista interminable, si bien aparecen citados al pie de las figuras cedidas. A los profesores que han tenido la amabilidad de revisar los capítulos relacionados con su especialidad, y cuyas indicaciones y consejos han sido de extraordinaria utilidad para la elaboración de los capítulos del libro en alguna de sus ediciones: el Dr. José Ignacio Rodríguez, del Departamento de Anatomía Patológica del hospital La Paz de Madrid, quien contribuyó a la elaboración del tema *Tejidos de sostén* de la parte de Histología Animal; el Dr. Agustín Zapata, del Departamento de Biología Celular de la Facultad de Biología de la Universidad Complutense de Madrid, quien aportó un valioso asesoramiento sobre el tema *Sangre y base celular de la respuesta inmunitaria*; el Dr. José López Díez del Corral, del Departamento de Biología de la Universidad Autónoma de Madrid, que revisó la parte II del libro, *Embriología animal*; el Dr. Arturo Gullón, del Departamento de Genética de la Universidad de Navarra, que revisó el apartado *Meiosis*; y la Dra. Mercedes Martín, del Departamento de Biología Vegetal de la Universidad de Alcalá, a la que agradezco sus valiosos consejos para el tratamiento histofisiológico de los tejidos vegetales.

Las profesoras del Departamento de Biología Celular y Genética de la Universidad de Alcalá, D.ª M.ª Isabel Arenas Jiménez y D.ª María del Mar Royuela García, han prestado una inestimable colaboración en muchas tareas imprescindibles para la buena finalización y presentación de todas las ediciones de este libro, entre ellas la reproducción de micrografías y la selección de material.

Finalmente, quiero dedicar este libro a Pilar y a Álvaro, y también a mis alumnos, que me han inspirado esta obra y a los cuales va dirigida, que con sus comentarios en las tutorías y sus repuestas en los exámenes me han hecho meditar y mejorar los aspectos docentes del texto.

RICARDO PANIAGUA

# Siglas utilizadas

**µm**: micrómetro.
**ABC** (*ATP-binding cassettes*): transportadores de membrana que hidrolizan el ATP.
**ABP** (*androgen binding protein*): proteína ligadora de andrógenos.
**ACTH** (*adreno-corticotrophic hormone*): hormona adrenocorticotropa o adrenocorticotropina.
**ADP**: adenosín difosfato.
**AMP**: adenosín monofosfato.
**Apaf-1**: una proteína proapoptótica.
**APC** (*anafase-promoting complex*): ligasa de ubiquitina que elimina las ciclinas M.
**Arf**: GTPasa que ensambla clatrina y COPI.
**ARP** (*actin related protein*): proteína que limita el crecimiento de los filamentos de actina.
**Arp2**: componente de la dinactina.
**Atk**: quinasa B diana de la quinasa PDK1.
**ATP**: adenosín trifosfato.
**bad**: gen proapoptótico.
**bak**: gen proapoptótico.
**Bas-CFC**: célula formadora de colonias de basófilos.
**bax**: gen proapoptótico.
**bcl-2**: gen antiapoptótico y familia de genes apoptóticos y antiapoptóticos.
**BiP**: Hsp de la luz del retículo endoplasmático rugoso.
**BPI**: proteína catiónica bactericida.
**CAK** (*Cdk activating kinase*): quinasa activadora de Cdk.
**CAM** (*cell adhesion molecule*): molécula de adhesión celular.
**CAM** (*crasulacean acid metabolism*): un tipo de plantas C4.
**cAMP**: AMP cíclico.
**CD** (*clusters of differentiation*): antígenos marcadores de superficie.
**Cdc** *(cell division cycle):* diversas proteínas que regulan el ciclo celular.
**Cdc6**: proteína del complejo prerreplicativo.
**Cdc20**: proteína activadora de las APC.
**Cdc25**: fosfatasa que activa los aminoácidos Thr14 y Tyr15 de Cdk1 al desfosforilarlos.
**Cdc42**: ATPasa de la familia Ras.
**Cdk**: quinasas dependientes de ciclinas.
**CFC**: célula (madre) formadora de colonias de todas las células sanguíneas.
**cGMP**: GMP cíclico.
**Cki**: complejos inhibidores de ciclinas y Cdk.
**CLA** (*cutaneous lymphocyte antigen*): glucano de Lewis X sializado.
**COP** (*coat proteins*): vesículas recubiertas por coatómeros.
**COPI** y **COPII:** vesículas recubiertas por coatómeros del tipo I y del tipo II, respectivamente.
**CPSF** (*cleavage and polyadenylation specificity factor*): proteína que determina el final de la transcripción del RNA.
**CRH** (*ACTH releasing hormone*): hormona liberadora de ACTH.
**CSF** (*colony stimulating factor*): factores estimuladores de colonias de células sanguíneas.
**CstF** (*cleavage stimulation factor*): proteína que determina el final de la transcripción del RNA.
**DNA**: ácido desoxirribonucleico.
**DNAasa**: desoxirribonucleasa.
**E2F**: factores de transcripción para la replicación del DNA.
**E-BFC** (*erythrocyte bursa forming cell*): célula explosiva formadora de eritrocitos.
**ECF** (*eosinophil chemotactic factor*): factor quimiotáctico para los eosinófilos.
**E-CFC** (*erythrocyte colony forming cell*): célula formadora de colonias eritrocíticas.
**EGF** (*epidermal growth factor*): factor de crecimiento epidérmico o de las células epiteliales.
**eIF** (*eukaryotic initiation factor*): factores de inicio de la síntesis proteica de células eucariotas.
**Eos-CFC** (*eosinophil colony forming cell*): célula formadora de colonias de eosinófilos.
**Erk**: MAPK quinasa reguladora de la señal extracelular.
**ERM:** complejo de proteínas adosadas a la membrana plasmática.
**FABP**: proteínas de unión de ácidos grasos.
**FADD** *(Fas receptor-associated death domain*): dominio de muerte asociado al receptor Fas.
**FAK** (*focal adhesion kinase*): quinasa de adhesión focal.
**Fas**: receptor de la superficie celular que al unirse a su ligando causa apoptosis.
**FATP**: proteínas de transporte de ácidos grasos.
**FGF** (*fibroblastic growth factor*): factor de crecimiento fibroblástico.
**FSH** (*follicle stimulating hormone*): hormona estimulante de los folículos.
**FtsZ**: proteína de división mitocondrial.
**G**: fuerza de la gravedad.
**$G_1$** (*gap 1*): una fase del ciclo celular y las ciclinas que favorecen la entrada en esta fase.
**$G_1$/S**: ciclinas que favorecen la entrada en la fases $G_1$ y S.
**$G_2$** (*gap 2*): una fase del ciclo celular.
**GAP** (*GTPase activating protein*): proteína activadora de GTPasa.
**G-CFC** (*granulocyte colony forming cell*): célula formadora de colonias granulocíticas.
**G-CSF** (*granulocyte colony stimulating factor*): factor estimulador de colonias de granulocitos.

**GDP**: guanosín difosfato.
**GEF** (*guanine exchange factor*): factor intercambiador de nucleótidos de guanina.
**GH** (*growth hormone*): hormona del crecimiento, hormona somatotrópica (otra denominación de STH).
**GHIH** (*GH inhibiting hormone*) (somatomedina): hormona inhibidora de la secreción de GH.
**GlyCAM** (*glycan bearing cell adhesion molecule*): molécula de adhesión celular con glucano.
**GM130** (*Golgi matrix 130*): proteína de la matriz del complejo de Golgi y del retículo endoplasmático.
**GM-CFC** (*granulocyte-monocyte colony forming cell*): célula formadora de colonias gránulo-monocíticas.
**GM-CSF** (*granulocyte-monocyte colony stimulating factor*): factor estimulador de colonias de granulocitos y monocitos.
**GMP**: guanosín monofosfato.
**Gn-RH** (*gonadotropin releasing hormone*): hormona liberadora de gonadotropinas.
**GPI**: glucosilfosfatidil inositol.
**GreES**: una Hsp bacteriana.
**GTP**: guanosín trifosfato.
**$H^3$**: tritio.
**hCG** (*human chorionic gonadotropin*): gonadotropina coriónica humana.
**Hct1**: complejo proteico activador de las APC.
**Hemimembrana E**: hemimembrana exoplásmica.
**Hemimembrana P**: hemimembrana protoplásmica.
**HIF** (*hypoxia inducible factor*): factor inducible por la hipoxia.
**hnRNP** (*heterogeneous nuclear ribonucleoproteins*): ribonucleoproteínas nucleares heterogéneas.
**Hsc**: proteína cochaperona.
**Hsp** (*heat shock proteins*): proteínas de choque térmico (de estrés o chaperonas).
**IFN**: interferones.
**IGF** (*insulin-like growth factors*): factores de crecimiento similares a la insulina (I y II).
**IL**: interleuquinas (varios tipos expresados con un número).
**$IP_2$**: inositol difosfato.
**$IP_3$**: inositol trifosfato.
**kb**: kilobases.
**kDa**: kilodaltons.
**$K_M$**: constante de Michaelis.
**LAMP** (*lysosome associated membrane proteins*): proteínas asociadas a la membrana de los lisosomas.
**LAP** (*lamina associated proteins*): proteínas asociadas a la lámina nuclear.
**LBR**: receptor de la lámina nuclear.
**LFA** (*leukocyte function antigen*): antígeno de función leucocitaria
**LH** (*luteinizing hormone*): hormona estimulante del cuerpo lúteo.
**LHRH** (*LH releasing hormone*): hormona liberadora de LH.
**LRR** (*leucine rich receptor*): receptores ricos en leucina de células vegetales.
**M** (mitosis): una fase del ciclo celular y un tipo de ciclinas.
**m**: metro.
**MadCAM** (*mucosal addressin cell adhesion molecule*): molécula de adhesión celular de adresinas de las mucosas.
**MAG** (*myelin associated glycoprotein*): glucoproteína asociada a mielina.
**MAPK** (*mitogen-activated protein kinases*): quinasas activadas por mitógenos.
**MAR** (*matrix associated regions*): regiones asociadas a la matriz nuclear.
**MAT** (*menage a trois*): componente de la CAK.
**Mcm**: anillo proteico que forma parte del complejo prerreplicativo.
**M-CSF** (*monocyte colony stimulating factor*): factor estimulador de colonias de monocitos.
**Mdm2**: ligasa de ubiquitina que elimina p53.
**MEF2** proteína reguladora génica de mioblastos.
**Meg-CFC** (*megakaryocyte colony forming cell*): célula formadora de colonias de megacariocitos.
**Mek**: MAPK que fosforila la MAPK Erk.
**mRNA**: RNA mensajero.
**MyoD:** proteína reguladora génica de mioblastos.
**NCF** (*neutrophil chemotactic factor*): factor quimiotáctico para los neutrófilos.
**Ng-CAM** (*neuroglyal cell adhesion molecule*): molécula de adhesión neuroglial.
**NGF** (*nervous growth factor*): factor de crecimiento nervioso.
**nm**: nanómetro.
**NSF** (*N-ethylmaleimide-sensitive fusion*): proteína de fusión entre membranas sensible a la N-etilmaleimida.
**ORC** (*origin replication complex*): complejo proteico que forma parte del complejo prerreplicativo.
**OXA**: transportador de la membrana interna mitocondrial.
**p** (proteína) p16, p21 y p53: genes supresor de tumores.
**PAF** (*platelet activating factor*): factor de activación plaquetaria.
**pb**: pares de bases.
**PCR** (*polymerase chain reaction*): reacción en cadena de la polimerasa.
**PDGF** (*platelet derived growth factor*): factor de crecimiento derivado de las plaquetas.
**PDK1**: quinasa que fosforila la quinasa Atk.
**PECAM** (*platelet endothelium cell adhesion molecule*): molécula de adhesión celular endotelial plaquetaria.
**PIH** (*prolactin inhibiting hormone*): hormona inhibidora de la secreción de prolactina.
**$PIP_2$**: fosfatidil inositol difosfato.
**$PIP_3$**: fosfatidil inositol trifosfato.
**PP2A**: fosforilasa que desfosforila proteínas Cdk inactivándolas.
**PRH** (*prolactin releasing hormone*): hormona liberadora de prolactina.
**PTS** (*peroxisomal targeting signal*): péptidos señal de enzimas peroxisómicas.
**PTSR**: receptores de los PTR.
**Rab**: GTPasas de fusión de membranas.
**Rac**: GTPasa de la familia Ras.
**Raf**: MAPK que fosforila la MAPK Mek.
**Ran**: GTPasas que participan en el transporte nuclear.
**Ras**: GTPasas que transmiten señales extracelulares.
**Rb**: retinoblastoma.
**Rho**: GTPasa de la familia Ras y una quinasa.
**RNA**: ácido ribonucleico.
**RNAasa**: ribonucleasa.
**rRNA**: RNA ribosómico.
**Rsk**: quinasa que estimula la síntesis de ciclinas M en ovocitos.

**RUBISCO:** ribulosa 1-5 difosfato carboxilasa oxigenasa.
**S** (síntesis): una fase del ciclo celular y un tipo de ciclinas.
**S**: unidades Svedberg.
**S6**: proteína ribosómica y la quinasa que la inactiva.
**Sar1**: GTPasa que ensambla COPII.
**SCF** (*stem cell factor*): factor estimulador de la célula madre de las células sanguíneas.
**SCF**: ligasas de ubiquitina que destruyen las ciclinas $G_1$/S y ciertas Cki.
**Sec**: complejos transportadores de diversas membranas.
**Sic1**: Cki que inhibe las ciclinas M.
**Sir** (*silent information regulator*): complejo de silenciamiento de genes.
**SMS** (*structural maintenance system of chromosome*): complejo proteico de mantenimiento estructural del cromosoma.
**SNARE** (*soluble N-ethylmaleimide-sensitive adhesion receptors*): receptores de proteínas solubles de unión a proteínas de fusión sensibles a N-etilmaleimida.
**snoRNA** (*small nucleolar RNA*): RNA nucleolares pequeños.
**snRNA** (*small nuclear RNA*): RNA nucleares pequeños.
**snRNP** (*small nuclear ribonucleoprotein*): ribonucleoproteínas nucleares pequeñas.
**SR**: proteínas reclutadoras de snRNP.
**SRP** (*signal recognizing particle*): partícula de reconocimiento del péptido señal.
**Sry** (*sex determining region*): gen de la determinación sexual masculina.
**STH** (*somatotrophic hormone*): hormona somatotrópica o somatotropina (otra denominación de GH).
**TAP**: proteínas asociadas a la transcitosis.
**TCP-I**: Hsp del citosol.
**TFII**: factores de transcripción para la RNA polimerasa II.
**TGF** (*transforming growth factors*): factores de crecimiento transformantes (tipos $\alpha$ y $\beta$).
**TIC** (*transport of inner chloroplast membrane*): transportador de la membrana interna del cloroplasto.
**TIM** (*transport of inner mitochondrial membrane*): transportador de la membrana interna mitocondrial.
**TNF** (*tumor necrosis factor*): factores de necrosis tumoral (tipos $\alpha$ y $\beta$)
**TOC** (*transport of outer chloroplast membrane*): transportador de la membrana externa del cloroplasto.
**TOM** (*transport of outer mitochondrial membrane*): transportador de la membrana externa mitocondrial.
**TRADD** (*TNF receptor-associated death domain*): proteína que se une a FADD transmitiendo la señal de apoptosis.
**TRH** (*TSH releasing hormone*): hormona liberadora de TSH.
**tRNA**: RNA de transferencia.
**TSH** (*thryoid stimulating hormone*): hormona tirotrópica o tirotropina.
**t-SNARE** (*target-SNARE*): receptor SNARE de la membrana receptora.
**U:** diversos tipos de ribonucleoproteínas nucleares pequeñas.
**UDP**: uridín difosfato.
**UMP**: uridín monofosfato.
**VEGF** (*vascular endothelial growth factor*): factor de crecimiento de las células endoteliales vasculares.
**VHL**: proteína de la enfermedad de von Hippel-Landau.
**VLA**: una integrina leucocitaria.
**v-SNARE** (*vesicle-SNARE*): receptor SNARE de la vesícula.
**Wee1**: quinasa que inactiva las Cdk1 al fosforilar los aminoácidos Thr14 y Tyr15.
**ZO:** proteína de la *zonula occludens*.
**ZP:** proteínas de la zona pelúcida.

# Contenido

# PARTE I: BIOLOGÍA CELULAR

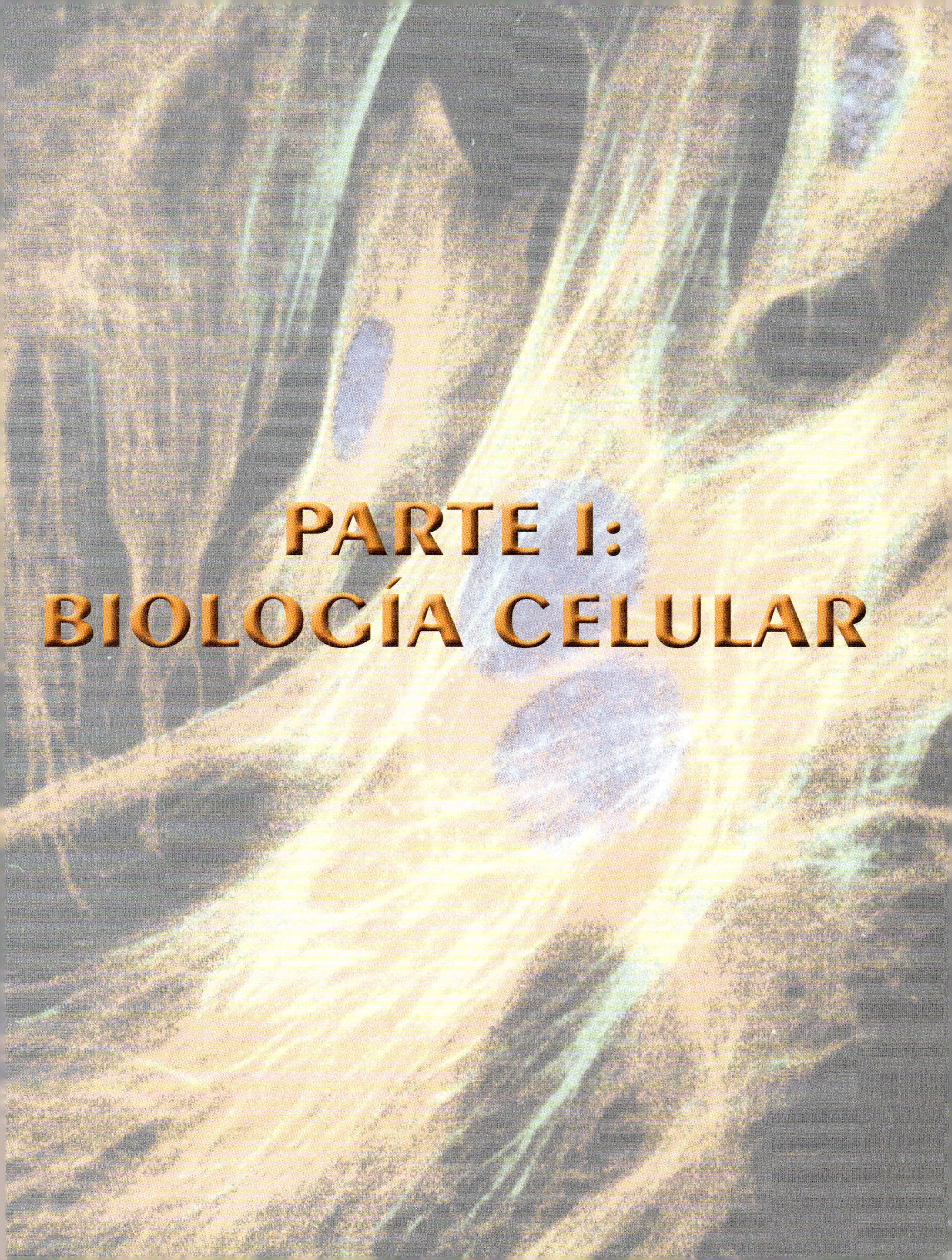

## Capítulo 1: ESTUDIO GENERAL DE LA CÉLULA

# ESTUDIO GENERAL DE LA CÉLULA

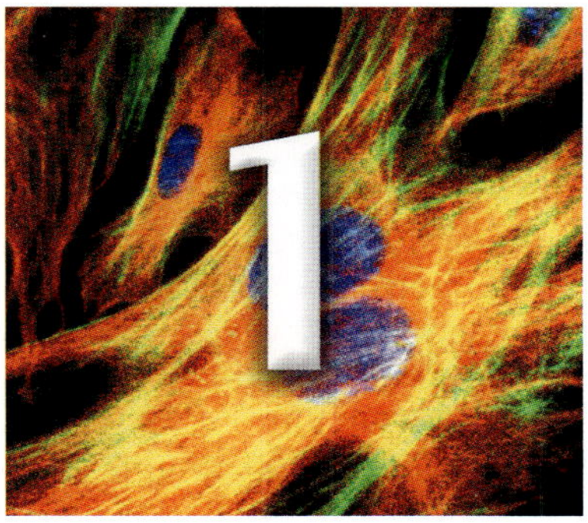

## MÉTODOS DE ESTUDIO DE LA CÉLULA Y LOS TEJIDOS

### TÉCNICAS DE MICROSCOPÍA

El principal instrumento, aunque no el único, para el estudio de la célula y de los tejidos es el microscopio; por ello iniciaremos este capítulo explicando qué es y para qué sirve este instrumento, así como los diferentes tipos de microscopio y las diversas técnicas que se realizan con ellos.

### MICROSCOPIO ÓPTICO DE CAMPO CLARO

#### Características

Básicamente, el microscopio óptico compuesto es un tubo provisto de dos lentes (una en cada extremo) que amplían sucesivamente la imagen del objeto (preparación histológica), el cual está intensamente iluminado. De las dos lentes, una se encuentra próxima al objeto y se denomina *lente objetivo*; la otra se sitúa junto al ojo del observador, en cuya retina se forma la segunda imagen aumentada, y recibe el nombre de *lente ocular*. Si se sustituye el ojo del observador por una cámara fotográfica se pueden obtener fotografías de la preparación histológica, a los mismos aumentos a los que se observa o a mayores aumentos si se amplía el negativo. Este esquema simple inicial se perfecciona añadiendo *lentes intermedias*, que multiplican el aumento, y otros dispositivos como el *condensador*, que concentra la luz emitida por la fuente luminosa sobre el objeto, o diversos sistemas para aumentar el contraste (Fig. 1.1).

Lo importante del microscopio no son los aumentos en sí mismos, pues una fotografía puede ampliarse todo lo que se desee sin que por ello se observen objetos que no aparecían en la imagen inicial, sino el *poder de resolución*. Éste se define como la capacidad de distinguir como imágenes diferentes dos puntos cercanos. El poder de resolución se mide utilizando como unidad la inversa del *límite de resolución* (poder de resolución = = 1/límite de resolución). El límite de resolución se define como la distancia mínima entre dos puntos para que éstos puedan distinguirse como tales. Se calcula por la fórmula de Abbe:

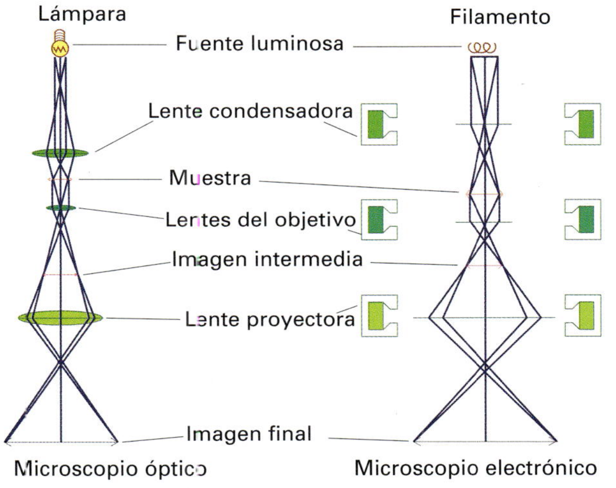


**Figura 1.1.** Comparación de los microscopios óptico y electrónico.

Límite de resolución =
= 0.61 × longitud de onda/apertura numérica.

La *longitud de onda* dependerá de la luz empleada; si se usa luz natural blanca, la longitud de onda es 550 nm (nm es la abreviatura de nanómetros). La *apertura numérica* es igual a *n x seno* $\alpha$, siendo n el índice de refracción (cambio en la velocidad de la luz difractada) del medio situado entre el objeto y la lente, y $\alpha$ el ángulo de semiapertura de la lente. Si el medio es aire, n = 1. Si se utiliza aceite de inmersión, n = 1.51. El valor de seno $\alpha$ (siempre menor que uno por definición) puede llegar a ser 0.93 como máximo en los microscopios actuales. En estas condiciones:

Límite de resolución =
= 0.61 × 550/(1.51 × 0. 93) = 335.5/1.4 = 240 nm.

Si se tiene en cuenta que el límite de resolución del ojo humano sin ayuda de lentes es 0.23 mm = 230 μm (micrómetros) = 230 000 nm, el microscopio óptico aumenta casi 1000 veces el poder de resolución del ojo.

El límite de resolución del microscopio de luz es muy difícil de mejorar. Para conseguir un límite de resolución más pequeño, según se desprende de la fórmula indicada antes, habría que aumentar el denominador (la apertura numérica) o disminuir el numerador (longitud de onda). Aumentar el denominador no es posible en lo que respecta al seno $\alpha$, porque el seno de un ángulo nunca puede ser mayor que uno, pero puede aumentarse ligeramente el índice de refracción con el empleo de lentes de cuarzo. Con respecto a la disminución del numerador, la longitud de onda de la luz blanca no es susceptible de disminución pero puede emplearse luz ultravioleta, cuya longitud de onda es 260 nm. De este modo, usando lentes de cuarzo y luz ultravioleta, se consigue el máximo límite de resolución posible, alrededor de 150 nm. Sin embargo, este procedimiento tiene el inconveniente de que la luz ultravioleta no es visible y hay que proceder por aproximación, tomando fotografías para observar luego dónde se ha impresionado la placa fotográfica. Este método no es útil, por tanto, para los estudios habituales pero se ha utilizado para el estudio de ácidos nucleicos que absorben intensamente la luz ultravioleta.

Los aumentos finales se obtienen multiplicando los del objetivo por los del ocular. Hay que tener en cuenta que la resolución de la imagen es la del objetivo, puesto que el ocular no amplía el poder de resolución. Sin embargo, el ocular es muy útil, porque con sólo el objetivo quedaría la imagen demasiado pequeña para ser observada con comodidad. En algunos microscopios se emplea, además, una lente intermedia, cuyos aumentos constituyen un factor multiplicador más a la hora de calcular los aumentos finales. La imagen obtenida puede impresionar una placa fotográfica colocada en vez del ocular. Al positivar el negativo, la imagen puede aumentarse hasta cuatro o cinco veces, obteniendo así una imagen ampliada que permite observar con comodidad los detalles captados gracias al poder de resolución. Las ampliaciones excesivas diminuirían la nitidez de la imagen.

## Técnicas preparatorias utilizadas en microscopía óptica

La correcta observación del material biológico con el microscopio óptico requiere una serie de procesos previos que, en esencia, son los siguientes:

1. *Fijación*. Las células de los órganos y tejidos mueren y se descomponen cuando son extraídas de su medio si no se las mantiene en condiciones especiales como las que se dan en los cultivos celulares. El proceso de fijación no evita la muerte celular, pero preserva de la descomposición manteniendo inalterada la estructura morfológica. Entre los muchos líquidos fijadores utilizados, el formaldehído o formol es el más habitual. Otros fijadores son el alcohol y el ácido acético.
2. *Inclusión y corte*. Los organismos unicelulares y las células aisladas pueden observarse con facilidad con el microscopio, pero los órganos y tejidos, incluso pequeños fragmentos de ellos, son demasiado gruesos para que sean traspasados por la luz; de ahí que sea necesario cortarlos en finas láminas. Para ello se utiliza un aparato llamado *micrótomo*, que permite la realización de cortes de tan sólo algunos micrómetros de espesor. El material biológico resulta de ordinario extremadamente blando para poder efectuar los cortes; por ello, a la fijación sigue un proceso de endurecimiento del material y su inclusión en una sustancia plástica, generalmente parafina o resina, en la que queda embebido el tejido para que pueda cortarse con facilidad. Una alternativa rápida a la inclusión, aunque con resultados de menor calidad, consiste en congelar el tejido y hacer los cortes con un micrótomo especial para esta finalidad (*criótomo*). Este procedimiento se utiliza en observaciones de urgencia o cuando el proceso de inclusión puede eliminar o dañar los componentes que se desea estudiar.
3. *Tinción*. Una dificultad en la observación microscópica es el escaso contraste que presenta el material biológico debido a su gran contenido en agua. Para mejorar el contraste se utilizan las tinciones, que permiten colorear artificialmente los distintos componentes tisulares. Son muchos y variados los colorantes que se emplean. Aunque las primeras tinciones empleadas se obtuvieron de forma empírica, con el tiempo se han desarrollado técnicas que permiten demostrar determinadas reacciones enzimáticas o poner de manifiesto la naturaleza de una sustancia celular concreta mediante la utilización de anticuerpos marcados con un colorante frente a esa sustancia (véase página 13).

## Medios para aumentar el contraste en diversas modalidades de microscopía óptica

Para estudiar el material vivo, en el que no pueden aplicarse las tinciones convencionales pues las células mueren en la fijación, se emplea el *microscopio de contraste de fases*. Con el microscopio ordinario, una parte de los rayos que atraviesan el objeto son difractados y se desvían cambiando su fase. En los materiales biológicos la diferencia de fase de onda entre los rayos desviados y los que no son desviados es de aproximadamente, 1/4 de esa longitud de onda. Cuando ambos tipos de rayos atraviesan las lentes y sufren interferencia, los rayos resultantes experimentan un cierto retraso de fase que no se detecta con el microscopio ordinario. En el microscopio de contraste de fases, los rayos difractados son adelantados o retrasados 1/4 de la longitud de onda con respecto a los no difractados por medio de una placa anular. Si ambos grupos de rayos se suman (contraste brillante o negativo), el objeto aparecerá más brillante que el medio, mientras que si el contraste es oscuro o positivo, los rayos experimentarán una sustracción, siendo la imagen resultante más oscura que la del medio. De este modo, el microscopio de contraste de fases transforma estas diferencias de fase en diferencias de amplitud y, por tanto, de intensidad, haciendo que el material presente un mayor contraste.

El *microscopio de interferencia* se basa en principios similares pero tiene la ventaja de proporcionar resultados cuantitativos. Con este microscopio se pueden determinar cambios en el índice de refracción y las variaciones de fase se pueden reflejar en cambios de color tan acentuados que una célula viviente es capaz de aparecer coloreada.

Una variante de este microscopio es el *microscopio de Nomarski*, en el que el rayo de luz, tras atravesar el objeto y la lente objetivo, por medio de un prisma birrefringente se divide en dos rayos polarizados, que siguen trayectorias ligeramente diferentes, y que interfieren entre sí. La imagen resultante tiene un efecto en relieve característico. Este microscopio es particularmente útil en el estudio *in vivo* de las células.

Otra variedad es el *microscopio de polarización*. Se basa en la propiedad de ciertas sustancias (anisótropas) que tienen un distinto índice de refracción según la dirección que se considere. Las sustancias que siempre mantienen el índice de refracción se llaman isótropas. Esta propiedad de las sustancias anisótropas es utilizada mediante un dispositivo de polarización, que se aplica al microscopio para apreciar estas diferencias como diferencias de contraste entre las diversas sustancias.

El *microscopio citofotométrico* se basa en que diversos componentes celulares absorben específicamente determinadas bandas de luz. Así, mientras que los ácidos nucleicos absorben la banda de 260 nm (ultravioleta), las proteínas absorben la de 280 nm. También algunas reacciones histoquímicas dan bandas de absorción específicas en el espectro visible y pueden analizarse cuantitativamente con estos microscopios. La absorción se mide directamente con un fotomultiplicador o por dosimetría sobre placas fotográficas calibradas. Así, mientras la citofotometría con luz ultravioleta permite detectar los ácidos nucleicos (DNA y RNA) sin distinguir entre ambos, si se realizan tinciones específicas para el DNA (como la reacción de *Feulgen*), el microscopio citofotométrico puede cuantificar el contenido en DNA sin confundirlo con el de RNA.

Para el análisis de células y tejidos con fluorescencia propia o que han sido tratados con colorantes fluorescentes (*fluorocromos*) se utiliza el *microscopio de fluorescencia*. La característica fundamental de este microscopio es la incorporación de una lámpara, que actúa excitando el fluorocromo, y de un filtro especial, que presenta altos valores de transmisión para las ondas emitidas por el colorante fluorescente. Normalmente, antes del análisis en el microscopio hay que tratar la muestra con reactivos que impidan la decoloración. Debido a su gran sensibilidad y a la posibilidad de observación simultánea de varias longitudes de onda, el microscopio de fluorescencia es muy utilizado para distinguir los diferentes componentes celulares, utilizando marcadores distintos para cada uno de ellos.

El *microscopio óptico de barrido confocal* adapta un sistema de barrido mediante rayo láser que se concentra en un punto de muy poco espesor. Este rayo se desplaza mediante un sistema de espejos y rastrea punto por punto un plano de la preparación. La luz que emerge del punto por fluorescencia es dirigida a un tubo multiplicador, donde es analizada. Los datos se registran en un ordenador que integra la información elaborando una imagen de alta definición, incluso de objetos bastantes gruesos, mucho más perfecta que la imagen obtenida con los microscopios ordinarios, ya que esta última presenta puntos perfectamente enfocados junto con otros fuera de foco. El microscopio confocal, al reconstruir la imagen por ordenador, también puede realizar una reconstrucción tridimensional integrando las imágenes obtenidas de diferentes planos de la preparación y rotar esa imagen para observarla desde diferentes ángulos.

## MICROSCOPIO ELECTRÓNICO DE TRANSMISIÓN

### Características

El microscopio electrónico supone un considerable aumento en el poder de resolución al emplear no luz visible sino electrones acelerados, cuya longitud de onda es unas 100 000 veces menor. Igual que la luz, los electrones tienen una naturaleza vibratoria y corpuscular. Al ser de pequeña longitud de onda, pueden contornear muy bien los objetos, lo que les confiere un gran poder de resolución. Su masa es muy pequeña (1/1840), por lo que pueden ser desviados con mucha facilidad. El aire los desvía, por lo cual se trabaja en tubos huecos en los que reina el alto vacío, equivalente a $10^{-5}$ Torr (Torricelli o mm de mercurio). Para desviar los electrones de un modo controlado se utilizan lentes que no son ópticas sino electromagnéticas. A mayor poder de la corriente, mayor desviación. En síntesis, el funcionamiento del microscopio electrónico es como sigue:

Un *filamento* (cátodo) en un tubo de vidrio a gran vacío es calentado y emite electrones que tienden a seguir una trayectoria rectilínea aunque vibratoria. Mediante una lente electromagnética (que hace las veces de *condensador*) los electrones son concentrados en el objeto. Una segunda lente electromagnética funciona como lente *objetivo*, dando una imagen ampliada del objeto. La tercera lente es el *proyector*, que actúa de ocular, volviendo a ampliar la imagen y proyectándola sobre una pantalla fluorescente o sobre una placa fotográfica. Entre ambas lentes hay una *lente intermedia*, también electromagnética, que amplía una vez más la imagen (Fig. 1.1).

En el microscopio de luz de campo claro, la formación de imágenes depende de la desigual absorción de la luz en diferentes zonas del objeto. En el microscopio electrónico se debe a la dispersión de los electrones al interactuar con los átomos. Al pasar por el objeto, los electrones se dispersan de forma elástica y algunos caen fuera de la apertura del objetivo. La imagen que se forma en la pantalla resulta de la ausencia de estos electrones en determinadas zonas. Esta dispersión está en función del espesor y densidad de los átomos del objeto (masa atómica). A mayor número atómico, mayor dispersión. Se puede calcular el poder de resolución con la misma fórmula empleada para el microscopio óptico.

Antes de aplicar la fórmula se debe tener en cuenta que, en el microscopio electrónico, el voltaje normalmente utilizado es 60 000 voltios, la longitud de onda de los electrones es $\sqrt{1.5/voltaje} = \sqrt{1.5/60\,000} =$ 0.005 nm, y la apertura numérica es 0.01. Si se aplica ahora la fórmula del límite de resolución resulta:

$$\text{Límite de resolución} = 0.61 \times 0.005/ \text{apertura numérica} = 0.61 \times 0.005/0.01 = 0.3 \text{ nm.}$$

Como la mayoría de las moléculas biológicas tienen átomos de pequeño número atómico, el material se contrasta agregando metales pesados como el osmio. Con materiales biológicos seccionados la resolución nunca es mejor de 1 nm, ya que no puede ser mayor de 1/10 del grosor del corte, y éste es siempre superior a los 10 nm. La resolución depende también del contraste, pero éste es menor cuanto más fino sea el corte. De hecho, 1.5 nm es una resolución muy buena.

Si se compara con el microscopio de luz, se aprecia que el microscopio electrónico ha mejorado el poder de resolución unas 240 veces (el límite de resolución ha pasado de 240 nm a 1 nm) y unas 240 000 veces (240 × × 1000) respecto al del ojo humano sin lentes.

Igual que en el microscopio de luz, los aumentos del microscopio electrónico se obtienen multiplicando los del objetivo, lente intermedia y proyector. Las fotografías pueden ampliarse varias veces para observar la imagen con más comodidad.

### Técnicas preparatorias usadas en microscopía electrónica de transmisión

Como en la microscopía óptica, la observación del material biológico con el microscopio electrónico requiere unas técnicas preparativas que comprenden la fijación, inclusión, corte y contraste de ese material. Puesto que las estructuras se van a observar con mayor detalle que en la microscopía óptica (observación ultraestructural), estas técnicas son aún más delicadas. La fijación se realiza generalmente en glutaraldehído, que consigue una mejor preservación de los tejidos que el formol, seguida de una posfijación con osmio, que impregna muchas estructuras con diversa afinidad, proporcionando un gran contraste al chocar los electrones con la muestra. La inclusión se realiza en resinas plásticas, de epóxido o metacrilatos, que proporcionan mayor dureza. Los cortes han de ser extremadamente finos (cortes ultrafinos de 20 a 80 nm de espesor), lo que sólo se consigue con un aparato de gran precisión, denominado *ultramicrótomo*, en el que se utilizan cuchillas especiales afiladísimas (de vidrio o diamante). Para contrastar el material no se emplean colorantes sino átomos de metales pesados como el plomo y el uranilo, que acentúan el contraste proporcionado por el osmio.

## MICROSCOPIO ELECTRÓNICO DE ALTA ACELERACIÓN (ALTO VOLTAJE)

Se han fabricado algunos microscopios denominados de *alta aceleración*. Estos microscopios tienen hasta 10 metros de altura y pueden pesar unas 22 toneladas. Su característica particular es que aceleran electrones a través de un voltaje de un millón de voltios, por lo que también se les denomina microscopios electrónicos de *alto voltaje*. Esta aceleración confiere a los electrones la energía cinética suficiente para atravesar muestras gruesas de hasta varios micrómetros de espesor. La ventaja principal de este microscopio es que proporciona información del espesor de la estructura celular, dando una visión de la organización tridimensional de las células. Además, la resolución y la profundidad de campo son excelentes por todo el grosor de la muestra. Aunque este microscopio se emplea sobre todo en metalurgia (para el estudio de metales de lámina fina), en Biología ha sido muy útil para entender la organización tridimensional de estructuras celulares, utilizando cortes de varios micrómetros en los que se encontraban incluidas células enteras (véase Fig. 6.1.A).

## MICROSCOPIO ELECTRÓNICO DE BARRIDO

La *microscopía de barrido* o de *scanning* no es una técnica más de la microscopía electrónica convencional, y requiere un microscopio diferente (Fig. 1.2). Como en el microscopio electrónico de transmisión, se trabaja con gran vacío, pero el haz electrónico no es fijo y de superficie amplia, sino puntual y móvil, de modo que rastrea punto por punto la muestra. No hay lente proyectora, sino un detector de electrones que proyecta la imagen fuera del tubo, sobre un monitor de imagen. No se hacen cortes ultrafinos de la muestra, la cual tampoco se fija con osmio ni se contrasta con plomo o acetato de uranilo. El procedimiento seguido es recubrir la muestra con átomos opacos (oro y platino) mediante sombreado metálico. El límite de resolución (10 nm teóricos) es menor que el del microscopio electrónico de transmisión (0.3 nm teóricos, generalmente 3 ó 4 nm reales) y los aumentos directos a los que se puede realizar la observación son también menores (20 000 frente a 100 000). Su principal utilidad es la observación de la superficie de las células, orgánulos y componentes tisulares, para obtener una visión tridimensional de su forma externa y organización espacial.

## ALGUNOS MÉTODOS DE ESTUDIO UTILIZADOS EN MICROSCOPÍA ELECTRÓNICA

Existen diversas técnicas que pueden ser aplicadas en algunos de los microscopios electrónicos descritos con objeto de mejorar determinados aspectos de la observación. Algunas de ellas se han utilizado con finalidades muy concretas, como el estudio de la cromatina (véase página 76) o del citoesqueleto (véase página 239) y de ellas se tratará cuando se estudien estos componentes celulares. Otras se emplean con carácter más general, y son las que se describirán a continuación.

### Contraste negativo

Mediante el *contraste negativo* se mejora mucho la resolución de estructuras biológicas, pudiendo conseguir-

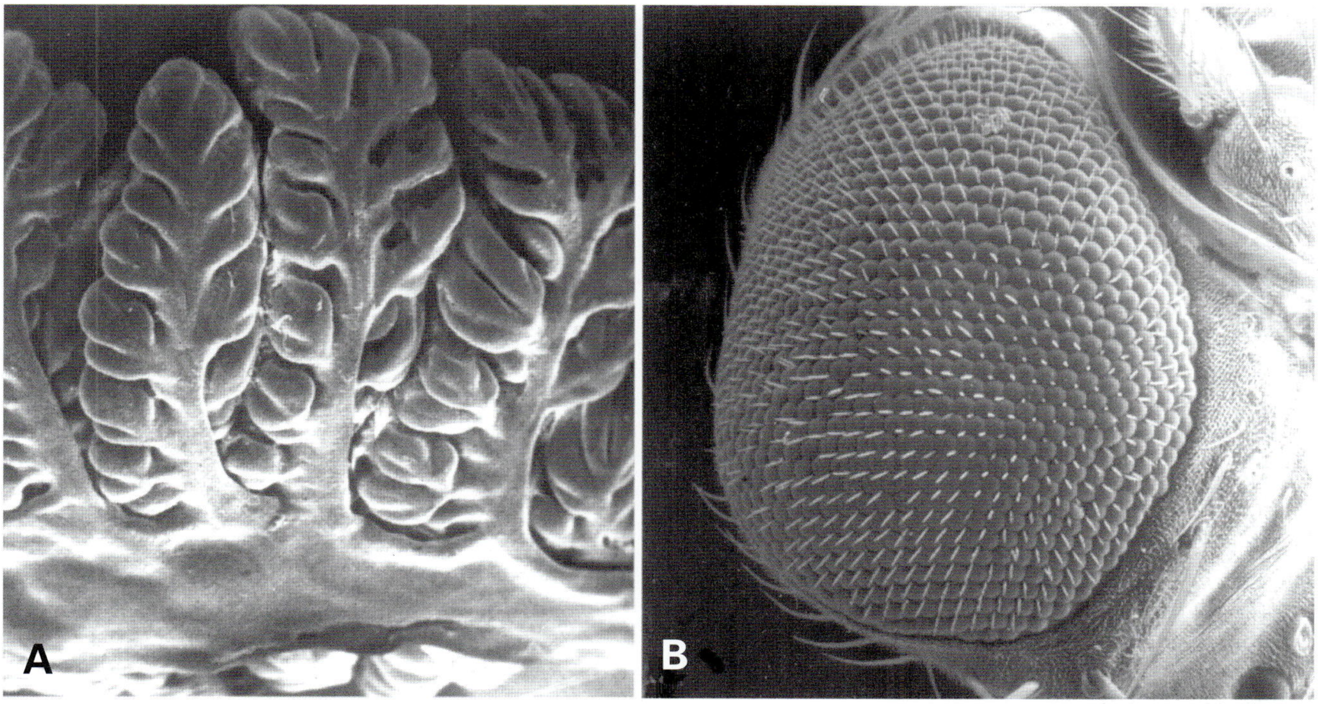


**Figura 1.2.** Microscopía de barrido. **A**: Ciegos pilóricos de estrella de mar *(Marthasterias glacialis)*. X20. (Cortesía de A. Martínez. Departamento de Histología, Universidad de Navarra). **B**: Ojo de insecto *(Drosophila melanogaster)*. X48.

se hasta 1 nm con el microscopio electrónico de transmisión. Esto se debe a que no se utilizan cortes, sino extensiones del material tal como éste se encuentra (sin cortar). El material biológico (bacterias, virus, orgánulos celulares, macromoléculas, etc.) se rodea con ácido fosfotúngstico que no permite el paso de electrones, los cuales atraviesan fácilmente el material biológico sin teñir. En las imágenes se observa el ácido fosfotúngstico, muy oscuro, rodeando el material, el cual queda sin teñir, con el aspecto de un negativo fotográfico (Figs. 1.16.F y 5.5).

## Sombreado metálico

Se evaporan, con un determinado ángulo, átomos metálicos sobre una superficie que presente un relieve, como material filamentoso, bacterias, virus, superficies fracturadas de la membrana plasmática, etc. (Fig. 1.3). Quedan así unas sombras y un contraste que permiten una apreciación tridimensional.

Los metales se evaporan mediante un filamento incandescente de tungsteno en una campana en la que se ha hecho el vacío. Los átomos del metal son bombeados sobre la muestra, que se ha colocado en un ángulo determinado. El ángulo de incidencia permite medir la altura de las partículas (Fig. 1.4). Una variante utilizada para revelar moléculas largas y finas como los ácidos nucleicos es el sombreado mientras la muestra va girando.

## Criofractura-réplica *(freeze-etching)*

Esta técnica es muy útil para el estudio de las superficies fracturadas de la membrana plasmática y orgánulos celulares (Fig. 1.3). El proceso comprende tres pasos (Fig. 1.5):

1. Congelación de la muestra (muy rápida para que no se formen cristales de hielo).
2. Fractura de la muestra con una cuchilla, en una campana de gran vacío y a muy baja temperatura (a unos –115 °C). No hay corte, sino fractura por las líneas de mínima resistencia. A continuación, se produce la sublimación del hielo a vapor de agua (a –100 °C).
3. Réplica por sombreado metálico, seguida de evaporación de carbono sobre la muestra. El material biológico se disuelve con detergentes y sólo queda la réplica para ser observada con el microscopio electrónico.

## Microanálisis de energía dispersiva de rayos X (MEDX)

Los electrones que chocan con la muestra no sólo sufren la dispersión mencionada anteriormente y que permite formar imágenes; también generan rayos X. Un electrón que incida en las capas de electrones de un átomo puede causar un desplazamiento de un electrón orbital interno hacia una órbita más alta. El electrón pri-

**Figura 1.3.** Imagen a poco aumento (X5000) de una célula tratada mediante criofractura-réplica y sombreado metálico. Los orgánulos celulares seccionados no quedan en el mismo plano sino que aparecen por encima o por debajo de la superficie del corte. N: núcleo mostrando los poros nucleares (flechas). G: complejo de Golgi. M: mitocondria. (Tomado de NCI Frederick).

mario es dispersado de manera inelástica, esto es, cambia de dirección y pierde energía en forma de rayos X. Como el número de capas electrónicas y las energías relativas son características de cada átomo, se produce un espectro de energías de rayos X, que se expresa en kiloelectronvoltios. El análisis de este espectro, mediante un analizador de rayos X acoplado a un microscopio electrónico, sirve para identificar y cuantificar los átomos de la muestra, lo que hace de él un instrumento analítico.

## DIFRACCIÓN DE RAYOS X

Esta técnica instrumental proporciona mayor resolución que las técnicas más perfeccionadas de microscopía electrónica. Consiste básicamente en hacer atravesar un haz fino de rayos X sobre el material que se ha de analizar y colocar detrás una placa fotográfica que recoge el espectrograma.

La técnica se basa en que las radiaciones se difractan al encontrar pequeños obstáculos. Si un rayo de luz blanca (longitud de onda = 550 nm) incide sobre un retículo de 1000 líneas por mm, por ejemplo, se difractará dando las diferentes bandas del espectro. A partir de los ángulos de difracción pueden calcularse los espacios del retículo. Si en vez de luz blanca se utilizan rayos X (longitud de onda = 0.1 nm), el enrejado mencionado sería demasiado amplio para que se produjera difracción. Pero se pueden utilizar redes de difracción mucho más pequeñas, tales como cristales, cuyas moléculas constituyen verdaderos retículos de dimensiones moleculares capaces de difractar radiaciones de tan pequeña longitud de onda. Del mismo modo, en vez de estos cristales puede emplearse material biológico, cuya organización molecular resulta mucho más compleja.

Sabiendo el ángulo de incidencia de un punto del espectrograma y la longitud de onda del haz incidente, se puede calcular el espacio que produce la difracción. Es posible, de este modo, deducir la disposición de los átomos individuales de las moléculas que forman el material examinado. Los rayos X tienen un poder de penetración mucho mayor que el de los electrones y se pueden utilizar con materiales muy gruesos.

## RADIOAUTOGRAFÍA

Esta técnica se basa en la sensibilidad de las emulsiones fotográficas a las radiaciones ionizantes. Como en las células no existen normalmente elementos radiactivos, si a un tejido de un organismo se le suministran moléculas marcadas con isótopos radiactivos (que se seleccionan de modo que sólo se incorporen a una o varias sustancias determinadas), se puede seguir el camino de esos isótopos por el tejido y, por tanto, de dichas sustancias, viendo a qué tipos celulares del te-

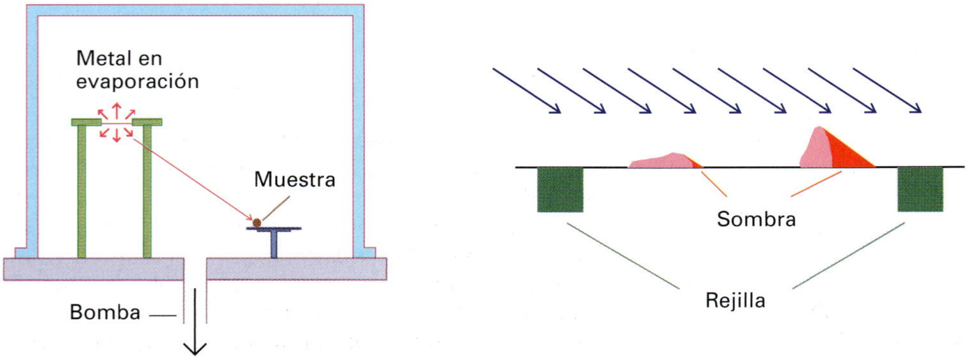


**Figura 1.4.** Preparación de una muestra con sombreado metálico.

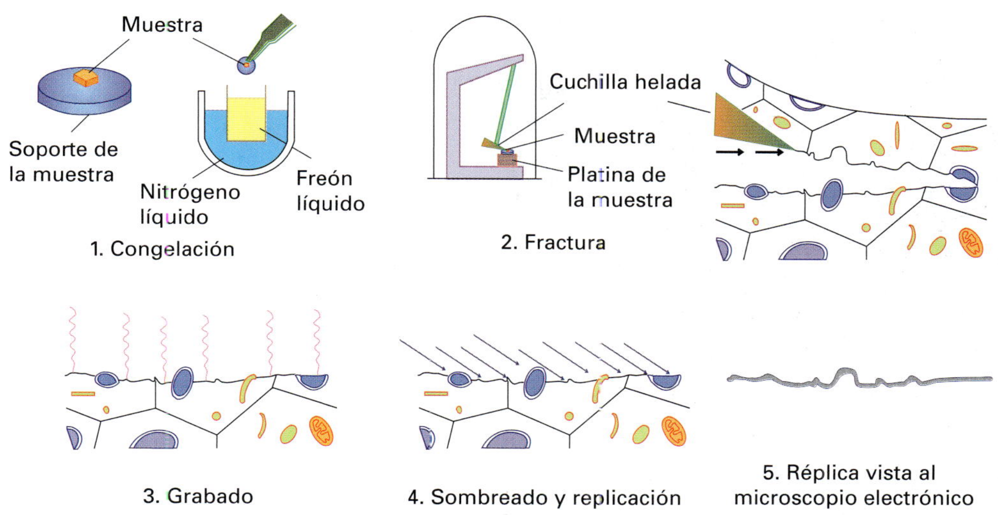


**Figura 1.5.** Preparación de una muestra por criofractura.

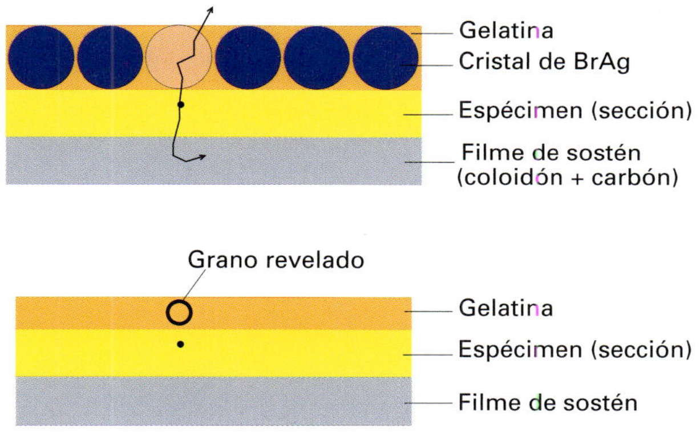


**Figura 1.6.** Representación de una preparación radioautográfica.

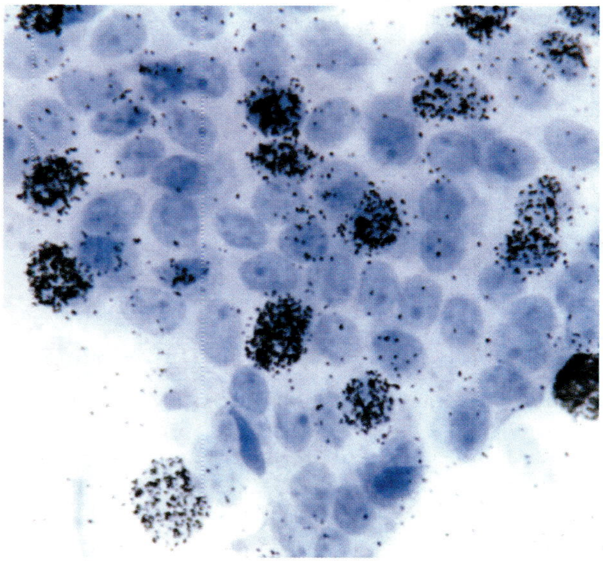

**Figura 1.7.** Marcaje radiactivo con timidina tritiada de un cultivo de células de testículo fetal de ratón. Las células que se encontraban replicando el DNA durante la administración de la timidina radiactiva aparecen marcadas con gránulos negros. X900. (Cortesía de M.P. de Miguel).

jido en estudio se incorporan y, dentro de esas células, de qué orgánulos o estructuras celulares forman parte, y seguir la transformación de dichas estructuras (Fig. 1.6).

Si, por ejemplo, se quiere saber qué células de un tejido están sintetizando DNA como un paso previo a la división celular, se suministra *timidina tritiada ($H^3$)* al tejido durante algún tiempo. Durante ese período, en todo el DNA sintetizado por las células de ese tejido se incorporará la timidina marcada radiactivamente. Al tomar muestras del tejido (p. ej., cortes histológicos), si la lámina que contiene el corte se recubre de una emulsión fotográfica, en ésta quedará una impresión producida por las radiaciones emitidas por la timidina tritiada, que activan los cristales de bromuro de plata de la emulsión. Al revelar fotográficamente esta emulsión, aparecerán gránulos negros de plata sobre los núcleos que han sintetizado DNA durante el período de administración de la timidina radioactiva (Fig. 1.7).

## CITOQUÍMICA E HISTOQUÍMICA

Las tinciones empleadas comúnmente en microscopía óptica proporcionan por sí mismas alguna información acerca de la naturaleza química de los componentes de las células y tejidos. Así, la tinción de rutina más común, la *hematoxilina y eosina*, utiliza un colorante básico (hematoxilina) y un colorante ácido (eosina). Las sustancias de naturaleza ácida (como los ácidos nucleicos) tienen afinidad por la hematoxilina y, en general, por todos los colorantes básicos, con los que se tiñen, y por

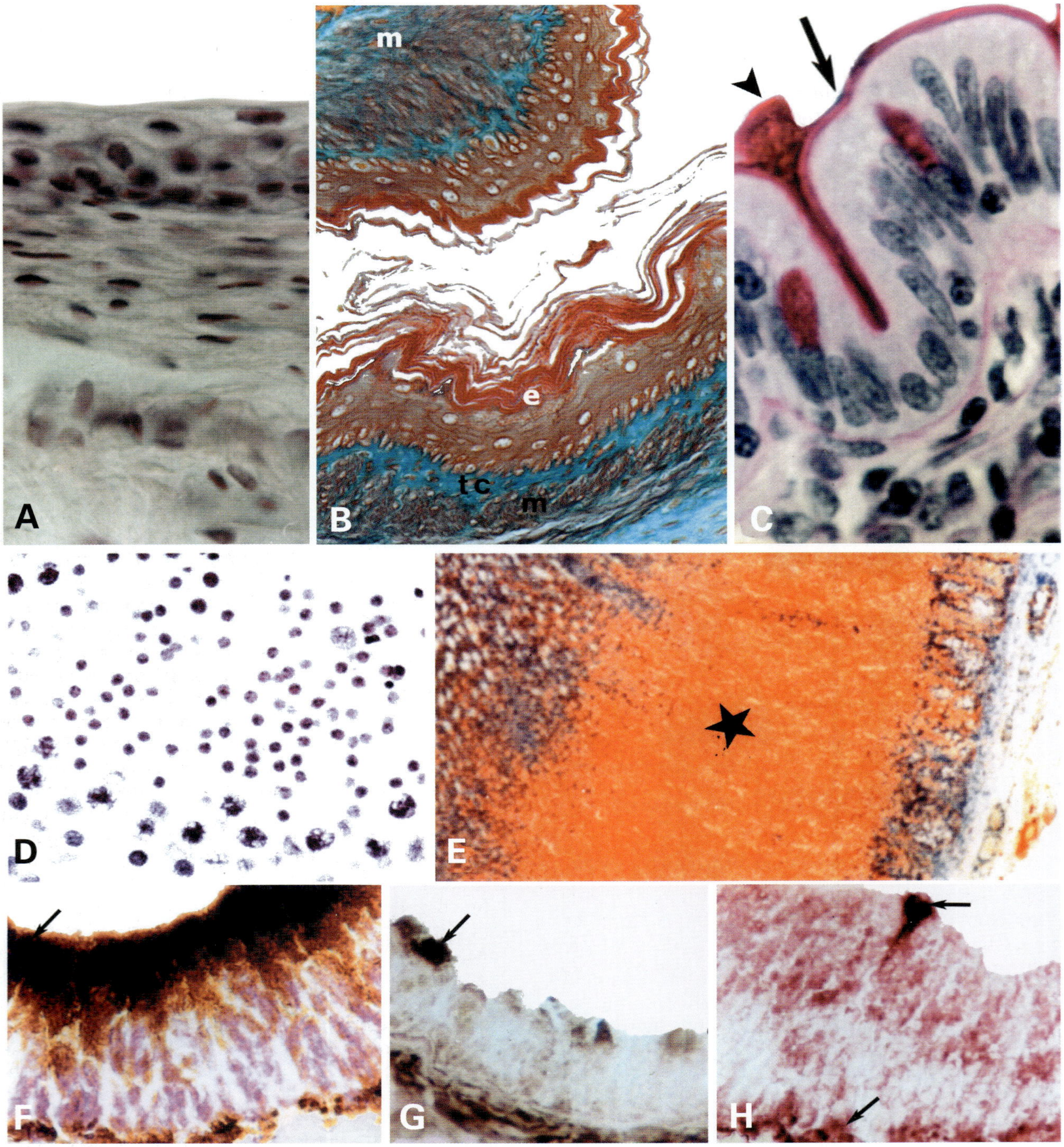


**Figura 1.8.** Tinciones de uso frecuente en microscopía óptica. **A**: Tinción con hematoxilina y eosina. Uréter de ratón. Los núcleos aparecen teñidos de color morado por la hematoxilina. Los haces de fibras del tejido conjuntivo y de células musculares lisas se tiñen en rosa por la eosina. X250. **B**: Tinción con tricrómico de Masson. Esófago de rata. La epidermis (e) aparece de color rojizo, el tejido conjuntivo (tc) en azul y el músculo liso (m) en color pardo. X125. **C**: Tinción con la técnica de PAS para la demostración de hidratos de carbono. El glicocálix que recubre las microvellosidades intestinales (flecha) y el moco de las células caliciformes (cabeza de flecha) aparecen teñidos. X450. **D**: Método de Feulgen para demostración del DNA. Túbulos seminíferos humanos. Sólo los núcleos de los diferentes tipos celulares aparecen teñidos. X950. (Cortesía de J. Codesal. Departamento de Morfología, Universidad Autónoma de Madrid.) **E**: Demostración de lípidos (color rojo) con la técnica del rojo grasa en la corteza suprarrenal de perro. La zona fascicular (estrella) muestra mayor cantidad de lípidos que el resto. X60. (Cortesía de M. García Villanueva, Hospital Ramón y Cajal, Madrid.) **F-H**: Técnicas inmunohistoquímicas para la demostración de las actividades enzimáticas (flechas) fosfatasa ácida (**F**), ATPasa (**G**) y NADPH (**H**). Conducto del epidídimo. X450. (Cortesía de J. Regadera, Departamento de Morfología, Universidad Autónoma de Madrid.)

eso estas sustancias se denominan *basófilas*. Por el contrario, las sustancias de naturaleza básica (la mayor parte del citoplasma) tienen afinidad por la eosina y, en general, por los colorantes ácidos, con los que se tiñen, y por eso se las denomina *acidófilas o eosinófilas* (Fig. 1.8.A). Existen muchos otros colorantes empleados habitualmente en la histología convencional. No siempre se utilizan dos colorantes; pueden emplearse tres o más en las tinciones denominadas tricrómicas, tetracrómicas, etc. (Fig. 1.8.B). Estas combinaciones de colorantes permiten distinguir mejor los diversos tipos celulares y componentes tisulares. Por ejemplo, existen colorantes indicados especialmente para la demostración de hidratos de carbono (*PAS*) (Fig. 1.8.C), DNA (*Feulgen*) (Fig. 1.8.D) o lípidos (*rojo grasa*) (Fig. 1.8.E).

Con el paso de los años se han desarrollado técnicas que, mediante la producción de reacciones químicas cuyo producto final puede ser detectado al unirse a un colorante, permiten demostrar por medios morfológicos las modificaciones moleculares de las células y tejidos. Los dos apartados más sobresalientes de la *Citoquímica* e *Histoquímica* son la *Enzimohistoquímica* (o Enzimocitoquímica) y la *Inmunohistoquímica* (o Inmunocitoquímica). También se utilizan las *lectinas* para el marcaje y reconocimiento de determinados hidratos de carbono.

## ENZIMOHISTOQUÍMICA

Un ejemplo de reacción enzimohistoquímica es la técnica de Gomori para la demostración de la *fosfatasa ácida* y, por consiguiente, de los orgánulos denominados *lisosomas* en los que está presente dicha enzima (Fig. 1.8.F). Sobre el tejido que se quiere estudiar se añaden glicerofosfato sódico y nitrato de plomo. En las células que contengan la enzima fosfatasa ácida se producirá la siguiente reacción:

$$\text{Glicerofosfato sódico} + (NO_3)_4Pb \Rightarrow (PO_4)_4Pb_3$$

El producto de la reacción es muy insoluble y precipita inmediatamente. Como no es visible con el microscopio, se añade sulfuro amónico para conseguir un precipitado negro de sulfuro de plomo, que sí es visible. La reacción producida es:

$$(PO_4)_4Pb_3 + S(NH_4)_2 \Rightarrow S_2Pb$$

Basadas en el mismo principio existen reacciones histoquímicas que demuestran otras enzimas como la ATPasa (Fig. 1.8.G) y la NADPH (Fig. 1.8.H). Estas reacciones pueden ponerse de manifiesto tanto con el microscopio óptico como con el electrónico, con las modificaciones pertinentes y los diferentes tratamientos que conllevan una y otra técnica microscópica. Generalmente, la fijación e inclusión, que deterioran la actividad enzimática, se suplen con la congelación del material que es cortado en un criótomo.

## INMUNOHISTOQUÍMICA

Las técnicas inmunohistoquímicas utilizan anticuerpos como reactivos específicos para demostrar una multitud de sustancias diferentes (Fig. 1.9). Supongamos que se quiere estudiar la distribución de la actina en células o tejidos de rata. Se obtiene actina purificada de rata y se usa como antígeno al inyectarla a un conejo. Éste forma anticuerpos frente a la actina de rata. Estos anticuerpos anti-actina se unen a un colorante fluorescente y se ponen en contacto con las células de rata que se quiere estudiar. Donde haya actina se unirán a ella los anticuerpos, que se harán visibles en el microscopio de fluorescencia gracias al colorante (Figs. 1.9.A y 1.10.A). En vez de un colorante fluorescente se puede unir al anticuerpo una enzima como la *peroxidasa*, que se pone de manifiesto mediante la *diaminobencidina*, formándose un precipitado pardo donde hay peroxidasa y, por consiguiente, anticuerpo (Figs. 1.9.B, 1.10.B y 1.10.C). El empleo de esta enzima tiene la ventaja de que puede utilizarse en material incluido en parafina y de que la tinción presenta un carácter permanente, mientras que la fluorescencia se emplea generalmente en cortes obtenidos por congelación y perdura poco tiempo.

A veces, una sustancia es tan escasa que apenas se pone de manifiesto con la técnica inmunohistoquímica descrita. En estos casos puede amplificarse el efecto utilizando la *inmunohistoquímica indirecta*. Con esta técnica, los anticuerpos de conejo obtenidos frente al antígeno se usan a su vez como antígenos al inyectarlos en la cabra. Los anticuerpos de cabra (obtenidos contra anticuerpos de conejo) son los que se unen al colorante fluorescente o a la peroxidasa. De esta manera se consigue que a las moléculas de la sustancia en estudio (actina, por ejemplo) se unan moléculas del primer anticuerpo (obtenido en el conejo), al cual, a su vez, se unen varias moléculas del anticuerpo obtenido en la cabra, que es el visible, potenciándose así la imagen obtenida (Fig. 1.9.C).

Las técnicas de inmunohistoquímica son también aplicables a la microscopía electrónica con las modificaciones pertinentes. Generalmente, se usa inmunohistoquímica indirecta, y el anticuerpo secundario lleva acoplado algún trazador denso para poder visualizarlo en los lugares donde se produzca la reacción (Fig. 1.11.A). El trazador más utilizado es el *oro coloidal*, en partículas esféricas de diámetro comprendido entre 5 y 40 nm. El marcaje se efectúa incubando la muestra con los dos anticuerpos sucesivamente, lo que se puede realizar bien incubando pequeños fragmentos del tejido antes de la inclusión (inmunomarcaje preinclusión) o incubando las secciones ultrafinas obtenidas después de la inclusión y puestas sobre una rejilla de níquel o de oro (inmunomarcaje postinclusión). En este último caso, la resina utilizada tiene que ser hidrófila, para permitir el acceso del anticuerpo al antígeno, y no se usa posfijación con tetróxido de osmio con los metales pesados utilizados ordinariamente como contrastes en microscopía electrónica que puedan interferir con la reacción antigénica o enmascarar el trazador.

## MARCAJE CON LECTINAS

Las lectinas son proteínas que fueron aisladas inicialmente en plantas pero que después se han encontrado en tejidos animales, incluidos los de mamíferos. Estas proteínas tienen la propiedad de unirse a secuencias específicas de monosacáridos y parece que intervienen en

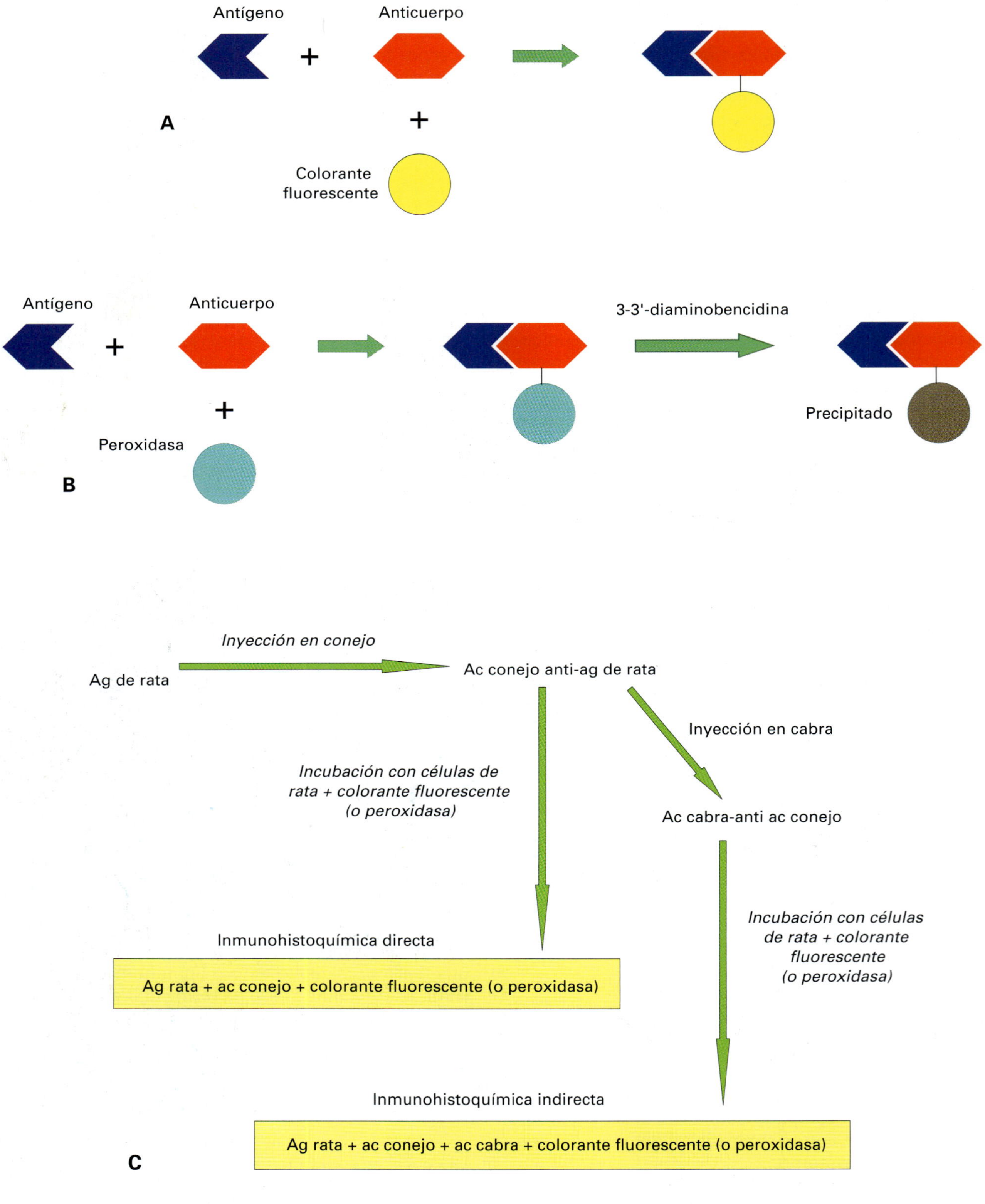


**Figura 1.9.** Inmunohistoquímica. **A**: Esquema del procedimiento general utilizado en la técnica de inmunofluorescencia. **B**: Esquema del procedimiento general empleado en la técnica de peroxidasa-anti-peroxidasa. **C**: Comparación del método directo e indirecto en las técnicas inmunohistoquímicas.

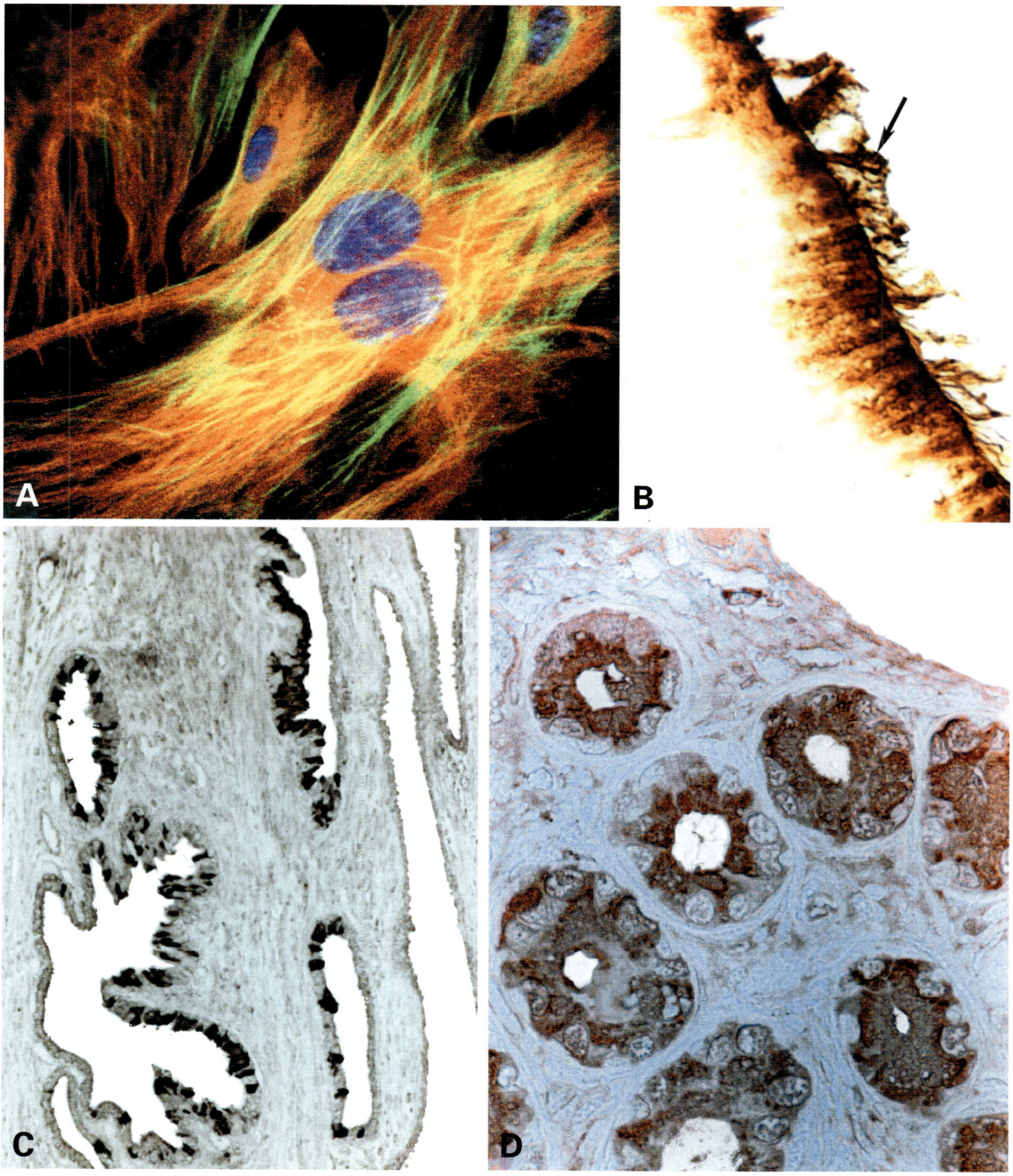


**Figura 1.10.** **A**: Triple marcaje en fibroblastos de ratón en cultivo utilizando anticuerpos unidos a tres colorantes fluorescentes: anti-actina (verde), anti-vimentina (rojo) y anti-proteínas nucleares (azul). X31 500. (Micrografía de G. Giese. Tomada de *European Microscopy and Analysis* 1995; 33: 1). **B**: Inmunomarcaje frente al antígeno epitelial de membrana en el epitelio del epidídimo humano siguiendo la técnica de peroxidasa-anti-peroxidasa. El antígeno se detecta como un precipitado negro en los estereocilios de la superficie apical (flecha). X550. (Cortesía de J. Regadera, Departamento de Morfología, Universidad Autónoma de Madrid.) **C**: Inmunomarcaje del receptor 2 del factor de crecimiento transformante β (TGF-β), utilizando la técnica de peroxidasa-anti-peroxidasa, en próstata humana. X170. **D**: Marcaje con la lectina WGA de las glándulas de Kingsbury de la cloaca del tritón *Triturus marmoratus*. X400. (Cortesía de E. Romo. Departamento de Biología Celular y Genética. Universidad de Alcalá.)

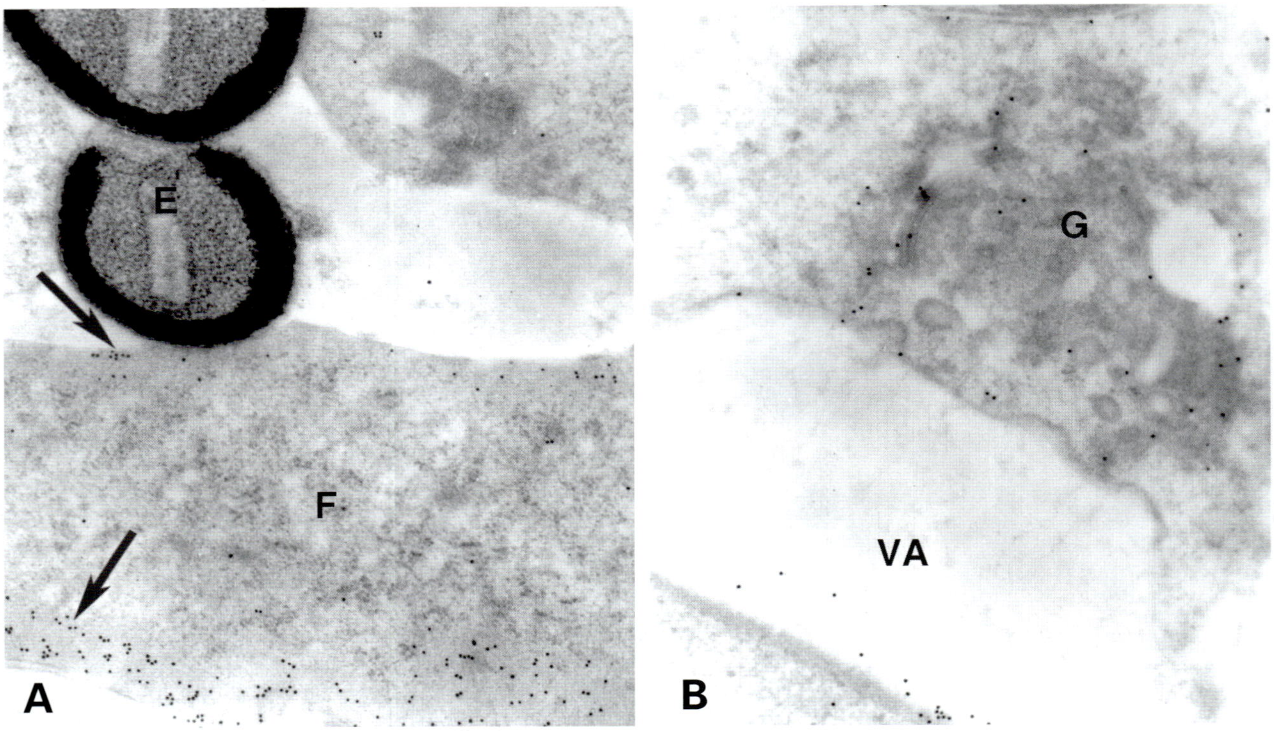


**Figura 1.11.** **A**: Marcaje antiactina con oro coloidal en microscopía electrónica en testículo del teleósteo *Gambusia affinis*. Las partículas de oro (flechas) se detectan por todo el citoplasma basal de la célula folicular (F), mientras que en el citoplasma apical de esta célula sólo se detecta donde hay contacto con espermátidas (E). X30 000. **B**: Marcaje de L-fucosa con la lectina AAA en una espermátida humana observada con microscopía electrónica. Las partículas de oro aparecen en el complejo de Golgi (G) y en la vesícula acrosómica (VA). X45 000. (Cortesía de M.I. Arenas. Departamento de Biología Celular y Genética. Universidad de Alcalá.)

el reconocimiento célula a célula, al unirse a los hidratos de carbono de la superficie celular e inducir la proximidad entre las células adyacentes a cuya superficie se han unido. Debido a este reconocimiento específico de monosacáridos, las lectinas se han utilizado para el reconocimiento de la composición de hidratos de carbono localizados tanto en las superficies celulares como en el citoplasma. Las lectinas más empleadas se muestran en la Tabla 1.1.

Las técnicas de marcaje con lectinas son similares a las usadas en inmunohistoquímica: en microscopía óptica las lectinas pueden marcarse con peroxidasa y ponerse de manifiesto mediante diaminobencidina (Fig. 1.10.D); en microscopía electrónica pueden observarse marcando el anticuerpo secundario con oro coloidal (Fig. 1.11.B).

# TÉCNICAS MOLECULARES APLICADAS A LA BIOLOGÍA CELULAR

## FRACCIONAMIENTO CELULAR

Es una técnica utilizada para separar los distintos orgánulos y componentes celulares con miras a su estudio bioquímico y con el microscopio electrónico (Fig. 1.12).

La técnica se inicia con la *homogeneización*. El tejido se tritura en un homogeneizador (émbolo que gira mediante un motor, y que se ajusta a la pared de un vaso), de manera que las células son comprimidas entre el émbolo y el vaso y se destruyen lo suficiente como para que sus orgánulos queden libres, pero no para que se rompan. Unos 20 minutos de homogeneizado bastan para obtener este efecto.

El homogeneizado se somete a la *1ª centrifugación,* que se realiza a unas 1000 veces la fuerza de la gravedad (1000 G), durante unos 20 minutos. El resultado es que los núcleos se sedimentan, mientras que los demás orgánulos celulares quedan en el sobrenadante.

Éste se somete a la *2ª centrifugación* (10 000 G durante 20 minutos). El sedimento formado está compuesto por mitocondrias, lisosomas y peroxisomas.

El sobrenadante se somete a la *3ª centrifugación* (105 000 G; 2 horas). El sedimento consiste en retículo endoplasmático rugoso y ribosomas libres (la denominada *fracción microsómica*). El sobrenadante consiste en citoplasma fundamental con microtúbulos y filamentos, retículo endoplasmático liso, complejo de Golgi y membrana plasmática (*fracción citosólica*).

Para separar el retículo endoplasmático de los ribosomas en la fracción microsómica se resuspende ésta y se trata con un detergente (*desoxicolato de sodio*); después se centrifuga a 105 000 G durante 20 minutos. En el sedimento quedan los ribosomas y en el sobrenadante, las membranas de retículo endoplasmático.

El sedimento de la segunda centrifugación puede resuspenderse en gradiente de sacarosa (distintas capas en concentraciones crecientes) y centrifugarse a 100 000 G

TABLA 1.1. **Lectinas mejor conocidas y carbohidrato al que se unen**

| Nombre | Origen | Carbohidrato reconocido |
|---|---|---|
| APA | *Abrus pecatorius* | β-galactosa |
| BPA | *Baubinia purpurea* | α-N-acetil galactosamina |
| ConA (Concanavalina A) | *Canavalia ensiformis* | α-manosa |
| DBA | *Dolichus bifloris* | α-N-acetil galactosamina |
| DSA | *Datura stramonium* | α, β-N-acetil glucosamina |
| ECA | *Erythrina cristagalli* | α, β-galactosa |
| EEA | *Evonimus europaeus* | α, β-galactosa |
| GSA I | *Griffonia simplicifolia* I | α-N-acetil galactosamina |
| GSA II | *Griffonia simplicifolia* II | α, β-N-acetil glucosamina |
| HPA | *Helix pomatia* | α-N-acetil galactosamina |
| JAC | *Artocarpus integrifolia* | α-galactosa |
| LCA | *Lens culinaris* | α-manosa |
| LTA | *Lotus tetragonolobus* | α-fucosa |
| MAA | *Maackia amurensis* | ácido siálico (N-acetil neuramínico) |
| MPA | *Maclura pomifera* | α-galactosa |
| PHA-L/E | *Phaseolus vulgaris* | carbohidratos complejos de 2 y 3 cadenas |
| PNA | *Arachis hypogaea* | β-galactosa |
| PSA | *Pisum sativum* | α-manosa |
| PWM | *Phytolacca americana* | β-N-acetil glucosamina |
| RCA I y II | *Ricinus communis I y II* | β-galactosa |
| SBA | *Glycine max (soja)* | α, β-N-acetil galactosamina |
| SJA | *Sophora japonica* | β-N-acetil galactosamina |
| SNA | *Sambucus nigra* | ácido siálico (N-acetil neuramínico) |
| STA | *Solanum tuberosum* | β-N-acetil galactosamina |
| UEA I | *Ulex europaeus* | α-fucosa |
| VVA | *Vicia viciosa* | α-N-acetil galactosamina |
| WFA | *Wisteria floribunda* | α-N-acetil galactosamina |
| WGA | *Triticum vulgaris* | β-N-acetil glucosamina |

durante una hora. Tras la centrifugación, en el sedimento quedan lisosomas y peroxisomas, y en el sobrenadante las mitocondrias. A su vez, las mitocondrias pueden romperse por tumefacción manteniéndolas durante 20 minutos en una solución de albúmina y fosfato 0.2 M, a pH 7.2. A continuación, las mitocondrias rotas se centrifugan a 38 000 G durante 20 minutos. En el sobrenadante queda la matriz mitocondrial y en el sedimento las membranas mitocondriales. Se resuspende el sedimento y se centrifuga a 1900 G durante 15 minutos, obteniendo como sedimento la membrana interna y como sobrenadante la membrana externa. La purificación de

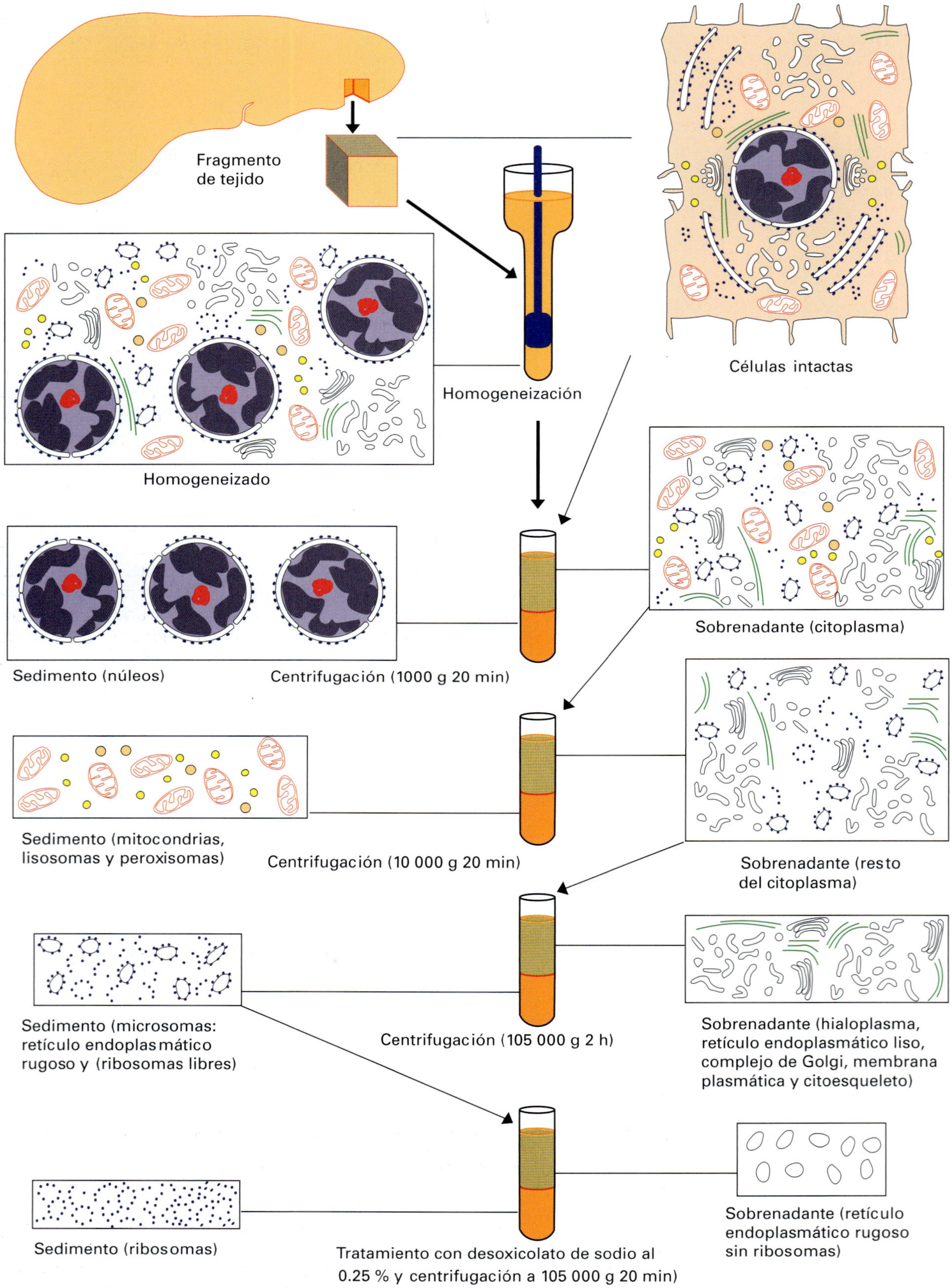


**Figura 1.12.** Representación esquemática de los sucesivos pasos en el fraccionamiento celular.

las membranas se realiza en gradiente de sacarosa a 100 000 G durante una hora.

De modo similar (resuspensión y sucesivas centrifugaciones con gradiente de sacarosa) pueden separarse los componentes del sobrenadante de la tercera centrifugación.

En ultracentrífugas analíticas pueden separarse partículas aún más pequeñas, como virus o macromoléculas (ácidos nucleicos, proteínas, etc.). Mediante ventanas transparentes en el tubo de centrifugación y empleando técnicas ópticas y electrónicas, puede observarse el desplazamiento de las partículas y determinarse la velocidad a la que se sedimentan (*coeficiente de sedimentación*). Este coeficiente depende del peso molecular, tamaño y forma de la partícula, y se expresa en la forma de *unidades S (Svedberg)*.

## AISLAMIENTO E IDENTIFICACIÓN DE PROTEÍNAS POR ELECTROFORESIS (TÉCNICA WESTERN)

Es una técnica para la identificación de proteínas que, separadas mediante electroforesis en un gel de SDS-poliacrilamida (PAGE), son inmunorreactivas a un anticuerpo específico.

El tejido es homogeneizado y sus proteínas se separan mediante electroforesis: al desplazarse por el gel durante este proceso, las proteínas se separan y se organizan en bandas ordenadas por su carga, orden que coincide, en líneas generales, con el peso molecular (cuanto mayor sea el peso, mayor es la carga negativa). Las proteínas son transferidas a una membrana de nitrocelulosa que se incuba con el anticuerpo primario específico para la proteína que se pretende localizar y, a continuación, con el anticuerpo secundario conjugado con peroxidasa. El revelado (generalmente con un agente quimioluminiscente cuya luz impresiona la placa fotográfica) pone de manifiesto la proteína que reaccionó frente al anticuerpo específico (Fig. 1.13).

## TÉCNICAS DE HIBRIDACIÓN DE ÁCIDOS NUCLEICOS

Estas técnicas se basan en la capacidad de emparejarse las secuencias complementarias de ácidos nucleicos: no sólo hebras de DNA entre sí sino también hebras de RNA entre sí o una hebra de DNA con otra de RNA. Tienen muchas aplicaciones: una de ellas es la localización de un gen o de una determinada secuencia de DNA en un tejido, y otra es poner de manifiesto la presencia de un gen activo (que transcriba RNA mensajero) en las células de un tejido. La detección de la secuencia buscada se realiza introduciendo una sonda, que consiste en un fragmento de DNA o RNA cuya secuencia de bases es complementaria de la del fragmento de DNA o RNA que se pretende localizar. Dicha sonda ha sido previamente marcada (radiactivamente, con un colorante fluorescente o mediante quimioluminiscencia) para poder ser detectada posteriormente. Si la secuencia buscada está presente, la sonda se combinará con ella y los híbridos podrán ser detectados utilizando una técnica que permita visualizar el marcaje empleado: impresión de una placa fotográfica, microscopía de fluorescencia u otras.

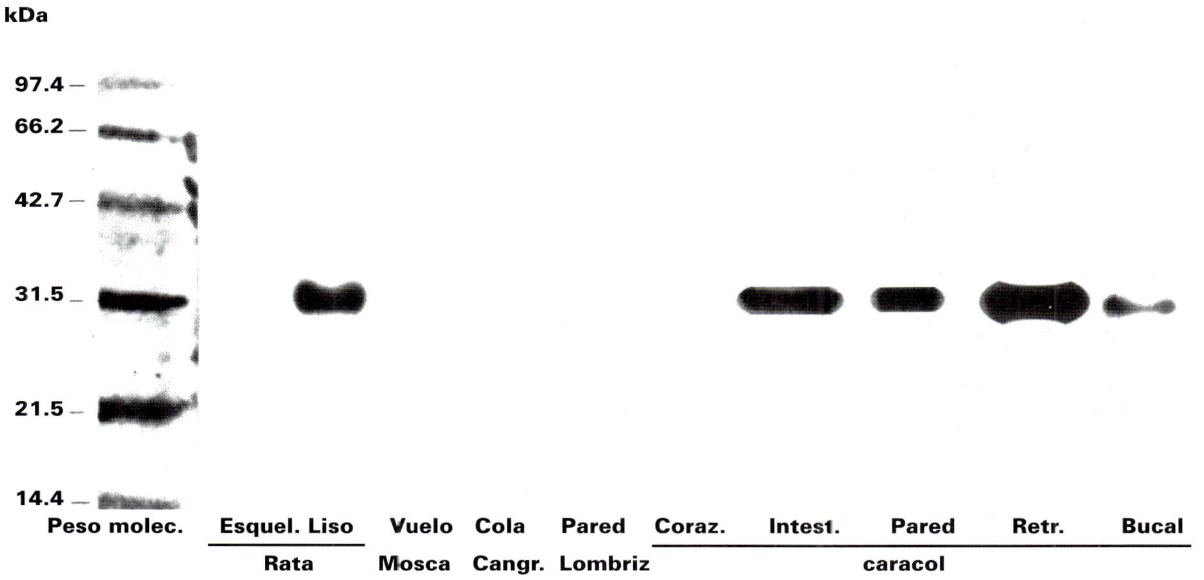


**Figura 1.13.** Resultados de la identificación de la proteína muscular calponina en diferentes tejidos musculares y especies, utilizando la técnica *Western*. En la columna de la izquierda aparecen las diferentes proteínas, ordenadas por sus pesos moleculares y teñidas con azul Comassie. Las restantes columnas corresponden al resultado de la electroforesis de las proteínas de cada uno de los músculos estudiados tras la incubación con anticuerpos frente a calponina conjugados con peroxidasa. En los músculos que contienen calponina aparece teñida una banda correspondiente al peso molecular de dicha proteína. (Cortesía de M. Royuela, Departamento de Biología Celular y Genética. Universidad de Alcalá.)

Los procedimientos técnicos concretos seguidos en el uso de la hibridación de ácidos nucleicos dependen de la finalidad a la que se aplique el estudio.

### Hibridación *in situ*

En esta técnica la hibridación se realiza *in situ* sobre células completas, núcleos o cromosomas, sin necesidad de aislar previamente el DNA, y se utiliza preferentemente para localizar un gen o fragmento de DNA. Para poder realizar la hibridación se procede a la desnaturalización del DNA (elevando la temperatura hasta 85-90 °C o cambiando a valores extremos el pH), con lo que las cadenas del doble helicoide se separan. Al ir descendiendo la temperatura o neutralizando el pH se produce la reestructuración del doble helicoide, y la sonda de DNA introducida se hibrida con el DNA complementario. El marcaje de la sonda permite visualizar el DNA hibridado.

La hibridación *in situ* puede también poner de manifiesto la presencia de un gen activo (que transcriba RNA mensajero) en las células de un tejido. Tras eliminar el DNA del tejido mediante digestión enzimática con DNAasa, se añade una sonda de DNA o RNA marcada cuya secuencia es complementaria de la del RNA mensajero que se pretende localizar, y que se hibridará con éste.

### Localización de genes o secuencias específicas en una población de fragmentos de DNA (técnica *Southern*)

El primer paso es el aislamiento del DNA. Tras homogeneizar el tejido, se separan los núcleos por centrifugación y se procede a obtener los ácidos nucleicos. Para ello, se utilizan diversos procedimientos; el más habitual consiste en usar un detergente (SDS) que lisa los núcleos y libera su contenido. Mediante tratamiento con fenol-cloroformo se desnaturalizan las proteínas, que precipitan por centrifugación, quedando en el sobrenadante una fase acuosa entre cuyos componentes están los ácidos nucleicos. El sobrenadante es sometido a varios ciclos de tratamiento con fenol y centrifugación hasta eliminar por completo las proteínas. Seguidamente el sobrenadante se trata con etanol frío, que precipita los ácidos nucleicos que pueden separarse del sobrenadante. La eliminación del ácido nucleico que no interesa (RNA) se realiza con una enzima específica (la RNAasa) que lo digiere, quedando el DNA.

El DNA genómico aislado se digiere mediante enzimas de restricción, las cuales fragmentan los dobles helicoides de DNA cortándolos por secuencias determinadas. A continuación, los fragmentos son separados por electroforesis en un gel de agarosa y se transfieren después a una membrana de nailon o nitrocelulosa por capilaridad. Esta transferencia es necesaria para mantener el DNA firmemente en su lugar, lo que no ocurriría si se mantuviera en el gel. A medida que se efectúa la transferencia se va desnaturalizando el DNA. La membrana con los fragmentos de cadenas simples de DNA se incuba con una sonda de DNA o RNA marcada, complementaria de la del fragmento de DNA que se pretende localizar, y se produce la hibridación.

### Localización de secuencias específicas en una población de fragmentos de RNA (técnica *Northern*)

Esta técnica es una variante de la anterior, pero aplicada a la identificación de secuencias de RNA mediante sondas de RNA, que pueden ser marcadas radiactivamente o con otros marcadores, como los de tipo quimioluminiscente. El RNA de las células es extraído por el mismo procedimiento indicado para la obtención del DNA, pero efectuando el tratamiento final con DNAasa (en vez de con RNAasa), quedando el RNA. Éste es separado por electroforesis en un gel de formaldehído-agarosa, que permite la desnaturalización del RNA y su transferencia a una membrana de nailon o nitrocelulosa, que se incuba con la sonda marcada.

## REACCIÓN EN CADENA DE LA POLIMERASA (PCR)

Esta técnica tiene como finalidad aislar y amplificar un determinado fragmento de DNA a partir de una mezcla compleja de secuencias de DNA. Se basa en la amplificación de esas secuencias por medio de una enzima polimerasa que es estable en condiciones de temperaturas tan altas como para desnaturalizar el DNA. Para comprender cómo se aplica esta técnica es conveniente leer antes el apartado correspondiente a la replicación del DNA (véase página 86).

Tras homogeneizar el tejido, se procede a obtener el DNA según el procedimiento ya indicado. Este DNA es incubado junto con los cuatro tipos de desoxinucleótidos o sus análogos (uno de ellos marcado), la enzima DNA polimerasa que actúa a temperatura elevada (polimerasa $T_{AQ}$) y las dos secuencias de DNA (de 15 a 20 desoxinucleótidos cada una), cuyas bases son complementarias de los extremos iniciales y finales del fragmento de DNA que se va a copiar, y que actúan como cebadores específicos para la replicación de ese fragmento de DNA. Se utiliza un cebador diferente para cada uno de los dos extremos del fragmento de DNA porque las dos hebras de DNA se disponen con direcciones opuestas, y son copiadas en direcciones opuestas ya que la replicación siempre se realiza en el sentido 5′ → 3′ (Fig. 1.14).

La incubación se somete a unos 30 ciclos de temperatura. Cada ciclo consta de tres fases, de acuerdo con los cambios de temperatura: a 85-90 °C el DNA se desnaturaliza, separándose sus dos hebras; a 50-60 °C los cebadores se disponen sobre sus secuencias complementarias en las hebras de DNA; a 72 °C actúa la $T_{AQ}$ polimerasa, que comienza a copiar las dos cadenas de DNA. En el primer ciclo se ha obtenido una réplica del fragmento de DNA. En realidad, la copia obtenida es de mayor longitud que la del fragmento que se pretende amplificar, pues los cebadores marcan el inicio y el sentido en que la polimerasa irá copiando, pero no el punto donde se detendrán, ya que la polimerasa se detiene cuando se interrumpa el ciclo. En los ciclos siguientes cada una de las copias del fragmento de DNA es copiada de nuevo, con lo que en cada ciclo se multiplica por dos el número de copias. En cada ciclo, la co-

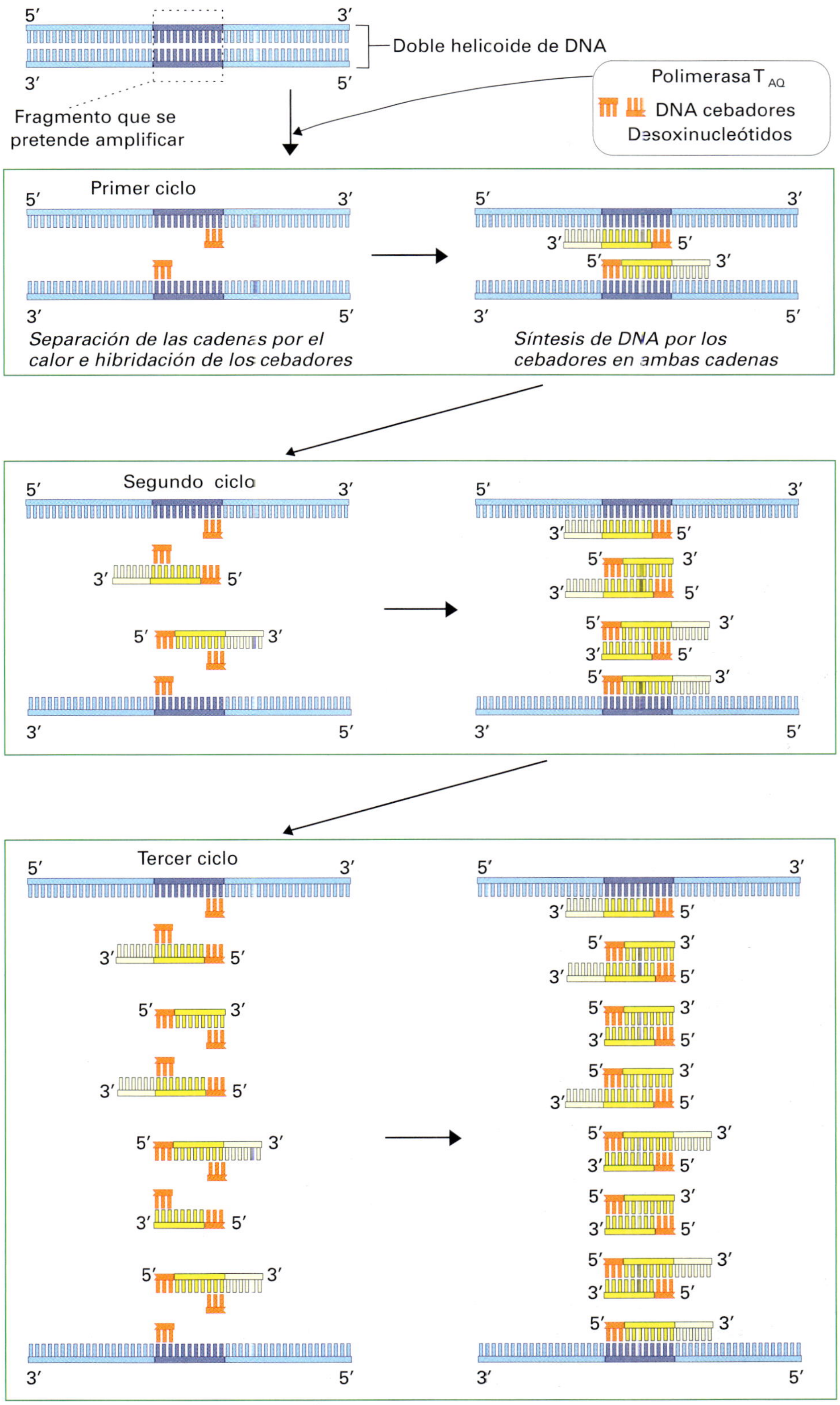


**Figura 1.14.** Esquema de la técnica de la reacción en cadena de la polimerasa, utilizada para amplificar una secuencia de DNA.

pia del fragmento original siempre será demasiado larga pero no ocurre lo mismo con la copia de las copias obtenidas en los ciclos anteriores, ya que la replicación del DNA se hace siempre en dirección contraria a la hebra copiada y el punto de inicio viene marcado por los cebadores.

Una modalidad de PCR que se aplica al estudio microscópico de los tejidos es el *RT-PCR* (retro-PCR), que revela si un gen conocido es activo en las células de ese tejido en particular, al poner de manifiesto si está presente en esas células el RNA mensajero correspondiente. Los cortes histológicos son tratados con DNAasa para eliminar el DNA respetando el RNA. A continuación, los cortes se incuban con un DNA cebador cuya secuencia de nucleótidos sea complementaria de la secuencia del extremo 3′ del RNA mensajero que se quiere localizar, los cuatro tipos de desoxinucleótidos que forman el DNA y la enzima transcriptasa inversa (que permite copiar el RNA como DNA). De esta manera se obtiene una copia en DNA del RNA mensajero buscado, si está presente. A continuación, el DNA obtenido es amplificado como se hace en la técnica de PCR común.

### CULTIVO DE CÉLULAS Y TEJIDOS

Una manera de experimentar la acción de diferentes factores sobre las células y los tejidos consiste en aislarlos de los organismos vivos en que se encuentran y colocarlos en un medio de cultivo donde proliferan (*cultivo celular*). Es el estudio *in vitro,* que completa el estudio *in vivo* tradicional.

El cultivo puede ser de fragmentos de tejidos o bien de uno o más tipos celulares previamente aislados del tejido (véase Fig. 1.7). De esta forma se pueden cultivar separadamente los diversos tipos celulares y se determinan mucho mejor las propiedades de cada uno y las que dependen de la relación entre varios de ellos.

Los cultivos se realizan sobre la superficie de una capa de plástico sobre la que pueden crecer las células. Sobre esta capa se añaden diversos elementos necesarios para que las células se desarrollen, tales como componentes de la matriz extracelular, aminoácidos, vitaminas, sales minerales y diversas sustancias como factores de crecimiento. Como los diferentes tipos celulares tienen necesidades nutritivas diferentes, los elementos del medio de cultivo varían dependiendo del tipo celular.

Las células cultivadas realizan un número limitado de divisiones, tras las cuales mueren. Sin embargo, es frecuente que se produzca alguna variante celular capaz de reproducirse indefinidamente, constituyendo una *línea celular*. Si se desea, puede aislarse una célula de esta variante, cultivarla aparte y obtener descendencia de ella. Así se obtiene un *clon* de ese nuevo tipo celular.

Un comportamiento especial es el de las células cancerosas que, además de reproducirse indefinidamente, lo hacen con gran rapidez y sin necesidad de fijarse sobre una superficie. Estas células se pueden obtener a partir de tumores, pero también se logra inducir la *transformación neoplásica* (cancerosa) de las células normales mediante la adición de determinados agentes, como virus o sustancias químicas, a los cultivos.

Otra posibilidad de los cultivos celulares es la fusión de dos tipos celulares diferentes en una célula binucleada denominada *heterocarion*. La fusión se consigue añadiendo diversas sustancias como *polietilenglicol* o virus inactivados que alteran las membranas plasmáticas. Cuando un heterocarion se divide, se reúnen los cromosomas de ambos núcleos y, tras la mitosis, se forma un nuevo tipo celular que reúne los cromosomas de ambos tipos celulares (*células híbridas*). Estas células son útiles para estudiar las interacciones entre dos tipos celulares y la localización de determinados genes.

## NIVELES DE ORGANIZACIÓN EN BIOLOGÍA

### FORMAS DE VIDA

Desde que en 1665 Robert Hooke describiera la célula como unas cavidades o celdillas en la estructura microscópica del corcho, hubieron de pasar casi dos siglos hasta verificar que todos los organismos animales y vegetales, superiores o inferiores, están formados por células, que son idénticas en lo esencial, pues básicamente constan de los mismos orgánulos y componentes. Este descubrimiento llevó al botánico Schleiden (1838) y al zoólogo Schwann (1839) a la formulación de un principio fundamental de la Biología que se conoce como la *teoría celular*, cuya enunciación se puede resumir diciendo que la célula es la unidad morfológica y funcional del ser vivo.

Sin embargo, la teoría celular no implica necesariamente que todas las células alcancen el mismo nivel de complejidad. Las células más complejas, a las que dedicaremos principalmente nuestra atención en los próximos capítulos, son las células *eucariotas* o células con núcleo verdadero y la dotación habitual de orgánulos citoplásmicos. Integran organismos tanto uni como pluricelulares, a partir de los protozoos. Frente a este mundo de seres vivos, que es el más evidente, existe un mundo microscópico, y a veces submicroscópico, constituido por las células *procariotas* o células sin verdadero núcleo (aunque sí con ácidos nucleicos) y cuyos orgánulos citoplásmicos quedan limitados a los ribosomas y algunos sistemas simples de membranas. Incluso por debajo de este nivel de organización están los *virus* y *viroides*, considerados seres vivos infecciosos pero no organismos celulares. Existen otros agentes infecciosos que ni siquiera pueden ser considerados seres vivos, como es el caso de los *priones*, que son proteínas malformadas capaces de contagiar esa malformación, por lo que trataremos de ellos cuando estudiemos la formación de las proteínas.

## VIRUS Y VIROIDES

En 1892, Ivanowsky demostró la existencia de unos organismos infecciosos tan pequeños que atravesaban filtros de porcelana con poros menores de un micrómetro. Estos microorganismos son los *virus*, que ocupan el nivel inferior de organización de los seres vivos. Los virus no son propiamente células. Se ha discutido si realmente son seres vivos, pues dependen de otras células para su reproducción, así como para la síntesis de macromoléculas y otras muchas actividades. No tienen ninguno de los orgánulos que estudiaremos al tratar de la célula y, en cierto sentido, carecen de metabolismo. Para su duplicación dependen de su capacidad de penetrar en células de organismos vivos y de modificar el metabolismo de éstas, reemplazando algunas funciones del DNA celular por las regidas por su propio ácido nucleico. Las funciones de la célula huésped pueden desviarse por completo hacia la producción de nuevos componentes del virus, en cuyo caso el ácido nucleico vírico es el modelo de producción.

Se conocen muchos virus diferentes, desde el tamaño de un ribosoma (30 nm) hasta 100-300 nm. Esencialmente constan de un *nucleoide* envuelto por una cápsula proteica *(cápside)* que lo protege (Fig. 1.15).

El *nucleoide* es un ácido nucleico que puede ser DNA o RNA, pero nunca ambos. Tanto en los virus DNA como en los RNA, el ácido nucleico forma una hélice doble o simple, con disposición lineal o, más rara vez, circular (Tabla 1.2). La capacidad del ácido nucleico vírico es muy variable. Algunos virus, como el del mosaico del tabaco, poseen más de 6000 bases (unos 2 µm de longitud) en un solo filamento de RNA, que únicamente pueden fabricar tres o cuatro proteínas diferentes. Otros virus, como el bacteriófago $T_4$, llegan a tener hasta 200 000 pares de bases (unos 65 µm) de doble helicoide de DNA y pueden producir unas 300 proteínas diferentes.

La cápsula proteica que envuelve al nucleoide comprende desde 60 hasta miles de moléculas. Los virus más complejos pueden tener, además, una envuelta con fosfolípidos y glucoproteínas recubriendo la cápsula. Las unidades proteicas (*capsómeras*) muestran generalmente configuraciones geométricas poliédricas. Los componentes de la cápsula son proteínas específicas que sólo se producen bajo la influencia del genoma del virus. Algunos virus tienen una estructura más compleja, como el bacteriófago $T_4$, con cabeza (DNA más envuelta proteica), pieza intermedia, cola y fibras caudales. La cola está provista de una placa terminal con la que el virus se fija a la superficie de la bacteria. En ella hay enzimas que lisan esta superficie para inyectar el ácido nucleico en la bacteria. El resto del bacteriófago queda fuera (Fig. 1.15).

Los virus penetran también en la célula por vesiculación (*endocitosis*). La liberación del virus puede ocurrir al romperse la célula infectada cuando es muy grande el número de virus, o por exocitosis (Fig. 1.16).

La replicación vírica depende del tipo de nucleoide. Los virus DNA (Fig. 1.17) pierden la cápsula al entrar en la célula, donde el DNA se replica originando muchas copias que formarán los nucleoides de los descendientes del virus original. Para formar la cápsula de esos nucleoides, el DNA vírico se transcribe (utilizando las enzimas de la célula) en el RNA mensajero que codifica la síntesis de las proteínas capsulares. Esta síntesis se realiza también utilizando enzimas y ribosomas de la célula. El último paso es el montaje de cada cápsula con su nucleoide y así los nuevos virus quedan finalizados.

Algunos virus RNA replican su RNA a expensas de la célula, pero utilizando como modelo su propio RNA vírico, ya que carecen de DNA (Fig. 1.18). Éste es el caso del virus de la gripe y del virus de la estomatitis vesicular, que constituyen un sistema extraordinario en Biología, pues en ningún otro ser se puede sintetizar RNA a partir de RNA. Ello implica la inducción de nuevas enzimas, como las capaces de emplear moldes de RNA. Los ribosomas y otros componentes de la célula se utilizan para las funciones víricas. Lo primero que hace el RNA vírico es actuar como mensajero y emplear los ribosomas para fabricar la enzima *RNA replicasa* y otras proteínas. Esto permite que el RNA vírico forme múltiples copias de sí mismo, las cuales servirán de modelos para obtener aún más copias de ese RNA. El RNA vírico actúa también como RNA mensajero para la síntesis de las proteínas capsulares que se ensamblarán con las múltiples copias obtenidas del RNA.

**TABLA 1.2. Características del nucleoide de diferentes virus**

| Nucleoide | Cadenas | Configuración | Tipo de virus |
|---|---|---|---|
| DNA | 2 | Circular | SV40, virus polioma |
| DNA | 2 | Lineal | Poxvirus |
| DNA | 1 | Circular | Bacteriófagos M13 y Φ174 |
| DNA | 1 | Lineal | Papovavirus |
| RNA | 2 | Lineal | Reovirus |
| RNA | 1 | Lineal | Virus del mosaico del tabaco, virus de la polio, bacteriófago R17 |

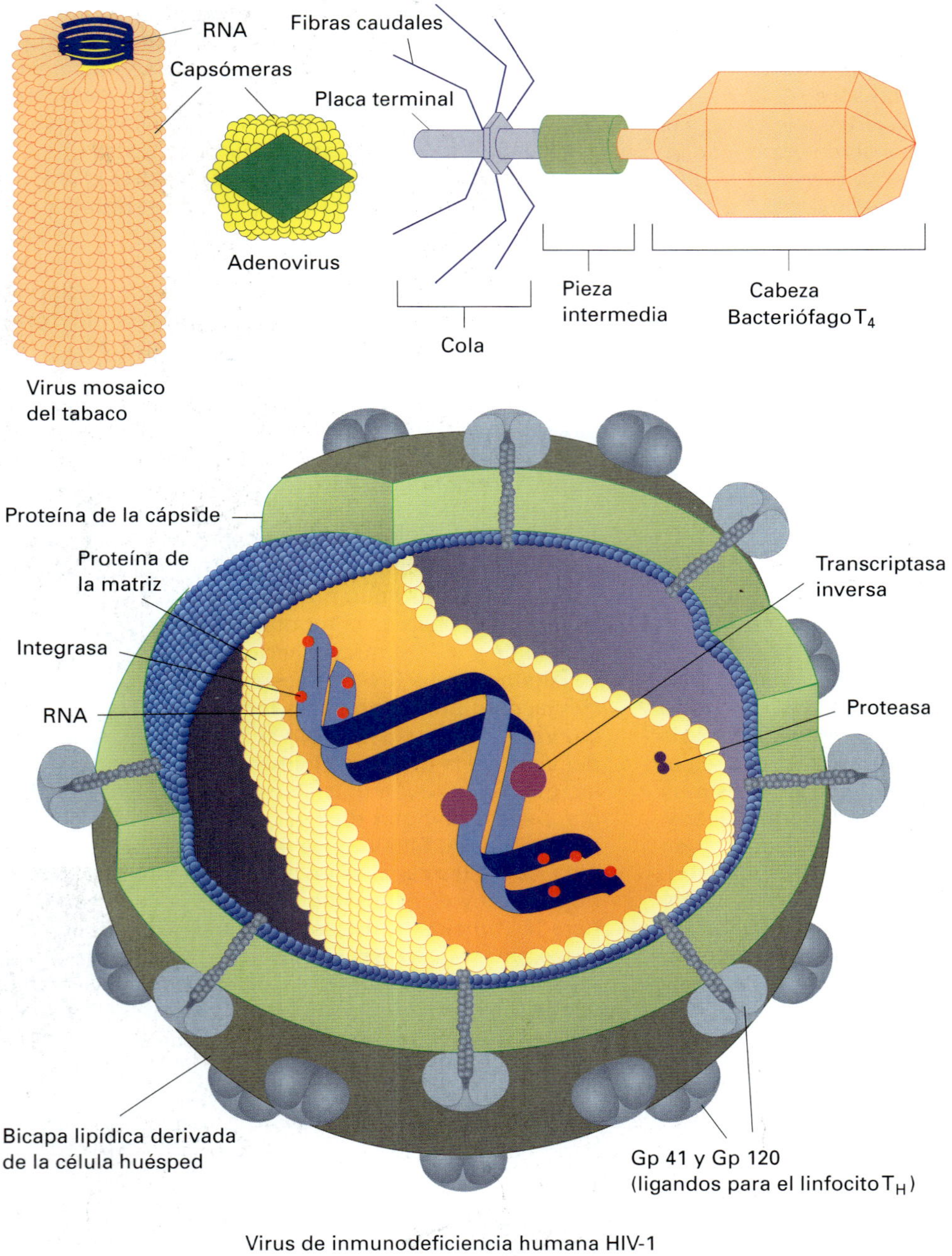


**Figura 1.15.** Representación esquemática de diversos virus. Los tamaños a los que han sido dibujados no guardan proporción entre sí.

Otros virus RNA utilizan un mecanismo diferente para su replicación (Fig. 1.19). Son los *retrovirus*, que parasitan células animales y pueden ser oncogénicos. Poseen la enzima *transcriptasa inversa,* que también penetra en la célula junto con el nucleoide vírico. Esta enzima permite copiar el RNA vírico, pero no en RNA sino en DNA, el cual se incorpora al DNA de la célula (*transducción del DNA)* y se transcribe en múltiples copias de RNA, que formarán los nucleoides de los nuevos virus. Además, como en el caso anterior, el RNA vírico actúa como mensajero para la síntesis de las proteínas capsulares.

Hay estructuras constituidas por un ácido nucleico que son aún más simples que los virus. Se trata de los *viroides*, que consisten en una molécula desnuda de RNA de entre 240 y 600 nucleótidos (de 80 a 200 nm de longitud) e infectan diversas plantas como patatas, cocoteros y crisantemos. No se ha demostrado que este RNA codifique proteína alguna. Cualquier actividad bioquímica en la que esté implicado el viroide requiere las proteínas enzimáticas celulares. Parece que para la propia duplicación del viroide se utiliza la enzima RNA polimerasa II de la célula huésped (que normalmente transcribe el DNA celular en RNA mensajero).

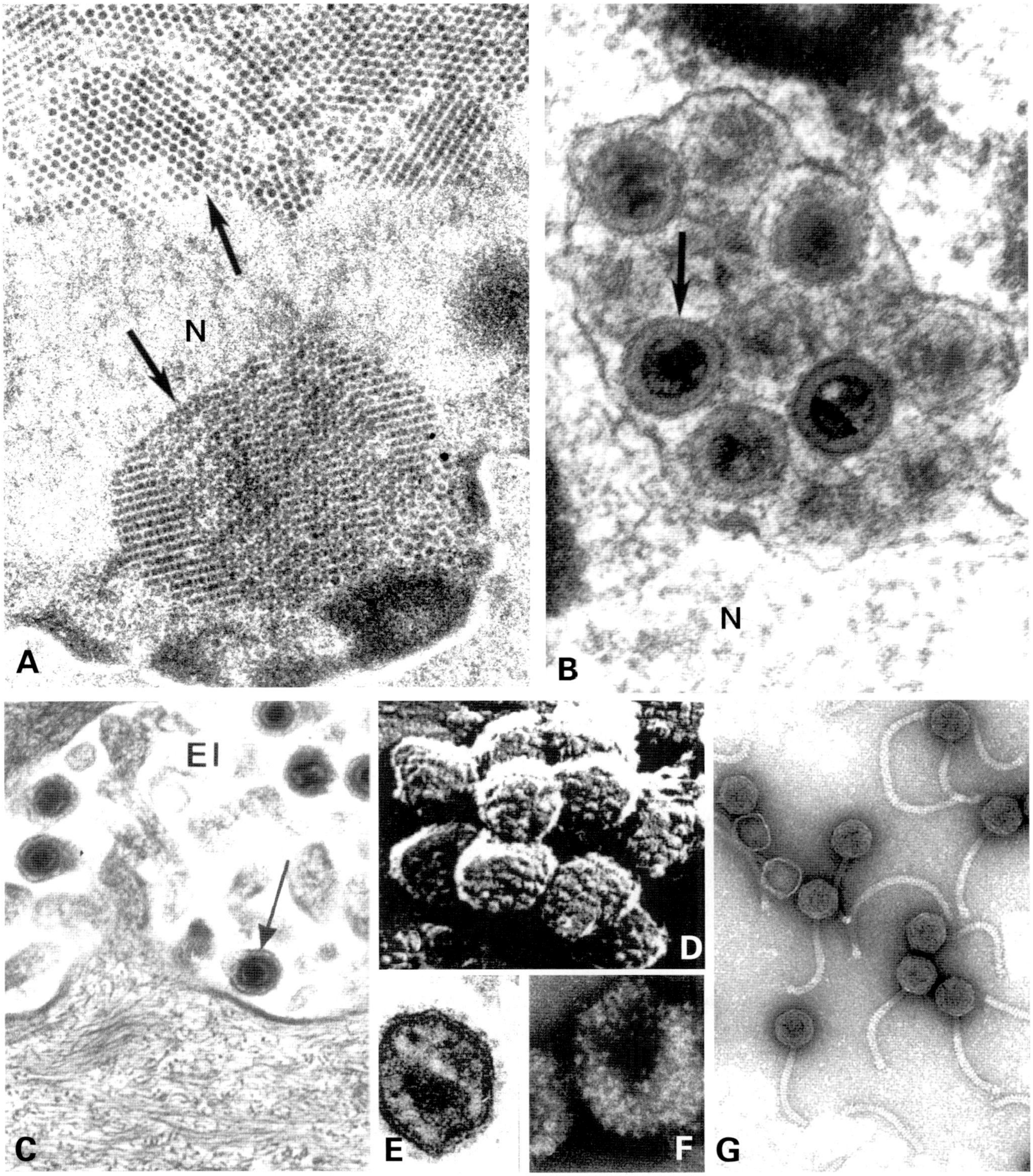


**Figura 1.16.** **A-C**: Observación con el microscopio electrónico de virus (flechas) del papiloma (**A**) y herpes (**B** y **C**) en el interior del núcleo (N) y en los espacios intercelulares (EI) de células epidérmicas humanas. A: X20 000. B: X80 000. C: X55 000. (Cortesía de E. Burgos Lizalde, Departamento de Anatomía Patológica. Hospital La Paz, Madrid.) **D-F**: Virus de la inmunodeficiencia en simios observados en microscopía de barrido (**D**), microscopía de transmisión en cortes (**E**) y microscopía de transmisión *in toto* y tinción con contraste negativo (**F**). D: X100 000. E y F: X200 000. (Micrografías de M.V. Nermut. Reproducidas de *European Microscopy and Analysis*, 1994, 30: 13.) **G**: Bacteriófago observado tras tinción con contraste negativo. X90 000. (Micrografía de P. Johson. EMIF. University of Rhode Island.)

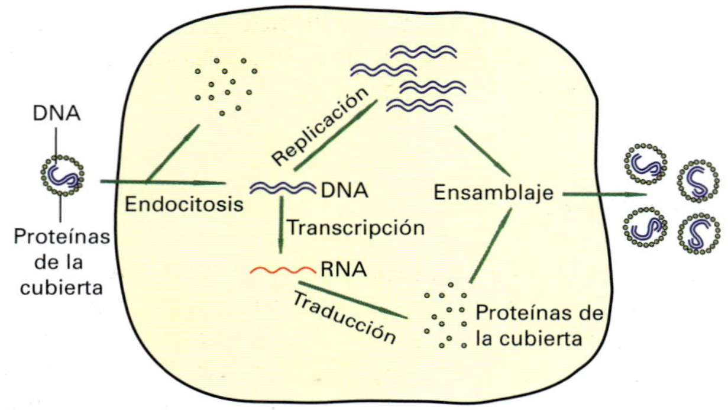


**Figura 1.17.** Esquema del comportamiento de un virus DNA de doble helicoide.

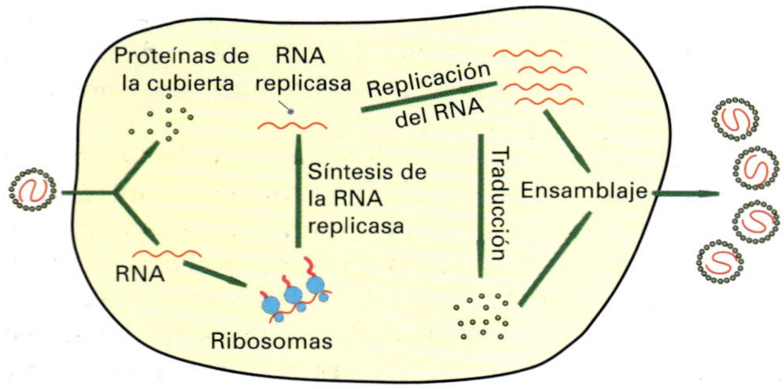


**Figura 1.18.** Esquema del comportamiento de un virus RNA cuyo nucleoide es un simple helicoide que posee la enzima RNA replicasa.

## CÉLULAS PROCARIOTAS

Son células muy pequeñas, como los micoplasmas, las bacterias típicas como *Escherichia coli* y las algas verde azuladas (cianobacterias). Su organización es más sencilla que la de las células eucariotas. Contienen ribosomas y algunos sistemas de membranas que no forman verdaderos orgánulos. En general, el metabolismo de las células procariotas presenta una diversidad extraordinaria. Así como los ciclos metabólicos de algunas bacterias apenas difieren de los de organismos superiores, otras bacterias poseen sistemas metabólicos exclusivos. Esta diversidad explica que se puedan encontrar bacterias en ambientes muy diversos, e indica el alto grado de organización que se esconde en esa aparente sencillez morfológica. La clorofila bacteriana y otros pigmentos fotosintéticos difieren de los de las células eucariotas.

Hoy día todos los organismos procariontes se clasifican en dos grandes grupos o subreinos: *arqueobacterias* o bacterias primitivas, y *eubacterias* o bacterias verdaderas.

### ARQUEOBACTERIAS

Cumplen con las características generales de las células procariotas al presentar una membrana plasmática (en este caso rodeada de pared celular) que contiene un nucleoide (doble helicoide de DNA no unido a proteínas) y ribosomas de 70 unidades S. No hay orgánulos membranosos. La principal característica de las arqueobacterias es su localización habitual en ambientes que son hostiles para la mayoría de los organismos y donde desarrollan un metabolismo peculiar, de acuerdo con el cual se clasifican en tres grupos:

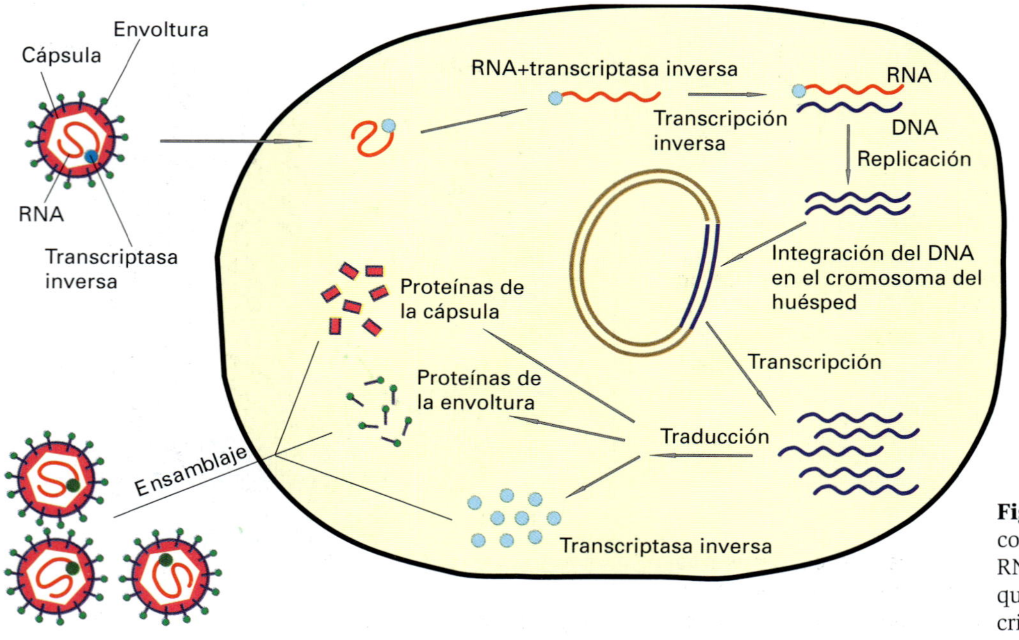


**Figura 1.19.** Esquema del comportamiento de un virus RNA con un simple helicoide que posee la enzima transcriptasa inversa.

1. *Metanógenas.* Convierten el $CO_2$ y el $H_2$ en metano ($CH_4$). No pueden vivir en presencia de oxígeno. Se encuentran en las aguas estancadas y residuales (son las que producen el gas de los pantanos), en el fondo del océano y en las aguas termales. También residen en el tracto intestinal de algunos animales, como los rumiantes.
2. *Halófitas.* Viven en medios salinos, al borde de los océanos y en lagos salados. Algunas crecen incluso en la salmuera saturada. Decoloran y alteran el pescado salado. Mantienen fuertes gradientes de la concentración iónica a través de la membrana plasmática y utilizan esos gradientes para transportar sustancias hacia fuera o hacia dentro de la célula. Algunas halófitas realizan fotosíntesis mediante un pigmento diferente de la clorofila, denominado *rodopsina bacteriana* por su parecido con el pigmento visual retiniano del mismo nombre.
3. *Termoacidófilas.* Se encuentran en manantiales calientes y ácidos. Un grupo de estas bacterias (las *sulfobacterias*) se encuentra en aguas sulfurosas, a unos 80 °C y de pH inferior a 2. Son aerobias y realizan la oxidación de $SH_2$ a S (en vez de la fotosíntesis de $H_2O$ a $O_2$). Necesitan esta elevada temperatura para establecer gradientes de electrones que les permitan mantener un pH interno próximo a la neutralidad.

Se considera que en estos ambientes debieron de vivir las formas más primitivas de vida antes de que evolucionaran al enriquecerse la atmósfera en oxígeno. Las arqueobacterias no sólo se diferencian de las eubacterias en su especial ambiente y metabolismo, sino también en algunas características moleculares:

1. La pared celular carece de peptidoglucanos, constantes en las eubacterias con pared celular.
2. Los lípidos de la membrana plasmática consisten en un diéter establecido por el glicerol con dos moléculas de *fitanol* (un alcohol que presenta una cadena alifática ramificada). En las eubacterias y células eucariotas, el glicerol se une por enlaces del tipo éster a cadenas alifáticas rectas.
3. El RNA de transferencia (tRNA) posee una pseudopurina en vez de la base timina presente en las eubacterias y procariotas.
4. La enzima RNA polimerasa difiere de la de las eubacterias.
5. La síntesis proteica se inicia con el aminoácido metionina y no es inhibida por el cloranfenicol. En ambos aspectos las arqueobacterias coinciden con las células eucariotas y se diferencian de las eubacterias.

## EUBACTERIAS

Constituyen un grupo muy amplio de microorganismos que comprenden desde las formas más simples, como los micoplasmas, hasta las más complejas, como las cianobacterias, pasando por los organismos que han sido considerados bacterias en sentido estricto, uno de cuyos representantes más estudiado y utilizado en los laboratorios es *Escherichia coli.* Su metabolismo puede ser autótrofo o heterótrofo.

### Micoplasmas

Pasteur pensó que la pleuroneumonía bovina era causada por un agente bacteriano que no pudo ser aislado por ser demasiado pequeño, de un tamaño comparable al de los virus. Sin embargo, se demostró que este microorganismo no era un virus porque pudo ser aislado y cultivado en un medio sin células. Utilizando filtros de calibre sumamente pequeño, se determinó el tamaño de este microorganismo, que resultó ser de entre 125 y 150 nm, es decir, más pequeño que algunos virus. Se han aislado más de 30 cepas que causan enfermedades respiratorias en aves de corral, artritis en cerdos e infección de ubre en ovejas. En los seres humanos causa pleuroneumonía y uretritis. El género recibió el nombre de *Mycoplasma*. Son bien conocidas dos especies: *M. laidlawii* y *M. gallisepticum*.

El *M. laidlawii* mide de 200 nm a 1 µm. Tiene vida libre y no necesita células para la duplicación. Contiene DNA, ribosomas y algunas enzimas, como las necesarias para la conversión de la glucosa en ácido pirúvico. Tiene un gránulo de significado incierto y una vacuola que algunos interpretan como pliegue de la membrana plasmática. Todo ello va envuelto en una membrana plasmática de 10 nm de espesor, constituida por una bicapa lipídica que contiene fosfolípidos y colesterol, como las membranas de las células eucariotas (Figs. 1.20 y 1.21.A). Estos microorganismos son los únicos procariotas conoci-

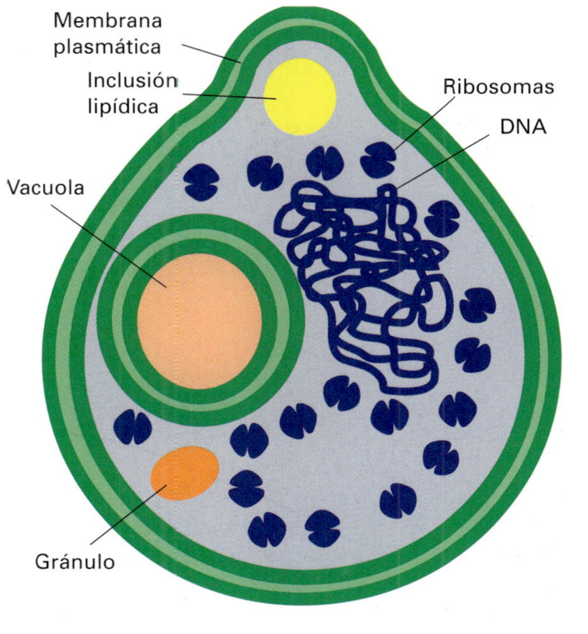


**Figura 1.20.** Esquema de *Mycoplasma laidlawii.*

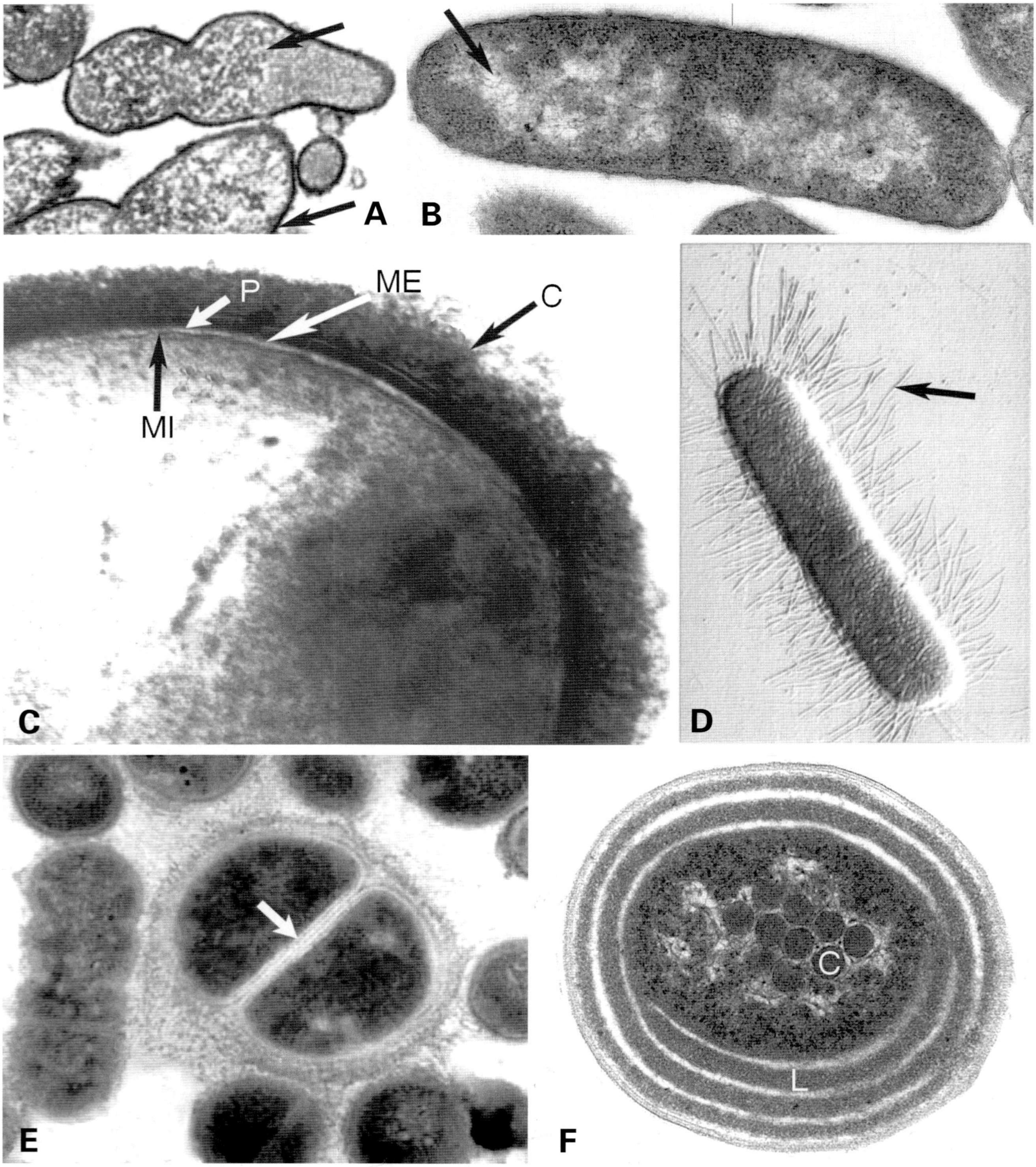


**Figura 1.21.** Imágenes de microscopía electrónica de procariotas. **A**: *Mycoplasma penetrans*. No se observan orgánulos celulares sino tan sólo el nucleoide (flecha). X70 000. (Tomado de Yáñez A. y colaboradores. *Emerging Infectious Diseases,* 1999; 5:1.) **B**: *Escherichia coli*. El nucleoide aparece como finas fibrillas (flecha). X40 000. (Micrografía de W. Villiger.) **C**: *Klebsiella oxytoca* (bacteria gramnegativa). Se observan la membrana interna (MI), el espacio periplásmico (P), la membrana externa (ME) y la cápsula de polisacáridos (C). X180 000. (Cortesía de A. Martínez y M. Ivarte. Departamento de Histología, Universidad de Navarra.) **D**: Microscopía electrónica de barrido de *Escherichia coli* que muestra numerosas fimbrias (flecha). X20 000. (Micrografía de Indigo Instrumens.) **E**: Micrococo en división. La flecha señala el tabique que separa ambas células hijas. (Micrografía de P. Johson. EMIF. University of Rhode Island.) **F**: Cianobacteria. L: laminillas. C: cianosomas. X40 000. (Micrografía de Indigo Instrumens.)

dos que carecen de pared celular. El DNA (4% del peso seco) es un doble helicoide de unos 500 000 pares de bases (unos 170 μm). El RNA (8% del peso) se encuentra formando parte de algunos centenares de ribosomas de 70 S. Las bacterias típicas tienen 10 veces más bases en su nucleoide y el número de ribosomas es 100 veces mayor. Se calcula que este micoplasma puede sintetizar entre 500 y 1000 proteínas diferentes; entre ellas están las enzimas necesarias para la replicación, transcripción y traducción del DNA, y para la glucólisis anaerobia.

En *M. laidlawii* la reproducción parece ocurrir por formación de nuevas células en su interior que terminarían por liberarse de la célula madre, ya que en el citoplasma de las formas de mayor tamaño se observan inclusiones correspondientes a las formas de menor tamaño. En la especie *M. gallisepticum*, cuyo tamaño es constante (250 nm), la división celular se produce por tabicación, mediante la formación de un tabique transversal y la escisión posterior.

El descubrimiento de estas células planteó esta pregunta: ¿pueden existir células más pequeñas? Tales células podrían revelarse mediante el microscopio electrónico, cultivos o enfermedades. Para ello es necesario que formen agregados de al menos 100 000 moléculas. Al ser la membrana plasmática de unos 10 nm, el diámetro celular debe ser, como mínimo, de 30 nm. Los cálculos bioquímicos aseguran que estos organismos necesitan realizar unas 100 reacciones enzimáticas diferentes. Esto implica un diámetro de unos 40 nm. Además, hay que calcular más moléculas para repuesto de las que se desgastan, lo que nos lleva a un diámetro de unos 50 nm. Pues bien, *M. laidlawii* tiene el doble de diámetro. Esto sitúa los micoplasmas en el límite de las células vivientes, aunque no hay que descartar la posibilidad de que existan otras células cuyas necesidades bioquímicas sean inferiores a las de las células que conocemos.

## Bacterias típicas: *Escherichia coli*

Una de las bacterias típicas más estudiadas por genetistas y bioquímicos es la *Escherichia coli*, un bacilo que se encuentra en el tubo digestivo de los mamíferos. Mide 1 × 2 μm y contiene unos 5000 compuestos diferentes, desde agua a DNA y enzimas (Figs. 1.21.B y 1.22). Se reproduce cada 15-30 minutos en un medio de cultivo compuesto por glucosa y unas sales inorgánicas. Esto quiere decir que posee todas las enzimas necesarias para sintetizar todos sus compuestos a partir de unos pocos elementos.

Las bacterias poseen una membrana plasmática de dimensiones normales, recubierta de una pared celular varias veces más gruesa (Figs. 1.21.C, 1.21.D y 1.22). En las bacterias gramnegativas, como *E. coli*, la pared celular se organiza del modo siguiente: externamente a la membrana plasmática o *membrana interna*, hay una capa denominada *espacio periplástico*, constituida por proteínas y peptidoglucanos; estos últimos son polisacáridos que forman cadenas lineales (generalmente de dos tipos de azúcares repetidos), unidas entre sí por cortos péptidos. Más externamente se encuentra una nueva bicapa lipídica (la *membrana externa*) que contiene una proteína transmembranosa llamada *porina*, que hace que la membrana sea permeable a muchas sustancias. Recubriendo la membrana externa puede haber un revestimiento desarrollado de hidratos de carbono, denominado *cápsula*, constituido por glucolípidos, esto es, glúcidos unidos a los fosfolípidos de la hemimembrana lipídica externa de esta membrana externa (Figs. 1.21.C, 1.22 y 1.23). En los potentes antígenos que presenta la membrana externa radica fundamentalmente la toxicidad que muestran las bacterias gramnegativas en los mamíferos, así como su mayor resistencia a la penicilina y a la enzima lisozima, que impiden la agregación de los componentes de la pared. A esta estructura de la pared celular se debe el que la tinción gram sea negativa en estos organismos porque, después de teñirlos con el colorante cristal violeta, son decolorados por disolventes debido a que éstos pueden atravesar la pared celular. La pared celular de las bacterias grampositivas es más gruesa, y consta de una única bicapa lipídica (no hay membrana externa), recubierta de una gruesa capa de peptidoglucanos que no pueden atravesar los disolventes.

El DNA se encuentra mucho más centralizado que en los micoplasmas. Es una doble cadena de unos 3 millo-

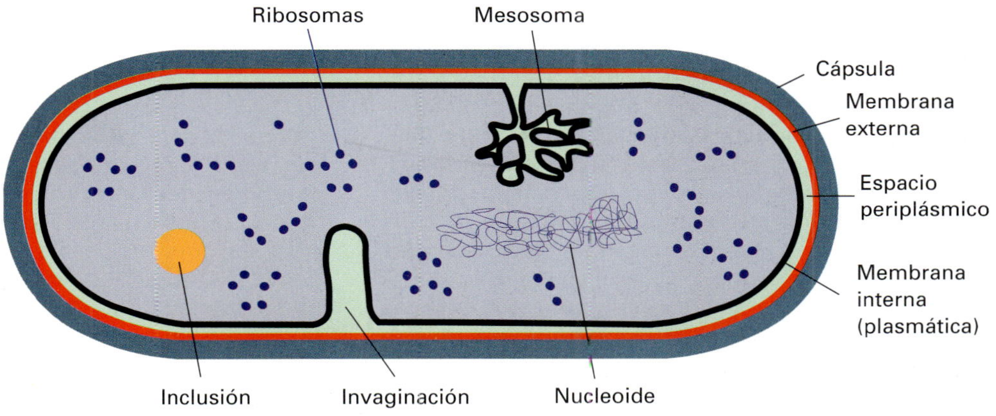


**Figura 1.22.** Representación esquemática de *Escherichia coli*.

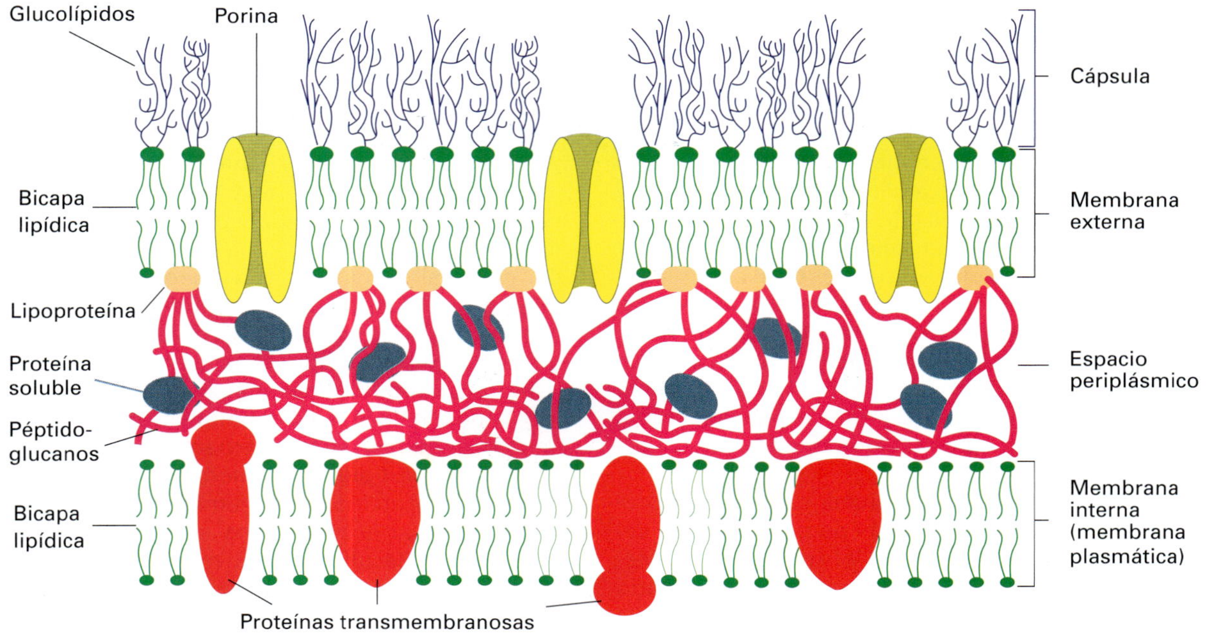


**Figura 1.23.** Pared celular de bacteria gramnegativa.

nes de pares de bases (1000 a 1500 μm de longitud). En *E. coli*, en fases próximas a la división celular, el DNA forma dos regiones nucleares, cada una en contacto con una invaginación llena de repliegues de la membrana plasmática llamada *mesosoma*, que es el esbozo del primer orgánulo celular.

Las bacterias como *E. coli* pueden sintetizar miles de proteínas diferentes y poseer hasta 10 000 ribosomas. Éstos son de 70 S y contienen mayor proporción de RNA que de proteínas.

El mesosoma interviene en la duplicación y distribución del DNA y parece que contiene enzimas relacionadas con este proceso. De hecho, se duplica con el DNA, previamente a la división celular. Además, el mesosoma contiene las enzimas de la cadena transportadora de electrones (en los micoplasmas estarían adosadas a la membrana plasmática). Otras muchas enzimas se encuentran en el citoplasma o adosadas a la membrana plasmática.

No hay fagocitosis ni pinocitosis. Tampoco existen lisosomas. Sin embargo, algunas bacterias producen exoenzimas, que actúan fuera de la membrana plasmática desdoblando macromoléculas en otras más sencillas que puedan ser incorporadas a través de la membrana. También poseen enzimas que destruyen tejidos facilitando la penetración bacteriana. Sin embargo, la existencia de estas enzimas no supone la unión de vesículas a la membrana plasmática. La presencia de numerosos ribosomas adheridos a ésta sugiere que estas enzimas se sintetizarían en la misma membrana y se verterían fuera de la célula.

Muchas bacterias poseen *flagelos,* que son muy diferentes de los de las células eucariotas. Consisten en una fibra única (triple hélice), de 10 a 20 nm de espesor y varios micrómetros de largo, que nace en un gránulo basal. La fibra está formada por la proteína *flagelina*. La rotación de los flagelos ayuda al desplazamiento de la bacteria. Otros apéndices son fibrillas sumamente finas y cortas denominadas *fimbrias* o *pili* (Fig. 1.21.D).

Las bacterias se dividen por división directa. Una vez replicado el DNA, las dos copias se separan por estrangulación de la membrana entre los puntos de anclaje de una y otra copia, formándose dos células hijas, cada una con un nucleoide idéntico (Fig. 1.21.E). Algunas bacterias pueden transformarse en *esporas* inactivas, extraordinariamente resistentes a grandes cambios de temperatura, deshidratación, etcétera. Las *esporas* tienen una región nuclear, poco citoplasma y una pared muy gruesa, que se forma a expensas de la membrana plasmática y la pared celular. En la germinación funcionan ciertos mecanismos de síntesis antes inactivos.

## Cianobacterias

Aunque la mayoría de las algas son eucariotas, las llamadas algas verde azuladas (cianobacterias) son procariotas. Se encuentran como células independientes o como colonias pluricelulares filamentosas. Comparten con otras bacterias muchas de sus características como la presencia de DNA de doble helicoide y de ribosomas libres de 70 S (Figs. 1.21.F y 1.24). La pared celular es semejante a la bacteriana, en concreto a la de las bacterias gramnegativas.

Una característica propia, ausente en otras bacterias y que revela un nivel de organización discretamente supe-

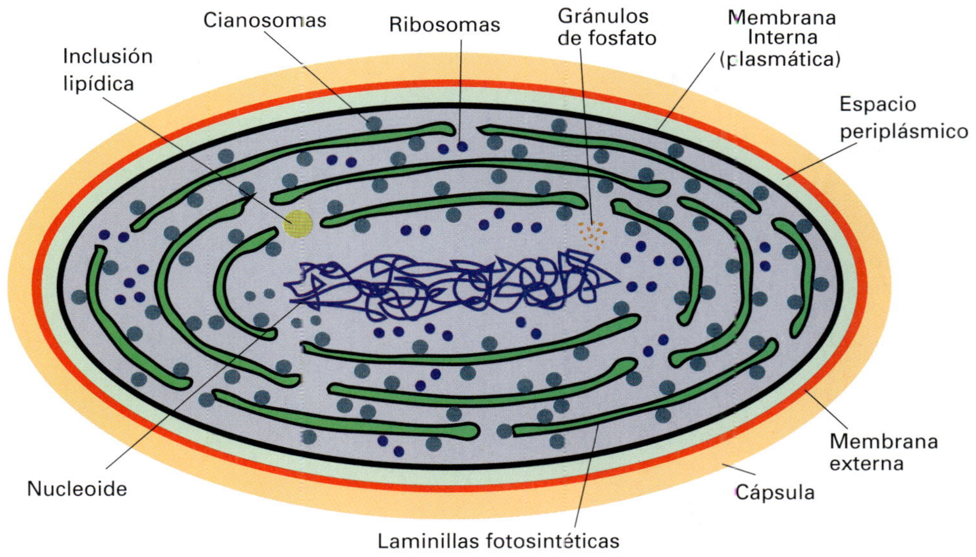


**Figura 1.24.** Representación de una cianobacteria.

rior, es la existencia de un metabolismo fotosintético semejante al de las plantas verdes. Además de la clorofila, contienen otro pigmento, la *ficobilina*, que comprende, a su vez, dos pigmentos: *ficocianina* (azul) y *ficoeritrina* (rojo). Separando fracciones por centrifugación, se ha comprobado que la clorofila está dentro de unos sáculos membranosos (*laminillas*), mientras que la ficobilina se encuentra en gránulos denominados *cianosomas* adosados a las membranas. Cianosomas y laminillas pueden realizar la fotosíntesis juntos, pero no por separado. Estos pigmentos permiten que estas algas puedan desarrollarse en condiciones ambientales extremas de temperatura y concentración salina. Las membranas con clorofila, sin que puedan considerarse verdaderos cloroplastos, constituyen un orgánulo membranoso de células procariotas.

Además, las cianobacterias pueden fijar $N_2$ convirtiéndolo en $NH_3$, con el que sintetizan sustancias orgánicas nitrogenadas como aminoácidos o nucleótidos. Pueden vivir prácticamente con sólo luz, $N_2$, $CO_2$ y agua.

## CÉLULAS EUCARIOTAS

En las páginas anteriores se han resumido los diferentes niveles de organización en la estructura de los seres vivos. En los virus sólo hay ácido nucleico y cápsula proteica. No hay ribosomas ni síntesis proteica; tampoco vida libre. Los restantes microorganismos mencionados son procariotas (*pro* = previo, *carios* = núcleo), con un núcleo no organizado, y todos poseen una membrana plasmática que alberga un contenido: DNA, ribosomas (de 70 S), proteínas y enzimas. En las bacterias típicas existe, además, una pared celular y un esbozo de orgánulo: el mesosoma. Las cianobacterias aportan a este nivel de organización la presencia de membranas dentro de la célula, las cuales podrían considerarse como el primer orgánulo.

Las células eucariotas suelen ser hasta 1000 veces más voluminosas que las procariotas (Fig. 1.25). El DNA es también unas 1000 veces más abundante, va unido a unas proteínas denominadas *histonas* y está encerrado en una doble membrana. Ésta constituye una *envoltura nuclear* completa que forma parte del sistema de membranas interno de la célula, con el que mantiene conexión en las células recién formadas (Fig. 1.26). En el núcleo se encuentra el *nucléolo* que es la expresión morfológica de la síntesis de ribosomas. El sistema de membranas celulares alcanza un notable desarrollo y es en él donde se realizan gran parte de las reacciones vitales. Todas las sustancias que la célula necesita penetran a través de la membrana plasmática; algunos de los materiales lo hacen en el interior de *vesículas de endocitosis*, que se invaginan desde la membrana plasmática (Fig. 1.26). En las células animales, que necesitan aumentar su superficie (para el transporte de sustancias) sin que se produzca paralelamente un aumento del volumen celular, la membrana plasmática desarrolla pliegues y proyecciones digitiformes de ésta (*microvellosidades*) (Fig. 1.27.A). En las células vegetales, cuya membrana plasmática se adapta a la pared celular rígida, el aumento de la superficie celular se consigue mediante el desarrollo de una gran vacuola intracitoplásmica (Fig. 1.27.B). El sistema de membranas internas, además de formar la envoltura nuclear, constituye una compleja red de canales por el citoplasma denominada *retículo endoplasmático*. Los ribosomas son de 80 S y, en contraste con los de las células procariotas, poseen más proteínas que RNA. Estos ribosomas sintetizan proteínas, que quedan en el *citoplasma fundamental* (también denominado *hialoplasma* o *citosol*), y se adosan al retículo endoplasmático (y a veces a la membrana nuclear externa) formando el *retículo endoplasmático rugoso*, en cuyo caso, las proteínas sintetizadas se almacenan en el interior de estas membranas y parte de ellas serán exportadas fuera de la célula. Otra variedad de retículo

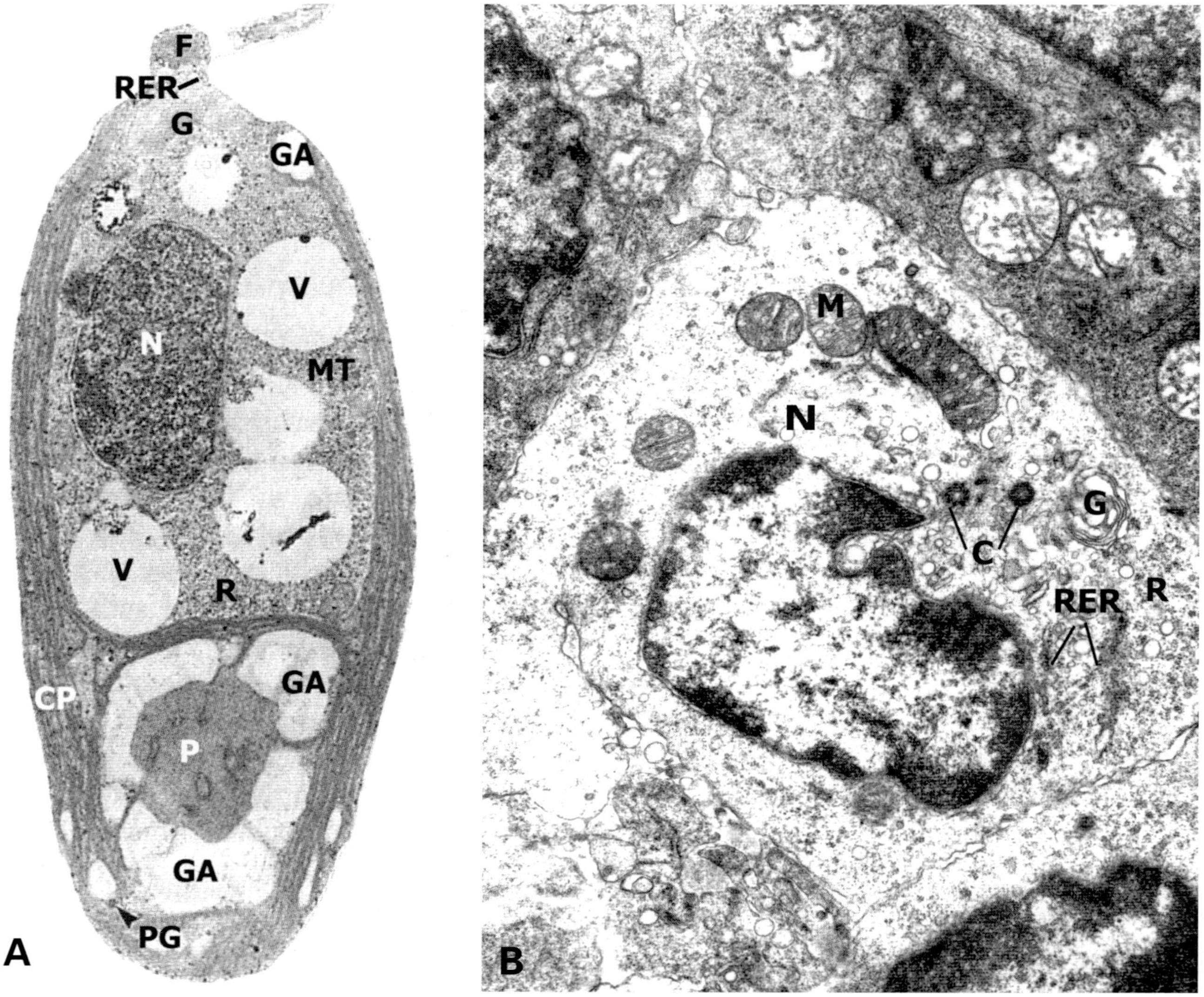


**Figura 1.25.** Electronografías de células eucariotas. **A**: Un organismo unicelular: la microalga *Dunaliella bioculata*. CP: cloroplasto; F: flagelo; G: complejo de Golgi; GA: gránulo de almidón; MT: mitocondria. N: núcleo; P: pirenoide; PG: plastoglóbulo; RER: retículo endoplasmático rugoso; R: Ribosomas; V: vacuola. X10 500. (Micrografía de K.A. Bérubé. Tomada de *European Microscopy and Analysis* 1993; 26: 21.) **B**: Células de organismo superior (ganglio linfático humano). Se observan el núcleo (N), mitocondrias (M), cisternas aisladas de retículo endoplasmático rugoso (RER), ribosomas libres (R), un complejo de Golgi (G) y una pareja de centríolos (C). X5000.

endoplasmático es el *retículo endoplasmático liso*, que carece de ribosomas y, que, entre otras funciones, es el lugar de síntesis de muchos lípidos y sus derivados. El retículo endoplasmático conecta con otras membranas que forman grupos de sáculos superpuestos que constituyen el *aparato o complejo de Golgi*, donde se producen modificaciones en las moléculas fabricadas en el retículo endoplasmático, principalmente en los hidratos de carbono añadidos a las proteínas. Del complejo de Golgi emigran *vesículas de exocitosis* hacia la membrana plasmática, a la que se fusionan vertiendo hacia el exterior parte de las sustancias fabricadas por la célula y que constituyen *secreciones celulares*. Del complejo de Golgi emanan también vesículas que contienen las enzimas necesarias para la digestión intracelular y que se denominan *lisosomas*. Éstos forman compartimientos aislados de los restantes componentes celulares, que no pueden así ser alcanzados por las enzimas digestivas. Otras vesículas con una función muy diferente son los *peroxisomas*, donde se generan y degradan peróxidos peligrosamente reactivos durante la oxidación por el oxígeno de diversas moléculas. Orgánulos membranosos, aparentemente no conectados con los anteriores y que poseen cierta autonomía debida a un DNA y RNA propios, son los *cloroplastos*, que realizan la fotosíntesis (se encuentran sólo en las células vegetales con esta capacidad) y las *mitocondrias*, que realizan el metabolismo oxidativo. Finalmente, las células eucariotas poseen un *citoesqueleto*, constituido por

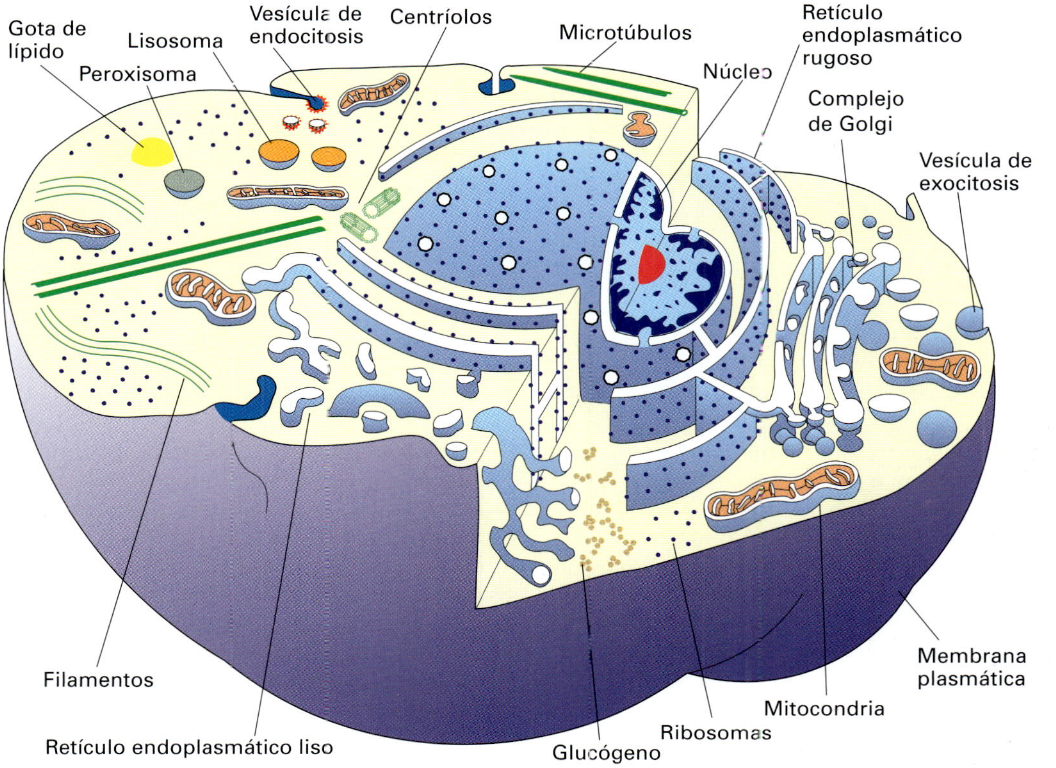


**Figura 1.26.** Representación esquemática tridimensional de una célula eucariota.

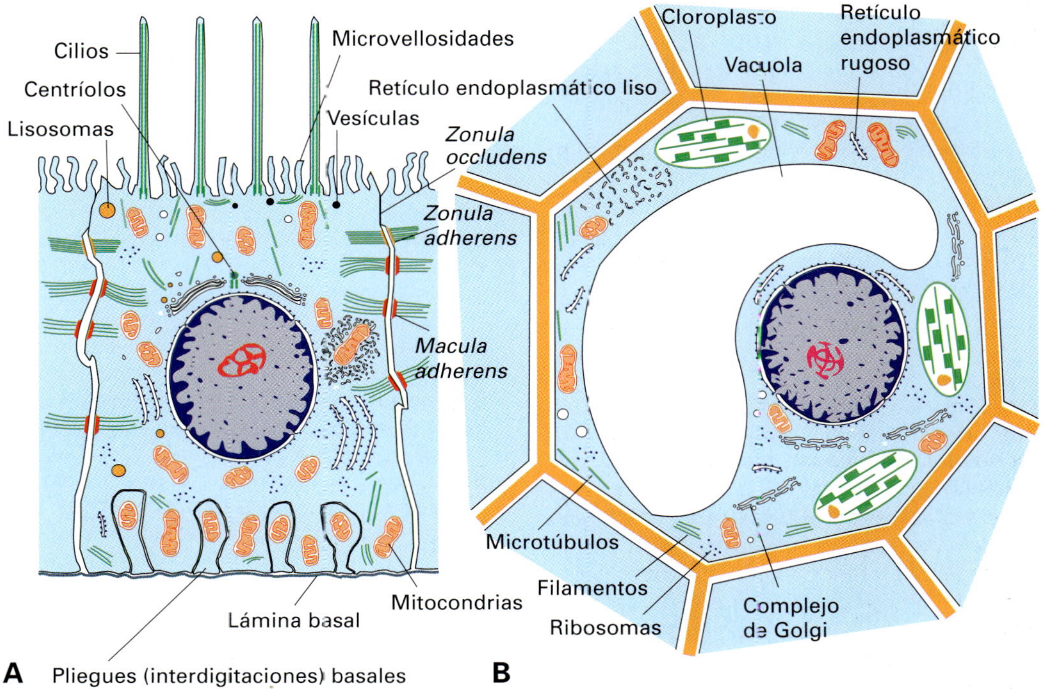


**Figura 1.27.** Esquema de células eucariotas vistas con el microscopio electrónico. **A**: Célula animal (epitelial). **B**: Célula vegetal (parénquima clorofílico).

**TABLA 1.3. Diferencias entre células procariotas y eucariotas**

| | Procariotas | Eucariotas |
|---|---|---|
| Envoltura nuclear | Ausente | Doble |
| Proteínas asociadas al DNA | Ausentes | Histonas y proteínas asociadas |
| Orgánulos membranosos | Esbozos | Retículo endoplasmático liso y rugoso, complejo de Golgi, mitocondrias, plastidios, lisosomas, peroxisomas |
| Ribosomas | | |
| Proporción proteína/RNA | 35/65 | 55/45 |
| Unidades S totales | 70 S | 80 S |

*microtúbulos, microfilamentos* y *filamentos intermedios*. Estas estructuras permiten a la célula mantener su forma, y poder cambiarla y desplazarse, así como para mantener la ubicación de los orgánulos celulares o facilitar el desplazamiento de éstos y de otros componentes y sustancias. La motilidad celular, o del medio en contacto con la célula, se consigue mediante *cilios* y *flagelos* (Fig. 1.27.A). En la Tabla 1.3 se expresan las principales diferencias entre las células eucariotas y las procariotas.

La transición de células procariotas a eucariotas no es brusca. En los protozoos diplomonados y microsporidios se encuentran los modelos más sencillos de célula eucariota. Quizá el más simple de todos sea el diplomonado *Giardia*, un organismo unicelular que vive de forma anaeróbica como parásito intestinal de mamíferos. Posee núcleo verdadero (de hecho, es binucleado) y citoesqueleto, pero carece de retículo endoplasmático, complejo de Golgi, mitocondrias y cloroplastos.

# BIBLIOGRAFÍA RECOMENDADA

## BIBLIOGRAFÍA DE CARÁCTER GENERAL


Alberts B, Bray D, Johnson A, Lewis J, Raff M, Roberts K, Walter P. *Introducción a la Biología Celular.* 2.ª ed. Barcelona, Panamericana, 2005.

Alberts B, Johnson A, Lewis J, Raff M, Roberts K, Walter P. *Molecular Biology of the Cell.* 4.ª ed. New York, Garland, 2002.

Bolsover SR, Hyams JS, Shephard EA, White HA, Wiedemann CG. *Cell Biology, a short course.* 2.ª ed. Hoboken, NJ, Wiley-Liss, 2004.

Cooper GM, Asuman RE. *La Célula.* Madrid, Marbán, 2005.

De Duve C. *La Célula Viva.* Barcelona, Prensa Científica, 1989.

De Robertis EMF (h), Hib J, Ponzio RO. *Biología Celular y Molecular.* 12.ª edición. Buenos Aires, El Ateneo, 2003.

Fernández B, Bodega G, Suárez I, Muñiz E. *Biología Celular.* Madrid, Síntesis, 2000.

Hall JL, Flowers TJ, Roberts RM. *Plant Cell Structure and Metabolism.* London, Longman, 1978.

Karp G. *Biología Celular y Molecular.* México, McGraw-Hill/ Interamericana, 2006.

Krstic RV. *Ultrastructure of the Mammalian Cell.* New York, Springer, 1979.

Lodish H, Berk A, Matsudaira P, Kaiser CA, Krieger M, Scott MP, Zipursky SL, Darnell J. *Biología Celular y Molecular.* 5.ª ed. Buenos Aires, Panamericana, 2006.

Pollard TD, Earnshaw WC. *Cell Biology.* Filadelfia, Saunders, 2004.

Roland JC, Szöllösi J, Callen JC. *Atlas de Biologie Cellulaire.* Paris ,Masson, 1993.

Hunt T, Wilson J, Bray D, Hopkin K. *Molecular Biology of the Cell. The Problems Book.* New York, Garland, 2001.


## MÉTODOS DE ESTUDIO DE LA CÉLULA Y LOS TEJIDOS


Cheng S, Kolmodin LA. XL PCR amplification of long targets from genomic DNA. *Meth Mol Biol*, 1997; 67: 17-29.

Cockroft DL. A comparative and historical review of culture methods for vertebrates. *Int J Dev Biol*, 1997; 41: 127-137.

Colliex C, Mory C. Scanning transmission electron microscopy of biological structures. *Biol Cell,* 1994; 80: 175-80.

De Duve C. A short history of tissue fractionation. *J Cell Biol*, 1981; 91: 293-299.

Durfort M, Vilaró S, Renau J, Serratosa J. *Técnicas de Immunocitoquímica en Microscopía Electrónica.* Barcelona Col. Estudi General. Publicacions de la Universitat de Barcelona, 1991.

Dutta A, Pedersen H, Chin CK. Two-phase culture system for plant cells. *Ann N Y Acad Sci,* 1994; 745: 251-260.

Egner A, Hell SW. Fluorescence microscopy with super-resolved optical sections. *Trends Cell Biol,* 2005; 15: 207-215.

Gulik-Krzywicki T. Electron microscopy of cryofixed biological specimens. *Biol Cell*, 1994; 80: 161-163.

Haggis GH. Sample preparation for electron microscopy of internal cell structure. *Microsc Res Tech,* 1992; 22: 151-159.

Herrera GA. Ultrastructural immunolabeling: A general overview of techniques and applications. *Ultrastruct Pathol,* 1992; 16: 37-45.

Hoffman GE, Le WW. Just cool it! Cryoprotectant anti-freeze in immunocytochemistry and in situ hybridization. *Peptides,* 2004; 25: 425-431.

Joy DC, Pawley JB. High-resolution scanning electron microscopy. *Ultramicroscopy,* 1992; 47: 80-100.

Kiernan JA. *Histological and Histochemical Methods.* New York, Pergamon, 1990.
Laurent M, Johannin G, Gilbert N, Lucas L, Cassio D, Petit PX, Fleury A. Power and limits of laser scanning confocal microscopy. *Biol Cell,* 1994; 80: 229-240.
Lichtman JW, Conchello JA. Fluorescence microscopy. *Nat Methods,* 2005; 2: 910-919.
Lucocq J. Quantitation of gold labelling and antigens in immunolabelled ultrathin sections. *J Anat,* 1994; 184: 1-13.
Polak JM, Van Noorden S. *An Introduction to Immunocytochemistry: Current Techniques and Problems.* Oxford University Press, Oxford, 1987.
Quintana C. Cryofixation, cryosubstitution, cryoembedding for ultrastructural, immunocytochemical and microanalytical studies. *Micron,* 1994; 25: 63-99.
Rogers AW. *Techniques of Autoradiography.* 3.ª ed. New York, Elsevier-North Holland, 1979.
Silva LP. Imaging proteins with atomic force microscopy: an overview. *Curr Protein Pept Sci,* 2005; 6: 387-395.
Sosnovtseva OV, Pavlov AN, Brazhe NA, Brazhe AR, Erokhova LA, Maksimov GV, Mosekilde E. Interference microscopy under double-wavelet analysis: a new approach to studying cell dynamics. *Phys Rev Lett,* 2005; 94: 218103.
Subramaniam S, Milne JL. Three-dimensional electron microscopy at molecular resolution. *Annu Rev Biophys Biomol Struct,* 2004; 33: 141-155.
Thomas D, Schultz P, Steven AC, Wall JS. Mass analysis of biological macromolecular complexes by STEM. *Biol Cell,* 1994; 80: 181-192.
Turner J N, Collins DN. Three dimensional imaging at high resolution high-voltage electron microscopy. *J Histotechnol,* 1990; 13: 93-107.
Van den Bergh G, Arckens L. Recent advances in 2D electrophoresis: an array of possibilities. *Expert Rev Proteomics,* 2005; 2: 243-252.
Van Munster EB, Gadella TW. Fluorescence lifetime imaging microscopy (FLIM). *Adv Biochem Eng Biotechnol,* 2005; 95: 143-175.
Versura P, Maltarello MC, Bonvicini F, Laschi R. The lectin-gold technique: An overview of applications to pathological problems. *Scanning Microsc,* 1989; 3: 605-621.
Wade MH, de Feijter AW, Frame MK. Quantitative fluorescence imaging techniques for the study of organization and signaling mechanisms in cells. *Methods Biochem Anal,* 1994; 37: 117-141.
Warley A. Standards for the application of X-ray microanalysis to biological specimens. *J Microsc,* 1990; 157: 135-147.
Wischnitzer S. *Introduction to Electron Microscopy.* 3.ª ed. Elmsford (NY), Pergamon, 1981.
Wollaston JHM, Rowe AJ. *Practical Methods in Electron Microscop.*Vol. 8: *Replica, Shadowing and Freeze-Etching Techniques.* Amsterdam, Elsevier/North-Holland, 1980.
Zwirglmaier K. Fluorescence in situ hybridisation (FISH)—the next generation. *FEMS Microbiol Lett,* 2005; 246: 151-158.

## NIVELES DE ORGANIZACIÓN EN BIOLOGÍA

Albarracín A. *La Teoría Celular.* Madrid, Alianza Universidad, 1975.
Baker JR. *The Cell Theory. A Restatement, History and Critique.* New York, Garland, 1988.
Bishop JM. Enemies within. The genesis of retrovirus oncogenes. *Cell,* 1981; 23: 5-6.
Bravo A, Serrano-Heras G, Salas M. Compartmentalization of prokaryotic DNA replication. *FEMS Microbiol Rev,* 2005; 29: 25-47.
Butler PJG, Klug A. El ensamblaje de un virus. *Investigación y Ciencia,* 1979; 28: 22-31.
Cairns-Smith AG. Los primeros organismos. *Investigación y Ciencia,* 1985; 107: 54-64.
Dmitriev B, Toukach F, Ehlers S. Towards a comprehensive view of the bacterial cell wall. *Trends Microbiol,* 2005; 13: 569-574.
Garoff H, Simons K, Helenius A. Así entra y sale de su hospedador un virus animal. *Investigación y Ciencia,* 1982; 67: 26-35.
Gitai Z, Thanbichler M, Shapiro L. The choreographed dynamics of bacterial chromosomes. *Trends Microbiol,* 2005; 13: 221-228.
Harrison SC. Virus structure: high resolution perspectives. *Adv Virus Res,* 1983; 28: 175-240.
Kielian M; Rey FA. Virus membrane-fusion proteins: more than one way to make a hairpin. *Nat Rev Microbiol,* 2006; 4: 67-76.
Löwe J, van den Ent F, Amos LA. Molecules of the bacterial cytoskeleton. *Annu Rev Biophys Biomol Struct,* 2004; 33: 177-198.
Lutkenhaus J. FtsZ ring in bacterial cytokinesis. *Mol Microbiol,* 1993; 9: 403-409.
Madigan MT, Martinko JM. *Brock biology of microorganisms.* 11.ª ed. Upper Saddle River (NJ) Pearson, 2006.
Margulis L, Schawartz KV. *Five Kingdoms: an Illustrated Guide to the Phyla of Life on Earth.* 2.ª ed. New York, Freeman, 1987.
McElhaney RN. Physical studies of lipid organization and dynamics in mycoplasma membranes. *Subcell Biochem,* 1993; 20: 53-108.
Robinow C, Kellenberger E. The bacterial nucleoid revisited. *Microbiol Rev,* 1994; 58: 211-232.
Schwartz RM, Dayhoff MO. Origins of prokaryotes, eukaryotes, mitochondria and chloroplasts. *Science,* 1978; 199: 395-403.
Villanueva RA, Rouille Y, Dubuisson J. Interactions between virus proteins and host cell membranes during the viral life cycle. *Int Rev Cytol,* 2005; 245: 171-244.
Woese CR. Archibacterias. *Investigación y Ciencia* 1981; 59: 48-61.

## Capítulo 2: Membrana plasmática y membranas citoplásmicas

# MEMBRANA PLASMÁTICA Y MEMBRANAS CITOPLÁSMICAS

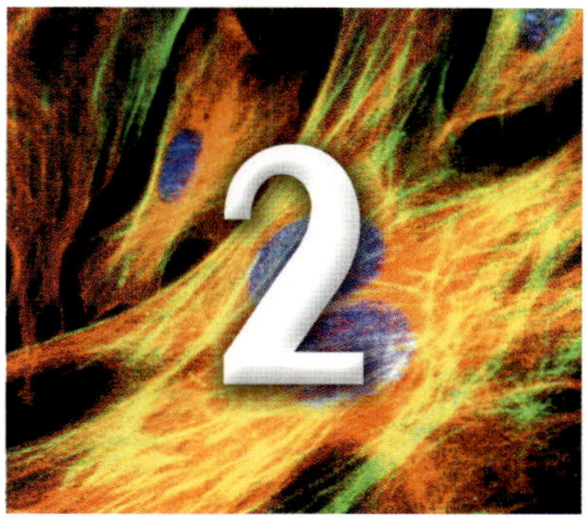


## ESTRUCTURA DE LAS MEMBRANAS CELULARES

### PRIMEROS ESTUDIOS CON MÉTODOS INDIRECTOS

La membrana plasmática no es visible con el microscopio de luz, que sólo permite apreciar las sustancias que la rodean; por eso, su estudio comenzó con métodos indirectos.

En 1895, Overton presumió la existencia de una membrana de naturaleza lipídica en la célula debido a que la superficie celular es fácilmente traspasada por lípidos y muy resistente al paso de corriente eléctrica. En 1897, Langmuir estudió el comportamiento de los fosfolípidos al extenderlos sobre el agua, y observó que los grupos polares (hidrófilos) de cada molécula quedaban en contacto con la superficie acuosa mientras que los grupos no polares (hidrófobos) se disponían perpendicularmente a ésta. Si se añadía otra capa de fosfolípidos, ésta se disponía enfrentada a la anterior para que los grupos polares y no polares quedasen también en la misma relación respecto al agua. En 1925, Gorter y Grendel extrajeron los lípidos de la membrana de eritrocitos y calcularon que, al extenderlos sobre el agua, ocupaban una superficie doble de la que debían ocupar las membranas de los eritrocitos. Llegaron a la conclusión de que la membrana es una capa lipídica bimolecular (Fig. 2.1.A).

En 1932, Cole estudió la tensión superficial de membranas de huevos de erizo de mar. El valor encontrado resultó inferior a la tensión superficial teórica para una capa de fosfolípidos; de ello dedujo que éstos deberían ir acompañados de proteínas que disminuyeran su tensión superficial. En 1935, Danielli y Davson propusieron un modelo de estructura de la membrana plasmática en el que las proteínas se sitúan con los grupos polares de

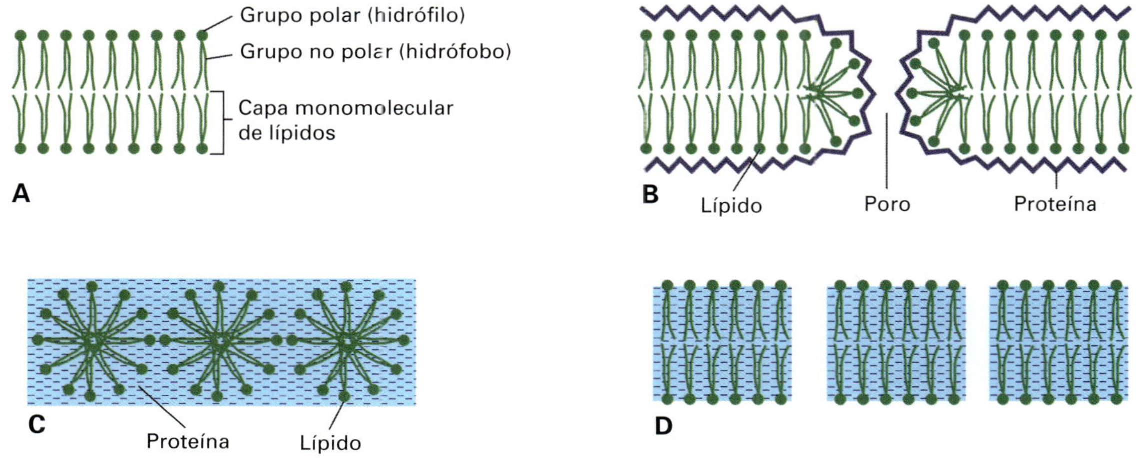


**Figura 2.1.** Primeros modelos de membrana plasmática. **A**: Bicapa lipídica que forma la estructura básica de la membrana plasmática. Los grupos polares (hidrófilos) se disponen en la periferia, mientras que los grupos no polares (hidrófobos) se disponen en el interior de la membrana. **B**: Modelo de membrana plasmática propuesto por Danielli y Davson. Las proteínas rodean a los lípidos. C-D: Resumen de otros modelos de membrana en los que las proteínas no rodean a los lípidos, sino que están embebidos en ellos. Los lípidos se disponen formando esferas (C) o en bicapa (D). El modelo C se aplicó principalmente a membranas citoplásmicas; el D, a la plasmática. Del modelo C podría pasarse con facilidad al D en los procesos de unión de vesículas a la membrana plasmática.

la bicapa lipídica. Posteriormente, incluyeron en su modelo poros o canales en la membrana para explicar el paso de sustancias (Fig. 2.1.B).

## ESTUDIOS CON EL MICROSCOPIO ELECTRÓNICO

Con la aplicación del microscopio electrónico al estudio de las células se vio por primera vez la membrana plasmática. Ésta, observada a grandes aumentos (por encima de los 40 000), aparece como una estructura trilaminar. Inicialmente, el espesor de la membrana plasmática se estimó en 7.5 nm. Al mejorar la calidad de la fijación se corrigió este valor situándolo en 10 nm, valor admitido actualmente y corroborado por diversos métodos de estudio. La misma imagen trilaminar de la membrana plasmática se observaba también en las membranas de los orgánulos citoplásmicos (*membranas citoplásmicas*), por lo que Robertson (1959) denominó a esta estructura *unidad de membrana* (Fig. 2.2), al entender que existe una igualdad esencial entre todas las membranas celulares.

En 1962, Stoeckenius elaboró una membrana artificial con dos capas de fosfolípidos, la fijó con osmio y la observó con el microscopio electrónico. La imagen resultante era la estructura trilaminar, por lo que se llegó a la conclusión de que la fijación del osmio tenía lugar en los grupos polares de los fosfolípidos. Al añadir proteínas a esta membrana, se repetía la imagen anterior pero con las líneas densas más gruesas, por lo que se pensó que las proteínas se disponían junto con los grupos polares de los fosfolípidos.

La idea de que todas las membranas celulares son esencialmente iguales se compagina con la observación de una continuidad entre diferentes membranas celulares: entre el retículo endoplasmático liso y el rugoso; entre éste y el complejo de Golgi; entre las vesículas que surgen del complejo de Golgi y la membrana plasmática; y entre ésta y las vesículas que se adentran en el citoplasma. También se observan conexiones entre el retículo endoplasmático rugoso y la envoltura nuclear, la cual, en su membrana externa, tiene ribosomas adheridos. Incluso en células jóvenes y, con un carácter temporal, se ha visto una continuidad entre el retículo endoplasmático rugoso y la membrana plasmática. Sin embargo, era lógico pensar también en componentes singulares de acuerdo con la especialización del orgánulo. De hecho, nunca se han visto conexiones entre mitocondrias o cloroplastos y otras membranas. Un hecho significativo

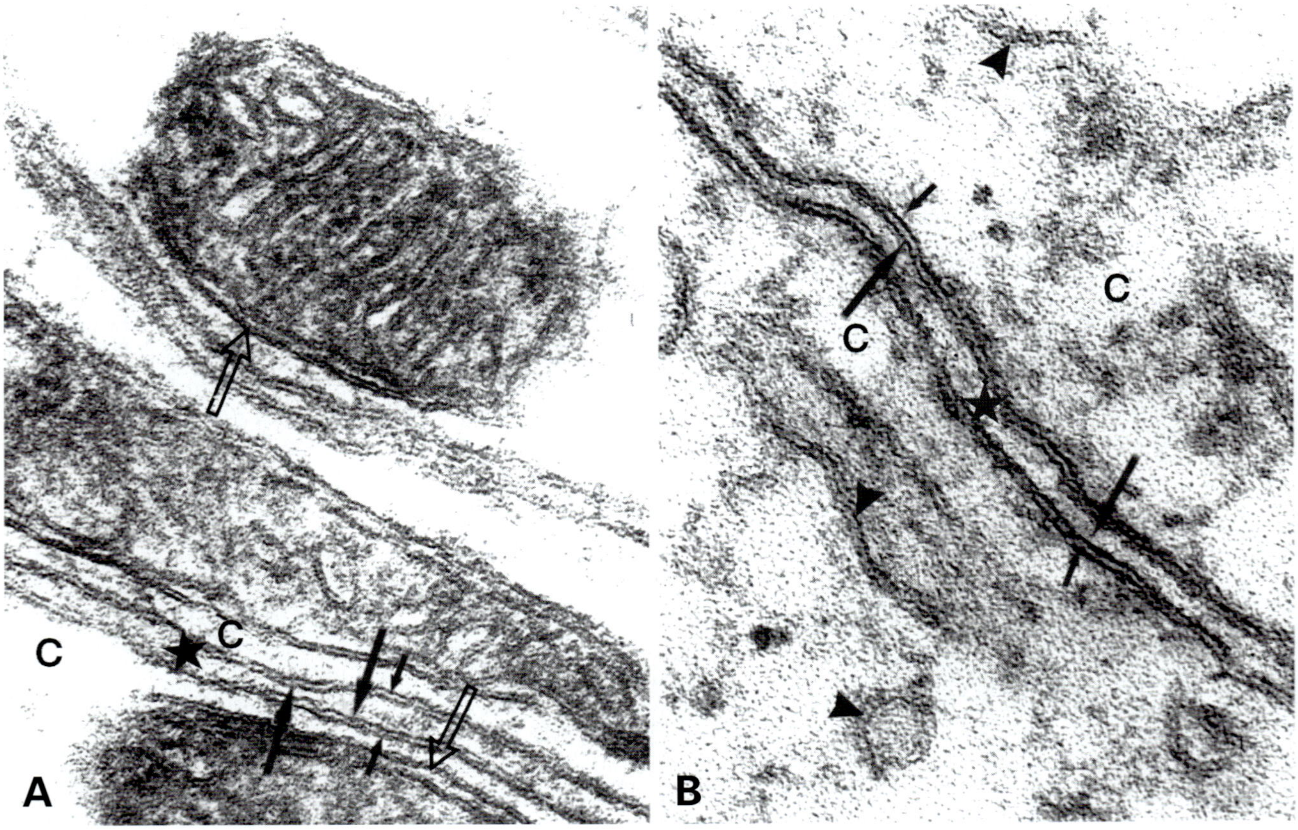


**Figura 2.2.** **A-B**: Membranas plasmáticas y membranas citoplásmicas que muestran la estructura trilaminar de ambas. Flechas grandes: hemimembranas externas de la membrana plasmática. Flechas pequeñas: hemimembranas internas de la membrana plasmática. Estrella: espacio intercelular. En el citoplasma (C) de ambas células se observan algunas membranas citoplásmicas de retículo endoplasmático liso (cabezas de flecha) y de mitocondrias (flechas abiertas). A: X125 000. B: X200 000.

es que las membranas citoplásmicas son más delgadas que la membrana plasmática: su espesor es de unos 7 nm, frente a los 10 nm de la membrana plasmática. El espesor de la bicapa lipídica es también menor: 4 nm en las membranas citoplásmicas y 5 nm en la membrana plasmática. Además, las membranas citoplásmicas tienen, en general, mayor proporción de proteínas que la plasmática. Esto último es muy evidente en las membranas mitocondriales que conservan su estructura al eliminar los lípidos.

Por otra parte, esta estructura trilaminar no está tan clara en algunas membranas citoplásmicas, particularmente en el caso de las mitocondrias, cuya membrana muestra partículas globulares, sobre todo cuando se utilizan determinados fijadores. Esto llevó a algunos investigadores de la década de 1960-70 a proponer diferentes modelos, en los que los lípidos de la membrana se disponían radialmente formando glóbulos, con los grupos polares hacia el exterior (Fig. 2.1.C). Al mismo tiempo, en estos modelos se discutía la disposición de las proteínas, que se distribuirían por toda la membrana (Figs. 2.1.C. y 2.1.D).

## EL MOSAICO FLUIDO DE MEMBRANA. ESTRUCTURA Y COMPOSICIÓN

Hacia 1970 se produjeron grandes avances en la búsqueda de un modelo de membrana debido al desarrollo del concepto termodinámico de interacciones hidrófobas e hidrófilas entre moléculas, enlaces no covalentes como puentes de hidrógeno, e interacciones electrostáticas. Se llegó a la conclusión de que las proteínas (que también tienen grupos polares y no polares) no podían disponerse en configuración beta, como se postulaba en el modelo de Danielli y Davson, sino de modo que, como ocurre en los lípidos, sus grupos polares estén en contacto con la fase acuosa y los no polares queden en el interior de la membrana.

Por lo que respecta a las técnicas de microscopía electrónica, las dos siguientes fueron de un gran valor en el estudio de las membranas:

1. *Contraste negativo*, que permitió observar protuberancias e irregularidades en las membranas, imposibles de apreciar en los cortes. En algunas células se vio que la membrana plasmática está constituida por bloques o unidades poligonales.
2. *Criofractura-réplica*. Al romperse las membranas por las líneas de mínima resistencia, éstas quedan divididas en dos hemimembranas: *P* (*protoplásmica o interna*) y *E* (*exoplásmica o externa*). La superficie interna de cada hemimembrana no es lisa, y sobre ella resaltan partículas de 4 a 16 nm sobre un fondo liso. Estas partículas se corresponden con cavidades en el fragmento complementario de la membrana y son debidas a proteínas, por lo que son más abundantes en membranas ricas en enzimas. Las dos partes de la membrana son asimétri-

**Figura 2.3.** Muestra obtenida por criofractura-réplica de la membrana plasmática. El plano de fractura divide a ésta en dos hemimembranas que presentan una estructura asimétrica. La hemimembrana señalada como I (P) es la interna o protoplásmica; la señalada como E es la externa o exoplásmica. Sobre la hemimembrana interna se observan partículas de mayor tamaño que las que aparecen sobre la externa, la cual presenta cavidades en las que encajan las partículas que sobresalen en la hemimembrana protoplásmica. X90 000. (Tomado de Fawcett DW. *A Textbook of Histology*, 11.ª ed. Philadelphia, Saunders, 1986.)

cas, siendo las partículas más abundantes y mayores en la hemimembrana P (Fig. 2.3).

Con los resultados de estos y otros estudios, Singer y Nicolson (1972) llegaron a proponer un modelo que ha sustituido a todos los anteriores y que, pese al tiempo transcurrido, se encuentra en vigor y se aplica a todas las membranas de la célula. Es el modelo del *mosaico fluido de membrana* (Figs. 2.4 y 2.5), en el que las proteínas, lípidos e hidratos de carbono se sitúan en una configuración estable de baja energía libre. Los lípidos forman una bicapa en la que se disponen las proteínas configuradas de acuerdo con las interacciones que establecen con las moléculas que las rodean. Hay también oligosacáridos que se disponen sobre los lípidos y las proteínas en la hemimembrana E.

La membrana plasmática del eritrocito de rata tiene un 60% de proteínas y un 40% de lípidos. Esta proporción es similar a la encontrada en las membranas plasmáticas de la mayoría de los tipos celulares; por ejemplo, la membrana plasmática del hepatocito de rata tiene un 58% de proteínas y un 42% de lípidos. No obstante, existen membranas plasmáticas que se alejan mucho de esta proporción, como la mielina, que tiene un 20% de proteínas y un 80% de lípidos.

Las membranas citoplásmicas, además de ser más delgadas que la plasmática, como ya se ha dicho, poseen mayor proporción proteínas/lípidos. La diferencia más notable radica en la membrana mitocondrial interna, que tiene un 80% de proteínas y un 20% de lípidos. La Tabla 2.1 muestra la composición de diferentes membranas celulares.

## LÍPIDOS DE LAS MEMBRANAS

Los lípidos forman una doble capa, con los grupos hidrófobos en el centro y los hidrófilos en el exterior, en contacto con la fase acuosa. Forman la matriz de la membrana. Hay unos cinco millones de moléculas lipídicas por $\mu m^2$ de membrana.

Los principales tipos de lípidos que forman ambas bicapas de la membrana son los siguientes (Fig. 2.6):

1. Las *grasas neutras*, formadas por ésteres de glicerol y uno (monoglicéridos), dos (diglicéridos) o tres (triglicéridos) ácidos grasos, son un componente minoritario, o incluso ausente, en la membrana plasmática. En las membranas de bacterias y células vegetales son frecuentes los *glucolípidos simples*, constituidos por glicerol esterificado con uno o dos ácidos grasos y con un monosacárido o un oligosacárido unido al tercer hidroxilo.
2. *Fosfolípidos*. Son fosfodiglicéridos, es decir, consisten en una molécula de glicerol esterificado con dos ácidos grasos (de 16 y 20 carbonos de longitud); cada uno de ellos se encuentra unido por su extremo carboxilo a un hidroxilo del glicerol. El tercer hidroxilo del glicerol está esterificado con un fosfato. Si este fosfato no se esterifica con ningún otro componente, el fosfolípido se denomina *ácido fosfatídico*. Si el fosfato se une a otros radicales, se denomina de acuerdo con este radical. Los principales fosfolípidos son los unidos a colina (*fosfatidil colina* o *lecitina*), serina (*fosfatidil serina* o *cefalina*), etanolamina (*fosfatidil etanolamina*, también denominada cefalina, como el fosfolípido anterior), inositol (*fosfatidil inositol*), o a otra molécula de glicerol (*fosfatidil glicerol*). En las membranas también hay otro fosfolípido, formado por la unión de dos ácidos fosfatídicos a otra molécula de glicerol (*difosfatidil glicerol* o *cardiolipina*).
3. *Esfingolípidos*. Son derivados de la *esfingosina*, que es un aminodialcohol con un largo hidrocar-

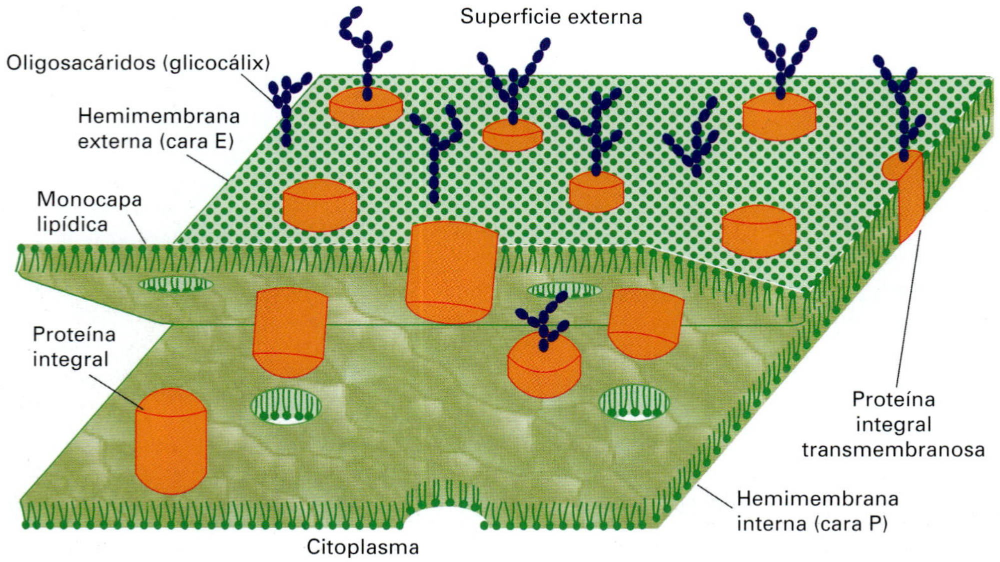


**Figura 2.4.** Representación tridimensional del modelo del *mosaico fluido de membrana*. La membrana se ha separado parcialmente en dos hemimembranas, como queda tras el tratamiento de criofractura-réplica.

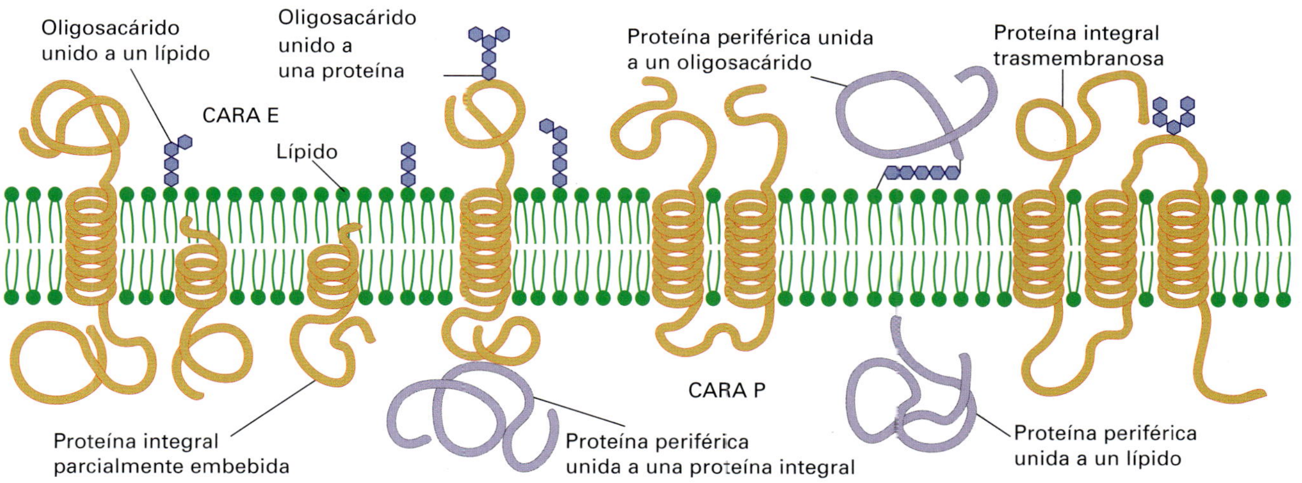


**Figura 2.5.** Modelo de membrana plasmática basado en el *modelo del mosaico fluido* propuesto por Singer y Nicolson. Las proteínas integrales aparecen embebidas en la bicapa lipídica formando hélices de uno o varios pasos. La mayoría de ellas atraviesan totalmente la membrana (proteínas transmembranosas); otras sólo ocupan una hemimembrana. Las proteínas periféricas están adosadas a una hemimembrana, uniéndose a una proteína integral, a un lípido o a un oligosacárido que, a su vez, está unido a un lípido. Los oligosacáridos quedan sobre la hemimembrana externa y forman el glicocálix; pueden estar unidos a una proteína integral o a un lípido.

**TABLA 2.1. Diferencias en la composición de lípidos (%) entre diferentes tipos de membranas celulares en el hígado de rata**

| | MP eritr | MP hep | RER hep | REL hep | EN hep | Gol hep | Lis hep | Mi ex hep | Mi in hep |
|---|---|---|---|---|---|---|---|---|---|
| **Proteínas** | **60** | **58** | **70** | **70** | **70** | **65** | **70** | **60** | **80** |
| **Lípidos totales** | **40** | **42** | **30** | **30** | **30** | **35** | **30** | **40** | **20** |
| Ácido fosfatídico | | 1 | | | 1 | | | 1 | |
| Fosfatidil colina | 31 | 24 | 55 | 54 | 55 | 49 | 33 | 47 | 44 |
| Fosfatidil etanolamina | 15 | 11 | 19 | 19 | 20 | 15 | 13 | 23 | 24 |
| Fosfatidil serina | 7 | 9 | 3 | 1 | 3 | 4 | 5 | 2 | 1 |
| Fosfatidil inositol | 2 | 4 | 8 | 7 | 7 | 6 | 7 | 11 | 6 |
| Fosfatidil glicerol | | | | | | | | 2 | 4 |
| Cardiolipina (difosfatidil glicerol) | | | | | | | | 3 | 16 |
| Ceramida y esfingomielina | 13 | 14 | 3 | 6 | 3 | 10 | 20 | 5 | 3 |
| Glucolípidos | 3 | 7 | | | | | | | |
| Colesterol | 24 | 25 | 9 | 12 | 10 | 14 | 18 | 5 | 3 |
| No detallados | 5 | 5 | 3 | 1 | 1 | 2 | 4 | 1 | 1 |

MP: membrana plasmática. RER: retículo endoplasmático rugoso. REL: retículo endoplasmático liso. EN: envoltura nuclear. Gol: complejo de Golgi. Lis: lisosoma. Mi ex: menbrana mitocondrial externa. Mi in: menbrana mitocondrial interna: eritrocito; hep: hepatocito.

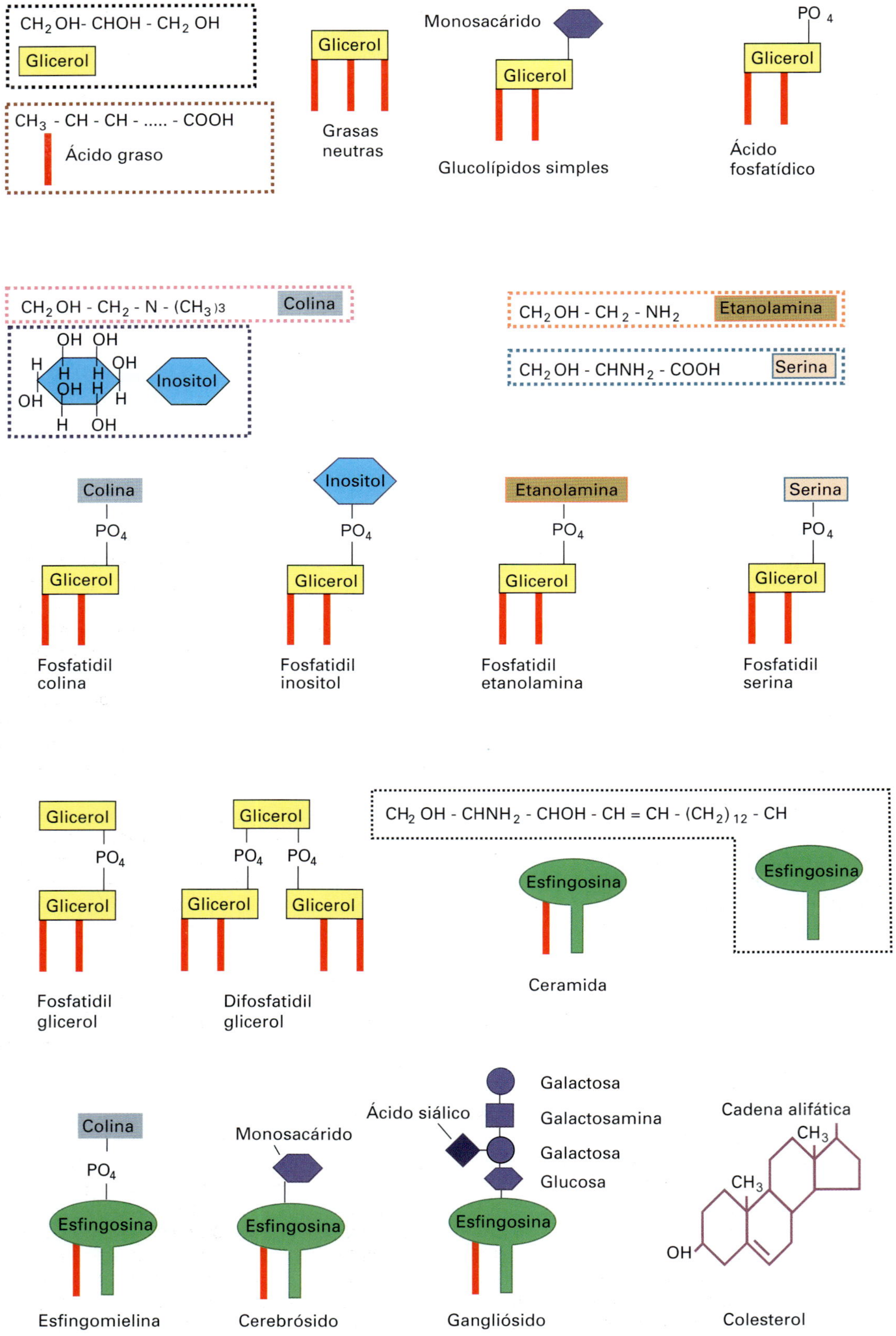


**Figura 2.6.** Representación esquemática de la composición de los lípidos de la membrana plasmática.

buro terminal. La esfingosina unida a un ácido graso en su grupo amino forma la *ceramida*.

— La ceramida esterificada con fosfato y colina en el grupo hidroxilo terminal forma la *esfingomielina*. Debido a la presencia del fosfato y colina, se puede incluir entre los fosfolípidos.
— La ceramida unida a hidratos de carbono (de uno a 15 azúcares) forma *glucolípidos complejos* (*glucoesfingolípidos*), abundantes en las membranas de células animales. Éstos pueden ser:
  - *Cerebrósidos*. El hidrato de carbono es un monosacárido. En la mielina abunda el *galactocerebrósido*, que sólo tiene galactosa.
  - *Gangliósidos*. El hidrato de carbono es un oligosacárido con varios residuos de ácido siálico (N-acetil neuramínico), que le confiere carga negativa.

4. *Esteroles* derivados del ciclopentano-perhidro-fenantreno, con un hidroxilo en un extremo y una cadena alifática corta en el otro. El más común es el *colesterol*.

Entre los diferentes modelos experimentales de membrana utilizados para investigar las propiedades de la bicapa lipídica se encuentran los *liposomas*, constituidos por bicapas lipídicas en forma de esfera de 25 nm a 1 μm de diámetro, y las *membranas negras*, que son bicapas lipídicas planas formadas en un agujero situado en la separación entre dos compartimientos acuosos. Estos estudios han llevado a precisar que las membranas funcionales requieren una matriz lipídica fluida; esto es, una membrana es funcional cuando se mantiene por encima del punto de fusión de sus lípidos. La temperatura de fusión depende de la longitud de la cadena de los fosfolípidos, del número de dobles enlaces y de la concentración de colesterol.

En esta matriz fluida, los lípidos pueden hacer desplazamientos de difusión lateral, rotación y flexión con una constante de difusión lateral de $10^{-8}$ $cm^2/s$. En contraste con estos movimientos laterales, son infrecuentes los movimientos de voltereta (*flip-flop*), esto es, inversión de la polaridad de las moléculas cruzando la membrana de arriba a abajo. Sólo son frecuentes durante la síntesis de membrana por el retículo endoplasmático (véase página 49).

La permeabilidad de la membrana disminuye con la abundancia de colesterol, que presenta los siguientes efectos: (a) dificulta que las cadenas de hidrocarburos de los ácidos grasos se junten y cristalicen; (b) dificulta la permeabilidad de la membrana para las pequeñas moléculas solubles; y (c) aumenta la flexibilidad y la estabilidad mecánica de la bicapa.

Existe asimetría en la bicapa lipídica, pues hay mayor proporción de fosfatidil colina y esfingomielina (fosfolípidos con colina y que poseen ácidos grasos saturados) en la hemimembrana exoplásmica (E), y mayor cantidad de fosfatidil etanolamina y fosfatidil serina (fosfolípidos con ácidos grasos insaturados) en la hemimembrana citoplásmica (P). La matriz lipídica de la hemimembrana P es más fluida que la de la E debido a su mayor contenido en ácidos grasos insaturados. La mayor presencia de fosfatidil serina (con fuerte carga negativa) en la hemimembrana P determina que exista una diferencia de carga entre ambas hemimembranas. De las causas de esta asimetría se tratará en página 49.

## PROTEÍNAS DE LAS MEMBRANAS

### Proteínas integrales y periféricas

De acuerdo con configuración que adoptan en la membrana, las proteínas son de dos tipos (véase Fig. 2.5):

#### *Proteínas integrales*

Estas proteínas suelen atravesar por completo la membrana (*proteínas transmembranosas*) formando hélices $\alpha$ de paso único o múltiple por la membrana, aunque se conocen algunas que sólo ocupan una hemimembrana, como el citocromo $b_5$ del retículo endoplasmático. Son *anfipáticas*, es decir, presentan una distribución asimétrica de los grupos hidrófilos e hidrófobos, lo que las capacita para estar en parte embebidas y en parte sobresalientes en la membrana. La extensión en que una proteína integral está embebida se regula por el equilibrio termodinámico; esto es, está determinada por la secuencia de aminoácidos y la estructura covalente de la molécula, así como por su interacción con las moléculas que la rodean. Los grupos polares de la proteína quedan generalmente en la superficie de la membrana, mientras que los residuos no polares permanecen embebidos entre las cadenas hidrocarbonadas de los fosfolípidos.

Las proteínas integrales están firmemente unidas a los lípidos por interacciones hidrófobas. Algunas refuerzan la unión por enlaces covalentes con lípidos y sólo se disocian de éstos por tratamientos drásticos (detergentes, agentes que desnaturalizan las proteínas y disolventes orgánicos) que destruyen la integridad de las membranas.

Las proteínas integrales pueden realizar movimientos de rotación y de traslación con una constante de difusión de aproximadamente $5 \times 10^{-9}$ $cm^2/s$. El desplazamiento de las proteínas se mostró con el siguiente experimento. Se cultivaron conjuntamente células de ratón y células humanas y se marcó una proteína específica de la membrana plasmática de la célula de ratón mediante un anticuerpo unido a un colorante fluorescente. Se hizo lo mismo con otra proteína específica de la membrana de la célula humana, pero marcando ésta con un colorante diferente para distinguir ambas proteínas. Tras fusionar ambas células, se vio que, al principio, cada tipo de proteína quedaba limitada a un área diferente en la célula híbrida, pero posteriormente ambas proteínas se entremezclaban (Fig. 2.7). Durante estos movimientos las proteínas son capaces de mantener su orientación molecular y su grado de intercalación en la membrana, como resultado de su estructura anfipática.

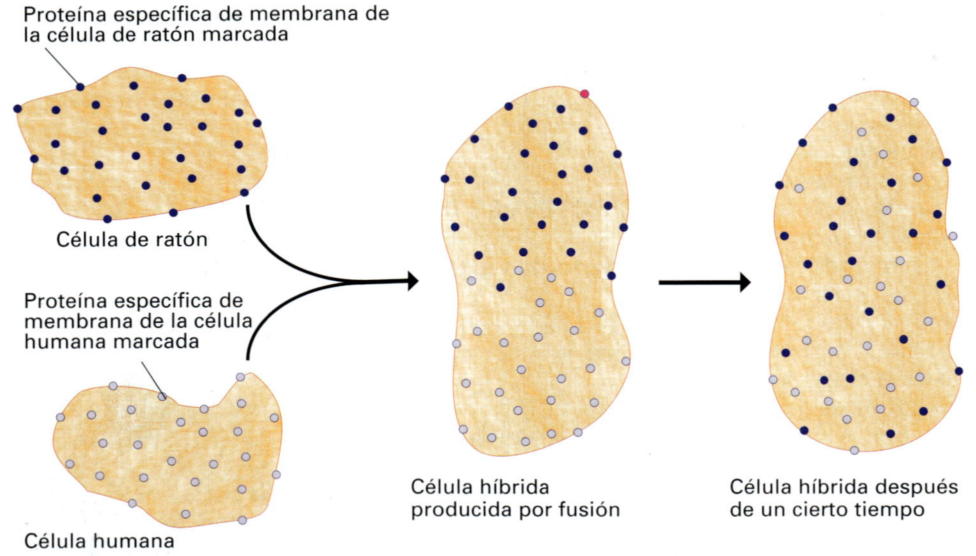


**Figura 2.7.** Demostración del desplazamiento de las proteínas por la membrana plasmática. Cada una de las dos células en cultivo presenta una proteína diferente marcada, utilizando dos colorantes diferentes para que se distingan. Al fusionar ambas células, en la célula híbrida resultante se observan las dos proteínas, al principio en áreas diferentes; después, al mantener un tiempo el cultivo a 37 °C, ambas proteínas se entremezclan.

El movimiento de desplazamiento de las proteínas puede abrir poros transitorios o dinámicos. De esta manera, el paso a través de la membrana del agua y de sustancias insolubles en lípidos no requiere la presencia de poros, que nunca se han visto. Además, algunas proteínas actúan como moléculas portadoras uniéndose a las sustancias transportadas. Son proteínas transmembranosas que poseen actividades tipo *permeasa,* y en su interior existen *caminos polares* para permitir el transporte molecular. De estos aspectos se tratará más adelante en este mismo capítulo (véase página 53).

### Proteínas periféricas

Estas proteínas no son transmembranosas y sobresalen en una de ambas hemimembranas (véase Fig. 2.5). Están asociadas a la membrana únicamente por un enlace covalente con un ácido graso o por interacciones no covalentes (principalmente electrostáticas) con una proteína integral. No están estrechamente asociadas a los lípidos, y un tratamiento con la adición de un agente quelante (tratamiento de tipo suave), basta para disociarlas enteras de la membrana. Se encuentran sobre todo en la hemimembrana P y corresponden en su mayor parte a enzimas.

En la hemimembrana E son muy escasas y pueden unirse a una molécula de *GPI* (*glucosilfosfatidil inositol*), esto es, a un oligosacárido que, a su vez, se encuentra unido a los dos ácidos grasos de una molécula de fosfatidil inositol.

## Algunas proteínas específicas de la membrana plasmática

Las proteínas de la membrana plasmática más estudiadas son las del eritrocito, debido a la facilidad con que pueden obtenerse: basta con provocar la lisis de esta célula, en un medio hipotónico. Estas proteínas comprenden (Fig. 2.8):

1. La *glucoforina*. Es una glucoproteína de unos 30 kilodaltons (kDa), cuya porción transmembranosa tiene la forma de una hélice α de paso único. El segmento externo está muy glucosilado, con oligosacáridos que están unidos a oxígeno o a nitrógeno y constituyen hasta un 64% del peso de la proteína. Estos oligosacáridos constituyen casi la totalidad de los hidratos de carbono de la membrana del eritrocito; predomina (hasta el 90%) el ácido siálico, que tiene fuerte carga negativa.
2. La proteína *banda 3*. Es también transmembranosa y está formada por dos monómeros de 100 kDa (929 aminoácidos) cada uno, que forman múltiples hélices α transmembrana (unos 14 segmentos) y proporcionan un canal hidrófilo para el paso de $Cl^-$ y $CO_3H^-$. En su cara externa presenta algunos oligosacáridos unidos a nitrógeno. Se dispone formando tetrámeros (dos dímeros) y es crucial en el paso del $CO_2$ de la sangre al interior del eritrocito.
3. La *anquirina* o proteína *banda 2.1*, de 210 kDa. Conecta cada dímero banda 3 a una proteína esquelética llamada espectrina.
4. Las proteínas esqueléticas *espectrina*, *actina* y *tropomiosina*, situadas bajo la membrana plasmática, y las proteínas *banda 4.1* y *aducina*, que se encuentran asociadas a las anteriores. La espectrina supone el 25% de las proteínas de esta membrana. Es una molécula larga, delgada y flexible, constituida por dos monómeros alargados (α de 240 kDa y β de 220 kDa) que se disponen formando una doble hélice de unos 100 nm de longitud y unos 5 nm de espesor. A su vez, dos

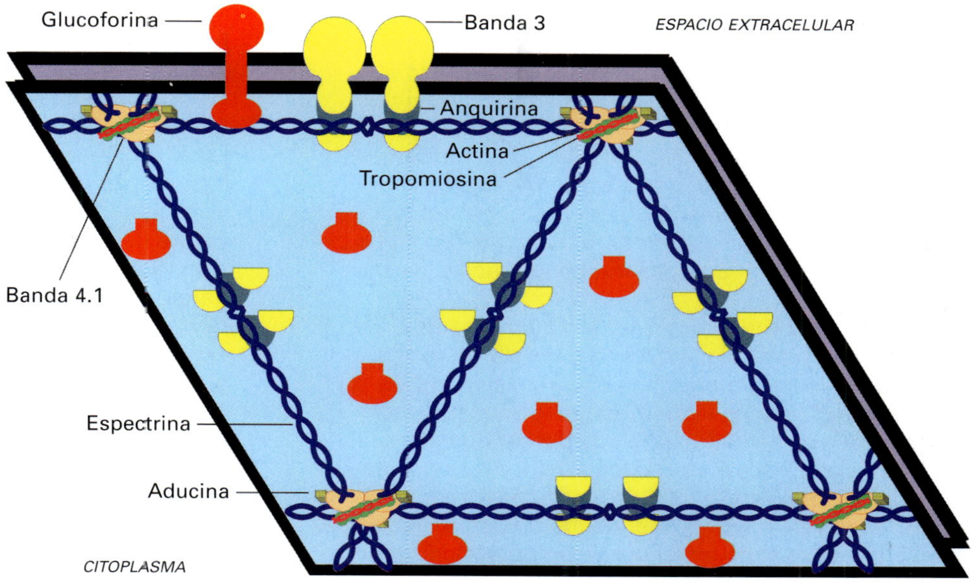


**Figura 2.8.** Representación de las proteínas esqueléticas asociadas a la membrana plasmática del eritrocito de mamífero.

dímeros se asocian en sentido longitudinal y opuesto, estableciendo contacto por sus cabezas, para formar tetrámeros. A este contacto se ancla la espectrina en la membrana mediante la proteína anquirina, la cual, como se ha dicho, se ancla a su vez en el dímero banda 3. Los tetrámeros de espectrina forman una red bajo la membrana plasmática asociándose con sus colas. A esas colas se adosan filamentos cortos de actina (35 nm de longitud y 6 nm de grosor), unidos a la proteína tropomiosina (43 kDa) y a tres moléculas de la proteína banda 4.1 (82 kDa). Finalmente, a cada banda 4.1 se une una molécula de aducina. De la actina y tropomiosina, así como de otras proteínas que forman parte del citoesqueleto de las células eucariotas, se tratará en la página 241).

5. Una proteína periférica interna: la enzima *gliceraldehído 3 fosfato deshidrogenasa.*

La membrana plasmática de la mayoría de las células nucleadas de eucariotas contiene otras proteínas distintas cuya organización difiere en cada caso. Algunas de esas proteínas sirven de *receptores* que intervienen en procesos de reconocimiento y adhesión celular; otras actúan como *transportadores* hacia el interior o el exterior de la célula; otras son *enzimas* que catalizan reacciones asociadas con la membrana y, finalmente, otras son *proteínas estructurales* que, junto con los receptores, conectan la membrana plasmática con el citoesqueleto, con otra célula adyacente o con la matriz extracelular.

En membranas plasmáticas de diversos tipos celulares se han detectado cerca de 30 enzimas. Las más constantes son: 5′ nucleotidasa, $Mg^{2+}$ATPasa, $Mg^{2+}$ ATPasa activada por $Na^+$ y $K^+$, fosfatasa alcalina, adenilato ciclasa, fosfomonoesterasa ácida y RNAasa. La membrana plasmática carece de cadena respiratoria y tampoco posee actividad glucolítica.

Determinadas enzimas de la membrana plasmática están limitadas a la superficie donde desempeñan su función (apical, lateral o basal). Las uniones estrechas entre células (véase página 313) impiden el desplazamiento de estas proteínas. La composición lipídica en cada una de esas zonas de membrana puede ser también diferente.

El citoesqueleto asociado a la membrana plasmática también difiere del encontrado en el eritrocito, y consiste generalmente en filamentos de actina, de mayor longitud que los del eritrocito. Estos filamentos se entrecruzan formando una red que se une a la membrana de diversas formas. En estas uniones intervienen proteínas especializadas (véase página 243).

En las membranas citoplásmicas las proteínas varían dependiendo del orgánulo membranoso. De ellas se tratará al estudiar cada uno de ellos.

## HIDRATOS DE CARBONO DE LAS MEMBRANAS (GLICOCÁLIX)

### Estructura y composición

Los hidratos de carbono están presentes en la membrana plasmática unidos covalentemente a proteínas (glucoproteínas) o a lípidos (glucolípidos). Se encuentran del lado externo y son generalmente *oligosacáridos*. La célula queda así recubierta por una envoltura de material hidrocarbonado, denominado *glicocálix* (véanse Figs. 2.4 y 2.5), que es particularmente visible en algunas células (véase Fig. 2.25.B) y que llega a representar entre el 2 y el 10% del peso de la membrana. En esta cubierta también pueden encontrarse algunas proteínas. Las más conocidas son las ya mencionadas, que se unen al GPI y actúan como receptores de señales extracelulares. También puede haber *glucoproteínas* y *proteoglucanos* (algunos unidos también al fosfatidil inositol) que fueron segregados por la célula al espacio extracelular y luego adsorbidos por la superficie celular. La diferencia entre las glucoproteínas y los proteoglucanos radica en que, mientras que las glucoproteínas constan de un polipéptido unido a uno o escasos oligosacáridos, los proteoglucanos presentan numerosas y largas cadenas hidrocarbonadas (disacáridos repetidos muchas veces) unidos a la cadena polipeptídica (véase Fig. 7.5).

Casi todas las proteínas presentan oligosacáridos en su lado externo, pero sólo la décima parte de las moléculas lipídicas de la hemimembrana externa están unidas a oligosacáridos. Como en la membrana hay unas 50 veces más lípidos que proteínas, habría que pensar que hay cinco veces más oligosacáridos unidos a lípidos que a proteínas. Sin embargo, el peso total de los oligosacáridos unidos a proteínas es mayor que el de los unidos a lípidos, pues mientras que cada molécula de lípido portadora de oligosacáridos posee una única cadena de hidrato de carbono, cada molécula de proteína posee varias cadenas.

Los oligosacáridos del glicocálix unidos a proteínas se unen bien al nitrógeno (en un residuo del aminoácido asparagina, por lo que se denominan oligosacáridos N), o al oxígeno (en un residuo del aminoácido treonina o serina, por lo que se llaman oligosacáridos O). Los primeros presentan 12 azúcares y son ricos en manosa, mientras que los segundos sólo tienen unos cuatro azúcares. Una forma de identificar los hidratos de carbono del glicocálix son las proteínas denominadas *lectinas*, de la familia de las *selectinas*, que se unen específicamente a secuencias determinadas de hidratos de carbono (véase página 13).

Los oligosacáridos del glicocálix unidos a lípidos forman principalmente glucoesfingolípidos, pero también hay oligosacáridos unidos a fosfatidil inositol.

El grado de desarrollo del glicocálix es muy variable. En la mayoría de las células el glicocálix forma una delicada capa, difícilmente apreciable con el microscopio electrónico, pero en algunas células epiteliales está muy desarrollado. Uno de los ejemplos mejor estudiados es el glicocálix del epitelio intestinal. Estas células poseen numerosas prolongaciones citoplásmicas hacia la luz, denominadas *microvellosidades*, que están recubiertas por un material filamentoso, el cual, visto con el microscopio electrónico de gran poder de resolución, se presenta como unos filamentos muy ramificados formando un entramado tridimensional. Se le denomina *glicocálix antenular* (Fig. 2.25.B).

### Funciones

Aunque todas las células poseen glicocálix, éste no es igualmente visible en todas ellas ni responde a las mismas necesidades. Las principales funciones reconocidas en el glicocálix son las siguientes:

1. Es responsable de la carga negativa de la superficie celular, principalmente debida al ácido siálico, y de los cambios en la carga eléctrica del medio extracelular, actuando como una resina intercambiadora de iones.
2. Reconocimiento y fijación de las partículas que incorpora la célula por endocitosis.
3. Reconocimiento específico de células entre sí durante el desarrollo embrionario, permitiendo la agrupación de las células para generar los tejidos y órganos. La implantación de la metástasis depende de la capacidad de las células tumorales no sólo para emigrar sino también para crecer en lugares nuevos, rodeadas de células con las que normalmente no interaccionan. De esta manera, estas células deben ignorar las propiedades del glicocálix en el reconocimiento y la diferenciación.
4. Participación en las uniones de células entre sí y con la matriz extracelular efectuadas por glucoproteínas transmembranosas como *cadherinas* (unen células entre sí) e *integrinas* (unen células a la matriz extracelular).
5. Propiedades inmunológicas. Contiene muchos de los antígenos celulares que causan el rechazo de trasplantes e injertos. Un ejemplo son los grupos sanguíneos que residen en el glicocálix de los eritrocitos.
6. Anclaje de enzimas. En el glicocálix de algunas células hay unidades globulares (5-6 nm de diámetro) que contienen enzimas, como leucoaminopeptidasas en los hepatocitos y maltasa en los enterocitos (células del epitelio intestinal).

## BALSAS LIPÍDICAS DE LA MEMBRANA PLASMÁTICA

Los esfingolípidos, que tienen largas cadenas de ácidos grasos saturados, crean intensas fuerzas de van der Waals que atraen los lípidos adyacentes formándose *microdominios* transitorios, ricos en esfingolípidos y colesterol, de unos 70 nm de diámetro, también denominados *balsas lipídicas* (Fig. 2.9). Esas zonas ocupan ambas hemimembranas, son algo más gruesas que el resto de la bicapa, concentran componentes del glicocálix y acomodan determinadas proteínas. Algunas de éstas son largas proteínas transmembranosas que se unen a oligosacáridos que, a su vez, se unen a las ya mencionadas *lectinas*. Hay también proteínas transmembranosas que sirven para la transmisión de señales extracelulares al citosol, proteínas periféricas de la hemimembrana externa que se unen a un GPI, y proteínas del medio extracelular que se concentran para ser incorporadas a la célula.

## RENOVACIÓN DE LAS MEMBRANAS CELULARES

Marcando las proteínas con leucina-$^3$H se ha visto que los polipéptidos de alto peso molecular de la membrana plasmática se renuevan cada 2-5 días, mientras que los de bajo peso molecular lo hacen cada 7-13 días. Marcando radiactivamente los lípidos se prueba que éstos se renuevan cada 3-5 días.

La membrana plasmática se encuentra en un continuo proceso de reciclaje. De ella se invaginan vesículas con contenidos necesarios para el metabolismo de las células (*endocitosis*), lo que supone una pérdida de membrana, y a ella se fusionan vesículas procedentes del citoplasma (principalmente del complejo de Golgi) (*exocitosis*), lo que supone una recuperación de membrana (Fig. 2.10).

La renovación de la membrana plasmática a partir de vesículas del complejo de Golgi exige, a su vez, un incremento de las membranas de este orgánulo para reponer las membranas perdidas. Estas nuevas membranas proceden del retículo endoplasmático, que es el lugar de síntesis de las membranas celulares (con excepción de las membranas de las mitocondrias, de los plastidios y quizá de los peroxisomas).

Por otra parte, las membranas de las vesículas de endocitosis terminan uniéndose a lisosomas que, a su vez, reciben membranas del complejo de Golgi (cargadas con enzimas lisosómicas) y emiten membranas hacia éste mediante vesículas con los receptores para cargar enzimas lisosómicas en el complejo de Golgi. De todo este tráfico de membranas se tratará en la página 173.

## SÍNTESIS DE LAS MEMBRANAS CELULARES

Como la formación de las membranas requiere no sólo lípidos sino también proteínas, la síntesis de los componentes de las membranas citoplásmicas se realiza en el retículo endoplasmático liso y rugoso: liso en cuanto que posee enzimas para sintetizar fosfolípidos; rugoso, porque debe poseer ribosomas para sintetizar las proteínas integrales. Las proteínas periféricas internas se sintetizan en ribosomas libres (no en el retículo endoplasmático rugoso) próximos a la membrana plasmática. La glucosilación de las proteínas cuyos hidratos de carbono formarán parte del glicocálix se inicia en el retículo endoplasmático rugoso y se completa en el complejo de Golgi. En éste también se produce la glucosilación de los lípidos, completando el glicocálix.

Los fosfolípidos y el colesterol, los dos elementos constitutivos principales de todas las membranas celulares, se sintetizan en el retículo endoplasmático liso a partir de los ácidos grasos formados en el hialoplasma. Las moléculas lipídicas recién sintetizadas se sitúan en la hemimembrana P (del lado del hialoplasma). La translocación de la mitad de estos lípidos a la hemimembrana E tiene lugar mediante una translocasa de fosfolípidos denominada *escramblasa*, que también se encuentran en la membrana plasmática y que equilibra ambas hemimembranas en pocos minutos (Fig. 2.11).

La escramblasa cataliza el movimiento *flip-flop* de fosfatidil colina, fosfatidil serina y fosfatidil inositol, pero no el de fosfatidil etanolamina. Algunos de los fosfolípidos se transforman en lípidos con etanolamina una vez translocados, pero esto ocurre en pequeña proporción, de modo que se establece una asimetría en la composición lipídica de la membrana del retículo endo-

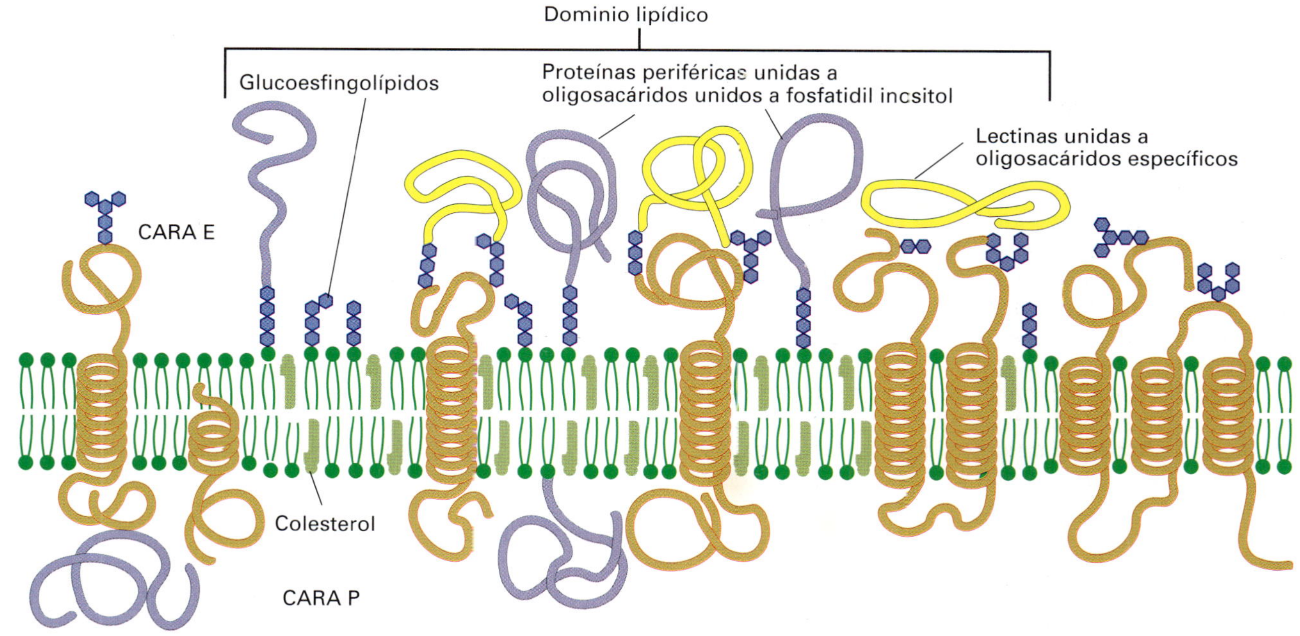


**Figura 2.9.** Representación de un dominio o balsa lipídica de la membrana plasmática. Estas zonas tienen un espesor mayor que el del resto de la membrana y son ricas en esfingolípidos y colesterol. Presentan un glicocálix muy denso y largas proteínas transmembranosas unidas a oligosacáridos con gran afinidad por las lectinas. Hay también proteínas periféricas externas que se unen al glucosilfosfatidil inositol.

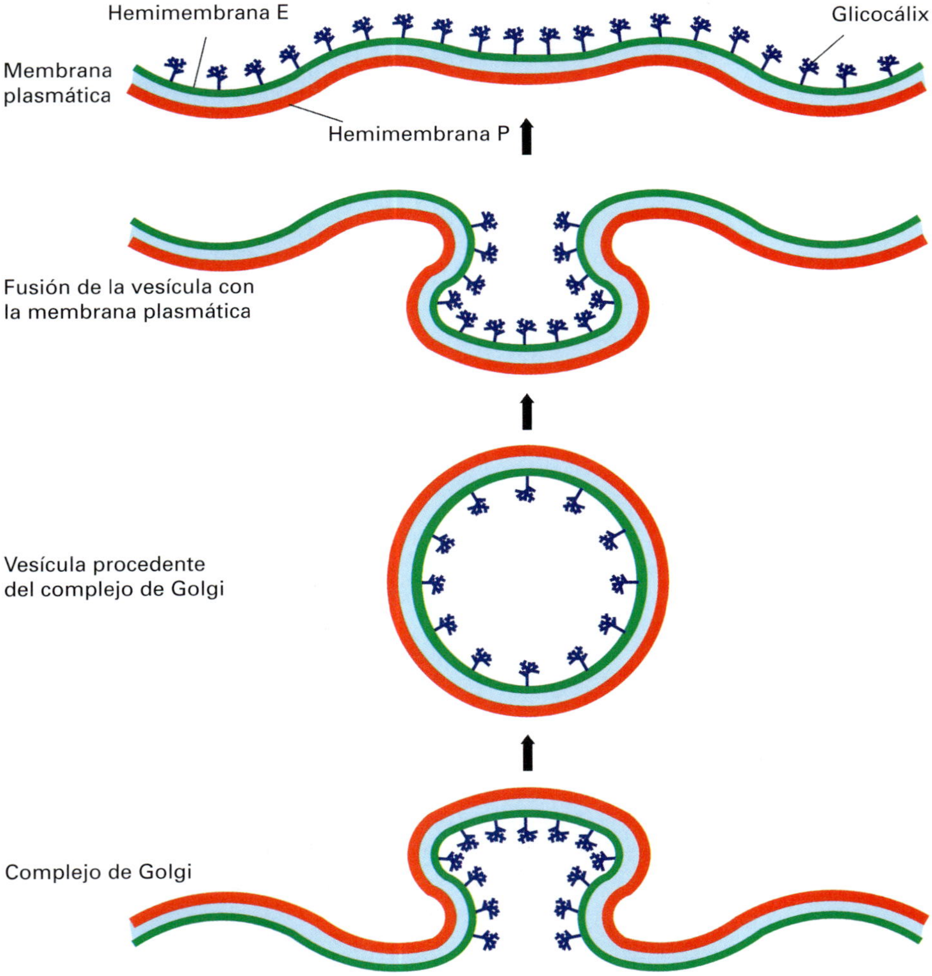


**Figura 2.10.** Renovación de la membrana plasmática a partir de las vesículas emanadas del complejo de Golgi. Nótese cómo los oligosacáridos que se encuentran en el interior de las vesículas pasan a situarse en la superficie de la membrana plasmática formando el glicocálix al producirse la inversión de la curvatura de la membrana.

plasmático y de todas las membranas derivadas de éste, incluida la membrana plasmática. En esta última, además de la *escramblasa*, hay otra proteína, denominada *flipasa*, que es exclusiva de la membrana plasmática y mueve fosfatidil serina y fosfatidil etanolamina desde la hemimembrana E hacia la P, contribuyendo a la asimetría.

En el retículo endoplasmático liso se forma también la esfingosina por la condensación de serina y un ácido graso. La esfingosina unida a otro ácido graso forma la ceramida (véase Fig. 2.6). A partir de la membrana del retículo endoplasmático se forman las membranas del complejo de Golgi. En la hemimembrana E de éste, se forman la esfingomielina (si a la ceramida se añade fosfato y colina tomados de la fosfatidil colina) y los glucoesfingolípidos (si a la ceramida se añaden monosacáridos para formar cerebrósidos u oligosacáridos para formar gangliósidos) (véanse Figs. 2.6 y 2.11). Como en el complejo de Golgi no hay translocasas de fosfolípidos, tanto la esfingomielina como los glucolípidos permanecen en la hemimembrana E donde fueron formados. También en el complejo de Golgi se produce la glucosilación del fosfatidil inositol de la hemimembrana E.

Con excepción de las mitocondrias y cloroplastos, que como se verá más adelante son orgánulos semiautónomos, y quizá también de los peroxisomas, los demás sistemas de membranas de la célula se hallan interconectados, bien directamente o a través de vesículas que transportan membrana y sustancias de un sistema a otro. Cuando los fosfolípidos van a formar parte de la membrana de las mitocondrias hace falta un procedimiento especial de transferencia (véase página 210). En el caso de los cloroplastos no se plantea este problema, pues fabrican sus propios lípidos. Por lo que respecta a las proteínas, tanto la mitocondria como los cloroplastos son capaces de sintetizar algunas de ellas con sus propios ribosomas, pero la mayoría deben ser sintetizadas en el citosol. De la transferencia de proteínas a mitocondrias y cloroplastos se tratará también en las páginas 208 y 217.

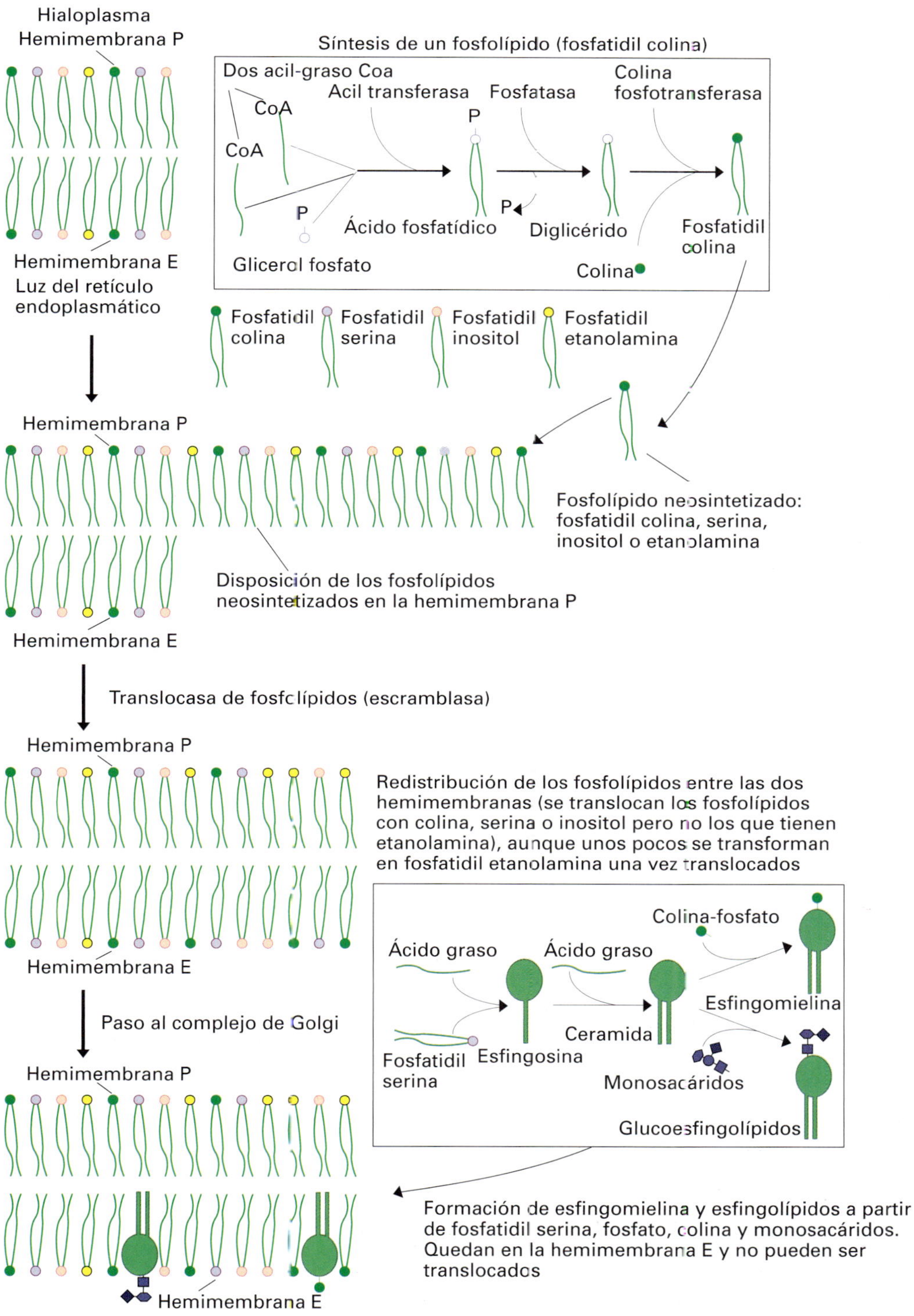


**Figura 2.11.** Esquema de la formación de la bicapa lipídica en la membrana del retículo endoplasmático. A partir de los ácidos grasos (sintetizados en el hialoplasma) se originan los fosfolípidos, que se disponen formando una monocapa, continuación de la hemimembrana P del retículo endoplasmático. Posteriormente, una translocasa de fosfolípidos (escramblasa) pasa parte de los nuevos fosfolípidos con colina, serina o inositol a la otra hemimembrana. Los fosfolípidos con etanolamina no pueden ser translocados, pero algunos de los anteriores puede transformarse en fosfatidil etanolamina. Algunas moléculas de fosfatidil serina se unen a un ácido graso y forman esfingosina que, con otro ácido graso, da lugar a ceramida. Una vez que la membrana ha pasado al complejo de Golgi, la ceramida puede convertirse en esfingomielina (por unión a fosfato y colina) o en glucoesfingolípidos (por unión a monosacáridos y oligosacáridos). Ambos tipos de moléculas se forman en la hemimembrana E del complejo de Golgi, donde permanecen definitivamente pues este orgánulo carece de translocasas.

# INTERCAMBIOS DE LA CÉLULA CON EL MEDIO EXTERNO

## TRANSPORTE DE MOLÉCULAS PEQUEÑAS A TRAVÉS DE LA MEMBRANA PLASMÁTICA

### PERMEABILIDAD DE LA MEMBRANA PLASMÁTICA. DIFUSIÓN SIMPLE

Las membranas celulares se comportan como *membranas semipermeables*; es decir, el agua se mueve con mayor facilidad que la mayoría de los solutos y se desplaza hacia donde éstos están más concentrados. Este proceso se llama *ósmosis*. El agua tiende a entrar en las células, donde la concentración de iones y pequeñas moléculas es mayor que en el medio externo. Para compensar esa entrada de agua, las células han desarrollado diferentes estrategias, como la presencia de paredes celulares rígidas (bacterias, células vegetales), de orgánulos activos en la expulsión de agua (vacuolas pulsátiles) o de bombas de membrana.

Por otra parte, además del agua, muchas otras moléculas pueden atravesar la membrana plasmática. La velocidad de penetración de una molécula a través de la membrana plasmática (*permeabilidad*) varía ampliamente entre las diferentes moléculas. Una molécula atraviesa más rápidamente la membrana cuanto menor es su tamaño (menor peso molecular) y mayor es su solubilidad en lípidos con relación a su solubilidad en agua (*coeficiente de partición*). La membrana plasmática deja pasar con facilidad moléculas pequeñas no polares (oxígeno, nitrógeno, benceno) y moléculas pequeñas polares sin carga (agua, urea, glicerol, $CO_2$); sin embargo, es mucho más impermeable a los iones y moléculas cargadas, por lo que estas sustancias atraviesan la membrana muy lentamente (Fig. 2.12.A). Otras membranas de la célula, así como las bicapas lipídicas artificiales, poseen las mismas propiedades.

Aunque el movimiento de estas moléculas se realiza en ambas direcciones, el flujo neto de ellas se produce a favor de *gradiente de concentración*, aumentando linealmente con el valor del gradiente, lo que se denomina *difusión simple*.

### TRANSPORTE MEDIADO POR PROTEÍNAS

La mayoría de las sustancias necesarias para las células (azúcares, aminoácidos, nucleósidos, vitaminas, etc.) son

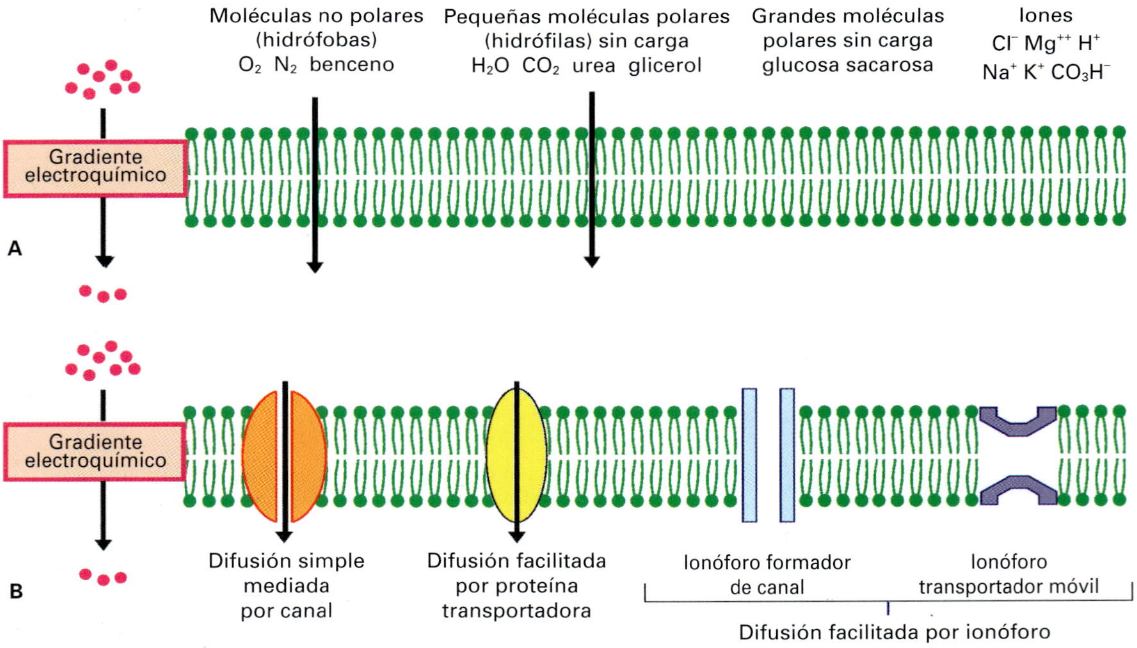


**Figura 2.12.** Representación del paso de sustancias a través de la membrana plasmática. **A**: La membrana plasmática deja pasar con facilidad y a favor del gradiente de concentración, por difusión simple, pequeñas moléculas no polares y pequeñas moléculas polares sin carga; en cambio, es poco permeable a las grandes moléculas polares sin carga y a todas las moléculas cargadas. **B**: Para aumentar la velocidad de penetración a través de la membrana (permeabilidad), muchas moléculas polares, como iones, aminoácidos, azúcares y nucleótidos, utilizan sistemas de transporte. En el esquema se representan algunos mecanismos de transporte pasivo que favorecen la difusión simple y permiten la difusión facilitada.

moléculas polares o con carga neta y atraviesan demasiado lentamente las membranas por difusión simple para satisfacer las necesidades de las células. Por ello las células han desarrollado numerosos sistemas de transporte basados en proteínas transmembranosas de paso múltiple (Fig. 2.12.B). Si las moléculas se transportan a favor del gradiente, este proceso ocurre espontáneamente y se denomina *transporte pasivo*; en cambio, si lo hacen en contra del gradiente el proceso necesita un aporte de energía para poder realizarse, y se habla entonces de *transporte activo*.

## Transporte pasivo

El transporte pasivo puede realizarse bien mediante canales (*proteínas de canal*) o mediante transportadores (*proteínas transportadoras* o *permeasas*) (Fig. 2.12.B).

### *Proteínas de canal*

Las proteínas de canal forman canales acuosos que permiten el paso de moléculas polares o de iones a velocidades muy superiores a las que permitiría su difusión simple a través de la bicapa lipídica. Aunque en algunos canales el flujo de sustancias transportadas aumenta linealmente con el gradiente, siguiendo las leyes de la difusión simple, en la mayoría de ellos, el proceso tiende a saturarse con altas concentraciones, lo que indica que la molécula transportada interactúa con el canal proteico. La mayoría de los canales para el paso de iones actúan como puertas transitorias y su apertura y cierre están regulados por diferentes tipos de estímulos, que pueden ser:

1. La unión a un *ligando* (una molécula específica del canal y diferente de las sustancias transportadas por éste); son los *canales regulados por ligando* (Fig. 2.13.A).
2. Un cambio de potencial de membrana; son los *canales regulados por voltaje* (Fig. 2.13.B).
3. La unión a un nucleótido cíclico, principalmente cGMP; son los *canales regulados por nucleótidos cíclicos* (véase página 336).
4. El cambio en la concentración de algún ion; son los *canales regulados por concentración iónica.*
5. La estimulación mecánica.

Un ejemplo de la actuación combinada de estos canales es la transmisión sináptica (véase Fig. 7.39).

### *Proteínas transportadoras. Difusión facilitada*

Las proteínas transportadoras, o permeasas, permiten el paso altamente selectivo de determinadas moléculas o iones. Presentan además una cinética de transporte muy diferente de la difusión simple, saturándose el transporte con determinadas concentraciones, por lo que se denomina *difusión facilitada* (la cinética del transporte por proteínas de canal sería intermedia entre ésta y la de la difusión simple). En la difusión facilitada, cuan-

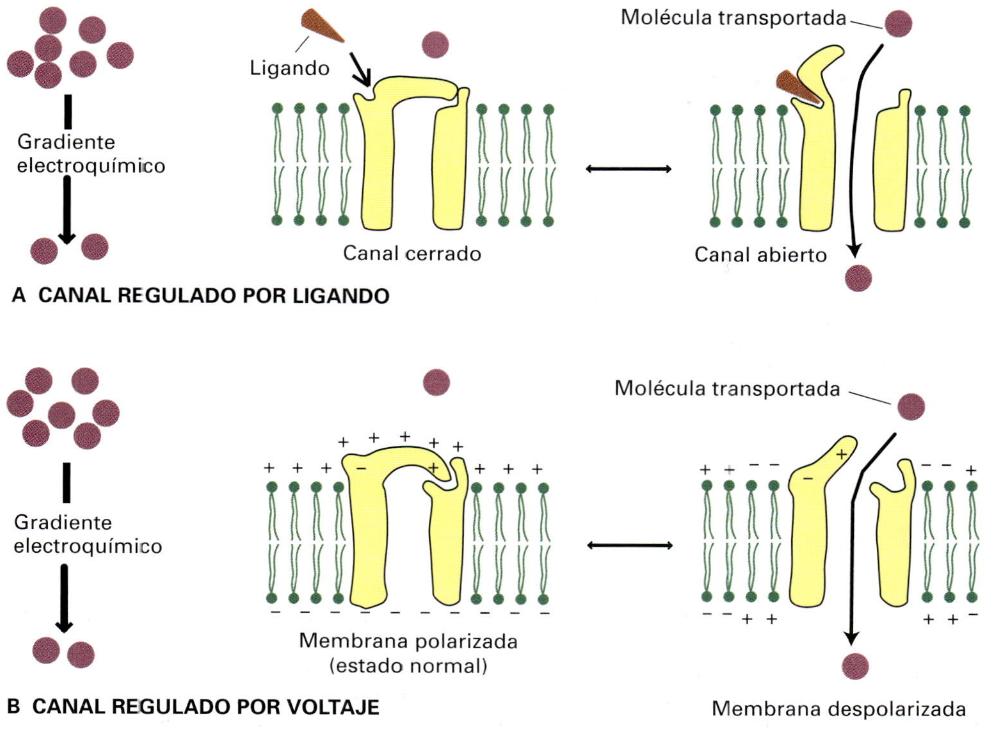


**Figura 2.13.** Dos sistemas de canales que aumentan la permeabilidad en la difusión simple. **A**: Proteína de canal regulada por ligando. La unión de éste a la proteína determina la apertura del canal. **B**: Proteína de canal regulada por cambios en la polaridad eléctrica de la membrana.

do la proteína transportadora tiene ocupados todos los centros de unión al sustrato se dice que está saturada, y la velocidad de transporte con esa concentración es máxima ($V_{máx}$). Cada transportador tiene una velocidad máxima característica, así como una constante de unión para su soluto ($K_M$), que es igual a la concentración del soluto cuando la velocidad de transporte es la mitad de la máxima (Fig. 2.14). La cinética del transporte mediado por transportadores se parece a la de las reacciones enzimáticas, aunque aquí no se produce modificación del sustrato, sino facilitación del transporte. Muy probablemente, en este proceso se producen también cambios de conformación del transportador.

Los transportadores pueden transportar un solo tipo de moléculas (transporte sencillo o *uniporte*) o simultáneamente dos tipos de moléculas (*cotransporte*) (Fig. 2.15.A) mediante cambios en la configuración de la molécula transportadora (Fig. 2.15.B). En este segundo caso, la célula puede utilizar el movimiento a favor del gradiente de una de las sustancias transportadas para transportar la otra en contra de su gradiente de concentración, de modo que el transporte global sea energéticamente favorable, como estudiaremos en este mismo capítulo al tratar del transporte activo (véase página 56). Si ambas sustancias se transportan en la misma dirección, el transporte se denomina paralelo o *simporte*, y si se transportan en direcciones opuestas se habla de transporte antiparalelo o *antiporte*.

Como modelos de la difusión facilitada se han estudiado con detenimiento pequeñas moléculas hidrófobas sintetizadas por microorganismos y utilizadas probablemente como armas biológicas, denominadas *ionóforos*. Se conocen dos clases de ionóforos: los *móviles* y los *formadores de canales*. Ambos actúan protegiendo la carga del ion transportado, de modo que éste pueda penetrar en el interior hidrófobo de la bicapa. Al no estar acoplados a fuentes energéticas, sólo permiten el movimiento neto de los iones a favor del gradiente electroquímico (véase Fig. 2.12.B).

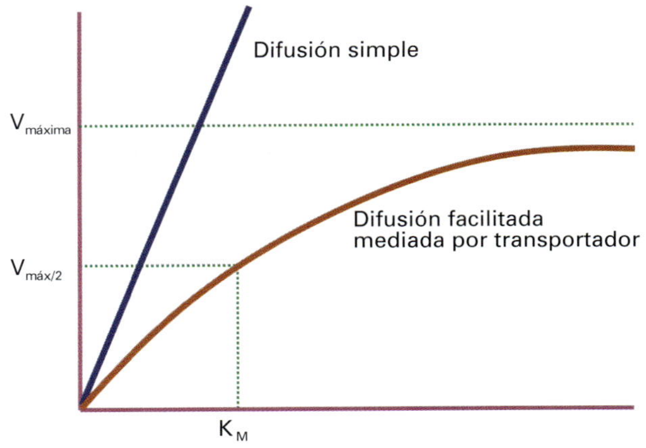


**Figura 2.14.** Diferencias en el comportamiento de los transportadores. Así como en la difusión simple la velocidad del transporte es directamente proporcional a la concentración del soluto, en la difusión facilitada se alcanza una velocidad máxima ($V_{máxima}$) cuando el transportador está saturado por el sustrato. La constante de unión de cada transportador para su soluto (constante de Michaelis = $K_M$) es igual a la concentración del soluto cuando la velocidad del transporte es la mitad de la máxima ($V_{máx/2}$).

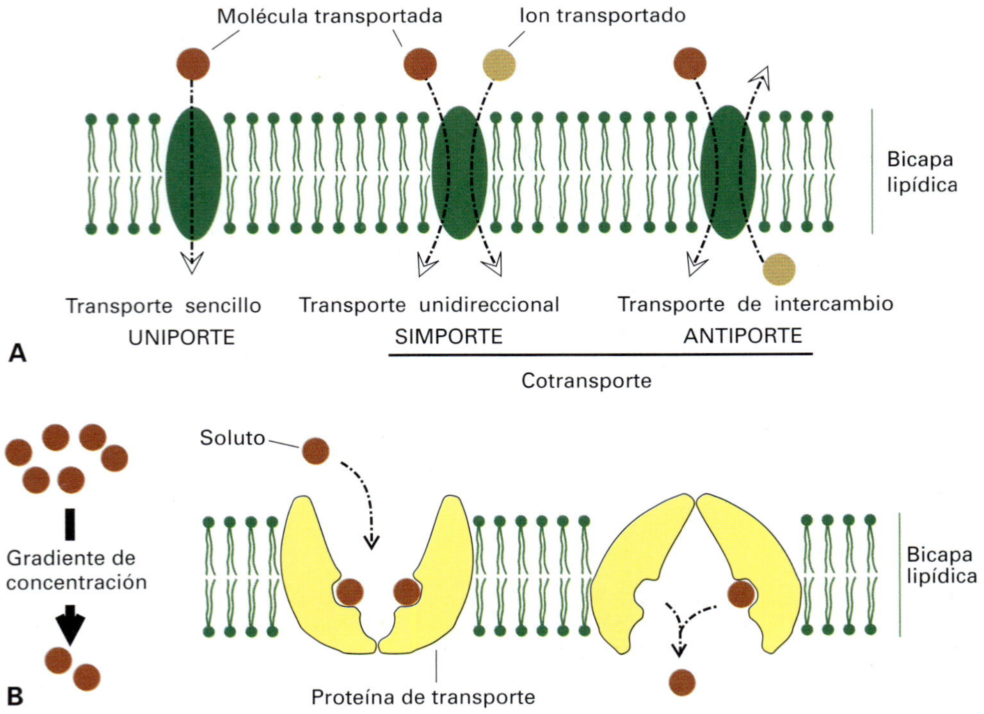


**Figura 2.15.** Proteínas transportadoras en la difusión facilitada. **A**: El transporte puede ser de una sola molécula (uniporte) o de dos diferentes (cotransporte). En este caso, el transporte puede ser uni o bidireccional. **B**: Posible mecanismo por el que se realiza el transporte mediante un cambio en la configuración de la proteína transportadora.

La *valinomicina* es un transportador iónico móvil del $K^+$. Tiene forma de anillo con un exterior hidrófobo (formado por cadenas laterales de valina) y una zona interna polar que se adapta al $K^+$ (Fig. 2.16). Otro transportador móvil es el ionóforo *A23187*, que transporta $Ca^{++}$ y $Mg^{++}$. La *gramicidina* es un ionóforo formador de canal que transporta cationes monovalentes ($H^+$, $Na^+$, $K^+$) a una velocidad de unos 20 000 cationes por canal y por milisegundo. Esta velocidad es unas 1000 veces superior a la de los ionóforos móviles.

Un tipo especial de permeasas, especializadas en el transporte de agua, son las *acuoporinas*.

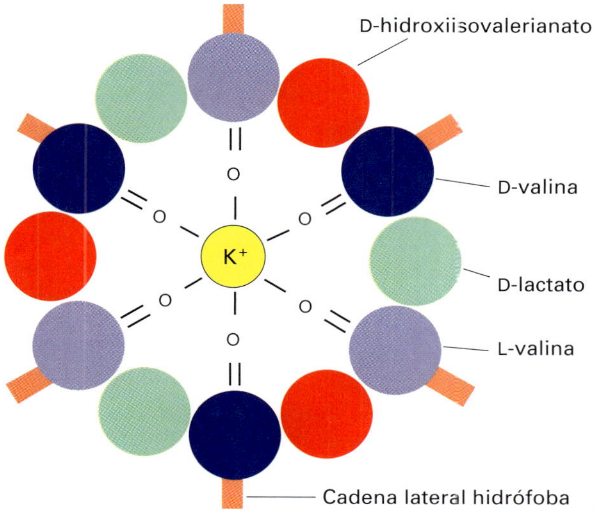


**Figura 2.16.** Esquema de la valinomicina, que es un transportador iónico móvil especializado en el transporte de potasio.

## Transporte activo

Cuando el transporte es en contra del gradiente electroquímico se denomina *transporte activo*. Se consume energía, que puede obtenerse de la degradación del ATP. Gracias a este transporte se consigue que las concentraciones extra e intracelulares de algunos iones sean diferentes, tal como se muestra en la Tabla 2.2.

**TABLA 2.2. Concentración intracelular y extracelular de diferentes iones**

| Ion | Concentración intracelular (mM) | Concentración extracelular (mM) |
|---|---|---|
| $Na^+$ | 5-15 | 145 |
| $K^+$ | 140 | 5 |
| $Mg^{++}$ | 30 | 1-2 |
| $Ca^{++}$ | 1-2 | 2.5-5 |
| $Cl^-$ | 4 | 110 |
| $H^+$ | $4 \times 10^{-5}$ | $4 \times 10^{-5}$ |

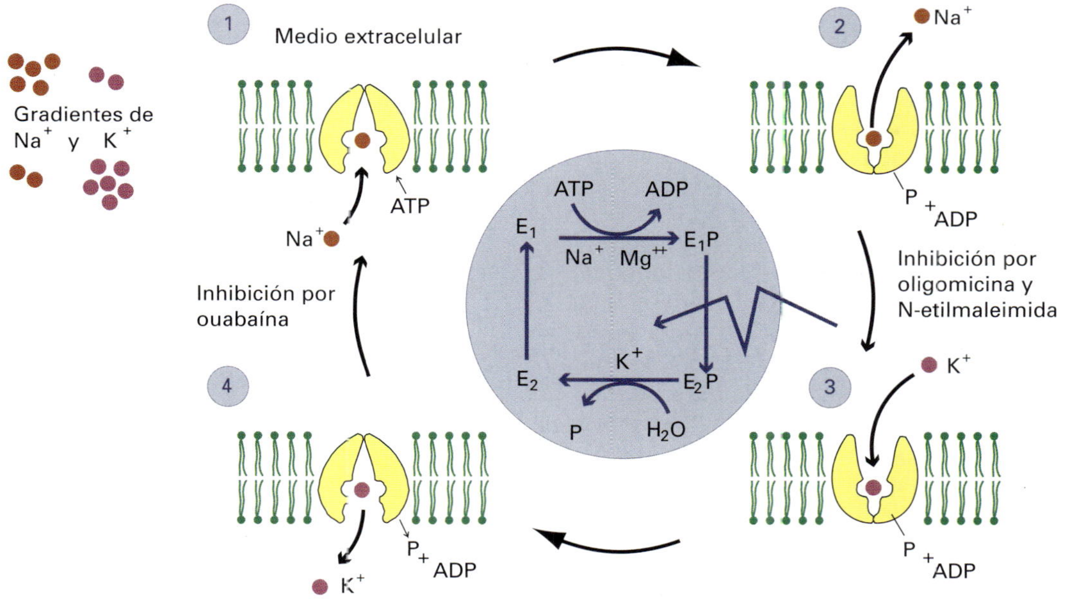


**Figura 2.17.** Esquema del transporte activo realizado por la ATPasa de $Na^+$ y $K^+$. Esta enzima bombea $Na^+$ al exterior de la célula e introduce $K^+$. La salida de $Na^+$ (en contra del gradiente de concentración) se realiza con gasto de energía (desdoblamiento del ATP en ADP y P). La oligomicina y la N-etilmaleimida inhiben la transformación de la enzima fosforilada en configuración $E_1P$ a configuración $E_2P$. La ouabaína inhibe la transformación de la enzima desfosforilada en configuración $E_2$ a configuración $E_1$ y la salida de $Na^+$.

El transporte puede ser tanto uniporte como cotransporte, y es realizado por permeasas. Uno de los transportadores activos mejor estudiados es una enzima transmembranosa: la *bomba de $Na^+/K^+$* o $Na^+$–$K^+$–ATPasa (Fig. 2.17). El bombeo de $Na^+$ y $K^+$ está asociado a la actividad ATPasa de esta proteína. El $Na^+$, que entra libremente a favor del gradiente eléctrico y de concentración por canales y cotransportadores (el interior de la membrana plasmática es negativo), es expulsado por la bomba hacia el exterior, en contra del gradiente, con gasto de energía. Por cada molécula de ATP hidrolizada (en un segundo, una $Na^+$–$K^+$–ATPasa puede hidrolizar 100 moléculas de ATP), se bombean tres $Na^+$ hacia el exterior y dos $K^+$ hacia el interior. De esta manera, la célula acumula carga negativa en su interior.

Esta ATPasa requiere además la presencia de $Mg^{2+}$, pero existen otras ATPasas activadas por el magnesio que no son activadas por los iones sodio y potasio. En general, puede decirse que las enzimas cuya actividad requiere la presencia de potasio son inhibidas por el sodio.

Las ATPasas son extremadamente específicas, y las reacciones que catalizan dependen estrictamente de la localización de la enzima en relación con los sustratos de la reacción. Los lugares activadores en los que se fijan el sodio y el potasio se encuentran, respectivamente, en la cara interna y externa de la membrana. Esta polarización del sistema implica que la enzima posea una estructura asimétrica y una orientación constante; por consiguiente, no es posible su rotación alrededor de un eje paralelo al plano de la membrana.

Existen cuatro fases en la intervención de la enzima. En la primera, la enzima se encuentra en la forma $E_1$ (no fosforilada) de interacción con el $Na^+$. En la segunda etapa, se produce la fosforilación, a partir del ATP, quedando la enzima en la configuración $E_1P$. Esta etapa depende de la presencia de $Mg^{2+}$ y $Na^+$, y la transferencia de este último se realiza en el curso de la reacción. La tercera etapa sólo implica un cambio de configuración, pasando la enzima de la forma $E_1P$ a $E_2P$, y puede ser bloqueada por la *N-etilmaleimida* o por la *oligomicina*. En la cuarta etapa, la enzima es desfosforilada, pasando a la forma $E_2$ de interacción con el $K^+$, cuya transferencia se realiza durante la reacción. El ciclo se cierra por regeneración de la forma inicial $E_1$ a partir de $E_2$. El fármaco *ouabaína* se combina con la forma $E_2$, fijándose en la cara externa, ocupando el sitio de unión al $K^+$, y bloquea la conversión de la enzima a la forma $E_1$, inhibiendo la salida de $Na^+$ de las células, por ejemplo en los eritrocitos. Este fármaco es un esteroide cardiotónico, similar a la digitalina y también obtenido de la planta *Digitalis*, utilizado desde hace más de 200 años para el tratamiento de la insuficiencia cardíaca. La bomba de $Na^+$–$K^+$ sólo se encuentra en células animales. En las células vegetales el transporte iónico más frecuente en la membrana plasmática es una bomba de protones ($H^+$).

La concentración de $Ca^{2+}$ es mucho mayor fuera de la célula que dentro de ella. Esto es debido a una ATPasa de $Ca^{2+}$ similar a la de $Na^+$–$K^+$. La ATPasa de calcio existe probablemente en la membrana plasmática, aunque sólo se ha demostrado con toda seguridad en el retículo endoplasmático liso del músculo, donde bombea grandes cantidades de $Ca^{++}$ al producirse el estímulo nervioso que desata la contracción muscular.

Muchos sistemas de transporte activo son impulsados por la energía almacenada en los gradientes iónicos, y no directamente por la hidrólisis de ATP. Todos ellos funcionan como sistemas de cotransporte (unidireccionales o de intercambio) en los que el ion cotransportado por gradiente electroquímico proporciona la fuerza impulsora para el transporte activo de una segunda molécula (*transporte activo secundario*), que luego es bombeada al exterior. Así ocurre en el la absorción de monosacáridos por el epitelio intestinal (Fig. 2.18). En la membrana de las microvellosidades, la molécula cotransportada con el $Na^+$, por ejemplo la glucosa, se une a la proteína transportadora en un lugar diferente al que se une el $Na^+$. Éste tiende a entrar por gradiente electroquímico y arrastra el azúcar hacia el interior de la célula. Posteriormente el $Na^+$ será bombeado fuera de la célula por la ATPasa $Na^+$–$K^+$ y la glucosa abandona la célula por una proteína transportadora de difusión facilitada. Una deficiencia en estos sistemas de transporte es la responsable de la enfermedad denominada *malabsorción de glucosa-galactosa*.

Los *transportadores ABC* (*ATP-binding cassettes*) se caracterizan porque contienen dos componentes que se unen al ATP y lo hidrolizan. Muy frecuentes en bacterias, también existen en algunas células eucariotas, como en linfocitos, y su actividad aparece sobreexpresada en algunas células tumorales, que bombean de este modo hacia fuera muchos fármacos, haciéndose resistentes a ellos.

## TRANSPORTE MEDIANTE VESÍCULAS

La incorporación a la célula de moléculas de gran tamaño (macromoléculas), tales como enzimas, ácidos nucleicos, histonas, y otras, se produce por un mecanismo de vesiculación (*endocitosis*), mediante el cual dichas moléculas son englobadas en una membrana proveniente de la membrana plasmática. Las proteínas y otras macromoléculas pueden ser también segregadas hacia el exterior por un proceso inverso denominado *exocitosis*. Un transporte combinado es el paso de sustancias de un lado a otro de la célula (*transcitosis*). En cualquier caso, se trata de transportes que conllevan gasto de energía proporcionada por la hidrólisis del ATP.

Las vesículas de endocitosis viajan por el citoplasma y se unen a otras vesículas y a sistemas de membranas distribuyendo sus contenidos: algunos de éstos pueden ser finalmente degradados por los orgánulos especializados en esa función, otros pueden ser utilizados en el citosol, y otros pueden ser reciclados hacia la propia membrana plasmática. A su vez, las vesículas cuyo contenido va a ser segregado fuera de la célula se forman en los orgánulos membranosos que sintetizan esas sustancias, y van transitando por diferentes

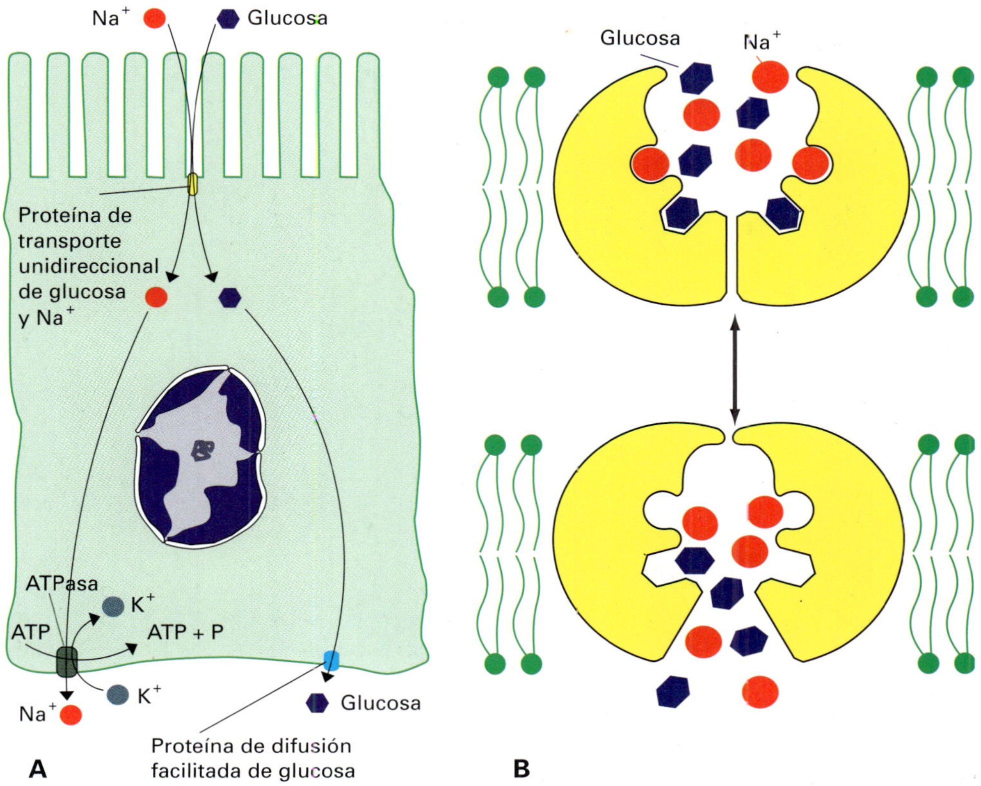


**Figura 2.18.** **A**: Cotransporte de la absorción de glucosa y de $Na^+$. La entrada de $Na^+$ es a favor del gradiente electroquímico y va unida a la entrada de glucosa. Después, a través de la membrana plasmática de la cara basal, la glucosa abandona la célula por difusión facilitada y el $Na^+$ es bombeado activamente al exterior y contrarrestado por la entrada de $K^+$. **B**: Detalle de la proteína de transporte unidireccional de $Na^+$ y glucosa.

sistemas de membranas hasta alcanzar la membrana plasmática. Así pues, por el interior de la célula existe un tráfico de vesículas que van y vienen entre diferentes orgánulos membranosos y que reflejan el transporte de sustancias y también el reciclaje de membranas (para más detalle sobre exocitosis y endocitosis, véanse las páginas 173 y 177). Del tráfico de vesículas entre orgánulos se tratará al estudiar los orgánulos correspondientes. En este apartado estudiaremos la organización de las vesículas, su formación y acoplamiento con los órganos diana.

## TIPOS DE VESÍCULAS

### Vesículas lisas

#### *Vesículas lisas sin características especiales*

Su membrana presenta una *superficie lisa*. Miden unos 150 nm de diámetro. Se observan en la endocitosis inespecífica de moléculas proteicas y otras sustancias de tamaño no superior a 150 nm, incluidos algunos virus (Fig. 2.19.A).

#### *Macropinocitomas*

Un caso especial para la incorporación de grandes solutos es la formación de grandes vesículas (de 200 a 1000 nm), denominadas *macropinocitomas*.

#### *Cavéolas*

Las *cavéolas*, inicialmente identificadas en los endotelios, se encuentran en la mayoría de los tipos celulares. Algunas suelen verse conectadas a la membrana y tienen forma de matraz (Figs. 2.19.B y 2.19.C). Miden entre 50 y 80 nm y están revestidas por la proteína *caveolina*, que parece ser una proteína integral de membrana. Se han observado en la transmisión de algunas señales mecánicas y hormonales, y parecen formarse en los dominios o balsas lipídicas de la membrana, donde están los receptores de estas señales.

#### *Vesículas de transcitosis*

La transcitosis es un proceso muy frecuente en las células endoteliales para el transporte de sustancias del exte-

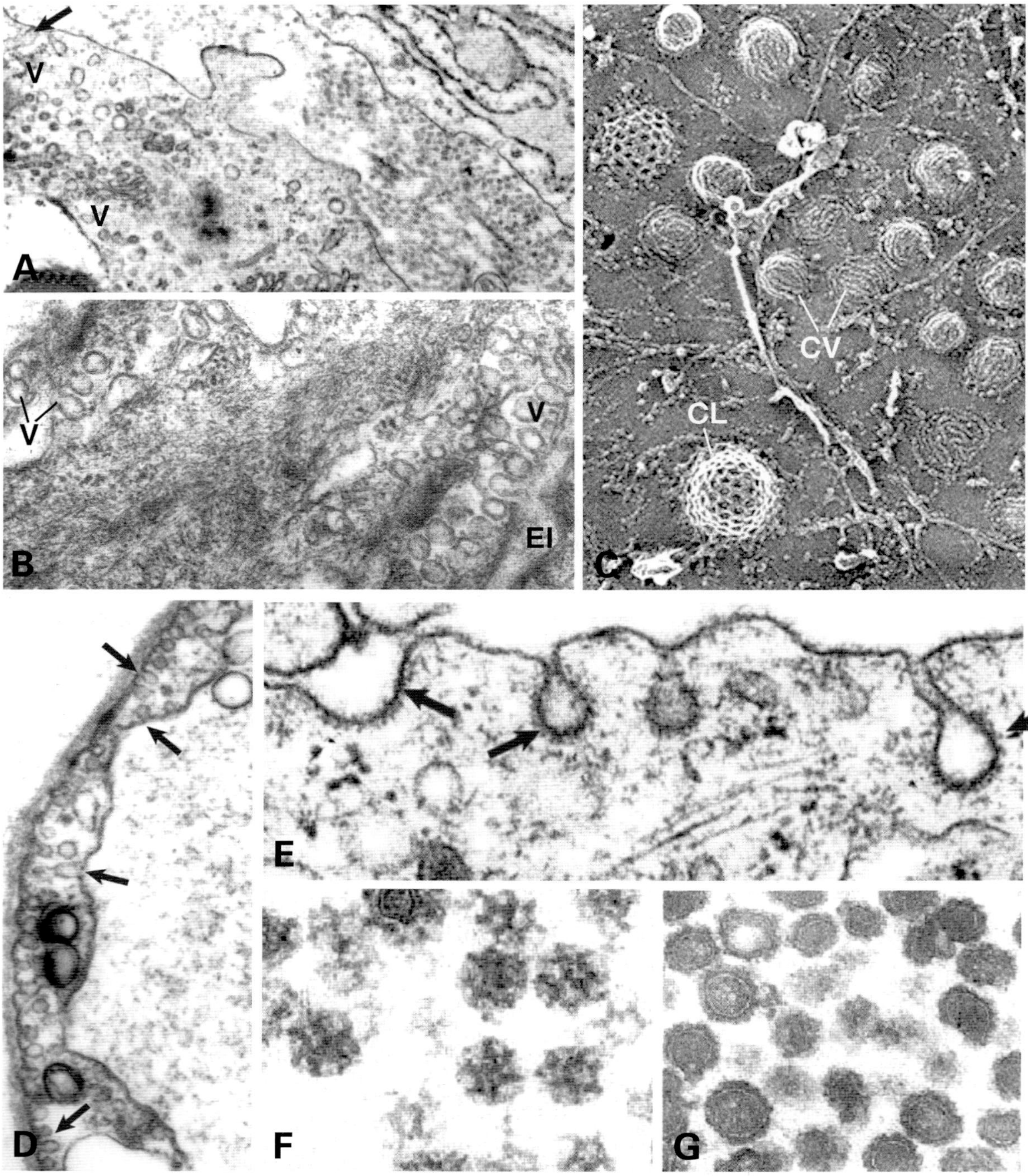


**Figura 2.19.** Tipos de vesículas. **A**: Vesículas lisas (V) en una prolongación citoplásmica de un fibroblasto. Algunas conectan con la membrana plasmática (flecha). X25 000. **B**: Vesículas del tipo cavéolas (V) bajo la membrana plasmática de células musculares lisas. EI: espacio intercelular. X45 000. **C**: Micrografía electrónica de cavéolas (CV) y vesículas recubiertas de clatrina (CL) obtenida tras extracción con detergente, fijación, secado por el método del punto crítico y aplicación de sombreado metálico X100 000. (Micrografía de J. E. Heuser. Washington University. School of Medicine.) **D**: Transcitosis en las células endoteliales de un capilar sanguíneo. Se observan vesículas tanto libres en el citoplasma como en continuidad con la membrana plasmática de la superficie basal y de la adluminal (flechas). X25 000. **E**: Endocitosis de vesículas recubiertas de clatrina (flechas). X90 000. (Micrografía de R.A. Crowther y B.M.F. Pearse. MRC Laboratory of Molecular Biology. Camridge. London.) **F:** Vesículas recubiertas de clatrina obtenidas por centrifugación diferencial y examinadas en el microscopio electrónico de transmisión. X90 000. **G**: Vesículas COP obtenidas por centrifugación diferencial y examinadas en el microscopio electrónico de transmisión. Compárese la cubierta con las de las vesículas mostradas en la Figura F. X 80 000. (Las Figuras F-G son micrografías de E. Rothman and L. Orci. Department of Molecular Biology. Princeton University. New Jersey, USA.)

rior a la luz del vaso sanguíneo o viceversa. Se produce mediante vesículas aparentemente lisas, sobre cuya membrana se disponen *proteínas asociadas a la transcitosis (TAP)*, que interaccionan con su receptor en la membrana diana. En los fibroblastos ocurre también un proceso de transcitosis que parece estar relacionado con el desplazamiento celular. La endocitosis se produce en toda la membrana pero la reposición de membrana sólo tiene lugar en la zona hacia donde se desplaza la célula (Fig. 2.19.D y 2.20).

## Vesículas recubiertas de clatrina

La *clatrina* es una proteína que configura sobre la membrana de la vesícula una estructura poligonal (pentágonos y hexágonos) (Figs. 2.19.C, 2.19.E y 2.19.F). Cada molécula de clatrina se dispone formando un *trisquelión* (complejo de tres brazos), compuesto por tres polipéptidos mayores (cadenas pesadas de 180 kDa) y tres menores (cadenas ligeras de 30-40 kDa) (Fig. 2.21). Cada brazo del trisquelión tiene tres dominios rectos que forman ángulo cada uno respecto al siguiente. El dominio aminoterminal finaliza en una estructura a modo de esfera, que queda hacia el interior de la vesícula. Se considera que una vesícula recubierta de clatrina tiene, al menos, 36 trisqueliones organizados en 12 pentágonos y 8 hexágonos, de modo que cada brazo del trisquelión se solapa con parte de los brazos de los trisqueliones vecinos.

Entre el revestimiento de clatrina y la membrana de la vesícula se encuentran unas partículas denominadas *adaptinas*, que sirven para el ensamblaje de los trisqueliones. Cada adaptina (380 kDa) tiene dos copias de tres polipéptidos diferentes, cuyos pesos moleculares son 105, 50 y 16 kDa. Las partículas se unen, por una parte, a los extremos globulares distales de los trisqueliones promoviendo su ensamblaje y, por otra, a las colas de los receptores específicos de las moléculas que se incorporan en la vesícula participando en la selectividad del proceso (Fig. 2.22).

Estas vesículas se observan en la endocitosis de algunas sustancias que tienen un tamaño inferior a 150 nm, y se forman en zonas de la membrana plasmática revestidas internamente de clatrina (Fig. 2.19.D). En el fibroblasto estas zonas suponen el 2% de la superficie celular. Son también vesículas recubiertas de clatrina las que se emiten desde la cara trans del complejo de Golgi con enzimas lisosómicas y las que realizan el transporte retrógrado hacia la cara trans del complejo de Golgi desde los lisosomas. Se ha sugerido, aunque hay muchas dudas al respecto, que también están recubiertas de clatrina las vesículas que contienen la secreción regulada, que se vierte por exocitosis, y las que revierten hacia la cara trans del complejo de Golgi desde los gránulos de secreción inmaduros. Estas diferencias en el origen y destino explican la existencia de varios tipos de vesículas recubiertas de clatrina, cada una para un transporte diferente. La diferencia entre ellas parece residir en los distintos tipos de adaptina (se conocen cuatro), que varían según el tipo de receptor; por ejemplo, las adaptinas de los receptores para la endocitosis forman un grupo diferente de la de los receptores del grupo manosa-fosfato de las enzimas lisosómicas (véase página 174). De este modo, la adaptina actúa como un sistema de clasificación de vesículas.

El ensamblaje de la cubierta de estas vesículas requiere una GTPasa, que se encuentra en forma inactiva (unida a GDP) en el citosol. En la membrana formadora de la vesícula hay un *factor de intercambio de nucleótidos de guanina* (GEF) que se une a esta enzima y la fosforila, convirtiéndola en la forma activa (unida a GTP). La fosforilación deja en la enzima un ácido graso libre a modo de tallo, que se inserta en la membrana formadora de la vesícula, y las moléculas de clatrina y adaptina se disponen sobre la GTPasa y sobre otras proteínas transmembranosas especiales no bien conocidas (Fig. 2.22). El tipo de GTPasa varía según el origen de las vesículas. Las que se forman en las membranas del complejo de Golgi requieren la GTPasa denominada *Arf*, pero las que se forman en la membrana plasmática utilizan una GTPasa diferente no bien conocida.

El cierre de las vesículas de clatrina requiere otra GTPasa de gran tamaño denominada *dinamina*, que hidroliza el GTP a GDP y se dispone en el cuello de la bolsa

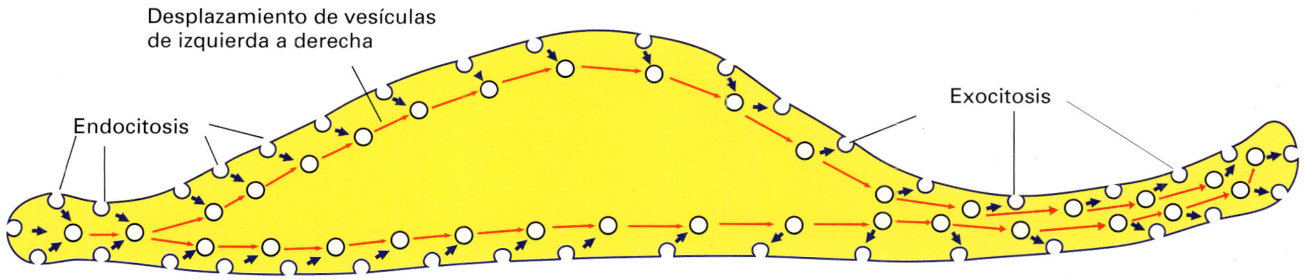


**Figura 2.20.** Transcitosis de vesículas durante el movimiento de un fibroblasto en cultivo. En la zona de avance del fibroblasto se produce una evaginación de la membrana plasmática, porque se añade membrana a este nivel como consecuencia de la incorporación de vesículas (exocitosis). Para reponer esta membrana se invaginan vesículas (endocitosis) en el resto de la superficie del fibroblasto.

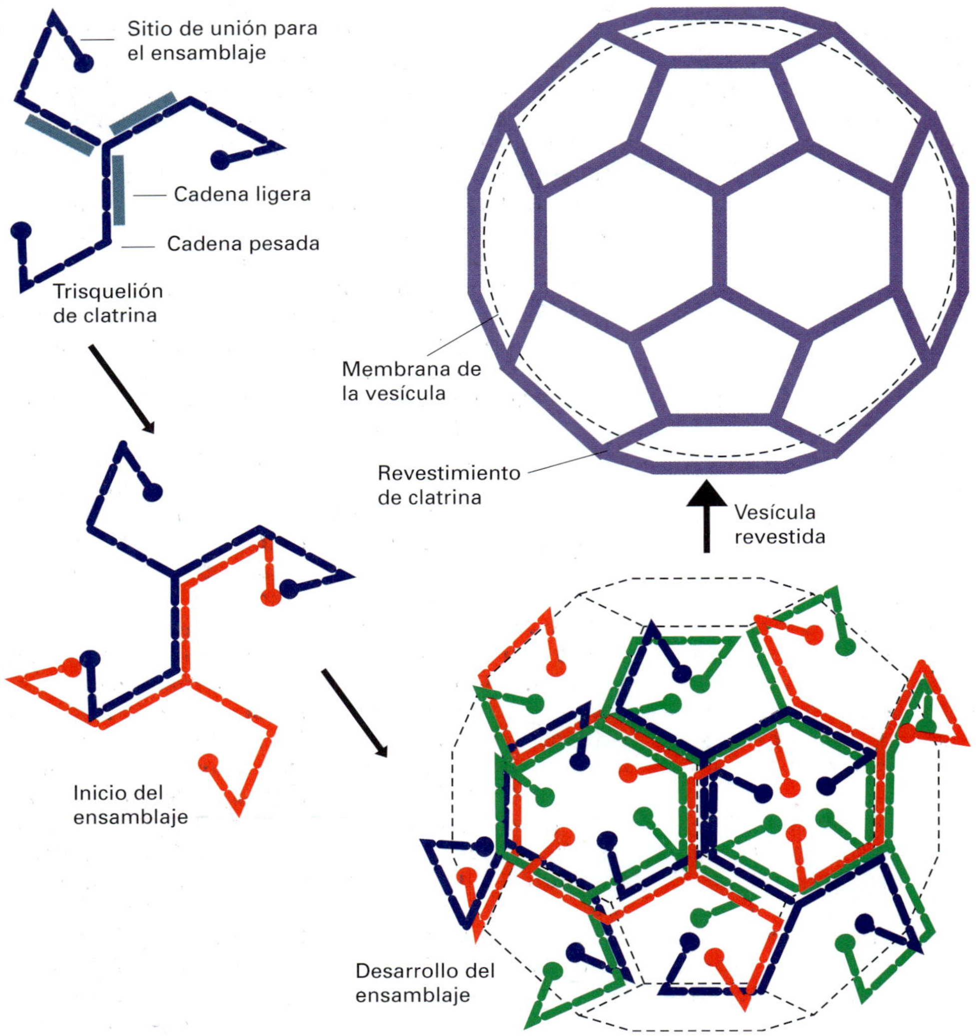


**Figura 2.21.** Esquema de la constitución del revestimiento de clatrina. Esta proteína se dispone formando unos complejos de tres patas denominados trisqueliones. Cada trisquelión está constituido por tres moléculas mayores (pesadas) y tres moléculas menores (ligeras). Las vesículas más simples estarían revestidas de 36 trisqueliones, que se disponen formando 12 pentágonos y 8 hexágonos.

emergente, formando un anillo que se estrecha hasta que la bolsa se desprende como una vesícula.

Una vez que la vesícula se separa de la membrana, la clatrina se desensambla. Es posible que la dinamina haya causado no sólo el desprendimiento de la vesícula sino también la hidrólisis del GTP de la Arf (o de la GTPasa correspondiente) que se fosforiló en el ensamblaje. Existen datos que indican que en el desensamblaje interviene una proteína cochaperona (véase página 148), denominada *Hsc70*, que hidroliza el ATP y que es activada por otra proteína denominada *auxilina* dependiente de $Ca^{2+}$.

## Vesículas COPI y COPII

Hay dos tipos de vesículas COP (*coat protein*): tipo I (*COPI*) y tipo II (*COPII*). Estas últimas circulan únicamente desde el retículo endoplasmático rugoso hacia el complejo de Golgi. Las vesículas COPI hacen ese mismo recorrido en sentido inverso (desde el complejo de Golgi al retículo endoplasmático rugoso) y, posiblemente, circulan también entre los compartimientos del complejo de Golgi, tanto en sentido anterógado como en sentido retrógrado. También se ha sugerido que son vesículas COPI las que constituyen la secreción constitutiva (véase página 173) y las que transitan de los endosomas tempranos a los tardíos (véase página 180), aunque hay muchas dudas al respecto.

Cada vesícula COP está recubierta por grandes complejos proteicos que reciben el nombre de *coatómeros*, cada uno de los cuales consta de varias subunidades (siete en las vesículas COPI y cuatro en las COPII) (véase Fig. 2.19.G). Como en el caso de la clatrina, el ensamblaje de los coatómeros requiere una GTPasa que se activa del mismo modo. En las vesículas COPI la GTPasa es la *Arf*, pero en las vesículas COPII es otra diferente, denominada *Sar1*. Una vez activada, los coatómeros se disponen sobre ella y sobre otras proteínas transmembranosas poco conocidas (Fig. 2.23).

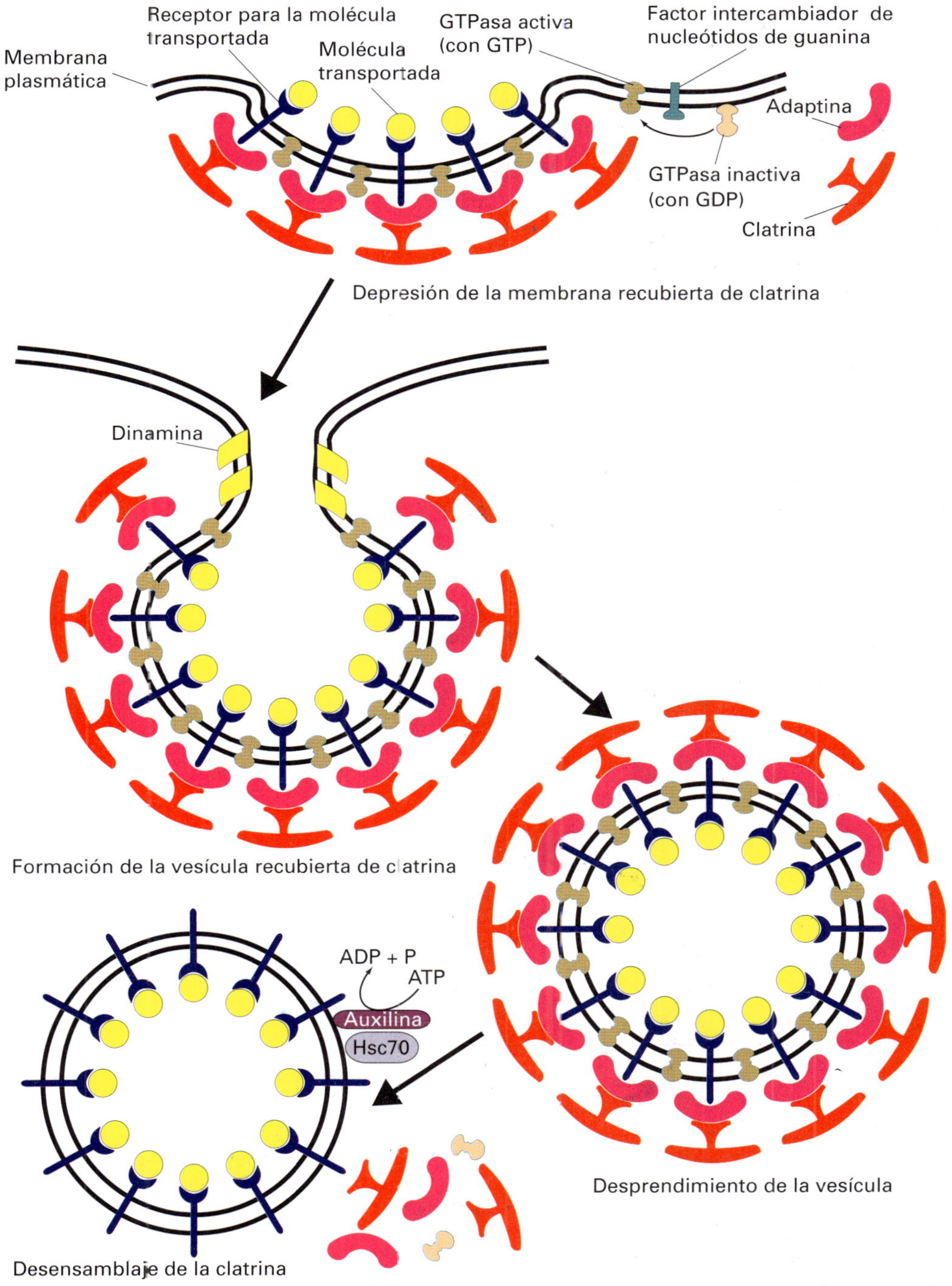


**Figura 2.22.** Formación de una vesícula de clatrina. En el ensamblaje de la clatrina interviene la proteína adaptina y la forma activa (unida a GTP) de una GTPasa. La vesícula es separada de la membrana origen mediante una estrangulación producida por la proteína dinamina con actividad GTPasa. Una vez desprendida la vesícula, la clatrina se desensambla por acción de una hsp70 citosólica que requiere la hidrólisis del ATP.

El cierre de las vesículas COP y el desensamblaje de sus cubiertas difieren de lo descrito para la clatrina. No se sabe cómo tiene lugar el cierre de las vesículas, pero no interviene la dinamina ni otra GTPasa. Sólo cuando la vesícula se ha separado de la membrana emisora se libera desde ésta una GTPasa, denominada GAP (*GTPase activating protein*), que hidroliza el GTP de la Arf o de la Sar1, que se liberan al citosol para ser reciclados, y los coatómeros se desensamblan. No parece que en este proceso intervengan la ATPasa *Hsc70* ni la auxilina.

## MARCADORES DEL DESTINO DE LAS VESÍCULAS

El tipo de revestimiento de cada vesícula proporciona ya una clasificación de éstas, aunque no exhaustiva, porque no todas las vesículas con el mismo revestimiento tienen el mismo destino. En efecto, en la superficie de las vesículas debe haber alguna molécula que actúe como marcador del acoplamiento con el órgano diana, y en la membrana de éste debe haber un receptor para ese marcador, de tal modo que sólo pueda encajar en él el marcador

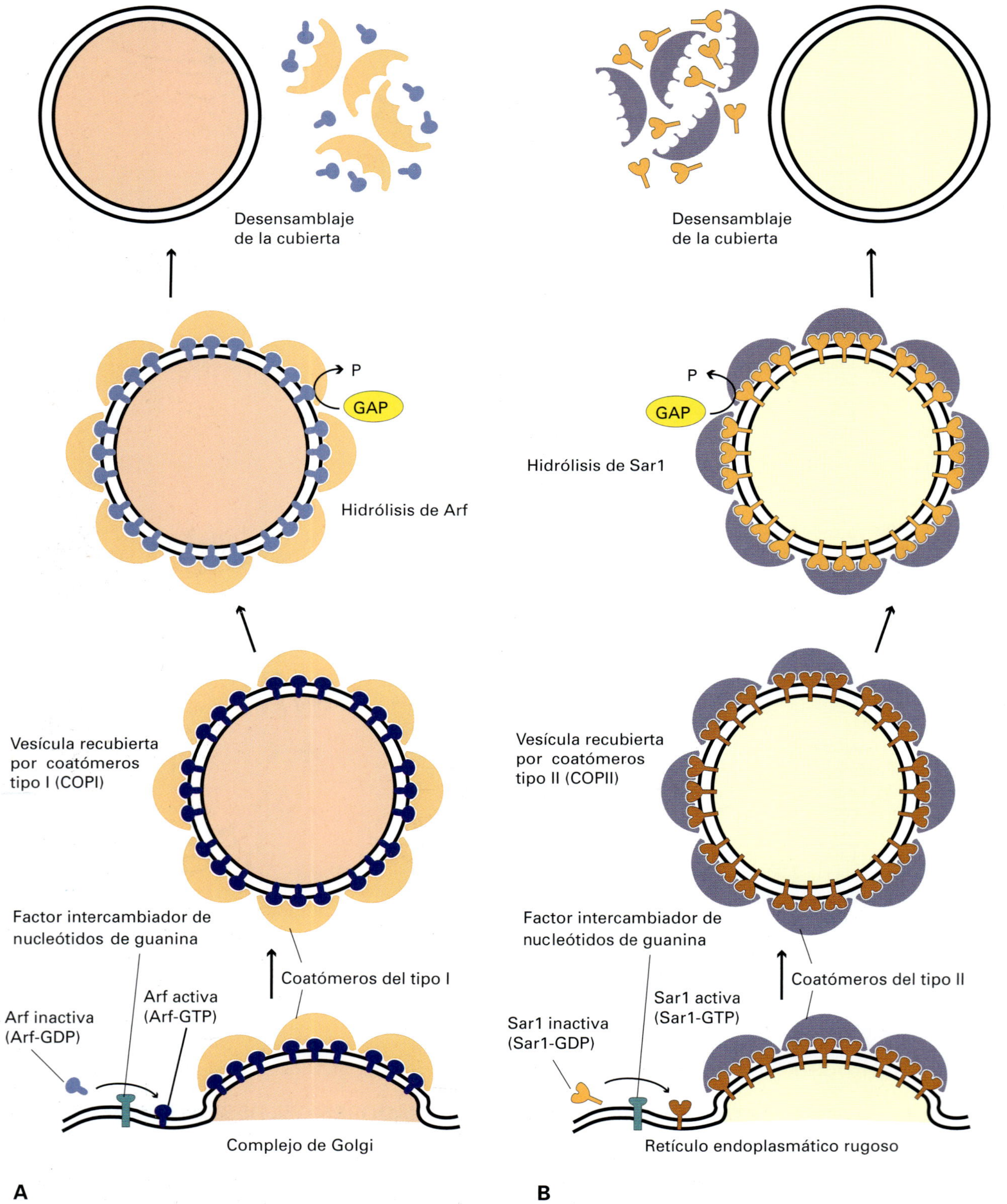


**Figura 2.23.** Formación de las vesículas COP. En el ensamblaje de los coatómeros interviene una GTPasa (Arf para las vesículas COPI y la proteína Sar1 para las vesículas COPII), que deben activarse pasando de la forma unida a GDP a la forma fosforilada (unida a GTP). Como en las vesículas recubiertas de clatrina, una vez formada la vesículas, los coatómeros se desensamblan por la actividad de una GTPasa que hidroliza el GTP de las proteínas Arf o Sar1. No hay evidencia de que ocurra la hidrólisis del ATP.

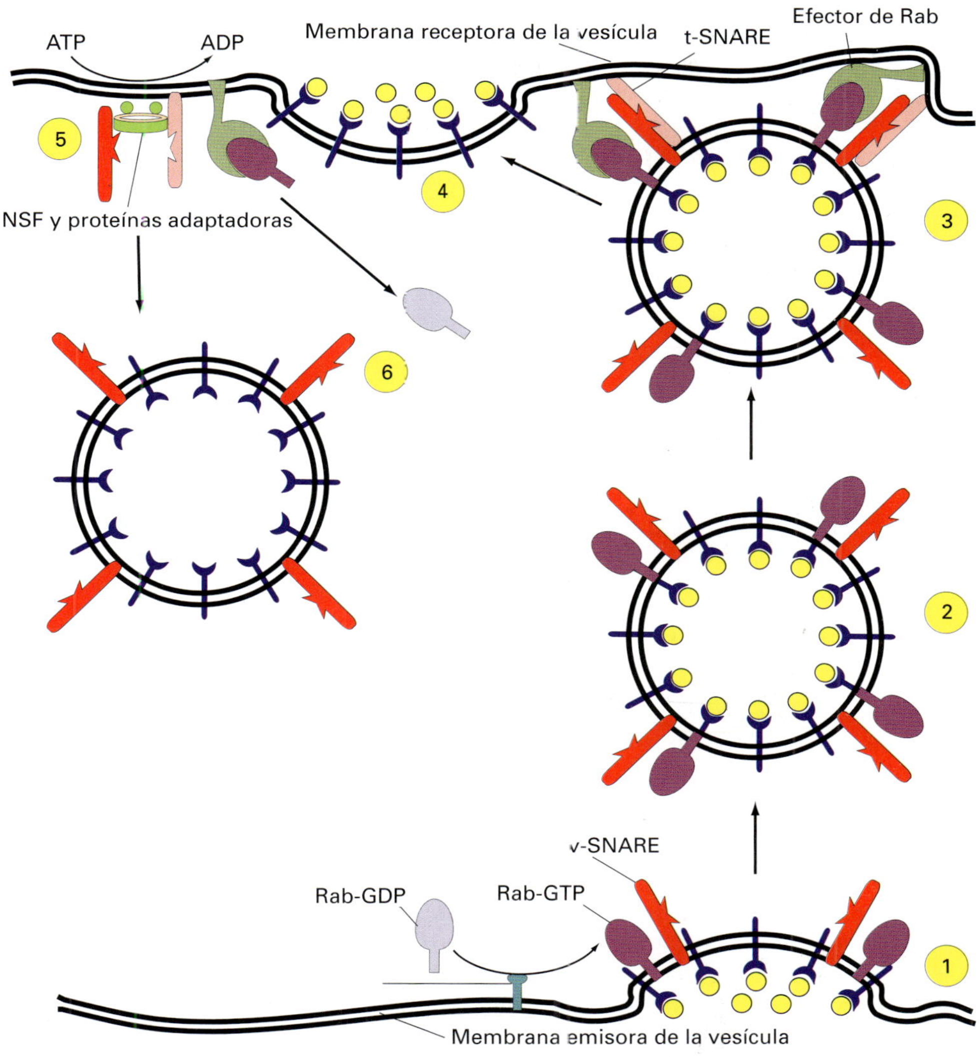


**Figura 2.24.** Control del acoplamiento de las vesículas emanadas del complejo de Golgi con la membrana diana mediante marcadores del destino de la vesícula (proteínas v-SNARE) que encajan en receptores de la membrana diana (proteínas t-SNARE). Tras la fusión de la vesícula las proteínas SNARE se desensamblan mediante unas proteínas denominadas NSF con ayuda de otras proteínas llamadas adaptadoras. Igualmente, se requieren unas GTPasas, denominadas proteínas Rab, que deben pasar a la forma activa fosforilada (unida a GTP) para la formación de la vesícula. Para la fusión de la vesícula es preciso que las proteínas Rab se acoplen con sus receptores (efector de Rab). Tras la fusión de la vesícula, las proteínas Rab se inactiva al hidrolizarse el GTP y se separan de su receptor.

adecuado. Estos receptores y marcadores han sido denominados *proteínas SNARE* (unas siglas para designar receptores de proteínas solubles de unión a proteínas de fusión sensibles a N-etilmaleimida), también denominadas *trampa*, que es la traducción de la palabra inglesa *snare*. Para la fusión de las membranas de las vesículas con la membrana de destino se requiere, por tanto, el acoplamiento del marcador presente en la membrana de la vesícula (*v-SNARE*) con el receptor presente en la membrana diana (*t-SNARE*) (Fig. 2.24). Hay unas 20 parejas (v y t) de proteínas SNARE diferentes, cada una asociada con un tipo particular de membrana.

Para asegurar que se ha producido el acoplamiento adecuado, existe un mecanismo de confirmación mediante una variedad de GTPasas, las denominadas proteínas *Rab*, de las que se conocen alrededor de 30 diferentes y que, como las SNARE, se distribuyen por las diversas membranas celulares, que difieren entre sí en sus SNARE y Rab. Las Rab se encuentran en el citosol unidas a GDP y son fosforiladas por un intercambiador de nucleótidos de guanina a la forma activa Rab-GTP, que se ancla en la membrana donde se está formando la vesícula por un resto acilo unido a cisteína. Las Rab se acoplan a la vesícula en formación y la acompañan hasta que alcanzan la membrana del órgano diana. Para la fusión con esta membrana se requiere no sólo el acoplamiento de t-SNARE y v-SNARE, sino también de la Rab-GTP con la proteína *efector de Rab*, situada sobre la membrana diana. Tras producirse la fusión de la vesícula con el órgano diana, se hidrolizan las Rab-GTP a Rab-GDP, que pasan al citosol, y se desacopla la pareja t-SNARE y v-SNARE y (Fig. 2.24).

El desensamblaje de esta pareja lo realiza una proteína llamada NSF *(N-ethylmaleimide-sensitive fusion)*, con la mediación de unas proteínas adaptadoras y la hidrólisis del ATP. Cada miembro de la pareja queda desactivado y necesita una nueva activación para que pueda ser funcional. De esta manera se evita que vesículas con las v-SNARE apropiadas puedan fusionarse con sus órganos diana en momentos no deseables. La reactivación permite que la célula controle cuándo y dónde debe producirse la fusión de vesículas. Una vez desasociada la pareja SNARE, las t-SNARE quedan en la membrana receptora y se forman vesículas con v-SNARE que retornan hacia la membrana progenitora.

Es posible que, en algunos casos, no existan marcadores ni receptores para indicar la ruta de las vesículas. Éste sería posiblemente el caso de algunas proteínas que emigran directamente desde el retículo endoplasmático rugoso hacia la membrana plasmática.

Todas las fusiones entre membranas que ocurren en el proceso de transporte celular (fusión de vesículas a la membrana plasmática, a membranas del complejo de Golgi o de lisosomas) constituyen un proceso complejo en el que hay que desplazar el agua y conseguir que las bicapas lipídicas interactúen. Este proceso consume energía y parece iniciarse con el aumento intracitoplásmico de $Ca^{2+}$, lo que activaría algunas de las proteínas relacionadas con la actina, tales como la *fodrina* y la *gelsolina*, los microtúbulos y unas proteínas denominadas *anexinas* (también conocidas como *lipocortinas*). Las anexinas se unen a fosfolípidos de membrana y parecen actuar como puentes de unión entre las membranas que se fusionan. Parecen interaccionar también, aunque no se sabe cómo, con proteínas relacionadas con la actina.

El transporte de las vesículas desde el órgano emisor al órgano diana se realiza utilizando los microtúbulos como carriles para el desplazamiento.

# ESPECIALIZACIONES DE LA MEMBRANA PLASMÁTICA

## MICROVELLOSIDADES

Una diferenciación muy especializada de la membrana plasmática para el transporte de sustancias al interior de la célula se encuentra en las *microvellosidades*. Con el microscopio de luz se descubrió en la superficie de las células de epitelios absorbentes (como el epitelio intestinal o los túbulos contorneados proximales del riñón) una fina capa de material, más refringente que el resto del citoplasma y que se teñía con algunas técnicas para la demostración de hidratos de carbono (véase Fig. 1.8.C). Las finas estriaciones en las que se resolvía esta capa a grandes aumentos se designaron con los nombres de *chapa estriada* (para las células denominadas enterocitos que revisten el intestino) y *borde en cepillo* (para las células que forman los túbulos contorneados renales).

Con el microscopio electrónico se descubrió que las estriaciones eran en realidad finas prolongaciones citoplásmicas muy numerosas (unas 3000 por célula), de unos 0.5-1 µm de longitud y de 80-90 nm de diámetro. Se las denominó *microvellosidades* (Figs. 2.25.A y 2.25.B). En los enterocitos se ha calculado que habrá unos 200 millones de microvellosidades por $mm^2$ de superficie apical. El citoplasma de estas prolongaciones digitiformes contiene numerosos filamentos longitudinales dispuestos paralelamente al eje mayor de la microvellosidad y constituidos principalmente por *actina* y otras proteínas asociadas (Figs. 2.25.C y 2.25.D y página 251).

La membrana plasmática de las microvellosidades intestinales constituye la barrera real que deben atravesar las sustancias del tubo digestivo para penetrar en el interior del organismo. Los hidratos de carbono, proteínas y lípidos de la dieta son demasiado grandes para ser absorbidos por el epitelio intestinal y deben ser degradados a sus componentes más simples por las enzimas segregadas por el estómago y el páncreas. Las *amilasas* descomponen los hidratos de carbono en monosacáridos y disacáridos, las *proteasas* hidrolizan las proteínas en aminoácidos y oligopéptidos, y las *lipasas* degradan la grasa de la luz intestinal hasta glicerol, ácidos grasos y monoglicéridos.

La membrana plasmática de las microvellosidades posee enzimas que terminan esta degradación hidrolizando los disacáridos y oligopéptidos: *disacaridasas*, que rompen disacáridos como la sacarosa, maltosa y lactosa en monosacáridos y que se encuentran unidas a la parte más externa de la membrana; y *aminopeptidasas*, que liberan un aminoácido terminal de un péptido de cadena corta y sobresalen desde la membrana hacia el citoplasma. En la profundidad de la membrana de la microvellosidad se encuentra también la *fosfatasa alcalina,* que hidroliza compuestos fosfatados.

La membrana plasmática del enterocito posee igualmente sistemas de transporte para incorporar las moléculas resultantes de la degradación a la célula. Ya se ha hablado del sistema empleado para la absorción de monosacáridos en las microvellosidades acoplado con el transporte de $Na^+$ en la misma dirección. La absorción de aminoácidos requiere cuatro sistemas de transporte, según el tipo de aminoácido: 1) un sistema para los 15 aminoácidos neutros; 2) otro para los tres aminoácidos dibásicos; 3) otro para la prolina e hidroxiprolina (en los que el nitrógeno del grupo imino forma parte de una estructura en anillo) y la glicina; y finalmente 4) un sistema de transporte diferente para el ácido glutámico y el ácido aspártico, ambos con dos grupos carboxilo. Además, existen sistemas de transporte que pueden incorporar dipéptidos y tetrapéptidos.

La misión principal de las microvellosidades consiste en incrementar la velocidad del proceso de absorción, que se realiza a través de la superficie celular, aumentando enormemente esta superficie. De los 15 $m^2$ en que se calculaba la superficie interna del intestino humano antes del descubrimiento de las microvellosidades, se ha pasado a calcular esta superficie en 300 $m^2$.

Semejantes a las microvellosidades son los *estereocilios* del epidídimo de los mamíferos. Inicialmente se pensó que se trataba de cilios inmóviles, pero con el mi-

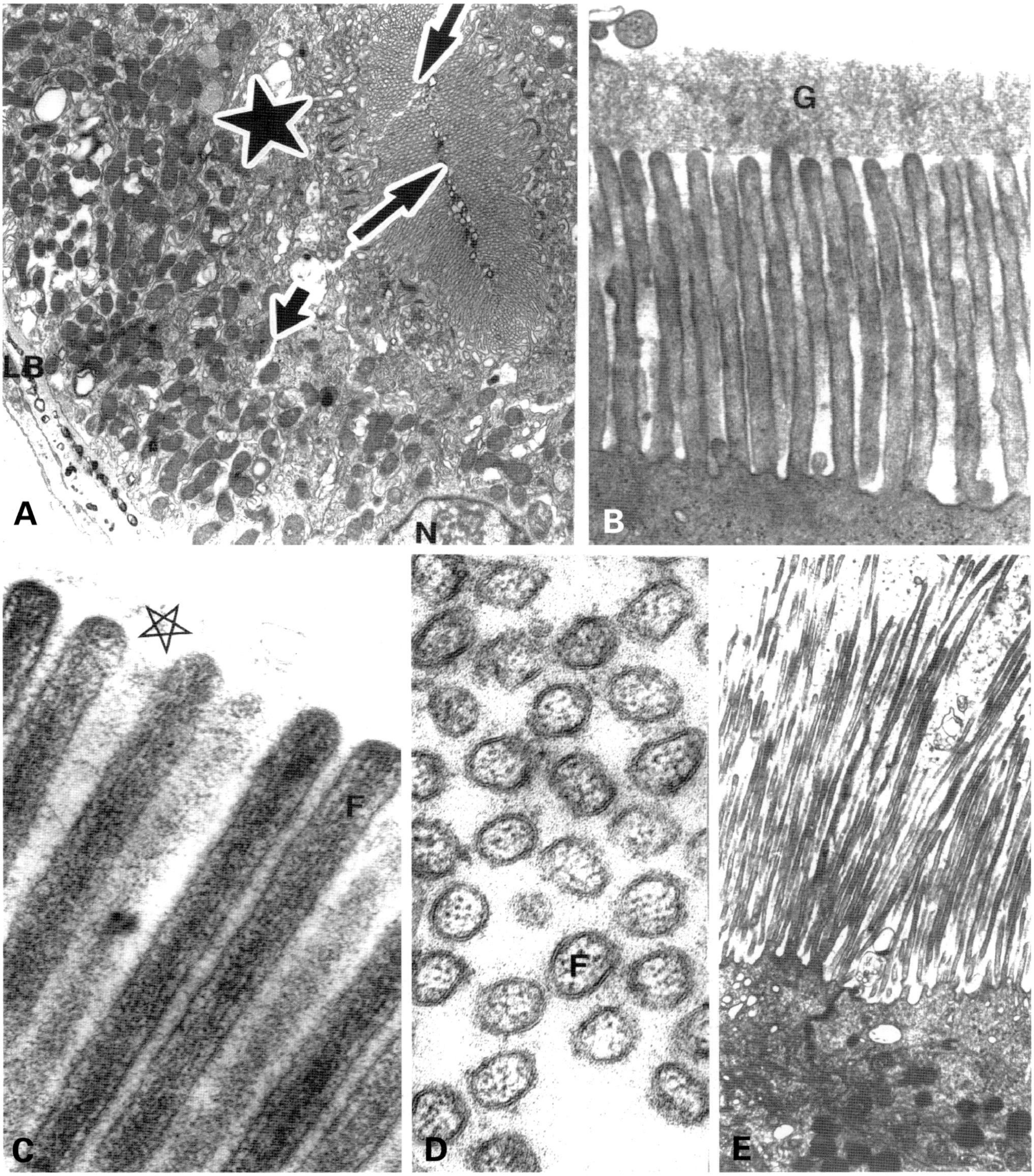


**Figura 2.25.** **A**: Sección transversal de un túbulo contorneado proximal del riñón humano que muestra: una porción apical con un ribete de microvellosidades (flechas grandes) que casi ocluyen la luz tubular; una porción media con abundante retículo endoplasmático y vesículas (estrella), y una porción basal con el núcleo (N) y abundantes mitocondrias (flecha pequeña). LB: lámina basal. X2500. **B**: Sección longitudinal de microvellosidades intestinales recubiertas por un desarrollado glicocálix (G) en una lagartija (*Podarcis hispanica*). X 29 000. (Cortesía de M.A. Burrell. Departamento de Histología. Universidad de Navarra.) **C-D**: Sección longitudinal (**C**) y transversal (**D**) de las microvellosidades del epitelio intestinal humano. Cada microvellosidad muestra la membrana plasmática y un eje de filamentos de actina (F). Estrella: glicocálix muy desarrollado. C y D. X85 000. **E**: Sección longitudinal de estereccilios del conducto del epidídimo humano. X6500.

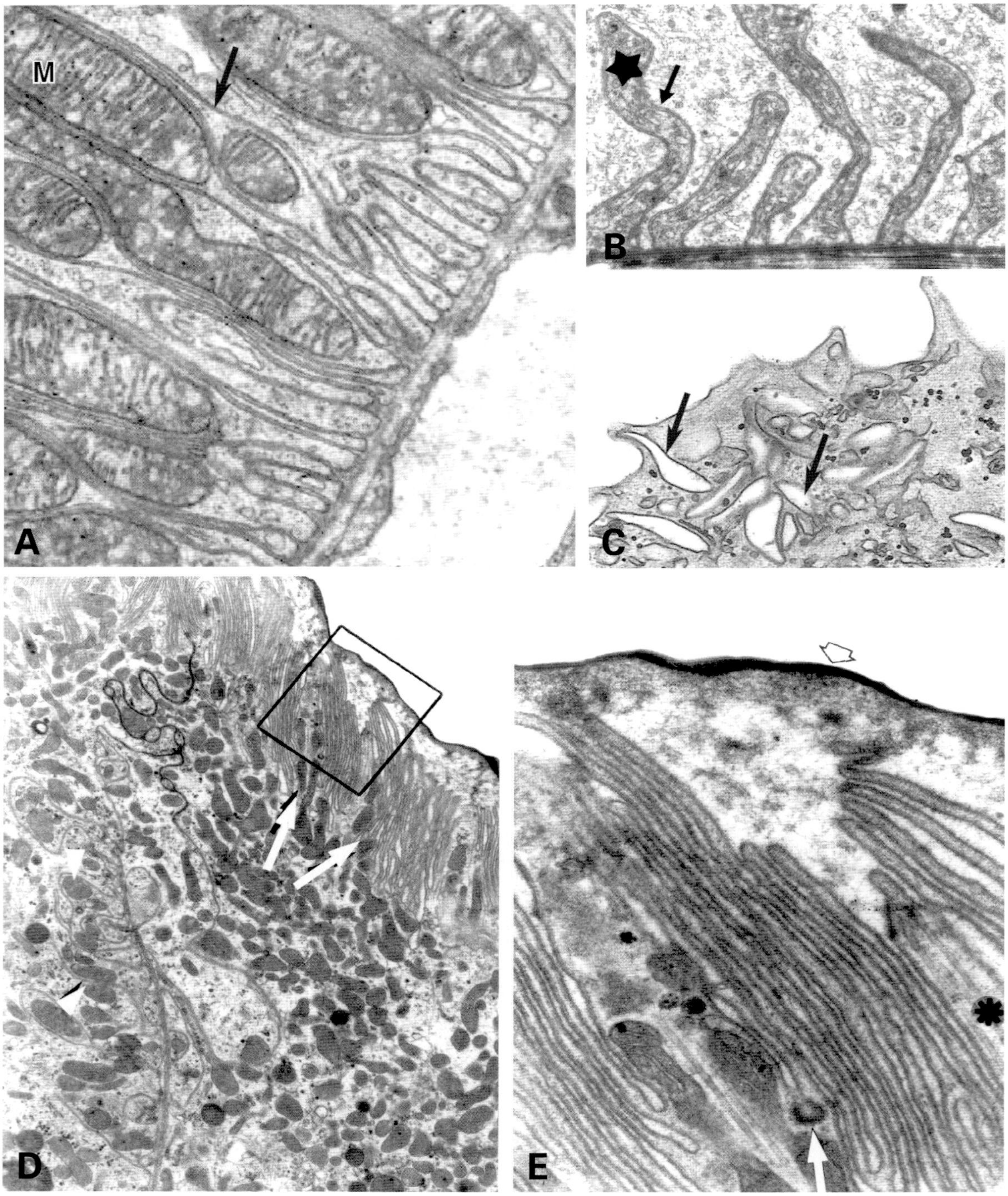


**Figura 2.26.** Repliegues de la superficie celular. **A**: Pliegues basales de las membranas plasmáticas que producen interdigitaciones entre las células adyacentes (flecha) en un túbulo contorneado distal renal humano. Los pliegues contienen desarrolladas mitocondrias (M). X30 000. **B**: Interdigitaciones (flecha) similares en el tegumento de *Syndesmis* (turbelario) pero carentes de mitocondrias. El citoplasma de una de las células es más oscuro (estrella). X10 000. (Cortesía de P. García Corrales. Departamento de Biología Animal. Universidad de Alcalá.) **C**: Pliegues apicales en el epitelio de la vejiga urinaria, que forman un reservorio de membrana para los cambios de forma del epitelio. Algunos pliegues han perdido aparentemente la conexión con la membrana plasmática (flechas). X45 000. (Micrografía de R. C. Wagner, F. E. Hossler. *Mammalian Histology*-B408. Department of Biological Sciences. University of Delaware, USA.) **D**: Pliegues apicales en células epiteliales del intestino posterior de *Formica nigrans*. Las mitocondrias no se encuentran entre los pliegues, sino en su base (flechas). Las cabezas de flecha señalan pliegues basales asociados a mitocondrias. X10 000. **E:** Detalle de los pliegues apicales incluidos en el recuadro de la figura anterior. La flecha señala la formación de una vesícula de endocitosis. Asterisco: microtúbulos. Flecha transparente: cutícula. X47 000. (Cortesía de Mercedes Garayoa. Departamento de Histología. Universidad de Navarra.)

croscopio electrónico pudo comprobarse que son microvellosidades más largas y delgadas que las del intestino o el riñón (Fig. 2.25.E). Similares, pero estrechándose conforme se acercan a la base, son los *pelos sensoriales* de las máculas del utrículo y del sáculo en el oído. Estos *pelos* no guardan relación con el transporte, sino con la transformación del estímulo mecánico en impulso nervioso.

## PLIEGUES E INTERDIGITACIONES

Son numerosos los ejemplos de epitelios cuyas células presentan repliegues de la membrana plasmática en una o varias caras. Cuando estos repliegues se establecen en las caras de contacto con las células adyacentes (caras laterales en las células epiteliales), dan lugar a interdigitaciones.

El caso más llamativo es el de los *pliegues laterales basales* que se observan en algunos epitelios, como el de los túbulos contorneados distales del riñón y en conductos excretores de glándulas salivales. En estas células, las interdigitaciones se establecen entre las regiones de las caras laterales próximas a la base de la célula y son muy profundas y numerosas; además, el citoplasma que queda comprendido entre ellas contiene largas mitocondrias dispuestas en el sentido base-ápice de la célula (Fig. 2.26.A). En algunos epitelios con pliegues basales no se observan mitocondrias entre los repliegues de la membrana plasmática (Fig. 2.26.B). Menos frecuentes son los *pliegues apicales*, que no necesariamente representan interdigitaciones de caras laterales y pueden estar en la superficie en contacto con la luz. Se observan en epitelios tan diferentes como el de la vejiga urinaria (Fig. 2.26.C) y en el intestino posterior de la hormiga negra (Figs. 2.26.D y 2.26.E).

La función de los pliegues o interdigitaciones posiblemente difiere según el tipo de epitelio. Las funciones más evidentes son: 1) reforzar la cohesión entre las células, 2) proporcionar una reserva de membrana que facilite cambios rápidos en la forma celular, y 3) aumentar la superficie de intercambio y, por tanto, la velocidad del transporte.

Así pues, los pliegues laterales basales con mitocondrias probablemente guarden relación con la regulación osmótica del líquido transportado (por ejemplo, enviando $Na^+$ y agua al exterior), ya que este proceso se realiza a través de la membrana y requiere un gran aporte de energía. Los pliegues apicales de la vejiga urinaria tienen más que ver con la reserva de membrana, ya que estas células deben expandir y contraer rápidamente su superficie. En cambio, los del intestino de la hormiga mencionada parecen responder a un aumento de la superficie de absorción, ya que la cutícula impide el desarrollo de microvellosidades y, en la base de estos pliegues, se pueden ver vesículas de endocitosis.

Al margen de estas funciones, los pliegues forman parte de la membrana plasmática y, por tanto, pueden desarrollar algunos tipos de uniones intercelulares. En algunas interdigitaciones se han descrito áreas de anclaje con filamentos de actina.

## UNIONES DE LAS CÉLULAS ENTRE SÍ Y CON LA MATRIZ EXTRACELULAR

De estas uniones se tratará al estudiar las relaciones de la célula con su entorno (véase página 308).

# BIBLIOGRAFÍA RECOMENDADA

### ESTRUCTURA DE LA MEMBRANA PLASMÁTICA

Benedetti EL. Ultrastructure and molecular organization of biological membranes. *Biol Cell,* 1994; 80: 111-114.

Boesz-Battaglia K, Schimmel RJ. Cell membrane lipid composition and distribution: Implications for cell function and lessons learned from photoreceptors and platelets. *J Exp Biol,* 1997; 200: 2927-2936.

Bretscher MS. Moléculas de la membrana celular. *Investigación y Ciencia,* 1985; 111: 66-75.

Caplan MJ. Membrane polarity in epithelial cells: Protein sorting and establishment of polarized domains. *Am J Physiol Renal Physiol,* 1997; 41: F425-F429.

Davson H, Danielli JP. *The Permeability of Natural Membranes.* Cambridge, Cambridge University Press, 1943.

Devaux PF. Protein involvement in transmembrane lipid asymmetry. *Annu Rev Biophys Biomol Struct,* 1992; 21: 417-439.

Engel A. Robert Feulgen Lecture. Microscopic assessment of membrane protein structure and function. *Histochem Cell Biol,* 2003; 120: 93-102.

Gómez-Hernández JC, Goñi FH. Fluidez de membranas celulares. *Investigación y Ciencia,* 1983; 79: 14-24.

Gomperts BD. *The Plasma Membrane: Models for its Structure and Function.* New York, Academic Press, 1976.

Grzybek M, Kozubek A, Dubielecka P, Sikorski AF. Rafts—the current picture. *Folia Histochem Cytobiol,* 2005; 43: 3-10.

Hakomori S. Glucoesfingolípidos. *Investigación y Ciencia,* 1986; 118: 14-24.

Luna EJ, Hitt AL. Cytoskeleton-plasma membrane interactions. *Science,* 1992; 258: 955-964.

Mouritsen OG, Bloom M. Models of lipid-protein interactions in membranes. *Annu Rev Biophys Biomol Struct,* 1993; 22: 145-171.

Palsdottir H, Hunte C. Lipids in membrane protein structures. *Biochim Biophys Acta,* 2004; 1666: 2-18.

Sheetz MP. Glycoprotein motility and dynamic domains in fluid plasma membranes. *Annu Rev Biophys Biomol Struct,* 1993; 22: 417-431.

Simons K, Vaz WL. Model systems, lipid rafts, and cell membranes. *Annu Rev Biophys Biomol Struct,* 2004; 33: 269-295.

Singer SJ, Nicholson GL. The fluid mosaic model of the structure of cell membrane. *Science,* 1972; 175: 720-731.

## TRANSPORTE A TRAVÉS DE LA MEMBRANA


Arango M, Gevaudant F, Oufattole M. Boutry M. The plasma membrane proton pump ATPase: the significance of gene subfamilies. *Planta,* 2003; 216: 355-365.

Choe S, Robinson R. An ingenious filter: the structural basis for ion channel selectivity. *Neuron,* 1998; 20: 821-823.

Cottrell GA. The first peptide-gated ion channel. *J Exp Biol,* 1997; 200: 2377-2386.

Hernández JA, Fischbarg J. A general channel model accounts for channel, carrier, counter-transport and co-transport kinetics. *J Membr Biol,* 2005; 206: 215-226.

Hirai T, Subramaniam S. Structural insights into the mechanism of proton pumping by bacteriorhodopsin. *FEBS Lett,* 2003; 545: 2-8.

Miller C. Ion channel surprises: Prokaryotes do it again! *Neuron,* 2000; 25: 7-9.

Pressman BC. Biological application of ionophores. *Annu Rev Biochem,* 1981; 45: 501-530.

Sheng M, Wyszynski M. Ion channel targeting in neurons. *Bioessays,* 1997; 19: 847-853.

Slayman CL. Some remarks on the integrated actions of pumps, cotransporters and channels. *J Exp Biol,* 1992; 172: 267-270.

Stokes DL, Green NM. Structure and function of the calcium pump. *Annu Rev Biophys Biomol Struct,* 2003; 32: 445-468.

Stokes DL, Taylor WR, Green NM. Structure, transmembrane topology and helix packing of P-type ion pumps. *FEBS Lett,* 1994; 346: 32-38.

White RE. Cyclic GMP and ion channel regulation. *Ion Chan Regul,* 1999; 33: 251-277.

Wickman K, Clapham DE. Ion channel regulation by G proteins. *Physiol Rev,* 1995; 75: 865-885.


## TRANSPORTE MEDIADO POR VESÍCULAS


Bigay J, Antonny B. Real-time assays for the assembly-disassembly cycle of COP coats on liposomes of defined size. *Methods Enzymol,* 2005; 404: 95-107.

Haucke V. Phosphoinositide regulation of clathrin-mediated endocytosis. *Biochem Soc Trans,* 2005; 33: 1285-1289.

Jahn R, Sudhof TC. Membrane fusion and exocytosis. *Annu Rev Biochem,* 1999; 68: 863-911.

Kirkham M, Parton RG. Clathrin-independent endocytosis: new insights into caveolae and non-caveolar lipid raft carriers. *Biochim Biophys Acta,* 2005; 1746: 349-363.

Morgan A, Burgoyne RD, Barclay JW, Craig TJ, Prescott GR, Ciufo LF; Evans GJ, Graham ME. Regulation of exocytosis by protein kinase C. *Biochem Soc Trans,* 2005; 33: 1341-1344.

Mousavi SA, Malerod L, Berg T, Kjeken R. Clathrin-dependent endocytosis. *Biochem J,* 2004; 377: 1-16.

Parton RG, Richards AA. Lipid rafts and caveolae as portals for endocytosis: new insights and common mechanisms. *Traffic,* 2003; 4: 724-738.

Pelkmans L. Secrets of caveolae- and lipid raft-mediated endocytosis revealed by mammalian viruses. *Biochim Biophys Acta,* 2005; 1746: 295-304.

Rothman JE, Orci, L. Vesículas y transporte intracelular. *Investigación y Ciencia,* 1996; 1996; 236: 38-44, 1996.

Seaton BA. (Ed). Annexins: *Molecular Structure to Cell Function.* Heilderberg, Springer-Verlag, 1996.

Stan RV. Structure of caveolae. *Biochim Biophys Acta,* 2005; 1746: 334-348.

Zeuschner D, Geerts WJ, van Donsclaar E, Humbel BM, Slot JW, Koster AJ, Klumperman J. Inmuno-electron tomography of ER exist reveals the existence of free COPII-coated transport carriers. *Nat Cell Biol,* 2006; 8: 377-383.


## ESPECIALIZACIONES DE LA MEMBRANA PLASMÁTICA


Jackowiak H, Godynicki S. A. comparative LM and EM study of the structure of the mucosal glands of the gallbladder in two species of canids: the dog and the Chinese racoon dog. *Folia Morphol,* 2006; 65: 105-110.

Meirelles RM, Rodríguez IS, Staindel M, Soares MJ. Ultrastructure of the salivary glands of *Rhodnius domesticusp* Neiva & Pinto 1923 (Hemiptera: Reduviidae). *J Submicrosc Cytol Pathol,* 2003; 35: 199-207.

Morroni M, Cangiotti AM, Guarino A, Cinti S. Unusual ultrastructural features in microvillous inclusion disease; a report of two cases. *Virchows Arch,* 2006; 448: 805-810.

# Capítulo 3: Estructura y expresión génica

# ESTRUCTURA Y EXPRESIÓN CÉNICA

## CARACTERÍSTICAS Y PROPIEDADES DEL NÚCLEO

### CARACTERÍSTICAS GENERALES

El núcleo fue descrito por primera vez en 1700 por Leeuwenhoeck quien lo observó en eritrocitos de salmón. Posteriormente fue descrito por Fontana (1781), y Brown (1833), en sus estudios de plantas fanerógamas, lo consideró un componente habitual de las células.

En la mayoría de las células eucariotas hay un solo núcleo, aunque puede haber dos en algunas células del hígado, la glándula suprarrenal (corteza y médula), el epitelio de las vías urinarias y en las células de Purkinje del corazón. Las células multinucleadas son raras. Las mejor conocidas son los osteoclastos, las fibras musculares esqueléticas, el sincitiotrofoblasto placentario, las células gigantes de cuerpo extraño y la epidermis de algunos invertebrados.

En las células que normalmente se dividen, el tamaño del núcleo guarda relación con el del citoplasma. Hertwig observó que el aumento del volumen del núcleo ($V_n$) iba acompañado del aumento del volumen total celular ($V_c$), manteniéndose constante la relación $V_n/V_c - V_n$ para cada célula. Cuando el núcleo aumentaba su volumen (al duplicar su DNA) sin que el citoplasma aumentase, la célula entraba en división. En las células que normalmente no se dividen, cada tipo celular tiene un tamaño nuclear bien definido que, en general, está relacionado con el trabajo que debe realizar la célula y con los estímulos hipertrofiantes. Si al tamaño del núcleo de un hepatocito le damos el valor 1, los linfocitos tienen un núcleo de tamaño 1/4, mientras que las espermátidas, los granos del cerebelo y las neuronas bipolares de la retina tienen un tamaño de 1/2. Un factor importante que modifica el tamaño nuclear es la cantidad de DNA. Así, los núcleos de anfibios urodelos, que poseen gran cantidad de DNA, son mayores que los de otros vertebrados con menos DNA. Dentro de un mismo tipo celular y en una misma especie, los núcleos poliploides son mayores que los diploides normales. También aumenta el tamaño del núcleo con el grado de desespiralización del DNA; así, el tamaño de los núcleos de aspecto claro de neuronas como las de los ganglios raquídeos es hasta 32 veces el del núcleo del hepatocito.

La forma del núcleo no es estática, sino cambiante, como se demuestra con microcinematografía; generalmente se adapta a la de la célula: el núcleo es redondeado en células embrionarias y cúbicas, elíptico en células cilíndricas, fusiforme en fibroblastos y músculo y aplanado en epitelios planos y endotelios. Pero esto no siempre ocurre y el núcleo es irregular en la célula de Sertoli del testículo de mamíferos, contorneado en leucocitos neutrófilos y megacariocitos, ramificado en el músculo de apendicularias larvarias, las células foliculares del ovario de ciertos insectos y los macronúcleos de algunos ciliados.

La posición del núcleo en la célula es casi siempre central, pero puede variar debido a la polarización celular y a la influencia de otros componentes (Fig. 3.1.A). Así, en las células secretoras, el núcleo está en la base; en el músculo esquelético, en posiciones laterales y en las células plasmáticas, en una posición excéntrica.

### SIGNIFICADO BIOLÓGICO

Antes de que se conociera la función del DNA y su significado biológico, ciertas observaciones permitieron formular las siguientes afirmaciones acerca del núcleo:

1. *Es indispensable para la vida de la célula.* Su supresión causa la muerte celular.
2. *Rige la diferenciación celular.* Si un fragmento del alga *Acetabularia* que contenga el núcleo se separa del resto del citoplasma, este fragmento regenera el alga entera. Es más, si se trasplanta un núcleo de una especie de *Acetabularia* (especie I con corola terminal) al citoplasma enucleado de otra especie de *Acetabularia* (especie II sin corola), ésta termina convirtiéndose en la I.
3. *Conserva su potencialidad en células diferenciadas.* En el desarrollo embrionario, a partir de un primer núcleo (el del cigoto) se forman todas las células del individuo. Cada célula y cada núcleo se especializan en un sentido diferente. Sin embargo, los núcleos conservan su potencialidad.

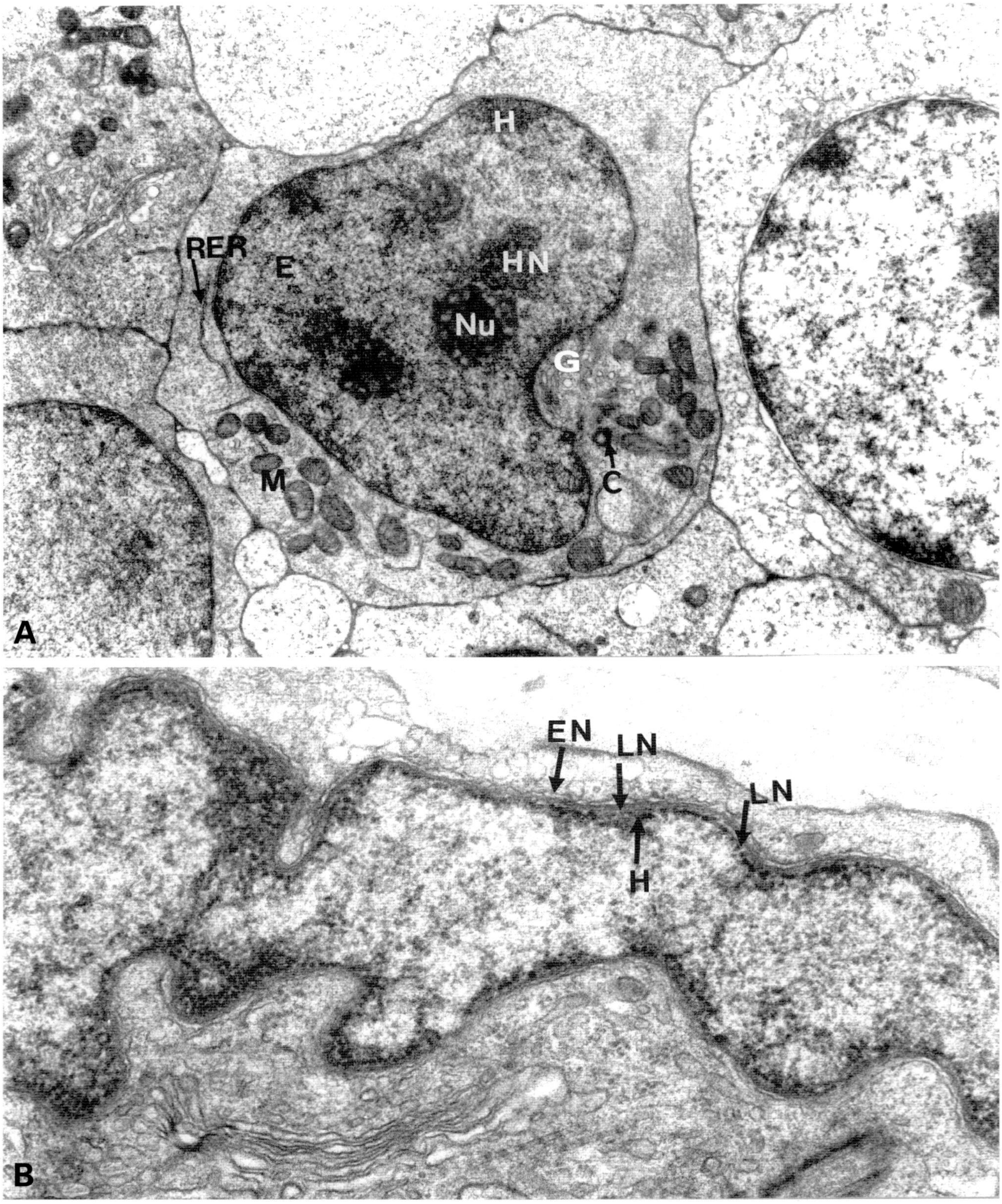


**Figura 3.1.** **A**: Células de un ganglio linfático, en las que se aprecian el núcleo y diversos orgánulos citoplásmicos. E: eucromatina. H: heterocromatina. HN: heterocromatina asociada al nucléolo. Nu: nucléolo. RER: retículo endoplasmático rugoso. G: complejo de Golgi. C: centríolo. M: mitocondrias. X5000. **B**: Núcleo de un miofibroblasto humano en el que se observa la lámina nuclear (LN), situada entre la envoltura nuclear (EN) y la banda periférica de heterocromatina (H). X22 000.

Así, al trasplantar un núcleo de enterocito de rana a un óvulo de rana cuyo núcleo se destruyó por irradiación, se desarrolla un embrión de rana normal (experimentos de *clonación* de Gurdon).

Esto ocurre porque el DNA nuclear codifica toda la síntesis proteica celular (incluida la de las enzimas que controlan todos los procesos celulares) y, al duplicarse, permite la formación de células idénticas (división celular). Este DNA es característico no de cada tipo celular, sino de todas las células de un mismo individuo, por diferentes que sean, salvo excepciones (células germinales, poliploides, anomalías cromosómicas, etc.) que serán estudiadas más adelante. La cantidad básica de DNA (valor c) es constante para todas las células diploides normales de cada especie (5.6 μg en el hombre; 150 μg en urodelos). En general, aumenta con la escala evolutiva, salvo en los vertebrados, en los que varía considerablemente (p. ej., es mucho mayor en los anfibios que en las aves).

Sin embargo, existe una considerable *influencia del citoplasma en la función nuclear*. Así, núcleos de huevos de rana trasplantados a huevos enucleados de la misma especie de rana desarrollan embriones de esta especie; pero el desarrollo no prospera si se trasplantan a huevos enucleados de otra especie. Núcleos de eritrocitos de pollo (que son habitualmente inactivos) se vuelven activos al trasplantarlos al citoplasma de otros tipos celulares de la misma especie en cultivo, como los fibroblastos.

## COMPONENTES

Las células que se dividen siguen un ciclo celular en el que se distinguen dos períodos claramente identificables: *interfase* (con las fases $G_1$, S y $G_2$) y *mitosis* (M) o división celular (véase página 346).

El **núcleo interfásico** o núcleo propiamente dicho consta de tres componentes morfológicamente bien distinguibles (Fig. 3.1):

*Cromatina.* Corresponde al DNA y proteínas asociadas, principalmente las *histonas*. La cromatina interfásica (o cromosomas interfásicos) adopta dos disposiciones: masas muy densas, dispuestas sobre todo en la periferia nuclear (*heterocromatina*), y finas fibrillas distribuidas por todo el núcleo (*eucromatina*).

*Nucléolo.* Expresión de la síntesis de RNA ribosómico.

*Envoltura nuclear.* Es una doble membrana en forma de cisterna que separa el núcleo del citoplasma.

El resto del núcleo, es decir, las sustancias de fondo en las que se encuentran embebidos la cromatina y el nucléolo, constituyen el *nucleoplasma*, también llamado *carioplasma* o *jugo nuclear*, que constituye una fase acuosa en la que se encuentran principalmente proteínas no histónicas, asociadas o no a los ácidos nucleicos (véase página 75). En el nucleoplasma hay además cofactores, moléculas precursoras, minerales y productos intermedios de la glucólisis. Entre los componentes frecuentemente detectados están ATP, NAD, acetil-CoA, $K^+$, $Na^+$ y sobre todo $Ca^{2+}$ y $Mg^{2+}$.

Se discute si existe un citoesqueleto en el núcleo. Además de los componentes de la lámina nuclear de los que se tratará más adelante, se habla de una matriz nuclear o armazón. Esta matriz sería la trama fibrosa que queda en el núcleo tras eliminar las proteínas histónicas y no histónicas unidas al DNA, los lípidos y el DNA, y estaría constituida por proteínas no identificadas que unen entre sí unas determinadas secuencias del DNA denominadas *regiones asociadas a la matriz (MAR).* Esta matriz moldearía los plegamientos de la cromatina y regularía la replicación y transcripción del DNA.

Durante la **mitosis o división celular** se pierde esta organización del núcleo. La envoltura nuclear y el nucléolo desaparecen y la cromatina cambia de aspecto para configurar los cromosomas mitóticos o *cromosomas* propiamente dichos.

Cada cromosoma presenta forma de X, con dos *cromátidas* exactamente iguales, unidas en un punto denominado *constricción primaria o centrómero* (véase Fig. 3.4.A. Esta constricción divide cada cromátida en dos *brazos* de igual o diferente longitud; a veces, un brazo es casi inexistente. En algunos cromosomas existen *constricciones secundarias o teloméricas*, llamadas así por situarse cerca de los extremos o *telómeros* (véase Fig. 3.9).

# ESTRUCTURA DE LA CROMATINA. EL CROMOSOMA

## COMPONENTES DE LA CROMATINA

La cromatina es el componente más abundante del núcleo, y está constituida por DNA unido principalmente a proteínas del tipo *histonas* (Fig. 3.1). La cromatina, tanto la del núcleo en interfase como la que forma el cromosoma durante la mitosis, se tiñe con colorantes básicos (véase Fig. 1.8.A) y, de acuerdo con su naturaleza de ácido nucleico, absorbe la luz ultravioleta (de 260 nm de longitud de onda). También muestra una reacción positiva frente a las siguientes pruebas citoquímicas específicas para DNA:

1. El *test de Feulgen*. Esta técnica fue uno de los primeros análisis citoquímicos de uso generalizado para teñir selectivamente DNA (sin teñir el RNA) (véase Fig. 1.8.D). Consiste en producir primero la hidrólisis del RNA mediante una dilución ácida

débil de ácido clorhídrico, mientras que el DNA sólo es eliminado parcialmente. El principal efecto sobre el DNA es la liberación de las bases púricas, quedando libres los radicales aldehídos de las pentosas. En un segundo paso, estos radicales dan la reacción de Schiff al ser tratados con leucofuscina, demostrándose así el DNA.

2. Tinción con *verde metilo-pironina*. El verde metilo tiñe el DNA, mientras que la pironina tiñe el RNA. Con esta técnica la cromatina y los cromosomas quedan teñidos en verde.
3. Tratamiento enzimático con *nucleasas*. La *DNAasa* disuelve la cromatina en su mayor parte, permaneciendo intacto el RNA. Lo contrario ocurre en el tratamiento con *RNAasa*.

## DNA

El DNA es un doble helicoide de unos 2.5 nm de anchura, tal como demostraron Watson y Crick utilizando difracción de rayos X. Cada cadena consiste en la repetición de un grupo formado por tres elementos: bases, pentosa y radical $PO_4^{3-}$. Las bases son cuatro: dos *bases púricas, adenina (A)* y *guanina (G)*, y dos *bases pirimidínicas*: *timina (T)* y *citosina (C)* (Fig. 3.2). La pentosa es la *desoxirribosa*. Cada base se une al carbono 1 de la pentosa. La unión base + pentosa forma un *desoxinucleósido*. Hay cuatro desoxinucleósidos: *desoxiadenosina, desoxiguanosina, desoxitimidina* y *desoxicitidina*. Cada desoxinucleósido se une al grupo $PO_4^{3-}$ en el carbono 5 de la pentosa. La unión desoxinucleósido + fosfato for-

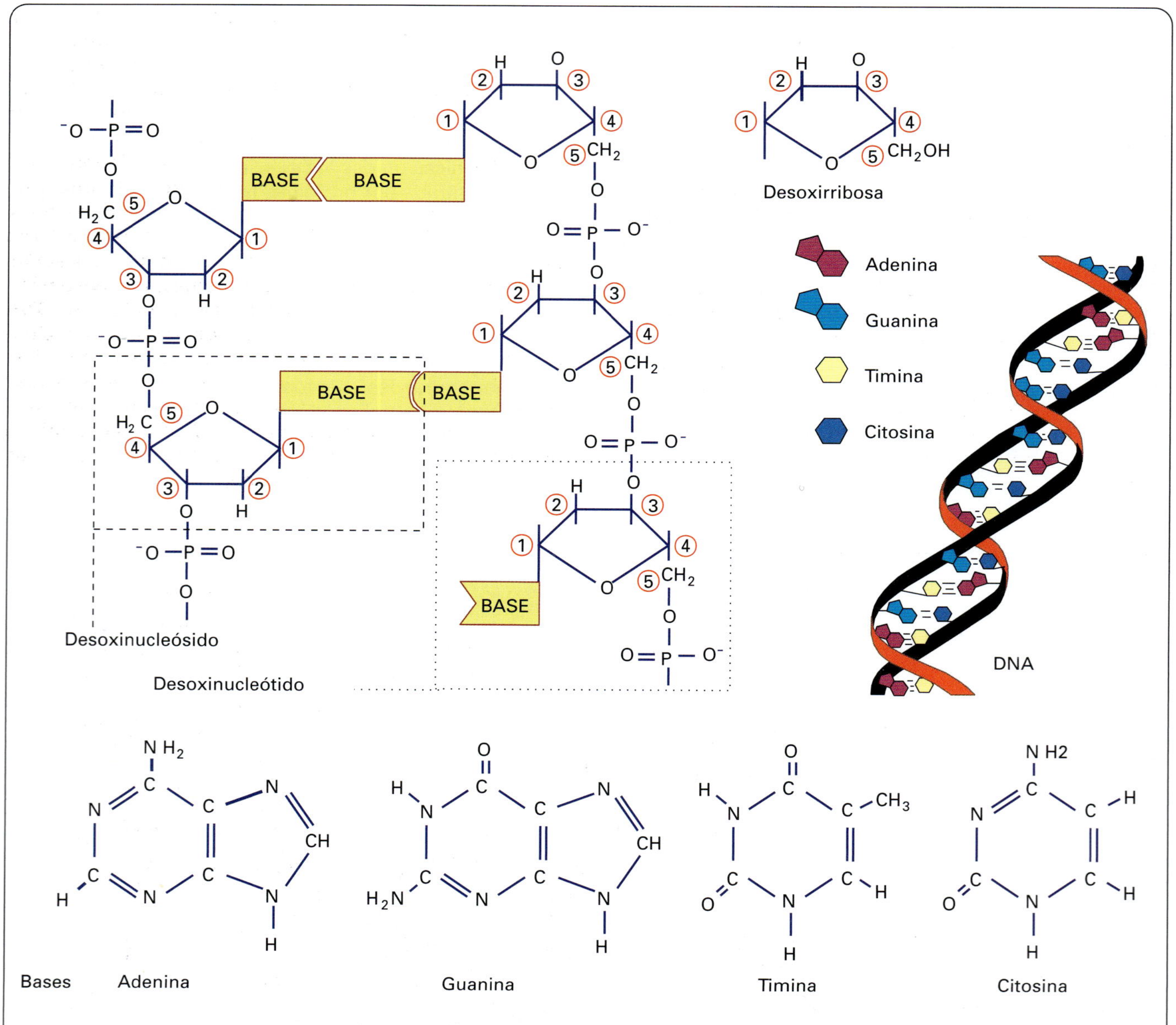


**Figura 3.2.** Estructura molecular del DNA.

ma un *desoxinucleótido*. Hay cuatro desoxinucleótidos: *desoxiadenosín monofosfato, desoxiguanosín monofosfato, desoxitimidín monofosfato* y *desoxicitidín monofosfato*. La longitud de cada desoxinucleótido es 1/3 nm. La unión entre desoxinucleótidos para formar la cadena o hebra de DNA se realiza a través del $PO_4^{3-}$, que se une al carbono 3 de la desoxirribosa siguiente, de modo que el $PO_4^{3-}$ une los carbonos 5 y 3 de las pentosas. Esto implica que cada cadena tiene una polaridad: en un extremo del doble helicoide queda el carbono 5 unido al fosfato, y en el otro extremo, queda libre, el carbono 3. Ambas cadenas se disponen en sentido contrario, esto es, son antiparalelas. En el doble helicoide las bases se disponen enfrentadas: A con T y C con G.

Cada región del DNA que produce una molécula de RNA funcional se denomina *gen*. Cada gen puede tener unos 100 000 pares de bases (*pb*), aunque hay genes de hasta dos millones de pb. La totalidad de la información génica contenida en la cromatina se denomina *genoma*. El genoma humano es de unos $6 \times 10^9$ pares de bases.

## PROTEÍNAS

Las histonas son pequeñas proteínas con una proporción muy grande de aminoácidos cargados positivamente. Hay cinco histonas: la H1 y las cuatro histonas *nucleosómicas,* que son la H2A (129 aminoácidos y 14 kDa), la H2B (125 aminoácidos y 13.8 kDa), la H3 (135 aminoácidos y 15.3 kDa) y la H4 (102 aminoácidos y 11.3 kDa). La estructura de las histonas nucleosómicas se ha mantenido muy constante en la evolución, sobre todo la de las histonas H3 y la H4. Estas cuatro histonas se reúnen para dar lugar a un tetrámero, que forma un disco de unos 10 nm de diámetro y unos 5 nm de anchura. Dos tetrámeros se unen para formar un octámero, que mide unos 10 x 10 nm y alrededor del cual se enrolla el DNA, constituyendo el *nucleosoma* o unidad básica de la estructura de la cromatina (Fig. 3.3).

La histona H1 (215 aminoácidos y 23 kDa) es muy heterogénea en la evolución; hay varios tipos diferentes en la misma célula. Cada H1 presenta una región globular central y dos extremos (carboxilo y amino). No se conoce el ensamblaje de las histonas H1 en la fibra de cromatina, pero son necesarias para el plegamiento helicoidal de ésta.

Todas las histonas son proteínas básicas, pero la afinidad de la cromatina por los colorantes básicos se basa en que el DNA se encuentra en una elevada proporción (50% DNA, 50% histonas) y, como se ha dicho, rodeando las histonas.

En menor proporción hay otras proteínas, principalmente proteínas ácidas del tipo fosfoproteínas, que son abundantes en la eucromatina. Las proteínas ácidas se caracterizan por su rápida velocidad de recambio (*turnover*) y porque se sintetizan durante todo el ciclo celular, a diferencia de las histonas que sólo se sintetizan en el período S. Las proteínas ácidas del núcleo mejor conocidas son la *nucleoplasmina* (29 kDa), que se une a las histonas H2A y H2B, y la *proteína N1*, que se une a las histonas H3 y H4. Otra proteína unida al DNA es el *antígeno nuclear de proliferación*, también denominado anillo *Mcm*, que es un trímero en forma de anillo de unos 3 nm de altura, con un diámetro exterior de 8 nm y un diámetro interior de 3.5 nm. Se desplaza a lo largo de la molécula de DNA interviniendo en su replicación, reparación y, posiblemente, recombinación (véase página 349). Otras proteínas que aparecen unidas al DNA son diversas enzimas como la DNA sintetasa, la nucleósido trifosfatasa y la histona-acetilasa (acetilasa de histonas). En el núcleo existen también proteínas ácidas no unidas ni al DNA ni al RNA, que se encuentran en el nucleoplasma, y se denominan *residuales*. Hay también enzimas relacionadas con el metabolismo de los ácidos nucleicos y proteínas reguladoras génicas.

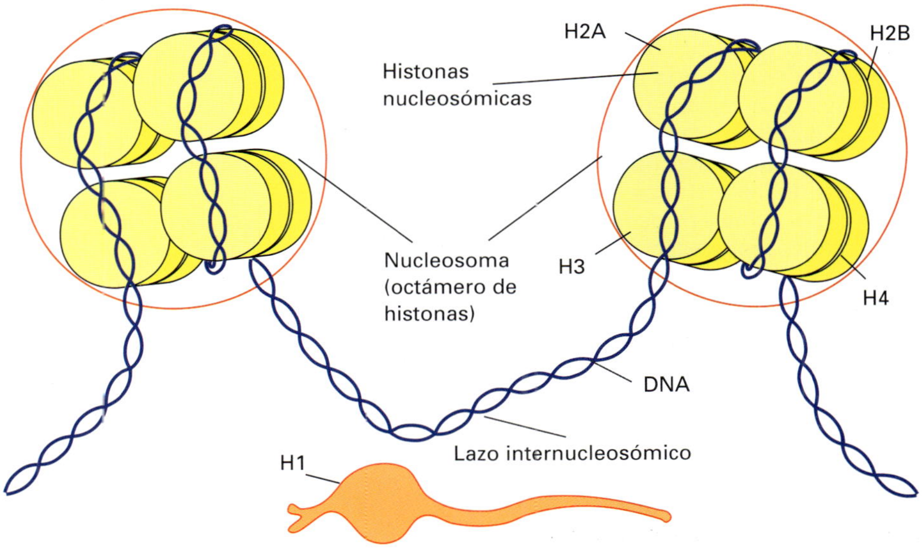


**Figura 3.3.** Estructura de la cadena de nucleosomas. Las histonas H2A, H2B, H3 y H4 forman octámeros, de unos 10 nm de diámetro, sobre los que se enrolla el doble helicoide de DNA formando los nucleosomas. La histona H1 une los nucleosomas para formar las fibras de cromatina de 25 nm.

En el núcleo de los espermatozoides de muchas especies las histonas son parcial o totalmente sustituidas por otras proteínas llamadas *protaminas*, de menor peso molecular que las histonas (4 kDa).

# LA CROMATINA INTERFÁSICA

## ORGANIZACIÓN DEL DNA Y LAS PROTEÍNAS EN LA INTERFASE

La estructura fina de la cromatina en la interfase resulta bastante difícil de precisar. El examen de cortes de células con el microscopio electrónico añade poca información a la proporcionada por el microscopio óptico. La cromatina sigue siendo una masa densa en la que es difícil apreciar una organización. Lo más que podía hacerse en los primeros tiempos de la microscopía electrónica era medir el diámetro de las fibrillas en la eucromatina y tratar de relacionar estos valores con los del doble helicoide de DNA (2.5 nm) (Fig. 3.2). Los dos tipos de fibrillas más constantes que aparecían en los cortes medían alrededor de 10 nm y de 25 nm de diámetro, respectivamente. Estos datos fueron confirmados posteriormente empleando cromosomas o cromatina interfásica *in toto* en vez de cortes (Fig. 3.4.A). Esta técnica consiste en dispersar la cromatina en una interfase aire-agua, donde las fuerzas de tensión superficial separan las fibras. Para impedir la fragmentación causada por la desecación, se reemplazó el agua por $CO_2$ líquido (a gran presión). A temperaturas superiores a la crítica para el $CO_2$ (31 °C), éste pasa a gas sin cambios de volumen. Siguiendo esta técnica, Du Praw (1970) pudo estudiar núcleos de embriones de abeja, en cuyos poros nucleares se veían terminar fibras de cromatina. A partir de estas observaciones se pensó que la cromatina (o cromosoma interfásico) debía estar constituida por un largo helicoide de DNA que, al asociarse a las proteínas, principalmente histonas, formaría una fibra de unos 10 nm de diámetro; pero, a su vez, esta fibra sufriría una serie de plegamientos dando lugar a la fibra de 20-25 nm. Finalmente, plegamientos ulteriores más complejos llevarían a la formación de fibras más gruesas, de diámetros variables.

La dificultad del estudio residía en explicar cómo se dispone el doble helicoide de 2.5 nm y su relación con las proteínas para formar primero la fibra de 10 nm y, después, la de 25 nm. Un paso importante para superar esta dificultad fue el descubrimiento de la estructura y organización de las histonas a partir de los estudios de Kornberg, Noll, Olins y otros investigadores, desde 1974. Estos investigadores desarrollaron una técnica que consiste en inducir la tumefacción de los núcleos hasta producir la ruptura de la envoltura nuclear y la dispersión de la cromatina, que es teñida con contraste negativo o sombreado metálico. Con esta técnica, se observa que las fibras de cromatina presentan una secuencia de glóbulos de unos 10 nm de diámetro, separados unos 14 nm entre sí, y unidos por un filamento de DNA de unos 2.5 nm. La imagen es como la de un collar de perlas. A los glóbulos se los denominó *nucleosomas* y a la hilera de cuentas, *cadena de nucleosomas* o *nucleofilamento* (Fig. 3.4.B y 3.4.C). Los nucleosomas o glóbulos corresponden a los octámeros de histonas y el DNA enrollado alrededor, dando algo menos de dos vueltas (146 pares de bases). El doble helicoide del DNA abandona el octámero seguidamente para formar el filamento de conexión con el siguiente octámero (40-80 pares de bases). Así resulta la fibra de cromatina de 10 nm. Esta unidad repetitiva de unos 200 pares de bases se ha demostrado en células de organismos muy diferentes, por lo que representa una característica constante.

La estructura del octámero es como sigue: cada una de las cuatro histonas nucleosómicas (H2A, H2B, H3 y H4) presenta un extremo extendido (rico en aminoácidos cargados positivamente, como lisina y arginina), por el que se une al DNA, y otro extremo más compacto por el que se une al extremo compacto de las otras tres histonas (Fig. 3.3). Así pues, cada tetrámero tiene una región central (la unión de los cuatro extremos compactos de las histonas) y cuatro «colas» (los cuatro extremos distendidos) de unión al DNA. Alrededor de cada tetrámero se dispone una vuelta del doble helicoide de DNA. La unión de ambos tetrámeros forma el nucleosoma completo. Los octámeros son una unidad fija, esto es, no se desplazan por la cadena.

Esta fibra de 10 nm o cadena de nucleosomas corresponde a la cromatina totalmente desespiralizada, tal como se encuentra en el momento de actividad funcional, es decir, en la replicación o en la transcripción (Figs. 3.4.B y 3.4.C). Pero cuando se une a ella la histona H1, la cadena de nucleosomas se pliega y los octámeros se acercan, quedando enmascarada su configuración globular y dando lugar a la fibra de 25 nm que constituye una unidad de empaquetamiento de la cromatina (Fig. 3.5.A). Este plegamiento se ha explicado de diversos modos. Según el *modelo en superbolas* de Hozier, los nucleosomas se organizarían en masas esféricas de 20-25 nm de diámetro que se superpondrían unas a otras. Según el *modelo del solenoide*, de Finch y Klug, el nucleofilamento soleinoidal presentaría un enrollamiento helicoidal en el que cada vuelta tendría 6 nucleosomas, es decir, cada uno de ellos habría girado 60° respecto al anterior en la cadena. Este punto de vista es el más admitido. Cada H1 presenta una región globular central y dos extremos (carboxilo y amino). No se conoce el ensamblaje de estas histonas H1 a la fibra de cromatina. Parece que el glóbulo se une al octámero y los brazos conectan con los octámeros adyacentes. Se cree que cada H1 se adosa en la base de cada nucleosoma. Esta unión del nucleosoma y la H1 se ha denominado *cromatosoma* (Fig. 3.5.B). La cabeza de cada H1 conectaría con la cola de la siguiente H1. La asimetría de esta molécula confiere una polaridad, lo que determinará una orientación respecto a los extremos 5′ y 3′ del DNA.

En la organización del DNA no sólo intervienen las histonas sino, además, proteínas no histónicas poco conocidas, como las ya mencionadas nucleoplasmina y N1.

Algunas regiones del DNA (de hasta algunos miles de nucleótidos) carecen de nucleosomas. Esto se ha puesto de manifiesto utilizando la enzima *nucleasa micrococal*, que destruye el DNA que se extiende entre los octámeros de histonas, dejando inalterado el que se enrolla sobre el octámero. Estas regiones carentes de nu-

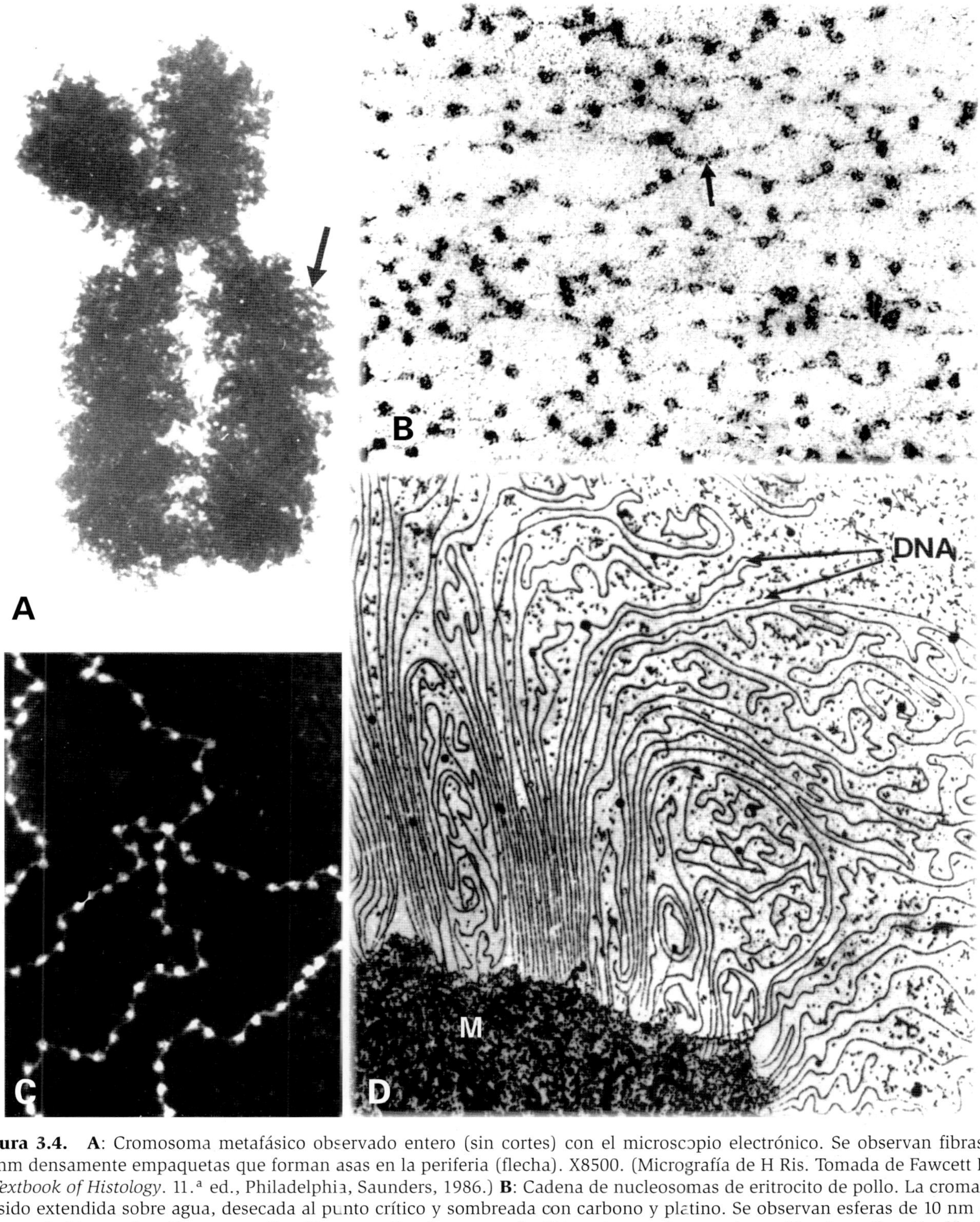


**Figura 3.4.** **A**: Cromosoma metafásico observado entero (sin cortes) con el microscopio electrónico. Se observan fibras de 25 nm densamente empaquetas que forman asas en la periferia (flecha). X8500. (Micrografía de H Ris. Tomada de Fawcett DW. *A Textbook of Histology*. 11.ª ed., Philadelphia, Saunders, 1986.) **B**: Cadena de nucleosomas de eritrocito de pollo. La cromatina ha sido extendida sobre agua, desecada al punto crítico y sombreada con carbono y platino. Se observan esferas de 10 nm (octámeros de histonas) unidas por un fino filamento. En algunos nucleofilamentos se observan horquillas de replicación (flecha). X180 000. (Micrografía de D.E. Olins y Olins AL. Tomada de Fawcett DW. *A Textbook of Histology*. 11.ª ed., Philadelphia, Saunders, 1986.) **C**: Cadena de nucleosomas de eritrocito de salamandra observada con contraste negativo. X170 000. (Micrografía de AL Olins. Tomada de. Fawcett DW *A Textbook of Histology*. 11.ª ed., Philadelphia, Saunders, 1986.) **D**: Cromosoma metafásico tratado con sulfato de dextrano y heparina, para eliminar las histonas. El doble helicoide de DNA (DNA) forma bucles que nacen y vuelven a una matriz (M) formada por proteínas no histónicas. X22 000. (Micrografía de J.R. Paulson y U.K. Laemmli. Tomada de Fawcett DW. *A Textbook of Histology*. 11.ª ed., Philadelphia, Saunders, 1986.)

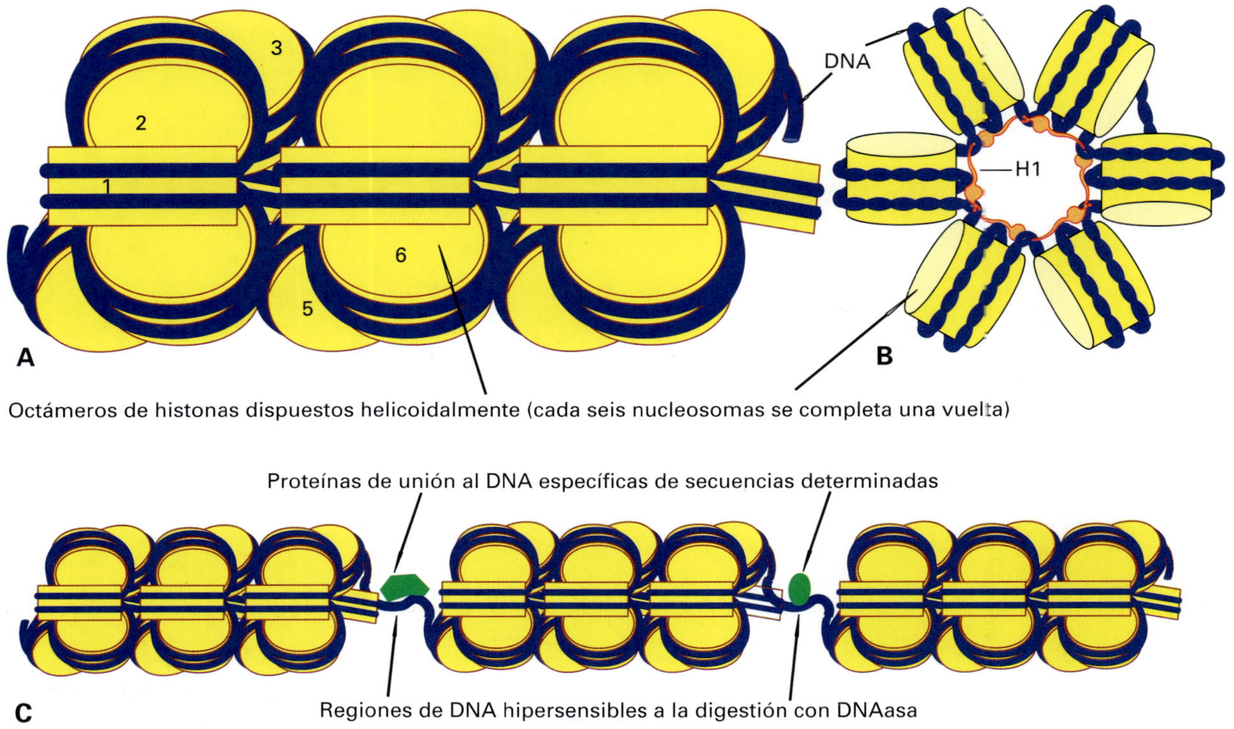


**Figura 3.5.** **A**: Unión de los octámeros (nucleosomas) mediante la histona H1 para formar la fibra de cromatina de 25 nm. Los nucleosomas se disponen formando una hélice que se repite cada seis nucleosomas. **B**: Vista transversal de la fibra de 25 nm. **C**: En determinadas regiones del DNA quedan espacios entre los nucleosomas donde se intercalan proteínas de unión al DNA.

cleosomas corresponden generalmente a las *regiones reguladoras* de cada gen (Fig. 3.5.C).

Utilizando otro método de estudio de la cromatina, consistente en el tratamiento de las células con sulfato de dextrano y heparina para eliminar las histonas, y purificación en gradiente de sacarosa, Paulson y Laemmli en cromosomas y Hancock en núcleos en interfase encontraron en 1977 un armazón de proteínas no histónicas de las que emergían bucles, correspondientes al doble helicoide de DNA sin histonas (véase Fig. 3.4.D). La longitud de los bucles variaba entre 7 μm y 33 μm (entre 20 000 y 100 000 pares de bases, aproximadamente), con un valor promedio de unos 25 μm de longitud (unos 75 000 pares de bases). Cada bucle fue considerado un *dominio* de DNA y podría representar a un gen. Estos dominios corresponden a cadenas de nucleosomas que, al perder las histonas, se despliegan quedando multiplicada su longitud unas 8 veces.

## HETEROCROMATINA Y EUCROMATINA

### Diferencias entre eucromatina y heterocromatina

Los términos *heterocromatina* y *eucromatina* fueron propuestos por Heitz en 1928 para referirse a segmentos de cromosomas mitóticos que aparecían intensamente teñidos (heterocromáticos) o menos teñidos (eucromáticos). No obstante, se aplicaron posteriormente al núcleo en interfase visto con el microscopio electrónico, para distinguir entre la cromatina dispuesta laxamente (eucromatina) y la que se encuentra formando masas densas homogéneas en las que no se pueden apreciar fibras (heterocromatina) (véase Fig. 3.1).

La eucromatina es la cromatina desespiralizada. Comprende las cadenas de nucleosomas que forman la fibra de 10 nm de diámetro (que es la forma transcripcionalmente activa de la cromatina) y también estas cadenas replegadas helicoidalmente para formar las fibras de 25 nm (Fig. 3.6). Por término medio constituye tan sólo un 10% de la cromatina de la célula. La heterocromatina corresponde a cromatina muy espiralizada o condensada. Es transcripcionalmente inactiva, pues la condensación hace que el DNA no sea accesible a las proteínas activadoras de los genes. Constituye el restante 90% de la cromatina.

El escaso porcentaje que representa la eucromatina en relación con la heterocromatina se explica porque todas las células del organismo contienen la dotación génica completa, pero cada tipo celular sólo utiliza en cada momento una pequeña parte de esos genes: los que codifican proteínas estructurales (necesarias para cualquier tipo celular) y los que codifican las proteínas específicas de la función concreta de ese tipo celular. Los demás genes no están activos porque la célula no los necesita, al menos en ese momento.

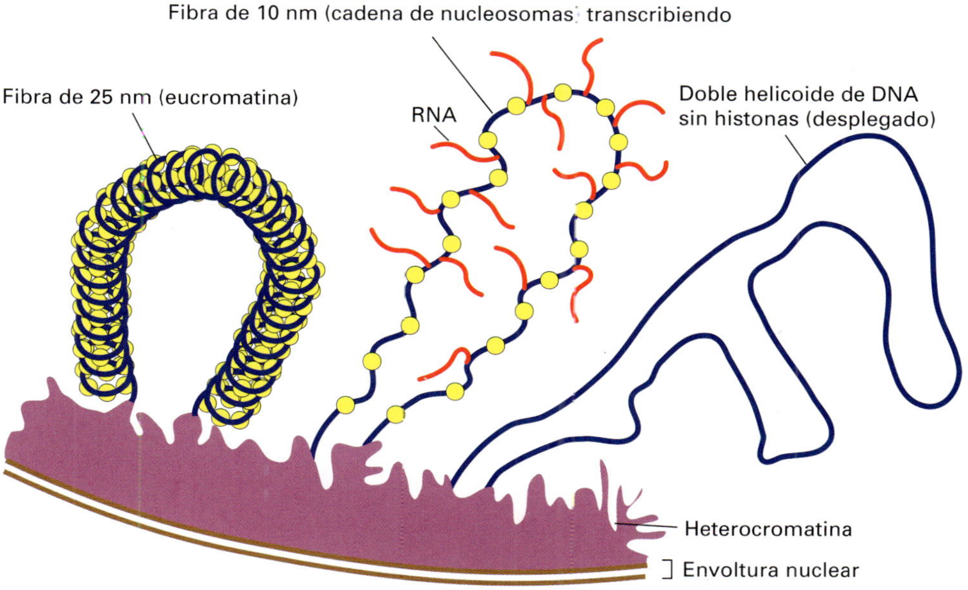


**Figura 3.6.** Representación de la estructura de la cromatina en la interfase. El doble helicoide de DNA se une a las histonas para formar la cadena de nucleosomas (centro), que transcribe RNA. A su vez, esta cadena se plegaría para formar la fibra de 25 nm. Ambos tipos de fibras se observan en la eucromatina. La heterocromatina aparece como cromatina más intensamente condensada.

Esta diferencia entre cromatina activa (eucromatina) e inactiva (heterocromatina) va asociada a una serie de características relacionadas con la transcripción, y que sólo están presentes en la eucromatina (véase página 100). El DNA de los genes inactivos está más metilado que el de los activos. Cuando un gen es activado pierde parte de la metilación. La decisión de activación o inactivación reside en proteínas reguladoras, y la desmetilación o metilación acompaña a esta decisión.

## Heterocromatina facultativa y constitutiva

Aunque el término heterocromatina es sinónimo de cromatina inactiva, se pueden distinguir dos tipos de heterocromatina:

1. *Heterocromatina facultativa.* Unas veces está condensada y otras no. Inicialmente se utilizó este término para designar el cromosoma X que permanece condensado durante la interfase en todas las células de las hembras con cariotipo XX. Así, en la mujer, alrededor del día 16 del desarrollo embrionario, parte de uno de los dos cromosomas X de cada célula se condensa, quedando inactivo. En el ratón este hecho ocurre entre el 3.$^{er}$ y 61.° día. La condensación tiene lugar al azar en cualquiera de ambos cromosomas X, variando, por tanto, de una célula a otra. La función de esos genes está a cargo del otro cromosoma. Pero, además de esta heterocromatina presente en todas las células de un individuo con dos cromosomas X, hay otra heterocromatina condensada que varía de un tipo celular a otro, y en cada célula, dependiendo del momento funcional. Ello se debe a que la mayoría de los genes no transcriben a la vez en todas las células de un organismo, sino sólo una mínima parte de ellos. Estos genes, que facultativamente transcriben pero que se encuentran condensados cuando no lo hacen, también deben ser incluidos en la heterocromatina facultativa, que llega a representar el 80-90% de toda la heterocromatina. Cada tipo celular dispone de unos mecanismos heredables de *memoria celular* que le dicen qué cromatina tiene que estar activada para realizar las funciones propias de ese tipo celular en ese momento.
2. *Heterocromatina constitutiva.* Siempre está condensada en la interfase, en ambos cromosomas homólogos y en todas las células de cada individuo de la especie de que se trate. Constituye del 10 al 20% de la heterocromatina. Siempre se replica tardíamente, pues para hacerlo necesita descondensarse, y ese proceso ocurre mientras la cromatina ya descondensada se está replicando. Buscando su localización en los cromosomas, se pensó que algunas de las bandas características de cada cromosoma (pericentroméricas, teloméricas e intercalares), puestas de manifiesto mediante las técnicas de listado o bandeado cromosómico (véase página 123), podrían corresponder a heterocromatina constitutiva. Hoy día parece que, en muchos mamíferos, incluido el hombre, la mayor parte de la cromatina constitutiva es centromérica y telomérica. Sin embargo, se admite que hay también heterocromatina constitutiva en pequeñas regiones de los brazos cromosómicos de algunos mamíferos y de *Drosophila.* Algunos genes importantes parecen estar ubicados en la heterocromatina constitutiva, como los genes que transcriben los RNA de transferencia, los nucleolares precursores de los ribosómicos y el no nucleolar ribosómico. Sin embargo, estos genes son

en realidad segmentos eucromáticos intercalados en la heterocromatina (por ejemplo, los genes del cromosoma Y de *Drosophila* que aparentemente es completamente heterocromático).

La mayor parte de la heterocromatina constitutiva desempeñan al parecer diversas funciones. Así, se piensa que la heterocromatina centromérica participa en la separación de las cromátidas en la mitosis. Otras regiones heterocromáticas intervendrían en el apareamiento de los cromosomas y en el intercambio de material genético durante la meiosis. Además, regiones repetitivas de la heterocromatina podrían ser utilizadas como separadoras de las regiones genéticamente activas, sirviendo algunas de ellas como puntos de iniciación. Se sabe también que los virus oncogénicos se insertan en regiones heterocromáticas.

## Organización de la heterocromatina constitutiva

Una característica esencial de la heterocromatina constitutiva es que incluye cortas secuencias génicas frecuentemente repetidas, dispuestas en tándem y que, como se ha dicho antes, no transcriben. Si estas secuencias se introducen en otro cromosoma siguen sin transcribir y, en algunos casos, incluso forman heterocromatina. Pero si se introducen los genes aislados (no en tándem), sí transcriben. Por eso se piensa que el *silencio génico inducido por repetición* puede ser un mecanismo de defensa del cromosoma para evitar que sean funcionales ciertos genes insertados en el cromosoma por recombinación de sitio específico (véase página 93), denominados *elementos genéticos móviles*, que tienden a proliferar. Una vez que se ha formado un grupo de ellos, su repetición los silencia. En hongos se ha encontrado un complejo génico, denominado *Sir (silent information regulator)*, que parece controlar este silenciamiento. En el cromosoma, las proteínas producidas por estos genes forman un complejo proteico repetitivo junto a la heterocromatina constitutiva telomérica. Una de las proteínas del complejo es una histona-desacetilasa, llamada *Sir2*, que crea un patrón de desacetilación peculiar de la heterocromatina (principalmente de la histona H4) y requiere $NAD^+$ como cofactor. Esta desacetilación permite a los nucleosomas empaquetarse en grupos compactos haciéndose menos susceptibles a la remodelación de la cromatina y, a la vez, atrae a otras proteínas que participan en la formación y mantenimiento de la heterocromatina. La unión de Sir2 a la cromatina se realiza mediante unas proteínas especiales que se unen a secuencias específicas del DNA de estas regiones (Fig. 3.7).

La formación de la heterocromatina constitutiva requiere unos complejos remodeladores de la cromatina que ajusten la posición de los nucleosomas cuando se empaquetan. En este proceso tienen un papel primordial la metilación de la histona H3 (en la lisina 9) por la enzima *histona metil transferasa*. Estas histonas metiladas son incorporadas a la heterocromatina contribuyendo a su empaquetamiento.

## Clasificación de la cromatina según la repetición de sus secuencias

En el hígado de ratón se distinguen tres tipos de DNA de acuerdo con el grado de repetición de secuencias de bases (lo que permite relacionarlos con la clasificación de eucromatina y heterocromatina):

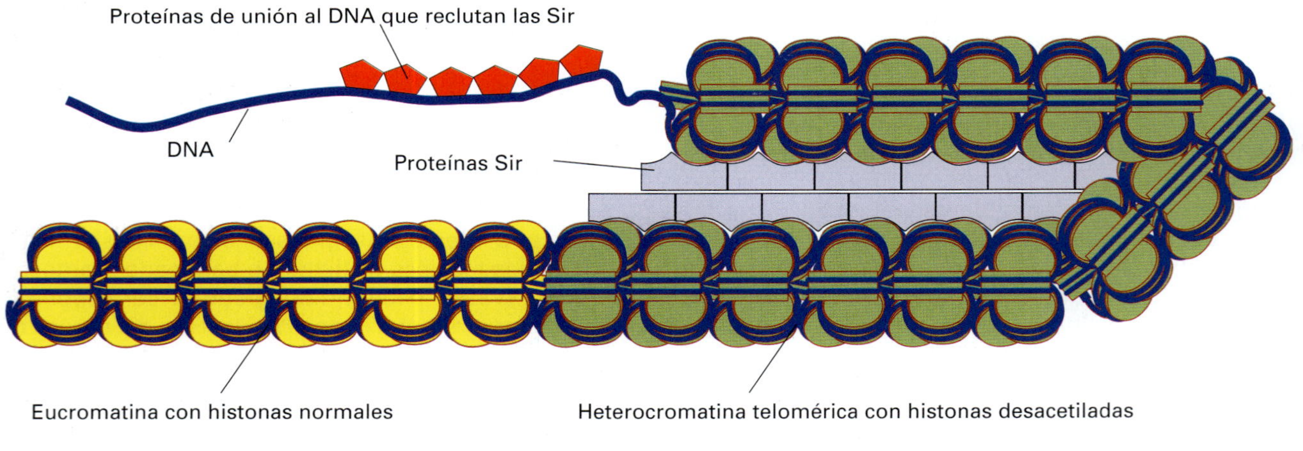


**Figura 3.7.** Representación de la región heterocromática de la porción telomérica de un cromosoma. En esta región hay cortas secuencias de nucleótidos repetidas en *tándem* que no transcriben. Las proteínas del complejo Sir (*silent information regulator)* se sitúan repetitivamente junto a la heterocromatina. Una de las proteínas del complejo es una histona desacetilasa (Sir2) que desacetila la heterocromatina (principalmente la histona H4), lo que permite a los nucleosomas empaquetarse haciéndose menos susceptibles a la remodelación de la cromatina. La unión de Sir2 a la cromatina se realiza mediante unas proteínas especiales que se unen a secuencias específicas del DNA de estas regiones.

1. *DNA de secuencias únicas.* Constituye aproximadamente un 70% del total del núcleo y se transcribe en los mRNA de las proteínas específicas de cada uno de los diversos tipos celulares del organismo, tales como las secreciones. Este DNA correspondería a eucromatina en las células en que dichos genes estén activos, y a heterocromatina facultativa en los restantes tipos celulares que no precisen de esos genes.
2. *DNA de secuencias moderadamente repetitivas.* Estas secuencias forman un 20% del DNA total (aunque en algunos tipos celulares pueden llegar a representar hasta el 80%) y están intercaladas en el cariotipo. Algunas tienen función codificadora, como las que transcriben los RNA ribosómicos, de transferencia y mensajeros de proteínas estructurales como las histonas, y corresponderían a eucromatina. Otras secuencias no transcriben y su función es desconocida; podrían ser heterocromatina facultativa correspondiente a copias no activas de las secuencias que transcriben o a genes que transcriben en otros tipos celulares.
3. *DNA de secuencias redundantemente repetitivas (DNA satélite).* Constituye el restante 10% del DNA total. Son secuencias dispuestas en serie. El verdadero *DNA satélite* está constituido por secuencias de 5 a 100 pares de bases (pb) repetidas alrededor de un millón de veces hasta formar grupos de 100 millones de pb. Se localizan en los centrómeros. Además, se distinguen un *DNA minisatélite*, con secuencias de 15 pb repetidas hasta 1000 veces, y un *DNA microsatélite*, con secuencias de 2 a 5 pb repetidas hasta 100 veces. Estos dos últimos tipos pueden encontrarse en cualquier segmento del cromosoma. El DNA de secuencias altamente repetitivas (al menos el DNA satélite en sentido estricto) correspondería a heterocromatina constitutiva.

# EL CROMOSOMA MITÓTICO

## MORFOLOGÍA

Al iniciarse la mitosis, el núcleo pierde la configuración característica de la interfase: desaparecen la envoltura nuclear y el nucléolo, y los cromosomas no distinguibles que forman la cromatina interfásica, se configuran en cromosomas individualizados. Éstos fueron observados por primera vez en 1848 por Hoffmeister, quien los describió en células madre de granos de polen. El nombre de cromosoma se lo dio Waldeyer en 1888.

El número de cromosomas que se forman en la mitosis depende de la especie y es muy variable de una especie a otra (véase página 121). El tamaño de los cromosomas es también muy variable, con una longitud de 4 a 10 µm. Dentro de una misma célula varía su longitud según el momento de la mitosis en que se encuentre. El cromosoma típico se observa en la metafase.

Cada cromosoma metafásico presenta dos *cromátidas* exactamente iguales, unidas por el *centrómero,* que contiene el *cinetócoro.* Este último es la porción del centrómero donde conectan los microtúbulos del *huso mitótico* (Figs. 3.8 y 3.9). Cada cromátida está constituida por dos *brazos*, de igual o diferente longitud; a veces un brazo es casi inexistente. Los brazos no representan una unidad funcional sino morfológica, que facilita su clasificación. La unidad funcional son las cromátidas: en la anafase ambas cromátidas se separan y cada una emigra a una de ambas células hijas. Además, en algunos cromosomas existen *constricciones secundarias*, que se distinguen de los centrómeros (llamados también *constricciones primarias*) en que las primeras no dan origen a brazos sino a *satélites*, los cuales forman parte de un brazo, ya que no suponen cambio de dirección (Fig. 3.9). No se deben confundir estos satélites de los brazos de los cromosomas con el DNA satélite de secuencias muy repetitivas que se ha explicado antes. Las constricciones secundarias se corresponden muchas veces con los *organizadores del nucléolo*, aunque no siempre. De acuerdo con el tamaño de los brazos, los cromosomas se denominan *metacéntricos* o *mediales* (ambos brazos iguales), *submetacéntricos* o *submediales* (cada brazo es de un tamaño diferente), y *acrocéntricos* o *telocéntricos* (uno de los brazos es casi inapreciable).

## ORGANIZACIÓN DEL DNA Y LAS PROTEÍNAS EN EL CROMOSOMA

El estudio de la organización de la cromatina en el cromosoma es paralelo al de la cromatina en la interfase. En los primeros estudios con el microscopio electrónico, realizados en cortes, no se pudo añadir mucho a lo que se sabía gracias a la microscopía óptica, puesto que sólo se divisaba una masa granulosa. Por eso comenzaron a estudiarse cromosomas *in toto*. Du Praw (1970) encontró también en los cromosomas filamentos que van y vuelven formando asas. Estos filamentos medían 23-25 nm de espesor, como los de la cromatina del núcleo en interfase (véase Fig. 3.4.A).

El descubrimiento de la cadena de nucleosomas se realizó paralelamente en la cromatina interfásica y en la cromosómica, de modo que el nucleofilamento o cadena de nucleosomas es también la unidad fundamental de la cromátida. La observación de fibras de 25 nm en los cromosomas indica que, como en la cromatina no activa de la interfase, el nucleofilamento sufre un plegamiento helicoidal, de 6 octámeros por vuelta, y la incorporación de la H1. Laemmli (1977) aplicó a los cromosomas la técnica ya mencionada de extracción de las histonas mediante la agregación de polianiones de sulfato de dextrano, y descubrió que ambas cromátidas presentaban un armazón central, constituido por proteínas no histónicas, ya que no se extraían con el tratamiento. Ambos armazones se unían en el centrómero, formando el esqueleto del cromosoma. De este armazón surgían asas (*dominios*) de DNA que se extendían y regresaban al punto inicial. Estos dominios son exactamente iguales y presentan la misma variabilidad en su longitud que los descritos en la cromatina en interfase: unos 25 µm de longitud (75 000 pares de bases) por término medio (véase Fig. 3.4.D). En el conjunto de los cromosomas humanos habría unos 2000 dominios.

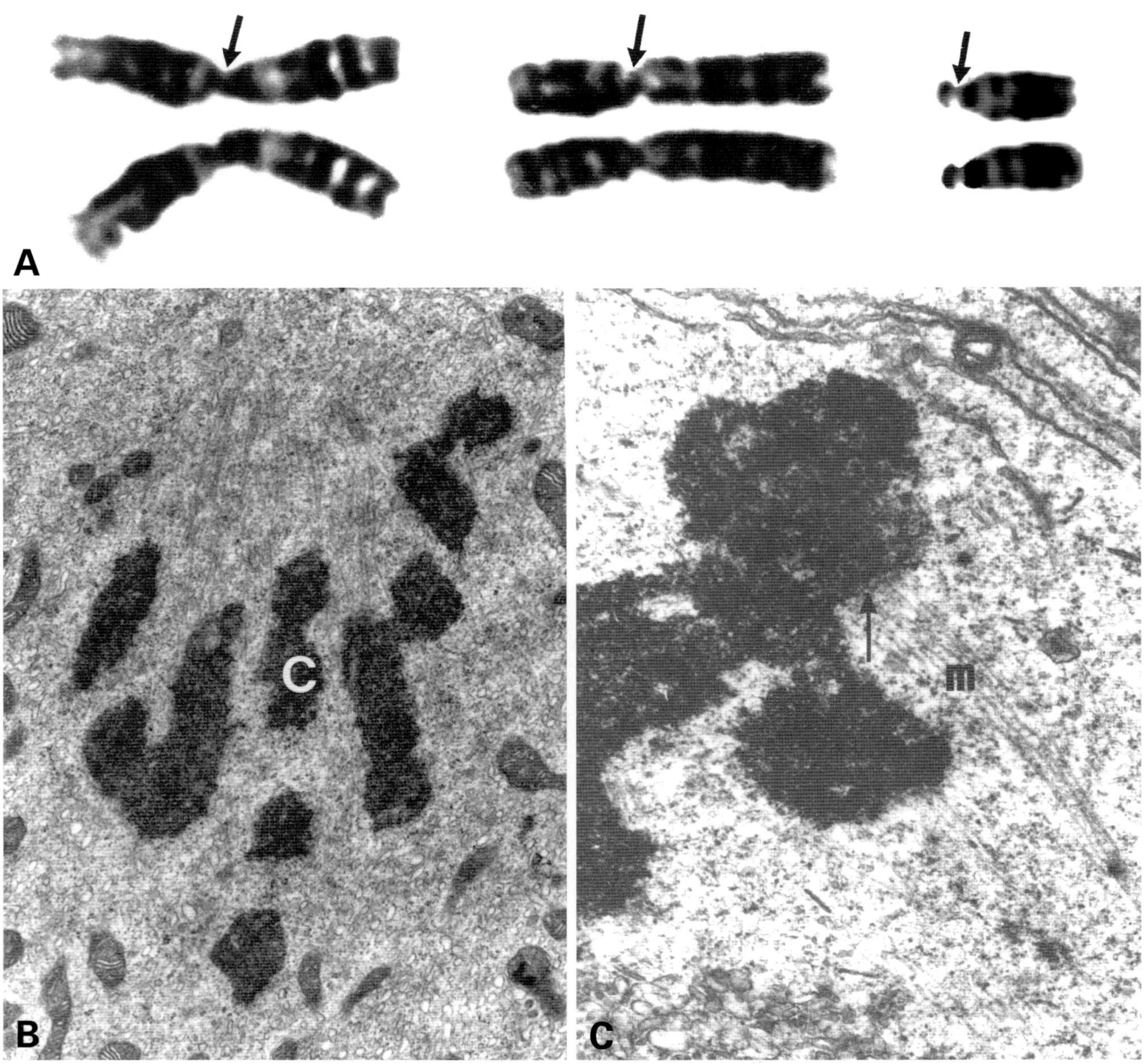


**Figura 3.8.** **A**: Cromosomas metafásicos metacéntrico (izquierda), submetacéntrico (centro) y telocéntrico (derecha) del cariotipo humano, observados con el microscopio óptico y teñidos con la técnica de listado cromosómico para las bandas G. Las flechas señalan el centrómero. X2200. **B**: Cromosomas anafásicos (C) observados con el microscopio electrónico. X15 000. **C**: Parte de un cromosoma de la figura anterior que muestra la unión de los microtúbulos (m) al cinetócoro (flecha). X25 000.

Sin embargo, la organización de la cromatina en el cromosoma plantea un problema adicional con respecto a la de la cromatina interfásica: ¿cómo se pliega la fibra de 25 nm resultante de la cadena de nucleosomas para formar la cromátida? A la hora de formular hipótesis sobre los sucesivos plegamientos de la cadena de nucleosomas, hay que tener en cuenta que una cromátida de 10 μm de longitud y 1 μm de anchura tiene una cadena de nucleosomas que, desplegada, mediría 10 000 μm de longitud y que, a su vez, corresponde a un doble helicoide de DNA que desplegado mediría 80 000 μm de longitud. Es decir, el empaquetamiento del doble helicoide para formar la cadena de nucleosomas es de unas 8 veces, y el empaquetamiento de la cadena de nucleosomas para formar la cromátida es de unas 1000 veces. Por tanto, el empaquetamiento del doble helicoide para formar la cromátida es de unas 8000 veces. Este empaquetamiento va acompañado de fosforilación de todas las histonas H1 en cinco de sus residuos de serina.

Esta organización se ha tratado de explicar mediante diversos modelos. Un modelo clásico se basaba en sucesivos plegamientos helicoidales. Las imágenes de cro-

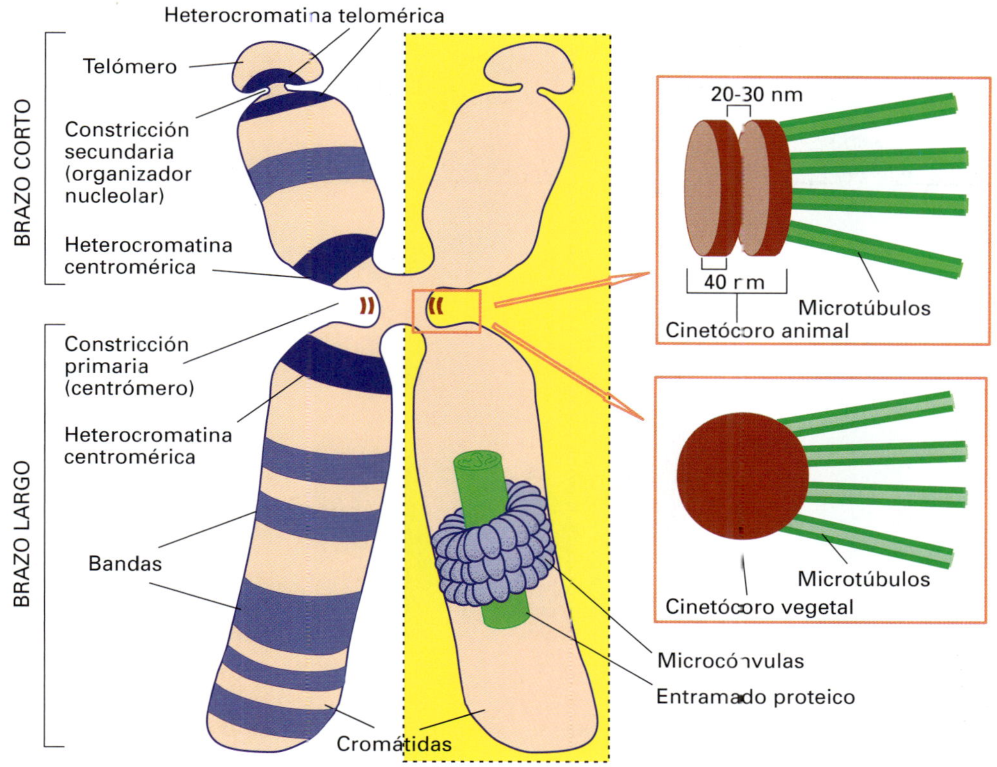


**Figura 3.9.** Esquema de la estructura del cromosoma.

mosomas enteros obtenidas en el microscopio de barrido han contribuido a proporcionar un buen modelo para explicar los plegamientos de la fibra de 25 nm. Con el microscopio de barrido se observa el cromosoma constituido a modo de una mazorca de maíz, con unos 400 granos o *microcónvulas* en un cromosoma humano grande (Figs. 3.9 y 3.10). Cada microcónvula mide unos 52 nm de diámetro, y representaría la unidad repetitiva de organización del cromosoma, es decir, aquella que, desplegada, forma un dominio de DNA. El DNA de este dominio formaría una fibra de 25 nm que se alejaría del punto de partida y, tras girar 180°, volvería otra vez a él, describiendo un trayecto de ida y vuelta. El espesor total (la suma de dos fibras, la de ida y la de vuelta) es de unos 52 nm, o sea, el espesor de la microcónvula (Fig. 3.11).

Aunque en el núcleo en interfase no se puede observar la cromatina organizada en cromosomas, siempre hay cierto grado de ordenamiento que resulta de la configuración de los cromosomas al final de la mitosis. Marcando la heterocromatina telomérica y centromérica, se ha observado en muchos tipos celulares que, en general, los telómeros quedan anclados en un extremo del núcleo y los centrómeros en el opuesto.

## REGIONES ESPECIALES DEL CROMOSOMA

Con el microscopio óptico el cromosoma presenta exclusivamente una cromatina densa, tipo heterocromatina. Sin embargo, existen algunas regiones especiales, como los *cromómeros*, los *centrómeros*, las *constricciones secundarias* y las *secuencias teloméricas,* que desempeñan una función especial, como se explicará a continuación.

### Cromómeros

Están constituidos por acumulaciones de cromatina más densa de lo normal, dispuestas a lo largo de la cromátida. Los más abundantes son los profásicos (observados sobre todo en la profase meiótica más que en la mitótica). Parecen representar regiones de condensación temprana de la cromátida que se está empaquetando. Aparentemente las bandas G (véase página 123) corresponden a estos cromómeros o a grupos de ellos.

### Centrómero

Este término designa la constricción primaria vista al microscopio óptico, mientras que el término *cinetócoro* se refiere a las partes laterales del centrómero, donde conectan los microtúbulos del huso que conseguirán el desplazamiento de los cromosomas en la división celular (véase Fig. 3.8). Con el microscopio electrónico se observan dos tipos de cinetócoro (véase Fig. 3.9):

1. *Trilaminar*. Se encuentra en las células animales. Está formado por tres discos adosados de 400 a 700 nm de diámetro. Los dos discos periféricos

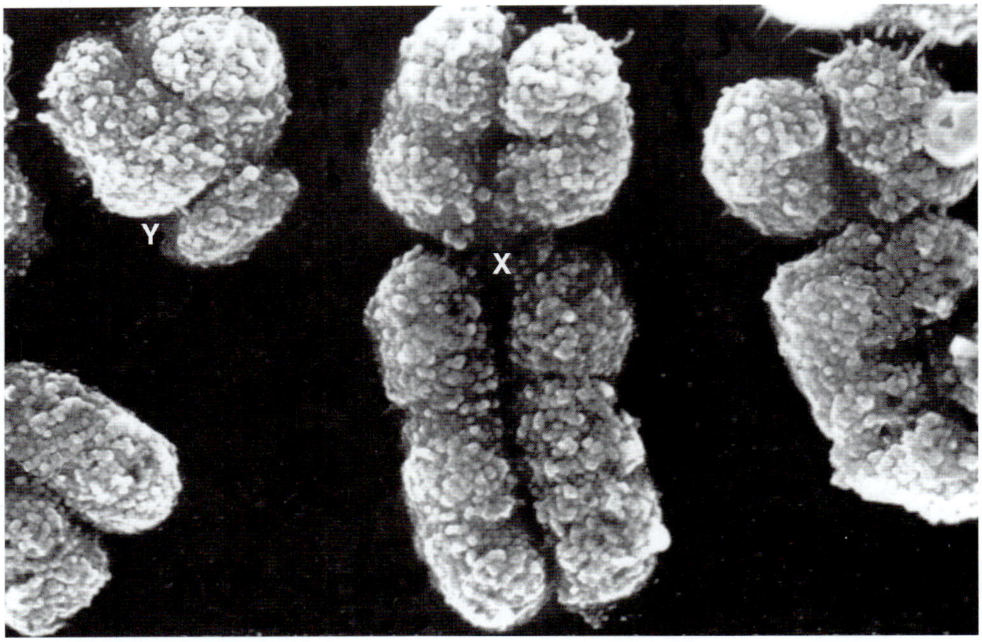


**Figura 3.10.** **A**: Microscopía de barrido de cromosomas metafásicos humanos en la que se observan los cromosomas X e Y. Se aprecia la estructura granular de las cromátidas. (Micrografía de Indigo Instruments. X13 000.)

son oscuros, y el central, claro. El disco más oscuro está fusionado a la cromatina adyacente y mide unos 40 nm de espesor. Le sigue el disco claro, de 20-30 nm y, a continuación, otro disco oscuro de unos 40 nm de espesor, al que se unen los microtúbulos del huso.

2. *Esférico*. Es común en vegetales. Está constituido por material fibrilar laxo, de menor densidad que la cromatina, que forma un ovillo de unos 500 nm de diámetro, situado en una oquedad de la cromatina. En él enganchan los microtúbulos.

Ambos tipos de cinetócoro carecen de DNA, y están formados por un complejo de proteínas con capacidad de unirse a los microtúbulos. Los cinetócoros aislados pueden polimerizar tubulinas formando microtúbulos. Los dos discos oscuros del cinetócoro trilaminar y el material fibrilar del cinetócoro esférico son positivos para algunas de las tinciones que demuestran el RNA.

La cromatina en contacto con los cinetócoros forma un segmento de dimensiones variables que separa los cinetócoros del resto de la cromatina. Es la *heterocromatina centromérica,* y consiste en secuencias repetitivas de

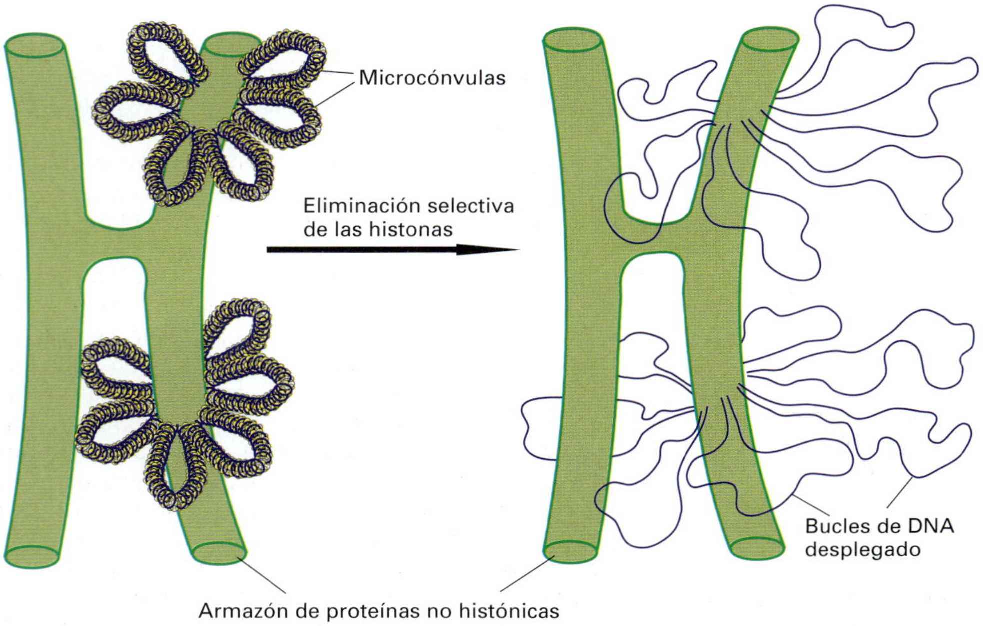


**Figura 3.11.** Modelo de organización del DNA en el cromosoma. A la derecha se representa el DNA desplegado. A la izquierda, el DNA plegado formando cadenas de nucleosomas que, a su vez, se pliegan para formar las fibras de 25 nm. Estas fibras se alejan del eje del cromosoma para volver otra vez a él describiendo un arco, lo que constituye la estructura de las microcónvulas (dominios del DNA).

DNA (secuencia DNA satélite $\alpha$ en humanos), que parecen servir para organizar las proteínas del cinetócoro. Esta secuencia es duplicada antes de la mitosis, junto con las cromátidas, para que cuando éstas se separen originen dos cromosomas hijos, cada uno con su centrómero.

Como otras clases de heterocromatina constitutiva, la heterocromatina centromérica contiene genes silenciosos, y las histonas están desacetiladas y metiladas. Además hay alrededor de una docena de proteínas que compactan los nucleosomas. Entre estas proteínas destaca una forma especial de H3 que contribuye a dar una configuración específica a los nucleosomas centroméricos.

### Organizador nucleolar

La constricción telomérica, que en la interfase formará un nucléolo en torno a ella, aparece en el cromosoma metafásico como una región de fibrillas poco densas, más laxas que las de la cromatina adyacente. Son fibras de cromatina empaquetadas de forma diferente a las del resto del cromosoma. Esta constricción es el *organizador nucleolar,* y posee proteínas semejantes a las del nucléolo, por lo que reacciona positivamente a ciertas técnicas, que resultan ser también positivas en éste, dando lugar a las *bandas N.* El organizador nucleolar se encuentra separado del resto de la cromatina por *heterocromatina telomérica* (véase Fig. 3.9). En el cariotipo humano los cromosomas 13, 14, 15, 21 y 22 poseen organizador nucleolar (véase Fig. 3.47.A)

### Telómeros

No hay que confundir el organizador nucleolar, que se encuentra en la constricción telomérica, con el *telómero.* Este término se refiere a cada uno de ambos extremos de cada cromosoma. El telómero consiste en unas secuencias repetitivas de DNA, ricas en bloques de G, que aseguran que el cromosoma se replique entero. De ello se tratará más adelante en este capítulo (véase página 89). Estas secuencias van unidas a heterocromatina (*heterocromatina telomérica*) y en ellas puede intercalarse o no el organizador nucleolar.

# FUNCIONES DE LA CROMATINA

## REPLICACIÓN DE LA CROMATINA

### REPLICACIÓN SEMICONSERVATIVA DEL DOBLE HELICOIDE DE DNA

En toda célula que va a dividirse la cromatina debe duplicarse para repartirse por igual entre las células hijas. Este proceso se denomina *replicación.*

Cuando sólo se podían plantear hipótesis, se formularon dos teorías acerca del número de filamentos (dobles helicoides) de DNA que aparecían repetidos en cada cromátida: la teoría del *monofilamento* y la del *multifilamento.*

Según la teoría del multifilamento, cada cromátida estaría integrada por muchos dobles helicoides que, en realidad, serían múltiples repeticiones de un mismo doble helicoide. La teoría del monofilamento implicaba que cada cromátida sólo tendría un doble helicoide de DNA (aunque, probablemente, con algunas secuencias repetitivas), que sufriría una serie de plegamientos para adaptarse a la forma y dimensiones de la cromátida.

Otra pregunta que se planteaba era la siguiente: al replicarse el DNA, ¿cómo se reparte éste entre las células hijas?, es decir, ¿cómo se disponen el DNA nuevo y el antiguo en los cromosomas? ¿Cada cromátida contiene un doble helicoide nuevo y otro antiguo, o en una cromátida se encuentra todo el DNA antiguo y en la otra todo el nuevo?

Estas dos cuestiones condujeron a tres hipótesis sobre la replicación del DNA (Fig. 3.12):

1. *Teoría conservativa.* Partiendo de la teoría del monofilamento, al llegar una célula a la fase S del ciclo celular, cada cadena del doble helicoide de una cromátida engendraría otra cadena complementaria, y las dos nuevas cadenas se organizarían formando una nueva cromátida. Así, en el cromosoma metafásico, cada cromosoma tendría una cromátida con todo el DNA antiguo y otra con todo el nuevo.
2. *Teoría semiconservativa.* También en el supuesto de la teoría del monofilamento, en cada cromátida de un cromosoma metafásico el doble helicoide presentaría una cadena antigua y otra que se acabaría de sintetizar en la interfase. Ambas cromátidas, por tanto, serían iguales pues poseerían una cadena antigua y otra nueva.
3. *Teoría dispersiva.* Cada cromátida de cada cromosoma es un mosaico de fragmentos viejos y nuevos, como resultado de la teoría del multifilamento.

El experimento realizado por Taylor (1957) aclaró definitivamente esta cuestión. A un cultivo de células cuya división estaba sincronizada en la interfase, se le añadió timidina tritiada hasta que se verificó la primera mitosis. Después no se añadió más timidina tritiada, y se observó qué ocurría en las divisiones celulares siguientes. En la primera mitosis, se apreció que, en cada cromosoma, ambas cromátidas estaban marcadas; mientras que, en la segunda mitosis, sólo una de las cromátidas de cada cromosoma estaba marcada (Fig. 3.13.A). Así se demostró, en primer lugar, que la teoría del unifilamento era acertada, ya que si hubiese más de un doble helicoide en cada cromátida (dos, por ejemplo), todas las cromátidas

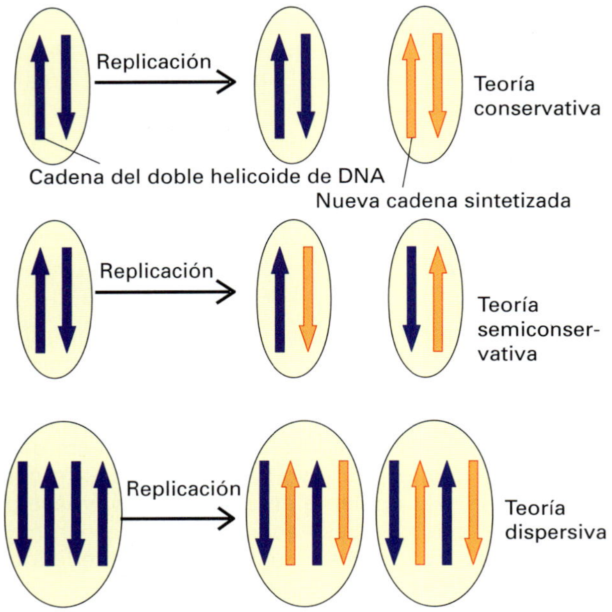


**Figura 3.12.** Tres posibilidades teóricas de organización del DNA en el cromosoma. En las figuras, cada óvalo representa una cromátida y cada flecha una cadena del doble helicoide de DNA. En las teorías conservativa y semiconservativa se parte de la base de que cada cromátida está formada por un único doble helicoide de DNA. En la teoría conservativa, tras la replicación del DNA, las dos cadenas nuevas de DNA quedarían en la nueva cromátida. En la teoría semiconservativa, una cadena quedaría en cada una de las cromátidas hijas. En la teoría dispersiva habría muchas cadenas nuevas en cada una de las dos cromátidas resultantes de la replicación del DNA.

aparecerían marcadas no sólo en la primera mitosis, sino también en la segunda, lo que no sucedía (Fig. 3.13.B). Si la teoría conservativa hubiese sido cierta, en la primera mitosis tendría que haber aparecido una cromátida marcada y otra no (Fig. 3.13.C), lo que tampoco ocurría. Por consiguiente, la única interpretación posible de los resultados es la que se basa en la teoría semiconservativa, que es la única que cumple los requisitos (Fig. 3.13.D).

Por consiguiente, en cada cromátida hay un sólo doble helicoide de DNA y, al replicarse éste, en cada cromátida hija queda una cadena antigua y otra nueva.

Esta teoría, sin embargo, tiene excepciones fragmentarias, puesto que se ha podido demostrar que, en realidad, hay intercambios de pequeños fragmentos de DNA entre cromátidas hermanas (Fig. 3.14). Este hecho se demostró tratando células en división con *desoxibromouridina* (BrdU), que se incorpora al DNA en sustitución de la uridina durante la replicación, y como la cromatina bromosustituida apenas se tiñe con Giemsa, se puede distinguir su localización en el cromosoma. Si, tras el tratamiento con BrdU, se deja a las células dividirse un par de ciclos más, sólo una de las cromátidas de las células estará marcada (como en el experimento de Taylor), pero en la cromátida marcada se observarán algunos fragmentos no marcados que sí lo están en la cromátida hermana no marcada. Este intercambio entre cromátidas hermanas es excepcional en condiciones normales, pero su frecuencia se incrementa en respuesta a la administración de determinados fármacos.

## MECANISMO DE LA REPLICACIÓN

Para que se replique el doble helicoide de DNA se separan las dos cadenas, abriéndose en un extremo y formando una *horquilla de replicación*. En esta apertura intervienen: la enzima *DNA helicasa*, que abre la hélice, y las *proteínas desestabilizadoras de la hélice* o *proteínas de unión a DNA de una sola cadena*, que ponen recta la hélice y la mantienen abierta. Cada cadena es recorrida por la enzima *DNA polimerasa*, que la va copiando incorporando las bases complementarias. Cada cadena primitiva se va enlazando con su copia complementaria formándose dos dobles helicoides (Fig. 3.15). Para que se inicie la copia del DNA hace falta un RNA específico, de corta longitud (de 5 a 10 bases), conocido como *RNA cebador*, que hace que empiece a actuar la DNA polimerasa. El RNA cebador es sintetizado por la enzima *RNA primasa*, que se une a la DNA helicasa formando una unidad denominada *primosoma*, que se va desplazando con la cadena en formación.

El proceso de replicación encierra una dificultad adicional: la DNA polimerasa sólo sintetiza DNA en la dirección 5′ ⇒ 3′, pero las dos cadenas del doble helicoide son antiparalelas: una empieza en 5′ y termina en 3′ y la otra comienza en 3′ y termina en 5′. Esto quiere decir que, al empezar a copiarse ambas cadenas originales en un mismo punto, resulta muy fácil la síntesis de la cadena complementaria a la original que empieza a ser copiada por su extremo 3′ y que va a ser copiada a partir de este extremo en sentido contrario (5′ ⇒ 3′), ya que la copia debe ser antiparalela a la original. Pero al no polimerizarse el DNA en la dirección 3′ ⇒ 5′, ¿cómo se puede sintetizar la cadena complementaria a la cadena original que empieza a ser copiada en el extremo 5′?

La respuesta a esta pregunta es que, conforme va habiendo fragmentos de cadena abiertos de suficiente longitud, se va sintetizando la cadena complementaria también en el sentido 5′ ⇒ 3′, pero formando pequeños fragmentos, denominados *fragmentos de Okazaki*, cada uno de unos 200 nucleótidos. Los múltiples fragmentos que se forman se unen por la intervención de otra enzima: la *DNA ligasa* (Fig. 3.15). La cadena sintetizada de forma continua se denomina *cadena conductora*, y la cadena sintetizada con intervalos recibe el nombre de *cadena retrasada*. Para sintetizar la cadena continua sólo se necesita un RNA cebador, mientras para sintetizar la cadena retrasada hace falta un RNA cebador por cada fragmento de Okazaki. La RNA primasa que se va desplazando a lo largo de la cadena patrón abierta por el extremo 5′ va sintetizando, con intervalos, estos RNA cebadores que van siendo elongados como DNA (fragmentos de Okazaki) por la DNA polimerasa. Cuando ésta ha terminado un fragmento y llega al DNA cebador del fragmento siguiente, lo sustituye por DNA antes de que los fragmentos contiguos sean unidos por la DNA ligasa.

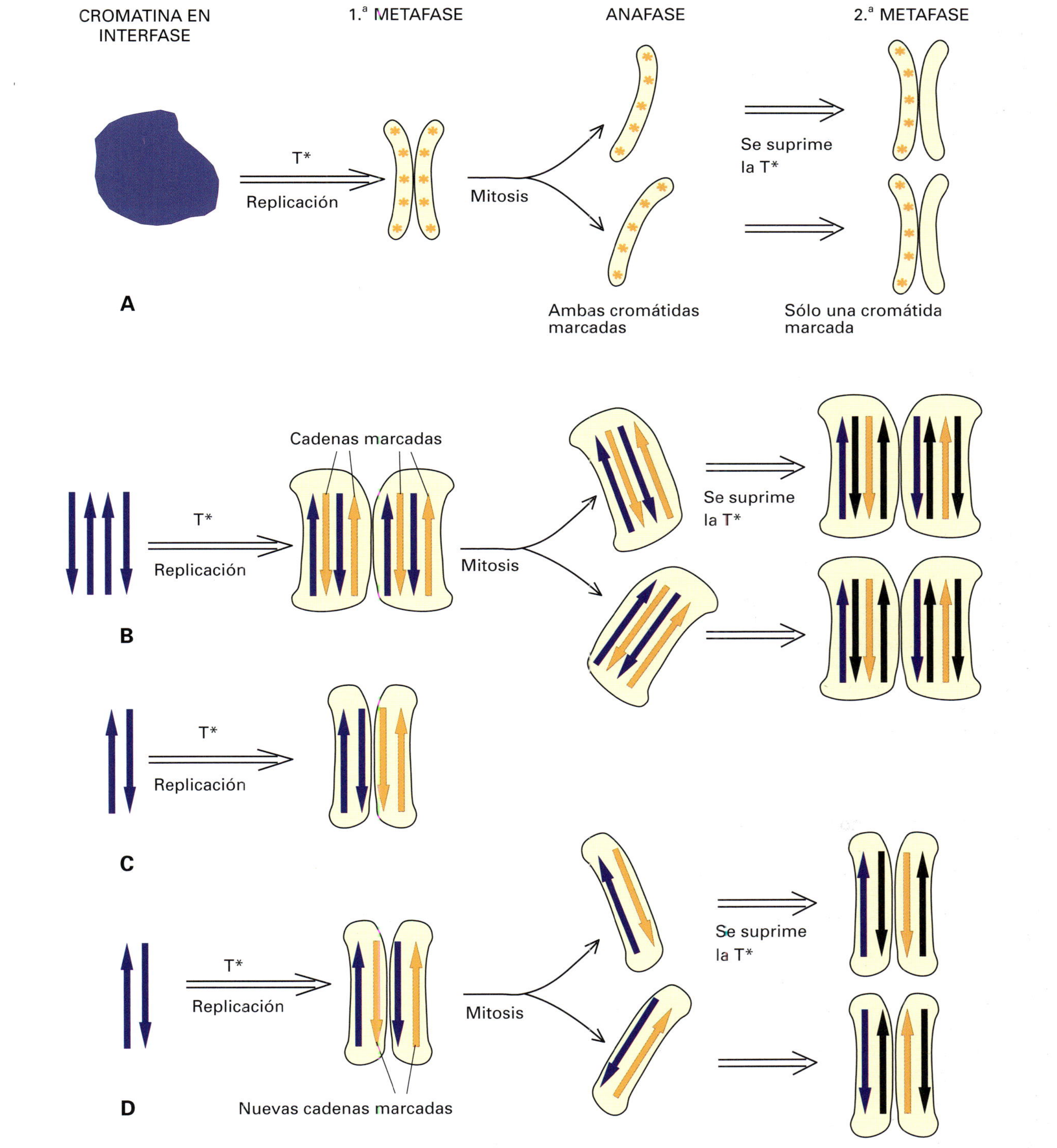


**Figura 3.13.** **A**: Experimento de Taylor. Tras efectuarse la replicación del DNA con timidina tritiada, ambas cromátidas aparecen marcadas. Tras la replicación de esas células en ausencia de timidina tritiada, sólo una de ambas cromátidas aparece marcada. **B**: Interpretación del experimento de Taylor sobre la base de la teoría dispersiva. Tras las dos replicaciones del DNA (con timidina marcada la primera y sin timidina marcada la segunda), todas las cromátidas deberían aparecer marcadas. **C**: Interpretación del experimento de Taylor sobre la base de la teoría conservativa. Tras la primera replicación del DNA en presencia de timidina tritiada, sólo una de las cromátidas debería aparecer marcada. **D**: Interpretación del experimento de Taylor sobre la base de la teoría semiconservativa, que satisface la observación experimental expuesta en la figura A. Tras la primera replicación del DNA en presencia de timidina tritiada, ambas cromátidas aparecen marcadas. Tras la segunda replicación de esas células (en ausencia de timidina tritiada), sólo una de ambas cromátidas aparece marcada.

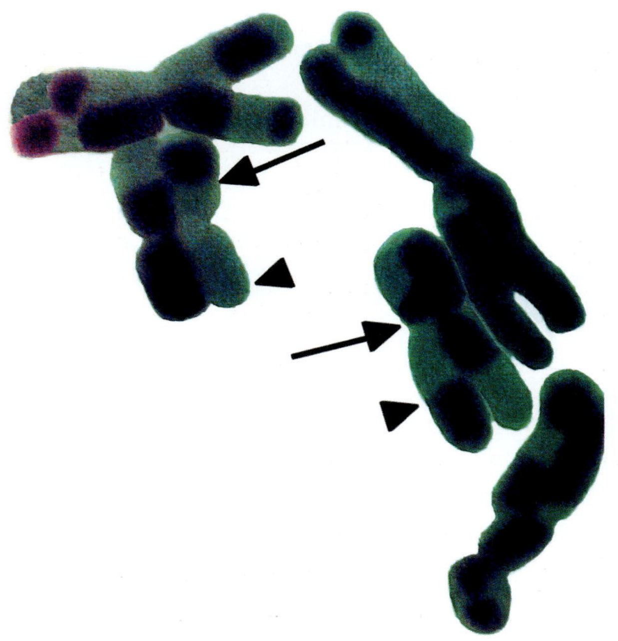

**Figura 3.14.** Cromosomas metafásicos de *Allium cepa* después de dos rondas de replicación en presencia de 5-bromodesoxiuridina y tinción con fluorocromo-Giemsa para la demostración de intercambios entre cromátidas hermanas. En las zonas oscuras, el DNA está formado por una cadena nativa y otra bromosustituida. En las zonas pálidas las dos cadenas de DNA están bromosustituidas. Los espacios comprendidos entre las flechas y las cabezas de flecha señalan dos de los segmentos en los que se ha producido el intercambio. X2500. (Cortesía de M.H. Navarrete, Centro de Investigaciones Biológicas, CSIC, Madrid.)

En realidad, la disposición de las cadenas durante la replicación es más compleja: el DNA sintetizado en la cadena retrasada y su cadena patrón sufren un plegamiento, de tal forma que la DNA polimerasa de la cadena retrasada y la DNA polimerasa de la cadena conductora se unen para formar un complejo único, para que las proteínas de replicación puedan utilizarse conjuntamente en la replicación de ambas cadenas. En ese plegamiento, el extremo 3' (final) de un fragmento de Okazaki queda situado cerca del punto de inicio del siguiente fragmento (Fig. 3.16). Hay unas proteínas especiales (*topoisomerasas*) que evitan que el DNA se enrede al girar durante la replicación. La *topoisomerasa I* genera una ruptura transitoria (*nick*) en una sola hebra, lo que permite que ambos trozos de cada hebra (uno a cada lado del punto de ruptura) puedan girar independientemente. La *topoisomerasa II* genera una ruptura transitoria en ambas cadenas en el punto donde se entrecruzan.

En las bacterias, los fragmentos de Okazaki miden de 1000 a 2000 nucleótidos, mientras que en eucariotas sólo miden de 100 a 200 nucleótidos. Esto puede guardar relación con la longitud del DNA que se encuentra en cada nucleosoma (200 pares de bases), pero es también posible que los nucleosomas (de los que carecen las bacterias) puedan ser una barrera para la replicación, cuya velocidad de propagación es unas 10 veces mayor en los procariotas (2 μm/minuto, 500 nucleótidos por segundo) que en los eucariotas (0.2 μm/minuto, 50 nucleótidos por segundo).

## EXTENSIÓN DE LA REPLICACIÓN: BURBUJAS DE REPLICACIÓN

Si la replicación del DNA de cada cromosoma se realizara secuencialmente, comenzando en un extremo hasta que se alcanza el otro, y teniendo en cuenta la velocidad de propagación mencionada, cada cromosoma humano tardaría unas 800 horas en replicarse entero. Para disminuir la duración de la replicación, ésta tiene lugar simultáneamente en múltiples segmentos del DNA. Cada uno de estos segmentos se denomina *replicón*. El punto donde se inicia la replicación en cada replicación se denomina *origen de replicación* o *secuencia de replicación autónoma*. Más que un punto es una extensión de 100 a 300 nucleótidos, constituida por varias secuencias, de unos 11 nucleótidos cada una, todas ellas muy parecidas entre sí y algunas coincidentes.

Durante el proceso de replicación pueden distinguirse, con microscopía electrónica, numerosas regiones en replicación a lo largo de las cadenas de nucleosomas. Cada una de estas regiones se denomina *burbuja de replicación,* y corresponde a la parte del replicón en la que ya se han separado las dos cadenas de DNA y se están replicando, por lo que adquieren la forma de burbuja (Figs. 3.14 y 3.15). Equivalen, pues, a una horquilla de replicación.

Los replicones tienden a formar grupos denominados *unidades de replicación*. Cada unidad de replicación consta de 20 a 80 replicones, separados cada uno del siguiente (de centro a centro) entre 10 y 200 μm (entre 30 000 y 600 000 pares de bases). Puede haber 20 000 replicones en un núcleo, pero no todos los orígenes de replicación se activan a la vez, sino por unidades de replicación y, en cada unidad de replicación, todos los replicones se replican simultáneamente. Regiones del mismo cromosoma se copian en diferentes momentos de la fase S, de modo que a medida que unas unidades de replicación van finalizando la replicación, se activan otras nuevas hasta que todo el DNA se ha replicado. Se ha sugerido que la cromatina de replicación temprana (rica en G y C) se asocia con proteínas cromosómicas especiales, producidas en la fase $G_1$ del ciclo celular, y que podrían ayudar a mantener activa la cromatina y facilitar la transcripción.

Como se ha dicho, en las burbujas u horquillas de replicación una de las cadenas es copiada en progresión continua mientras que la otra se copia en pequeños fragmentos de Okazaki, cuyo RNA cebador es reemplazado por DNA del fragmento de Okazaki adyacente y hasta que finalmente los fragmentos se unen gracias a la DNA ligasa. Esto es lo que ocurre en los replicones. En la Figura 3.17.A, con los números 1, 2, 3, 4 y 5 se indica la secuencia de formación de los fragmentos de

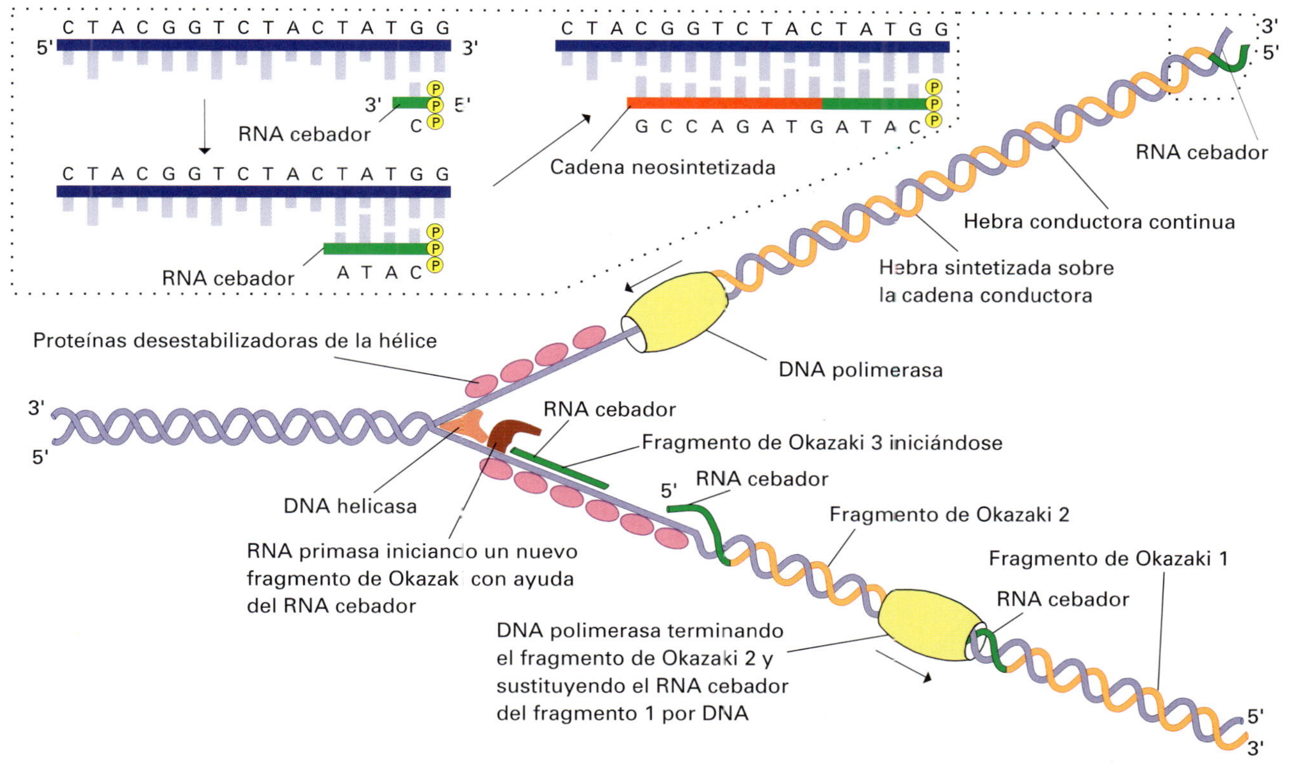


**Figura 3.15.** Horquilla de replicación del DNA. Se han suprimido las histonas. Unas proteínas desestabilizadoras de la hélice permiten la separación entre ambas cadenas para que sean copiadas. Mientras la cadena de arriba (cadena conductora, que comienza en 3' y termina en 5') es copiada de un modo continuo (en dirección 5' → 3') por la DNA polimerasa, la de abajo (cadena retrasada, que comienza en 5' y termina en 3') es copiada de un modo discontinuo: en fragmentos pequeños en dirección 5' → 3' (fragmentos de Okazaki) que se unen por la enzima DNA ligasa. Para iniciar la replicación de cada fragmento de DNA se necesita un RNA cebador que es sintetizado por la RNA primasa (recuadro).

Okazaki que forman la cadena retrasada y que se van formando en el orden de progresión de la cadena conductora continua.

En cada replicón, la replicación puede avanzar en uno o en ambos sentidos a partir del origen de replicación. Si la replicación es unidireccional, la copia de una cadena primitiva será una cadena conductora, mientras que la de la otra cadena primitiva será una cadena retrasada. En la replicación bidireccional, ambas cadenas originales forman un segmento de cadena conductora y otro de cadena retrasada (Fig. 3.17.B).

Al separarse las dos cadenas primitivas se siguen observando nucleosomas en ambas. No son heminucleosomas, sino nucleosomas enteros (Fig. 3.18). Esto implica que: 1) o bien se quedan todos los antiguos una hebra y la otra ensambla los nuevos, o bien 2) se van la mitad de los nucleosomas a una hebra y la otra mitad a la otra y enseguida se forman los nuevos en ambas hebras. La primera hipótesis (*distribución conservativa*) parece ser la correcta. La observación de nucleosomas en ambas hebras de cada replicón indica que la asociación de las histonas al DNA es muy rápida. Primero lo hacen las histonas H3 y H4, luego las H2A y H2B y después la H1. Las proteínas no histónicas también se asocian rápidamente.

## REPLICACIÓN DE LOS TELÓMEROS

Como se acaba de explicar, la replicación de cada cromosoma se realiza a partir de múltiples orígenes de replicación en los que ambas cadenas de DNA son sintetizadas por las DNA polimerasas que extienden los cebadores sólo en sentido 5′ ⇒ 3′. Los múltiples fragmentos de DNA resultantes, cuyo RNA cebador es reemplazado por DNA del fragmento adyacente, son unidos por la DNA ligasa (Fig. 3.17).

El problema se plantea en ambos extremos del cromosoma. La cadena terminada en 5' puede sintetizarse de forma continua desde el último origen de replicación, avanzando la copia en dirección 5′ ⇒ 3′ hacia ese extremo. Sin embargo, la cadena original terminada en 3′ ha de ser sintetizada a base de fragmentos de Okazaki, pero la dificultad reside en que el RNA ceba-

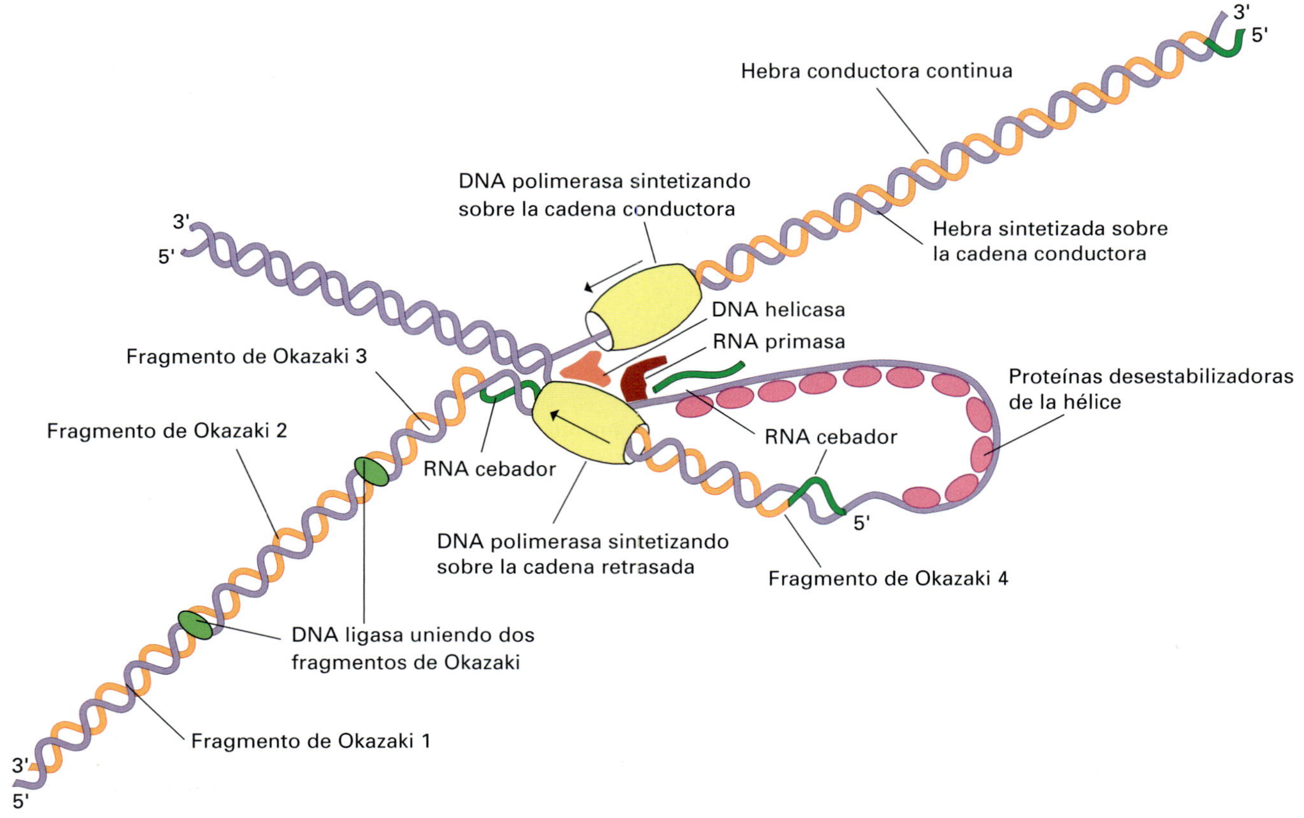


**Figura 3.16.** Representación de una horquilla de replicación del DNA tal como se deduce experimentalmente que debe ocurrir. El esquema es igual al de la figura anterior, pero la cadena retrasada sufre un plegamiento de modo que las proteínas que intervienen en la replicación formen un complejo único que pueda ser utilizado a la vez por ambas cadenas.

dor del último fragmento de Okazaki (el del extremo) no puede ser reemplazado por DNA pues no hay fragmento adyacente. Es más, es posible que no haya espacio suficiente para producir el RNA cebador necesario para iniciar el último fragmento. De este modo, la copia de la cadena retrasada tiene entre 50 y 100 nucleótidos menos (en el extremo 5′) que la cadena original (Fig. 3.19.A).

Esto implica un acortamiento progresivo de los cromosomas en sucesivas generaciones, lo que evidentemente no ocurre. Para evitar que se pierdan los genes de ambos extremos de cada cromosoma, los extremos 3′ de cada cadena terminan en una corta secuencia repetitiva especial de DNA (*DNA telomérico*), que se encuentra adyacente a la última secuencia de DNA que se puede replicar por la DNA polimerasa. Esta secuencia especial es rica en bloques de G y muy similar en todas las especies. En humanos la secuencia es GGGTTA.

De todas formas, aunque esta secuencia telomérica se repita muchas veces, tras varias replicaciones terminaría por desaparecer. Para evitarlo, la secuencia es amplificada por una enzima especial denominada *telomerasa* (Fig. 3.19.B). Esta enzima reconoce la secuencia telomérica en el extremo de la cadena original de DNA terminada en 3′, y la elonga repetitivamente en dirección 5′⇒ 3′ produciendo unos 10 000 pares de nucleótidos. Para ello utiliza un molde de RNA (como la transcriptasa inversa), propio de la enzima. De este modo, en los extremos de los cromosomas la cadena original terminada en 3′ es más larga que la complementaria y se repliega (Fig. 3.19.C). Este segmento añadido tiene una longitud suficiente para servir de molde para la elongación de la copia mediante un nuevo fragmento de Okazaki (Fig. 3.19.D).

En humanos, sólo las células madre (las células embrionarias pluripotenciales y las células madre germinales, sanguíneas o de tejidos adultos en continua renovación) presentan activa esta enzima, asegurando que no se pierdan los genes terminales al cabo de muchas renovaciones. Las demás células, que ordinariamente no se dividen, carecen de telomerasa y, por tanto, su capacidad de división es limitada. Esto explica que los fibroblastos en cultivos sólo se dividan un

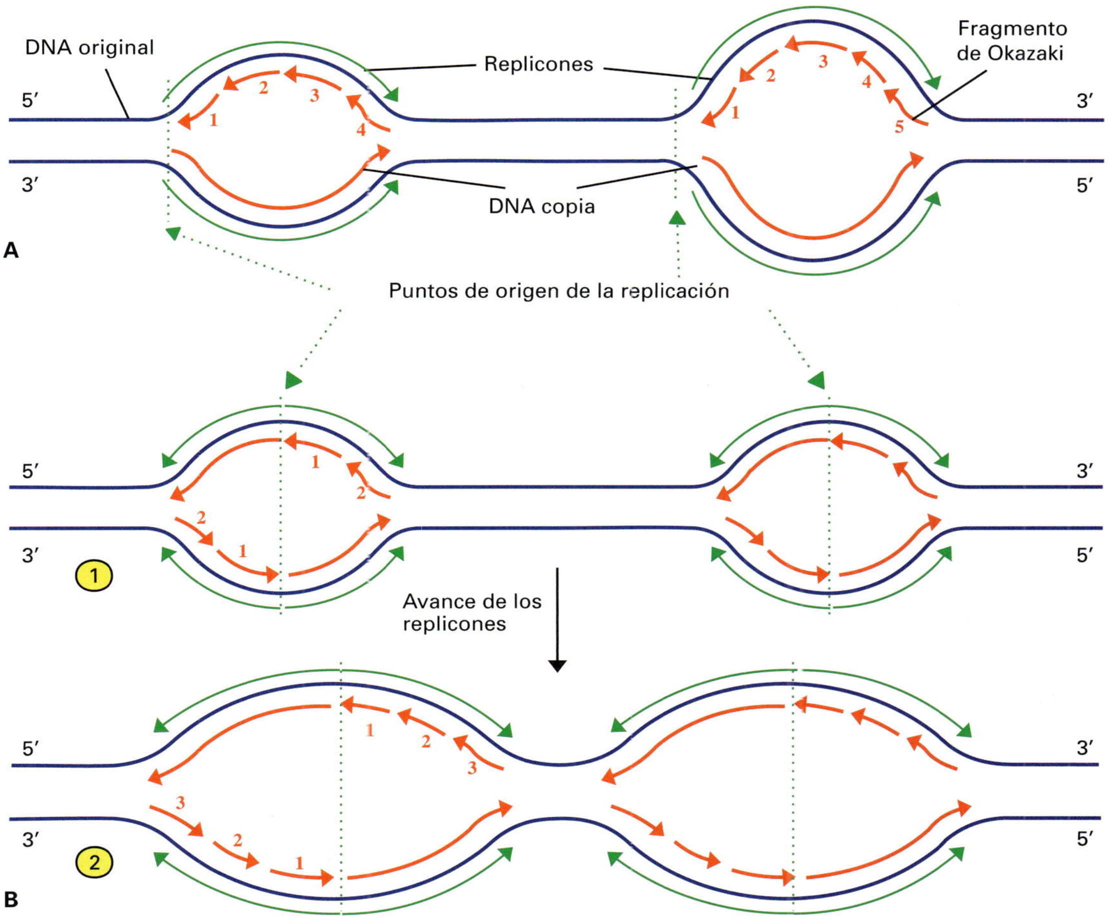


**Figura 3.17.** **A**: Replicones durante la replicación del DNA. Así como en una hebra la replicación es continua, en la otra se van produciendo fragmentos de Okazaki que son unidos por la DNA ligasa. Los números 1, 2, 3, 4 y 5 indican el orden de formación de los fragmentos. El replicón de la derecha correspondería a un estado más avanzado que el de la izquierda. **B**: Replicones en los que va cambiando la dirección de la replicación, representados en dos estados sucesivos de la replicación (1 y 2). **1**: En cada replicón, la replicación será continua en una mitad y discontinua en la otra. **2**: Estado más avanzado de la replicación de la figura anterior, que muestra cómo los replicones tienden a juntarse, dando por terminada la replicación del DNA.

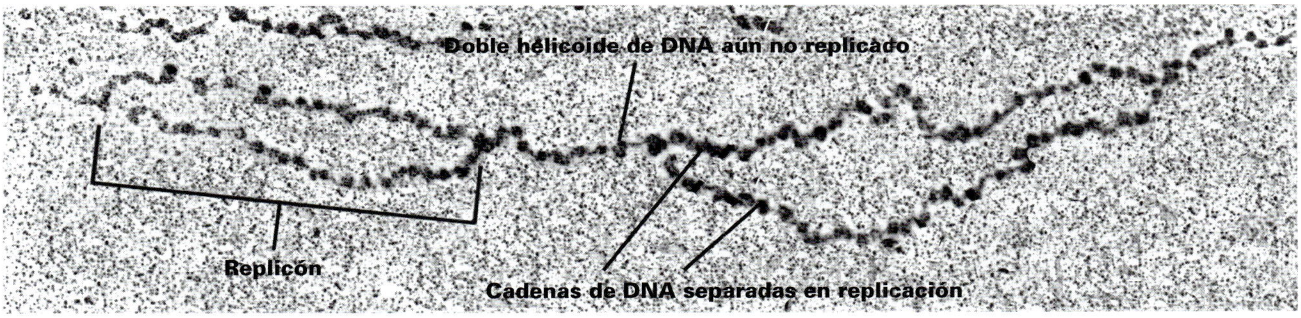


**Figura 3.18.** Cadena de nucleosomas en replicación. Se observan dos replicones y, en cada uno los nucleosomas aparecen completamente formados. (Tomado de McKnight SL, Miller OL. En: Berkalof A, Bourguet J, Favard P, Lacroix JC. *Biologie et Physiologie Cellulaires*. Paris, Hermann, 1983.)

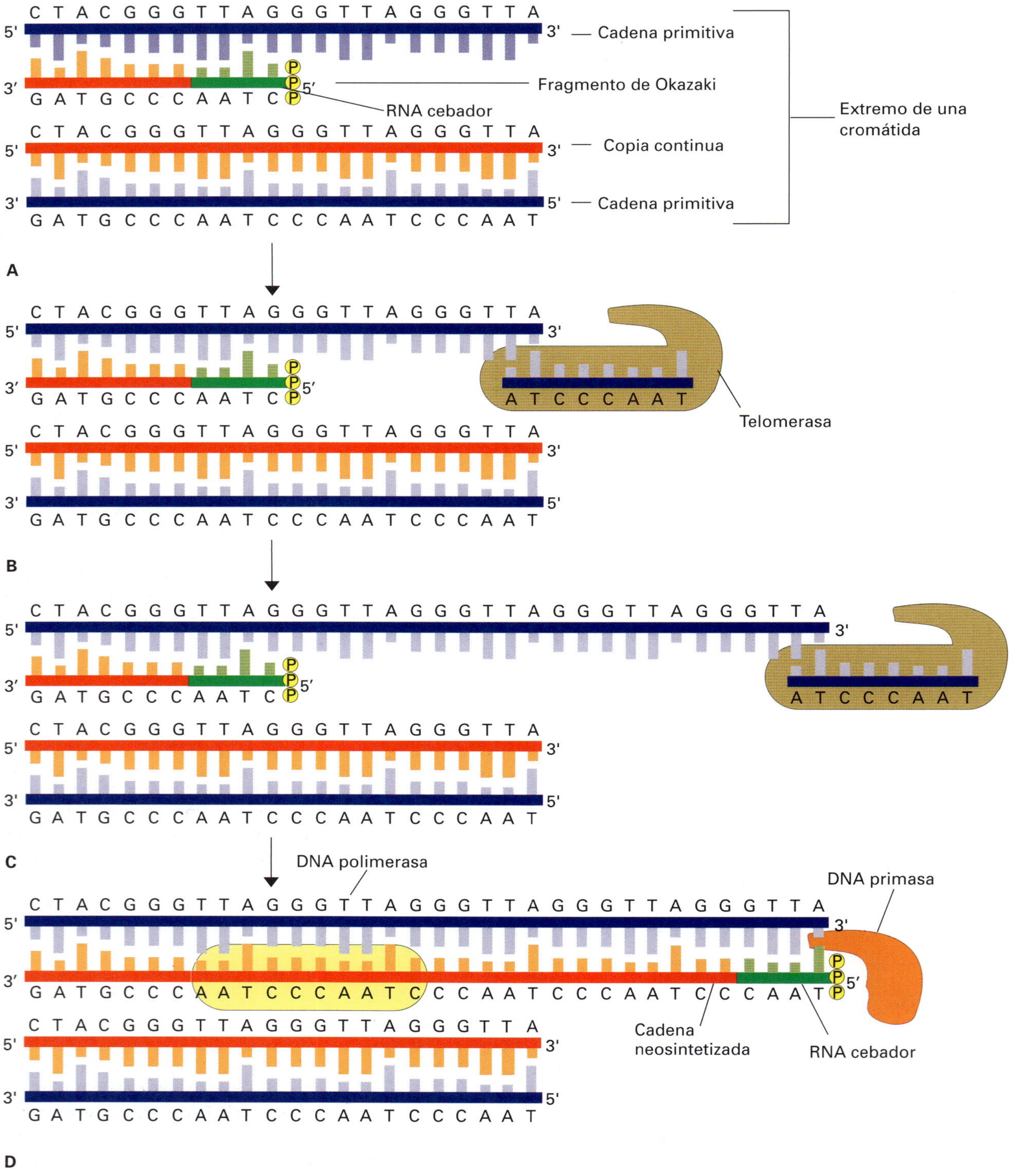


**Figura 3.19.** Replicación de los telómeros. **A**: Al ser copiadas las cadenas originales, en los extremos de cada cromosoma, la cadena terminada en 5' es copiada de forma continua desde el último origen de replicación (a la izquierda en la imagen) y la terminada en 3' lo es mediante fragmentos de Okazaki, pero no hay sitio para formar el RNA cebador que dará lugar al último fragmento de Okazaki. **B-C**: La telomerasa alarga la cadena original, en el sentido 5' → 3'. **D**: Ahora ya hay sitio para que la DNA primasa pueda producir el RNA cebador y se copie el segmento terminal de la cadena original.

cierto número de veces, inversamente proporcional a la edad del individuo.

En las células procariotas, que se han ido reproduciendo por división durante muchos millones de años, no se da este problema. En efecto, estas células, poseen un único cromosoma circular, lo que permite que se copien todos los nucleótidos, pues una vez que la copia alcanza el final de la cadena, puede continuar copiando los nucleótidos que fueron el molde del RNA cebador en el inicio del cromosoma, ya que por su disposición circular la cadena no se interrumpe.

## RECOMBINACIÓN GÉNICA

### Recombinación general

El mecanismo usual de intercambio entre cromátidas de cromosomas homólogos en la meiosis se conoce como *recombinación génica general* o *sobrecruzamiento*, y consiste en lo siguiente: las dos cadenas de DNA de una cromátida se rompen en un mismo punto, y lo mismo ocurre en una cromátida del cromosoma homólogo apareado con el anterior. A continuación, las cromátidas se sueldan cambiadas, es decir, las dos cadenas de una cromátida se sueldan con las dos cadenas de la cromátida homóloga. Es posible que la ruptura se produzca en más de un punto a lo largo de la cromátida. Si se produce en dos puntos, más o menos próximos, la posterior soldadura equivocada en los puntos rotos provoca el intercambio del fragmento comprendido entre los puntos de ruptura (Fig. 3.20). Los intercambios entre cromátidas pueden producirse también entre cromátidas hermanas, como ya se ha mencionado (véase Fig. 3.14).

En realidad, el mecanismo de ruptura y recombinación parece ser un poco más complicado de lo que se deduce del párrafo anterior. La recombinación general comienza con la rotura de ambas cadenas de una cromátida en un mismo punto por una *endonucleasa*, y sigue con una degradación de los nucleótidos adyacentes al punto de ruptura, en una extensión diferente en cada cadena. Una *exonucleasa* aparea el extremo roto de una cadena con las secuencias complementarias de una cadena de una cromátida del cromosoma homólogo, y el extremo roto crece sintetizando una copia complementaria de los nucleótidos de este cromosoma homólogo. Después ocurre lo mismo con la otra cadena rota. Finalmente se separan las cromátidas intercambiadas a partir del punto de corte mediante cortes y empalmes selectivos (Fig. 3.21).

A veces puede ocurrir que las dos cadenas de cada cromátida no se corten en el mismo punto exactamente, sino un poco desfasadas. En ese caso, una vez producido el intercambio, en cierta longitud de cada una de las dos cromátidas que se han intercambiado un segmento se forma un doble helicoide mixto, con una cadena proveniente de una cromátida y otra de la cromátida homóloga. Esta zona de doble helicoide mixto se denomina *unión heterodúplex* (Fig. 3.22). Este proceso pasaría inadvertido en el intercambio entre cromátidas hermanas, pues ambas son genéticamente idénticas. En cambio, en el intercambio entre cromátidas homólogas lo más probable es que, en el segmento que se intercambia, la secuencia del homólogo materno sea ligeramente diferente de la del homólogo paterno, y no puedan aparearse ambas cadenas en toda su extensión para formar el doble helicoide. Un ejemplo de estas uniones heterodúplex y de su corrección se estudiará a continuación al tratar de la conversión génica (Fig. 3.24).

### Recombinación de sitio específico

Junto con este tipo de recombinación génica general, hay una recombinación génica de tipo *específico*, que se puede producir entre cortas secuencias de DNA, sobre una o ambas cadenas de las dobles hélices; secuencias que son reconocidas específicamente por *enzimas de recombinación de sitio específico*. Estas enzimas reconocen secuencias determinadas de un cromosoma y cortan segmentos que insertan en otros cromosomas por mecanismos de corte y empalme. Así, el bacteriófago λ inserta su genoma en el cromosoma de *E. coli* (Fig. 3.23). Algunas de estas enzimas pueden efectuar los cortes del cromosoma que va a ser insertado y del que recibirá a éste en regiones de bases homólogas, realizando apareamientos heterodúplex. Otras enzimas de recombinación no necesitan de estas pequeñas regiones homólogas para llevar a cabo la inserción. Este tipo de recombinación permite que secuencias determinadas de DNA se desplacen entre cromosomas.

## CONVERSIÓN GÉNICA

Como se deduce del proceso de recombinación génica de tipo general, en la meiosis se reparten las dos copias de cada gen materno (*alelos* maternos) y las dos copias de cada gen paterno (*alelos* paternos) entre las cuatro células resultantes, de modo que cada célula tiene una de esas copias (Fig. 3.20). Excepcionalmente puede observarse que se han producido tres copias de un alelo materno y un solo alelo paterno (o al revés). Esto indica que una copia de un alelo (p. ej., el paterno) ha sido cambiada a una copia del otro alelo (materno en este caso). Este fenómeno se denomina *conversión génica,* y puede explicarse mediante dos mecanismos:

1. Durante la meiosis se producen uniones heterodúplex en los lugares de recombinación génica general. Si las secuencias materna y paterna son ligeramente diferentes, no se produce apareamiento. El segmento de hebra no apareado (p. ej., el paterno) es destruido por nucleasas y se sintetiza una cadena complementaria que, en este caso, corresponderá al alelo materno (Fig. 3.24.A).
2. Un mecanismo más complejo que se desarrollaría en las siguientes etapas (Fig. 3.24.B):

   — Se produce la ruptura de una sola cadena de una cromátida.

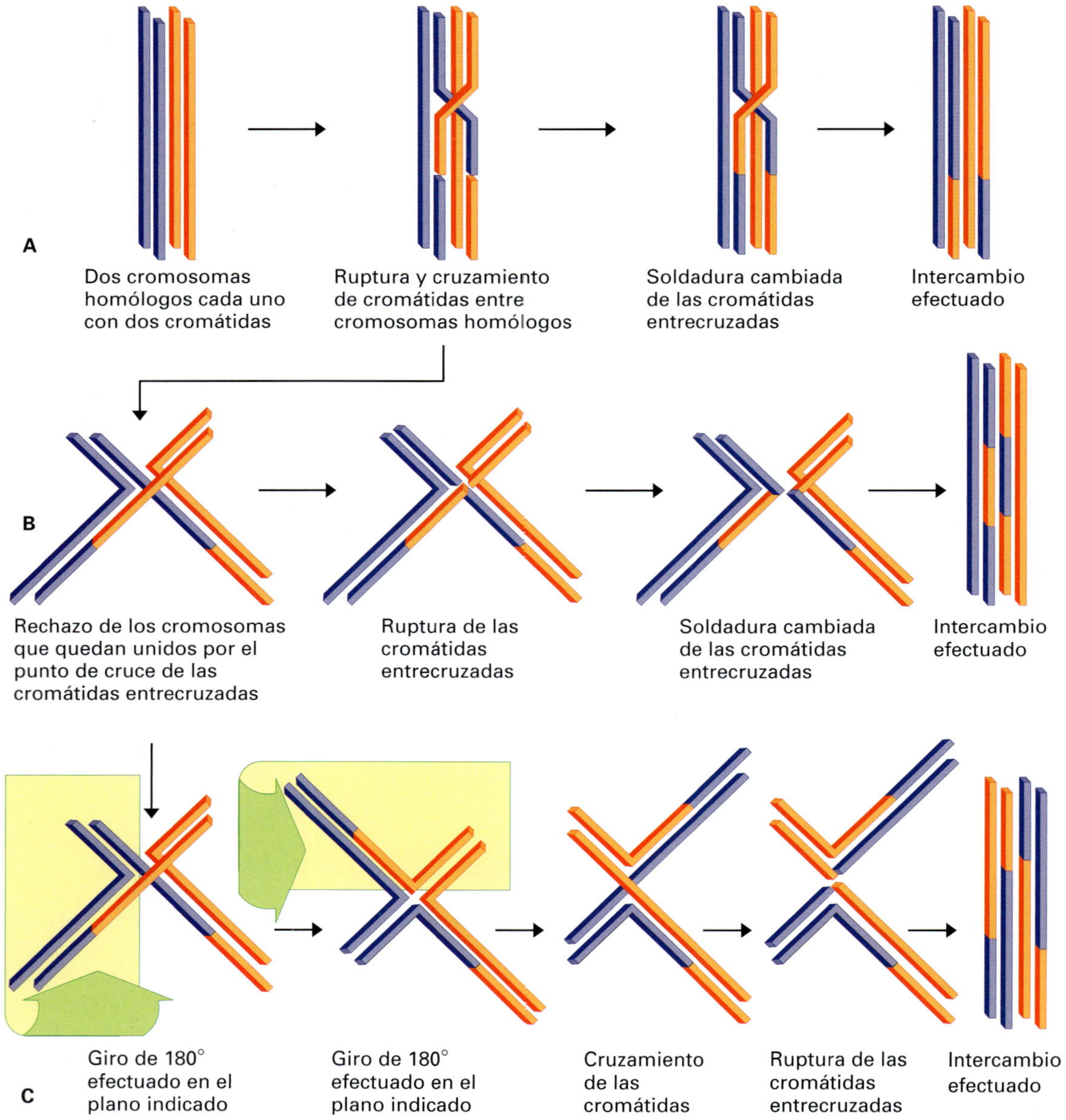


**Figura 3.20.** Recombinación génica de tipo general. **A**: Esquema que explica el intercambio de un fragmento de cromátida entre cromosomas homólogos tal como se considera que ocurre en la meiosis. A un entrecruzamiento entre dos cromátidas (una de cada homólogo) sigue la ruptura al mismo nivel de ambas cromátidas y la posterior soldadura intercambiada de las cromátidas. **B**: El mismo intercambio de la figura anterior tal como se deduce de algunas imágenes observadas en microscopía óptica. Ambos cromosomas homólogos se rechazan, quedando unidos por el punto de cruce de las cromátidas, hasta que se produce la ruptura y soldadura intercambiada. **C**: El mismo intercambio tal como se observa en algunas imágenes de microscopía óptica. Tras el rechazo de ambos cromosomas homólogos, se producen dos giros consecutivos de 180° en planos perpendiculares entre sí, antes de la ruptura y soldadura intercambiada de cromátidas.

— Un extremo de la cadena rota se desplaza para aparearse con una cadena de una cromátida del cromosoma homólogo.
— El trozo de cadena de esta última cromátida que ha quedado sin aparearse (por la intrusión del segmento de la cadena cortada) es destruido por nucleasas.
— La cadena intrusa se corta por otro punto, desprendiéndose de su cromátida original, y ocupa definitivamente el lugar dejado en el cromosoma homólogo por ese segmento no apareado que fue destruido. Para ello el trozo de cadena intrusa se fusiona por sus dos extremos con esa cromátida homóloga.
— Mientras tanto, el hueco dejado por la cadena intrusa al separarse de su cromátida original es rellenado por DNA neosintetizado a partir del punto de ruptura.

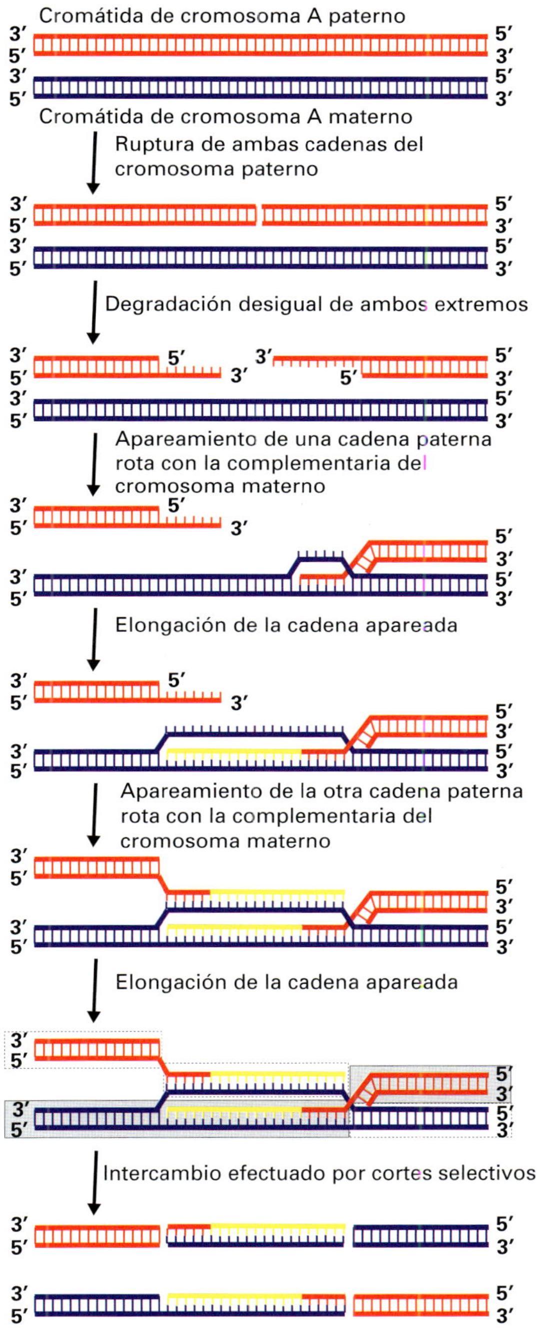


**Figura 3.21.** La recombinación general comienza con la rotura de ambas cadenas de una cromátida en un mismo punto por una endonucleasa; después se produce una degradación de los nucleótidos adyacentes al punto de ruptura, en una extensión diferente en cada cadena. Una exonucleasa aparea el extremo roto de una cadena con las secuencias complementarias en una cadena de una cromátida del cromosoma homólogo, y el extremo roto crece copiando complementariamente los nucleótidos de este cromosoma homólogo. Después ocurre lo mismo con la otra cadena rota. Finalmente se separan las cromátidas intercambiadas a partir del punto de corte mediante cortes y empalmes selectivos.

— El resultado momentáneo es que se obtienen una copia de un alelo, dos de otro y una cromátida mixta, ya que su doble helicoide presenta una unión heterodúplex que permite el apareamiento. La existencia de tres copias de un gen y sólo una del homólogo no se pondrá de manifiesto hasta el siguiente ciclo celular, cuando ambas cadenas de cada cromátida se hayan separado y hayan formado su copia complementaria.

## CORRECCIÓN DE LOS ERRORES DE COPIA

Sólo se produce un error en la replicación aproximadamente cada $10^9$ pares de bases. Las moléculas de DNA con un extremo 3′-OH mal apareado (sin apareamiento de bases) en su hebra cebadora no son patrones eficientes, por lo que deben ser eliminados los nucleótidos mal apareados. Esta eliminación se lleva a cabo mediante una *exonucleasa 3′ ⇒ 5′*, que se incorpora a la DNA polimerasa para recortar, mediante hidrólisis, los residuos no apareados del extremo cebador.

En la Figura 3.30 se muestra un ejemplo. Una forma tautomérica rara de citosina (C*) se aparea con adenina incorporándose a la cadena copiada (Fig. 3.25.A). El rápido desplazamiento tautomérico de C* a C normal destruye su apareamiento e impide que continúe la formación de la cadena (Fig. 3.25.B). La actividad de la exonucleasa

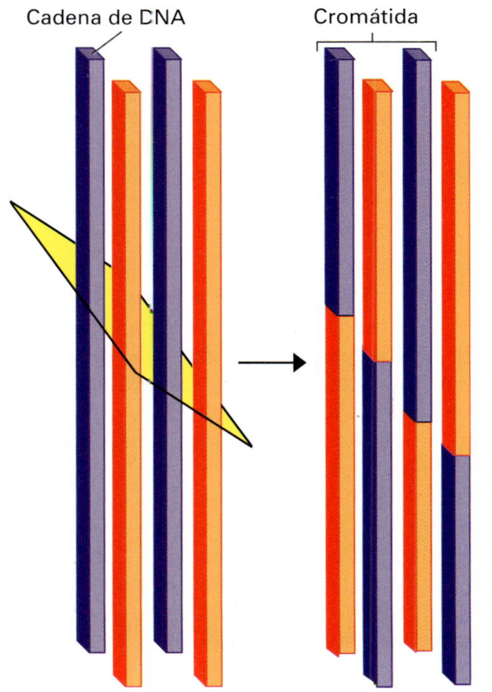


**Figura 3.22.** Corte heterodúplex. Intercambio de ambas cadenas entre dos cromátidas en el que, en cada cromátida, el corte de cada una de las dos cadenas ocurre a un nivel ligeramente diferente.

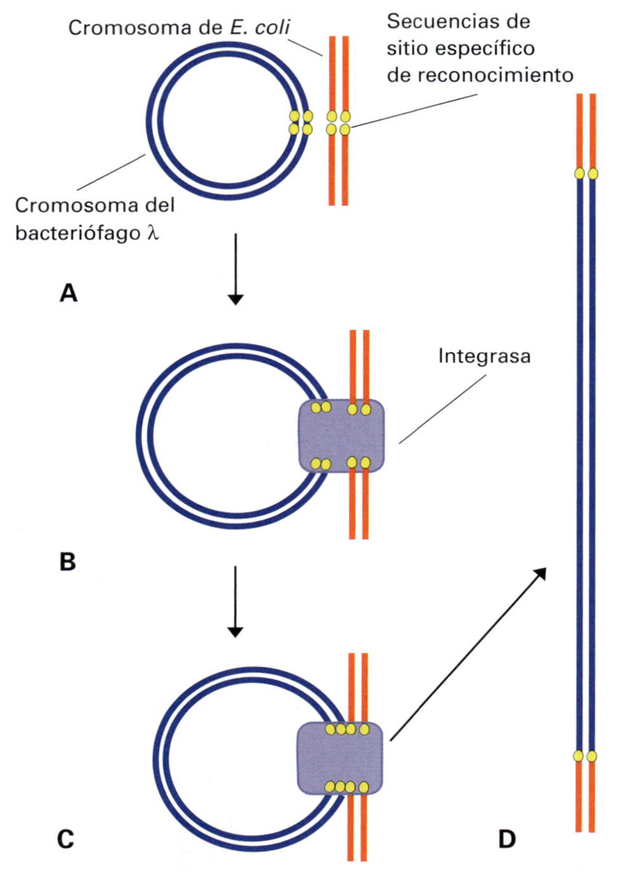


**Figura 3.23.** Recombinación génica de sitio específico. Secuencias determinadas de un cromosoma son reconocidas y cortadas por enzimas de recombinación de sitio específico e insertadas en otros cromosomas. En el esquema se ilustra la inserción del genoma del bacteriófago λ en el cromosoma de *Escherichia coli*. La enzima de recombinación en este caso es la integrasa λ.

3′ ⇒ 5′, unida a la DNA polimerasa, escinde el nucleótido con C y deja el anterior que está correctamente apareado (Fig. 3.25.C). Ahora puede continuarse la elongación.

Sin embargo, existe una pequeña dificultad ¿cómo se reconoce cuál es la cadena patrón y cuál la copiada y, por tanto, en qué cadena hay que corregir el error? En *E. coli*, el mecanismo de reconocimiento se basa en que las bases A de las secuencias GATC se metilan un tiempo después de su incorporación a la cadena, de modo que todas las cadenas nuevas se reconocen durante un período por la ausencia de metilación. En las células eucariotas no hay metilación de adenina (en los vertebrados la metilación del DNA está restringida a la citosina) y, por tanto, el mecanismo no puede ser el mismo, pero debe de existir algún otro tipo de marcador. Se ha sugerido que las cadenas recién formadas presentan muescas en la proximidad de los fragmentos erróneos, y estas muescas son reconocidas por las enzimas que intervienen en la supresión del fragmento erróneo.

## REPARACIÓN DEL DNA

### Reparación de una cadena

En el DNA se producen miles de cambios aleatorios provocados por la energía térmica. Los dos más frecuentes son: 1) *desaminación*; por hidrólisis espontánea seguida de desplazamiento tautomérico, la citosina (C) se transforma en uracilo (U); y 2) *despurinización*; por hidrólisis espontánea se desprende la guanina (G). A pesar de que estas lesiones son muy frecuentes, en la secuencia de DNA de la célula sólo se acumulan unos pocos cambios estables al año, como máximo. La explicación es que las lesiones se eliminan con una eficacia notable a través de un proceso de reparación del DNA. El fallo en los genes que reparan el DNA predispone al cáncer y otras enfermedades. La extrema sensibilidad a la luz ultravioleta en pacientes con *xeroderma pigmentosum* se debe a la escasa capacidad para reparar los daños que la luz produce en el DNA.

Esta reparación se basa en la disposición del DNA formando un doble helicoide; por eso, en los virus de una sola cadena de ácido nucleico no puede realizarse la reparación y las frecuencias de mutación son muy elevadas.

En el caso de la desaminación, la base alterada, al perder su emparejamiento con la cadena complementaria no lesionada, es detectada y eliminada por una de las *DNA glucosidasas* (hay una diferente para cada base) que van recorriendo el helicoide. A continuación, la acción conjunta de las enzimas *AP endonucleasa* y *fosfodiesterasa* detectan el azúcar-fosfato del nucleótido cuya base alterada ha sido ya eliminada y lo eliminan cortando la cadena en ese punto. Después ese nucleótido es reemplazado por el nucleótido correcto para el emparejamiento por la acción de la DNA polimerasa, y el nuevo nucleótido es empalmado a la cadena por la DNA ligasa (Fig. 3.26.A). En el caso de la despurinización, como la base ya se ha perdido, actúa directamente la AP endonucleasa, y después la DNA polimerasa y la DNA ligasa.

Otras veces se altera no una base aislada, sino un fragmento de una de ambas cadenas; por ejemplo, por enlaces de varias bases con carbohidratos, como ocurre en la acción del carcinógeno benzopireno, o la formación de varios dímeros pirimidínicos (TT, TC, CC) a causa de la luz solar. En ese caso, el fragmento alterado es reconocido y cortado en ambos extremos por un gran complejo multienzimático. A continuación el fragmento es eliminado por la DNA helicasa, y sustituido por el fragmento correcto por la acción de la DNA polimerasa y la DNA ligasa (Fig. 3.26.B).

### Reparación de ambas cadenas

Una vez que ambas cadenas del DNA se han roto en un punto, se produce una degradación de los nucleótidos adyacentes al punto de ruptura en una extensión diferente en cada cadena. La reparación es más difícil, pues no existe cadena modelo (Fig. 3.27). Hay dos mecanismos de reparación: 1) la unión no homóloga de los ex-

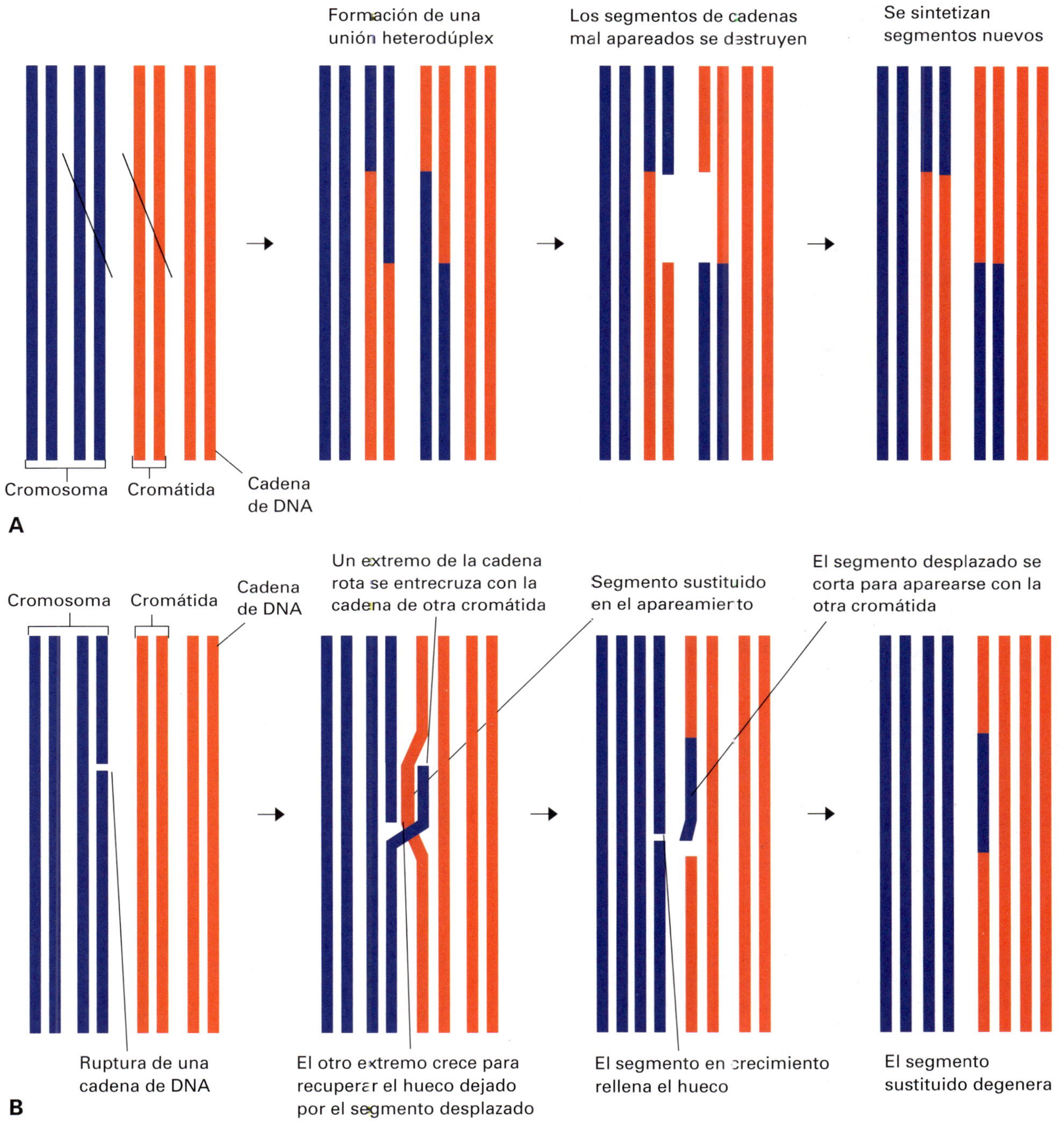


**Figura 3.24.** Dos mecanismos posibles de conversión génica. **A**: La formación de uniones heterodúplex en los lugares de recombinación génica general puede conducir a la falta de apareamiento al tratarse de secuencias algo diferentes. El segmento no apareado de un alelo es destruido, y se sintetiza una cadena complementaria correspondiente al otro alelo. **B**: La ruptura de una sola cadena de DNA de una cromátida va seguida del desplazamiento del extremo roto de esa cadena para aparearse con una cadena de una cromátida del cromosoma homólogo. El segmento de esta última cadena, que es desplazado de su apareamiento, es destruido. La cadena intrusa se desprende de su cromátida al romperse por otro punto y se inserta definitivamente en el cromosoma homólogo sustituyendo al segmento destruido. El hueco dejado por la cadena intrusa en su cadena original es rellenado por nueva síntesis de DNA. El resultado es una copia de un alelo, dos de otro y una cromátida mixta de ambos alelos. En la próxima división celular, esa cromátida mixta dará lugar a dos cromátida hijas, una correspondiente a cada alelo.

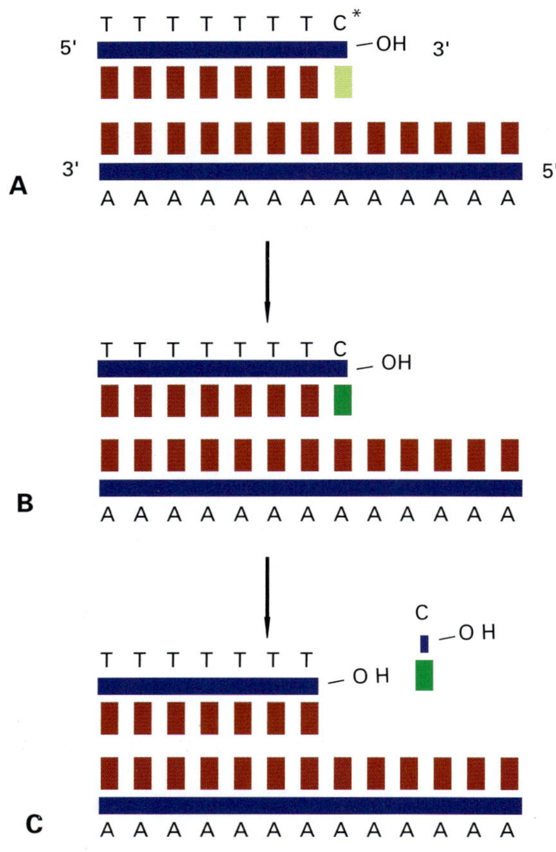


**Figura 3.25.** Corrección de fragmentos erróneos en la replicación del DNA. **A**: Una forma tautomérica rara de citosina se aparea con adenina. **B**: El desplazamiento tautomérico de la citosina anormal a normal provoca un mal apareamiento que hace que se detenga la replicación. **C**: La citosina mal apareada es eliminada por una exonucleasa 3'→ 5' con lo que puede continuarse la elongación.

tremos rotos, previa degradación de los nucleótidos no apareados en los extremos rotos, lo que implica la pérdida de más nucleótidos; y 2) la unión homóloga, en la que los nucleótidos eliminados se reconstruyen utilizando como modelo la cromátida hermana (en células que han replicado el DNA y aún no se han dividido) o el cromosoma homólogo (en células que no han replicado el DNA), al igual que ocurre en la recombinación general (véase Fig. 3.21).

## TRANSCRIPCIÓN DEL DNA EN RNA

### TIPOS DE RNA

En la transcripción, el DNA es copiado como RNA. Al transcribirse esa secuencia de DNA (gen) en el correspondiente RNA, el complementario de la C es la G, el de la G es la C, y el de la T es la A, como ocurre en la replicación. Sin embargo, el complementario de la A no es la T sino la base *uracilo (U)*. Además de la sustitución de la base T por la U, otra diferencia entre el DNA y el RNA estriba en que, en este último, la pentosa es la *ribosa*. Por otra parte, el RNA forma una hélice simple y no doble (Fig. 3.28), excepto en ciertos virus, de modo que algunos nucleótidos se aparean con otros de la misma cadena situados a distancias muy diferentes, lo que determina la forma en que la cadena se pliega.

En el RNA la unión base + ribosa forma un *nucleósido* (que puede ser adenosina, guanosina, uridina y citidina). La unión nucleósido + $PO_4^{3-}$ forma un *nucleótido* (que puede ser adenosín monofosfato, guanosín monofosfato, uridín monofosfato y citidín monofosfato).

Fuera del RNA hay nucleótidos que pueden contener de uno a tres grupos $PO_4^{3-}$ y que cumplen importantes funciones en la célula. Así ocurre con el *adenosín trifosfato (ATP), adenosín difosfato (ADP)* y *adenosín monofosfato (AMP)*; y con el *guanosín trifosfato (GTP), guanosín difosfato (GDP)* y *guanosín monofosfato (GMP)*. Además, el AMP y GMP pueden formar nucleótidos cíclicos: el *cAMP o AMP cíclico,* y el *cGMP o GMP cíclico* que actúan en la transmisión de señales celulares.

Existen diversos tipos de RNA en la célula. Los tres principales son:

1. Ribosómico (rRNA). Los diversos rRNA, junto con sus proteínas asociadas, forman los ribosomas, que intervendrán en la síntesis proteica. Los rRNA constituyen el 70% del RNA celular aproximadamente, mientras que sus RNA precursores, presentes en el núcleo, forman el 5% del RNA celular.
2. *Mensajero (mRNA).* Las diferentes secuencias de los nucleótidos que constituyen los múltiples mRNA de la célula determinarán las cadenas polipeptídicas que se sintetizarán en los ribosomas. La proporción de los mRNA varía dependiendo del tipo celular y del momento funcional. Por término medio, representan el 3% del RNA celular, aunque sus precursores (RNA nuclear heterogéneo o hnRNA) son aproximadamente el 50% del RNA sintetizado en la célula.
3. *De transferencia (tRNA).* Los diversos tRNA transportan los diferentes aminoácidos hacia los ribosomas en la síntesis proteica. Pueden constituir el 15% del RNA celular.

A diferencia de la mayoría de los genes que codifican los mRNA para la síntesis de proteínas, los genes que codifican los *RNA estructurales* (rRNA, tRNA) suelen estar repetidos muchas veces en el genoma y, con frecuencia, están agrupados en *tándem.*

Hay muchos otros tipos menores de RNA, no todos bien conocidos, presentes en el núcleo y el citoplasma de la célula. Las moléculas de RNA pueden catalizar la ruptura y formación de enlaces covalentes, incluidas las uniones entre nucleótidos de otras moléculas de RNA, y eliminar secuencias de nucleótidos en el proceso de maduración del RNA.

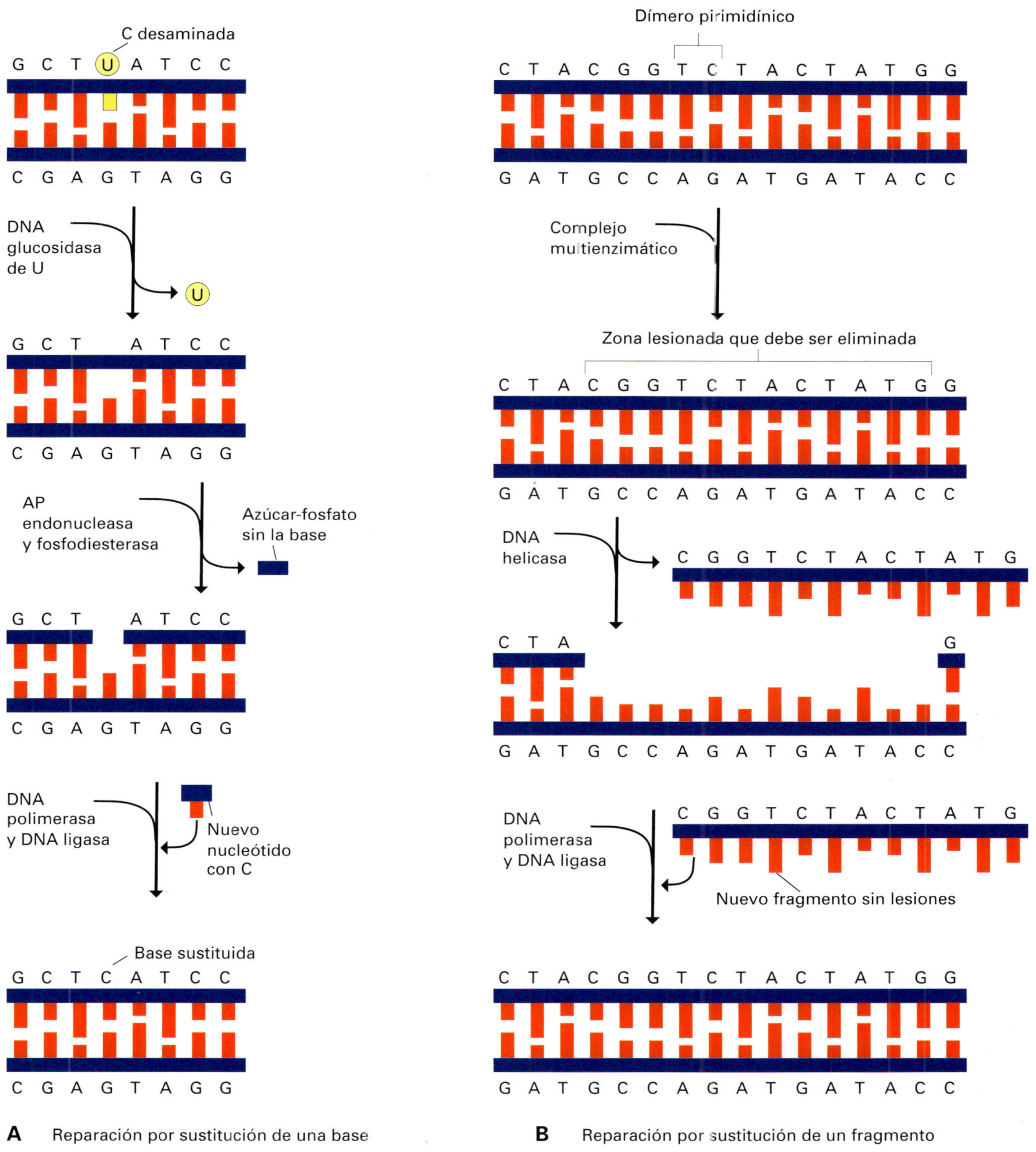


**Figura 3.26.** **A**: Por desaminación, una citosina se convierte en uracilo. Al perder su emparejamiento con la cadena complementaria, es detectada y eliminada por la *DNA glucosidasa* específica para el uracilo. Las enzimas *AP endonucleasa* y *fosfodiesterasa* detectan y eliminan el azúcar-fosfato del nucleótido carente de base. Después la DNA polimerasa sitúa el nucleótido correcto, que es empalmado a la cadena por la DNA ligasa. **B**: La formación del dímero pirimidínico TC altera no ya una sola base, sino un fragmento de una cadena. Este fragmento es cortado por un gran complejo multienzimático, eliminado por la DNA helicasa y sustituido por el fragmento correcto por las enzimas DNA polimerasa y DNA ligasa.

## MECANISMO GENERAL DE LA TRANSCRIPCIÓN

Para efectuar la transcripción se requieren modificaciones reversibles en las histonas, algunas de las cuales parecen estar relacionadas con la *descondensación del DNA* para convertir los genes en activos. Para que el DNA se transcriba ha de sufrir los siguientes cambios:

1. Pérdida de la estructura de la fibra de 25 nm, mediante la *eliminación de la histona H1*, y adquisición de la estructura de la fibra de 10 nm (cadena nucleosómica).
2. *Acetilación de las otras histonas* (H2A, H2B, H3 y H4) en las lisinas próximas a los extremos amino. La acetilación la realiza la enzima *histona acetilasa* y se mantiene durante 10 minutos.
3. A los nucleosomas de los genes activos (uno de cada 10 nucleosomas) se unen las proteínas no histónicas del grupo de *alta motilidad (HMG)*, denominadas *HMG 14* y *HMG 17*, que, junto con unos complejos de remodelación de la cromatina (denominados SW1/SNF en bacterias, pero presentes también en eucariotas), contribuyen a la descondensación de la cromatina.

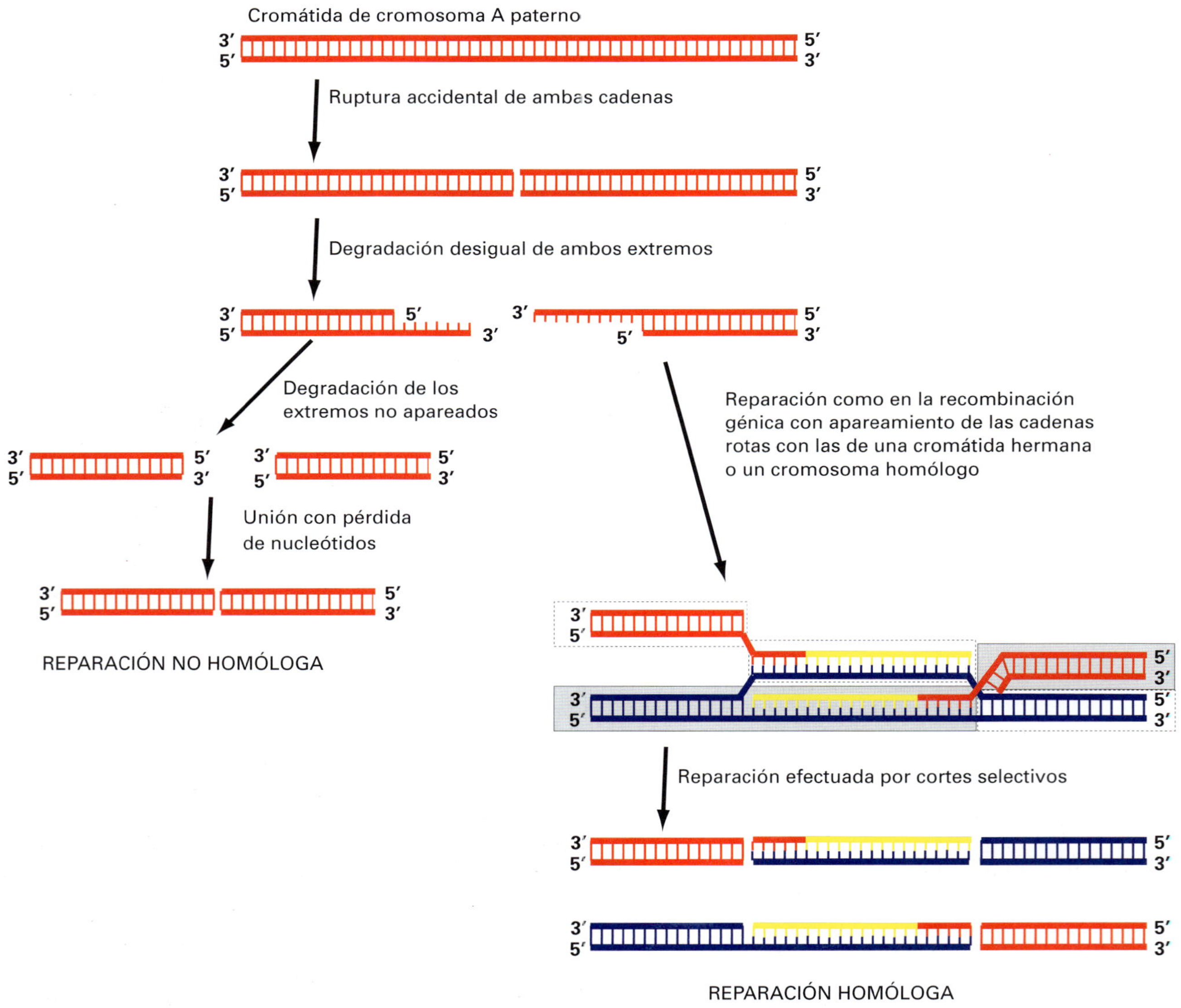


**Figura 3.27.** Cuando ambas cadenas del DNA se rompen en un punto, se produce una degradación de los nucleótidos adyacentes a ese punto en una extensión diferente en cada cadena. Hay dos mecanismos de reparación: 1) la unión no homóloga de los extremos rotos, previa degradación de los nucleótidos no apareados en los extremos rotos, lo que implica la pérdida de más nucleótidos, y 2) la unión homóloga, en la que los nucleótidos eliminados se reconstruyen utilizando como modelo la cromátida hermana (en células que han replicado el DNA y aún no se han dividido) o el cromosoma homólogo (en células que no han replicado el DNA), al igual que ocurre en la recombinación general (véase Fig. 3.25).

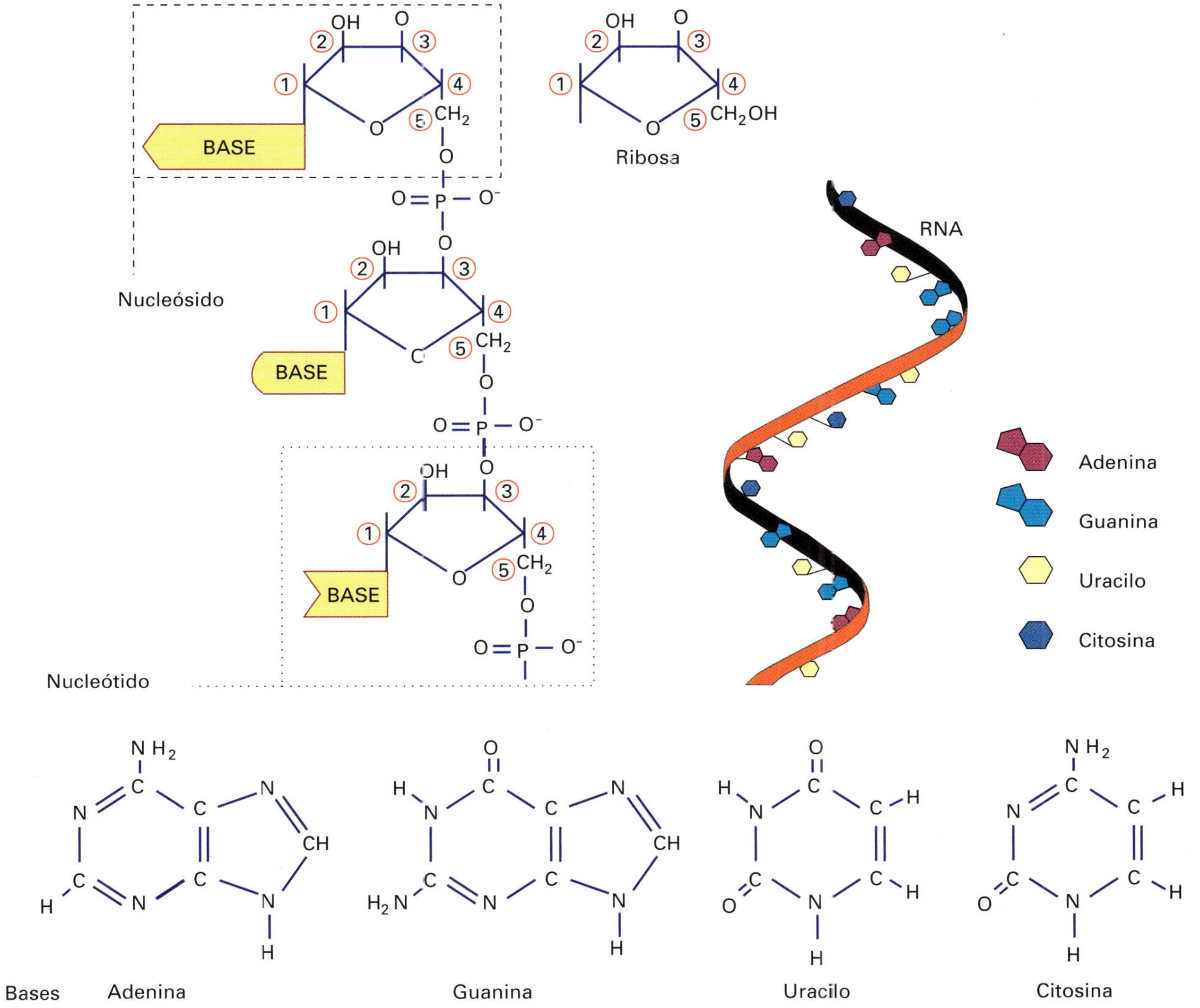


**Figura 3.28.** Estructura molecular del RNA

La transcripción es realizada por la enzima *RNA polimerasa*, formada por varias cadenas polipeptídicas con un total de 400 kDa. En *E. coli* esta enzima comprende cinco subunidades: $\alpha$ (dos veces), $\beta$, $\beta'$, $\sigma$ y $\varpi$. La subunidad $\sigma$ actúa como *factor de iniciación* en la transcripción. Hay tres clases de RNA polimerasa en los eucariotas, según el tipo de RNA que se va a transcribir:

*RNA polimerasa I*. Hay unas 40 000 moléculas en la célula. Cataliza la síntesis de la molécula precursora de los rRNA principales. Esta síntesis se produce en un componente celular específico: el *nucléolo*.

*RNA polimerasa II*. El número de moléculas es muy variable. Sintetiza el RNA precursor de los mRNA.

*RNA polimerasa III*. Hay unas 20 000 moléculas en la célula. Produce los tRNA y el RNA 5 S del ribosoma.

La RNA polimerasa empieza a copiar cuando encuentra una secuencia de DNA denominada *promotor*, y termina cuando encuentra una secuencia de DNA denominada *señal de terminación* (Fig. 3.29). El DNA promotor consta de dos secuencias (*secuencias consenso*), muy conservadas en la evolución, de seis nucleótidos cada una, separadas por unos 17 nucleótidos que no son reconocidos. La velocidad de la transcripción es de unos 30 nucleótidos por segundo.

La RNA polimerasa trabaja en cadena. Sobre el DNA se observan múltiples moléculas de RNA polimerasa, cada una con un transcrito de RNA cuya longitud va aumentando conforme la RNA polimerasa se aleja del punto de iniciación. Ello se debe a que, a medida que la RNA polimerasa recorre el gen, copia la cadena de DNA y añade al RNA los nucleótidos complementarios del DNA copiado. De esta manera, todas las cadenas de

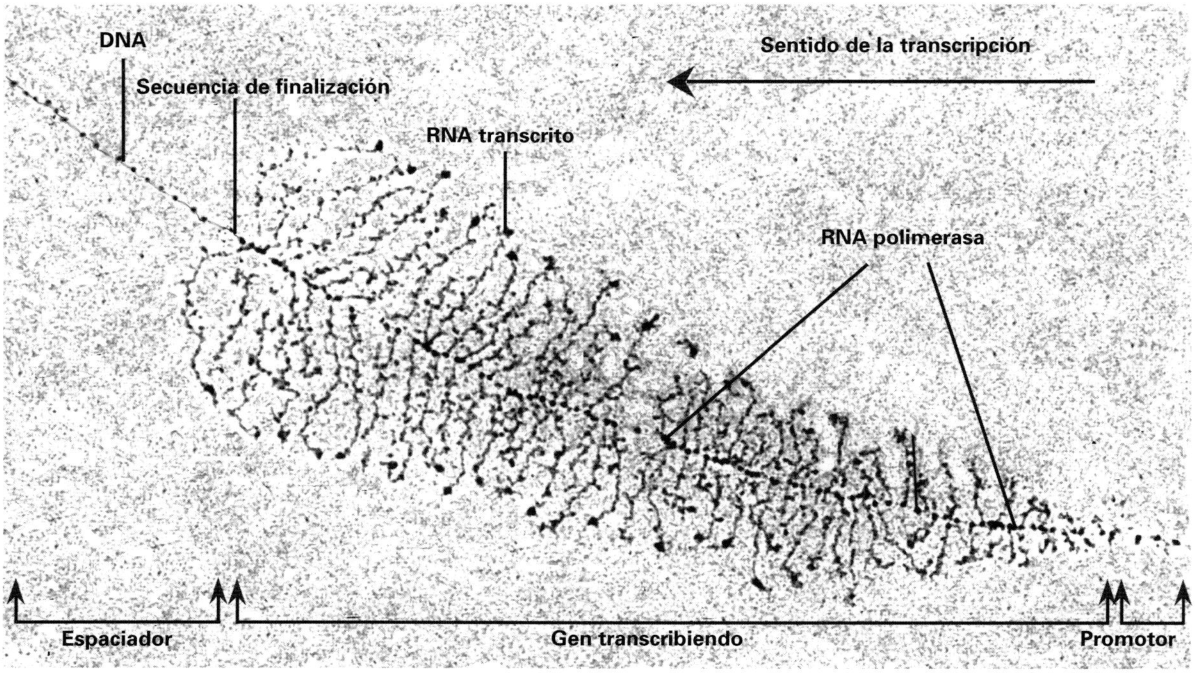


**Figura 3.29.** Transcripción en el nucléolo de *Triturus viridiscens*. (Tomado de Miller OL, Beatty BR. En: Berkalof A, Bourguet J, Favard P, Lacroix JC. *Biologie et Physiologie Cellulaires*. Paris, Hermann, 1983.)

RNA que se forman son iguales, aunque, hasta el final del gen no están completas.

Como el RNA sintetizado no forma doble helicoide con el DNA patrón, se dispone de modo que las cadenas de RNA transcrito cuelgan a uno y otro lado de la cadena de DNA que está siendo copiada (Fig. 3.29). El RNA transcrito se une desde el primer momento a proteínas, cuyo aspecto y composición es muy variable dependiendo del RNA de que se trate.

Aunque se encuentren muchas RNA polimerasas trabajando al mismo tiempo, todas van copiando en el sentido 5′ ⇒ 3′; por lo tanto, se copia una sola cadena del doble helicoide (Fig. 3.30.A). El DNA promotor determina cuál de las dos cadenas de DNA es copiada, ya que el DNA promotor es una secuencia de DNA, y por tanto debe leerse en una dirección, y como la RNA polimerasa copia en el sentido 5′ ⇒ 3′, sólo puede copiar la cadena que vaya en sentido 3′ ⇒ 5′. Puede ocurrir también que se estén copiando las dos cadenas a la vez, pero nunca en los mismos segmentos. Esto se observa en la Figura 3.30.B. Mientras unas RNA polimerasas copian los trozos 1 de la cadena a, otras copian los segmentos 2 de la cadena b. Como ambas copian en sentido 5′ ⇒ 3′, las RNA polimerasas corren en direcciones opuestas. Para copiar la cadena de DNA debe abrirse el doble helicoide; esto ocurre transitoriamente, pues enseguida se vuelve a configurar.

En la transcripción intervienen tres tipos factores de naturaleza proteica (Fig. 3.31):

1. *Factores de transcripción*. Son diversas proteínas que se unen al DNA promotor, convirtiéndolo en *DNA promotor funcional*, que atrae las RNA polimerasas. Hay tres tipos de factores diferentes, uno para cada tipo de RNA polimerasa.
2. *Factor de iniciación*. Es la subunidad $\sigma$ de la RNA polimerasa, y se libera tras la síntesis de los ocho primeros nucleótidos.
3. *Factores de elongación*. Se incorporan a la RNA polimerasa tras la liberación del factor de iniciación, y sirven para la elongación y terminación de la cadena de RNA.

Los nucleosomas se mantienen durante la transcripción, tal como se deduce de las imágenes de microscopía electrónica. Se han propuesto dos explicaciones (Fig. 3.32):

1. Los dos tetrámeros de cada octámero se separan sólo momentáneamente mientras pasa la RNA polimerasa.
2. El octámero libera primero una vuelta del DNA, que es copiada por la RNA polimerasa; a continuación se enrolla de nuevo esa vuelta y se libera la otra; por último, esta segunda vuelta tras ser también copiada vuelve a quedar enrollada.

Para regular la transcripción existen unos juegos de *proteínas de regulación génica* o *proteínas reguladoras* que reconocen determinadas secuencias del DNA y determinan cuál o cuáles de los miles de genes de la célula deben iniciar la transcripción. Hay cientos de estas proteínas: unas son *activadoras,* y se unen a las

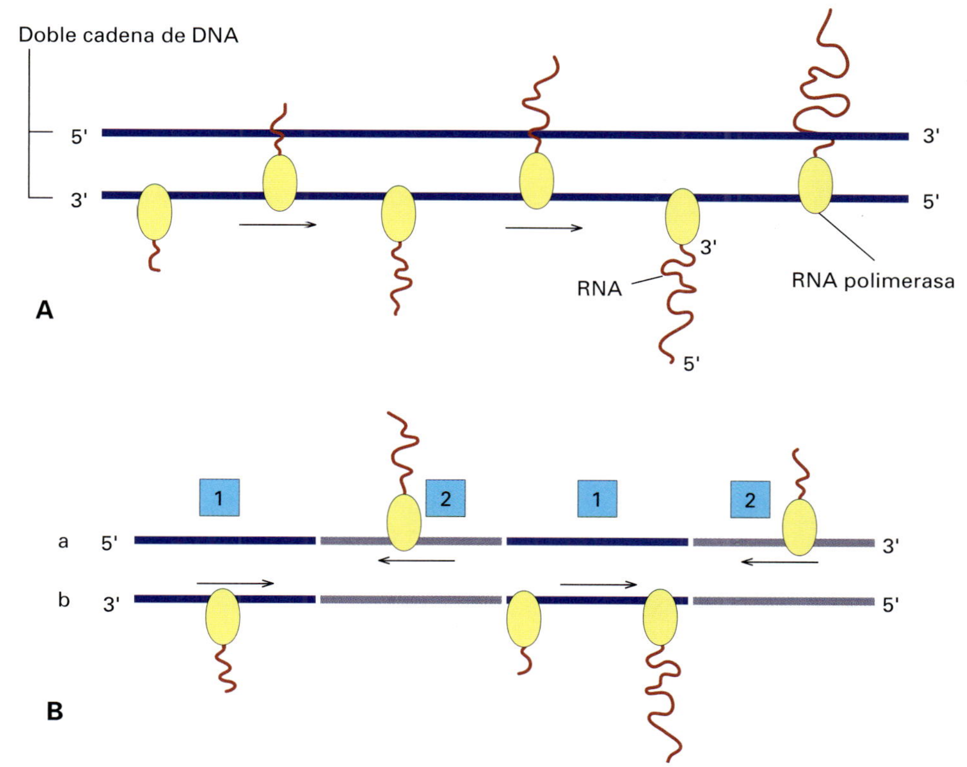


**Figura 3.30.** Transcripción. **A**: Sólo una de las dos cadenas de DNA es copiada como RNA. Hay varias RNA polimerasas trabajando en serie. Cada una lleva una cadena, que se va alargando a medida que la enzima recorre el DNA, y cuelga a uno u otro lado del DNA. **B**: Aunque sólo se esté copiando una de las dos cadenas de DNA, las RNA polimerasas pueden estar en ambas cadenas, pero nunca en el mismo segmento a la vez. Mientras unas RNA polimerasas copian los trozos 1 de la cadena a, otras RNA polimerasas copian los segmentos 2 de la cadena b. Como ambas copian en sentido 5' ⇒ 3', las RNA polimerasas corren en direcciones opuestas.

RNA polimerasas; otras son *represoras* y se unen a los DNA promotores inhibiendo específicamente la transcripción. A su vez, ambas proteínas se pueden activar o desactivar por fosforilación o por unión a otras proteínas.

Algunas proteínas reguladoras pueden actuar sobre secuencias situadas a cierta distancia de donde está el punto de iniciación de la transcripción, es decir, donde se encuentran el DNA promotor y la RNA polimerasa. Para ejercer su acción, el segmento de DNA que se halla entre el promotor y la proteína reguladora se pliega, formando un lazo, para que la proteína reguladora establezca contacto con el DNA promotor.

Hay también un control de la transcripción por medio de las moléculas de señalización intracelular como el cAMP. Por lo general, esta acción es indirecta y afecta a la fosforilación de las proteínas reguladoras.

Todos estos sistemas de regulación son, a su vez, regulados por otros factores que los activan o inhiben, tales como el calor, los factores de crecimiento o las diversas proteínas que controlan las fases del ciclo celular.

## TRANSCRIPCIÓN DEL mRNA

El mRNA codifica la síntesis proteica, que traducirá en secuencias de aminoácidos las secuencias de los tripletes de bases del ácido nucleico. Una célula típica puede sintetizar entre 10 000 y 20 000 proteínas diferentes. El mRNA es de vida corta en las bacterias (pocos minutos) y más larga en los eucariotas. Su longitud es muy variable, dependiendo de la proteína que se vaya a codificar.

Para codificar una proteína de tamaño medio (de 300 a 400 aminoácidos) se necesita un mRNA de 900 a 1200 bases (cada aminoácido es regulado por tres bases). Sin embargo, en los eucariotas gran parte del mRNA de la célula es producido por un complejo proceso que empieza en el núcleo con la síntesis y el procesamiento de un RNA muy largo, denominado *mRNA precursor, RNA nuclear heterogéneo (hnRNA)* o *transcrito primario* (Fig. 3.33). Este transcrito posee por término medio unos 8000 nucleótidos (los hay de hasta 20 000) y contiene segmentos que se traducirán como secuencias de aminoácidos (*exones*) y segmentos no codificantes (*secuencias intercaladas,* también llamadas *secuencias intrónicas o intrones*) y, además, *secuencias reguladoras* a las que se unirán

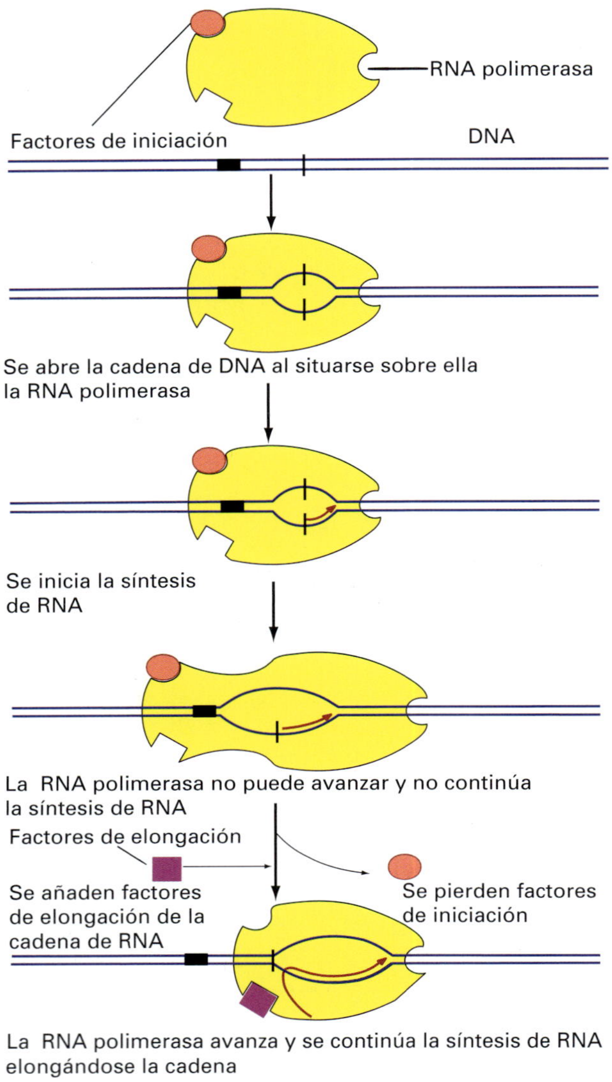


**Figura 3.31.** Iniciación de la transcripción. La enzima RNA polimerasa II se une al DNA donde reconoce la secuencia de DNA promotor (caja TATA). Allí se unen también los factores de iniciación correspondientes y se separan ambas cadenas de DNA para empezar la transcripción. La RNA polimerasa II no puede avanzar hasta que no se liberan los factores de iniciación y se añaden otras proteínas que constituyen los factores de elongación.

las proteínas de regulación génica. A continuación, este transcrito sufre un proceso de *maduración*, en el que se cortan y empalman largas secuencias de RNA (*splicing*), para eliminar los intrones y dar lugar al mRNA definitivo, que es selectivamente transportado al citoplasma. Los intrones se eliminan porque son cortados por ambos extremos permitiendo la unión de los exones adyacentes. En este proceso, la mayor parte del transcrito primario total del RNA (un 80-90% por término medio) es eliminada y degradada en el núcleo. Como resultado, y aunque la producción del hnRNA corresponde normalmente a la mitad de la síntesis de RNA de una célula, el mRNA que se produce representa tan sólo un 3% del nivel basal de RNA de una célula. Este proceso de maduración, al separar los exones, posibilita el que un mismo gen pueda codificar varias proteínas diferentes.

El transcrito primario de hnRNA es producido por una molécula de *RNA polimerasa II*. El DNA promotor contiene una secuencia consenso, llamada *secuencia TATA* o *caja TATA*, porque consta de secuencias ricas en T y A situadas unos 25 nucleótidos por delante del inicio de la transcripción. Los factores de transcripción de la RNA polimerasa II son al menos ocho, y se denominan desde TFII-A a TFII-H. Esta denominación se refiere a que son factores de transcripción sólo para la RNA polimerasa II (TFII) y la letra mayúscula indica el orden en que fueron descubiertos. El factor de transcripción más importante es el TFII-D, un gran complejo proteico que se une a la secuencia TATA, por lo que se conoce también como *factor TATA*. En las células eucariotas (no en las procariotas), al transcrito primario se le añaden dos señales, una en cada extremo (Fig. 3.34):

1. Al extremo 5′ del transcrito se añade un nucleótido especial (*caperuza 5′*), compuesto de una G metilada (7-metil-guanosina) unida a trifosfato. Esta caperuza se añade cuando se llevan sintetizados unos 20-30 nucleótidos, y sirve para que la subunidad pequeña del ribosoma reconozca el mRNA y se una a él en la síntesis proteica. También se piensa que protege al RNA en formación de ser degradado.
2. En el extremo 3′ se añade una cadena de unos 200 residuos poliadenilados (*secuencia poli-A*) por acción de la enzima *polimerasa de poli-A*. Esta enzima no requiere una cadena modelo para sintetizar esa cola poli-A. La localización del punto donde debe terminarse la síntesis del mRNA la llevan a cabo dos proteínas denominadas *CstF* (*cleavage stimulation factor*) y *CPSF* (*cleavage and polyadenylation specificity factor*). Estas proteínas viajan con la RNA polimerasa II y, entre 10 y 30 nucleótidos después de encontrar la secuencia AAUAAA en el DNA, cortan el transcrito de mRNA en un punto en el que aparecen las bases CA, situado unas 30 bases antes de unas secuencias ricas en G y U o U. Entonces la polimerasa de poli-A añade los 200 nucleótidos mencionados al extremo 3′ cortado. Ese extremo no es el final de la transcripción, pues ésta continúa unos cientos de nucleótidos más. La transcripción cesa porque, una vez cortado el transcrito al que se añadió la cola poli-A, esos cientos de nucleótidos que quedan unidos a la RNA polimerasa carecen de la caperuza de G metilada. A ese mRNA poliadenilado se unen las proteínas poli-A, que permanecen con el mRNA que emigra al citosol y ayudan a dirigir la síntesis proteica. Se piensa que la cola poli-A desempeña las siguientes funciones: 1) contribuye a la estabilidad del mRNA en el citoplasma, y 2) facilita la eficiente traducción del mRNA por los ribosomas. Se ha observado que, en los huevos no fertilizados, hay varios mRNA con cortas secuencias

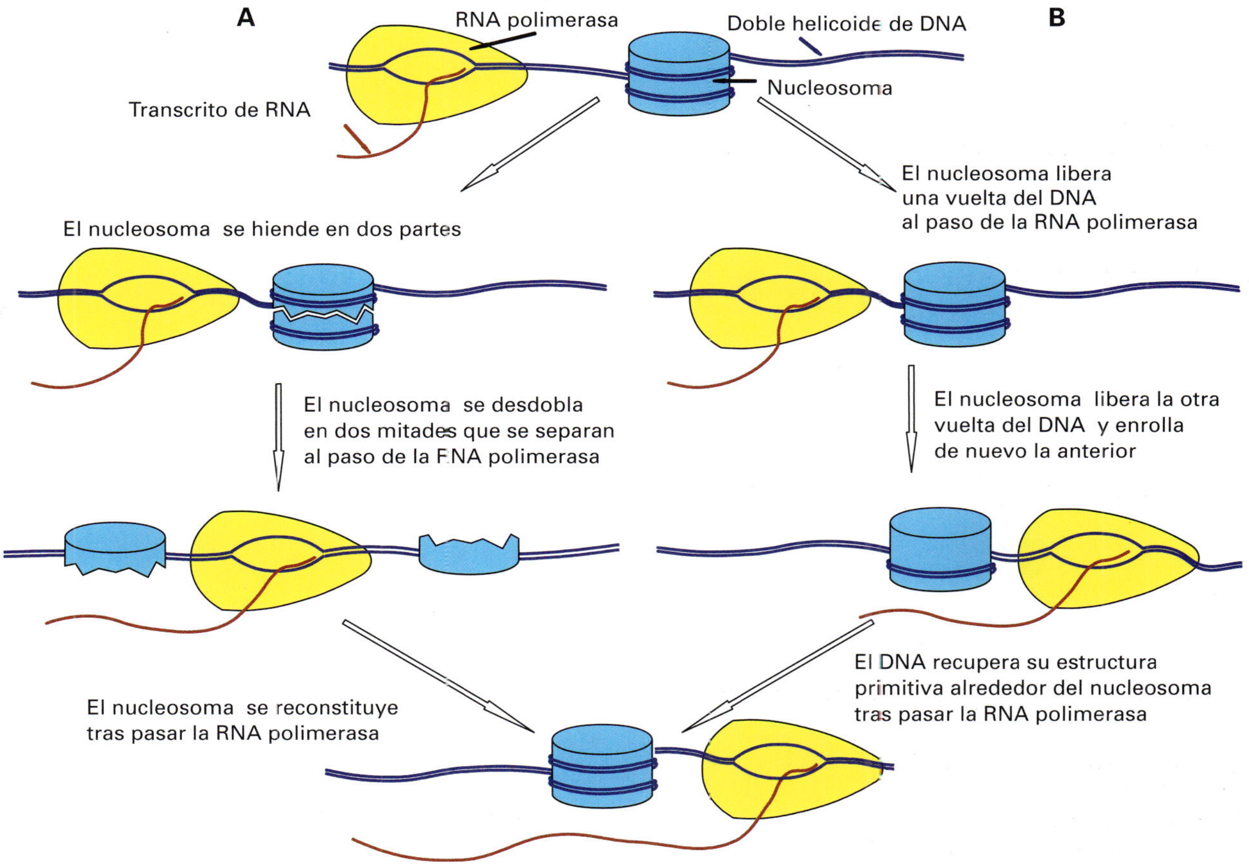


**Figura 3.32.** Los nucleosomas no desaparecen durante la transcripción. Este hecho puede explicarse de dos formas. **A**: Desdoblamiento momentáneo del nucleosoma en dos partes mientras pasa la RNA polimerasa. **B**: Liberación del DNA enrollado sobre el nucleosoma en dos etapas (primero una vuelta y después la otra) durante el paso de la RNA polimerasa.

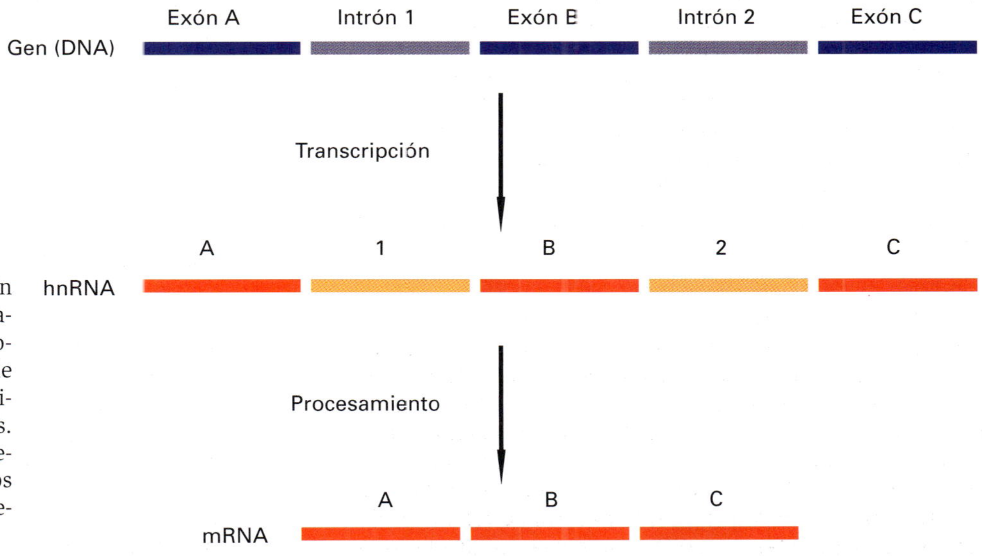


**Figura 3.33.** La transcripción del mRNA por la RNA polimerasa II da lugar a un RNA heterogéneo (hnRNA) que consta de varios segmentos, unos denominados intrones y otros, exones. Los intrones se perderán posteriormente, quedando unidos los exones para formar el mRNA definitivo.

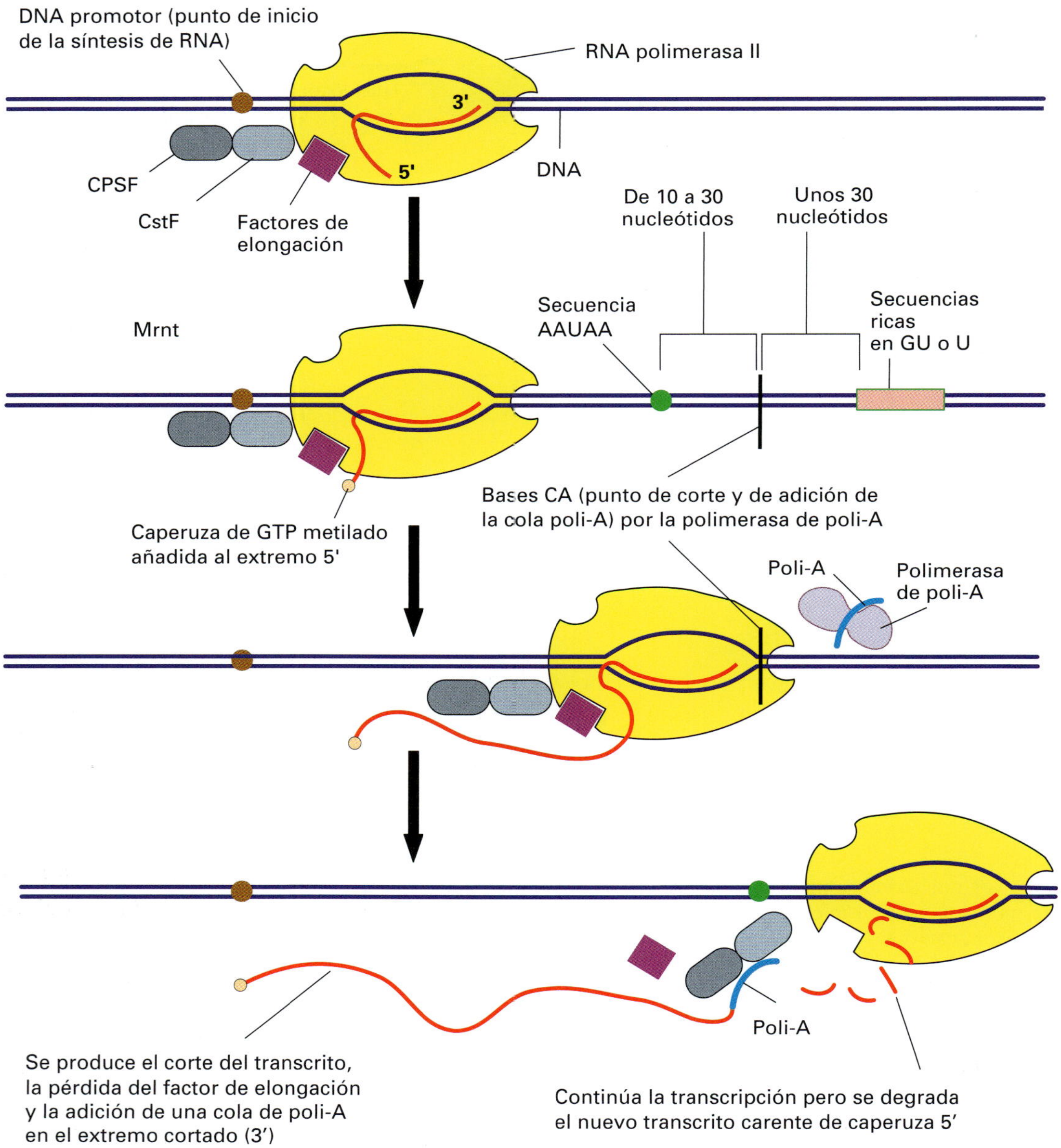


**Figura 3.34.** Formación de los dos añadidos (extremo inicial y extremo final) en el transcrito por la RNA polimerasa II. En el extremo inicial (5') se añade una caperuza formada por una 7-metil-guanosina unida a trifosfato, que será reconocida por el ribosoma en la síntesis proteica. En el extremo final (3') la polimerasa de poli-A añade una secuencia poliadenilada, que interviene en el transporte del mRNA al citoplasma. La localización del punto donde debe terminarse la síntesis del mRNA la llevan a cabo dos proteínas (CstF y CPSF) que viajan con la RNA polimerasa II y, que, entre 10 y 30 nucleótidos después de encontrar en el DNA la secuencia AAUAAA, cortan el transcrito de mRNA en un punto en el que aparecen las bases CA, situado unas 30 bases antes de unas secuencias ricas en G y U o U.

poli-A que no pueden ser traducidos. La fertilización alarga esas secuencias, de tal modo que esos mRNA ya pueden ser traducidos.

En las células eucariotas (no en las procariotas), el hnRNA se une a proteínas a medida que va siendo sintetizado, y forma complejos de unos 500 nucleótidos recubiertos de proteínas denominados *ribonucleoproteínas nucleares heterogéneas (hnRNP)*, de 30 S y unos 20 nm de diámetro (Fig. 3.35). Se conocen ocho tipos diferentes de proteínas cuyo peso oscila entre 34 y 120 kDa. Con el microscopio electrónico no suelen verse estas proteínas porque se deshacen en el procesamiento, pero pueden observarse otras partículas, denominadas *ribonucleoproteínas nucleares pequeñas (snRNP)*. Estas partículas tienen un tamaño medio de unos 25 nm y se forman en las uniones exón-intrón.

Hay seis snRNP diferentes, designadas con la letra *U* (desde $U_1$ hasta $U_6$). Cada una de ellas comprende una secuencia diferente de RNA de unos 200 nucleótidos, llamada *snRNA*, unida al menos a siete proteínas diferentes. Las snRNA también son transcritas por la RNA polimerasa II; hay una para cada proteína U (desde *snRNA* $U_1$ hasta *snRNA* $U_6$).

Las partículas snRNP, reclutadas por unas proteínas denominadas *SR*, se reúnen formando otras mayores, denominadas *espliceosomas*, de tal modo que el intrón de RNA que se extiende entre ellas forma un lazo que será eliminado. El proceso ocurre del modo siguiente (Fig. 3.35):

1. Una vez formado el lazo, al ensamblarse el espliceosoma, el intrón es cortado en su extremo 5', y este extremo se une a una adenina situada cerca del otro extremo (3') del intrón.
2. El extremo 3' del exón situado delante del intrón, y que ha quedado cortado, se une al extremo 5' del exón situado a continuación del intrón, mientras que se corta el extremo 3' del intrón.

Por *edición del RNA* se entiende la alteración en la secuencia de nucleótidos del mRNA una vez ha sido transcrito, lo que cambia los codones y el polipéptido sintetizado. Esta edición se ha observado en las mitocondrias de *Trypanosoma* (donde se insertan bases U) y de muchas plantas (donde se cambian bases C por U). En los mamíferos tiene lugar, por ejemplo, en el mRNA que traduce una proteína del tipo canal regulado por iones en el cerebro, y se produce mediante desaminación de la A, que se convierte en inosina. Ésta se aparea con C, mientras que el apareamiento previsto era A con U.

Las moléculas de mRNA maduras pasan al citoplasma por los poros nucleares. Proteínas del complejo del poro reconocen estas partículas y las transportan mediante transporte activo (véase página 119). Sólo un 5% del RNA transcrito en el núcleo pasa al citoplasma. El resto, constituido en gran parte por intrones, las secuencias 3' cortadas en la inserción de la cola poli-A y los RNA aberrantes, es degradado en el núcleo por *exosomas*, que son grandes complejo proteicos que contienen diferentes RNA exonucleasas. Cuando, por errores en el *splicing* o mutaciones, en un mRNA aparecen intercaladas secuencias de codones de terminación (UAA, UAG o UAG), que inducirían la traducción de proteínas incompletas, este RNA es degradado por un mecanismo denominado *declive del mRNA con secuencias sin sentido*. El mecanismo obedece a una regla: si durante el *splicing* un codón de terminación queda entre el último exón y el extremo 5', ese RNA es respetado, pero si queda entre el último exón y el extremo 3', es eliminado.

Una vez que el mRNA está en el citoplasma se une a ribosomas para ser traducido a proteínas. Algunos de estos mRNA llevan una señal que indica en qué zona de la célula deben situarse. Esto ocurre en divisiones celulares del embrión en estadios primitivos, en las que el contenido del citoplasma no se reparte por igual, creándose un morfógeno que determina la especialización regional del embrión. También se produce en tejidos adultos en muchas de cuyas células el mRNA de la actina se localiza en la región cortical, donde se concentrará una red de filamentos de actina. Esta señal consiste en una secuencia de nucleótidos determinada, variable según el objetivo final del mRNA, pero situada siempre hacia el extremo 3' en la *región de no traducción*, que se localiza en la zona comprendida entre el codón de terminación de la síntesis proteica y el inicio de la cola de poli-A. Un ejemplo puede verse en el desarrollo del huevo de *Drosophila*, donde el mRNA del gen *bicoid* se adosa al citoesqueleto en el extremo anterior del huevo. Tras la fecundación, la proteína producto de este gen crea un gradiente morfogenético que determina el desarrollo de la región anterior del embrión.

La vida media del mRNA no supera las 10 horas. En el citosol, la poli-A es gradualmente cortada por una exonucleasa en dirección 3'-5'. Cuando la cola ha quedado reducida a aproximadamente 30 bases A, se libera la cap-5' y el mRNA es degradado. Esta degradación afecta a todos los mRNA, pero en un grado que varía de unos a otros y entre especies. Algunos llevan secuencias como AU en la región de no traducción, que aumentan la afinidad por estas exonucleasas.

## AGRUPACIONES NO NUCLEOLARES DE RIBONUCLEOPROTEÍNAS EN EL NÚCLEO

La mayor concentración de ribonucleoproteínas dentro del núcleo se produce en el nucléolo, que es donde se sintetizan los ribosomas. Utilizando tinciones selectivas para RNA o digestión con RNAasa se han demostrado ribonucleoproteínas en el núcleo fuera del nucléolo, formando las siguientes estructuras:

*Fibrillas pericromatínicas*: son fibrillas ribonucleoproteicas situadas en la periferia de cromatina densa. Si aparecen enrolladas se denominan *cuerpos de Gemini o en anillo*.

*Gránulos pericromatínicos*: están rodeados de un halo claro y miden unos 40 nm.

*Gránulos intercromatínicos*: están situados entre masas de eucromatina y miden de 20 a 25 nm.

Las dos primeras estructuras parecen ser lugares donde los snRNA y snoRNA (sus equivalentes en el nucléolo) se configuran con sus proteínas. También se ha propuesto que son lugares donde estos RNA se separan de sus proteínas tras el *splicing* y se reciclan. Los gránulos intercromatínicos son almacenes de snRNP listos para ser usados en el *splicing*.

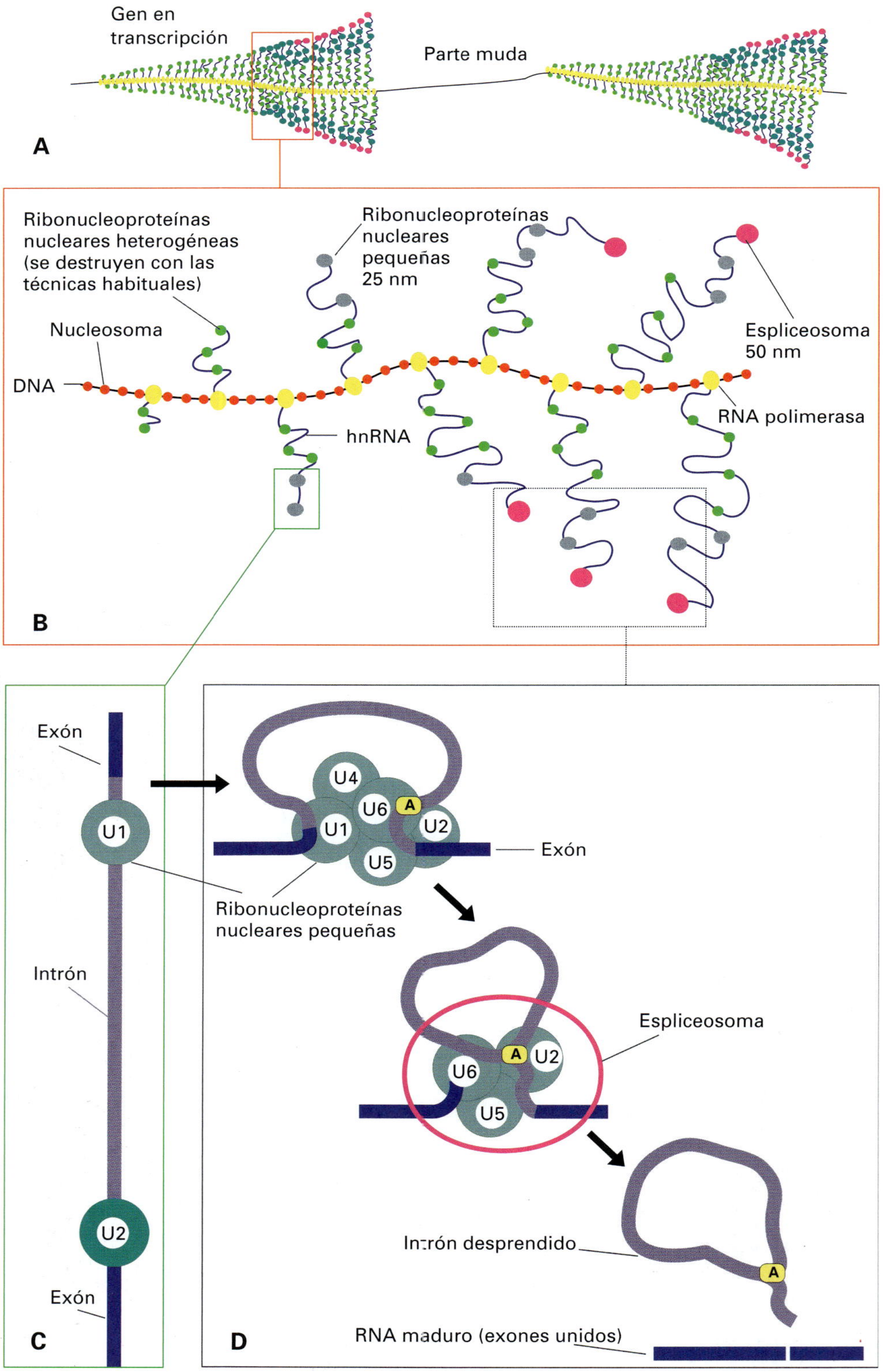


**Figura 3.35.** Esquema de la transcripción. **A**: Las cadenas de hnRNA se unen inmediatamente a las proteínas y cuelgan a ambos lados del DNA. **B**: En los transcritos se detectan, al menos, tres tipos de configuraciones ribonucleoproteicas: heterogéneas (hnRNP), pequeñas (snRNP) y espliceosomas. **C**: Detalle de una secuencia intrónica entre dos snRNP. **D**: Los espliceosomas resultan de la reunión de varias snRNP para eliminar el lazo de DNA que queda entre ellas y que corresponde a un intrón. Este proceso se conoce como maduración por corte y empalme (*splicing*) del hnRNA.

# NUCLÉOLO

## ESTRUCTURA

En 1781 Fontana describió una formación dentro del núcleo que correspondía al nucléolo. En 1838 Schleiden y Schwann observaron esta formación en diversos tipos celulares, principalmente vegetales. En su interpretación, y basándose en la teoría celular, llegaron a la conclusión de que esta estructura originaba el núcleo, así como el núcleo originaría la célula y ésta los tejidos. Cajal, utilizando tinciones de plata, observó el nucléolo como un conjunto de esferas.

Con el perfeccionamiento técnico de la microscopía electrónica se interpretó la estructura del nucléolo como la de una esponja con tabiques irregulares interconectados entre los cuales quedan espacios vacíos. Se distinguieron los siguientes componentes (Fig. 3.36):

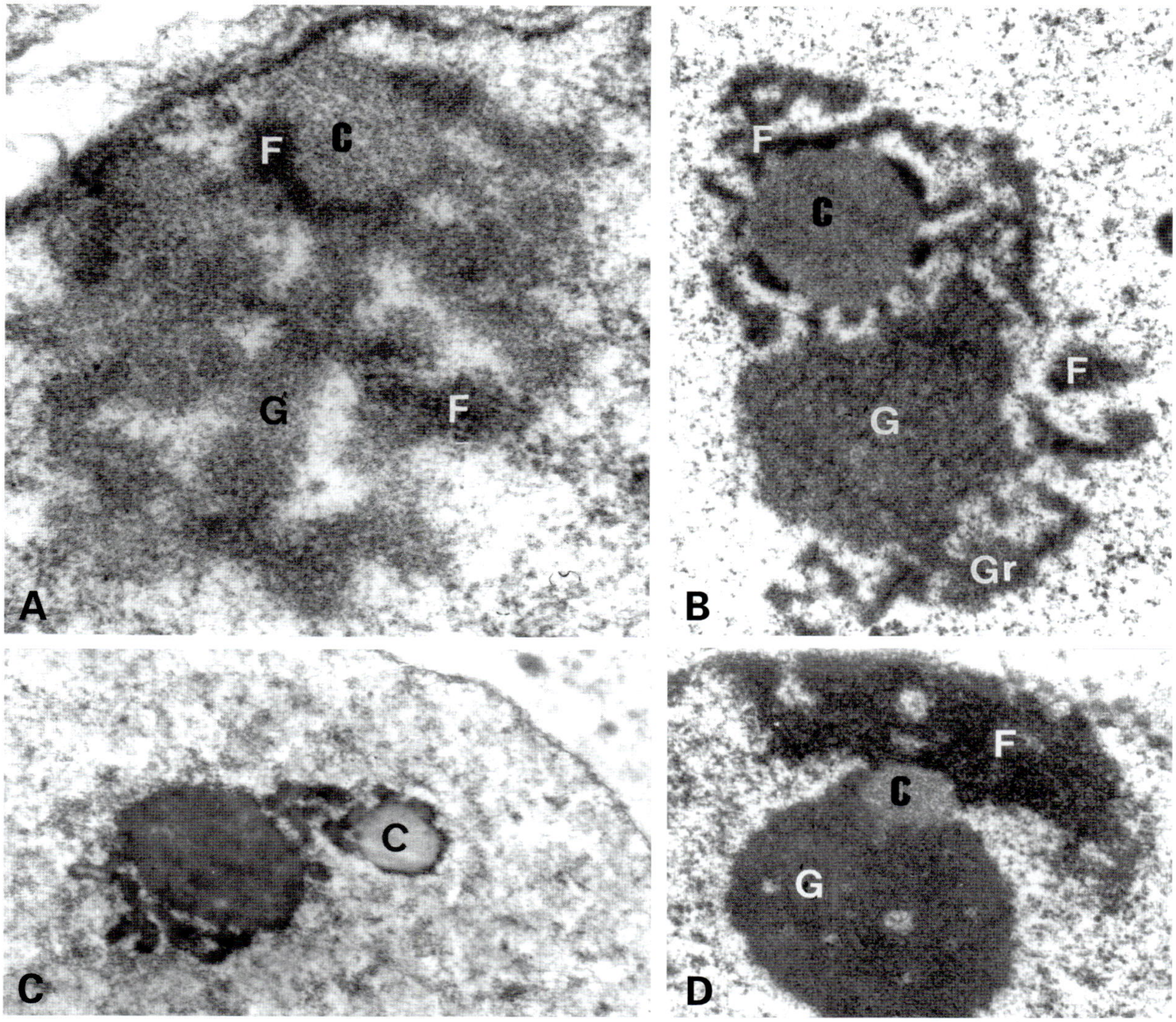


**Figura 3.36.** **A**: Nucléolo de espermatogonia que muestra áreas en las que aparecen mezcladas parte fibrilar (F) y granular (G), y un centro fibrilar esférico (C) en contacto con la parte fibrilar. X35 000. **B**: Nucléolo de célula de Sertoli humana en el que se observan: un centro fibrilar esférico (C), una porción más o menos redondeada constituida exclusivamente por parte granular (G), y una porción reticular en la que las partes granular (Gr) y fibrilar (F) aparecen entremezcladas. X35 000. **C**: Nucléolo del mismo tipo celular teñido con EDTA (ácido etileno-diamino-tetraacético) para la demostración de ribonucleoproteínas. El centro fibrilar (C) apenas aparece teñido. X12 000. **D**: Nucléolo de un espermatocito en paquiteno en el que se observa una segregación de la parte granular (G) y de la parte fibrilar (F); cada una forma una zona más o menos compacta a cada lado del centro fibrilar (C). X23 000.

1. *Parte amorfa (nucleoloplasma).* Corresponde a los espacios de escasa densidad, que forman cavidades intercomunicadas en la parte densa. Contiene gránulos de DNA.
2. *Parte densa (nucleolonema).* Comprende:

— *Parte granular.* Acumulaciones de ribonucleoproteínas que forman gránulos de unos 25 nm.
— *Parte fibrilar.* Más densa que la anterior, está constituida por fibrillas de unos 8-10 nm, también formadas por ribonucleoproteínas.
— *Centro fibrilar.* Es muy evidente en algunos nucléolos, donde puede haber varios centros fibrilares. Su densidad es inferior a la de las partes granular y fibrilar. Consiste en finas fibrillas de 7-9 nm. Contiene DNA y algo de RNA. Se ha considerado que los centros fibrilares son organizadores nucleolares en fase de transcripción. Algunos autores han discrepado de esta interpretación, debido a que el centro fibrilar no se observa en muchos tipos celulares, y han atribuido al centro fibrilar otras funciones, como la de almacén de reservas proteicas para la síntesis ribosómica.

En muchos nucléolos se observa también una masa fibrilar densa que contiene exclusivamente DNA. Es la *heterocromatina asociada al nucléolo,* y corresponde a la heterocromatina telomérica de los organizadores nucleolares.

En los ovocitos y espermatocitos de muchas especies, durante la profase de la primera división meiótica, las partes fibrilar y granular forman estructuras separadas (*segregación nucleolar*). Además, los ovocitos de muchas especies suelen mostrar numerosos nucléolos de gran tamaño (hasta 12 μm de diámetro) que aparecen separados de los cromosomas.

## COMPOSICIÓN QUÍMICA

La presencia de ácidos nucleicos en el nucléolo pudo ser demostrada al comprobarse que este componente nuclear absorbía la luz ultravioleta. El empleo de las pruebas citoquímicas permitió establecer que el nucléolo se diferencia de la cromatina en que contiene básicamente RNA y no DNA, se tiñe con la pironina y no con el verde metilo, y da negativo el *test de Feulgen* (tinción selectiva para el DNA).

La proporción de RNA en el nucléolo es muy variable y depende del tipo celular y del estado funcional. Se calcula como valor medio un 10% aunque en algunas células alcanza el 30%. El componente mayoritario corresponde a las proteínas. Se trata de *fosfoproteínas* (ácidas) y otras proteínas muy diversas, algunas de las cuales son básicas. Al estar constituido mayoritariamente por RNA y proteínas ácidas, el nucléolo debería ser siempre basófilo, y así ocurre muchas veces. Sin embargo, las proteínas básicas pueden disponerse enmascarando el RNA y las proteínas ácidas y, en este caso, el nucléolo es acidófilo. Debido a este comportamiento tintorial variable, el nucléolo resulta ser un componente *anfófilo.* De la proporción de las diversas proteínas y RNA depende el carácter tintorial del nucléolo. De ahí la distinción establecida en los primeros estudios de microscopía óptica entre *basicromatina* (cromatina en sentido estricto) y *oxicromatina* (cromatina ácida, correspondiente al nucléolo). El nucléolo también se tiñe con plata, lo que se debe a una proteína específica conocida como *nucleolina.*

En nucléolos aislados siempre se encuentra algo de DNA (1-3%), que puede corresponder al centro fibrilar y a la heterocromatina asociada al nucléolo. En el nucléolo se han detectado enzimas, principalmente las necesarias para la síntesis y procesamiento del rRNA.

## SÍNTESIS DE LOS RIBOSOMAS

Desde un primer momento se relacionó el nucléolo con la síntesis proteica, puesto que las células que fabrican muchas proteínas (embrionarias, secretoras, tumorales, etc.) poseen varios nucléolos prominentes. Una observación importante confirmó la relación del nucléolo con la síntesis de ribosomas. En embriones del sapo africano *Xenopus laevis,* Brown y Gurdon (1964) comprobaron que, debido a un defecto genético, algunos de ellos (25% de la descendencia de una pareja) carecían de nucléolo y morían en el estadio de la gastrulación. Como en todos los embriones, durante la segmentación los únicos ribosomas presentes proceden de la madre (del ovocito). En la gastrulación, los embriones deben iniciar la síntesis de nuevos ribosomas para hacer frente a las necesidades de síntesis proteica, pero las células de estos embriones anormales era incapaces de fabricar nuevos ribosomas al carecer de nucléolo. Esta ausencia de nucléolo obedece a la ausencia del DNA que transcribe el rRNA (*organizador nucleolar*).

Por consiguiente, el nucléolo puede considerarse la expresión morfológica de la transcripción del rRNA. Su presencia y actividad están estrechamente unidas a la necesidad de ribosomas en la célula y, por tanto, a la fabricación de proteínas. Durante la mitosis no existe nucléolo.

### TRANSCRIPCIÓN DEL RNA PRERRIBOSÓMICO

El RNA ribosómico es sintetizado a partir de un RNA precursor que por maduración y empalme dará lugar a los diversos rRNA.

En nucléolos aislados de ovocitos del tritón *Triturus,* Miller y Beaty, en 1969, observaron con el microscopio electrónico la unidad de transcripción del RNA precursor del rRNA (Fig. 3.37). Esta unidad, denominada antiguamente *cistrón,* corresponde a un gen de copias múltiples, que forma el organizador nucleolar. Posteriormente, esas unidades de transcripción nucleolares han sido observadas en muchas especies, incluidos los mamíferos. Cada una consiste en dos segmentos de DNA que, en total, miden 7-8 μm de longitud. Un segmento es mudo (no se transcribe) y mide 3-4 μm; el otro segmento se transcribe y mide unos 4.5 μm. En este último la cadena de DNA presenta unos abultamientos, constituidos por la enzima *RNA polimerasa I,* de cada uno de

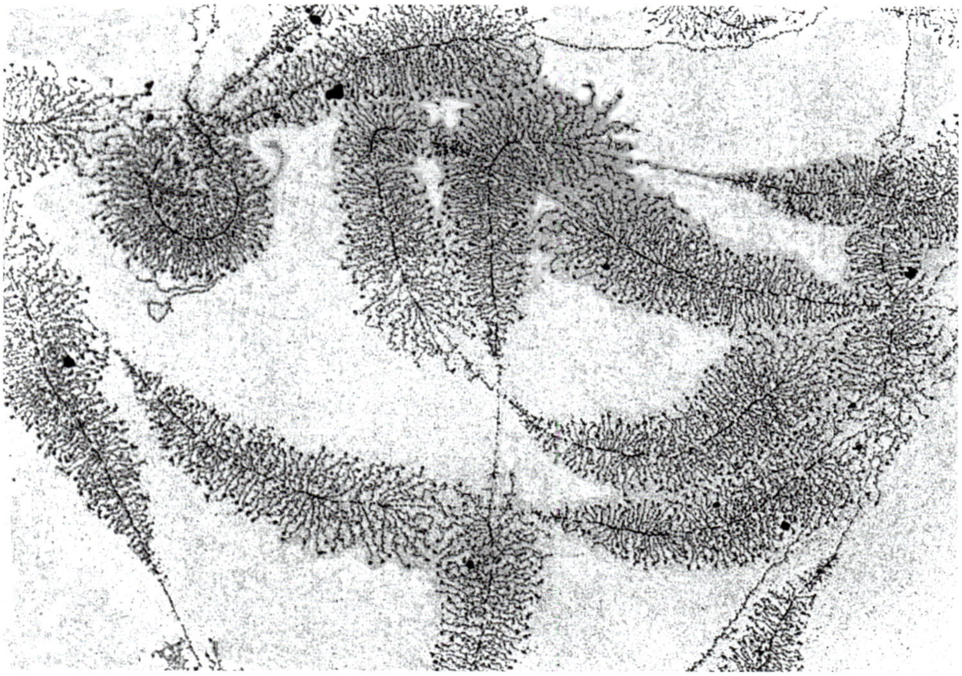

**Figura 3.37.** Múltiples copias del organizador nucleolar de *Triturus viridiscens* transcribiendo el RNA precursor del rRNA. (Tomado de Miller OL, Beatty BR. En: Berkalof A, Bourguet P, Favard P, Lacroix JC. *Biologie et Physiologie Cellulaires.* Paris, Hermann, 1983.)

los cuales parte una cadena de RNA asociado a proteínas. Todo lo referente a la transcripción que se ha explicado anteriormente es aplicable a la transcripción nucleolar. La cadena transcrita de RNA se dispone perpendicularmente a la cadena de DNA, y su longitud aumenta conforme se llega al final del DNA que se transcribe. La fosforilación de la proteína *nucleolina* activa la transcripción al liberar la H1. Una vez completas, las cadenas constituyen el *RNA prerribosómico*, que es el primer transcrito y que dará lugar a tres de los rRNA. Este RNA prerribosómico es de 45 S en aves (*Gallus domesticus*) y mamíferos (*Mus musculus* y *Homo sapiens*), de 40 S en anfibios (*Xenopus laevis*) y de 34 S en *Drosophila melanogaster*.

La parte muda del gen delimita el final de la transcripción. Al terminar un gen comienza otra copia idéntica del mismo gen, y así puede haber hasta 800 copias (en *Triturus*). En cada copia hay unas 100 RNA polimerasas que trabajan en cadena. Por tanto, en un momento dado pueden estar formándose a la vez 80 000 moléculas idénticas de RNA. Cada una de ellas mide aproximadamente un tercio de la longitud de la parte de DNA del organizador nucleolar que transcribe. El que su longitud no sea igual que la del segmento de DNA copiado se debe a que el RNA se pliega a medida que se forma y a que, ya desde el primer momento, va unido a proteínas.

Puede decirse, por tanto, que el origen del rRNA (excepto el rRNA de 5 S) reside en un único gen (idea que se expresaba antes con el término *unicistrónico*) y *repetitivo* (son muchas las copias de este gen que trabajan y en cada una se forman muchas moléculas de RNA, pero todas iguales). Esta multiplicidad de copias responde a una gran necesidad de síntesis de ribosomas en poco tiempo. Un mismo nucléolo puede tener tres o cuatro *corazones nucleolares* (grupos de copias del gen del organizador nucleolar) que transcriben. En los ovocitos, el mecanismo utilizado por el organizador nucleolar para la fabricación de estas copias se denomina *amplificación genética,* y será estudiado algo más adelante (véase página 113). Aunque no hay un acuerdo general, el centro o centros fibrilares del nucléolo correspondería a estas copias que transcriben.

## TRANSFORMACIÓN DEL RNA PRERRIBOSÓMICO EN LOS RNA RIBOSÓMICOS

Todos los RNA originados en el nucléolo provienen del transcrito primario de 45 S, que debe sufrir un procesamiento. Según los estudios realizados por Weinberg y Penman (1970) en células *HeLa* (una línea celular descendiente de unas células tumorales humanas muy utilizadas en la investigación), el proceso es el siguiente (Figs. 3.38 y 3.39):

El RNA de 45 S se transcribe en pocos minutos por los organizadores nucleolares. Posiblemente esto ocurra en el centro fibrilar, de donde pasaría inmediatamente a formar las fibrillas ribonucleoproteicas que constituyen la parte fibrilar del nucléolo, según se demuestra mediante marcaje radiactivo con uridina tritiada. Este RNA de 45 S se encuentra asociado a diversas proteínas, entre las cuales es característica la *nucleolina*, formando partículas de 80 S. En las partículas de 80 S se encuentra también incluido otro tipo de RNA (de 5 S), cuyo origen no es nucleolar; ya que no se hibrida con el DNA del organizador nucleolar y está presente en los embriones de *Xenopus laevis* carentes de nucléolo. Es sintetizado por la *RNA polimerasa III* que también sintetiza el tRNA.

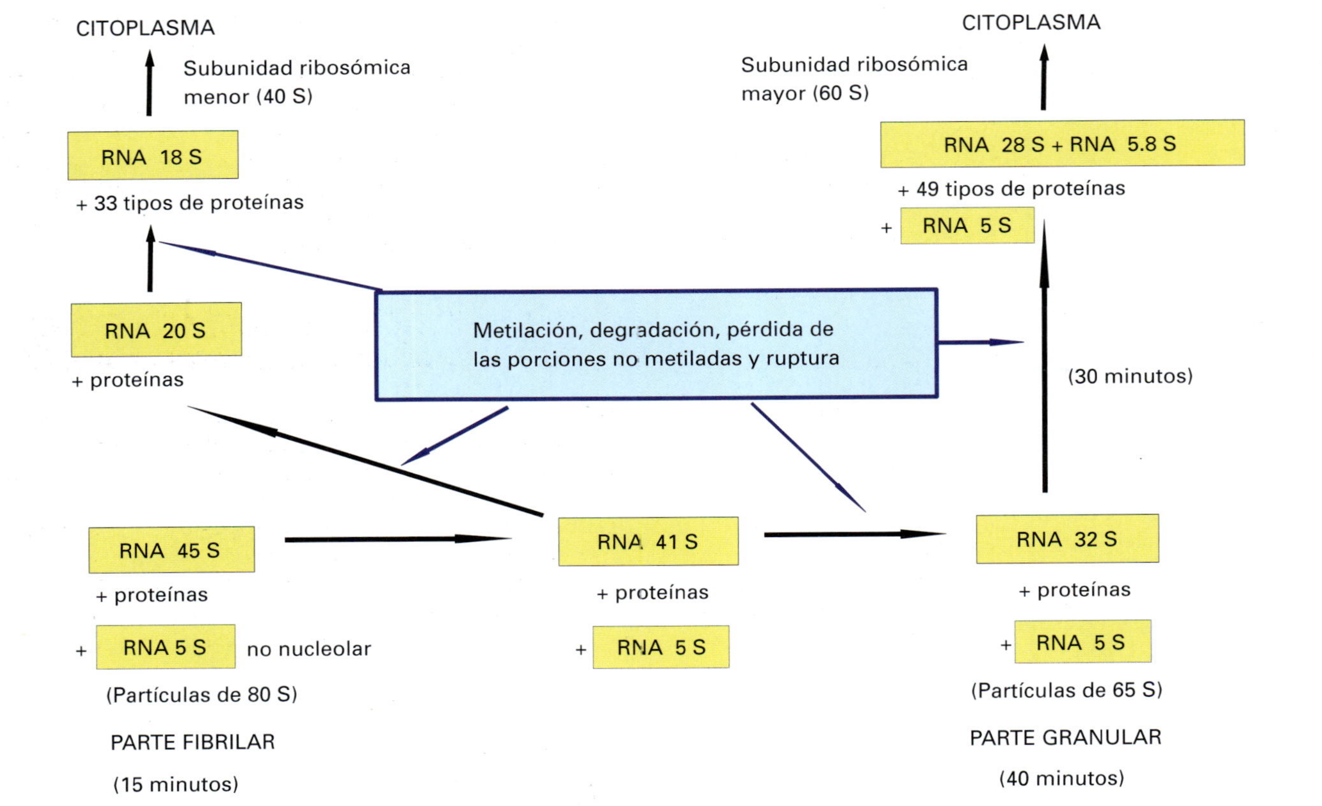


**Figura 3.38.** Esquema de la síntesis de ribosomas en el nucléolo de células HeLa.

Las partículas ribonucleoproteicas de RNA de 45 S permanecen unos 15 minutos en la parte fibrilar del nucléolo. A continuación, este RNA experimenta una serie de cambios, principalmente metilación activa en las ribosas, pérdida de bases no metiladas y ruptura de la cadena, para dar lugar a los otros tipos de RNA mencionados. Las proteínas sufren también algunos cambios. En estos procesos de *splicing* intervienen complejos de ribonucleoproteínas, como los referidos en el hnRNA, incluidos varios RNA denominados *snoRNA* (equivalentes a los snRNA que participan en el *splicing* del mRNA) y proteínas U, concretamente la $U_3$. Estas ribonucleoproteínas no pasan al citoplasma; sólo lo hacen los rRNA y las aproximadamente 80 proteínas constitutivas del ribosoma. Lo prime-

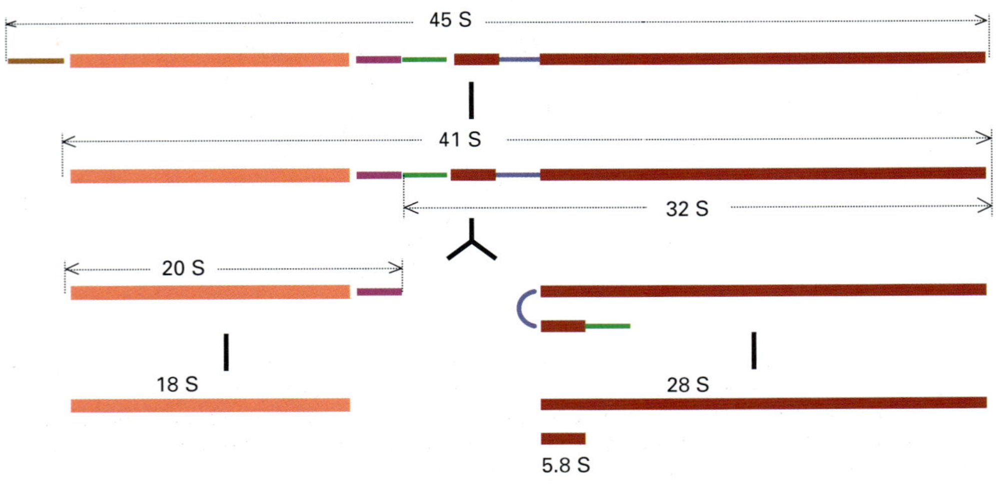


**Figura 3.39.** Esquema de los cambios que sufre el transcrito primario de RNA de 45 S en el nucléolo hasta dar lugar a los rRNA definitivos.

ro que ocurre es que el RNA de 45 S pierde parte de la cadena y se transforma en RNA de 41 S. Parte de este RNA de 41 S se transforma en RNA de 20 S y, finalmente, en RNA de 18 S. Este último y sus proteínas (33 tipos diferentes) forman partículas de 40 S que constituyen las subunidades ribosómicas menores, las cuales emigran al citoplasma. Todo este proceso es muy rápido y apenas puede detectarse RNA de 20 S y de 18 S en el nucléolo.

Parte del RNA de 41 S se transforma en RNA de 32 S, que permanece durante unos 40 minutos en la parte granular del nucléolo, formando partículas ribonucleoproteicas de 65 S, entre las que se incluye el RNA de 5 S. Seguidamente, el RNA de 32 S se transforma en un RNA de 28 S y otro de 5.8 S que permanece unido a él. Ambos, junto con sus proteínas asociadas (unas 49) y el RNA de 5 S, forman partículas ribonucleoproteicas de 60 S. Estas partículas están durante unos 30 minutos en el nucléolo y forman las subunidades mayores de los ribosomas. Después emigran al citoplasma. En los procesos madurativos mencionados, no sólo hay cambios en el RNA, sino también en las proteínas asociadas.

Por consiguiente, al finalizar los procesos de maduración del rRNA se obtienen las subunidades ribosómicas de 60 S y 40 S terminadas y libres en el nucléolo. Los diferentes tipos de RNA (18 S, 28 S, 5.8 S y 5 S) son transportados al citoplasma bajo la forma de subunidades ribosómicas maduras. Allí se ensamblarán ambas subunidades en presencia de mRNA y de los factores de iniciación, formando los ribosomas funcionales y comenzando la síntesis proteica. Aunque las subunidades ribosómicas sean ya completamente funcionales en el núcleo, y en él pudieran acceder al mRNA y tRNA, es difícil admitir que sean capaces de realizar la síntesis proteica en ausencia de los demás factores requeridos.

## AMPLIFICACIÓN GENÉTICA DE LOS GENES NUCLEOLARES EN OVOCITOS

En los ovocitos de muchas especies de anfibios, peces, moluscos, insectos y gusanos, que necesitan realizar una activa síntesis proteica para acumular sustancias de reserva, durante el paquiteno, el DNA de los organizadores nucleolares se replica muchas veces (*amplificación genética*). Estos dobles helicoides van emigrando hacia la periferia nuclear y, durante el camino, el DNA organizador nucleolar continúa replicándose por el mecanismo de *anillos rodantes* (Fig. 3.40). Este doble heli-

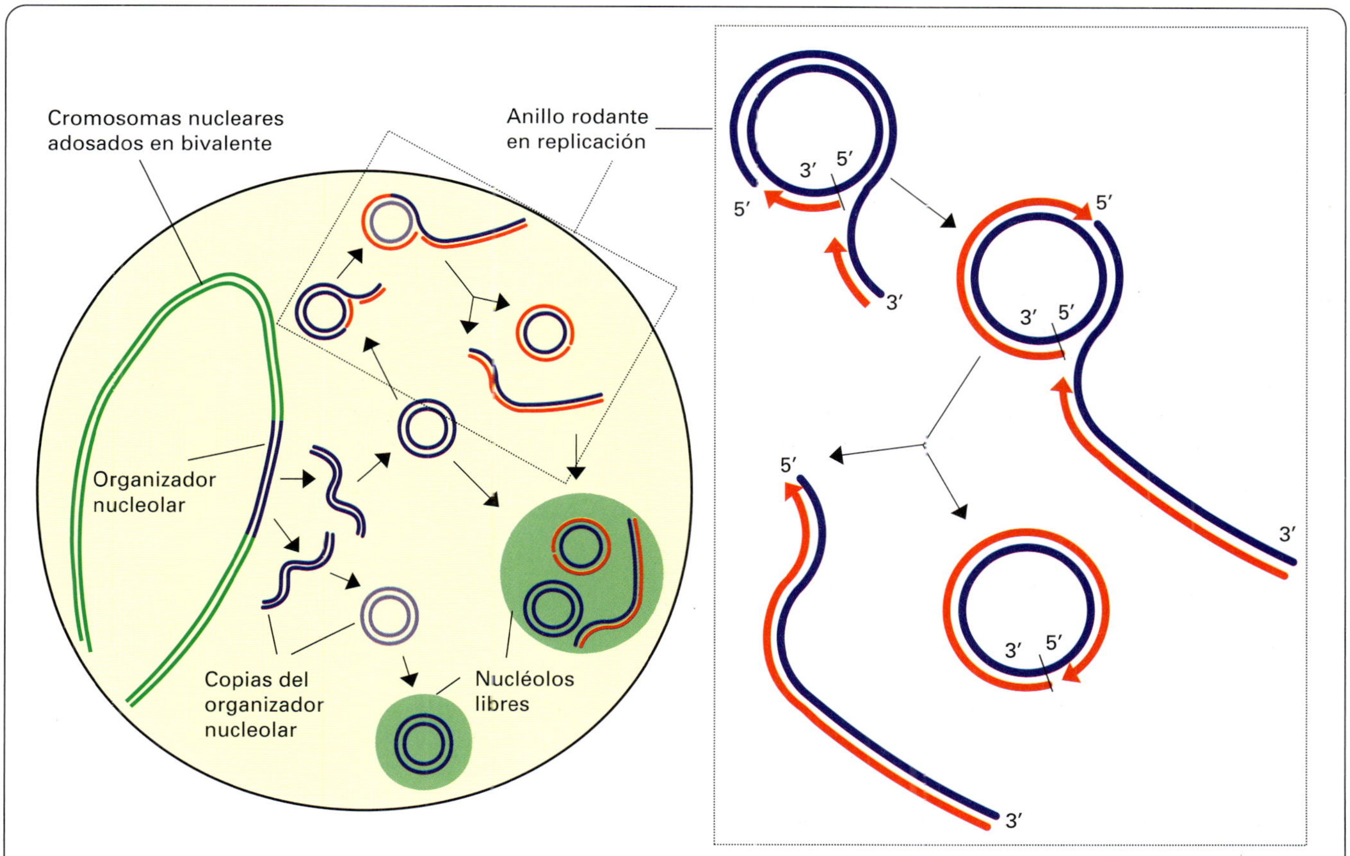


**Figura 3.40.** Amplificación nucleolar. Desarrollo de los anillos rodantes en el nucléolo de ovocitos de anfibios. Varias copias del organizador nucleolar se replican por el mecanismo de anillos rodantes. Su doble helicoide forma un anillo que es cortado en una sola hebra y empieza a replicarse por el punto roto. La nueva hebra en formación va dando la vuelta alrededor del anillo y empujando la hebra rota que se sale del anillo y forma una cola. A medida que va emergiendo la cola, ésta también va replicándose. De esta forma, la replicación puede dar varias vueltas y se amplifica el DNA.

coide de DNA sufre un corte en una sola hebra (*corte haplotónico*). Empieza a replicarse por el punto roto y la nueva hebra en formación va dando la vuelta alrededor del anillo y empujando la hebra rota que se sale del anillo y forma una cola. Como la replicación se da también en la cola, ésta tiene también dos hebras. De esta forma, la replicación puede dar varias vueltas y se amplifica el DNA.

Así llegan a formarse hasta mil nucléolos, pues la cromatina organizadora nucleolar es hasta 10 veces más abundante que la del resto del cariotipo. Estos nucléolos pueden fusionarse y originar otros mayores. Al final de la ovogénesis cesa la transcripción y los nucléolos desaparecen. El DNA organizador nucleolar amplificado (múltiples copias) es liberado al citoplasma en la metafase I, donde es degradado.

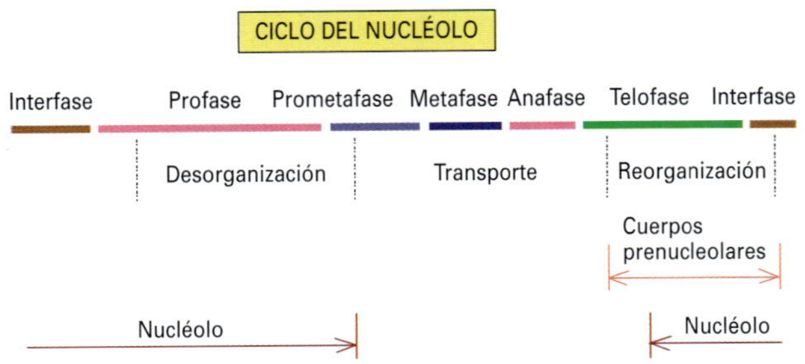


**Figura 3.41.** Ciclo del nucléolo. La formación y desaparición del nucléolo está ligeramente retrasada respecto a la de los cromosomas.

## MODIFICACIONES DEL NUCLÉOLO

La *actinomicina D*, el *bromuro de etidio* y otros fármacos que se intercalan en el DNA inhibiendo la transcripción provocan una inhibición de la síntesis del RNA de 45 S y originan una separación neta y masiva entre los componentes granulares y fibrilares (*segregación nucleolar*).

La *8-azaguanina* y el antibiótico *toyocamicina* bloquean el paso del RNA de 45 S a 32 S, por lo que se produce una *hipertrofia de la parte fibrilar* y una disminución de la granular.

La *tiocetamida* bloquea el paso del RNA 32 S al RNA 28 S, y por ello el primero se acumula en el núcleo, ocasionándose una *hipertrofia de la parte granular*.

Las temperaturas superiores a los 45 °C causan la pérdida de la parte granular.

## CICLO DEL NUCLÉOLO

### ETAPAS DEL CICLO NUCLEOLAR

En la interfase no se observan grandes cambios en el nucléolo: suele aumentar el volumen a lo largo de ella y hay cierta tendencia a la fusión de nucléolos cuando dos organizadores nucleolares se sitúan en posiciones muy próximas.

Durante la división celular, el nucléolo experimenta una serie de cambios que consisten fundamentalmente en tres procesos (Fig. 3.41):

*Desorganización profásica.* El nucléolo presenta los siguientes cambios: a) disminuye de tamaño; b) su forma se hace irregular, generalmente polilobulada o estrellada; c) su afinidad tintorial por muchos colorantes disminuye, y d) aparecen pequeñas masas de material nucleolar libres entre los cromosomas profásicos.

*Transporte metafásico y anafásico.* El nucléolo ha perdido su individualidad. Sus materiales se han dispersado en el núcleo profásico y terminan entroncándose (de una manera poco conocida) en los cromosomas metafásicos, según se deduce del marcaje con uridina tritiada en la interfase previa y de pruebas citoquímicas de detección de RNA.

*Reorganización telofásica.* En la primera mitad de la telofase aparecen *cuerpos laminares* entre los cromosomas en vías de descondensación. Concomitantemente, se observan cuerpos más esféricos, resultado de la aglomeración y fusión de los más pequeños. Estos cuerpos presentan las reacciones citoquímicas propias del nucléolo interfásico y constan de regiones fibrilares rodeadas por regiones granulares. Se les denomina *cuerpos prenucleolares*. Avanzada la telofase, estos cuerpos comienzan a fusionarse entre sí en torno a la región organizadora nucleolar. Cuando esto termina, se observan uno o más nucléolos maduros (en función del número de organizadores) y han desaparecido los cuerpos prenucleolares.

Estas fases morfológicas del ciclo nucleolar aparecen ligeramente retrasadas respecto a las del ciclo cromosómico. La desorganización profásica comienza después de iniciada la profase y termina después de iniciada la prometafase. La reorganización telofásica empieza después de iniciada la telofase y finaliza después de iniciada la interfase (Fig. 3.41).

### ALTERACIONES INDUCIDAS EN EL CICLO NUCLEOLAR

Ciertos tratamientos experimentales alteran la conducta del nucléolo durante su ciclo:

*Bloqueo de la desorganización.* Los fármacos inhibidores de la síntesis de RNA, como el *bromuro de etidio*, *3'-desoxiadenosina* o *actinomicina*, inhiben la desorganización profásica y si, como suele ocurrir, no se llega a romper la envoltura nuclear, el nucléolo permanece visible rodeado por cromosomas, que se siguen condensando hasta adoptar la típica forma metafásica pero encerrados por la envoltura nuclear.

*Bloqueo de la reorganización.* Este mismo tratamiento inhibidor de la síntesis de RNA aplicado en la telofase bloquea la reorganización del nucléolo, porque impide la confluencia y la fusión de cuerpos prenucleolares en torno al organizador. Ello indica que este proceso requiere síntesis de RNA, probablemente de la misma región organizadora. Sin embargo, la aparición de cuerpos prenucleolares no se inhibe; solamente la fusión de éstos. Si no existe región organizadora en un núcleo (p. ej., como resultado de mitosis desequilibradas, de anafases tripolares o multipolares), no se asiste a la neoformación del nucléolo, quedando los cuerpos prenucleolares libres en el núcleo. Muy tardíamente éstos se fusionan también, originando cuerpos mayores que, sin embargo, se distinguen de los verdaderos nucléolos por su ultraestructura diferente (regiones fibrilares y granulares segregadas) y por su carencia de funcionalidad (determinada por su incapacidad de incorporar uridina tritiada).

### OTRAS CONDUCTAS DEL NUCLÉOLO DURANTE LA DIVISIÓN CELULAR

Existen ciertas conductas atípicas del nucléolo, que no obedecen a tratamientos o anomalías funcionales sino que se presentan en casos particulares. Las que mejor se conocen son las siguientes:

1. *El nucléolo no desaparece en la profase* y queda visible como un cuerpo redondeado en metafase. Este nucléolo no suele terminar en ninguno de los núcleos telofásicos hijos y permanece flotando en el citoplasma hasta que desaparece. Este caso se presenta en la primera y segunda división meiótica de algunos ascomicetos, como los del género *Neotiella,* y tras el tratamiento con *fluorouracilo* de algunas células animales en cultivos.
2. *Los cuerpos prenucleolares aparecen en el citoplasma.* Esto ocurre en la telofase de la primera y segunda división meiótica de algunas plantas, como *Allium* y *Lilium.* Aparentemente, el material prenucleolar se produce en los organizadores nucleolares de los cromosomas antes de la reorganización de la envoltura nuclear. El tratamiento a unos 35-40 °C durante pocos minutos también provoca la aparición de cuerpos prenucleolares citoplásmicos, debido posiblemente a que el choque térmico impide transitoriamente la neoformación de la envoltura nuclear.

# ENVOLTURA NUCLEAR

## CISTERNA PERINUCLEAR

La envoltura nuclear consta de una doble membrana, externa e interna, entre las cuales queda un espacio de 25-40 nm, que constituye la llamada *cisterna perinuclear* (véanse Figs. 3.1, 3.42-3.44). Ésta posee características similares a las del retículo endoplasmático rugoso, como la composición, la estructura trilaminar, el espesor, y hasta las mismas enzimas y funciones.

La membrana externa de la envoltura puede tener ribosomas adheridos. En células embrionarias, o después de la mitosis, se observa continuidad entre la envoltura nuclear y el retículo endoplasmático rugoso, lo que hace suponer una estrecha relación entre ambos. Se ha sugerido que, al aparecer el retículo endoplasmático en los eucariotas, éste envolvió la cromatina formando la envoltura nuclear. La envoltura nuclear desaparece durante la mitosis y reaparece al final de ésta. Se considera que, en la telofase, el retículo endoplasmático rugoso contribuye a la formación de la envoltura nuclear de ambas células hijas, junto con los fragmentos membranosos en que quedó disgregada la envoltura nuclear de la célula madre en la profase.

## LÁMINA NUCLEAR

La membrana interna de la envoltura nuclear presenta, adosado a su cara más interna, material denso que la separa de la cromatina densa periférica (véase Fig. 3.1.B). Es la *lámina nuclear* o *lámina fibrosa*, de estructura semejante a una malla fibrosa y con un espesor de 15 a 80 nm.

La lámina nuclear comprende tres polipéptidos principales denominados *lámina* A (72 kDa), *lámina B* (dos subtipos: $B_1$ de 65 kDa y $B_2$ de 78 kDa) y *lámina C* (62 kDa). Las láminas B se expresan ya desde el embrión; ambos subtipos ($B_1$ y $B_2$) son muy similares, pero están producidos por genes diferentes. Las láminas A y C son productos alternativos del mismo gen y sólo se expresan en tejidos adultos.

Las láminas nucleares presentan una alta homología, en su secuencia y estructura molecular, con los *filamentos intermedios*, entre cuyas variedades se incluyen (véase página 263). Las moléculas de lámina B forman dímeros, que poseen un dominio en forma de varilla y cabezas globulares en un extremo. Estos dímeros se sitúan unos a continuación de otros, y se disponen antiparalelamente a otros dímeros para formar tetrámeros (Fig. 3.42). Las láminas A y C se combinan ntre si para formar dímeros y tetrámeros que se organizan como los de las láminas B. Los tetrámeros de láminas A-C se intercalan entre los de láminas B. Esta organización de las láminas configura una malla cuadrangular de filamentos, a diferencia de lo que ocurre con los filamentos intermedios típicos, que forman haces.

La lámina nuclear va asociada a proteínas que la interconectan tanto con la envoltura nuclear como con la cromatina subyacente (Fig. 3.42). Entre estas proteínas destacan las *LAP (proteínas asociadas a la lámina nuclear)*, que comprenden varias isoformas. Además, se conocen las proteínas *LBR (receptor de la lámina nuclear), emerina, MAN1* y *otefina*. La disposición de estas proteínas parece indicar que las láminas guían las interacciones de la cromatina con la envoltura nuclear y contribuyen a la organización espaciada de la cromatina, permitiendo su replicación.

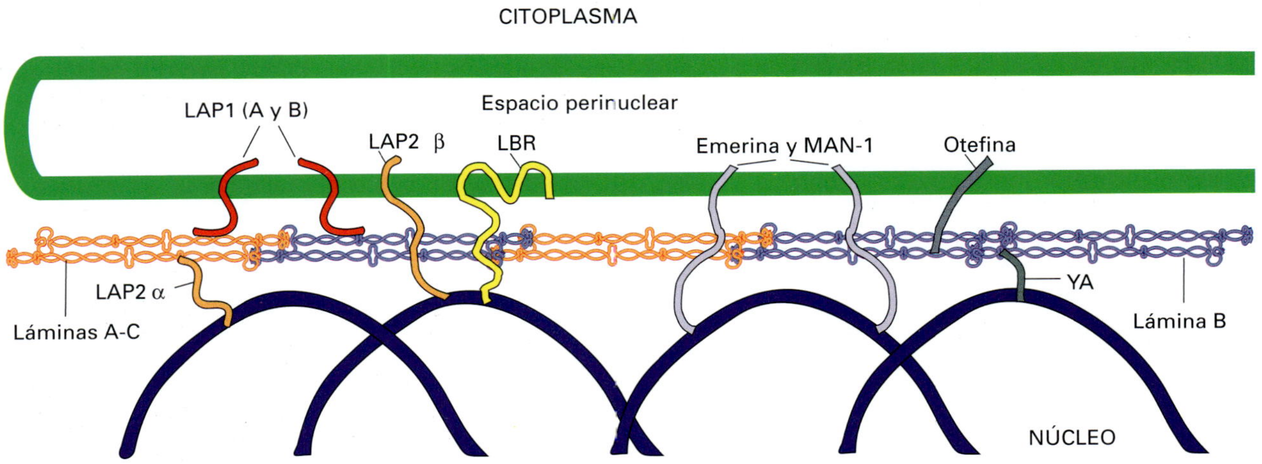


**Figura 3.42.** Esquema de la lámina nuclear. Las láminas A-C, por una parte, y las láminas B, por otra, forman dímeros, que se asocian antiparalelamente en tetrámeros. Los tetrámeros de un tipo de láminas se intercalan entre los del otro tipo formando una red. Asociadas a las láminas hay diversas proteínas que las relacionan tanto con la envoltura nuclear como con la cromatina.

Los polipéptidos de la lámina nuclear intervienen en la disolución y en la nueva formación de la envoltura nuclear durante la mitosis. En la prometafase, la mayoría de estos polipéptidos sufren una fosforilación transitoria en varias serinas y se desensamblan, formándose tetrámeros y dímeros hiperfosforilados de láminas A y C y unidades mayores (fragmentos) de láminas B. Este desensamblaje causa la disgregación y desaparición de la envoltura nuclear que se fragmenta en vesículas, a las que quedan asociados los fragmentos de láminas B durante la mitosis. En la telofase, las láminas son desfosforiladas y se repolimerizan alrededor de la cromatina permitiendo que la envoltura nuclear se forme nuevamente. Es posible que los fragmentos persistentes de láminas B ayuden como puntos de enucleación. Durante la interfase, las láminas nucleares crecen, al igual que lo hacen las membranas incluida la envoltura nuclear, para duplicar su tamaño con vistas a la división celular. En la forma de muerte celular denominada *apoptosis* (véase página 382), las láminas se degradan por acción de las caspasas.

Las mutaciones en genes que codifican las láminas nucleares A-C dan lugar a enfermedades congénitas dominantes, como la *distrofia muscular de Emery-Dreifuss*, una forma de cardiopatía dilatada, y la *lipodistrofia congénita de Dunnigan*. Las láminas intervienen también en enfermedades autoinmunitarias, como la *artritis reumatoide* y el *lupus*.

## POROS NUCLEARES

### ESTRUCTURA

Una característica de esta cisterna perinuclear es la presencia de *poros nucleares*, en los que ambas membranas se fusionan y quedan interrumpidas de trecho en trecho, estableciéndose comunicaciones entre el citoplasma y el nucleoplasma (Figs. 3.43.A y 3.43.B).

Los poros son muy abundantes en células embrionarias, en células inmaduras y, en general, en células muy activas que necesitan un alto grado de transferencia entre núcleo y citoplasma. El número de poros varía, de unas células a otras, entre de 2 y 60 poros por $\mu m^2$. Se considera que, por término medio, un núcleo puede tener unos 11 poros por $\mu m^2$, lo que equivale a 3000-4000 poros por núcleo. En la serie eritrocítica se ha visto que el número de poros es muy abundante en los eritroblastos, y va disminuyendo en los estadios sucesivos, hasta que en normoblastos (con núcleo picnótico a punto de ser expulsado), los poros están ocluidos por una laminilla o completamente cerrados. En algunas células, como las de la raíz de la planta *Selaginella kraussiana*, las técnicas de criofractura-réplica han permitido observar una disposición helicoidal de los poros. Esta disposición no se ha apreciado en la mayoría de los tipos celulares (Fig. 3.43.C).

La estructura del poro corresponde al denominado *complejo del poro*. El espacio más o menos circular que dejan las membranas al unirse es de unos 80 nm; sin embargo, hay un material denso, el *anillo del poro*, que reduce el espacio a unos 50 nm. En realidad este anillo no es completamente circular, pues está constituido por ocho bloques que configuran un octágono regular (Figs. 3.43.D y 3.44). Cada bloque está formado por unas 100 proteínas diferentes que se organizan en tres subunidades o componentes: a) *columnares*, dispuestos perpendiculares a las membranas de la envoltura nuclear; b) *anulares*, que se proyectan hacia el centro del poro, y c) *adluminales*, que se proyectan hacia la luz de la envoltura nuclear y anclan el complejo del poro a dicha envoltura. Además, desde cada bloque se proyectan dos finas fibrillas, denominadas *fibrillas en jaula*: una hacia el citoplasma y otra hacia el nucleoplasma. Las fibrillas nucleoplásmicas de los ocho bloques del poro se reúnen en el interior del núcleo en una masa densa donde finalizan, resultando una estructura cerrada a modo de jaula, llamada *jaula nuclear* (Figs. 3.43.E y 3.44).

En ovocitos de anfibios, y en otras muchas células, se han visto finas fibrillas atravesando los poros. Pueden corresponder a las fibrillas en jaula, pero también a cromatina o RNA. En algunos casos parecen gránulos como ribosomas, pero más pequeños, y se consideran subunidades ribosómicas que están siendo transferidas al citoplasma. Fibras muy finas pueden corresponder a los RNA solubles que pasan al citoplasma, como el tRNA y el mRNA.

Cuando la envoltura nuclear desaparece al final de la profase, los poros nucleares se desensamblan en sus componentes y vuelven a formarse al final de la mitosis.

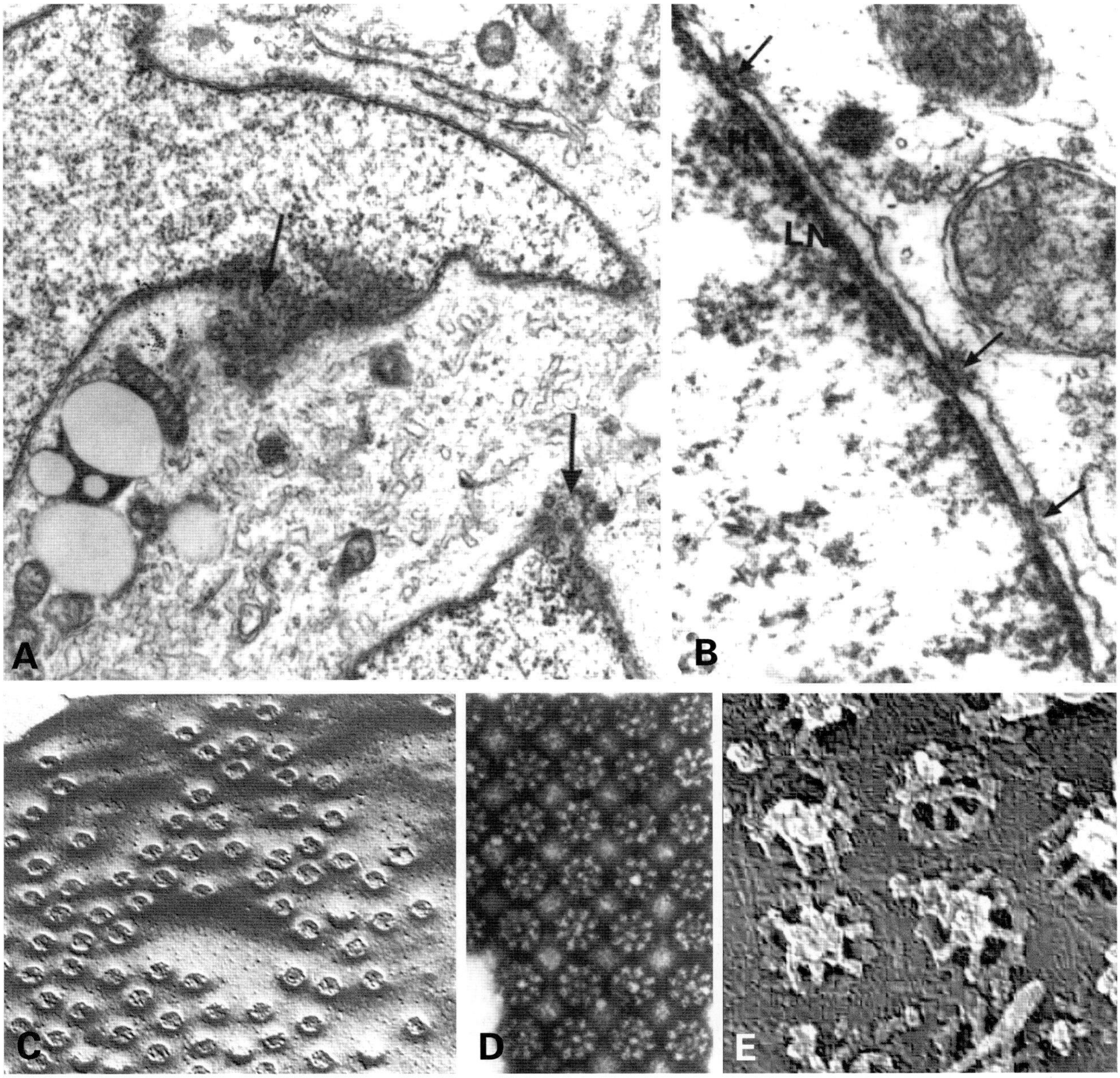


**Figura 3.43.** **A**: Núcleo de una célula de Sertoli en el que se observan poros nucleares seccionados tangencialmente (flechas). X10 000. **B**: Parte del núcleo de un fibroblasto en el que se pueden apreciarse varios poros seccionados perpendicularmente (flechas). H: heterocromatina. LN: lámina nuclear. X35 000. **C**: Preparación obtenida por criofractura-réplica de la envoltura nuclear de un espermatocito en la que se observan numerosos poros distribuidos irregularmente. X35 000. Micrografía de DW Fawcett y HE Chemes. (Tomada de Fawcett DW *A Textbook of Histology*, 11.ª ed., Philadelphia, Saunders, 1986.) **D**: Complejos del poro de un ovocito observados con contraste negativo. En cada poro se aprecian ocho subunidades que rodean un canal central. X80 000. (Micrografía de PNT Unwin. Tomada de Fawcett DW *A Textbook of Histology*. 11.ª ed., Philadelphia, Saunders, 1986.) **E**: Complejos del poro de la envoltura nuclear observados desde el interior del núcleo, en una muestra preparada por criofractura rápida y formación de una réplica profunda. X140 000. (Micrografía de Indigo Instrumens).

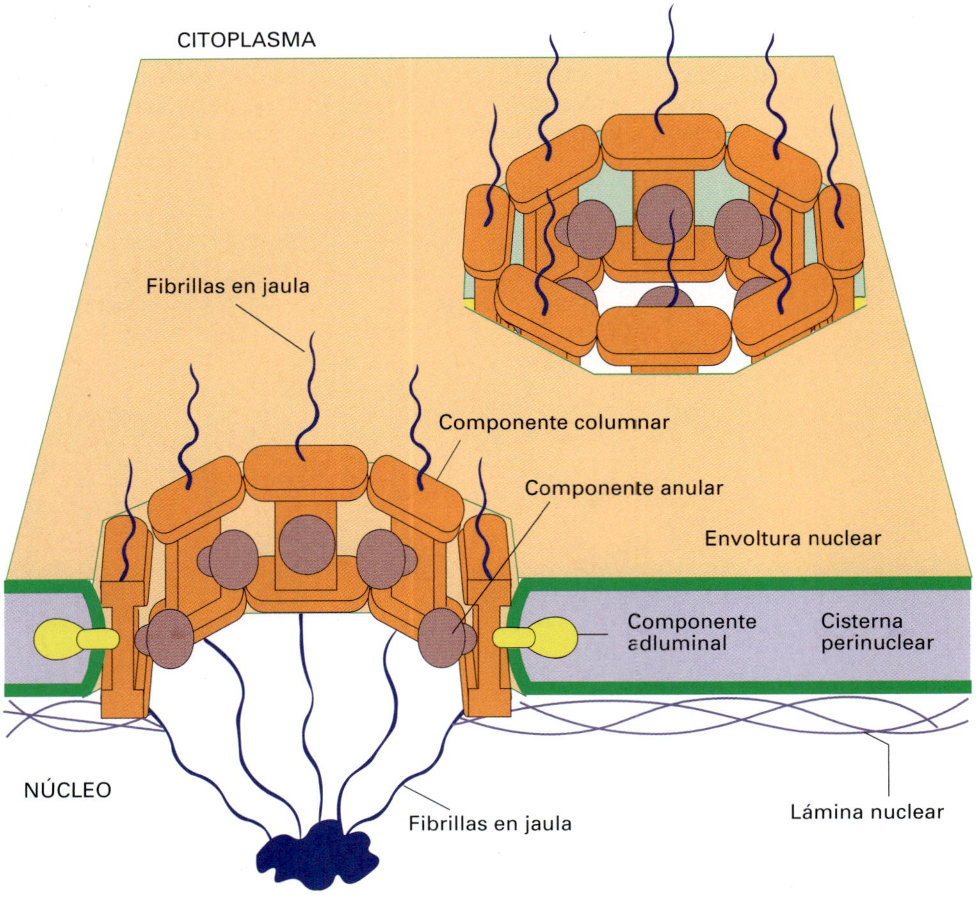


**Figura 3.44.** Esquema del complejo del poro en el que se observan sus componentes repetidos ocho veces, formando un octógono alrededor del espacio que comunica el núcleo con el citoplasma.

## TRANSPORTE ENTRE EL NÚCLEO Y EL CITOPLASMA

Pese al espacio de 50 nm que queda en los poros, no todas las moléculas de estas dimensiones pueden atravesarlos. Se considera que, de forma pasiva, el único espacio libre del poro es un canal central de 9 nm de diámetro por el que sólo pueden pasar partículas no mayores de este tamaño, lo que en pesos moleculares equivale a partículas menores de 50 kDa. El resto del círculo debe estar ocupado por alguna sustancia no visible con el microscopio electrónico. Por otra parte, existe una selectividad en el paso de sustancias, pues no todas las partículas inferiores a ese tamaño pasan con la misma facilidad: las partículas menores de 5 kDa se difunden rápidamente del citoplasma al núcleo; las de 17 kDa tardan 2 minutos, y las de 44 kDa tardan unos 30 minutos.

Sin embargo, es evidente que en el interior del núcleo han de penetrar grandes moléculas de entre 100 y 200 kDa, como la DNA polimerasa y la RNA polimerasa. Una célula con aproximadamente 1 m de DNA y unos 3000 poros nucleares puede necesitar transportar al interior del núcleo unos cien millones de moléculas de histonas durante la replicación de la cromatina (hay una histona cada 10 nm de DNA). Este proceso dura unas 6-8 horas, lo que significa que por cada poro penetran unas 100 moléculas de histonas por minuto. Lo mismo puede decirse del paso de moléculas desde el núcleo al citoplasma, principalmente el transporte de los diferentes tipos de RNA, y que incluye el tRNA, que no va unido a proteínas; los mRNA, que son transportados junto con proteínas específicas formando ribonucleoproteínas; y los rRNA que son transferidos configurando ya las subunidades ribosómicas, que miden alrededor de 10 nm. Si la célula está sintetizando proteínas, necesita transportar del núcleo al citoplasma unos tres ribosomas por minuto. Para que el núcleo pueda incorporar las grandes moléculas es necesario que el diámetro útil del poro se ensanche desde 9 nm hasta 30-40 nm, de modo que el poro funcione como un diafragma de apertura controlada. Este efecto lo realizan unas proteínas denominadas *nucleoporinas*, que contienen N-acetil glucosamina y se identifican con las fibrillas en jaula que se dirigen desde los márgenes del poro hacia el citoplasma.

Además, aquellas proteínas que deben ser incorporadas al núcleo presentan una secuencia señal que sólo está presente en ellas. Se trata de un corto *péptido señal* aminoterminal, de 4 a 8 aminoácidos, entre los que se encuentran la prolina y aminoácidos cargados positivamente como la arginina y lisina, y que es eliminado tras la penetración de la proteína en el núcleo. En algunas proteínas, como las proteínas reguladoras génicas, los péptidos señal se inactivan por fosforilación y se activan cuando se desfosforilan. Una de estas proteínas, el receptor de glucocorticoides, se encuentra inactivo en el citosol unido a la proteína de unión o acompañante (*chaperona*) *Hsp90* (véase página 148), que bloquea su péptido señal. Cuando es activado por la unión de la hormona glucocorticoide, el receptor se desprende de la *Hsp*90 y queda libre su péptido señal, por el que el receptor puede dirigirse al núcleo y penetrar en él.

En el transporte de proteínas, la secuencia señal terminal debe ser reconocida por unos transportadores llamados *carioferinas* que, según su función, pueden ser receptores de importación (*importinas*) o de exportación (*exportinas*) nuclear. Estos transportadores se unen a las nucleoporinas cuyas fibrillas contienen secuencias fenilalanina-glicina repetidas que los reconocen. La energía para la importación la proporciona la hidrólisis del GTP por una GTPasa denominada *Ran*.

En el citoplasma, la importina, junto con su proteína, se une a las nucleoporinas y penetra en el interior del núcleo. La Ran-GDP penetra sin necesidad de transporte. En el núcleo, la Ran-GDP es fosforilada a Ran-GTP por una *GEF* (*guanine exchange factor*) nuclear y se une a la importina para sustituir a la proteína importada, que es liberada. La Ran-GTP unida a la importina pasa al citoplasma, donde es hidrolizada a Ran-GDP por la proteína *GAP* (*GTPase activating protein*) citosólica; la Ran-GDP se desprende y la importina queda lista para unirse a otra proteína que deba ser importada (Fig. 3.45). A partir de este punto se repite el proceso.

La exportación del núcleo al citoplasma ocurre por un mecanismo parecido, pero con ciertas diferencias. Dentro del núcleo, la Ran-GTP se une a la exportina y a la proteína, y los tres pasan al citoplasma, donde la Ran-GTP se hidroliza a Ran-GDP y se libera la proteína. La exportina vuelve al núcleo uniéndose a las nucleoporinas (Fig. 3.45).

El transporte de los RNA que se sintetizan en el núcleo y ejercen su función en el citoplasma (rRNA, mRNA y

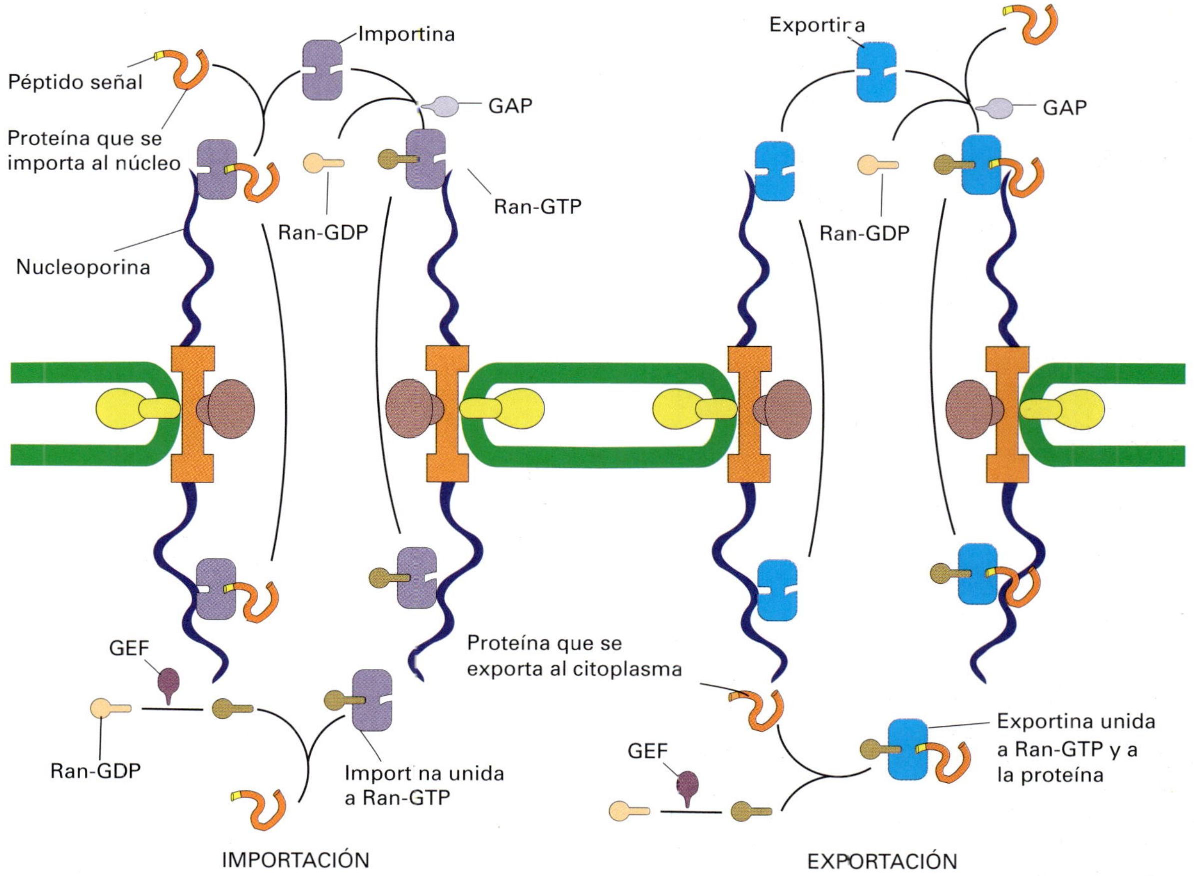


**Figura 3.45.** Esquema de los mecanismos de importación y exportación de proteínas entre el citoplasma y el núcleo. Para la importación, la secuencia señal terminal de la proteína es reconocida por la importina, que se une a las nucleoporinas e introduce la proteína en el núcleo. Una vez en el núcleo, la proteína es liberada al unirse al transportador una GTPasa llamada Ran. Esta GTPasa se encuentra en el citoplasma en la forma Ran-GDP, y así entra pasivamente en el núcleo. La entrada de proteína Ran-GDP con fosforilación de esta proteína Ran la lleva a cabo un factor intercambiador de guanina (GEF) nuclear. Ahora el transportador, unido a la Ran-GTP, pasa al citoplasma, donde la Ran-GTP es desfosforilada por una proteína activadora de GTPasa (GAP) y se libera, quedando el transportador en disposición de unirse a la proteína y repetir el ciclo. Para la exportación, en el núcleo, la Ran-GTP se une al receptor de exportación y a la proteína, y ambos pasan al citoplasma, donde el Ran-GTP se hidroliza a Ran-GDP, queda liberada la proteína. El transportador vuelve al núcleo uniéndose a las nucleoporinas.

tRNA) tiene lugar porque estos RNA se unen a proteínas cuando se sintetizan en el núcleo, y algunas de esas proteínas poseen el péptido señal de exportación. Pero aún queda mucho por conocer acerca de este transporte. Recientemente se ha descrito una proteína transportadora específica del mRNA, diferente de la exportina y que no depende de la GTPasa Ran. Este transportador tiene dos subunidades: la mayor se une por el extremo amino a las proteínas del mRNA y por sus dominios medio y carboxilo a las secuencias fenilalanina-glicina repetidas de las nucleoporinas; la subunidad menor se une al dominio medio de la mayor. Por otra parte, parece que algunos RNA que presuntamente no abandonan el núcleo, como los snRNA, son inicialmente transportados al citoplasma sin estar unidos a proteínas. Para este transporte se requiere la señal *caperuza 5'*, formada durante la transcripción. En el citoplasma, los snRNA se unen a proteínas, formando snRNP, y vuelven al núcleo utilizando los péptidos señal de esas proteínas.

## LAMINILLAS ANILLADAS

La envoltura nuclear está relacionada con otras estructuras membranosas, como el retículo endoplasmático rugoso y las *laminillas anilladas*. Estas últimas se han observado en diferentes tipos celulares en mitosis, en algunas células embrionarias, en células tumorales y, sobre todo, en diferentes tipos celulares de las gónadas de muchas especies animales (ovocitos, espermatocitos, espermátidas y células de Sertoli) (Fig. 3.46). Se parecen mucho a pilas de envolturas nucleares con sus complejos del poro inclui-

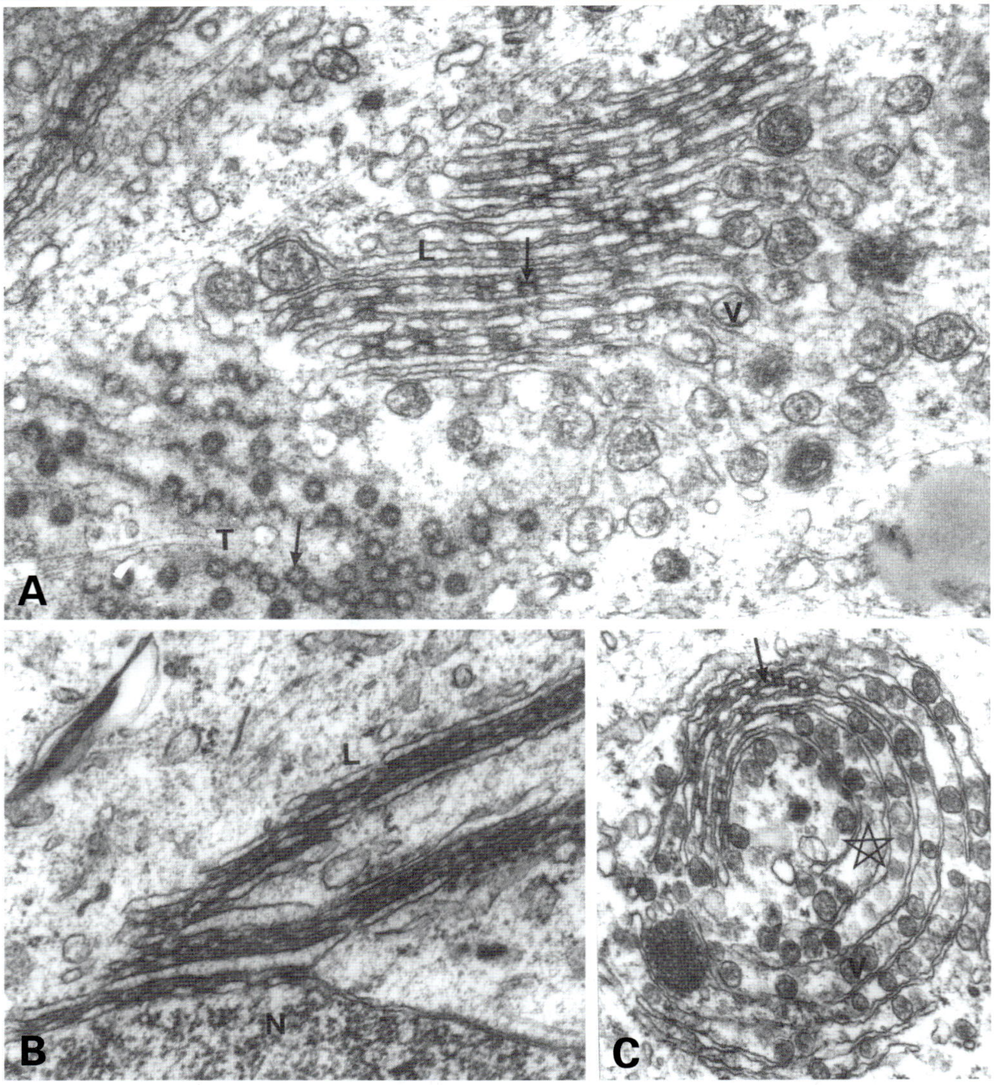


**Figura 3.46.** Laminillas anilladas. **A**: Pilas de laminillas anilladas que aparecen seccionadas longitudinalmente (L) o transversalmente (T) en el citoplasma de una célula de Sertoli. Se observan los complejos del poro (flechas). En las proximidades de las laminillas se encuentran vesículas (V). X28 000. **B**: Laminillas anilladas (L) en contacto con la envoltura nuclear (N) en una espermátida. X15 000. **C**: Laminillas anilladas en formación (estrella) en el citoplasma de una célula de Sertoli. En continuidad con las verdaderas laminillas que poseen complejos del poro (flecha) hay laminillas no fenestradas separadas por vesículas (V). X7000.

dos. Unas veces las laminillas aparecen libres, otras en continuidad con la envoltura nuclear y otras en continuidad con el retículo endoplasmático rugoso. Aunque se ha sugerido que las laminillas anilladas podrían considerarse una forma de almacenamiento de complejos del poro o que pudieran desempeñar algún papel en el transporte desde el núcleo al citoplasma, su función todavía es desconocida.

# CARIOTIPO

## DETERMINACIÓN DEL CARIOTIPO

El número y la morfología de los cromosomas varían de una especie a otra. Se denomina *cariotipo* al conjunto de cromosomas convenientemente ordenado que define a cada especie.

En los gametos (y en sus células precursoras inmediatas) cada cromosoma del cariotipo está representado una sola vez: es lo que se denomina dotación *haploide (n)*. En las restantes células del organismo, denominadas células somáticas, cada cromosoma se encuentra repetido: es lo que se denomina dotación *diploide (2n)*. De ambas series de cromosomas, una proviene del gameto masculino y la otra del femenino.

El número de cromosomas del cariotipo es muy variable, y se expresa siempre la dotación diploide: 2 cromosomas (una única pareja) en *Ascaris*, 8 en la mosca *Drosophila*, 12 en la mosca doméstica, 16 en la cebolla, 42 en la rata, 46 en el hombre y 78 en el perro. Los cromosomas que forman cada pareja se denominan *homólogos,* y cada pareja de homólogos se designa con un número si se trata de cromosomas no sexuales (*autosomas*). Pero a los cromosomas sexuales masculino y femenino, como suelen ser diferentes entre sí, no se les designa con un número sino con letras. Las más comunes son la X y la Y (Tabla 3.1). Así, cuando se dice que el cariotipo de la mosca *Drosophila melanogaster* es 8 se indica que hay 4 parejas de cromosomas. La primera pareja está formada por los cromosomas sexuales X e Y, y las siguientes parejas reciben los números 2, 3 y 4. Como ejemplo del estudio de un cariotipo explicaremos el humano.

En 1912 Winiwarter en 1912, fijó el número de cromosomas para la especie humana en 47 cromosomas en el varón y 48 en la mujer. En 1923 Painter descubrió el cromosoma Y, concluyendo que también el hombre tiene 48 cromosomas. Transcurrieron 33 años hasta que Tjio y Levan (1956) demostraron que el número de cromosomas de la especie humana es 46 (Fig. 3.47.A). Estos investigadores no utilizaron cortes, como se había hecho hasta entonces, sino células enteras obtenidas por punción (células de la médula ósea y fibroblastos de la piel). Hubiera sido más fácil utilizar células de la sangre, pero estas células difícilmente se encuentran en mitosis. Cuando se descubrieron las propiedades de la *fitohemaglutinina* (una lectina que se extrae de la alubia roja, *Phaseolus vulgaris*) se dio un gran paso en el estudio del cariotipo. Esta sustancia aglutina los eritrocitos eliminándolos, pero, además, estimula la mitosis de linfocitos. Para conseguir que estas células estén en metafase (que es cuando mejor se observan los cromosomas), se emplea la *colchicina*, una sustancia extraída también de plantas y que inhibe el desarrollo del huso mitótico, quedando detenidos los cromosomas en la metafase. Los cromosomas se dispersan provocándoles un choque osmótico en un medio hipotónico. Tras el choque osmótico se aplastan, se tiñen y quedan listos para ser observados.

Con la generalización de este método se comenzó a clasificar los cromosomas, ordenándolos en razón de su tamaño y forma. Al no existir un acuerdo general en el número asignado a cada cromosoma, ya que algunas parejas de cromosomas homólogos difieren muy poco de otras parejas, en el *Convenio de Denver* (1960) se establecieron siete grupos de parejas de homólogos (Fig. 3.47.A):

1. *Grupo A* (del 1 al 3): muy grandes y metacéntricos.
2. *Grupo B* (pares 4 y 5): grandes y submetacéntricos.
3. *Grupo C* (del 6 al 12 y el cromosoma X): medianamente grandes y entre metacéntricos y submetacéntricos.

**TABLA 3.1. Cromosomas sexuales en diferentes especies**

| Grupo | Sexo masculino | Sexo femenino |
|---|---|---|
| Mamíferos | XY | XX |
| Ortópteros | X0 | XX |
| *Drosophila* | XY | XX |
| Vegetales tipo *Helodea* | XY | XX |
| Vegetales tipo *Vallisneria* | X0 | XY |
| Aves, algunos reptiles y peces | WW | WZ |
| Lepidópteros | XX | XY |

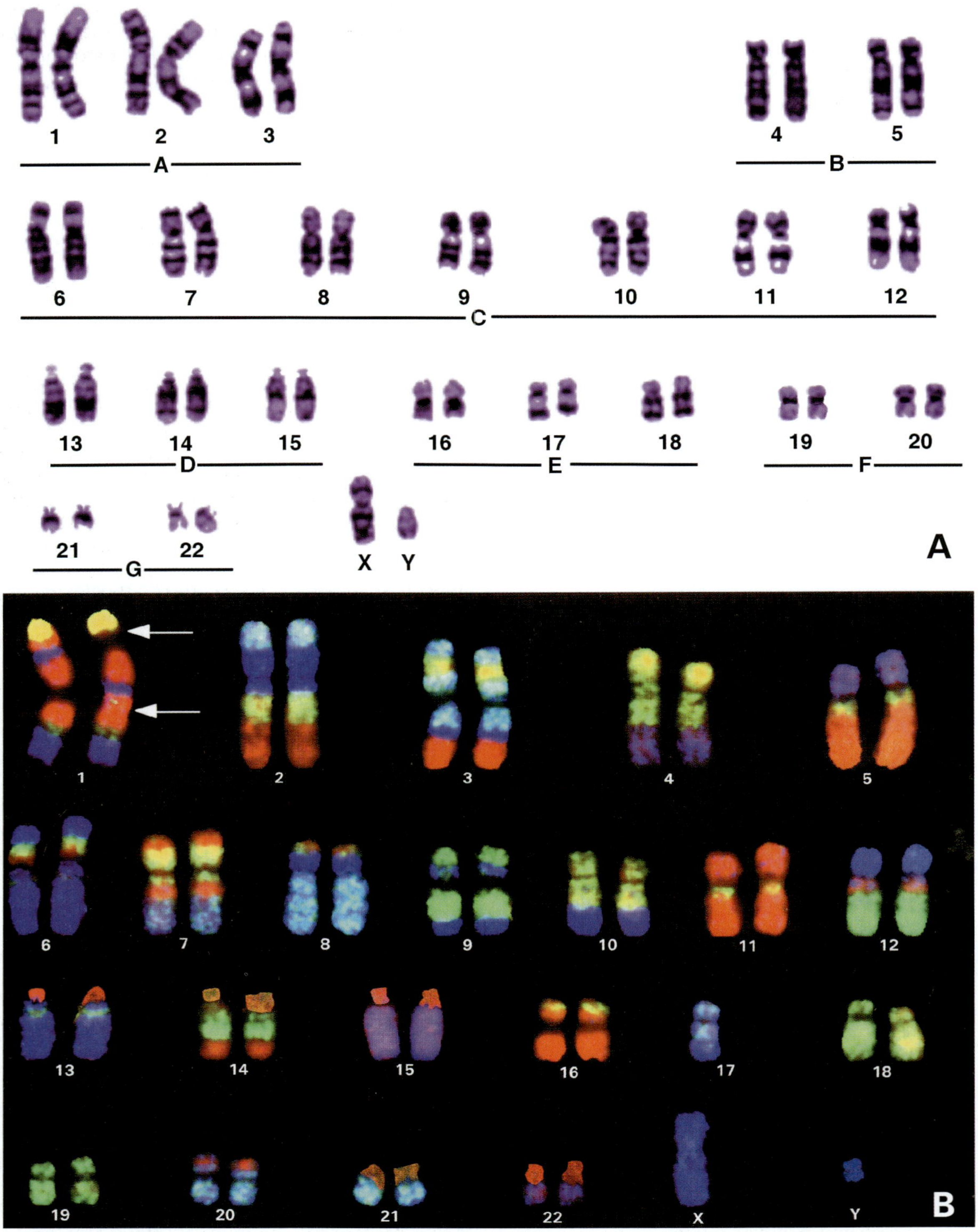


**Figura 3.47.** Cariotipo humano de varón. X2500. **A**: Los cromosomas se han teñido utilizando la técnica de listado cromosómico para bandas G. (Cortesía de J. Navlet y J. Buján. Departamento de Morfología. Universidad de Alcalá.) **B**: El coloreado de los cromosomas se obtiene mediante hibridación *in situ* con diferentes DNA, cada uno específico de un cromosoma diferente y unido a un colorante distinto. Las diferentes imágenes obtenidas (una por cada colorante) se digitalizan y se superponen. El marcaje ha puesto de manifiesto una monosomía del cromosoma 17 y una inversión en un homólogo del cromosoma 1. (Micrografía de Applied Imaging's Automated RxFISH.)

4. *Grupo D* (del 13 al 15): medianos y acrocéntricos; presentan satélites con organizador nucleolar.
5. *Grupo E* (del 16 al 18): entre medianos y pequeños y submetacéntricos.
6. *Grupo F* (19 y 20): pequeños y metacéntricos.
7. *Grupo G* (21 y 22 y el cromosoma Y): muy pequeños y acrocéntricos. El 21 y 22 presentan satélites con organizador nucleolar.

Con el descubrimiento y aplicación de las técnicas de *listado o bandeado cromosómico,* que se comentarán a continuación, se ordenaron definitivamente los cromosomas dentro de cada grupo en la *Conferencia de París* (1971) (Fig. 3.47.A).

## TÉCNICAS DE BANDEADO CROMOSÓMICO

Las técnicas de bandeado cromosómico muestran en las cromátidas una serie de bandas claras y oscuras, más o menos anchas, características de cada cromosoma de cada especie. Aparecen en ambos homólogos. Vienen a ser algo así como las *huellas dactilares* de cada cromosoma. Las principales técnicas de bandas, mencionadas en el orden cronológico en que se descubrieron, son:

1. **Bandas Q**. Fueron descritas por la escuela sueca de Casperson. Se producen mediante la tinción con los fluorocromos *quinacrina* o *mostaza de quinacrina,* que da lugar a bandas *intercalares* fluorescentes. Parecen corresponder a las zonas ricas en A y T; las zonas ricas en C y G no se tiñen. En el total de la dotación haploide del cariotipo humano hay unas 2000 bandas Q.
2. **Bandas C**. Se basan en la aplicación breve de soluciones alcalinas, como NaOH o $Ba(OH)_2$, seguida de incubación en soluciones salinas a unos 60 °C durante varias horas, y posterior tinción con *Giemsa.* Aparecen teñidas las regiones heterocromáticas *centroméricas,* que corresponden a heterocromatina constitutiva, y muy débilmente las teloméricas e intercalares.
3. **Bandas G**. Con tratamientos como el anterior, pero más suaves, o con la aplicación de proteasas durante unos segundos (tripsina) seguida de tinción con *Giemsa,* se tiñen las bandas *intercalares* que se corresponden con las Q. También se tiñen, aunque algo menos, las bandas *centroméricas (bandas C)* y, algo peor, las *teloméricas (bandas N)* (Fig. 3.47.A).
4. **Bandas N**. Con procedimientos hidrolíticos seguidos de tinción con *Giemsa,* o con las mismas técnicas de *impregnación argéntica* que tiñen las constricciones secundarias (organizadores nucleolares), se observan las *bandas teloméricas.*
5. **Bandas R**. Resulta una imagen inversa a la del bandeo Q.
6. **Bandas T**. Se observa la misma imagen que con el bandeo N.

Cada banda se replica como una unidad durante la interfase. Así se observa en cromosomas anafásicos en los que la replicación se marcó de manera diferencial durante intervalos distintos en la fase S anterior mediante desoxibromouridina (BrdU). Esto sugiere que se trata de unidades funcionales.

## ALTERACIONES MORFOLÓGICAS DEL CARIOTIPO

Existen alteraciones espontáneas y alteraciones inducidas. En cualquier caso, se clasifican en cambios numéricos y cambios estructurales.

### CAMBIOS NUMÉRICOS

El número básico de cromosomas de una célula, característico de cada especie, se designa con la letra n y representa cuántos cromosomas diferentes hay en el cariotipo, entendiendo como iguales, a estos efectos, los dos cromosomas sexuales. Se denomina dotación *euploide* a la que es múltiplo de n (Xn). Las dotaciones euploides más frecuentes son: *haploide* (n cromosomas), *diploide* (2n), *triploide* (3n) y *tetraploide* (4n). La dotación normal de una célula somática es la diploide y la de los gametos la haploide. Las dotaciones euploides con más de 3n cromosomas se denominan *poliploides,* y se producen por un fallo en el reparto anafásico.

Las dotaciones *aneuploides* tienen números cromosómicos que no son múltiplos del básico (2n ± x cromosomas). En la especie humana, las dotaciones aneuploides pueden ser de varios tipos: *nulisomía* (2n – 2), en la que falta un par de cromosomas homólogos; *monosomía* (2n – 1) (Fig. 3.47.B), *trisomía* (2n + 1), etc. En animales sólo algunas monosomías y trisomías son viables. En los cromosomas autosómicos humanos, las aneuploidías más frecuentes son las trisomías de los cromosomas 21 (*síndrome de Down*), 15 y 18.

En los cromosomas sexuales humanos, las aneuploidías más frecuentes son: el *síndrome de Turner* (X0), el *síndrome de Klinefelter* (XXY o, con menor frecuencia, XXYY, XXXY o incluso diversos *mosaicos cromosómicos* que combinan varios cariotipos, siempre con varios cromosomas X y al menos un cromosoma Y), las *hembras triplo X* (XXX), las *hembras tetra X* (XXXX) y los varones con *doble cromosoma Y* (XYY). La causa de la aneuploidía es la falta de separación (falta de disyunción) de las cromátidas hermanas en la anafase II, que pasan juntas a un polo y faltan en el otro.

En mamíferos se han encontrado al menos 19 genes implicados en la diferenciación sexual. El cromosoma Y dirige la diferenciación testicular masculina. La histogénesis del testículo es inicialmente regida por un *factor de la diferenciación testicular* (TDF) que es producido por el gen *Sry* (*sex determining region y*), localizado en la porción distal del brazo corto del cromosoma Y. Este gen se expresa sólo en algunas células somáticas de la gónada en desarrollo, las cuales se diferencian en células de Sertoli, que dirigen la diferenciación masculina de la gónada de cuatro maneras:

1. Encaminan las células germinales primordiales hacia la espermatogénesis.
2. Segregan la *hormona antimülleriana*, que involuciona el conducto de Müller, el cual, en las hembras, origina el oviducto, el útero y la vagina.
3. Estimulan algunas células somáticas adyacentes que configuran la estructura de la gónada y que son necesarias para la espermatogénesis.
4. Estimulan a otras células somáticas adyacentes para formar las células de Leydig, que segregan *testosterona*. La testosterona es responsable de la diferenciación del conducto de Wolf (que involuciona en las hembras) en los conductos y glándulas del tracto masculino, como la próstata y las vesículas seminales.

El factor de diferenciación testicular estimula la transcripción de otros genes reguladores necesarios para el desarrollo de la célula de Sertoli, como el *Sox9*. En su ausencia se forman células foliculares ováricas en vez de células de Sertoli, y células tecales en vez de células de Leydig. El desarrollo normal masculino requiere también la cooperación de genes del cromosoma X y de autosomas.

En lo explicado hasta ahora, se ha considerado para el sexo masculino una dotación de cromosomas sexuales XY, y para el femenino una dotación XX. Esto ocurre así en los mamíferos y en muchas otras especies. Sin embargo, no es una regla general. Incluso, a veces, para designar los cromosomas sexuales de algunas especies, no se emplean los términos X e Y sino otras letras. En la Tabla 3.1 se expone la designación de los cromosomas sexuales en ambos sexos correspondientes a varios grupos de vegetales y animales.

## CAMBIOS ESTRUCTURALES

Existen alteraciones cromosómicas que no significan una variación en el número de cromosomas, sino alteraciones en algún fragmento de uno o varios cromosomas. Muchas de estas alteraciones son moleculares y no pueden ser detectadas con el microscopio. Otras pueden serlo, y a éstas nos referiremos. Las más frecuentes son:

1. *Deleción:* es la pérdida de un fragmento de un cromosoma que puede haber pasado a otro cromosoma.
2. *Translocación*: un cromosoma tiene un fragmento suplementario que perteneció a otro cromosoma.
3. *Duplicación*: un fragmento de cromosoma está representado dos veces en el mismo cromosoma debido a errores en la replicación del DNA.
4. *Inversión*: un fragmento de cromosoma ocupa una posición invertida debido a errores en la replicación (Fig. 3.47.B).

Existen algunas alteraciones cromosómicas más peculiares como el *isocromosoma X*. Con este término se designan cromosomas X que aparecen metacéntricos en vez de submetacéntricos, como sería lo normal. La formación del isocromosoma X puede explicarse porque, en una división celular anómala, el centrómero, en vez de romperse de modo que se separen ambas cromátidas para emigrar cada una a un polo, se rompe dejando una pareja de brazos cortos a un lado y la pareja de brazos largos al otro. Después de que las cromátidas se repliquen, en la siguiente metafase, cada una de estas parejas constituye un isocromosoma X (de brazos iguales). El isocromosoma X no contiene todo el material genético del cromosoma X sino sólo el de un brazo y repetido. Se ha observado en algunas mujeres con el síndrome de Turner, que en vez de tener un cariotipo estrictamente X0, tienen un cromosoma X y un isocromosoma X.

## CROMATINA SEXUAL

Desde hace tiempo, en algunos insectos y también en otros invertebrados, se había observado que la cromatina en interfase de los machos era diferente de la de las hembras. El término *cromatina sexual* fue introducido en 1949 por Bertrand y Barr, quienes, en sus experimentos sobre los efectos de la sección de axones en las neuronas del asta anterior de la médula espinal de gatos, observaron que, junto al nucléolo, aparecía algunas veces un corpúsculo de cromatina densa (distinguible del nucléolo), que emigraba hasta adosarse a la envoltura nuclear (Fig. 3.48.A). Como el corpúsculo aparecía únicamente en las hembras, pensaron que estaría relacionado con el sexo. Cajal había observado con anterioridad la cromatina sexual sin deducir que estuviera relacionada con el sexo, por lo que la llamó *satélite nucleolar*. La cromatina sexual se ha localizado también en otros muchos tipos celulares. En las células epiteliales (por ejemplo, frotis de mucosa bucal) y en fibroblastos aparece con forma triangular o de lente plano-cóncava, adosada a la envoltura nuclear. En los leucocitos neutrófilos humanos se observa en forma de un *palillo de tambor* que emerge de uno de los lóbulos del núcleo, aunque no está claro si todo el palillo es cromatina sexual o sólo lo es el extremo de éste. No obstante, hay células, como las plasmáticas, en las que no se observa la cromatina sexual.

La presencia de cromatina sexual, denominada también *corpúsculo de Barr*, se ha empleado para la determinación del sexo en personas con fenotipo ambiguo. La cromatina sexual no aparece en los varones con cariotipo normal (XY) o en aquellos que poseen el cariotipo XYY. Tampoco aparece en el síndrome de Turner (X0), pero puede observarse en todos los cariotipos con dos cromosomas X, incluidos los varones con síndrome de Klinefelter XXY. En los cariotipos con varios cromosomas X pueden aparecer tantos corpúsculos de Barr como cromosomas X estén presentes menos uno. Así, en el síndrome de Klinefelter con cariotipo XXXY puede haber dos corpúsculos, y en las mujeres tetra X pueden encontrarse hasta tres.

La explicación de este hecho es que en todas las células sólo hay un cromosoma X activo. El otro o los otros cromosomas X presentes no están activos y se encuentran heterocromatinizados; por eso se visualizan como cromatina sexual. Usando timidina tritiada se observó que en las hembras uno de ambos cromosomas X es de replicación tardía, debido a que es el último que se desespiraliza. El hecho de que en algunas preparaciones microscópicas de hembras con cariotipo normal no se observe cromatina sexual quiere decir, únicamente, que el corpúsculo no ha quedado comprendido en el corte o no se muestra en la posición en que haya quedado la célula en el frotis.

El cromosoma X heterocromatinizado en cada célula de una hembra puede provenir de cualquiera de los dos progenitores indistintamente. Esto no significa que sólo se manifiesten los factores genéticos ligados al sexo de uno de los padres, ya que no en todas las células de una hembra se encuentra heterocromatinizado el mismo cromosoma X; en unos grupos de células puede estar inactivado el cromosoma X paterno y en otro el materno. Así, el color de los ojos, que está ligado al cromosoma X, es ordinariamente el mismo en ambos ojos no sólo en los varones sino también en las hembras, pues todas las células de ambos ojos tienen posiblemente el mismo cromosoma X inactivo. Sin embargo, existen algunas hembras que tienen un ojo de cada color. Esto se debe probablemente a que en cada ojo está inactivado un cromosoma X diferente. La heterocromatinización se realiza al azar (entre ambos cromosomas) en los estadios finales del blastocisto, y desde ese momento permanece fijada para toda la descendencia de cada célula.

En realidad, no todo el cromosoma X que presenta el corpúsculo de Barr está heterocromatinizado, sino sólo parte de él; en concreto, el corpúsculo de Barr corresponde a la mitad del brazo largo más próximo al centrómero. Esta región es la que tarda más en replicarse en la interfase. Las restantes regiones del cromosoma X (la otra mitad del brazo largo y el brazo corto) permanecen desespiralizadas y genéticamente activas, al igual que el otro cromosoma X entero.

# CROMOSOMAS ESPECIALES

Este término designa formaciones cromosómicas atípicas, fisiológicamente normales, pero que sólo se desarrollan en algunos tipos celulares en determinadas etapas de su ciclo. Las más representativos son los cromosomas plumosos y los cromosomas politénicos.

## CROMOSOMAS PLUMOSOS

Los ovocitos maduran durante largo tiempo en el cual aumenta considerablemente su volumen. En la rana, a partir de una ovogonia, que mide unos 17 µm de diámetro, se desarrolla un huevo maduro de 4000 µm de diámetro. Esto significa que su volumen ha aumentado 1 600 000 veces. La gran cantidad de proteínas que se necesitan durante este crecimiento requiere una intensa síntesis de RNA. Sin embargo, existe un problema: estas células se encuentran en un período especial de división celular (meiosis) durante el cual la cromatina se configura en cromosomas cuya actividad normal va dirigida a la distribución del material genético entre las células hijas que van a formarse, y no hacia la síntesis de RNA. Para resolver este problema los ovocitos detienen transitoriamente la meiosis y los cromosomas cambian su configuración haciéndola compatible con la transcripción.

En la profase de la primera división meiótica, los cromosomas homólogos comienzan a emparejarse en el *cigoteno,* y quedan estrechamente apareados en el *paquiteno*. Como cada cromosoma consta de dos cromátidas también estrechamente emparejadas, la imagen resultante del emparejamiento de cada par de cromosomas homólogos en el cigoteno es la de una *tétrada*. En el *diploteno*, los cromosomas comienzan a rechazarse excepto en los *quiasmas* (véase página 377). En los ovocitos de muchas especies, esta etapa dura mucho tiempo (en la mujer, años), y durante ese tiempo el núcleo pierde transitoriamente su aspecto meiótico, dando lugar a un período especial denominado *dictioteno*. En este período, los cromosomas adquieren un gran tamaño y adoptan un aspecto de *cepillo limpia-tubos (lampbrush)* o *plumoso*, términos por los que se conoce a estos cromosomas, que fueron descubiertos por Ruckert en 1882 (Fig. 3.48.B).

En algunos urodelos, el conjunto de estos cromosomas puede alcanzar 5900 µm de longitud, dentro de un núcleo de unos 500 µm de diámetro. Los cromosomas plumosos se encuentran en los ovocitos de la mayoría de las especies animales (también en seres humanos), pero donde más han sido estudiados es en anuros como *Triturus* y *Xenopus*.

En los cromosomas plumosos se mantiene la disposición de los cromosomas homólogos en diploteno; no obstante estos cromosomas son muy largos y cada uno muestra numerosos bucles o lazos en su recorrido (unos mil en todo el conjunto cromosómico del ovocito de *Triturus*). Cada uno de los cromosomas homólogos comprende dos filamentos paralelos, cada uno de los cuales corresponde a una cromátida. De cada filamento o cromátida emerge un bucle. En los contactos del bucle con el filamento del que surgen se observan unas zonas más densas, los *cromómeros*, que corresponden al filamento espiralizado (Fig. 3.49). Mediante tratamiento con verde metilo-pironina, nucleasas (DNAasa y RNAasa), o incorporación de uridina tritiada, se demuestra que los bucles, además de DNA, contienen RNA y ribonucleoproteínas. Si se tira de los extremos de los cromosomas con agujas de microdisección, los bucles desaparecen. Esto indica que los bucles mantienen una continuidad con el filamento de DNA.

Se supone que cada cromómero comprende dos regiones o *hemicromómeros*: un hemicromómero va soltando el DNA, que forma un bucle y se recoge en el

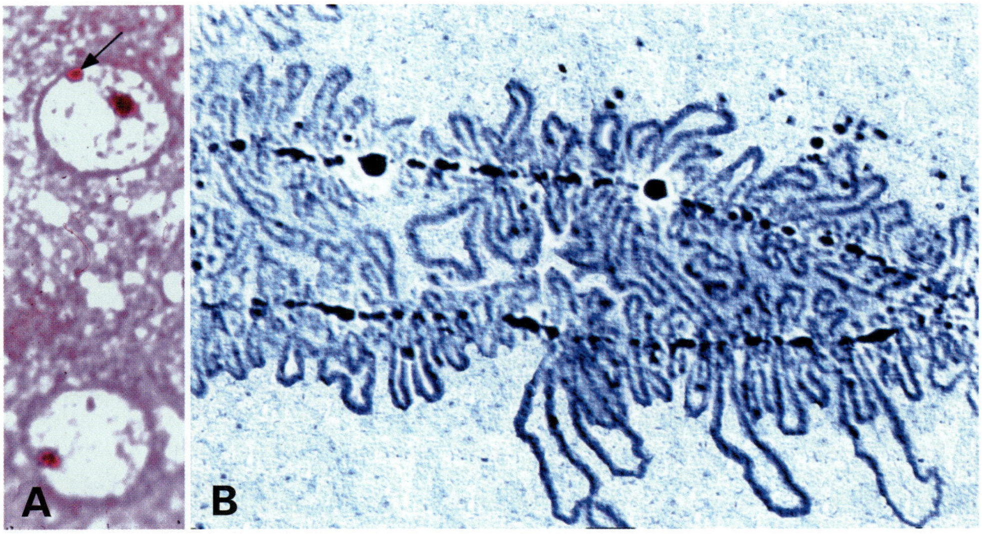


**Figura 3.48.** **A**: Cromatina sexual (flecha) en una neurona de la médula espinal. H.E. X1000. **B**: Cromosoma plumoso del anfibio urodelo *Taricha granulosa*. X800. (Micrografía de J. Kezer. Tomada de Sánchez-Monge E, Jouve N *Genética*. 2.ª ed., Barcelona, Omega, 1989.)

otro hemicromómero. El bucle transcribe RNA, que enseguida se rodea de sus proteínas, como en cualquier transcripción. Parece que cada bucle tiene una morfología y longitud propias (hasta varios cientos de micrómetros), lo que le convierte en una estructura estable. Los cromosomas también varían de tamaño según el número de bucles que proyecten. Todo el filamento de DNA puede transcribirse, si bien no al mismo tiempo sino sólo cuando le corresponde formar el bucle, hasta que es recogido. El mismo fenómeno ocurre simétricamente en la cromátida paralela de ese cromosoma y también en ambas cromátidas del cromosoma homólogo unido al anterior por los quiasmas. El 95% del DNA está concentrado en cromómeros y sólo el 5% forma bucles.

La transcripción de los bucles, como cualquier otra del núcleo, sólo ocurre en una de las cadenas del doble helicoide. De ordinario, la transcripción progresa en un solo sentido, pero otras veces se observan segmentos mudos, tras los cuales cambia el sentido de la transcripción. En estos casos, lo que ocurre es que ha dejado de transcribirse una cadena y ha comenzado la transcripción en la complementaria, por lo que cambia el sentido de avance de las RNA polimerasas (Fig. 3.50).

El RNA transcrito en los bucles es de todos los tipos, incluidos el rRNA de 5 S, el tRNA (4 S) y los mRNA de histonas. Todos se unen a proteínas y se almacenan en el citoplasma.

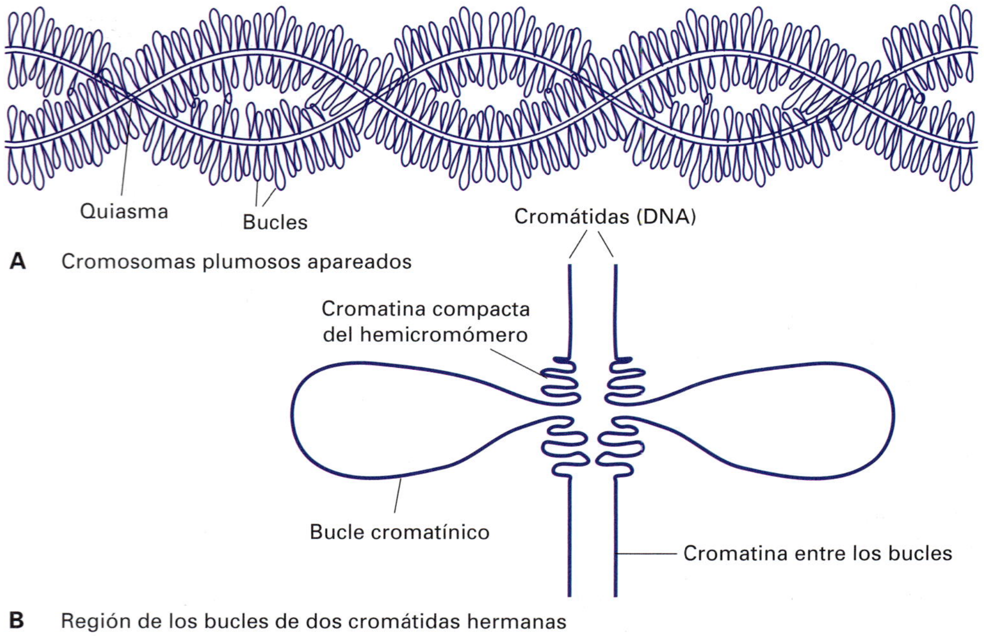


**Figura 3.49.** Estructura de un cromosoma plumoso completo (arriba) y detalle de la desespiralización del DNA donde se forman bucles.

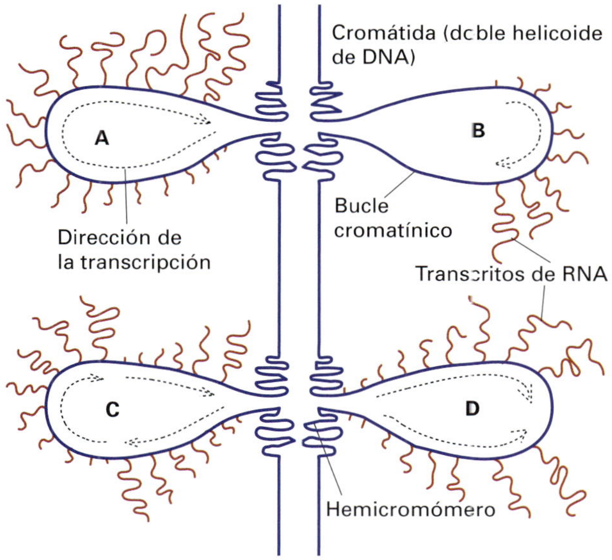


**Figura 3.50.** Transcripción en los bucles de un cromosoma plumoso. El sentido de la transcripción puede variar, según lo indicado en la Figura 3.30.B.

En algunos anfibios, como *Pleurodeles waltlii*, las ribonucleoproteínas de los RNA transcritos en los diferentes bucles pueden adoptar configuraciones diferentes. Algunas forman esferas de diversos tamaños según los bucles. Hay un bucle en el que todas las ribonucleoproteínas se fusionan para formar una gran esfera; su aspecto es el de un nucléolo y contiene copia de secuencias repetitivas del DNA organizador nucleolar (Fig. 3.51).

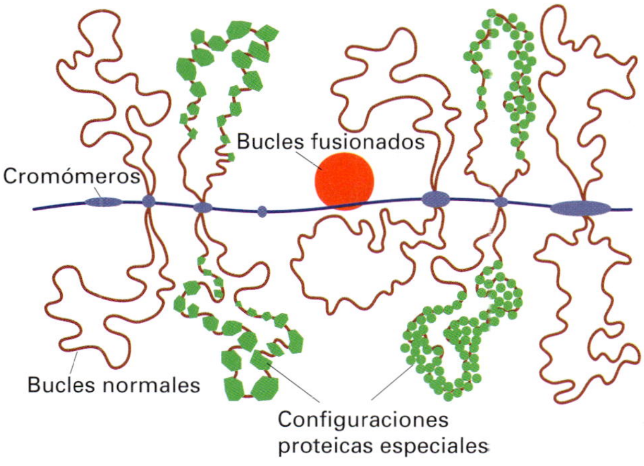


**Figura 3.51.** Representación del RNA transcrito asociado a proteínas en un segmento de un cromosoma plumoso del anfibio *Pleurodeles waltlii*, sobre la base de un dibujo de J.C. Lacroix. Las proteínas presentan un aspecto diferente según los segmentos transcritos. Junto a bucles de aspecto normal, hay otros con configuraciones proteicas especiales y bucles fusionados.

Aunque se han descrito cromosomas semejantes a los plumosos en espermatocitos (concretamente en *Drosophila hydei* y en los seres humanos), su existencia es discutida, pues los espermatocitos tienen una meiosis relativamente corta (de sólo unos días) y no aumentan de tamaño, por lo que carecen de las necesidades de RNA de los ovocitos.

## CROMOSOMAS POLITÉNICOS

Algunos tejidos de insectos dípteros, como las glándulas salivales, el epitelio intestinal, tráqueas, células adiposas, túbulos de Malpighi y otros, llegan a desarrollar células de gran tamaño durante algunas fases de su vida. Este aumento del tamaño celular se corresponde con un incremento de la cromatina, que sufre sucesivas replicaciones, manteniéndose las cromátidas paralelas con todos los genes estrechamente asociados gen a gen. Este proceso se denomina *endorreduplicación*, y estos cromosomas interfásicos o, todo lo más, en una profase permanente, se denominan *cromosomas gigantes o politénicos* (Fig. 3.52).

Los cromosomas politécnicos fueron observados por primera vez por Balbiani en 1881. A partir de 1930, fueron estudiados por Kostoff, Painter, Heitz y Bauer en las glándulas salivales de *Drosophila melanogaster* y *Chironomus*, y también en los otros tejidos mencionados. Posteriormente se han observado en colémbolos, en protozoarios ciliados y en el suspensor del embrión durante la formación de las semillas de leguminosas.

**Figura 3.52.** Cromosomas politénicos de *Chironomus*. Giemsa. X800.

En *Drosophila*, cada núcleo con cromosomas politénicos tiene unos 75 μm de diámetro, lo que supone un volumen unas 1000 veces mayor que el de las células normales. La longitud del conjunto de cromosomas politénicos es de unos 2000 μm, mientras que en las otras células el conjunto cromosómico mide unos 7.5 μm. Cada cromosoma gigante equivale a uno normal. La diferencia estriba en que los politénicos son mucho más anchos y más largos que los normales. En *Drosophila melanogaster* hay cinco brazos largos y uno corto, que se unen en una región central heterocromática denominada *cromómero* o *cromocentro*. Los cinco brazos largos corresponden al cromosoma X y a ambos brazos de los cromosomas metacéntricos II y III. El brazo corto corresponde al cromosoma IV. El cromocentro comprende la región heterocromática de los autosomas, del cromosoma X y, en los machos, todo el cromosoma Y, que aparece completamente heterocromático. El cromocentro de *Drosophila* se considera cromatina constitutiva y contiene, además, un organizador nucleolar del cromosoma X y otro del Y (Fig. 3.53). Cada par de cromosomas homólogos representa un número muy elevado de cromátidas (1024 cromátidas contando ambos homólogos) estrechamente asociadas. Esto obedece a que cada cromosoma normal ha sufrido 10 endorreduplicaciones, sin que se hayan separado las cromátidas, lo que explica su considerable grosor. Su enorme longitud se debe a que la cromatina está mucho menos condensada que en los cromosomas normales. Al disponerse 1000 cromátidas asociadas se comprende que éstas no puedan permanecer condensadas si se tienen que mantener adosadas entre sí.

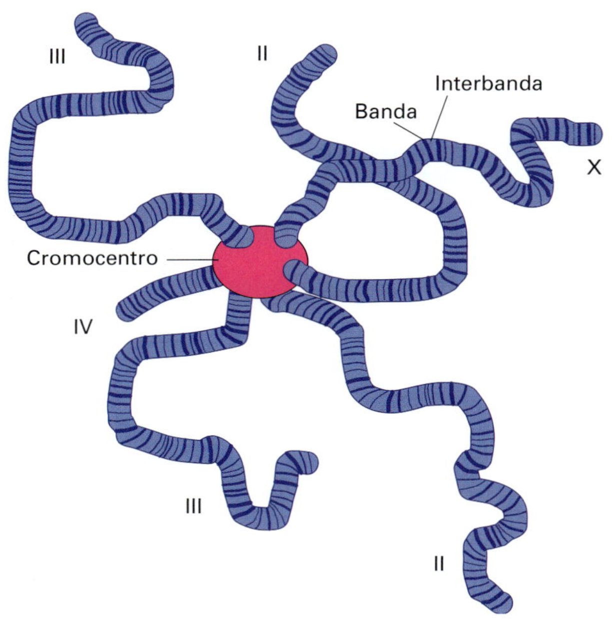


**Figura 3.53.** Conjunto completo de cromosomas politénicos de *Drosophila melanogaster*.

Cada cromosoma politénico presenta *bandas* Feulgen-positivas de diferente grosor, separadas por *interbandas*, que son Feulgen-negativas. En *Drosophila* hay unas 5000 bandas en el conjunto de sus cuatro cromosomas. Estas bandas son constantes en cada cromosoma, pues se aprecian las mismas bandas en los diferentes tipos celulares de la misma especie que tienen cromosomas politénicos. Esta constancia fue utilizada para el trazado de los mapas genéticos (localización de los genes en cromosomas), ya que son cromosomas tan normales como los del resto del organismo, pero muy aumentados. Las bandas corresponden a zonas del DNA donde se da una cierta espiralización, la suficiente para que sean Feulgen-positivas, y en ellas se localiza el 85% del DNA. Las interbandas tienen una cromatina tan laxa que no fija el Feulgen en la suficiente cantidad como para que se visualice.

En algunas bandas se observan unas hinchazones denominadas *puffs*. Cada *puff* contiene DNA y RNA, como se ha podido demostrar con tratamientos con DNAasa y RNAasa, tinción con verde metilo-pironina o incorporación de uridina tritiada. Los *puffs* corresponden a bandas que se desespiralizan para empezar a transcribir, de modo parecido a como lo hacen los cromosomas plumosos (Fig. 3.54). Estos *puffs* son constantes para cada cromosoma en todas las células de un tejido y en un determinado momento de su desarrollo. Sin embargo, si se observan en otro tejido, o en el mismo pero en otro momento del desarrollo, se puede apreciar que han cambiado de localización. Esto se explica porque las necesidades de síntesis proteica difieren a lo largo del desarrollo y, por tanto, también son diferentes los genes que deben transcribir. El estudio de estas variaciones permite conocer la expresión de los distintos genes a lo largo del cromosoma. En algunos cromosomas politénicos, como los de *Chironomus*, se observan hinchazones de un tamaño extraordinario, que son los denominados *anillos de Balbiani*. Son *puffs* gigantes en número escaso.

Se supone que cada banda es un dominio de DNA (lo que hemos denominado *microcónvula* en el cromosoma y *bucle* en la interfase), cuya longitud varía entre 3000 y 300 000 pares de bases por cromátida, con una media de 20 000 pares de bases. En los *puff*, toda la banda (*dominio*) se ha soltado para transcribir totalmente o en parte. El número de bandas en los cromosomas politénicos de *Drosophila* coincide con el de genes (unos 5000), por lo que se pensó que cada gen formaría una banda. Estudios posteriores demostraron que una banda puede transcribir varios genes y que puede haber también transcripción en algunas interbandas, por lo que esta asociación gen-banda es dudosa.

Las bandas e interbandas intercalares de los cromosomas normales observadas con las técnicas de bandeo no se corresponden con las bandas e interbandas de los cromosomas politénicos. El equivalente a una banda intercalar de un cromosoma normal origina varias bandas e interbandas en el politénico. Este hecho permite concluir que las bandas intercalares de los cromosomas normales no son heterocromatina constitutiva, puesto que transcriben en los cromosomas politénicos.

El objetivo principal de la organización del DNA de los cromosomas politénicos en bandas e interbandas es man-

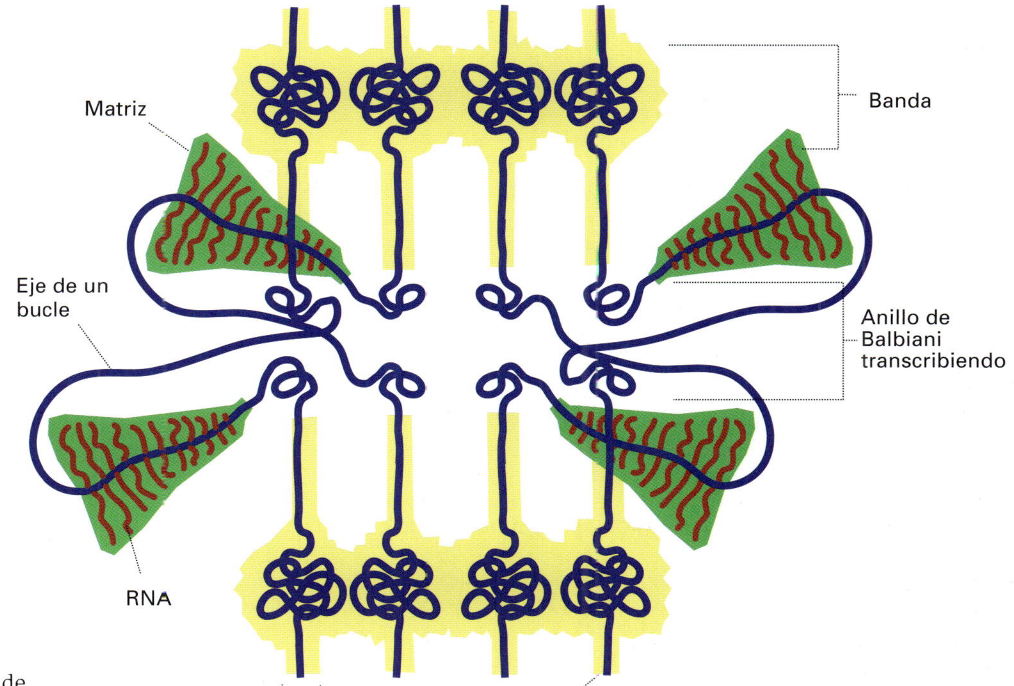


**Figura 3.54.** Representación de las bandas y de un *puff* en un cromosoma politénico.

tener gran cantidad de DNA espiralizado y ocupar el mínimo espacio posible, teniendo en cuenta la gran cantidad de DNA acumulada en cada núcleo como efecto de la endorreduplicación. Otras hipótesis sugieren que el motivo de esa organización es: a) reunir todos los genes iguales impidiendo su replicación cruzada, y b) regular la transcripción organizando los genes específicos celulares en bandas y los constitutivos en interbandas.

# BIBLIOGRAFÍA RECOMENDADA

## BIBLIOGRAFÍA GENERAL SOBRE EL NÚCLEO

Bubulya PA, Spector DL. On the movements of nuclear components in living cells. *Exp Cell Res,* 2004; 296: 4-11.

Cardoso MC, Sporbert A, Leonhardt H. Structure and function in the nucleus: subnuclear trafficking of DNA replication factors. *J Cell Biochem,* 1999; 32-33: 15-23.

Foster HA, Bridger JM. The genome and the nucleus: a marriage made by evolution. Genome organisation and nuclear architecture. *Chromosoma,* 2005; 114: 212-229.

Gilbert N, Gilchrist S, Bickmore WA. Chromatin organization in the mammalian nucleus. *Int Rev Cytol,* 2005; 242: 283-336.

Jackson DA. The principles of nuclear structure. *Chromosome Res,* 2003; 11: 387-401.

Moreno Díaz de la Espina S, Alverca E, Cuadrado A, Franca S. Organization of the genome and gene expression in a nuclear environment lacking histones and nucleosomes: the amazing dinoflagellates. *Eur J Cell Biol,* 2005; 84: 137-149.

Van-Driel R, Fransz P. Nuclear architecture and genome functioning in plants and animals: what can we learn from both? *Exp Cell Res,* 2004; 296: 86-90.

Wall JS, Hainfeld JF, Simon MN. Scanning transmission electron microscopy of nuclear structures. *Methods Cell Biol,* 1998; 53: 139-164.

## MATRIZ NUCLEAR

Hoffman M. New evidence found for a nuclear matrix. *Science,* 1992; 255: 34.

Mancini MA, He D, Ouspenski II, Brinkley BR. Dynamic continuity of nuclear and mitotic matrix proteins in the cell cycle. *J Cell Biochem,* 1996; 62: 158-164.

Sjakste N, Sjakste T. Nuclear matrix proteins and hereditary diseases. *Genetika,* 2005; 41: 293-298.

Tsutsui K M, Sano K, Tsutsui K. Dynamic view of the nuclear matrix. *Acta-Med-Okayama,* 2005; 59: 113-120.

## ESTRUCTURA DE LA CROMATINA. EL CROMOSOMA

Adkins NL, Watts M, Georgel PT. To the 30-nm chromatin fiber and beyond. *Biochim Biophys Acta,* 2004; 1677: 12-23.

Cremer T, Kupper K, Dietzel S, Fakan S. Higher order chromatin architecture in the cell nucleus: on the way from structure to function. *Biol Cell,* 2004; 96: 555-567.

Cremer T, Kupper K, Dietzel S, Fakan S. Higher order chromatin architecture in the cell nucleus: on the way from structure to function. *Biol Cell,* 2004; 96: 555-567.

Fischle W, Wang Y, Allis CD. Histone and chromatin cross-talk. *Curr Opin Cell Biol,* 2003; 15: 172-183.

Gilbert N, Gilchrist S, Bickmore WA. Chromatin organization in the mammalian nucleus. *Int Rev Cytol,* 2005; 242: 283-336.

Greider CW, Blackburn EH. Telómeros, telomerasa y cáncer. *Investigación y Ciencia,* 1996; 235: 20-26.

Hsieh TF, Fischer RL. Biology of chromatin dynamics. *Annu Rev Plant Biol,* 2005; 56: 327-351.

Kornberg R D, Klug A. El nucleosoma. *Investigación y Ciencia,* 1981; 55: 28-44.

Lam E, Kato N, Watanabe K. Visualizing chromosome structure/organization. *Annu Rev Plant Biol,* 2004; 55: 537-554.

Moyzis R K. El telómero humano. *Investigación y Ciencia,* 1991; 165: 30-37.

Palladino F, Gasser S M. Telomere maintenance and gene repression: a common end? *Curr Opin Cell Biol,* 1994; 6: 373-379.

Razin SV, Petrov A, Hair A, Vassetzky YS. Chromatin domains and territories: flexibly rigid. *Crit Rev Eukaryot Gene Expr,* 2004; 14: 79-88.

Sharp JA, Kaufman PD. Chromatin proteins are determinants of centromere function. *Curr Top Microbiol Immunol,* 2003; 274: 23-52.

Sivolob A, Prunell A. Nucleosome conformational flexibility and implications for chromatin dynamics. *Philos Transact A Math Phys Eng Sci,* 2004; 362: 1519-1547.

Spector DL. The dynamics of chromosome organization and gene regulation. *Annu Rev Biochem* 2003; 72: 573-608.

Wolffe AP. Histones, nucleosomes and the roles of chromatin structure in transcriptional control. *Biochem Soc Trans,* 1997; 25: 354-358.

Zlatanova J, Leuba SH, van Holde K. Chromatin structure revisited. *Crit Rev Eukaryot Gene Expr,* 1999; 9: 245-255.

## REPLICACIÓN Y TRANSCRIPCIÓN DE LA CROMATINA

Biamonti G, Paixao S, Montecucco A, Peverali FA, Riva S, Falaschi A. Is DNA sequence sufficient to specify DNA replication origins in metazoan cells? *Chromosome Res,* 2003; 11: 403-412.

Buratowski S. The basis of basal transcription by RNA polymerase II. *Cell,* 1994; 77: 1-3.

Chan MF, Liang G, Jones PA. Relationship between transcription and DNA methylation. *Curr Top Microbiol Immunol,* 2000; 249: 75-86.

Corry GN, Underhill DA. Subnuclear compartmentalization of sequence-specific transcription factors and regulation of eukaryotic gene expression. *Biochem Cell Biol,* 2005; 83: 535-547.

Darnell JE. Maduración del ARN. *Investigación y Ciencia,* 1983; 87: 50-61.

Ehrenhofer Murray AE. Chromatin dynamics at DNA replication, transcription and repair. *Eur J Biochem,* 2004; 271: 2335-2349.

Eick D, Wedel A, Heumann H. From initiation to elongation: Comparison of transcription by prokaryotic and eukaryotic RNA polymerases. *Trends Genet,* 1994; 10: 292-296.

Gaston K, Jayaraman PS. Transcriptional repression in eukaryotes: repressors and repression mechanisms. *Cell Mol Life Sci,* 2003; 60: 721-741.

Gruss C, Knippers R. Structure of replicating chromatin. *Prog Nucleic Acid Res Mol Biol,* 1996; 52: 337-365.

Henkin TM. Transcription termination control in bacteria. *Curr Opin Microbiol,* 2000; 3: 149-153.

Hickey RJ, Malkas LH. Mammalian cell DNA replication. *Crit Rev Eukaryot Gene Expr,* 1997; 7: 125-157.

Howards-Flanders P. Reparación inducible del ADN. *Investigación y Ciencia,* 1982; 64: 28-37.

Hyrien O, Marheineke K, Goldar A. Paradoxes of eukaryotic DNA replication: MCM proteins and the random completion problem. *Bioessays,* 2003; 25: 116-125.

Hyrien O. Mechanisms and consequences of replication fork arrest. *Biochimie,* 2000; 82: 5-17.

Kadonaga JT. Regulation of RNA polymerase II transcription by sequence-specific DNA binding factors. *Cell,* 2004; 116: 247-257.

Kolas NK, Cohen PE. Novel and diverse functions of the DNA mismatch repair family in mammalian meiosis and recombination. *Cytogenet Genome Res,* 2004; 107: 216-231.

Kuhn H, Waser J. On the origin of the genetic code. *FEBS Lett,* 1994; 352: 259-264.

Metivier R, Reid G, Gannon F. Transcription in four dimensions: nuclear receptor-directed initiation of gene expression. *EMBO Rep,* 2006; 7: 161-167.

Reeve JN, Sandman K, Daniels CJ. Archaeal histones, nucleosomes, and transcription initiation. *Cell,* 1997; 89: 999-1002.

Roeder RG. Nuclear RNA polymerases: role of general initiation factors and cofactors in eukaryotic transcription. *Methods Enzymol,* 1996; 273: 165-171.

Smith HC. Organization of RNA splicing in the cell nucleus. *Curr Top Cell Regul,* 1992; 33: 145-166.

Svaren J, Horz W. Histones, nucleosomes and transcription. *Curr Opin Genet Dev,* 1993; 3: 219-225.

Verger A, Crossley M. Chromatin modifiers in transcription and DNA repair. *Cell Mol Life Sci,* 2004; 61: 2154-2162.

Von Hippel PH. An integrated model of the transcription complex in elongation, termination, and editing. *Science,* 1998; 281: 660-665.

Wang JC. Topoisomerasas de ADN. *Investigación y Ciencia,* 1982; 72: 56-69.

Weinreich M, Palacios DeBeer MA, Fox CA. The activities of eukaryotic replication origins in chromatin. *Biochim Biophys Acta,* 2004; 1677: 142-157.

Wood RD. DNA repair in eukaryotes. *Annu Rev Biochem,* 1996; 65: 135-168.

## NUCLÉOLO

Dimario PJ. Cell and molecular biology of nucleolar assembly and disassembly. *Int Rev Cytol,* 2004; 239: 99-178.

Leung AK, Lamond AI. The dynamics of the nucleolus. *Crit Rev Eukaryot Gene Expr,* 2003; 13: 39-54.

Olson MO, Dundr M, Szebeni A. The nucleolus: an old factory with unexpected capabilities. *Trends Cell Biol,* 2000; 10: 189-196.

Pederson T. The plurifunctional nucleolus. *Nucleic Acids Res,* 1998; 26: 3871-3876.

Raska I, Koberna K, Malinsky J, Fidlerova H, Masata M. The nucleolus and transcription of ribosomal genes. *Biol Cell,* 2004; 96: 579-594.

Raska I. Oldies but goldies: searching for Christmas trees within the nucleolar architecture. *Trends Cell Biol,* 2003; 13: 517-525.

Scheer U, Hock R. Structure and function of the nucleolus. *Curr Opin Cell Biol,* 1999; 11: 385-390.

Shaw P, Doonan J. The nucleolus. Playing by different rules? *Cell Cycle,* 2005; 4: 102-105.

Shaw PJ, Jordan EG. The nucleolus. *Annu Rev Cell Dev Biol,* 1995; 11: 93-121.

## ENVOLTURA NUCLEAR Y TRANSPORTE ENTRE EL NÚCLEO Y EL CITOPLASMA

Ball JR, Ullman KS. Versatility at the nuclear pore complex: lessons learned from the nucleoporin Nup153. *Chromosoma,* 2005; 114: 319-330.
Dessev GN. Nuclear envelope structure. *Curr Opin Cell Biol,* 1992; 4: 430-435.
Fahrenkrog B, Aebi U:.The nuclear pore complex: nucleocytoplasmic transport and beyond. *Nat Rev Mol Cell Biol,* 2003; 4: 757-766.
Fahrenkrog B, Koser J, Aebi U. The nuclear pore complex: a jack of all trades? *Trends Biochem Sci,* 2004; 29: 175-182.
Gant TM, Goldberg MW, Allen TD. Nuclear envelope and nuclear pore assembly: analysis of assembly intermediates by electron microscopy. *Curr Opin Cell Biol,* 1998; 10: 409-415.
Kubitscheck U, Grunwald D, Hoekstra A, Rohleder D, Kues T, Siebrasse JP, Peters R. Nuclear transport of single molecules: dwell times at the nuclear pore complex. *J Cell Biol,* 2005; 168: 233-243.
Mans BJ, Anantharaman V, Aravind L, Koonin EV. Comparative genomics, evolution and origins of the nuclear envelope and nuclear pore complex. *Cell Cycle,* 2004; 3: 1612-1637.
Pemberton LF, Blobel G, Rosenblum JS. Transport routes through the nuclear pore complex. *Curr Opin Cell Biol,* 1998; 10: 392-399.
Petersen OH, Gerasimenko OV, Gerasimenko JV, Mogami H, Tepikin AV. The calcium store in the nuclear envelope. *Cell Calcium,* 1998; 23: 87-90.
Rabut G, Lenart P, Ellenberg J. Dynamics of nuclear pore complex organization through the cell cycle. *Curr Opin Cell Biol,* 2004; 16: 314-321.
Rose A, Patel S, Meier I. The plant nuclear envelope. *Planta,* 2004; 218: 327-336.
Schwartz TU. Modularity within the architecture of the nuclear pore complex. *Curr Opin Struct Biol,* 2005; 15: 221-226.
Stoffler D, Fahrenkrog B, Aebi U. The nuclear pore complex: from molecular architecture to functional dynamics. *Curr Opin Cell Biol,* 1999; 11: 391-401.

## CARIOTIPO Y CROMATINA SEXUAL

Bertolotto CE, Pellegrino KC, Yonenaga Yassuda Y. Occurrence of B chromosomes in lizards: a review. *Cytogenet Genome Res,* 2004; 106: 243-246.
Bishop CE. Mapping the mouse Y chromosome. *Ann Endocrinol,* 1994; 54: 331-335.
Chow JC, Yen Z, Ziesche SM, Brown CJ. Silencing of the mammalian X chromosome. *Annu Rev Genomics Hum Genet,* 2005; 6: 69-92.
Goto T, Monk M. Regulation of X-chromosome inactivation in development in mice and humans: *Microbiol Mol Biol Rev,* 1998; 62: 362-378.
Lucchesi JC. The evolution of heteromorphic sex chromosomes. *Bioessays,* 1994; 16: 81-83.
Lyon MF. Imprinting and X-chromosome inactivation. *Results Probl Cell Differ,* 1999; 25: 73-90.
Vallender EJ, Lahn BT. How mammalian sex chromosomes acquired their peculiar gene content. *Bioessays,* 2004; 26: 159-169.

## CROMOSOMAS ESPECIALES

Angelier N, Penrad-Mobayed M, Billoud B, Bonnanfant-Jais ML, Coumailleau P. What role might lampbrush chromosomes play in maternal gene expression? *Int J Dev Biol,* 1996; 40: 645-652.
Krasikova A, Barbero JL, Gaginskaya E. Cohesion proteins are present in centromere protein bodies associated with avian lampbrush chromosomes. *Chromosome Res,* 2005; 13: 675-685.
Lavrov S, Dejardin J, Cavalli G. Combined immunostaining and FISH analysis of polytene chromosomes. *Methods Mol Biol,* 2004; 247: 289-303.
Saunders RD. In situ hybridization to polytene chromosomes. *Methods Mol Biol,* 2004; 247: 279-287.
Semeshin VF; Belyaeva ES, Shloma VV, Zhimulev IF. Electron microscopy of polytene chromosomes. *Methods Mol Biol,* 2004; 247: 305-324.
Tonzetich J. Orcein staining and the identification of polytene chromosomes. *Methods Mol Biol,* 2004; 247: 249-256.
Zhimulev IF, Belyaeva ES, Semeshin VF, Koryakov DE, Demakov SA, Demakova OV, Pokholkova GV, Andreyeva EN. Polytene chromosomes: 70 years of genetic research. *Int Rev Cytol,* 2004; 241: 203-275.
Zhimulev IF. Morphology and structure of polytene chromosomes. *Adv Genet,* 1996; 34: 1-497.
Zybina EV, Zybina TG. Polytene chromosomes in mammalian cells. *Int Rev Cytol,* 1996; 165: 53-119.

## Capítulo 4: Síntesis y degradación de macromoléculas

# SÍNTESIS Y DEGRADACIÓN DE MACROMOLÉCULAS

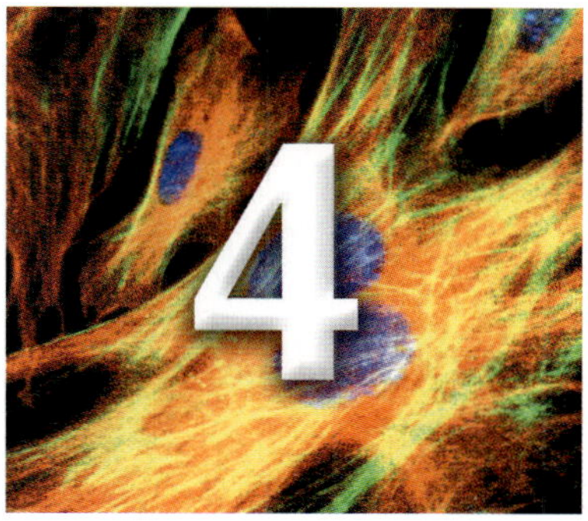


## CITOPLASMA FUNDAMENTAL, HIALOPLASMA O CITOSOL

El *citoplasma fundamental, hialoplasma* o *citosol* es el medio celular, sin estructura aparente, en el que se encuentran el núcleo, los orgánulos, las inclusiones y diversas estructuras, algunas de ellas visibles con el microscopio electrónico, como microfilamentos y microtúbulos, y otras no visibles, como enzimas. Con todo, al ir mejorando las técnicas de microscopía electrónica, las regiones del citoplasma que carecen de estructura se van reduciendo cada vez más, por lo que el concepto de hialoplasma se restringe. En la actualidad sigue siendo correcto considerar el hialoplasma como un gel casi líquido que contiene (en disolución o en suspensión) sustancias tales como enzimas e inclusiones citoplásmicas que no forman parte de los orgánulos o estructuras celulares. El hialoplasma puede relacionarse con el nucleoplasma a través de los poros nucleares.

Se obtiene por centrifugación diferencial. Forma parte de la *fracción soluble* o sobrenadante de la *fracción microsómica* y comprende alrededor del 55% del volumen celular.

El hialoplasma es vital para la célula, debido a los procesos que en él se realizan. Las propiedades coloidales de la célula, como las transformaciones básicas de sol a gel, las modificaciones en la viscosidad, el movimiento intracelular (ciclosis), el movimiento ameboide, la formación del huso mitótico y la división celular, dependen fundamentalmente del hialoplasma. Contiene:

1. ATP, GTP, tRNA y moléculas de señalización celular como cAMP, cGMP, $Ca^{2+}$ e $IP_3$ (inositol trifosfato).
2. Enzimas, que constituyen aproximadamente el 20% de las proteínas totales de la célula. Estas enzimas intervienen en los siguientes procesos:
   - — Biosíntesis de aminoácidos, nuevas enzimas, nucleótidos y ácidos grasos.
   - — Activación de los aminoácidos para la síntesis proteica.
   - — Modificaciones en las proteínas recién sintetizadas.
   - — Glucogenogénesis y glucogenólisis.
   - — Glucólisis anaerobia.
   - — Respuestas intracelulares a moléculas de señalización celular y *proteína quinasas* que fosforilan proteínas diana.

El citosol actúa también como un tampón que equilibra el pH celular (7.4) y contiene todos los orgánulos que realizarán las demás funciones celulares y de los que se tratará a continuación.

## RIBOSOMAS Y SÍNTESIS PROTEICA

### BASOFILIA

Con el microscopio óptico se observa en el citoplasma de muchas células un componente basófilo que fue denominado por Garnier (1900) *sustancia cromidial* (derivado del griego *chromos* = color). Cuando este componente es muy abundante se dice que la célula es basófila; esto es, que el citoplasma (no sólo el núcleo) se tiñe con colorantes básicos como la hematoxilina. El propio Garnier notó que la basofilia variaba de unas células a otras, y que, dentro de una misma célula, se incrementaba al aumentar la síntesis proteica de esa célula.

La basofilia está causada por los *ribosomas* que, cuando son numerosos, hacen que el colorante básico absorbido sea perceptible con el microscopio óptico. La basofilia se produce tanto si los ribosomas están *libres* como si se encuentran adheridos a membranas formando *retículo endoplasmático rugoso* (Fig. 4.1). Así, puede decirse que el páncreas es muy basófilo (contiene mu-

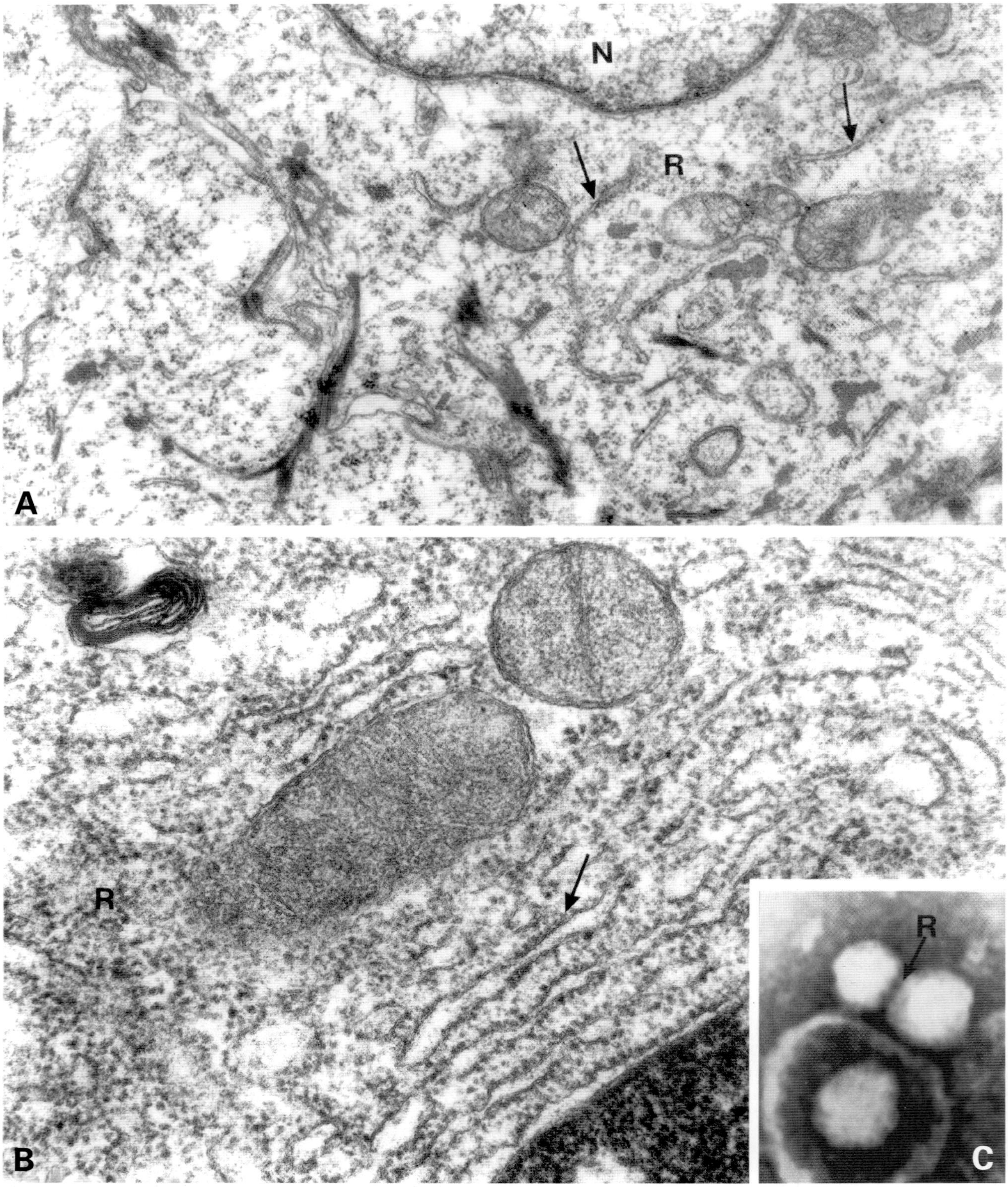


**Figura 4.1.** **A**: Abundantes ribosomas libres (R) y cisternas aisladas de retículo endoplasmático rugoso (flechas) en una célula epidérmica humana. N: núcleo. X18 000. **B**: Abundantes cisternas de retículo endoplasmático rugoso (flecha) dispuestas apretadamente en una célula acinar del páncreas. También se obsevan ribosomas no unidos a membranas (R). Pueden corresponder a ribosomas libres o a una sección tangencial del retículo endoplasmático rugoso. X40 000. **C**: Ribosoma (R) de hígado observado a gran aumento y tras tinción con contraste negativo que muestra las subunidades mayor y menor. X900 000. (Cortesía de J.J. Vázquez. Departamento de Histología. Universidad de Navarra.)

cho retículo endoplasmático rugoso) y que también lo es un eritroblasto (contiene muchos ribosomas libres). En general, la basofilia se manifiesta de tres maneras: a) *difusa*, extendiéndose por todo el citoplasma, como en las células embrionarias, células plasmáticas y eritroblastos; b) *en grumos*, formando manchas distribuidas por el todo el citoplasma como ocurre en los hepatocitos y las neuronas; y c) *localizada*, ocupando ciertas áreas del citoplasma como, por ejemplo, la base de las células acinares del páncreas.

Por *retículo endoplasmático rugoso* se entiende cualquier perfil membranoso con *ribosomas* adheridos, independientemente del número de perfiles o ribosomas observados. La envoltura nuclear, a la que también se adhieren ribosomas, no se incluye en el retículo endoplasmático rugoso.

El término *ergastoplasma* se utilizó inicialmente para designar el material basófilo de aspecto fibrilar o puntiforme observado con el microscopio óptico en algunas células, y que corresponde a retículo endoplasmático rugoso dispuesto en membranas paralelas, en abundancia suficiente como para mostrar ese carácter basófilo descrito con el microscopio óptico. Hoy día, el término ergastoplasma es poco usado y se utiliza sólo para referirse al retículo endoplasmático rugoso, sobre todo en células vegetales.

## ESTRUCTURA Y COMPOSICIÓN DE LOS RIBOSOMAS

A partir de 1953 se investigaron los ribosomas con el microscopio electrónico, principalmente por parte de Claude y Palade (Fig. 4.1). Los ribosomas se aislaron por centrifugación diferencial (a 100 000 G en sacarosa 0.25 M y $Cl_2Mg$) y se determinó su morfología y composición en células procariotas y eucariotas.

En células eucariotas, fijadas para el estudio con el microscopio electrónico, los ribosomas miden 15-20 nm de diámetro. En las células no fijadas miden 25-30 nm. Esto se debe a la retracción de los componentes celulares en la fijación.

Cada ribosoma está formado por dos subunidades (*mayor* y *menor*) que, a baja resolución, parecen pequeñas esferas, pero que a gran resolución muestran angulaciones que les dan una configuración poliédrica con angulaciones (Fig. 4.1.C). La presencia de $Mg^{++}$ agrega los ribosomas, que llegan a formar dímeros, trímeros, etcétera. Existen diferencias entre los ribosomas de las células procariotas y los de las células eucariotas.

### PROCARIOTAS

Los ribosomas bacterianos, concretamente de *Escherichia coli*, han sido bien estudiados. Tienen 70 unidades S y su peso molecular es de unos 2500 kDa (Figs. 4.2 y 4.3). Están compuestos por rRNA (65%) y proteínas ácidas y básicas (35%). El rRNA forma un doble helicoide en un 60% de su longitud y rodea la proteína (de ahí la basofilia). En él predominan las bases A y G, que frecuentemente están metiladas. La subunidad ribosómica mayor (50 S) posee tres salientes a modo de picos (Fig. 4.2) y contiene una molécula de rRNA de 23 S y otra de 5 S. La subunidad menor (30 S) muestra dos lóbulos y contiene rRNA de 16 S. Hay 21 proteínas en la subunidad menor y 34 en la mayor; sólo una de ellas es común a ambas subunidades. Casi todas las proteínas son ricas en aminoácidos básicos y tienen un peso molecular de entre 10 y 30 kDa. Existen fármacos inhibidores de la síntesis proteica ribosómica que actúan igualmente en las células procariotas que en las eucariotas; es el caso de la puromicina y la actinomicina D. Otros fármacos, como el cloranfenicol, la tetraciclina, la eritromicina la estreptomicina y la rifamicina son inhibidores específicos de los ribosomas de los procariotas.

### EUCARIOTAS

Los ribosomas de las células eucariotas tienen aproximadamente 80 S y un peso molecular de unos 4200 kDa, aunque existen pequeñas diferencias entre especies (Fig. 4.3). En su composición hay más proteínas (60%) que rRNA (40%). Este rRNA representa el 70% de todo el RNA celular, y en él los grupos metilo se encuentran sobre la ribosa, y no sobre las bases. La subunidad mayor (60 S) tiene un rRNA de 28 S, otro de 5.8 S y otro de 5 S. La subunidad menor tiene un rRNA de 18 S. No obstante, hay pequeñas variaciones dependiendo del organismo en particular. Las proteínas ribosómicas difieren de las de los procariotas. Hay 33 proteínas en la

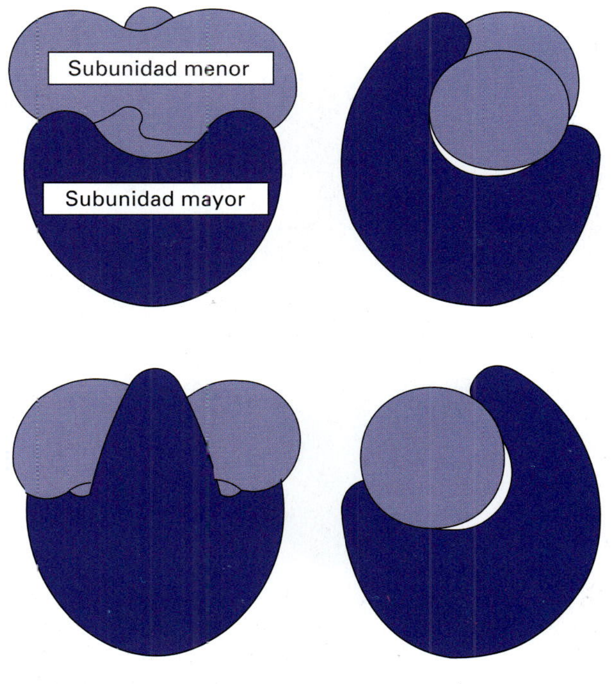


**Figura 4.2.** Ribosoma de *Escherichia coli*, visto de frente, por detrás y por ambos lados.

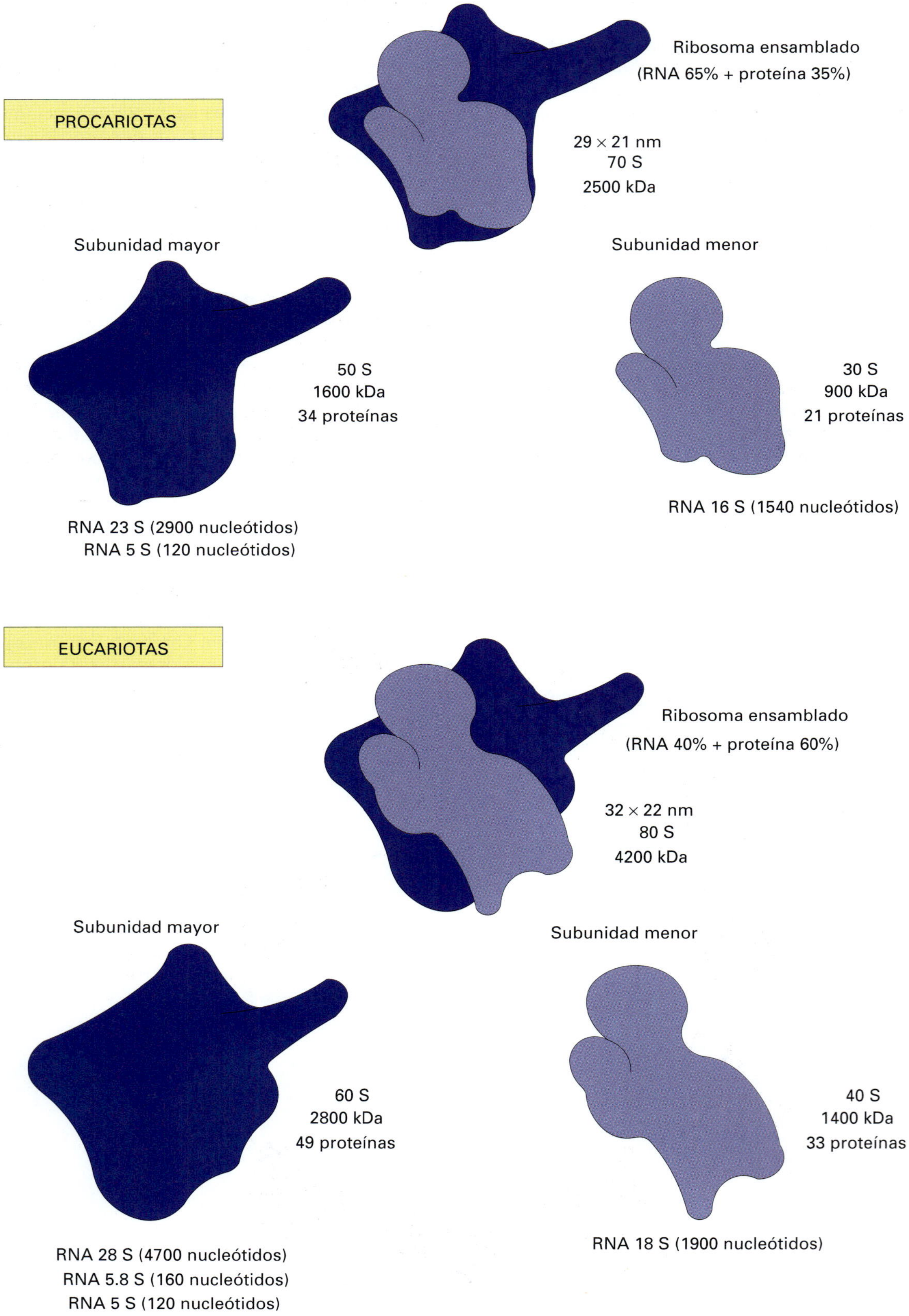


**Figura 4.3.** Diferencias entre los ribosomas de procariotas y de eucariotas.

subunidad menor y 49 en la subunidad mayor, y la mayoría de las proteínas de cada subunidad (o posiblemente todas) son diferentes de las que aparecen en la otra subunidad. La síntesis proteica de estos ribosomas es inhibida por fármacos que también inhiben la síntesis proteica en los procariotas (como la puromicina y la actinomicina D) y por inhibidores específicos, como la amanitina α, la anisomicina y la cicloheximida.

Las mitocondrias y los plastidios también contienen ribosomas, que se asemejan a los de los procariotas y, como ellos, son inhibidos por el cloranfenicol. De ellos trataremos en el Capítulo 5 al hablar de la mitocondria (véase página 204) y de los cloroplastos (véase página 217).

## POLISOMAS

Para la síntesis de proteínas los ribosomas se asocian en grupos mediante un filamento de mRNA de unos dos nm de espesor, formando *polirribosomas* o *polisomas*, que suelen adoptar una configuracion en espiral, con la subunidad menor dispuesta hacia el interior de la espiral (Fig. 4.4). El filamento de mRNA pasa por el surco entre las dos subunidades (aunque más bien queda en la subunidad menor). Se han propuesto dos modelos de la posición del mRNA respecto a las subunidades de los ribosomas: entre los dos lóbulos de la subunidad menor, o atravesando ambos lóbulos de dicha subunidad; esto es, una disposición perpendicular a la de la hipótesis anterior. El tRNA y la cadena de aminoácidos que se está formando se encuentran en lugares especialmente preparados para ello en la subunidad menor.

Los ribosomas siempre forman polisomas para realizar la síntesis proteica, tanto los ribosomas libres como los que están asociados a membranas formando el retículo endoplasmático rugoso. En este caso, la subunidad mayor es la que se adosa a la membrana. El surco entre ambas subunidades queda paralelo a la superficie de la membrana.

El número de ribosomas que forman un polisoma y la longitud del mRNA que los une varían según el peso molecular de la proteína que se va a sintetizar. Así, para sintetizar un polipéptido de 150 aminoácidos el mRNA debe tener 450 nucleótidos (tres nucleótidos para codificar la

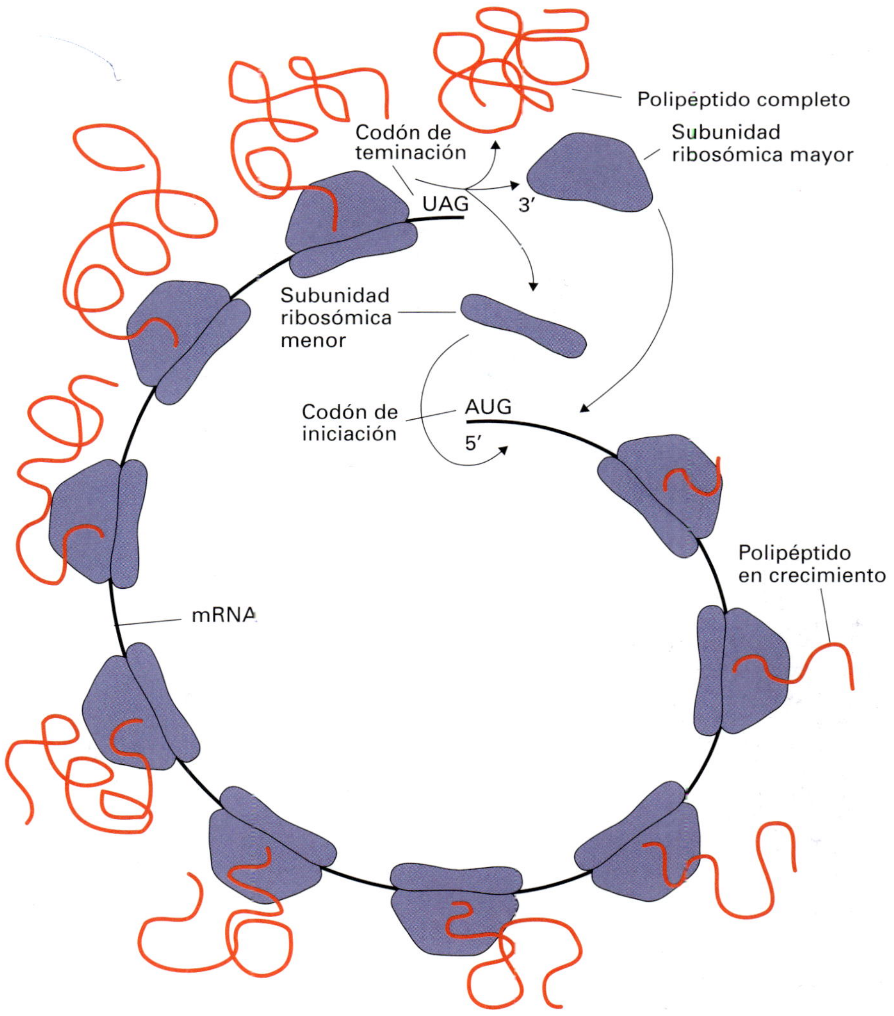


**Figura 4.4.** Esquema de un polisoma sintetizando una proteína.

incorporación de cada aminoácido). Como cada triplete de nucleótidos mide 1 nm de longitud, para sintetizar los 150 aminoácidos se necesitarán 150 nm de mRNA. Sobre el mRNA se disponen todos los ribosomas posibles dejando una distancia entre cada dos ribosomas (entre sus centros) de unos 34 nm. De este modo, el polisoma que sintetiza el polipéptido de 150 aminoácidos consta de unos cinco ribosomas. Esta proporción se mantiene para cualquier proteína; así, para sintetizar una proteína de 300 aminoácidos haría falta un mRNA de 300 nm, sobre el que se acomodarían unos 10 ribosomas.

Para la síntesis de proteínas los ribosomas recorren el mRNA de un extremo a otro en el sentido 5′ $\Rightarrow$ 3′. Por cada tres nucleótidos recorridos incorporan un aminoácido a la cadena de proteína que están sintetizando, aminoácidos que les proporcionan los tRNA. Cuando han completado el recorrido, los ribosomas se liberan del mRNA y sueltan la proteína ya terminada. Mientras se esté sintetizando proteína, por cada ribosoma que abandona el polisoma en el extremo final, otro se incorpora en el inicial, de modo que el polisoma mantiene una apariencia estable aunque sus ribosomas cambien.

En la síntesis proteica se requiere la unión de una subunidad mayor y otra menor, pero no es necesario que sean siempre las mismas. Estas uniones ocurren al azar. Ciertas proteínas ribosómicas son necesarias para la unión de la subunidad pequeña a la mayor (*proteínas estructurales*); otras son necesarias para la síntesis proteica (*proteínas funcionales*).

Se ha conseguido sintetizar proteínas uniendo la subunidad mayor ribosómica de un individuo con la subunidad menor de otro individuo diferente de la misma especie. También se ha logrado esta síntesis uniendo las subunidades de especies afines, como la subunidad de 50 S del *Bacillus subtilis* con la de 30 S de *Escherichia coli*, aunque, en este caso, el rendimiento era mucho menor. La unión de ribosomas de una especie con el citosol de otra especie sólo se traduce en síntesis proteica cuando ambas especies son muy afines.

## RECAMBIO DE LOS RIBOSOMAS

Las células con gran cantidad de ribosomas, como las células acinares del páncreas, presentan nucléolo durante toda su vida. Si los ribosomas no se gastaran, no habría necesidad de seguirlos fabricando. Además, estas células van perdiendo la basofilia cuando llevan mucho tiempo sintetizando proteína. Estos dos hechos parecen indicar que la existencia de los ribosomas tiene una duración limitada, aunque esta duración no se conoce. La destrucción de los ribosomas parece ocurrir al azar y no depende, por tanto, de su antigüedad.

## SÍNTESIS DE PROTEÍNAS

### EL CÓDIGO GENÉTICO

El DNA de los diferentes genes se transcribe en cadenas de RNA complementarias que forman los diferentes mRNA. Cada uno de ellos, según su secuencia de nucleótidos, determina una cadena polipeptídica diferente, ya que cada secuencia de tres bases, denominada *codón*, indica qué aminoácido se incorporará a la cadena polipeptídica en formación. La secuencia total de la cadena polipeptídica está determinada por la secuencia de codones. En la Tabla 4.1 se indican los codones del mRNA para cada uno de los aminoácidos.

Como en las proteínas hay 20 aminoácidos diferentes, y en el RNA hay cuatro nucleótidos diferentes, para conseguir codificar los 20 aminoácidos no basta con códigos de dos nucleótidos, pues las diferentes parejas que se pueden formar con cuatro nucleótidos son sólo 16 ($4^2$). En cambio, con tríos de nucleótidos se pueden formar 64 ($4^3$) codones diferentes, que resultan suficientes. El que haya más codones que aminoácidos se explica porque hay tres codones mudos (no llaman a ningún aminoácido) y porque un mismo aminoácido puede ser codificado por varios codones (para los codones que empiezan por AC, CC, CG, CU, GC, GG, GU y UC no importa cuál sea la tercera base) (Tabla 4.1).

### EL tRNA

Cada aminoácido que se incorpora a la cadena proteica en formación es suministrado al ribosoma mediante su tRNA específico. Estos tRNA son de 4 S y constan de 70-90 nucleótidos. Tradicionalmente se han descrito los tRNA en forma de trébol, pero esta configuración sufre ulteriores plegamientos adquiriendo una estructura terciaria en forma de L. Todos los tRNA comienzan siempre, en su extremo 3′, por los nucleótidos A-C-C; en esta A se fija el aminoácido. El recorrido de los tRNA forma tres lazos y finaliza en el nucleótido G junto al punto donde comenzó (Fig. 4.5). En el lazo más distal al punto de inicio se encuentran tres bases, dirigidas hacia afuera, denominadas *anticodón*, ya que han de ser complementarias del correspondiente codón del mRNA por el que esté pasando en ese momento el ribosoma, para que el tRNA con su aminoácido se acople al ribosoma y se libere el aminoácido que se incorpora a la cadena polipeptídica en formación. Otro de los lazos del tRNA se denomina *lazo T* porque contiene la base T (*ribotimina*) en la secuencia G-T-Ψ-C-G. La base Ψ (pseudoU) es una U metilada. Este lazo reconoce al ribosoma. El tercer lazo se denomina *lazo D* porque contiene dos bases D (*deshidroxiuridina*) y reconoce la enzima *aminoacil-tRNA sintetasa*, que activa la unión del aminoácido concreto con ese tRNA, por lo que este lazo también se denomina *centro A*. La A significa aquí activo, y no adenina, y tampoco tiene que ver este centro activo con el lugar A del ribosoma, del que se tratará a continuación.

El hecho de que varios codones codifiquen un mismo aminoácido implica que hay varios tRNA (que difieren al menos en el anticodón) para un mismo aminoácido. Habría que suponer, en principio, que si hay 61 codones que codifican aminoácidos debería haber 61 tRNA diferentes. En realidad, no hay tantos tRNA como codones; de hecho, hay 48 tRNA diferentes, de acuerdo con su anticodón. La explicación radica en que algunos anticodones pueden aparearse con varios codones que difieren entre sí en la tercera base; es decir,

**TABLA 4.1. El código genético**

| mRNA (codones) | Aminoácidos | Nombres abreviados | |
|---|---|---|---|
| GCA-GCC-GCG-GCU | Alanina | Ala | A |
| UGC-UGU | Cisteína | Cys | C |
| GAC-GAU | Ácido aspártico | Asp | D |
| GAA-GAG | Ácido glutámico | Glu | E |
| UUC-UUU | Fenilanina | Phe | F |
| GGA-GGC-GGG-GGU | Glicina | Gly | G |
| CAC-CAU | Histidina | His | H |
| AUA-AUC-AUU | Isoleucina | Ile | I |
| AAA-AAG | Lisina | Lys | K |
| UUA-UUG-CUA-CUC-CUG-CUU | Leucina | Leu | L |
| AUG | Metionina | Met | M |
| AAC-AAU | Asparagina | Asn | N |
| CCA-CCC-CCG-CCU | Prolina | Pro | P |
| CAA-CAG | Glutamina | Gln | Q |
| AGA-AGG-CGA-CGC-CGG-CGU | Arginina | Arg | R |
| AGC-AGY-UCA-UCC-UCG-UCU | Serina | Ser | S |
| ACA-ACC-ACG-ACU | Treonina | Thr | T |
| GUA-GUC-GUG-GUU | Valina | Val | V |
| UGG | Triptófano | Trp | W |
| UAC-UAU | Tirosina | Tyr | Y |
| UAA-UAG-UGA | Ninguno | | |

en algunos casos, la tercera base del codón no es tan específica. Por tanto, algunos aminoácidos tienen más de un tRNA, pero no tantos como el número de codones que codifican ese aminoácido.

## MECANISMO DE LA SÍNTESIS PROTEICA

Esquemáticamente, la síntesis proteica se desarrolla del modo siguiente:

1. Activación de un aminoácido por la unión al AMP, en presencia de la enzima aminoacil-tRNA sintetasa específica para ese aminoácido, para que éste forme un aminoácido adenilado que sea capaz de acoplarse con su tRNA:

$$\underset{\text{Aminoácido}}{R{-}CH(NH_2){-}C(=O){-}OH} + ATP \Rightarrow \underset{\text{Aminoacil-P-adenosina}}{R{-}CH(NH_2){-}C(=O){-}O{-}P(=O)(OH){-}O{-}\text{adenosina}} + 2P$$

2. Unión del aminoácido adenilado al tRNA (en el OH del C3′ de la ribosa de la adenosina terminal), en presencia de la aminoacil-tRNA sintetasa (que se une al centro activo del tRNA), formando el complejo *aminoacil-tRNA* (Fig. 4.6):

   aminoacil–P–adenosina + tRNA ⇒ aminoacil-tRNA + AMP

   La enzima aminoacil-tRNA sintetasa es específica para la unión de cada tRNA a su aminoácido porque tiene su centro activo configurado de modo que en él solamente pueden encajar un aminoácido determinado y uno, dos o, a los más, seis tRNA con anticodones determinados (Tabla 4.1). Por tanto, hay una aminoacil-RNA sintetasa para cada uno de los 20 aminoácidos.

3. La síntesis proteica siempre comienza por el codón AUG, que codifica la incorporación de la *metionina* (en eucariotas) o de la *formil-metionina* (en bacterias). La formil-metionina es una metionina con un grupo formilo ($CHO^-$) enlazado con el grupo $NH_2$ del aminoácido. El grupo carboxilo de la metionina

establecerá un enlace peptídico con el aminoácido que se incorpore a continuación (Fig. 4.7).

4. Cada subunidad menor del ribosoma presenta tres lugares de unión al tRNA por los que éste pasa sucesivamente: **A** para el aminoacil-tRNA (el tRNA entrante con su aminoácido), **P** para el peptidil tRNA (el tRNA con ese aminoácido unido ya a la cadena polipeptídica) y **E** (*exit*) para el tRNA que ha dejado su aminoácido y se dispone a abandonar el ribosoma (Fig. 4.7).

   El tRNA unido a metionina, o *tRNA iniciador* de la síntesis proteica, se sitúa sobre el lugar A. Esta unión requiere unas proteínas denominadas *factores de iniciación*. En los eucariotas, un factor de iniciación importante es el *eIF2* (*factor de iniciación de células eucariotas 2*), que forma un complejo con el GTP y se une estrechamente a cada tRNA iniciador, en cuanto éste adquiere su metionina, para ayudar a su anclaje en el mRNA. La subunidad ribosómica menor reconoce la caperuza 5′ del mRNA y dos factores de iniciación unidos a esta caperuza (*eIF4E* y *eIF4G*), y se desliza por el mRNA, movida por factores de iniciación adicionales, hasta encontrar el primer AUG. En los procariotas sirve el primero encontrado; en los eucariotas, sólo el primero que aparezca unido a una determinada *secuencia señal* de nucleótidos. Entonces el complejo eIF2-GTP se hidroliza a eIF2-GDP y, junto con los otros factores de iniciación, se desprende de la subunidad ribosómica menor.

5. La subunidad menor del ribosoma se desplaza tres nucleótidos a lo largo del mRNA, de modo que el tRNA iniciador, con su metionina, se desplaza al lugar P, quedando libre el lugar A. En ese momento se incorpora la subunidad ribosómica mayor, que se une a la menor y cataliza la formación de los enlaces peptídicos (Fig. 4.7).

6. Otro tRNA con su correspondiente aminoácido llega al ribosoma y se instala en el lugar A. El extremo $NH_2$ de este aminoácido se enlaza con el

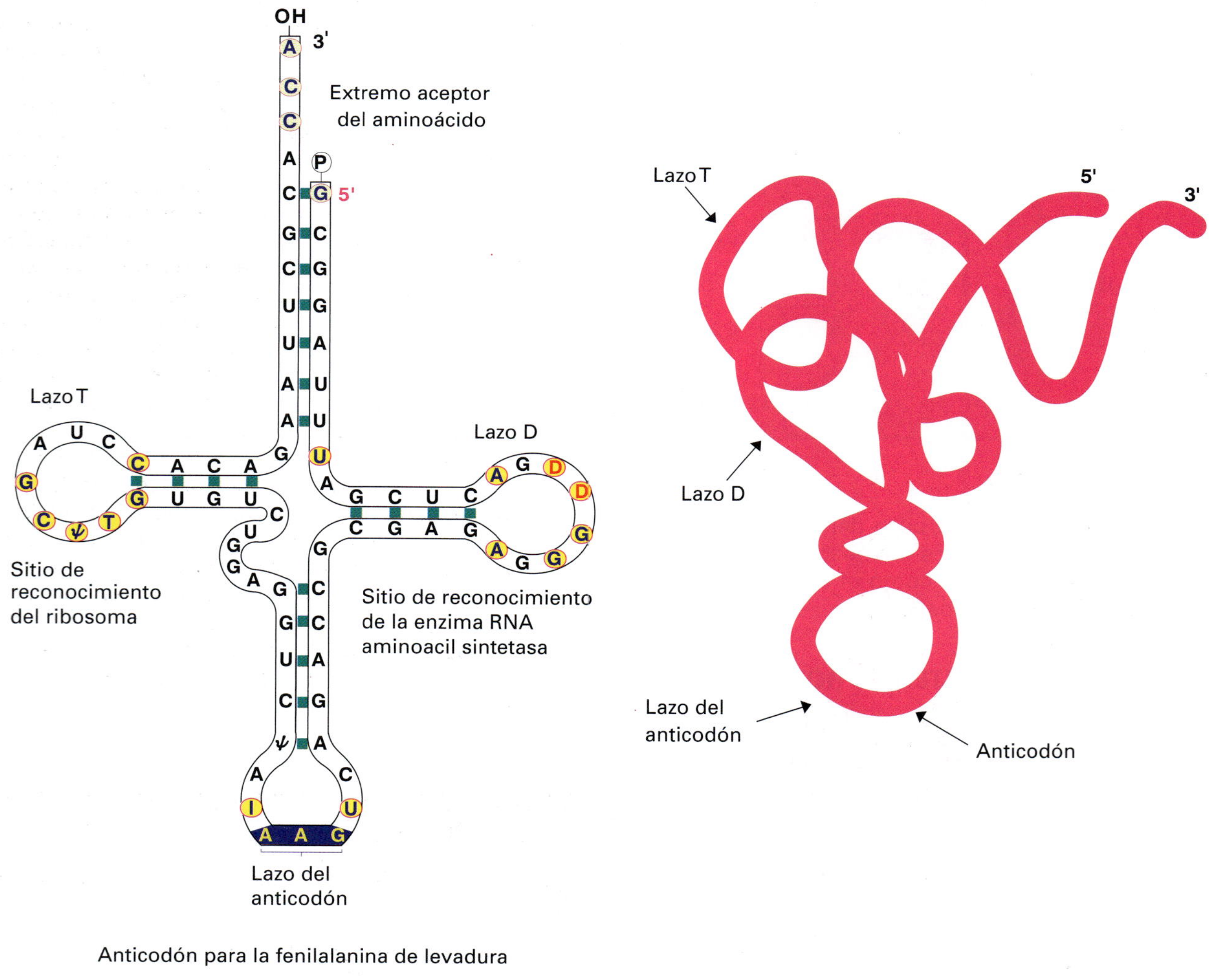


**Figura 4.5.** Estructura del tRNA cuyo anticodón es específico para la fenilalanina. Las bases generalmente conservadas se indican con círculos. D = deshidroxiuridina. I = inosina. T = ribotimina. Ψ = pseudouridina.

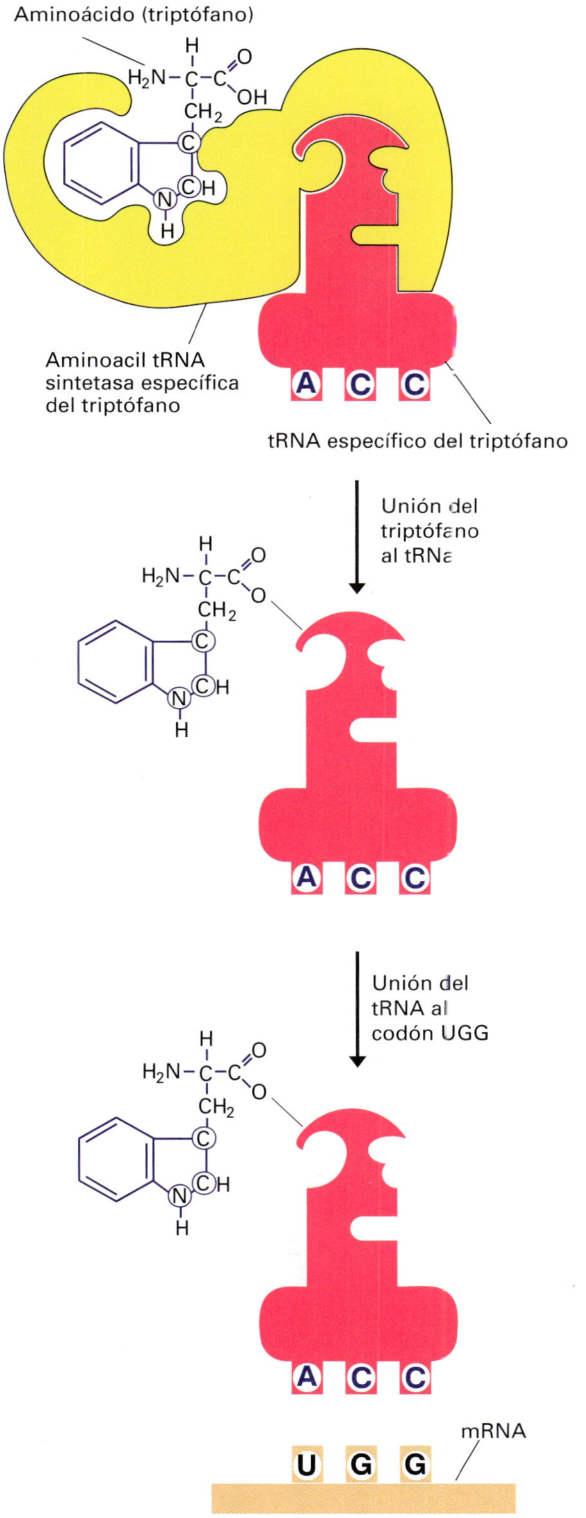


**Figura 4.6.** La unión de la enzima aminoacil-tRNA sintetasa con un tRNA es específica para cada aminoácido. En este caso se ha representado para el triptófano.

extremo COOH de la metionina con la intervención de la enzima *peptidil transferasa*. Una vez formado este enlace, el ribosoma se desplaza otros tres nucleótidos a lo largo del mRNA, con lo que el tRNA para la metionina (que ya ha descargado su aminoácido) pasa al lugar E, y el tRNA con el segundo aminoácido (que se ha unido a la metionina) se desplaza del lugar A al lugar P (Fig. 4.8). El lugar A queda de nuevo libre para la incorporación de un tercer tRNA con su aminoácido correspondiente. En cuanto éste se incorpore, el ribosoma se desplazará otros tres nucleótidos, con lo que el tRNA de la metionina, que ocupaba el lugar E, se desprende; el tRNA del segundo aminoácido, ya liberado de éste, pasa al lugar E; y el tRNA del tercer aminoácido al lugar P, donde su aminoácido se une a la cadena en formación. Este proceso requiere energía y es inducido por una serie de cambios en la configuración de los componentes del ribosoma y por la hidrólisis del GTP.

7. El proceso se repite tantas veces como aminoácidos se incorporen a la cadena. Durante su formación, el polipéptido se mueve en un túnel (10 nm × 1.5 nm) en la subunidad ribosómica mayor.
8. El final de la síntesis de la cadena polipeptídica tiene lugar cuando se llega a un codón *mudo* o de *terminación* (UAA, UAG, UGA). En ese punto, una proteína llamada *factor de liberación* entra en vez de un aminoacil-tRNA (Fig. 4.9). El factor de liberación hace que la peptidil transferasa descargue (hidrolice) el peptidil-tRNA en vez de unirlo a otro aminoácido, con lo que queda libre el polipéptido. También puede inducirse el final de la síntesis mediante el antibiótico *puromicina*, que es muy parecido a un tRNA unido a un aminoácido. Este antibiótico tiene un grupo $NH_2$ que se une al grupo COOH del aminoácido anterior, pero carece de grupo COOH en el otro extremo, por lo que ningún otro aminoácido puede unirse a él.
9. Una vez concluida la formación de la proteína hay *factores de liberación* que determinan la separación de ambas subunidades ribosómicas (Fig. 4.9).
10. En las bacterias cada ribosoma añade dos aminoácidos por segundo a la cadena polipeptídica en formación; en los eucariotas se añaden 20 aminoácidos por segundo. Así pues, la síntesis de un polipéptido dura entre 20 y 60 segundos y sólo se produce un error por cada 10 000 aminoácidos incorporados.

## DESTINO DE LAS PROTEÍNAS SINTETIZADAS EN LOS RIBOSOMAS

Las proteínas sintetizadas por los ribosomas libres pueden ser:

1. Proteínas solubles del hialoplasma.
2. Proteínas periféricas de la membrana plasmática (enzimas, actina, espectrina, etc.).
3. Proteínas constituyentes del citoesqueleto (actina, tubulinas, filamentos intermedios, etc.).

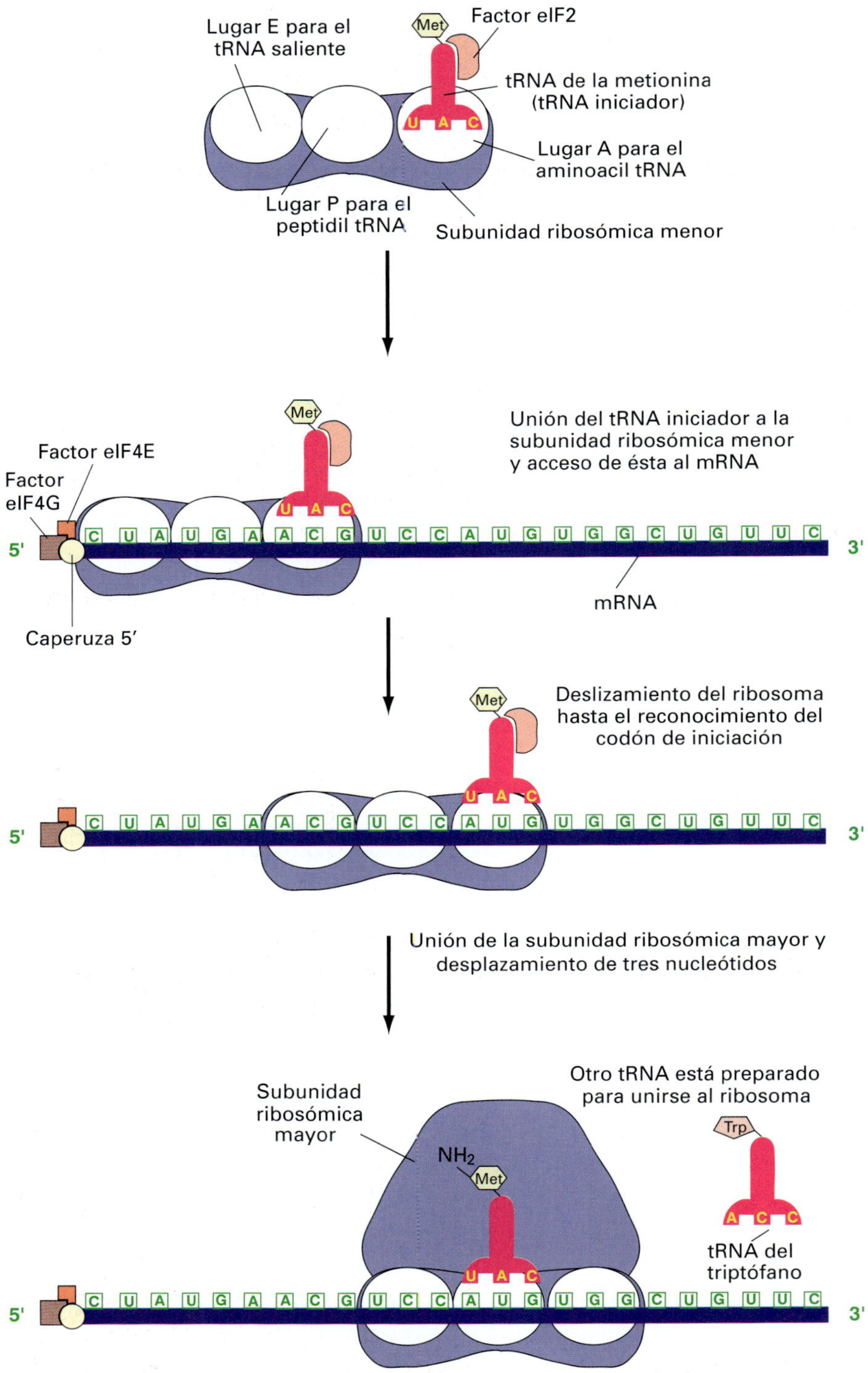


**Figura 4.7.** Inicio de la síntesis proteica. La subunidad ribosómica menor se une al tRNA iniciador (con el anticodón UAC y el aminoácido metionina) y se desliza sobre el mRNA hasta que reconoce el codón de iniciación (AUG), complementario del anticodón UAC. Entonces se une la unidad ribosómica mayor.

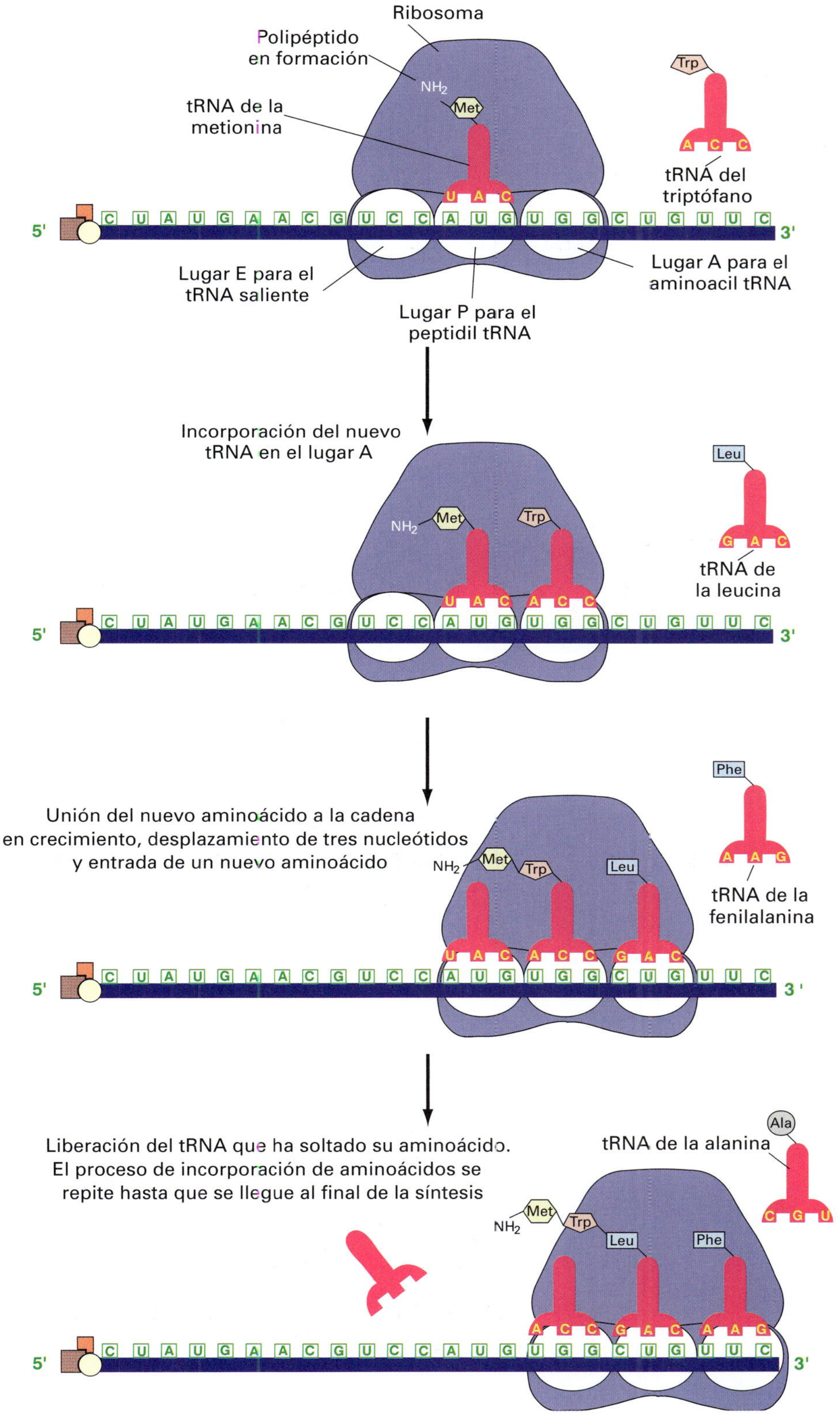


**Figura 4.8.** Esquema del crecimiento de la cadena polipeptídica en formación a medida que el ribosoma avanza sobre el mRNA y va leyendo los codones e incorporando aminoácidos. En cada momento hay tres tRNA en el ribosoma: uno que está situado en el lugar E y que ha dejado su aminoácido; otro que está en el lugar P y que enlaza su aminoácido con la cadena polipeptídica en crecimiento; y otro que se encuentra en el lugar A y que acaba de entrar con su aminoácido.

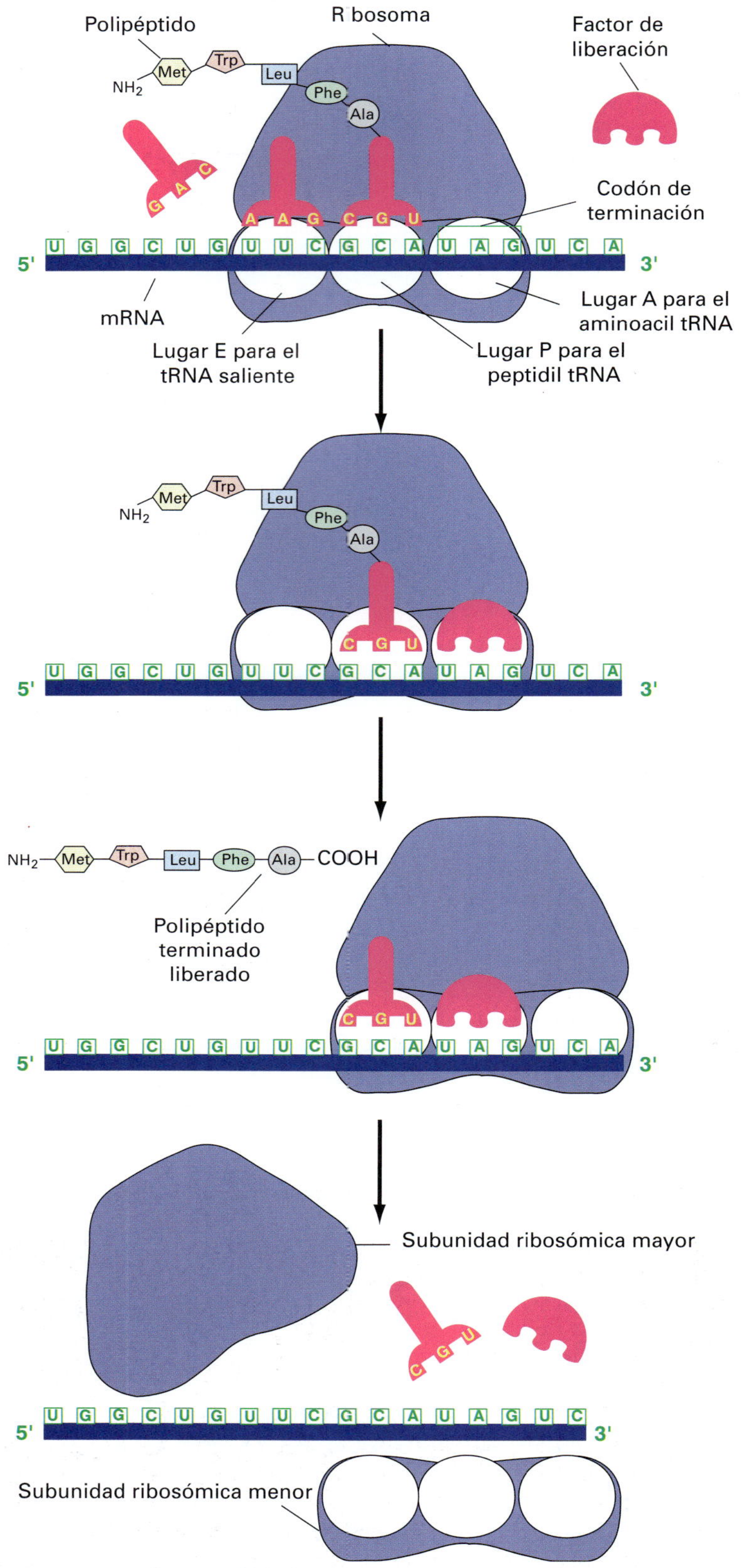


**Figura 4.9.** Esquema de la terminación de una síntesis proteica con la fijación del factor de liberación a un codón de terminación (UAG).

4. Proteínas destinadas a tres orgánulos bien individualizados que no guardan conexión con el sistema de membranas interno de la célula (mitocondrias, plastidios y peroxisomas).
5. Proteínas nucleares (histonas, láminas, etc.).

Las proteínas sintetizadas en los ribosomas del retículo endoplasmático rugoso difieren básicamente de las sintetizadas por ribosomas libres en que se glucosilan. Del destino de estas proteínas (complejo de Golgi, lisosomas) se tratará en este mismo capítulo (página 173).

Las proteínas recién sintetizadas pueden poseer uno o varios *péptidos señal* que sirven para clasificarlas de acuerdo con su destino y determinan dónde deben alojarse y su ubicación posterior: retículo endoplasmático rugoso, complejo de Golgi, lisosomas, mitocondrias, cloroplastos, peroxisomas y núcleo, ya que en la membrana de esos orgánulos existen receptores específicos para cada péptido señal (Tabla 4.2). La ausencia de péptidos señal determina que la proteína quede en el hialoplasma.

Cuando hay un solo péptido señal, éste suele ser aminoterminal y se ancla en la membrana del orgánulo correspondiente, pero a menudo la proteína no termina su tránsito en esa membrana, y debe ir a otros orgánulos; por ejemplo, la proteína puede pasar del citoplasma fundamental a la membrana mitocondrial externa y de ésta a la matriz mitocondrial. Entonces este péptido viene seguido por otro o más péptidos señal de modo que, una vez eliminado el primer péptido señal, el segundo quede en posición aminoterminal, marcando el próximo destino, y así sucesivamente hasta que la proteína alcance su destino final.

Puede ocurrir también que haya varios péptidos señal intercalados a lo largo de la proteína y que éstos queden separados entre sí por secuencias más o menos largas de la cadena polipeptídica. Esto ocurre cuando la proteína ha de quedar replegada, insertándose en varios puntos de la membrana destino, cada uno de los cuales viene determinado por uno de estos péptidos señal. Es el caso de las proteínas de paso múltiple que se encuentran, por ejemplo, en la membrana plasmática (véase Fig. 2.5).

## MODIFICACIONES EN LAS PROTEÍNAS TRAS SU SÍNTESIS

### Modificaciones postraduccionales

Se han descrito más de cien modificaciones postraduccionales en las proteínas. Estas modificaciones se realizan en el hialoplasma, en el retículo endoplasmático rugoso o en el complejo de Golgi. A veces estas modificaciones tienen lugar en el exterior de la célula; por ejemplo, los gránulos de secreción pueden contener precursores inactivos de enzimas que completan su actividad fuera de la célula.

Muchas de las modificaciones son de carácter permanente, como la glucosilación (la modificación más frecuente) o la unión covalente de una coenzima (biotina, ácido lipoico, fosfato de piridoxal, etc.) a una enzima.

Otras veces, las modificaciones son reversibles y se producen en el hialoplasma. Las más frecuentes son las siguientes:

1. Modificaciones en *uniones covalentes* de los aminoácidos en las cadenas laterales de proteínas.
2. *Fosforilación* del OH libre de la serina, treonina o tirosina a partir del ATP, realizada por las enzimas *proteína quinasas* para determinar que una proteína (una enzima, por ejemplo) sea activa o inactiva. Así, la activación de una proteína quinasa hace que ésta fosforile una enzima inactivándola; pero cuando la quinasa se inactiva, las fosfatasas del hialoplasma eliminan el fosfato de la enzima fosforilada y se recupera la actividad de la enzima.
3. *Metilación* del ácido glutámico o *adenilación* (adición de AMP a partir del ATP) de la tirosina. Ambas modificaciones se dan en las cadenas laterales y constituyen un importante sistema de regulación.
4. *Unión covalente de ácidos grasos* a proteínas para dirigir éstas hacia una membrana específica.

**TABLA 4.2. Algunos péptidos señal que marcan el destino de las proteínas**

| Destino de la proteína | Péptido señal |
|---|---|
| Retículo endoplasmático rugoso | $^{+}H_3N$-Met-Ser-Phe-Val-Ser-Leu-Leu-Leu-Val-Gly-Ile-Leu-Phe-Trp-Ala-Thr-Glu-Ala-Glu-Gln-Leu-Thr-Lys-Cys-Glu-Val-Phe-Gln |
| Mantener en la luz del retículo endoplasmático | -Lys-Asp-Glu-Leu-COO- |
| Mitocondria | $^{+}H_3N$-Met-Leu-Ser-Leu-Arg-Gln-Ser-Ile-Arg-Phe-Phe-Lys-Pro-Ala-Thr-Arg-Thr-Leu-Cys-Ser-Ser-Arg-Tyr-Leu-Leu |
| Núcleo | -Pro-Pro-Lys-Lys-Arg-Lys-Val |
| Peroxisomas | -Ser-Lys-Leu |
| Anclaje a la menbrana por enlace del grupo aminoterminal al ácido mirístico | $^{+}H_3N$-Gly-Ser-Ser-Lys-Ser-Lys-Pro-Lys |

## Plegamiento y reparación de las proteínas. Proteínas Hsp

Las proteínas, desde que se forman en los ribosomas hasta su destrucción por proteólisis, están acompañadas por una maquinaria de reparación y mantenimiento, que se encarga de corregir su forma, repararlas o eliminarlas. Esta maquinaria la forman las *proteínas de unión*, también denominadas *proteínas acompañantes* o *chaperonas* (del inglés *chaperone*). En las células eucariotas algunas de las moléculas de este tipo mejor conocidas pertenecen al grupo de las *proteínas de estrés* (*stress*), así llamadas porque su número aumenta considerablemente en respuesta a situaciones de estrés celular, causado por el calor, la isquemia, la acidosis, metales pesados, etc. Las proteínas de estrés se designan con las siglas *Hsp* (*heat-shock-proteins*), porque se descubrieron como una respuesta de la célula al choque térmico.

Las proteínas *Hsp* comprenden tres familias, cuyos pesos moleculares respectivos son 60, 70 y 90 kDa. Las *Hsp60* y *Hsp70* actúan como chaperonas, esto es, ayudan a solubilizar y replegar proteínas desnaturalizadas o mal plegadas mediante la hidrólisis del ATP. En cambio, las *Hsp90* parecen regular los receptores de hormonas esteroideas y proteína quinasas específicas de la tirosina. Las mitocondrias posen sus propias Hsp60 y Hsp70, que difieren de las del mismo nombre presentes en el citosol. En el retículo endoplasmático rugoso hay una Hsp70 especial (*BIP*) que ayuda a plegar las proteínas.

Las Hsp70 actúan en el primer momento de la vida de la proteína, antes de que ésta deje el ribosoma (Fig. 4.10.A). Las Hsp60 (también designadas *TCP-I* en el citosol y *GreES* en bacterias) actúan una vez que la proteína está completamente sintetizada, y forman una estructura en barril que aísla la proteína procediendo a su reconfiguración (Fig. 4.10.B).

## Degradación de las proteínas. Proteasomas

Existe un equilibrio entre degradación y síntesis proteica. Una molécula proteica se degrada, por término medio, a los dos días de su síntesis, pero en una misma molécula el tiempo puede variar de minutos a meses o años. Esto indica que la degradación se produce al azar. Algunas proteínas del hialoplasma son defectuosas porque están mal plegadas, desnaturalizadas o presentan alguna anomalía que no puede ser reparada. Estas proteínas contienen una señal que determina su destrucción por enzimas proteolíticas y que consiste en la presencia de un aminoácido aminoterminal diferente a Met, Ser, Thr, Ala, Val, Cys, Gly o Pro. Esta señal no es válida para las proteínas que poseen un péptido aminoterminal para su destino en el retículo endoplasmático rugoso (y posteriormente en otros compartimientos como el complejo de Golgi), ya que no existe en él la maquinaria de destrucción. A estas proteínas marcadas para su degradación se une un complejo multienzimático que incluye múltiples copias de *ubiquitina*, que es una proteína pequeña (76 aminoácidos) presente en el hialoplasma de muchos tipos celulares de organismos procariotas y eucariotas (de ahí su nombre). Primero una molécula de ubiquitina se une por su grupo carboxiterminal al grupo amino de un residuo de lisina de la proteína diana que va a ser degradada. A continuación se une una segunda ubiquitina por su extremo carboxilo al extremo amino de la anterior, después una tercera y así sucesivamente hasta formar una cadena. La proteína ubiquitinada es entregada a grandes complejos proteicos que se encuentran dispersos por el citoplasma y que se denominan *proteasomas* (Fig. 4.10.B). Hay muchos proteasomas en el citosol y también en el núcleo. Incluso proteínas mal plegadas en el interior del retículo endoplasmático rugoso pueden salir de él para ser degradadas en proteasomas.

Cada proteasoma tiene un peso molecular de 2000 kDa y 26 S, y básicamente es un cilindro de unos $50 \times 20$ nm, cuya pared está formada por:

1. Cuatro anillos superpuestos, cada uno constituido por siete subunidades proteicas. Hay dos tipos de anillos de estructura muy similar: los $\alpha$, situados en los extremos del cilindro, y los $\beta$, localizados en la parte media.
2. Dos grandes complejos proteicos, cada uno situado en un extremo del cilindro (externamente a cada anillo $\alpha$).

Los complejos proteicos del proteasoma hidrolizan el ATP y capturan las proteínas ubiquitinadas. Hacia el interior del cilindro se encuentran dirigidos los sitios activos de las subunidades de los anillos, que actúan como proteasas destruyendo las proteínas ubiquitinadas.

Además de estos proteasomas de 26 S, hay otros de 20 S (los únicos presentes en células procariotas), que sólo tienen los cuatro anillos (faltan los complejos de los extremos).

## Proteínas resistentes a la degradación

Cuando falla la reparación o la eliminación de las proteínas alteradas, éstas se acumulan y pueden causar la muerte celular. Al morir las células estas proteínas alteradas y no degradadas se acumulan en la matriz extracelular y pueden dañar las células adyacentes. Así ocurre en las *enfermedades de Huntington* y *Alzheimer*, que afectan al sistema nervioso central. Estos agregados de proteínas resisten la proteólisis porque forman fibrillas, que son cadenas de polipéptidos apilados unos sobre otros, en configuración $\beta$, formando filamentos cruzados $\beta$.

Los *priones* son agregados de proteínas malplegadas, con disposición de filamentos cruzados $\beta$, que tienen la propiedad de contagiar el plegamiento defectuoso a las proteínas priónicas normales. Son responsables de la *encefalitis espongiforme*, enfermedad observada clásicamente en ovejas y cabras pero que también se ha desarrollado en vacas (en Inglaterra) y en seres humanos (el *kurú* de algunas poblaciones nativas de Nueva Guinea y la *enfermedad de Creutzfeld-Jacob* descrita en los Estados Unidos). La enfermedad se manifiesta en forma de sacudidas y temblores corporales a los que siguen demencia y parálisis hasta ocasionar la muerte. Los agen-

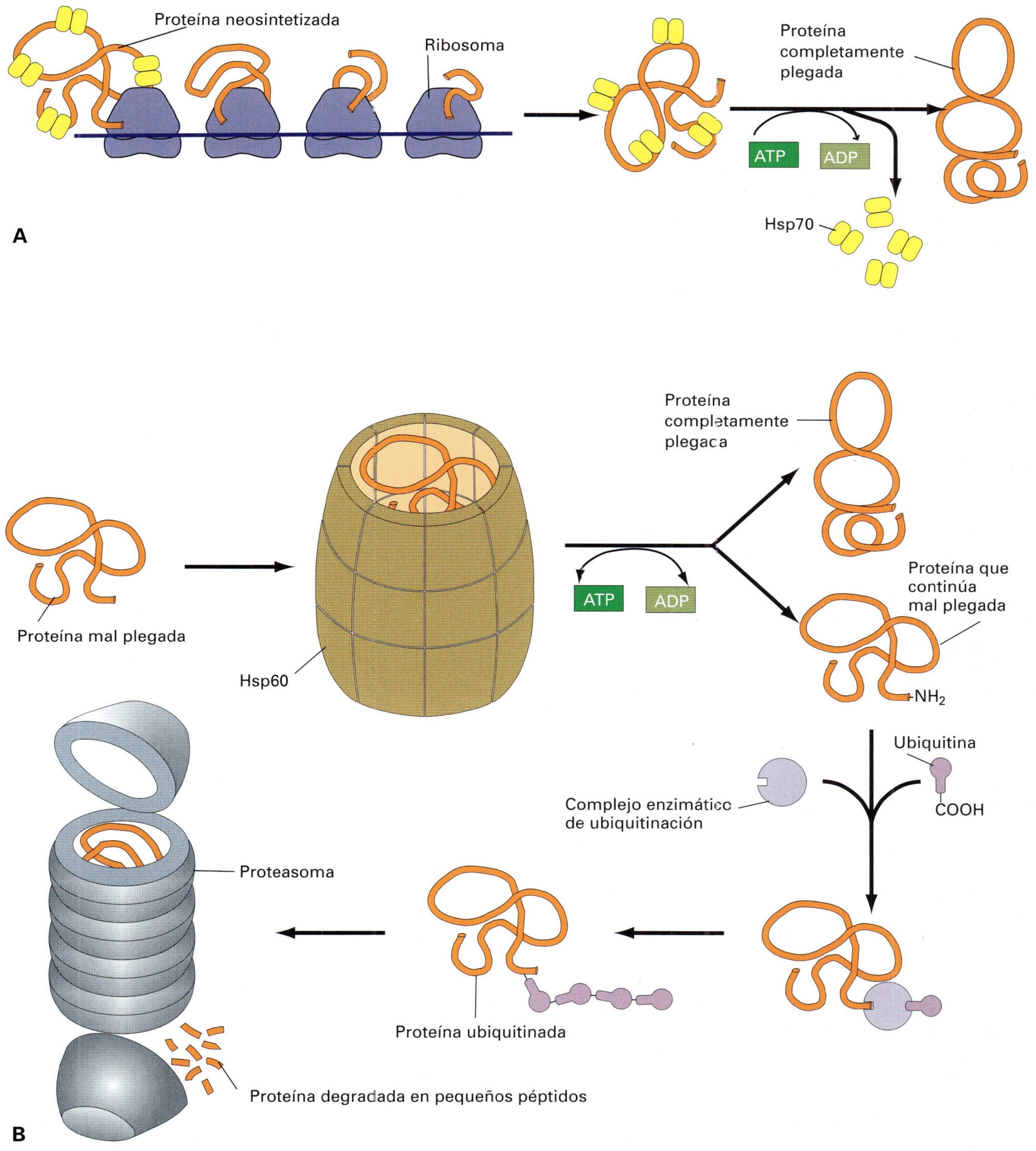


**Figura 4.10.** **A**: Las proteínas neosintetizadas son plegadas correctamente por las proteínas chaperonas Hsp70. **B**: Las proteínas mal plegadas presentes en el citosol son entregadas a las proteínas chaperonas Hsp60, que forman una estructura a modo de barril. Si la reparación tiene éxito, las proteínas, ya correctamente plegadas, retornan a su actividad. Si fracasa la reparación, a las proteínas se unen múltiples copias de la proteína ubiquitina, y la proteína ubiquitinada es degradada por proteasomas, que son unos complejos proteicos en forma de cilindro, con actividad proteasa.

tes infecciosos están constituidos exclusivamente por proteínas codificadas por la propia célula afectada. La forma normal de esta proteína se designó con la abreviación PrPC (*proteína prión celular*) y la forma alterada se designa como PrPSc (las siglas Sc proceden de la palabra *scrapie*, que es el nombre vulgar de la encefalitis espongiforme). La proteína alterada forma agregados dentro de las células nerviosas a las que destruye.

Aunque se han observado mutaciones en el gen que codifica la proteína prión en pacientes con la enfermedad, el hecho es que la enfermedad no es una simple alteración genética, sino que se contagia. Se han esbozado diversas explicaciones, algunas poco convincentes, como que la proteína va acompañada de ácidos nucleicos indetectables o que facilita una infección vírica. La explicación más sólida es la propuesta por Prusiner y que, en resumen, consiste en lo siguiente: cuando se adquiere por contagio (probablemente en la alimentación) la forma alterada de la proteína, ésta se incorpora a las células nerviosas, donde se une a la forma normal de la proteína. El contacto provoca la transformación de la proteína normal en la forma alterada. Seguidamente, cada una de estas dos moléculas alteradas se une a otra molécula normal, alterándola, y así sucesivamente se propaga la alteración. A favor de esta hipótesis está el hecho de que la infección no se desarrolla en ratones carentes del gen que fabrica la forma normal del prión.

# RETÍCULO ENDOPLASMÁTICO

Con el microscopio electrónico se observa en el citoplasma de la mayoría de las células un sistema de perfiles membranosos que, tridimensionalmente, corresponden a cisternas (sáculos aplanados), túbulos y vesículas. Estos perfiles se distribuyen por todo el citoplasma, aislados o en grupos que, a su vez, pueden constituir una red de perfiles anastomosados o disponerse en paralelo. Algunos de estos perfiles se disponen de una forma apilada característica y presentan vesículas en la periferia. Sus membranas son lisas y constituyen el *complejo de Golgi*, del que se tratará posteriormente. Los otros perfiles son el *retículo endoplasmático*, que se estudiará a continuación, y que se clasifica en dos tipos, *rugoso* y *liso*, según presente o no ribosomas adheridos a su superficie (Fig. 4.11). Aunque existe una íntima relación entre ambos tipos, debido a su diferente distribución topográfica y especialización funcional resulta más adecuado estudiarlos por separado. En el hígado se calcula que hay aproximadamente 11 $m^2$ de retículo endoplasmático en 1 $cm^3$ de tejido. De ese retículo endoplasmático, alrededor de dos tercios corresponde al rugoso.

## RETÍCULO ENDOPLASMÁTICO RUGOSO

### ESTRUCTURA Y COMPOSICIÓN

En 1952, Porter y Palade observaron con el microscopio electrónico que los perfiles de retículo endoplasmático rugoso eran muy abundantes en células basófilas secretoras, como las células plasmáticas, células acinares del páncreas, los osteoblastos, etc. El retículo endoplasmático rugoso está configurado por cisternas y no por túbulos. El aspecto tubular que se aprecia en los cortes de la microscopía electrónica convencional se debe a la pérdida de una dimensión al observar sólo un plano (el del corte) y no una estructura tridimensional (Fig. 4.12). Al hacer cortes seriados se observa que se mantiene el aspecto tubular a lo largo de una amplia serie de cortes. Si fueran túbulos rara vez aparecerían como tales en el corte, sino como ojales (Fig. 4.11).

La luz (cavidad) del retículo endoplasmático rugoso varía mucho: desde unos 20-40 nm hasta casi un micrómetro cuando la cisterna está ensanchada por el contenido (Fig. 4.12). Éste no se tiñe en la microscopía electrónica convencional, por lo que el aspecto del retículo endoplasmático rugoso es de sáculos o cisternas vacías, aunque en algunas células se aprecia un contenido semidenso. Sin embargo, hay excepciones como las inclusiones cristalinas (*cuerpos de Russell*) que aparecen dentro del retículo endoplasmático rugoso en algunas células plasmáticas, generalmente en condiciones patológicas, como en mielomas.

El retículo endoplasmático rugoso puede ser aislado por centrifugación diferencial, constituyendo la *fracción microsómica*. Esta fracción fue descrita por Claude (1945) como membranas en forma de vesículas con ribosomas adheridos (*microsomas*). La formación de vesículas, en vez de cisternas, resulta de la fragmentación y cierre sobre sí mismas de las membranas del retículo endoplasmático rugoso rotas en la centrifugación. El retículo endoplasmático rugoso puede separarse de los ribosomas mediante el tratamiento con detergentes como el *desoxicolato de sodio*, que disuelve las membranas, quedando éstas en el sobrenadante mientras que los ribosomas precipitan; o bien mediante el tratamiento con RNAasa, que disuelve los ribosomas preservando el retículo endoplasmático (Fig. 4.11).

Las membranas del retículo endoplasmático rugoso son más delgadas (7 nm) que la membrana plasmática (10 nm). La bicapa lipídica es también más delgada que en la membrana plasmática (los grupos no polares de los lípidos miden 4 nm de espesor en vez de 5 nm) pues las cadenas de fosfolípidos del retículo endoplasmático rugoso son menos largas y menos saturadas.

Las membranas del retículo endoplasmático rugoso constan de un 30% de lípidos y un 70% de proteínas; por tanto, tienen mayor contenido de proteínas que la membrana plasmática. En comparación con ésta, las membranas del retículo endoplasmático rugoso poseen menos colesterol y menos glucolípidos y ceramida (véase Tabla 2.1). A partir de ésta se formará la esfingomielina en el complejo de Golgi al unírsele fosfato y colina.

Al igual que en la membrana plasmática, hay una asimetría en la distribución de los lípidos. Así, la capa lipídica interna (hemimembrana *E* o *exoplásmica*) es más rica en fosfatidil colina y ceramida (lípidos con mayor proporción de ácidos grasos saturados) que la externa (hemimembrana *P* o *protoplásmica*), la cual es más rica en fosfatidil etanolamina y fosfatidil serina (lípidos con mayor proporción de ácidos grasos insaturados, lo que determina también mayor fluidez) que la interna.

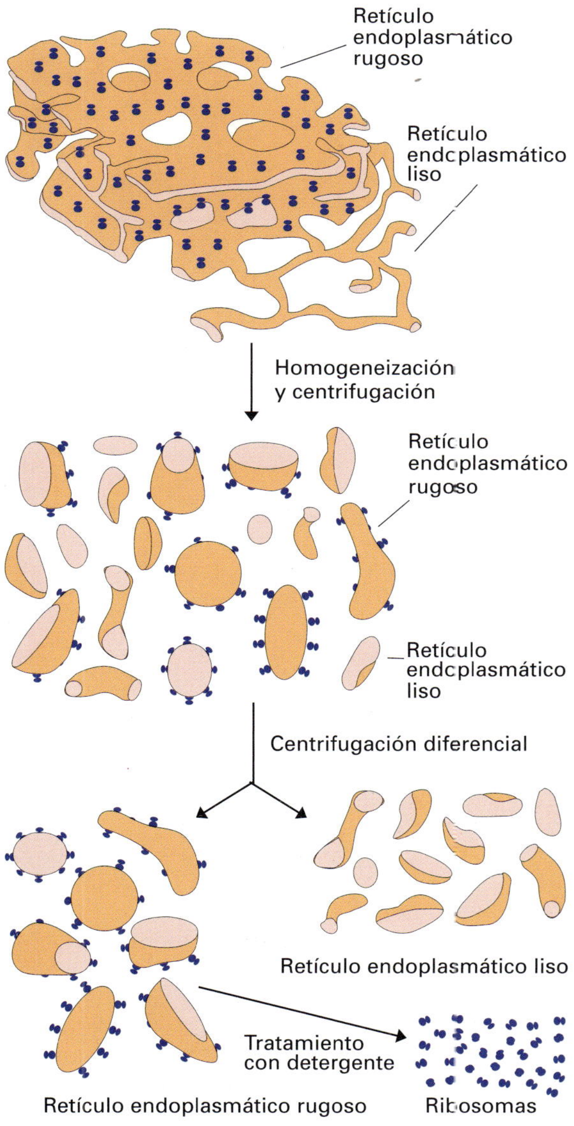


**Figura 4.11.** Representación tridimensional del retículo endoplasmático, con sus componentes rugoso y liso, que pueden ser obtenidos y aislados por centrifugación diferencial. Los ribosomas se aíslan del retículo endoplasmático rugoso tras el tratamiento con un detergente que disuelve las membranas.

La membrana del retículo endoplasmático rugoso contiene unas proteínas específicas que fijan los ribosomas por la subunidad mayor y que constituyen el *receptor del ribosoma*. A estos ribosomas sólo se unen aquellas moléculas de mRNA que codifican proteínas con un péptido señal específico para su reconocimiento. Otras proteínas específicas de la membrana del retículo endoplasmático rugoso son las implicadas en la translocación, glucosilación y procesado de las proteínas sintetizadas por estos ribosomas. Hay otras proteínas, como la reductasa de NADH, la nucleótido difosfatasa y los citocromos $b_5$ y $P_{450}$, que, además de estar presentes en el retículo endoplasmático rugoso, se encuentran también en el liso.

## FUNCIÓN

### Características de las proteínas del retículo endoplasmático rugoso

La misión del retículo endoplasmático rugoso es el almacenamiento de las proteínas sintetizadas por sus ribosomas para su glucosilación y empaquetamiento, con objeto de ser transferidas a otro orgánulo membranoso o ser secretadas al exterior. Las proteínas sintetizadas por los ribosomas libres no se glucosilan ni son empaquetadas, y permanecen en el hialoplasma. Si han de pasar a algún orgánulo, lo hacen a través de la membrana de éste por un sistema de bombeo.

### Almacenamiento de proteínas en el retículo endoplasmático rugoso

Se puede seguir el destino de la síntesis proteica por los ribosomas del retículo endoplasmático rugoso y calcular el tiempo que tarda la proteína en pasar de un compartimiento a otro durante la secreción celular. Si se administra *leucina tritiada* a células del páncreas, este aminoácido marcado se incorpora a la enzima *amilasa* sintetizada por estas células. Si se realiza una centrifugación diferencial para obtener por separado los tres componentes de la fracción microsómica (membranas del retículo endoplasmático, ribosomas y sobrenadante) y se mide en cada una de esas fracciones la cantidad de leucina tritiada, tomando muestras cada minuto tras la administración del aminoácido marcado, se observa lo siguiente: durante los tres primeros minutos, el marcaje radiactivo se acumula en los ribosomas; durante los tres o cuatro minutos siguientes, el marcaje se mantiene estable en los ribosomas y comienza a aparecer en el retículo endoplasmático rugoso; a partir de los siete minutos, el marcaje alcanza también un nivel estable en el retículo endoplasmático rugoso o incluso co-

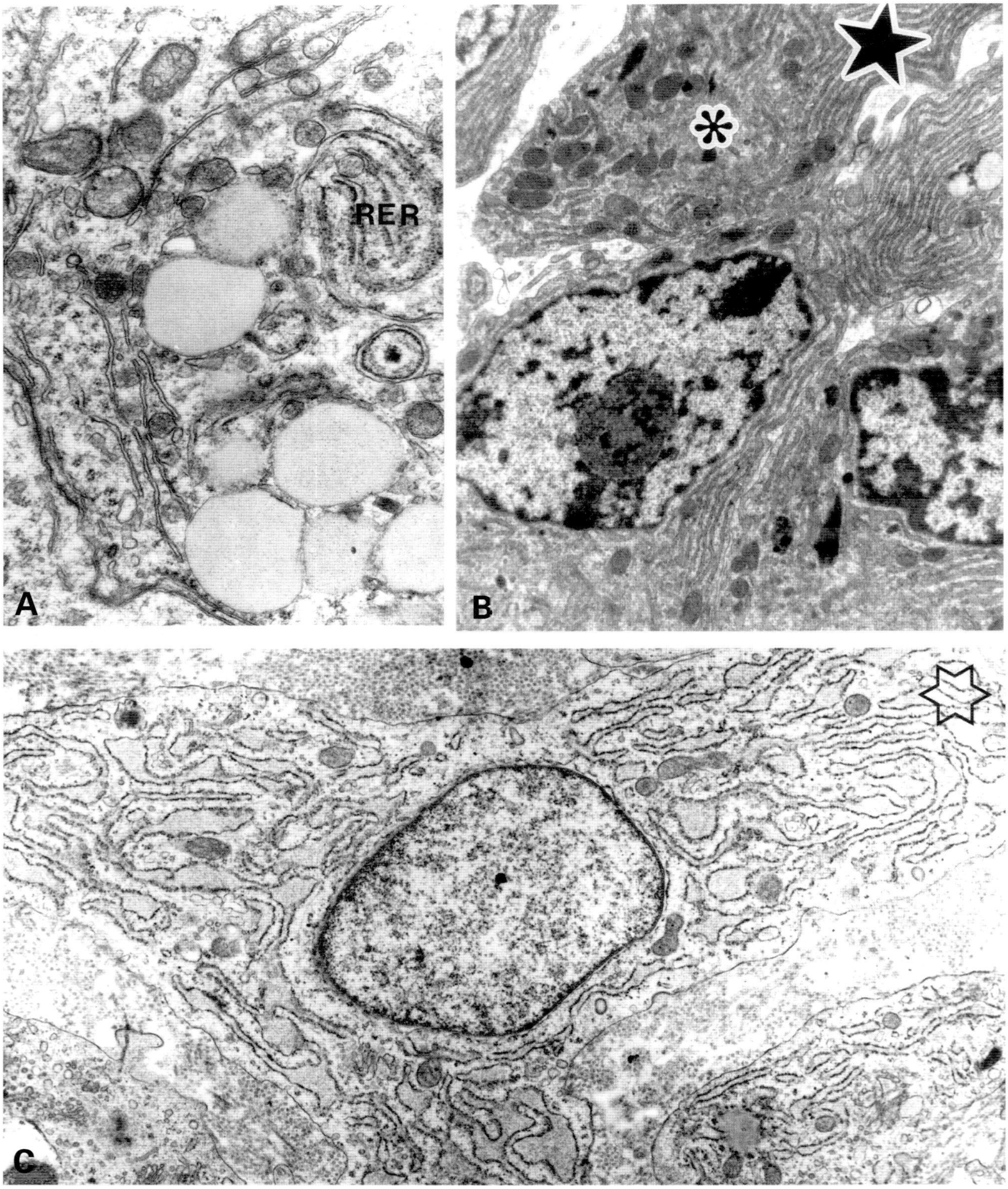


**Figura 4.12.** **A:** Parte de una célula de Sertoli que muestra cisternas de retículo endoplasmático rugoso dispuestas en espiral (RER). X12 000. **B**: Células plasmáticas con el citoplasma ocupado en casi su totalidad por cisternas de retículo endoplasmático rugoso dispuestas ordenadamente (estrella), excepto en la zona central, donde hay un complejo de Golgi prominente (asterisco). X6200. **C**: Célula fibroblástica de la cápsula de la glandular suprarrenal del perro que muestra abundante retículo endoplasmático rugoso en forma de cisternas dilatadas con un contenido de baja densidad electrónica (estrella). X7500. (La figura C es cortesía de M. García Villanueva. Departamento de Anatomía Patológica. Hospital Ramón y Cajal. Madrid.)

mienza a disminuir. En el sobrenadante siempre aparece algo de leucina marcada, que es atribuible a la contaminación en la separación de fracciones (Fig. 4.13).

La unión de los ribosomas al retículo endoplasmático rugoso y la penetración en éste de la proteína sintetizada comporta los siguientes aspectos (Fig. 4.14):

1. La cadena polipeptídica en crecimiento presenta un *péptido de señalización aminoterminal* que define el destino de ese polipéptido hacia el retículo endoplasmático rugoso.
2. Una *partícula de reconocimiento del péptido señal (SRP)*, formada por dos grupos de proteínas sobre un armazón de RNA, y que se encuentra en el hialoplasma, se une por un extremo al lugar A del ribosoma y sobre ella se desliza el polipéptido sintetizado a medida que emerge del ribosoma, quedando el péptido señal en contacto con la SRP. Esta unión al ribosoma causa la interrupción temporal de la síntesis proteica.
3. El ribosoma unido a la SRP se desplaza hasta la membrana del retículo endoplasmático rugoso. El extremo de la SRP no unido al ribosoma se une a una proteína integral de la membrana del retículo endoplasmático rugoso, llamada *receptor de la SRP*. Una vez que el ribosoma ha quedado anclado sobre el retículo endoplasmático rugoso, la SRP se libera y vuelve al citosol. Esta liberación requiere la hidrólisis del GTP. A continuación se reanuda la síntesis proteica.
4. El extremo amino de la cadena polipeptídica (el péptido señal) se ancla en un complejo translocador de la membrana del retículo endoplasmático rugoso, llamado *complejo Sec61*, que comprende cuatro complejos proteicos, cada uno compuesto por tres proteínas transmembranosas ensambladas en una estructura a modo de rosquilla. Este translocador actúa a modo de poro acuoso que atraviesa la membrana y permite que el polipéptido penetre en la luz del retículo endoplasmático rugoso conforme va siendo sintetizado, aunque su extremo amino queda anclado en la membrana por el péptido señal. La transferencia del polipéptido al interior del retículo endoplasmático rugoso requiere ATP. El complejo translocador está en forma inactiva (poro cerrado) cuando no hay síntesis proteica. Cuando se une a ella el péptido señal, la proteína translocadora se activa y se abre el poro.
5. El péptido señal permanece generalmente anclado en la membrana hasta que finaliza la síntesis proteica. Entonces el poro se abre lateralmente para liberar al péptido señal en la bicapa lipídica, donde es lisado, y la proteína queda libre en la luz del retículo endoplasmático rugoso. Excepcionalmente, algunas proteínas no comienzan a transferirse hasta que no ha terminado su síntesis.

## Glucosilación

La mayoría de las proteínas segregadas por las células contienen hidratos de carbono que forman cadenas de azúcares y se unen a la cadena de proteína por enlaces covalentes distribuidos en sitios específicos. Si las cadenas son cortas y sencillas (oligosacáridos), estas proteínas se denominan *glucoproteínas*. La presencia de oligosacáridos tiende a hacer las proteínas más resistentes a la digestión por proteasas. Es el caso de muchas enzimas digestivas, hormonas, proteínas del plas-

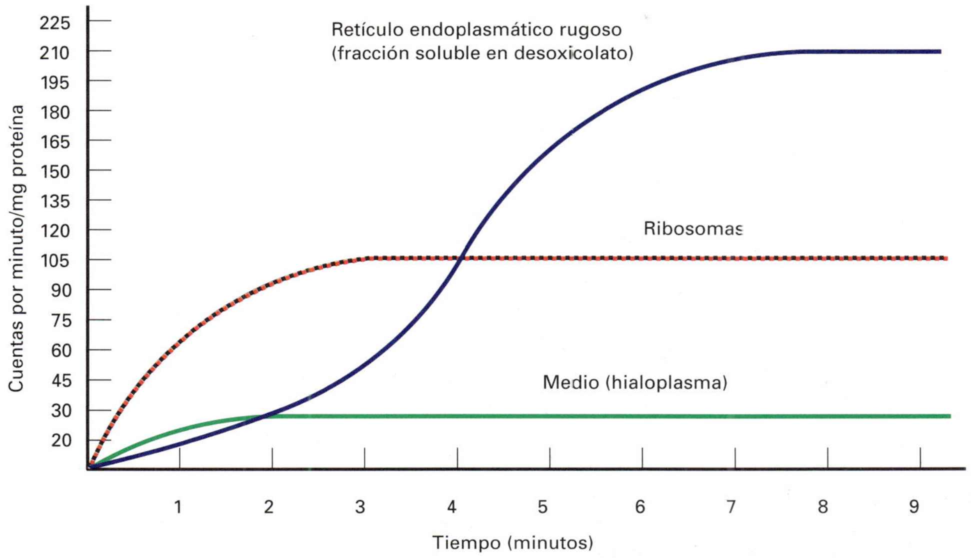


**Figura 4.13.** Experimento de J.D. Jamieson y E.G. Palade (1967) con leucina tritiada en células del páncreas que sintetizan amilasa. La radiactividad se detecta primero en los ribosomas y pasa después al retículo endoplasmático rugoso.

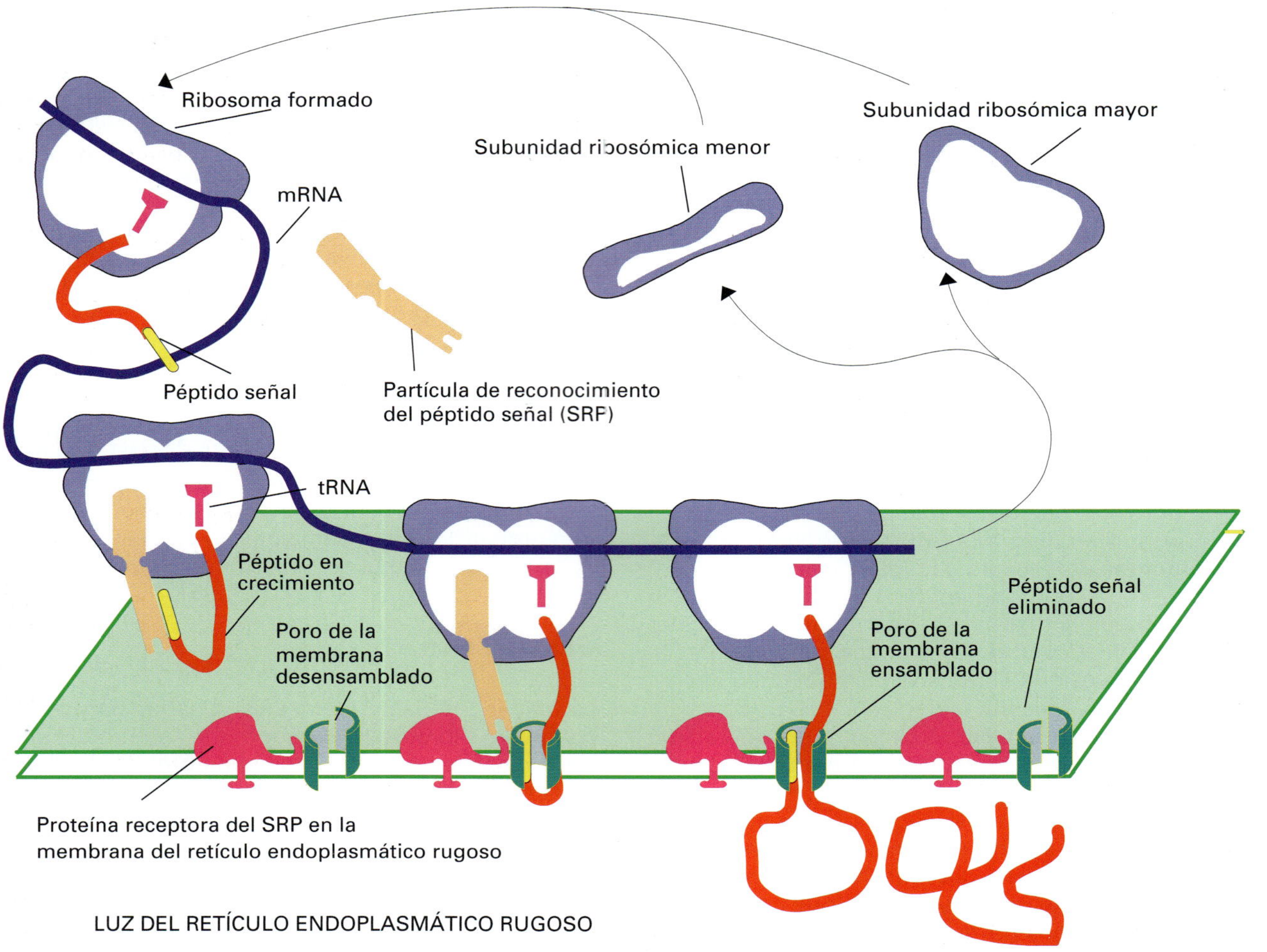


**Figura 4.14.** Unión de un ribosoma al retículo endoplasmático rugoso y almacenamiento de la proteína sintetizada en la luz de éste. El ribosoma lleva una partícula de reconocimiento del péptido señal (SRP) que se une a una proteína receptora específica de la membrana del retículo endoplasmático rugoso. El péptido señal con el que se inicia la síntesis de la proteína se desliza sobre la SRP y se ancla en el complejo Sec61, que actúa ccmo un poro de la membrana. A medida que se va produciendo la síntesis proteica, la proteína penetra en la luz del retículo endoplasmático rugoso, a la vez que continúa anclada en la membrana del retículo endoplasmático rugoso por el péptido señal. Al final de la síntesis, el péptido señal es lisado y la proteína queda en la luz del retículo endoplasmático rugoso.

ma, anticuerpos y las secreciones que recubren las células, como el moco de las células caliciformes. Si las proteínas contienen una elevada proporción de hidratos de carbono, se denominan *proteoglucanos*, muy abundantes en la matriz extracelular. En los proteoglucanos, la proteína forma un eje central del que cuelgan decenas de largas cadenas de hidratos de carbono, denominadas *glucosaminoglucanos*, cada una formada por un disacárido repetido múltiples veces (véase Fig. 7.5).

Desde que Whur y Herscovics, utilizando manosa tritiada, demostraron la incorporación de este azúcar en el retículo endoplasmático rugoso de las células de la glándula tiroidea, se ha venido investigando la composición de los hidratos de carbono que se unen a las proteínas en este orgánulo. En el retículo endoplasmático rugoso se transfiere a las proteínas sintetizadas un tipo único de oligosacárido, compuesto por 14 azúcares: 2 moléculas de *N-acetil-glucosamina*, 9 moléculas de *manosa* y 3 de *glucosa*. Este oligosacárido está unido a la cadena lateral (en el -$NH_2$) de los residuos de *asparagina* que se encuentran en las secuencias Asn-X-Ser o Asn-X-Thr, siendo X cualquier aminoácido diferente a la prolina (Fig. 4.15). De ahí que estos oligosacáridos se denominen *oligosacáridos unidos a nitrógeno*, o simplemente *oligosacáridos N*.

Toda la diversidad de los oligosacáridos N en las glucoproteínas maduras es el resultado de modificaciones de esta única molécula precursora; la mayoría de estas modificaciones ocurren cuando las proteínas han pasado al complejo de Golgi. Como se tratará más adelante, en este orgánulo (y sólo en él) puede formarse también otro tipo de oligosacáridos, que se unen al grupo –OH

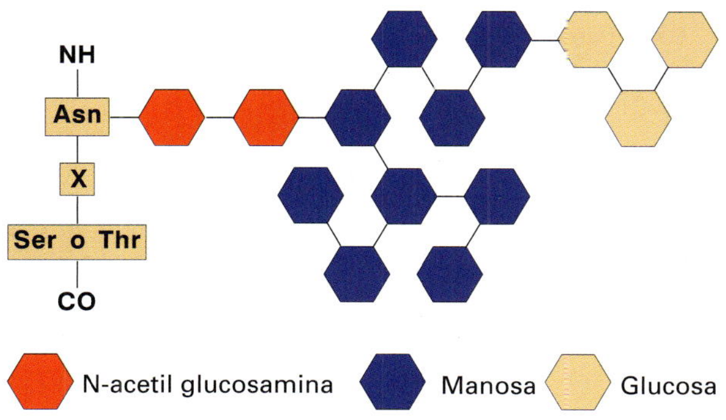


**Figura 4.15.** Estructura de los oligosacáridos N que se añaden a los polipéptidos en la luz del retículo endoplasmático rugoso. La unión se efectúa con el aminoácido asparagina.

de la cadena lateral de un residuo de *serina*, *treonina* o, más raramente, *hidroxilisina*. Son los *oligosacáridos O*, menos frecuentes que los anteriores.

Los oligosacáridos N se unen a la asparagina en el lado luminal de la membrana del retículo endoplasmático rugoso. Los azúcares se activan en el hialoplasma mediante la formación de productos intermedios azúcar-nucleótido que, en una secuencia ordenada mediada por *glucosil transferasas*, donan los azúcares a un compuesto lipídico denominado *dolicol-fosfato*. A su vez, éste transfiere dichos azúcares desde el hialoplasma hasta la luz del retículo endoplasmático rugoso, donde se unen a la asparagina. Esta unión está catalizada por la enzima *oligosacárido proteína transferasa*, que tiene su centro activo sobre la superficie luminal (Fig. 4.16). Los tres residuos de glucosa del oligosacárido y una manosa son eliminados rápidamente en el propio retículo endoplasmático rugoso.

En la luz del retículo endoplasmático rugoso algunas proteínas se unen a un oligosacárido que, a su vez, está unido a un lípido de la hemimembrana E (Fig. 4.17). Cuando la membrana emigra, primero al complejo de Golgi y luego hasta la membrana plasmática, dicha proteína se convierte en una proteína periférica externa del glicocálix (veánse Figs. 2.5 y 2.9).

## Destino de las proteínas sintetizadas en el retículo endoplasmático rugoso

Las proteínas que se almacenan y glucosilan en el retículo endoplasmático rugoso se utilizan con diversos fines:

1. *Formación de las membranas* del retículo endoplasmático rugoso y liso, de la envoltura nuclear y del complejo de Golgi, junto con las enzimas que forman parte de estas membranas o que están contenidas en su luz.

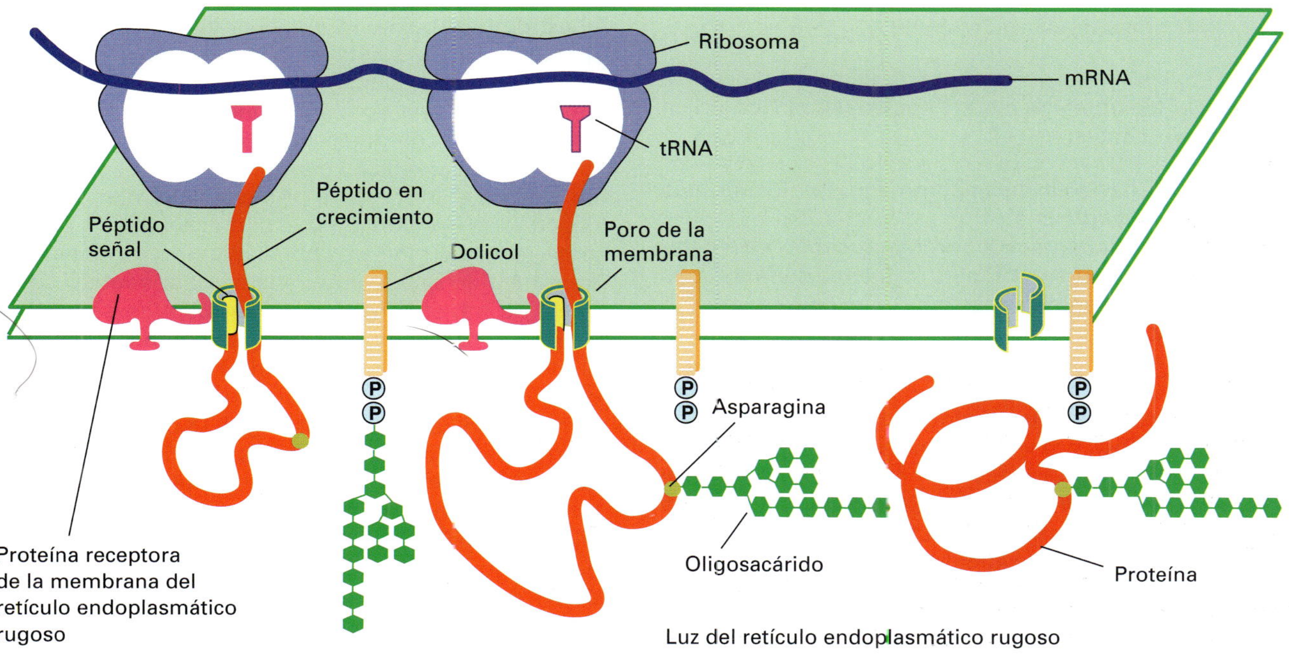


**Figura 4.16.** Esquema de la unión de oligosacáridos a polipéptidos en el interior del retículo endoplasmático rugoso. El oligosacárido se une a un lípido (dolicol) por un puente pirofosfato. Esta unión es catalizada por una glucosil transferasa. El dolicol fosfato dona el oligosacárido al polipéptido con intervención de la enzima oligosacárido proteína transferasa, en la superficie adluminal de la membrana del retículo endoplasmático rugoso.

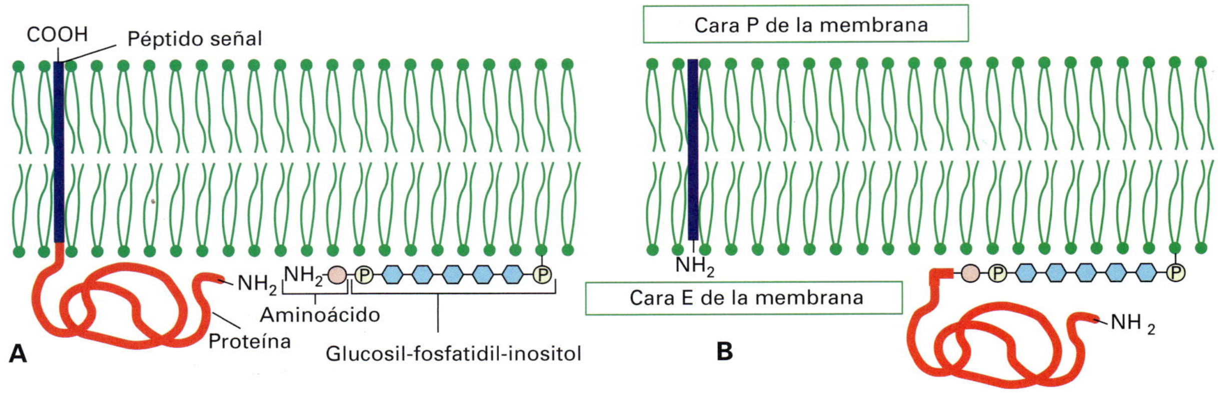


**Figura 4.17.** Una proteína sintetizada en el retículo endoplasmático rugoso se libera del péptido señal y queda en la luz del retículo endoplasmático rugoso, pero se une después a un oligosacárido que, a su vez, está unido a fosfatidil inositol en la hemimembrana E.

2. *Secreción celular.* Proteínas sintetizadas en el retículo endoplasmático rugoso pasan al complejo de Golgi y desde éste se emiten en el interior de vesículas de secreción que se unen a la membrana plasmática, vertiendo el contenido por exocitosis. La membrana de estas vesículas contribuye a la reposición de la membrana plasmática, incluyendo el glicocálix.
3. *Enzimas lisosómicas* (hidrolasas ácidas), que pasan por el complejo de Golgi para emitirse desde éste en vesículas que forman los lisosomas o se unen a lisosomas ya existentes.

Existen, sin embargo, algunos indicios de glucoproteínas en el hialoplasma o en el nucleoplasma, como en los casos siguientes:

1. Tipos especiales de heparán-sulfatos localizados en el nucleoplasma.
2. Tipos infrecuentes de proteoglucanos con residuos de manosa unidos a oxígeno, demostrados en el hialoplasma de las neuronas cerebrales.
3. Residuos de manosa unidos a oxígeno, que se encuentran en ciertas proteínas del hialoplasma y sirven de sustratos para una nueva glucosilación.
4. Residuos de manosa unidos a grupos hidroxilo de tirosina en el proceso de síntesis de glucógeno.

En algunos tricomas glandulares vegetales se ha descrito un mecanismo de transferencia algo especial de la proteína desde el retículo endoplasmático rugoso. La ruptura de la membrana de éste permite la salida de la proteína sintetizada en él hacia el hialoplasma donde se acumula hasta que rompe la membrana plasmática y se derrama por fuera de la célula. No se observa paso del retículo endoplasmático rugoso al complejo de Golgi ni unión del retículo endoplasmático rugoso a la membrana plasmática. La particularidad del mecanismo es que la célula muere y se convierte en secreción.

## Variaciones en los péptidos señal según el destino de la proteína

Si la proteína va a quedar almacenada en el interior del retículo endoplasmático rugoso, basta con el péptido señal del inicio de transferencia, del que la proteína se desprenderá posteriormente (Fig. 4.18.A). A ese péptido pueden seguir otros que marcan el destino final de la proteína (complejo de Golgi, lisosomas, etc.).

Si la proteína va a quedar anclada en la membrana del retículo endoplasmático rugoso por el extremo amino y el extremo carboxilo va a quedar libre en el hialoplasma, la proteína no se suelta del péptido señal (Fig. 4.18.B). Si la proteína va a quedar también anclada en la membrana, pero con una porción aminoterminal que sobresale en la cara P y con una porción carboxiterminal que queda en la luz del retículo endoplasmático, el péptido señal no está en el inicio de la proteína sino intercalado justo después de esa porción que sobresale (Fig. 4.18.C). Si el anclaje de la proteína es por el extremo carboxilo y el extremo amino queda libre, además del péptido señal de inicio de transferencia existe un *péptido señal de final de transferencia* (que no forzosamente tiene que estar al final de la cadena polipeptídica), que ancla la proteína en la membrana cuando el péptido señal de inicio de transferencia es eliminado (Fig. 4.18.D). Si la proteína es de dos pasos por la membrana, el primer péptido señal determina el primer anclaje y el péptido señal de final de transferencia determina el segundo anclaje, y ninguno de ellos es eliminado (Fig. 4.18.E). Finalmente, si la proteína es de paso múltiple, hay varios péptidos intercalados que determinan los sucesivos puntos de anclaje (Fig. 4.18.F).

## Plegamiento de las proteínas en la luz del retículo endoplasmático rugoso

Como ocurre con las proteínas sintetizadas por ribosomas libres, las proteínas que se almacenan en la luz del

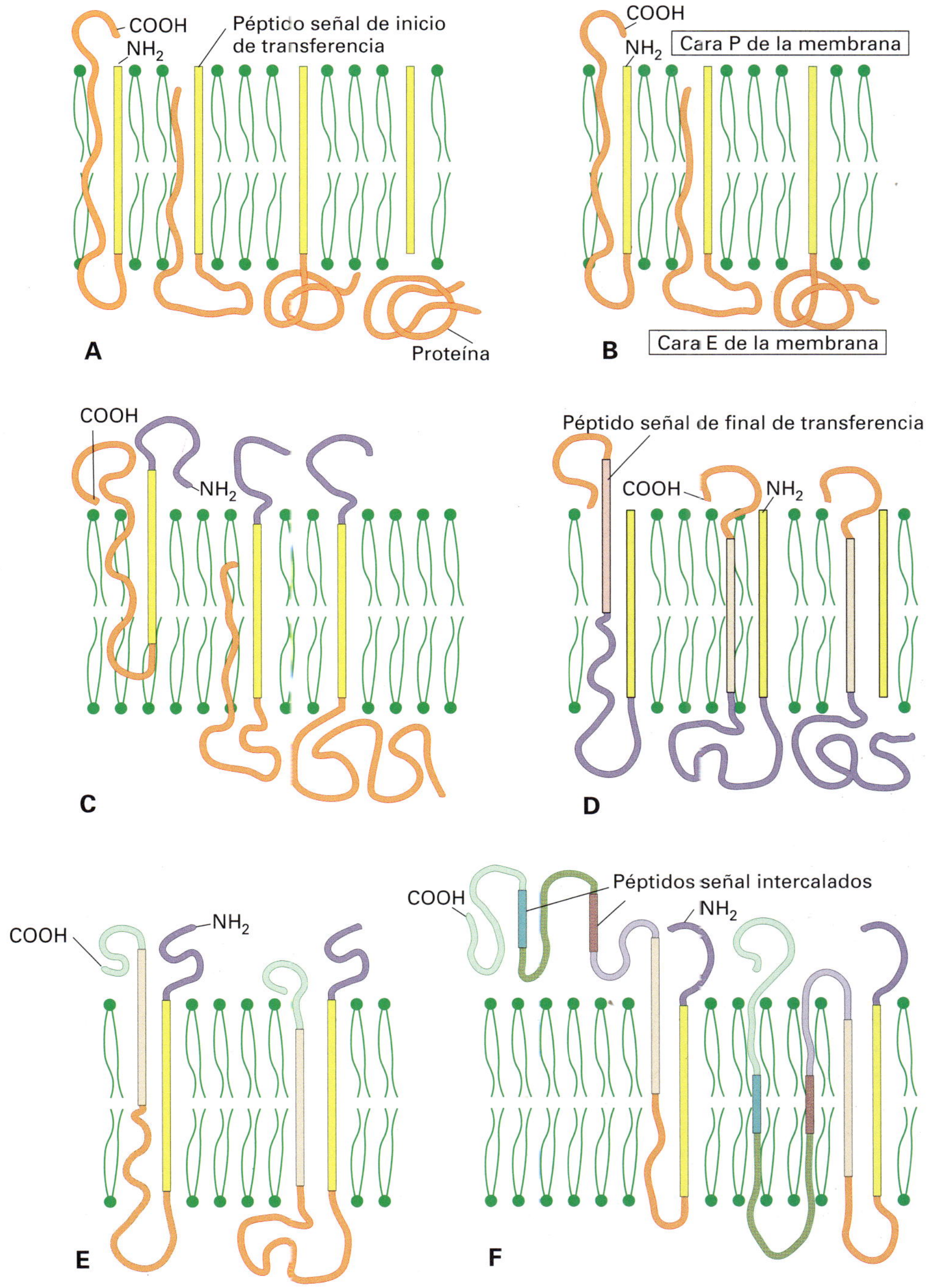


**Figura 4.18.** Emplazamiento de las proteínas en la membrana del retículo endoplasmático rugoso según sus péptidos señal. **A**: Cuando la proteína queda almacenada en el interior del retículo endoplasmático rugoso tiene un péptido señal del inicio de transferencia, del que se desprenderá posteriormente. **B**: Cuando la proteína no se libera del péptido señal queda anclada en la membrana del retículo endoplasmático rugoso por el extremo de inicio de la síntesis proteica. **C**: Cuando la proteína queda anclada en la membrana, pero con una porción aminoterminal que sobresale en la cara P y con una porción carboxiloterminal que queda en la luz del retículo endoplasmático, el péptido señal no está en el inicio de la proteína, sino intercalado justo después de esa porción que sobresale. **D**: Cuando el anclaje de la proteína es por el extremo carboxilo, además del péptido señal de inicio de transferencia hay otro péptido señal cerca del final de transferencia que ancla la proteína en la membrana cuando el péptido señal de inicio de transferencia es eliminado. **E**: Cuando la estructura de la proteína forma dos pasos en la membrana, el primer péptido señal determina el primer anclaje y el péptido señal de final de transferencia determina el segundo anclaje. **F**: Cuando la proteína es de paso múltiple, hay varios péptidos intercalados que determinan los sucesivos puntos de anclaje.

retículo endoplasmático rugoso no están completamente plegadas. A ellas se une una proteína *Hsp70* especial (*BiP*), que se encuentra en la luz y que tiene los siguientes efectos: mantener las proteínas en el interior del retículo endoplasmático rugoso, evitar su precipitación y ayudar a su plegamiento. Además, en dicha luz se encuentra también una *proteína disulfuro isomerasa* que rompe los puentes disulfuro formados entre las cadenas polipeptídicas.

A los oligosacáridos de las glucoproteínas incompletamente plegadas se unen unas chaperonas del tipo lectinas, denominadas *calnexina* y *calreticulina* (requieren calcio), para mantenerlas en el retículo endoplasmático. Además, estas lectinas facilitan que otras chaperonas se unan a las cisteínas que no han formado enlaces disulfuro en las glucoproteínas malplegadas. Ambas lectinas se unen a glucosas terminales, pero sólo lo hacen cuando se han eliminado dos de las tres glucosas añadidas en la N-glucosilación, y se liberan cuando la tercera glucosa es eliminada. Entonces la proteína puede dejar el retículo endoplasmático.

La misma proteína translocadora que permite la entrada de las proteínas en el retículo endoplasmático permite también la salida hacia el citosol de las proteínas malplegadas que no pueden ser reparadas. En el citosol son ubiquitinadas y entregada a proteasomas.

# RETÍCULO ENDOPLASMÁTICO LISO

## ESTRUCTURA Y COMPOSICIÓN

La diferencia fundamental entre el retículo endoplasmático liso y el rugoso es la ausencia de ribosomas adheridos a sus membranas (Figs. 4.11 y 4.19). En las células que poseen abundante retículo endoplasmático liso (hígado, corteza suprarrenal, cuerpo lúteo, células de Leydig), éste se distingue morfológicamente del rugoso porque, además de carecer de ribosomas, forma túbulos y no cisternas. Así, en un corte visto con el microscopio electrónico, el retículo endoplasmático liso aparece como pequeños túbulos u ojales, y no como largos perfiles. Sin embargo, esta configuración generalizada tiene numerosas excepciones. En muchos tipos celulares, como en las células germinales masculinas (desde espermatogonias hasta espermátidas), músculo estriado esquelético y cardíaco, saco renal del caracol y otros, el retículo endoplasmático liso forma también cisternas, además de túbulos. También se han visto imágenes de una cisterna de retículo endoplasmático rugoso que se continúa en una cisterna de retículo endoplasmático liso, como ocurre en las células germinales y en las células de Sertoli, o cisternas con ribosomas en una superficie y no en la otra, como ocurre en los elementos de los tubos cribosos y células acompañantes de vegetales.

Todo esto lleva a pensar que el retículo endoplasmático es un sistema de membranas común, que puede especializarse en la síntesis proteica, formando el retículo endoplasmático rugoso, o en otras funciones que son características del retículo endoplasmático liso.

Las membranas del retículo endoplasmático liso tienen las mismas dimensiones que las del rugoso y una composición similar, pero no idéntica. Ésta es difícil de determinar porque, en la centrifugación diferencial, el retículo endoplasmático liso se obtiene en forma de vesículas que, al no tener ribosomas, se confunden con las del complejo de Golgi. Sin embargo, si se hace una centrifugación suave que permita mantener inalterado el complejo de Golgi, se puede separar éste del retículo endoplasmático liso por centrifugación diferencial. Parece establecido que la membrana del retículo endoplasmático liso posee algo más de ceramida y colesterol que la del retículo endoplasmático rugoso (Tabla 2.1) En cuanto a las proteínas, las hay específicas del retículo endoplasmático liso, como la glucosa-6-fosfatasa, una ATPasa dependiente de $Ca^{2+}$, y las enzimas de la síntesis de fosfolípidos y esteroides. Otras proteínas se encuentran en ambos tipos de retículo endoplasmático, como la reductasa de NADH, la nucleótido difosfatasa y los citocromos $b_5$ y $P_{450}$.

## FUNCIONES

Las enzimas de la membrana del retículo endoplasmático liso intervienen en una amplia variedad de procesos. Sus funciones mejor conocidas son las siguientes:

### Síntesis de lípidos

En el retículo endoplasmático liso se sintetizan los fosfolípidos, la ceramida y el colesterol (el de las membranas celulares y el que queda en el citosol como gotitas lipídicas). Los ácidos grasos, que van a formar parte de los fosfolípidos, se sintetizan en el citoplasma fundamental, desde donde son translocados a la membrana del retículo endoplasmático (véase página 49). Los azúcares que van a formar parte de algunos lípidos provienen también del citosol y se añaden en el complejo de Golgi.

### Síntesis de derivados lipídicos

Entre los derivados lipídicos sintetizados en el retículo endoplasmático liso se encuentran las hormonas esteroideas, los quilomicrones de los enterocitos, las lipoproteínas de los hepatocitos y los ácidos biliares también de los hepatocitos.

#### *Síntesis de hormonas esteroideas*

El primer paso de la síntesis de hormonas esteroideas se realiza en el interior de las mitocondrias y consiste en la rotura de las cadenas laterales del colesterol para producir *pregnenolona*. Por eso, las mitocondrias aparecen muy relacionadas con el retículo endoplasmático liso en las células productoras de hormonas esteroi-

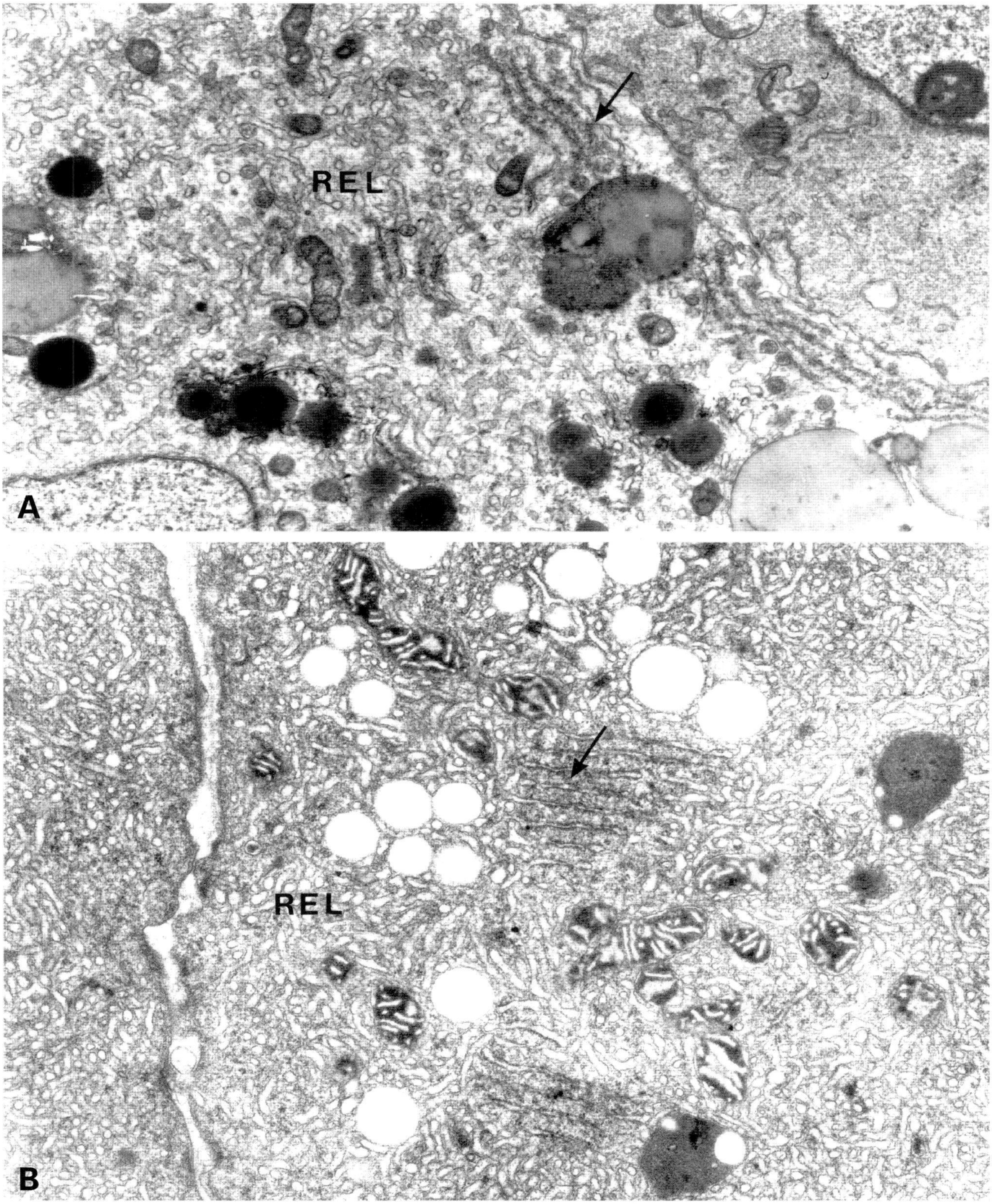


**Figura 4.19.** **A**: Célula de Sertoli que muestra una zona con abundante retículo endoplasmático liso (REL) en forma de túbulos. Compárese con las cisternas de retículo endoplasmático rugoso adyacentes (flecha). X20 000. **B**: Célula de Leydig con el citoplasma casi ocupado por túbulos de retículo endoplasmático liso (REL). Se observan algunas cisternas de retículo endoplasmático rugoso (flecha). X20 000.

deas (Fig. 4.19.B). Los siguientes pasos que tienen lugar a partir de la pregnenolona se realizan gracias a enzimas de retículo endoplasmático liso y conducen a la formación de *testosterona, estrona, estradiol, corticosterona* y *desoxicortisol*. La corticosterona y el desoxicortisol pueden penetrar en la mitocondria para transformarse en *aldosterona* y *cortisol*, respectivamente (Fig. 4.20).

La secreción esteroidea se difunde por el citoplasma, unida a transportadores de lípidos y atraviesa la membrana plasmática mediante transportadores de membrana del tipo ABC *(ATP binding cassettes)* para liberarse a los capilares sanguíneos. No es transportada en el interior del retículo endoplasmático liso, que no establece conexiones con la membrana plasmática.

### Síntesis de quilomicrones intestinales

La lipasa pancreática degrada la grasa de la luz intestinal hasta glicerol, ácidos grasos y monoglicéridos. Así la absorben las células intestinales denominadas enterocitos, mediante *proteínas de transporte de ácidos grasos (FATP)* presentes en la membrana plasmática. Dentro de las células los ácidos grasos quedan unidos a las *proteínas de unión de ácidos grasos (FABP)*, que adoptan una disposición en láminas β formando una bolsa en la que se introducen los ácidos grasos, que interaccionan de forma no covalente con la proteína.

Los enterocitos transforman los ácidos grasos y el glicerol en triglicéridos, que son exportados unidos a proteínas en forma de *quilomicrones*. Al ser sustancias compuestas de lípidos y proteínas, en su síntesis participan tanto el retículo endoplasmático rugoso (síntesis del componente proteico) como el retículo endoplasmático liso (síntesis del componente lipídico). En los *enterocitos* hay retículo endoplasmático rugoso y liso entremezclados en la parte apical. Estas membranas forman vesículas que van a parar al complejo de Golgi, desde donde las lipoproteínas son segregadas como vesículas con un contenido denso, que no llena totalmente la membrana, al espacio extracelular lateral de los enterocitos. Desde allí alcanzan la lámina propia y penetran en los extremos ciegos de los vasos linfáticos, que los conducen a la sangre (Fig. 4.21).

### Síntesis de lipoproteínas en el hígado

En la sangre, los quilomicrones segregados por los enterocitos son convertidos por las lipasas de lipoproteí-

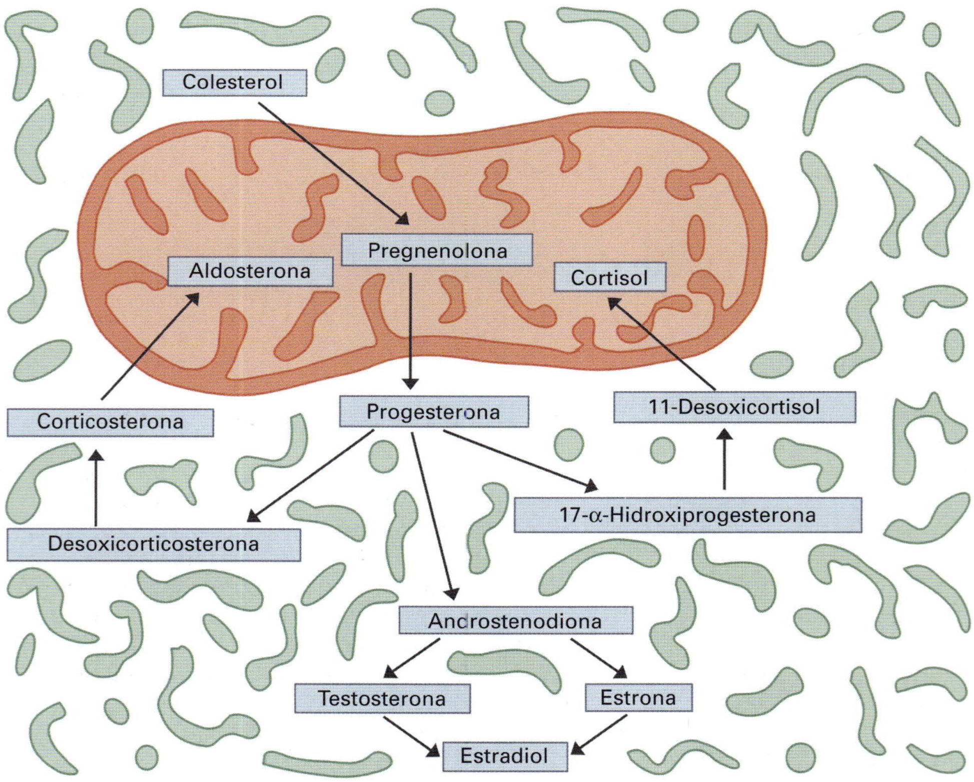


**Figura 4.20.** Participación del retículo endoplasmático liso y de las mitocondrias en la síntesis de hormonas esteroideas. El colesterol entra en las mitocondrias y es transformado en pregnenolona, que pasa al retículo endoplasmático liso y se transforma en progesterona. Ésta puede dar lugar, dentro del retículo endoplasmático liso, a estradiol, corticosterona y 11-desoxicortisol. La corticosterona y el 11-desoxicortisol pueden entrar en la mitocondria para formar aldosterona y cortisol, respectivamente.

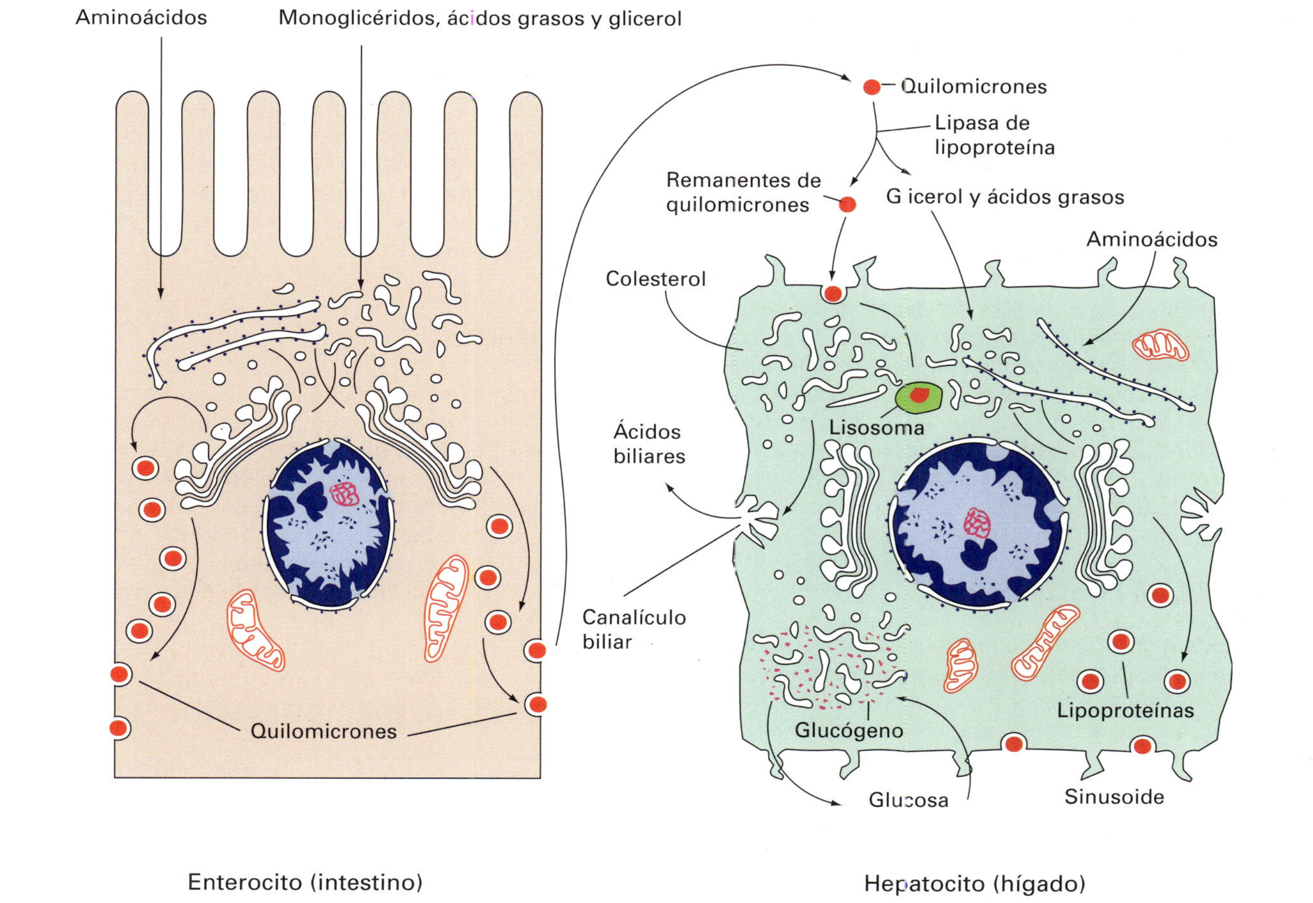


**Figura 4.21.** Procesos en los que interviene el retículo endoplasmático liso en células animales. En el revestimiento epitelial interno del intestino, junto con el retículo endoplasmático rugoso, forma los quilomicrones (lipoproteínas). El retículo endoplasmático rugoso sintetiza el componente polipeptídico y el retículo endoplasmático liso el lipídico. En los hepatocitos participa de modo similar en la síntesis de las lipoproteínas. Además, interviene en la síntesis de ácidos biliares a partir del colesterol. La conversión de la glucosa en glucógeno, y viceversa, tiene lugar en el citosol de áreas con abundante retículo endoplasmático liso.

nas de los vasos sanguíneos en ácidos grasos y glicerol (unidos a transportadores extracelulares de lípidos como la albúmina) y *remanentes de quilomicrones* (enriquecidos en colesterol), que alcanzan los sinusoides hepáticos. Los ácidos grasos y el glicerol son transportados al citosol del hepatocito mediante las ya mencionadas proteínas FATP presentes en la membrana plasmática. Dentro de las células los ácidos grasos quedan unidos a las también antes mencionadas proteínas FABP. Los remanentes de quilomicrones son endocitados y degradados por los hepatocitos. En los hepatocitos se sintetizan las *lipoproteínas hepáticas*, principalmente las de muy baja densidad (VLDL), que contienen triglicéridos y colesterol. Como ocurre en el enterocito, en este proceso intervienen tanto el retículo endoplasmático liso como el rugoso y el complejo de Golgi, donde se reúnen ambos componentes para emigrar en vesículas que se vierten por exocitosis del lado de un sinusoide, terminando así en la sangre (Fig. 4.21).

## *Síntesis de ácidos biliares*

Los ácidos biliares son derivados del colesterol y se sintetizan a partir de éste en el retículo endoplasmático liso de los hepatocitos. Los ácidos biliares se difunden por el citoplasma, unidos a proteínas de unión a lípidos tipo FABP, hasta la membrana plasmática (no se desplazan dentro de vesículas), donde hay transportadores de membrana del tipo *ABC* que los vierten a los *canalículos biliares* (no al espacio sinusoidal) (Fig. 4.21).

## Destoxificación

Muchas sustancias tóxicas liposolubles (barbitúricos, etanol, insecticidas, herbicidas, conservantes, medicamentos, desechos industriales, etc.), así como muchos de los productos tóxicos liposolubles del metabolismo se degradan en el retículo endoplasmático liso, principalmente en el hígado, pero también en el intestino, los riñones, la piel y los pulmones. Así, la administración del fármaco *fenobarbital* causa una hiperplasia del retículo endoplasmático liso, que vuelve a su cantidad normal al desaparecer el fármaco, tras la eliminación del exceso de retículo endoplasmático en los lisosomas.

Las sustancias tóxicas se inactivan en la membrana del retículo endoplasmático liso mediante enzimas que transfieren oxígeno (*oxigenasas*) a dichas sustancias. Estas enzimas son poco específicas y pueden oxidar miles de compuestos hidrófobos convirtiéndolos en hidrófilos y, por tanto, más fáciles de excretar. La reacción enzimática de destoxificación más importante se realiza mediante el sistema del *citocromo* $P_{450}$. No obstante, algunas de estas reacciones pueden no ser beneficiosas; por ejemplo, el benzopireno, que es un compuesto poco nocivo formado al tostar la carne en una parrilla, se convierte en un potente cancerígeno por la acción de estas enzimas destoxificantes.

### Regulación del nivel de calcio

El calcio actúa como mensajero intracelular en una amplia gama de respuestas celulares, como la secreción y proliferación celular y la contracción muscular. Se almacena en el retículo endoplasmático liso unido a la proteína *calsecuestrina*, que presenta poca afinidad por el $Ca^{2+}$ pero gran capacidad para retenerlo (50 iones por molécula). Un receptor de la membrana plasmática unido a proteínas G activa la *fosfolipasa C*, que actúa sobre el fosfatidil inositol de la hemimembrana interna y produce dos mensajeros diferentes: el *inositol trifosfato* ($IP_3$) y el *diacilglicerol*. El $IP_3$ activa los canales de $Ca^{2+}$ de las membranas del retículo endoplasmático liso para que los iones $Ca^{2+}$ pasen al citosol (véase Fig. 7.40.B). Estos iones se unen a las *quinasas C* y al diacilglicerol (que ha permanecido en la membrana plasmática), activando por fosforilación diversas proteínas intracelulares. Algunas de estas quinasas C no se activan directamente por el $Ca^{2+}$ y necesitan como intermediaria la proteína citosólica *calmodulina*. Son las *quinasas-CaM*, que fosforilan serinas o treoninas de algunas proteínas como la *quinasa de la cadena ligera de miosina*, que induce la contracción del músculo liso, o la *quinasa de la fosforilasa*, que degrada el glucógeno en glucosa.

El retículo endoplasmático liso del músculo estriado se denomina *retículo sarcoplásmico* y adquiere una configuración especial. Se dispone rodeando las miofibrillas, de dos maneras: a) adosado a los túbulos T (invaginaciones de la membrana plasmática de la célula muscular) formando *tríadas* (en el músculo esquelético) o *díadas* (en el músculo cardíaco), y b) en conexión con las estructuras anteriores y perpendicular a ellas, formando un sistema de túbulos paralelos o anastomosados. La membrana de este retículo posee una bomba de $Ca^{2+}$ que acumula este ion en su interior, y dos canales de $Ca^{2+}$ activados por cambios de voltaje que permiten la salida de este ion en determinados momentos: *el complejo receptor del* $IP_3$ y el *complejo receptor de la rianodina*. Los túbulos T transmiten el potencial de acción (despolarización de la membrana plasmática) por todo su recorrido en el interior de la célula. Este estímulo actúa sobre los receptores del retículo sarcoplásmico (que está adosado a los túbulos T) provocando la salida del $Ca^{2+}$ almacenado en su interior. La concentración de $Ca^{2+}$ en el citoplasma sube de $10^{-7}$ M a $10^{-5}$ M. El $Ca^{2+}$ reacciona con la *troponina*, permitiendo que interaccionen la actina y la miosina y que actúe la ATPasa, causando el deslizamiento de los miofilamentos (véase página 259). Terminado el proceso, se vuelve a almacenar el $Ca^{2+}$ en el retículo endoplasmático liso.

### Glucogenólisis

La degradación del glucógeno, así como su síntesis a partir de la glucosa, se suelen ubicar en el citoplasma fundamental (véase página 135). Sin embargo, algunos autores incluyen entre las funciones del retículo endoplasmático liso la degradación del glucógeno, ya que éste suele abundar en la proximidad del retículo endoplasmático liso, cuyas membranas contienen la enzima *glucosa-6-fosfatasa,* implicada en la degradación del glucógeno.

## SÍNTESIS DE MEMBRANAS CELULARES

Este tema ha sido tratado en el Capítulo 2 (véase página 49).

## CONFIGURACIONES ESPECIALES DEL RETÍCULO ENDOPLASMÁTICO

### EN CÉLULAS ANIMALES

Algunas células musculares lisas (como las del conducto deferente de rata) presentan una cisterna de retículo endoplasmático liso situada inmediatamente debajo de aquellas zonas de la membrana plasmática donde se establecen estrechas aproximaciones o contactos sinápticos con terminaciones nerviosas que contienen vesículas sinápticas. Estas cisternas *hipolemales* podrían quizá intervenir en el almacenamiento del $Ca^{2+}$ para la contracción del músculo liso. También se observan cisternas similares en el cuerpo celular y en algunas dendritas de neuronas del sistema nervioso central, células de Sertoli (Figs. 4.22.A y 4.22.B) y nefrocitos del caracol *Cryptomphalus aspersa*. Estas cisternas podrían almacenar $Ca^{2+}$, que interviene en las uniones intercelulares.

En espermatocitos humanos existen una o más cisternas que se adosan por completo a la membrana externa de la envoltura nuclear. Estas *cisternas perinucleares* son del tipo mixto, entre liso y rugoso, pues en algunas zonas presentan ribosomas adheridos y carecen de complejos del poro (Fig. 4.22.C). Se consideran una forma de proliferación de membranas del retículo endoplasmático, ya que algunas de estas cisternas se desprenden de la envoltura nuclear para pasar al citoplasma. En los nefrocitos del saco renal del caracol *Cryptomphalus aspersa* se observa una cisterna perinuclear de retículo endoplasmático

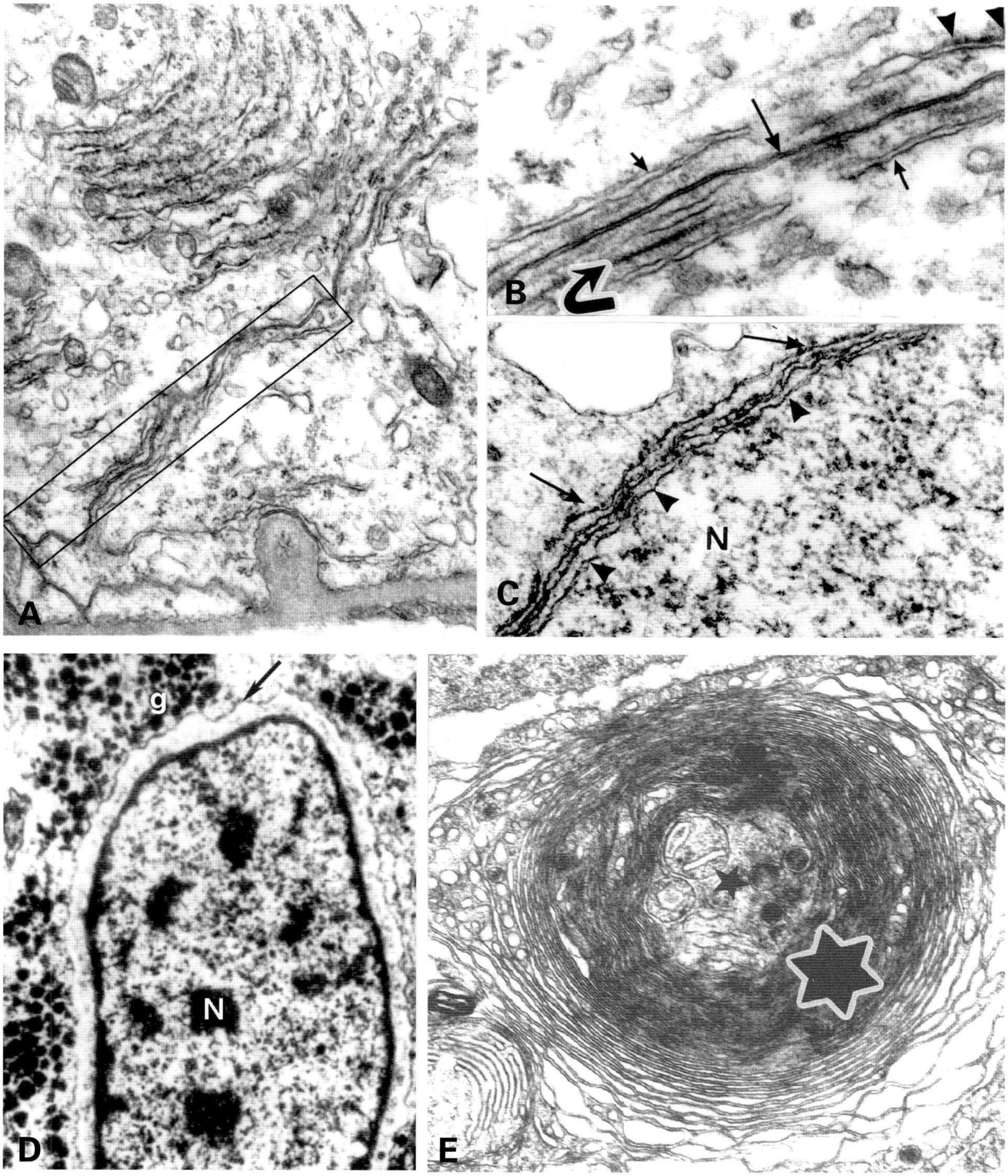


**Figura 4.22.** **A**: Unión especializada entre células de Sertoli (rectángulo). X12 000. **B** Detalle de parte del recuadro de la figura anterior que muestra la unión entre las membranas plasmáticas adyacentes (flecha grande), flanqueada por cisternas de retículo endoplasmático mixto entre liso (flechas pequeñas) y rugoso (cabezas de flechas). Entre las membranas y las cisternas hay filamentos de actina (flecha curva). X30 000. **C**: Doble cisterna perinuclear constituida por una cisterna de retículo endoplasmático mixto (flechas) adosada a la envoltura nuclear (cabezas de flechas) de un espermatocito humano. N: núcleo. X30 000. **D**: Cisterna perinuclear de retículo endoplasmático liso (flecha) rodeando el núcleo (N) de un nefrocito de *Cryptomphalus aspersa*. El citoplasma externo a la cisterna contiene abundante glucógeno (g). X10 000. **E**: Rueda de retículo endoplasmático liso (estrella grande) que engloba porciones de citoplasma (estrella pequeña) en una célula de Leydig que ha sido hiperestimulada con gonadotropinas. X19 500.

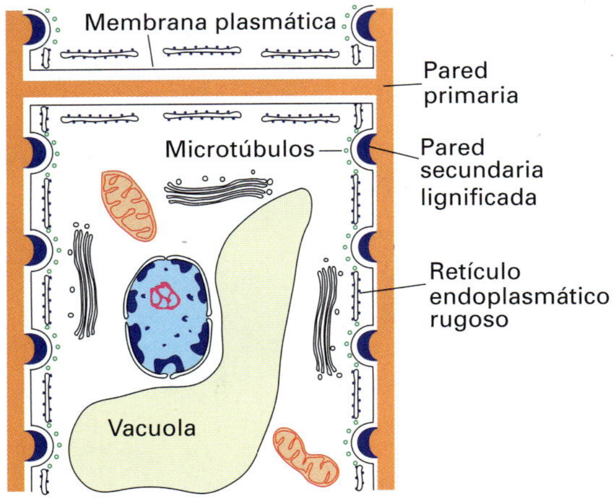


**A** Elemento de tráquea en diferenciación

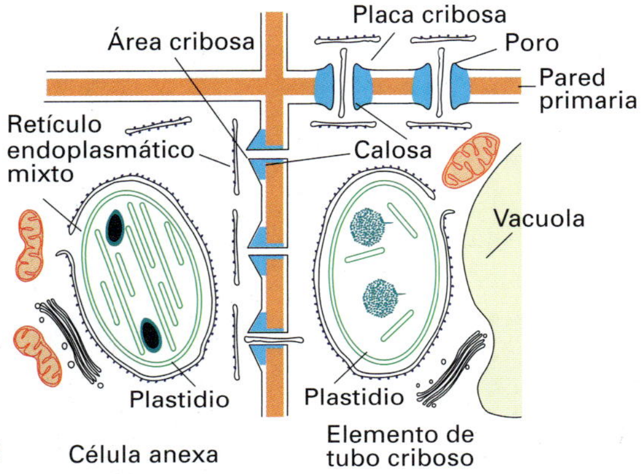


**B** Célula anexa

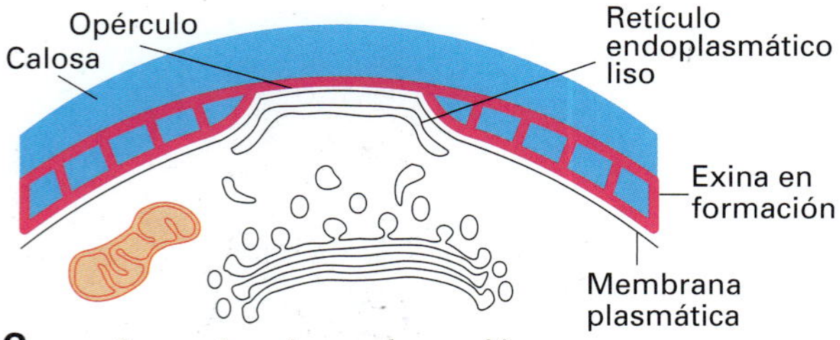


**C** Grano de polen en formación

**Figura 4.23.** Diferenciaciones especiales del retículo endoplasmático en células vegetales. **A**: Durante la formación de los elementos de las tráqueas, cisternas de retículo endoplasmático rugoso se disponen adosadas a la membrana plasmática en las zonas de la pared celular donde no se producen depósitos de lignina. **B**: En los elementos de los tubos cribosos y células anexas, a nivel de las comunicaciones entre células y rodeando los plastidios, hay cisternas de retículo endoplasmático con ribosomas sólo en el lado opuesto a la pared celular en el primer caso, y en el lado externo al plastidio en el segundo. **C**: En la formación del grano de polen, una cisterna de retículo endoplasmático liso se adosa a la pared celular, donde se formará el opérculo, es decir, donde la exina no formará una gruesa cubierta.

liso, que está separada uno o dos micrómetros de la envoltura nuclear y presenta fenestraciones por las que se comunican los dos compartimientos en los que esta cisterna divide el citoplasma (Fig. 4.22.D). La función de esta cisterna se desconoce, pero se ha relacionado con procesos de glucogenogénesis y glucogenólisis, debido a la presencia de abundante glucógeno por fuera de la cisterna perinuclear.

El retículo endoplasmático liso puede formar *cisternas concéntricas o en espiral* en células ricas en este orgánulo (como las células de Leydig o de la corteza suprarrenal), tras tratamientos con ciertas fármacos (como la *espironolactona*) o en determinadas circunstancias patológicas (como en las células del Leydig en el *síndrome de Klinefelter*) (véase Fig. 4.21.E). Dichos perfiles parecen corresponder a un estadio degenerativo del retículo endoplasmático liso hiperestimulado. No hay que confundir estas laminillas con las laminillas anilladas explicadas al tratar de la envoltura nuclear (véase, página 120).

## EN CÉLULAS VEGETALES

En algunos tipos celulares vegetales, el retículo endoplasmático (liso, rugoso o mixto) se relaciona con formaciones de la pared celular o con algunos orgánulos como los plastidios.

Una cisterna de retículo endoplasmático rugoso se dispone bajo la membrana plasmática de los elementos del xilema en formación, en determinadas zonas de la pared celular, para evitar el depósito de pared secundaria lignificada en esas zonas (Fig. 4.23.A).

Una cisterna de retículo endoplasmático rugoso por un lado (el del citoplasma) y liso por el otro (el de la pared celular), se sitúa donde se deposita la *calosa*, tanto en los elementos de los tubos cribosos (paredes transversales) como en las células acompañantes (paredes laterales), por lo que esta cisterna parece contribuir a dicho depósito (Fig. 4.23.B). En ambos tipos celulares y en los conductos resiníferos, otras cisternas de retículo endoplasmático, rugoso por un lado y liso por el otro, se disponen también alrededor de los plastidios, de modo que los ribosomas quedan del lado externo (Fig. 4.23.B).

Un retículo endoplasmático liso por completo se encuentra en los granos de polen en formación bajo el opérculo, impidiendo el engrosamiento de la pared del grano de polen en esa zona (Fig. 4.23.C).

# COMPLEJO DE GOLGI

## ESTRUCTURA

Este orgánulo fue descubierto en 1898 por Camilo Golgi, anatomopatólogo de la Universidad de Pavía, quien lo describió como un *aparato reticular interno* mediante la aplicación de técnicas de impregnación con dicromato de osmio y de rubidio para teñir *neuronas de Purkinje* del cerebelo de la lechuza. Su existencia fue confirmada posteriormente por Cajal, tanto en neuronas teñidas con métodos de impregnación argéntica (Fig. 4.24) como en células mucosecretoras del epitelio intestinal (Fig. 4.25). La confirmación definitiva la proporcionaron los estudios con el microscopio electrónico realizados en 1950 por Sjöstrand, Dalton y Felix, que demostraron que este sistema, al que se denominó *aparato o complejo de Golgi,* es un orgánulo membranoso de la célula (Fig. 4.26).

En las células secretoras el complejo de Golgi está localizado entre el núcleo y el ápice por e que se vierte la secreción (Figs. 4.25 y 4.26). En las células fusiformes, como los fibroblastos y células musculares lisas, el complejo de Golgi aparece en ambos polos del núcleo, que es alargado. En las células plasmáticas, cuyo núcleo es excéntrico, todo el citoplasma aparece ocupado por el retículo endoplasmático rugoso a excepción del centro celular, junto al núcleo, donde se sitúa el complejo de Golgi (véase Fig. 4.12.B). En las células vegetales meristemáticas el complejo de Golgi muestra un notable desarrollo ocupando extensas áreas del citoplasma. Algo semejante sucede en diversos tipos celulares de muchos invertebrados con un complejo de Golgi muy desarrollado.

El complejo de Golgi consta de varias unidades, probablemente conectadas entre sí, denominadas *dictiosomas* (Figs. 4.25-4.27). Cada dictiosoma es un conjunto de sáculos apilados, separados entre sí entre 20 y 30 nm, en cuya periferia hay vesículas de diversos tamaños. La cara más próxima al núcleo celular se denomina *cara proximal, cara cis* o también *cara de formación*. Tiene forma convexa (vista desde la membrana plasmática) y presenta muchas fenestraciones. Su periferia se resuelve en tú-

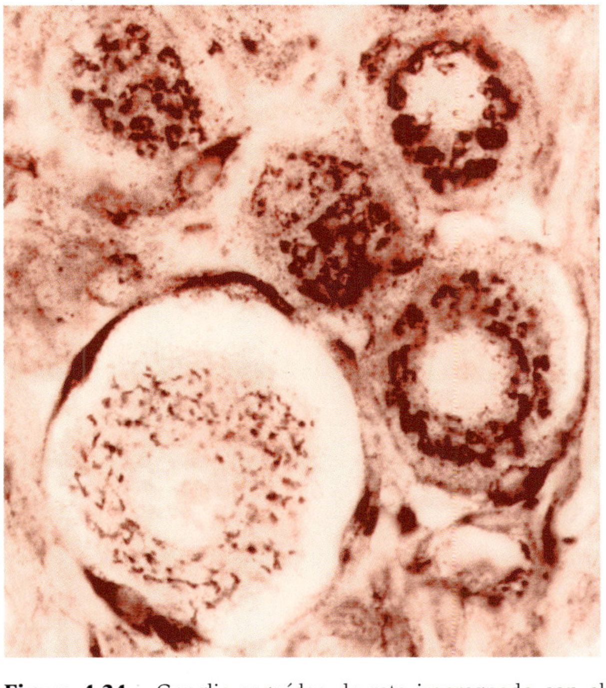

**Figura 4.24.** Ganglio raquídeo de rata impregnado con el método de formol-nitrato de urano de Cajal, en el que se tiñen los complejos de Golgi de las células ganglionares. X950.

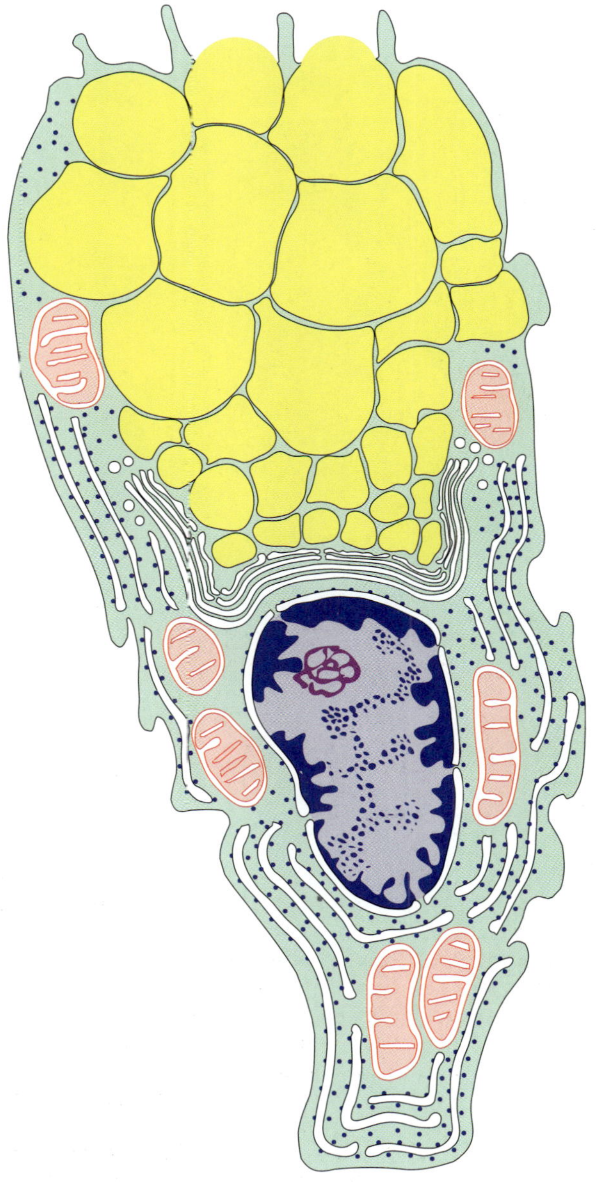

**Figura 4.25.** Dibujo de una célula caliciforme que muestra la distribución del complejo de Golgi.

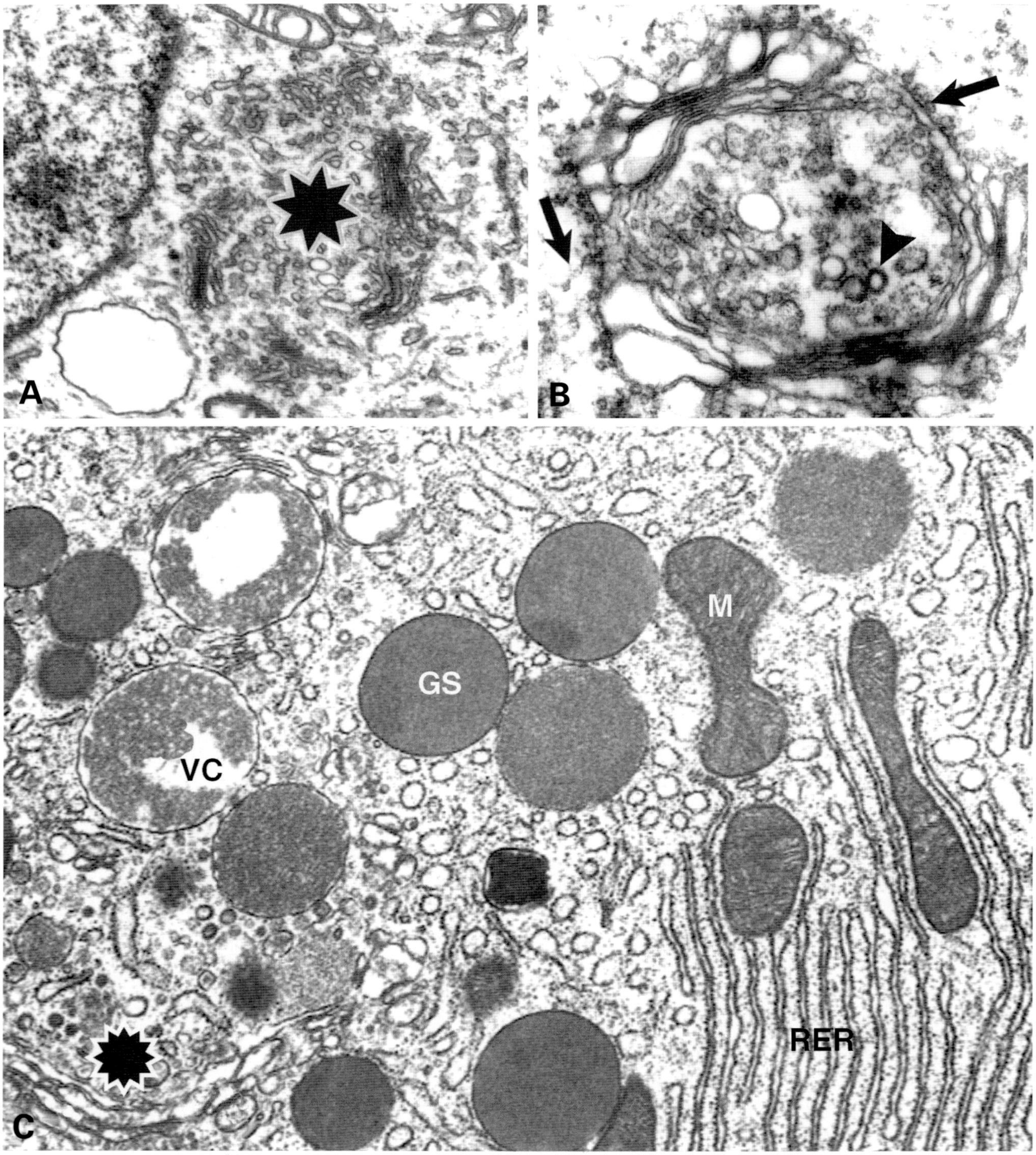


**Figura 4.26.** **A**: Complejo de Golgi constituido por varios dictiosomas (estrella) en un espermatocito. X10 000. **B**: Complejo de Golgi en el epitelio del epidídimo que muestra pequeñas vesículas que se continúan con las cisternas situadas más externamente (flechas) y vesículas recubiertas de clatrina que emergen de las cisternas más internas (cabeza de flecha). X20 000. **C**: Detalle de una célula acinar del páncreas en la que se observa el complejo de Golgi (estrella) del que emergen las vacuolas de condensación (VC), que maduran formando los gránulos de secreción glucoproteica (GS). M: mitocondria. RER: retículo endoplasmático rugoso. (Micrografía de Electron Microscopy Research. *Cell Ultrastructure Atlas*. X7500.)

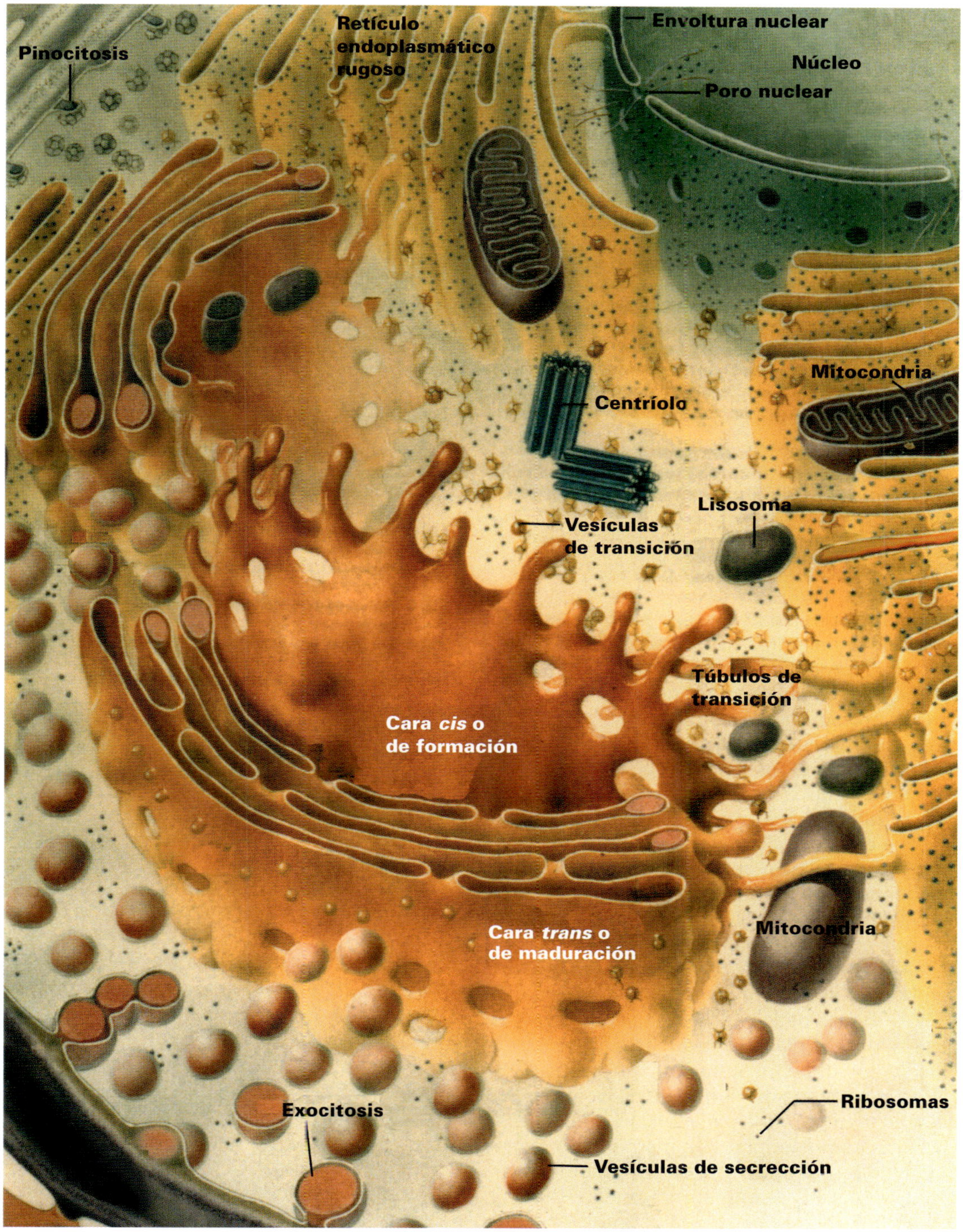


**Figura 4.27.** Esquema tridimensional del complejo de Golgi.

bulos y vesículas. Los túbulos conectan con otros dictiosomas. Las vesículas provienen del retículo endoplasmático rugoso, que les transfiere su contenido (por eso se llaman *vesículas de transición*), y presentan un revestimiento del tipo COPII. Las restantes cisternas son cada vez menos fenestradas y contienen menos túbulos y vesículas. La cara más próxima a la membrana plasmática se denomina *cara distal, cara trans* o también *cara de maduración*. La luz de las cisternas aumenta progresivamente desde la cara cis a la trans. De la superficie de ésta emigran pequeñas vesículas hacia lisosomas (contienen enzimas lisosómicas) o vesículas mayores hacia la membrana plasmática (para la renovación de ésta, incluido el glicocálix). En las células secretoras se forman también grandes vesículas denominadas *vacuolas de condensación*, que maduran formando *gránulos de secreción* o *gránulos de cimógeno*, que también se dirigen a la membrana plasmática y contienen la secreción regulada (Figs. 4.26 y 4.27).

La membrana del complejo de Golgi tiene una estructura trilaminar, como las demás membranas citoplásmicas y, como éstas, es de menor espesor que la plasmática. En algunos casos, se ha descrito que el espesor de las membranas del complejo de Golgi va aumentando desde la cara cis a la trans, de modo que la membrana de las vesículas de secreción que abandonan el complejo de Golgi para unirse a la membrana plasmática tiene ya el mismo espesor que ésta.

## OBTENCIÓN Y COMPOSICIÓN DEL COMPLEJO DE GOLGI

En el fraccionamiento celular por centrifugación diferencial, el precipitado obtenido tras la tercera centrifugación del homogeneizado celular contiene el retículo endoplasmático rugoso (en forma de vesículas) y los ribosomas libres, mientras que el sobrenadante (*fracción citosólica*) contiene tanto el retículo endoplasmático liso como el complejo de Golgi, ambos en forma de vesículas. Esta fracción sirve para estudiar el complejo de Golgi en células con escaso retículo endoplasmático liso, pues en ellas la mayoría de las vesículas corresponderán al complejo de Golgi. En células con abundante retículo endoplasmático liso es posible separar éste de los dictiosomas si se hace una homogeneización suave para que los dictiosomas se conserven enteros y puedan aislarse por centrifugación diferencial.

La proporción proteína/lípidos de la membrana de los dictiosomas es intermedia entre la de la membrana plasmática y la del retículo endoplasmático rugoso, pues hay un 65% de proteínas y un 35% de lípidos. La composición de los lípidos es también intermedia entre la de ambos orgánulos, ya que en el complejo de Golgi hay más esfingomielina y colesterol que en el retículo endoplasmático rugoso pero menos que en la membrana plasmática; y menos fosfatidil colina que en el retículo endoplasmático rugoso y más que en la membrana plasmática (véase Tabla 2.1). En realidad, ésta es la composición promedio, pues las membranas de la cara cis son más parecidas a las del retículo endoplasmático y las de la cara trans más parecidas a la membrana plasmática. En este cambio progresivo de los lípidos (mayor saturación) interviene el citocromo $b_5$ de la membrana del complejo de Golgi.

Al igual que en la membrana plasmática y en el retículo endoplasmático, también existe asimetría en la distribución de los fosfolípidos entre ambas hemimembranas del complejo de Golgi. La hemimembrana exoplásmica (E o luminal) es más rica en fosfatidil colina y esfingomielina. La hemimembrana protoplásmica (P o exterior a la luz) es más rica en fosfatidil etanolamina y fosfatidil serina y posee mayor fluidez.

En las membranas del complejo de Golgi hay hidrolasas (fosfatasas, proteasas y glucosidasas) y peroxidasas que no son específicas. Las enzimas más destacables son varios tipos de *glucosil transferasas* (intervienen en la glucosilación de las proteínas) y *sulfotransferasas* (que transfieren grupos sulfato a las proteínas glucosiladas). Las membranas de los sáculos cis y trans poseen una bomba de protones que acidifican la luz favoreciendo la sialización y sulfatación.

## FUNCIONES DEL COMPLEJO DE GOLGI

### PARTICIPACIÓN EN LA SECRECIÓN PROTEICA

Desde el descubrimiento del complejo de Golgi, las observaciones morfológicas hacían pensar que estaba implicado en la secreción proteica. Ya en 1914, Cajal vio gotitas de moco sobre la región del complejo de Golgi en las células caliciformes del intestino, y sugirió que este orgánulo podría ser la factoría intracelular que lo sintetizara.

La mayoría de las secreciones celulares contienen proteínas unidas a carbohidratos, los cuales pueden teñirse con un color magenta mediante la técnica del PAS (véase Fig. 1.8.C) o utilizando impregnaciones argénticas que forman depósitos de plata (tinciones de Golgi y Cajal) (véase Fig. 4.24). Estas tinciones indican la presencia de abundantes hidratos de carbono no sólo en la secreción, sino también en el complejo de Golgi. Con el microscopio electrónico se observa, que en las células secretoras, desde la cara trans del complejo de Golgi se desprenden grandes vesículas llenas de secreción que alcanzan la membrana plasmática y liberan su contenido (veánse Figs. 4.25 y 4.26).

La participación del complejo de Golgi en la secreción proteica se investigó mediante radioautografía, marcando con tritio el aminoácido leucina (Fig. 4.28). En 1961, Leblond realizó estos experimentos con páncreas y encontró que las proteínas sintetizadas se localizaban a los 3 minutos en el retículo endoplasmático rugoso, a los 20 minutos en el complejo de Golgi, a los 90 minutos en los gránulos de secreción, y que a los 120 minutos se liberaban de la célula. El mismo camino siguen las proteínas glucosiladas en muchos otros tipos de células secretoras.

### MODIFICACIONES EN LOS HIDRATOS DE CARBONO UNIDOS A PROTEÍNAS

La incorporación de hidratos de carbono en el complejo de Golgi se estudió también utilizando radioautografía, marcando radiactivamente los diferentes azúcares o sus derivados. Aunque en los primeros estudios radioautográficos, Neutra y Leblond (1966) encontraron que la *glucosa* tritiada se incorporaba directamente en el complejo de Golgi, nuevas pruebas radioautográficas modificaron esta hipótesis. La *manosa* se incorpora exclusivamente en el retículo endoplasmático rugoso. La *N-acetil-glucosamina* se incorpora tanto en el retículo endoplasmático rugoso como en el complejo de Golgi. La *galactosa* y el *ácido siálico (ácido N-acetil-neuramínico)* se incorporan exclusivamente en el complejo de Golgi. Estos datos fueron confirmados utilizando lectinas como marcadores específicos de los azúcares (véase página 13). De modo que, si bien el primer paso de la glucosilación tiene lugar en el retículo endoplasmático rugoso, las diferencias entre oligosacáridos en las proteínas maduras se deben a modificaciones posteriores producidas durante su paso a través del complejo de Golgi. De una parte se producen modificaciones en los oligosacáridos unidos a nitrógeno, que dan lugar a cuatro tipos diferentes (enzimas lisosómicas, oligosacári-

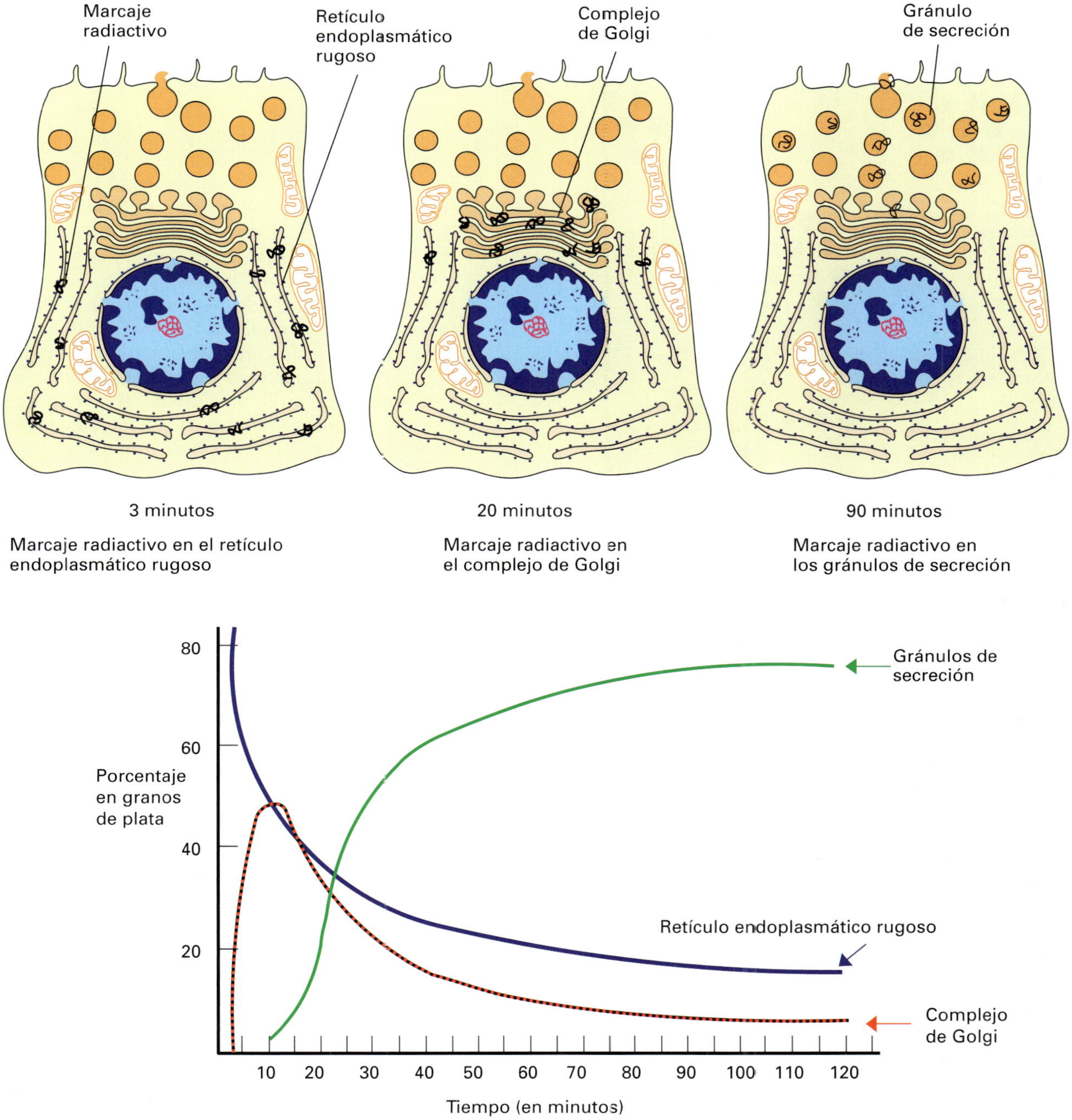


**Figura 4.28.** Experimento con leucina tritiada en células del páncreas que sintetizan amilasa. La radiactividad se detecta a los 3 minutos en los ribosomas del retículo endoplasmático rugoso, a los 20 minutos en el complejo de Golgi y a los 90 minutos en los gránulos de secreción.

dos ricos en manosa, oligosacáridos complejos y oligosacáridos híbridos). Por otra parte, a otras proteínas se añaden oligosacáridos de otro tipo (oligosacáridos unidos a oxígeno). Las células que sintetizan la matriz de los tejidos conectivos (conjuntivo, cartílago y hueso) segregan proteoglucanos, cuyas largas cadenas de hidratos de carbono (glucosaminoglucanos) son también añadidas en el complejo de Golgi.

### Oligosacáridos unidos a nitrógeno

El tipo único de oligosacárido añadido en el retículo endoplasmático rugoso (con dos residuos de N-acetil-glucosamina, nueve manosas y tres glucosas) pierde inmediatamente las tres glucosas y una manosa y pasa al complejo de Golgi, donde puede dar lugar a cuatro tipos de oligosacáridos (Fig. 4.29):

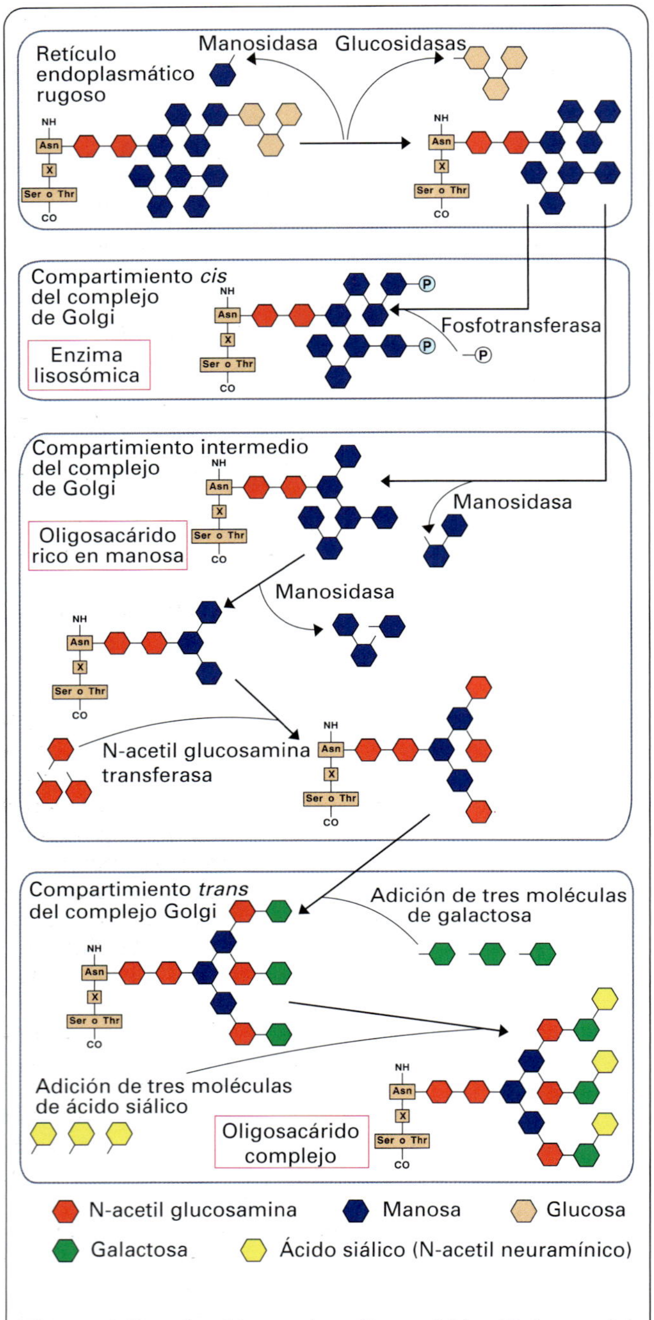


**Figura 4.29.** Cambios en los oligosacáridos N dentro del complejo de Golgi que conducen a la formación de enzimas lisosómicas, polipéptidos con oligosacáridos ricos en manosa y polipéptidos con oligosacáridos complejos.

1. Las *enzimas lisosómicas*. Las dos manosas terminales incorporan un radical fosfato que sirve de marcador del destino de las enzimas (*marcador manosa-6-P*) y evita que éstas sufran nuevos cambios en su recorrido por el complejo de Golgi (Fig. 4.29). La adición de estos dos fosfatos se produce a partir del compuesto N-acetil-glucosamina-P-P-U, del cual el grupo N-acetil-glucosamina-P se transfiere a una manosa terminal del oligosacárido mediante la enzima *N-acetil-glucosamina fosfotransferasa*. Esta enzima presenta un lugar de reconocimiento para la N-acetil-glucosamina y otro para los péptidos señal de la proteína. La N-acetil-glucosamina es liberada por una *fosfoglucosidasa*, quedando un fosfato terminal en cada una de las dos manosas terminales del oligosacárido (Fig. 4.30).
2. Los *oligosacáridos ricos en manosa*. Los oligosacáridos procedentes del retículo endoplasmático rugoso pierden otras dos manosas por la acción de *manosidasas*, quedando dos residuos de N-acetil-glucosamina y seis manosas.
3. Los *oligosacáridos complejos*. Provienen de los anteriores, que sufren las siguientes modificaciones: 1) eliminación de otras tres manosas quedando, por tanto, dos residuos de N-acetil-glucosamina y tres manosas; y 2) adición de tres residuos de N-acetil-glucosamina, tres de galactosa y otros tres de ácido siálico, por acción de tres tipos diferentes de glucosil transferasas, uno para cada tipo de azúcar mencionado. Pueden contener también fucosa.
4. Los *oligosacáridos híbridos*. Son ricos en manosa y también en N-acetil-glucosamina. Esos últimos residuos, en número variable, son añadidos en el complejo de Golgi.

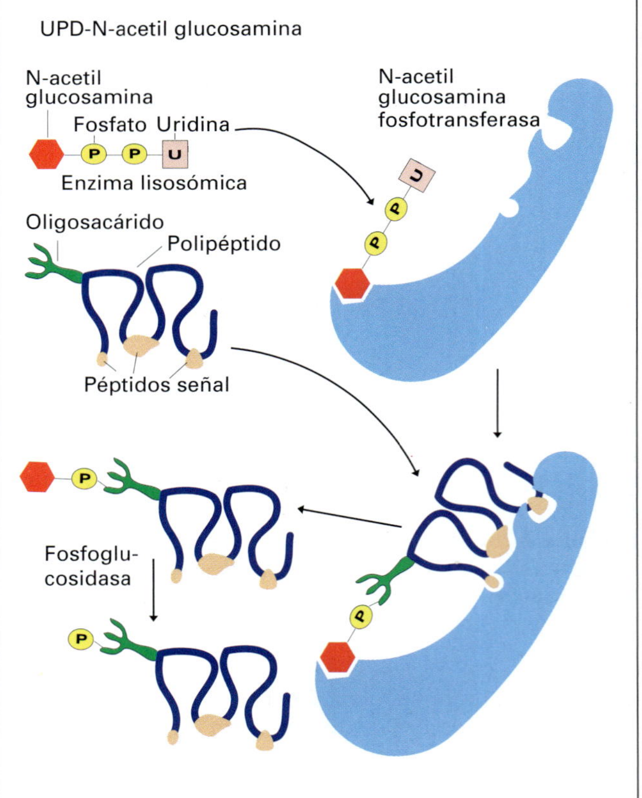


**Figura 4.30.** Adición del marcador manosa fosfato a las enzimas lisosómicas en el compartimiento cis del complejo de Golgi.

### Oligosacáridos unidos a oxígeno

En el complejo de Golgi se unen oligosacáridos a un grupo OH de los aminoácidos serina, treonina o, más raramente, hidroxilisina. Estos oligosacáridos suelen comenzar por N-acetil-glucosamina, pueden contener entre uno y 20 monosacáridos (10 por término medio) y son mucho más heterogéneos que los unidos a nitrógeno, de los que difieren en varios aspectos, como los siguientes: 1) no hay un grupo inicial común sino, al menos, seis grupos diferentes; 2) no hay glucosa ni manosa, y 3) su síntesis parece acaecer por completo en el complejo de Golgi mediante la actuación secuencial de múltiples glucosil transferasas. Se subdividen en:

1. *Glucoproteínas de tipo mucina*. La unión se efectúa entre los aminoácidos serina o treonina y N-acetil-glucosamina.
2. *Colágeno*. La unión se produce entre hidroxilisina y galactosa.
3. *Glucoproteínas de poros nucleares y algunas del hialoplasma*. La unión tiene lugar entre serina y N-acetil-glucosamina.

### Proteoglucanos

En los proteoglucanos, las largas cadenas de hidratos de carbono (glucosaminoglucanos) que cuelgan del eje central proteico son añadidas en el complejo de Golgi.

Hay varios tipos de glucosaminoglucanos que contienen algunos de los siguientes residuos: N-acetil-glucosamina, N-acetil-galactosamina, ácido glucurónico, ácido idurónico, ácido siálico, galactosa, xilosa, manosa y fucosa. Muchos de estos glucosaminoglucanos están sulfatados. Utilizando azufre marcado radiactivamente se ha demostrado que el sulfato también se añade al hidrato de carbono en el complejo de Golgi.

## MODIFICACIONES EN LA COMPOSICIÓN DE LA MEMBRANA

Como se ha dicho, las modificaciones en los oligosacáridos realizadas en el complejo de Golgi también afectan a los que forman parte de la propia membrana, y que luego acabarán dando lugar a la membrana plasmática. Además en el complejo de Golgi se forman la esfingomielina y los glucoesfingolípidos a partir de la ceramida, sintetizada en el retículo endoplasmático liso junto con los demás lípidos de la membrana (véase Fig. 2.11).

## COMPARTIMIENTOS DEL COMPLEJO DE GOLGI. TRÁFICO ENTRE COMPARTIMIENTOS

Desde los estudios de Rothman (1981) ha quedado establecido que el complejo de Golgi consta de tres compartimientos superpuestos y que cada uno de ellos comprende varias cisternas. Los tres compartimientos se pueden separar por centrifugación diferencial y analizar por separado para establecer las diferencias en la actividad enzimática entre compartimientos. Estos compartimientos son:

1. *Compartimiento cis*. Recibe las proteínas sintetizadas por el retículo endoplasmático rugoso y la membrana de éste mediante vesículas COPII. En él se fijan los grupos fosfato a las manosas en las enzimas lisosómicas.
2. *Compartimiento intermedio*. En él se eliminan manosas (por manosidasas I y II) y se añade N-acetil-glucosamina (por las N-acetil-glucosamina transferasas I y II).
3. *Compartimiento trans*. En él se produce la adición de galactosa y de ácido siálico por las transferasas correspondientes y, posiblemente, la adición de los glucosaminoglucanos a los proteoglucanos. La liberación de cualquier tipo de vesículas del complejo de Golgi (con enzimas lisosómicas, oligosacáridos ricos en manosa, complejos, unidos a oxígeno, etc.) tiene lugar siempre desde este compartimiento.

Algunos autores distinguen dos zonas más: la *red cis*, que corresponde a las vesículas de transición entre el retículo endoplasmático rugoso y el complejo de Golgi, y la *red trans*, que corresponde a las vesículas que se desprenden de la cara trans del complejo de Golgi. En la red trans se clasifican las proteínas para su destino (por ejemplo, hacia lisosomas o hacia la membrana plasmática).

La primitiva teoría del desplazamiento anterógrado de las cisternas, que irían madurando al alejarse del núcleo, fue pronto desechada. En efecto, resulta difícil admitir que una cisterna *cis* acabe en *trans*, ya que los procesos biológicos y las enzimas correspondientes difieren entre compartimientos. Por eso se aceptó que el paso de la proteína de un compartimiento a otro se produce por vesiculación. Estas vesículas tienen una cubierta del tipo COPI, mientras que las vesículas que transfieren las proteínas del retículo endoplasmático rugoso al complejo de Golgi son del tipo COPII (Fig. 4.31).

No obstante, algunos datos inducen a aceptar la primitiva teoría del desplazamiento anterógrado de las cisternas, pero sólo para ciertas moléculas. En ese caso, las enzimas de una cisterna desplazada deben ser transportadas retrógradamente en vesículas hacia las nuevas cisternas que ocupan el lugar de las desplazadas. De hecho, hoy parece demostrada la existencia de un transporte retrógrado de vesículas entre los tres compartimientos, el cual tiene lugar siempre en vesículas COPI, pero que tienen diferentes proteínas SNARE de las de las vesículas del transporte anterógrado para garantizar la selectividad del proceso.

Existe también un retorno de membrana desde el compartimiento cis hacia el retículo endoplasmático rugoso, también en vesículas COPI con diferentes proteínas SNARE (Fig. 4.31). Por ejemplo; algunas proteínas que residen habitualmente en las membranas del retículo endoplasmático rugoso y cuyo extremo carboxilo presenta la secuencia KKXX (dos lisinas seguidas de otros dos aminoácidos) pueden escapar a las membra-

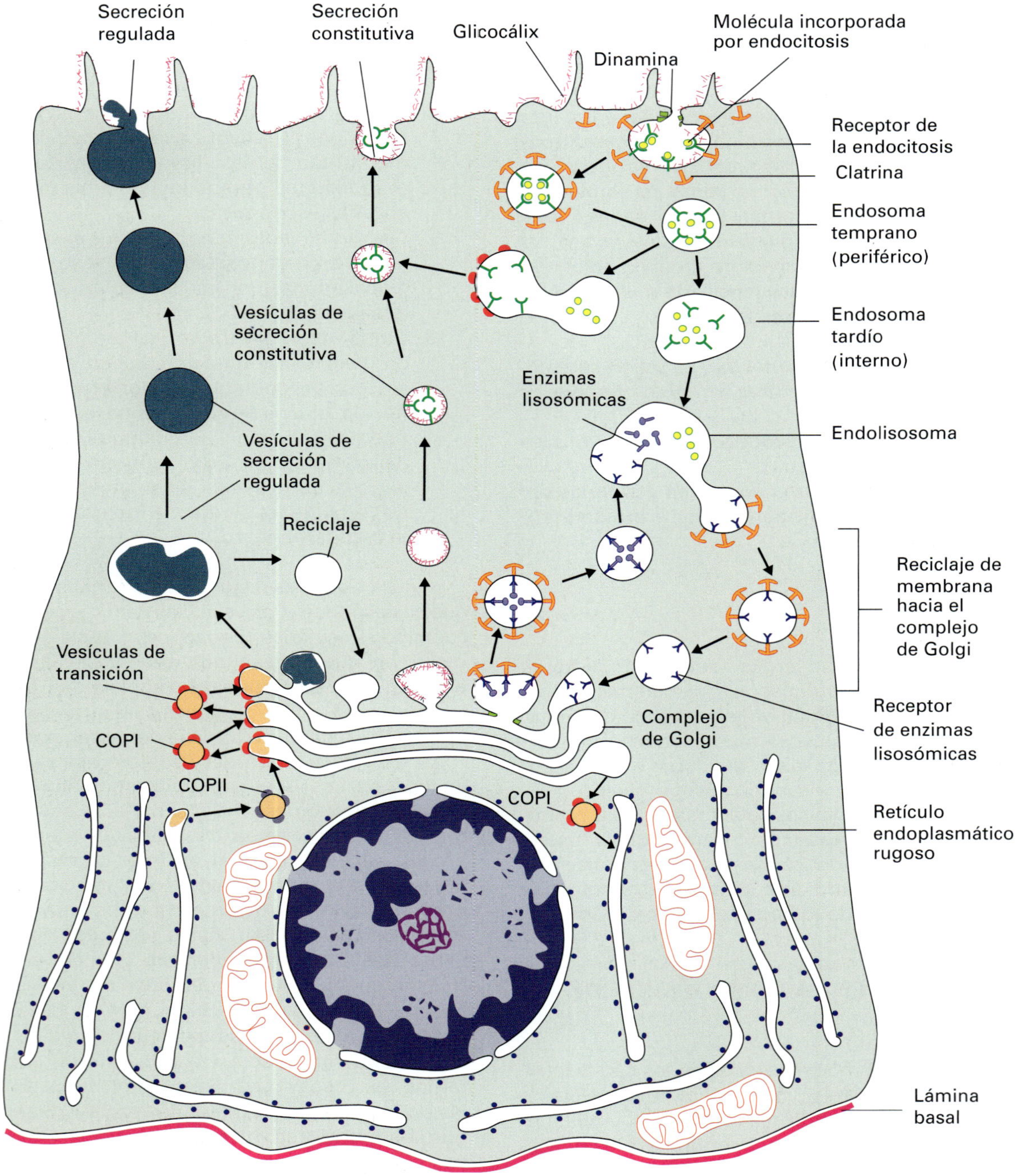


**Figura 4.31.** Esquema que ilustra el flujo de vesículas y las reposiciones de membrana en la célula. Del retículo endoplasmático rugoso se transfieren vesículas COPII con las proteínas sintetizadas hacia las cisternas cis del complejo de Golgi, aunque también hay un flujo retrógrado de vesículas (en este caso COPI) desde estas cisternas hacia el retículo endoplasmático rugoso. A su vez, del complejo de Golgi se emiten vesículas recubiertas de clatrina que se unen a los endolisosomas y vesículas de secreción que van a fusionarse con la membrana plasmática. Esta secreción puede ser de dos tipos: regulada y constitutiva. Se piensa que la regulada podría ser en vesículas recubiertas de clatrina y la constitutiva en vesículas COPI, pero no hay datos fiables. El incremento que sufre la membrana plasmática al unirse las vesículas de secreción y la pérdida de membrana que sufre el complejo de Golgi con las emisión de vesículas se contrarrestan con nuevos aportes de membrana al complejo de Golgi. En primer lugar a partir de las vesículas de endocitosis, que dan lugar a endosomas y endolisosomas, de los cuales se emiten vesículas recubiertas de clatrina hacia el complejo de Golgi. Por otra parte, la membrana que les sobra a las vesículas de secreción regulada que abandonan el complejo de Golgi (como consecuencia de la maduración de la secreción) se remite en vesículas recubiertas de clatrina hacia el complejo de Golgi. Entre las cisternas de éste hay también un flujo (anterógrado y retrógrado) de vesículas COPI.

nas cis del complejo de Golgi a través del transporte anterógrado vesicular normal. Esta señal hace que las membranas del complejo de Golgi a las que se han fusionado esas vesículas se conviertan en vesículas COPI que retornan al retículo endoplasmático rugoso, devolviendo así la membrana con esa proteína.

Lo mismo puede ocurrir con algunas proteínas que residen habitualmente en la luz del retículo endoplasmático rugoso, como la chaperona BiP, que tienen la señal KDEL en su extremo carboxilo. Cuando esas proteínas escapan del complejo de Golgi, son captadas por los receptores KDEL de la membrana de la cara cis. En el lugar en que se encuentran estos receptores se forman vesículas COPI de retorno. Una vez en el retículo endoplasmático rugoso, el pH neutro de su luz (en contraste con el pH algo más ácido del complejo de Golgi) hace que se disocien las proteínas de su receptor, y éste vuelve al Golgi mediante las vesículas del transporte anterógrado habitual.

El retorno hacia el retículo endoplasmático rugoso puede ser bloqueado por agentes inhibidores de microtúbulos, los cuales no bloquean el transporte de vesículas desde el retículo endoplasmático rugoso al compartimiento cis del complejo de Golgi, ni desde este compartimiento al intermedio ni de éste al trans.

## DESTINO DE LAS VESÍCULAS DEL COMPLEJO DE GOLGI. RECICLAJE DE MEMBRANAS

### VESÍCULAS DE SECRECIÓN CELULAR

Las vesículas que proceden de la cara *trans* del complejo de Golgi contienen proteínas glucosiladas y se fusionan con la membrana plasmática para verter al exterior de la célula su contenido. Constituyen la secreción celular mediada por vesículas. Otras sustancias, como las hormonas esteroideas, pueden difundir por el citoplasma y atravesar la membrana plasmática sin necesidad de vesículas. La secreción a través de vesículas es de dos tipos (Fig. 4.31):

1. *Secreción constitutiva.* La realizan todas las células continuamente. Corresponde a sustancias destinadas al medio extracelular (como la lámina basal de las células epiteliales y los proteoglucanos y proteínas de la matriz extracelular), a la propia superficie celular (como los receptores de la membrana plasmática), e incluso puede incluirse en este tipo de secreción la renovación de la membrana plasmática y de su glicocálix.
2. *Secreción regulada.* Se produce sólo en algunas células, denominadas *células secretoras*, e implica la secreción celular propiamente dicha (enzimas digestivas, por ejemplo) y también la renovación de la membrana plasmática a partir de las membranas de las vesículas (*gránulos de secreción* o de *cimógeno*). Mientras que las vesículas de secreción constitutiva se fusionan con la membrana plasmática nada más llegar, las de secreción regulada esperan hasta que reciben la señal para que la célula segregue. Esta señal es una hormona u otro ligando que se une a su receptor de la membrana y activa las señales intracelulares. En la sinapsis, la secreción es un neurotransmisor que genera una señal eléctrica. La secreción puede ir a la luz de un órgano (como ocurre en las *glándulas exocrinas* como las secretoras de enzimas digestivas), a la luz de vasos sanguíneos (es el caso de las *glándulas endocrinas* secretoras de hormonas), o al medio local (es el caso de la *secreción paracrina* de citoquinas y la liberación de *neurotransmisores*). En muchas células, la secreción sólo se realiza en una superficie concreta de la membrana, donde se encuentran los receptores adecuados para la sustancia transportada *(secreción polarizada)*.

Las vesículas de secreción regulada son mayores que las vesículas de secreción constitutiva, y se ha sugerido que emanan del complejo de Golgi como vesículas recubiertas de clatrina. No obstante la presencia de este recubrimiento es controvertida y difícil de evaluar, puesto que la clatrina siempre se pierde poco después de emitirse las vesículas. Por el contrario, las vesículas de secreción constitutiva parece que emergen del complejo de Golgi como vesículas COPI pero, por las mismas razones, también hay dudas respecto a la presencia de este recubrimiento (Fig. 4.31).

Las proteínas del complejo de Golgi que llegan a la cara trans y que van a formar parte de la secreción celular deben sufrir un proceso de maduración, que se inicia en esta cara pero que prosigue durante la emigración de las vesículas hasta la membrana plasmática. La maduración de las proteínas requiere dos procesos:

1. *Hidrólisis.* Algunos polipéptidos, tales como hormonas y neurotransmisores, se sintetizan como precursores inactivos; después, en la cara trans del complejo de Golgi, algunas partes del polipéptido (entre ellos los péptidos señal) son eliminadas por enzimas hidrolíticas, resultando la forma madura o activa. La hidrólisis tiene lugar generalmente en los pares de aminoácidos Lys-Arg, Lys-Lys, Arg-Arg y Arg-Lys. Además, algunos polipéptidos que van a ser segregados son tan cortos que no han podido ser sintetizados eficientemente, sino como moléculas más largas que luego han sido cortadas por hidrólisis; es el caso de la formación de las encefalinas, que constan solamente de tan sólo cinco aminoácidos.
2. *Condensación.* Las proteínas que llegan a la cara trans, e incluso las que se emiten en vesículas de secreción, forman soluciones diluidas que se concentran (algunas hasta 200 veces), formando vesículas con contenido más denso; por ello, los gránulos de cimógeno también se conocen como *vesículas de condensación*. La condensación tiene lugar por la acidificación de la luz de las vesículas mediante una bomba de $H^+$ dependiente de ATP. En este proceso las vesículas pierden tamaño y su superficie disminuye. El exceso de membrana se remite al compartimiento trans del complejo de Golgi mediante vesículas recubiertas de clatrina.

## VESÍCULAS CON ENZIMAS LISOSÓMICAS

Las enzimas lisosómicas (hidrolasas ácidas), con su marcador fosfato, abandonan el compartimiento trans del complejo de Golgi en vesículas recubiertas por clatrina (Fig. 4.32). Ciertas zonas de la membrana de este compartimiento tienen receptores dirigidos hacia la superficie luminal para reconocer y acoplarse al marcador manosa-fosfato. Si falta este marcador en las enzimas (*enfermedad de células I*) o no hay receptores para este marcador en la membrana del compartimiento trans, las enzimas lisosómicas son segregadas directamente al espacio extracelular.

En la hemimembrana P de la cara trans del complejo de Golgi hay receptores para la fijación de la clatrina. Una vez desprendidas del complejo de Golgi, las vesículas pierden el revestimiento de clatrina en su camino hacia los lisosomas. En la superficie externa de estas vesículas hay un marcador para que las reconozca el lisosoma, cuya superficie tiene un aceptor del acoplamiento con ese marcador. Si falta este aceptor, las enzimas lisosómicas también abandonan la célula.

Una vez que las vesículas se fusionan con la membrana del lisosoma, vierten en él su contenido. El fosfato que marca la manosa se separa de las enzimas, que quedan dentro del lisosoma. Entonces se inicia el camino de retorno de las membranas hacia el complejo de Golgi. De la membrana del lisosoma emergen por gemación unas vesículas, aparentemente vacías, que se recubren de clatrina y que, además, tienen un marcador para el acoplamiento con las membranas de la cara *cis* del complejo de Golgi. En su recorrido, las vesículas pierden la clatrina y se fusionan finalmente con la cara *cis* del complejo de Golgi, cuya superficie P tiene aceptores del marcador del acoplamiento, con lo que se cierra el circuito.

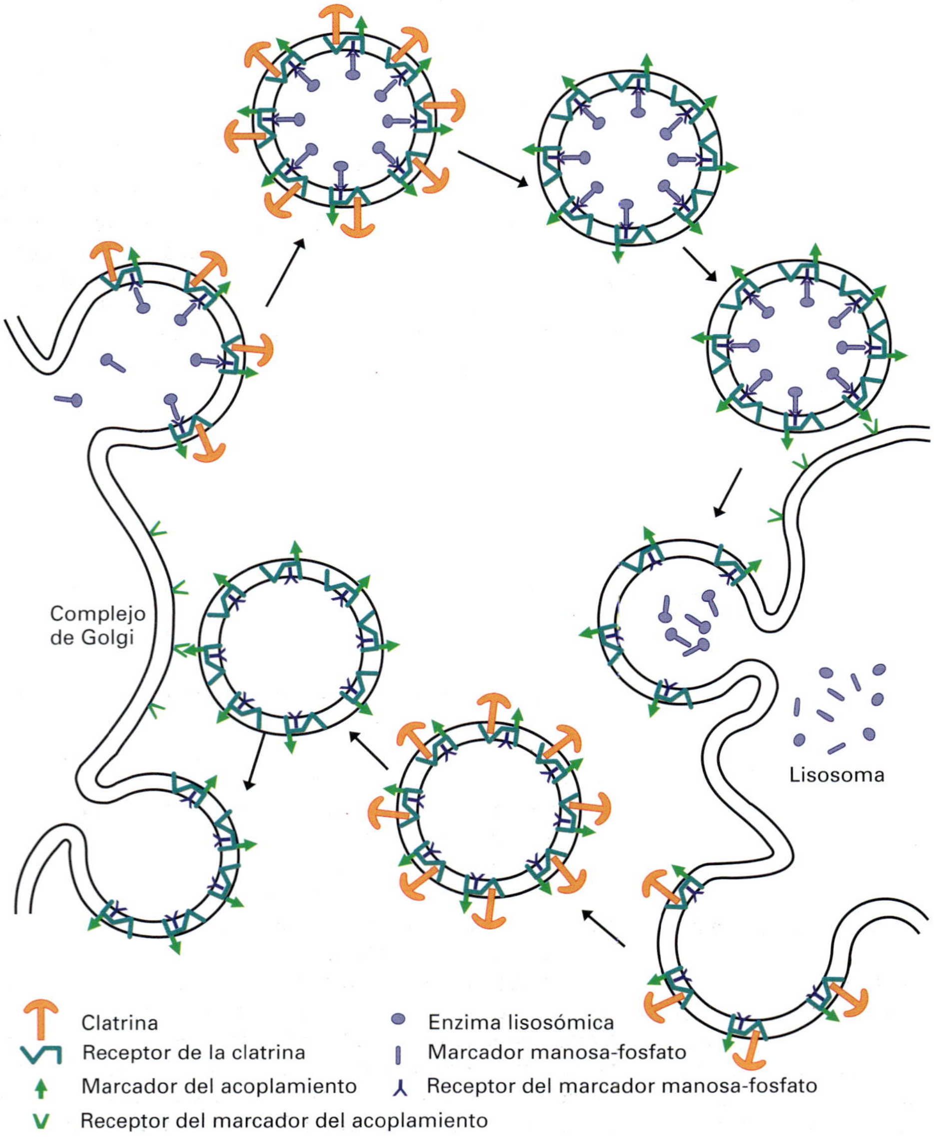


**Figura 4.32.** Esquema de la formación de lisosomas. Éstos se forman como vesículas recubiertas de clatrina que emergen del compartimiento *cis* del complejo de Golgi, justo en las zonas cuya membrana posee un receptor para el marcador de manosa-fosfato de las enzimas lisosómicas. En el transporte por el citoplasma, las vesículas pierden la clatrina y alcanzan el lisosoma, al que se fusionan porque la membrana de éste tiene aceptores para el marcador de la membrana de las vesículas que contienen esas enzimas. El reciclaje de membrana se realiza a partir de vesículas, también recubiertas de clatrina, que emergen del lisosoma y vuelven al complejo de Golgi. Durante el transporte se pierde también la clatrina.

### CONTROL DEL DESTINO DE LAS VESÍCULAS Y DEL TRÁFICO DE MEMBRANAS

La clasificación exacta de las proteínas para la exportación selectiva (fuera o dentro de la célula) es una de las actividades principales del complejo de Golgi. Las vesículas emigran con una polaridad. Por ejemplo, las vesículas de secreción regulada sólo se dirigen a una cara celular concreta, donde debe verterse la secreción mientras que las vesículas con enzimas lisosómicas sólo se dirigen hacia los lisosomas. Se cree que esta clasificación está controlada, en parte, por el revestimiento de las vesículas (diversos tipos de clatrina o de coatómeros) que rodean a las cisternas, y en parte por receptores de la membrana del complejo de Golgi, los cuales reconocen unos marcadores específicos existentes en las proteínas que deben ser transportadas. Sin embargo, como esto no basta, en las membranas de la cara trans del complejo de Golgi existen también unos marcadores que son reconocidos por receptores específicos de las membranas del lugar de destino, como un lisosoma o una superficie concreta de la membrana plasmática. Son las proteínas *SNARE* o *trampa*, de las que se ha tratado anteriormente (véase página 63).

En el caso de las vesículas con destinos intracelulares, como los lisosomas, se establece un reciclaje de membrana, con unas vesículas de ida hacia estos orgánulos y otras de vuelta desde éstos hacia el complejo de Golgi. Por otra parte, la secreción va incrementando la membrana plasmática y hace falta una recuperación de ese exceso de membrana. En una célula acinar del páncreas con una membrana plasmática de unos 30 $\mu m^2$ de superficie, se insertan 900 $\mu m^2$ de membrana a partir de las vesículas de secreción. Esta recuperación se realiza mediante las vesículas de endocitosis, que están recubiertas por clatrina y terminan en compartimientos (endosomas o lisosomas) desde los que también se emiten vesículas hacia el complejo de Golgi. De esta forma ocurre un auténtico *reciclaje de membrana* centrado en el complejo de Golgi, que es el principal director del movimiento macromolecular en el interior de la célula (véase Fig. 4.31).

### ALGUNAS FUNCIONES ESPECÍFICAS DEL COMPLEJO DE GOLGI

El complejo de Golgi es responsable de la formación de algunas estructuras celulares peculiares como el *acrosoma* de los espermatozoides y el *nematocisto* de los *cnidoblastos* de los cnidarios. Ambas estructuras contienen glucoproteínas.

El complejo de Golgi interviene también, aunque indirectamente, en relación con compuestos lipídicos y sus derivados. Los lípidos unidos a proteínas (lipoproteínas), como los quilomicrones producidos en los enterocitos y las lipoproteínas hepáticas, pasan por el complejo de Golgi, desde donde emigran en vesículas que se vierten por exocitosis al exterior (véase Fig. 4.21). Lo que se ignora aún es si, en estos casos, el complejo de Golgi sirve únicamente de embalaje para el transporte o si desempeña algún papel bioquímico importante en la liberación de estas sustancias. Sin embargo, la liberación de las hormonas esteroideas a la sangre no se realiza a través de vesículas de exocitosis procedentes del complejo de Golgi, sino por difusión desde el hialoplasma, unidas a proteínas de transporte de lípidos, hasta la membrana plasmática, desde donde se vierten fuera de la célula mediante transportadores de membrana del tipo ABC.

## LISOSOMAS

### ESTRUCTURA Y COMPOSICIÓN

El primer indicio de la existencia de los lisosomas se obtuvo en la investigación bioquímica. Utilizando el fraccionamiento celular en el hígado de rata, De Duve detectó, en 1949, que la actividad enzimática *fosfatasa ácida* se localizaba en la misma fracción celular que las mitocondrias (véase Fig. 1.12). Posteriormente, se procedió a aislar fracciones dentro de la fracción mitocondrial hasta conseguir aislar la fracción correspondiente a los lisosomas. Esta fracción puede separarse de la mitocondrial por centrifugación a 100 000 G durante 3 horas en gradiente de sacarosa. La purificación de lisosomas se mejora con electroforesis a pH 7.4. A este pH los lisosomas tienen mayor número de cargas negativas que otros orgánulos y emigran al ánodo. Otra técnica para aislar los lisosomas de diversas estructuras membranosas contaminantes consiste en inyectar al animal partículas pesadas (detergentes como el Triton WR-1399) que son ingeridas por los lisosomas y aumentan su densidad. Paralelamente, Novikoff había observado con el microscopio electrónico vesículas de unos 0.5 µm de diámetro y con un contenido moderadamente denso alrededor de los canalículos biliares en los hepatocitos, a las que denominó *cuerpos pericanaliculares*. En 1955, Novikoff identificó estos cuerpos como los lisosomas de la fracción lisosómica aislada por De Duve.

Los lisosomas son vesículas con enzimas hidrolíticas que, de liberarse, destruirían toda la célula. Las dimensiones de estos orgánulos (de décimas de micrómetro a varios micrómetros) y su contenido son muy variables, debido a que actúan como vacuolas digestivas; incluso contienen metales pesados. Esta heterogeneidad morfológica de los lisosomas contrasta con la de otros orgánulos. Los lisosomas existen en todas las células animales. Las células vegetales carecen de ellos en sentido estricto, aunque su vacuola contiene enzimas lisosómicas.

Una característica común a todos los lisosomas es que contienen *hidrolasas ácidas*. Hasta ahora se han identificado unas 40 enzimas diferentes, que degradan proteínas (*proteasas*), ácidos nucleicos (*nucleasas: DNAasa y RNAasa*), glúcidos (*glucosidasas* y *lisozima*), ésteres de sulfato (*arilsulfatasas*), lípidos (*lipasas* y *fosfolipasas*) o fosfatos de moléculas orgánicas (*fosfatasas*). En la Tabla 4.3 se expresan las principales enzimas lisosómicas. No todas ellas están presentes en cada lisosoma, pero siempre lo está la *fosfatasa ácida*, que libera grupos fosfato de ésteres fosfóricos. El pH del interior del lisosoma es 5. Para conseguir este bajo pH, la membrana del lisosoma posee una bomba de protones que utiliza la energía de la hidrólisis del ATP para bombear $H^+$ hacia el interior. El lisosoma se autoprotege de las proteasas lisosómicas y de la acidez porque su hemimembrana interna está intensamente glucosilada. La membrana del lisosoma contiene también receptores Rab y SNARE que le permiten reconocer las vesículas con las que se fusionan, unas proteínas denominadas *LAMP (proteínas asociadas a la membrana lisosómica)*, y proteínas de transporte que facilitan el paso de productos finales de la degradación de sustancias hacia el hialoplasma. La membrana del lisosoma contiene más colesterol y esfingomielina que el retículo endoplasmático y el complejo de Golgi (Tabla 2.1).

Debido a su similitud con otras vesículas, es necesario emplear técnicas histoquímicas para identificar con seguridad los lisosomas. Generalmente se emplean técnicas que demuestren la presencia de fosfatasa ácida (Fig. 4.33). Estas técnicas consisten en cultivar el tejido con un sustrato enzimático (*glicerofosfato sódico*) que penetre en los lisosomas y ponga de manifiesto esa actividad enzimática. Se añade además *nitrato de plomo*, que reacciona con el fosfato liberado por la fosfatasa ácida formando *fosfato de plomo*, un producto muy insoluble que es fácil de reconocer con el microscopio electrónico (*técnica de Novikoff*). Con el microscopio óptico pueden demostrarse los lisosomas siguiendo la misma técnica, pero como el fosfato de plomo no es visible con el microscopio óptico, hay que tratarlo con *sulfuro amónico* para convertirlo en un precipitado negro de *sulfuro de plomo (técnica de Gomori)*.

## ORIGEN DE LOS LISOSOMAS

Las enzimas lisosómicas son glucoproteínas con oligosacáridos unidos a N que, como se ha señalado en este mismo capítulo, se sintetizan en el retículo endoplasmático rugoso y pasan al compartimiento cis del complejo de Golgi donde dos de sus manosas son fosforiladas (veánse Figs. 4.29 y 4.30). Ya se ha explicado también cómo estas enzimas emergen de la cara trans del complejo

**TABLA 4.3. Enzimas lisosómicas**

| Función | Enzima | Función | Enzima |
|---|---|---|---|
| Transferasas que transfieren grupos fosfóricos | Nucleotidil transferasas<br>Ribonucleasa | Enzimas que actúan sobre la unión anhídrido-ácido en anhídridos con fosforilos | Pirofosfatasa<br>Arilfosfatasa |
| Hidrolasas que actúan sobre compuestos glucósidos | Lisozima (muramidasa)<br>Neuraminidasa<br>Glucosidasa α<br>Glucosidasa β<br>Galactosidasa α<br>Glucuronidasa β<br>Hialuronidasa | Enzimas que actúan sobre las uniones P-N | Fosfamidasa |
| Hidrolasas que actúan sobre uniones éster | Esterasa<br>Lipasa<br>Fosfolipasa $A_1$ y $A_2$ fosfatasa ácida (varios tipos)<br>Fosfoproteína-fosfatasa<br>Fosfodiesterasa (exonucleasa)<br>Fosfolipasa C<br>Desoxirribonucleasa II<br>Arisulfatasa A y B | Enzimas que actúan sobre uniones peptídicas (péptido-hidrolasas) | Carboxipeptidasa<br>Catepsina A<br>Carboxipeptidasa ácida<br>Dipeptidasa<br>Catepsina $B_1$ y $B_2$<br>Catepsina C<br>Catepsina D<br>Catepsina E<br>Renina<br>Colagenasa<br>Activador del plasminógeno |

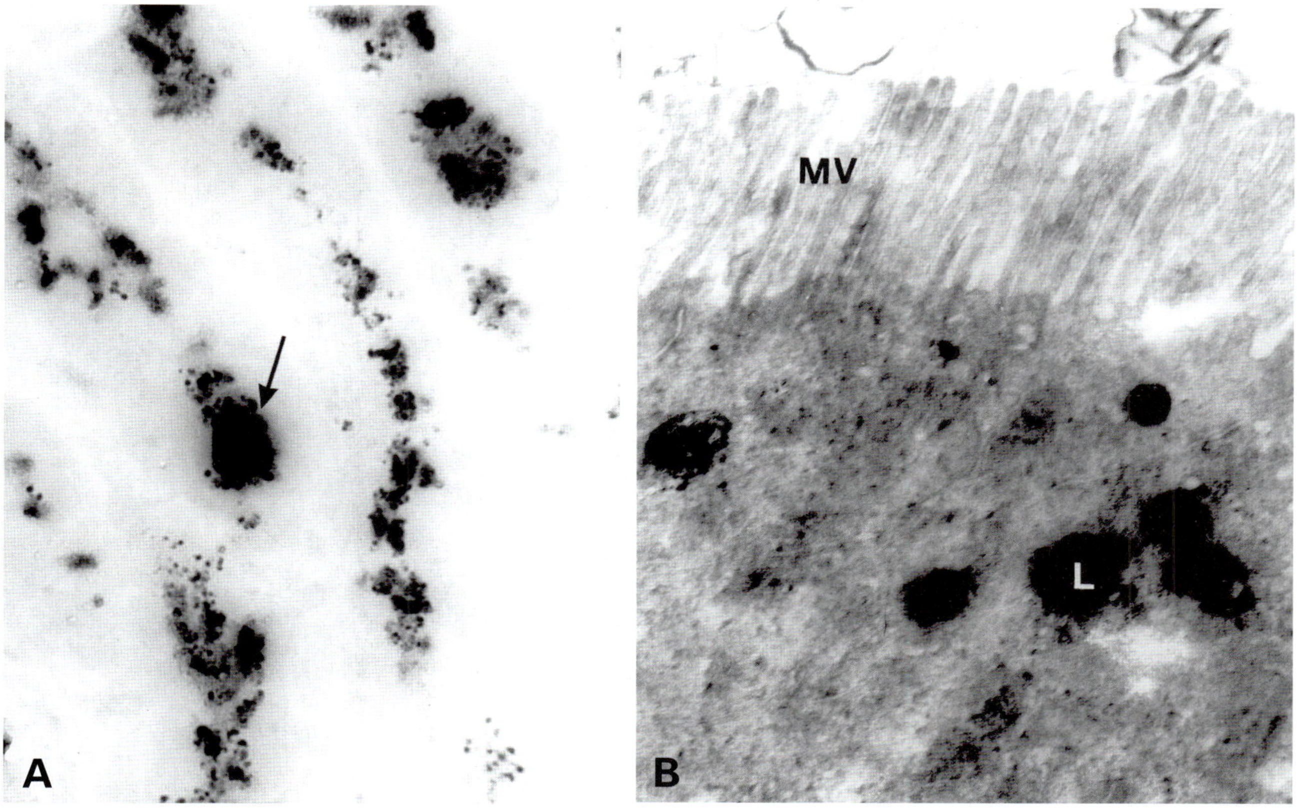


**Figura 4.33.** **A**: Tinción enzimohistoquímica de Gomori para la demostración de lisosomas con el microscopio óptico (hígado humano). En el centro de cada célula de los cordones de hepatocitos se aprecia un precipitado correspondiente a la actividad enzimática fosfatasa ácida (flecha). X500. **B**: Técnica enzimohistoquímica de Novikoff para la demostración de lisosomas con el microscopio electrónico (epitelio intestinal). Los lisosomas, en los que la reacción de la fosfatasa ácida ha sido positiva, muestran un contenido muy denso (L). MV: microvellosidades. X12 000.

de Golgi, en vesículas recubiertas de clatrina (veánse Figs. 4.31 y 4.32). Estas vesículas son las que en terminología clasica se conocen como *lisosomas primarios.* Se trata de los lisosomas de menor tamaño, y su contenido es homogéneo (Figs. 4.34 y 4.35.A). Son lisosomas cuyas enzimas digestivas aún no han actuado.

Estas vesículas pierden pronto la cubierta de clatrina y pueden fusionarse con otros lisosomas primarios ya existentes, o incorporarse al *compartimiento endolisosómico*, fusionándose con los llamados *lisosomas secundarios*, reconocibles por su mayor tamaño y por su contenido heterogéneo (Fig. 4.35.B). Las enzimas digestivas de estos lisosomas ya han actuado y, generalmente, pueden seguir haciéndolo.

Para que las vesículas con enzimas lisosómicas alcancen el compartimiento endolisosómico deben tener en su superficie los marcadores adecuados que se acoplen con los receptores correspondientes en las membranas del compartimiento endolisosómico (véase Fig. 4.32). Al producirse la fusión, las hidrolasas pierden el marcador de manosa-fosfato, lo que puede ayudar a retener estas enzimas en el lisosoma, evitando que sean captadas de nuevo por membranas con receptores durante el reciclaje de membranas.

## FUNCIÓN

### DIGESTIÓN DE SUSTANCIAS INCORPORADAS A LA CÉLULA POR ENDOCITOSIS

Los lisosomas son los responsables últimos de la degradación de grandes moléculas que penetran en la célula y que, como no pueden ser transportadas a través de la membrana debido a su gran tamaño, se incorporan por vesiculación. Este proceso se denomina *endocitosis.* Si estas partículas son visibles con el microscopio de luz, el proceso se denomina *fagocitosis*; si son sólo visibles con el microscopio electrónico, o si se trata de líquido con sustancias disueltas, se llama *pinocitosis* (véase Fig. 2.19). La endocitosis no es un proceso que pueda realizarse sin descanso, pues exige consumo de energía (hidrólisis del ATP) y reposición de membrana.

#### Pinocitosis

En los vertebrados superiores, la pinocitosis ocurre habitualmente en los enterocitos, túbulos proximales rena-

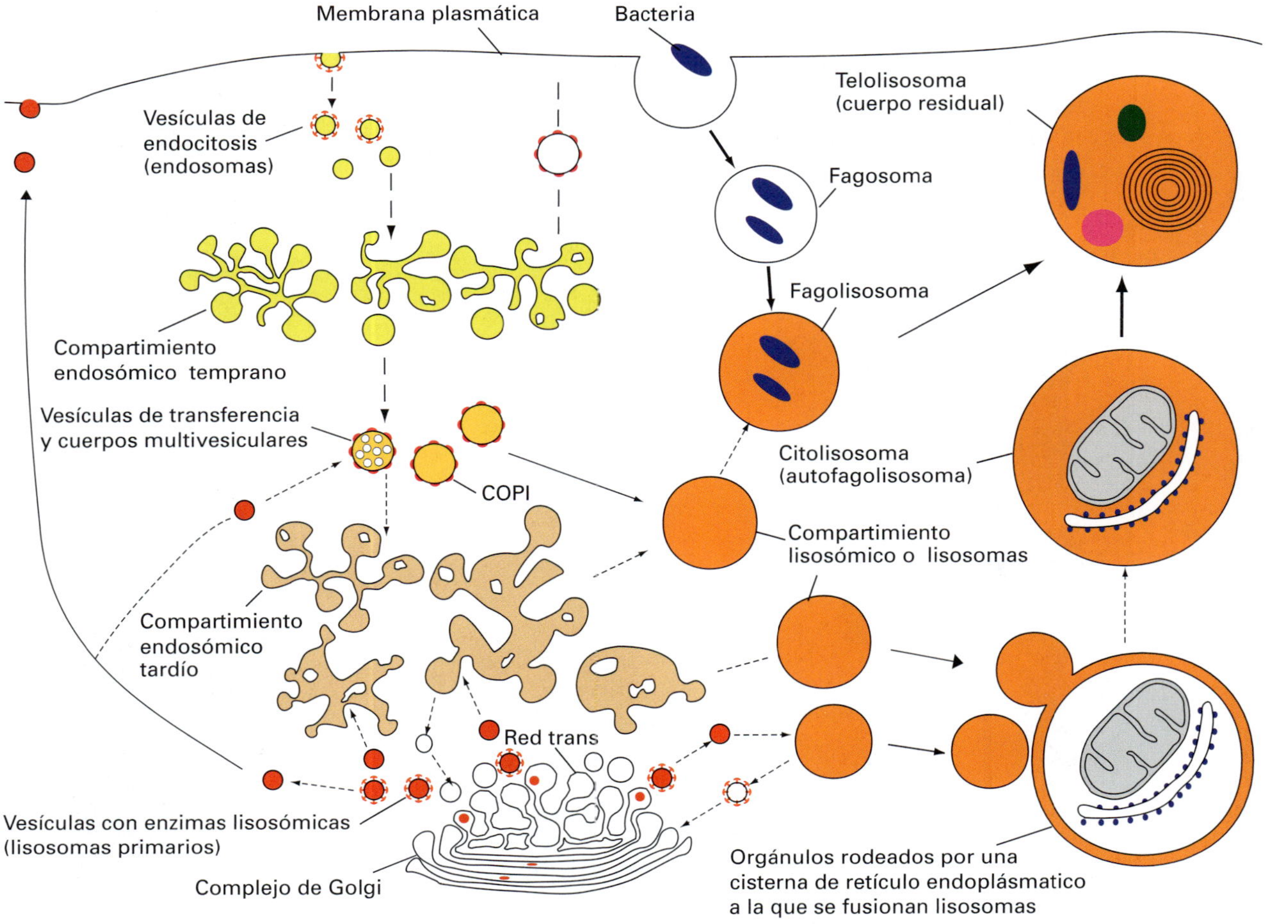


**Figura 4.34.** Esquema que ilustra la formación de lisosomas y las relaciones entre los diferentes tipos conceptuales de lisosomas y los compartimientos endosómicos. Las sustancias incorporadas a la célula por endocitosis se reúnen en el compartimiento endosómico temprano. Desde éste se emiten en el interior de vesículas de transferencia y cuerpos multivesiculares al compartimiento endosómico tardío. De ahí pasan a lisosomas verdaderos (lisosomas secundarios o compartimiento endolisosómico), donde las sustancias son digeridas por las hidrolasas lisosómicas. Estas enzimas provienen de vesículas surgidas de la red trans del complejo de Golgi (lisosomas primarios), que se fusionan con los lisosomas secundarios. Algunos datos parecen indicar que los lisosomas primarios pueden fusionarse con el compartimiento endosómico tardío, con los cuerpos multivesiculares e incluso ser segregados al exterior en algunos tipos celulares. Las sustancias incorporadas por fagocitosis forman fagosomas, que también terminan en los lisosomas secundarios. Éstos se encargan también de eliminar orgánulos celulares viejos, que son rodeados por una cisterna de retículo endoplasmático a la que se fusionan los lisosomas para digerirla a continuación. El resultado final de todas las digestiones mencionadas es la formación de cuerpos residuales (telolisosomas), que almacenan los restos no degradables.

les, epitelio del epidídimo y en los linfocitos. Es especialmente intensa en el intestino de muchos invertebrados y en el de algunos vertebrados (como los ciprínidos y los seres humanos recién nacidos), pues estos enterocitos no segregan pepsina, y como la tripsina pancreática no es suficiente para hidrolizar completamente las proteínas, éstas han de ser ingeridas por pinocitosis. En los mamíferos, el intestino también capta de esta forma los anticuerpos de la leche materna, que pasarán luego a la sangre. En la mayoría de las células, la pinocitosis sólo ocurre en determinados procesos, como en la incorporación de ciertas sustancias (como lipoproteínas), la destrucción de receptores de superficie o la entrada de virus en las infecciones. En todos estos casos actúan finalmente los lisosomas que degradan de esas moléculas.

La pinocitosis puede realizarse mediante vesículas lisas, macropinocitomas, cavéolas o vesículas recubiertas de clatrina (véase página 57).

Las vesículas recubiertas de clatrina constituyen una vía especial para concentrar e ingerir aquellas moléculas

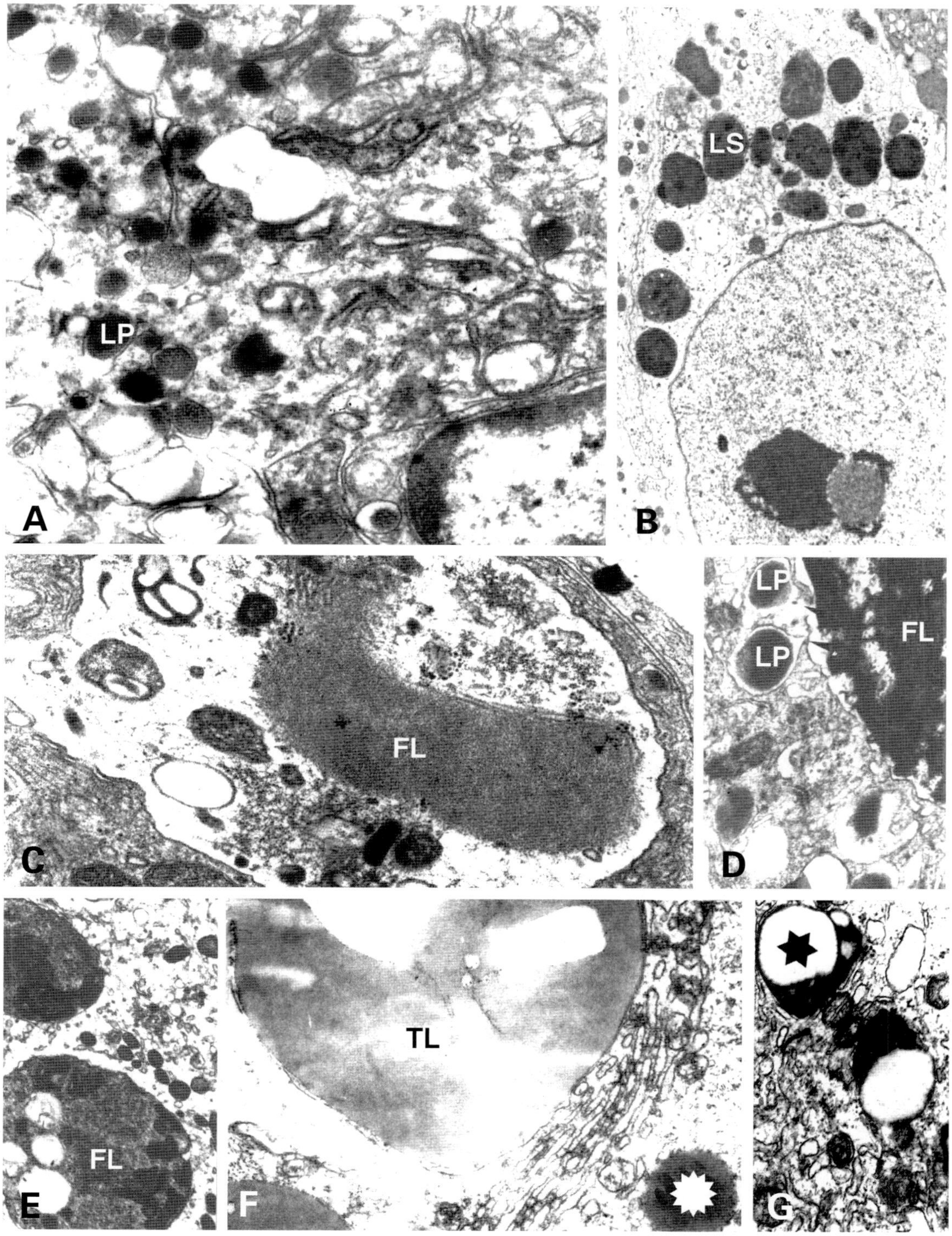


**Figura 4.35.** **A**: Lisosomas primarios (LP), pequeños y con contenido denso y homogéneo, en un macrófago. X12 000. **B**: Lisosomas secundarios (LS) en una célula de Sertoli. X3500. **C**: Fagolisosoma con material extracelular fagocitado (FL) en la gastrodermis de *Dugesia* (trematodo). X3500. **D**: Unión (cabezas de flecha) de lisosomas primarios (LP) a un fagolisosoma (FL) en la gastrodermis de *Dugesia*. X5000. **E**: Fagolisosomas (FL), correspondientes a la fagocitosis de restos citoplásmicos de espermátidas, en una célula de Sertoli. X3500. **F**: Telolisosomas (TL) en una célula de Sertoli. El material semidenso consiste mayoritariamente en lípidos, y corresponde al estadio final de los fagolisosomas mostrados en la figura anterior. Estos telolisosomas se distinguen de las verdaderas inclusiones lipídicas no rodeadas de membrana (asterisco). X28 000. **G**: Detalle de cuerpos residuales (gránulos de lipofuscina) (estrella) en corteza suprarrenal. X20 000. (Las figuras C y D son cortesía de P. García Corrales, Departamento de Biología Animal, Universidad de Alcalá.)

que se unen a receptores específicos (*endocitosis mediada por receptor*). La membrana de cada vesícula puede acomodar hasta 1000 receptores, muchos de ellos diferentes; en la actualidad, hay descritos más de 25 receptores diferentes entre los diversos tipos celulares. Uno de los ejemplos más estudiados es la absorción de colesterol, que se transporta por la sangre unido a proteínas formando las *lipoproteínas de baja densidad (LDL)*. Cada LDL es una partícula esférica de 22 nm de diámetro, y contiene unas 1500 moléculas de colesterol en forma de éster, unidas a ácidos grasos de cadena larga. Las moléculas de colesterol quedan rodeadas por una monocapa lipídica que contiene una única molécula proteica, uno de cuyos extremos sobresale de la esfera para unirse a los receptores específicos de la membrana plasmática (Fig. 4.36). Los individuos con carencia congénita de estos receptores presentan hipercolesterolemia, que produce aterosclerosis prematura.

Una vez ligado el colesterol (o la molécula de que se trate), se forman las vesículas revestidas de clatrina que penetran en el citoplasma (Fig. 4.37). Estas vesículas pierden el revestimiento y se transfieren a una red de túbulos y vesículas, cuyos componentes se denominan *endosomas* y el conjunto, *compartimiento endosómico temprano, periférico* o *externo* (véase Figs. 4.34 y 4.37). Este compartimiento tiene un pH ligeramente ácido (6.2), debido a una ATPasa dependiente de $H^+$ de su membrana. Ésta también contiene proteínas Rab y proteínas SNARE específicas para que las vesículas de pinocitosis se fusionen con este compartimiento. En general, el ambiente ácido de los endosomas tempranos desacopla los receptores de las moléculas transportadas.

Estas últimas abandonan los endosomas tempranos dentro de otras vesículas (posiblemente con un revestimiento del tipo COPI), llamadas *vesículas de transferencia*. Algunas de ellas contienen otras vesículas más pequeñas, por lo que se denominan *cuerpos multivesiculares* (Figs. 4.34 y 4.38).

Las vesículas de transferencia y cuerpos multivesiculares se fusionan con el *compartimiento endosómico tardío, perinuclear o interno* (Fig. 4.37), donde se desacoplan los receptores que no se desacoplan en el compartimiento endosómico temprano. En algunas células epiteliales se han visto dos compartimientos endosómicos tempranos (apical y basolateral), pero ambos se unen en un solo compartimiento endosómico tardío. Este compartimiento es más parecido a los lisosomas que el temprano, y difiere de éste en el pH, más ácido (5.5), y en la membrana, que además de contener proteínas Rab y SNARE diferentes a las del compartimiento temprano, contiene proteínas LAMP (características de los lisosomas). En la membrana de algunos compartimentos endosómicos tardíos se encuentra también el receptor para la manosa-fosfato de las enzimas lisosómicas, lo que indica que estas enzimas podrían también alcanzar este compartimiento a través de los lisosomas primarios que, en vez de fusionarse directamente con lisosomas secundarios, lo harían con endosomas tardíos. Todo ello parece indicar que el compartimiento endosómico tardío tiene un carácter lisosómico, aunque no se observa en él la actividad digestiva característica de los lisosomas.

Desde los endosomas tardíos las moléculas transportadas se emiten dentro de vesículas que se fusionan con las membranas de un tercer compartimiento. Este compartimento se denomina *compartimiento endolisosómico*, y sus componentes son los verdaderos *lisosomas secundarios* en la terminología clásica los cuales contienen las hidrolasas ácidas que digieren las sustancias

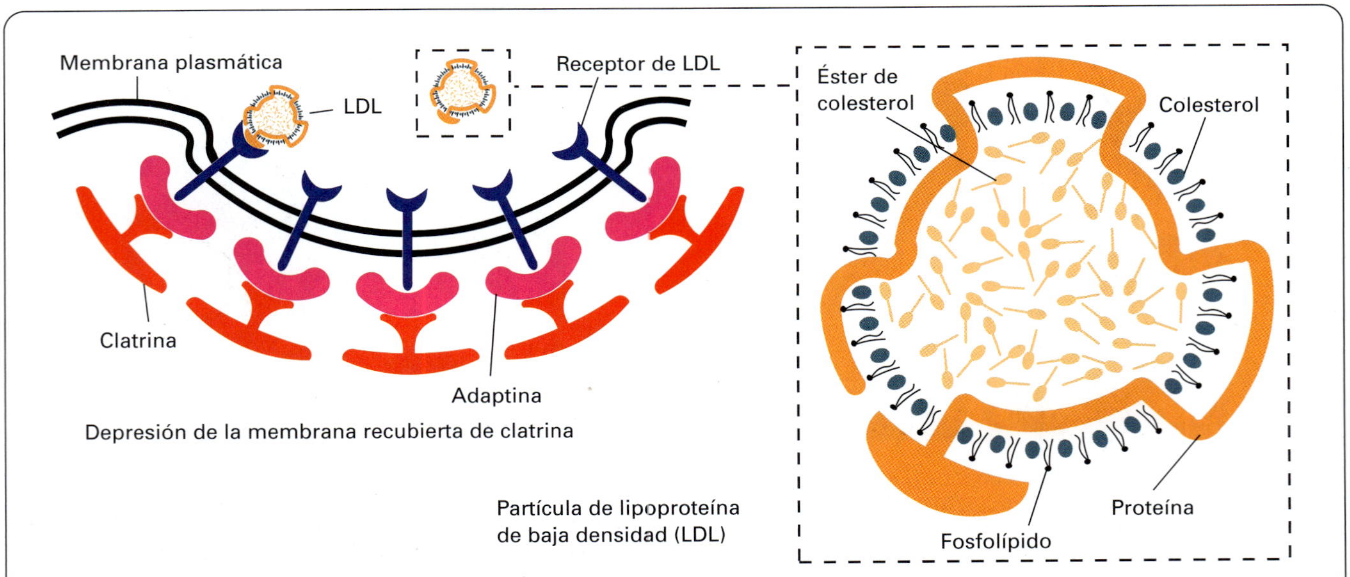


**Figura 4.36.** Incorporación por pinocitosis de lipoproteínas de baja densidad (LDL) que quedan incluidas en el interior de vesículas recubiertas de clatrina. Cada LDL consta de numerosas moléculas de ésteres de colesterol encerradas por una hemimembrana (una monocapa lipídica formada por fosfolípidos y moléculas de colesterol), que contiene una larga molécula proteica, uno de cuyos extremos sobresale para unirse al receptor de la membrana plasmática.

incorporadas. Estas enzimas provienen de vesículas revestidas de clatrina que son emitidas desde la cara trans del complejo de Golgi (lisosomas primarios), pero también podrían provenir de las de transferencia o de las vesículas del compartimiento endosómico tardío, pues en ambos tipos de vesículas se han detectado dichas enzimas (Fig. 4.37).

La interpretación de los cuerpos multivesiculares ha intrigado a los investigadores durante muchos años y ha dado lugar a numerosas hipótesis. La explicación más convincente se ilustra con el siguiente ejemplo (Fig. 4.39): los receptores del factor de crecimiento epidérmico (EGF) están en la membrana plasmática, desde donde transmiten las señales intracelulares provocadas por la unión al ligando; cuando hay un exceso de estimulación, ésta es frenada por la endocitosis y degradación de los receptores. En este proceso, los receptores son ubiquitinados en su parte citoplásmica y endocitados unidos a su ligando. En el endosoma temprano, los receptores siguen insertos en la membrana, con el ex-

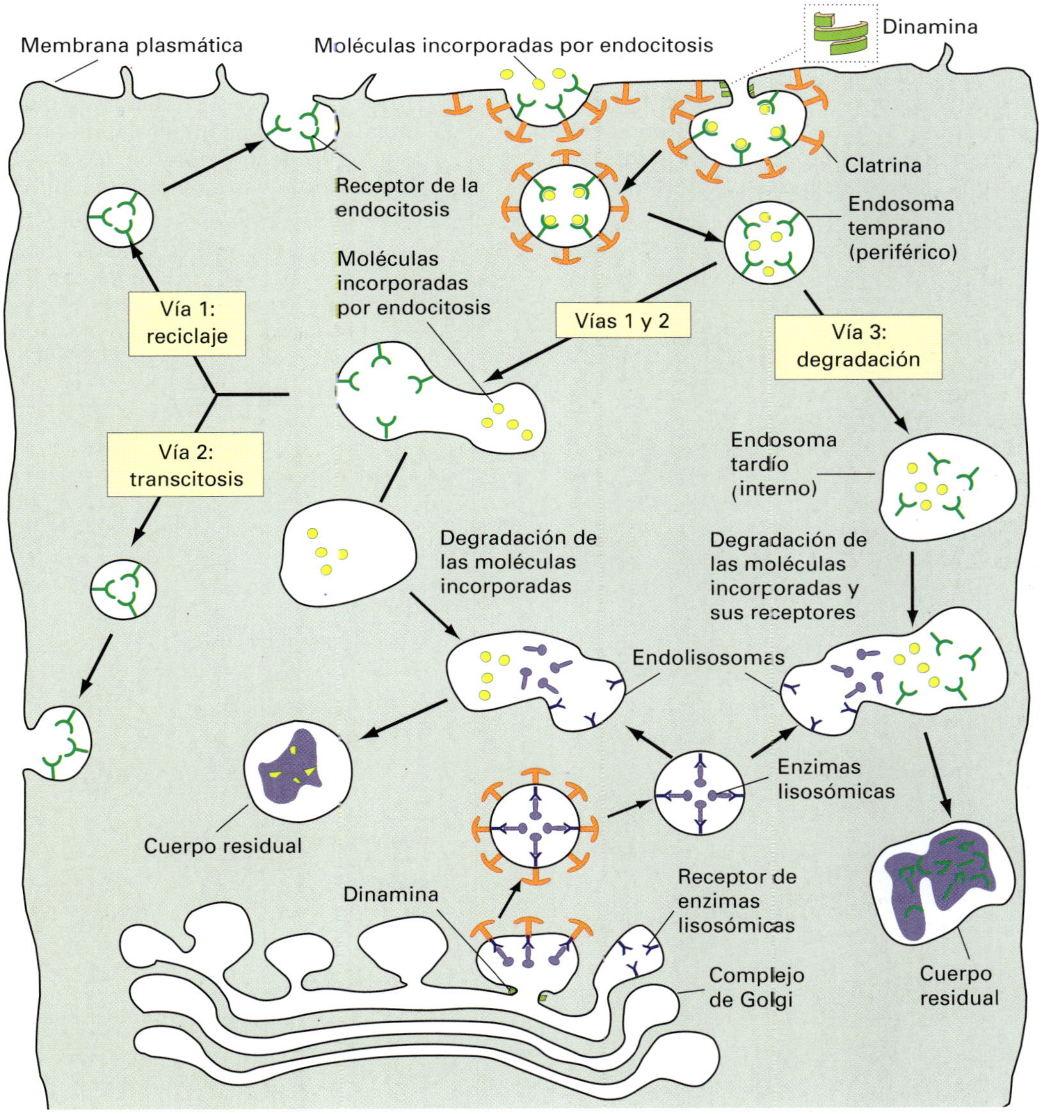


**Figura 4.37.** Endocitosis mediada por receptor en la incorporación de sustancias a la célula. La sustancia se acopla a los receptores de la membrana plasmática, que se invagina formando vesículas recubiertas de clatrina. Estas vesículas pierden la clatrina y se fusionan entre sí formando endosomas; primero, endosomas periféricos (tempranos), en los que se desacoplan el receptor y el ligando, y luego endosomas internos (tardíos). Los receptores pueden ser reciclados al acumularse en una porción de la vesícula que se separa de la superficie y emigra hasta la membrana plasmática, bien en la misma cara celular donde fueron endocitados (vía 1) o en una cara celular diferente (vía 2). En ambos casos, la otra porción de las vesículas alcanza el compartimiento endolisosómico, donde es degradado el ligando. Los receptores también pueden ser degradados con el ligando si no han abandonado el endosoma (vía 3).

tremo que está unido al ligando dentro de la luz del endosoma y el extremo opuesto, unido a la ubiquitina, sobresaliendo en el citosol. Si este endosoma se fusionara con el lisosoma, sólo el dominio del receptor unido al ligando sería accesible a las hidrolasas. No obstante, si la membrana del endosoma donde se encuentran los receptores mencionados se invagina formando vesículas, los receptores ya pueden ser degradados en su totalidad. Esto implica que los cuerpos multivesiculares pueden observarse también en el compartimiento endosómico tardío e incluso en los lisosomas, es decir, hasta que las vesículas internas son degradadas. Ello explica la presencia de fosfatasa ácida en algunos cuerpos multivesiculares, hecho conocido desde hace tiempo y que llevó a considerarlos verdaderos lisosomas. No obstante, algunos autores admiten que las enzimas lisosómicas de los cuerpos multivesiculares provienen de la fusión de lisosomas primarios; de hecho, su membrana posee receptores para la manosa-fosfato. Se ha sugerido también que los cuerpos multivesiculares pueden fusionarse directamente con lisosomas.

En los lisosomas secundarios se degradan las moléculas incorporadas, y sus productos pasan a través de la membrana lisosómica hacia el citosol, donde pueden ser utilizados. El destino de los receptores puede ser seguir tres vías (véase Fig. 4.37):

1. En el caso de LDL y de otros procesos de endocitosis, los receptores no llegan a pasar al compartimiento endolisosómico, pues abandonan el compartimiento endosómico temprano en el interior de vesículas que se dirigen hacia la membrana plasmática (*reciclaje de los receptores*). La incorporación de la *transferrina* (una proteína que transporta el hierro por la sangre) es igual, pero en este caso no sólo vuelve a la membrana plasmática el receptor, sino también la transferrina, mientras que el hierro se disocia en el endosoma y queda en la célula.
2. En la endocitosis intestinal de anticuerpos contenidos en la leche materna, los endosomas con los anticuerpos y sus receptores, en vez de incorporarse a los lisosomas, recorren la célula desde la

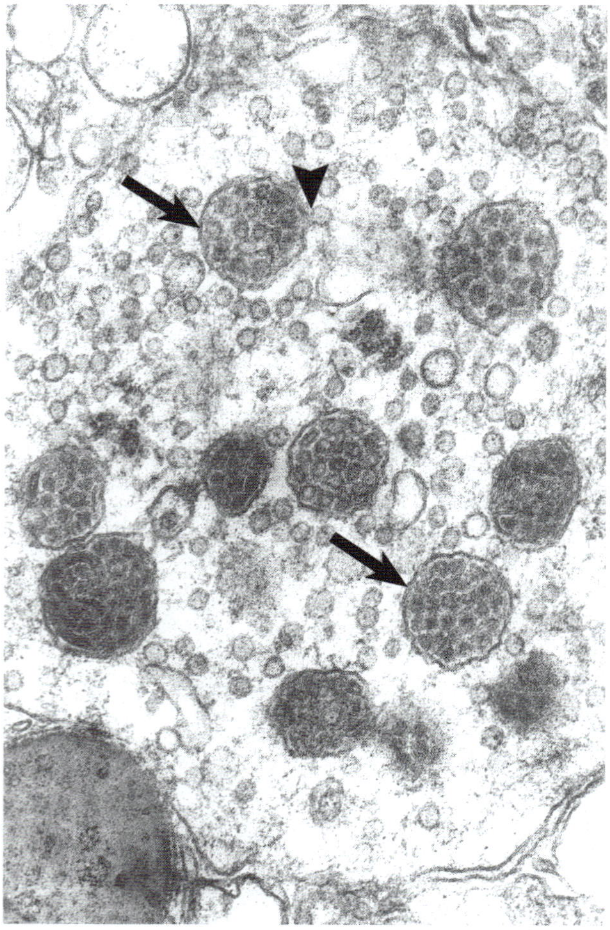

**Figura 4.38.** Cuerpos multivesiculares (flechas) en el epitelio intestinal. Se observa una vesícula del citoplasma (quizá un lisosoma primario) fusionándose a la membrana del cuerpo multivesicular. X30 000.

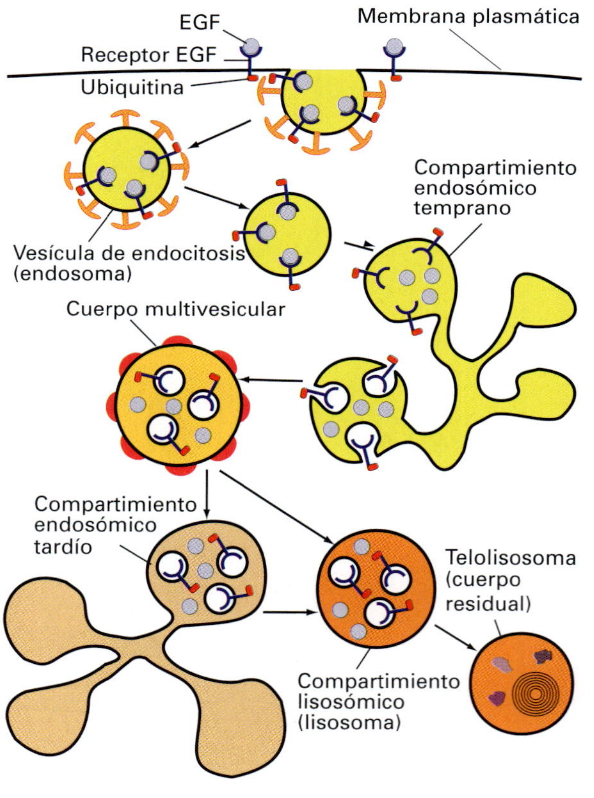


**Figura 4.39.** En la endocitosis de moléculas del EGF unidas a su receptor se forman endosomas que se fusionan con lisosomas para ser degradados. Para conseguir que la cola del receptor (que sobresale hacia el citosol) sea degradada, como ocurre con la parte del receptor en la luz del lisosoma, se produce una endocitosis del receptor dentro del propio endosoma, quedando así todo el receptor expuesto a la acción de las hidrolasas.

superficie donde se formaron (apical) hasta las caras basal y laterales, donde se fusionan a la membrana plasmática (*transcitosis*). Los receptores se incorporan a estas superficies de la membrana y las moléculas transportadas (anticuerpos) son segregadas a la sangre.

3. En la endocitosis de EGF o de opioides, los receptores desacoplados continúan en los endosomas tardíos, junto con las moléculas transportadas, y son finalmente degradados por las hidrolasas en el lisosoma. Este proceso, conocido como *regulación negativa de los receptores*, como ya se ha dicho, tiene como misión eliminar estos receptores ante el exceso de estímulo.

Las vesículas de pinocitosis lisas también se unen al compartimiento endosómico temprano y pueden llegar hasta los lisosomas. Los macropinocitomas tienden a fusionarse entre sí y sólo liberan parte del contenido al compartimiento endosómico. Las cavéolas vierten su contenido al compartimiento endolisosómico o a la membrana opuesta de la célula (transcitosis).

Una vez completada la digestión en el lisosoma, las moléculas resultantes se difunden al hialoplasma. Quedan los residuos que, o bien son defecados (por unión de la membrana del lisosoma a la plasmática y liberación del contenido al exterior), o bien se acumulan en el lisosoma y permanecen allí durante el resto de la vida de la célula, formando los denominados *cuerpos residuales* o *telolisosomas* (veánse Figs. 4.34 y 4.35.F). Un ejemplo son las vacuolas que contienen *figuras de mielina* (restos lipídicos resultantes de la degradación de fosfolipoproteínas de membranas celulares), y los denominados *gránulos de lipofuscina* (resultantes de la degradación de lípidos), observados con frecuencia en células con larga vida como las del hígado, las del miocardio y las neuronas (veáse Fig. 4.35.G). Es posible que estas vacuolas participen varias veces en el proceso de digestión. Así se ha demostrado suministrando a una célula ferritina y, varias horas después, oro coloidal, y viendo que ambos materiales se acumulan en el mismo cuerpo residual.

### Fagocitosis

Es la endocitosis de partículas de gran tamaño, realizada por organismos unicelulares como las *amebas*, los *macrófagos* y los *leucocitos heterófilos* (denominados *neutrófilos* o *polimorfonucleares* en algunos mamíferos como el hombre). Estos leucocitos pueden ingerir partículas del tamaño de las bacterias; los macrófagos del tejido conjuntivo pueden fagocitar bacterias, pero también partículas mayores, como las de hollín o tinta china. Si las partículas son demasiado grandes (algodón, hilos de sutura, etc.), se unen varios macrófagos para formar una *célula gigante de cuerpo extraño* capaz de fagocitar esa sustancia. Para poder capturar las partículas de gran tamaño, ambos tipos de fagocitos emiten unas proyecciones laminares del citoplasma, que algunos autores han denominado *membranas ondulantes*, las cuales rodean las partículas y se cierran sobre ellas, formando una gran vacuola de endocitosis (*fagosoma*) que se introduce en el citoplasma.

Ambos tipos de fagocitos poseen receptores de superficie, tanto para los anticuerpos que se han unido a los antígenos de la pared bacteriana, como para los componentes del complemento que se han unido a estos anticuerpos. Mediante estos receptores ambos tipos de fagocitos se unen a la bacteria. Esta unión es una respuesta localizada de una región de la membrana plasmática. Si un macrófago se incuba con linfocitos revestidos homogéneamente de anticuerpos, el macrófago ingiere las células revestidas. Pero si los anticuerpos se acumulan en un polo del linfocito (fenómeno *cap*), la membrana plasmática del macrófago únicamente se extiende sobre la superficie del linfocito recubierta de anticuerpos, por lo que no puede ingerirlo al linfocito. Esto sugiere que sólo existe fagocitosis si hay extensos contactos anticuerpos-receptores sobre los que el macrófago pueda ir cerrándose como en un *cierre de cremallera* (Fig. 4.40).

Los fagocitos están provistos de numerosos lisosomas que se unen a los fagosomas para dar lugar a *fagolisosomas* (veánse Figs. 4.34 y 4.35.C-4.35.E), que digieren las bacterias contenidas en ellos. Los fagolisosomas terminan formando cuerpos residuales. Sin embargo, ante una infección considerable, los fagolisosomas formados pueden acumular tal cantidad de bacterias que su membrana se rompe y libera las enzimas, que terminan con el leucocito y originan así el pus. Hay bacilos como el de la tuberculosis que resisten la acción de las hidrolasas y perduran en las vacuolas o incluso se duplican en ellas.

Los macrófagos pueden fagocitar materiales de gran tamaño. Para poder digerir grandes partículas, los lisosomas se fusionan entre sí. En el proceso de fusión se establecen uniones en forma de tabiques o escaleras entre las membranas de los lisosomas (Figs. 4.41.A y 4.41.B).

Un proceso especializado de fagocitosis tiene lugar en la glándula tiroidea (Figs. 4.41.C y 4.42). En ella, el precursor de la hormona tiroidea, la *tiroglobulina*, se segrega hacia las cavidades (folículos), donde se une al yodo. La tiroglobulina, ahora transformada en *tiroglobulina yodada*, retorna desde la luz del folículo al interior de las células foliculares, que la fagocitan. A estas vacuolas se unen lisosomas que separan de la cadena de tiroglobulina yodada las tirosinas yodadas y agrupadas en tríos y tétradas, para dar lugar a las hormonas tiroideas *triyodotironina* y *tetrayodotironina* (también llamada *tiroxina*), que pasan a la sangre.

## DIGESTIÓN DE SUSTANCIAS DE LA PROPIA CÉLULA

Los lisosomas no sólo degradan sustancias procedentes del exterior de la célula (*heterolisosomas*); también pueden englobar y digerir orgánulos (mitocondrias, membranas citoplásmicas, etc.) y porciones del citoplasma de la propia célula en grandes vacuolas digestivas denominadas *vacuolas de autofagia*, *autolisosomas* o *citolisosomas* (Fig. 4.34).

La membrana necesaria para la formación de una vacuola de tan gran tamaño la proporciona una cisterna de retículo endoplasmático liso, que envuelve los orgánulos que van a ser eliminados. Los lisosomas se fusionan con

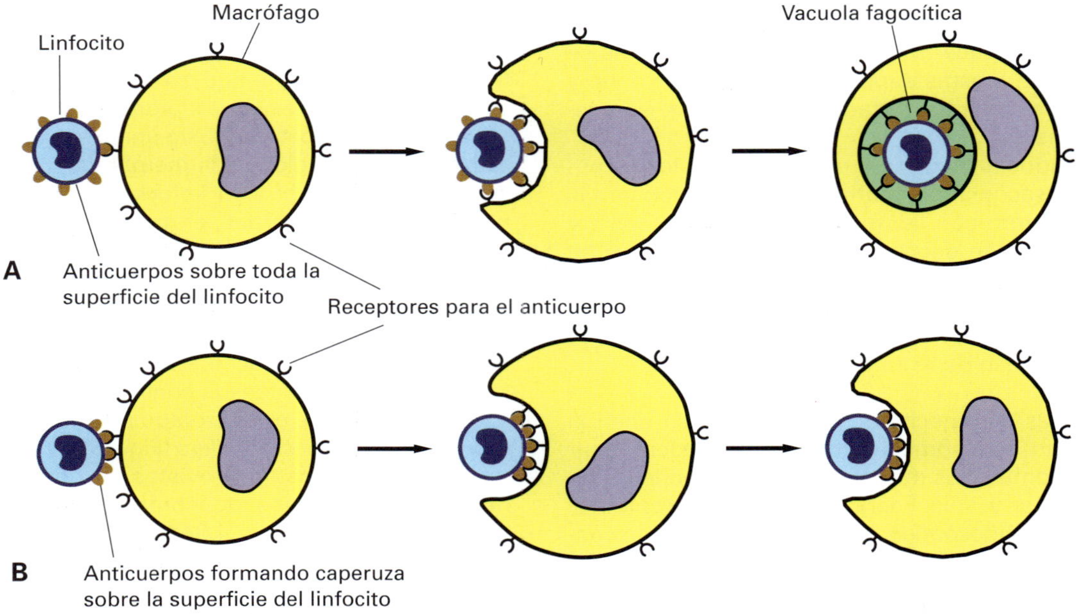


**Figura 4.40.** **A**: Para realizar la fagocitosis los macrófagos poseen receptores que se unen a los anticuerpos que recubren la superficie de la célula que van a ingerir. Este contacto provoca la invaginación de la superficie del macrófago y la formación del fagosoma. **B**: Si los anticuerpos sólo revisten parcialmente la superficie celular, el macrófago no puede extenderse sobre la superficie celular no recubierta y es incapaz de ingerir la célula.

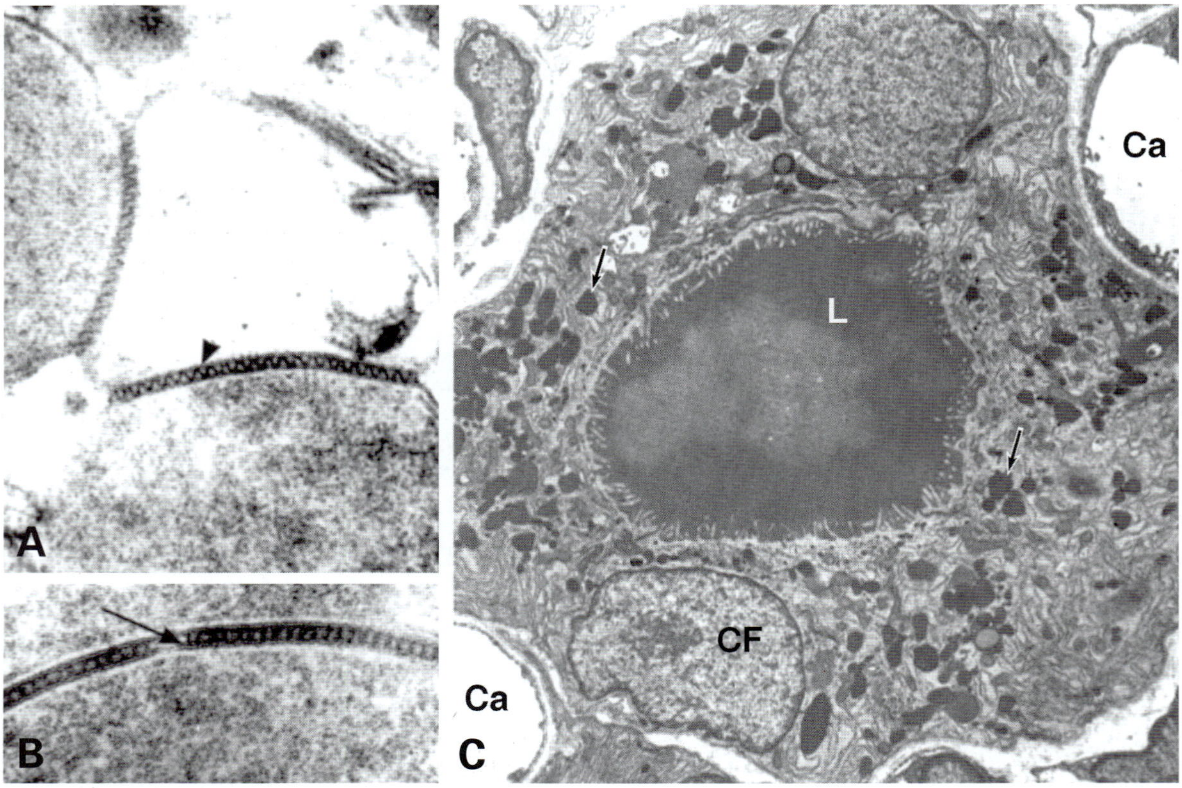


**Figura 4.41.** **A-B**: Fusión de lisosomas en un macrófago. Las uniones que se establecen entre las membranas de los lisosomas muestran estructuras en escalera (cabeza de flecha) o septadas (flecha). A X40 000. B X55 000. **C**: Folículo tiroideo. Las células foliculares (CF) se disponen alrededor de una cavidad en cuya luz (L) se almacena el coloide. Estas células contienen numerosos y grandes lisosomas secundarios (flechas) que contienen la tiroglobulina yodada. X2500.

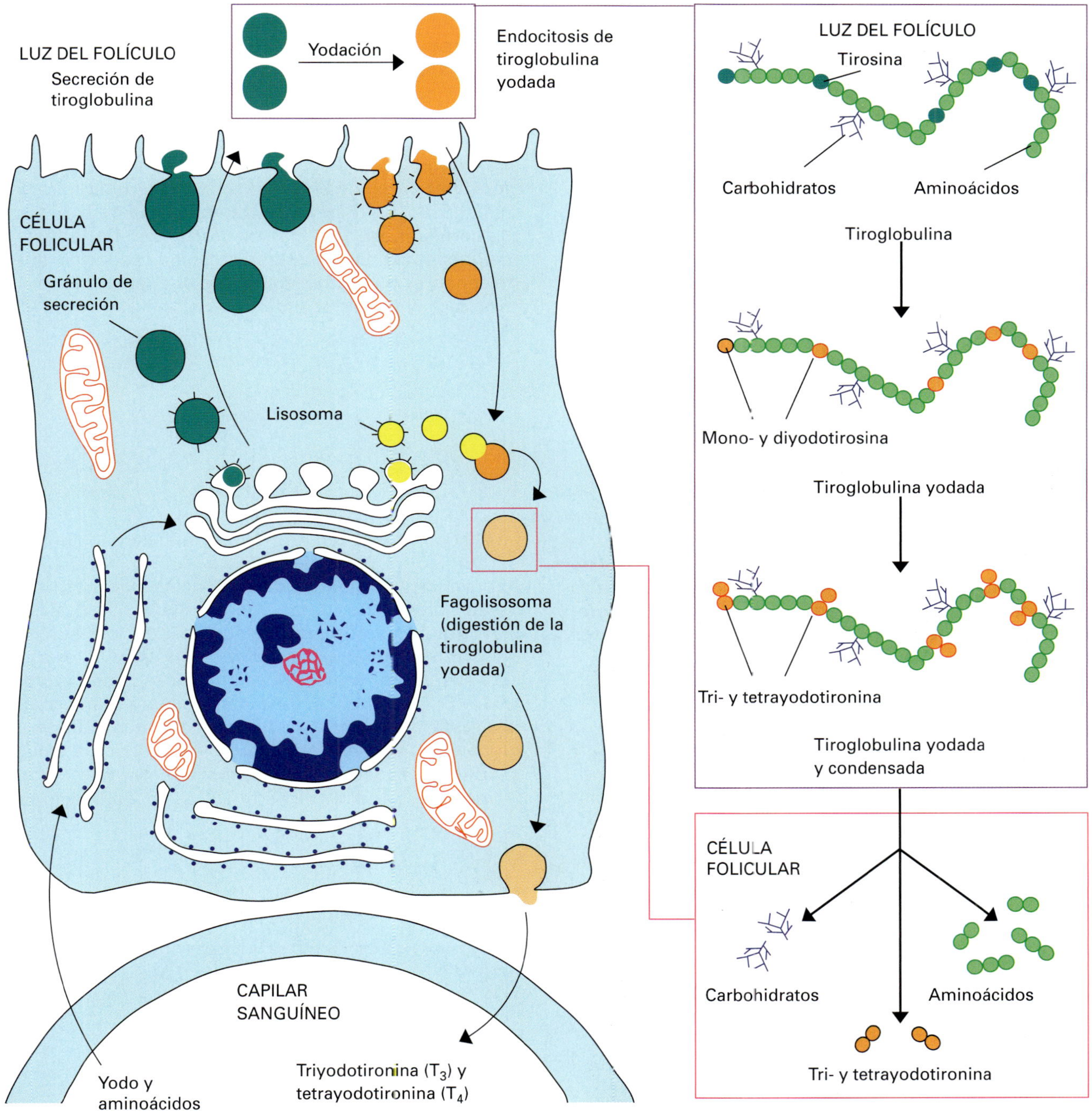


**Figura 4.42.** Formación de hormonas tiroideas. Las células foliculares de la glándula tiroidea sintetizan una glucoproteína rica en tirosina (tiroglobulina) que es segregada y almacenada temporalmente en el coloide de la luz del folículo. Allí la tiroglobulina es yodada, transformándose sus moléculas de tirosina en monoyodo y diyodotirosina. Ambas moléculas se condensan, dando lugar a moléculas de triyodo ($T_3$) y tetrayodotironina ($T_4$). Después, la glucoproteína es incorporada a la célula folicular por endocitosis. Los lisosomas se unen a estas vesículas y degradan la tiroglobulina yodada liberando las moléculas $T_3$ y $T_4$ que constituyen las hormonas tiroideas. Éstas son segregadas a la sangre en los capilares que rodean al folículo.

la membrana externa de la cisterna y liberan sus enzimas, que digieren la membrana interna de la cisterna, poniéndose así en contacto con los orgánulos viejos almacenados. Estos citolisosomas se forman para destruir los orgánulos viejos o sobrantes, pero también en el ayuno, cuando la célula debe nutrirse a sus propias expensas. El contenido residual de los citolisosomas puede adoptar la forma de *figuras de mielina,* que reflejan el alto contenido lipídico de los materiales degradados.

Los citolisosomas también intervienen en el mecanismo autorregulador de la secreción englobando gránulos de secreción, evitando que sean segregados y digiriéndolos, proceso conocido como *crinofagia*.

Además de orgánulos, hay proteínas citosólicas que, por su gran tamaño o por otras características, no pueden ser entregadas a los proteasomas y deben entrar en los lisosomas para ser destruidos. Estas proteínas están marcadas con ciertas secuencias de aminoácidos, como la secuencia KFERQ (Lys-Phe-Glu-Arg-Gln), que son reconocidas por receptores de la membrana del lisosoma. Las proteínas citosólicas marcadas entran en los lisosomas por mecanismos de bombeo especiales.

La destrucción de orgánulos y grandes proteínas citosólicas es controlada, pero los lisosomas podrían destruir la célula entera si se rompen sus membranas. Esto ocurre tras la muerte celular (*degeneración postmortem*). Antes se pensaba que los citolisosomas eran responsables de la eliminación de aquellas células que deben tener una vida corta y dejar paso a otras. Tal es el caso de las células sanguíneas y epiteliales. Hoy día se acepta que este proceso forma parte de la denominada *muerte celular programada (apoptosis)* (véase la página 382).

## DIGESTIÓN EXTRACELULAR

En algunos casos los lisosomas pueden verter sus enzimas al exterior y destruir sustancias externas a la célula, como ocurre en el tubo digestivo de los moluscos. Algo semejante hace el *acrosoma*, un lisosoma especializado que se encuentra en el extremo de la cabeza del espermatozoide. Cuando éste entra en contacto con las cubiertas del óvulo, del acrosoma se liberan enzimas hidrolíticas que destruyen esas cubiertas para que la membrana del acrosoma se fusione con la membrana plasmática del óvulo. Es probable que la destrucción de la matriz ósea efectuada por los *osteoclastos* esté causada por enzimas lisosómicas liberadas al exterior; esta destrucción es seguida de endocitosis para la degradación final de algunas de las sustancias liberadas de la matriz ósea. Lo mismo ocurre en la digestión de la matriz cartilaginosa por los *condroclastos*. En la piel, los melanosomas de los melanocitos son lisosomas que almacenan el pigmento melanina, el cual se vierten por exocitosis y es endocitado por los queratinocitos adyacentes.

## INTERVENCIÓN EN PROCESOS PATOLÓGICOS

Los lisosomas tienen gran importancia en los procesos patológicos. Las células que se ven forzadas a englobar grandes cantidades de sustancias extrañas tienden a acumular estos materiales en sus lisosomas con el consiguiente detrimento de su vitalidad. Los sustitutos del plasma, como el *dextrano* o el *polivinilo*, producen este resultado. En la *silicosis* ocurre lo mismo con la sílice ($SiO_2$). En el caso de anomalías genéticas como la carencia de enzimas lisosómicas degradantes del glucógeno, éste se acumula en los lisosomas y llega a producir la muerte (*glucogenosis de Pompe*). Otra enfermedad congénita lisosómica es la *enfermedad de*

**TABLA 4.4. Enfermedades debidas a la falta o defecto de enzimas lisosómicas**

| Enfermedades | Polisacárido o esfingolípido que se acumula | Defecto enzimático |
|---|---|---|
| Glucogenosis tipo II (enfermedad de Pompe) | Glucógeno | Glucosidasa-α |
| Gaucher | Glucocerebrósido | Glucosidasa-β |
| Niemann-Pick | Esfingomielina | Esfingomielinasa |
| Krabbe | Galactocerebrósido | Galactosil-ceremidasa |
| Leucodistrofia metacromática | Sulfátido | Sulfatidasa |
| Fabry | Trihexóxido de ceramida | Galactosidasa-α |
| Tay-Sachs | Globósido $GM_2$ | Hexosaminidasa |
| Variante de Tay-Sachs | Globósido (más gangliósido $GM_2$) | Hexosaminidasa totales |
| Gangliosidosis generalizada | Gangliósido $GM_1$ | Galactosidasa-β |
| Enfermedad de inclusión nuclear | Todas | Glc-NAc fosfotransferasa |

*Fabry*, debida a la ausencia de la enzima lisosómica galactosidasa $\alpha$, requerida para el catabolismo de esfingolípidos. En la Tabla 4.4 se expresan las principales enfermedades lisosómicas.

En la enfermedad genética recesiva llamada *de inclusión celular* faltan la mayoría de las enzimas lisosómicas, con lo que se almacenan sustancias (inclusiones celulares) en los lisosomas. Esto se debe a la ausencia de GlcNAc fosfotransferasa, necesaria para la adición de los grupos fosfatos a las manosas terminales de las enzimas lisosómicas, de manera que éstas no pueden ser reconocidas para su exportación a los lisosomas; por ello, son segregadas fuera de la célula y pasan a la sangre.

Hay productos químicos que actúan sobre la membrana de lisosomas. Algunos existen ordinariamente en el organismo y es muy posible que regulen procesos de autofagia. La *vitamina A* y algunas hormonas son agentes labilizantes de la membrana de los lisosomas y actúan sobre todo en lisosomas de células del tejido conjuntivo, provocando que se rompa fácilmente la membrana de este orgánulo y se liberen las hidrolasas. Por el contrario, la *cortisona* y la *hidrocortisona* son estabilizantes de la membrana lisosómica; a esto parece deberse su conocido efecto antiinflamatorio.

En la enfermedad conocida como *gota*, se producen cristales de urato en el líquido sinovial de las articulaciones. Los leucocitos neutrófilos fagocitan estos cristales que rompen la membrana del lisosoma. Así se digieren los neutrófilos y se vierten hidrolasas al líquido sinovial, lo que provoca una reacción inflamatoria.

### ACTIVIDADES LISOSÓMICAS EN CÉLULAS VEGETALES

En las células vegetales los lisosomas no forman una entidad morfológicamente definida. Estas células contienen una amplia variedad de hidrolasas ácidas capaces de digerir los constituyentes del citoplasma y los metabolitos. Pero estas enzimas se encuentran en diferentes estructuras rodeadas por membrana entre las que la *vacuola vegetal* ocupa un puesto destacado. Además, hay también hidrolasas en la *pared celular*, esto es, en el espacio extracelular. Se han propuesto los términos *compartimiento lisosómico celular* y *sistema lisosómico* para designar la totalidad de estructuras en las que se realiza la hidrólisis. En este sentido, el término *lisosoma* tiene tan sólo un sentido bioquímico, no morfológico.

Se ha sugerido que algunas vacuolas son capaces de autofagia extrema: al romperse la vacuola las hidrolasas son liberadas al citoplasma, que es digerido, causando la muerte celular.

Los *granos de aleurona* de las semillas corresponden a múltiples vacuolas que son verdaderos lisosomas que acumulan proteínas; estas proteínas, observadas al microscopio, tienen forma de cristales o gránulos (véase Fig. 4.44.B). Las hidrolasas ácidas que contienen se mantienen inactivas. Durante la germinación hay una hidratación de la semilla; los gránulos de aleurona aumentan de volumen, las hidrolasas se activan y los gránulos se fusionan entre sí formándose gránulos mayores. Al final quedan los restos de la digestión.

## VACUOLA VEGETAL

### ESTRUCTURA

En las células vegetales jóvenes (*meristemáticas*) existen numerosas vesículas y vacuolas pequeñas (*provacuolas*), que sólo se aprecian con el microscopio electrónico. Al crecer las células, las provacuolas adquieren mayor tamaño y se fusionan hasta formar una gran *vacuola central* que, en algunas células parenquimáticas, llega a ocupar más del 90% del volumen celular (Fig. 4.43). El origen de la vacuola no está establecido con seguridad. Algunos autores piensan que las vesículas que terminan fusionándose en una gran vacuola provienen directamente del retículo endoplasmático rugoso, y otros, que proceden del complejo de Golgi. La síntesis de proteínas con destino a la vacuola se realiza en el retículo endoplasmático rugoso.

La vacuola se halla limitada por una membrana citoplásmica, llamada *tonoplasto*, con estructura trilaminar y del mismo espesor que las membranas citoplásmicas, (aunque en algunos casos se ha descrito que su espesor es igual al de la membrana plasmática). Con el microscopio electrónico se observa que la hemimembrana E es más gruesa que la P. Mediante la técnica de criofractura, en ambas hemimembranas se aprecian numerosas partículas que sobresalen, y que son más abundantes en la hemimembrana P.

En la vacuola hay un *jugo vacuolar* de apariencia amorfa incluso en la microscopía electrónica, pero a veces también pueden observarse estructuras de mayor tamaño, cristalinas o no, según los productos que almacene la vacuola, y que guardan relación con su función. El pH de la vacuola varía de unos tipos celulares a otros pero suele ser ácido (entre 3 y 6).

### FUNCIONES

La vacuola lleva a cabo funciones fisiológicas importantes que resumimos a continuación.

#### INTERCAMBIO CON EL MEDIO EXTERNO

Como el intercambio de sustancias de la célula con el medio externo sólo puede realizarse a través de la membrana plasmática, cuando las células animales de-

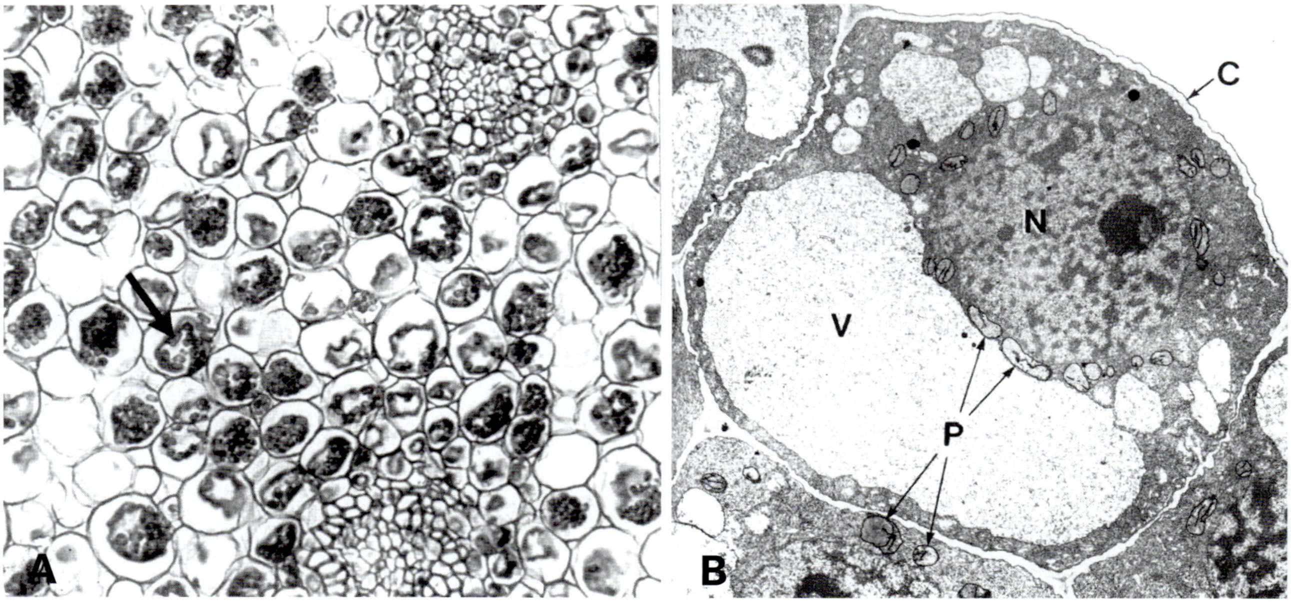


**Figura 4.43.** **A**: Sección histológica de raíz de *Lilium* que muestra células parenquimáticas vacuoladas que contienen inclusiones proteicas (flecha). X250. **B**: Micrografía electrónica de una célula del meristemo apical del tallo de avena que muestra varias vacuolas, una de ellas de gran tamaño (V). N: núcleo. P: proplastos. C: cutícula. X4350. (Tomada de Gunning BES, Steer MW. *Ultrastructure and the Biology of Plant Cells*. London, Edward Arnold, 1974.)

sean aumentar dicho intercambio modifican su forma aumentando la razón superficie/volumen, como ocurre, por ejemplo en las microvellosidades. En las células vegetales, la gruesa pared celular no permite esa modificación, y el problema se resuelve gracias a la vacuola. Si ésta no existiera, la célula tendría todo el citoplasma y todos los orgánulos ocupando el mismo volumen que ahora tiene, pero con una superficie de dimensiones mucho más reducidas. Gracias a la vacuola, el volumen del citoplasma no aumenta pero se extiende ocupando una fina capa entre la pared celular y la vacuola. De esta manera, la célula aumenta de tamaño y desarrolla una gran superficie de membrana plasmática en relación con el pequeño volumen que ocupa el citoplasma, si no incluimos en este volumen el que ocupa la vacuola. Esa misma disposición aumenta la eficiencia de los cloroplastos, evitando en gran medida que se hagan sombra unos a otros.

## TURGENCIA CELULAR

El compartimiento extracelular acuoso de los vegetales se encuentra principalmente en las paredes celulares, donde la concentración del soluto es mayor que en el medio externo (el suelo, por ejemplo) pero menor que en el interior de la célula (citosol). Por eso, el agua tiende a penetrar en la célula causando la turgencia celular, que expande la célula hacia la pared (*presión de turgencia*). La presión osmótica de la vacuola está en equilibrio con la del citosol. La *presión de turgencia* celular varía ampliamente de unas plantas a otras: desde 0.5 hasta 50 atmósferas. Además, esta presión puede sufrir cambios controlados como respuesta a fluctuaciones ambientales.

Los cambios en la turgencia de la planta se consiguen variando la presión osmótica del citosol y de la vacuola. Un medio rápido de regular esta presión consiste en cambiar la concentración de $K^+$. Sin embargo, grandes concentraciones de este ion matarían a la célula. Por eso, cuando se requieren cambios de presión pronunciados y más estables, las plantas regulan esta presión tanto por despolimerización-polimerización de algunas sustancias que contiene la célula (como polifosfatos), como por el cambio en la concentración de azúcares, aminoácidos y otros metabolitos que son transportados a través de la membrana plasmática y la de la vacuola. Así, las plantas de hábitat salino, que requieren una alta concentración de solutos para aumentar la turgencia, la consiguen acumulando solutos orgánicos en las vacuolas, los cuales alcanzan concentraciones de hasta 0.5 M sin dañar su metabolismo. Entre estos solutos están los polifosfatos, compuestos polihidroxílicos como el glicerol y el manitol, aminoácidos como la prolina, o la betaína glicina (derivado del aldehído de la betaína).

Los cambios en la turgencia pueden generar cambios en la forma celular, como ocurre en la apertura y cierre de los estomas, en cuyo mecanismo los cambios en la presión osmótica debidos a la entrada o salida de $K^+$ en la célula desempeñan un papel fundamental. Cambios similares son responsables de los movimientos de la hoja de *Mimosa pudica*, del cierre de las trampas en las hojas de ciertas plantas carnívoras y de los movimientos de partes florales en la polinización de algunas plantas.

La vacuola regula también los niveles citosólicos de determinados iones y del pH, niveles que alcanzan valores diferentes de los encontrados en la vacuola. Así, la concentración de $Na^+$ en la vacuola es de cuatro a cinco veces mayor que en el citosol. Cuando desciende el pH del medio extracelular, se produce un flujo de $H^+$ desde el exterior que penetra en el citosol. Este exceso de $H^+$ se equilibra por el paso de estos iones al interior de la vacuola, que ejerce un efecto tampón.

## DIGESTIÓN CELULAR

En el interior de la vacuola hay enzimas hidrolíticas. De este modo, la vacuola se comporta como fagosoma y citolisosoma.

## ACUMULACIÓN DE SUSTANCIAS DE RESERVA Y PRODUCTOS METABÓLICOS

En la vacuola hay agua y determinadas sustancias en forma disuelta, floculenta o cristalina. Entre estas sustancias están:

1. **Aniones y cationes** como $Cl^-$, $SO^{2-}_4$, $PO^{3-}_4$, $Na^+$, $K^+$, $Ca^{2+}$ y $Mg^{2+}$.

2. **Hidratos de carbono**:
   — *Monosacáridos*. Predominan las hexosas como la *glucosa* (en uvas), la *fructosa* (en melocotones), la *galactosa*, la *manosa* y la *sorbosa*.
   — *Disacáridos*, como la *sacarosa* y la *maltosa* (que se forma por el desdoblamiento de polisacáridos, especialmente del almidón).
   — *Polisacáridos*. No hay almidón (que está en los plastidios) ni celulosa (que se encuentra en la pared celular). El más abundante es la *inulina*, que por hidrólisis da fructosa. Cuando se deshidratan las células mediante glicerina o alcohol, la inulina precipita en forma de finos cristales aciculares, que se agrupan formando *esferocristales* (Fig. 4.44.A) y son birrefringentes con luz polarizada. El *glucógeno* sólo es frecuente en hifas de hongos y algunos líquenes.

3. **Aminoácidos**. Son eslabones en la elaboración de materias proteicas y también se almacenan en las vacuolas. El más difundido es la *asparagina*. En menor cantidad existen *leucina, tirosina, prolina* y *ácido glutámico*.

4. **Polipéptidos y proteínas**. Comprenden:
   — *Enzimas*, como la *amilasa* (que degrada el almidón en *dextrina* y luego en *maltosa*), y diversas *lipasas* y *proteasas*. En muchos vegetales hay proteínas que inhiben las proteasas de animales depredadores herbívoros (*factor inhibidor I*), constituyendo una defensa contra su voracidad. Son muy abundantes en las hojas de solanáceas.
   — *Granos de aleurona*. Son reservas proteicas que aparecen en múltiples vacuolas, y son visibles con el microscopio óptico. En cada vacuola el llamado grano de aleurona es un conjunto de gránulos proteicos regulares (*cristaloides*) o irregulares. En el ricino, sobre el cristaloide hay gránulos irregulares que forman el *globoide* (Fig. 4.44.B). Se encuentran en gran proporción en el endosperma de semillas y pueden estar en las vacuolas de estas células durante años, hasta que, al germinar la semilla, se hidrolizan las proteínas sirviendo de alimento al embrión. Cuando esto ocurre las vacuolas aumentan de volumen y se fusionan entre sí.

5. **Alcaloides**. Entre ellos se encuentran la morfina, nicotina, quinina, cocaína, papaverina, codeína, cafeína, mezcalina y estrictina.

6. **Pigmentos flavonoides**
   — *Antocianínicos*. Confieren colores rojos, rosas y azules a corolas, hojas y a algunos órganos caulinares y subterráneos.
   — *Flavónicos*. De color amarillo, se encuentran en pétalos.

7. **Taninos**. Son derivados fenólicos producidos a partir del *ácido gálico* o *elágico* en combinación con *glucósidos*. Forman precipitados azules o negros en presencia de sales férricas, y pardos con bicromato potásico. Se unen a materias proteicas convirtiéndolas en insolubles e imputrescibles (de ahí su utilidad para curtir pieles). Se encuentran en el parénquima, en células aisladas o en pequeños grupos, mostrando un color pardo. Se han atribuido múltiples funciones a este producto, entre ellas: efectos antivíricos, modificaciones en los niveles de *auxinas* (unas fitohormonas que intervienen en el crecimiento de la planta), efecto astringente disuasorio en los animales hervíboros al reaccionar con las proteínas de la saliva, atracción de prónubos para la polinización e inhibición de la germinación del embrión al captar oxígeno y disminuir la respiración del embrión.

8. **Ácidos orgánicos y sus sales**. Están presentes en el parénquima de la hoja, el fruto y los rizomas, y son muy abundantes en las plantas suculentas. Los más frecuentes son los ácidos *cítrico, málico, tartárico* y *oxálico*. El ácido oxálico forma cristales en presencia de $Ca^{2+}$ (oxalato cálcico). Si cristaliza con una molécula de agua forman cristales monoclínicos, que se observan como finas agujas (*rafidios*) y se encuentran en bulbos de las liliáceas y en las hojas de *Aloe* (Fig. 4.44.C). Si cristalizan con tres moléculas de agua, los cristales son del sistema rómbico y forman bipirámides sobre cuyas caras se depositan pirámides. El conjunto forma una *drusa* o *macla*, frecuente en todas las partes de la planta (Fig. 4.44.D). Algunos de estos compuestos tienen una función claramente metabólica, como los que corresponden al ciclo de Krebs. El ácido málico interviene en la apertura y cierre de los estomas.

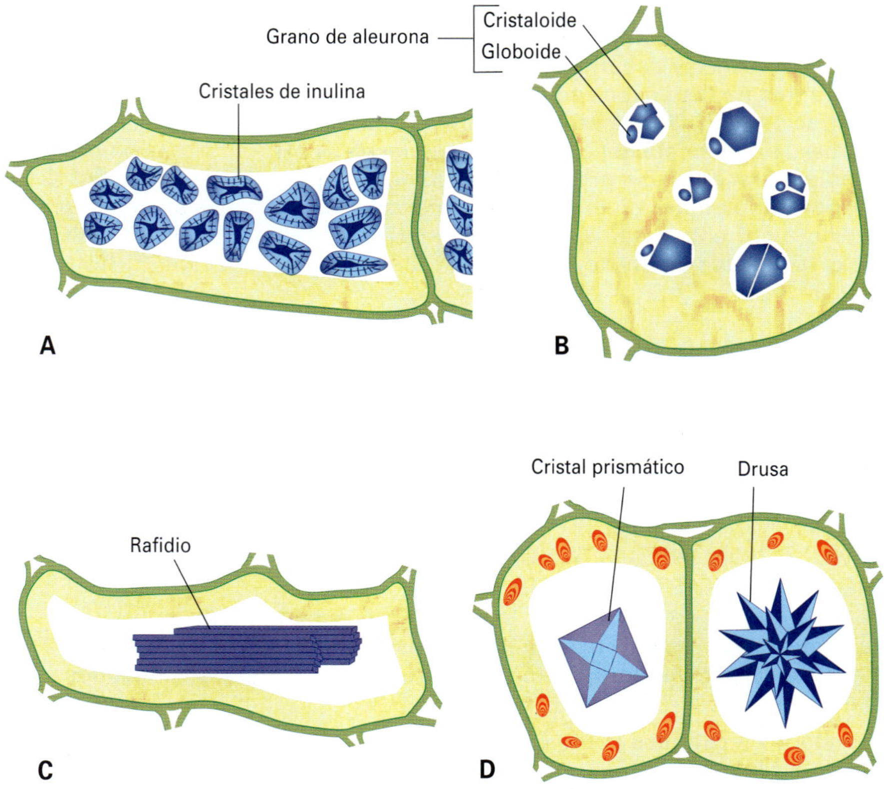


**Figura 4.44.** **A**: Esferocristales de inulina en un tubérculo de *Dahlia*. **B**: Granos de aleurona en el endosperma de *Ricinus*. **C**: Esquema de rafidios en raíz de *Vitis*. **D**: Cristal prismático y drusa en pecíolo de *Begonia*. (Figuras adaptadas de Strasburger, Palladin y Troll.)

# INCLUSIONES CITOPLÁSMICAS

Este término designa estructuras o materiales almacenados en el citoplasma que pueden ser demostrables microscópicamente (cuando el término fue acuñado, se aplicaba a los materiales demostrables con el microscopio óptico). En sentido estricto, sólo son verdaderas inclusiones citoplásmicas las que se encuentran libres en el citoplasma, y no dentro de orgánulos membranosos. Se consideran parte del citoplasma, pero no son orgánulos o componentes principales de la célula sino productos de su actividad metabólica que han quedado dentro de ella.

## INCLUSIONES DE CÉLULAS VEGETALES

En las células vegetales la mayoría de los materiales almacenados se encuentran en la vacuola o, al menos, rodeados de membrana, como es el caso de algunas proteínas, de los cuerpos de sílice y de los cristales minerales, casos en los que podría hablarse de múltiples vacuolas. También pueden encontrarse en el interior de los plastidios, como ocurre con los pigmentos fotosintéticos y carotenoides, ciertos taninos y algunos lípidos y proteínas. Puede haber también cristales de sílice y de carbonato cálcico en la pared celular, además de en las vacuolas.

Las verdaderas inclusiones citoplásmicas vegetales (no rodeadas por membranas citoplásmicas) son pequeñas gotas, denominadas *esferosomas*, constituidas por lípidos y que también están presentes en los oleoplastos. Asimismo, pueden considerarse inclusiones citoplásmicas los aceites esenciales presentes en el pericarpo de algunos frutos cítricos, en los pétalos de algunas flores (rosa) o incluso en hojas (laurel). Estos aceites son principalmente terpenos, es decir, lípidos simples formados a partir del isopreno, como el mentol, alcanfor, y otros.

## INCLUSIONES DE CÉLULAS ANIMALES

En las células animales, donde los lisosomas pueden contener algunos pigmentos (lipofuscinas) pero no la riqueza de materiales descrita al tratar de la vacuola vegetal, las inclusiones citoplásmicas verdaderas son más abundantes; corresponden a alimentos almacenados y a ciertos pigmentos que estudiaremos a continuación.

### ALIMENTOS ALMACENADOS

#### Hidratos de carbono

En las células hepáticas y musculares, pero también en muchos otros tipos celulares, los hidratos de carbono se almacenan como glucógeno, que es un polímero ramificado de la glucosa. Para observar el glucógeno con el microscopio óptico hay que utilizar tinciones histoquímicas especiales como el *PAS* o el *carmín de Best*; de lo contrario, las partículas de glucógeno no se tiñen y en su lugar queda un espacio ópticamente vacío. Con el microscopio electrónico el glucógeno aparece en gránulos α ó β (Fig. 4.45). Los gránulos β miden 15-30 nm y son muy densos y homogéneos. Cada gránulo es una sola molécula de glucógeno, consistente en una cadena muy ramificada, rodeada de las enzimas que participan en su formación y degradación. Los gránulos α resultan de la agrupación de gránulos β, que forman partículas a modo de rosetas de tamaño muy variable.

La formación del glucógeno (*glucogenogénesis*) se realiza en el hialoplasma a partir de la glucosa que penetra en la célula por transporte activo. La enzima *hexoquinasa* convierte la glucosa en *glucosa 6 fosfato*, que polimeriza a glucógeno, con la intervención de la *glucógeno sintetasa* y otras enzimas. La glucosa necesaria para mantener el nivel adecuado de este azúcar en la sangre y para satisfacer las necesidades metabólicas de las células del organismo se obtiene principalmente mediante la degradación del glucógeno (*glucogenólisis*). La enzima *glucógeno fosforilasa* degrada el glucógeno a glucosa 1 fosfato, que pasa a glucosa 6 fosfato. La enzima *glucosa 6 fosfatasa* elimina el fosfato, obteniéndose glucosa, que puede atravesar la membrana plasmática y dirigirse por la sangre a otras células.

El suministro principal de glucosa al organismo proviene del glucógeno almacenado en el hígado, pero la célula también puede utilizar su propio glucógeno almacenado en el citoplasma. Así ocurre en el músculo durante la contracción. La glucosa obtenida es metabolizada en la *glucólisis anaerobia*, que tiene lugar en el hialoplasma. La glucólisis convierte la glucosa (y otros azúcares relacionados) en *piruvato*, que es transportado dentro de la mitocondria, donde el complejo enzimático *piruvato deshidrogenasa* lo transforma en *acetil-CoA*. Éste entra en el *ciclo de Krebs* de la matriz mitocondrial,

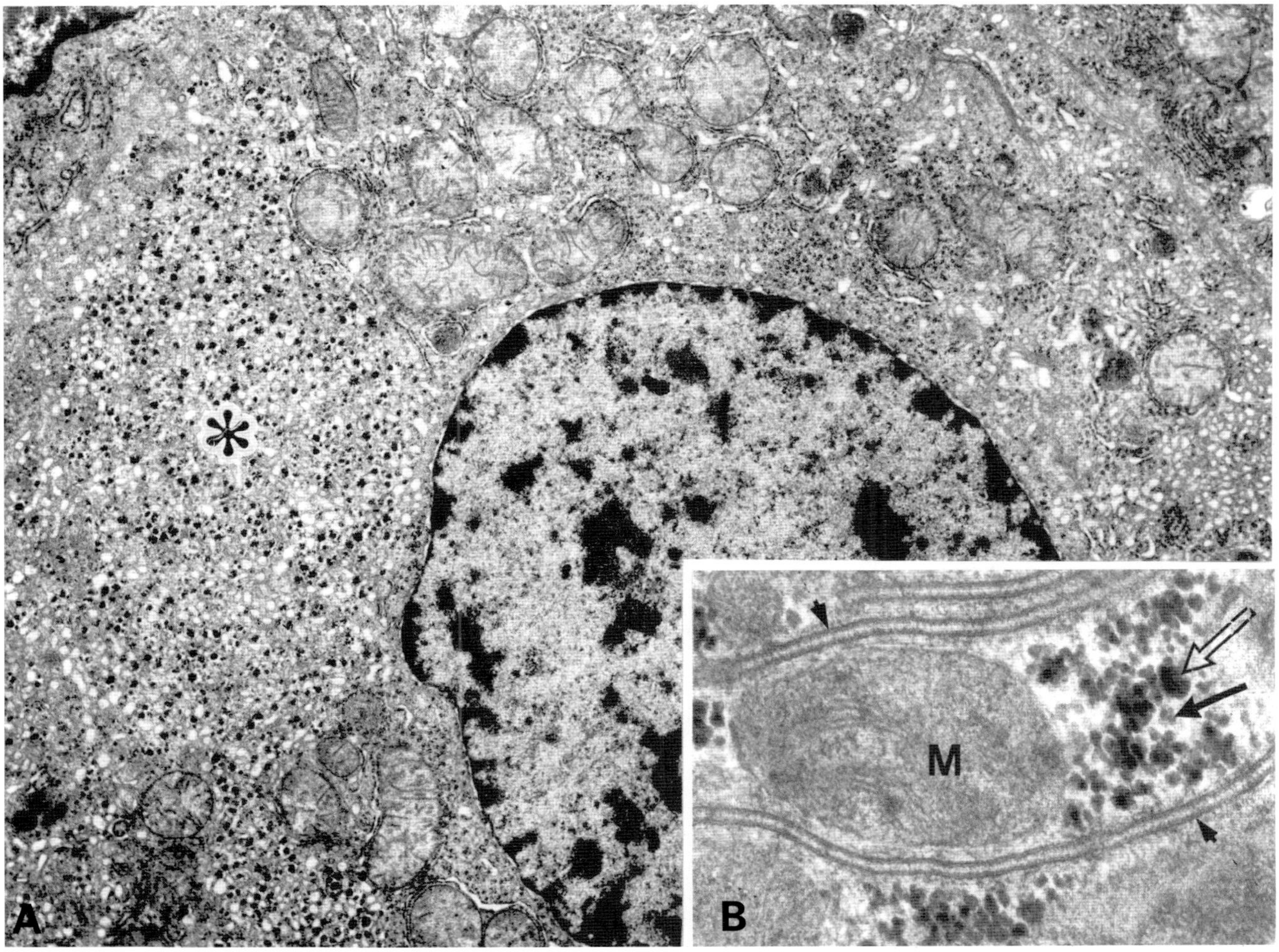


**Figura 4.45.** **A**: Partículas de glucógeno (asterisco) en un hepatocito de rata. X9000. **B**: Detalle de partículas de glucógeno en forma de gránulos α (flecha transparente) y β (flecha negra) en células principales de los órganos rectales de *Formica nigrans*. Las cabezas de flecha señalan las membranas plasmáticas en las interdigitaciones entre células adyacentes. M: mitocondria. X60 000. (Cortesía de M. Garayoa, Departamento de Histología, Universidad de Navarra.)

oxidándose a $CO_2$ y $H_2O$ y generando $NADH^+ + H^+$ y $FADH_2$ para la cadena respiratoria.

La glucogenogénesis y la glucogenólisis tienen lugar en el hialoplasma, pero parecen guardar cierta relación topográfica con el retículo endoplasmático liso, que es muy abundante en las zonas del citoplasma donde ocurren dichos procesos (véase Fig. 4.21). La membrana del retículo endoplásmico liso contiene algunas de las enzimas implicadas en el metabolismo del glucógeno; en concreto, la glucosa 6 fosfatasa.

## Grasas

Las *inclusiones lipídicas* son, en su mayoría, *grasas neutras (triglicéridos de ácidos grasos)* de un grado de insaturación suficiente para ser líquidos a la temperatura corporal. Se almacenan en el tejido adiposo, pero también en células normales, como las del hígado y el músculo. Algo de grasa puede haber en muchos tipos celulares. Con el microscopio óptico las grasas no se ven, pues se disuelven durante la inclusión. Pero, si en vez de la fijación e inclusión habituales, que exigen el uso de solventes orgánicos, se realizan cortes por congelación y se tiñen estos cortes con algunos colorantes como el *rojo grasa y Sudán*, la grasa queda teñida de este color (véase Fig. 1.8.E). También puede fijarse la grasa con *osmio,* y en ese caso aparece de color negro. Los lípidos se ven más negros cuanto mayor grado de insaturación tengan sus ácidos grasos. Si antes de la fijación con osmio se fijan con glutaraldehído, todos los lípidos se ven claros o, al menos, se amortiguan las diferencias (Fig. 4.46.A). Con el microscopio electrónico se aprecia que las inclusiones lipídicas no están rodeadas por membrana. En la interfase lípido-hialoplasma se observa una capa de finas fibrillas que contienen enzimas del metabolismo lipídico (Fig. 4.46.B). Esta estructura es muy patente en los adipocitos, donde hay filamentos de vimentina que rodean la grasa.

Las grasas almacenadas como inclusiones lipídicas constituyen una fuente de energía al ser degradadas en glicerol y ácidos grasos. Los ácidos grasos penetran en la matriz mitocondrial (o en peroxisomas), en forma de moléculas de *acil-CoA*, y allí son degradadas hasta *acetil-CoA* en el proceso conocido como *oxidación β*. El acetil-CoA producido es oxidado en el ciclo de Krebs.

## Proteínas (inclusiones cristalinas)

En tipos celulares muy variados, como las células plasmáticas, de Sertoli, o de Leydig, la epidermis del anfioxus (*Branchiostoma*) y los hepatocitos de ciertos cánidos, se observan inclusiones de estructura cristalina. Generalmente estas inclusiones se encuentran en el hialoplasma pero, a veces, se observan también en el núcleo, las mitocondrias, el complejo de Golgi, el retículo endoplasmático rugoso y los gránulos de secreción (Fig. 4.47). Apenas se conoce su significado, aunque en algunos casos, como los cristales de Reinke de las células de Leydig, se consideran un subproducto metabóli-

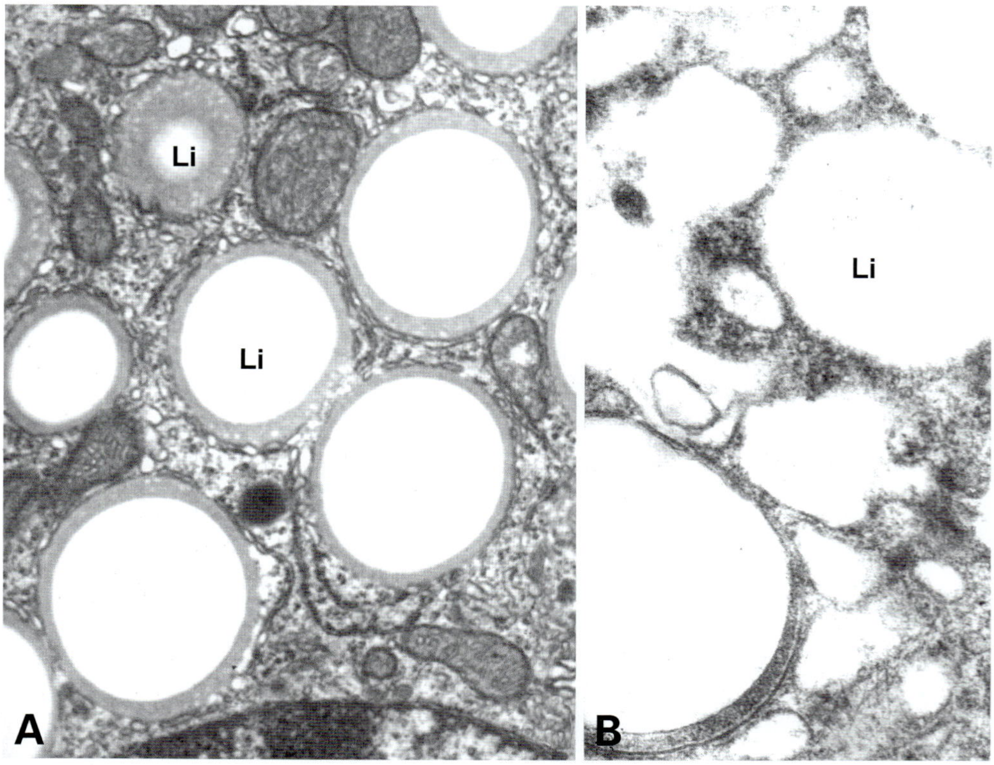


**Figura 4.46.** **A**: Inclusiones lipídicas (Li) en corteza suprarrenal. (Micrografía de UCDANS School of Medicine. X18 000.) **B**: A mayor aumento se aprecia que los lípidos (Li) no están rodeados por membrana. X60 000.

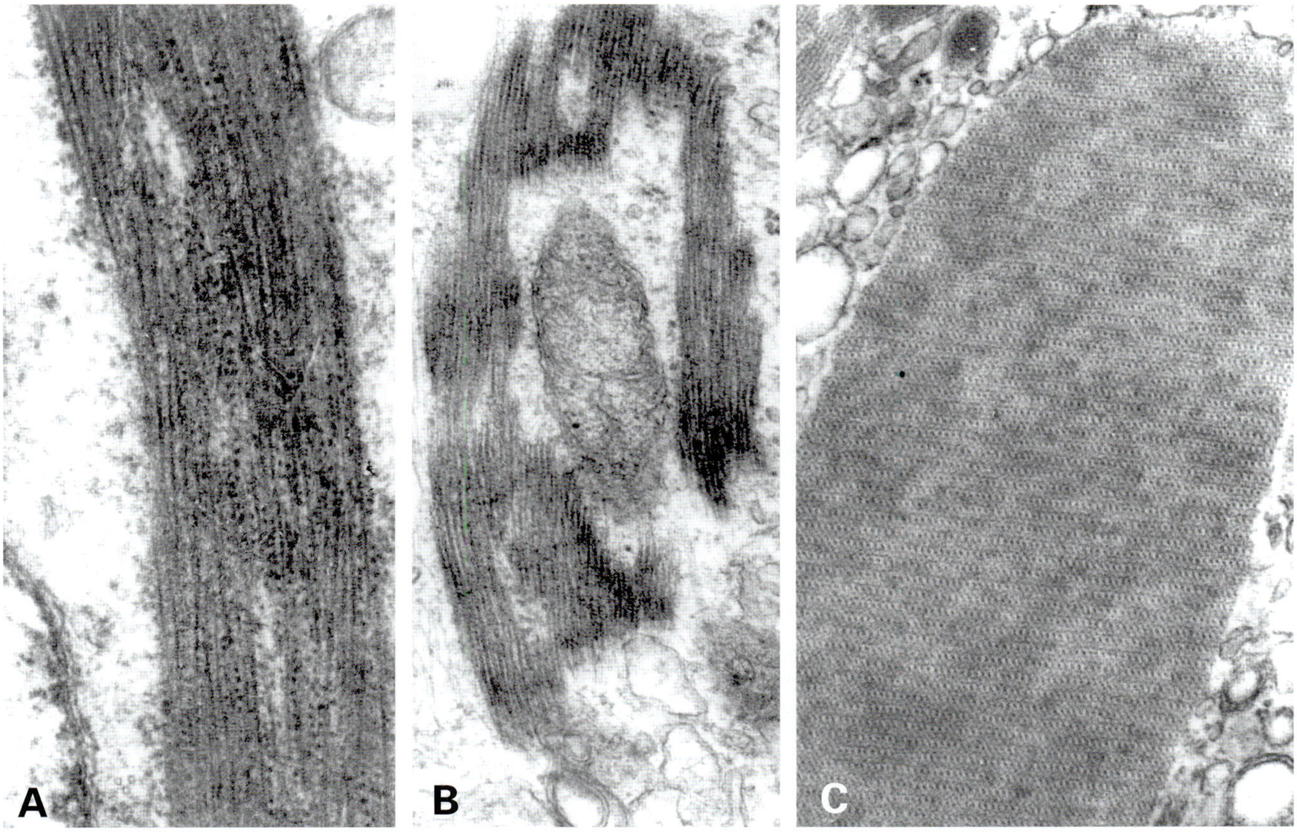


**Figura 4.47.** Inclusiones citoplásmicas cristalinas. **A**: Cristal de Lubarsch en espermatogonia. X35 000. **B**: Cristal de Charcot-Böttcher en célula de Sertoli. X35 000 **C**: Cristal de Reinke en célula de Leydig. X40 000.

co que aumenta con la edad. En el sistema excretor de muchos invertebrados se observan inclusiones citoplásmicas cristalinas que corresponden a sales minerales que son excretadas.

## PIGMENTOS

Los pigmentos confieren un color natural al tejido, sin necesidad de tinciones. Para que una sustancia pueda considerarse pigmento, ha de poseer color durante la vida de la célula. Los pigmentos pueden clasificarse en:

### Pigmentos exógenos

Se originan fuera del cuerpo y entran a él. Comprenden dos tipos:

1. *Lipocromos-carotenoides*. Los organismos animales los ingieren de los vegetales (en ellos son endógenos), y quedan disueltos en sus grasas. Así, dan color amarillo al huevo, a la manteca o incluso a la grasa humana. Algunas formas de caroteno son provitaminas que pueden convertirse en vitamina A.
2. *Minerales*. Corresponden a polvo, tintas y sustancias como plata, sílice, y carbón que se encuentran, por ejemplo, formando parte de los tatuajes.

### Pigmentos endógenos

1. *Hemoglobina*. Está en el interior de los eritrocitos, y cuando éstos se destruyen da lugar a:
   — *Hemosiderina*. Es el pigmento que contiene el hierro. Es de color pardo-dorado. Se encuentra en el citoplasma de macrófagos del bazo, hígado y médula ósea. En condiciones patológicas puede aparecer en otras células.
   — *Hematoidina* y *bilirrubina*. Constituyen la parte de la hemoglobina que no contiene hierro, y son de color amarillo parduzco. La bilirrubina es la forma final de la hematoidina, y la pequeña diferencia entre ellas es que en la bilirrubina el anillo tetrapirrólico está roto. La bilirrubina se disuelve en la sangre y no queda en los macrófagos. Los hepatocitos la extraen y segregan por la bilis. Virchow descubrió que la bilirrubina provenía de los eritrocitos, y no de los hepatocitos, al observar que se acumulaba en zonas de hemorragia. La bilirrubina se oxida

fácilmente a *biliverdina*, de color verde. En las aves, la bilis es muy verde debido a la gran cantidad de biliverdina que contiene. En el hombre la bilis es amarilla o pardusca.

2. *Melanina*. Es de color pardo o negro. Se produce en los melanocitos y, en los mamíferos, se encuentra en la piel y sus anejos y en el ojo. Una variedad de la melanina es la *feomelanina,* de color anaranjado. Los peces, anfibios y reptiles, poseen, además de melanina, otros pigmentos que están relacionados con carotenoides y que se encuentran en el tejido conjuntivo de la dermis (dando coloración a la piel) y de muchos órganos internos. En general, las células de esos animales que contienen pigmentos se denominan *cromatóforos* y, según el pigmento contenido, pueden ser *melanóforos* (contienen melanina), *xantóforos* (con pigmentos amarillos) o *eritróforos* (con pigmentos rojos).
3. *Lipofuscina*. Es un material graso resultante de la oxidación no enzimática de lípidos, por lo que se tiñe con los colorantes para grasas. Sin teñir presenta un color pardo. Abunda en el corazón, las neuronas y los hepatocitos y aumenta con la edad. En realidad no puede considerarse una inclusión citoplásmica, ya que se encuentra en el interior de lisosomas secundarios (cuerpos residuales) (véase Fig. 4.35.G).

# BIBLIOGRAFÍA RECOMENDADA

## CITOSOL

Deuerling E, Bukau B. Chaperone-assisted folding of newly synthesized proteins in the cytosol. *Crit Rev Biochem Mol Biol,* 2004; 39: 261-277.

Rigoulet M, Aguilaniu H, Averet N, Bunoust O, Camougrand N, Grandier-Vazeille X, Larsson C, Pahlman IL, Manon S, Gustafsson L. Organization and regulation of the cytosolic NADH metabolism in the yeast Saccharomyces cerevisiae. *Mol Cell Biochem,* 2004; 256-257: 73-81.

Wells L, Hart GW. O-GlcNAc turns twenty: functional implications for post-translational modification of nuclear and cytosolic proteins with a sugar. *FEBS Lett,* 2003; 546: 154-158.

## RIBOSOMAS

Bogdanov AA, Dontsova OA, Dokudovskaya SS, Lavrik IN.: Structure and function of 5S rRNA in the ribosome. *Biochem Cell Biol,* 1995; 73: 869-876.

Bonicontro A, Risuleo G. Structural studies of E. coli ribosomes by spectroscopic techniques: a specialized review. *Spectrochim Acta A Mol Biomol Spectrosc,* 2005; 62: 1070-1080.

Brodersen DE, Nissen P. The social life of ribosomal proteins. *FEBS J,* 2005; 272: 2098-2108.

Easterwood TR, Harvey SC. Modeling the structure of the ribosome. *Biochem Cell Biol,* 1995; 73: 751-756.

Evguenieva-Hackenberg E. Bacterial ribosomal RNA in pieces. *Mol Microbiol,* 2005; 57: 318-25.

Komar AA, Hatzoglou M. Internal ribosome entry sites in cellular mRNAs: mystery of their existence. *J Biol Chem,* 2005; 280: 23425-23428.

Lake JA. El ribosoma. *Investigación y Ciencia,* 1981; 61: 54-68.

Moore PB, Steitz TA. The structural basis of large ribosomal subunit function. *Annu Rev Biochem,* 2003; 72: 813-850.

Moore PB. The three-dimensional structure of the ribosome and its components. *Annu Rev Biophys Biomol Struct,* 1998; 27: 35-58.

Palade GE. A small particulate component of the cytoplasm. *J Biophys Biochem Cytol,* 1955; 1: 59-68.

Woodson SA, Leontis NB. Structure and dynamics of ribosomal RNA. *Curr Opin Struct Bio,* 1998; l8: 294-300.

Yonath A, Franceschi F. Functional universality and evolutionary diversity: insights from the structure of the ribosome. *Structure,* 1998; 6: 679-684.

## SÍNTESIS PROTEICA

Kimball SR, Jefferson LS. Role of amino acids in the translational control of protein synthesis in mammals. *Semin Cell Dev Biol,* 2005; 16: 21-27.

Lake JA. Protein synthesis in prokaryotes and eukaryotes: the structural bases. En Harris R (ed.): *Electron Microscopy of Proteins.* New York, Academic Press, 1981.

Lopez-Lastra M, Rivas A, Barria MI. Protein synthesis in eukaryotes: the growing biological relevance of cap-independent translation initiation. *Biol Res,* 2005; 38: 121-146.

Nicchitta CV, Lerner RS, Stephens SB, Dodd RD, Pyhtila B. Pathways for compartmentalizing protein synthesis in eukaryotic cells: the template-partitioning model. *Biochem Cell Biol,* 2005; 83: 687-695.

Pain VM. Initiation of protein synthesis in eukaryotic cells. *Eur J Biochem,* 1996; 236: 747-771.

Prevot D, Darlix JL, Ohlmann T. Conducting the initiation of protein synthesis: the role of eIF4G. *Biol Cell,* 2003; 95: 141-156.

Rhoads RE. Signal transduction pathways that regulate eukaryotic protein synthesis. *J Biol Chem,* 1999; 274: 30337-30340.

Richards FM. Plegamiento de las proteínas. *Investigación y Ciencia,* 1991; 174: 26-43.

Weisblum B. Back to Camelot: defining the specific role of tRNA in protein synthesis. *Trends Biochem Sci,* 1999; 24: 247-250.

## RETÍCULO ENDOPLASMÁTICO

Barlowe C. COPII. a membrane coat that forms endoplasmic reticulum-derived vesicles. *FEBS Lett,* 1995; 369: 93-96.

Brodsky JL. Translocation of proteins across the endoplasmic reticulum membrane. *Int Rev Cytol,* 1998; 178: 277-328.

Gomord V, Wee E, Faye L. Protein retention and localization in the endoplasmic reticulum and the Golgi apparatus. *Biochimie,* 1999; 81: 607-618.

Kimball SR, Jefferson LS. Role of amino acids in the translational control of protein synthesis in mammals. *Semin Cell Dev Biol,* 2005; 16: 21-27.
Martoglio B, Dobberstein B. Protein insertion into the membrane of the endoplasmic reticulum: the architecture of the translocation site. *Cold Spring Harb Symp Quant Biol,* 1995; 60: 41-45.
McIlvain JM, Lamb C, Dabora S, Sheetz MP. Microtubule motor-dependent formation of tubulovesicular networks from endoplasmic reticulum and Golgi membranes. *Methods Cell Biol,* 1993; 39: 227-236.
Nicchitta CV, Lerner RS, Stephens SB, Dodd RD, Pyhtila B. Pathways for compartmentalizing protein synthesis in eukaryotic cells: the template-partitioning model. *Biochem Cell Biol*, 2005; 83: 687-695.
Rapoport TA, Matlack KE, Plath K, Misselwitz B, Staeck O. Posttranslational protein translocation across the membrane of the endoplasmic reticulum. *Biol Chem,* 1999; 380: 1143-1150.
Zapun A, Jakob CA, Thomas DY, Bergeron JJ. Protein folding in a specialized compartment: the endoplasmic reticulum. *Structure Fold Des,* 1999; 7: R173-182.

## COMPLEJO DE GOLGI Y SECRECIÓN CELULAR

Allan BB, Balch WE. Protein sorting by directed maturation of Golgi compartments. *Science,* 1999; 285: 63-66.
Bard F, Casano L, Mallabiabarrena A, Wallace E, Saito K, Kitayama H, Guizzunti G, Hu Y, Wendler F, Dasgupta R, Perrimon N, Malhotra V. Functional genomics reveals genes involved in protein secretion and Golgi organization. *Nature,* 2006; 439: 604-607.
Colley KJ. Golgi localization of glycosyltransferases: more questions than answers. *Glycobiology*, 1997; 7: 1-13.
Droscher A. From the «apparato reticolare interno» to «the Golgi»: 100 years of Golgi apparatus research. *Virchows Arch*, 1999; 434: 103-107.
Duden R. ER-to-Golgi transport: COP I and COP II function. *Mol Membr Biol,* 2003; 20: 197-207.
Farquhar MG, Palade GE. The Golgi apparatus: 100 years of progress and controversy. *Trends Cell Biol.* 1998; 8: 2-10.
Gomord V, Wee E, Faye L. Protein retention and localization in the endoplasmic reticulum and the Golgi apparatus. *Biochimie,* 1999; 81: 607-618.
Hawes C, Satiat Jeunemaitre B. The plant Golgi apparatus-going with the flow. *Biochim Biophys Acta,* 2005; 1744: 466-480.
Kaiser C, Ferro-Novick S. Transport from the endoplasmic reticulum to the Golgi. *Curr Opin Cell Biol,* 1998; 10: 477-482.
Lee M C, Miller EA, Goldberg J, Orci L, Schekman R. Bi-directional protein transport between the ER and Golgi. *Annu Rev Cell Dev Biol,* 2004; 20: 87-123.
Lupashin V, Sztul E. Golgi tethering factors. *Biochim Biophys Acta,* 2005; 1744: 325-339.
Oka T, Krieger M. Multi-component protein complexes and Golgi membrane trafficking. *J Biochem,* 2005; 137: 109-114.
Rabouille C, Jokitalo E. Golgi apparatus partitioning during cell division. *Mol Membr Biol,* 2003; 20: 117-127.
Rothman JE. Organización compartimentada del aparato de Golgi. *Investigación y Ciencia,* 1985; 110: 48-60.
Short B, Haas A, Barr FA. Golgins and GTPases, giving identity and structure to the Golgi apparatus. *Biochim Biophys Acta,* 2005; 1744: 383-395.
Storrie B. Maintenance of Golgi apparatus structure in the face of continuous protein recycling to the endoplasmic reticulum: making ends meet. *Int Rev Cytol,* 2005; 244: 69-94.
Thiele C, Huttner WB. Protein and lipid sorting from the trans-Golgi network to secretory granules-recent developments. *Semin Cell Dev Biol*, 1998; 9: 511-516.
Thyberg J, Moskalewski S. Role of microtubules in the organization of the Golgi complex. *Exp Cell Res,* 1999; 246: 263-279.
Traub LM, Kornfeld S. The trans-Golgi network: a late secretory sorting station. *Curr Opin Cell Biol,* 1998; 9: 527-533.
Ward TH, Brandizzi F. Dynamics of proteins in Golgi membranes: comparisons between mammalian and plant cells highlighted by photobleaching techniques. *Cell Mol Life Sci,* 2004; 61: 172-185
Warren G, Malhotra V. The organisation of the Golgi apparatus. *Curr Opin Cell Biol,* 1998; 10: 493-498.

## LISOSOMAS Y ENDOCITOSIS

Bagshaw RD, Mahuran DJ, Callahan JW. Lysosomal membrane proteomics and biogenesis of lysosomes. *Mol Neurobiol,* 2005; 32: 27-41.
Bishop NE. Dynamics of endosomal sorting. *Int Rev Cytol,* 2003; 232: 1-57.
Bonifacino JS, Traub LM. Signals for sorting of transmembrane proteins to endosomes and lysosomes. *Annu Rev Biochem*, 2003; 72: 395-447.
Braulke T. Origin of lysosomal proteins. *Subcell Biochem,* 1996; 27: 15-49.
Dunn WA. Studies on the mechanism of autophagy: formation of the autophagic vacuole. *J Cell Biol*, 1990; 110: 1923-1934.
Dunn WA. Studies on the mechanism of autophagy: maturation of the autophagic vacuole. *J Cell Biol,* 1990; 110: 1935-1945.
Geldner N. The plant endosomal system—its structure and role in signal transduction and plant development. *Planta,* 2004; 219: 547-560.
Hunziker W, Geuze HJ. Intracellular trafficking of lysosomal membrane proteins. *Bioessays,* 1996; 18: 379-389.
Kolter T, Sandhoff K. Principles of lysosomal membrane digestion: stimulation of sphingolipid degradation by sphingolipid activator proteins and anionic lysosomal lipids. *Annu Rev Cell Dev Biol*, 2005; 21: 81-103.
Luzio JP, Poupon V, Lindsay MR, Mullock BM, Piper RC; Pryor PR. Membrane dynamics and the biogenesis of lysosomes. *Mol Membr Biol,* 2003; 20: 141-154.
Mukherjee S, Ghosh RN, Maxfield FR. Endocytosis. *Physiol Rev,* 1997; 77: 759-803.
Munier-Lehmann H, Mauxion F, Hoflack B. Function of the two mannose 6-phosphate receptors in lysosomal enzyme transport. *Biochem Soc Trans,* 1996; 24: 133-136.
Nabi IR, Le PU: Caveolae/raft-dependent endocytosis. *J Cell Biol,* 2003; 161: 673-677.
Ohkuma S, Moriyama Y, Iinuma K, Morimoto Y, Watanabe H, Hayashi H, Arai K, Shimizu S. Membranous ATPases and transport function of lysosomes. *Acta Histochem Cytochem,* 1990; 23: 31-40.
Pangarkar C, Dinh AT, Mitragotri S. Dynamics and spatial organization of endosomes in mammalian cells. *Phys Rev Lett,* 2005; 95: 158101.
Parton RG, Richards AA. Lipid rafts and caveolae as portals for endocytosis: new insights and common mechanisms. *Traffic,* 2003; 4: 724-738.
Peters C, von Figura K. Biogenesis of lysosomal membranes. *FEBS Lett,* 1994; 346: 108-114.
Schmid S L. The mechanism of receptor-mediated endocytosis: more questions than answers. *Bioessays,* 1992; 14: 589-596.
Seaman MN. Recycle your receptors with retromer. *Trends Cell Biol,* 2005; 15: 68-75.
Storrie B, Desjardins M. The biogenesis of lysosomes: is it a kiss and run, continuous fusion and fission process? *Bioessays,* 1996; 18: 895-903.
Van Dyke RW. Acidification of lysosomes and endosomes. *Subcell Biochem,* 1996; 27: 331-360.

## VACUOLA VEGETAL


Bowers K, Stevens TH. Protein transport from the late Golgi to the vacuole in the yeast Saccharomyces cerevisiae. *Biochim Biophys Acta,* 2005; 1744: 438-454.

Forgac M. Structure and properties of the vacuolar (H+)-ATPases. *J Biol Chem,* 1999; 274: 12951-12954.

Kluge C, Lahr J, Hanitzsch M, Bolte S, Golldack D, Dietz KJ. New insight into the structure and regulation of the plant vacuolar H+ATPase. *J Bioenerg Biomembr,* 2003; 35: 377-388.

Robinson DG, Oliviusson P, Hinz G. Protein sorting to the storage vacuoles of plants: a critical appraisal. *Traffic,* 2005; 6: 615-625.

Scott SV, Klionsky DJ. Delivery of proteins and organelles to the vacuole from the cytoplasm. *Curr Opin Cell Biol,* 1998; 10: 523-529.

Sun-Wada GH, Wada Y, Futai M. Lysosome and lysosome-related organelles responsible for specialized functions in higher organisms, with special emphasis on vacuolar-type proton ATPase. *Cell Struct Funct,* 2003; 28: 455-463.

Tikhonova LI. Ionic channels of the vacuolar membrane of higher plants. *Membr Cell Biol,* 1998; 12: 301-318.

Wink M. The plant vacuole: a multifunctional compartment. *J Exp Bot,* 1993; 44 Supp: 231-246.


## INCLUSIONES CITOPLÁSMICAS


Ball SG, Morell MK. From bacterial glycogen to starch: understanding the biogenesis of the plant starch granule. *Annu Rev Plant Biol,* 2003; 54: 207-233.

Londos C, Brasaemle DL, Schultz CJ, Segrest JP, Kimmel AR. Perilipins, ADRP, and other proteins that associate with intracellular neutral lipid droplets in animal cells. *Semin Cell Dev Biol,* 1991; 10: 51-58.

Radziuk J, Pye S, Zhang Z. Substrates and the regulation of hepatic glycogen metabolism. *Adv Exp Med Biol,* 1993; 334: 235-252.

Roach PJ, Cheng C, Huang D, Lin A, Mu J, Skurat AV, Wilson W, Zhai L. Novel aspects of the regulation of glycogen storage. *J Basic Clin Physiol Pharmacol,* 1998; 9: 139-151.

Suarez P, El-Naggar AK, Batsakis JG. Intracellular crystalline deposits in lymphoplasmacellular disorders. *Ann Otol Rhinol Laryngol,* 1997; 106: 170-172.

Toth IE, Szabo D, Bruckner GG. Lipoproteins, lipid droplets, lysosomes, and adrenocortical steroid hormone synthesis: morphological studies. *Microsc Res Tech,* 1997; 36: 480-492.

## Capítulo 5: Conversión energética

# CONVERSIÓN ENERGÉTICA

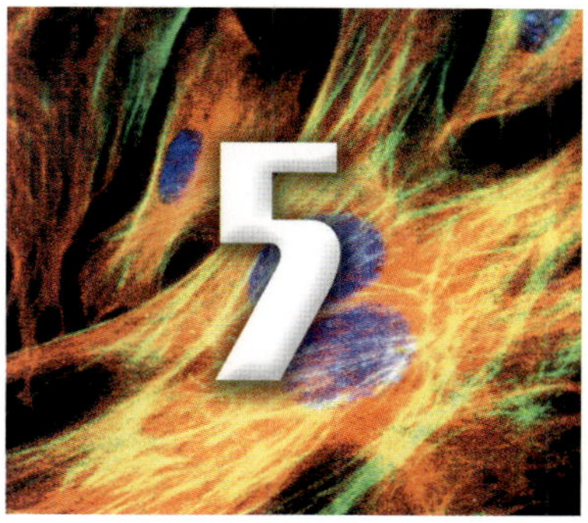


## MITOCONDRIAS

### ESTRUCTURA Y COMPOSICIÓN

#### ORGANIZACIÓN GENERAL DE LA MITOCONDRIA

Las mitocondrias fueron descritas por primera vez por Altmann en 1884. Se pensó que eran estructuras vivas que parasitaban la célula y se las denominó *bioblastos*. El nombre de *chondrioma* (granulación), con el que se conocía al conjunto de mitocondrias a principios del siglo XX, deja entrever también esta posibilidad de estructuras con vida independiente. Fue Benda, en 1897, quien las denominó mitocondrias (*mito* = hilo, *chondrios* = gránulo).

Con el microscopio óptico las mitocondrias aparecen como gránulos, bastones, filamentos o raquetas. Si se utiliza contraste de fases y con una buena resolución, puede observarse que las mitocondrias son estructuras dinámicas: se mueven, se agrupan y se separan, se fusionan y se dividen. Con el microscopio óptico las mitocondrias no se visualizan con tinciones ordinarias, como hematoxilina-eosina, sino con colorantes especiales. Ya en 1900, Michaelis las tiñó con *verde Jano*. También son demostrables con determinadas coloraciones *vitales* o *supravitales*, con la *fuscina ácida* de Altmann y con la *hematoxilina férrica* de Regaud. Hoy día se pueden identificar mediante inmunohistoquímica (Fig. 5.1).

Las mitocondrias contienen las enzimas del ciclo de Krebs y de la fosforilación oxidativa, así como los componentes de la cadena transportadora de electrones. De ahí su importancia metabólica, tanto en la oxidación de los glúcidos como en la de los lípidos, que lleva aneja la producción de ATP, fuente de energía para la célula. Por eso su tamaño, número y forma son muy variables de acuerdo con las necesidades de cada tipo celular (Figs. 5.2 y 5.3). En el hígado hay unas 1000 mitocondrias por célula, pero en las células del miocardio, los túbulos contorneados distales del riñón y en otras células que necesitan una gran fuente de energía, son mucho más abundantes. Dentro de la célula se distribuyen sobre todo en los lugares donde la aplicación de esa fuente de energía es más intensa. En el músculo estriado se asocian a miofibrillas con el fin de producir ATP para la contracción (Fig. 5.2.B). En células productoras de hormonas esteroides se asocian a los lípidos y al retículo endoplasmático liso pues, mediante sus enzimas, ambos tipos de orgánulos intervienen en la síntesis de estas hormonas a partir del colesterol (Fig. 5.2.D). En los túbulos contorneados distales del riñón se sitúan entre

**Figura 5.1.** Inmunoflorescencia de triple marcaje en células endoteliales de arteria muscular bovina en cultivo. Los microfilamentos de actina aparecen en verde, las mitocondrias en amarillo y los núcleos en azul. X2500. (Cortesía de M.P. de Miguel. Kimmel Cancer Center. Filadelfia.)

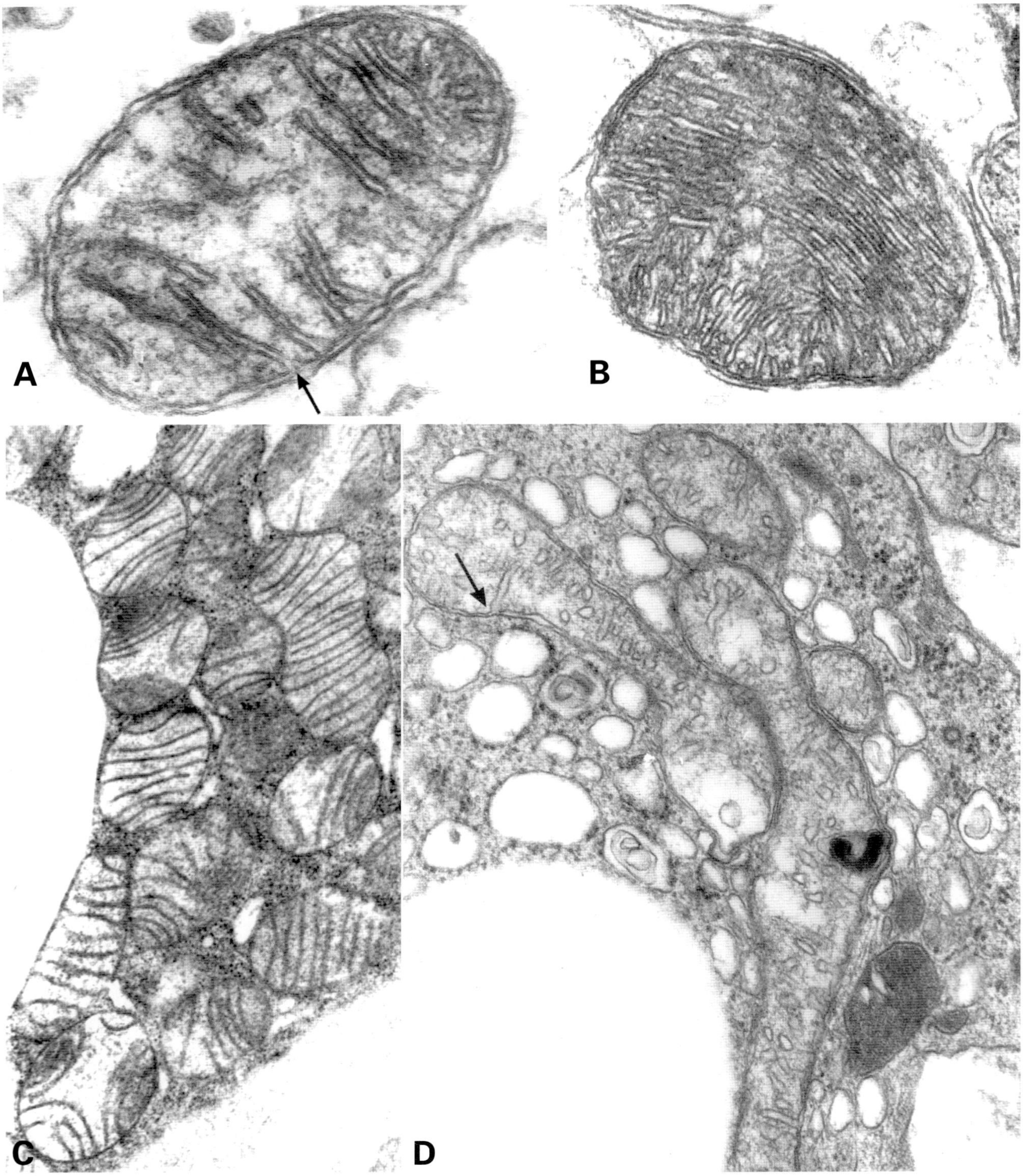


**Figura 5.2.** Diversos tipos de mitocondrias. **A**: Mitocondria con pocas crestas transversales y matriz clara en el hígado de rata. Se aprecia la continuidad de la membrana interna con una cresta mitocondrial (flecha). X60 000. **B**: Mitocondria con muchas crestas y matriz densa en el músculo esquelético. X50 000. **C**: Mitocondrias con pocas crestas finas y arqueadas (flechas) en un adipocito en formación. X10 000. **D**: Mitocondrias con crestas tubulares (flecha) en la corteza suprarrenal. X30 000.

los pliegues basales (véase Fig. 2.26.A), a través de los cuales se produce la regulación osmótica de la orina. En muchas células, esta polaridad es menos evidente. En diversos tipos celulares se ha observado mediante inmunomarcaje que las mitocondrias muestran una distribución similar a la de los microtúbulos, por lo que ambos orgánulos podrían estar relacionados.

Las dimensiones de la mitocondria guardan relación con su abundancia. Su anchura varía de 0.5 μm a 1 μm de anchura, y su longitud, de 1 μm a 7 μm, aunque en el miocardio pueden observarse mitocondrias de hasta 10 μm de largo. Las mitocondrias son a veces más grandes e irregulares de lo que parecen en los cortes observados con el microscopio electrónico, pues haciendo cortes seriados o con el microscopio electrónico de alta aceleración se demuestra que lo que parecían varias mitocondrias son, en realidad, partes de una misma mitocondria.

Las mitocondrias presentan una doble membrana (externa e interna), cada una de unos 7 nm de espesor (Figs. 5.2-5.4). Si se fijan las células con glutaraldehído, a gran resolución la estructura de ambas membranas mitocondriales parece globular, no trilaminar. Si la fijación se hace con glutaraldehído-paraformaldehído, la estructura aparece trilaminar, como en las demás membranas citoplásmicas. Entre ambas membranas hay un espacio de unos 8 nm (*espacio perimitocondrial*). La membrana interna presenta invaginaciones hacia el interior, que constituyen tabiques denominados *crestas* (Fig. 5.2.A). Las crestas no llegan de un lado a otro de la mitocondria, por lo que la compartimentación que establecen es abierta. Tridimensionalmente, la forma de la mitocondria podría compararse a la de un cacahuete (Fig. 5.4).

El número de crestas es muy variable y, normalmente, está relacionado directamente con las necesidades de producción de energía de la célula; así, las crestas son muy numerosas en el músculo (Fig. 5.2.C) y escasas en el hígado (Fig. 5.2.A). Las crestas se orientan preferentemente en sentido perpendicular al eje longitudinal de la mitocondria, pero en algunas células la orientación es diferente (Fig. 5.5); así, en algunas neuronas las crestas son paralelas al eje longitudinal, y en el miocardio y en los adipocitos no son rectas, sino curvas (Fig. 5.2.C). Las crestas no siempre son tabiques. En protozoarios, algas, glándulas suprarrenales y células de Leydig del testículo, son tubulares, lo que en los cortes se traduce en estructuras a modo de ojales (Fig. 5.2.D).

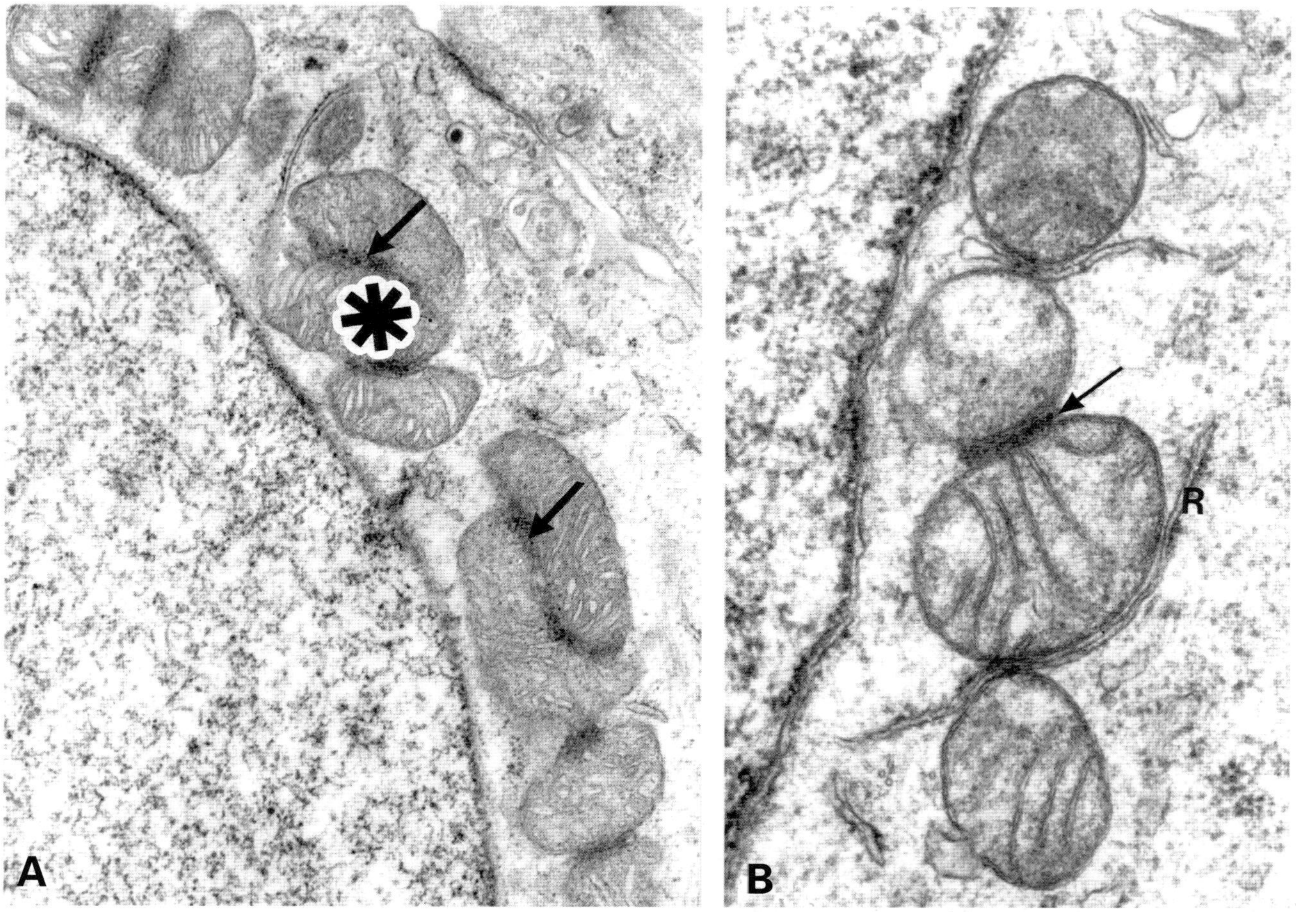


**Figura 5.3. A-B**: Mitocondrias (asterisco) unidas por barras densas (flechas) o cisternas de retículo endoplasmático rugoso (R) en espermatogonias humanas. A X12 000. B X30 000.

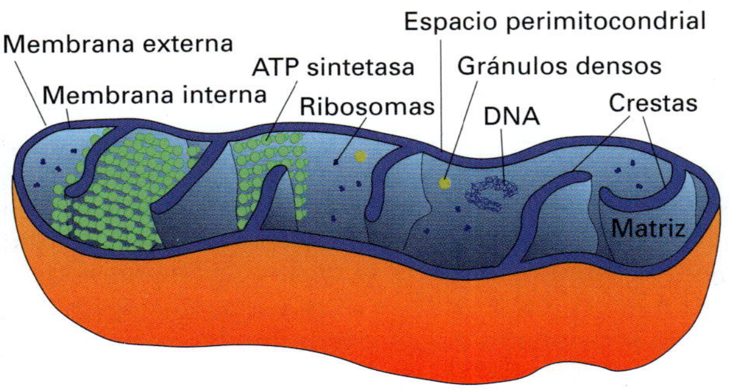


**Figura 5.4.** Esquema tridimensional de una mitocondria típica con todos sus componentes.

El compartimiento interno de la mitocondria constituye la *matriz mitocondrial*.

## COMPOSICIÓN DE LAS MEMBRANAS MITOCONDRIALES

Existen notables diferencias entre la composición de la membrana interna y la membrana externa.

La *membrana externa* tiene un 60% de proteínas y un 40% de lípidos, y es más semejante al retículo endoplasmático que la interna, incluso en su vida media, que es de 5.2 días. Contiene algo de colesterol, fosfatidil colina, fosfatidil etanolamina, fosfatidilinositol y escasa cardiolipina (difosfatidil-glicerol). Entre las proteínas se encuentran transportadores de electrones (citocromo $b_5$ y la reductasa de $b_5$-NADH), una enzima que oxida monoaminas a aldehídos (monoaminooxidasa), enzimas que intervienen en la degradación oxidativa de los lípidos (acil-CoA sintetasa y fosfolipasa A), enzimas que fosforilan nucleósidos (nucleósido difosfatasa quinasa), el complejo para la inserción en la mitocondria de proteínas sintetizadas en el citosol, proteínas de la familia Bcl-2 que regulan la apoptosis (véase página 385), y múltiples copias de una proteína llamada *porina*, que forma grandes canales acuosos que atraviesan la membrana y son permeables a moléculas menores de 10 kDa.

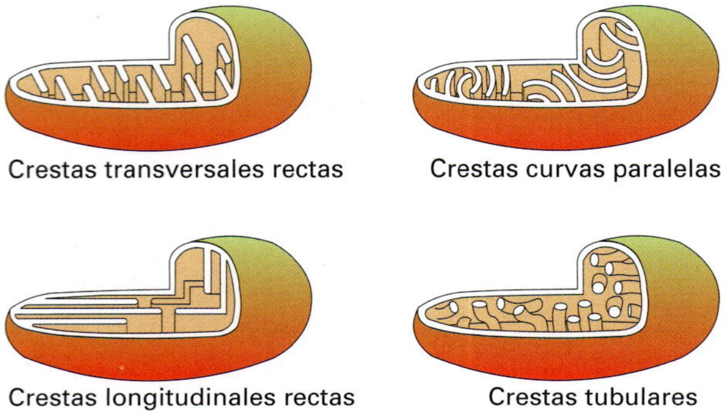


**Figura 5.5.** Representación esquemática de cuatro tipos de configuración de las crestas mitocondriales.

Esto hace que la membrana externa sea permeable al agua, iones y sacarosa.

La *membrana interna* (incluidas las crestas) tiene un 80% de proteínas y un 20% de lípidos. Es más semejante a la de las bacterias y las laminillas internas de los cloroplastos, y su vida media es de unos 12.6 días. Carece de colesterol y contiene fosfatidil glicerol y cardiolipina en mucha mayor proporción que la membrana externa. El alto contenido en cardiolipina la hace impermeable a los iones y la sacarosa. Es más densa que la externa y posee muchas más proteínas, entre las que se encuentran el complejo para la inserción de proteínas sintetizadas en el citosol o en la matriz, enzimas de oxidación de ácidos grasos, transferasas (como las que transfieren el grupo acilo a la carnitina o las que transportan la acil-carnitina, ADP, P, aminoácidos o ácido pirúvico a la matriz mitocondrial), todos los componentes de la cadena transportadora de electrones y la enzima ATP sintetasa, que realiza la fosforilación oxidativa.

En 1962, en suspensiones de mitocondrias de corazón de buey, fragmentadas y teñidas con contraste negativo, Fernández Morán demostró que, sobre las membranas internas mitocondriales, incluidas las crestas, existen unas estructuras a modo de esferas pediculadas. Cada esfera mide unos 8 nm de diámetro, y el pedículo o tallo mide unos 4 nm (Fig. 5.6). Las denominó *partículas elementales,* al pensar que contenían toda una unidad funcional completa. Posteriormente se comprobó que cada partícula sólo contiene la ATPasa de la fosforilación oxidativa. Por eso, Parsons designó a estas estructuras con un término más morfológico y expresivo: *unidades proyectantes*. Hoy suelen denominarse con los términos más funcionales de *ATP sintetasa* o *partículas F*, en las que las esferas se designan como *partículas* $F_1$ y los tallos como *partículas* $F_0$. Esta enzima constituye aproximadamente el 15% en peso de la membrana interna y las crestas mitocondriales.

Se ha discutido ampliamente por qué las unidades proyectantes no se observan más que en mitocondrias teñidas con contraste negativo. Para interpretar estas estructuras hay que tener en cuenta que el contraste negativo se efectúa en extensiones (procedentes de membranas rotas por centrifugación), no en cortes. Las unidades proyectantes se observan sobre túbulos. Si se tratase de cortes, esos túbulos podrían corresponder al plano de sección de tabiques, pero al tratarse de extensiones, los túbulos observados corresponden a verdaderos túbulos. Hoy se piensa que las membranas internas y las crestas se fragmentan en la centrifugación y originan túbulos, que es lo que se aprecia con el microscopio electrónico. En circunstancias ordinarias, las unidades proyectantes estarían embebidas en la membrana interna, y con el tratamiento, al enrollarse en túbulos las membranas, se proyectan al exterior haciéndose visibles.

Lo que queda tras separar la membrana externa de la mitocondria se denomina *mitoplasto* o *compartimiento interno*. En el espacio perimitocondrial se encuentra la enzima adenilato quinasa que fosforila el AMP en ADP a partir del ATP.

Existen referencias no confirmadas de la presencia de una proteína contráctil de tipo actina en las membranas de las mitocondrias, que al parecer podría influir en los cambios de volumen en diferentes condiciones fisiológicas.

## MATRIZ MITOCONDRIAL

El compartimiento interno de la mitocondria comprende algunas estructuras que pueden observarse con el microscopio electrónico, tales como ribosomas, DNA, gránulos osmiófilos e inclusiones lipídicas (véase Fig. 5.4), junto con iones, pequeñas moléculas y macromoléculas no visibles. El RNA y el DNA mitocondriales se hibridan entre sí, pero no lo hacen con el DNA del núcleo, lo que muestra que son propios de las mitocondrias.

## DNA

Forma filamentos de unos 2.5 nm de espesor que corresponden a DNA. Este DNA es un doble helicoide no unido a proteínas, y no forma cromosomas, sino una única cadena que, en la mayoría de los organismos, tiene disposición circular como el DNA bacteriano, aunque en algunos organismos unicelulares, como el paramecio y el alga *Chlamydomonas*, la disposición es lineal. La longitud del DNA mitocondrial es de unos 5-6 µm en la mayoría de los organismos animales (desde platelmintos hasta mamíferos) y mayor (de 10 a 30 µm) en levaduras y algunas células eucariotas inferiores. En las plantas superiores el DNA es extraordinariamente largo (desde 30 hasta 800 µm). Dentro de un mismo or-

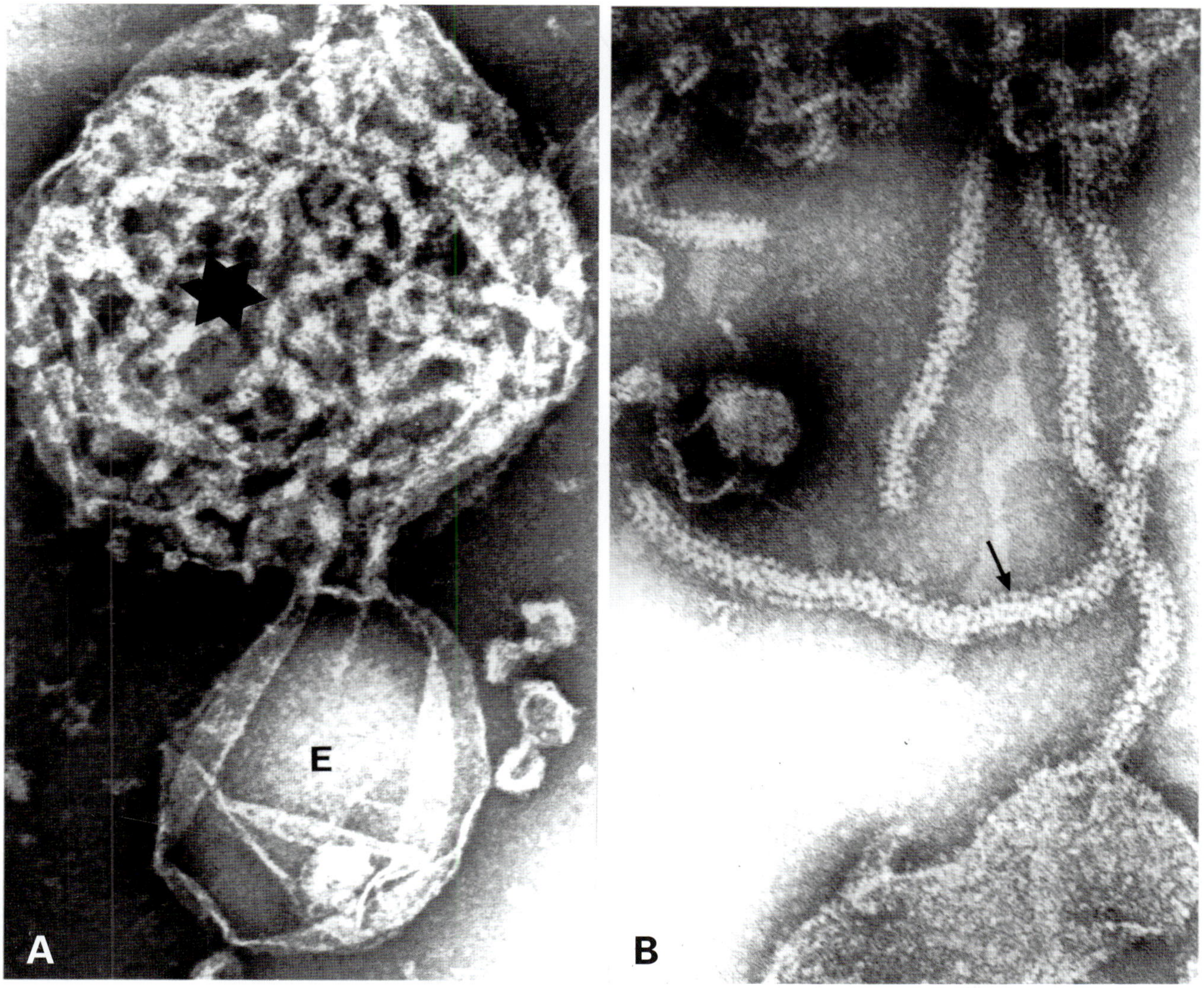


**Figura 5.6.** Membranas mitocondriales observadas tras la ruptura de la mitocondria por tumefacción en una solución de sacarosa y tinción con contraste negativo. **A**: Mitocondria tras la tumefacción. E: membrana externa. Estrella: membrana interna y crestas mitocondriales fragmentadas y enrolladas sobre sí mismas. X72 000. **B**: Detalle de la membrana interna y crestas que muestra las unidades proyectantes (flecha). X100 000. (Tomado de: Santiago, E Vázquez JJ, Eugui JM, Macarulla JM y F. Guerra. Departamento de Histología, Universidad de Navarra. (*FEBS Symposium Academic Press*, 1970; 20: 17-32.)

ganismo, el DNA mitocondrial varía poco de unas células a otras. En los organismos animales, como el espermatozoide no aporta citoplasma a la célula huevo, los genes mitocondriales se heredan exclusivamente de la madre. Suele haber varias copias del genoma en la matriz mitocondrial.

El genoma mitocondrial humano consta de 16 569 pares de bases, y casi todo él codifica proteínas o transcribe moléculas de rRNA y tRNA, aunque también contiene un par de secuencias reguladoras de DNA. En el citosol hay 48 tRNA diferentes, pero en las mitocondrias humanas sólo hay 22. Además, cuatro de los 64 codones tienen significados diferentes de lo que ocurre en el citosol (Tabla 5.1). Para poder leer los codones con tan pocos tRNA, muchos tRNA se aparean con todos los codones que tienen las mismas dos bases iniciales, cualquiera que sea la tercera base. Esto también ocurre en el citosol, pero sólo para ocho codones.

En levaduras mutantes con grandes deleciones del DNA mitocondrial, las mitocondrias tienen crestas poco desarrolladas y no sintetizan ATP. Contienen las proteínas codificadas por el DNA nuclear, como la DNA polimerasa, la RNA polimerasa, todas las enzimas del ciclo de Krebs, todas las proteínas de la membrana externa y muchas proteínas de la membrana interna. Son capaces de replicarse, lo que indica que este proceso está controlado por el núcleo. En organismos superiores, el DNA mitocondrial codifica principalmente ciertas proteínas integrales de la membrana interna. El genoma mitocondrial de las plantas oscila entre 150 000 y 2 500 000 pares de bases. Sin embargo, codifica muy pocas proteínas más que el de los animales. Esto se debe a que hay muchas secuencias intrónicas que son posteriormente eliminadas.

### Ribosomas

Los ribosomas mitocondriales son menores que los del citosol. En células animales, son incluso menores que los de las bacterias (55-60 S). Constan de dos subunidades: una de 35 S y otra de 25 S. La subunidad mayor contiene un RNA de 16 S y otro de 4 S, que equivale al de 5 S de los ribosomas citoplásmicos. El RNA de la subunidad menor es de 12 S. En levaduras, protozoos y ciliados, los ribosomas mitocondriales pueden ser mayores que los de las bacterias. En todos los casos, los ribosomas mitocondriales presentan rasgos comunes con los bacterianos: son inhibidos por el *cloranfenicol* y la síntesis proteica se inicia con la N-formil-metionina.

Como se ha dicho, estos ribosomas sintetizan algunas proteínas de la mitocondria, pero la mayoría de éstas se importan del citoplasma.

### Otros componentes

La matriz mitocondrial contiene a veces gránulos densos (*gránulos osmiófilos*), de unos 50 nm de diámetro, formados por subunidades de unos 7.5 nm. Estos gránulos están constituidos por cationes divalentes, principalmente $Ca^{2+}$, y son muy abundantes en células transportadoras de iones y agua, como las de los túbulos contorneados renales.

En algunas células pueden observarse inclusiones lipídicas, como ocurre en las células de Leydig, lo que guarda relación con la síntesis de hormonas esteroideas.

Entre los componentes no visibles están la enzima superóxido dismutasa (que transforma radicales libres de oxígeno producidos en la reducción de éste), las enzimas implicadas en la oxidación β de los ácidos grasos y las enzimas del ciclo de Krebs.

# FUNCIÓN MITOCONDRIAL

## OXIDACIÓN MITOCONDRIAL

Sin las mitocondrias, las células dependerían de la glucólisis anaerobia, que degrada la glucosa a piruvato, para obtener todo su ATP (en los vegetales se obtiene también ATP en los cloroplastos). Pero mientras que en la glucólisis anaerobia se obtienen sólo dos moléculas de ATP por cada molécula de glucosa degradada, en la mitocondria se forman 36 moléculas de ATP por cada una de glucosa.

La oxidación de los glúcidos se realiza en el *ciclo de Krebs* (Fig. 5.7). El *piruvato*, procedente de la glucólisis anaerobia de la glucosa y otros azúcares relacionados, es transportado desde el citosol dentro de la mitocondria, donde el complejo enzimático *piruvato deshidrogenasa* lo transforma en *acetil-CoA*, el cual entra en el *ciclo de Krebs* de la matriz mitocondrial, oxidándose a $CO_2$ y generando $NADH^+ + H^+$ y $FADH_2$.

**TABLA 5.1. Diferencias entre el código genético mitocondrial y el del núcleo**

| Codón | Núcleo | Mitocondrias | | | |
|---|---|---|---|---|---|
| | | Plantas | Levaduras | *Drosophila* | Mamíferos |
| UGA | Stop | Stop | Trp | Trp | Trp |
| AUA | Ile | Ile | Met | Met | Met |
| CUA | Leu | Leu | Thr | Leu | Leu |
| AGA-AGG | Arg | Arg | Arg | Ser | Stop |

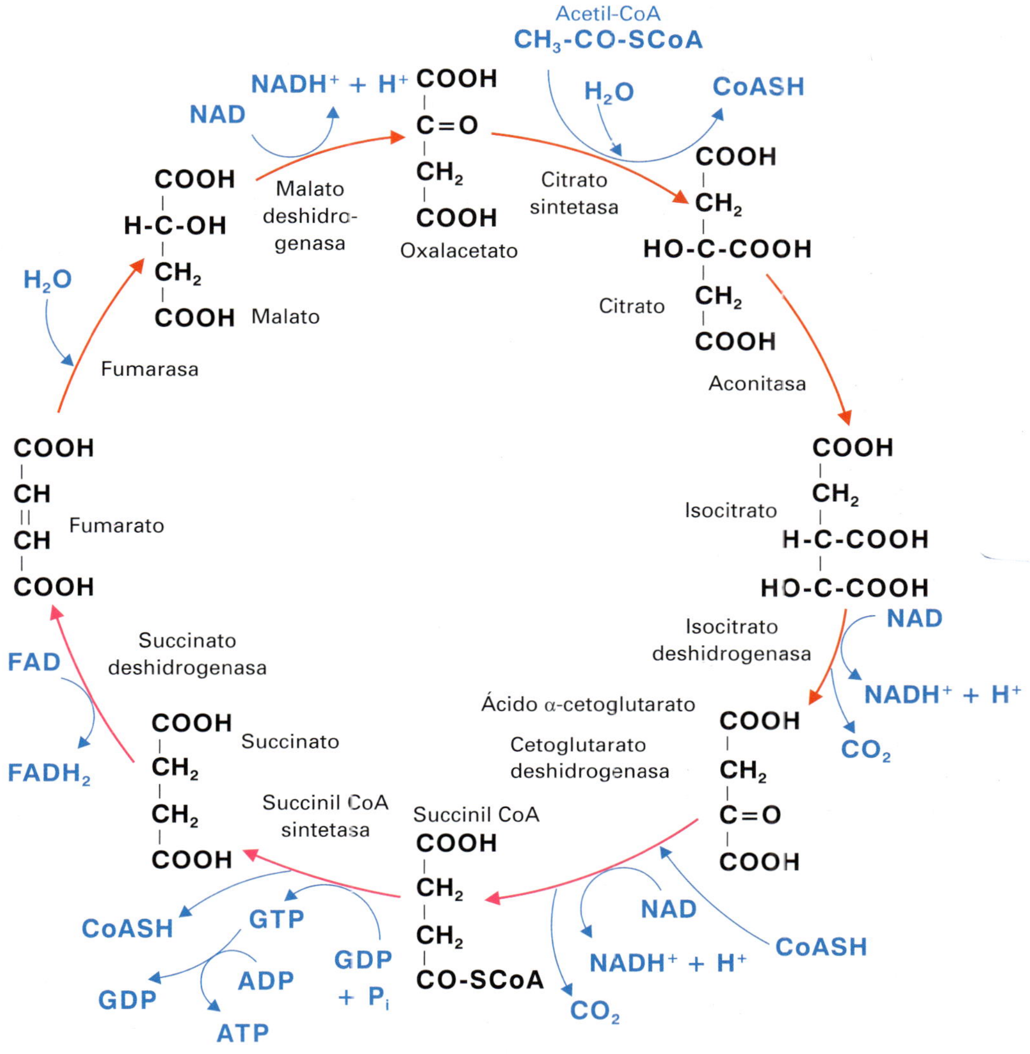


**Figura 5.7.** Oxidación del acetil-CoA (ciclo de Krebs).

El $NADH^+ + H^+$ y el $FADH_2$ ceden los electrones, que son conducidos por la *cadena transportadora de electrones*, separándose de los protones, hasta que se reúnen de nuevo con éstos y el $O_2$ para formar agua (Fig. 5.8). Esta cadena comprende los siguientes componentes:

1. La *FADH deshidrogenasa* (complejo I) con una flavoproteína Fe-S.
2. La *NADH deshidrogenasa* (complejo II) con el grupo prostético FMN y una flavoproteína Fe-S.
3. La *ubiquinona* o *coenzima Q*, a la que los dos complejos anteriores ceden los electrones.
4. Los *citocromos b-c₁* (complejo III), de unos 500 kDa, en forma de dímero; cada monómero contiene dos grupos hemo (con Fe) y una proteína Fe-S. Reciben los electrones de la ubiquinona.
5. El *citocromo c*, que recibe los electrones del complejo III.
6. La *citocromo-oxidasa* (complejo IV), de unos 300 kDa, que forma un dímero que contiene los *citocromos a* y $a_3$, con dos grupos hemo y un grupo con Cu. En este complejo se unen los electrones recibidos del citocromo c con los protones y con el $O_2$ para formar $H_2O$, consumiéndose alrededor del 90% del $O_2$ utilizado por la célula (Fig. 5.8).

Existen agentes inhibidores de este transporte; así, la unión de los electrones a la flavoproteína Fe-S del complejo NADH deshidrogenasa es inhibida por la *rotenona,* el funcionamiento del complejo de citocromos b-$c_1$ es inhibido por la *antimicina A*, y el complejo de la citocromo-oxidasa es bloqueado por el *cianuro* y por la *azida* (Fig. 5.9).

La transferencia de electrones por la cadena respiratoria está acoplada a la síntesis de ATP a partir de ADP + P. Este proceso de fosforilación dependiente del

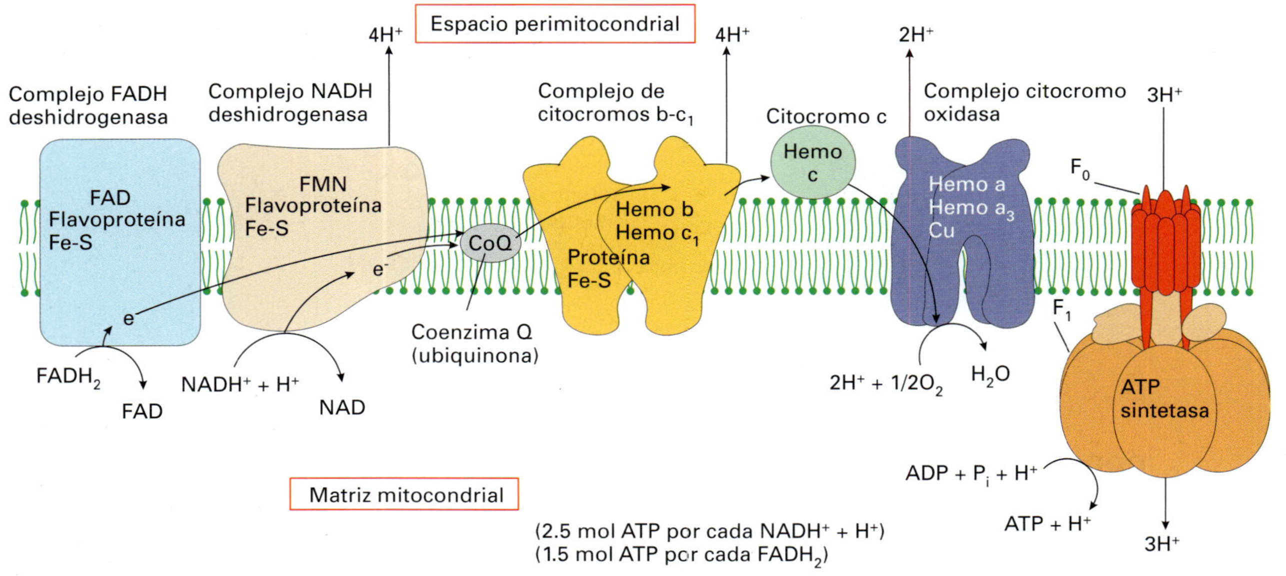


**Figura 5.8.** Localización de los complejos que intervienen en la cadena transportadora de electrones y de la ATP sintetasa mitocondrial en la membrana mitocondrial interna. Los $H_2$ procedentes del ciclo de Krebs ($FADH_2$ y $NADH^+ + H^+$) son introducidos en la ubiquinona. Los electrones se separan de los protones. Los electrones siguen la cadena, mientras que los protones emigran al espacio perimitocondrial y vuelven a entrar en la matriz mitocondrial. Ese gradiente de protones va unido a la actividad de la ATP sintetasa que realiza la fosforilación oxidativa acoplada a la cadena. Al final de la cadena, los protones se reúnen con los electrones y con el $O_2$, formando $H_2O$.

transporte electrónico recibe el nombre de *fosforilación oxidativa*. Se han formulado varias teorías para explicar este acoplamiento (formación de producto intermedio químico activado, acoplamiento por cambio configuracional, etc.), pero la que mejor lo explica es la hipótesis quimiosmótica de Mitchell (1961). La transferencia de electrones bombearía protones desde la matriz mitocondrial al espacio intermembranoso, produciendo un gradiente de concentración (una unidad de pH) y eléctrico (0.16 V), debido a la impermeabilidad de la membrana mitocondrial interna a los protones. La energía obtenida en los procesos oxidativos se almacena así en forma de un gradiente electroquímico de protones, que será utilizado en la fosforilación y en

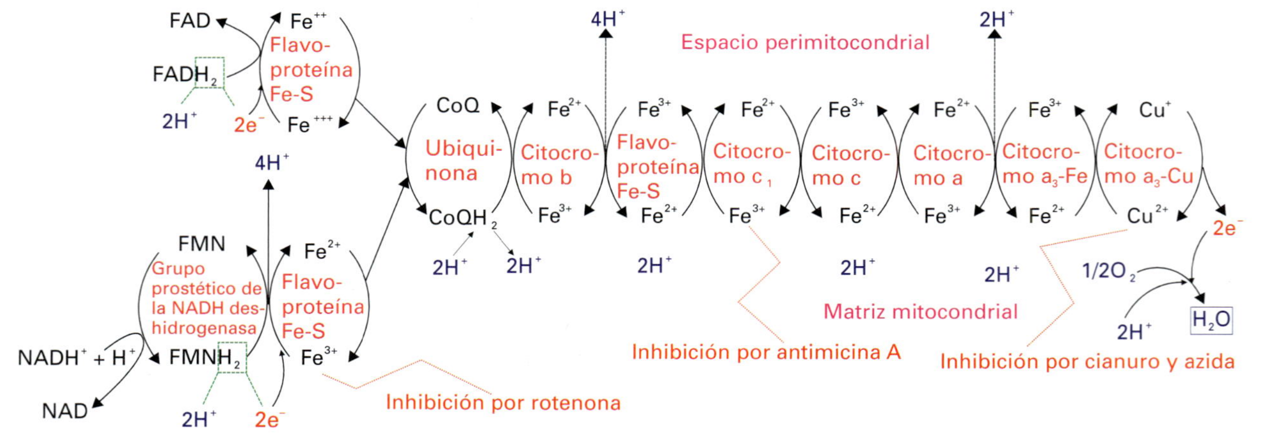


**Figura 5.9.** Detalle de la cadena transportadora de electrones. En cada componente se muestra el cambio del estado oxidado al reducido al paso de los electrones. Los protones separados de los electrones son utilizados transitoriamente en la reducción de la coenzima Q, antes de dirigirse al espacio perimitocondrial.

otros procesos que requieren energía (transporte de material a través de la membrana). La fosforilación la lleva a cabo la *ATP sintetasa* mitocondrial, que opera de modo inverso a las bombas estudiadas en la membrana plasmática. A través de la ATP sintetasa fluyen protones hacia la matriz mitocondrial a favor del gradiente electroquímico y ese paso energiza la reacción ADP + P ⇒ ATP + $H_2O$, acumulándose el ATP en la matriz mitocondrial (Figs. 5.8 y 5.9).

Esta hipótesis explica por qué la fosforilación depende del gradiente electroquímico de los protones: agentes como la *oligomicina* y el *2,4-dinitrofenol,* que disipan ese gradiente, desacoplan el transporte electrónico de la síntesis de ATP (funciona la cadena pero no se produce ATP). La razón es que ambos agentes son solubles en lípidos y, por tanto, atraviesan con facilidad la membrana mitocondrial interna, devolviendo los protones a la matriz en lugar de que los devuelva la ATP sintetasa.

El rendimiento de la síntesis de ATP varía según la procedencia de los electrones utilizados por la cadena respiratoria. Se forman 2.5 moles de ATP por cada mol de $NADH^+$ + $H^+$ y 1.5 moles de ATP por cada mol de $FADH_2$. La intensidad de funcionamiento de la cadena transportadora de electrones depende de varios factores, entre ellos el nivel de ADP. Cuanto más ADP hay, más rápido es el transporte de electrones. Si una célula consume mucho ATP, sube el nivel de ADP como resultado y, por tanto, se acelera el transporte de electrones con el consiguiente consumo de oxígeno y producción de ATP.

Cada unidad de transporte de electrones y fosforilación ocupa unos 20 × 20 nm de la membrana interna mitocondrial. Dichas unidades se disponen en forma de mosaico (distribuidas irregularmente por la membrana interna), tanto en dirección transversal como en dirección lateral (Fig. 5.8). En una mitocondria de hígado de mamífero hay unas 15 000 unidades de fosforilación mientras que en el músculo volador de insectos hay unas 100 000.

Las mitocondrias oxidan también los ácidos grasos en el denominado ciclo de la *oxidación β* (Fig. 5.10). Los ácidos grasos penetran en la matriz mitocondrial, donde forman moléculas de *acil-CoA,* que entran en un ciclo por el que dan tantas vueltas como pares de carbono contienen. En cada vuelta se libera una molécula de

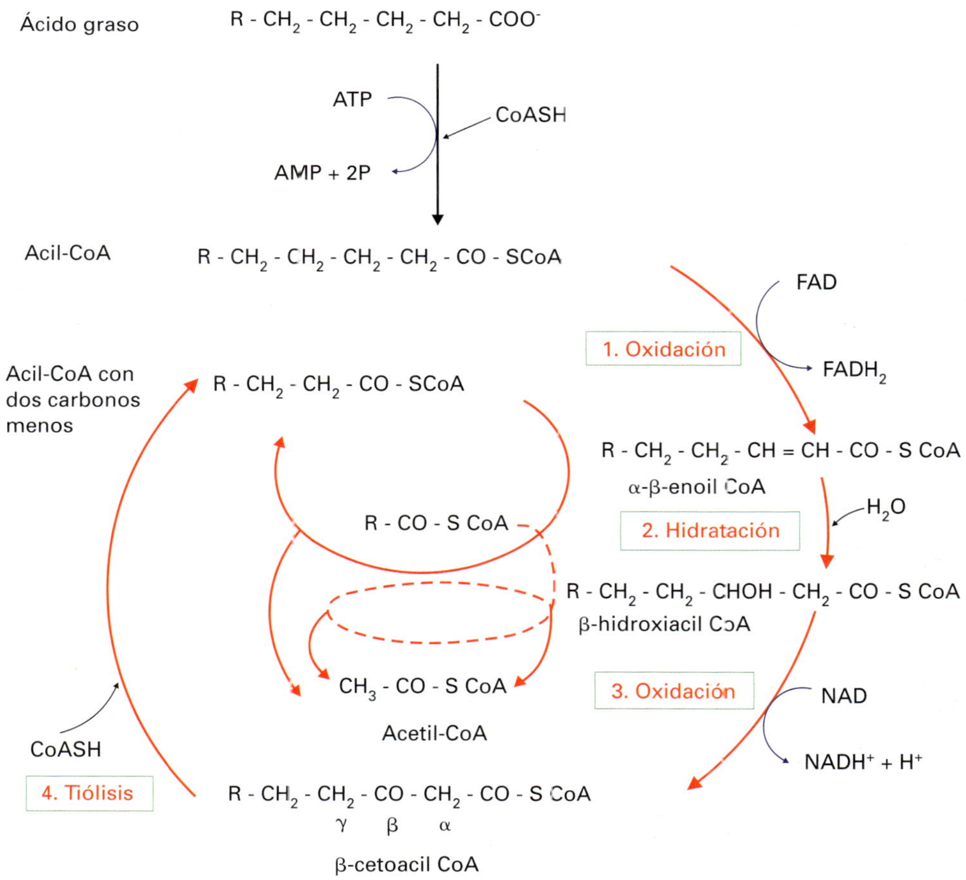


**Figura 5.10.** Las cuatro etapas de la oxidación β de los ácidos grasos en la mitocondria. Al terminar la cuarta etapa (biólisis) y liberarse una molécula de acetil-CoA queda un acil-CoA, con dos carbonos menos que puede sufrir entonces una nueva oxidación β. Los ácidos grasos de número par de carbonos son así completamente oxidados en moléculas de acetato activo.

acetil-CoA, quedando un acil-CoA con dos carbonos menos, el cual repite el ciclo oxidativo y así sucesivamente, hasta que los ácidos grasos de número par de carbonos son completamente convertidos en moléculas de acetato activado. El acetil-CoA producido es utilizado en el ciclo de Krebs. El $NADH^+$ + $H^+$ y el $FADH_2$ originados en la oxidación β son utilizados en la cadena transportadora de electrones.

## INCORPORACIÓN DE IONES

Las mitocondrias pueden incorporar cationes, principalmente $Ca^{2+}$, desprendiendo $H^+$ a cambio. Los $OH^-$ son neutralizados en el interior de la matriz, con su consiguiente alcalinización. El $PO_4^{-3}$ entra con el $Ca^{2+}$. Así ocurre en procesos de calcificación de la matriz mitocondrial. Cuando se acumulan iones en la matriz mitocondrial, se frena la fosforilación oxidativa, al inhibirse el gradiente electroquímico de entrada de protones. Este mecanismo es regulado por la respiración celular: si funciona activamente la cadena, se producen muchos iones $H^+$; éstos se dedican a incorporar $Ca^{2+}$ en vez de fosforilar el ADP y se frena la fosforilación.

## FUNCIONES PARTICULARES DE ALGUNAS MITOCONDRIAS

En algunos animales, el desacoplamiento entre la cadena transportadora de electrones y la fosforilación oxidativa se produce de manera natural en las mitocondrias de la grasa parda coincidiendo con el despertar de la hibernación. La membrana interna de estas mitocondrias contiene una proteína transportadora de 32 kDa, llamada *termogenina*, que permite el flujo de $H^+$ hacia el interior, a favor del gradiente electroquímico, sin activar la ATP sintetasa. Por ello, estas células pueden oxidar sus reservas de grasa a gran velocidad, produciendo más calor que ATP y actuando así como calefactores que reaniman a los animales en hibernación o protegen del frío al recién nacido.

Las mitocondrias del hígado de los mamíferos, aunque no las de otros tejidos, poseen enzimas que intervienen en varios pasos de la degradación de compuestos nitrogenados hasta convertirse en urea. Estas enzimas son codificadas por genes del núcleo celular.

Las mitocondrias del músculo esquelético poseen una subunidad especial de la citocromo oxidasa. Esta subunidad falta en las mitocondrias de otros tejidos, incluido el músculo cardíaco.

Las mitocondrias de células productoras de hormonas esteroideas (corteza suprarrenal, células de Leydig testiculares, y células de la granulosa, tecales e hiliares ováricas) intervienen en la síntesis de estas hormonas junto con el retículo endoplasmático liso, tal como se ha explicado al tratar de la síntesis de hormonas esteroideas (véase Fig. 4.20).

Algunas mitocondrias pueden almacenar lípidos (que utilizan mediante la oxidación de ácidos grasos), proteínas (como en la formación de las *plaquetas* en huevos del molusco *Planorbis*) o ferritina (como en la *anemia de Cooley*).

## INCORPORACIÓN DE PROTEÍNAS A LA MITOCONDRIA

La mayoría de las proteínas mitocondriales se sintetizan en el citosol y permanecen desplegadas tras su síntesis al interaccionar con otras proteínas de la familia Hsp70. Otras proteínas citosólicas le proporcionan las secuencias señal terminales características, de 20 a 80 aminoácidos, para su inserción en los complejos translocadores de proteínas a la mitocondria. En la membrana externa se encuentra el complejo *TOM*, y en la interna los complejos *TIM* y *OXA*. Estos complejos se sitúan en los puntos de contacto de ambas membranas mitocondriales (Fig. 5.11).

Para la inserción de las proteínas mitocondriales en el TOM es necesario que estas proteínas se liberen de las Hsp70 citosólicas mediante la energía proporcionada por la hidrólisis del ATP. Si la proteína ha de formar parte de dicha membrana, como ocurre con la porina, queda allí localizada. Si la proteína ha de ir a la matriz mitocondrial, se une a un componente del complejo TIM (TIM23), que se abre permitiendo así su translocación a la matriz. Esta transferencia se realiza por el gradiente electroquímico que proporciona el bombeo de $H^+$ de la matriz hacia el espacio perimitocondrial, en la cadena transportadora de electrones. En la matriz, el péptido señal es lisado por una peptidasa señal. A las proteínas transferidas se unen proteínas Hsp70 específicas de la matriz mitocondrial para configurarlas. La liberación de estas Hsp70 también requiere la hidrólisis del ATP (Fig. 5.11.A).

Las proteínas sintetizadas en el citosol que van a formar parte de la membrana interna o del espacio perimitocondrial necesitan dos péptidos señal, uno para anclarse en la membrana externa, y el segundo para el anclaje en la membrana interna. La inserción puede seguir tres vías:

1. Estas proteínas entran en la matriz de la misma forma que las que van a residir allí, pero luego se anclan en la membrana interna por su segundo péptido señal a través del complejo OXA. Si van a pasar al espacio perimitocondrial, este péptido es lisado (Fig. 5.11.B).
2. La proteína, en su paso a la matriz, es frenada por el TIM23 y se inserta por su segundo péptido señal en la membrana interna. Como en el caso anterior, si va a pasar al espacio perimitocondrial se libera de este péptido señal (Fig. 5.11.C).
3. Un grupo de proteínas especializadas en el transporte de metabolitos a través de la membrana interna, presentan en vez de péptido señal terminal, varios péptidos señal intercalados en su estructura. Estas proteínas penetran por el TOM hasta un componente del TIM (TIM22) que las ancla en la membrana interna por medio de estos péptidos señal (Fig. 5.11.C).

Las proteínas sintetizadas en la matriz mitocondrial quedan allí o pasan a la membrana interna. En este segundo caso, poseen un péptido señal que es reconocido por el complejo OXA (Fig. 5.11.B).

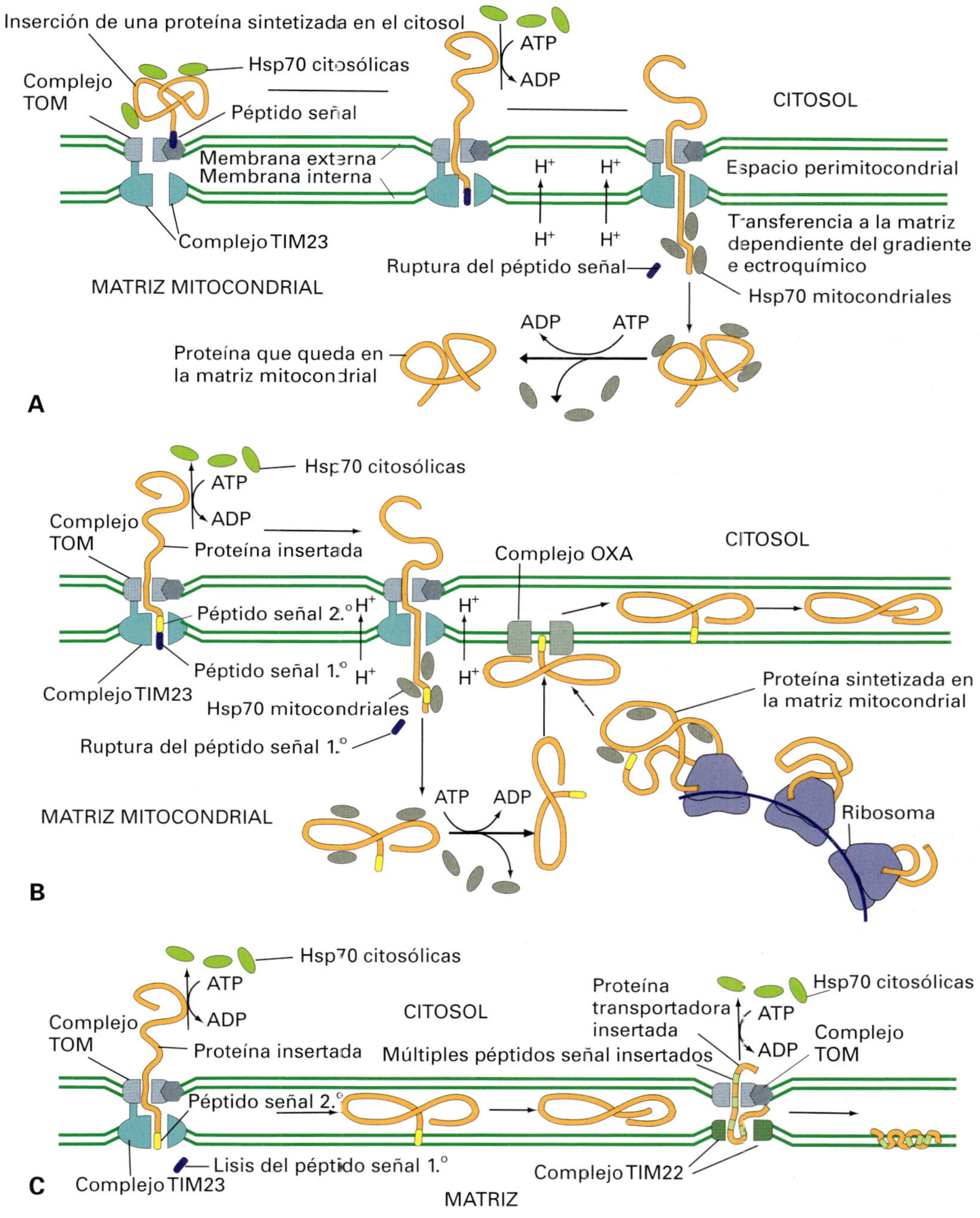


**Figura 5.11.** Incorporación de proteínas sintetizadas en el citosol a la mitocondria. **A**: Las proteínas son ancladas al complejo TOM de la membrana externa por el péptido señal aminoterminal. El proceso requiere hidrólisis del ATP para la liberación de las Hsp citosólicas que acompañan a la proteína. Si las proteínas van a formar parte de dicha membrana, el proceso ha terminado. Si las proteínas han de ir a la matriz mitocondrial, se unen al componente TIM23 del complejo TIM, que se abre permitiendo su translocación a la matriz; esto se realiza a favor del gradiente de protones producido por la cadena transportadora de electrones. Para configurar las proteínas transferidas se unen proteínas Hsp70 mitocondriales, cuya liberación posterior también requiere la hidrólisis del ATP. **B**: Algunas de las proteínas que han penetrado en la matriz mitocondrial, o que han sido sintetizadas en dicha matriz quedan ancladas en la membrana mitocondrial interna o se localizan en el espacio perimitocondrial. Estas proteínas poseen otro péptido señal que se ancla en la membrana mitocondrial interna. Dicho péptido es aminoterminal en las proteínas sintetizadas por la propia mitocondria, y queda situado detrás del primer péptido señal en las proteínas importadas. **C**: Algunas proteínas que van a quedar ancladas en la membrana mitocondrial interna no penetran en la matriz, pues este paso es frenado por el TIM23, quedando la proteína insertada por su segundo péptido señal en la membrana interna. Otras proteínas sintetizadas en el citosol presentan varios péptidos y penetran por el TOM hasta que el TIM22 (componente del TIM) las inserta en la membrana interna, ancladas por sus diversos péptidos señal.

## INCORPORACIÓN DE LÍPIDOS A LA MITOCONDRIA

La mayor parte de los lípidos de las membranas mitocondriales son importados del citosol. La fosfatidil colina y la fosfatidil serina son sintetizados en el retículo endoplasmático liso y transferidos a la membrana mitocondrial externa mediante unas *proteínas intercambiadoras de fosfolípidos*, que transfieren moléculas individuales de fosfolípidos entre membranas (Fig. 5.12). Cada una de estas proteínas es específica para un tipo de fosfolípidos. Se importan fosfatidil colina, fosfatidil serina y fosfatidil inositol. La fosfatidil etanolamina, el fosfatidil glicerol y la cardiolipina se forman en la membrana mitocondrial, a partir de los lípidos importados. Así, la fosfatidil etanolamina se forma por descarboxilación de la fosfatidil serina (véase Fig. 2.6).

Desde la membrana externa los fosfolípidos se desplazan hacia la interna. Con el microscopio electrónico se observan puntos de contacto entre ambas membranas que se interpretan como puntos de transferencia de fosfolípidos.

## REPRODUCCIÓN DE LAS MITOCONDRIAS

Existen pruebas de que las mitocondrias se reproducen antes de la mitosis para responder al aumento de las necesidades metabólicas de la célula y para sustituir a mitocondrias viejas (la vida media de la mitocondria es de unas 10 horas), que terminan siendo degradadas en citolisosomas.

En 1963, Lucke demostró que las mitocondrias se reproducen. Tras suministrar colina radiactiva al hongo *Neurospora,* observó que sus mitocondrias quedaban marcadas. Después de suprimir la colina radiactiva apreció que, en las sucesivas generaciones celulares, la radiactividad se repartía entre las mitocondrias, de forma que la cantidad de radiactividad hallada en cada mitocondria era aproximadamente la mitad que en la división precedente (Fig. 5.13.A).

La división de las mitocondrias, según las imágenes obtenidas con el microscopio electrónico, puede tener lugar por tres mecanismos (Fig. 5.13.B): 1) bipartición, observada experimentalmente en dietas con carencia de riboflavina (vitamina $B_6$); 2) estrangulación, observada experimentalmente en dietas con carencia de cobre; y 3) gemación. Este último mecanismo es difícil de probar, pues el contorno irregular de las mitocondrias hace que parezcan yemas, lo que, en realidad, es el aspecto normal de la mitocondria.

La reproducción mitocondrial resulta muy similar a la de las bacterias. La proteína *FtsZ*, que actúa en la citocinesis de bacterias, también interviene en la división de las mitocondrias, pero sólo en los protozoos. En las mitocondrias de células eucariotas esa función la desempeña la *dinamina* (véase página 59).

La replicación del DNA mitocondrial no queda limitada a la fase S, cuando se replica el DNA nuclear, sino que puede darse a lo largo de todo el ciclo celular y no sólo una sino varias veces, en función de las necesidades de la célula. Esta replicación puede ir seguida de la división de la mitocondria, o pueden quedar varias copias del DNA en la matriz mitocondrial.

Se ha sugerido que, en sus orígenes, las mitocondrias eran organismos procariotas aeróbicos que formaron simbiosis con organismos eucariotas anaeróbicos y que luego continuaron reproduciéndose conjuntamente, convirtiéndose en un componente más de la célula. Esta teoría se apoya en los siguientes hechos:

1. Los componentes de la matriz mitocondrial, incluidos el DNA, los ribosomas y las proteínas Hsp, y la síntesis proteica (inhibida por el cloranfenicol), son mucho más semejantes a los del citoplasma de las células procariotas que a los del citoplasma de las células eucariotas.

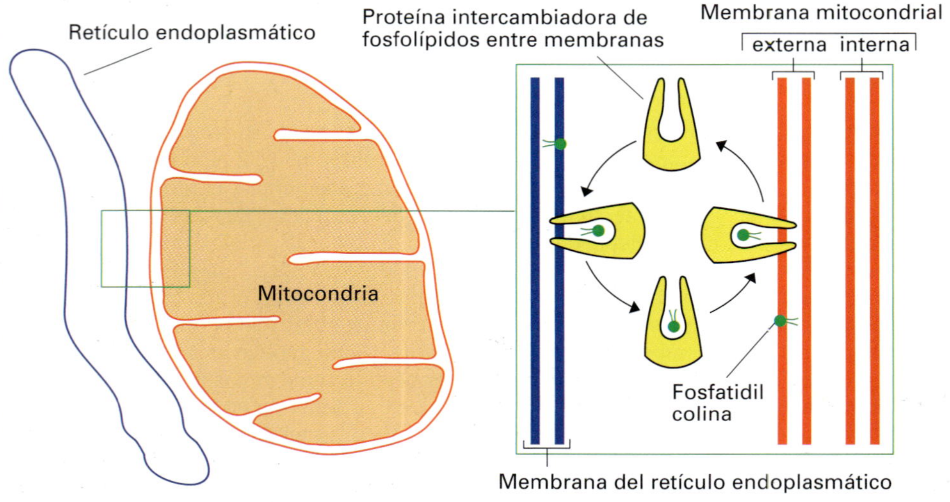


**Figura 5.12.** Esquema del funcionamiento simple de una proteína translocadora de fosfolípidos desde la membrana del retículo endoplasmático liso hasta la membrana mitocondrial externa.

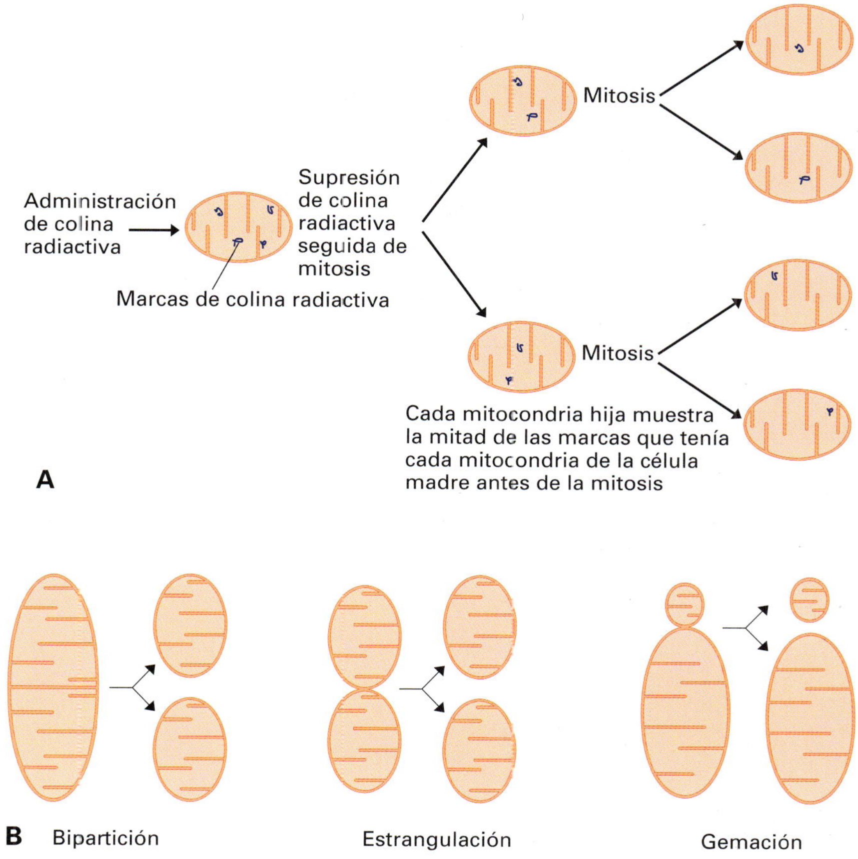


**Figura 5.13.** **A**: Demostración de la división mitocondrial. Tras administrar colina radiactiva y contar el número de manchas que, por término medio, aparecen en las mitocondrias, se suprime dicha administración. Tras una división celular se observa que el número promedio de manchas radiactivas por mitocondria es la mitad. Tras la siguiente división, este número promedio vuelve a reducirse a la mitad. **B**: Mecanismos de división de las mitocondrias.

2. La cadena transportadora de electrones y la ATP sintetasa de la membrana interna y crestas mitocondriales tienen su equivalente en el mesosoma bacteriano, donde se observan unidades proyectantes.
3. Las mitocondrias de células eucariotas muy diferentes entre sí (como las de hongos y mamíferos) contienen en su membrana proteínas con antígenos comunes.
4. La composición de la membrana mitocondrial externa es más parecida a la del retículo endoplasmático, mientras que la interna se parece más a la membrana plasmática de las células procariotas. Esto parece indicar que la membrana plasmática del organismo primitivo incorporado a la célula eucariota (membrana mitocondrial interna) ha sido rodeada por otra membrana (la membrana mitocondrial externa), proporcionada por la célula huésped.

## CAMBIOS DE CONFORMACIÓN EN LAS MITOCONDRIAS

Frente al estado que podríamos llamar *ortodoxo,* existen alteraciones en la configuración mitocondrial asociadas a la fosforilación oxidativa (Fig. 5.14):

1. Un estado de *condensación o de tumefacción de baja amplitud*. Viene expresado por la penetración de líquido entre la membrana externa y la interna (que tienen distinta permeabilidad), por lo que dicho compartimiento se separa y la membrana interna se proyecta comprimiendo la matriz. La entrada de agua en el espacio perimitocondrial, pero no en el compartimiento interno, reduce el volumen de éste en un 50%.
2. Otro estado de *tumefacción de gran amplitud*. Se debe a la penetración de líquido en el compartimiento interno, por lo que éste se hincha y, al expandirse la membrana interna, las crestas se reducen y se desorientan.

Las micrografías electrónicas de material fijado normalmente muestran la configuración ortodoxa de las mitocondrias. Esta configuración se interpreta como un estado de reposo, poco activo, en el que apenas existe ADP. El estado activo funcional normal (tal como se observa en mitocondrias enteras aisladas por centrifugación), corresponde a la forma condensada, porque la sacarosa penetra a través de la membrana externa y no puede atravesar la interna.

Si a estas mitocondrias activas se les suprime el ADP, se interrumpe la fosforilación y, aunque tengan sustrato y funcione la cadena, las mitocondrias pasan al estado ortodoxo o inactivo. Lo mismo ocurre si se inhibe la ca-

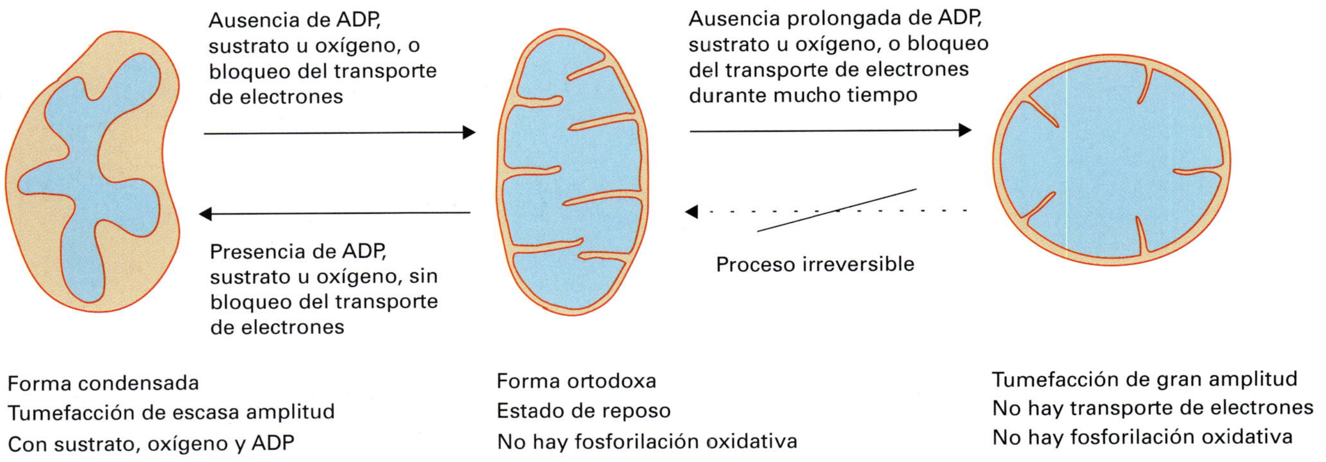


**Figura 5.14.** Cambios en la configuración de las mitocondrias, en las que se definen tres estados: normal (observado mediante microscopía electrónica tras la fijación habitual), tumefacción de baja amplitud (funcionalmente activo) y tumefacción de elevada amplitud (que conduce a la muerte mitocondrial).

dena transportadora de electrones, se suprime el sustrato para el ciclo de Krebs o falta el oxígeno (anoxia) pues, aunque las mitocondrias sean capaces de fosforilar, tampoco pueden hacerlo.

Este estado es reversible: si se suministran sustrato y ADP, las mitocondrias vuelven a la forma condensada. Pero si la deficiencia de requisitos para la fosforilación se mantiene durante mucho tiempo, la mitocondria pasa al estado de tumefacción de gran amplitud, pues la membrana interna se hace permeable al agua, $K^+$ y $Na^+$, y se produce la gran tumefacción característica de este estado. En la matriz mitocondrial aparecen densidades amorfas, ricas en fosfolípidos degradados de las membranas, que pueden calcificarse con la entrada de iones $Ca^{2+}$. En este punto el proceso es ya irreversible y conduce a la muerte celular, como ocurre en la anoxia.

## ALTERACIONES MITOCONDRIALES Y ENFERMEDADES DE ORIGEN MITOCONDRIAL

En numerosos procesos que causan daño celular las mitocondrias resultan afectadas. Así, en deficiencias nutricionales y en el alcoholismo se observan mitocondrias gigantes en el hígado. En la atrofia muscular disminuyen el número y tamaño de las mitocondrias, al contrario de lo que ocurre en la hipertrofia. Este aumento del número y tamaño mitocondrial también se observa en los tumores denominados *oncocitomas*.

La isquemia de los tejidos (insuficiencia de riego sanguíneo) implica hipoxia (insuficiencia de oxígeno) o anoxia (completa ausencia de oxígeno), lo que se traduce en la falta de respiración mitocondrial. La falta de oxígeno impide la oxidación de los ácidos grasos y la glucólisis aerobia, predominando la glucólisis anaerobia en el citosol, con la consecuente acumulación de ácido láctico (acidosis). Tampoco funciona la cadena transportadora de electrones y no se produce ATP. En el músculo anóxico (por ejemplo, en el infarto de miocardio), la ausencia de ATP tarda algún tiempo en sobrevenir porque su producción es inicialmente suplida por la fosforilación del ADP por la creatina fosfato. Las mitocondrias sufren cambios morfológicos que pueden resumirse en una tumefacción de gran amplitud, con desorganización de las crestas y acumulación de $Ca^{2+}$ en la matriz.

Las mitocondrias pueden sufrir también alteraciones congénitas que obedecen a defectos genéticos que afectan a la síntesis de componentes mitocondriales, principalmente a la de componentes de la cadena transportadora de electrones. Estos genes alterados pueden residir en el núcleo o en el DNA mitocondrial y se encuentran sobre todo en algunas miopatías y neuropatías. Entre las miopatías figuran el *síndrome de Kearns-Sayre*, que cursa con oftalmoplejía, retinitis pigmentaria y bloqueo cardíaco, y la *oftalmoplejía externa progresiva crónica*. Entre las neuropatías destacan la *neuropatía óptica hereditaria de Leber*, que comporta una degeneración del nervio óptico que causa ceguera, *el síndrome de encefalopatía mitocondrial* con acidosis láctica e ictus, la *epilepsia mioclónica de fibras rojas melladas*, la *ataxia de Friedrich* y la *enfermedad de Leigh*.

## MITOCONDRIAS ESPECIALES

En la parte intermedia de los espermatozoides de gasterópodos, las mitocondrias tienen una estructura aberrante con tres compartimientos: glucogénico, matricial y cristalino. El tercero es el más grande, y su estructura cristalina proviene de la transformación de las crestas. La oxidación se realiza en los dos primeros comparti-

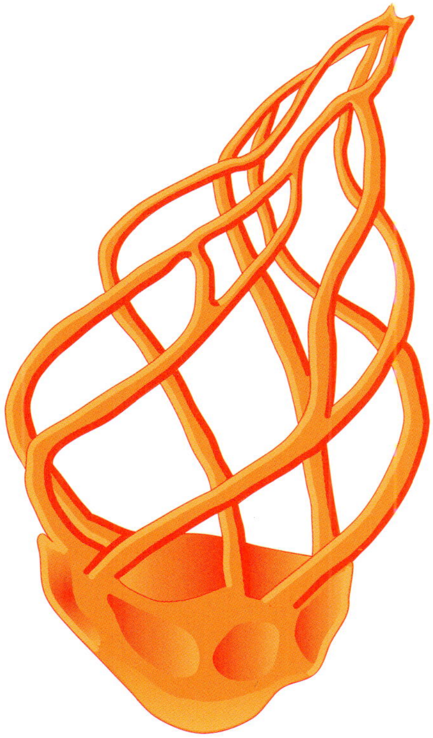

**Figura 5.15.** Representación de un cinetoplasto de *Trypanosoma cruzi* según J. Paulin.

mientos, mientras que la fosforilación oxidativa tiene lugar en la porción cristalina.

Los protozoos contienen mitocondrias ordinarias y otras especializadas, como los *cinetoplastos* de algunos flagelados. Se trata de mitocondrias singulares, de tamaño variable, que se sitúan junto al corpúsculo basal del flagelo. Presentan un número variable de crestas, muchas fibrillas de DNA y prolongaciones mitocondriales (Fig. 5.15). En *Leishmania donovani*, cuando se encuentra en la forma parásita, el cinetoplasto es pequeño y con pocas crestas. En su forma no parásita, el cinetoplasto es de gran tamaño y contiene muchas crestas. Si a los flagelados del género *Trypanosoma* se les quita el cinetoplasto mientras están presentes en la sangre de los vertebrados, estos protozoos pueden reproducirse, pero no se pueden traspasar a los insectos.

### ORGÁNULOS RELACIONADOS CON LAS MITOCONDRIAS EN LOS PROTOZOOS

Los tricomonas, como *Trichomona vaginalis*, son unos protozoos parásitos que carecen de mitocondrias pero poseen unas vesículas especiales que, por su función, han sido denominadas *hidrogenosomas*. En estas vesículas se realiza la oxidación del piruvato a acetil-CoA. Este proceso comporta la reducción de la ferredoxina y la formación de $H_2O$ (en condiciones anaeróbicas) o $H_2$ (en condiciones aeróbicas). El acetil-CoA reacciona con el $CO_2$ para formar acetato y al mismo tiempo, convertir el succinato en succinil-CoA. Este último proceso va unido a la producción de ATP a partir de ADP + P.

Los tripanosomas (como *Trypanosoma gambiensi*) y las leishmanias (como *Leishmania donovani*) poseen mitocondrias pero realizan la glucólisis anaerobia no en el citosol, como los demás organismos, sino en el interior de una vesícula denominada *glicosoma*.

## PLASTIDIOS

### CLASIFICACIÓN

Los plastidios son orgánulos exclusivos de las células vegetales, capaces de realizar la fotosíntesis y de sintetizar y almacenar sustancias orgánicas primordiales, como los hidratos de carbono (aunque no todos los tipos realizan todas las funciones mencionadas). Fueron descubiertos por Schimper en 1883 y se encuentran en la mayoría de las células vegetales superiores e inferiores. Hay diversos tipos de plastidios, pero todos tienen en común la presencia de doble membrana, DNA y ribosomas. Según su aspecto y función, los plastidios pueden clasificarse en:

1. *Cloroplastos*. Contienen abundante clorofila, que proporciona el color verde de las hojas, y otros pigmentos. Realizan la fotosíntesis.
2. *Cromoplastos*. Contienen abundantes carotenoides que, mezclados con otros pigmentos, comunican diversos colores a flores y frutos. Los cromoplastos maduros tienen algunos pigmentos fotosintéticos, pero carecen de clorofila y no realizan la fotosíntesis.
3. *Leucoplastos*. Son incoloros y fotosintéticamente inactivos. Están especializados en almacenar sustancias de reserva y se clasifican en varios subtipos según la sustancia almacenada:
   - — *Amiloplastos* (almidón).
   - — *Oleoplastos* (grasas).
   - — *Proteinoplastos* (proteínas).
4. *Proplastos*. Son plastidios indiferenciados capaces de originar los demás plastidios. En condiciones experimentales, cuando se diferencian con la luz originan cloroplastos, pero si lo hacen en la oscuridad originan un tipo especial de plastidio denominado *etioplasto*.

# CLOROPLASTOS

## CARACTERÍSTICAS GENERALES

Los cloroplastos llevan a cabo la fotosíntesis en los órganos verdes de las plantas. Su número es muy variable de unos lugares a otros de la planta y según el tipo celular en el que se encuentran. En el *parénquima clorofílico* de la hoja son muy abundantes (hasta 30 ó 40 por célula). Se sitúan en la periferia de la célula, alrededor de la gran vacuola central, y su posición varía en relación con la luz (Fig. 5.16). Con luz tenue, los cloroplastos se disponen paralelamente a la cara celular donde incide aquélla, buscando la máxima absorción de luz. En cambio, con luz intensa, cambian su posición y se disponen perpendicularmente.

En los vegetales inferiores los cloroplastos muestran formas muy variables: forma espiral en *Spirogyra*, estrellada en *Zygnema*, en herradura en *Chlamydomonas* y semicilíndrica en *Ulothrix*. En general, en las células vegetales superiores los cloroplastos tienen forma ovoide, con unos ejes que miden entre 4 y 6 μm (Figs. 5.16 y 5.17). Con el microscopio óptico aparecen como gránulos verdes que, a su vez, contienen numerosos gránulos de un verde intenso (*grana*).

El cloroplasto se encuentra limitado por una doble membrana (*envoltura*) y contiene un sistema de dobles perfiles membranosos que forman el *sistema de laminillas*. Los restantes componentes del cloroplasto constituyen la matriz o *estroma*. Los cloroplastos de vegetales superiores, aislados por centrifugación diferencial, muestran un elevado contenido de lípidos y pigmentos (principalmente clorofila y carotenoides). Además, contienen DNA y RNA (Tabla 5.2).

**TABLA 5.2. Composición química de los cloroplastos**

| Componentes | Porcentaje |
|---|---|
| Proteínas | 35-55 % |
| Lípidos | 20-30 % |
| Glúcidos | Muy variable |
| Clorofila | 9 % |
| Carotenoides y otros pigmentos | 1-5 % |
| DNA | 0.5 % |
| RNA | 1-4 % |

## ENVOLTURA Y SISTEMA DE LAMINILLAS

La envoltura del cloroplasto deja un espacio entre sus dos membranas de unos 10-30 nm, denominado *espacio periplástico* (Figs. 5.17 y 5.18.A). Cada una de estas membranas tiene unos 7 nm de espesor, igual que las membranas citoplásmicas. En el interior del cloroplasto se observa un conjunto de dobles membranas muy desarrollado. El espesor de cada membrana es de unos 7 nm y el de la luz entre las dos membranas es de unos 10 nm. Morfológicamente, se distinguen dos sistemas de dobles membranas:

1. Las *laminillas*. Forman un conjunto de dobles membranas orientadas longitudinalmente, aunque ninguna se extiende ininterrumpidamente de

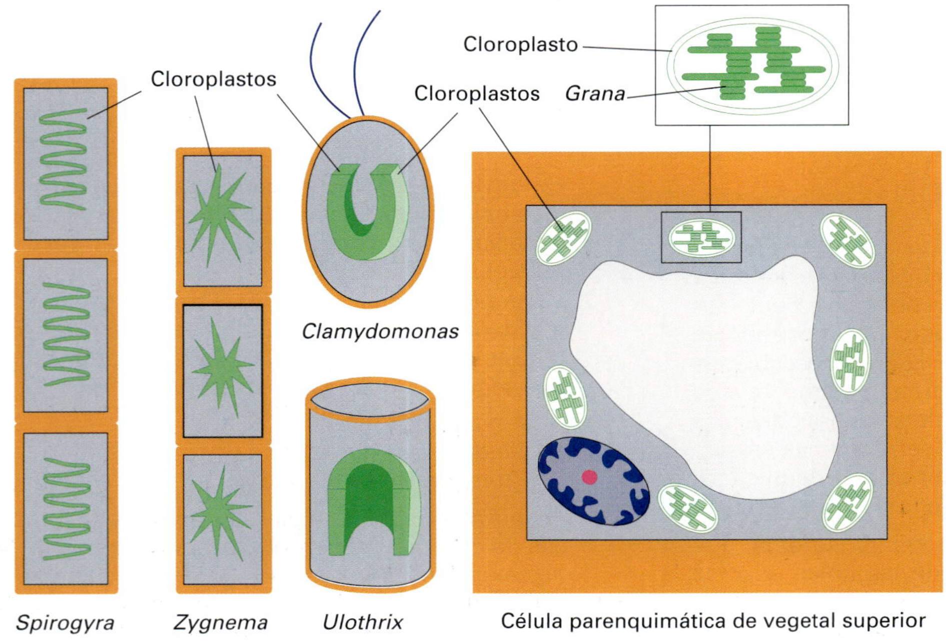


**Figura 5.16.** Representación de cloroplastos en diferentes algas y en una célula parenquimática de vegetal superior.

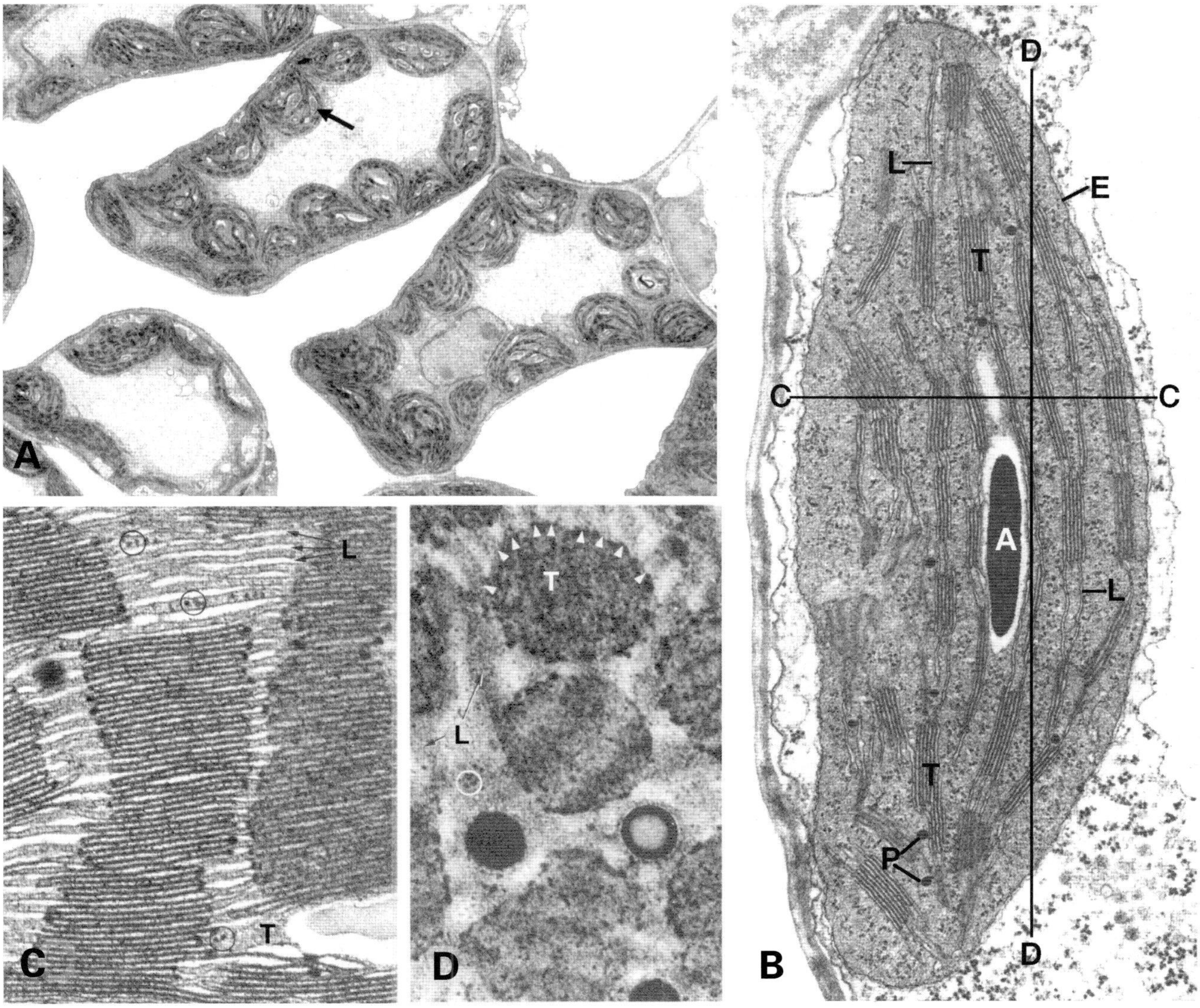


**Figura 5.17.** **A**: Microfotografía electrónica del parénquima en empalizada de una hoja de *Stellaria holostea* que muestra numerosos cloroplastos (flecha). X1400. (Cortesía de R. Valera y D. Tolivia.) **B**: Micrografía electrónica de un cloroplasto en hoja de *Hypochaeris radicata*. A: gránulo de almidón. E: envoltura del cloroplasto. L: laminillas libres. P: plastoglóbulos. T: laminillas apiladas formando tilacoides. X9000. **C**: Detalle de la sección de un cloroplasto por el plano transversal (indicado como C-C en la figura B). Se observa la continuidad de las laminillas apiladas (T) y libres (L). X61 500. **D**: Detalle de la sección de un cloroplasto por el plano horizontal (señalado como D-D en la figura B). Se aprecia el perfil discoidal de los tilacoides (T) y las continuidades (cabezas de flechas) con laminillas libres (L). En las figuras B, C y D se indican algunos ribosomas (círculos). X45 000. (Tomado de Gunning BES, Steer MW. *Ultrastructure and the Biology of Plant Cells*. London, Edward Arnold, 1975.)

extremo a extremo del cloroplasto. Estas laminillas se han comparado con las crestas de las mitocondrias y, según algunos autores, se originan a partir de invaginaciones de la membrana interna del cloroplasto. No obstante, sólo en los cloroplastos muy jóvenes se ha visto una continuidad entre la membrana interna de la envoltura del cloroplasto y las laminillas.

2. Los *tilacoides.* Son discos de unos 0.5 μm de diámetro. Estos discos se superponen formando pilas de hasta 20 discos, que se sitúan de trecho en trecho sobre las laminillas. Cada pila de tilacoides recibe el nombre de *granum*. El término *grana* es el plural de *granum.*

En la actualidad, con los estudios bioquímicos de las membranas de los cloroplastos, esta terminología se ha ido simplificando y los términos laminillas y tilacoides se usan indistintamente. La única matización que se hace es entre laminillas *apiladas* y *no apiladas*, pues esta distinción implica diferencias funcionales de las que se tratará más adelante.

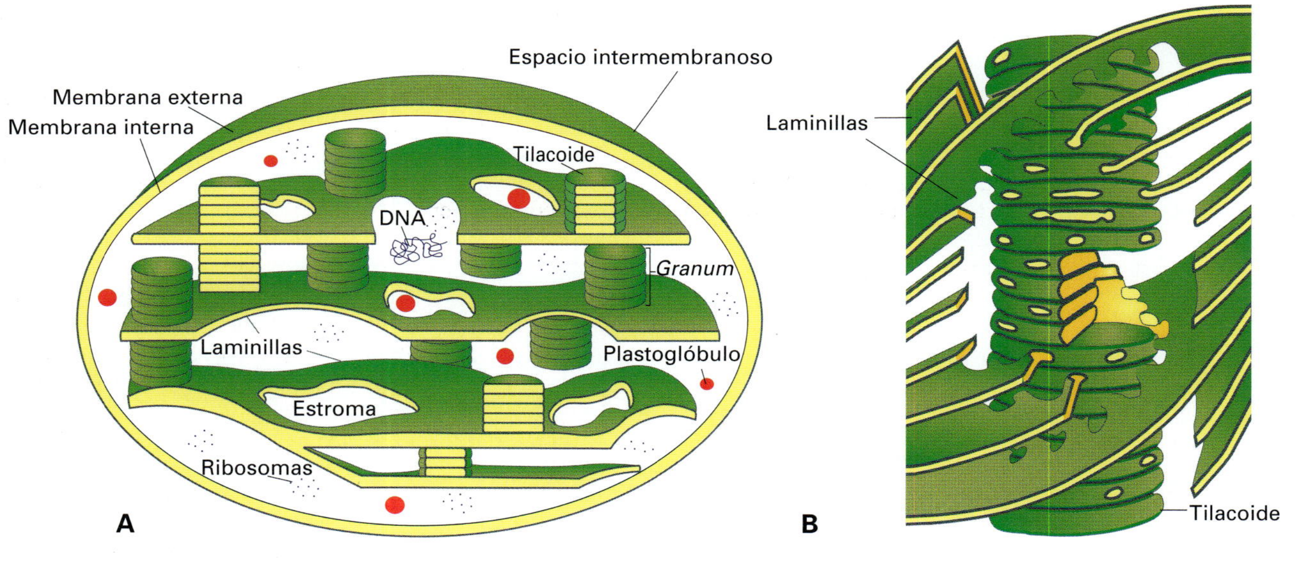


**Figura 5.18.** **A**: Representación clásica de un cloroplasto de vegetal superior. **B**: Interpretación de las relaciones entre los tilacoides y laminillas, a partir del estudio de cortes seriados en diferentes planos de corte, según BES y Gunning and MW Steer.

Como el cloroplasto tiene forma de elipsoide, la estructura tridimensional puede reconstruirse realizando cortes en tres planos: (sagital, horizontal y transversal), y observándolos con el microscopio electrónico (Fig. 5.17). En el corte sagital aparece una imagen característica de laminillas longitudinales sobre las que se encuentran pilas de tilacoides, que forman dobles membranas de menor longitud que las laminillas (Fig. 5.17.B). En la sección transversal los tilacoides tienen el mismo aspecto que en la sección sagital, pero establecen conexiones con laminillas más cortas que las observadas en las secciones sagitales (Fig. 5.17.C). Finalmente, en el corte horizontal (perpendicular a las dos secciones anteriores) los tilacoides aparecen circulares y emiten cortas laminillas en todas las direcciones (Fig. 5.17.D).

Estudiando estos cortes se ha llegado a la conclusión de que cada cloroplasto contiene varias capas de laminillas paralelas, dispuestas en sentido longitudinal, de un extremo a otro del cloroplasto. Cada una de estas laminillas tendría una anchura variable a lo largo de su recorrido, por lo que es equivalente a un sáculo aplanado membranoso con fenestraciones de tamaño variable. Atravesando estas fenestraciones se disponen los tilacoides apilados formando grana. Cada laminilla longitudinal establece varias conexiones con cada uno de los tilacoides situados en el mismo plano de la laminilla (Fig. 5.18.B). Algunos autores han descrito también interconexiones entre laminillas.

La composición de la doble membrana de la envoltura del cloroplasto difiere de la composición de las laminillas (incluidos los tilacoides). La proporción de las proteínas es del 60% y la de los lípidos del 40%, como en la membrana plasmática, pero hay otros componentes que faltan en ésta, como carotenoides, flavonoides, terpenos y quinonas; la mayoría los cuales son sintetizados en la propia envoltura. Además, entre los lípidos, escasean la fosfatidil colina y la fosfatidil etanolamina, y abundan los galactolípidos y sulfolípidos, que se sintetizan también en la envoltura. No hay clorofila. Como en la mitocondria, la membrana externa presenta la proteína porina, que la hace permeable al agua y los solutos, mientras que la membrana interna es impermeable. En esta última se localizan proteínas translocadoras, entre las que se encuentran la permeasa de fosfatotriosa fosfato, que envía triosa fosfatos del estroma del cloroplasto al citosol e introduce fosfato del citosol hacia el estroma, y el transportador de ácidos dicarboxílicos, que intercambia oxalacetato del citosol por malato del cloroplasto. Hay también un complejo proteico en el que se insertan proteínas sintetizadas en el citosol con destino al cloroplasto.

Las membranas de las laminillas y tilacoides poseen una composición más peculiar, con aproximadamente un 50% de proteínas, un 38% de lípidos y un 12% de otros pigmentos, principalmente clorofila y, en menor cantidad, carotenoides. Entre los lípidos, hay más galactolípidos y sulfolípidos y mayor proporción de ácidos grasos insaturados que en la envoltura, lo que les confiere mayor fluidez. Entre las proteínas se encuentran el complejo para la inserción de proteínas sintetizadas en el citosol o en el estroma, los componentes que intervienen en la fase luminosa de la fotosíntesis y una ATP sintetasa similar a la mitocondrial.

## ESTROMA

### DNA

En el estroma del cloroplasto se encuentra el *nucleoide*, que es un doble helicoide de DNA (Fig. 5.18.A). Su disposición es circular, y su longitud varía mucho entre especies (incluidas las algas unicelulares): desde 40 a 200 μm. El genoma del cloroplasto se ha mantenido bastante estable en el curso de la evolución. Este DNA codifica todos los tRNA (30), los cuatro rRNA presentes en los cloroplastos y unas 120 proteínas diferentes. Entre éstas se encuentran varias subunidades de la RNA polimerasa del cloroplasto, 20 proteínas de los ribosomas del cloroplasto, varias proteínas de los fotosistemas I y II y de los complejos de citocromos $b_6$-f y NADH deshidrogenasa, subunidades de la ATP sintetasa (CF) y una de las dos subunidades de la ribulosa difosfato carboxilasa. Las demás proteínas del cloroplasto que constituyen la mayor parte, son codificadas por el núcleo celular. El código genético del cloroplasto es el mismo que en el del DNA nuclear.

Hoy día se considera que los cloroplastos evolucionaron a partir de bacterias fotosintéticas; muchos de los genes originales de las bacterias pueden ser identificados, pero no en el DNA del cloroplasto sino en el del núcleo celular. Es el caso de los genes nucleares que codifican las 40 proteínas ribosómicas de los cloroplastos sintetizadas en el citosol.

En el estroma de los plastidios suele haber varias copias del genoma. La replicación del DNA no queda limitada a la fase S, cuando se replica el DNA nuclear, sino que puede darse a lo largo de todo el ciclo celular y no una, sino varias veces, en función de las necesidades de la célula.

En las dos terceras partes de las plantas superiores, los cloroplastos del grano de polen no entran en el cigoto, de modo que, como ocurre con las mitocondrias, el genoma de los cloroplastos es heredado exclusivamente del gametofito femenino.

## Ribosomas

El estroma del cloroplasto contiene ribosomas de aproximadamente 70 S (Fig. 5.18.A), que son similares a los bacterianos en estructura y sensibilidad a los antibióticos. La subunidad mayor contiene un RNA de 23 S, otro de 5 S y otro de 4.5 S. La subunidad menor tiene un RNA de 16 S. No se han descrito diferencias en cuanto a tamaño entre especies de plantas. La síntesis proteica de estos ribosomas se inicia con la N-formil-metionina, como en las bacterias y las mitocondrias. Estos ribosomas contienen aproximadamente 60 proteínas.

## Otros componentes

En el estroma se aprecian también pequeñas inclusiones esféricas. Algunas corresponden a lípidos. Otras son más densas y contienen lipoproteínas y, en algunos casos, también quinonas: son los *plastoglóbulos* (Fig. 5.17.B), que pudieran intervenir en el mantenimiento de los sistemas de laminillas, pues no se observan cuando éstas escasean, bien porque las laminillas se están formando o porque desaparecen con el envejecimiento del cloroplasto.

En el estroma hay abundantes enzimas que, generalmente, no pueden verse con el microscopio electrónico, aunque algunas de ellas, como la *ribulosa 1-5 difosfato carboxilasa oxigenasa (RUBISCO)*, que fija el $CO_2$, puede observarse, a gran aumento y con contraste negativo, como cadenas de partículas de contorno poligonal. En el estroma también se aprecian a veces otras proteínas mayores que forman cristales y pueden corresponder a productos del metabolismo del cloroplasto. Además, se encuentran átomos de metales como Fe, Cu, Mn, Zn. El Fe asociado a proteínas en forma de *ferritina* puede ser visto con el microscopio electrónico.

También pueden observarse granos de almidón (producto de la fotosíntesis) no rodeados por membrana, y cuyo contenido es parcialmente extraído por la fijación en microscopía electrónica (Fig. 5.17.B).

En el estroma de los cloroplastos de algas (pero no en los de vegetales superiores), suelen encontrarse unas estructuras denominadas *pirenoides* (Fig. 5.19). Cada pirenoide se aprecia como una gran masa, moderadamente densa y de estructura finamente granular o a veces cristalina, rodeada de capas de almidón, las cuales quedan parcialmente disueltas durante la fijación para la microscopía electrónica, dando lugar a un halo translúcido. El gránulo central del pirenoide es proteína, principalmente la enzima RUBISCO. Es frecuente encontrar laminillas alrededor de los pirenoides o en su proximidad.

# INCORPORACIÓN DE PROTEÍNAS AL CLOROPLASTO

El cloroplasto es el lugar de síntesis de ácidos grasos en la célula vegetal. Los cloroplastos producen los lípidos que necesitan aunque, en la síntesis de algunos de ellos, los lípidos pasan transitoriamente al citosol. Pero aunque algunas de sus proteínas se fabrican dentro del cloroplasto, la mayoría son importadas del citosol. Estas proteínas son sintetizadas con un péptido señal aminoterminal (de 30 a 100 aminoácidos), que es reconocido por un *complejo guía*, el cual las dirige hacia la membrana externa de la envoltura del cloroplasto y las ancla en un complejo proteico translocador, denominado *complejo TOC*, presente en dicha membrana (Fig. 5.20). La liberación de las Hsp70 citosólicas que acompañan a la proteína hasta su inserción en la membrana del cloroplasto requiere la hidrólisis del ATP, como ocurre en la mitocondria, y posiblemente también del GTP.

Si la proteína queda en esta membrana, el proceso termina aquí. Si la proteína va a pasar al estroma del cloroplasto, se necesita un segundo péptido señal, a continuación del primero. En este caso, la proteína se une a un complejo proteico translocador de la membrana interna, denominado *complejo TIC*, que se abre y la introduce en el estroma, donde el primer péptido señal es hidrolizado, quedando el segundo en posición terminal. Sin embargo, a diferencia de lo que ocurre en la mitocondria, el paso de la proteína al estroma no se realiza por el gradiente electroquímico (pues los protones no se almacenan en el espacio periplástico sino en el espacio intratilacoidal) sino por hidrólisis del ATP y del GTP. Este proceso lo realiza una Hsp100 específica del cloroplasto, que se asocia al complejo TIC. Una vez en el estroma, la proteína es configurada por proteínas Hsp70 del cloroplasto. La liberación de estas proteínas también requiere ATP.

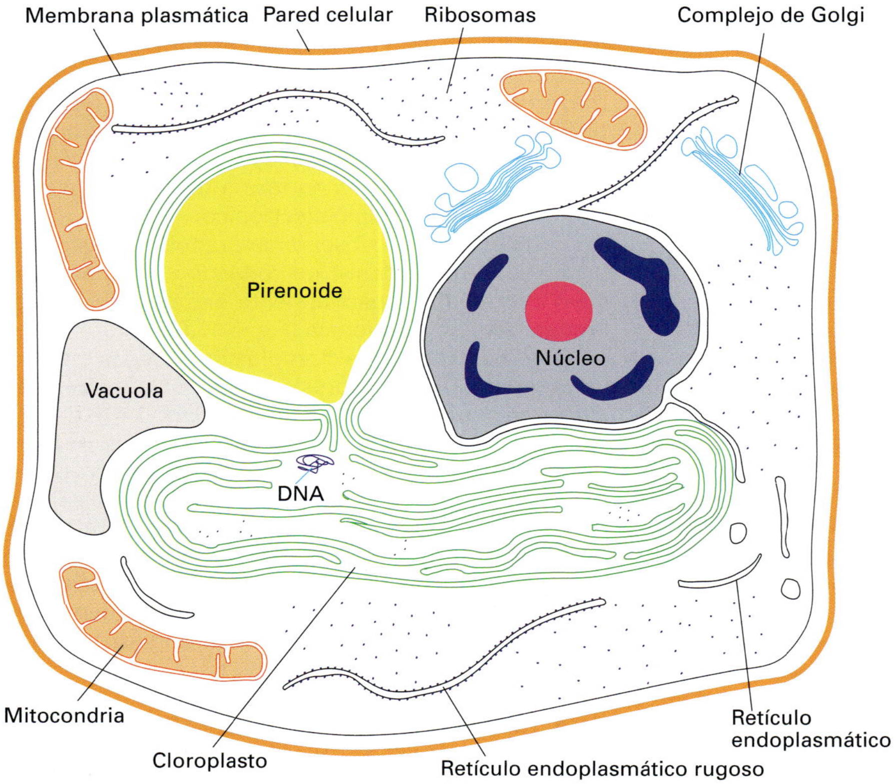


**Figura 5.19.** Dibujo de un alga parda hipotética que muestra un cloroplasto que contiene un pirenoide. (Modificado de G.B. Bouck.)

Si la proteína que ha penetrado en el estroma ha de pasar al tilacoide, el segundo péptido señal sirve para el anclaje de la proteína en la membrana tilacoidal. Si la proteína ha de quedarse en esta membrana, el proceso concluye, pero si ha de pasar al interior del tilacoide el péptido señal es hidrolizado y la proteína penetra en el espacio intratilacoidal. En general, la transferencia de la proteína a la luz del tilacoide se realiza a favor del gradiente electroquímico entre el tilacoide y el estroma, pero las necesidades energéticas dependen del tipo de proteína translocadora de membrana del tilacoide, que también depende del tipo de proteína incorporada. Se conocen cuatro tipos diferentes de translocadores (Fig. 5.20):

1. *Sec*. Es similar al translocador del mismo nombre presente en la membrana bacteriana. Además del gradiente electroquímico, utiliza la hidrólisis del ATP.
2. *SRP*. Es semejante al del mismo nombre de la membrana del retículo endoplasmático rugoso. Utiliza también ambas fuentes energéticas.
3. Un translocador innominado que sólo requiere el gradiente electroquímico de $H^+$.
4. Una inserción espontánea (no requiere gradiente ni ATP) poco conocida, utilizada también por la mitocondria para algunas proteínas transportadoras.

## FOTOSÍNTESIS

Los cloroplastos están especializados en realizar el proceso denominado *fotosíntesis*, mediante el cual sintetizan materia orgánica a partir de materia inorgánica. La reacción global puede resumirse así:

$$nCO_2 + 2nH_2O \Rightarrow (CH_2O)n + nO_2 + nH_2O$$

De esta manera, usando el $H_2O$ como dador de $H_2$ y el $CO_2$ de la atmósfera, se sintetizan macromoléculas de fórmula general $(CH_2O)n$ (hidratos de carbono) y se libera $O_2$. El $O_2$ que se desprende proviene del agua, mientras que el $CO_2$ se reduce para formar los carbohidratos. El proceso comprende:

1. Una *fase luminosa*, en la que la luz excita la liberación de electrones de la clorofila y activa el complejo formador de oxígeno que produce la fotólisis del $H_2O$, con la consiguiente liberación de $O_2$ que se desprende, mientras que el $H_2$ se utiliza para la reducción del $NADP^+$ a NADPH. Esta fase se realiza en las laminillas y tilacoides.
2. Una *fase oscura*, en la que el $CO_2$ es reducido para sintetizar hidratos de carbono con la intervención del NADPH y el ATP. Esta fase tiene lugar en el estroma.

### Fase luminosa

En la fase luminosa intervienen componentes que se disponen repetitivamente en las laminillas y tilacoides y que actúan de una manera coordinada. Desde el complejo formador de oxígeno, donde se produce la fotólisis del agua, los electrones del hidrógeno, sepa-

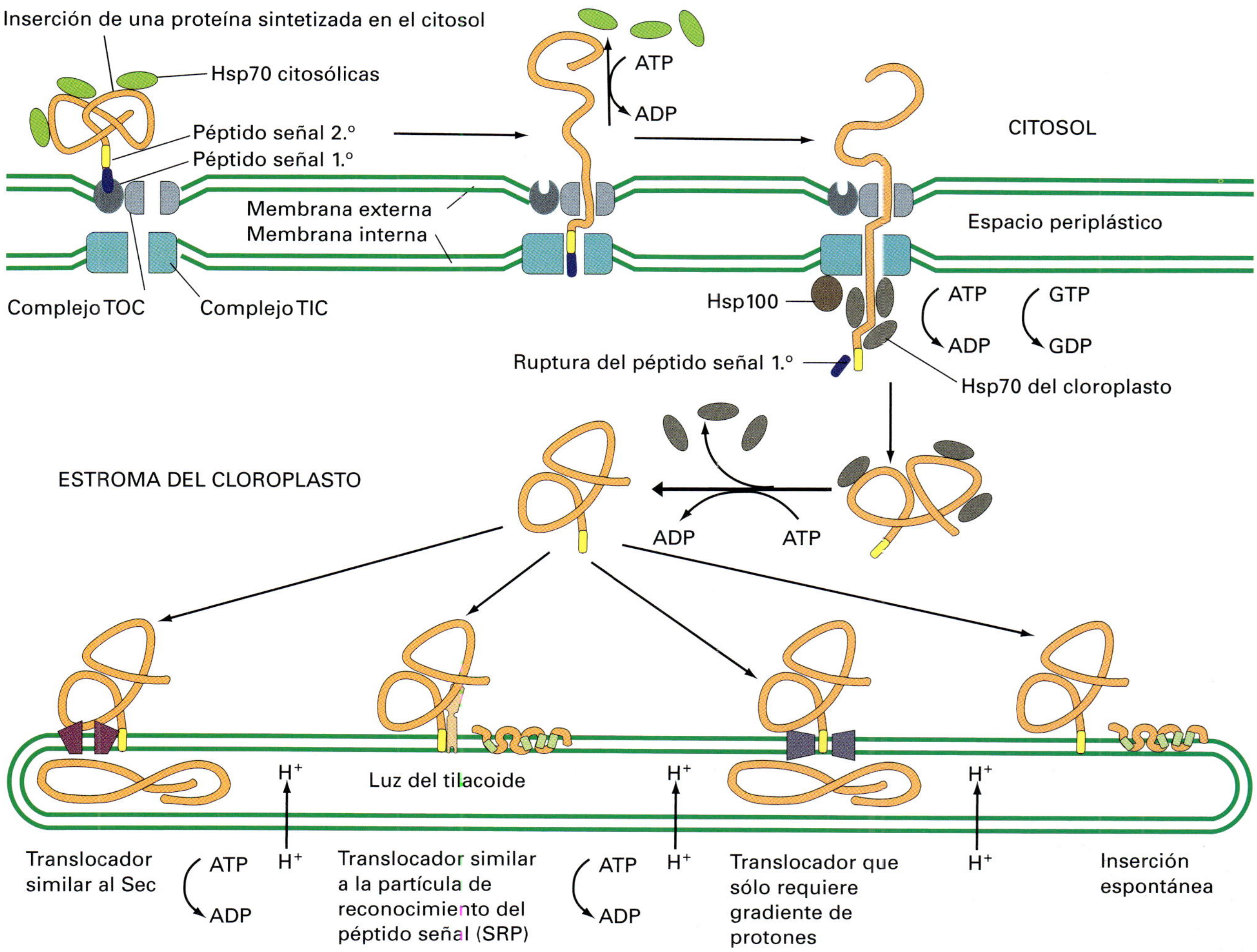


**Figura 5.20.** Incorporación de proteínas al cloroplasto. Estas proteínas están provistas de un péptido señal aminoterminal que se ancla en el complejo TOC de la membrana externa del cloroplasto. La liberación del las Hsp70 de la proteína importada requiere la hidrólisis del ATP y posiblemente del GTP. El paso de las proteínas al estroma del cloroplasto se realiza a través del complejo TIC de la membrana interna, que las introduce en el estroma, donde es lisado el péptido señal. Este proceso se realiza por la hidrólisis del ATP y del GTP. Si las proteínas han pasar a un tilacoide, existe un segundo péptido señal (que queda en posición terminal al ser lisado el péptido señal anterior) que permite la inserción en la membrana del tilacoide o su paso al espacio intratilacoidal, el cual se realiza por el gradiente de protones producido en la fase luminosa de la fotosíntesis.

rados de los protones, viajan a través de una cadena transportadora que consta de: el fotosistema II, la plastoquinona, el complejo citocromo $b_6$-f, la plastocianina, el fotosistema II, la ferredoxina y la enzima ferredoxina NADP oxidorreductasa. Esta enzima transfiere finalmente los electrones al $NADP^+$ en el estroma del cloroplasto, donde a cada electrón transferido se une uno de los protones procedentes del hidrógeno. Estos protones han sido liberados previamente en el espacio intratilacoidal y enviados después al estroma por una ATP sintetasa, que es similar a la de las mitocondrias y acopla el transporte de electrones con la síntesis de ATP (Fig. 5.21). El proceso comprende las siguientes etapas:

1. *Fotólisis del agua.* En cada molécula de agua se separa el oxígeno (que se desprende) del hidrógeno. En cada átomo de hidrógeno, se separa el protón (que queda en el espacio intratilacoidal) del electrón (que se dirige al fotosistema II). La fotólisis la realiza un *complejo formador de oxígeno*, constituido por una proteína periférica, asociada a la cara adluminal del fotosistema II, y varios iones entre los que se encuentran cuatro iones Mn, cada uno de los cuales acepta uno de los cuatro electrones procedentes de la fotólisis de dos moléculas de agua.
2. *Paso de los electrones por el fotosistema II.* Este fotosistema es un complejo formado por:

— Varias unidades de un *complejo antena captador de luz (LHC-II)*, que forman el límite externo del complejo. Cada una consta de tres polipéptidos, cada uno de los cuales enlaza con siete moléculas de *clorofila a*, cinco de *clorofila b* y dos de *carotenoides*.

— Un *centro de reacción (RC-II)*, que comprende:

- Un *complejo proteína-pigmento de gran tamaño (CC-II)*, que contiene unas 40 moléculas de clorofila a y dos polipéptidos.
- El *complejo proteína-pigmento pequeño*. Contiene dos moléculas de una variedad de clorofila a, denominada pigmento $P_{680}$ (antiguamente conocida como *clorofila β*), con máxima absorción de luz a 680 nm y esencial en la fotosíntesis. Se asocia a diversos polipéptidos.
- Diversas moléculas transportadoras de electrones: un complejo integrado por las proteínas *D1* y *D2*; una molécula semejante a la clorofila, denominada *feofitina*; y dos moléculas semejantes a la ubiquinona, conocidas como *plastoquinona A* ($PQ_A$) y *plastoquinona B* ($PQ_B$).

La captación de luz por el complejo antena es el punto de partida de la fotosíntesis. La energía producida se transmite al centro de reacción. En éste, el pigmento $P_{680}$, al ser excitado por la luz, emite un electrón, y el hueco dejado por este electrón es ocupado por otro procedente de la fotólisis del agua en el complejo formador de oxígeno. Los electrones procedentes de la fotólisis son recibidos por iones Mn y transferidos a una tirosina (*Tyrz*), que forma parte del complejo $D_1 + D_2$ y que, a su vez, los transfieren al $P_{680}$.

Cada electrón emitido por el $P_{680}$ es aceptado por una molécula de feofitina, que es el aceptor primario de electrones. La feofitina transfiere el electrón a la plastoquinona $PQ_A$ y ésta a la $PQ_B$. Cuando la $PQ_B$ adquiere dos electrones, capta también dos protones del estroma del cloroplasto para formar la *plastoquinona reducida* ($PQH_2$), que abandona el fotosistema II. Inicialmente, estos protones, procedentes de la fotólisis del $H_2O$, se liberaron en el espacio intratilacoidal pero fueron bombeados al estroma por las partículas CF, como se verá posteriormente. La $PQ_B$ se regenera a partir de la reserva de moléculas de PQ existente en la membrana.

3. *Transporte de los electrones hacia el fotosistema I.* La $PQH_2$ vuelve a la forma oxidada (PQ) y se difunde en la membrana. Los dos electrones se transfieren a un complejo multiproteínico denominado *citocromo $b_6$-f*, en tanto que los dos protones se liberan en la luz del tilacoide. Tras recorrer el complejo de citocromos, los electrones son transferidos a una proteína con Cu denominada *plastocianina (PC)*, de donde pasan al fotosistema I.

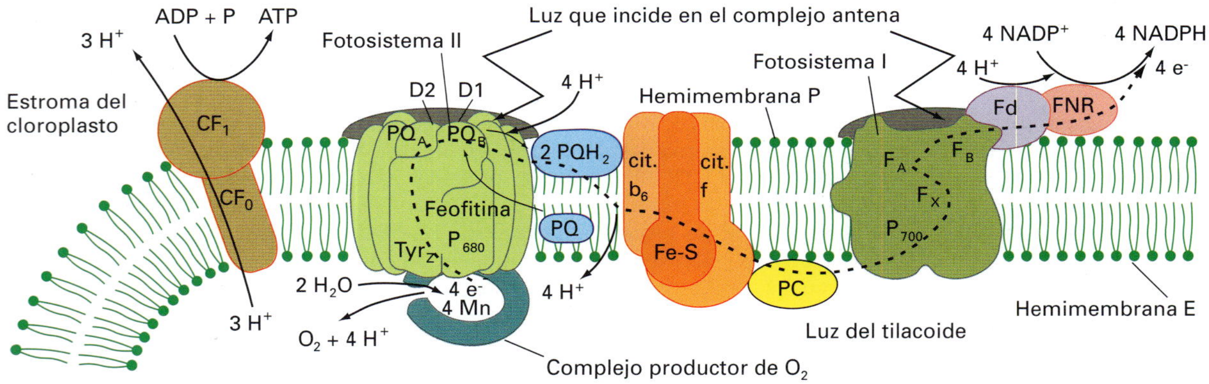


**Figura 5.21.** Representación de la fase luminosa en las laminillas del cloroplasto. Al producirse la fotólisis del agua, el $O_2$ se desprende y los protones del $H_2$ se separan de los electrones en un complejo formador de oxígeno que contiene cuatro átomos de Mn que son reducidos por los electrones. Éstos pasan al fotosistema II, donde la luz ha extraído los electrones de la clorofila. En el fotosistema II los electrones pasan a la feofitina, de ahí a la plastoquinona $PQ_A$ y de ésta a la plastoquinona $PQ_B$. Al recibir dos electrones, la $PQ_B$ capta dos protones del estroma, formando la plastoquinona reducida ($PQH_2$), que abandona el fotosistema II. La regeneración de $PQ_B$ tiene lugar a partir de moléculas de PQ presentes en la membrana. La $PQH_2$ transfiere los electrones al complejo de citocromos $b_6$-f, se libera de los protones, que van a la luz del tilacoide, y se difunde en la membrana en la forma reducida (PQ). Del complejo de citocromos $b_6$-f los electrones pasan a la plastocianina (PC), y de ésta, al fotosistema I. Aquí los electrones ocupan en la clorofila el lugar dejado por los electrones que ha extraído la luz, que pasan a la ferredoxina (Fd) y, por medio de la ferredoxina NADP-oxidorreductasa (FNR), son finalmente transferidos al $NADP^+$. Éste, junto con los protones, es reducido a NADPH. Acoplada a esta cadena de electrones está la fosforilación oxidativa del ADP en ATP, en forma de unidades proyectantes (CF), compuestas por una cabeza ($CF_1$) y un tallo ($CF_0$). Estas unidades, además de realizar la fosforilación, bombean los protones hacia la matriz del cloroplasto, para que se unan a los electrones y al $NADP^+$. El NADPH será utilizado, junto con el $CO_2$, en la fase oscura.

4. *Paso de los electrones por el fotosistema I.* El fotosistema I es semejante al II y comprende:
   — Múltiples unidades de un complejo antena captador de luz *(LHC-I)*, cada una de ellas constituida por dos proteínas unidas a clorofilas. Aunque no se conoce con exactitud el número de éstas, se sabe que hay cuatro veces más moléculas de clorofila a que de clorofila b.
   — El centro de reacción *(RC-I)*, que comprende:
   - Un *complejo proteína pigmento de gran tamaño (CC-I)*, formado por unas 80 moléculas de clorofila a, algunos carotenoides y cuatro polipéptidos.
   - Un *complejo proteína-pigmento pequeño*, constituido por dos moléculas de una variedad de clorofila a denominada pigmento $P_{700}$ (antiguamente conocido como *clorofila* $\alpha$), con máxima absorción de luz a 700 nm y que asocia varios polipéptidos.
   - Moléculas transportadoras de electrones: una molécula de clorofila a (denominada $A_0$), una molécula de *filoquinona* (designada $A_1$) y tres complejos con Fe y S denominados, respectivamente, $F_X$, $F_A$ y $F_B$.

   Cuando la luz excita el complejo antena, la energía pasa al centro de reacción, donde excita el pigmento $P_{700}$; éste emite un electrón y el hueco que deja libre este electrón es ocupado por un electrón procedente de la PC. El electrón emitido por el $P_{700}$ pasa a $A_0$, de donde es transferido a $A_1$, y después pasa sucesivamente por $F_X$, $F_A$ y $F_B$, para abandonar el fotosistema I.
5. *Unión de los electrones y de los protones al $NADP^+$ para formar NADPH.* Aneja al fotosistema I se encuentra una proteína pequeña con Fe y S, llamada *ferredoxina (Fd)*, que acepta los electrones procedentes de $F_B$. Junto a la Fd se encuentra la enzima *ferredoxina NADP oxidorreductasa (FNR)*, que transfiere los electrones de la Fd al $NADP^+$ en el estroma del cloroplasto, donde, por cada electrón transferido se une un protón del estroma, formándose NADPH.

En los cloroplastos existe una fosforilación inducida por la luz, acoplada a la cadena de transferencia de electrones del fotosistema II al fotosistema I. El factor de acoplamiento (CF) es una ATPasa de la que una porción ($CF_1$), en forma de peón de ajedrez, sobresale en la superficie externa (la que mira hacia el estroma) de las laminillas, mientras que la otra porción ($CF_0$) es un segmento hidrófobo que queda atravesando la membrana de las laminillas. Al igual que en las mitocondrias, dicho factor se demuestra con contraste negativo. Esta ATPasa realiza la fosforilación del ADP en ATP asociada al paso de los protones desde la luz del tilacoide hacia el estroma del cloroplasto (Figs. 5.21 y 5.22), de modo que se forma una molécula de ATP por cada tres protones que pasan hacia el estroma. Este paso se realiza a favor del gradiente de protones, es del orden de tres unidades de pH (en la luz del tilacoide el pH es 5, mientras que en el estroma es 8) y se debe a que: 1) los protones producidos en la fotólisis del agua se acumulan dentro del tilacoide, y 2) la síntesis de NADPH consume protones del estroma.

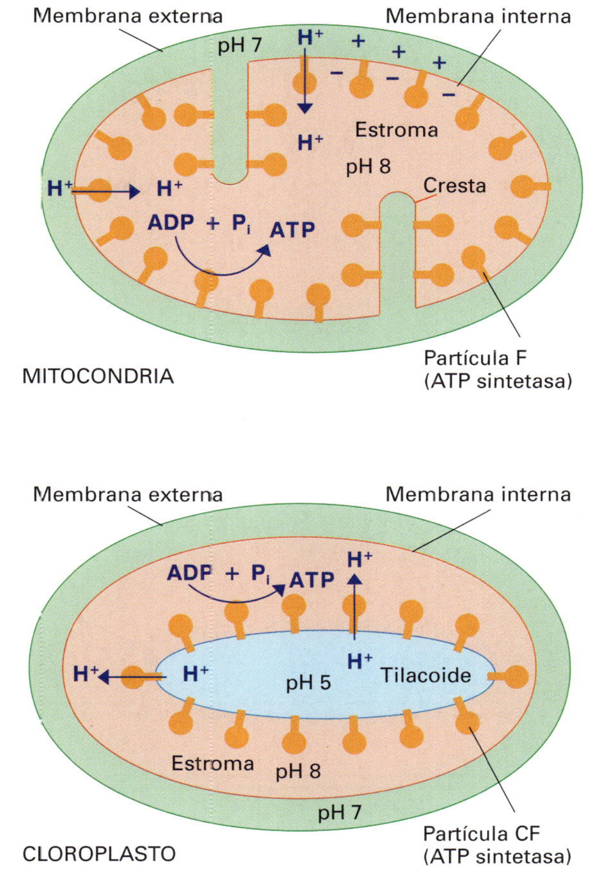


**Figura 5.22.** Comparación entre la ATP sintetasa de los cloroplastos y la mitocondrial. En la mitocondria, los protones se acumulan en el espacio perimitocondrial y son bombeados por la ATPasa a la matriz mitocondrial, acoplados a la fosforilación. En el cloroplasto, los protones se producen en el interior de los tilacoides y son bombeados a la matriz del cloroplasto acoplados a la fosforilación.

## Fase oscura

Las enzimas de las reacciones independientes de la luz son solubles y se encuentran en el estroma del cloroplasto. Este proceso comprende un gran número de pasos, que comienzan con la fijación de $CO_2$ sobre la enzima RUBISCO, produciéndose dos moléculas de *ácido 3 fosfoglicérico*, que será reducido por el NADPH para formar diferentes hidratos de carbono en un ciclo conocido como *ciclo de Calvin*, en el que el ATP se utiliza como fuente de energía en varios pasos (Fig. 5.23). Uno de estos hidratos de carbono es el *gliceraldehído 3 fosfato*.

Gran parte del gliceraldehído 3 P pasa al citoplasma, donde se transforma en hexosas (*fructosa 6 fosfato* y *glucosa 1 fosfato*). La ecuación global del proceso es:

$$6\,CO_2 + 18\,ATP + 12\,NADPH + 12\,H_2O \Rightarrow C_6H_{12}O_6 +$$
$$+\ 18\,ADP + 18\,P + 12\,NADP^+ + 6\,H_2O + 6\,O_2$$

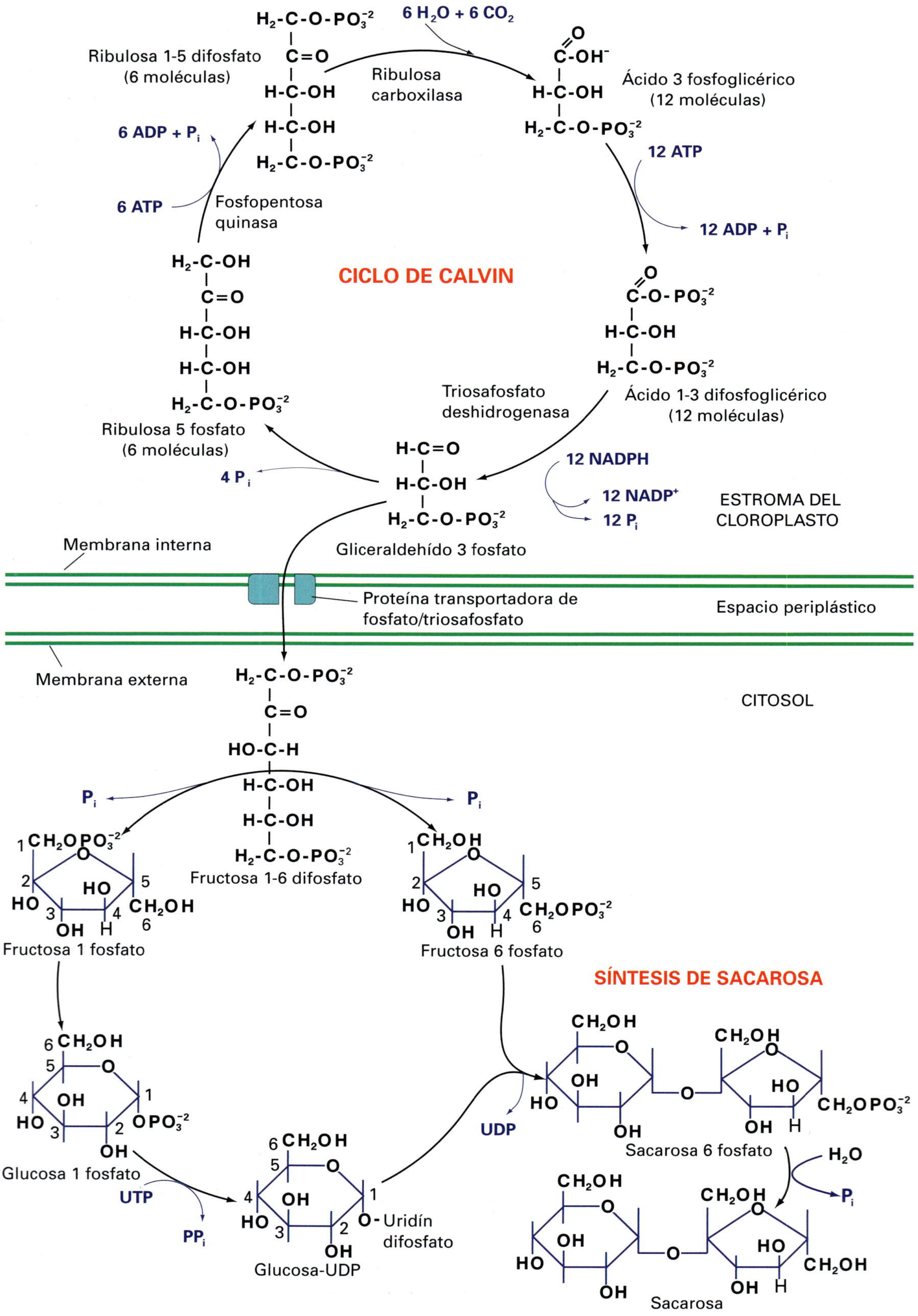


**Figura 5.23.** Fase oscura de la fotosíntesis. Reducción del $CO_2$ acoplada a la oxidación del NADPH (ciclo de Calvin) y síntesis de la sacarosa.

La glucosa-UDP constituye un paso intermedio en la formación de los distintos disacáridos y polisacáridos de la planta. El paso más frecuente es la formación del disacárido *sacarosa*, que es la forma principal de transporte de azúcar en plantas, como en los organismos animales lo es la glucosa. Las reacciones son:

$$\text{Glucosa- UDP} + \text{Fructosa 6 fosfato} \Rightarrow$$
$$\Rightarrow \text{Sacarosa 6 fosfato} + \text{UDP}$$
$$\text{Sacarosa 6 fosfato} + H_2O \Rightarrow \text{Sacarosa} + P_i$$

El gliceraldehído-3-P que queda en el cloroplasto regenera la enzima RUBISCO, y el exceso se transforma en *almidón*, que es un polímero de la glucosa que sirve de reserva de hidratos de carbono, como en los organismos animales lo hace el glucógeno, otro polímero de la glucosa.

## CORRELACIÓN ENTRE LA ESTRUCTURA DE LAS LAMINILLAS Y LA FASE LUMINOSA DE LA FOTOSÍNTESIS

Los estudios bioquímicos realizados separando las laminillas de los cloroplastos han revelado que existen diferencias entre las laminillas que se encuentran superpuestas (apiladas) y las que no lo están, es decir, las que están en contacto con el estroma del cloroplasto. En las laminillas apiladas se encuentran el fotosistema I, el fotosistema II y la cadena de citocromos, pero no la ATP sintetasa (partículas CF), mientras que en las laminillas no apiladas se encuentran el fotosistema I (falta el II), la cadena de citocromos y las partículas CF (Fig. 5.24). En cuanto a los lípidos, parece que la proporción monogalactosil-diacilglicerol/digalactosil-diacilglicerol es 3/1 en las laminillas apiladas y 1/1 en las laminillas no apiladas.

Estos resultados concuerdan con los estudios realizados sobre las laminillas del cloroplasto mediante la técnica de criofractura. Estos estudios muestran que las laminillas apiladas tienen una estructura diferente a la de las no apiladas. Además, dentro de cada tipo de laminilla existe una asimetría entre ambas hemimembranas, como ocurre en la membrana plasmática y otras membranas citoplásmicas. Estas diferencias entre hemimembranas se deben al distinto grado de embebimiento de las proteínas de los fotosistemas I y II y de los transportadores de electrones. Así, el complejo productor de oxígeno y la PC se encuentran en la hemimembrana intratilacoidal, mientras que la Fd y FNR se sitúan en la hemimembrana del estroma. Las partículas CF hacen prominencia hacia el estroma. Además, aunque se ubique propiamente en el estroma, la enzima RUBISCO aparece adosada a la hemimembrana estromal.

La ausencia del fotosistema II en las laminillas no apiladas parece implicar que en estas laminillas no tendría lugar el transporte electrónico completo. De hecho, se sabe que, además de la fotosíntesis explicada, los

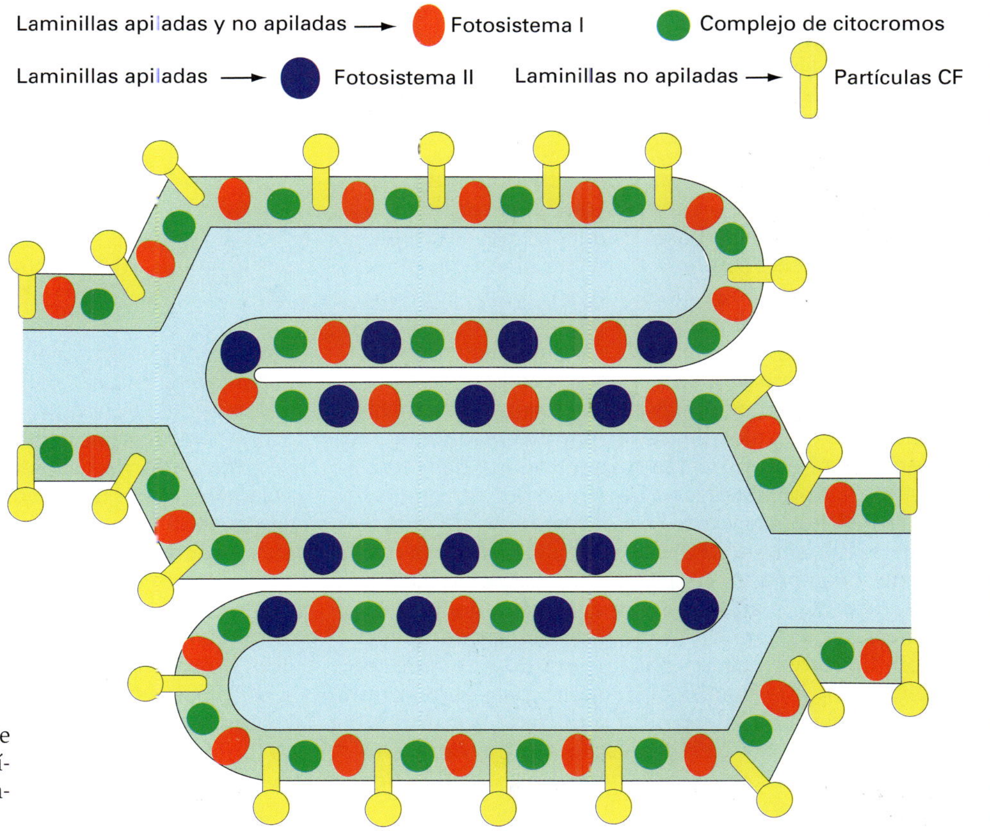


**Figura 5.24.** Localización de los componentes de la fase lumínica de la fotosíntesis en las laminillas del cloroplasto.

cloroplastos realizan otra modalidad de fotosíntesis en la que no participa el fotosistema II. Este proceso se inicia con la captación de energía por parte del fotosistema I y el transporte de los electrones hasta la Fd, la cual, en vez de cederlos al $NADP^+$, los transfiere a la plastoquinona que, a su vez los transfiere por la ruta normal hasta el fotosistema I, donde alcanzan la Fd y vuelven a repetir el ciclo. De ahí el nombre de *fotosíntesis cíclica* dado a este proceso, cuyo objeto no es generar NADPH sino sólo ATP, ya que el transporte de electrones va asociado a la fotofosforilación.

## LA FOTOSÍNTESIS EN PLANTAS $C_4$

En las hojas de algunas angiospermas herbáceas de climas áridos, las células que rodean el sistema vascular, formando la llamada *vaina del haz,* poseen grandes cloroplastos que contienen numerosas laminillas, pero escasos grana y abundante almidón en el estroma. Los cloroplastos del parénquima (*mesófilo*) de la hoja de estas plantas son normales, sin almidón y con abundantes grana. Estas diferencias morfológicas se corresponden con una especialización bioquímica diferente en ambos tipos celulares en relación con la fotosíntesis: la vía $C_4$. En el ciclo de Calvin de la fotosíntesis normal, el $CO_2$ incorporado de la atmósfera se fija sobre una molécula de RUBISCO para dar lugar a dos moléculas de ácido 3 fosfoglicérico, que constituye el primer paso de la asimilación del carbono, pero como esta enzima tiene poca afinidad por el $CO_2$, las plantas normales sólo pueden fijarlo en concentraciones superiores a 50 partes por millón. En las plantas $C_4$, las células del mesófilo utilizan otra enzima (fosfoenol piruvato carboxilasa), que une el $CO_2$ al fosfoenol piruvato y forma oxalacetato, el cual posee cuatro átomos de carbono: de ahí el nombre dado a estas plantas, para distinguirlas de las plantas normales o plantas $C_3$.

Las plantas $C_4$ pueden fijar $CO_2$ incluso cuando éste se halla en la atmósfera en concentraciones casi insignificantes (1-2 partes por millón). La utilidad del sistema $C_4$ reside en que hace posible la fotosíntesis en condiciones de temperaturas muy altas. Ello exige que los estomas estén casi cerrados para evitar la pérdida de agua de la planta, lo que permite fijar el $CO_2$ aunque éste penetre en escasa cantidad por esos estomas. Las plantas $C_4$ siguen realizando la fotosíntesis de esa forma especial incluso cuando los niveles de $CO_2$ son muy elevados.

Sin embargo, estas plantas presentan una desventaja, pues los compuestos $C_4$ que sintetizan no pueden convertirse en hexosas, que son el resultado de la fase oscura de la fotosíntesis. Para conseguirlo, algunas moléculas de oxalacetato se convierten en aspartato y otras en malato, los cuales pasan a la vaina del haz. En estas células cada una de ambas moléculas de cuatro carbonos (C) se escinde en dos: 1) una de tres átomos de C (piruvato), que vuelve al mesófilo para regenerar fosfoenol piruvato en la reacción catalizada por la piruvato fosfato diquinasa (reiniciándose el ciclo de la formación de compuestos de cuatro carbonos), y 2) una molécula de $CO_2$ que se acumula en las células de la vaina del haz en una proporción de hasta 100 veces más que en el mesófilo, lo que hace que las células de la vaina del haz realicen ávidamente la fotosíntesis normal.

Semejantes a las plantas $C_4$ son las *CAM* (*crasulacean acid metabolism*), que son plantas suculentas propias de climas áridos. La diferencia entre ambos tipos de plantas es que, en las CAM, la separación entre la fase de síntesis de compuestos $C_4$ y la fotosíntesis normal con formación de hidratos de carbono no es espacial, como en la plantas $C_4$, sino temporal. La fase $C_4$ tiene lugar en las horas de oscuridad, y el malato se almacena en la vacuola. En las horas de luz, el malato abandona la vacuola y origina fosfoenol piruvato (que reinicia el ciclo) y $CO_2$ (que realiza la fotosíntesis normal). Por tanto, las plantas CAM sólo fijan $CO_2$ en la oscuridad, manteniendo cerrados los estomas durante el día. Estas plantas CAM son las únicas que pueden sobrevivir en climas casi desérticos, aunque su crecimiento es muy lento.

## OTRAS FUNCIONES DE LOS CLOROPLASTOS

Además de la síntesis de hidratos de carbono, los cloroplastos y otros plastidios son también fundamentales para el metabolismo intermedio, pues producen la mayor parte de la energía y el poder reductor, en forma de ATP y NADPH, necesarios para las reacciones biosintéticas de la planta.

En los plastidios tiene también lugar la síntesis de bases púricas y pirimidínicas, así como la de muchos aminoácidos y la de todos los ácidos grasos de la planta. Los ácidos grasos vegetales son sintetizados a partir del acetil-CoA y poseen entre 12 y 20 átomos de carbono.

En el estroma de los cloroplastos se libera amoníaco por reducción de nitritos, los cuales proceden del citosol, donde se obtuvieron por reducción de nitratos.

# CROMOPLASTOS

Los cromoplastos jóvenes, tal como los que se ven en el tomate, son semejantes a los cloroplastos, y contienen laminillas y algunos grana. Pero, con el tiempo, los grana van disminuyendo al perder la clorofila, y en su interior se forman cristales de *licopeno* (un precursor del *caroteno* $\beta$). Estos cristales tienen forma ondulada y se parecen a membranas adosadas. Están contenidos en el interior dilatado de laminillas. En el estroma del cromoplasto hay plastoglóbulos (que contienen plastoquinonas, como en los cloroplastos, o pigmentos carotenoides), gotitas de lípido y algunos granos de almidón, pues, a veces, los cromoplastos se asemejan a los amiloplastos (Fig. 5.25.A).

Los cromoplastos maduros tienen forma irregular. La doble membrana se conserva, pero las laminillas quedan ondulantes o incluso forman figuras de mielina. Algunas aparecen dilatadas y contienen carotenos $\beta$ que, con el microscopio óptico, aparecen como crista-

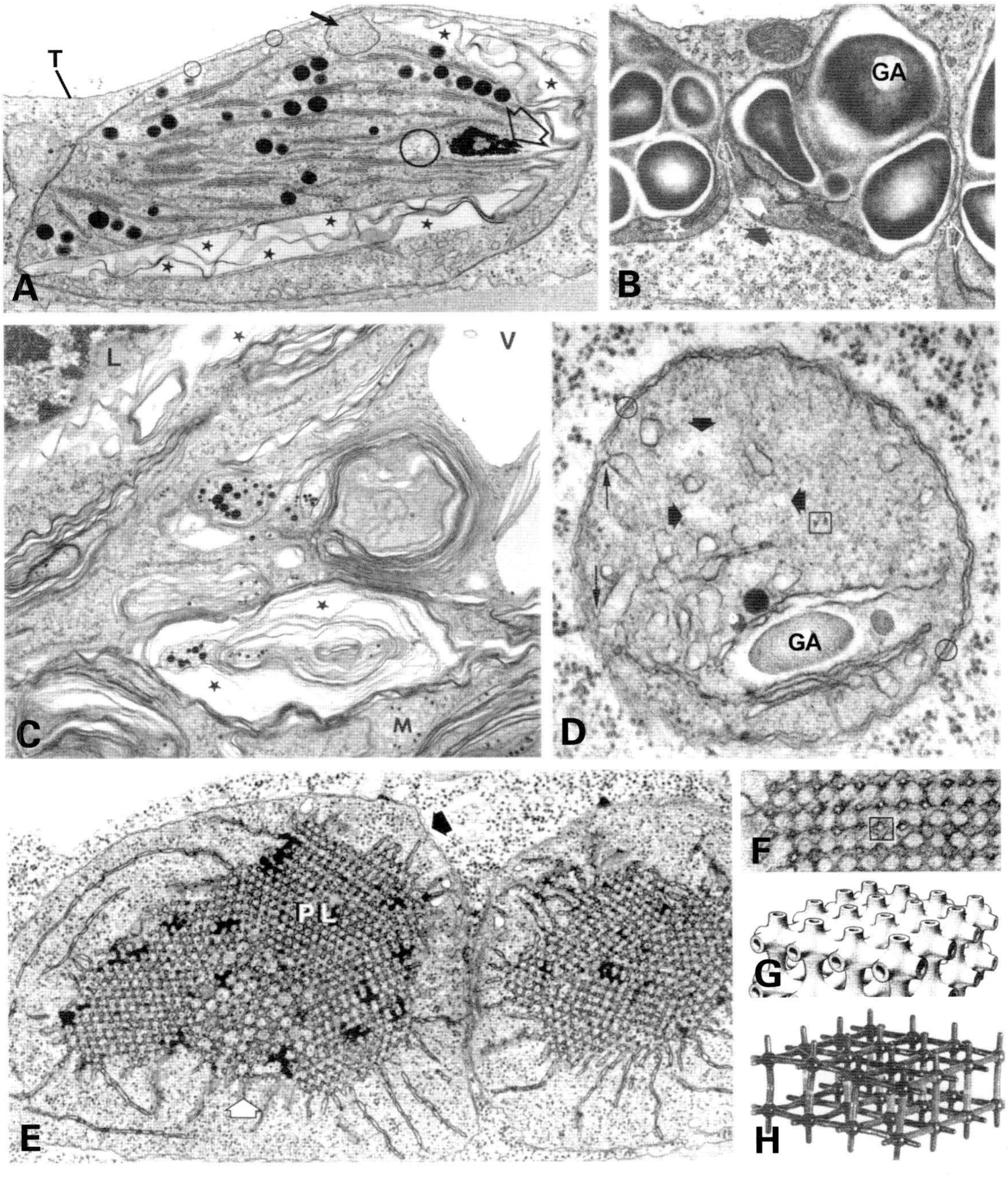


**Figura 5.25.** **A**: Cromoplasto joven del fruto del tomate. Se observan la doble membrana de la envoltura (círculos pequeños), cristales de licopeno (estrellas), un cuerpo denso de inclusión rodeado por membrana (flecha), y agregados de material denso (flecha abierta). El círculo grande encierra un área clara que contiene el nucleoide. T: tonoplasto de la vacuola celular. X26 000. **B**: Dos amiloplastos de raíz de *Glycine*. Se aprecian la envoltura (flecha negra), un área clara que contiene el nucleoide (flecha blanca), y escasas laminillas (estrella), algunas de las cuales (flechas abiertas) rodean los gránulos de almidón (GA) que resultan parcialmente extraídos durante el proceso de fijación e inclusión. X19 000. **C**: Cromoplastos maduros del fruto de la corola de *Narcissus poteicus*. Estos cromoplastos han perdido el contorno regular y contienen laminillas dilatadas que encierran carotenos β que han sido extraídos durante la fijación (estrellas). L: gota lipídica. M: mitocondria. V: vacuola. X20 000. **D**: Proplasto de células meristemáticas del tallo de avena. Se aprecian la doble membrana (círculos) y un inicio de tilacoides conectados a ella (flechas pequeñas). El recuadro encierra ribosomas. Las flechas mayores señalan fibrillas del nucleoide. GA: gránulo de almidón. No hay grana. X12 300. **E:** Etioplastos de hoja de avena, desarrollados en la oscuridad. La flecha negra señala la envoltura y la flecha blanca señala laminillas normales que conectan con los cuerpos prolamelares (PL). X38 500. **F**: Detalle de los cuerpos prolamelares. El cuadrado enmarca la unidad de construcción. X64 000. **G** y **H**: Dos modelos tridimensionales de formaciones características de cuerpos prolamelares. (Tomado de Gunning BES, Steer MW. *Ultrastructure and the Biology of Plant Cells.* London, Edward Arnold, 1975.)

les piriformes o alargados, aunque con el microscopio electrónico se distinguen mal, pues se disuelven durante la fijación. Además, hay ribosomas como los de los cloroplastos y un nucleoide de DNA (Fig. 5.25.C).

Los cromoplastos están constituidos por un 22% de proteínas, un 58% de lípidos y pigmentos carotenoides y un 3% de RNA.

El origen de los cromoplastos es controvertido. Según Stringer, provienen de cloroplastos que pierden la clorofila y adquieren otros pigmentos de tipo caroteno β.

## LEUCOPLASTOS

Los leucoplastos son plastidios incoloros, fotosintéticamente inactivos y generalmente de mayor tamaño que los cloroplastos y de forma más irregular. Poseen doble membrana y, cuando se encuentran en condiciones de buena iluminación, pueden desarrollar algunas laminillas e incluso grana, lo que apunta a que se originan a partir de los cloroplastos. Su función y principal característica morfológica es la acumulación de sustancias de reserva, bien de tipo lipoproteína o de almidón.

Los leucoplastos más característicos contienen almidón, y se denominan *amiloplastos*. Este almidón proviene del transporte de sacarosa hasta el amiloplasto y constituye una reserva. Forma granos redondeados, ovoides o piriformes, que miden desde 3 μm hasta 50 μm de diámetro. Al ir creciendo, los granos van configurando capas concéntricas, de contorno muy variable, que se observan muy bien con el microscopio óptico. Con el microscopio electrónico, debido a la extracción o retraimiento durante la fijación, a veces no se observa esta configuración laminar sino un material denso, homogéneo en la periferia y parcialmente extraído en el interior, rodeado de un halo claro que, probablemente, corresponde al hueco dejado por el material extraído. Los granos de almidón están en el estroma, sin rodearse de membrana (Fig. 5.25.B).

En los elementos de los tubos cribosos los granos de almidón son semejantes a los del glucógeno animal. Esto se debe a que contienen una gran proporción de cadenas ramificadas de glucosa y adquieren aspecto granular.

Las lipoproteínas forman masas densas irregulares, del tamaño de los granos de almidón o incluso mayores, contenidas dentro de membranas de laminillas.

## PROPLASTOS

Los proplastos son los plastidios más jóvenes o inmaduros, a partir de los cuales se pueden diferenciar todos los demás tipos. También pueden replicarse y formar otros proplastidios.

Su forma es redondeada, y su tamaño, mucho menor que el de los otros plastidios. Los más sencillos poseen una doble membrana y en su interior sólo se aprecian algunos gránulos de estructura y composición poco definida. Lo normal es que contengan algunas laminillas (de tipo tubular o laminar), ribosomas y algún pequeño gránulo de almidón. Así es como se observan en meristemos de raíces y tallos (Fig. 5.25.D). En presencia de luz, los proplastos de las células del parénquima comienzan a producir laminillas y grana, transformándose en cloroplastos.

## ETIOPLASTOS

Si los proplastos se diferencia en la luz, dan lugar a cloroplastos, pero si se diferencian en la oscuridad dan origen a etioplastos. Éstos presentan estructuras laminares, pero sobre todo tubulares, que se organizan geométricamente constituyendo estructuras cristalinas (*cuerpos prolamelares*) que contienen un precursor de la clorofila, de color amarillo, llamado *protoclorofilida*. No hay *grana* (Figs. 5.25.E-5.25.H).

Si se exponen estas plantas a la luz, los etioplastos se transforman en cloroplastos. Puede verse cómo los cuerpos prolamelares van originando laminillas, al principio fenestradas, que después acaban diferenciando grana con clorofila (Fig. 5.26).

## ORIGEN DE LOS PLASTIDIOS

Como las mitocondrias, los plastidios poseen un DNA propio y pueden proliferar en el citoplasma mediante división y crecimiento.

En algas con un solo cloroplasto, éste se divide en dos poco antes de la mitosis. La división de los cloroplastos se produce mediante un estrangulamiento de la envoltura, previo reparto del DNA entre ambas mitades. Parece que la FtsZ, que intervienen en la citocinesis de las bacterias ejerce el mismo efecto en los cloroplastos. Los cloroplastos hijos pueden crecer por incorporación de nuevo material sintetizado en el citoplasma o en el propio cloroplasto.

Los cloroplastos pueden también diferenciarse de los proplastos (Fig. 5.26), los cuales también pueden dividirse. La luz y las citoquininas favorecen la diferenciación de los cloroplastos a través de diversos mecanismos como los que estimulan la síntesis de clorofila. Muchos de los genes que controlan el desarrollo del cloroplasto (un 20% de los genes del propio cloroplasto y algunos genes nucleares) son activados por la luz mediante un pigmento fotorreceptor de tipo *fitocromo*.

Aunque no se conocen bien las interrelaciones entre los diferentes tipos de plastidios en las plantas superiores, parece establecido que todos los plastidios provienen de los proplastos. Frey-Wyssling y Mühlethaler (1965) siguieron este desarrollo en experimentos con parénquima foliar. En la luz los proplastos daban cloroplastos; en la oscuridad originaban etioplastos, que al pasar a la luz se diferenciaban en cloroplastos.

En cuanto a las relaciones entre leucoplastos, cloroplastos y cromoplastos, se han sugerido dos posibilidades: 1) se habría producido una evolución progresiva en la que los cromoplastos serían los plastidios más viejos, más evolucionados en el sentido: proplastos ⇒ leucoplastos ⇒ cloroplastos ⇒ cromoplastos; y 2) existiría una interconvertibilidad entre los tres tipos de plastidios.

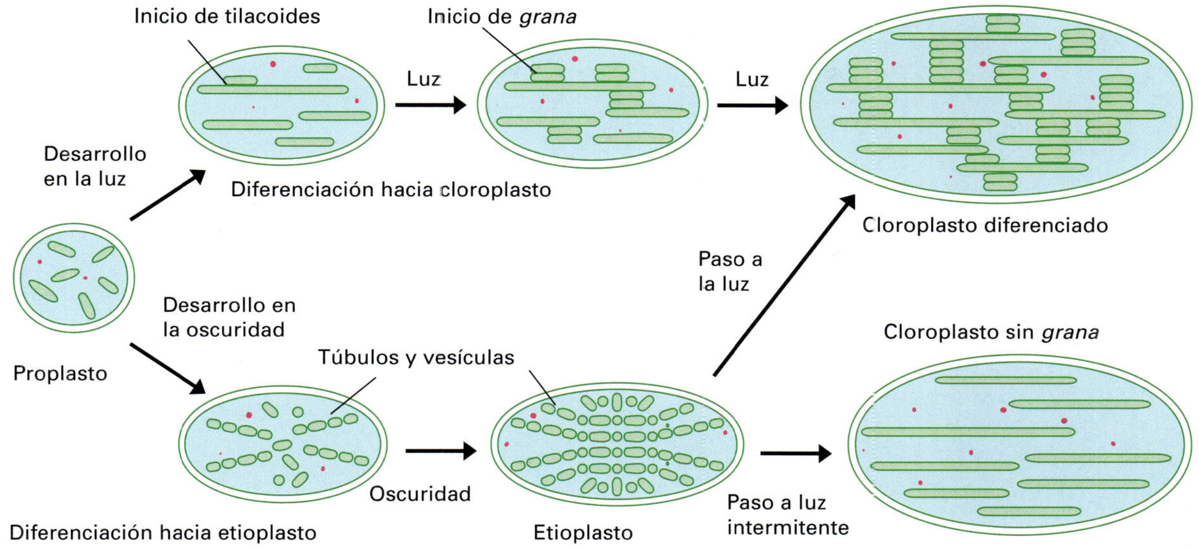


**Figura 5.26.** El desarrollo normal, en la luz, de los proplastos induce la formación de cloroplastos. Si los proplastos se desarrollan en la oscuridad, se forman etioplastos. Éstos pueden pasar a cloroplastos al exponer la planta a la luz, pero si se someten a luz intermitente, se desarrollan cloroplastos sin *grana*.

# PEROXISOMAS

## ESTRUCTURA

Los peroxisomas, junto con las mitocondrias, son orgánulos celulares que desempeñan una función primordial en la utilización del oxígeno. Morfológicamente se parecen a los lisosomas, pues son partículas esféricas, limitadas por una membrana, de un diámetro variable que oscila entre 0.3 y 1.5 µm, y con un contenido enzimático (Fig. 5.27). Sin embargo, difieren funcionalmente de los lisosomas, pues las enzimas que contienen no son hidrolasas ácidas sino enzimas que intervienen en el metabolismo del $H_2O_2$ y colaboran con las mitocondrias y cloroplastos en algunas funciones.

Los peroxisomas se observaron por primera vez en el riñón y el hígado de roedores, hacia 1950, cuando comenzaron los estudios de la célula con el microscopio electrónico; se les denominó *microcuerpos*. En el hígado se distribuyen irregularmente, a diferencia de los lisosomas, que se disponen en la proximidad de los canalículos biliares. Posteriormente, los peroxisomas se fueron localizando en muchos tipos celulares de vertebrados, protozoos, levaduras y en algunos tipos celulares de vegetales superiores. Entre estos últimos están los tejidos verdes, que realizan la fotorrespiración, y el endosperma, que contiene abundante grasa y constituye una reserva alimenticia para el desarrollo del embrión tras la germinación de la semilla. Con el tiempo, se han observado peroxisomas en casi todos los tipos celulares, hasta el punto de que se consideran un orgánulo habitual de las células; si bien no siempre es posible identificarlos por su aspecto morfológico y hay que emplear técnicas especiales para ponerlos de manifiesto. Así, en los enterocitos son muy abundantes, pero pasan inadvertidos por su pequeño tamaño (alrededor de 0.2 µm) y su contenido claro.

Una de las técnicas citoquímicas específicas para la identificación de los peroxisomas es la adición de *diaminobencidina* y $H_2O_2$, que reaccionan con la intervención de una de las enzimas del peroxisoma, la *catalasa*. Como resultado de la oxidación de la diaminobencidina se produce un precipitado que es visible incluso con el microscopio óptico.

Vistos con el microscopio electrónico los peroxisomas presentan un contenido granular fino. Algunos peroxisomas contienen estructuras cristalinas, que parecen corresponder a la enzima *oxidasa de urato*. Estos nucleoides cristalinos varían según el tipo celular; en general, están constituidos por túbulos, unos de 10 nm y otros de 4.5 nm de diámetro, formando distintos tipos de redes (Fig. 5.27). Algunos peroxisomas (como los del hígado y riñón de roedores) contienen una placa marginal densa, de unos 8.5 nm de espesor, separada de la membrana del peroxisoma por un espacio claro. Varios autores han observado canalículos que unen los peroxisomas entre sí. La membrana del peroxisoma tiene 7 nm de espesor y su composición es similar a la del retículo endoplasmático. Posee transportadores de electrones, como el citocromo $b_5$, y las enzimas reductasa de $b_5$-NADH y reductasa de citocromo $P_{450}$-NADH.

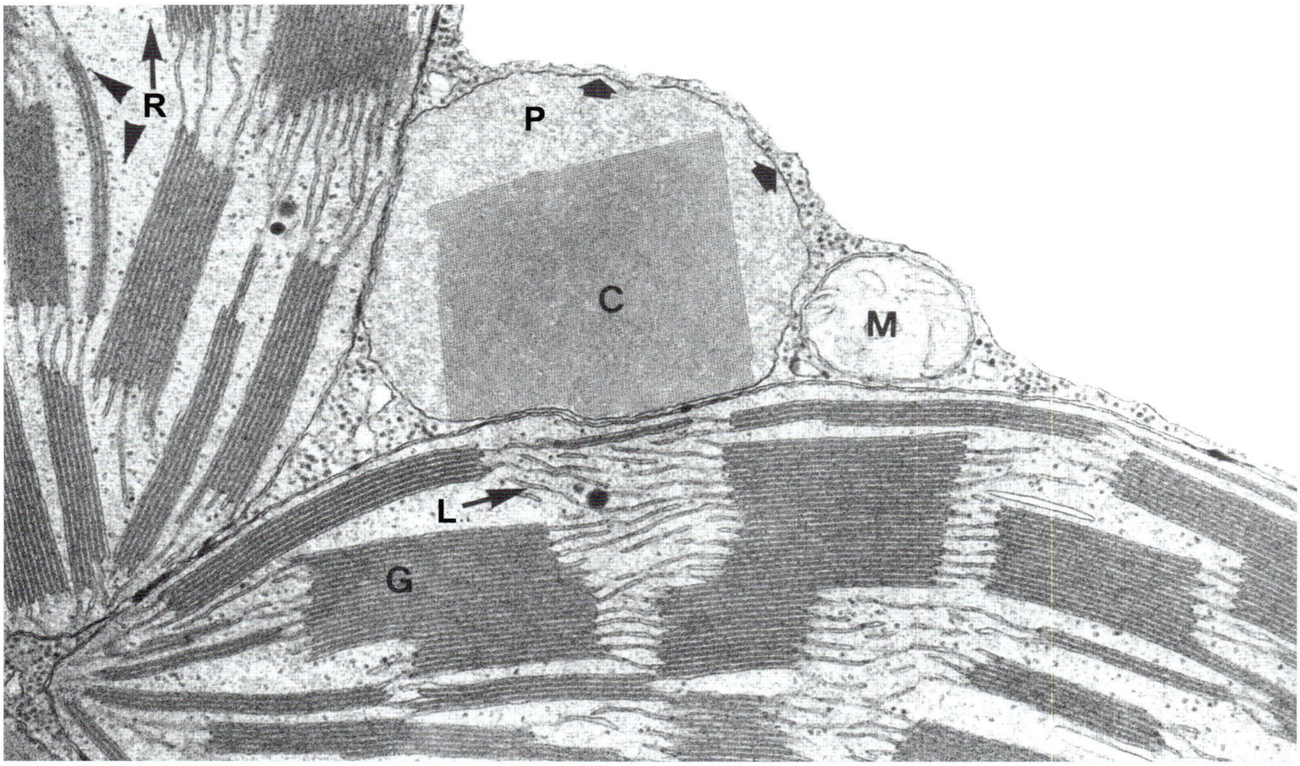


**Figura 5.27.** Peroxisoma (P) que participa en el ciclo del ácido glicólico producido por los cloroplastos. La membrana (flechas) encierra una inclusión cristalina (C). Los cloroplastos adyacentes muestran *grana* (G), laminillas libres (L), y ribosomas (R). M: mitocondria. Hoja de tabaco. X60 000. (Micrografía de Frederick SE y Newcomb EH. Tomada de *Journal of Cell Biology,* 1969; 43: 343.)

Los peroxisomas se aíslan inicialmente en la misma fracción celular que los lisosomas pero, como son más pesados que éstos, al volver a centrifugar en gradiente de sacarosa, los peroxisomas quedan más al fondo que los lisosomas, pudiendo así ser separado de éstos (véase Fig. 1.12).

## FUNCIÓN

### ACTIVIDAD ENZIMÁTICA

Los peroxisomas se denominan así porque sus enzimas utilizan el oxígeno molecular para eliminar átomos de hidrógeno de sustratos específicos, a través de una reacción oxidativa que produce $H_2O_2$. La reacción global sería: $RH_2 + O_2 \Rightarrow R + H_2O_2$, siendo $RH_2$ el sustrato oxidable (aminoácidos, cetoácidos $\alpha$, ácido úrico, alantoína, acil-CoA, enoil-CoA, ácido glicólico, ácido glioxílico, etc.) (Fig. 5.28).

Las enzimas que catalizan esta reacción son las *oxidasas flavínicas*, llamadas así porque tienen una flavina como grupo prostético. Entre ellas se encuentran *oxidasas de aminoácidos*, la *oxidasa de acil-CoA*, la *oxidasa de glicolato* y la *oxidasa de urato*, denominadas de acuerdo con el sustrato.

El $H_2O_2$ resultado de la reacción es un producto muy tóxico que es eliminado por otra enzima del peroxisoma, llamada *catalasa,* que posee un grupo prostético hemo. La eliminación puede ser directa, según la reacción $2H_2O_2 \Rightarrow 2H_2O + O_2$, o puede seguir otra vía que consiste en emplear el $H_2O_2$ para oxidar diversas sustancias como alcoholes, fenoles, ácido fórmico, formaldehído y acetaldehído, según la reacción: $H_2O_2 + R'H_2 \Rightarrow R' + 2H_2O$; siendo $R'H_2$ una de las sustancias mencionadas.

A diferencia de las oxidaciones respiratorias mitocondriales, las que se desarrollan en los peroxisomas no están acopladas a la fosforilación del ADP en ATP.

No todas las enzimas mencionadas aparecen siempre en los peroxisomas de todos los tejidos, pero al menos la catalasa está siempre presente. Esta enzima constituye el 40% de la proteína total de los peroxisomas del hígado. En determinados tejidos, los peroxisomas pueden contener, además de algunas de las enzimas mencionadas, otras enzimas relacionadas específicamente con la degradación de bases púricas o de lípidos o, en los vegetales, con la fotorrespiración.

Mediante su dotación enzimática los peroxisomas pueden intervenir en diversas vías metabólicas, que difieren según los organismos y el tipo de tejido. Las funciones específicas mejor conocidas son el catabolismo de las purinas, el metabolismo de los lípidos y el metabolismo del ácido glicólico.

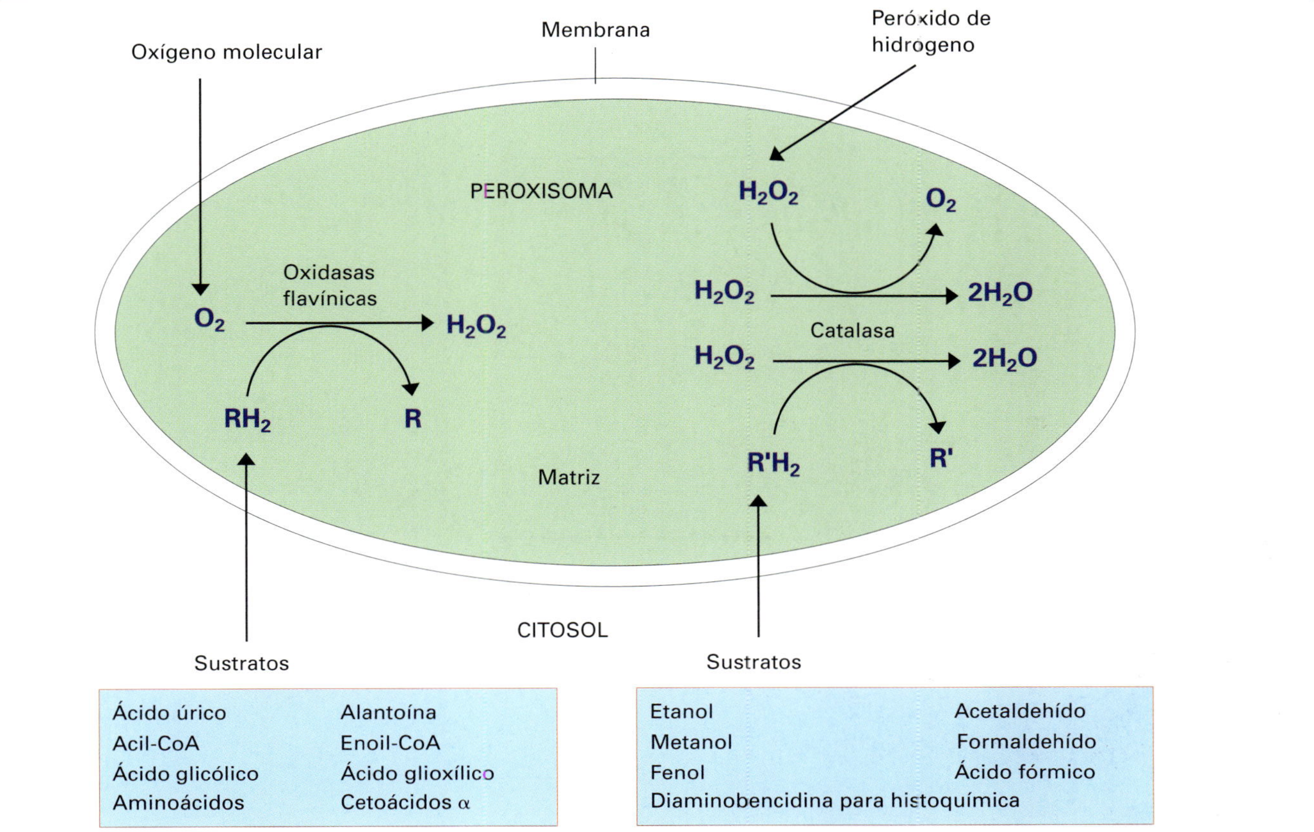


**Figura 5.28.** Los peroxisomas contienen enzimas que reducen el oxígeno a agua. Esta reducción se realiza en dos etapas, produciéndose peróxido de hidrógeno como producto intermedio. Las oxidasas flavínicas oxidan los sustratos $RH_2$ formando $H_2O_2$. La catalasa realiza la peroxidación de un sustrato $R'H_2$ por el $H_2O_2$ o la peroxidación del $H_2O_2$ por otra molécula de $H_2O_2$, formando $H_2O$.

## CATABOLISMO DE LAS PURINAS

Los ácidos nucleicos viejos son degradados en sus constituyentes por nucleasas específicas: primero en nucleótidos y, después, en bases púricas y pirimidínicas. Estas bases son reutilizadas para la síntesis de nuevos ácidos nucleicos o degradadas (Fig. 5.29). En la degradación de las bases púricas (adenina y guanina) intervienen diversas enzimas del peroxisoma. El $H_2O_2$ que se libera con estas oxidaciones es descompuesto por la *catalasa*. En las aves, los insectos y en algunos mamíferos, entre ellos los primates y el hombre, el producto final de la degradación es el *ácido úrico*. En otros mamíferos, en las tortugas y en los moluscos, el ácido úrico es degradado a *alantoína,* que en algunos peces teleósteos continúa su degradación hasta *ácido alantoico*. En algunos peces, anfibios e invertebrados marinos el ácido alantoico es degradado a *ácido glioxílico* y *urea*. Esta última puede ser finalmente convertida en *amoníaco*.

## METABOLISMO DE LOS LÍPIDOS EN LAS CÉLULAS ANIMALES

Los peroxisomas de las células animales intervienen en el metabolismo de los lípidos realizando procesos que también tienen lugar en otros orgánulos, aunque no todos estos procesos se realizan en todos los tipos celulares ni en todos los organismos.

Entre un 10 y un 25% de los ácidos grasos se degradan en peroxisomas y el resto, en mitocondrias. En ambos orgánulos este proceso de degradación se denomina *oxidación β* y conduce a la formación de *acetil-CoA*. La diferencia reside en que, mientras que en las mitocondrias la primera reacción oxidativa es catalizada por una deshidrogenasa, en los peroxisomas esta oxidación la realiza una *oxidasa flavínica* (Fig. 5.30). La oxidación del acil-CoA por el oxígeno molecular forma $H_2O_2$, que es descompuesto por la *catalasa*. Los acetil-CoA formados pasarán a diferentes rutas, principalmente la biosíntesis de azúcares y el ciclo de Krebs.

En las células animales, el colesterol, el dolicol y los ácidos biliares (estos últimos, sólo en el hígado) se pueden sintetizar en los peroxisomas, además de en el retículo endoplasmático liso. Los peroxisomas sintetizan también *plasmalógenos*. Los plasmalógenos son unos fosfolípidos presentes en algunas membranas (muy abundantes en la vaina de mielina), y difieren de la fosfatidilcolina en que uno de los ácidos grasos se une al glicerol por un enlace del tipo éter en vez de hacerlo por uno del tipo éster.

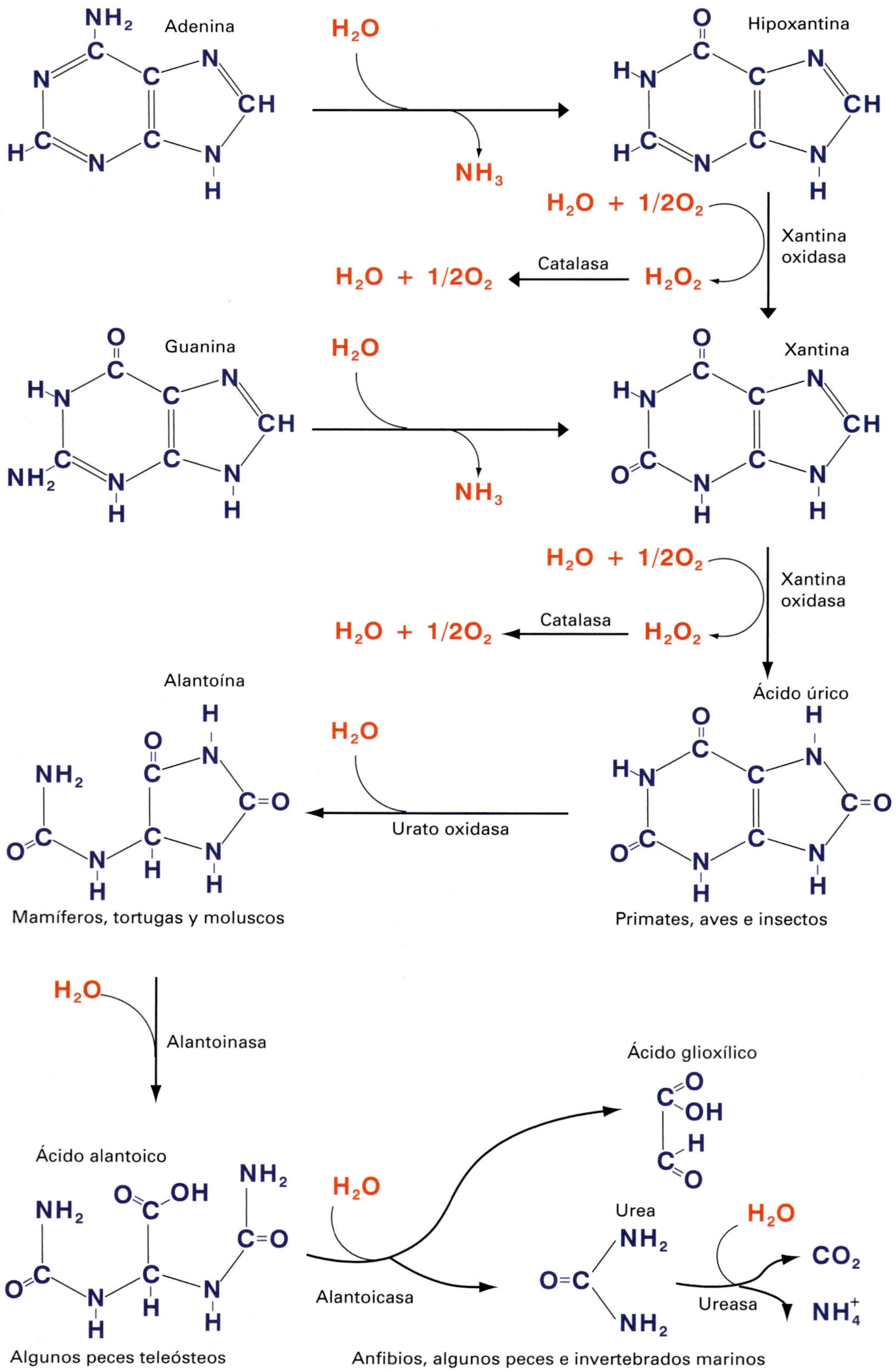


**Figura 5.29.** Catabolismo de las bases púricas y productos finales en algunos grupos zoológicos.

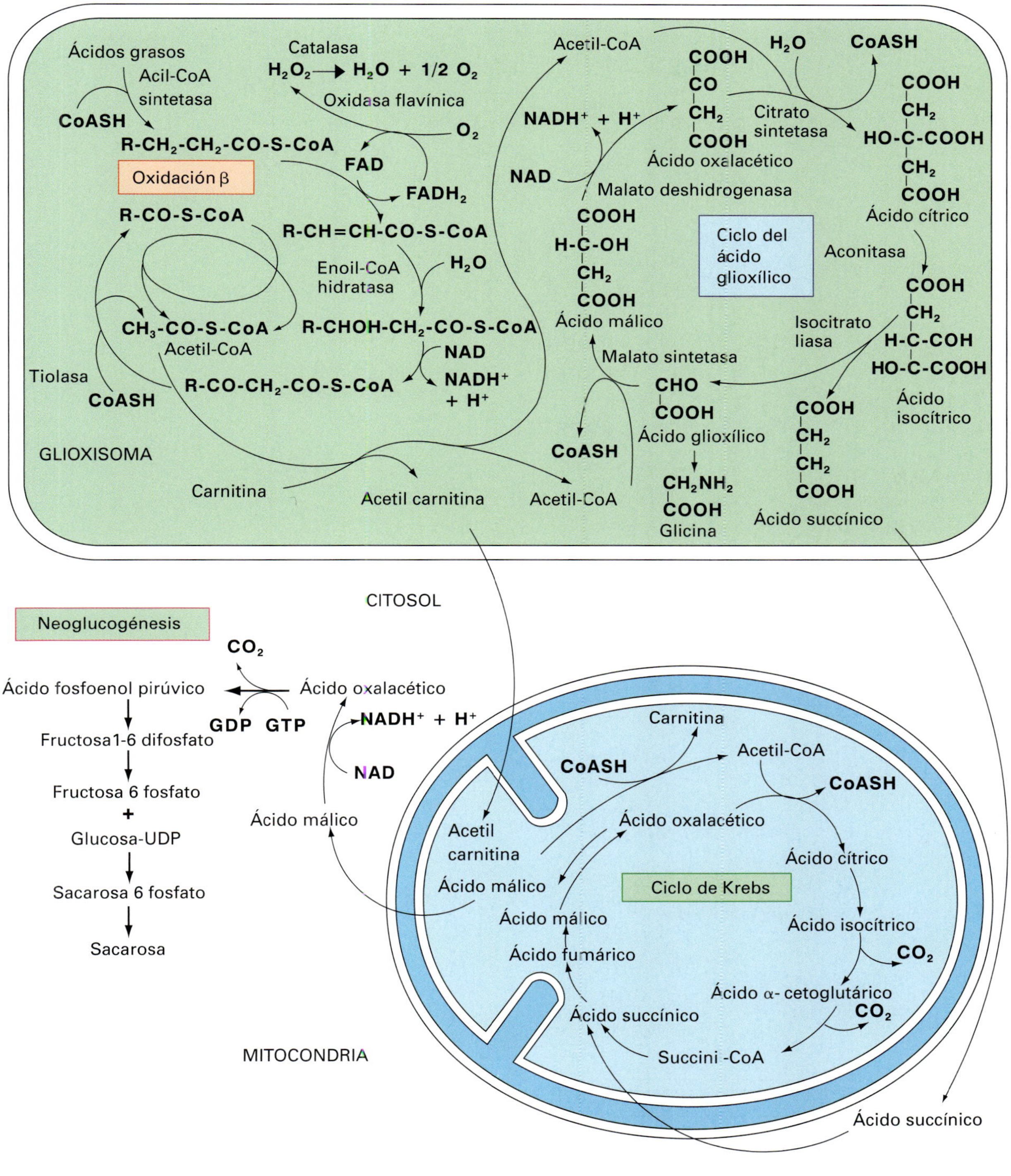


**Figura 5.30.** Reacciones de la oxidación β en el peroxisoma y ciclo del glioxilato.

## CONVERSIÓN DE LAS GRASAS EN HIDRATOS DE CARBONO: CICLO DEL GLIOXILATO

Esta ruta metabólica tiene lugar en algunos órganos vegetales, en los que puede ser importante, y se ha estudiado con detenimiento en la semilla de ricino. Cuando se produce la germinación de esta semilla, la grasa del endosperma se convierte en glúcidos. Las moléculas de acetil-CoA producidas en la degradación de los ácidos grasos son usadas para producir *ácido succínico*, en el proceso conocido como *ciclo del glioxilato* (Fig. 5.30). De ahí el nombre de *glioxisomas* dado a los peroxisomas de estas semi las que contienen las enzimas de este ciclo y son sintetizadas en el momento de la germina-

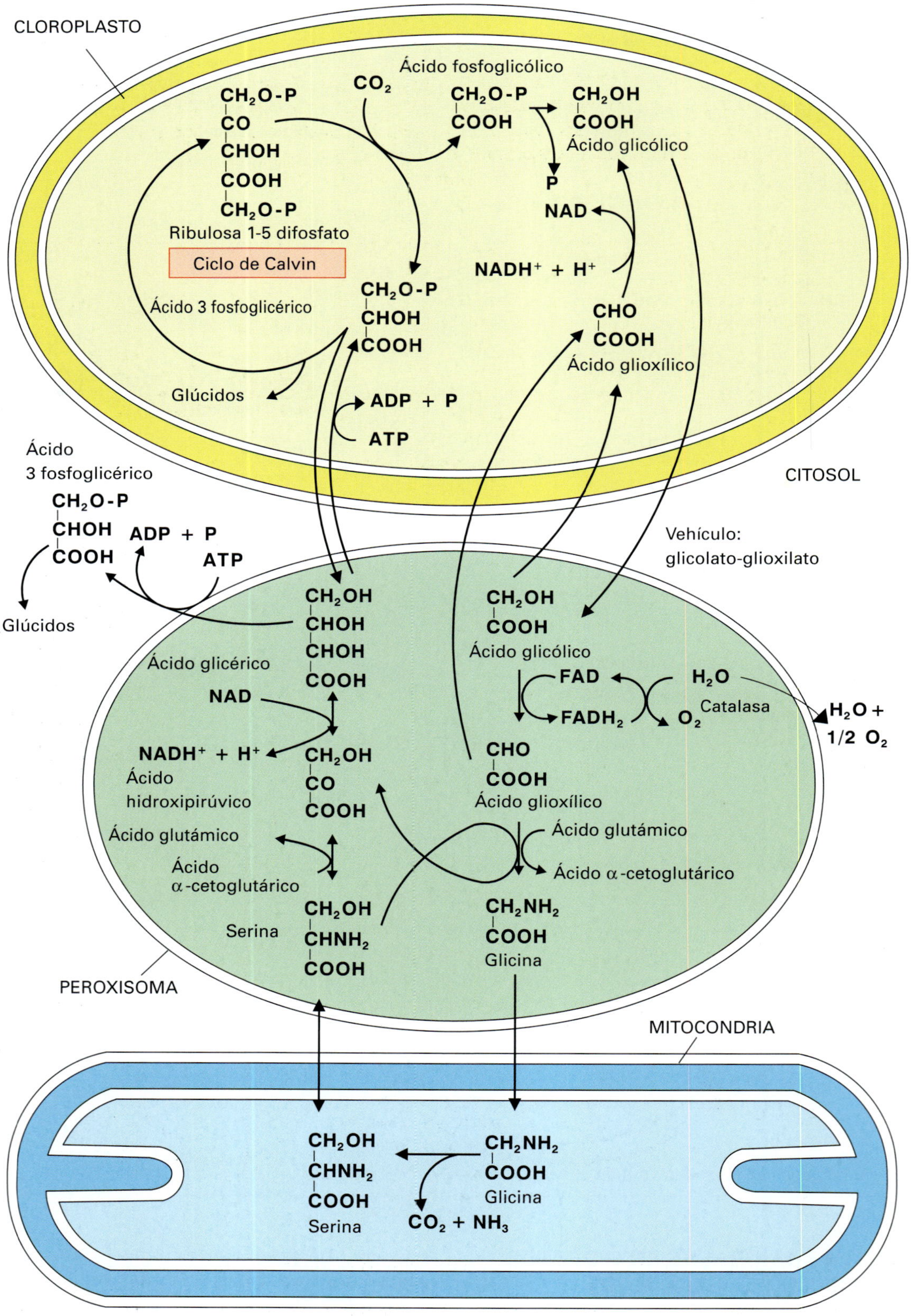


**Figura 5.31.** Ciclo del ácido glicólico.

ción o poco antes. El ácido succínico producido en este ciclo abandona los glioxisomas y penetra en las mitocondrias, en cuya matriz es oxidado en el ciclo de Krebs a *ácido oxalacético*, que abandona las mitocondrias y se convierte en *glucosa* en el hialoplasma.

Peroxisomas que realizan una función similar se han observado no sólo en vegetales, sino también en algunos flagelados como *Euglena* que utilizan los ácidos grasos de cadena corta como fuente de hidratos de carbono.

## METABOLISMO DEL ÁCIDO GLICÓLICO

El *ácido glicólico* es un subproducto de la fotosíntesis de los cloroplastos, producido por la fijación de $O_2$ en la enzima RUBISCO. El ácido glicólico entra en los peroxisomas y es oxidado a *ácido glioxílico*, el cual se convierte en *glicina*, que pasa de los peroxisomas a las mitocondrias donde se transforma en *serina* y $CO_2$ (Fig. 5.31).

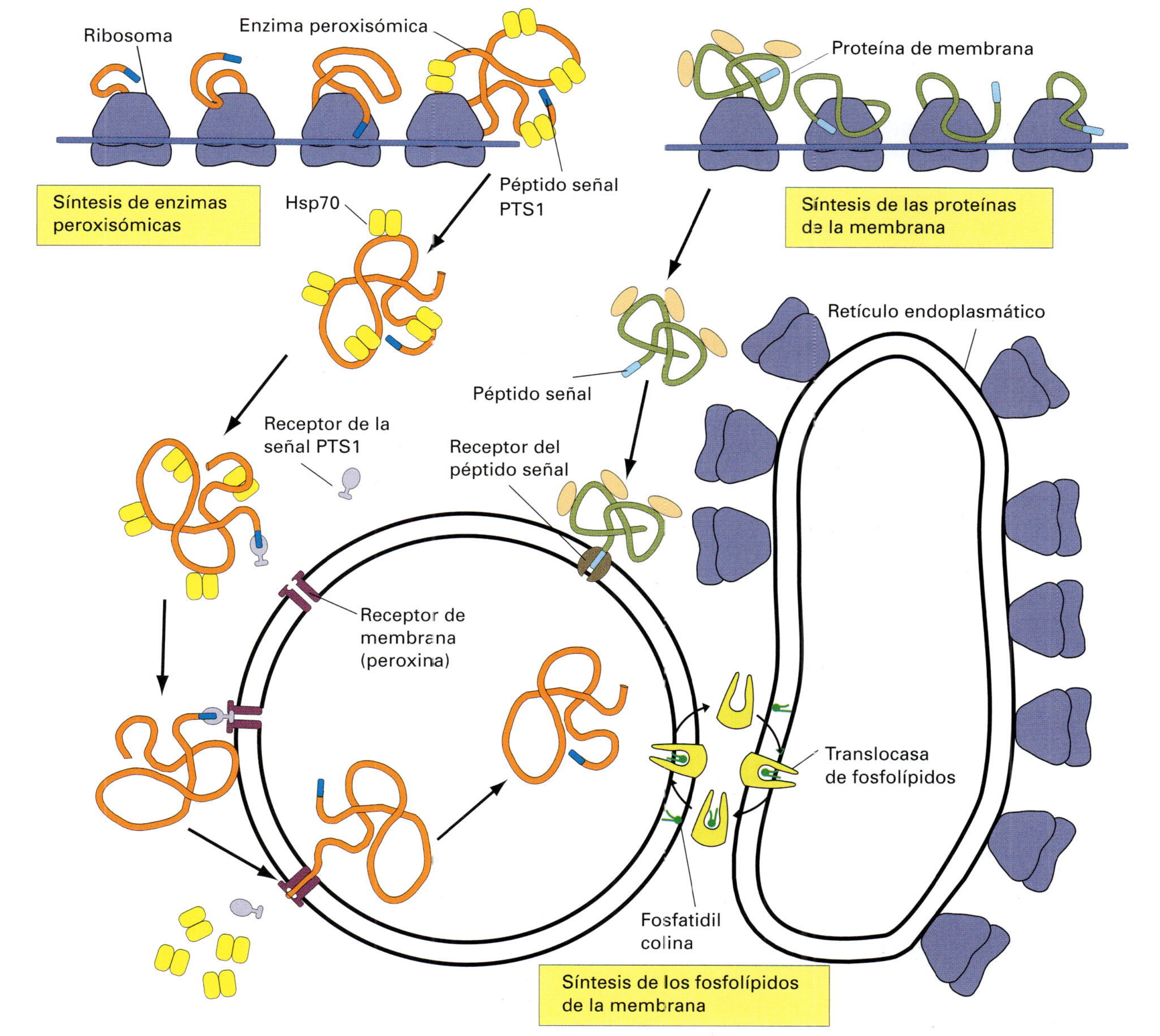


**Figura 5.32.** Formación de un peroxisoma. La membrana del peroxisoma se forma igual que la de las mitocondrias o la de los cloroplastos. Las proteínas se sintetizan en el citosol y llevan un péptido señal para fijarse a la membrana del peroxisoma. Los lípidos son transferidos desde el retículo endoplasmático por una translocasa de fosfolípidos. Las enzimas lisosómicas también se sintetizan en el hialoplasma y llevan un péptido señal especial (PTS1). A este péptido se une un receptor que conduce la proteína hasta la membrana del peroxisoma, donde unas proteínas translocadoras, denominadas peroxinas, introducen las enzimas en el interior de éste.

## OTRAS FUNCIONES

Las reacciones oxidativas de los peroxisomas son muy importantes en el hígado y el riñón, para la bioinactivación de gran cantidad de moléculas tóxicas que entran en la circulación, como por ejemplo el *etanol*. Casi la mitad del etanol ingerido por el organismo es oxidado a *acetaldehído* en los peroxisomas del hígado. En el riñón, los peroxisomas también degradan la triyodotironina a ácido triyodotiropirúvico.

## ORIGEN

Desde antiguo se ha observado una relación entre los peroxisomas y el retículo endoplasmático rugoso. Es muy frecuente que los peroxisomas aparezcan en la proximidad del retículo endoplasmático rugoso; incluso se han publicado imágenes que muestran una continuidad entre el retículo endoplasmático rugoso y una vesícula que contiene el nucleoide cristalino característico de algunos peroxisomas. De ahí que se pensase que los peroxisomas se originarían como una gemación del retículo endoplasmático rugoso desprovista de ribosomas en la que se almacenarían las enzimas peroxisómicas.

Sin embargo, está bien establecido que las enzimas del peroxisoma se sintetizan en los ribosomas libres. Estas enzimas poseen un péptido señal aminoterminal, denominado *PTS (peroxisomal targeting signal)* que en algunas enzimas, como la catalasa, consta de tan sólo tres aminoácidos (Ser, Lys y Leu o secuencia PTS1), pero que en otras enzimas es de mayor longitud (secuencia PTS2, de unos nueve aminoácidos). A estas señales se une una proteína citosólica receptora (PTS1R o PTS2R) que transporta las enzimas hasta receptores específicos de la membrana del peroxisoma denominados *peroxinas*, que las introducen en el peroxisoma. La entrada de estas enzimas requiere Hsp70 citosólicas y ATP, aunque la proteína no necesita desplegarse para penetrar. Mientras que la señal PTS1 permanece siempre unida a la enzima, la señal PTS2 es lisada en el interior del peroxisoma (Fig. 5.32).

En la actualidad se tiende a pensar que la membrana de los peroxisomas no proviene del retículo endoplasmático, sino que se forma en el mismo peroxisoma, importando las proteínas y los lípidos del citosol como ocurre parcialmente en la mitocondria y el cloroplasto. De esta manera, el orgánulo va aumentando de tamaño hasta que se divide por fisión. No hay auto-reproducción, pues el peroxisoma no contiene DNA ni ribosomas. Sin embargo, existen algunas pruebas de que las peroxinas de la membrana del peroxisoma son sintetizadas en el retículo endoplasmático rugoso. Es posible que sean transportados al peroxisoma en vesículas, lo que remite a la primitiva hipótesis de la conexión entre ambos orgánulos.

Según estudios radioautográficos, los peroxisomas tienen una vida media de unos 5 días y se han observado dentro de autolisosomas.

## ENFERMEDADES ORIGINADAS EN LOS PEROXISOMAS

Existe un defecto genético (*enfermedad de Zellweger*) por el que los peroxisomas no contienen enzimas, pues éstas no pueden penetrar en ellos. Los recién nacidos con esta alteración mueren antes del primer año de vida.

Otra alteración (*adrenoleucodistrofia*) impide la entrada de ácidos grasos en el peroxisoma para ser degradados. Esta enfermedad causa insuficiencia suprarrenal, neuropatía sensitivo-motora y paraplejía espástica.

En la *enfermedad de Refsum*, que ocasiona neuropatía, ataxia, ictiosis, ceguera nocturna y retinitis pigmentaria, falta (o es deficiente) la enzima que oxida el ácido fitánico, que es un ácido graso de cadena muy larga.

# BIBLIOGRAFÍA RECOMENDADA

## MITOCONDRIAS


Andre J. Mitochondria. *Biol Cell,* 1994; 80: 103-106.

Arco AD, Satrustegui J. New mitochondrial carriers: an overview. *Cell Mol Life Sci,* 2005; 62: 2204-2227.

Bauer MF, Hofmann S, Neupert W, Brunner M. Protein translocation into mitochondria: the role of TIM complexes. *Trends Cell Biol,* 2000; 10: 25-31.

Benz R. Permeation of hydrophilic solutes through mitochondrial outer membranes: review on mitochondrial porins. *Biochim Biophys Acta,* 1994; 1197: 167-196.

Birky CW. Uniparental inheritance of mitochondrial and chloroplast genes: mechanisms and evolution. *Proc Natl Acad Sci,* 1995; USA 92: 11331-11338.

Darley-Usmar U (Ed). Mitochondria. Wellcome Research Laboratories. *Portland Ress Research Monograph Series,* 1996; 5: 1-298.

Daum G, Vance JE. Import of lipids into mitochondria. *Prog Lipid Res,* 1997; 36: 103-130.

Gray MW, Lang BF, Burger G. Mitochondria of protists. *Annu Rev Genet,* 2004; 38: 477-524.

Jorde LB, Bamshad M, Rogers AR. Using mitochondrial and nuclear DNA markers to reconstruct human evolution. *Bioessays,* 1998; 20: 126-136.

Krebs HA. The history of the tricarboxylic acid cycle. *Perspect Biol Med,* 1970; 14: 154-170.

Kunau WH, Dommes V, Schulz H. Beta-oxidation of fatty acids in mitochondria, peroxisomes, and bacteria: a century of continued progress. *Prog Lipid Res,* 1995; 34: 267-342.

Kuroiwa T, Kuroiwa H, Sakai A, Takahashi H, Toda K, Itoh R. The division apparatus of plastids and mitochondria. *Int Rev Cytol,* 1998; 181: 1-41.

Lister R, Hulett JM, Lithgow T, Whelan J. Protein import into mitochondria: origins and functions today. *Mol Membr Biol,* 2005; 22: 87-100.
Mannella CA. The relevance of mitochondrial membrane topology to mitochondrial function. *Biochim Biophys Acta,* 2006; 1762: 140-147.
Miller WL. Mitochondrial specificity of the early steps in steroidogenesis. *J Steroid Biochem Mol Biol,* 1995; 55: 607-616.
Okamoto K, Shaw JM. Mitochondrial morphology and dynamics in yeast and multicellular eukaryotes. *Annu Rev Genet,* 2005; 39: 503-536.
Pakendorf B, Stoneking M. Mitochondrial DNA and human evolution. *Annu Rev Genomics Hum Genet,* 2005; 6: 165-183.
Perna NT, Kocher TD. Mitochondrial DNA: molecular fossils in the nucleus. *Curr Biol,* 1996; 6: 128-129.
Rapaport D. How does the TOM complex mediate insertion of precursor proteins into the mitochondrial outer membrane? *J Cell Biol,* 2005; 171: 419-423.
Schatz G. Mitochondria: beyond oxidative phosphorylation. *Biochim Biophys Acta,* 1995; 1271: 123-126.
Stuart RA, Neupert W. Topogenesis of inner membrane proteins of mitochondria. *Trends Biochem Sci,* 1996; 21: 261-267.
Tarassov IA, Martin RP. Mechanisms of tRNA import into yeast mitochondria: an overview. *Biochimie,* 1996; 78: 502-510.
Thorsness PE, Weber ER. Escape and migration of nucleic acids between chloroplasts, mitochondria, and the nucleus. *Int Rev Cytol,* 1996; 165: 207-234.
Van der Giezen M, Tovar J, Clark CG. Mitochondrion-derived organelles in protists and fungi. *Int Rev Cytol,* 2005; 244: 175-225.
Van Hall G. Lactate as a fuel for mitochondrial respiration. *Acta Physiol Scand,* 2000; 168: 643-656.
Walter L, Hajnoczky G. Mitochondria and endoplasmic reticulum: the lethal interorganelle cross-talk. J *Bioenerg Biomembr,* 2005; 37: 191-206.
Yi L, Dalbey RE. Oxa1/Alb3/YidC system for insertion of membrane proteins in mitochondria, chloroplasts and bacteria. *Mol Membr Biol,* 2005; 22: 101-111.

## PLASTIDIOS

Buchanan BB, Luan S. Redox regulation in the chloroplast thylakoid lumen: a new frontier in photosynthesis research. *J Exp Bot,* 2005; 56: 1439-1447.
Govindjee D, Coleman WJ. Cómo producen oxígeno las plantas. *Investigación y Ciencia,* 1990; 163: 50-57.
Gutensohn M, Fan E, Frielingsdorf S, Hanner P, Hou B, Hust B, Klosgen RB. Toc, Tic, Tat *et al.*: Structure and function of protein transport machineries in chloroplasts. *J Plant Physiol,* 2006; 163: 333-347.
Heins L, Soll J. Chloroplast biogenesis: mixing the prokaryotic and the eukaryotic? *Curr Biol,* 1998; 8: R215-217.
Hofmann NR, Theg SM. Chloroplast outer membrane protein targeting and insertion. *Trends Plant Sci,* 2005; 10: 450-457.
Keegstra K, Froehlich JE. Protein import into chloroplasts. *Curr Opin Plant Biol,* 1999; 2: 471-476.
Link G. Plastid differentiation: organelle promoters and transcription factors. *Results Probl Cell Differ,* 1994; 20: 65-85.
Ljubesic N, Wrischer M, Devide Z. Chromoplasts. The last stages in plastid development. *Int J Dev Biol,* 1991; 35: 251-258.
Lutkenhaus J. Organelle division: from coli to chloroplasts. *Curr Biol,* 1998; 8: R619-621.
May T, Soll J. Chloroplast precursor protein translocon. *FEBS Lett,* 1999; 452: 52-56.
Muller M, Klosgen RB. The Tat pathway in bacteria and chloroplasts. *Mol Membr Biol,* 2005; 22: 113-121.
Mullet JE. Dynamic regulation of chloroplast transcription. *Plant Physiol,* 1993; 103: 309-313.
Pool MR. Signal recognition particles in chloroplasts, bacteria, yeast and mammals. *Mol Membr Biol,* 2005; 22: 3-15.
Reumann S, Inoue K, Keegstra K. Evolution of the general protein import pathway of plastids. *Mol Membr Biol,* 2005; 22: 73-86.
Richter ML, Gao F. The chloroplast ATP synthase: structural changes during catalysis. *J Bioenerg Biomembr,* 1996; 28: 443-449.
Robinson C. The assembly of chloroplast membranes. *Subcell Biochem,* 1994; 22: 183-198.
Sato N, Terasawa K, Miyajima K, Kabeya Y. Organization, developmental dynamics, and evolution of plastid nucleoids. *Int-Rev-Cytol,* 2003; 232: 217-262.
Somanchi A, Mayfield SP. Nuclear-chloroplast signalling. *Curr Opin Plant Biol,* 1999; 2: 404-409.
Sugita M, Sugiura M. Regulation of gene expression in chloroplasts of higher plants. *Plant Mol Biol,* 1996; 32: 315-326.
Sugiura M, Hirose T, Sugita M. Evolution and mechanism of translation in chloroplasts. *Annu Rev Genet,* 1998; 32: 437-459.
Sugiura M. The chloroplast genome. *Essays Biochem,* 1995; 30: 49-57.
Trissl HW, Wilhelm C. Why do thylakoid membranes from higher plants form grana stacks? *Trends Biochem Sci,* 1993; 18: 415-419.
Wada M, Kagawa T, Sato Y. Chloroplast movement. *Annu Rev Plant Biol,* 2003; 54: 455-468.
Weber AP, Schwacke R, Flugge UI. Solute transporters of the plastid envelope membrane. *Annu Rev Plant Biol,* 2005; 56: 133-164.
Youvan DC, Marra BL. Mecanismo molecular de la fotosíntesis. *Investigación y Ciencia,* 1987; 131: 34-41.

## PEROXISOMAS

Brown LA, Baker A. Peroxisome biogenesis and the role of protein import. *J Cell Mol Med,* 2003; 7: 388-400.
De Duve C. Microcuerpos celulares. *Investigación y Ciencia,* 1983; 82: 34-45.
Eckert JH, Erdmann R. Peroxisome biogenesis. *Rev Physiol Biochem Pharmacol,* 2003; 147: 75-121.
Fahimi HD, Baumgart E. Current cytochemical techniques for the investigation of peroxisomes. A review. *J Histochem Cytochem,* 1999; 47: 1219-1232.
Hashimoto T. Peroxisomal beta-oxidation enzymes. *Neurochem Res,* 1999; 24: 551-563.
Hettema EH, Distel B, Tabak HF. Import of proteins into peroxisomes. *Biochim Biophys Acta,* 1999; 1451: 17-34.
Kunau WH, Erdmann R. Peroxisome biogenesis: back to the endoplasmic reticulum? *Curr Biol,* 1998; 8: R299-302.
Kunau WH. Peroxisome biogenesis: from yeast to man. *Curr Opin Microbiol,* 1998; 1: 232-237.
Mannaerts GP, Van Veldhoven PP. Metabolic pathways in mammalian peroxisomes. *Biochimie,* 1993; 75: 147-158.
Michels PA, Moyersoen J, Krazy H, Galland N, Herman M, Hannaert V. Peroxisomes, glyoxysomes and glycosomes. *Mol Membr Biol,* 2005; 22: 133-145.
Schrader M, Fahimi HD. Mammalian peroxisomes and reactive oxygen species. *Histochem Cell Biol,* 2004; 122: 383-393.
Seedorf U. Peroxisomes in lipid metabolism. *J Cell Biochem Suppl,* 1998; 30-31: 158-167.
Theodoulou FL, Holdsworth M, Baker, A. Peroxisomal ABC transporters. *FEBS Lett,* 2006; 580: 1139-1155.
Thoms S, Erdmann R. Dynamin-related proteins and Pex11 proteins in peroxisome division and proliferation. *FEBS J,* 2005; 272: 5169-5181.

Titorenko VI, Rachubinski RA. The endoplasmic reticulum plays an essential role in peroxisome biogenesis. *Trends Biochem Sci,* 1998; 23: 231-233.

Veenhuis M, Kiel JA, Van Der Klei IJ. Peroxisome assembly in yeast. *Microsc Res Tech,* 2003; 61: 139-150.

Wanders RJ. Functions and dysfunctions of peroxisomes in fatty acid alpha- and beta-oxidation. *New insights. Adv Exp Med Biol,* 1999; 466: 283-299.

## Capítulo 6: Citoesqueleto

# CITOESQUELETO

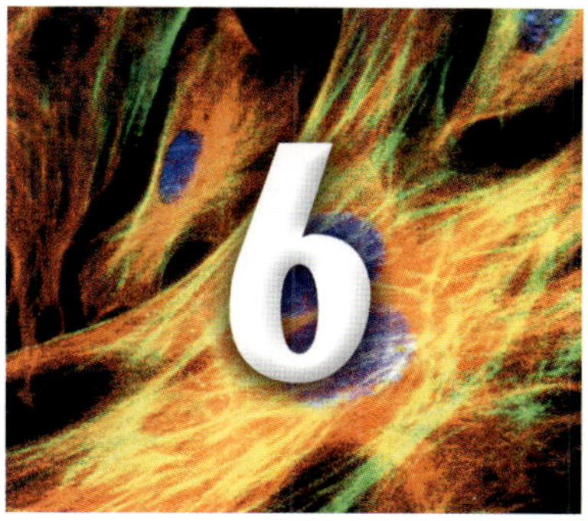


## CARACTERÍSTICAS GENERALES Y COMPONENTES

### PRIMEROS ESTUDIOS SOBRE EL CITOESQUELETO

El citoesqueleto está formado por *microtúbulos*, *microfilamentos* y *filamentos intermedios*. En los primeros estudios con el microscopio electrónico sólo se distinguía entre microtúbulos y microfilamentos. Los microtúbulos se podían reconocer fácilmente por su diámetro de 22-24 nm y su estructura tubular, que aparece como un anillo en los cortes transversales y como dos líneas paralelas, de unos 5 nm de espesor cada una, en los cortes longitudinales. El término microfilamentos (o filamentos celulares) designaba estructuras lineales homogéneas (no tubulares) que aparecen como puntos al corte transversal y como líneas simples (no dobles) al corte longitudinal. Pronto se vio que el término microfilamentos englobaba diversos tipos con estructuras fibrilares, con espesor y composición diferente, que variaban de un tipo celular a otro e incluso dentro de una misma célula.

En una primera aproximación, los filamentos celulares se clasificaron de acuerdo con el tipo celular en el que se observaban. Así, en las células epiteliales se acuñó el término *tonofilamentos* para designar unos filamentos, muy numerosos en los epitelios planos poliestratificados, donde forman haces por el citoplasma, a veces conectados a las uniones intercelulares denominadas desmosomas (véase página 318). En las neuronas se acuñó el término *neurofibrillas* para designar el material que se pone de manifiesto con el microscopio óptico mediante las técnicas de impregnación argéntica y áurica, que permiten visualizar nítidamente el contorno celular. Con la microscopía electrónica recibieron el nombre de *neurofilamentos*. En las células gliales la microscopía electrónica reveló la presencia de numerosos filamentos, que también se manifestaban con técnicas especializadas, como en los astrocitos teñidos con el método del sublimado cloruro de oro de Cajal. Se les llamó *gliofilamentos*. En el músculo liso y en el estriado los microfilamentos son muy abundantes y ocupan la mayor parte del citoplasma. Desde el primer momento de su estudio se presumió que eran los responsables de la contracción muscular. En el músculo estriado se distribuyen con gran precisión, formando bandas claras y oscuras, responsables de la estriación transversal característica. Se les denominó *miofilamentos,* y enseguida se comprobó que había dos tipos netamente diferentes: *gruesos* y *finos*.

Por otra parte, con el microscopio electrónico se fueron observando filamentos en la mayoría de las células, como amebas, fibroblastos, células endoteliales, y otras. Estos filamentos se encuentran dispersos por el citoplasma, sin que su concentración dé lugar a imágenes observables con el microscopio óptico, como en los casos anteriores. Así se llegó a la conclusión de que todas las células, o la inmensa mayoría de ellas, poseen filamentos, si bien no todos los filamentos parecían tener las mismas dimensiones, composición y estructura, y ni siquiera la misma función.

### EL ARMAZÓN CELULAR

En 1970, Porter, Buckely y Wolosewick observaron cortes celulares con el microscopio electrónico de alta aceleración (de alto voltaje), con el que se pueden obtener imágenes algo más tridimensionales que las proporcionadas por el microscopio electrónico convencional. Para evitar la distorsión de las estructuras que causa la tensión superficial durante el secado, los cortes se pasan por $CO_2$ líquido y son desecados por el método del punto crítico. Al observar los cortes se apreció un retículo de finas trabéculas, de aproximadamente 1 nm de diámetro, que se anastomosomaban y sostenían los orgánulos celulares, como mitocondrias, retículo endoplasmático y ribosomas. A este retículo lo llamaron *retículo microtrabecular* (Fig. 6.1.A). Un retículo similar se obtiene mediante el tratamiento de células en cultivo con detergentes, seguido de congelación en helio líquido, sombreado metálico de la muestra y posterior observación con el microscopio electrónico de transmisión (*criocorrosión profunda*) (Figs. 6.1.B y 6.1.C).

La existencia de este retículo microtrabecular ha sido puesta en duda; se le ha considerado un artefacto del tratamiento que sufren las células en la ejecución de estas técnicas, por lo que actualmente estas microtrabécu-

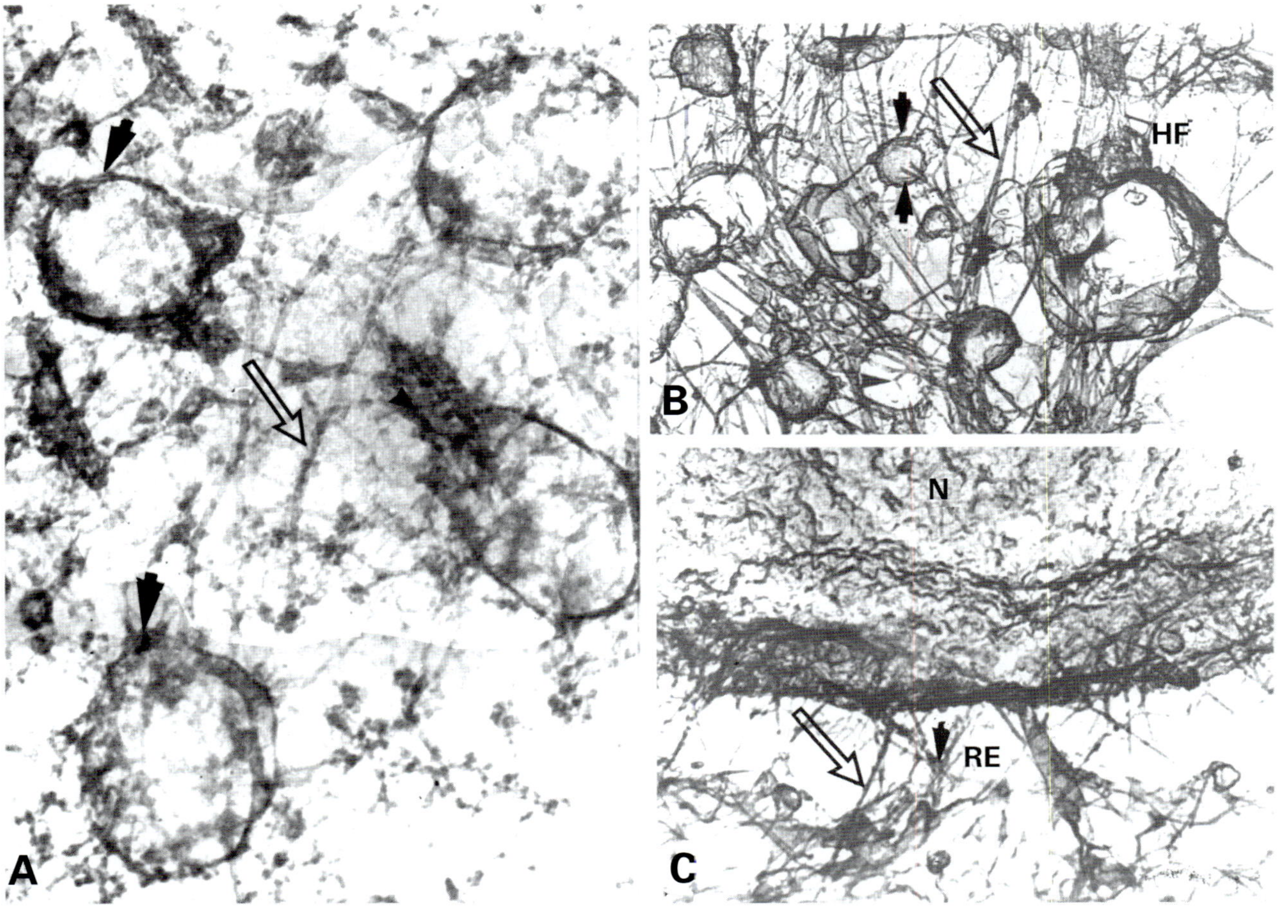


**Figura 6.1.** **A**: Observación del citoesqueleto con microscopía de alto voltaje. Las estructuras filamentosas (flecha) conectan con los orgánulos (cabezas de flecha). Tomado de Porter KR, Tucker JB. *Investigación y Ciencia,* 1981; 56:16-28. **B-C**: Micrografías obtenidas por criofractura rápida y formación de una réplica profunda. Las células se fijaron, congelaron y fracturaron, y el agua congelada en la superficie se evaporó por exposición a una temperatura elevada en vacío. Se observa una red filamentosa trabecular (flechas abiertas) que conecta con orgánulos (cabezas de flecha). HF: haz de filamentos. RE: retículo endoplasmático. N: núcleo. Tomado de Batten BE, Aalberg JJ, Anderson E. *Cell,* 1980; 21:885-895.

las no se incluyen entre los componentes del citoesqueleto. Sin embargo, en caso de que existiera, el retículo microtrabecular podría ser el soporte que mantuviera todos los componentes celulares en una unidad estructural y funcional única.

## CLASIFICACIÓN DE LOS COMPONENTES DEL CITOESQUELETO

La primitiva clasificación de los filamentos celulares, según el tipo celular en el que se encuentran, por sus dimensiones o por sus presuntas propiedades, ha ido evolucionando con la aplicación de nuevas técnicas que han permitido clasificar los filamentos celulares en dos grandes grupos, de acuerdo con su estructura y función. Ambos grupos, junto con los microtúbulos, se engloban bajo el término *citoesqueleto.*

Un primer grupo de filamentos está integrado por los *microfilamentos,* que participan directamente en los movimientos celulares (aunque desempeñan también otras funciones) y que se encuentran en la mayoría de las células. Miden 6 nm de diámetro y están constituidos por la proteína *actina* y diversas proteínas asociadas a ella. Para que los microfilamentos desarrollen actividad contráctil se requiere otra proteína filamentosa llamada *miosina.* Ambas proteínas predominan en las células musculares, donde forman *miofilamentos* de dos tipos: *miofilamentos delgados de actina,* iguales a los microfilamentos de actina de las células no musculares, y *miofilamentos gruesos de miosina* (de 14 nm o mayores según el tipo de músculo), constituidos por agrupaciones de moléculas de miosina. Por consiguiente, la diferencia entre los filamentos de las células musculares y los de las células no musculares reside en que, en las primeras, la miosina forma filamentos gruesos.

El otro grupo de filamentos no participa directamente en los movimientos celulares y su función es citoestructural. Reciben el nombre de *filamentos intermedios,* por sus dimensiones (8-10 nm), que son intermedias entre las de los microfilamentos y las de los microtúbulos. Los filamentos intermedios constituyen un grupo heterogéneo con cinco variedades principales; la mayoría de los tipos celulares presentan una o más de ellas. A esas variedades hay que añadir las láminas nucleares, presentes en todos los tipos celulares, y cuya estructura molecular es como la de los filamentos intermedios y algunos filamentos neuronales.

Los tres componentes del citoesqueleto tienen comportamientos diferentes y responden de modo distinto ante determinados agentes. Con el frío y ciertos fármacos, como la *colchicina*, los microtúbulos se despolimerizan. Con las *citocalasinas* se desorganizan los microfilamentos. Los filamentos intermedios son los más resistentes, aunque se disuelven en urea.

# MICROFILAMENTOS Y MIOFILAMENTOS

## MICROFILAMENTOS DE CÉLULAS NO MUSCULARES

### ESTRUCTURA Y FORMACIÓN DE LOS MICROFILAMENTOS DE ACTINA

La actina constituye el 10% de todas las proteínas celulares en fibroblastos, el 15% en las amebas y las plaquetas, y el 2% en los hepatocitos. Su distribución puede ponerse de manifiesto mediante técnicas inmunohistoquímicas en microscopía óptica (Figs. 6.2.A y 6.2.B) y con microscopía electrónica (Fig. 6.3). Esta actina no es de la variedad $\alpha$, exclusiva de las células musculares, sino de las variedades $\beta$ y $\gamma$.

La molécula de actina o actina monomérica (*actina G*) es globular, y tiene unos 5 nm de diámetro y unos 42 kDa. Se extrae con ClK 0.6 M. Al polimerizarse forma los filamentos de actina (*actina F*), cada uno de los cuales es un doble helicoide con un período (vuelta del helicoide) de 36.5 nm (Fig. 6.4).

A diferencia de la actina muscular, los microfilamentos de actina de las células no musculares no son estructuras permanentes: se polimerizan y despolimerizan continuamente según las necesidades funcionales de la célula. La actina monomérica libre está unida a ADP. Para que pueda polimerizar y formar el filamento de actina se requiere la fosforilación del ADP a ATP. Al incorporarse al filamento, el ATP se hidroliza, de modo que cada actina del filamento queda unida a ADP. La despolimerización del filamento no requiere la fosforilación de ese ADP. Las moléculas de actina-ADP libres resultantes de la despolimerización necesitan fosforilarse a actina-ATP para poder polimerizar de nuevo (Fig. 6.4).

Durante la elongación de los filamentos, la actina se polimeriza en ambos extremos del filamento. La incorporación es más rápida en el denominado *extremo (+)*, donde siempre se encuentran muchas actinas unidas a ATP, pues las moléculas no tienen tiempo de hidrolizarse antes de que se incorpore la siguiente. En el *extremo (–)* la adición es más lenta y da tiempo a que la actina se hidrolice por lo que casi todas las actinas aparecen unidas a ADP. Esto puede demostrarse con *cofilina* marcada, una proteína que se fija a la actina unida a ADP y no a la actina unida a ATP (Fig. 6.4.).

Existe un *centro organizador de microfilamentos*: el complejo *ARP* (*actin related proteins*), que consta de las unidades Arp2 y Arp3, desde donde son nucleados los filamentos de actina cuando el complejo es activado por la proteína *Rho* de la familia de GTPasas *Ras*. Este complejo puede unirse también a un lateral de un filamento de actina y convertirse en el centro desde donde crece un nuevo filamento, que forma un ángulo de unos 70° con el anterior. El proceso puede repetirse varias veces, formándose nuevos filamentos laterales, de modo que el conjunto adquiere una disposición en árbol (Fig. 6.4).

### PROTEÍNAS QUE REGULAN LA FORMACIÓN DE LOS MICROFILAMENTOS

La formación de los filamentos es regulada por diversas proteínas, que se pueden agrupar según sus efectos. Algunas de ellas, como la profilina, la cofilina, la gelsolina y la proteína de coronación, son inhibidas por el fosfatidil inositol difosfato ($PIP_2$), que se fija a ellas impidiendo que se unan a la actina.

#### Proteínas que favorecen la polimerización de la actina y la elongación de los microfilamentos

1. GTPasas de la familia de *Ras*, como *Cdc42*, *Rac* y *Rho*. Cuando estas proteínas pasan de la forma inactiva (unidas a GDP), a la activa (unidas a GTP) se unen al complejo ARP y favorecen la nucleación de actina. En la cadena de activaciones de la Cdc42 están las proteínas *WASp*, cuyo defecto congénito aparece en el síndrome de Wiskott-Aldrich.
2. *Profilina* (15 kDa). Se une a la actina G favoreciendo la fosforilación del ADP unido a ella. Los monómeros de actina-ATP se incorporan a los extremos (+) de los microfilamentos; a continuación se desprende la profilina, quedando incorporada la actina.

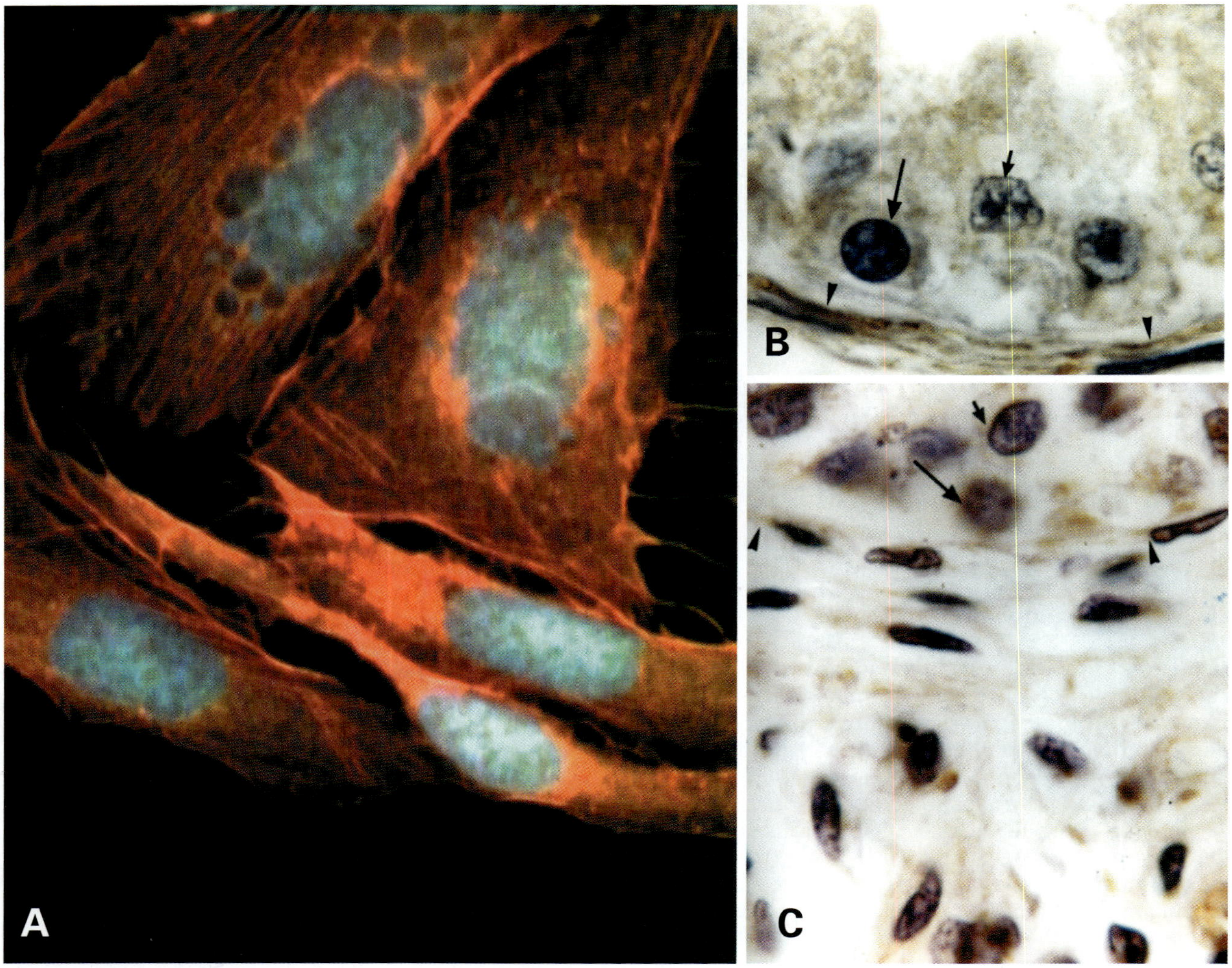


**Figura 6.2.** **A:** Demostración de los filamentos de actina (en rojo) en fibroblastos de ovario de hámster en cultivo mediante inmunofluorescencia. El marcaje de la actina se ha realizado con falacidina BODIPY TR-X. El núcleo se ha teñido de azul con Hoechsst 33342. (Micrografía de *Cell Biology: Microscopy*). **B-C**: Demostración de actina (**B**) y miosina (**C**) en espermatogonias (flecha grande), células de Sertoli (flecha pequeña) y células peritubulares (cabezas de flecha) de túbulos seminíferos humanos mediante la técnica de peroxidasa-anti-peroxidasa. La miosina aparece en mucha menor proporción que la actina. X950. (Cortesía de L. Santamaría. Departamento de Morfología. Facultad de Medicina, Universidad Autónoma de Madrid.)

3. *Faloidinas*. Se obtienen del hongo *Amanita phalloides* y se unen lateralmente a los filamentos de actina evitando su despolimerización mientras continúa la polimerización.

## Proteínas que impiden la polimerización de la actina en filamentos

1. *Cofilina* (15 kDa). Se une a las moléculas de actina libres ligadas a ADP, impidiendo que pasen a la forma ligada a ATP y, por tanto, evitando su polimerización.
2. *Latrunculina* (presente en esponjas) y *timosina* $\beta 4$ (en leucocitos neutrófilos y plaquetas). Actúan de modo similar.

## Proteínas que favorecen la despolimerización de los filamentos de actina

1. *Cofilina*. Además de evitar la polimerización de la actina, se une al extremo (–) de los filamentos (donde la actina está ligada a ADP) y favorece la despolimerización. Al unirse a los filamentos también fuerza la doble hélice, que queda más apretada y disminuye su período (menor de los 36.5 nm).
2. *Citocalasina D*. Proviene de hongos y se une a los extremos (+) de los microfilamentos impidiendo su elongación, mientras continúa la despolimerización de éstos por el extremo (–).
3. *Gelsolina* (90 kDa). Se ha encontrado en los macrófagos y amebas. En concentraciones altas de $Ca^{++}$ (superiores a 1 μM) recubre y fracciona los

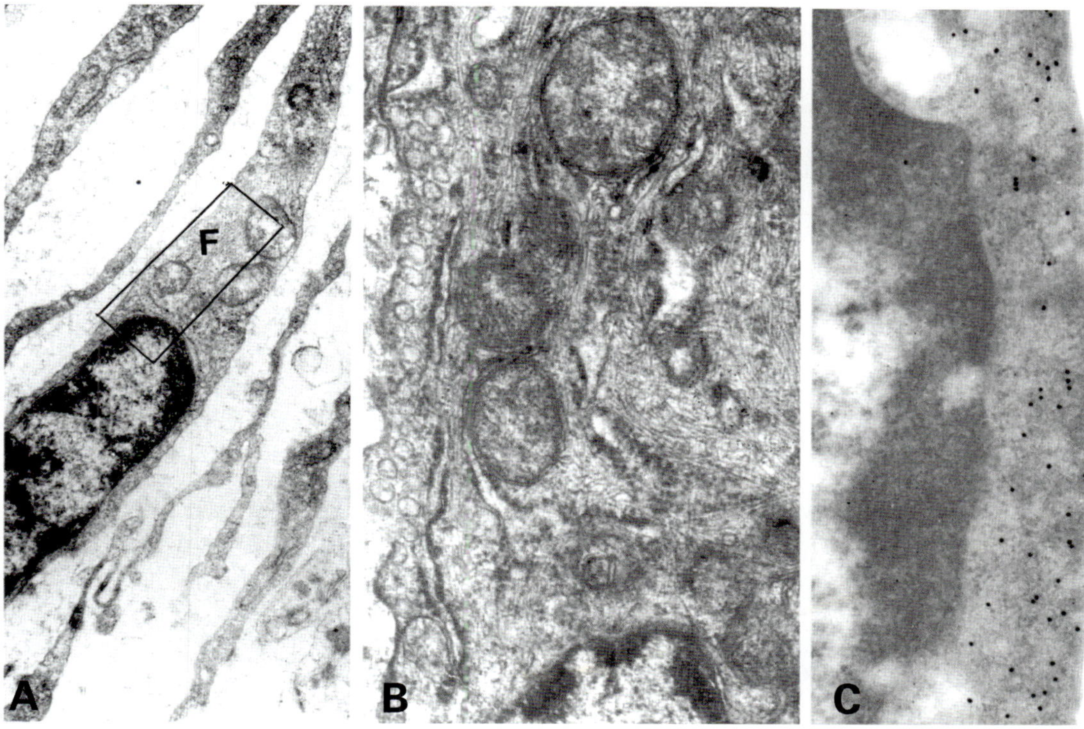


**Figura 6.3.** **A**: Fibroblastos con haces de filamentos en el citoplasma (F). X7000. **B**: Parte del citoplasma de un fibroblasto similar al encerrado en el recuadro de la figura anterior. Se aprecian filamentos de 6 nm de diámetro. X25 000. **C**: Fibroblasto tras inmunomarcaje de la actina con oro coloidal obserbado con microscopio electrónico. La actina (puntos) aparece regularmente repartida por todo el citoplasma, incluso en las prolongaciones celulares. X25 000. (Cortesía de M.I. Arenas. Departamento de Biología Celular y Genética. Universidad de Alcalá.)

microfilamentos de actina y se une a sus extremos (+), actuando como una caperuza que impide la polimerización del filamento mientras permite su despolarización por el extremo (–). Transforma la corteza celular del estado gel (redes de filamentos de actina) al estado sol (monómeros y fragmentos cortos).

4. *Fragmina* o *severina*, y *swindholida*. Tienen un efecto similar al de la gelsolina. La fragmina fue descubierta en el moho del fango (mixomicete).

### Proteínas que estabilizan los filamentos de actina

Hay dos proteínas cuya presencia impide tanto la polimerización de los filamentos como su despolimerización:

1. *Proteína de coronación (cap-Z)*. Está constituida por dos subunidades entrelazadas (de 32 y 36 kDa), que forman una caperuza terminal en el extremo (+) de los filamentos de actina para que no admitan incorporación de actina y no sigan creciendo (Fig. 6.5).
2. *Tropomodulina*. Forma una caperuza en el extremo (–) evitando la despolimerización.

## ORGANIZACIÓN DE LOS MICROFILAMENTOS

Los filamentos de actina pueden adoptar dos formas (Fig. 6.5): *redes* y *haces*. A su vez, los haces de filamentos pueden ser de dos tipos: *contráctiles* y *no contráctiles*.

### Redes de microfilamentos

En muchas células animales hay una red de microfilamentos de actina bajo la membrana plasmática (*corteza celular*), que excluye a los orgánulos de esa zona. Las proyecciones laminares denominadas *lamelipodios* (presentes en fibroblastos y otras células móviles), y los *seudópodos* también contienen estas redes (Fig. 6.6.A).

La formación de estas redes se ve favorecida por la proteína Rac, y responde al esquema expuesto anteriormente para la elongación de los filamentos (Fig. 6.4). El complejo ARP puede unirse también lateralmente a filamentos de actina ya formados, dando lugar a una red de filamentos entrecruzados.

Para que los filamentos formen estas redes se necesita la proteína *filamina*, que se sitúa periódicamente a lo largo de los filamentos de actina y perpendicular-

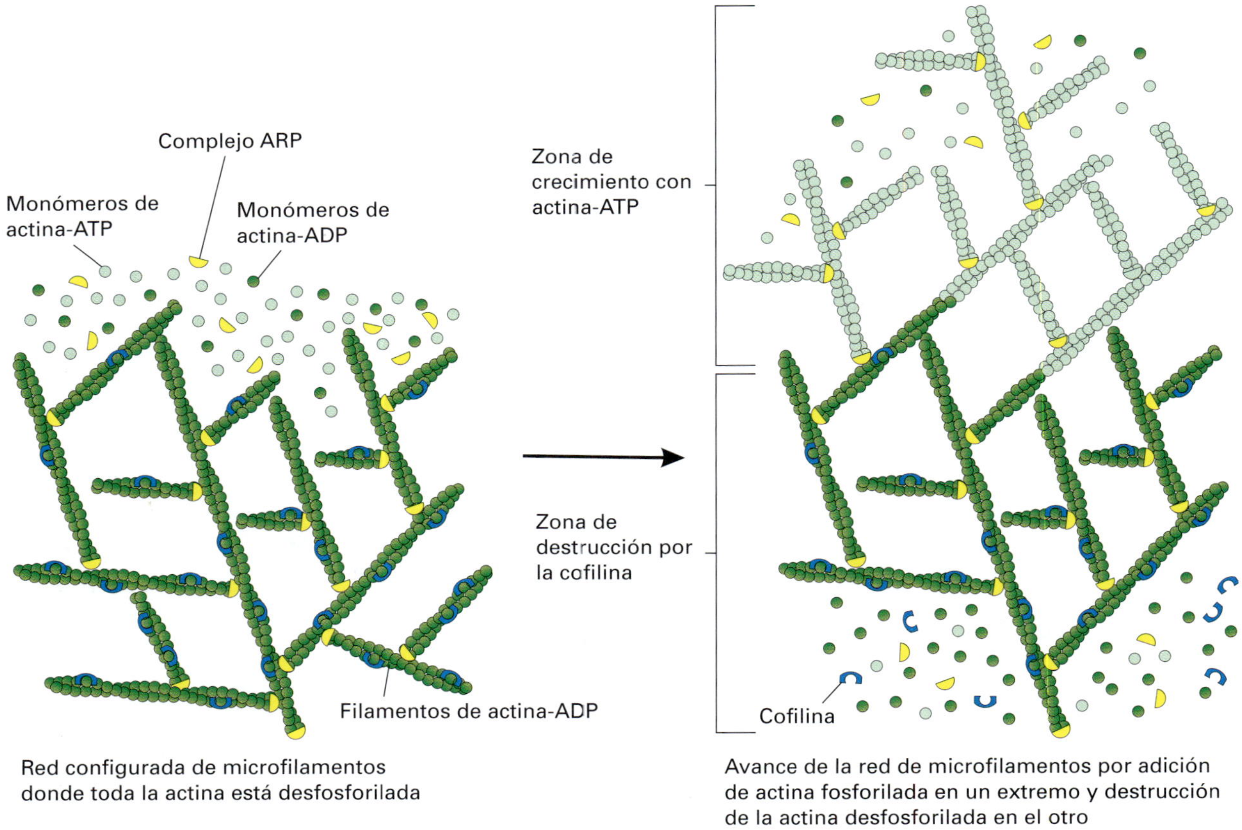


**Figura 6.4.** La actina monomérica debe estar unida a ATP para polimerizar en filamentos, en los que las moléculas de actina se disponen formando un doble helicoide e hidrolizan el ATP, quedando unidas a ADP. El crecimiento de los filamentos se produce a partir de su centro organizador (ARP) por adición de moléculas de actina en el extremo (+). Utilizando cofilina, que marca la actina unida a ADP pero no la unida a ATP, se ha visto que en el extremo en crecimiento, hay pocas actinas marcadas, pues aún no han tenido tiempo de hidrolizar su ATP, mientras en el extremo (–), donde predomina la despolimerización, la actina del filamento está unida a ADP.

mente a éstos (Fig. 6.5). La filamina mide aproximadamente 160 × 4 nm. Consiste en un dímero formado por dos polipéptidos iguales (de 280 kDa cada uno) y alargados, unidos por sus cabezas. Las redes de microfilamentos muestran una consistencia sólida de tipo gel. En ausencia de filamina, los microfilamentos de actina (monómeros o fragmentos cortos) adoptan una disposición difusa, que da lugar a una consistencia fluida de tipo sol.

Los microfilamentos de las redes tienen anclados sus sitios de nucleación en zonas localizadas de la membrana plasmática. Este anclaje lo lleva a cabo el complejo de proteínas *ERM*, que se denomina así por las iniciales de sus tres componentes: ezrina, radixina y moesina. Cuando este complejo se activa, por fosforilación o unión al $PIP_2$, une los microfilamentos a una proteína transmembranosa (la CD44 u otra similar), que es el principal receptor de los componentes de la matriz extracelular, en concreto del ácido hialurónico. Este receptor y otros similares controlan la disposición y orientación de los filamentos, responden a señales externas y actúan mediante las proteínas G y GTPasas. Por ejemplo, muchos polipéptidos bacterianos son quimiotácticos para los leucocitos neutrófilos, que poseen receptores para ellos. La activación de estos receptores modifica la corteza de microfilamentos de los neutrófilos, que pueden así desplazarse hacia la bacteria. Algo similar ocurre en la modificación del citoplasma que se moviliza alrededor de la bacteria en la fagocitosis.

## Haces de microfilamentos: interacción con miosina I y II

Son grupos de filamentos dispuestos paralelamente y de mayor longitud que los de las redes (Fig. 6.6.B). Para que los microfilamentos formen haces es necesaria la proteína *tropomiosina*, que se adosa ininterrumpidamente a todo lo largo de los microfilamentos (Fig. 6.5). Cada tropomiosina forma una barra que se extiende a lo largo de ocho monómeros de actina (unos 36.5 nm). La molécula de tropomiosina varía de unos tipos celulares a otros. En los fibroblastos, cada molécula tiene 30 kDa y consiste en dos cadenas lineales e iguales que

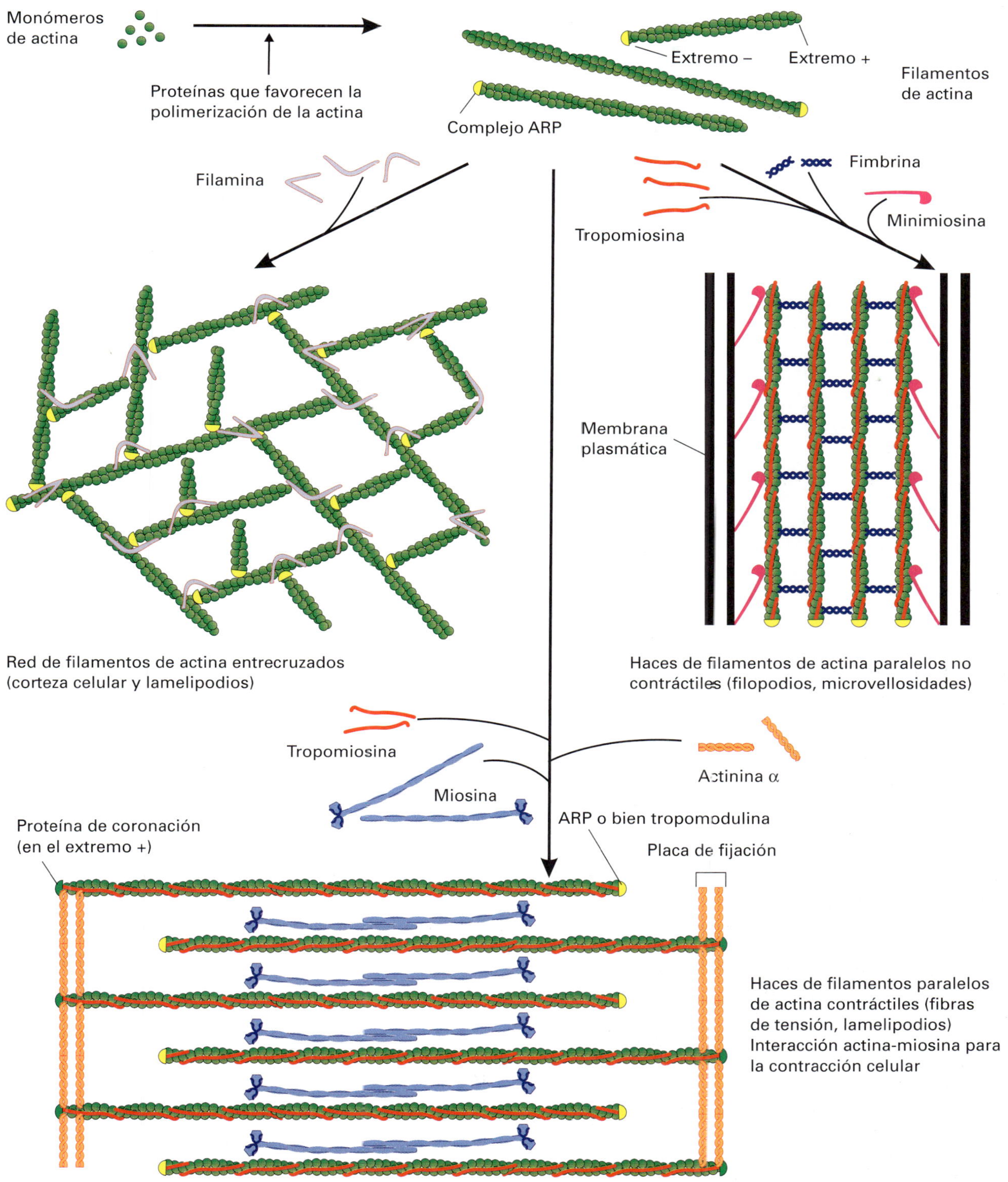


**Figura 6.5.** Diferentes configuraciones de microfilamentos a los que da lugar la actina y proteínas asociadas a ella en las células no musculares. A partir del complejo nucleador ARP, los monómeros de actina forman microfilamentos que crecen por su extremo (+). Los filamentos pueden unirse a filamina, originando redes de filamentos, o a la tropomiosina, originando haces de filamentos. Estos haces pueden unirse a actinina α e interaccionar con moléculas de miosina para dar lugar a haces paralelos contráctiles, o a fimbrina y minimiosina para dar lugar a haces de filamentos paralelos no contráctiles. La adición de la proteína de coronación en el extremo (+) impide el crecimiento.

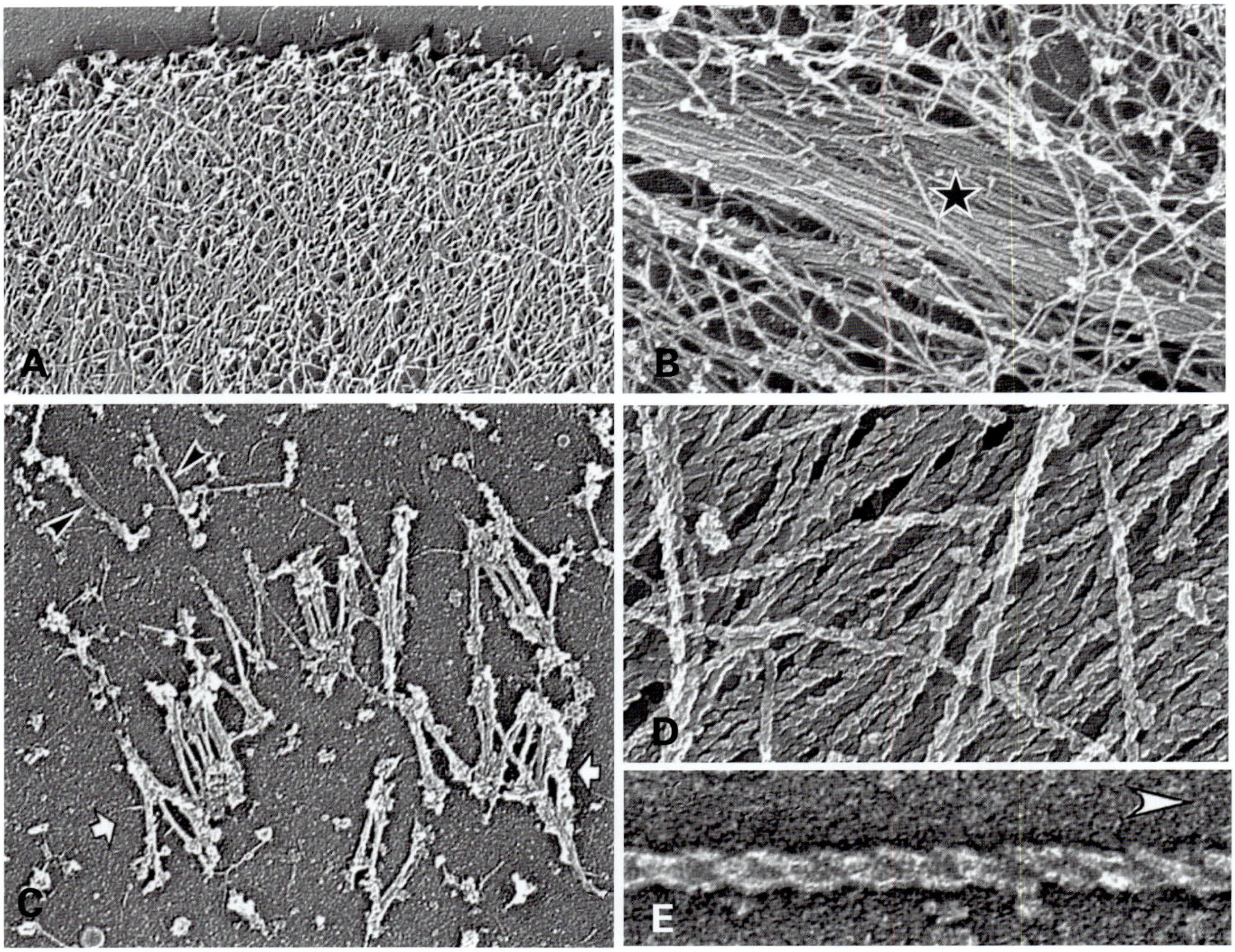


**Figura 6.6.** Micrografías obtenidas de fibroblastos en cultivo sometidos a un procedimiento de extracción con detergente, fijación, secado por el método del punto crítico y aplicación de sombreado metálico. **A**: Redes de microfilamentos de actina en un lamelipodio X20 000. **B**: Haces de microfilamentos (estrella) en fibras de estrés X30 000. **C**: Moléculas de miosina organizadas formando cortos filamentos bipolares, que varían de un par de moléculas (cabezas de flecha) a unas pocas moléculas (flechas blancas), siempre con polaridad opuesta X25 000. **D**: Fibras de estrés en las que la actina ha sido decorada con puntas de flecha (cabezas de meromiosina pesada) X70 000. **E**: Detalle de un filamento de actina decorado. Las flechas apuntan hacia el extremo (–) de los microfilamentos e indican la dirección del deslizamiento. X155 000. (Tomado de Svitkina T M, Verkovsky AB, Borisy GG. Electrón Microscopy of the Cytoskeleton of Cultured Cells. En: Motta PM (ed.) *Recent Advances in Microscopy of Cells, Tisues and Organs* Roma. Antonio Delfino, 1997; pp. 93-100.)

se entrecruzan formando una doble hélice. Se extrae con CIK 1M.

Según las proteínas asociadas, los haces pueden diferenciarse en contráctiles y no contráctiles.

## Haces contráctiles. Miosina II

La miosina II es necesaria para la formación de haces contráctiles, como los de las fibras de tensión (*fibras de estrés*). La GTPasa Rho facilita esta formación (Figs. 6.5 y 6.6.C).

La *miosina II* representa el 2.5% de todas las proteínas de los fibroblastos, es decir, la tercera o cuarta parte de la actina. Se extrae con CIK 0.3 M. Cada molécula de miosina II pesa 530 kDa, y consiste en dos cadenas pesadas, de 225 kDa cada una, y cuatro cadenas ligeras (Fig. 6.7.A). Estas últimas comprenden una cadena de 25 kDa, dos de 20 kDa y una de 16 kDa. Las dos cadenas pesadas forman una doble hélice de $150 \times 2$ nm y se repliegan en un extremo para formar, junto con las cadenas ligeras, dos cabezas globulares que confieren a la molécula una forma de bastón. La *tripsina* divide la miosina en dos partes:

1. *Meromiosina ligera (LMM)*. Comprende algo más de la mitad de la porción recta que queda en el extremo opuesto a las cabezas (Fig. 6.7.A).

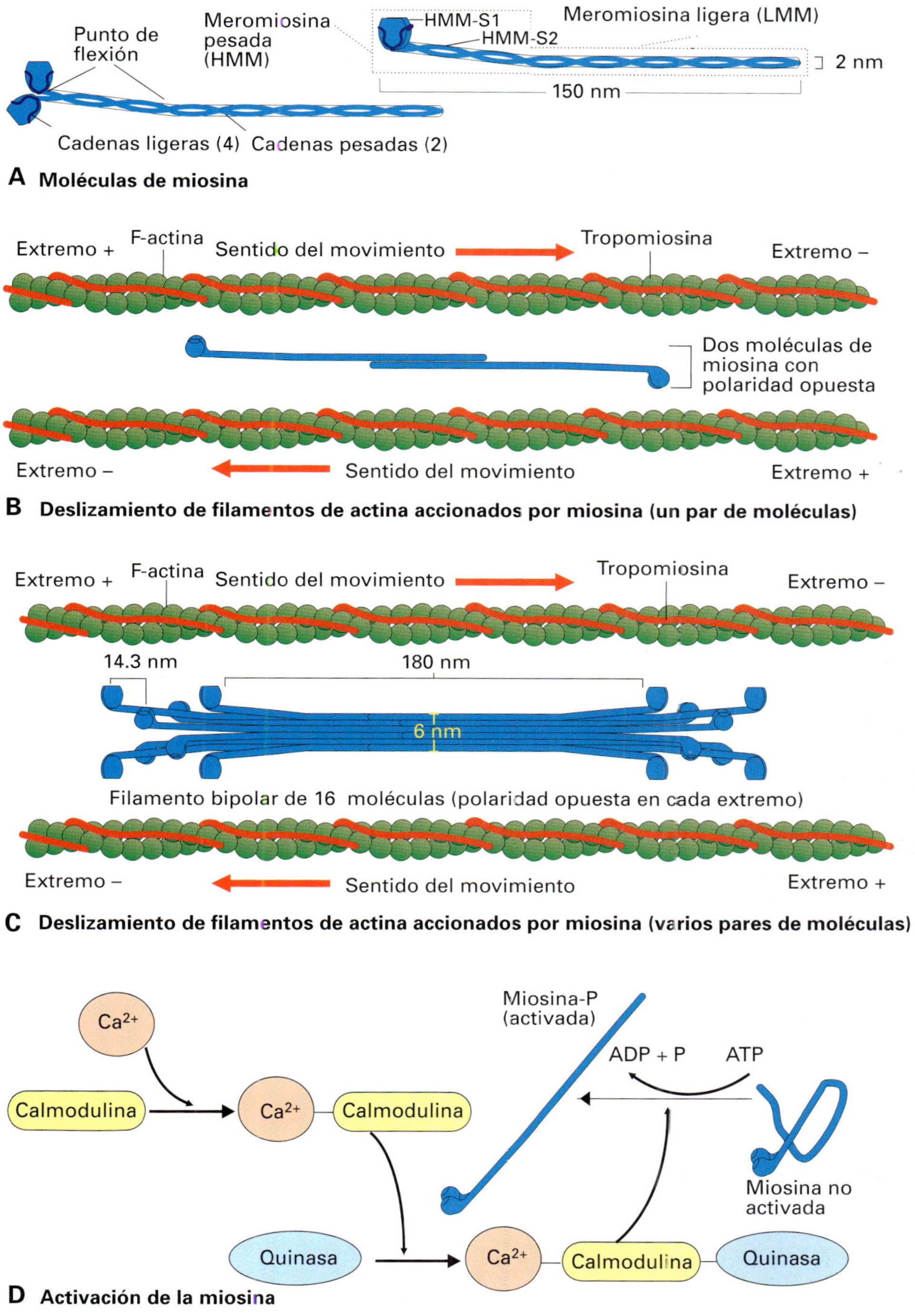


**Figura 6.7.** **A**: Representación de dos moléculas de miosina vistas en posiciones diferentes. **B**: La interacción de la cabeza de una molécula de miosina con un filamento de actina, seguida de la flexión de la molécula de miosina por el punto de unión de ambas meromiosinas, desplaza el filamento de actina hacia la cola de la miosina. Al disponerse la miosina en parejas con polaridad opuesta, los dos filamentos de actina movidos por la pareja se desplazan en dirección opuesta. **C**: Es posible que sean no una sola pareja, sino varias parejas de miosina las que se agrupen, formando cortos filamentos de un espesor similar a los de actina. De las 16 moléculas de miosina dibujadas, dos estarían interaccionando con los filamentos de actina dibujados, las otras 14 estarían interaccionando con otros tantos filamentos de actina que quedarían fuera del plano de la imagen (ya que cada pareja de miosina está desplazada y girada respecto a la anterior). **D**: Para que interaccione la miosina con la actina, debe producirse la activación de la miosina. Esta activación la realiza la quinasa de la cadena ligera de la miosina cuando está unida al complejo $Ca^{2+}$-calmodulina.

2. *Meromiosina pesada (HMM)*. Comprende el resto de la porción recta y las cabezas globulares. Mediante digestión con *papaína* se escinde en dos partes: una *subunidad globular* ($S_1$), que corresponde a la cabeza de la molécula, y que contiene ATPasa y se une a la actina; y una *subunidad helicoidal* ($S_2$), que es la parte recta próxima a la LMM.

Cuando se les añade el fragmento $S_1$, los filamentos de actina se combinan con ésta, decorándola con cabezas de miosina dispuestas regularmente, simulando puntas de flecha orientadas hacia el extremo (–) (Figs. 6.6.D y 6.6.E).

La miosina II muestra más variaciones entre especies que la actina; por tanto, ha estado menos preservada en el curso la evolución. No está claro que forme filamentos en las células no musculares. Se piensa que forma agrupaciones de dos moléculas adosadas una a continuación de la otra y con polaridad opuesta (Figs. 6.6.C y 6.7.B); no obstante, algunos autores mantienen que forma filamentos de escasa longitud (unos 500 nm) y de espesor similar a los filamentos de actina (unos 6 nm) (Figs. 6.6.C y 6.7.C). En este caso, cada filamento constaría de 15-20 moléculas de miosina II, formando dos grupos, de 8-10 moléculas cada uno, dispuestos con polaridad opuesta y girada 120° cada pareja respecto a la anterior.

Estos filamentos de miosina II (o quizá parejas de moléculas) se distribuyen entre los microfilamentos de actina en los haces contráctiles. En éstos, los microfilamentos de actina se disponen con polaridad opuesta y quedan anclados por su extremo (+) en las denominadas *placas de fijación* o *contactos focales* permaneciendo libre el extremo (–) (véase Fig. 6.5). Las placas de fijación contienen:

1. *Actinina α*. Su molécula está constituida por dos subunidades filamentosas idénticas, de unos 100 kDa cada una, que se organizan en una doble hélice, de 30 × 2 nm. Estas moléculas establecen puentes transversales que unen a los filamentos de actina adyacentes. Éstos quedan separados entre sí unos 30-40 nm, permitiendo la interacción de la miosina II.
2. *Proteína de coronación de los filamentos de actina*. Está constituida por dos subunidades entrelazadas, de 32 y 36 kDa, que forman una caperuza terminal en el extremo (+) de los filamentos, limitando su crecimiento. Por el extremo (–) los filamentos pueden quedar estabilizados por la *tropomodulina* que impide su despolarización.
3. Si la placa de fijación está adosada a la membrana plasmática, contiene también la proteína *vinculina*, que se ancla a las *integrinas* de la membrana plasmática. A su vez, las integrinas se conectan mediante la *talina* a la fibronectina y al colágeno de la matriz extracelular. De estas placas de anclaje de filamentos de actina a la matriz extracelular se tratará en el Capítulo 7 (véase página 318).

Las cabezas de miosina II interaccionan con los filamentos de actina y los desplazan hacia el extremo (–). Como hay dos series de filamentos (polaridad opuesta), cada serie se desliza en dirección contraria, tendiendo a entrecruzarse los filamentos (Figs. 6.5, 6.7.B y 6.7.C). Como el extremo (+) de cada serie está anclado en una placa de fijación, ésta es también desplazada, de modo que ambas placas enfrentadas se acercan una a otra, produciéndose una contracción.

Para que la miosina II actúe es preciso que previamente sea fosforilada en presencia de $Ca^{2+}$ (Fig. 6.7.D). Este proceso necesita la proteína *calmodulina*, que media las respuestas señalizadas por $Ca^{2+}$ en todas las células. El complejo *calmodulina*-$Ca^{2+}$ se une a la enzima *quinasa de la cadena ligera de la miosina* activándola para que fosforile una de las cadenas ligeras de cada cabeza de la miosina. Esta fosforilación activa la miosina, que cambia su configuración: en el estado no activo la cola de la miosina está plegada, tapando la cabeza motora e inhibiendo la interacción actina-miosina; en el estado activo, la cola está extendida y las moléculas pueden formar filamentos bipolares que pueden interaccionar con la actina y producir el deslizamiento de ésta. La velocidad del movimiento de las cabezas de miosina varía mucho entre células (entre 0.2 y 60 μm/s). La quinasa Rho favorece la contracción, bien directamente, cuando fosforila la cadena ligera de la miosina, o indirectamente cuando, por fosforilación inhibe la quinasa que activa esa cadena.

## Haces no contráctiles. Miosina I (minimiosina)

Este tipo de haz de microfilamentos se encuentra en las *microvellosidades* y en las finas prolongaciones digitiformes denominadas *filopodios*, que caracterizan los conos axónicos en crecimiento y se encuentran también en algunas células como los fibroblastos. Su formación está favorecida por la proteína Cdc42. En los haces no contráctiles todos los filamentos se disponen con la misma polaridad y no se asocian a la miosina II ni a la actinina α, sino a la miosina I y a proteínas como la fimbrina o, a veces, la villina (Fig. 6.5).

La *miosina I (minimiosina)* no polimeriza en filamentos. Es una molécula de 130 kDa, con una cabeza globular, que se une a filamentos de actina, y una cola que se une a un fosfolípido de una membrana plasmática o citoplásmica (Fig. 6.8). La minimiosina carece de la larga cadena α helicoidal presente en otras miosinas. Se relaciona con haces no contráctiles de filamentos de actina, conectando los filamentos más periféricos de estos haces a la membrana plasmática (véase Fig. 6.5), a una vesícula o, más raramente, a otros filamentos. Parece que da estabilidad a estos haces, pero también podría participar en movimientos celulares, aunque no está claro de qué modo. Se ha sugerido que puede mover los filamentos de actina en la prolongación citoplásmica de una célula móvil produciendo el alargamiento de esta prolongación. En ese caso la cabeza de la minimiosina estaría unida al filamento, y la cola, a la membrana plasmática (Fig. 6.8.A). También se piensa que puede desplazarse a lo largo de un filamento de actina, arrastrando en su movimiento una vesícula u orgánulo membranoso (Fig. 6.8.B). Finalmente, es posible que la minimiosina pueda deslizar un filamento de actina sobre otro (Fig. 6.8.C), aunque ésta sería más bien una fun-

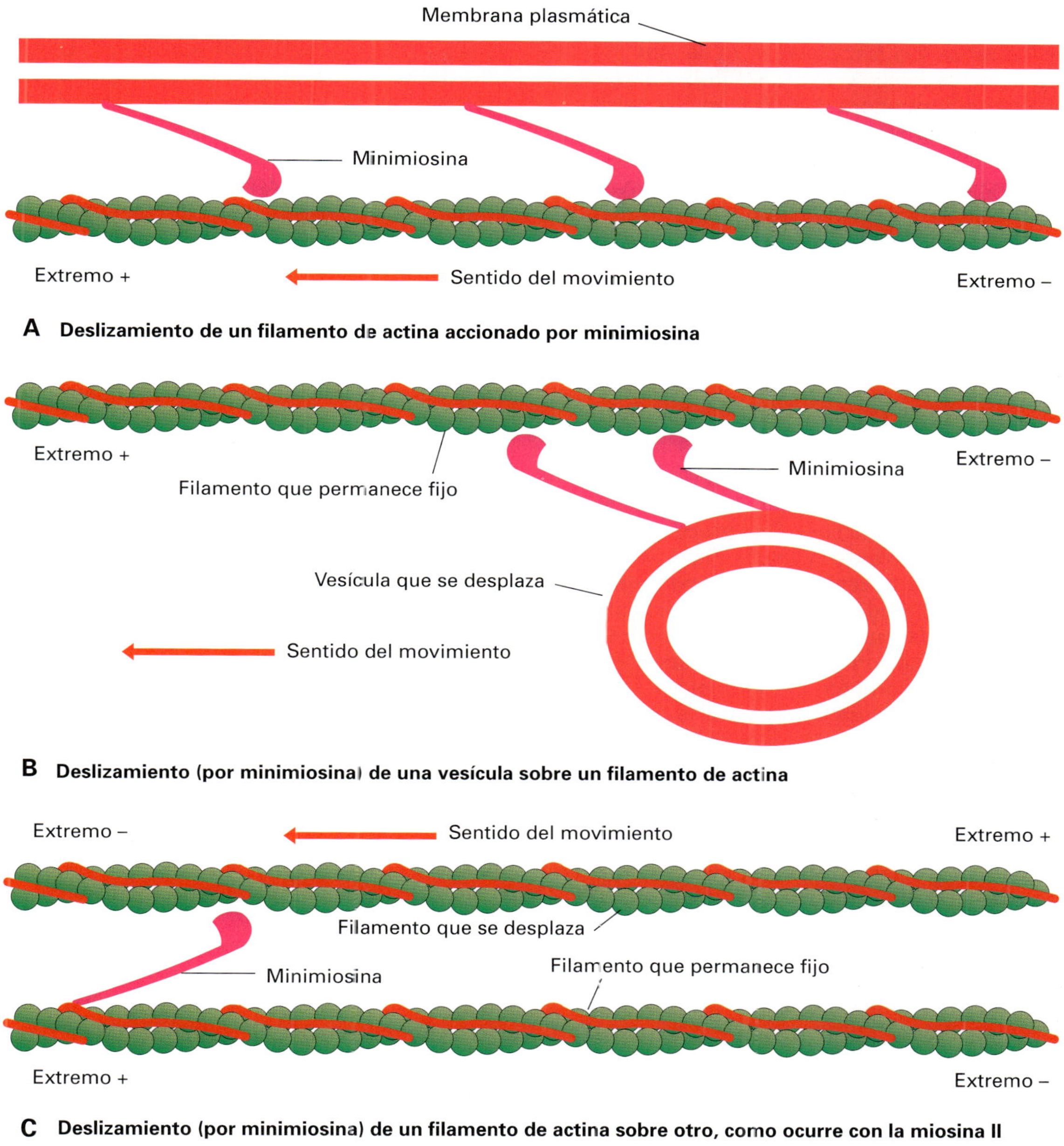


**Figura 6.8.** Tres posibles interacciones de los microfilamentos y la miosina I (minimiosina). **A**: Los microfilamentos se deslizan al ser accionados por la minimiosina anclada en la membrana plasmática. **B**: Los microfilamentos actúan como ejes rígidos sobre los que se desliza un orgánulo membranoso, accionado por la minimiosina. **C**: Un microfilamento actúa como un eje fijo sobre el que se desliza otro microfilamento accionado por la minimiosina (poco probable).

ción de la miosina II. El término minimiosina hace referencia al menor peso molecular con respecto a la miosina II; el término miosina I se refiere a la existencia de una sola cabeza, en contraste con la miosina II, que tiene dos cabezas. Se han descubierto muchos tipos más de miosina, que hoy se numeran desde la I hasta la XVII, aunque ninguna tiene más de dos cabezas. La función de estas moléculas está empezando a conocerse. La miosina V, de dos cabezas, se une por éstas a filamentos de actina y se mueve sobre ellos hacia el extremo (+), transportando filamentos intermedios a los que se une por su cola.

La *fimbrina* es de forma casi globular y pesa 68 kDa. Se une a la actina (una molécula por cada 10 moléculas de actina) para formar haces de filamentos no contráctiles, como lo hace la actinina $\alpha$ en los contráctiles. La diferencia con la actina $\alpha$ es que los puentes de fimbrina dejan los filamentos muy próximos entre sí (10-20 nm) y no permiten la interacción de la miosina. Otras proteínas de acción similar a la fimbrina descritas en tipos celulares concretos son la *espectrina* del eritrocito, la *fodrina* de las microvellosidades y la *fascina* del erizo de mar.

La *villina* es de aspecto similar a la fimbrina y pesa 95 kDa. Es también formadora de haces no contráctiles, pero sólo con bajas concentraciones de $Ca^{2+}$ (menores de 1 μM). Con mayores concentraciones tiene el efecto opuesto, actuando como la gelsolina.

Los filamentos del haz no contráctil no se desplazan (Fig. 6.5), pero pueden crecer tal como se explicará después al tratar del crecimiento de filopodios.

## FUNCIONES DE LOS MICROFILAMENTOS

### Movimiento ameboide

Las amebas se mueven emitiendo un gran seudópodo hacia adelante, tras el que desplazan el citoplasma, el cual, a su vez, se retrae por la cola. Este proceso se repite sucesivamente, y así avanza la célula (Fig. 6.9).

La región cortical de la célula (*ectoplasma*) presenta consistencia de tipo gel (red de filamentos de actina) y el interior celular (*endoplasma*) es de tipo sol (monómeros o fragmentos cortos). La formación del pseudópodo se produce debido a una corriente del endoplasma, en el sentido de atrás hacia adelante, que empuja la corteza en el extremo anterior de la célula. El seudópodo va progresando porque, bajo la corteza gelificada, fluye el endoplasma que lo va haciendo crecer. Al llegar al extremo del seudópodo, el endoplasma se gelifica. Simultáneamente, el ectoplasma de la parte posterior de la célula se va transformando en endoplasma, que impulsa la corriente hacia adelante. Estas transiciones de gel a sol están reguladas por la filamina (gelación) y la gelsolina (solación).

La transición de gel a sol también se produce en la corteza celular de las células fagocitarias, bajo la membrana plasmática de la zona que deberá modificarse para permitir la fagocitosis.

### Movimiento de fibroblastos

El movimiento de células en cultivo, como fibroblastos y leucocitos, se ha estudiado con contraste de fases y con el microscopio de barrido. Para desplazarse, los fibroblastos emiten hacia adelante *lamelipodios*. Cada lamelipodio es una fina lámina de tan sólo 100-400 nm de espesor y una superficie de varios $\mu m^2$. De la superficie de esta lámina se emiten transitoriamente numerosas prolongaciones digitiformes muy finas llamadas *filopodios* (Fig. 6.10). Los lamelipodios establecen contactos con el sustrato al que se adhieren. Los filopodios no llegan a adherirse al sustrato y se repliegan de nuevo al citoplasma. El contacto lamelipodio-sustrato constituye la *placa de adhesión o fijación*. Después, la célula avanza tras el lamelipodio, mientras retrae la parte posterior, aunque ésta tiende a adherirse al sustrato. Por eso, al avanzar la célula, la parte posterior se estira debido a la tensión formando largas *fibras de retracción*, que terminan por romperse, dejando algo del citoplasma adherido al sustrato (Fig. 6.11). El proceso se repite sucesivamente.

Este movimiento no es una transición de gel a sol, sino de *haces* de filamentos a *redes* de filamentos. Cuando la célula está en reposo, adherida al sustrato, la actina, acompañada de tropomiosina, forma haces de longitud variable y de 0.5 a 0.7 μm de diámetro, que cursan rectos y en sentido más o menos longitudinal (Figs. 6.11.A y 6.12.A). Estos haces de microfilamentos son de tipo contráctil; unos filamentos se anclan por su extremo (+) en placas de fijación situadas bajo la membrana plasmática, y otros se disponen en dirección contraria, con el extremo (+) anclado en placas de fijación localizadas en el interior del citoplasma. Todas las placas de fijación contienen actinina α (Fig. 6.12.E). Entre los microfilamentos de actina hay miosina II. Utilizando técnicas de inmunomarcaje de miosina, ésta se observa orientada como la actina, aunque no forma líneas continuas sino intermitentes (Fig. 6.12.D). No se sabe si se trata de dímeros bipolares o de cortos filamentos, también bipolares, pero de unas 15-20 moléculas.

Cuando la célula se pone en movimiento, los haces de microfilamentos se transforman en redes (Figs. 6.11.B y 6.12.C). Esta transición ocurre en todo el citoplasma e implica que la tropomiosina abandona los filamentos de actina, que son ensamblados por la filamina y pierden su orientación paralela y su fijación a las placas.

La célula emite lamelipodios para avanzar y despegarse del sustrato (Figs. 6.11.B y 6.11.C). Los lamelipodios contienen redes de microfilamentos y, cuando se fijan al sustrato, estas redes se transforman en haces de

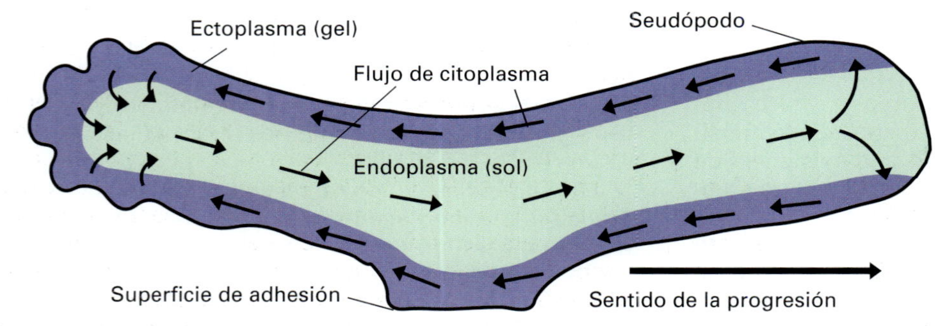


**Figura 6.9.** Movimiento ameboide. La célula emite un seudópodo tras el que se desplaza. En el movimiento interviene el cambio de gel a sol. El ectoplasma gelificado se solifica en la punta del seudópodo, permitiendo el avance. En el extremo opuesto, el gel ectoplásmico pasa a sol endoplásmico.

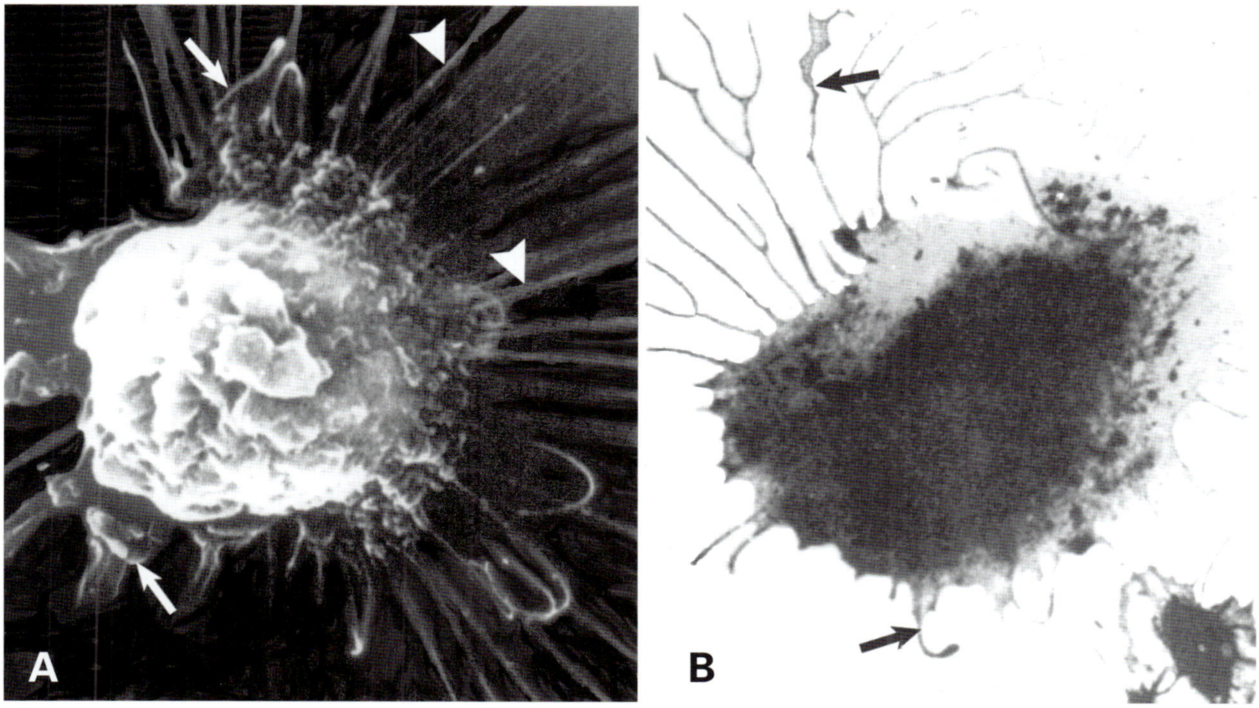


**Figura 6.10.** Lamelipodios (flechas) y filopodios (cabezas de flecha) en células en cultivo. **A**: Fibroblasto observado en microscopía de barrido. X2000. (Tomado de Lazarides E y Revel JP: *Investigación y Ciencia,* 1979; 34:52-66.) **B**: Emisión de lamelipodios (flecha) por un leucocito polimorfonuclear observado en microscopía electrónica de transmisión. X2600. (Tomado de Robertis EDP, Robertis EMF. *Biología Celular y Molecular*. Buenos Aires, El Ateneo, 1986.)

microfilamentos de tipo contráctil, que dan lugar a las fibras de estrés (Fig. 6.11.C). En la transformación de las redes en haces contráctiles interviene una estructura que aparece temporalmente (etapa de transición), constituida por microfilamentos de actina, dispuestos en forma de una red geodésica, que ha sido denominada *geodomo celular* (Fig. 6.12.B). Desde los vértices del geodomo (que contienen actinina α) irradian nuevos haces contráctiles de microfilamentos hacia la periferia celular para formar nuevas fibras de estrés (Figs. 6.11.C y 6.11.D). Estos microfilamentos son bipolares: una serie está anclada en una placa de adhesión de la membrana plasmática y la otra lo hace transitoriamente en el geodomo y, al desaparecer éste, en una placa de adhesión interna del citoplasma (Fig. 6.11.E).

Los filopodios que emergen de lamelipodios contienen haces no contráctiles de microfilamentos, y son estructuras transitorias que no llegan a anclarse al sustrato. De ellos se tratará a continuación.

## Crecimiento de los filopodios

Los filopodios son proyecciones cilíndricas muy delgadas, a modo de espinas o dedos, de hasta 50 μm de longitud y unos 100 nm de diámetro. Son característicos de los conos de crecimiento axónico y también se encuentran algunos en los fibroblastos. Contienen haces no contráctiles de filamentos de actina. No se desplazan pero pueden crecer de dos maneras:

1. Por polimerización de la actina en el extremo (+). Al crecer, pueden empujar la membrana plasmática y arrastrar algunos componentes celulares. La minimiosina podría favorecer estos movimientos (Fig. 6.13.A).
2. Por desplazamiento de los microfilamentos debido a la minimiosina que los une a la membrana plasmática, y que iría avanzando sobre ésta (Fig. 6.13.B).

## Microfilamentos de las microvellosidades intestinales

Las microvellosidades presentes en las células epiteliales especializadas en la absorción de sustancias (véase página 64) contienen entre 30 y 40 microfilamentos de actina, dispuestos paralelamente al eje principal (véase Fig. 2.25). Estos filamentos se insertan en el extremo apical de la microvellosidad por su extremo (+), aunque no se aprecian allí los componentes de las placas de fijación. Por el extremo (–) los microfilamentos penetran en el interior de la célula hasta unos 0.5 μm por debajo de la superficie celular. Allí se confunden con haces de filamentos de actina que cursan paralelos a la superficie celular; estos últimos corresponden a los filamentos de la *zonula adherens* (véase página 315). Este entrecruzamiento fue denominado *velo terminal*. A los filamentos de actina que discurren dentro

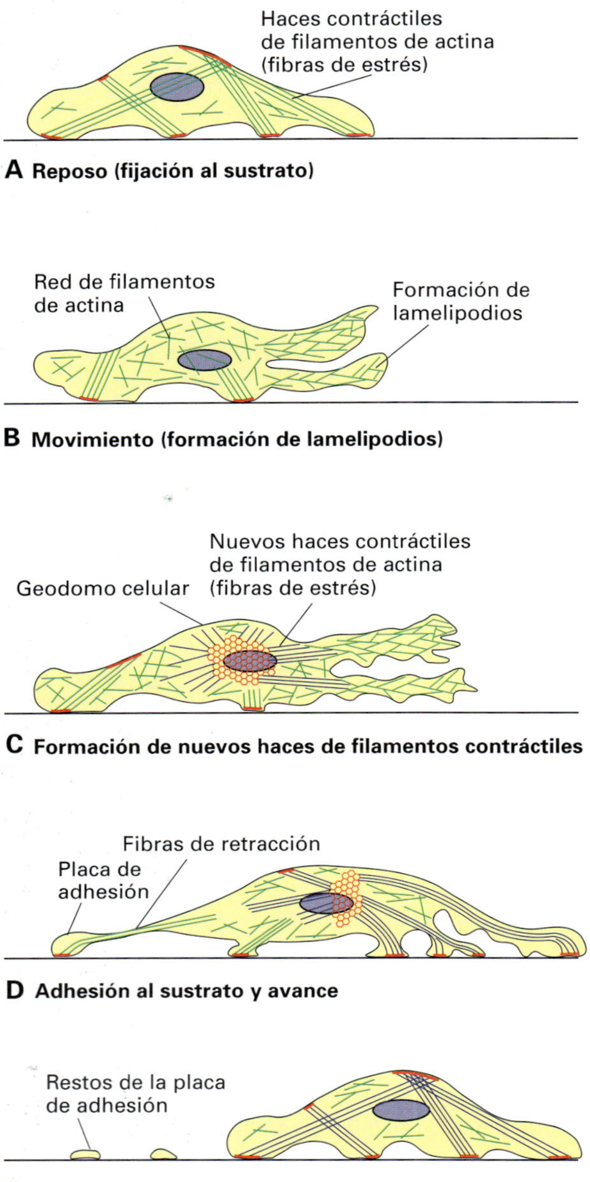


**Figura 6.11.** Movimiento de un fibroblasto en cultivo. **A**: En el estado de reposo se observan haces contráctiles de microfilamentos anclados en placas de fijación. **B**: La célula emite lamelipodios para avanzar y despegarse del sustrato. Estas estructuras contienen redes de microfilamentos. **C**: Cuando los lamelipodios se fijan al sustrato, las redes de microfilamentos se transforman en haces de microfilamentos de tipo contráctil. **D**: Estos haces se forman a partir de los vértices de un geodomo perinuclear de microfilamentos y alcanzan el sustrato, sobre el que son fijados por placas de adhesión, dando lugar a las fibras de estrés. **E**: El fibroblasto avanza tras la proyección citoplásmica anclada al sustrato y deja tras sí una prolongación citoplásmica (fibras de retracción) que termina por romperse al no poder despegarse del sustrato.

de las microvellosidades se unen las proteínas fimbrina, villina y minimiosina. Esta última se une a la calmodulina para conectar los filamentos de actina a la membrana plasmática, formando haces no contráctiles de microfilamentos (Fig. 6.14).

Cuando los filamentos de actina penetran en el citoplasma, las tres proteínas mencionadas desaparecen, y cada haz de microfilamentos (el esqueleto de cada microvellosidad) se une a los haces provenientes de las otras microvellosidades mediante otra proteína, la *fodrina (espectrina)*, que establece puentes transversales entre haces y entre éstos y la membrana plasmática. Esta proteína, que es muy similar a la espectrina del eritrocito, mide 200 × 5 nm y está formada por dos dímeros dispuestos a lo largo, enfrentados por la cabeza. Cada dímero está formado por dos cadenas ($\alpha$ y $\beta$) ligeramente diferentes.

Esta organización del esqueleto de la microvellosidad es la típica de los haces no contráctiles de microfilamentos. Las microvellosidades no tienen por qué contraerse; sólo deben quedar separadas unas de otras para que, a través de su superficie, tenga lugar la absorción intestinal, y por ello deben permanecer rígidas. Esta rigidez la consiguen mediante un apretado haz de filamentos, estabilizado por la fimbrina y la villina, y mantenido en tensión por la minimiosina. La fodrina mantendría la unión no sólo entre los filamentos de cada haz sino también entre haces de filamentos y, por tanto, entre microvellosidades.

## Anillo ecuatorial contráctil de la citocinesis animal

Al final de la mitosis, cuando la dotación cromosómica previamente duplicada se ha repartido y se están formando los núcleos hijos (telofase), las células animales comienzan a estrangularse en el plano ecuatorial, donde se encontraban los cromosomas metafásicos. En este plano se observa un material denso que contiene microtúbulos y microfilamentos. Este material se conoce como *cuerpo de Flemming o anillo ecuatorial* (véanse Figs. 8.20.C y 8.20.D). El anillo contráctil va contrayéndose hasta dividir la célula en dos células hijas. La tensión desarrollada en esta contracción es unas 700 veces menor que la del músculo estriado. En este anillo se encuentran, bajo la membrana plasmática microfilamentos de actina, miosina II (posiblemente no polimerizada en filamentos) y también actinina $\alpha$. En el centro del anillo hay microtúbulos, que son restos de los que formaban el huso mitótico.

El anillo contráctil persiste durante unos 10 minutos. Se ha supuesto que los microfilamentos de actina formarían dos espirales (con polaridades opuestas) entre las que se intercalaría la miosina. Las espirales se irían contrayendo por deslizamiento de la actina sobre la miosina. Sin embargo, mientras que el diámetro del anillo contráctil disminuye en la contracción, la anchura permanece constante. Esto implica que debe haber una disgregación de los microfilamentos de actina después de interaccionar con la miosina.

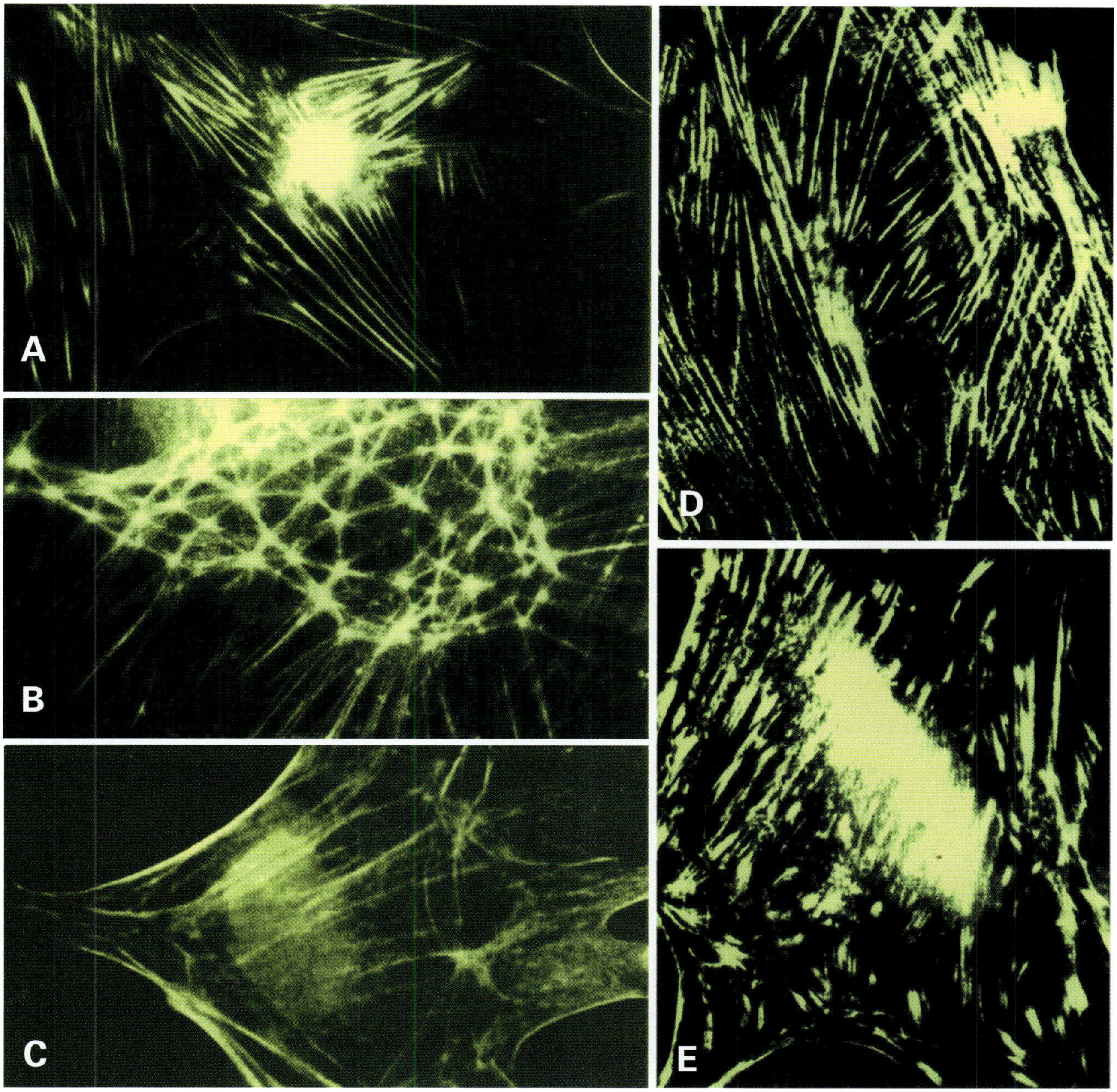


**Figura 6.12.** Demostración de cambios en la configuración de los microfilamentos de actina y proteínas asociadas en fibroblastos en cultivo utilizando inmunofluorescencia indirecta. **A**: Situación de reposo que muestra haces paralelos de microfilamentos de actina. **B**: Al comenzar el movimiento, la actina configura una estructura en forma de geodomo alrededor del núcleo celular. **C**: Durante el movimiento los microfilamentos de actina adoptan una disposición difusa por el citoplasma. **D**: Demostración de miosina en el estado de reposo. **E**: Demostración de actinina $\alpha$ durante el reposo. A-E X3000. Imágenes tomadas de Lazarides E y Revel JP: *Investigación y Ciencia,* 1979; 34:52-66.

## Ciclosis de células vegetales

Las células vegetales típicas poseen una gran vacuola central, y su citoplasma forma una estrecha banda que rodea la vacuola y queda limitada externamente por la membrana plasmática y la pared celular. Esto determina que las células adquieran un gran tamaño y que la difusión de las sustancias se vea entorpecida por las largas distancias. Por ello, el citoplasma sigue un movimiento de ciclosis, alrededor de la vacuola, de modo que se vayan desplazando con él sus componentes. Los orgánulos celulares se desplazan a velocidades de micrómetros por segundo, y sus movimientos son más direccionales que los de los orgánulos de las células animales.

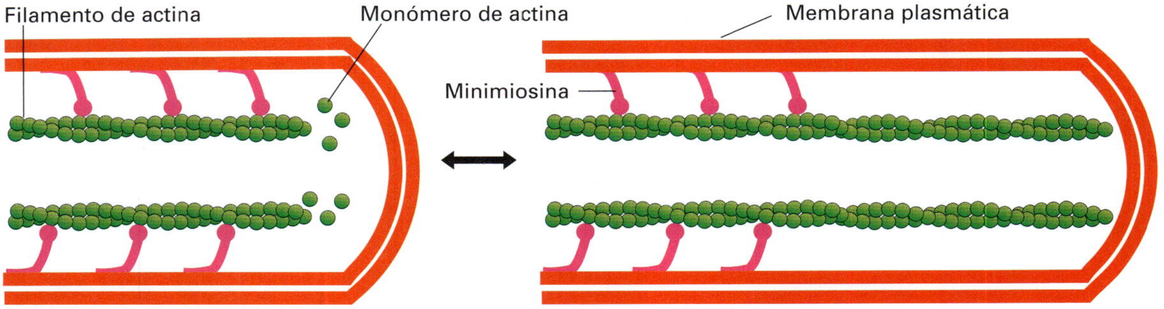


**A** Crecimiento de los filamentos de actina por adición de monómeros en el extremo (+). La minimiosina mantiene el filamento unido a la membrana plasmática.

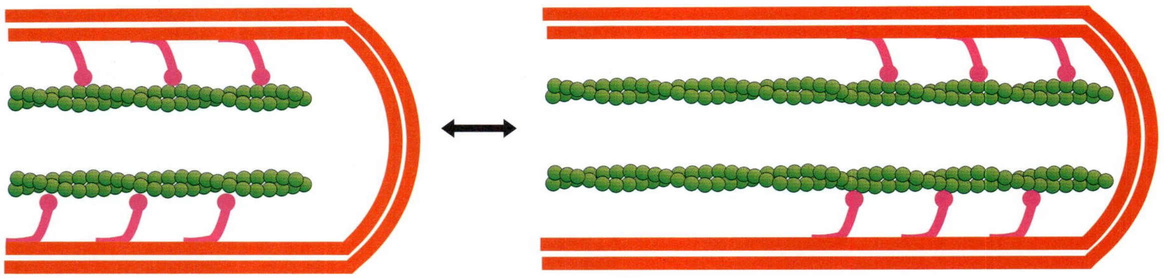

**B** Desplazamiento de los filamentos de actina, unidos a la minimiosina, por desplazamiento de ésta a lo largo de la membrana plasmática.

**Figura 6.13.** Dos posibles mecanismos que actúan en la formación de los filopodios, que contienen haces de filamentos de actina no contráctiles. **A**: Crecimiento de los microfilamentos por polimerización de la actina. **B**: Desplazamiento de los microfilamentos hacia el extremo en crecimiento del filopodio, al estar unidos a moléculas de minimiosina que se desplazan avanzando sobre la membrana plasmática.

El movimiento de ciclosis ha sido estudiado en algas verdes de gran tamaño, como *Nitella* y *Chara*. La zona de citoplasma circulante se sitúa entre la vacuola y una corteza citoplásmica inmóvil que contiene los cloroplastos. Inmediatamente subyacente a esta corteza se encuentran filamentos de actina estacionarios. Hay, además, moléculas de minimiosina, cuya cabeza se adosa a los microfilamentos, mientras que la cola conecta con cisternas de retículo endoplasmático y, posiblemente, con otros orgánulos membranosos. Esta minimiosina parece ser responsable del movimiento de las cisternas de retículo endoplasmático y orgánulos a lo largo de los microfilamentos, impulsando la ciclosis del viscoso citoplasma (Fig. 6.15). El movimiento es inhibido por citocalasinas, que desorganizan los microfilamentos.

## Otras funciones de los microfilamentos

### *Fusión de orgánulos membranosos*

El transporte de vesículas desde el órgano emisor al órgano diana se realiza con la ayuda de los microtúbulos. La fusión de las vesículas con el órgano diana (fusión de vesículas a la membrana plasmática, a membranas del complejo de Golgi o a la de lisosomas) constituyen un proceso complejo del que ya se ha tratado (véase página 64). En este proceso intervienen principalmente unas proteínas denominadas *anexinas* o *lipocortinas*, que se unen a fosfolípidos de las membranas y parecen actuar como puentes de unión entre las membranas que se fusionan. Aunque no hay pruebas concluyentes de la intervención de los microfilamentos de actina en este proceso, ciertos datos permiten confirmar la participación en él de algunas de las proteínas relacionadas con la actina, como la *fodrina* y la *gelsolina*.

### *Receptores de membrana*

Los microfilamentos intervienen en el desplazamiento de muchos receptores de membrana, que se encuentran conectados por microfilamentos a haces de microtúbulos subyacentes a la membrana plasmática. En algunos experimentos se ha visto que las citocalasinas inhiben el desplazamiento de los receptores para la lectina *concanavalina A* presentes en leucocitos neutrófilos y en linfocitos.

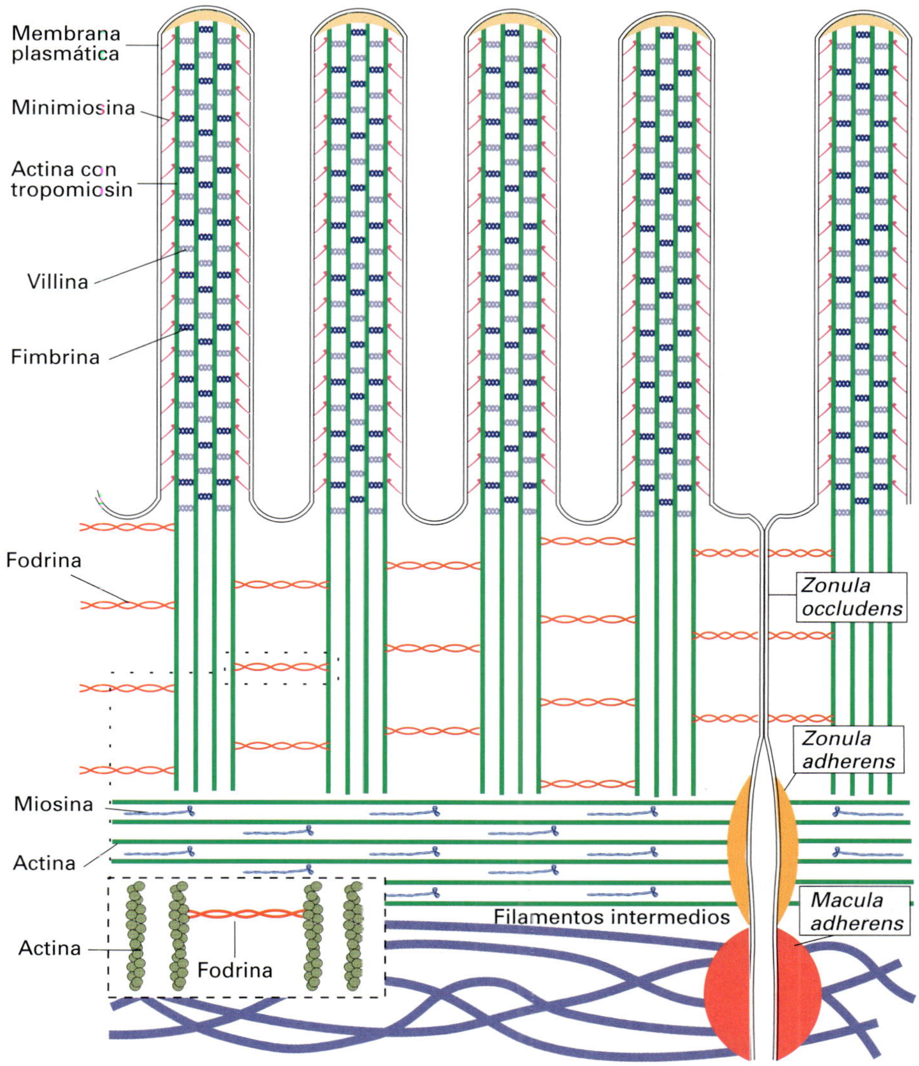


**Figura 6.14.** Representación del citoesqueleto de las microvellosidades. Los microfilamentos de actina que forman el eje de la microvellosidad van asociados a villina y fimbrina, y se conectan con la membrana plasmática mediante moléculas de minimiosina y calmodulina. Al penetrar en el citoplasma se pierden todas estas proteínas asociadas a la actina, y los haces de microfilamentos quedan unidos entre sí y a la membrana plasmática mediante fodrina (similar a la espectrina). Estos haces de microfilamentos se terminan al entrecruzarse con los microfilamentos celulares de actina que se anclan en las uniones tipo *zonula adherens*. Estos últimos microfilamentos se disponen perpendicularmente a los anteriores y van asociados a miosina II, pudiendo contraerse.

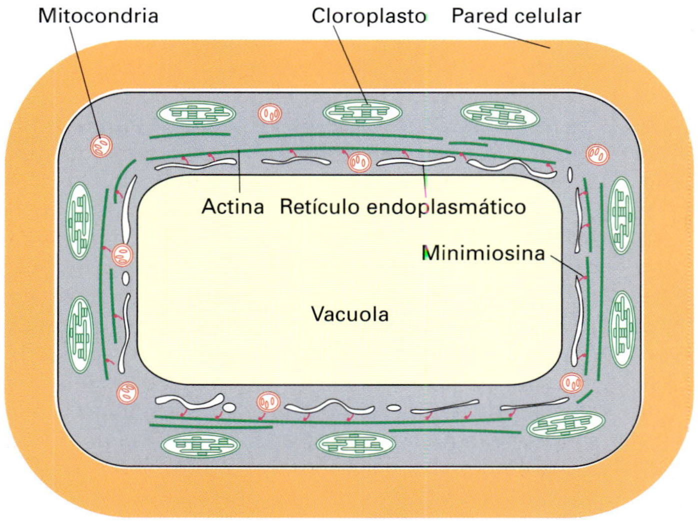


**Figura 6.15.** Movimiento de ciclosis alrededor de la vacuola celular del alga *Nitella*. Bajo la pared celular hay una zona cortical aparentemente inmóvil que contiene numerosos cloroplastos. Inmediatamente debajo hay una corteza móvil constituida por la mayoría de los orgánulos, sobre todo por retículo endoplasmático. Entre ambas zonas corticales hay microfilamentos de actina que forman ejes fijos sobre los que moléculas de minimiosina se anclan por la cabeza y conectan por la cola con los orgánulos a los que desplazan alrededor de la célula.

# MIOFILAMENTOS DEL MÚSCULO ESTRIADO

## TIPOS DE MIOFILAMENTOS Y PROTEÍNAS ASOCIADAS

La organización de los haces contráctiles de microfilamentos alcanza su máxima eficiencia en el músculo estriado, donde constituyen los denominados clásicamente *miofilamentos*.

En el músculo estriado los miofilamentos se distribuyen formando una unidad repetitiva que recibe el nombre de *sarcómera*. En los mamíferos, esta unidad mide unos 2.4 μm de longitud y aproximadamente 1 μm de ancho. Presenta bandas transversales I, A, H, pseudo-H y M, enmarcadas por las líneas Z o discos también transversales (Figs. 6.16 y 6.17). Esta organización se debe a la disposición de dos tipos principales de miofilamentos:

1. *Delgados*. Son microfilamentos de actina con la organización molecular descrita. Miden 6 nm de espesor y 1 μm de longitud, y forman las bandas I y parte de las A.
2. *Gruesos*. Están formados por ensamblaje de moléculas de miosina II. Miden 14 nm de espesor y 1.6 μm de longitud. Forman parte de las bandas A.

Las longitudes de ambos tipos de miofilamentos varían en los distintos grupos zoológicos, sobre todo en los invertebrados. Los filamentos gruesos difieren también en anchura, llegando a superar en algunos invertebrados los 100 nm. En cambio, los filamentos delgados mantienen su espesor en toda la escala zoológica. Los datos que facilitamos a continuación se refieren a mamíferos.

### Miofilamentos delgados

Están constituidos en su mayor parte por la proteína *actina*, que forma el 22% de la proteína muscular. En las células de los vertebrados se conocen tres tipos de actina: $\alpha$, $\beta$ y $\gamma$. A su vez, la actina $\alpha$ (la más ácida) presenta cuatro variedades: una exclusiva del músculo estriado esquelético, otra del cardíaco, otra del músculo liso vascular y otra del músculo liso no vascular. Las actinas $\beta$ y $\gamma$ se encuentran en las células no musculares, pero pueden estar también en las musculares; en concreto, se han descrito en el músculo estriado de algunos vertebrados. En los mioblastos de mamíferos, la actina es del tipo $\alpha$, $\beta$ o $\gamma$, pero en el músculo estriado adulto de los mamíferos queda sólo el tipo $\alpha$.

Como ocurre en los haces contráctiles de las células no musculares, a la doble hélice de actina que forma los miofilamentos delgados, se adosan moléculas de *tropomiosina*. Cada molécula de tropomiosina forma una barra que se extiende a lo largo de ocho monómeros de actina G (unos 36.5 nm). Donde termina una molécula de tropomiosina empieza otra, y en los puntos en que se unen dos tropomiosinas se añade el complejo *troponina* (Fig. 6.18).

La *tropomiosina* (70 kDa) del músculo estriado constituye del 5 al 10 % de las proteínas musculares y es algo diferente a la de las células no musculares. Al igual que en éstas, cada molécula tiene forma de bastón recto de unos 40 nm de longitud y está constituida por un doble helicoide de cadenas no globulares. Las cadenas son de dos tipos: $\alpha$ (36 kDa) y $\beta$ (34 kDa). Ambos son muy similares y se combinan en la proporción $4\alpha/1\beta$. Por consiguiente, hay dobles hélices con $\alpha$ y $\beta$ o con sólo $\alpha$.

La *troponina* (70.5 kDa) constituye otro 5% de las proteínas musculares. Comprende tres complejos: *troponina C* (18 kDa), que se une al $Ca^{2+}$; *troponina T* (30.5 kDa), que se une a la tropomiosina; y *troponina I* (22 kDa), que inhibe la interacción actina-miosina y la actividad ATPasa de la miosina. El primer complejo es de forma alargada y los otros dos son globulares.

El crecimiento de cada filamento delgado está limitado por dos proteínas que los estabilizan: la *proteína de coronación* en el extremo (+) (en las líneas Z) y la *tropomodulina* en el extremo (–) (en el centro de la sarcómera).

### Miofilamentos gruesos

Están constituidos por la proteína *miosina*, que constituye el 44% de la proteína muscular total. Las miosinas del músculo esquelético y cardíaco están codificadas por genes diferentes pero se disponen de la misma forma. En los vertebrados, cada miofilamento grueso está formado por la agrupación de unas 225 moléculas de miosina. Éstas se disponen secuencialmente por parejas, cada una de ellas desfasada con unos 14.3 nm, respecto a la siguiente, con las cabezas giradas unos 120°. De este modo, cada tres parejas vuelven a encontrarse las cabezas en la posición inicial (han girado 360°), a una distancia de 42.9 nm ($14.3 \times 3$). Las cabezas están inclinadas hacia la línea Z más próxima; por consiguiente, las de cada mitad del miofilamento están en dirección opuesta. La parte central del miofilamento carece de cabezas y forma la banda L o pseudo-H (Fig. 6.17).

### Componentes de las líneas Z (discos Z)

Las líneas Z (tal como se ven en el plano de corte) o discos Z (tal como son tridimensionalmente) forman los límites de la sarcómera, y en ellos se anclan los filamentos de actina por su extremo (+). Su estructura es compleja (Figs. 6.16 y 6.17) y de interpretación controvertida. Al igual que en las placas de fijación de los microfilamentos de haces contráctiles en células no musculares, en los discos Z hay *proteína de coronación* (que limita el crecimiento de los filamentos de actina anclados en los discos Z) y *actinina $\alpha$*. La *vinculina*, que une filamentos de actina a la membrana, no es un componente general de las líneas Z; tan sólo se encuentra en la unión de la última sarcómera a la membrana plasmática. En el músculo estriado cardíaco se encuentra en los *discos intercalares*.

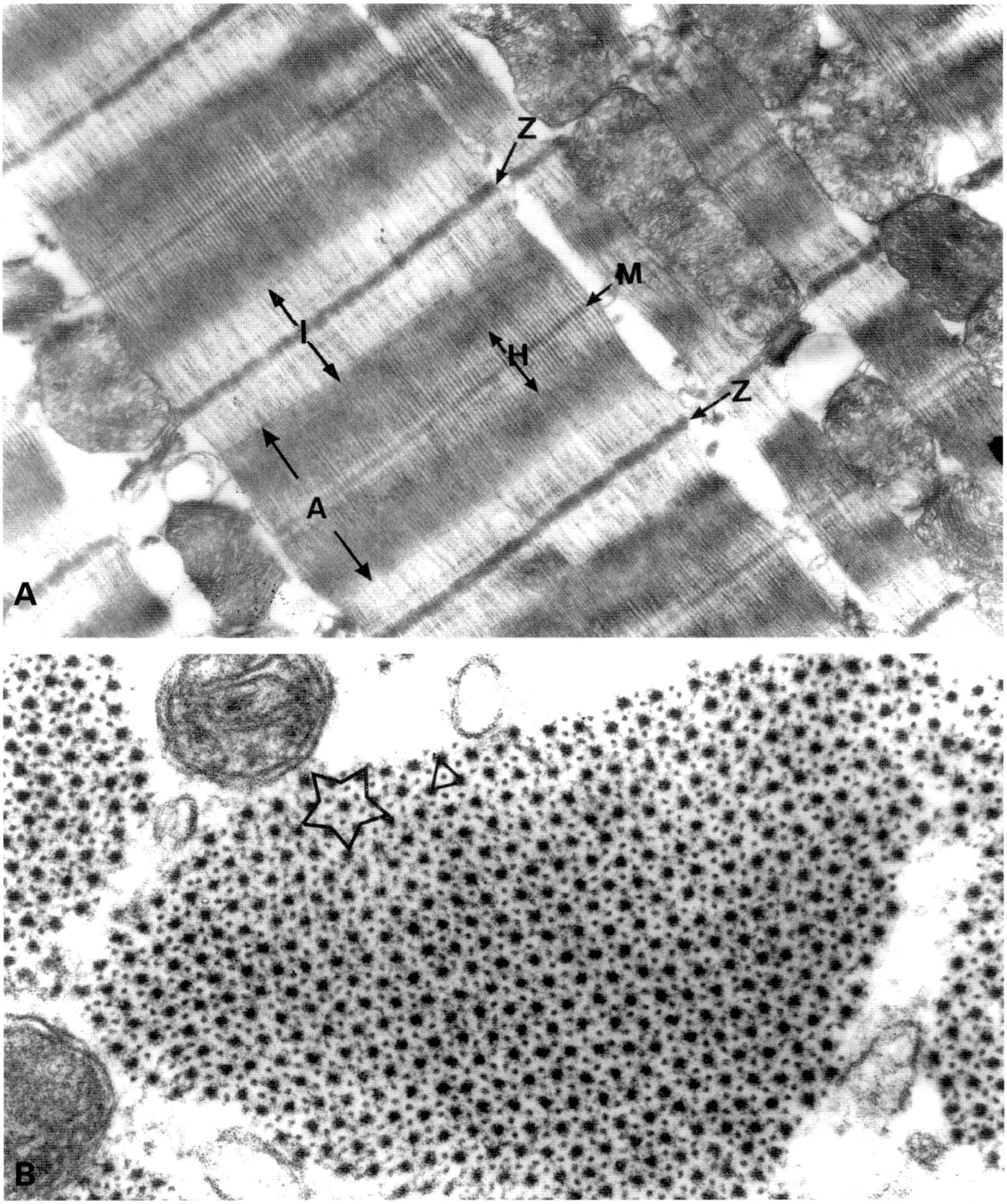


**Figura 6.16.** Músculo estriado humano. **A**: Sección longitudinal de varias sarcómeras que muestran la organización de los miofilamentos. Z: líneas o bandas Z que constituyen los límites de la sarcómera. I: banda I, en la que sólo hay miofilamentos finos. A: banda A en la que se disponen filamentos gruesos y finos. H: banda H, en la que sólo hay filamentos gruesos. M: línea M, que corresponde al punto medio de los filamentos gruesos y de la sarcómera. X20 000. **B**: Sección transversal de sarcómeras realizadas a nivel de la banda A y externamente a la banda H. Cada filamento grueso queda rodeado por 6 filamentos delgados (estrella). A su vez, cada filamento delgado es compartido por 3 filamentos gruesos (triángulo). X140 000.

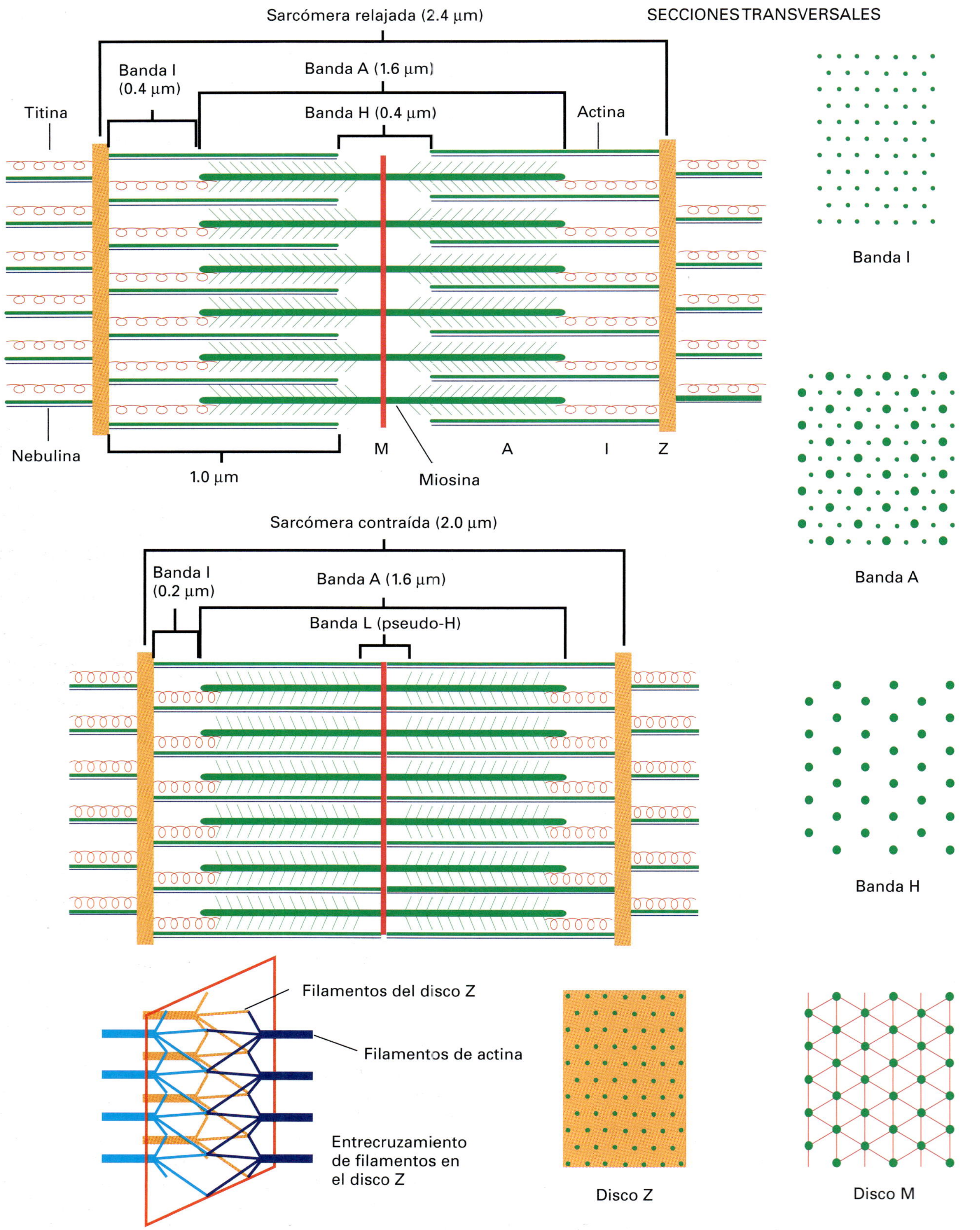


**Figura 6.17.** Estructura de la sarcómera relajada y contraída en sección longitudinal. En la parte superior se representan cortes transversales de la sarcómera relajada realizados en niveles diferentes (la letra indica la banda seccionada). En la parte inferior se interpreta la estructura de la línea Z.

### Otros componentes de la sarcómera

Hay otras proteínas en la sarcómera, que se relacionan con los filamentos gruesos y finos y con las líneas Z (Fig. 6.17):

1. *Titina (conectina)*. Tiene 3000 kDa y representa el 9% de la proteína muscular total. Forma un filamento elástico que conecta el extremo de cada filamento grueso con la línea Z más próxima (Fig. 6.17). Permite que los filamentos gruesos se mantengan centrados en la sarcómera durante la contracción y relajación muscular. En los músculos estriados de muchos invertebrados hay una proteína equivalente a la conectina, pero de menor peso molecular, en algunos músculos esta proteína es de unos 1200 kDa y se conoce como *proyectina*; en otros tiene unos 700 kDa y se ha denominado *twitchina*.
2. *Nebulina*. Tiene 700 kDa y constituye el 4% de la proteína muscular. Es una secuencia repetitiva de 35 aminoácidos dispuesta a lo largo de la banda I, paralelamente a los filamentos delgados. No se conecta con los filamentos gruesos y es totalmente recta. Se supone que controla la longitud y organización de los filamentos de actina (Fig. 6.17).
3. *Miomesina*. Tiene un peso molecular de 165 kDa y representa el 2% de la proteína muscular. Situada en el centro de la línea M, forma cortos filamentos dispuestos transversalmente, a modo de puentes, que unen cada filamento de miosina con los seis adyacentes y pueden observarse con el microscopio electrónico (Fig. 6.17).
4. *Proteína C*. Tiene 140 kDa y constituye el 1% de la proteína muscular. Se dispone sobre los filamentos gruesos, en intervalos de 43 nm, a ambos lados de la línea M (siete a cada lado). Su función es desconocida.
5. *Distrofina*. Tiene 400 kDa. Es una proteína filamentosa, con una secuencia similar a la de la actinina $\alpha$. Forma dímeros que unen las miofibrillas (por los filamentos de actina) a proteínas transmembranosas de la membrana plasmática, las cuales, a su vez, se unen a la matriz extracelular. Su ausencia causa la *distrofia muscular de Duchenne*.

En la sarcómera hay también filamentos intermedios de *desmina* y *vimentina*, de los que se tratará más adelante (véase páginas 267 y 269).

## CONTRACCIÓN MUSCULAR

Aunque la fisiología de la contracción muscular forma parte del estudio del músculo estriado, es indispensable una breve descripción de la mecánica de esta contracción para entender la función de la interacción de los miofilamentos en la sarcómera.

Debido a la estimulación nerviosa sobre la célula muscular, el calcio es liberado del retículo endoplasmático liso (denominado retículo sarcoplásmico en el músculo), y la concentración citosólica de este ion pasa de $10^{-7}$ M a $10^{-5}$ M. Los iones $Ca^{2+}$ liberados entran en contacto con los miofilamentos y se unen a la troponina C, lo que provoca un cambio en la configuración de las troponinas. La troponina T desplaza a la tropomiosina, a la que está unida; y la troponina I libera el bloqueo de los sitios de unión de la actina con la miosina. Para que esta unión se produzca deben flexionarse las moléculas de miosina por la articulación entre ambas meromiosinas (la ligera y la pesada). La meromiosina pesada se levanta y las cabezas de miosina se unen a la actina en el punto más cercano. Al continuar la flexión, las cabezas tiran de los filamentos de actina, acercándolos hacia la línea M (Fig. 6.18). Como las cabezas de cada mitad del miofilamento grueso se orientan en sentidos opuestos, los miofilamentos delgados tienden a coincidir en el centro de la sarcómera (Fig. 6.17). Este proceso requiere la hidrólisis del ATP por la miosina, y debe repetirse varias veces hasta que la sarcómera quede completamente contraída.

El deslizamiento producido en el filamento fino por una sola cabeza de miosina (unos 12 nm) es insuficiente para situar a esta cabeza en disposición de interactuar con otro monómero del filamento de actina que tenga la misma posición (cada vuelta del helicoide de la actina es de 36.5 nm). Este espacio es salvado gracias a la actividad cooperativa de otros filamentos gruesos adyacentes: como cada filamento de actina está relacionado con tres filamentos gruesos, la actuación sucesiva de estos tres filamentos supone un desplazamiento de unos 36 nm, distancia que coincide con el período de la hélice mencionado.

Dado que en total debe cubrirse una distancia de unos 0.2 $\mu$m (200 nm) en cada mitad de la sarcómera, se producen hasta 5 ó 6 (200/36.5 = 5.47) conexiones-desconexiones actina-miosina por cabeza de miosina. La velocidad es de 60 $\mu$m/s.

## MIOFILAMENTOS DEL MÚSCULO LISO

La organización de los miofilamentos en el músculo liso no es tan clara como en el músculo estriado, ya que no se perciben las sarcómeras, aunque son igualmente abundantes. Hay miofilamentos de actina y de miosina (Figs. 6.19 y 6.20.A). La proporción filamentos de actina/filamentos de miosina, medida en cortes transversales, es mucho mayor que en el músculo estriado y difiere de unos músculos lisos a otros; en los mamíferos varía entre 15/1 y 40/1. Pero estos datos no permiten extraer conclusiones acerca de la proporción real de filamentos de cada tipo por célula entera, puesto que no se conoce la longitud de ambos tipos de filamentos en el músculo liso. Hay también filamentos intermedios (desmina y algo de vimentina) de 10 nm de espesor.

Los miofilamentos de actina tienen 6 nm de espesor, como los del músculo estriado, pero no tienen una longitud definida; generalmente son mucho más largos que los del músculo estriado. La actina es principalmente del tipo $\alpha$ y presenta dos variedades que son exclusivas del músculo liso (una del músculo liso vascular y otra de los demás tipos). Además, hay actinas $\beta$ y $\gamma$.

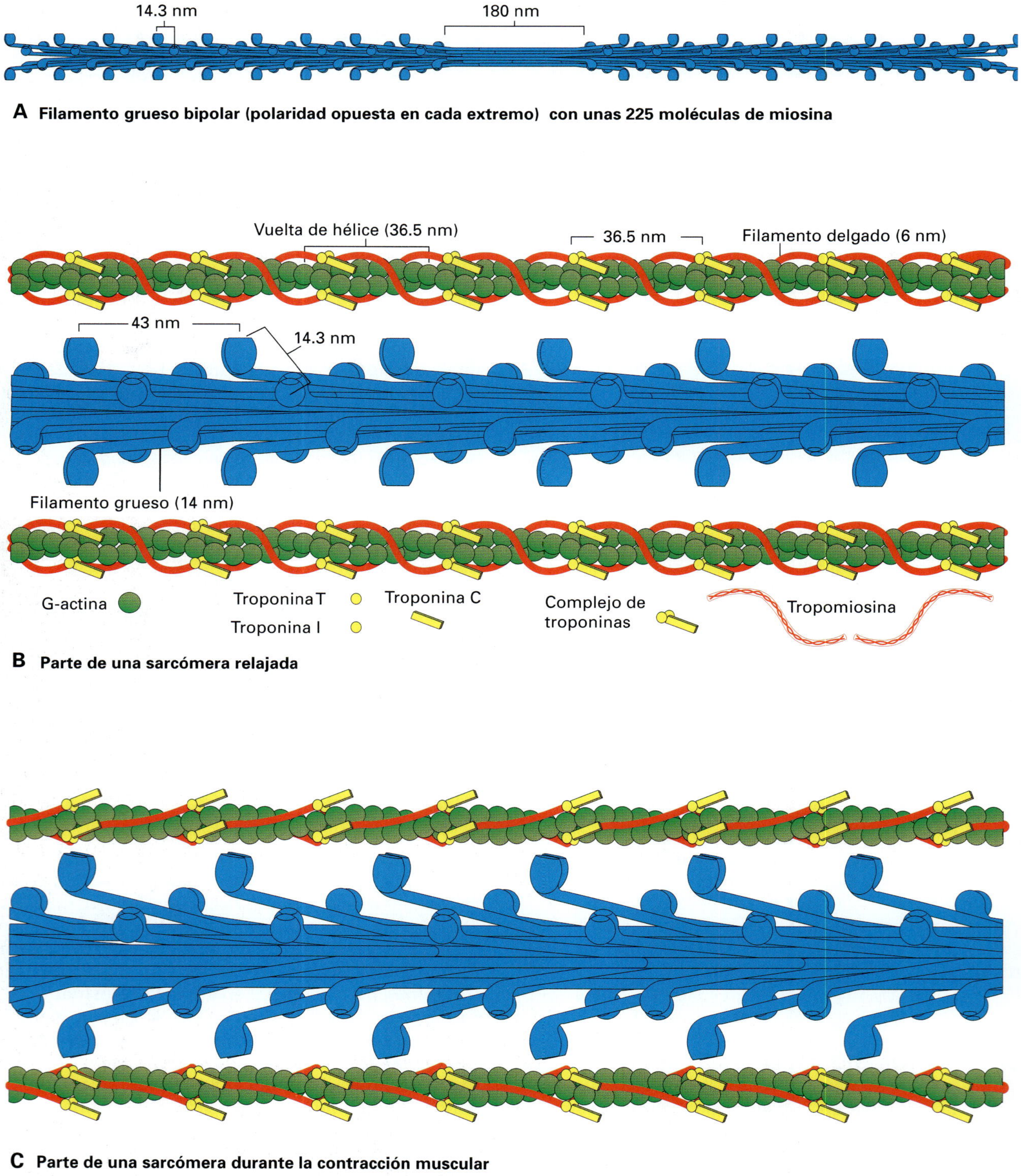


**Figura 6.18.** **A**: Organización de las moléculas de miosina en el filamento grueso. **B**: Estructura molecular de los filamentos delgados (actina y proteínas asociadas) y gruesos (miosina). **C**: Mecanismo de la contracción muscular. Las cabezas de las moléculas de miosina conectan con los filamentos de actina y se produce la flexión de parte del filamento de miosina, que desplaza al filamento de actina hacia la línea Z.

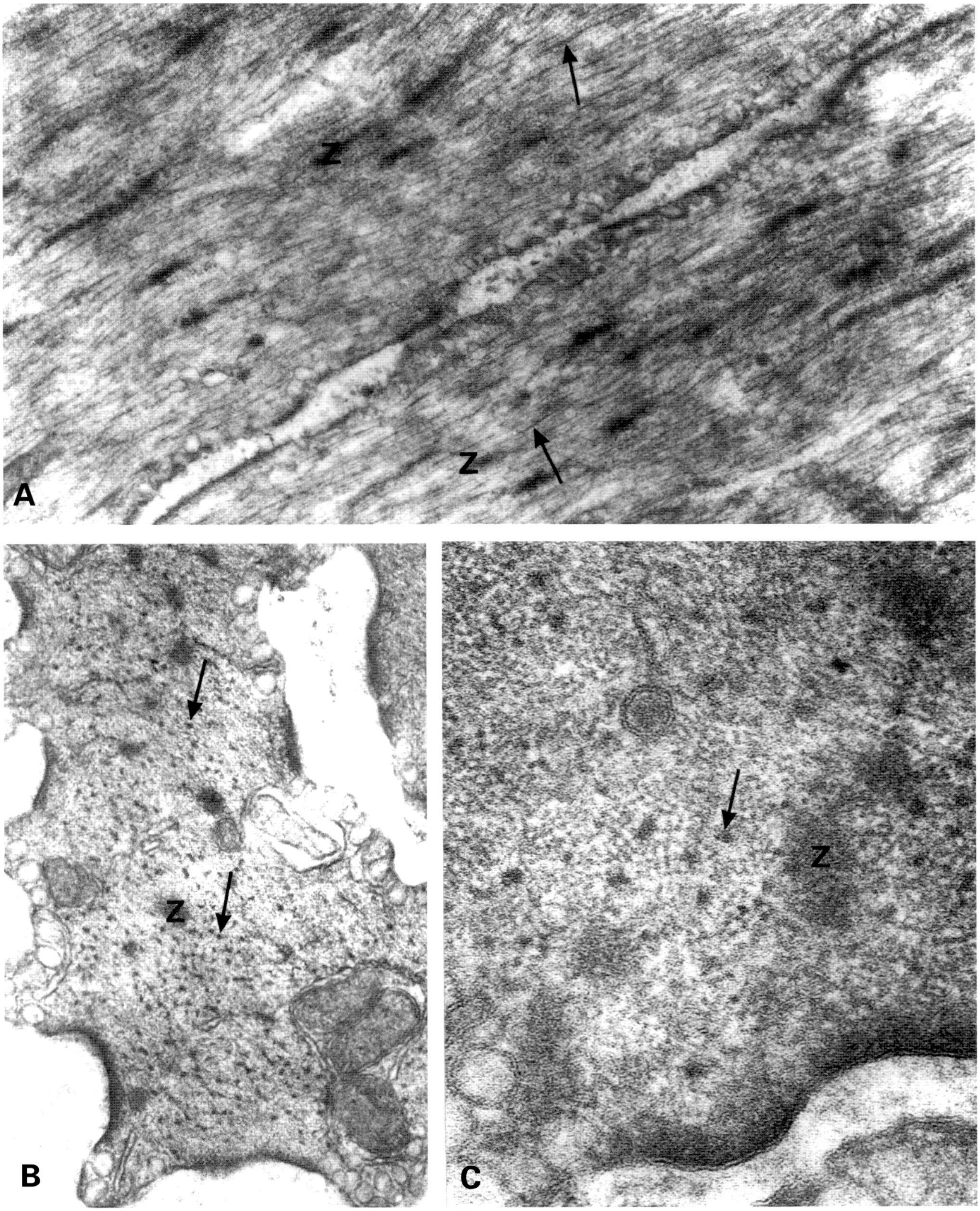


**Figura 6.19.** Músculo liso humano seccionado longitudinalmente (**A**) y transversalmente (**B-C**). Se observan zonas densas (placas de fijación) (Z) y miofilamentos gruesos (flechas) sobre un fondo de filamentos finos. A: X25 000. B: X70 000. C: X200 000.

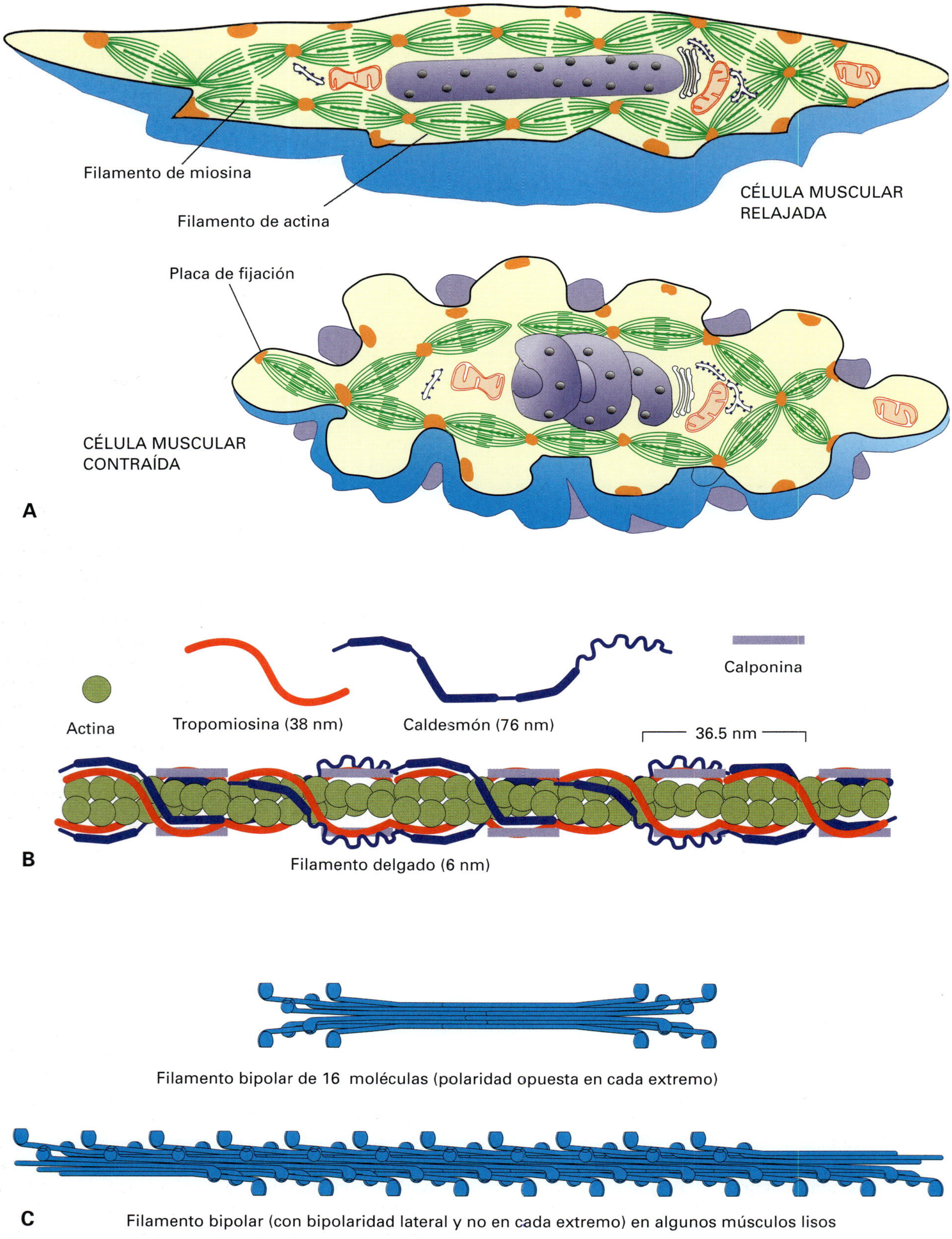


**Figura 6.20.** Músculo liso. **A**: Representación de las unidades de contracción. **B**: Organización de los miofilamentos delgados. **C**: Los filamentos de miosina podrían ser como los del músculo estriado pero, además, se han propuesto los dos modelos dibujados en la figura.

Los filamentos de actina poseen tropomiosina, pero carecen de troponina. A lo largo de la tropomiosina se disponen dos proteínas que limitan los movimientos de la actina: una fibrosa, de 75 nm de longitud y 150 kDa, llamada *caldesmón*, y otra de 34 kDa y de estructura no bien conocida, denominada *calponina* (Fig. 6.20.B). Hay además unas *zonas densas* que constituyen *placas de fijación*, comparables en su función a las líneas o discos Z. Estas placas se encuentran bajo la membrana plasmática, en contacto con ella, pero también aparecen situadas en zonas más profundas del citoplasma. Contienen todos los componentes de las líneas Z y, además, si están en contacto con la membrana contienen vinculina (Fig. 6.19).

Se admite que los miofilamentos de miosina de los vertebrados tienen, en los mamíferos, un espesor de unos 14 nm y una longitud probable de 1.5 µm; sin embargo, en los invertebrados pueden tener un diámetro mucho mayor, de hasta 100 nm. Por tanto, se consideran comparables a los del músculo estriado. No obstante, en muchas células musculares lisas no pueden observarse filamentos gruesos, y no hay unanimidad entre los autores acerca de cómo se disponen las moléculas de miosina para configurar el filamento. Existen diversos modelos, según los cuales el filamento grueso sería: 1) igual al del músculo estriado; 2) similar al del músculo estriado y del mismo grosor, pero con polaridad opuesta en ambos lados en vez de en ambos extremos; 3) un corto filamento de 6 nm de espesor, compuesto por 5-20 moléculas con polaridad opuesta; o 4) simplemente dos moléculas con polaridad opuesta (Fig. 6.20.C).

La contracción del músculo liso que, como se ha dicho, carece de verdaderas sarcómeras, sigue el mismo modelo que el de los haces contráctiles de filamentos de actina de las células no musculares. Los filamentos de actina se anclan en las placas de fijación (bajo la membrana plasmática o en posición más interna) por un extremo; el otro extremo queda libre. Los miofilamentos de miosina (en cualquiera de los modelos propuestos) se disponen entre dos series de miofilamentos de actina con polaridades opuestas e interaccionan con ellos, produciéndose el deslizamiento de cada serie en dirección contraria a la otra, tendiendo a entrecruzarse los filamentos (Fig. 6.20.A). Igual que en las células no musculares, no hay troponina, y la contracción se produce porque el complejo calmodulina-$Ca^{2+}$ activa la quinasa de la cadena ligera de la miosina.

La miosina del músculo liso y la de las células no musculares hidrolizan el ATP diez veces más lentamente que la miosina del músculo estriado, por lo que la contracción es más lenta. La troponina C, presente sólo en el músculo estriado, puede considerarse una forma especializada de calmodulina, que se ha desarrollado formando un sistema especializado junto con las troponinas I y T para favorecer la rapidez de la respuesta. En el músculo liso, así como el papel de la troponina C lo desempeña la calmodulina, el papel de las troponinas T e I lo desempeñan el caldesmón y la calponina. Ambas proteínas están unidas a la tropomiosina e inhiben la interacción actina-miosina. El complejo calmodulina-$Ca^{2+}$ se une al caldesmón y a la calponina, liberándolos de la actina, de este modo la actina puede unirse a la miosina e iniciar la contracción.

La fosforilación supone un cambio de configuración de la molécula de miosina: cuando está desfosforilada, las cadenas quedan plegadas y pegadas a la cabeza, y cuando está fosforilada la molécula se despliega y queda recta. Por eso se ha sugerido que la miosina del músculo liso sólo formaría filamentos gruesos cuando está fosforilada, por lo que estos filamentos serían inestables y no siempre son observables en las imágenes de microscopía electrónica. Sin embargo, es difícil aceptar que los filamentos gruesos puedan montarse y desmontarse tan rápida y frecuentemente. De ahí que algunos autores hayan sugerido que el caldesmón y la calponina podrían mantener desplegadas las moléculas de miosina, aunque éstas no estén fosforiladas, conservándose permanentemente la organización del filamento grueso.

# FILAMENTOS INTERMEDIOS

## CARACTERÍSTICAS GENERALES

A diferencia de los microfilamentos, los filamentos intermedios son más gruesos (8-10 nm), no se desorganizan con las citocalasinas y no parecen intervenir en el movimiento celular. Su función es más bien estructural. Además, no constituyen un grupo homogéneo, pues difieren de unos tipos celulares a otros. Se reconocen cinco tipos principales de filamentos intermedios: 1) queratinas (en células epiteliales); 2) neurofilamentos (en neuronas); 3) gliofilamentos (en células gliales); 4) desmina (en el músculo liso y estriado); y 5) vimentina (en células de origen mesodérmico). Además, en las neuronas puede haber otros tipos, como la periferina, la nestina, la internexina, la gefiltina y la plasticina. Los tres tipos de láminas nucleares también poseen la estructura molecular de los filamentos intermedios aunque formen una tupida red (Tabla 6.1).

Casi todos los tipos celulares nucleados de los vertebrados poseen alguno de estos tipos de filamentos intermedios. Sin embargo, parece que las células del embrión temprano de los mamíferos carecen de ellos. En un mismo tipo celular pueden coexistir varios tipos; así, la vimentina puede presentarse tanto con la desmina como con la queratina. Además, durante su desarrollo, algunas células pueden cambiar el tipo de filamento intermedio expresado; por ejemplo, algunas células sus-

TABLA 6.1. **Filamentos intermedios. Entre paréntesis figura un modelo de clasificación utilizado por algunos autores**

| Nombre y tipo | PM (kDa) | Diámetro | Tipos celulares |
|---|---|---|---|
| Queratinas | | 8 nm | Células epiteliales |
| Ácidas (tipo I) | 40-57 | | |
| Básicas-neutras (tipo II) | 53-67 | | |
| Gliofilamentos (tipo III) | 50 | 8 nm | Astrocitos y algunas células tipo las de Schwann |
| Desmina (tipo III) | 53 | 10 nm | Células musculares y asimiladas |
| Vimentina (tipo III) | 57 | 10 nm | Células de origen mesodérmico |
| Neurofilamentos (tipo IV) | | 10 nm | Neuronas |
| NF-L (PM bajo) | 70 | | |
| NF-M (PM medio) | 150 | | |
| NF-L (PM alto) | 200 | | |
| Filamentos menos comunes | | | |
| Periferina (tipo III) | 57 | 10 nm | Neuronas con axones en el sistema nervioso periférico |
| Internexina α (tipo IV) | 66 | 10 nm | Neuronas del sistema nervioso periférico |
| Nestina (tipo IV) | 200 | 10 nm | Neuronas embrionarias |
| Láminas nucleares (tipo V) | | Redes | Lámina nuclear de todas las células |
| Lámina A | 72 | | |
| Lámina B1 | 65 | | |
| Lámina B2 | 78 | | |
| Lámina C | 67 | | |

tituyen la queratina por la vimentina. Los filamentos intermedios están ausentes en vegetales y protistas. Se discute si están presentes en los invertebrados y, aunque se han descrito en algunas especies, posiblemente difieren de los tipos mencionados en los vertebrados.

Todos los filamentos intermedios presentan una estructura muy similar, que ha sido estudiada fundamentalmente en la queratina (Fig. 6.21). Cada polipéptido posee 310 aminoácidos y mide 48 nm de longitud. La molécula tiene una configuración helicoidal, excepto en tres pequeñas porciones, donde se despliega ligeramente; la más desarrollada está en el centro de la molécula. Estas tres porciones separan cuatro secuencias de aminoácidos muy repetitivas. Los dos extremos, aminoterminal (cabeza) y carboxiloterminal (cola), son de longitud variable dependiendo del tipo de polipéptido, y de forma globular. Cada polipéptido se ensambla helicoidalmente con otro para dar lugar a un dímero, de 1.5 nm de grosor. La unión antiparalela de dos dímeros forma un tetrámero, de unos 3 nm de grosor. A su vez, los tetrámeros se disponen alineados uno a continuación de otro para *formar protofilamentos* (también llamados subfilamentos). Las cabezas y colas de cada polipéptido no se alinean con el eje del protofilamento (quedan como protuberancias laterales) en el montaje de éste, por lo que el segmento repetitivo es de 42 nm de longitud. Varios de estos protofilamentos (posiblemente ocho) se adosan, desfasados en una longitud de medio tetrámero, para formar el filamento intermedio.

La fosforilación interviene en el ensamblaje-desensamblaje de los filamentos intermedios; al menos, la fosforilación de la vimentina y de las láminas nucleares por la *Cdk2* (quinasa dependiente de ciclinas 2) causa su disgregación.

En algunos tipos celulares se han detectado polipéptidos correspondientes a dos o más filamentos intermedios diferentes. Es posible que coexistan ambos tipos de filamentos intermedios, pero es también posible que ambos tipos de polipéptidos puedan copolimerizarse juntos en un mismo tipo de filamento. Lo mismo puede ocurrir con los filamentos de queratina, que comprenden diferentes polipéptidos.

Se han tratado de hallar posibles *centros organizadores de filamentos intermedios*. Así, se ha supuesto que el centro organizador de la vimentina pudiera ser la envoltura nuclear, el de las queratinas los desmosomas, el de la desmina las zonas densas en el músculo liso o los discos Z en el músculo estriado. Sin embargo, hasta ahora los intentos de hallar estos centros han sido infructuosos. Tras la inyección de un mRNA codificante de queratinas en fibroblastos en cultivo (que expresan vimentina), la formación de queratinas comenzó simultáneamente en muchos sitios dispersos por toda la célula, sin que se observara asociación con estructura alguna.

Se conocen algunas *proteínas asociadas a los filamentos intermedios* (*IFAP*), que unen filamentos entre sí o con otras estructuras. Algunas de ellas son inespecíficas, como la *plectina* (500 kDa) que, además de unir filamentos de vimentina entre sí formando haces, une filamentos intermedios en general a otras estructuras: microtúbulos, filamentos de actina, miosina II y membrana plasmática. Otras proteínas están asociadas solamente a uno o dos tipos de filamentos intermedios, contribuyendo a agruparlos en haces; entre estas proteínas se encuentran la *epinemina* (45 kDa), asociada a la vimentina; la *sinemina* (230 kDa) y la *paranemina* (280 kDa), que se unen a la desmina, y la *filagrina* (40 kDa) y la *tricohialina* (85 kDa), que se unen a las queratinas.

# TIPOS DE FILAMENTOS INTERMEDIOS

## QUERATINAS

La queratina de los mamíferos está constituida por proteínas fibrilares que se unen formando filamentos intermedios de 8 nm de espesor. Los filamentos de querati-

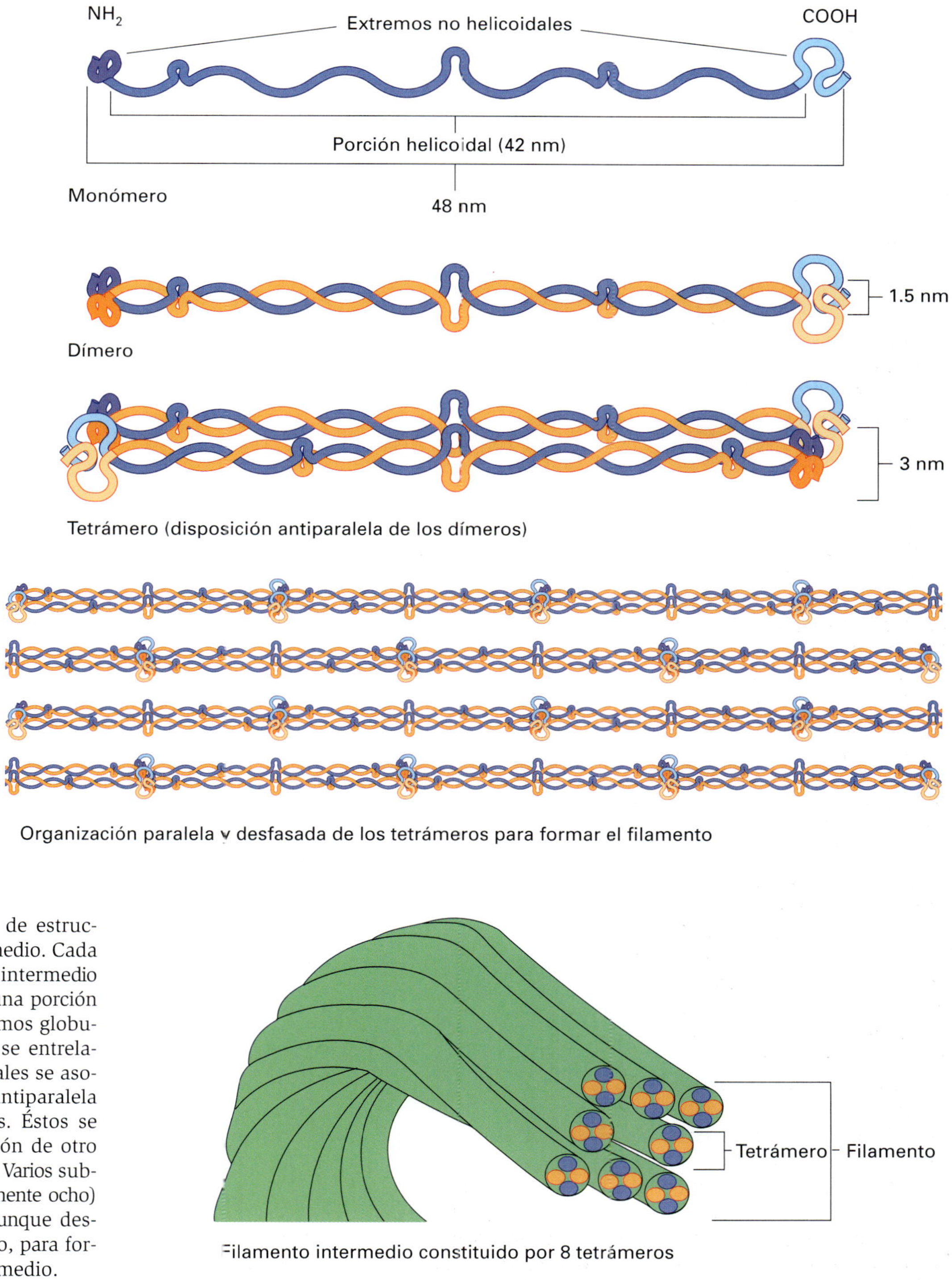


**Figura 6.21.** Modelo de estructura de filamento intermedio. Cada unidad del filamento intermedio (monómero) contiene una porción helicoidal y unos extremos globulares. Los monómeros se entrelazan en dímeros, los cuales se asocian en disposición antiparalela para formar tetrámeros. Éstos se unen uno a continuación de otro formando subfilamentos. Varios subfilamentos (aproximadamente ocho) se adosan en paralelo, aunque desfasados medio tetrámero, para formar un filamento intermedio.

na no son exclusivos de los epitelios queratinizados pues se han observado en casi todas las células epiteliales, incluidos los endotelios, aunque hay excepciones, como los epitelios del iris y cristalino del ojo y los de los glomérulos y túbulos renales.

Utilizando técnicas de inmunofluorescencia se aprecia que los haces de filamentos de queratina forman una red que recorre todo el citoplasma y es particularmente densa bajo la membrana plasmática y rodeando al núcleo (Fig. 6.22). Los filamentos que se insertan en desmosomas, observados desde hace tiempo con el microscopio electrónico, corresponden generalmente a queratinas (Figs. 6.22.A y véase Fig. 7.25).

Las queratinas son insolubles en tampones acuosos, pero pueden extraerse con disolventes desnaturalizantes, como urea 8 M, a pH bajo. Constituyen una amplia familia de polipéptidos, cuyos pesos moleculares varían desde 40 hasta 70 kDa. Estos polipéptidos están codificados por dos grandes grupos de genes, designados como tipo I y II; cada uno de los grupos comprende un conjunto de genes (al menos 22 del tipo I y 16 del tipo II), cuyos productos dan lugar a 20 variedades de queratinas blandas (designadas de K1 a K20) y 18 tipos de queratinas duras (designadas de Ha1 a Ha10 y de Hb1 a Hb8) distribuidas como sigue:

1. *Tipo I.* Son las queratinas ácidas y de menor peso molecular. Comprenden las variedades K9 a K20 y de Ha1 a Ha10.
2. *Tipo II.* Son las queratinas neutras o básicas. Comprenden las variedades K1 a K8 y de Hb1 a Hb8.

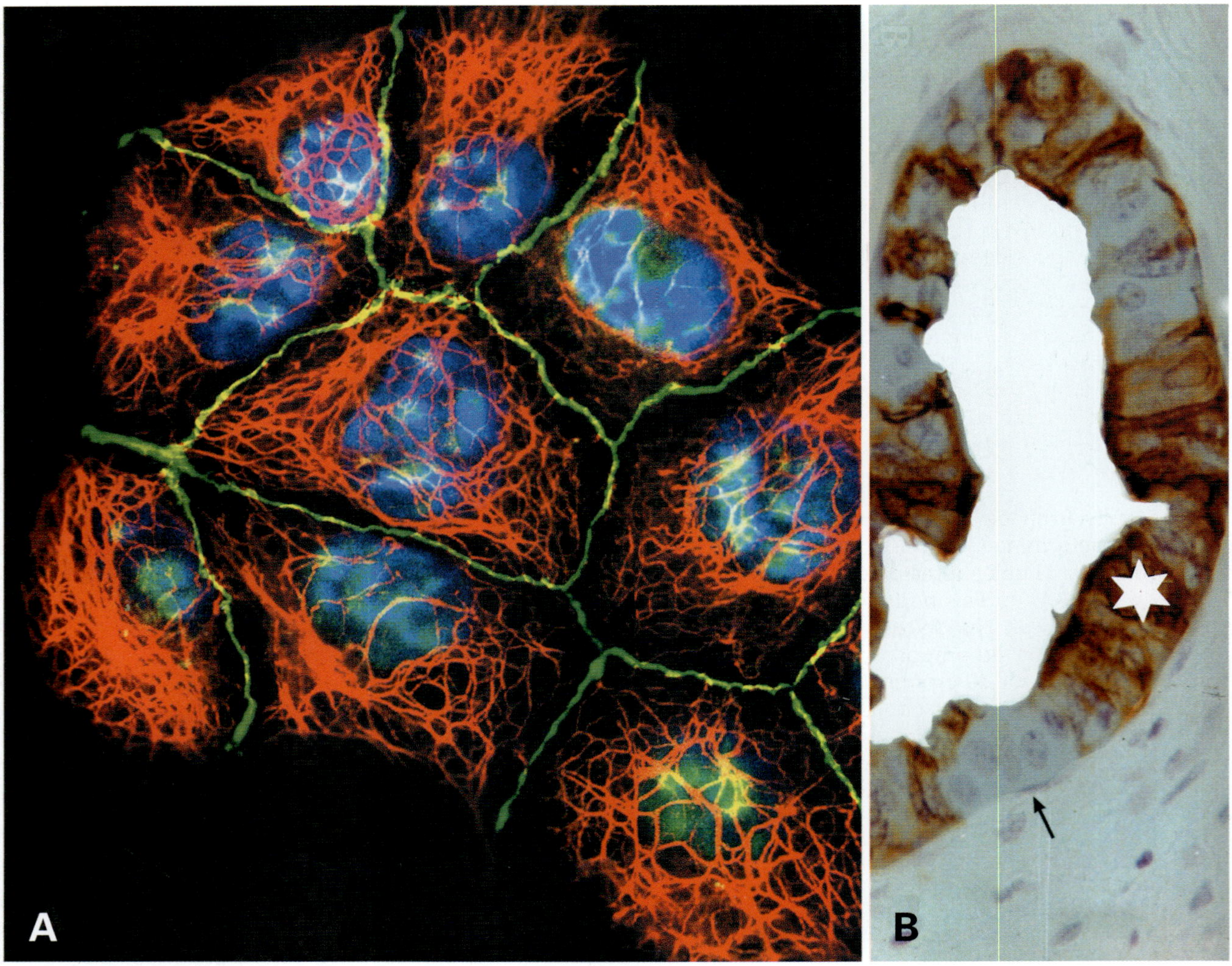


**Figura 6.22.** **A**: Células de carcinoma hepático humano (línea PLC) en cultivo, en las que se ha realizado un triple marcaje con inmunofluorescencia. La queratina aparece en rojo, las desmoplaquinas de los desmosomas en verde y el núcleo en azul. (Micrografía de C. Kuhn, tomada con un fotomicroscopio Zeiss LSM 510. Tomada de *European Microscopy and Analysis,* 1997; 49: 1). **B**: Demostración de queratina en conductos eferentes humanos. La inmunopositividad varía desde intensa (estrella) a negativa (flecha). X400. (Cortesía de J. Regadera. Departamento de Morfología. Facultad de Medicina. Universidad Autónoma de Madrid.)

Cada gen se expresa sólo en algunos epitelios y en diferentes momentos durante el proceso de diferenciación del epitelio; de ahí que las variedades presentes difieran no sólo entre especies sino también entre las diferentes células del mismo individuo. Puede decirse que cada epitelio (o grupo de epitelios) presenta un fenotipo de queratinas característico, pero siempre se encuentran los tipos I y II en la misma proporción; por ello, se piensa que cada queratina del tipo I copolimeriza con otra del tipo II, bien en el dímero o en el tetrámero.

En el desarrollo embrionario, las queratinas K8, K18 y K19 son las primeras que aparecen. Durante el desarrollo fetal se produce un cambio en la expresión de queratinas según el tipo de epitelio:

1. Los *epitelios simples* como el ovario presentan K7, K8, K18 y K19.
2. Los *epitelios complejos* (glándulas y sus conductos, epitelios pseudoestratificados, de transición y algunos estratificados) contienen K4, K5, K6, K13, K14, K15 y K17 y, menos frecuentemente, K8, K18 y K20.
3. Las queratinas de los *epitelios planos poliestratificados*, queratinizados o no, varían según el estrato celular. Son las siguientes:

   — En el estrato basal: K5 y K14.
   — En el estrato espinoso: K1 y K10. Además, según el tipo de epitelio se encuentran otras queratinas. Así, en los epitelios hiperproliferativos hay K6 y K16. En la *córnea* hay K3 y K12, mientras que la mucosa bucal y lengua expresan K4 y K13. En la epidermis (pero sólo en las palmas de las manos y las plantas de los pies) hay K9.
   — En el estrato granuloso (sólo presente en la epidermis): K2 y K11.
   — En las *diferenciaciones epidérmicas* se encuentran las queratinas duras, que también varían según su diferenciación (pelos, uñas, garras, escamas, etc.).

Las alteraciones en los genes que codifican las queratinas causan determinadas enfermedades; así ocurre con las siguientes: 1) una alteración de las queratinas K5 o K14 causa la *epidermólisis bulbosa*, en la que se produce citólisis de las células del estrato basal de la epidermis con formación de ampollas; 2) las alteraciones de las queratinas K1 o K10 producen la *hiperqueratinosis epidermolítica*, que implica citólisis y engrosamiento de los estratos espinosos y córneo de la epidermis; y 3) la alteración de la K9 ocasiona el *queratoma epidermolítico palmoplantar*, que es una variante de la enfermedad anterior pero ubicada exclusivamente en la palma de la mano y la planta del pie.

En las plumas de las aves se encuentran otros tipos muy diferentes de queratina, que se han denominado queratinas β para distinguirlas de las queratinas α, que son las comunes de vertebrados.

## NEUROFILAMENTOS

Tienen unos 10 nm diámetro y se disponen por todo el cuerpo celular y por las prolongaciones de las neuronas. Pueden ponerse de manifiesto con el microscopio óptico (*neurofibrillas*) por su capacidad de aglutinar determinados fijadores sobre los que se agregan coloides argénticos.Tanto en el sistema nervioso central como en el periférico de muchos mamíferos, los neurofilamentos están formados por tres polipéptidos, de bajo (NF-L, 70 kDa), medio (NF-M, 150 kDa) y alto (NF-H, 200 kDa) peso molecular. Los polipéptidos NF-M y NF-H poseen un dominio carboxiterminal que se extiende fuera del filamento y se une a un filamento adyacente, formando finos puentes filamentosos perpendiculares. Los neurofilamentos están presentes en toda la escala zoológica pero su composición no es constante. En los axones gigantes del calamar se encuentran sólo dos polipéptidos (uno de 200 kDa y otro de 60 kDa), mientras que en los axones gigantes del poliqueto *Myxicola infundibulus* hay también dos polipéptidos, pero diferentes de los anteriores (160 y 150 kDa). En todos los casos los neurofilamentos son muy vulnerables a la proteólisis en presencia de $Ca^{2+}$.

Los neurofilamentos proporcionan un esqueleto al pericarion, dendritas y axón, manteniendo su forma y facilitando el transporte celular, en el que intervienen los microtúbulos. En algunas enfermedades neuromusculares degenerativas como la *esclerosis lateral amiotrófica* y la *atrofia muscular espinal infantil (enfermedad de Werding)* se acumulan grandes cantidades de neurofilamentos en las neuronas motoras espinales y corticales y se produce una parálisis muscular. Este trastorno se debe a una deficiencia genética en la enzima antioxidante superóxido dismutasa.

## GLIOFILAMENTOS

Inicialmente se pensó que los gliofilamentos eran característicos de todas las células gliales, tanto de los vertebrados como de los invertebrados, incluida la microglía; pero hasta ahora sólo se han demostrado en vertebrados, en el cuerpo celular y en las prolongaciones citoplásmicas de los astrocitos y de las células de Schwann.

Forman haces más compactos que los neurofilamentos, quizá porque carecen de puentes transversales. Su diámetro es de 8 nm, algo inferior al de los neurofilamentos. Están constituidos por la *proteína ácida fibrilar glial (GFAP)*, de unos 50 kDa, muy semejante en todos los vertebrados.

## DESMINA

El estudio del músculo liso con el microscopio electrónico demostró que, además de miofilamentos delgados de actina y gruesos de miosina, hay un tercer tipo de filamentos (de 10 nm de espesor) que no participa directamente en la contracción y corresponde a una clase de filamento intermedio (Figs. 6.23 y 6.24.A). Mediante tampones salinos se solubilizan y extraen la actina y la miosina del músculo liso, y queda una red de estos filamentos intermedios que conecta todas las placas de fijación entre sí. Estos filamentos están formados por una pro-

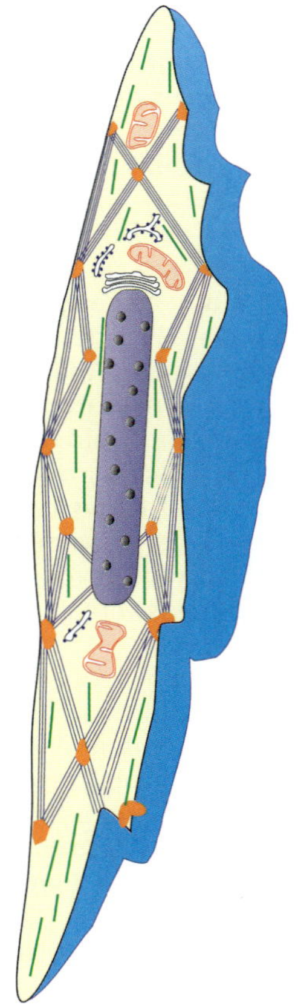

**Figura 6.23.** Disposición de los filamentos de desmina en el músculo liso.

teína de 53 kDa, similar a la proteína ácida fibrilar glial que supone del 15 al 25% de la proteína muscular. Inicialmente se denominó *esqueletina,* y más tarde *desmina*. Estos filamentos también se encuentran en células asimiladas a las musculares lisas, como los miofibroblastos, y en el músculo estriado.

En el músculo estriado, la tendencia de las líneas o discos Z a quedar al mismo nivel se debe a los filamentos de desmina que unen transversalmente los discos Z. Tras extraer la actina y la miosina con soluciones salinas, quedan únicamente los discos Z, que se pueden aislar para depositarlos sobre el portaobjetos, con lo que se observan frontalmente. Si se compara la imagen obtenida utilizando anticuerpos anti-actina con la que se obtiene utilizando anticuerpos anti-desmina, se observa que ambas imágenes son complementarias: la actina ocupa toda la superficie del disco Z, mientras que la desmina rodea e interconecta estos discos Z (Figs. 6.24.B y 6.24.C). En el músculo estriado, la desmina participa también en la unión del retículo sarcoplásmico y los túbulos T a la sarcómera (Fig. 6.25). De este modo, los filamentos de desmina consiguen la actividad integrada funcional de las sarcómeras.

Durante la embriogénesis del músculo estriado los filamentos de desmina serían responsables del ensamblaje ordenado de los miofilamentos para formar las sarcómeras. Si se sigue con anticuerpos antidesmina el desarrollo embrionario de este músculo, se aprecian filamentos de desmina repartidos irregularmente en el mioblasto. Con el desarrollo, la desmina va adquiriendo progresivamente la disposición descrita en el músculo adulto.

Se han observado alteraciones en la desmina en algunas cardiomiopatías congénitas.

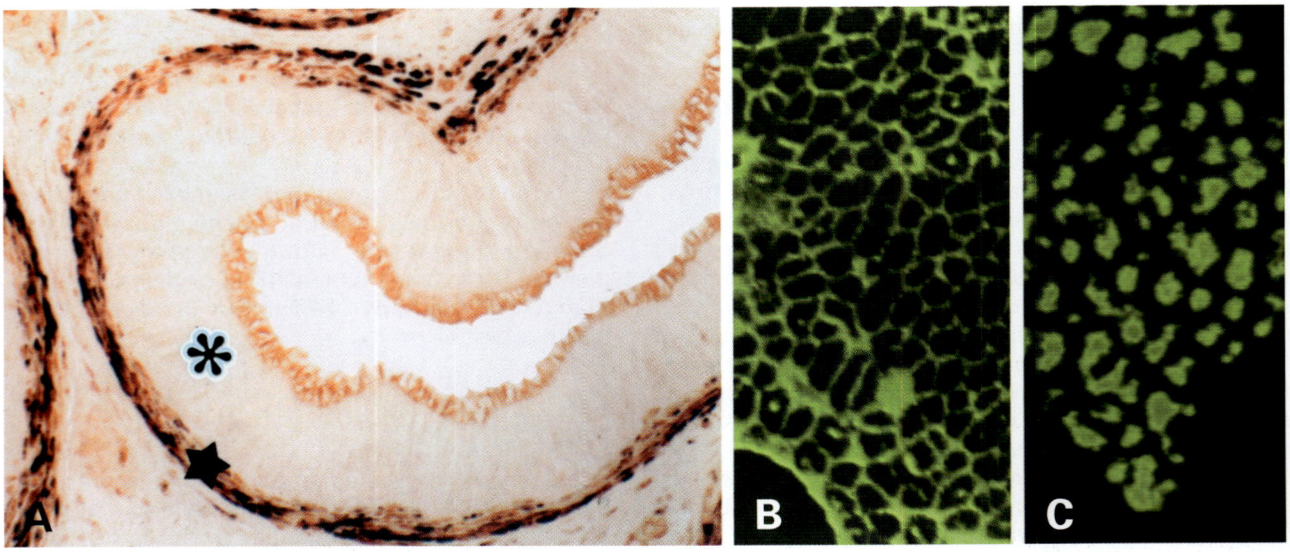


**Figura 6.24.** **A:** Demostración de desmina en el epidídimo humano, utilizando doble marcaje. La desmina (negro) se detecta en las células musculares que rodean al conducto (estrella) y está ausente en el epitelio (asterisco), cuya porción apical resulta positiva en la inmunotinción para actina (marrón). X250. (Cortesía de M.I. Arenas. Departamento de Biología Celular y Genética, Universidad de Alcalá.) **B-C**: Comparación de las imágenes de inmunofluorescencia frente a desmina (B) y frente a actina (C) en músculo estriado seccionado transversalmente. La actina se encuentra en los discos Z, mientras que la desmina rodea dichos discos. X3000. (Tomada de Lazarides E. *Nature* 1980; 283:249-256.)

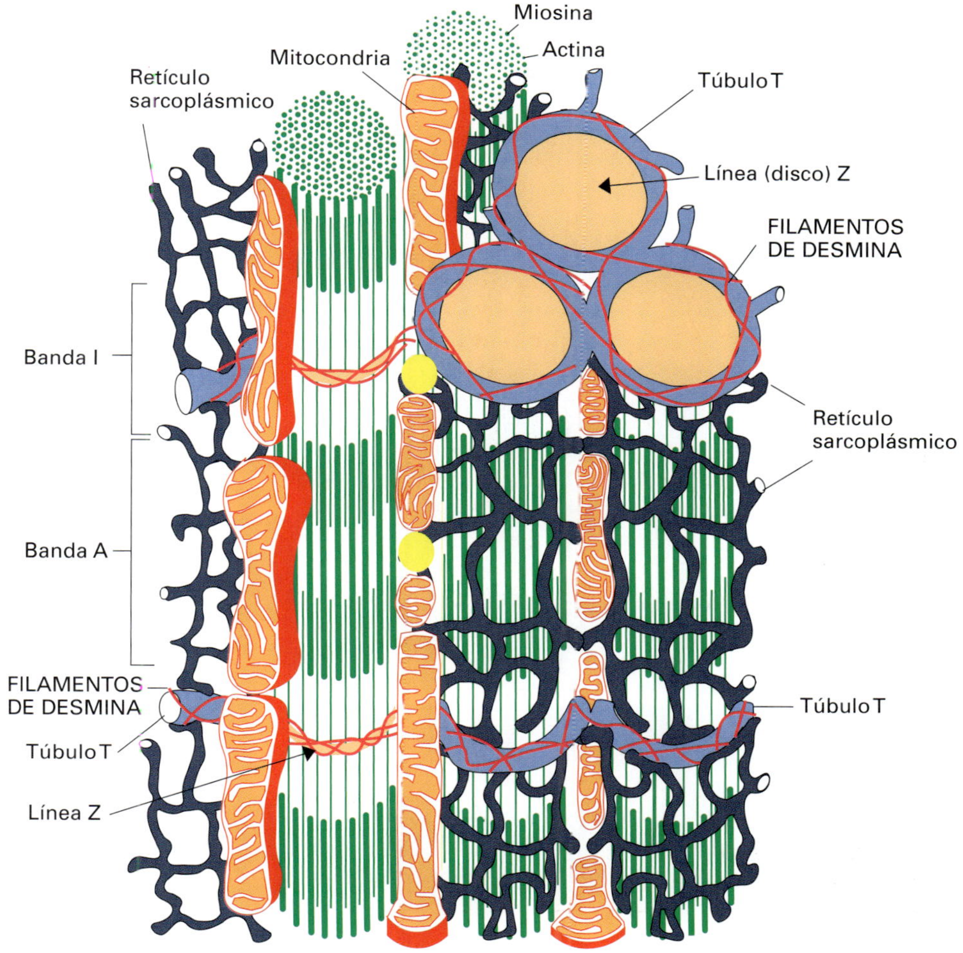


**Figura 6.25.** Disposición de los filamentos de desmina en el músculo cardíaco. Estos filamentos rodean y unen entre sí los discos Z, y a ellos ligan los túbulos T.

## VIMENTINA

Algunos filamentos de células de origen mesodérmico están constituidos por una proteína de 57 kDa, similar a la de los filamentos de desmina y a la de los gliofilamentos, a la que se ha denominado *vimentina* (del latín *vimentus* = onda) o *decamina*. Estos filamentos son muy similares en todos los vertebrados. Además de encontrarse en células de origen mesenquimático (fibroblastos, adipocitos, condrocitos, osteocitos y, aunque en cantidad muy escasa, en el músculo liso y estriado), también aparece en algunas células epiteliales de origen mesodérmico, células de Schwann, melanocitos, células endoteliales y células gliales (Fig. 6.26). Junto con la desmina, con la que coexiste en muchos casos, constituye los filamentos intermedios más extendidos.

Los filamentos de vimentina se distribuyen de modo muy similar a los filamentos de queratina y a los microtúbulos, y tienden a congregarse alrededor del núcleo, desde donde irradian hacia la membrana plasmática (véase Fig. 6.24.C). Se ha supuesto que estos filamentos mantienen la localización del núcleo, y probablemente del centríolo y del complejo de Golgi, proporcionándoles un soporte mecánico y fijando su posición. En el músculo estriado rodean los discos Z, junto con la desmina.

Utilizando anticuerpos anti-vimentina, se ha visto que estos filamentos rodean los cromosomas durante la mitosis y se reparten con ellos entre ambas células hijas.

No se han descrito alteraciones genéticas en la vimentina, aunque se ha observado una cantidad excesiva de estos filamentos en el cristalino de ratones transgénicos con cataratas.

## OTROS FILAMENTOS INTERMEDIOS

En las neuronas hay al menos cinco tipos más de filamentos intermedios, de 10 nm de grosor:

1. *Periferina*. Es un polipéptido de 57 kDa con cierto parecido a la vimentina. El nombre con el que se les designa se debe a que estos filamentos sólo están presentes en aquellas neuronas que tienen o envían sus axones fuera del sistema nervioso central, como las de los ganglios raquídeos, simpáticos y parasimpáticos, las neuronas sensitivas, las neuronas

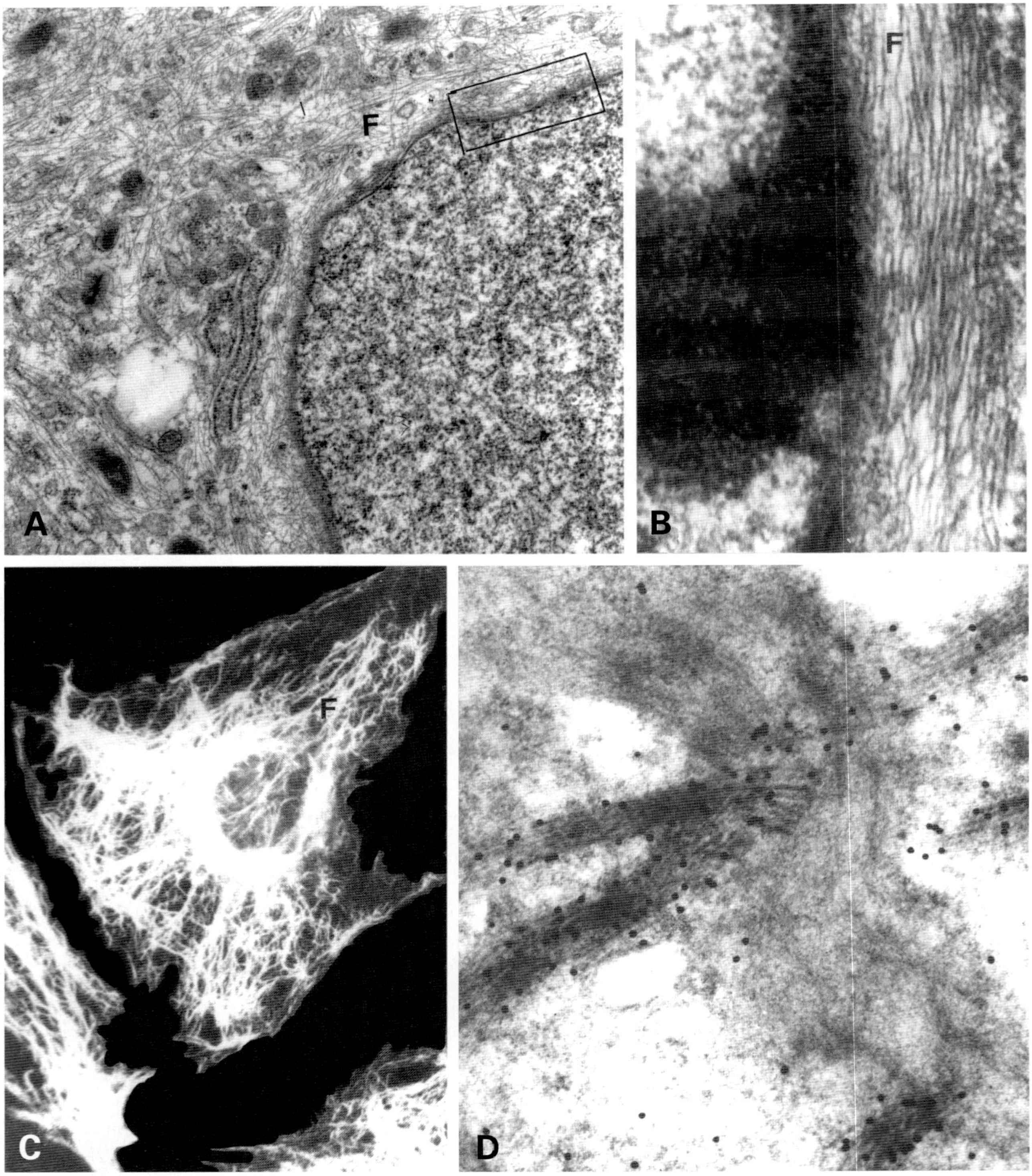


**Figura 6.26.** Filamentos intermedios del tipo vimentina (F). **A**: Detalle de una célula epitelial que muestra abundantes filamentos de 10 nm. X13 000. **B**: Porción del citoplasma yuxtanuclear similar al enmarcado en el recuadro de la figura anterior, que muestra a mayor aumento los filamentos de vimentina. X45 000. **C**: Demostración de filamentos de vimentina en células PtK2 en cultivo utilizando inmunofluorescencia. Nótese la similitud de la distribución con respecto a la de los filamentos de queratina mostrados en la figura 6.22.A. X3000. (Micrografía de M. Osborn. Tomada de Alberts B *et al. Molecular Biology of the Cell*. 3ª ed. New York, Garland, 1994.) **D**: Demostración de filamentos de vimentina mediante microscopía electrónica utilizando inmunomarcaje con oro coloidal. X35 000. (Cortesía de M.I. Arenas. Departamento de Biología Celular y Genética. Universidad de Alcalá.)

motoras del asta anterior de la médula espinal y las de diversos núcleos motores de pares craneales.

2. *Nestina*. Es de alto peso molecular (200 kDa). Se encuentra en neuronas embrionarias.
3. *Internexina α*. Se encuentra en neuronas del sistema nervioso periférico.
4. *Gefiltina* y *plasticina*. Se han observado en células ganglionares y en el nervio óptico.

A estos tipos de filamentos hay que añadir las *láminas nucleares A, B y C* cuya estructura molecular es como la de los filamentos intermedios, aunque no se disponen en haces sino formando redes de finos filamentos (véase página 115).

# MICROTÚBULOS

## ESTRUCTURA Y COMPOSICIÓN

Los microtúbulos son un componente constante y uniforme en todas las células, en las que se distribuyen del mismo modo que los filamentos de queratina y vimentina (Fig. 6.27). Cuando se observan con el microscopio electrónico aparecen como túbulos de 22-24 nm de diámetro que pueden ser tan largos como un axón (Fig. 6.28). Utilizando tinción con ácido tánico o contraste negativo, se puede ver que cada sección transversal de un microtúbulo muestra un anillo formado por 13 subunidades circulares de 4-5 nm de diámetro (Figs. 6.28.A y 6.29). Tridimensionalmente, estas subunidades son elipsoides cuyos ejes están en relación 7/5 y se disponen en línea formando 13 *protofilamentos*, que constituyen la pared del microtúbulo. Los elipsoides no se disponen en registro (mismo plano del corte transversal al microtúbulo), sino helicoidalmente, con una inclinación de 10-25 grados respecto al plano transversal (Fig. 6.29).

Cada subunidad es una proteína denominada *tubulina*, que se organiza en heterodímeros formados por *tubulina α* y *tubulina β*. Cada monómero tiene un peso molecular de 55 kDa y unos 500 aminoácidos, cuya secuencia es muy parecida en ambos. Cada uno de ellos lleva ligado un GTP, aunque el de la tubulina β se hidroliza a GDP al incorporarse al microtúbulo. Las tubulinas son muy semejantes en todas las especies animales; junto con las histonas, los microtúbulos son los componentes celulares que menos han evolucionado.

Además de las tubulinas, en los microtúbulos existen otras proteínas denominadas *proteínas asociadas a los microtúbulos (MAP)*. Entre ellas no están incluidas las proteínas que se unen específicamente a los microtúbulos de los centríolos y cilios, como la nexina y la dineína.

Las MAP parecen colaborar en el ensamblaje de los dímeros para formar microtúbulos, aunque no son imprescindibles para la formación de microtúbulos *in vitro*. Se considera que también participan en la estabilización del microtúbulo y en su relación con los microtúbulos adyacentes. Cada proteína tiene un dominio por el que se une al microtúbulo (contribuyendo a su estabilidad) y otro por el que se puede unir a otro componente citoesquelético o estructura citoplásmica. Las MAP se clasifican en dos grupos, según su peso molecular:

1. *MAP de alto peso molecular* (200-1000 kDa). Algunas pueden verse con el microscopio electrónico, especialmente si las preparaciones han sido contrastadas con hidróxido de lantano (Figs. 6.28.B y 6.28.C). Se aprecian como proyecciones de unos 10 nm de longitud, perpendiculares a la pared del microtúbulo y separadas unos 40-50 nm entre sí; por tanto, no todos los dímeros las poseen. Estas proyecciones dejan alrededor de cada microtúbulo un halo de unos 10 nm (*zona clara o de exclusión*) que impide el contacto entre los

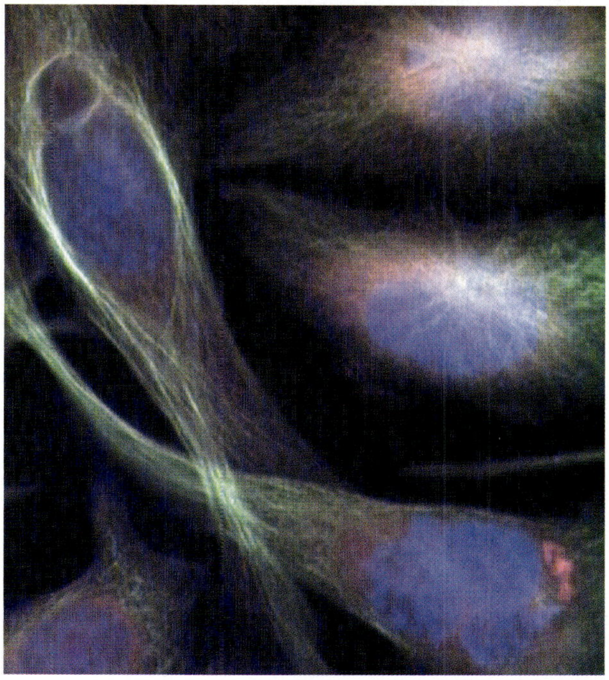

**Figura 6.27.** Demostración de los microtúbulos (en verde) en fibroblastos del ovario del hámster en cultivo mediante inmunofluorescencia antitubulina. El núcleo se ha teñido de azul con Hoechsst 33342. (Micrografía de *Cell Biology: Microscopy*.)

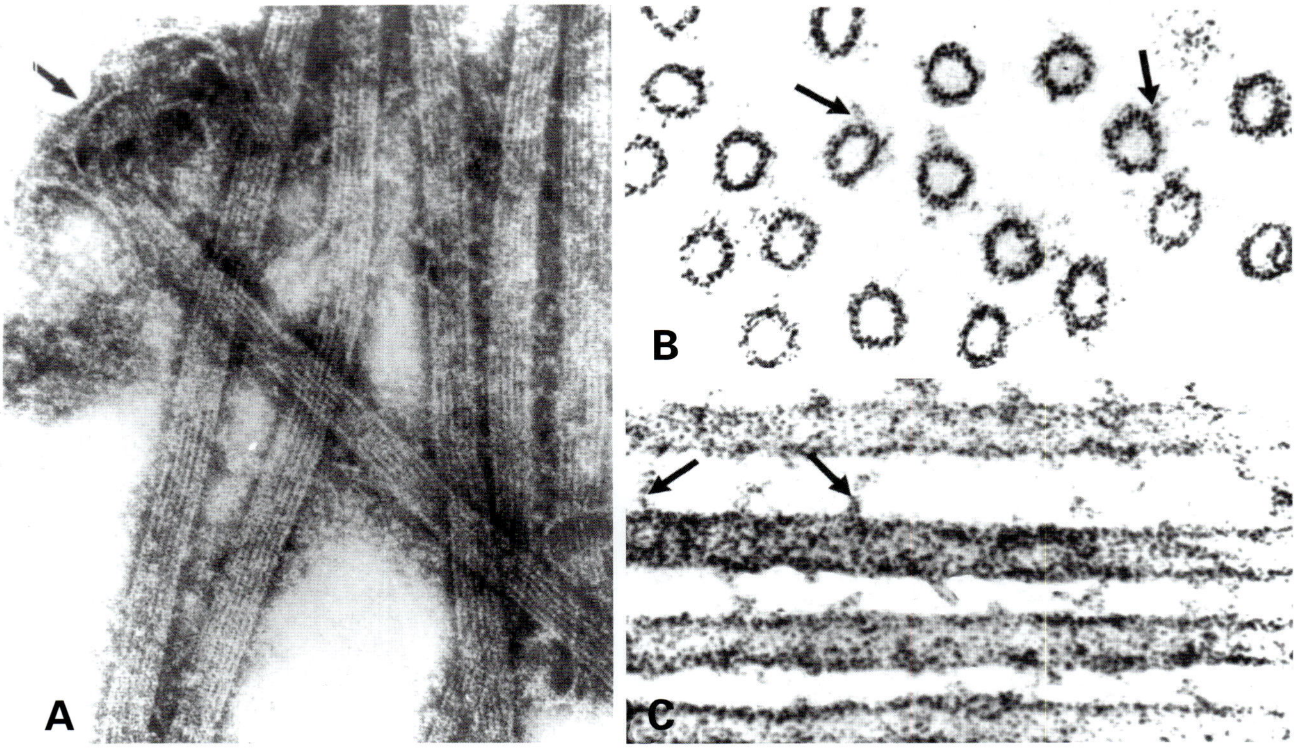


**Figura 6.28.** **A**: Microtúbulos de plaquetas observados en contraste negativo. Se observa la constitución en protofilamentos y la polimerización de tubulinas en un extremo. (Micrografía de O. Behnke y T. Zelander.) **B-C**: Microtúbulos seccionados transversal (B) o longitudinalmente (C). En algunos puntos se observan proyecciones perpendiculares (flechas) constituidas por las proteínas asociadas a los microtúbulos. (Micrografías de Murphy y Borisy. A-C X300 000. Las imágenes se han tomado de Dustin P. *Microtubules.* New York, Springer, 1979.)

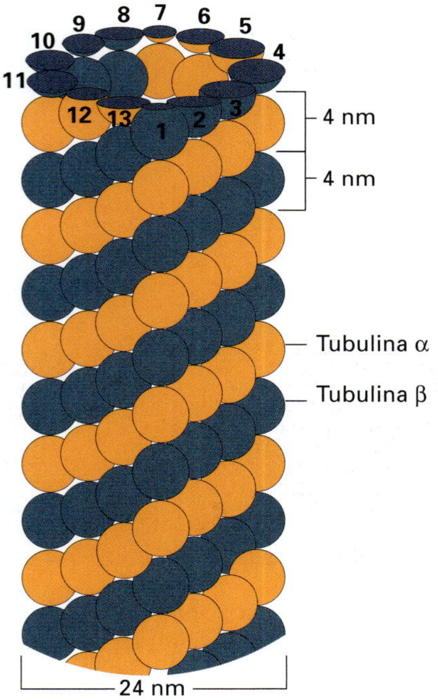


**Figura 6.29.** Estructura del microtúbulo.

microtúbulos adyacentes que forman haces. Se conocen cuatro tipos diferentes de MAP, numeradas del 1 al 4. A su vez, las *MAP-1* comprenden, al menos, tres proteínas diferentes: A, B y C. La C es especialmente importante en el transporte retrógrado de vesículas y se denomina también *dineína citoplásmica* (véase página 277). Las *MAP-2* se encuentran, al menos, en el cuerpo celular y en las dendritas de neuronas, donde están asociadas a filamentos intermedios. Las MAP-4 aparecen en la mayoría de las células y estabilizan los microtúbulos.

2. *MAP de bajo peso molecular* (55-62 kDa) o *proteínas* $\tau$ (tau). Su proporción es una proteína $\tau$ por cada seis tubulinas. No forman proyecciones pero configuran una capa rugosa que recubre el microtúbulo. Se encuentran también en neuronas pero sólo en el axón, y establecen uniones entre microtúbulos.

Otras proteínas relacionadas con los microtúbulos son la proteína motora *quinesina*, que interviene en el transporte anterógrado (véase página 276) y enzimas como la GTPasa, la transfosforilasa de GTP y, aunque sólo en algunos microtúbulos, la ATPasa.

## ENSAMBLAJE DE MICROTÚBULOS

### TUBULOGÉNESIS *IN VITRO*

Dada la simplicidad de los microtúbulos, pronto se consiguió sintetizarlos en el laboratorio. En 1972, Weisenberg consiguió formar verdaderos microtúbulos empleando tubulinas disueltas en agua en una concentración de 1 mg/mL, a 37 °C y pH 6.9, en presencia de GTP y $Mg^{2+}$ y tras suprimir el $Ca^{2+}$ con EDTA (etileno-diamino-tretra-acético, un agente quelante).

En condiciones experimentales, los procesos del ensamblaje de tubulinas se suceden en el siguiente orden (Fig. 6.30): 1) unión de monómeros para formar dímeros; 2) formación de espirales, anillos, anillos de doble pared (un anillo de 16 tubulinas rodeado por otro de 24 tubulinas); 3) apertura de cualquiera de estas estructuras para formar protofilamentos; 4) asociación de los protofilamentos para formar láminas (normalmente de 13 protofilamentos aunque pueden variar desde ocho hasta 22); 5) cierre de las láminas formando microtúbulos abiertos en C; y 6) cierre de las láminas formando verdaderos microtúbulos.

### TUBULOGÉNESIS *IN VIVO*. CENTROS ORGANIZADORES DE MICROTÚBULOS

Además de los requisitos mínimos que deben observarse *in vitro*, el crecimiento de los microtúbulos en la célula en condiciones fisiológicas se ve favorecido por las MAP, el cAMP (que participa en la fosforilación de las MAP), una concentración adecuada de $Ca^{2+}$ y, sobre todo, por los *centros organizadores de microtúbulos (MTOC)*.

Los centros organizadores de microtúbulos actúan de lugares de iniciación de la tubulogénesis (puntos de *nucleación*) y son indispensables en condiciones fisiológicas. Los MTOC mejor conocidos son los centríolos (en realidad, el *material denso pericentriolar*), los *cuerpos*

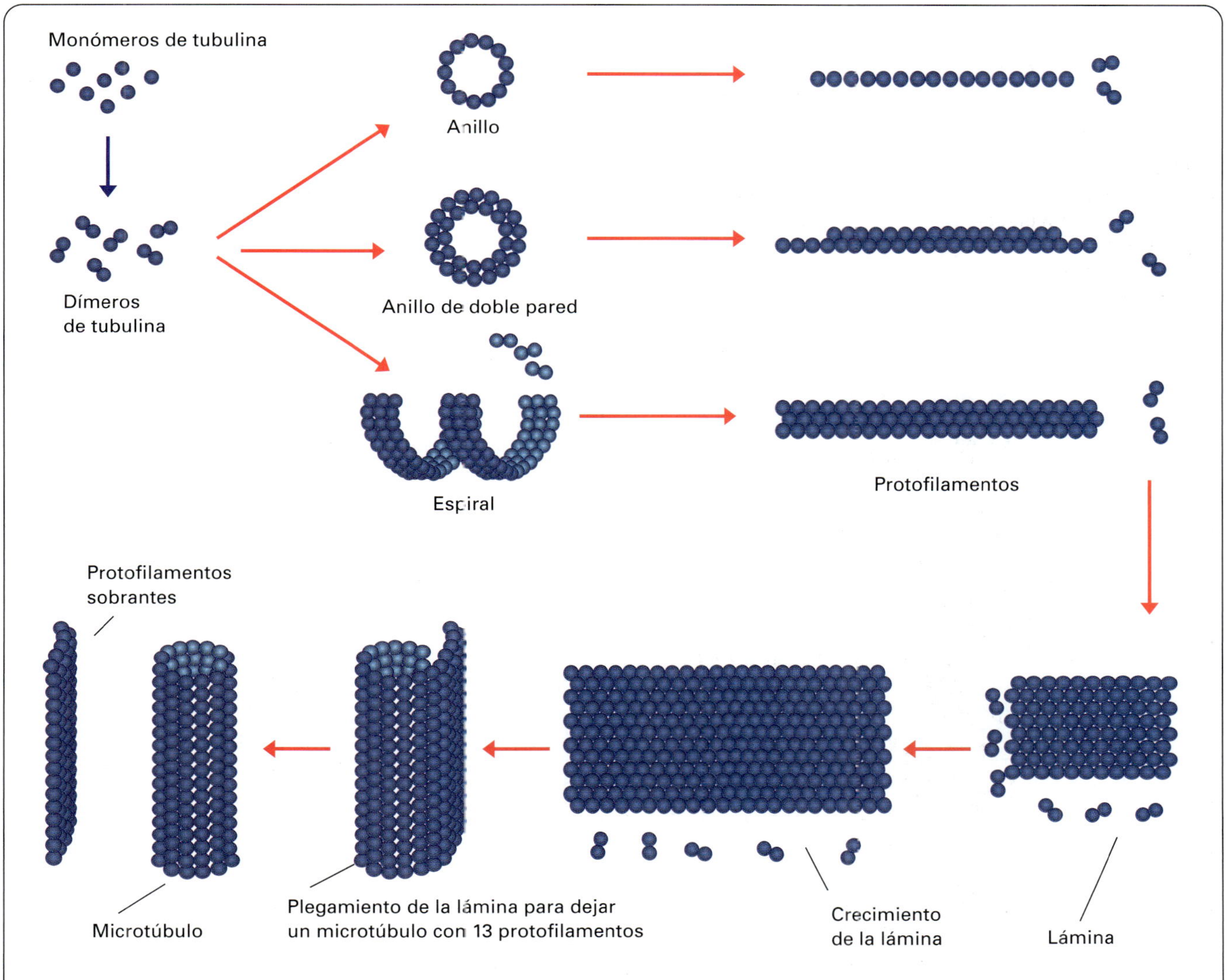


**Figura 6.30.** Ensamblaje de las tubulinas para formar microtúbulos.

*basales* de los cilios (iguales a los centríolos), los *cinetócoros* de cromosomas, y los *poros* de la envoltura nuclear o de las laminillas anilladas. En los MTOC hay *tubulina* $\gamma$, que forma un complejo en anillo desde donde se nuclean los microtúbulos. En cierto sentido, los propios fragmentos de microtúbulos podrían considerarse centros organizadores.

La elongación del microtúbulo es más rápida que la nucleación, y tiene lugar mediante la incorporación de dímeros a los extremos de los microtúbulos (véase Fig. 6.28.A). Para poder incorporarse a los microtúbulos, los dos monómeros de los dímeros de tubulinas libres deben unirse a GTP. Al incorporarse, el GTP de la tubulina $\beta$ se hidroliza a GDP. El GTP de la tubulina $\alpha$ queda atrapado entre los dímeros y no se hidroliza ni intercambia nunca.

Los microtúbulos crecen principalmente por uno de sus extremos, denominado *extremo (+)*, por el que se alejan del centro organizador. También se produce algún crecimiento (tres veces más lento) en el *extremo (–)*, que queda en contacto con el centro organizador. Esto implica que, durante la elongación de los microtúbulos, en el extremo (+) hay siempre muchas tubulinas $\beta$ unidas a GTP, pues las moléculas no tienen tiempo de hidrolizarse antes de que se incorpore la siguiente. En el extremo (–) las tubulinas $\beta$ tienen tiempo de hidrolizarse, por lo que casi todas ellas están unidas a GDP.

Tras la formación del microtúbulo tienen lugar dos cambios en las tubulinas: acetilación de algunas lisinas y desprendimiento de tirosinas en el extremo carboxilo. Estos cambios (*maduración del microtúbulo*) son lentos y permiten calcular cuánto tiempo ha transcurrido desde que se formó un microtúbulo.

La despolimerización del microtúbulo no requiere gasto de energía. Las tubulinas desprendidas quedan como estaban en el microtúbulo (tubulina $\alpha$-GTP y tubulina $\beta$-GDP) pero, antes de incorporarse de nuevo a un microtúbulo, debe producirse la fosforilación de la tubulina $\beta$.

En las células diferenciadas, los microtúbulos pueden estar estabilizados, como ocurre con el axón, los centríolos y los cilios. En las células en reorganización morfológica, los microtúbulos están ensamblándose y desensamblándose continuamente; es el caso del huso mitótico. La concentración de tubulina con la cual se equilibran la polimerización y despolimerización se llama *concentración crítica*.

La vida media de la tubulina es de unas 20 horas. En el citoplasma existe un almacén de tubulinas, que provienen tanto de nueva síntesis como de la despolimerización de microtúbulos. El siguiente experimento muestra la disponibilidad de los dímeros. El alga *Chlamydomonas* posee dos flagelos; si se corta uno de ellos, éste se regenera. Inicialmente la regeneración se hace a costa del otro flagelo, que va disminuyendo de longitud, añadiendo tubulinas al hialoplasma, desde donde se incorporan al flagelo en regeneración. No obstante, no todo se consigue a partir del flagelo no seccionado. Si se inhibe la síntesis de tubulinas con cicloheximida, la regeneración sólo alcanza la mitad del flagelo. Esto indica que, mientras se está regenerando el flagelo seccionado, está teniendo lugar una síntesis de tubulinas que empiezan a estar disponibles cuando el flagelo no seccionado deja de suministrar tubulinas y se puede completar la regeneración. Sin embargo, este modelo de regeneración no es constante en todos los casos. Así, en *Tetrahymena*, aunque se inhiba la síntesis de tubulinas con cicloheximida, si se corta un flagelo, éste se regenera a partir de las tubulinas preexistentes en el citoplasma.

## AGENTES QUE REGULAN LA FORMACIÓN DE MICROTÚBULOS

### Agentes que favorecen la formación de microtúbulos

El agua pesada y el *taxol* (sustancia extraída de la corteza del tejo) incrementan el número y la estabilidad de los microtúbulos (como los del huso mitótico), e incluso la producción de centríolos.

Los policationes, la RNAasa, la insulina y el factor de crecimiento nervioso (NGF) también favorecen la formación de microtúbulos. Sin embargo, algunos de estos factores dan lugar a la formación de microtúbulos anormales. Así, el policatión DEAE (dietil-amino-etil-dextrano) y el glicerol favorecen la formación de láminas de protofilamentos, pero dan lugar a microtúbulos de doble pared (como los anillos dobles pero en microtúbulos enteros). El exceso de $Ca^{2+}$ origina la formación de microtúbulos abiertos en forma de C. Con una concentración 1 mM de $Cl_2Ca$ se forman supermicrotúbulos (de 31-52 nm de diámetro), que pueden ser completos o de pared incompleta, en la que los protofilamentos se disponen en hélice.

### Agentes que impiden la polimerización de microtúbulos

La *colchicina* es un derivado del tropoleno. Se extrae del cólquico (*Colchicum autumnale*) y puede también sintetizarse. Esta sustancia se usaba ya en el siglo XVIII para curar la gota. En el siglo XX se observó que alteraba la mitosis de células animales y vegetales. Además, se comprobó que causaba alteraciones en el sistema nervioso y variaciones hormonales no explicadas. La colchicina influye también en la pérdida de la forma y motilidad celular, fenómenos todos ellos en los que hoy se sabe que intervienen los microtúbulos.

La colchicina actúa fijándose a cada dímero de tubulinas. Esta fijación impide que los dímeros se ensamblen. Al evitar la polimerización de tubulinas, la colchicina disocia aquellos microtúbulos que están en un continuo proceso de organización y desorganización, como los del huso mitótico, pero no los que forman estructuras estables (cilios y flagelos). Los microtúbulos de los axones son más resistentes a la colchicina que los de otras células, ya que forman estructuras más estables.

Existe una amplia variedad de sustancias antagonistas de la colchicina que disminuyen sus efectos o hacen que las células se recuperen de dichos efectos: el ATP, la melatonina, la cortisona y derivados del mesoinositol como el hexano $\gamma$. La acción de estas sustancias puede ser indirecta. Así, el ATP estabiliza los microtúbulos.

Los alcaloides de la vinca (*vincristina* y la *vinblastina*) tienen una acción similar a la de la colchicina, aunque presentan algunas diferencias. Se unen a las tubulinas en el sitio de unión al GTP que éstas poseen (diferente del sitio de unión a la colchicina). Desorganizan los microtúbulos sintetizados *in vitro* formando microtúbulos en hélice. También desorganizan los microtúbulos celulares dando lugar a agregados cristalinos, que forman hexágonos u otras figuras. Son antagonistas de estos alcaloides el ácido glutámico y el triptófano.

Hay otras muchas sustancias de efectos inhibidores de la tubulogénesis. Entre ellas están: la *podofilotoxina* (de la resina de *Podophyllum peltatum*), que compite con la colchicina al ocupar su mismo lugar de fijación; la *griseofulvina* (antibiótico de *Penicillum griseofulvum*) que sólo actúa en grandes dosis; el cacodilato; derivados arsénicos y sulfhidrilos; narcóticos como el halotano, el hidrato de cloral, el óxido nitroso y la xilocaína; iones metálicos como Cd y Zn; polianiones y DNAasa. La mayoría de estas sustancias no actúan directamente (no se fijan a la tubulina) sino indirectamente. Así, algunas de ellas actúan al combinarse con enzimas que intervienen en el metabolismo de los microtúbulos.

Hay también *agentes físicos* que inhiben la tubulogénesis, como las altas presiones hidrostáticas, el frío (menos de 4 °C) y el calor (más de 40 °C). Como ocurría frente a la colchicina y los alcaloides de la vinca, los cilios, centríolos y microtúbulos son más resistentes a esos agentes físicos.

### Agentes que favorecen la despolimerización de microtúbulos

Las proteínas *catanina* y *catastrofina*, que tienen actividad ATPasa y están presentes en muchas células, se unen a los extremos de los microtúbulos y los hienden a lo largo, separando los trece protofilamentos.

La catanina muestra preferencia por unirse al extremo (–) de los microtúbulos, separando los protofilamentos desde el MTOC, y parece intervenir en la despolimerización de los microtúbulos de neuronas y en la que tiene lugar en los polos del huso durante toda la mitosis. La catastrofina se une al extremo (+), desde donde separa los protofilamentos. Este efecto lo contrarrestan MAP que se unen a ese extremo manteniendo unidos los protofilamentos.

## FUNCIONES DE LOS MICROTÚBULOS

Los microtúbulos no se distribuyen al azar, sino organizados en formaciones según su función, que está en relación con la forma, transporte y división de la célula. Para realizar estas funciones suelen asociarse a los microfilamentos y filamentos intermedios, que son los otros componentes del citoesqueleto.

### FORMA CELULAR

La función de los microtúbulos en la forma celular va muy unida a la participación de los filamentos, sobre todo de los filamentos intermedios, cuya distribución (principalmente la de la queratina y la vimentina) es casi superponible a la de los microtúbulos. La posición del retículo endoplasmático, del complejo de Golgi y de las mitocondrias se ha relacionado con los microtúbulos. En algunos casos, como los que describiremos a continuación, el papel de los microtúbulos es muy evidente.

*Banda marginal de eritrocitos nucleados y plaquetas.* En los eritrocitos de los vertebrados no mamíferos, los microtúbulos forman un anillo (o quizá una espiral) de hasta 400 vueltas, dependiendo del tamaño del eritrocito. A veces los microtúbulos aparecen unidos por puentes filamentosos. Su función es mantener la forma elíptica y biconvexa de la célula. Una banda similar se observa también en las plaquetas de los mamíferos. Si se destruyen los microtúbulos de las plaquetas con agentes químicos o agentes físicos como el frío (a los que son muy sensibles), las plaquetas se tornan globulares.

*Manguito o vaina caudal de espermátidas.* Se trata de un conjunto de microtúbulos que nacen en el *anillo nuclear* y rodean al núcleo, paralelos a él o en hélice. Están unidos entre sí por puentes filamentosos. La vaina caudal interviene en la condensación del núcleo y en el alargamiento de éste y del citoplasma circundante para configurar la cabeza del espermatozoide. Estos microtúbulos son muy sensibles a los agentes que inhiben la tubulogénesis.

*Axones y dendritas.* En los axones y dendritas hay haces de microtúbulos dispuestos longitudinalmente, unidos por puentes filamentosos. También están presentes en la vaina que forma la célula de Schwann, dando vueltas con ella alrededor del axón, y pueden observarse en los nódulos de Ranvier. Estos microtúbulos, además de cumplir una función citoesquelética intervienen en el transporte celular.

*Axopodios.* Son proyecciones citoplásmicas rectas, presentes en número muy elevado en algunos protozoos (radiolarios y heliozoos) recubriendo todo el cuerpo celular. Cada prolongación contiene un haz de microtúbulos organizados de diferentes maneras, casi siempre en configuraciones geométricas y unidos entre sí por filamentos. Los microtúbulos nacen de la membrana plasmática o de una masa de apariencia amorfa o cristalina, variable entre especies, denominada *axoplasto*, situada cerca del núcleo (Fig. 6.31). Son muy sensibles a los agentes inhibidores de la tubulogénesis. Muestran una dinámica de desorganización y organización muy rápida. Con colchicina los axopodios se retraen desde el ápice hacia la base a una velocidad de 50 µm/min, pero a 20 °C se reorganizan en pocos minutos. La protracción y retracción de los axopodios se explica según dos teorías diferentes: 1) ensamblaje y desensamblaje de las tubulinas de forma muy rápida, y 2) deslizamiento de unos microtúbulos sobre otros, de forma que se alargue o acorte el axopodio.

*Células libres: fibroblastos y leucocitos.* La participación específica de los microtúbulos en la forma celular no es tan evidente como en los ejemplos anteriores, pero no es menos real, como puede demostrarse experimen-

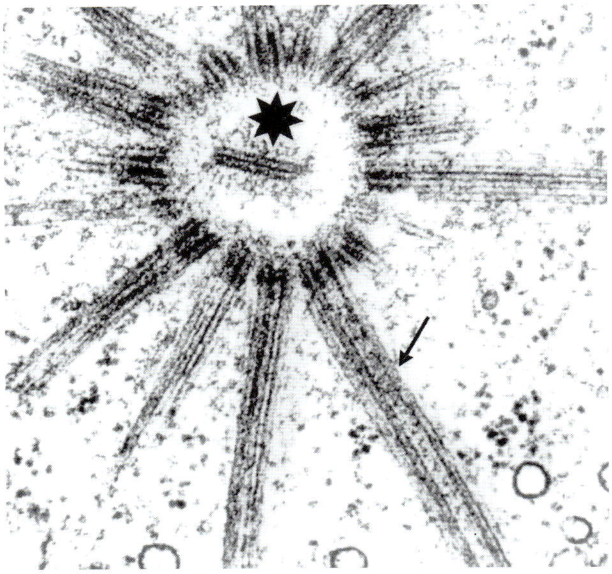

**Figura 6.31.** Micrografía electrónica de axopodios, constituidos por haces de microtúbulos (flecha) que irradian del axoplasto (estrella). (Tomado de Dustin P. *Microtubules*. New York, Springer, 1979.) X200 000

talmente. Los fibroblastos adquieren forma globular al ser tratados con colchicina. Los leucocitos polimorfonucleares presentan un núcleo muy lobulado y tienen microtúbulos que van desde el centríolo a la envoltura nuclear. Si se trata con colchicina, el núcleo pierde la forma lobulada y se hace esférico.

*Células epiteliales*. Junto con los filamentos intermedios, los microtúbulos contribuyen al mantenimiento de la forma celular y de la polaridad de los orgánulos que quedan sostenidos por este entramado citoesquelético. Si se trata con colchicina la polaridad desaparece. En células del *estrato granuloso* de la piel se han descrito dos capas de microtúbulos perpendiculares entre sí. Parecen intervenir en el aplanamiento de las células conforme se van desplazando del estrato granuloso al *estrato córneo*. En células epidérmicas de insectos, los haces de microtúbulos van desde la base (en contacto con el músculo) hasta la cutícula apical. Además de contribuir a la forma celular, los microtúbulos transmiten así el impulso mecánico desde el músculo subyacente. En la formación del *tubo neural* de los anfibios durante el desarrollo embrionario, los microtúbulos participan en la elongación celular mediante: a) el crecimiento de los microtúbulos que empujan la célula en los extremos; b) el deslizamiento de unos microtúbulos sobre otros con idéntica finalidad; y c) la formación de vías para el transporte de sustancias por el citoplasma.

## TRANSPORTE CELULAR

Muchas de las partículas y sustancias que se transportan por el citoplasma se desplazan mediante movimientos saltatorios a una velocidad de algunos micrómetros por segundo, constante en todo el recorrido, utilizando haces de microtúbulos. La colchicina y otros agentes que inhiben la tubulogénesis interfieren el transporte e incluso lo anulan en grados diversos.

El transporte celular más estudiado es el transporte axónico, que es muy similar al que se realiza en otros procesos especializados que se expondrán a continuación.

### Transporte axónico

En las neuronas los microtúbulos forman haces que recorren las prolongaciones celulares (dendritas y axón). Muy relacionados con los microtúbulos se encuentran neurofilamentos y orgánulos, principalmente retículo endoplasmático liso y mitocondrias. El transporte a lo largo de axones y dendritas puede ser centrífugo (anterógrado) o centrípeto (retrógrado), con respecto al pericarion. El más estudiado es el centrífugo que puede ser *lento* (1-5 mm/día = 1-4 $\mu$m/min), *rápido* (50-200 mm/día = = 0.5-3 $\mu$m/s) y *muy rápido* (1000-2500 mm/día = 11-28 $\mu$m/s).

El transporte lento se denomina *flujo axónico* y no parece mediado por los microtúbulos. Los mismos microtúbulos también avanzan: se van formando en el extremo del pericarion y deshaciendo en el extremo axónico distal, a una velocidad de 1.5 mm/día, similar a la del transporte lento. En el transporte rápido, y quizá en el muy rápido, intervienen los microtúbulos, que proporcionan las vías para el desplazamiento de las sustancias. Para que este transporte se realice existen al menos dos proteínas específicas que trasladan vesículas, y posiblemente grandes moléculas y orgánulos, a lo largo de los microtúbulos:

1. *Quinesina*. Tiene 380 kDa y unos 100 nm de largo. De estructura similar a la de la miosina, consta de dos cadenas pesadas (que se entrecruzan en hélice y forman dos cabezas globulares) y dos cadenas ligeras (que se encuentran en la cola y terminan de forma expandida). Posee actividad ATPasa. La quinesina se une por un extremo (cabeza) a un microtúbulo y por el otro (cola) a la vesícula (Fig. 6.32.A). Ésta avanza al desplazarse la quinesina por el microtúbulo, utilizando la energía liberada en la hidrólisis del ATP. La velocidad de desplazamiento en el axón es 2-3 $\mu$m/s, esto es, la del transporte rápido. En otras células puede ser mucho menor. En el axón, la quinesina y las vesículas conectadas a ellas se mueven hacia el extremo (+) (hacia la periferia celular); por tanto, intervienen en el transporte centrífugo o anterógrado (Fig. 6.32.C). No obstante, en experimentación, se ha visto que la quinesina puede unirse por su cabeza a un microtúbulo y por la cola a una superficie, y moverse sobre ésta, de manera que el microtúbulo queda desplazado hacia su extremo (–). Por consiguiente, es posible que la quinesina intervenga también en la retracción de prolongaciones celulares. En general, la quinesina es importante en todas las células para mantener el retículo endoplasmático alejado del centro celular, e interviene en el movimiento de los cromosomas en la mitosis.

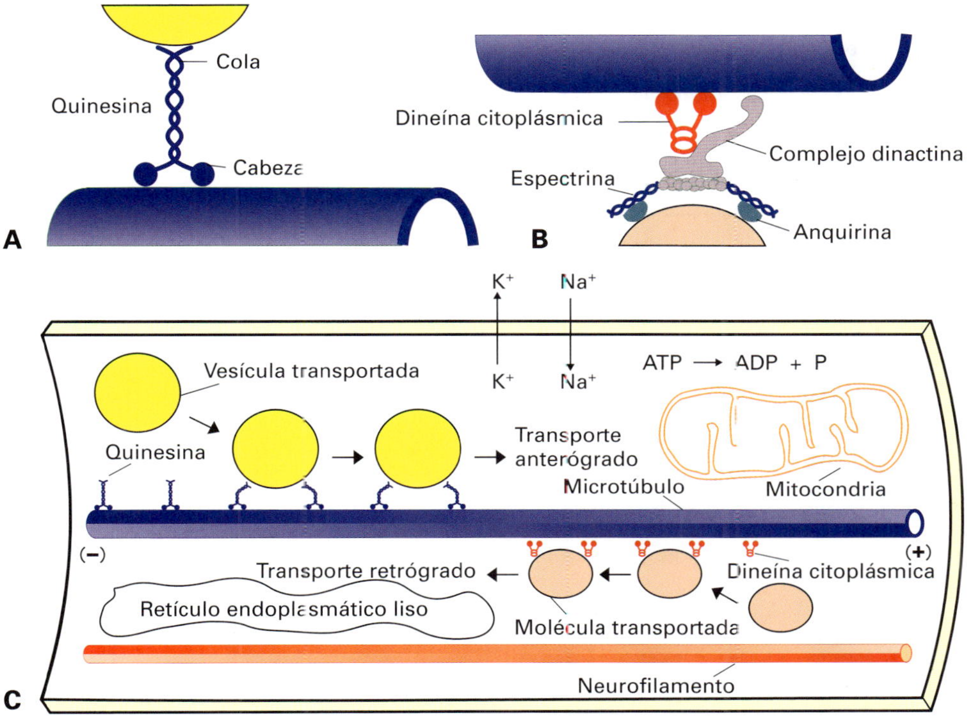


**Figura 6.32.** **A**: Estructura de la quinesina. **B**: Estructura de la dineína citoplásmica (MAP-1C). **C**: Actividad de ambas proteínas en el transporte axónico. La quinesina interviene en el transporte anterógrado, mientras que la dineína citoplásmica lo hace en el retrógrado.

2. *Dineína citoplásmica.* Con este nombre se conoce también a la proteína asociada a microtúbulos *MAP-1C,* que forma una proyección sobre la pared tubular y realiza un movimiento, también dependiente de ATPasa, similar al de la dineína de los dobletes ciliares (véase página 285). Tiene un peso molecular de unos 1000 kDa y está constituida por cuatro polipéptidos diferentes. Al igual que la quinesina, presenta dos cabezas globulares en la unión al microtúbulo. Sin embargo, su cola es más corta y no termina en forma abierta sino compacta (Fig. 6.32.B). Desde el punto de vista funcional, se diferencia de la quinesina en que interviene en el transporte retrógrado, es decir, hacia el extremo (–) (Fig. 6.32.C). Como la quinesina, también puede desplazar un microtúbulo al fijarse por la cola a una superficie, pero en dirección opuesta, es decir, hacia el extremo (+). La dineína se encuentra asociada a la parte central de la proteína *dinactina,* la cual se une por un extremo al microtúbulo y en el otro extremo forma un corto filamento en doble hélice, denominado *Arp1* (diferente de los componentes Arp2 y Arp3 del complejo ARP). Este filamento se une a la espectrina, la cual se une, a su vez, a la anquirina y ésta, finalmente, a la membrana de la vesícula transportada. La dineína citoplásmica es importante en todas las células para el flujo de vesículas y para la localización del complejo de Golgi en el centro celular, contrarrestando su tendencia a emigrar. Interviene en el movimiento de los cromosomas en la mitosis.

## Melanina y otros pigmentos

Los melanóforos de peces, anfibios y reptiles poseen numerosas prolongaciones citoplásmicas por las que emigran los gránulos de melanina. El movimiento es bipolarizado, pues la melanina puede retraerse hacia el cuerpo celular (Fig. 6.33). Estas prolongaciones tienen un esqueleto de microtúbulos a los que se asocian la quinesina y la dineína citoplásmica.

La estimulación con la hormona *melanotrófica (MSH),* el aumento de los niveles intracelulares de cAMP o, simplemente, el aumento de la concentración de $Na^+$ en el medio, hacen que los gránulos de melanina (pero no los orgánulos citoplásmicos) emigren desde el cuerpo celular hasta la periferia. Este movimiento centrífugo es espasmódico (desigual y con frecuentes pasos atrás); es el resultado de la competencia entre la quinesina y la dineína, con ventaja de la primera. Un estímulo hormonal (adrenalina o noradrenalina), la disminución de cAMP o un incremento de la concentración de $K^+$ en el medio hacen que la melanina se concentre en el centro celular y disminuya la pigmentación del animal. Este movimiento centrípeto es del tipo que hemos denominado muy rápido y continuo (a unos 20 μm/s, esto es, a mayor velocidad que el transporte axónico) y se debe a la fosforilación e inactivación de la quinesina, de modo que sólo actúa la dineína citoplásmica. Es posible que ocurra lo mismo con los pigmentos de los otros cromatóforos de vertebrados.

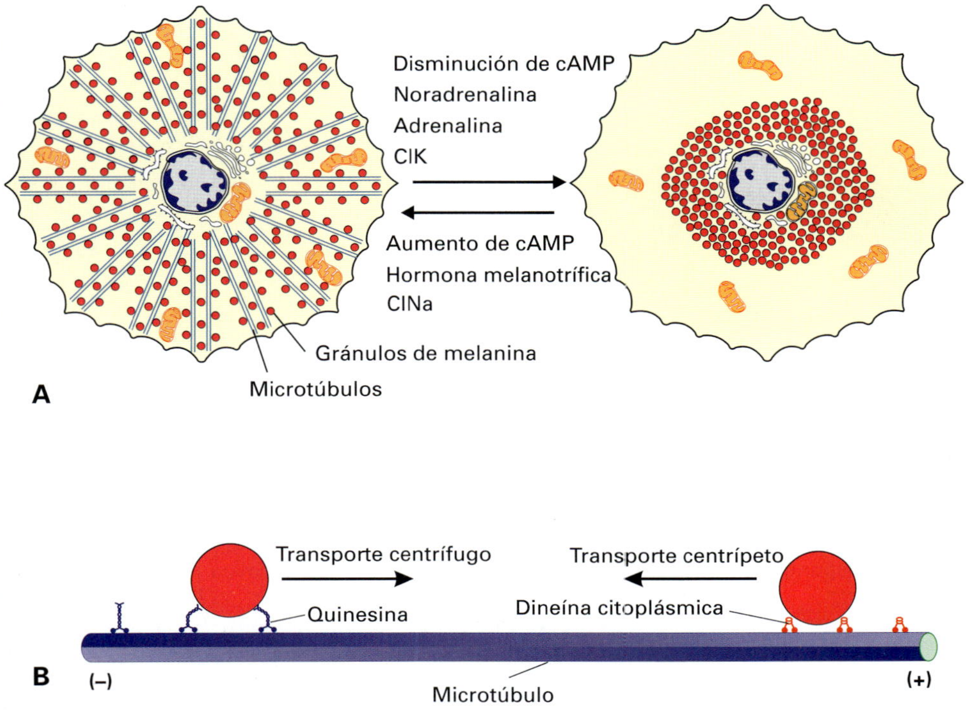


**Figura 6.33.** **A**: Transporte bidireccional de gránulos de melanina en los melanóforos. Los cambios en las concentraciones de ClNa, ClK, cAMP y algunas hormonas inducen un rápido desplazamiento de los gránulos hacia el cuerpo celular o hacia las proyecciones citoplásmicas. **B**: El movimiento es el resultado de la competencia entre la quinesina y la dineína, con ventaja de la primera en el transporte centrífugo, y de la segunda en el centrípeto.

### Exocitosis, endocitosis y tráfico de vesículas

Las vesículas de secreción viajan desde el complejo de Golgi hasta la membrana plasmática, con la que se fusionan, produciéndose la exocitosis de la secreción. Este transporte es, en lo esencial, como el transporte axónico, con intervención de los microtúbulos y la quinesina. En las células con secreción regulada, como las células B de los islotes pancreáticos, los agentes que inhiben la tubulogénesis frenan la secreción, aunque tardan un tiempo en hacerlo. La secreción inicialmente liberada es la de aquellas vesículas que ya se encontraban bajo la membrana plasmática en el momento de ser administrados los fármacos inhibidores del transporte. Ello se debe a que los microtúbulos son responsables del transporte, pero no intervienen en la fusión de las vesículas con la membrana plasmática o con otras vesículas. En esta fusión intervienen otros componentes celulares (véase página 64). Los microtúbulos no intervienen en la secreción de lípidos y derivados lipídicos, ya que éstos se difunden por el hialoplasma y no viajan en vesículas.

La endocitosis, que es el proceso inverso a la exocitosis, está sujeta a los mismos mecanismos. Los microtúbulos no intervienen en la formación de las vesículas de endocitosis por invaginación de la membrana plasmática, sino en el transporte de estas vesículas por el interior de la célula. Experimentalmente, se ha visto que los agentes inhibidores de la tubulogénesis no impiden la fagocitosis de bacterias por leucocitos polimorfonucleares, pero sí la formación de fagolisosomas, porque impiden el transporte de los lisosomas hasta las vacuolas de fagocitosis.

### Formación de la pared celular

La formación de la pared celular es un proceso de exocitosis (secreción) en el que intervienen también los microtúbulos. En células vegetales existen microtúbulos periféricos que se disponen paralelos a las microfibrillas de celulosa de la pared celular (véase página 325). Estos microtúbulos parecen controlar la orientación de estas fibrillas, sirviendo de vías de transporte orientado de las vesículas citoplásmicas que contienen los precursores de la celulosa y otros componentes de la pared. Si se destruyen los microtúbulos con colchicina se pierde la orientación de las microfibrillas. En el desarrollo del xilema se observan microtúbulos en las proximidades de los lugares donde se están produciendo los engrosamientos de la pared, lo que indica que el depósito de pared secundaria que se está produciendo también está dirigido por microtúbulos (véase Fig. 4.23.A).

## TRANSDUCCIÓN DEL ESTÍMULO EN LAS CÉLULAS NEUROSENSORIALES

Muchas células sensoriales epiteliales presentan *pelos sensoriales*, que son estereocilios con abundantes microfilamentos o cilios inmóviles. Así, las *sensilas campaniformes* de insectos tienen un pelo sensorial constituido por un penacho de unos mil microtúbulos dispuestos en patrón hexagonal. En su base hay un cilio carente de par central. En estas células, tanto los microfilamentos de los estereocilios como los microtúbulos de los cilios inmóviles sirven de transductores mecánicos para la iniciación del impulso nervioso.

### DESPLAZAMIENTO DE LOS RECEPTORES DE MEMBRANA

Muchos receptores de membrana se encuentran conectados por microfilamentos a haces de microtúbulos, que se encuentran bajo la membrana plasmática e intervienen en el desplazamiento de los receptores por la membrana.

### MOVIMIENTO DE LOS CROMOSOMAS

Se tratará al estudiar la división celular (véase página 363 y Fig. 8.19).

# AGRUPACIONES COMPLEJAS DE MICROTÚBULOS: CENTRÍOLO, CILIOS Y FLAGELOS

## CENTRÍOLO

### ESTRUCTURA

El centríolo constituye una de las formaciones especializadas de los microtúbulos y es un componente habitual de todas las células animales y de algunos vegetales inferiores. Guarda relación con la división celular, la formación de cilios y flagelos, y quizá con otras funciones no bien conocidas.

Se presenta en parejas (*diplosoma*) en la célula en interfase durante la cual quedan perpendiculares entre sí. Los centríolos se localizan en la proximidad del complejo de Golgi, junto al núcleo, en el citocentro (Fig. 6.34.A); de ahí el nombre de *centrosfera* que también recibe la pareja de centríolos. En las células en mitosis, el centríolo aparece rodeado de una zona clara, radiada a modo de estrella, llamada *astrosfera* o *áster*.

Las dimensiones del centríolo se encuentran en el límite de resolución del microscopio óptico: 0.25 μm de diámetro por 0.5-0.75 μm de longitud (aunque se han medido algunos centríolos de hasta casi 2 μm de largo). Con el microscopio electrónico se observa que, en el interior del centríolo hay una vesícula de unos 60 nm de diámetro, rodeada por un filamento dispuesto helicoidalmente, cuya longitud, estirado, equivaldría a 4-5 μm (Fig. 6.34.B). Para algunos autores este filamento es una proteína, quizá contráctil; para otros, es DNA o quizá RNA. Las tinciones para ácidos nucleicos son positivas en los centríolos; sin embargo, la cantidad de DNA, de estar presente, es tan pequeña que difícilmente puede ser demostrada.

Los microtúbulos de la pared forman nueve *tripletes* (Fig. 6.34.C). Cada triplete constituye un conjunto que gira sobre sí mismo desde la base o extremo proximal (el más próximo al núcleo) a la distal (Fig. 6.35). En el extremo proximal los tripletes se disponen casi radialmente, formando un ángulo de 20-30° con los radios teóricos. En cambio, en el extremo distal los tripletes son casi perpendiculares a los radios, formando un ángulo de 70-80° con éstos. Los microtúbulos de los tripletes se designan con las letras A, B y C. El microtúbulo A es el más interno, y su pared es completa. El B se sitúa en el centro y su pared queda incompleta en la zona de contacto con el A. El C ocupa la posición más externa y su pared también queda incompleta en la zona de contacto con el B.

El microtúbulo A de cada triplete se une al C del triplete siguiente mediante un filamento, que es una proteína llamada *nexina*, de 150-165 kDa. Estos filamentos se disponen con una periodicidad de 86 nm. El microtúbulo A se prolonga hacia el centro del centríolo en una masa densa. Existe además un material denso que rodea los tripletes y que proporciona un armazón o matriz al centríolo. Es el *material pericentriolar*, que constituye el verdadero centro organizador de microtúbulos y que, como los otros MTOC, posee tubulina γ, que contribuye a la nucleación de los microtúbulos. Además el material pericentriolar contiene las proteínas *centrina* (para la duplicación del centríolo), *pericentrina* (para la formación de la astrosfera), *material pericentriolar-1* y actina.

La matriz del interior del centríolo no se distingue del hialoplasma. En el corte transversal por el extremo proximal se aprecian nueve radios en el interior del centríolo, que ofrecen una imagen de *rueda de carro*. El microtúbulo C es algo más corto que los otros; en un corte transversal realizado exactamente en el extremo distal, no aparece el microtúbulo C sino dobletes. Estas diferencias morfológicas entre las porciones proximales y distales de los centríolos les confieren una polaridad funcional que tendrá especial relevancia en la formación de los cilios, que crecen a partir del extremo distal de un centríolo. En algunos centríolos se ha encontrado actividad ATPasa.

### FUNCIÓN DEL CENTRÍOLO

Como en la proximidad de los centríolos suelen verse microtúbulos (también en la interfase), se ha sugerido que los centríolos (o más exactamente el material pericentriolar) pueden ser centros organizadores de microtúbulos, siendo la formación de otros centríolos y de cilios un caso particular del proceso de tubulogénesis. Los microtúbulos se polimerizan por su extremo (+),

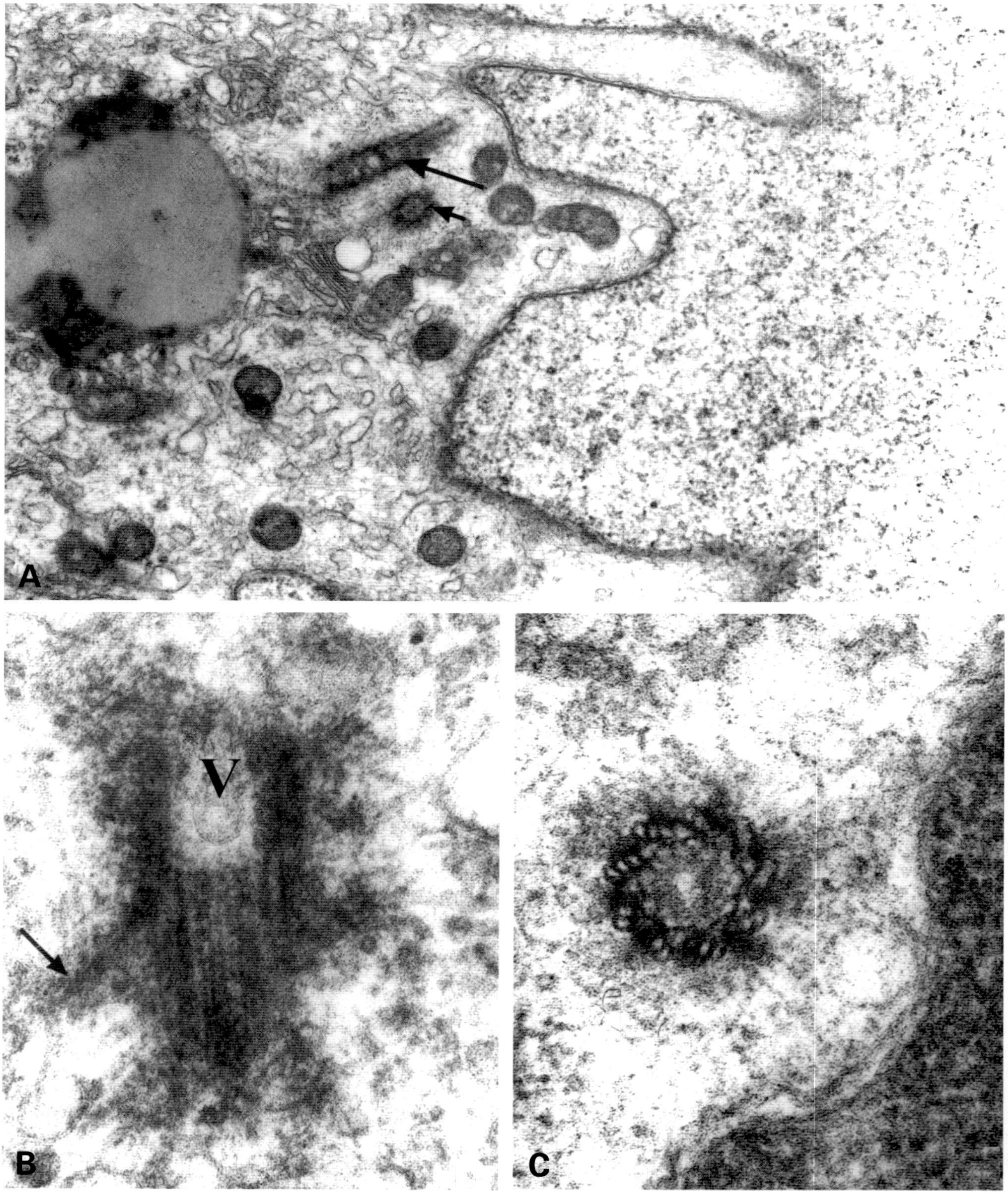


**Figura 6.34.** **A**: Pareja de centríolos en una célula de Sertoli. Uno de los centríolos aparece seccionado longitudinalmente (flecha grande) y el otro, transversalmente (flecha pequeña). X17 000. **B**: Detalle de una sección longitudinal de un centríolo. Se observan proyecciones centriolares hacia el exterior (flecha) y una vesícula (V) en su interior. X120 000. **C**: Detalle de la sección transversal de un centríolo en la que se observan nueve tripletes de microtúbulos embebidos en un material de aspecto amorfo. X120 000.

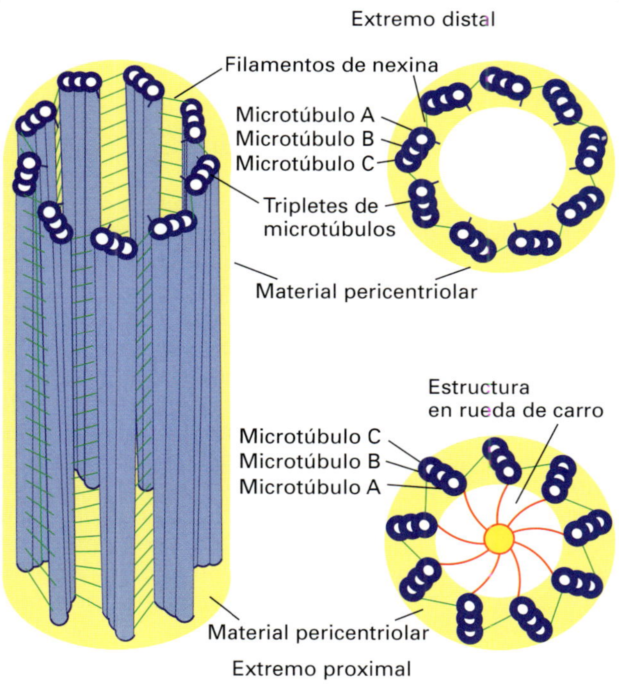


**Figura 6.35.** Estructura del centríolo.

alejándose del material pericentriolar, en el que se encuentra el extremo (–) de los microtúbulos.

## ORIGEN DEL CENTRÍOLO

### A partir de otro centríolo (duplicación del centríolo)

La duplicación a partir de otro centríolo ocurre en todas las células animales que van a sufrir mitosis. La duplicación tiene lugar en la interfase. Antes de iniciarse la profase ya hay dos parejas de centríolos que durante la profase se van separando, emigrando una pareja a cada polo, para que durante la mitosis se establezca entre ambos centríolos el huso y al final de la mitosis cada célula hija tenga una pareja de centríolos (véase Fig. 8.17).

La duplicación de un centríolo comienza por la formación de un *procentríolo* (centríolo igual de ancho pero muy corto) perpendicular al centríolo *madre*. Este procentríolo va creciendo por el extremo distal, que se va alejando del centríolo madre hasta convertirse en un centríolo normal. El otro centríolo, que inicialmente formaba pareja con el centríolo madre, da lugar a otro centríolo hijo del mismo modo y así se han formado las dos parejas que van a separarse una de otra (Fig. 6.36). Por consiguiente, cada una de las nuevas parejas que emigrarán a los polos del huso está formada por un centríolo viejo y otro nuevo. El orden del proceso es: 1) desarrollo de la placa basal formada por material denso; 2) formación de los radios de la rueda de carro de la placa basal; 3) inicio de la formación de tripletes con los nueve microtúbulos A; 4) formación de los microtúbulos B; y 5) finalmente, formación de los microtúbulos C (Fig. 6.37). En las primeras etapas del crecimiento, la estructura en rueda de carro se observa a todos los niveles del centríolo, no sólo en la base.

El procentríolo, además de disponerse perpendicularmente al centríolo madre, nunca está en contacto con éste, sino a unos 0.1 µm de distancia. El material pericentriolar que rodea al centríolo madre actúa como centro organizador no sólo de microtúbulos en general, si-

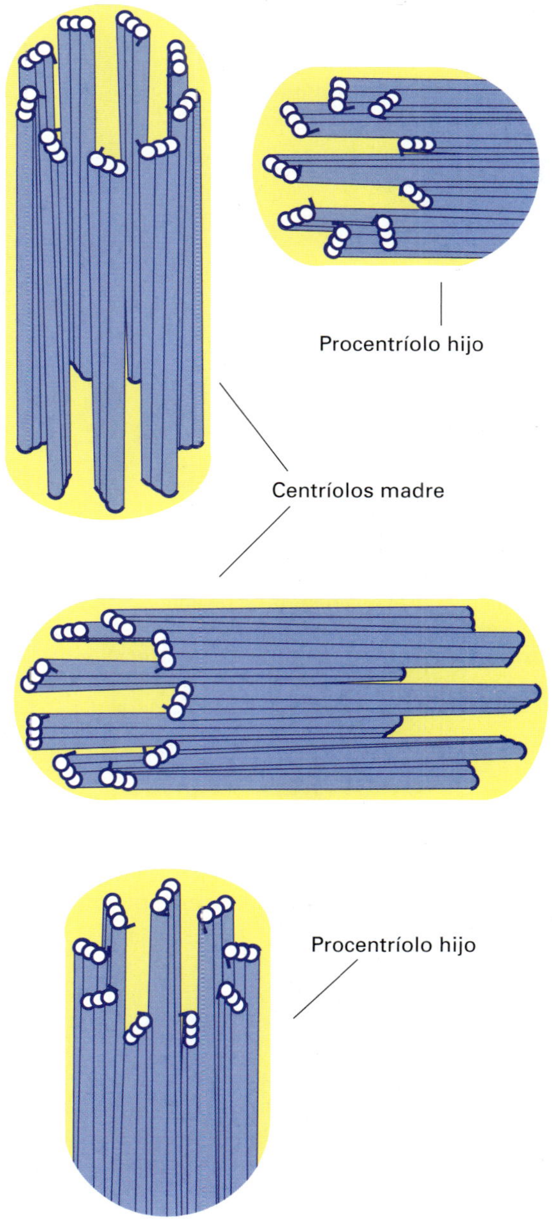


**Figura 6.36.** Duplicación de la pareja de centríolos. Perpendicularmente a cada centríolo madre, pero sin establecer contacto con él, emerge un procentríolo hijo que va creciendo. Para mayor claridad se ha suprimido el material denso que embebe las estructuras tubulares.

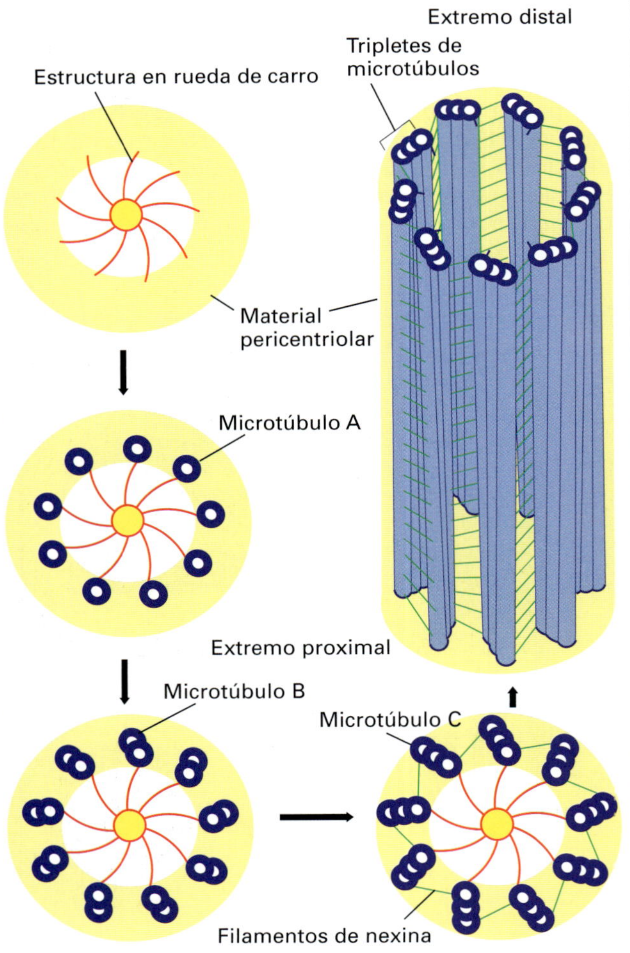


**Figura 6.37.** Etapas sucesivas en la formación del centríolo.

no también del procentríolo. En la mitosis de vegetales superiores no hay centríolo; los microtúbulos del huso se forman a partir de un material, situado en los polos celulares, similar al material pericentriolar y que también contiene tubulina γ.

### A partir de una masa aparentemente amorfa

Esta masa amorfa sería equivalente al material pericentriolar. No siempre aparece junto a un centríolo: a veces está cerca del complejo de Golgi. En ocasiones esta masa forma unas estructuras en anillo o un prisma hexagonal en el que se observan finas fibrillas. Termina convirtiéndose en centríolos mediante un proceso similar al descrito anteriormente en el desarrollo del procentríolo. Pueden formarse numerosos centríolos a partir de una masa amorfa de gran tamaño (*deuterosoma*). Esta génesis del centríolo se ha observado en los epitelios bronquial y endometrial, en ameboflagelados que cambian de forma ameboide (carente de centríolo) a forma flagelar y en los huevos activados de *Arbacia punctulata*, los cuales se dividen en partenogénesis experimental y adquieren centríolos que los huevos no activados no poseen.

## CILIOS Y FLAGELOS

Los cilios y flagelos se encuentran en células de organismos eucariotas, pero faltan en vegetales superiores. Se sitúan en las superficies libres de la célula, pero siempre enfundados en la membrana plasmática. Cumplen una función de desplazamiento en el medio (planarias, dinoflagelados, espermatozoides), o de desplazamiento del medio, que movilizan para expulsar las sustancias nocivas (tráquea) o para renovar las sustancias necesarias para la respiración y nutrición (branquias). Estructuras similares a los flagelos son los *haptonemas*, presentes en algunas algas flageladas.

Los cilios y flagelos presentan básicamente la misma estructura. La diferencia más llamativa entre ambos es que los cilios son generalmente numerosos y cortos, mientras que los flagelos son escasos, más gruesos y largos. El diámetro es de unos 0.25 μm en los cilios y puede ser mucho mayor en los flagelos, dependiendo de las estructuras que rodeen el complejo microtubular. La longitud varía desde algunas decenas micrómetros en los cilios hasta varios milímetros como en los flagelos de algunos espermatozoides. El estudio ultraestructural muestra otras diferencias que se expondrán a continuación.

### CILIOS

#### Estructura del cilio

El cilio comprende una porción externa al cuerpo celular (*tallo*), de longitud variable (varios micrómetros), envuelta por la membrana plasmática. En la superficie celular el tallo tiende a estrecharse formando el *cuello*. Hay otra porción interna, que no sobresale de la superficie celular y no está recubierta por la membrana plasmática. Entre los cilios casi siempre hay algunas microvellosidades (Figs. 6.38 y 6.39).

En un corte transversal del tallo se observa la membrana plasmática rodeando nueve dobletes periféricos de microtúbulos (también llamados *filamentos,* aunque son verdaderos microtúbulos) y un par de microtúbulos centrales. Este conjunto, denominado *axonema o complejo filamentoso axial*, viene caracterizado por la estructura $9_2 + 2$, a diferencia de la estructura del centríolo, que es $9_3 + 0$. La matriz es poco densa (Figs. 6.38.D y 6.39).

Los microtúbulos de cada doblete periférico se denominan A y B. El microtúbulo A queda en posición más interna que el B. Ambos microtúbulos se continúan con los respectivos microtúbulos A y B del centríolo que actúa de cuerpo basal en la formación del cilio. El microtúbulo C del centríolo ha desaparecido en el cilio. Los microtúbulos A llegan casi hasta la punta del cilio, mientras que los microtúbulos B y el par central terminan un poco antes.

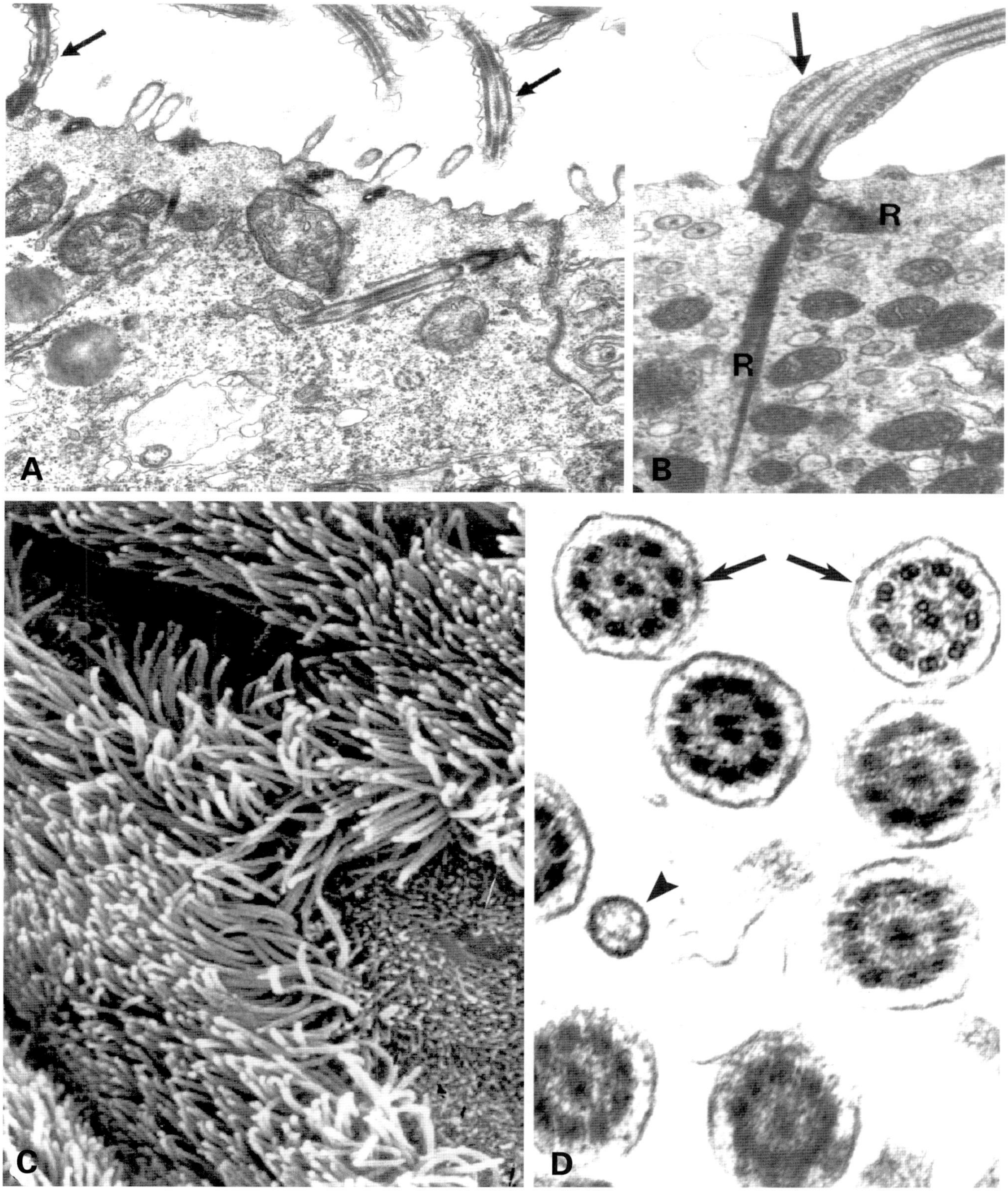


**Figura 6.38.** **A-B**: Epidermis de *Syndesmis* (turbelario) que muestra cilios seccionados longitudinalmente (flechas). R: raíces ciliares. A: X11 000. B: X17 000. (Cortesía de P. García Corrales, Departamento de Biología Animal, Universidad de Alcalá.) **C**: Microscopía de barrido de la luz del oviducto de rata que muestra los cilios que baten en la superficie apical de las células epiteliales. X4000. **D**: Detalle de la parte apical del epitelio traqueal de rata que muestra cilios seccionados transversalmente (flechas) y microvellosidades (cabeza de flecha). X75 000.

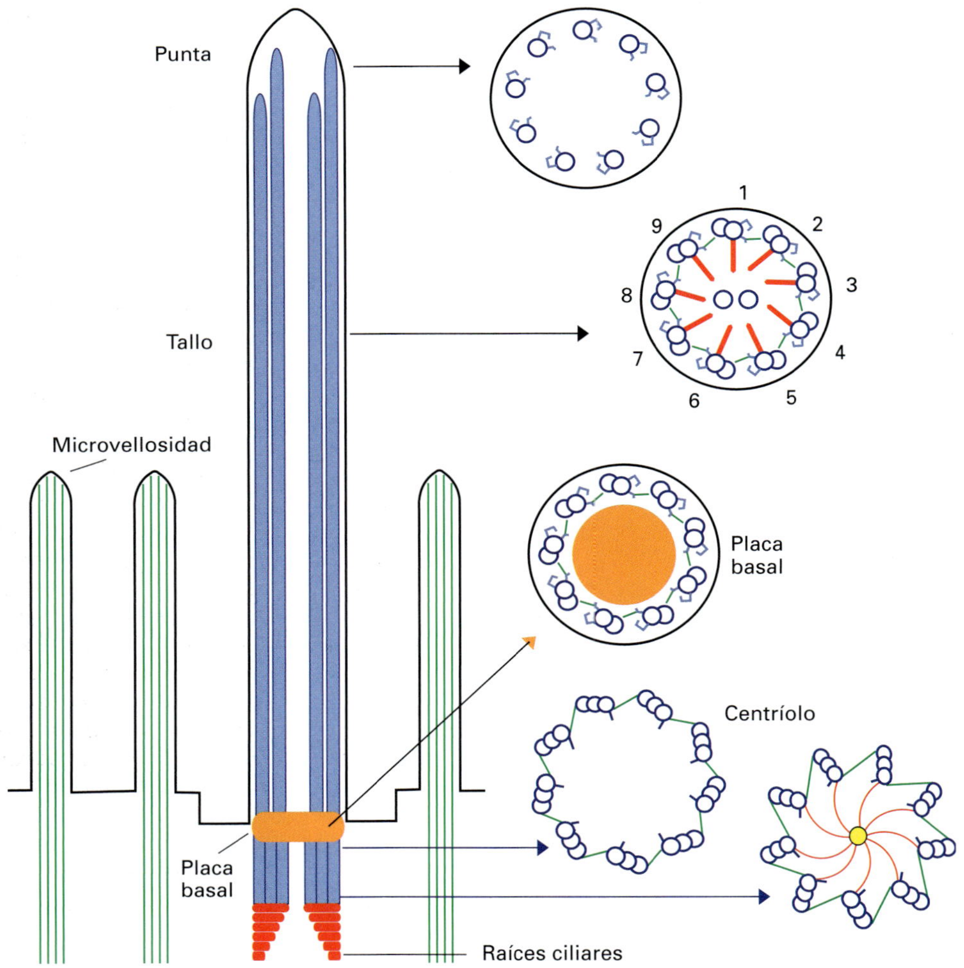


**Figura 6.39.** Estructura del cilio.

Igual que en el centríolo, el microtúbulo B no es completo, pues queda montado sobre el A, que ocupa parte de su circunferencia. Ambos microtúbulos (A y B) son algo elípticos. A lo largo de la pared común se extiende un filamento de 2-3 nm de diámetro, constituido por una proteína llamada *tectina*. El doblete forma un ángulo de 100° con los radios del cilio, es decir, el microtúbulo B queda un poco hacia afuera de la perpendicular al radio (Figs. 6.39 y 6.40). Este ángulo es constante, a diferencia de lo que ocurre en el centríolo, donde los microtúbulos de los tripletes van girando desde la base a la punta.

Existen diferencias entre las tubulinas ciliares y las citoplásmicas. De hecho, los antígenos de los cilios difieren en parte de los de los microtúbulos citoplásmicos. Los tres protofilamentos comunes del microtúbulo A que comparte pared con el B tienen dímeros con sólo tubulina $\alpha$ (Fig. 6.40). La susceptibilidad a distintos tratamientos es diferente en los microtúbulos A, B y los del par central. Así, al tratar con sarcosina, los microtúbulos van disolviéndose en la siguiente secuencia: 1) los microtúbulos centrales; 2) la pared externa del B; 3) la pared externa del A, y 4) la pared común del A y el B.

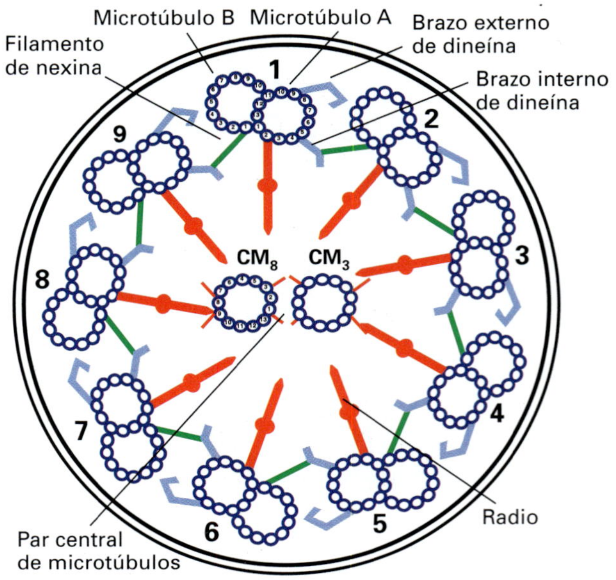


**Figura 6.40.** Detalle de una sección transversal de un cilio a nivel del tallo.

El microtúbulo A posee pares de proyecciones periódicas denominadas brazos, dirigidas hacia el microtúbulo B del siguiente doblete (Figs. 6.40 y 6.41). En los cortes longitudinales, los brazos aparecen como proyecciones periódicas del microtúbulo A, separadas unos 24 nm. El brazo externo nace de los protofilamentos 7-8 y el interno, de los protofilamentos 4-5 (Fig. 6.41). Los brazos están formados por la proteína *dineína ciliar*, de unos 2000 kDa. Esta proteína consta de 9 a 12 cadenas polipeptídicas, la más larga de las cuales (cadena pesada, de unos 500 kDa) constituye la mayor parte de las proyecciones a modo de brazos. Esta dineína hidroliza el ATP, en presencia de $Ca^{2+}$ y $Mg^{2+}$, liberando energía para el movimiento ciliar.

El brazo interno de la dineína muestra un fino filamento que lo conecta al microtúbulo B del doblete siguiente. Está formado por la proteína *nexina* (Figs. 6.39 y 6.40) que, como en el centríolo, se dispone con una periodicidad de 86 nm. Desde cada microtúbulo A parte un *radio* hacia los microtúbulos centrales. En la mitad de su longitud estos radios se ensanchan, formando una estructura densa denominada *filamento secundario*. El radio termina en una estructura más estrecha que el filamento secundario, denominada *unión de transición*, junto al microtúbulo central más próximo (Fig. 6.40). Los radios nacen de los protofilamentos 1-2 y se encuentran espaciados formando tripletes con una periodicidad de 96 nm. Dentro de cada triplete, las distancias entre radios son 40, 24 y 32 nm (Fig. 6.41).

Para numerar los dobletes se traza una recta que pase por los centros de ambos microtúbulos centrales. La perpendicular a esta recta en el punto medio pasará entre el par de microtúbulos de un doblete (que se designa como 1) y, en el lado opuesto, entre dos dobletes (que se designan como 5 y 6). A partir del doblete 1, los dobletes se numeran en el sentido que señalen los brazos de dineína. Si los brazos quedan a la derecha (se está observando el cilio desde la célula), los dobletes se numeran en sentido horario (Fig. 6.40). Si quedan a la izquierda, es que el cilio se está viendo desde el lado opuesto, y los dobletes se numeran en sentido antihorario.

Ambos microtúbulos del par central son completos y distan entre sí unos 10 nm. Se denominan $CM_8$ (el más próximo a los dobletes 7-8) y $CM_3$ (el más próximo a los dobletes 3-4). Los dos microtúbulos poseen una hilera de proyecciones, que se repiten con periodicidad de 32 nm y que conectan con los radios. No obstante, al ser distinta la periodicidad de ambas estructuras, las proyecciones del microtúbulo no quedan paralelas entre sí (Fig. 6.42). Parece que ambos microtúbulos también tienen otra hilera de proyecciones, repetidas cada 16 nm y que no conectan con los radios. El conjunto de las proyecciones de los microtúbulos centrales constituye la llamada *vaina del par central* (Fig. 6. 40).

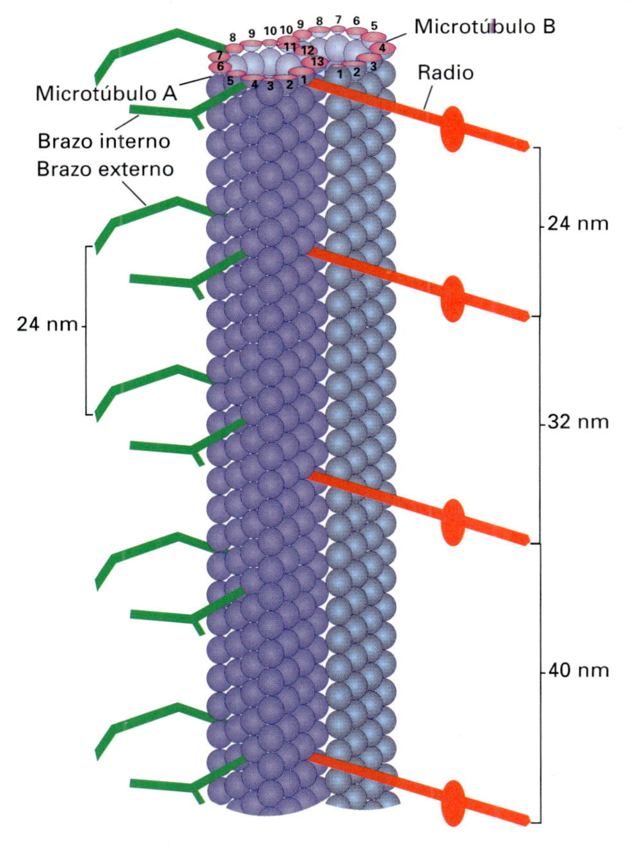


**Figura 6.41.** Representación tridimensional de la estructura de un doblete periférico de microtúbulos de un cilio. (Modificado de Goodenough UW y Heuser JE. *J. Cell Biol*, 1985; 100:2008.)

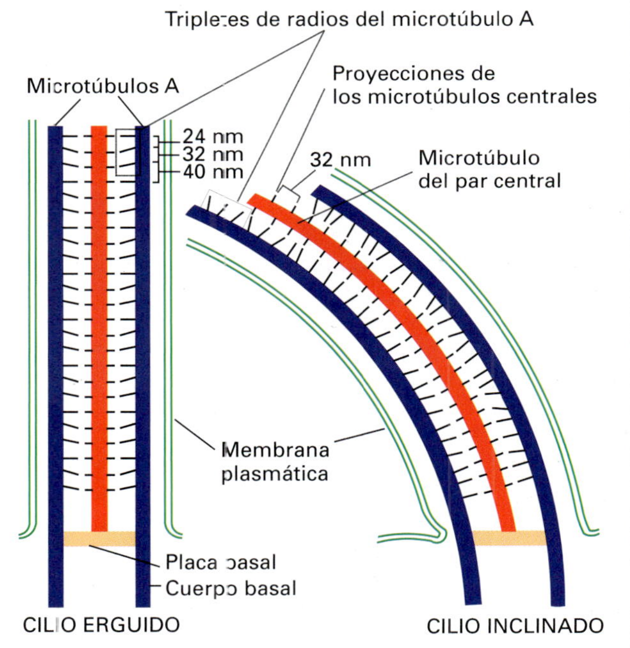


**Figura 6.42.** Las proyecciones del par central de microtúbulos establecen contacto con los radios de los dobletes. Debido a que la periodicidad de esas proyecciones difiere de la de los radios en cada triplete de radios, cada uno de los tres radios aparece formando un ángulo diferente con el microtúbulo A.

En la superficie celular se encuentra la *placa basal*, que marca la transición de la estructura del cilio ($9_2 + 2$) a la del cuerpo basal o centríolo ($9_3 + 0$) (véase Fig. 6.39). La placa basal presenta los nueve dobletes periféricos pero faltan en ella los dos microtúbulos centrales y los radios, que quedan sustituidos por una zona central densa (*axosoma*).

Dentro del citoplasma se encuentra el *cuerpo basal,* cuya estructura es idéntica a la del centríolo; origina el cilio y le da sostén (véase Fig. 6.39). Su longitud puede ser mayor que la de un centríolo, llegando a alcanzar en algunos protozoos hasta 5 μm. La base del cuerpo basal, esto es, la más próxima al núcleo celular, presenta la estructura en *rueda de carro* mencionada al hablar del centríolo.

En el extremo inferior del cuerpo basal emergen unas *raíces estriadas* con un período de unos 60-70 nm, equivalente al de las fibras colágenas (véanse Figs. 6.38.A y 6.38.B). Cada banda lleva a su vez cinco bandas intraperiódicas que están constituidas por microfilamentos paralelos, de 4 a 6 nm de ancho. Contienen actina y poseen actividad ATPasa. Todas las raíces confluyen hacia un punto, generalmente a un lado del núcleo. No se conoce la función de estas raíces.

## Movimiento ciliar

El movimiento de los cilios se ajusta a esquemas variados. El más frecuente consiste en dos fases. En la primera, el cilio se mueve dando un golpe rápido de barrido, en un solo plano, proyectándose hacia adelante al flexionar su región basal, describiendo un ángulo de 90°; es el *golpe eficaz* (Fig. 6.43.A). En la segunda fase el cilio recupera su posición primitiva; es el lento *contragolpe de recuperación* (Fig. 6.43.B). Esta recuperación tiene lugar no en un solo plano del espacio sino describiendo una curva. Comienza en la fase flexionada del cilio, pero la flexión va propagándose hacia la punta, a medida que el cilio gira, describiendo aproximadamente un cuadrante (Fig. 6.43.C). Un cilio de unos 12 μm de largo bate unas 30 veces por segundo, con una velocidad angular de 12°/ms, mientras la velocidad lineal de la punta del cilio durante el golpe de barrido es de 2.5 mm/s.

Como los cilios se encuentran muy próximos entre sí, se enredarían unos con otros si no existiera una coordinación entre ellos. Por eso los cilios se mueven de una forma coordinada, que es *metacrónica* en el plano del movimiento (cada cilio realiza el mismo movimiento que el anterior pero retrasado fracciones de segundo), e *isocrónica* respecto al plano perpendicular al plano del movimiento (todos los cilios que están en el mismo plano se encuentran en la misma fase del movimiento), apareciendo todos en registro. El resultado es una onda de batido como las espigas mecidas por el viento

La dirección del batido suele mantenerse fija, aunque no siempre es así. Pueden cambiarla, por ejemplo, el flagelado *Opalina* y el ciliado *Paramecium*. La coordinación

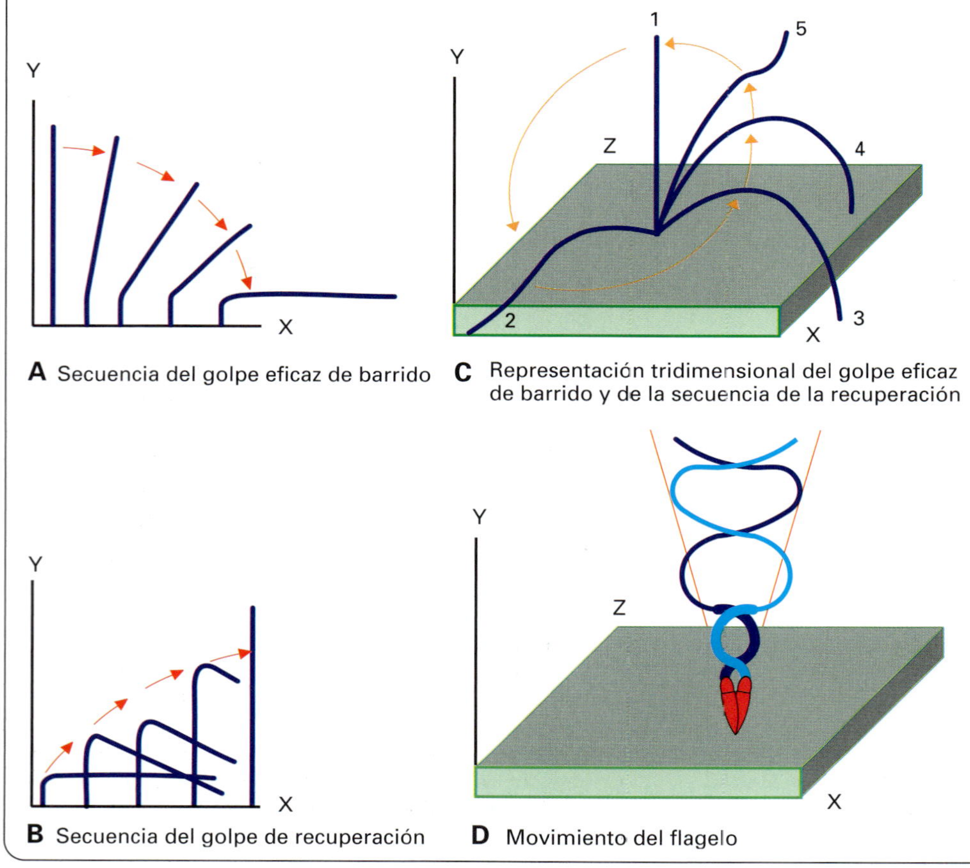


**Figura 6.43. A-C**: Esquema del movimiento ciliar. **A**: En el golpe eficaz de barrido el cilio se flexiona bruscamente por su base. **B**: En el movimiento de recuperación se va enderezando progresivamente desde la base hacia la punta. **C**: Así como el golpe eficaz se realiza en un solo plano (YZ) (estadios 1-2) en la imagen, en la recuperación el cilio se desplaza por el espacio (estadios 3-4-5-1). **D**: Movimiento del flagelo que gira describiendo un cono.

de la dirección del batido depende del potencial de membrana: la despolarización de la membrana invierte la dirección, mientras que la hiperpolarización refuerza el impulso. Parece ser que ni la coordinación ni la inversión dependen de los sistemas fibrilares de las raíces de los cilios. Es posible que la rica inervación de los epitelios ciliados de los metazoos desempeñe algún papel.

La comprensión del mecanismo del movimiento ciliar se facilitó por el hecho de que el microtúbulo B es más corto que el A. Cuando se observa un cilio erguido, si el corte es transversal y en la punta, no se aprecian dobletes sino sólo nueve microtúbulos A. Si el corte es un poco por debajo de la punta, ya aparecen los dobletes. Cuando se realiza un corte transversal efectuado un poco por debajo de la punta de un cilio flexionado tras el golpe de barrido, se aprecian dobletes sólo en los pares 3-4-5-6, mientras que en lo que debían ser los pares 7-8-9-1 y 2 sólo aparece el microtúbulo A (Fig. 6.44). Esto implica que hay un deslizamiento de unos dobletes respecto a otros.

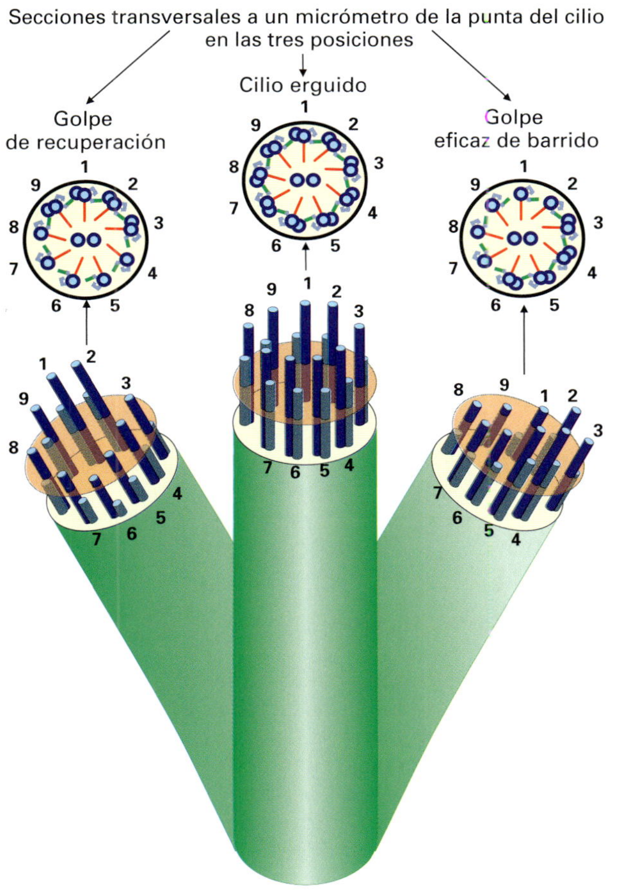


**Figura 6.44.** Movimiento ciliar. Debido a la menor longitud de los microtúbulos B de cada doblete, se demuestra que hay un deslizamiento de unos dobletes sobre otros en el movimiento ciliar. En el golpe eficaz de barrido, sólo en los dobletes 3-4-5-6 quedan ambos microtúbulos por encima del plano de corte efectuado a 1 mm de la punta. En el golpe de recuperación los dobletes que muestran ambos microtúbulos son los numerados 9-1-2-3.

El plano en el que se flexiona el cilio es perpendicular a aquel en el que se encuentran los microtúbulos centrales.

El doblete 4 (o quizá el 5) es el que posiblemente inicia la flexión y el que quedaría más próximo a la superficie sobre la que se realiza el movimiento. Sobre este doblete se irían deslizando los adyacentes (el 3 sobre el 4 y el 6 sobre el 5), y sobre éstos los que siguen a continuación, hasta llegar al doblete 9, que sería el que mayor deslizamiento ha sufrido. No hay deslizamiento de un microtúbulo respecto al otro de su mismo par, sino de cada doblete sobre el adyacente.

Si se siguieran efectuando cortes del cilio cercanos a la punta durante el movimiento de recuperación, se observaría que los dobletes «desaparecidos» reaparecen progresivamente. El orden de aparición no se conoce bien, pero no es el mismo que el de desaparición en la flexión del cilio debido a que el movimiento de recuperación sigue una trayectoria diferente.

El deslizamiento de los dobletes en la flexión y en la recuperación del cilio se produce gracias a los brazos de dineína, que se disponen periódicamente (cada 24 nm) a lo largo del microtúbulo A de cada doblete. El deslizamiento se produciría por sucesivas conexiones y desconexiones de los brazos del microtúbulo A de un doblete

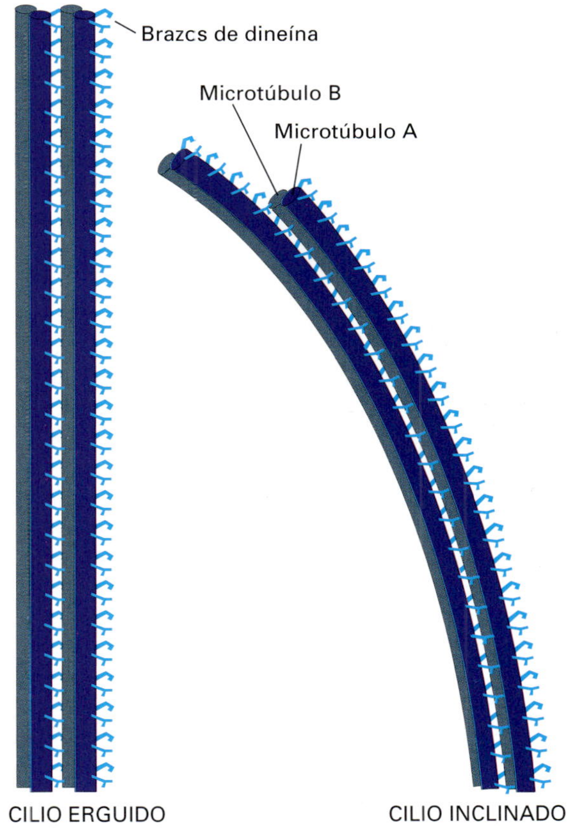


**Figura 6.45.** El deslizamiento de un doblete sobre el adyacente se realiza mediante los brazos de dineína del microtúbulo A de un doblete, que trepan sobre el microtúbulo B del doblete adyacente.

con el B del siguiente (Fig. 6.45). Este mecanismo recuerda al del deslizamiento de la actina sobre la miosina en la contracción muscular. Como en ésta, las conexiones y desconexiones requieren gasto de energía, que se libera en la hidrólisis del ATP (ciclo mecanoquímico). Los brazos de dineína tienen actividad ATPasa dependiente de $Ca^{2+}$ y $Mg^{2+}$.

Los microtúbulos del par central participan también en la regulación del movimiento del cilio y se ha sugerido que serían los que originan el movimiento. Las proyecciones de estos microtúbulos establecen contacto con los radios de los microtúbulos de los dobletes periféricos aunque, como ya se ha explicado, la periodicidad de estas proyecciones y la de los radios sean diferente (véase Fig. 6.42). Las personas cuyos cilios carecen de brazos de dineína, radios o par central de microtúbulos por un defecto genético, muestran cilios y flagelos inmóviles.

## Ciliogénesis

Se han seguido las fases sucesivas de la formación de los cilios en algunos tipos celulares. En algunos casos se ha visto la aparición de cuerpos basales o centríolos que antes no existían. Es posible que se formen a expensas de los centríolos habituales de la célula por cualquiera de los procedimientos mencionados al explicar el origen del centríolo. En el helecho *Marsilea*, el *blefaroplasto* (una esfera constituida por numerosos microtúbulos empaquetados) se transforma en cuerpos basales, durante la espermatogénesis.

Los cuerpos basales pueden emigrar a la membrana plasmática, disponerse bajo ella y emitir el tallo ciliar. Lo más corriente (tráquea) es que se forme una invaginación de la membrana plasmática, que queda rodeada por los cuerpos basales y ahí emergen los cilios formando una estructura a modo de *vacuola ciliar* que luego alcanzaría el mismo nivel de la superficie celular (Fig. 6.46). En el endometrio humano se ha visto que la vacuola ciliar puede ser intracitoplásmica e ir ascendiendo hasta fusionarse con la membrana plasmática.

El crecimiento del cilio es muy rápido: en *Naegleria* se forma un cilio entero (1 500 000 polipéptidos) en sólo 30 minutos. Los tallos ciliares crecen a partir de los cuerpos basales. Los microtúbulos A y B ciliares son continuación de los microtúbulos A y B del centríolo. El microtúbulo C centriolar no aparece en el cilio. Sin embargo, existen otras estructuras nuevas (radios, brazos de dineína) cuya formación y ensamblaje en el cilio no se conocen bien. Con aminoácidos marcados se ha visto que las nuevas subunidades proteicas se incorporan a los cilios en la punta, y no en el cuerpo basal. La desorganización es también por la punta.

## Cilios especiales

Se incluyen aquí tanto los cilios cuya ultraestructura presenta algunas modificaciones, como los cilios de estructura normal pero que se agrupan de forma especial.

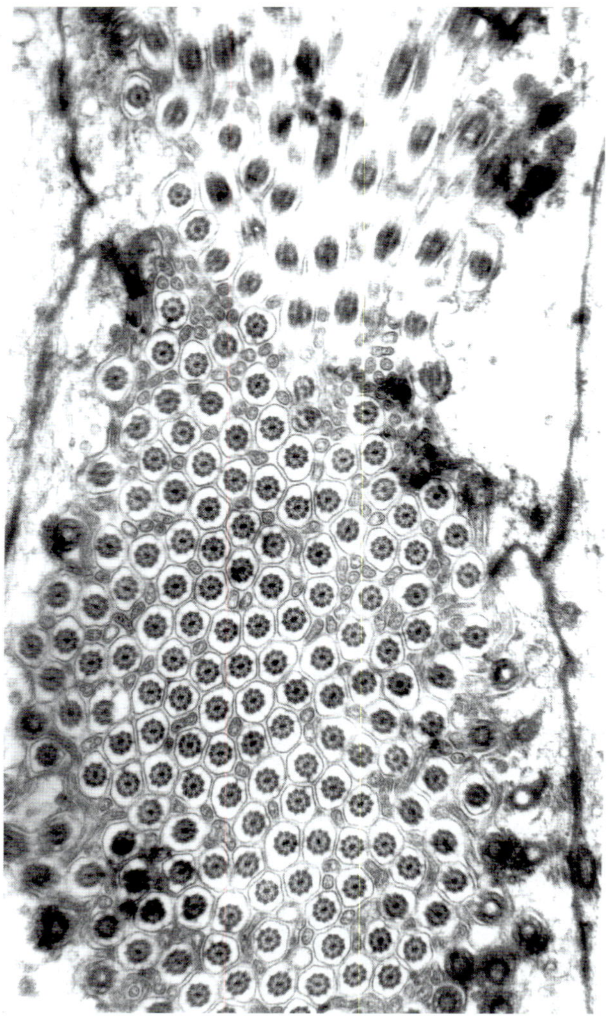

**Figura 6.46.** Vacuola ciliar en el epitelio traqueal de rata. X15 000.

### *Agrupaciones de cilios*

Muchos ciliados poseen *cirros o membranelas*, integrados por dos o tres hileras de cilios. Los tallos se mantienen libres, pero los cuerpos basales quedan unidos por un material filamentoso denso, lo que causa un acoplamiento entre los cilios. Al batir un cilio en un extremo de la hilera, su movimiento se acopla al elemento siguiente, y así se va transmitiendo a todos los cilios de la fila. Estos cilios baten metacrónicamente, de modo que la membrana se ve recorrida por ondas de movimiento, formando *membranas ondulantes*. La dirección del batido puede mantenerse fija o cambiar.

Los ctenóforos poseen *placas pectinadas*, integradas por millones de cilios con orientación uniforme. Cada cilio tiene los dos microtúbulos centrales en línea perpendicular al movimiento. Los dobletes periféricos 3 y 8, situados en la misma línea, van unidos a la membrana plasmática mediante una banda de material denso.

En el ctenóforo *Beroe* hay *macrocilios* especiales de unos 60 μm de longitud por 10 μm de diámetro. Los axonemas son normales ($9_2 + 2$), pero el mismo cilio contiene hasta 3000 axonemas envueltos por la misma membrana plasmática. El macrocilio bate igual que un solo cilio. Se han encontrado cilios semejantes, pero más pequeños, en el tubo digestivo de tunicados.

### *Cilios aberrantes o modificados*

En la retina, los segmentos externos de los conos y bastones están constituidos por numerosas membranas que forman sacos aplanados. Éstos se originan a partir de la membrana de un *cilio inmóvil* de estructura normal, a modo de tallo, pero carente de microtúbulos centrales. A diferencia de lo que ocurre en la mayoría de los cilios, el cuerpo basal lleva otro centríolo perpendicular a él.

En las máculas del utrículo y el sáculo y en las crestas ampulares del oído interno, junto a los pelos sensoriales (microvellosidades que se estrechan hacia la base) hay un único cilio que carece del par central de microtúbulos.

Las llamadas *células en corona* del saco vasculoso del tercer ventrículo de los peces presentan cilios modificados cuyos extremos ensanchados están llenos de vesículas.

En la mucosa olfatoria hay neuronas con seis u ocho cilios inmóviles, de unos 150 μm de largo, cuyos corpúsculos basales aparecen englobados en una condensación filamentosa. Cada uno de estos cilios es de estructura y grosor normales al comienzo del tallo. A poca distancia de la superficie celular (un 20% de su longitud) se estrechan, y el axonema se convierte en 11 microtúbulos simples sin par central, permaneciendo así el resto de su longitud.

## FLAGELOS

### Estructura del flagelo

Esencialmente la estructura del flagelo es igual a la del cilio, pero generalmente se complica con otras estructuras añadidas, por lo que resulta más grueso y más largo (Fig. 6.47).

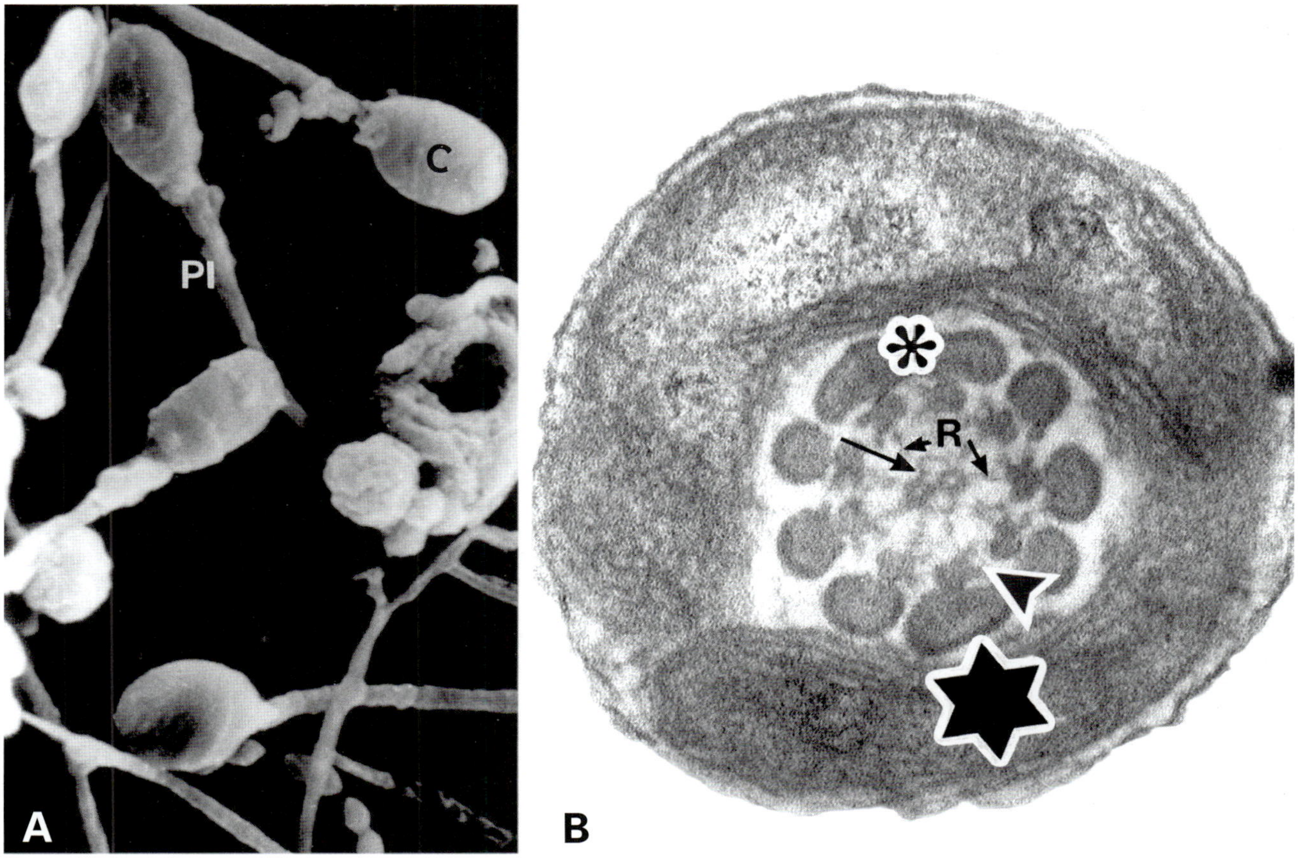


**Figura 6.47.** Espermatozoides humanos. **A**: Microscopía electrónica de barrido. Se distinguen la cabeza (C) y la pieza intermedia del flagelo (PI). X3800. **B**: Sección transversal del flagelo por la pieza intermedia. En el axonema se aprecian los 9 dobletes periféricos, con los brazos de dineína (cabeza de flecha) y los radios (R) y el par de microtúbulos centrales (flecha). Rodeando al axonema están las 9 fibras externas densas (asterisco) y, externamente a ellas, la vaina mitocondrial (estrella). X110 000.

Los flagelos más estudiados son los de los espermatozoides. En el espermatozoide de mamíferos, la estructura $9_2 + 2$ del axonema se ve rodeada por las *fibras externas densas*, que son nueve cilindros proteicos (uno por cada doblete) que intervienen en el movimiento del flagelo. El complejo axonema-fibras queda rodeado por otra estructura que, según el segmento del flagelo, puede ser: 1) la *vaina mitocondrial*, que aparece durante todo el recorrido de la pieza intermedia (la porción inicial del flagelo) y que está constituida por mitocondrias, que se disponen en hélice y proporcionan la energía necesaria para el movimiento del flagelo, o 2) la *vaina fibrosa*, durante todo el recorrido de la pieza principal (el resto del flagelo), constituida por pares de estructuras proteicas (una rodea la mitad de las fibras densas y la otra el resto), que se disponen periódicamente a lo largo de la pieza principal y parecen intervenir en la protección del axonema y quizá también en el movimiento del flagelo.

Sobre este modelo de flagelo hay numerosas variaciones. Muchas de estas variaciones afectan a los microtúbulos centrales, que faltan en muchos invertebrados, mientras que pueden ser varios en algunos peces o ser muy numerosos en algunos insectos. En los espermatozoides de anfibios, las estructuras que rodean el axonema son peculiares: no hay propiamente fibras densas y la vaina mitocondrial y una mitad de la vaina fibrosa quedan separadas del axonema, formando la *membrana ondulante*.

En flagelos de algas es frecuente que existan apéndices filamentosos proteicos, a veces ramificados, a modo de proyecciones que emergen de la membrana plasmática. Estos apéndices filamentosos, llamados *mastigonemas*, modifican el arrastre del fluido por el movimiento flagelar.

### Movimiento de flagelos

El movimiento de los flagelos es más complicado que el de los cilios. Se produce en tres dimensiones y varía de unos a otros. En los espermatozoides ha sido muy estudiado y es muy complejo pero, prescindiendo de movimientos secundarios, que también se producen complicando el principal, dicho movimiento se podría resumir comparándolo con el de un sacacorchos en el que la punta quedara más separada del eje que la base y que, al girar sobre sí mismo, describiera un cono. Además de este movimiento, hay otro que traza una onda que se propaga a lo largo del flagelo desde la base hasta la punta (véase Fig. 6.43.D).

Los flagelos baten de 10 a 40 veces por segundo, y la velocidad de las ondas es de 100-1000 μm /s.

## HAPTONEMAS

En algunos organismos inferiores existen apéndices similares a flagelos, pero con una estructura fina muy diferente a la descrita, como es el caso de los denominados *haptonemas*, que algunas algas flageladas (haptofíceas) utilizan para fijarse. Cada haptonema contiene siete microtúbulos simples que no parten de un centríolo. Estos microtúbulos quedan rodeados parcialmente por una cisterna membranosa aplanada que separa los microtúbulos de la membrana plasmática.

# BIBLIOGRAFÍA RECOMENDADA

## BIBLIOGRAFÍA GENERAL SOBRE CITOESQUELETO


Blattner SM, Kretzler M. Integrin-linked kinase in renal disease: connecting cell-matrix interaction to the cytoskeleton. *Curr Opin Nephrol Hypertens,* 2005; 14: 404-410.

Campbell EM, Hope TJ. Role of the cytoskeleton in nuclear import. *Adv Drug Deliv Rev,* 2003; 55: 761-771.

Grazi E. Cytoskeleton, motile structures and macromolecular crowding. *Adv Exp Med Biol,*1994; 358: 123-130.

Hackney DD. The kinetic cycles of myosin, kinesin, and dynein. *Annu Rev Physiol,* 1996; 58: 731-750.

Liang P, MacRae TH. Molecular chaperones and the cytoskeleton. *J Cell Sci,* 1997; 110: 1431-1440.

Machesky LM, Schliwa M. Cell dynamics: a new look at the cytoskeleton. *Nat Cell Biol,* 2000; 2: E17-18.

Margolin W. A green light for the bacterial cytoskeleton. *Trends Microbiol,* 1998; 6: 233-238.

Mitchison TJ. Evolution of a dynamic cytoskeleton. *Philos Trans R Soc Lond B Biol Sci,* 1995; 349: 299-304.

Porter KR, Tucker J B. El armazón celular. *Investigación y Ciencia,* 1981; 56: 16-28.

Rogers SL, Gelfand VI. Membrane trafficking, organelle transport, and the cytoskeleton. *Curr Opin Cell Biol,* 2000; 12: 57-62.

Shen T, Wolynes PG. Nonequilibrium statistical mechanical models for cytoskeletal assembly: towards understanding tensegrity in cells. *Phys Rev E Stat Nonlin Soft Matter Phys,* 2005; 72: 041927.

Shibaoka H, Nagai R. The plant cytoskeleton. *Curr Opin Cell Biol,* 1994; 6: 10-15.

Smith LG, Oppenheimer DG. Spatial control of cell expansion by the plant cytoskeleton. *Annu Rev Cell Dev Biol,* 2005; 21: 271-295.


## ACTINA Y MIOSINA. MOVIMIENTOS CELULARES


Bartles JR. Parallel actin bundles and their multiple actin-bundling proteins. *Curr Opin Cell Biol,* 2000; 12: 72-78.

Bretscher MS. Movimiento de la células animales. *Investigación y Ciencia,* 1988; 137: 64-71.

Buss F, Spudich G, Kendrick-Jones J. Myosin VI: cellular functions and motor properties. *Annu Rev Cell Dev Biol,* 2004; 20: 649-676.

Carlier MF, Le Clainche C, Wiesner S, Pantaloni D. Actin-based motility: from molecules to movement. *Bioessays,* 2003; 25: 336-345.

Cooper JA, Schafer DA. Control of actin assembly and disassembly at filament ends. *Curr Opin Cell Biol,* 2000; 12: 97-103.

De Lanerolle P, Johnson T, Hofmann WA. Actin and myosin I in the nucleus: what next? *Nat Struct Mol Biol,* 2005; 12: 742-746.

Dos Remedios CG, Chhabra D, Kekic M, Dedova IV, Tsubakihara M, Berry DA, Nosworthy NJ. Actin binding proteins: regulation of cytoskeletal microfilaments. *Physiol Rev,* 2003; 83: 433-473.

Elliot GF, Worthington CR. How muscle may contract. *Biochim Biophys Acta,* 1994; 1200: 109-116.

Fath KR, Burgess DR. Microvillus assembly. Not actin alone. *Curr Biol,* 1995; 5: 591-593.

Frado LL, Craig R. Electron microscopy of the actin-myosin head complex in the presence of ATP. *J Mol Biol,* 1992; 223: 391-397.

Hammer JA. The structure and function of unconventional myosins: A review. *J Muscle Res Cell Motil,* 1994; 15: 1-10.

Kandasamy MK, Deal RB, McKinney EC, Meagher RB. Plant actin-related proteins. *Trends Plant Sci,* 2004; 9: 196-202.

Otto JJ. Vinculin. *Cell Motil Cytoskel,* 1990; 16: 1-16.

Rafelski SM, Theriot JA. Crawling toward a unified model of cell mobility: spatial and temporal regulation of actin dynamics. *Annu Rev Biochem,* 2004; 73: 209-239.

Suetsugu S, Takenawa T. Regulation of cortical actin networks in cell migration. *Int Rev Cytol,* 2003; 229: 245-286.

Van Troys M, Vandekerckhove J, Ampe C. Structural modules in actin-binding proteins: towards a new classification. *Biochim Biophys Acta,* 1999; 1448: 323-348.

Wedlich-Soldner R, Li R. Closing the loops: new insights into the role and regulation of actin during cell polarization. *Exp Cell Res,* 2004; 301: 8-15.

## FILAMENTOS INTERMEDIOS

Chou YH, Skalli O, Goldman RD. Intermediate filaments and cytoplasmic networking: new connections and more functions. *Curr Opin Cell Biol,* 1997; 9: 49-53.

Coulombe PA, Tong X, Mazzalupo S, Wang Z, Wong P. Great promises yet to be fulfilled: defining keratin intermediate filament function in vivo. *Eur J Cell Biol,* 2004; 83: 735-746.

DePianto D, Coulombe PA. Intermediate filaments and tissue repair. *Exp Cell Res,* 2004; 301: 68-76.

Evans RM. Vimentin: the conundrum of the intermediate filament gene family. *Bioessays,* 1998; 20: 79-86.

Foisner R. Dynamic organisation of intermediate filaments and associated proteins during the cell cycle. *Bioessays,* 1997; 19: 297-305.

Georgatos SD, Maison C. Integration of intermediate filaments into cellular organelles. *Int Rev Cytol,* 1996; 164: 91-138.

Helfand BT, Chang L, Goldman RD. The dynamic and motile properties of intermediate filaments. *Annu Rev Cell Dev Biol,* 2003; 19: 445-467.

Herrmann H, Aebi U. Intermediate filaments: molecular structure, assembly mechanism, and integration into functionally distinct intracellular Scaffolds. *Annu Rev Biochem,* 2004; 73: 749-789.

Jones JC, Asmuth J, Baker SE, Langhofer M, Roth SI, Hopkinson SB. Hemidesmosomes: Extracellular matrix/intermediate filament connectors. *Exp Cell Res,* 1994; 213: 1-11.

Kowalczyk AP, Bornslaeger EA, Norvell SM, Palka HL, Green KJ. Desmosomes: intercellular adhesive junctions specialized for attachment of intermediate filaments. *Int Rev Cytol,* 1999; 185: 237-302.

Lee MK, Cleveland DW. Neuronal intermediate filaments. *Annu Rev Neurosci,* 1996; 19: 187-217.

Paulin D, Li Z. Desmin: a major intermediate filament protein essential for the structural integrity and function of muscle. *Exp Cell Res,* 2004; 301: 1-7.

Styers ML, Kowalczyk AP, Faundez V. Intermediate filaments and vesicular membrane traffic: the odd couple's first dance? *Traffic,* 2005; 6: 359-365.

## MICROTÚBULOS

Allen Allen RD. El microtúbulo: motor intracelular. *Investigación y Ciencia,* 1987; 127: 18-25.

Amos LA, Schlieper D. Microtubules and maps. *Adv Protein Chem,* 2005; 71: 257-298.

Brinkley W. Microtubules: a brief historical perspective. *J Struct Biol,* 1997; 118: 84-86.

Brown SS. Cooperation between microtubule- and actin-based motor proteins. *Annu Rev Cell Dev Biol,* 1999; 15: 63-80.

Carvalho P, Tirnauer JS, Pellman D. Surfing on microtubule ends. *Trends Cell Biol May,* 2003; 13: 229-237.

Cassimeris L. Accessory protein regulation of microtubule dynamics throughout the cell cycle. *Curr Opin Cell Biol,* 1999; 11: 134-141.

Cole NB, Lippincott-Schwartz J. Organization of organelles and membrane traffic by microtubules. *Curr Opin Cell Biol,* 1995; 7: 55-64.

Cyr RJ, Palevitz BA. Organization of cortical microtubules in plant cells. *Curr Opin Cell Biol,* 1995; 7: 65-71.

Downing KH, Nogales E. Tubulin and microtubule structure. *Curr Opin Cell Biol,* 1998; 10: 16-22.

Drewes G, Ebneth A, Mandelkow EM. MAPs, MARKs and microtubule dynamics. *Trends Biochem Sci,* 1998; 23: 307-311.

Gross SP. Hither and yon: a review of bi-directional microtubule-based transport. *Phys Biol,* 2004; 1: R1-R11.

Gundersen GG, Cook TA. Microtubules and signal transduction. *Curr Opin Cell Biol,* 1999; 11: 81-94.

Joshi HC. Microtubule organizing centers and gamma-tubulin. *Curr Opin Cell Biol,* 1994; 6: 54-62.

Keating TJ, Borisy GG. Centrosomal and non-centrosomal microtubules. *Biol Cell,* 1999; 91: 321-329.

Lambert AM. Microtubule-organizing centers in higher plants. *Curr Opin Cell Biol,* 1993; 5: 116-122.

López LA. Factors regulating organelles transport along microtubules. *Biocell,* 1996; 20: 313-316.

Maiato H, Sampaio P, Sunkel CE. Microtubule-associated proteins and their essential roles during mitosis. *Int Rev Cytol,* 2004; 241: 53-153.

Murphy SM, Stearns T. Cytoskeleton: microtubule nucleation takes shape. *Curr Biol,* 1996; 6: 642-644.

Quarmby LM, Lohret TA. Microtubule severing. *Cell Motil Cytoskeleton,* 1999; 43: 1-9.

Sablin EP. Kinesins and microtubules: their structures and motor mechanisms. *Curr Opin Cell Biol,* 2000; 12: 35-41.

Saunders WS. Action at the ends of microtubules. *Curr Opin Cell Biol,* 1999; 11: 129-133.

Schiebel E. Gamma-tubulin complexes: binding to the centrosome, regulation and microtubule nucleation. *Curr Opin Cell Biol,* 2000; 12: 113-118.

Zheng Y. G protein control of microtubule assembly. *Annu Rev Cell Dev Biol,* 2004; 20: 867-894.

## CENTRÍOLO. CILIOS Y FLAGELOS

De Harven E. Early observations of centrioles and mitotic spindle fibers by transmission electron microscopy. *Biol Cell,* 1994; 80: 107-109.

Dutcher SK. Flagellar assembly in two hundred and fifty easy-to-follow steps. *Trends Genet,* 1995; 11: 398-404.

Gee M, Vallee R. The role of the dynein stalk in cytoplasmic and flagellar motility. *Eur Biophys J,* 1998; 27: 466-473.

Hagiwara H, Ohwada N, Takata K. Cell biology of normal and abnormal ciliogenesis in the ciliated epithelium. *Int Rev Cytol,* 2004; 234: 101-141.

Ibanez-Tallon I, Heintz N, Omran H. To beat or not to beat: roles of cilia in development and disease. *Hum Mol Genet,* 2003; 12: R27-R35.

Li JY, Wu CF. New symbiotic hypothesis on the origin of eukaryotic flagella. *Naturwissenschaften,* 2005; 92: 305-309.

Lindemann CB, Kanous KS. A model for flagellar motility. *Int Rev Cytol,* 1997; 173: 1-72.

Marshall WF, Rosenbaum JL. Cell division: the renaissance of the centriole. *Curr Biol,* 1999; 9: R218-220.

Marshall WF, Rosenbaum JL. How centrioles work: lessons from green yeast. *Curr Opin Cell Biol,* 2000; 12: 119-125.

Schatten G. The centrosome and its mode of inheritance: the reduction of the centrosome during gametogenesis and its restoration during fertilization. *Dev Biol,* 1994; 165: 299-335.

Sluder G, Hinchcliffe EH. The apparent linkage between centriole replication and the S phase of the cell cycle. *Cell Biol Int,* 1998; 22: 3-5.

Smith EF, Lefebvre PA. The role of central apparatus components in flagellar motility and microtubule assembly. *Cell Motil Cytoskel,* 1997; 38: 1-8.

Tassin AM, Bornens M. Centrosome structure and microtubule nucleation in animal cells. *Biol Cell,* 1999; 91: 343-354.

## Capítulo 7: Relaciones de la célula con su entorno

# RELACIONES DE LA CÉLULA CON SU ENTORNO

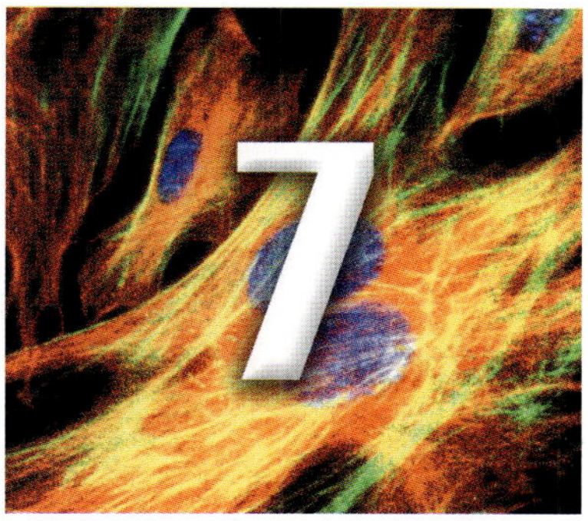


## UNIONES DE CÉLULAS ENTRE SÍ Y CON LA MATRIZ EXTRACELULAR

### MATRIZ EXTRACELULAR

Las células establecen relaciones entre sí y también con los componentes del medio en que se encuentran, al que se ha denominado *matriz extracelular*. En algunos tejidos, como los epitelios o el sistema nervioso central, la matriz extracelular es casi inexistente, pero en otros, como en el tejido conjuntivo, el cartílago y el hueso, las células están embebidas en una matriz que contiene:

1. *Líquido tisular*, que es un filtrado del plasma sanguíneo.
2. Grandes proteínas hidrocarbonadas de dos tipos: *glucoproteínas* y *proteoglucanos*.
3. *Fibras* (proteínas filamentosas visibles con el microscopio óptico) de dos tipos: *colágenas* y *elásticas*.

En las descripciones clásicas, los componentes no visibles con el microscopio óptico (todo lo que no son fibras) se engloban como *sustancia fundamental*. Esta sustancia es de apariencia amorfa y tiene la consistencia de un gel; disminuye con la edad. Con el microscopio electrónico puede apreciarse como grumos de poca densidad, o no apreciarse. Se extrae mediante fijadores acuosos.

### LÍQUIDO TISULAR

Básicamente es un filtrado del plasma sanguíneo que proporciona oxígeno y alimento a las células. Consiste en agua y las sustancias disueltas en ella (como glucosa y sales minerales), proteínas plasmáticas y algunas macromoléculas proteicas en forma coloidal. Estas últimas, a diferencia de las soluciones simples, sólo atraviesan la pared de los capilares en determinadas condiciones.

### GLUCOPROTEÍNAS

Entre las glucoproteínas se encuentran moléculas de tropocolágeno, fibronectina, tenascina, trombospondina, laminina y nidógeno (entactina) (Fig. 7.1).

#### Fibronectina

La *fibronectina* es una gran glucoproteína que forma fibras (Figs. 7.2.A y 7.3); de ahí que algunos autores la incluyan entre las fibras del tejido conjuntivo. Consta de dos monómeros fibrosos idénticos, de 250 kDa cada uno, unidos por sus extremos carboxilos mediante enlaces disulfuro. Cada monómero presenta varios dominios globulares separados por regiones flexibles. Uno de los dominios se une al colágeno, otro a la heparina y otro a receptores específicos de la superficie de varios tipos de células. En este último hay varias secuencias de aminoácidos que se repiten. La mayor de ellas (la secuencia repetitiva *tipo III*) posee 90 aminoácidos, se repite hasta 15 veces y contiene un triplete específico, denominado *secuencia RGD* (Arg-Gly-Asp); este triplete es reconocido por las integrinas que posee la superficie de muchos tipos celulares, desde las células sanguíneas hasta las células epiteliales y las células del tejido conjuntivo. Esta secuencia también aparece en otras proteínas de la matriz extracelular, como el fibrinógeno, y en las *desintegrinas*, que son proteínas del veneno de algunas serpientes.

La fibronectina es producida por los fibroblastos, miofibroblastos, condrocitos, células de Schwann, astrocitos, células epiteliales y endoteliales. También se ha encontrado en los gránulos de las plaquetas, en la sangre y en otros líquidos corporales. Existen en tres variedades de fibronectina

1. *Fibronectina plasmática*. Se encuentra en forma dimérica soluble en el plasma sanguíneo. Favorece la coagulación y la fagocitosis.
2. *Fibronectina de la superficie celular*. Se encuentran en forma oligomérica revistiendo la superficie de los tipos celulares que la producen.
3. *Fibronectina de la matriz extracelular*. Forma fibrillas insolubles al unirse los dímeros entre sí por enlaces disulfuro adicionales.

La fibronectina se encuentra por toda la matriz del tejido conjuntivo y sobre la superficie de varios tipos celulares como los fibroblastos, favoreciendo la adhe-

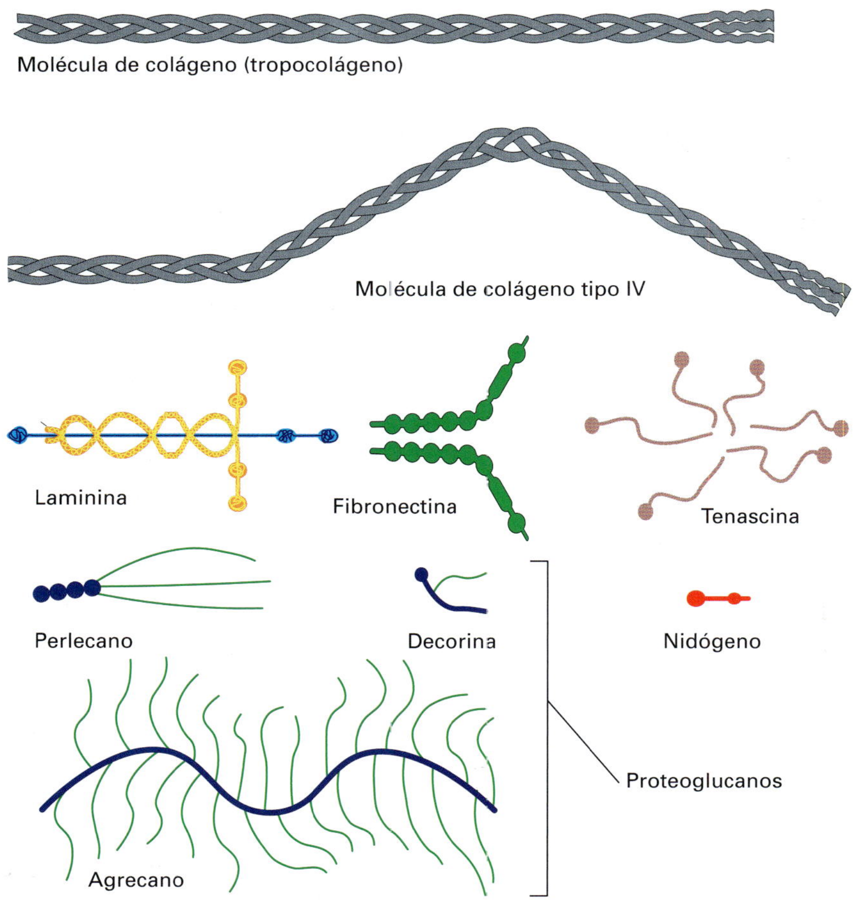


**Figura 7.1.** Comparación de los tamaños relativos aproximados de diferentes moléculas que componen la matriz extracelular.

sión de éstos a otras células, al colágeno y a diferentes sustratos.

Interviene en la migración celular proporcionando una guía a las células emigrantes. Esta guía es particularmente evidente en el desarrollo embrionario, en el que marca el camino que siguen las células mesodérmicas.

Las moléculas de fibronectina adheridas a la superficie de los fibroblastos modifican la disposición de los filamentos de actina de éstos, haciendo que dichos filamentos se orienten igual que la fibronectina. Por su parte, la actina ejerce una acción recíproca sobre la fibronectina: si se destruyen con citocalasina los filamentos de actina de los fibroblastos, la fibronectina se disocia de su superficie celular. Así, se piensa que los microfilamentos de un fibroblasto orientan las moléculas de fibronectina de la matriz extracelular adyacente. Por su parte estas moléculas, una vez orientadas, orientan los microfilamentos de otros fibroblastos embebidos en la matriz.

Esta interrelación entre la fibronectina y la actina está mediada por una *proteína quinasa de adhesión focal* (*FAK*), que está presente en los contactos focales (o placas de fijación de los filamentos de actina) y es inducida por el contacto entre integrina y fibronectina. El mecanismo de inducción implica el incremento del $Ca^{2+}$ intracelular y de segundos mensajeros de inositol, la fosforilación de tirosinas de las proteínas celulares y ciertos cambios en la expresión génica. La quinasa de adhesión focal se encuentra también en la superficie de las plaquetas y favorece que éstas se agreguen en presencia de fibrinógeno.

## Tenascina

La glucoproteína *tenascina* consta de seis cadenas polipeptídicas, que se unen entre sí por enlaces disulfuro para configurarse radialmente formando un complejo en rueda de carro (véase Fig. 7.1). Cada cadena, de unos 210 kDa, comprende secuencias repetitivas de aminoácidos y presenta varios dominios, uno de los cuales se une a la fibronectina y otro al sindecano (un proteoglucano presente en la superficie de células epiteliales y fibroblastos). La tenascina es menos abundante que la fibronectina en el tejido conjuntivo, y se encuentra sobre todo en los tejidos embrionarios (segregada por las células mesenquimáticas) y en el tejido nervioso (segregada por las células gliales). Se considera que su función consiste en guiar los movimientos celulares durante el desarrollo y promover o inhibir la adhesión celular, dependiendo del tipo de célula.

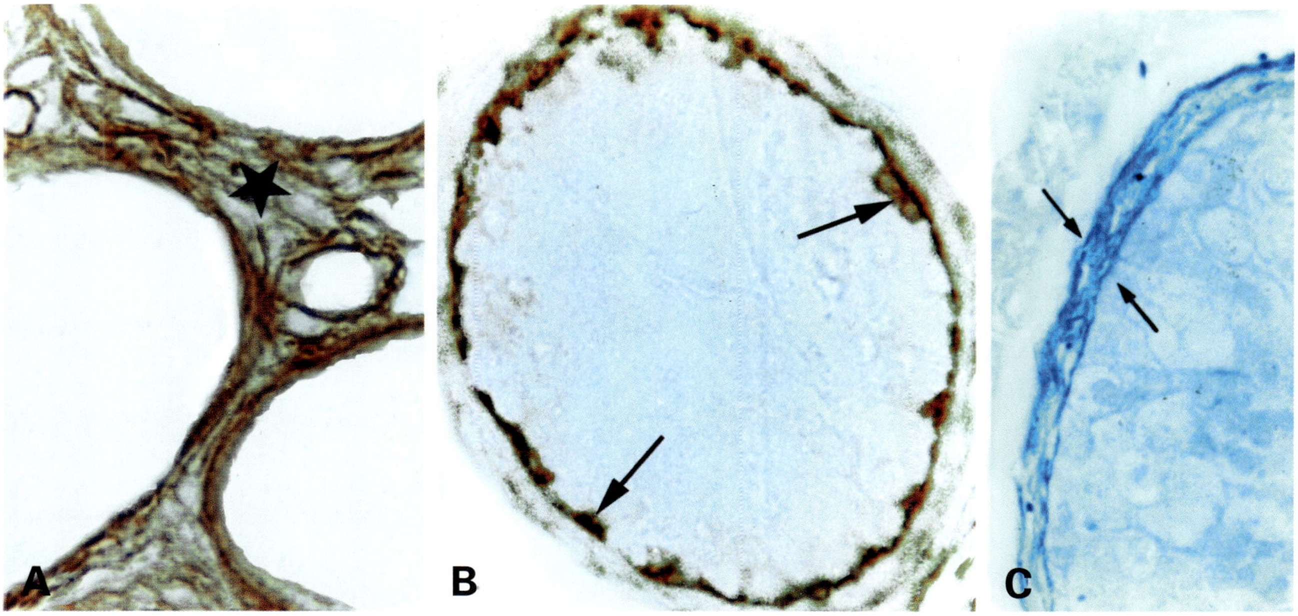


**Figura 7.2.** Demostración de componentes de la sustancia fundamental del tejido conjuntivo en el testículo humano. **A**: Inmunopositividad para la fibronectina en todo el tejido conjuntivo (estrella). X150. **B**: Inmunotinción positiva para la laminina en la lámina basal de los tubos seminíferos. Las flechas señalan invaginaciones de la lámina basal hacia el epitelio. X250. **C**: Los glucosaminoglucanos de la lámina propia (flechas) se tiñen intensamente con azul Alcián. X250. (Las figuras son cortesía de L. Santamaría. Departamento de Morfología. Facultad de Medicina. Universidad Autónoma de Madrid.)

## Trombospondina

Es una glucoproteína de adhesión de 450 kDa de peso molecular, muy abundante en los gránulos de las plaquetas, que la segregan durante la coagulación de la sangre. La trombospondina es esencial en este proceso, al unirse al fibrinógeno y al activador del plasminógeno. También abunda alrededor de los vasos sanguíneos, donde parece inhibir la neoangiogénesis. Es sintetizada y segregada a la matriz extracelular por los fibroblastos, las células musculares lisas, los macrófagos y las células endoteliales. Se une a la superficie de las células que la segregan y también al colágeno, a la heparina y a la fibronectina. Se considera que su función es similar a la de la tenascina.

## Laminina

La *laminina* se localiza únicamente en la lámina basal, que sintetizan los epitelios y algunos tipos celulares concretos, como las células musculares y algunas asimiladas a ellas, los adipocitos, las células de Schwann y las células de Leydig (pero no los fibroblastos) (véase Fig. 7.2.B).

La *laminina* es una gran glucoproteína que forma un complejo de unos 850 kDa. Consta de tres polipéptidos diferentes, unidos entre sí por puentes disulfuro y dispuestos en una molécula con forma de cruz latina. Un polipéptido (cadenas A) forma una cadena recta (el palo largo de la cruz), que sólo pierde la disposición lineal en algunos tramos. Los otros dos (cadenas B1 y B2) se disponen simétricamente, con una porción entrelazada a lo largo de la cadena A y una porción extendida que da lugar al palo corto de la cruz (Fig. 7.4). La molécula de laminina presenta varios dominios, uno de los cuales se une al perlecano, otro al nidógeno (entactina) y dos o más se unen a receptores de la superficie celular específicos para la laminina. Uno de estos receptores es el *distroglucano* que, junto con las integrinas, organiza el ensamblaje de la lámina basal.

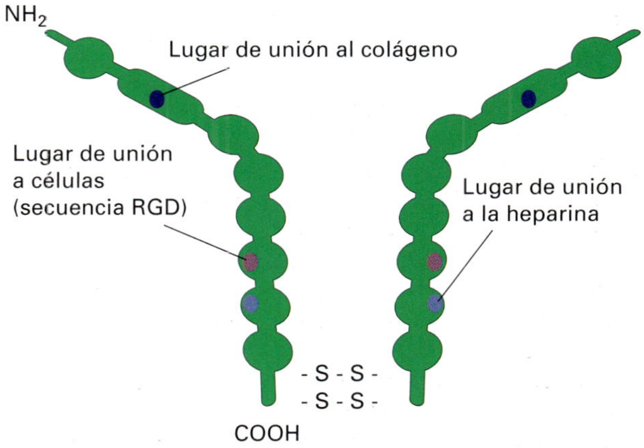


**Figura 7.3.** Representación esquemática de una molécula de fibronectina.

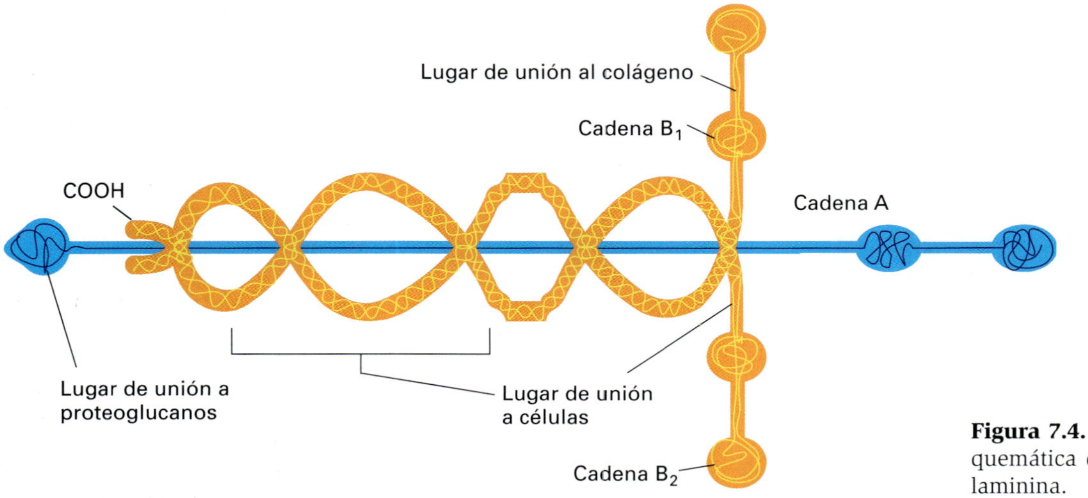


**Figura 7.4.** Representación esquemática de una molécula de laminina.

## Nidógeno (entactina)

El *nidógeno* o *entactina* es una pequeña proteína que tiene una configuración en forma de pesa y se sitúa en el cruce de los brazos de la laminina (véase Fig. 7.1). Se une también al colágeno de tipo IV, por lo que parece que sirve de enlace entre ambas proteínas.

## PROTEOGLUCANOS

Los proteoglucanos son responsables de la gran afinidad de la sustancia fundamental por las tinciones de PAS y azul Alcián (véase Fig. 7.2.C). Constan de un eje proteico de longitud variable sobre el que se disponen perpendicularmente desde decenas hasta centenares de cadenas de *glucosaminoglucanos* (Fig. 7.5), que quedan unidas covalentemente a los aminoácidos del eje proteico. Los glucosaminoglucanos constituyen hasta un 95% del peso de algunos proteoglucanos y son largas cadenas (hasta 80 residuos) no ramificadas, formadas por unidades repetidas de disacáridos. Uno de los residuos que más se repiten es un aminoazúcar (de ahí el término general con el que se designan estos polisacáridos), que puede ser la N-acetil-galactosamina o la N-acetil-glucosamina; cualquiera de ellas puede encon-

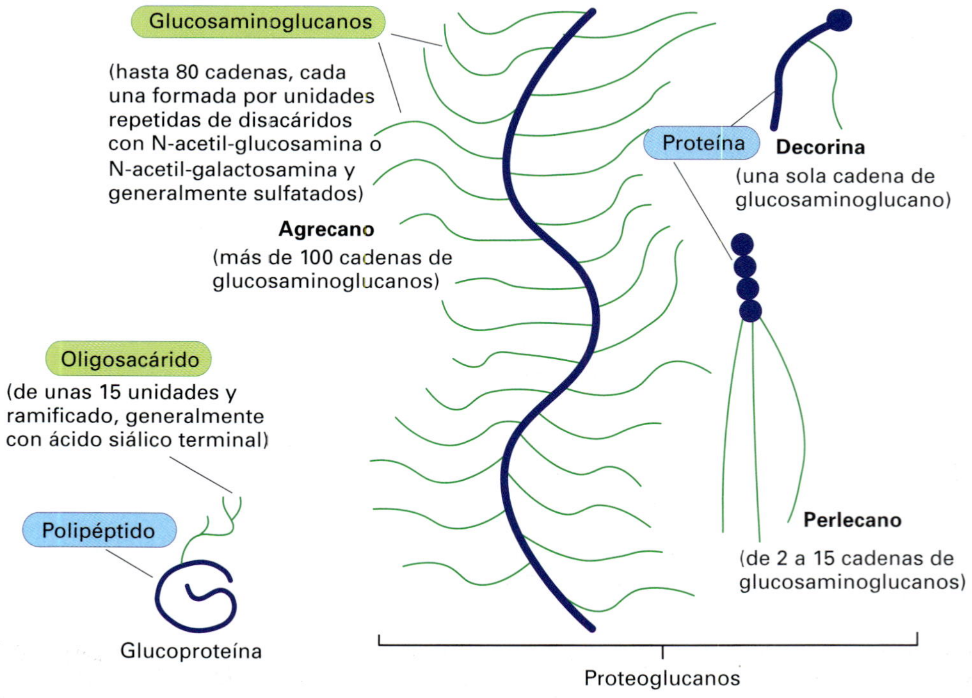


**Figura 7.5.** Comparación de las moléculas de glucoproteínas y proteoglucanos.

trarse sulfatada. El otro residuo es un ácido urónico. Los grupos carboxilo y sulfato son responsables de la carga negativa. Cada molécula de proteoglucano puede tener diferentes tipos de glucosaminoglucanos y alcanzar un peso molecular de algunos millones (Tabla 7.1).

Los glucosaminoglucanos son muy hidrófilos y hacen que la matriz extracelular pueda retener agua sin modificar sus propiedades físicas. Forman geles, en los que adoptan configuraciones extendidas con algunos plegamientos al azar, con diámetros de poro y densidades de carga muy variables. Estos geles constituyen un filtro que regula los movimientos de las moléculas de la matriz extracelular en función de su tamaño y carga. La interacción entre los dominios de cada molécula determina la viscosidad. Mientras este armazón, entrelazado con las fibras colágenas y elásticas, está suficientemente hidratado, mantiene la forma del tejido y resiste a la compresión y la tracción. En la deshidratación, las cadenas de glucosaminoglucanos se desploman sobre el eje proteico y se pierden las propiedades de la matriz. Debido a ello, con el microscopio electrónico los proteoglucanos se observan sólo como gránulos de 10 a 20 nm. Si antes de la fijación se realiza una congelación rápida (a –196 °C) a alta presión y se contrasta posteriormente la muestra manteniéndola congelada, los proteoglucanos se observan como unas líneas en espiral o enroscadas (eje central) de las que emergen finos filamentos (cadenas de glucosaminoglucanos).

El más abundante de todos los glucosaminoglucanos es el *ácido hialurónico*, muy abundante en el tejido conjuntivo. Es el único que no está sulfatado y que no se une covalentemente a proteínas, sino que actúa como eje al que se unen otros proteoglucanos (Fig. 7.6). Consta de un disacárido, formado por ácido glucurónico y N-acetilglucosamina, repetido unas 25 000 veces, que da lugar a una larga cadena. Facilita la migración celular durante la morfogénesis y reparación de los tejidos y hace que la sustancia fundamental del tejido conjuntivo sea resistente a la difusión. Las bacterias que producen la enzima *hialuronidasa* (que elimina el ácido hialurónico) se desplazan muy bien por el tejido conjuntivo.

En la matriz extracelular también se encuentran diversos *glucosaminoglucanos sulfatados* (aunque no todos están en la matriz de todos los tejidos), cuyos grupos sulfato contribuyen en gran medida a la basofilia de la sustancia fundamental. Forman cadenas de hasta 300 disacáridos (no tan largas como las que forma el ácido hialurónico), y se unen covalentemente a una proteína central con un peso molecular de entre 10 y 60 kDa. Este grupo comprende los siguientes glucosaminoglucanos (Tabla 7.1):

1. *Condroitín-sulfatos* o *sulfatos de condroitina*. Según que la posición que ocupe el grupo sulfato sea la 4 o la 6, existen dos variedades de sulfato de condroitina: *sulfato de condroitina A (condroitín-sulfato 4)* y *sulfato de condroitina C (condroitín-sulfato 6)*.

**TABLA 7.1. Glucosaminoglucanos de la matriz extracelular**

| Glucosaminoglucano | Peso molecular (kDa) | Disacárido repetido $(A\text{-}B)_n$ | | Grupos sulfato por disacárido | Otros glúcidos | Localización |
|---|---|---|---|---|---|---|
| | | Monosacárido A | Monosacárido B | | | |
| Ácido hialurónico | 4-8000 | Ác. glucurónico | N-acetil D-glucosamina | 0 | – | Tejido conjuntivo en general; cartílago; líquido sinovial; cuerpo vítreo. |
| Condroitín-sulfato 4 (sulfato de condroitina A) | 5-50 | Ác. glucurónico | N-acetil D-galactosamina | 0.2-2.3 (en el C 4) | D-galactosa D-xilosa | Tejido conjuntivo de la dermis, arterias y córnea; cartílago; hueso. |
| Condroitín-sulfato 6 (sulfato de condroitina C) | 5-50 | Ác. glucurónico | N-acetil D-galactosamina | 0.2-2.3 (en el C 6) | D-galactosa D-xilosa | Tejido conjuntivo de la dermis, arterias y córnea; cartílago; hueso. |
| Dermatán-sulfato (sulfato de condroitina B) | 15-40 | Ác. D-glucurónico o ác. L-idurónico | N-acetil D-galactosamina | 1.0-2.0 | D-galactosa D-xilosa | Tejido conjuntivo de la dermis, vasos sanguíneos y corazón; sangre. |
| Heparán-sulfato (sulfato de heparina) | 5-12 | Ác. D-glucurónico o ác. L-idurónico | N-acetil D-glucosamina | 0.2-2.0 | D-galactosa D-xilosa | Tejido conjuntivo de arterias, pulmón y corazón; lámina basal; superficies celulares. |
| Heparina | 6-25 | Ác. D-glucurónico o ác. L-idurónico | N-acetil D-glucosamina | 2.0-3.0 | D-galactosa D-xilosa | Tejido conjuntivo de la dermis, pulmón e hígado; gránulos de células cebadas. |
| Queratán-sulfato (sulfato de queratán) | 4-19 | D-galactosa | N-acetil D-glucosamina | 0-1.8 | D-galactosamina | Tejido conjuntivo de la córnea; cartílago; discos intervertebrales. |

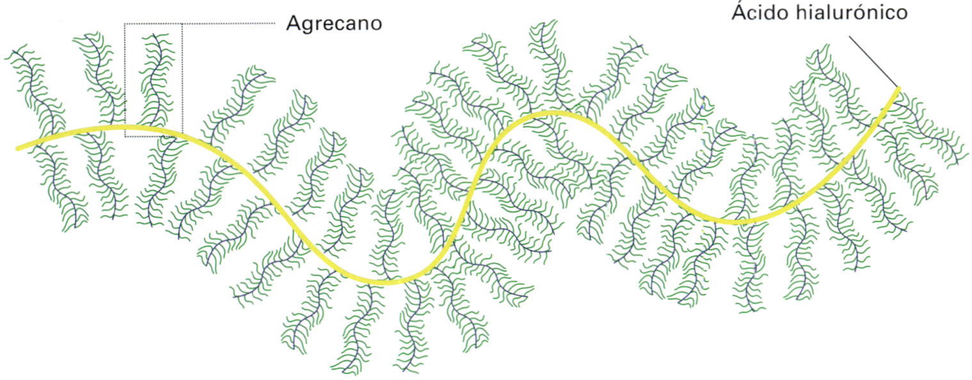


**Figura 7.6.** Representación esquemática de la organización de los proteoglucanos en la matriz extracelular. Numerosas cadenas del proteoglucano agrecano se unen a una larga cadena del glucosaminoglucano ácido hialurónico.

2. *Dermatán-sulfato (sulfato de condroitina B).*
3. *Heparán-sulfato (sulfato de heparina).*
4. *Heparina.*
5. *Queratán-sulfato (sulfato de queratán).*

Los proteoglucanos más frecuentes se expresan en la Tabla 7.2. El tamaño de estas moléculas es muy variable. Algunos proteoglucanos constan de una pequeña cadena polipeptídica con sólo una cadena de glucosaminoglucano, como es el caso del *betaglucano* y la *decorina*. Otros presentan una cadena proteica algo mayor, con 1-3 (*sindecano*) o 12-15 (*perlecano*) cadenas de glucosaminoglucanos. Finalmente, los hay con grandes moléculas proteicas y más de 100 cadenas de glucosaminoglucanos, como el *agrecano* (véase Fig. 7.5).

El sindecano se une al glucofosfatidil inositol (GPI) de la membrana plasmática de fibroblastos y células epiteliales y facilita la adhesión de estas células a las proteínas de la matriz extracelular. En los fibroblastos se encuentra en los contactos focales, modulando la acción de las integrinas al interactuar con la fibronectina de la matriz, y con el citoesqueleto y las proteínas señal dentro de la célula. El sindecano se une también al *factor de crecimiento fibroblástico (FGF)*, que ayuda a la proliferación de los fibroblastos y de otros tipos celulares, y lo presenta al receptor de este factor. El betaglucano y la decorina hacen lo mismo con el *factor de crecimiento transformante β (TGF-β)*.

## FIBRAS COLÁGENAS

### Estructura

Las fibras colágenas son flexibles y muy resistentes a la tracción, pues soportan una tensión de varios cientos

**TABLA 7.2. Proteoglucanos de la matriz extracelular**

| Proteoglucano | P.m. del eje proteico (kDa) | Glucosaminoglucanos | Nº de cadenas | Localización | Función |
|---|---|---|---|---|---|
| Agrecano | 210 | Condroitín-sulfato y queratán-sulfato | 80-130 | Cartílago | Soporte mecánico |
| Betaglucano | 36 | Condroitín-sulfato y dermatán-sulfato | 1 | Superficie celular y matriz extracelular | Se une al TGF-β |
| Decorina | 40 | Condroitín-sulfato y dermatán-sulfato | 1 | Matriz de los tejidos conjuntivos | Se une al colágeno tipo I y al TGF-β |
| Perlecano | 600 | Heparán-sulfato | 2-15 | Lámina basal | Soporte y filtro |
| Serglicina | 20 | Condroitín-sulfato y dermatán sulfato | 10-15 | Vesículas de secreción en los leucocitos | Empaquetamiento de moléculas segregadas |
| Sindecano-1 | 32 | Condroitín-sulfato y heparán-sulfato | 1-3 | Superficie de fibroblastos y células epiteliales | Adhesión celular<br>Se une al FGF |

P.m., peso molecular.

de kg/cm$^2$. Al desnaturalizarse por cocción originan gelatina. Vistas con el microscopio óptico aparecen birrefringentes y acidófilas, aunque pueden quedar enmascaradas por la sustancia fundamental, que es basófila. Con el tricrómico de Mallory aparecen en azul (por el azul de anilina) y con el tricrómico de Masson, en verde (por el verde luz) (Fig. 7.7.A). Vistas con el microscopio óptico, forman haces de 1 a 13 μm de anchura constituidos por haces menores (de 0.3-0.5 μm) (Fig. 7.7.B). Con el microscopio electrónico se aprecia que estos haces se resuelven en haces de fibrillas elementales de entre 30 y 150 nm de calibre, con una estriación periódica transversal de 64 nm (Fig. 7.8). Las fibrillas de los haces no se interconectan, sino que están siempre paralelas, aunque su trayecto es ondulado.

Las fibras colágenas están constituidas por moléculas de la glucoproteína llamada *tropocolágeno* o, simplemente, *colágeno*. Cada molécula mide 280 nm de longitud y 1.5 nm de espesor y está formada por tres cadenas polipeptídicas (*cadenas* $\alpha$). En cada cadena se repite una secuencia de tres aminoácidos (secuencia Gly-X-Y). El primero de estos aminoácidos es la glicina, que constituye, por tanto, un tercio de los aminoácidos. Los otros dos aminoácidos varían según el tipo de cadena, pero un tercio lo constituyen siempre la prolina y la alanina, y el tercio restante lo forman la hidroxiprolina y otros aminoácidos variables. Las tres cadenas se enrollan en una triple hélice dextrógira (Fig. 7.9). Las moléculas de colágeno se unen entre sí por enlaces covalentes cruzados entre glicina y prolina.

Las moléculas de colágeno (a 37 °C) se disponen en forma escalonada, constituyendo las típicas fibras colágenas. Para explicar la estriación transversal de estas fibras se han propuesto diversos modelos de disposición de las moléculas de colágeno. Según el modelo de Hodge y Petruska, que es el más admitido (Fig. 7.9), las moléculas de colágeno (cada una de 280 nm de longitud) formarían hileras, dejando una distancia de 37.5 nm entre la terminación de una molécula y el comienzo de la siguiente. Al disponerse varias hileras en paralelo para formar un haz, las moléculas de una hilera no estarían dispuestas al mismo nivel que las de la hilera paralela (en registro), sino desfasadas 64 nm. Las estriaciones transversales menores que se observan en el interior de los segmentos claros u oscuros se deben al escalonamiento de las subunidades repetitivas de las moléculas de colágeno. Cada cinco hileras se repite la posición de las moléculas.

## Síntesis

El colágeno se sintetiza en los fibroblastos (Fig. 7.10). En el retículo endoplasmático rugoso se inicia la síntesis en forma de *procadenas* $\alpha$, precursoras del colágeno. Cada procadena presenta dos péptidos terminales (uno en cada extremo), que faltan en las cadenas definitivas de la molécula de tropocolágeno. Estos péptidos dirigen la formación del triple helicoide e impiden el autoensamblaje del colágeno. Mientras todavía están en el retículo endoplasmático rugoso, los residuos de prolina y lisina son hidroxilados. La carencia de vitamina C inhibe la hidroxilación de la prolina, de modo que las procadenas $\alpha$ se malogran. En el complejo de Golgi las hidroxilisinas son glucosiladas y las procadenas $\alpha$ se unen formando triples helicoides. Éstos conservan aún los péptidos terminales y se denominan moléculas de *procolágeno*. Pueden observarse con el microscopio electrónico como finos filamentos paralelos en el interior del complejo de Golgi. Cada filamento tiene 1.5 nm de grosor; su longitud es, aproximadamente, la de la molécula de tropocolágeno (unos 280 nm), pero presenta un engrosamiento adicional, a modo de cola, de 13 nm de longitud, que corresponde probablemente a los péptidos terminales de uno u otro extremo.

Las moléculas de procolágeno son segregadas al espacio extracelular, donde los péptido terminales son eliminados por enzimas proteolíticas y las moléculas de procolágeno se convierten en moléculas de colágeno. La polimerización del colágeno en fibras colágenas se debe a la tendencia de las moléculas de colágeno a autoensamblarse, aunque es posible que el citoesqueleto también intervenga en la orientación de las fibras. La unión entre hileras de moléculas se produce mediante puentes de hidrógeno cruzados entre los residuos de lisina. Con el microscopio electrónico se observan fibrillas de unos 10 nm sobre la superficie de la célula y en sus inmediaciones (véase Fig. 7.7.E). Estas fibrillas constituyen la forma más simple de fibras colágenas (si se exceptúan las de las láminas basales), y se denominan *fibras precolágenas*. La polimerización puede continuar para formar fibras más gruesas, de hasta 100 nm. El grosor que llega a alcanzar una fibra depende del momento en que se rodeen de una sustancia que impide que se puedan añadir nuevas moléculas de tropocolágeno a la fibra.

Las fibras colágenas están sometidas a recambio. Se degradan por colagenasas y las vuelven a sintetizar los fibroblastos. Este recambio es casi continuo en los tejidos embrionarios, y muy lento en los adultos, donde una molécula de colágeno puede permanecer hasta 10 años.

## Tipos de colágeno

No todas las moléculas de colágeno son iguales. Inicialmente se distinguió entre dos tipos de cadenas $\alpha_1$ y $\alpha_2$. Después se identificaron cuatro subtipos de cadenas dentro del tipo $\alpha_1$, por lo que las cadenas se denominaron $\alpha_1$I, $\alpha_1$II, $\alpha_1$III y $\alpha_1$IV. Más tarde se distinguieron nuevos subtipos de cadenas $\alpha_1$ (hasta $\alpha_1$XII). Por último, se descubrieron varios subtipos de cadenas $\alpha_2$ y las cadenas $\alpha_3$. Las diferentes combinaciones entre los distintos tipos de cadenas producen diversas configuraciones de colágeno. Estas configuraciones originan, al menos, 20 variedades de fibras colágenas. Los cuatro tipos más frecuentes son:

*Tipo I:* $(\alpha_1 I)_2\alpha_2 I$. Presenta un escaso contenido de hidroxilisina e hidratos de carbono. Forma gruesas fibrillas (hasta 100 nm). Es el tipo más frecuente y abundante: constituye hasta el 90% de todo el colágeno en los mamíferos. Está presente en la dermis, los tendones, los ligamentos, el hueso, la dentina, la córnea y el tejido conjuntivo de la cápsula y armazón de muchos órganos (véanse Figs. 7.7.A-7.7.C).

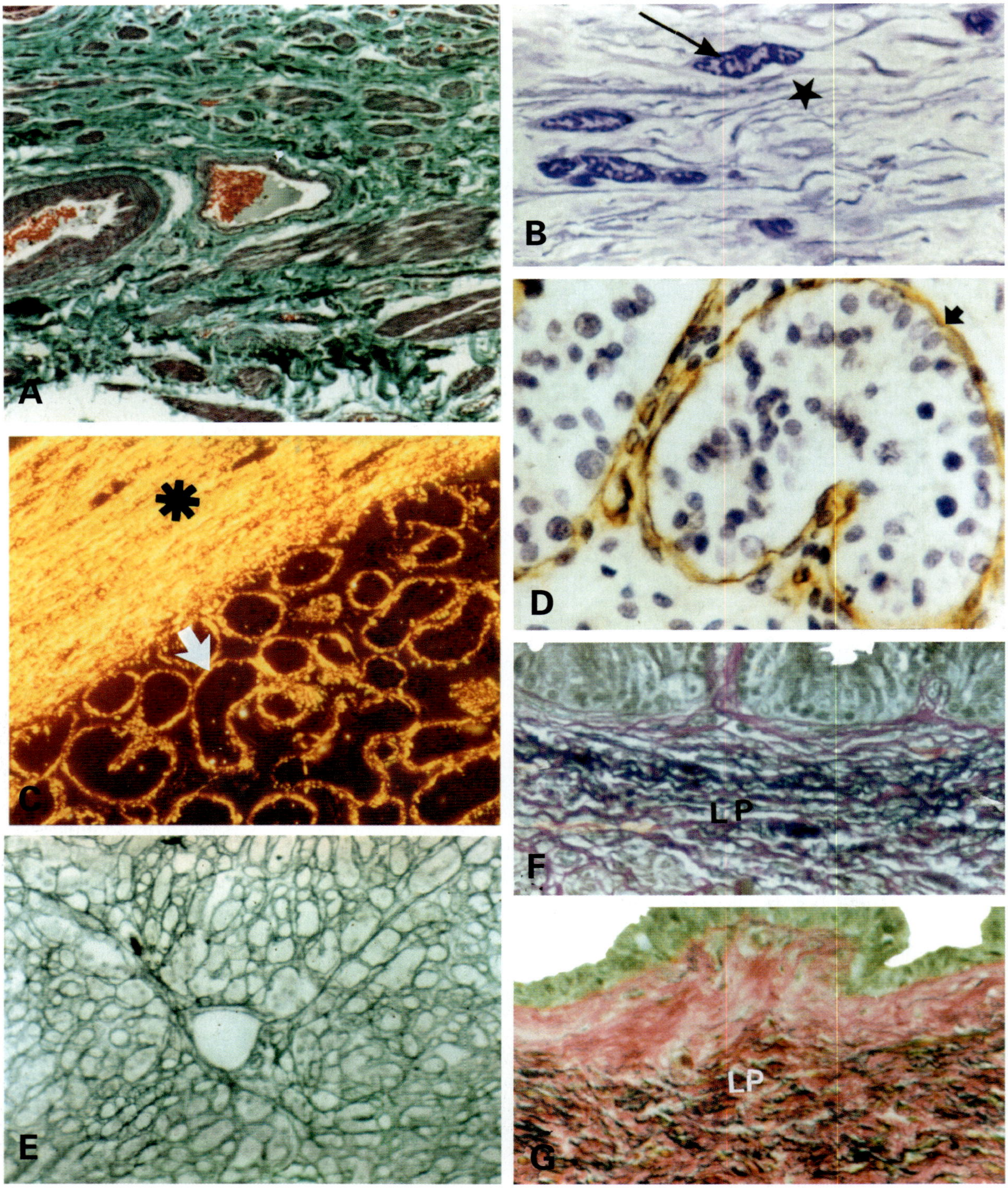


**Figura 7.7.** **A**: Tejido conjuntivo denso (en color verde) entremezclado con músculo (en color azul) en la dermis humana. Tricrómico de Masson. X60. **B**: Detalle de tejido conjuntivo que muestra fibroblastos (flecha) y fibras colágenas (estrella). Azul de metileno. X1000. **C**: Testículo humano teñido con rojo picrosirio y observado con luz polarizada. El tejido conjuntivo rico en colágeno del tipo I de la túnica albugínea (asterisco) y la lámina propia peritubular (flecha) aparecen en color naranja. X60. (Cortesía de L. Santamaría. Departamento de Morfología. Facultad de Medicina. Universidad Autónoma de Madrid.) **D**: Inmunotinción para colágeno del tipo IV en el testículo humano. La tinción se localiza en la lámina basal de los tubos seminíferos (flecha). X400. **E**: Impregnación argéntica para la demostración de fibras reticulares en hígado de rata. X125. **F-G**: Tinción para fibras elásticas en el conducto deferente de un varón joven (F) y un varón senil (G). Con la edad, las fibras elásticas se fragmentan. LP: lámina propia. F y G X250. (Cortesía de J. Regadera. Departamento de Morfología. Facultad de Medicina. Universidad Autónoma de Madrid.)

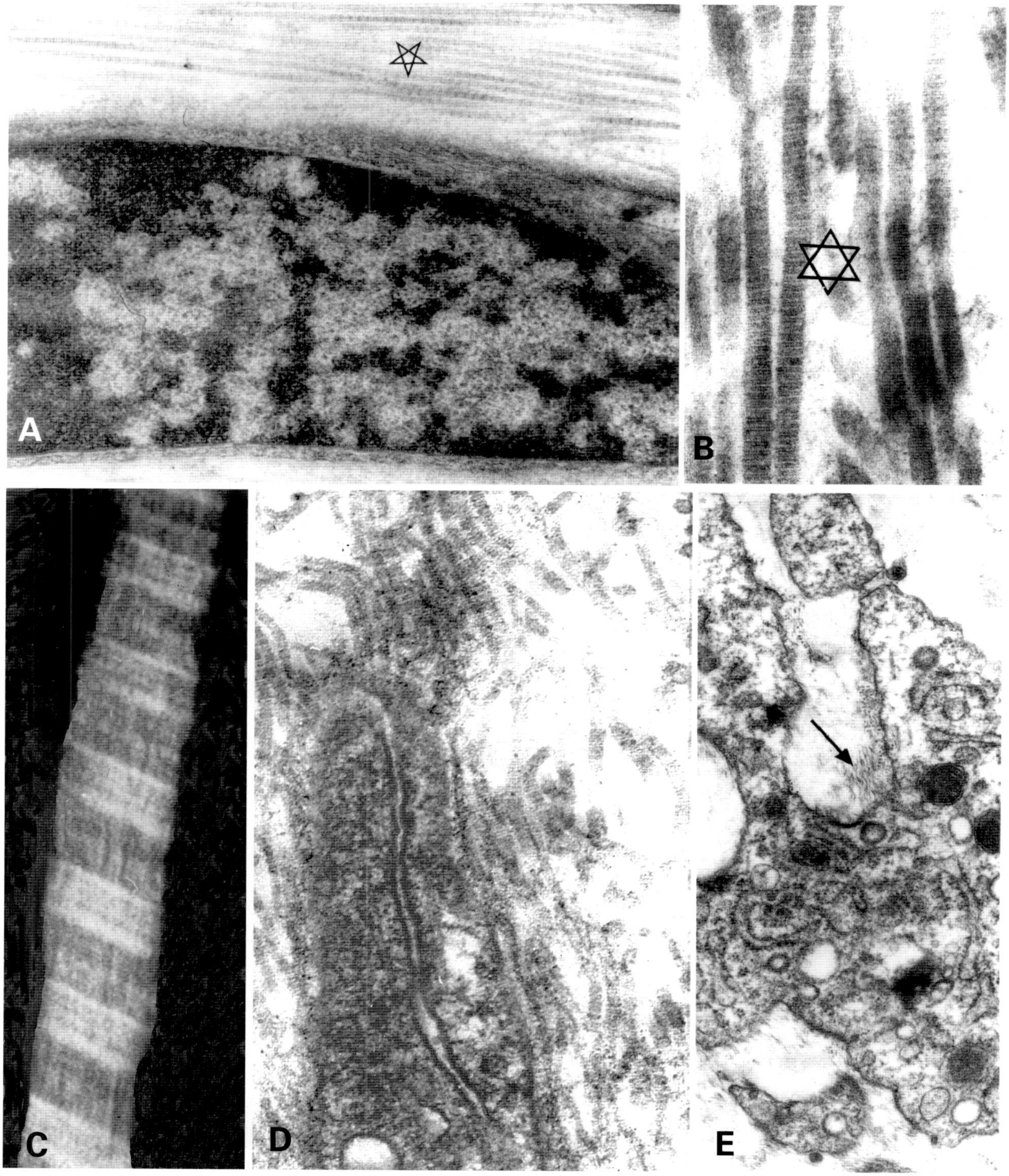


**Figura 7.8.** **A**: Fibras colágenas (estrella) junto a un fibroblasto. X12 500. **B**: Detalle de las fibras colágenas de la figura anterior (estrella). Nótese la periodicidad transversal. X50 000. **C**: Fibra colágena observada tras aplicación de contraste negativo. Nótense las sub-bandas que se aprecian dentro de la periodicidad transversal. X175 000. **D**: Detalle del tejido conjuntivo de la pared muscular de una lombriz de tierra (*Eisenia foetida*), que muestra parte de un fibroblasto y abundantes fibras colágenas con la estriación periódica característica de 64 nm. X40 000. **E**: Detalle de una prolongación citoplásmica de un fibroblasto en cuya superficie se observan fibrillas precursoras de las fibras colágenas (flecha). X12 500. (La figura C es cortesía de J.J. Vázquez, Departamento de Histología. Universidad de Navarra. La figura D es cortesía de M. Royuela. Departamento de Biología Celular y Genética. Universidad de Alcalá.)

*Tipo II:* $(\alpha_1II)_3$. Tiene gran contenido de hidroxilisina e hidratos de carbono. Forma finas fibrillas (de 10 nm). Está presente en el cartílago, los discos intervertebrales, la notocorda y el cuerpo vítreo.

*Tipo III:* $(\alpha_1III)_3$. Tiene gran contenido de hidroxiprolina y poco de hidroxilisina e hidratos de carbono. Forma las llamadas *fibras reticulares* o de *reticulina*, de 30 a 50 nm de espesor (véase Fig. 7.7.E). Se encuentra en la variedad de tejido conjuntivo denominado reticular, la dermis, los vasos sanguíneos, la lámina propia de las mucosas, el tejido conjuntivo intersticial de muchos órganos y el tejido conjuntivo del músculo.

*Tipo IV:* $(\alpha_1IV)_2\alpha_2IV$. Posee abundante contenido de hidroxilisina e hidratos de carbono. La secuencia Gly-X-Y se interrumpe en 26 regiones, en las que se desorganiza la triple hélice. Las moléculas de tropocolágeno mantienen las secuencias peptídicas terminales en ambos extremos (no son eliminadas en la síntesis de las fibras, a diferencia de lo que ocurre en los otros tipos de colágeno). A través de estos péptidos se relacionan las moléculas de tropocolágeno, que forman una red tridimensional en la que los péptidos carboxiterminales se asocian cabeza con cabeza. Las uniones están reforzadas por puentes disulfuro y otros enlaces covalentes. Este tipo de fibras colágenas se encuentra en las láminas basales, donde forma finos filamentos de 1.5 nm de espesor (véanse Figs. 7.7.D y 7.11).

Otros tipos de fibras colágenas menos frecuentes son los siguientes:

*Tipo V:* $(\alpha_1V)_2(\alpha_2V)$ o $(\alpha_1V)(\alpha_2V)(\alpha_3V)$. Mantiene el propéptido aminoterminal. Forma fibrillas de algunos nanómetros de espesor que acompañan al colágeno del tipo I. También se localiza en la membrana basal de los epitelios y de las células musculares.

*Tipo VI:* $(\alpha_1VI)(\alpha_2VI)(\alpha_3VI)$. Mantiene ambos propéptidos terminales y polimeriza lateralmente. A veces también lo hace terminalmente para formar fibrillas, de 5 a 10 nm de diámetro, con abultamientos periódicos (cada 110 nm) en toda su longitud. Este tipo de colágeno se encuentra en los tejidos con colágeno de los tipos I o II.

*Tipo VII:* $(\alpha_1VII)_3$. Las moléculas se adosan antiparalelamente formando dímeros. Varios de ellos se asocian lateral y longitudinalmente, dando lugar a fibrillas de 10 nm, que anclan a la dermis la lámina basal de los epitelios planos estratificados. En su recorrido describen asas alrededor de las fibras de colágeno de los tipos I y III.

*Tipo VIII:* $(\alpha_1VIII)_3$. Es segregado por las células endoteliales, a cuya superficie se une. Es un componente de la atípica membrana de Descemet del epitelio corneal. Forma finas fibrillas de algunos nanómetros de espesor.

*Tipo IX:* $(\alpha_1IX)(\alpha_2IX)(\alpha_3IX)$. Su molécula pierde la estructura helicoidal en un par de dominios y mantiene el péptido aminoterminal. Forma filamentos de algunos nanómetros de espesor, que unen entre sí las fibrillas del tipo II en el cartílago.

*Tipo X:* $(\alpha_1X)_3$. Mantiene el péptido carboxiterminal. Se encuentra en la matriz del cartílago hipertrófico calcificante. Forma finas fibrillas de algunos nanómetros de espesor.

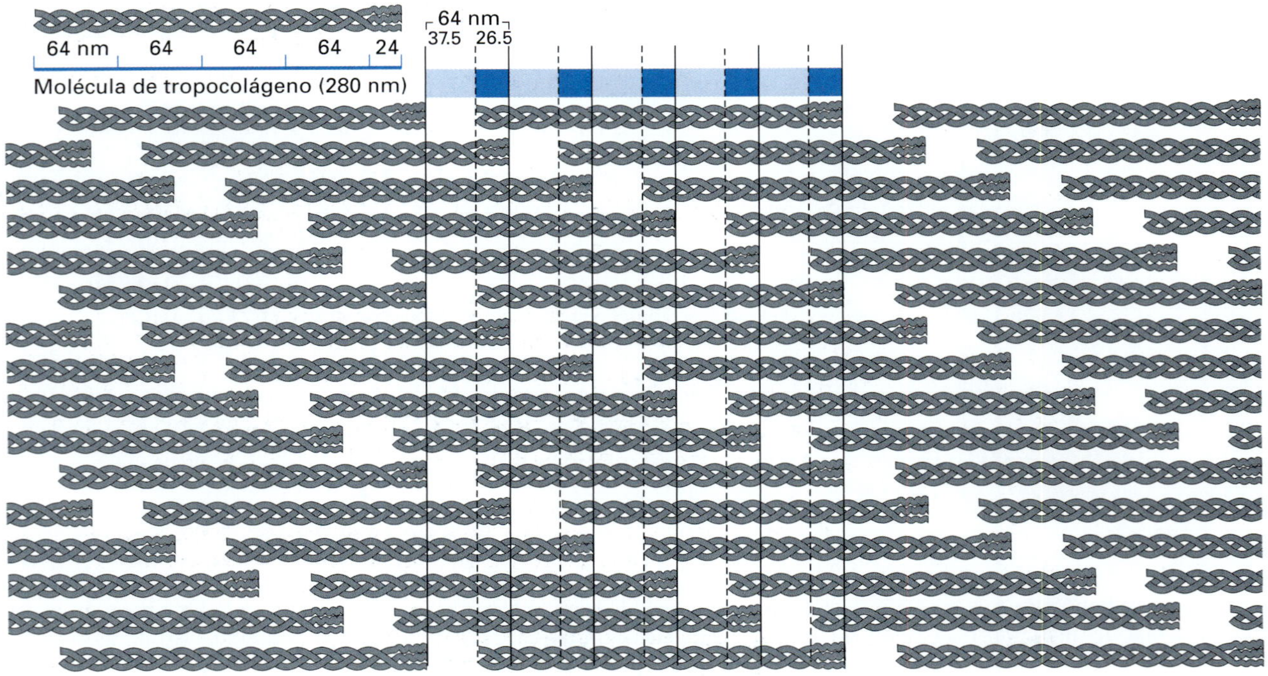


**Figura 7.9.** Esquema que muestra la disposición escaleriforme de las moléculas de tropocolágeno para formar la estriación periódica de la fibra de colágena, según Hodge y Petruska.

*Tipo XI*: ($\alpha_1$XI)($\alpha_2$XI)($\alpha_3$XI). Se encuentran en el cartílago. Forma fibrillas como las del tipo II.

*Tipo XII*: ($\alpha_1$XII)$_3$. Su molécula es como la del colágeno tipo IX y, como éste, forma finos filamentos de algunos nanómetros de espesor que unen entre sí las fibras del tipo I.

*Tipo XVII*: ($\alpha_1$XVII)$_3$. Se une a los hemidesmosomas y atraviesa la membrana plasmática, de modo que es el único colágeno transmembranoso conocido. Se ignora cómo se lleva a cabo su polimerización.

*Tipo XVIII*: ($\alpha_1$XVIII)$_3$. Se encuentra en la lámina basal de endotelios. No se conoce cómo tiene lugar su polimerización.

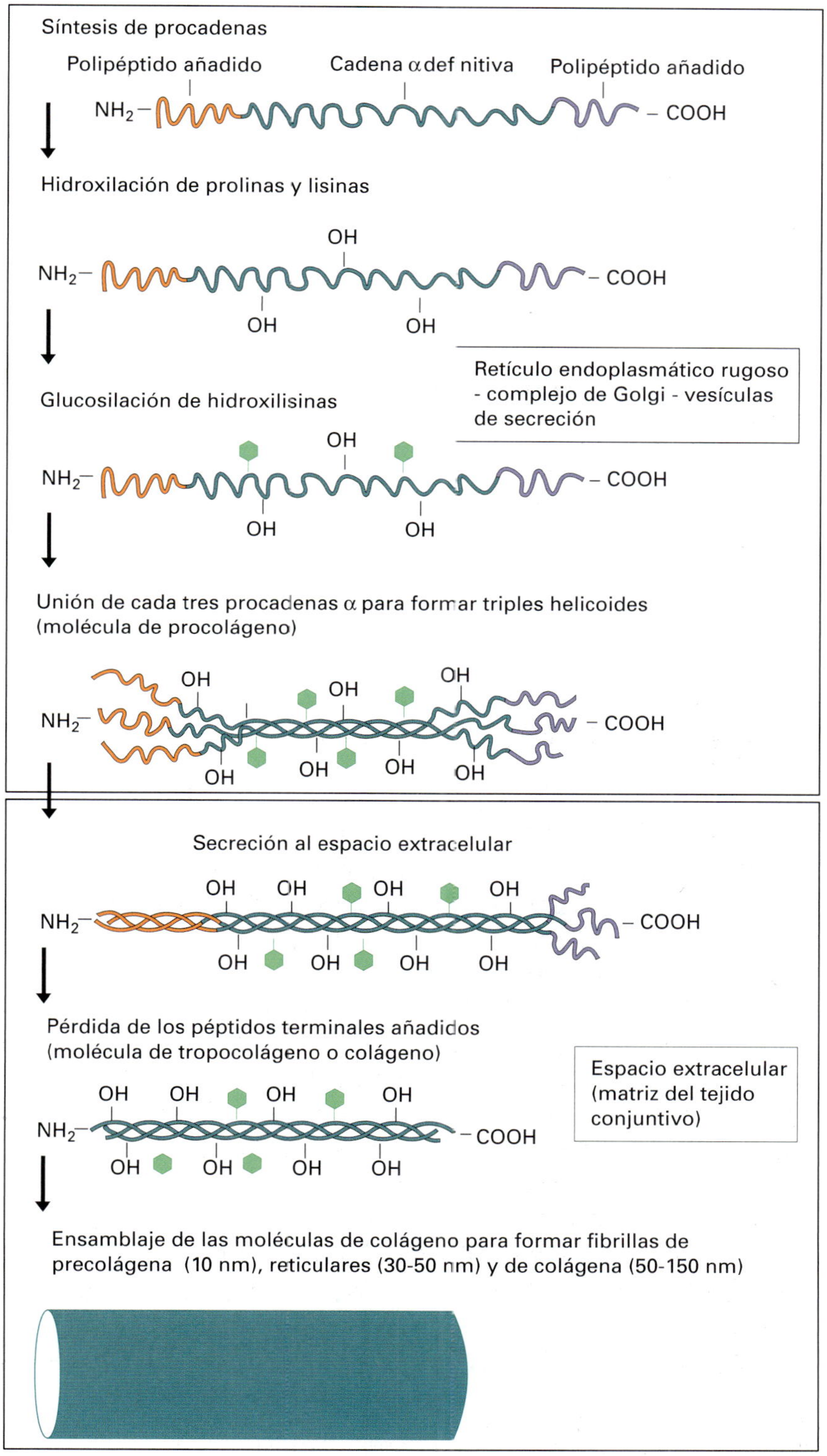


**Figura 7.10.** Esquema de la síntesis de las fibras colágenas.

Las fibras y fibrillas colágenas descritas corresponden principalmente a las de los vertebrados. No obstante, las de los invertebrados son muy semejantes. En la mayoría de éstos se observan fibras con la estriación periódica típica de 64 nm (véase Fig. 7.7.D), y están presentes los tipos de colágeno I, II, III y IV. Pero además de estas fibras, se han descrito otras que están ausentes en los vertebrados. Todas ellas poseen la triple hélice característica de la molécula de colágeno. Son las siguientes:

1. *Minicolágeno de la hidra*. La molécula tiene 14 nm de longitud y da lugar a fibrillas colágenas que forman una malla. En el extremo amino de la molécula, la estructura Gly-X-Y cambia a una secuencia de 14-23 residuos de prolina, a la que le sigue una secuencia rica en prolina y cisteína. En el extremo carboxilo se repite la región formada por ambas secuencias.
2. *Colágeno del biso de los lamelibranquios*. La longitud de la molécula de colágeno es de 128 nm, y forma fibrillas y fibras. En los extremos carboxilo y amino las tres cadenas pierden la estructura helicoidal y dan lugar a una región globular rica en histidina, que contribuye a reforzar elásticamente las asociaciones laterales entre fibrillas.
3. *Colágeno de la cutícula de los anélidos*. La molécula de colágeno tiene 2400 nm de longitud y forma fibras colágenas gruesas que se disponen en capas. Las fibras de cada capa se orientan perpendicularmente a las de la capa adyacente.

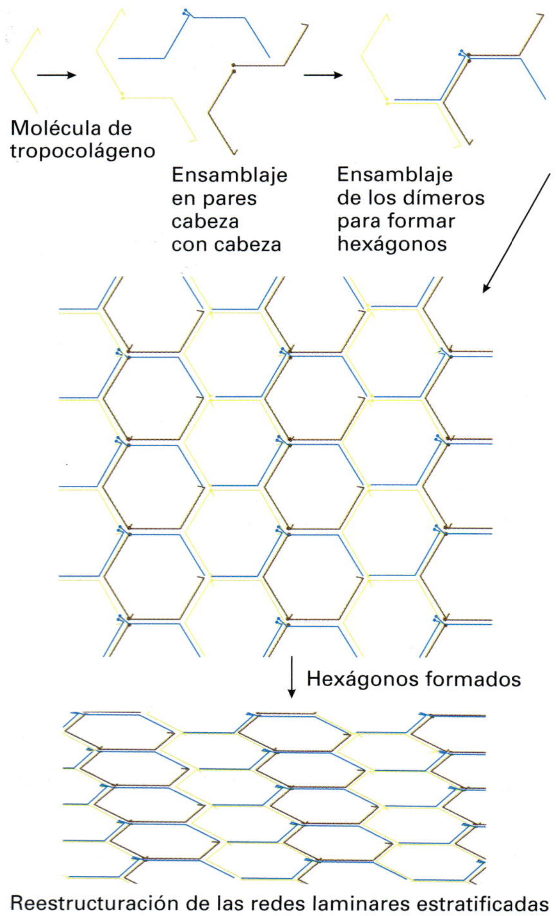


**Figura 7.11.** Ensamblaje de las moléculas de colágeno tipo IV para formar la lámina basal.

Mediante diálisis contra agua de una solución de colágeno y de glucoproteína $\alpha$ ácida de suero, se forman *fibras colágenas de espaciado largo (FLS)* con una estriación transversal de 240 nm. Por precipitación del colágeno de estas fibras en un medio ácido al que se añade ATP, se forman moléculas de colágeno cuya longitud no es la normal de 280 nm, sino 240 nm (colágeno de espaciado largo, SLS), porque probablemente les falte un extremo. Es decir, las fibras de espaciado largo están constituidas por moléculas de colágeno que han sufrido alguna modificación y que, al formar fibras, no se disponen en forma escalonada, sino yuxtapuesta. Estas fibras, formadas en el laboratorio, también aparecen en algunas enfermedades.

El colágeno induce la formación de cristales de hidroxiapatita (calcificación) a partir de soluciones de $PO_4^{3-}$ y $Ca^{2+}$. Esto explicaría, además de la formación normal del hueso, procesos patológicos como la *metaplasia ósea* (formación de hueso en un músculo o en un tejido conjuntivo).

## FIBRAS DE RETICULINA O RETICULARES

El nombre de estas fibras se debe al aspecto que presentan cuando se observan con el microscopio óptico; ya que aparecen como un retículo demostrable con tinciones argénticas (véase Fig. 7.7.E). Se localizan en la lámina fibrorreticular de las membranas basales de los epitelios y células musculares lisas y estriadas. También se encuentran en la pared de los vasos sanguíneos y en la trama que sostiene las células adiposas, la que forma los órganos linfoides y hematopoyéticos y la que rodea los cordones de las glándulas endocrinas y las laminillas hepáticas.

Están formadas por fibrillas de colágeno de tipo III. Son más delgadas (30-50 nm) que las fibras colágenas ordinarias y forman haces de 0.5 a 2 µm de espesor, observables mediante microscopía óptica con las tinciones adecuadas (véase Fig. 7.8.E). Con el microscopio electrónico la estriación transversal no es tan nítida como la de las fibras colágenas, y el período es aproximadamente la mitad. Al lado de estas fibras se observan otras de 10 nm de espesor, que pueden corresponder a formas más sencillas de este mismo tipo de fibras (fibrillas precolágenas) o a alguno de los tipos de colágeno antes mencionados.

## FIBRAS ELÁSTICAS

Son fibras de 0.2 a 1 µm de anchura que, a diferencia de las fibras colágenas se dividen y anastomosan (veánse Figs. 7.7.F, 7.7.G y 7.12.A). Su característica funcional

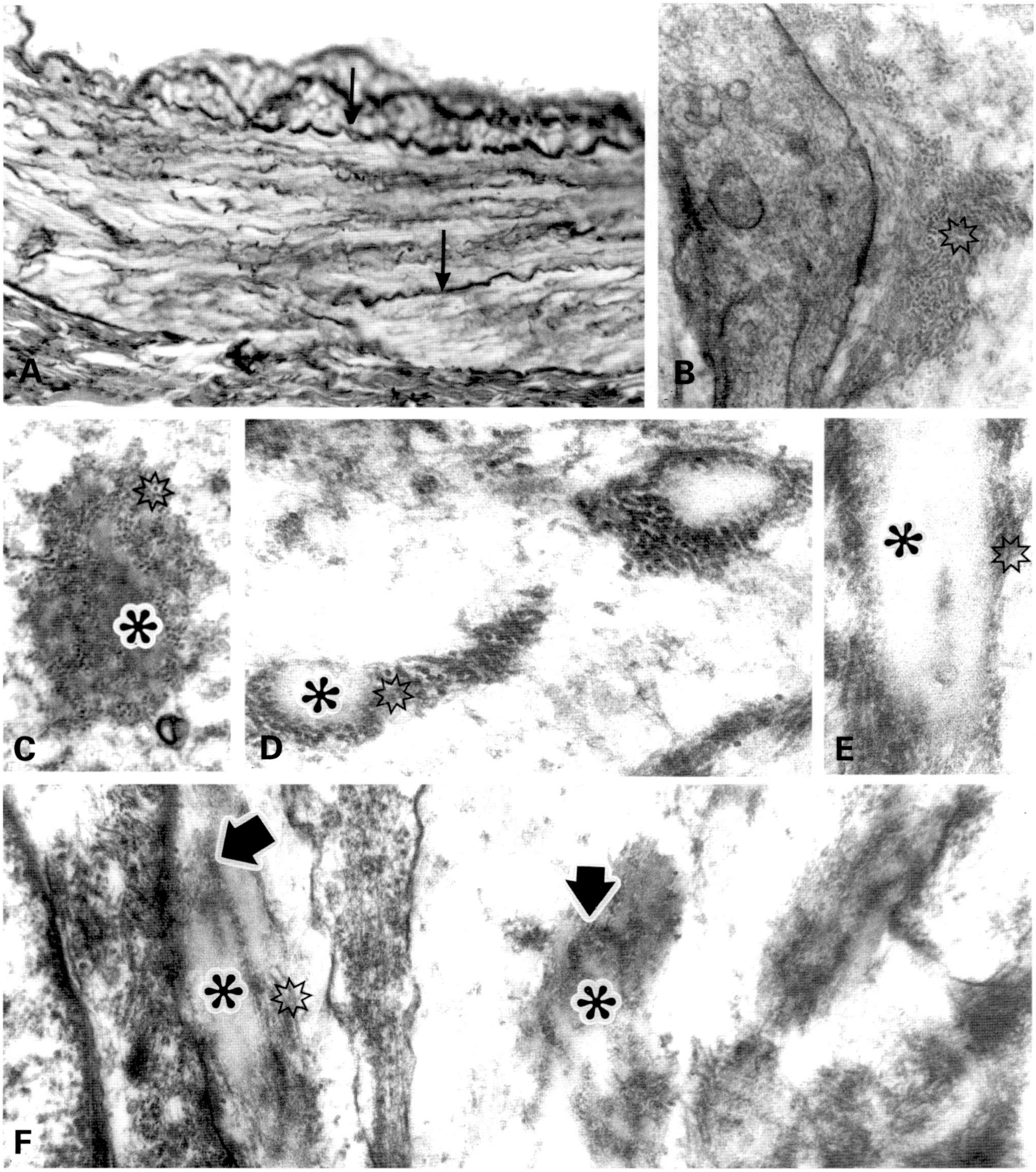


**Figura 7.12.** Fibras elásticas. **A**: Tinción para la demostración de fibras elásticas en la pared de una arteria elástica. Se observan láminas elásticas fenestradas (flechas). X450. **B-E**: Estadios progresivos del desarrollo de las fibras elásticas. Éstas se inician como un esqueleto de microfibrillas (estrella) sobre el que progresivamente se va depositando elastina (asterisco) hasta que las microfibrillas quedan únicamente en la periferia de la fibra. X40 000. **F**: Elastosis senil. Casi todas las microfibrillas (estrella) han desaparecido y sobre la elastina (asterisco) se deposita una sustancia densa (flecha); después se produce la fragmentación de las fibras. X40 000.

más importante es su elasticidad: se estiran sin romperse hasta alcanzar el 150% de su longitud cuando se ejerce una fuerza sobre ellas de unos 30 kg/cm$^2$. Se tiñen con orceína y fuscina-resorcina y no son argirófilas. Son más refringentes que las fibras colágenas. Están presentes en toda la escala zoológica, desde los cnidarios a los vertebrados, con una estructura y composición bastante conservada. Destacan en el tejido conjuntivo elástico, en algunos tejidos conjuntivos fibrosos y en las arterias. Cuando son muy abundantes dan al tejido un color amarillento.

Con el microscopio electrónico una fibra elástica aparece como conjuntos de microfibrillas de 12-14 nm de espesor y 56 nm de periodicidad, que forman haces más o menos paralelos, embebidos en una matriz amorfa (Figs. 7.12.B-7.12.E).

Las microfibrillas comprenden varias glucoproteínas, algunas de las cuales guardan cierto parecido químico con el colágeno, mientras que otras difieren notablemente de éste. No contienen prolina ni lisina; en cambio, son ricas en aminoácidos polares y cisteína. La glucoproteína predominante se llama *fibrilina*; no es sulfatada y pesa 350 kDa. Hay, al menos, tres variedades de fibrilinas (fibrilinas 1, 2 y 3). Las microfibrillas se destruyen con tripsina. En el envejecimiento y en enfermedades autoinmunitarias, las microfibrillas se rodean de amiloide y glucoproteínas adhesivas como la vitronectina.

La matriz amorfa es una proteína muy hidrófila llamada *elastina*. La molécula no está glucosilada y tiene unos 750 aminoácidos. Comprende dos cortos segmentos que alternan repetidas veces: 1) un segmento hidrófobo, rico en prolina y glicina (como el tropocolágeno) pero pobre en hidroxiprolina y carente de hidroxilisina, este fragmento es responsable de las propiedades elásticas y del plegamiento en espiral de la molécula; y 2) un segmento en hélice $\alpha$, que es rico en alanina y lisina y forma cortos enlaces cruzados entre moléculas adyacentes (Fig. 7.13).

Las fibras elásticas son sintetizadas por los fibroblastos o por las células musculares de las arterias. En el interior de estos tipos celulares pueden observarse las microfibrillas de 12 nm, en una matriz amorfa, formando la *tropoelastina*. Esta matriz se segrega al espacio extracelular y se ensambla en fibrillas, observables en invaginaciones de la superficie celular. En la elastogénesis, primero aparecen las microfibrillas (Fig. 7.12.B) y luego la matriz amorfa (elastina) (Figs. 7.12.C y 7.12.D). Las microfibrillas dan forma al depósito de elastina, constituyendo inicialmente el esqueleto de la fibra elástica. A medida que la fibra se desarrolla disminuyen las microfibrillas, que quedan limitadas a la periferia de la fibra elástica mientras que la matriz amorfa se extiende (Fig. 7.12.E). Más tarde aparecen zonas densas dentro de la matriz amorfa (Fig. 7.12.F). Con la edad aumentan estas zonas densas, apenas se conservan microfibrillas y las fibras se fragmentan y se desintegran (*elastosis*) (véase Fig. 7.7.G).

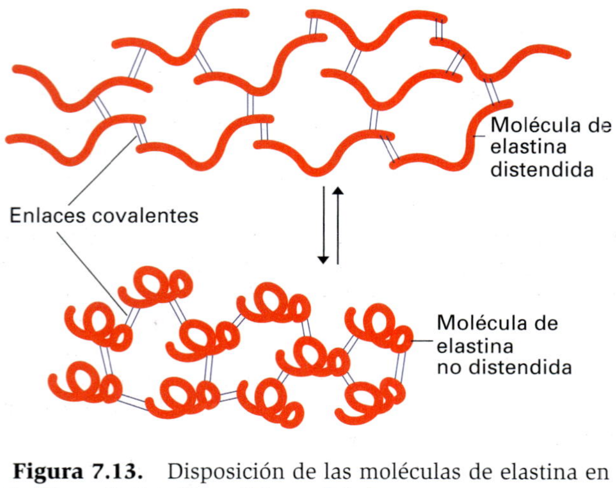


**Figura 7.13.** Disposición de las moléculas de elastina en la fibra elástica distendida y relajada.

## DEGRADACIÓN DE LA MATRIZ EXTRACELULAR

La destrucción de la matriz acompaña a la emigración de células a través de la lámina basal. Esto ocurre en la salida de los leucocitos de la sangre como respuesta a una infección, en la reparación de heridas por los fibroblastos o en la emigración de células tumorales por la sangre o la linfa desde su sitio de origen hasta su implantación en otros tejidos (*metástasis*). Esta degradación es realizada por proteasas, muchas de las cuales pertenecen a alguna de estas dos clases:

1. *Metaloproteasas* de la matriz. Dependen de su unión al $Ca^{2+}$ o $Zn^{2+}$. Son sintetizadas y segregadas por fibroblastos, macrófagos, leucocitos neutrófilos, células sinoviales y algunas células epiteliales como reacción ante determinados estímulos en los que median factores de crecimiento. Comprenden las *colagenasas intersticiales*, que degradan colágenos de los tipos I, II y III; las *geolatinasas*, que degradan el colágeno del tipo IV y la fibronectina; y las *estromelisinas*, que degradan proteoglucanos, laminina y fibronectina.
2. *Proteasas de serina*. Tienen una serina en su sitio reactivo. Comprenden diversas enzimas proteolíticas, como la elastasa, la catepsina G, la plasmina y las quininas. Degradan fibras colágenas y elásticas.

## CLASIFICACIÓN DE LAS UNIONES DE CÉLULAS ENTRE SÍ Y CON LA MATRIZ EXTRACELULAR

Las células epiteliales se encuentran firmemente adosadas entre sí para establecer una fuerte cohesión. En algunos epitelios, como el intestinal, se observó un material denso entre las paredes celulares laterales. Este material fue considerado un cemento intercelular, al que dio el nombre de *barra terminal*. Pero con el microscopio electrónico se demostró que se trataba de una estructura compleja, formada por las membra-

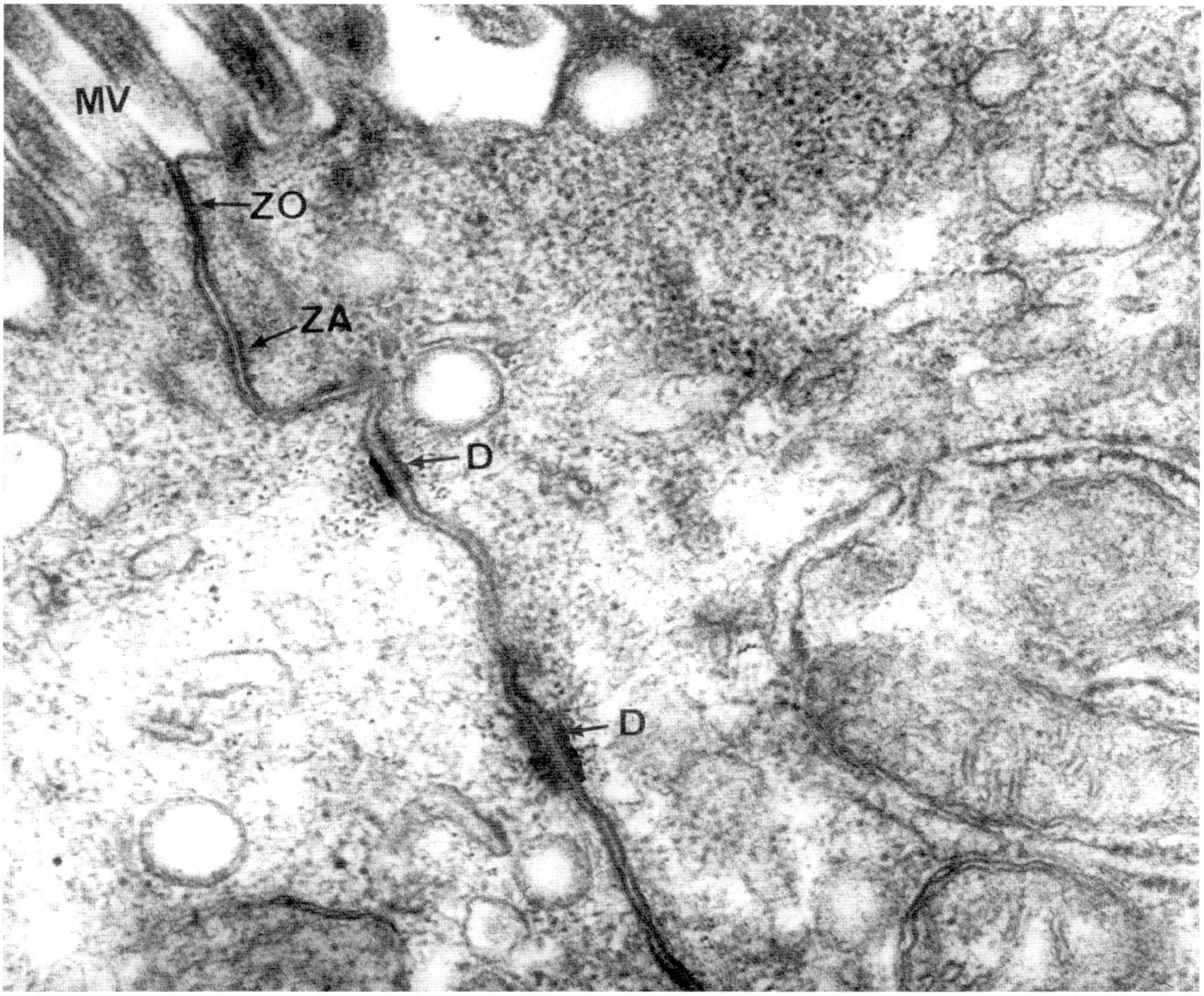


**Figura 7.14.** Complejo de unión entre dos células del epitelio intestinal. ZO: *zonula occludens*. ZA: *zonula adherens* o desmosoma en banda. D: desmosoma puntual. MV: microvellosidades. X50 000.

nas adyacentes, que se denominó *complejo de unión o banda de cierre* (Fig. 7.14). Este complejo está constituido por la sucesión de tres tipos de uniones, de fuera hacia dentro, son la *zonula occludens*, la *zonula adherens* y la *macula adherens* o *desmosoma* (Fig. 7.15).

La terminología latina utilizada remite a dos conceptos: la distancia entre las membranas de las células adyacentes y la extensión de la unión (Fig. 7.16). El primero se expresa con los términos *occludens* y *adherens*. En la unión *occludens* (*íntima o estrecha* en español, *tight* en inglés) no hay separación entre las células adyacentes (fusión de la hemimembrana externa de ambas células), mientras que si la unión es *adherens* (adherente) hay cierta distancia (entre 20 y 25 nm) entre las células contiguas. Más tarde, al estudiar otros tipos celulares y observar a gran aumento algunas uniones que se habían clasificado de íntimas, se comprobó que las membranas adyacentes quedaban separadas unos 2 nm. Este tipo de unión fue designado en español con múltiples nombres, como unión de *hendidura*, *acoplamiento* o *nexo*, y con el término inglés *gap*. Con respecto al segundo criterio (la extensión), la unión se denomina *zonula* si es como una banda (alrededor de 1 µm de ancha) que rodea totalmente la célula, y *macula* (mancha) si es una unión puntual (alrededor de 1 $\mu m^2$). Para otras uniones que no aparecen en el complejo de unión, se introdujo posteriormente el término *fascia* para designar una mancha o parche más grande e irregular que el de la *mácula,* y se describieron uniones de los tipos *fascia occludens* y *fascia adherens*.

El término *desmosoma*, empleado inicialmente para designar uniones del tipo *macula adherens*, se ha usado también para referirse a uniones del tipo *zonula*

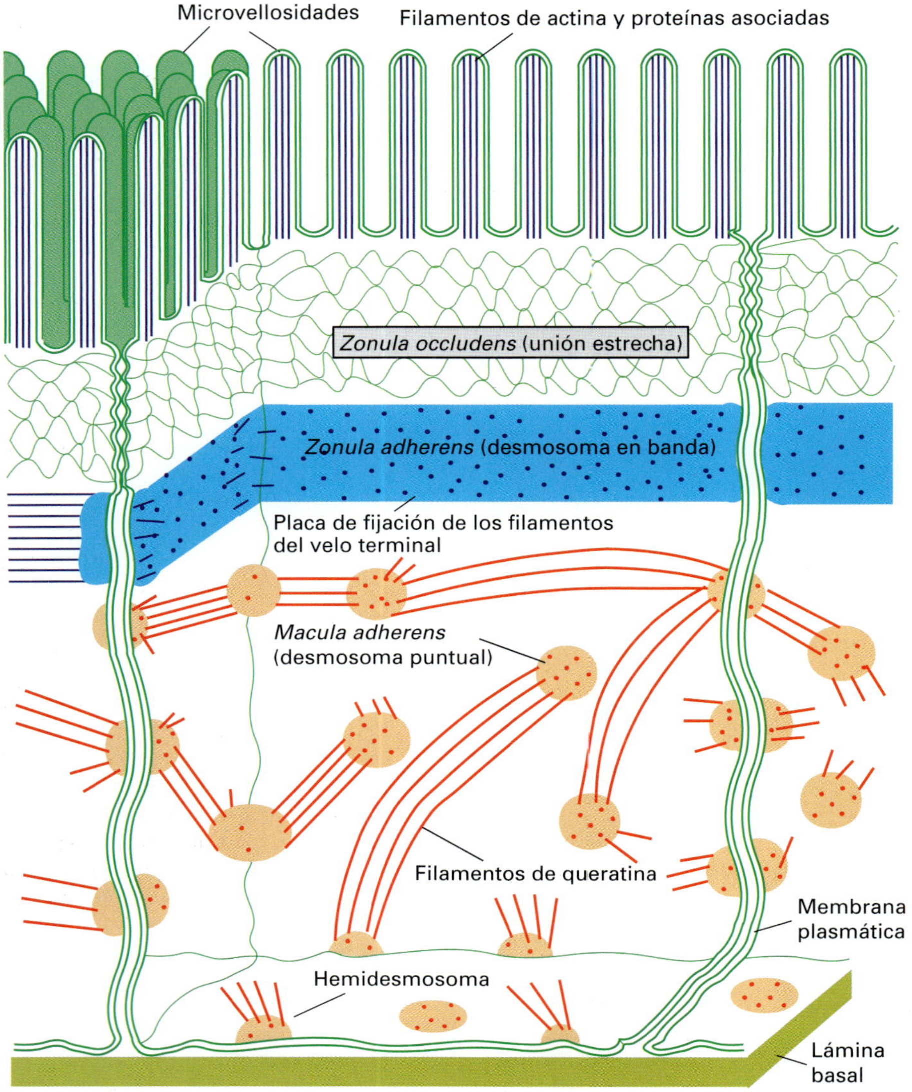


**Figura 7.15.** Representación de las uniones intercelulares especializadas en un epitelio ideal. Junto al complejo de unión, integrado por la *zonula occludens* (unión íntima o estrecha), *zonula adherens* (o desmosoma en banda) y varias uniones del tipo *macula adherens* (o desmosoma puntual), se representan varios hemidesmosomas.

**Figura 7.16.** Comparación de los espacios intercelulares de las uniones *occludens* (no hay separación entre membranas adyacentes), *adherens* (unos 20-25 nm de separación) y de hendidura o nexo (espacio de separación de unos 2 nm atravesado por canalículos que unen ambas células). En la unión septada de los invertebrados, la separación entre membranas equivale a la de las uniones del tipo *adherens*.

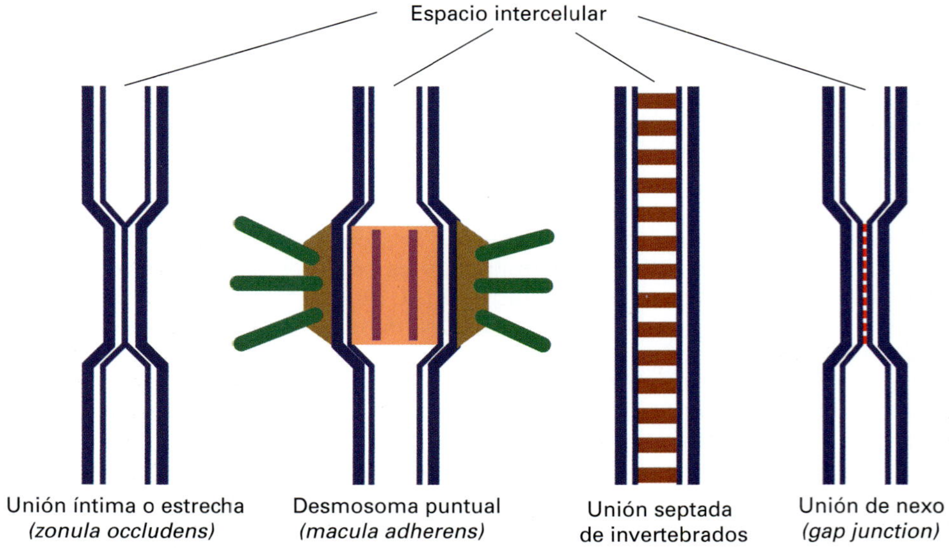

*adherens*, por lo que, en la duda, debe precisarse si se trata de un desmosoma puntual (*macula*) o en banda (*zonula*).

La terminología se complica aún más porque algunos autores entienden por *adherens* (adherente) no una cierta distancia entre las células unidas, sino una adhesión o anclaje de filamentos, que puede estar presente tanto en células epiteliales como en células libres en la matriz extracelular. En el caso de estas últimas, varios componentes de la matriz extracelular se unen a la membrana plasmática. A su vez, las uniones de tipo *adherens* (tanto entre células o de éstas con la matriz extracelular) pueden clasificarse atendiendo al tipo de filamentos que se anclan en ellas (actina o filamentos intermedios).

Sin embargo, hay uniones que no pueden clasificarse según los conceptos anteriores, como es el caso de las *uniones septadas* de los invertebrados y las *interdigitaciones* entre células adyacentes.

Además, muchas células establecen uniones (entre sí o con la matriz extracelular) que no son visibles con el microscopio electrónico. En estas uniones intervienen diversas glucoproteínas de membrana que participan en la adhesión intercelular necesaria en diversos procesos como la migración y agrupamiento celular durante el desarrollo embrionario de tejidos y órganos, la migración de células sanguíneas, y otros. Esta adhesión puede ser también el inicio del proceso que conduce a una unión estable morfológicamente diferenciada, como las descritas anteriormente.

A continuación describiremos, en primer lugar, las moléculas de adhesión a células o al sustrato, que intervienen tanto en uniones no visibles como en las morfológicamente diferenciadas, y las clasificaremos según las glucoproteínas de membrana que intervienen en la unión. En los siguientes apartados analizaremos cada uno de los tipos de uniones morfológicamente distinguibles, agrupándolos por su función y especificando los términos con los que han sido y son designados.

Todas las uniones mencionadas son dependientes de $Ca^{2+}$, a excepción de las mediadas por las moléculas de la superfamilia inmunoglobulinas (en el grupo de las uniones no visibles) y de la unión del tipo hendidura (en el grupo de las uniones morfológicamente distinguibles).

## MOLÉCULAS DE ADHESIÓN A CÉLULAS (CAM) O AL SUSTRATO (SAM)

Existen cuatro tipos principales de estas moléculas: cadherinas, selectinas, integrinas y algunas moléculas de la superfamilia de las inmunoglobulinas.

### CADHERINAS

Las *cadherinas* se encuentran en la superficie de las células epiteliales. Su molécula contiene 700-750 aminoácidos, es de paso simple y presenta cinco dominios, cuatro de los cuales son homólogos y contienen sitios de unión al $Ca^{2+}$ (Fig. 7.17). Forman dímeros u oligómeros, que se unen a una cadherina del mismo tipo en la célula anexa (unión *homófila*). Se conocen numerosas cadherinas; así, se han descrito hasta 50 tipos diferentes en el sistema nervioso, algunas de las cuales se denominan *procadherinas*. Las cadherinas suelen designarse con una letra mayúscula. Los tipos principales de cadherinas son:

*E* (*uvomorulina*). Está presente en la mayoría de las células epiteliales, así como en las células del embrión de los mamíferos antes de su nidación en el útero.

*N:* Se encuentran en células nerviosas, musculares cardíacas y del cristalino, y en algunos fibroblastos.

*P:* Se encuentran en la epidermis, la placenta y, de forma transitoria, en algunos tejidos embrionarios.

*VE:* Se encuentran en las células endoteliales.

Otras cadherinas menos comunes son las denominadas *Fat*, que se encuentran en la epidermis y en el sistema nervioso de *Drosophila*; *OB*, en los osteoblastos; *K*, en el riñón; *L-CAM*, en los hepatocitos; *T*, en las neuronas y el músculo; y la *desmocolina* y la *desmogleína*, que están presentes en los desmosomas.

La actividad de las cadherinas está a veces coordinada en el tiempo: las células del embrión, una vez formado el tubo neural, pierden la cadherina N para adquirir cadherinas E y P. Las células que forman la cresta neural pierden la cadherina N durante su emigración fuera del sistema nervioso central, pero adquieren de nuevo esta cadherina si forman un ganglio nervioso.

Algunas cadherinas pueden también transmitir señales al interior de la célula. Así, la cadherina VE es necesaria para la supervivencia de la célula endotelial, actuando como correceptor del receptor tirosina quinasa del factor de crecimiento del endotelio vascular (*VEGF*).

### SELECTINAS

Pertenecen al grupo de las lectinas (proteínas de la superficie celular que se unen a carbohidratos (véase página 13). La unión con su receptor es *heterófila*; es decir, las moléculas de superficie que interaccionan son diferentes y encajan una en la otra. Los receptores para las selectinas son algunos oligosacáridos que forman parte de glucoproteínas o glucolípidos de la membrana plasmática (Fig. 7.17).

Estas uniones intervienen en el paso de varios tipos de células sanguíneas que atraviesan el endotelio para acudir a su destino; por ejemplo, para que los leucocitos se dirijan a la fuente de inflamación, o para que los linfocitos circulen por los órganos linfoides y por el sistema circulatorio. La membrana plasmática de la mayoría de los tipos de leucocitos presenta *selectina L*, que interacciona con un oligosacárido presente en una molécula de adhesión celular (CAM) de la célula endotelial. Esta molécula puede ser el *GlyCAM-1 (glycan bearing cell adhesion molecule)* o el *MadCAM-1 (mucosal addressin cell adhesion molecule)*. Las propias células endoteliales poseen también dos tipos de selectinas (*selectinas E* y *P*, esta última también presente en las plaquetas), que interaccionan con un oligosacárido denominado *CLA-1 (cutaneous lymphocyte antigen)* o *an-*

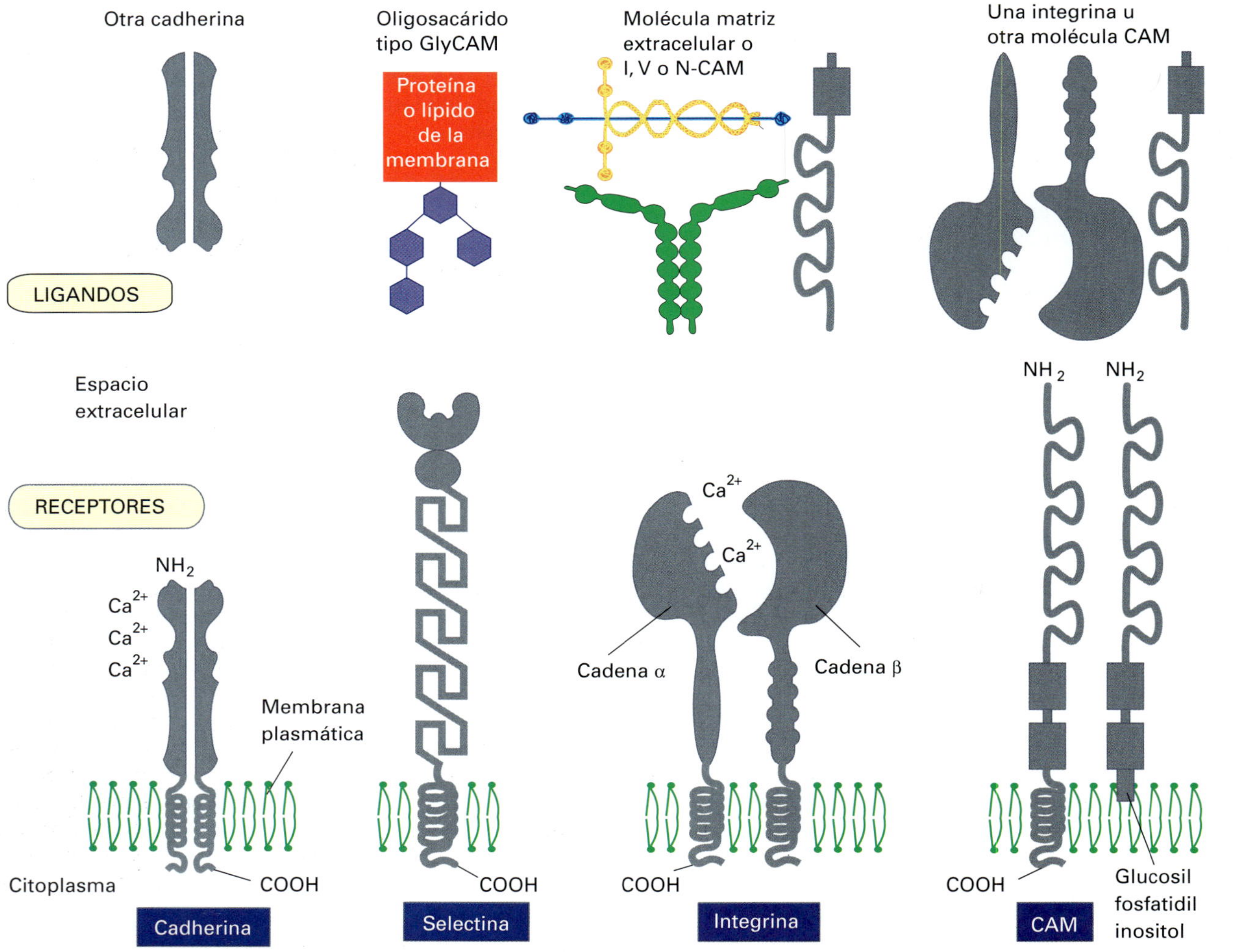


**Figura 7.17.** Representación de los receptores de la superficie celular que intervienen en las uniones intercelulares, sólo algunas de ellas son morfológicamente especializadas.

*tígeno de Lewis sializado* (contiene ácido siálico y fucosa) en la superficie de los leucocitos.

## INTEGRINAS

Las integrinas difieren de otros receptores de membrana por su escasa afinidad y porque están presentes en una gran concentración en la superficie celular. La molécula consta de dos cadenas glucoproteicas, α y β. Se conocen al menos 18 tipos de cadenas α y ocho de cadenas β, que dan lugar a unos 20 tipos diferentes de integrinas (Fig. 7.17). Las integrinas adhieren las células a la matriz extracelular o a otras células mediante uniones heterófilas diversas.

Las integrinas con cadenas $\beta_1$, $\beta_3$ o $\beta_4$ se unen a receptores de moléculas de la matriz extracelular, como la fibronectina, la laminina y el colágeno. Algunas integrinas sólo se unen a un único tipo de molécula y otras a varias. Una subfamilia de integrinas reconoce la secuencia RGD presente en la fibronectina y en otras proteínas de la matriz extracelular. Las integrinas con cadena $\beta_3$ (como la $\alpha_2\beta_3$) se localizan, entre otras células, en las plaquetas, y se unen al fibrinógeno participando en la coagulación celular. Hacia el interior de la célula, las integrinas con cadenas $\beta_1$ o $\beta_3$ se relacionan con filamentos de actina, pero las que tienen cadena $\beta_4$ lo hacen con filamentos intermedios (principalmente con queratina). Algunas integrinas transmiten señales intracelulares. En concreto, las integrinas de las placas de fijación de filamentos de actina a la membrana plasmática transmiten estas señales a través de la tirosina quinasa *FAK*.

Las integrinas con cadena de tipo $\beta_2$ y algunas con cadena $\beta_1$ intervienen en contactos célula-célula. Tres de estas integrinas están presentes en muchos leucocitos y son bien conocidas; se denominan *LFA-1* o *antígeno de función linfocitaria 1* ($\alpha_L\beta_2$), *Mac-1* ($\alpha_M\beta_2$) y *VLA-4* ($\alpha_4\beta_1$). Los receptores de estas integrinas en la superficie de las células endoteliales son moléculas de la superfamilia de las inmunoglobulinas (I-CAM para las dos primeras y V-CAM para la tercera). Esta interacción refuerza la que producen las selectinas en el proceso de extravasación de leucocitos.

## MOLÉCULAS DE LA SUPERFAMILIA INMUNOGLOBULINAS

Las miembros mejor conocidos de esta familia de glucoproteínas son los siguientes (Fig. 7.17):

1. *Molécula de adhesión intercelular.* Designada con las siglas *I-CAM (intercellular cell adhesion molecule)*, comprende al menos tres tipos (numerados del 1 al 3), que están presentes en muchos tipos celulares (concretamente en las células endoteliales). A estos receptores se unen las células sanguíneas con receptores del tipo de la integrina con cadena $\beta_2$ para atravesar el endotelio, como se acaba de explicar.
2. *Molécula de adhesión de las células vasculares (V-CAM).* Es similar a la anterior. Se encuentra en células endoteliales, pero también en macrófagos y en muchas células relacionadas con el sistema inmunitario. Su receptor es la integrina VLA-4.
3. *Molécula de adhesión de las células nerviosas (N-CAM).* Existen al menos 20 formas diferentes de estas moléculas que, al contrario que las anteriores, se unen por interacción homófila. La molécula N-CAM se encuentra en las neuronas e interviene en la organización del sistema nervioso central. Las células de las crestas neurales poseen muchas moléculas N-CAM, que desaparecen durante su emigración y reaparecen en las células que forman ganglios nerviosos.
4. Otras moléculas presentes en el sistema nervioso son la *molécula de adhesión neuroglial (Ng-CAM)*, la *glucoproteína asociada a mielina (MAG)* y la *contactina*.

# UNIONES QUE SELLAN EL ESPACIO INTERCELULAR

## UNIÓN ESTRECHA, ÍNTIMA O *ZONULA OCCLUDENS*

La porción más apical del complejo de unión, denominada *zonula occludens*, forma una *unión íntima* o *estrecha* (*tight junction*, en inglés), en la que las membranas plasmáticas de las células adyacentes establecen contacto. Esta unión se extiende aproximadamente 1 µm en profundidad y forma un cinturón alrededor de la célula, por lo que impide el paso de cualquier sustancia, incluso de bajo peso molecular; por ello el paso de estas sustancias ha de ser a través de la membrana plasmática en contacto con la luz (la de las microvellosidades en el caso del intestino). La técnica de criofractura-réplica, usada para separar las membranas plasmáticas adyacentes, revela un aspecto reticulado en los contactos entre ambas células (Fig. 7.18). Ello indica que no hay fusión total de las hemimembranas externas adyacentes en toda la extensión de la unión íntimas, sino a intervalos, formando líneas filiformes continuas que imposibilitan en cualquier caso el paso de sustancias. Se considera que estas líneas son proteínas transmembranosas específicas, entre las que se encuentran la *claudina*, que es la más abundante y que difiere de unas uniones a otras, y la *ocludina*. Ambas proteínas se unen a proteínas periféricas intercelulares como

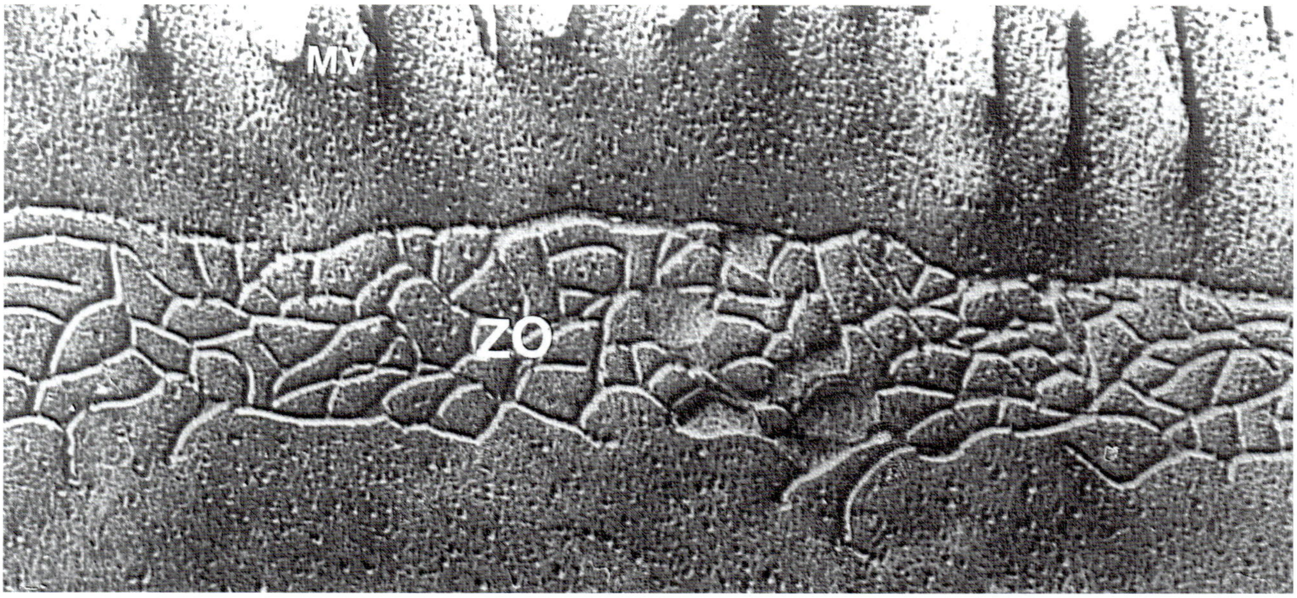


**Figura 7.18.** Preparación obtenida por criofractura-réplica de la parte apical del epitelio intestinal. Bajo las microvellosidades (MV) se observa una estructura en retículo que corresponde a las líneas de unión entre células adyacentes a nivel de la *zonula occludens* (ZO). X80 000. (Micrografía de J. Revel, tomada de Fawcett DW: *A Textbook of Histology*. 11ª ed. Philadelphia; Saunders, 1986.)

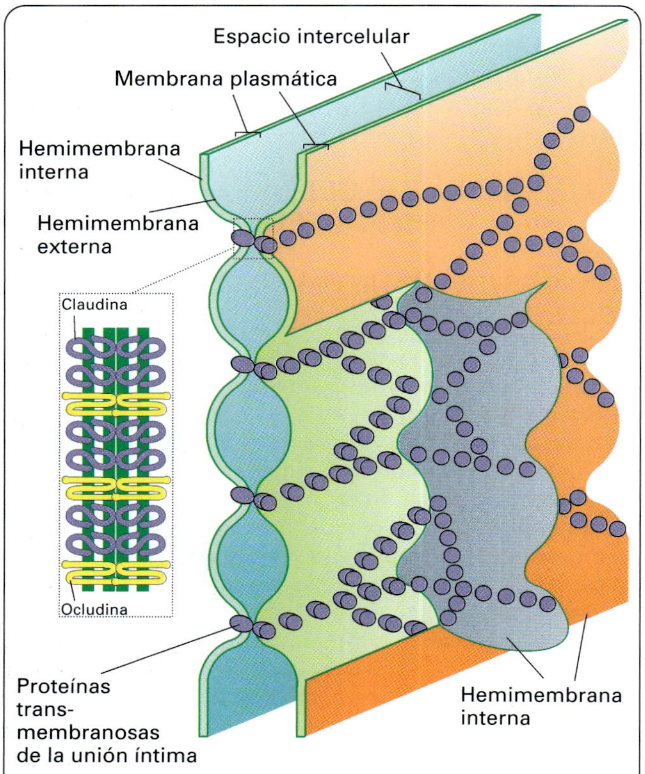


**Figura 7.19.** Esquema de una unión íntima (*tight junction*). (Modificado de L.A. Staehlim y B.E. Hull.)

la *ZO* y la *cingulina*, a las que se anclan filamentos de actina (Fig. 7.19).

Las uniones íntimas son impermeables para la mayoría de las moléculas, pero permiten el paso de algunos iones, con diferencias de un tipo celular a otro. Por ejemplo, el epitelio intestinal es 10 000 veces más permeable al paso de $Na^+$ que el epitelio de la vejiga urinaria. A veces, las células pueden modificar sus uniones íntimas para permitir el paso de ciertas sustancias cuando hay tal exceso de ellas que el transporte a través de la membrana no es lo suficientemente rápido como para incorporarlas. Así ocurre en el intestino con el exceso de aminoácidos y azúcares, en lo que se ha denominado *transporte paracelular*.

Las uniones íntimas evitan también que los receptores específicos para un ligando y las proteínas de transporte ubicadas en la membrana apical se difundan a las superficies laterales o basal. De este modo, la incorporación de determinadas sustancias a la célula, o su exportación desde ella, sólo se realiza en las superficies destinadas a tal fin.

## UNIONES SEPTADAS DE INVERTEBRADOS

En los invertebrados, en vez de uniones íntimas son muy frecuentes las *uniones septadas*, que también rodean en cinturón a la célula. Estas uniones se denominan así porque muestran tabiques transversales paralelos en el espacio intercelular, que es de unos 25 nm (Fig. 7.20). Cada uno de estos tabiques está constituido por

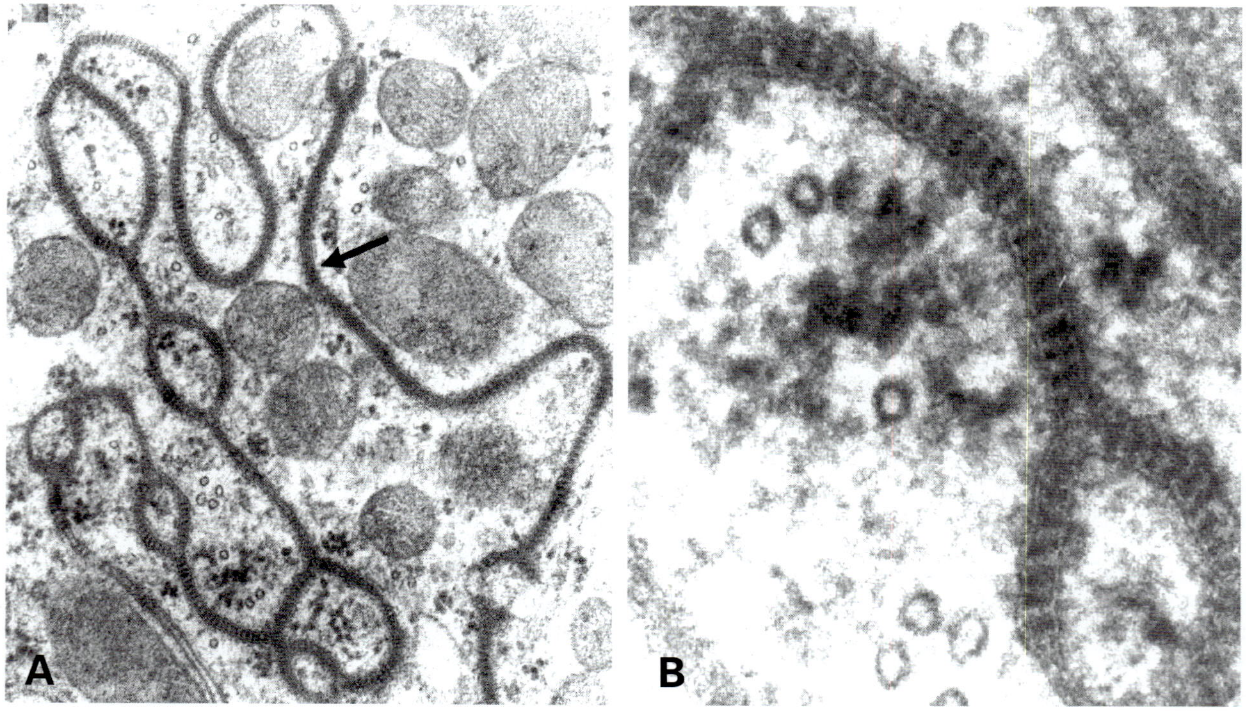


**Figura 7.20.** **A:** Elaborada unión septada (flecha) entre células epiteliales del intestino posterior de *Formica nigrans*. X53 000. **B:** Detalle de los puentes intercelulares. X152 000. (Cortesía de Mercedes Garayoa. Departamento de Histología. Universidad de Navarra.)

hileras paralelas de proteínas que establecen contacto con las proteínas de la célula adyacente. De esta manera, son estas proteínas las que sellan la unión, sin que las membranas plasmáticas de las células adyacentes lleguen a ponerse en contacto directo. Una de esas proteínas, denominada *disc-large*, es análoga a las ZO de las uniones íntimas de los vertebrados. En algunas de estas uniones se ha descrito el anclaje de filamentos de actina.

## UNIONES DE COMUNICACIÓN (DE HENDIDURA O NEXO)

En los primeros estudios con microscopio electrónico se describieron uniones íntimas no sólo en torno a toda la célula sino también en puntos aislados, por lo que se las designó como *macula occludens*. Así se observaron en endotelios y en el músculo liso. En principio, la existencia de estas uniones no tendría mucho sentido, ya que, al no rodear por completo la célula, no podrían evitar el paso de sustancias entre células vecinas. Sin embargo, al mejorar la calidad de las observaciones con el microscopio electrónico, se demostró que en esas uniones focales no hay realmente un contacto completo entre las células adyacentes, sino unos 2 nm de separación (Fig. 7.21). Estas uniones se conocen actualmente como *uniones de hendidura, nexo o acoplamiento* (*gap junction,* en inglés). En estas uniones, los 2 nm de separación están atravesados por cientos de partículas de contorno hexagonal que unen las membranas de las células adyacentes (Fig. 7.22). Cada una de esas partículas se denomina *conexón,* y constituye una unidad funcional de la unión. Los estudios de las superficies de células contiguas mediante la técnica de la criofractura-réplica muestran que los conexones configuran un enrejado hexagonal. Cada conexón mide 6.5 nm de diámetro, y sus centros equidistan 9 nm. Con contraste negativo se aprecia que cada conexón está constituido por seis subunidades, llamadas *conexinas*, que dejan entre sí un canal central hidrófilo, de unos 5 nm de diámetro: por este canal se comunican ambas células. Cada conexina es una proteína de 30 kDa y 280 aminoácidos, que atraviesa la bicapa lipídica formando cuatro hélices $\alpha$.

En los seres humanos se conocen 14 conexinas diferentes, cada una codificada por un gen diferente. La mayoría de las células presentan varios tipos de conexinas. Dos tipos diferentes de conexina pueden ensamblarse en un mismo conexón. Células adyacentes con conexinas diferentes pueden formar canales intercelulares, aunque esta compatibilidad no pueda extenderse a todos los tipos de conexinas.

A través del canal de los conexones pueden pasar partículas de peso molecular inferior a 1 kDa (lo que representa un diámetro no superior a 1.5 nm). Esta comunicación implica que las células acopladas compartan diversas moléculas pequeñas, como iones inorgánicos, oligosacáridos, aminoácidos, nucleótidos y vitaminas, sin que puedan transitar macromoléculas, como polisacáridos, proteínas y ácidos nucleicos. Este tipo de acoplamiento permite una cooperación eléctrica y química entre las células. El acoplamiento eléctrico es fundamental en la sincronización de la contracción del músculo cardíaco y del músculo liso y en la transmisión del impulso en las sinapsis eléctricas; de ahí que estas uniones hayan sido también denominadas *uniones de acoplamiento eléctrico*. Algunos mensajeros intracelulares, como el cAMP, pasan por estas uniones y permiten la propagación de respuestas frente a las moléculas de señalización intracelular. Durante el desarrollo embrionario temprano (en el ratón, a partir del embrión octocelular), las células se encuentran conectadas por estas uniones. Cuando se van separando grupos de células para adoptar características específicas, las células de cada grupo continúan unidas entre sí por estas uniones. De esta forma, un mensajero intracelular puede pasar a través de todas las células del grupo estableciendo una coordinación. El desarrollo de los folículos ováricos depende de las uniones de hendidura entre el ovocito y las células foliculares adyacentes.

El funcionamiento de este tipo de comunicación depende de la energía proporcionada por el ATP. Ante determinados estímulos, la célula puede modificar la permeabilidad de estos canales. La permeabilidad aumenta con el *glucagón*, que induce un incremento del cAMP (que se difunde a las células vecinas aumentando la permeabilidad en todas ellas), y se reduce al descender el pH o al aumentar la concentración intracelular del $Ca^{2+}$ (aunque la formación y mantenimiento de estas uniones no sean dependientes de $Ca^{2+}$). En algunas células la permeabilidad está también regulada por gradientes de voltaje o por señales químicas extracelulares. Así, la *dopamina*, cuya producción se incrementa con la luz, reduce la permeabilidad de las uniones de hendidura en los bastones retinianos, frenando la actividad de estos receptores y dando entrada a los conos.

En cultivos celulares, las células en contacto pueden desarrollar uniones de hendidura en pocos segundos. Por eso se piensa que los conexones se encuentran presentes en la superficie celular como protocanales que pueden difundirse para organizarse en una unión de hendidura e interactuar con los de la célula adyacente. La *atrofia muscular de Charcot-Marie-Tooth* conlleva una mutación en un gen que codifica algún tipo de conexina.

## UNIONES DE ANCLAJE DE FILAMENTOS

### UNIONES DE ANCLAJE DE FILAMENTOS DE ACTINA

#### Unión adherente entre células (desmosoma en banda, banda de adhesión o *zonula adherens*)

La *zonula adherens*, también llamada *desmosoma en banda* o *banda de adhesión*, se encuentra inmediatamente a continuación de la *zonula occludens* en el complejo de unión (veánse Figs. 7.14 y 7.15). En ella se produce un ensanchamiento del espacio intercelular (unos 25 nm), que forma también un cinturón alrededor de la

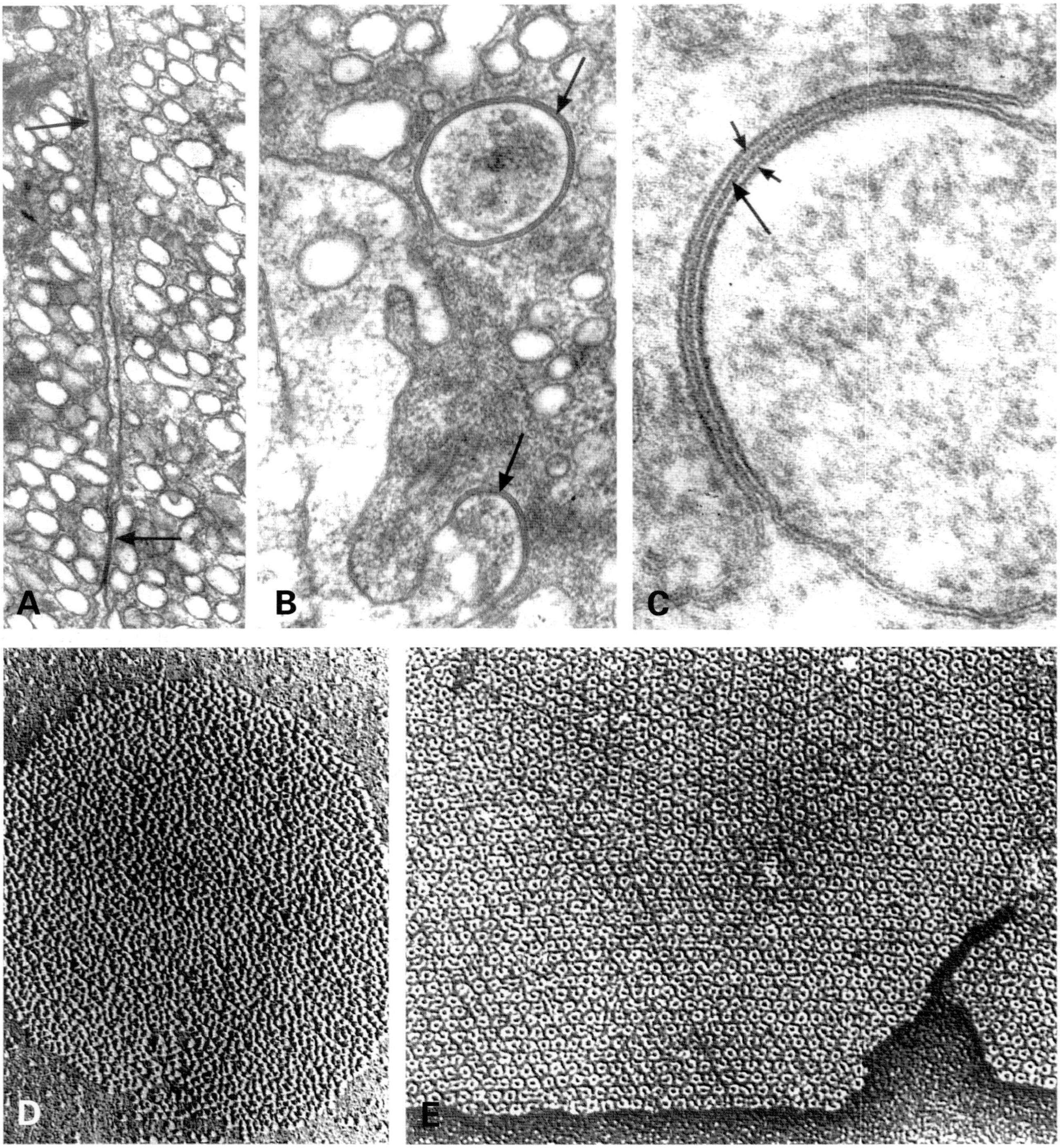


**Figura 7.21.** **A-B**: Uniones de tipo hendidura o nexo (flechas) entre células de Leydig. A X30 000. B X40 000. **C**: Unión de tipo hendidura observada a gran aumento. Se aprecian las hemimembranas internas (flechas pequeñas) de las membranas plasmáticas de las células adyacentes y la unión aparente de ambas hemimembranas externas (flecha grande). X200 000. **D**: Preparación obtenida por criofractura-réplica de una unión de tipo hendidura. Se aprecia la concentración de partículas de unos 6.5 nm. X90 000. **E**: Unión de tipo hendidura observada con contraste negativo. Se observa el canal central de cada conexón. X150 000. (Las figuras D y E son micrografías de K. Jama, tomadas de Fawcett DW. *A Textbook of Histology*, 11ª ed. Philadelphia, Saunders, 1986.)

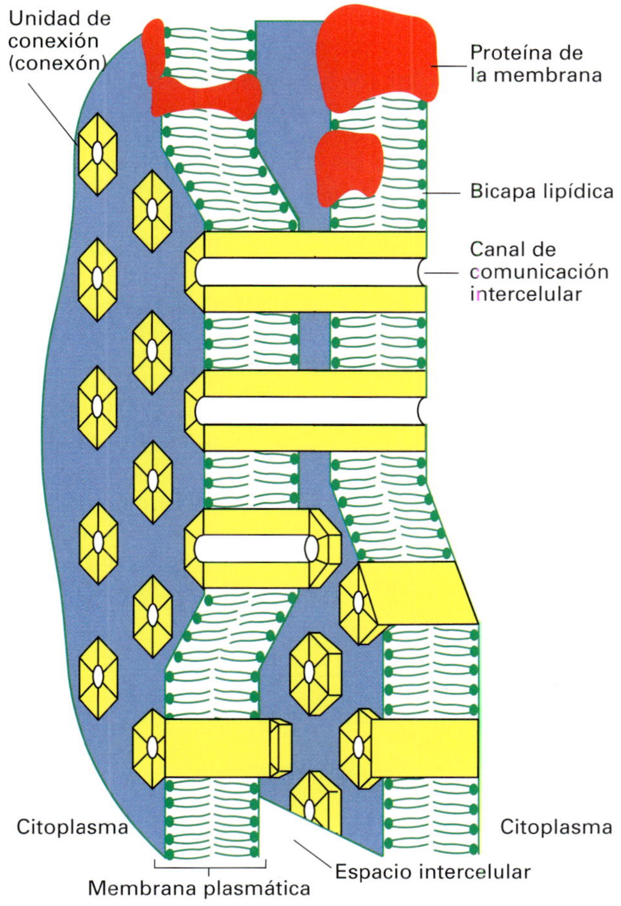


**Figura 7.22.** Representación de una unión de hendidura o nexo (*gap junction*).

célula. En el lado interno de la membrana se observa un material moderadamente denso a los electrones, donde se anclan internamente los filamentos de actina del velo terminal. Las zonas semidensas de anclaje contienen las siguientes proteínas (Fig. 7.23):

1. *Proteína de coronación (cap-Z).* Forma una caperuza en el anclaje de cada filamento de actina para evitar la polimerización de éste.
2. *Actinina α.* Forma delgados filamentos entre filamentos de actina adyacentes.
3. *Vinculina.* Es una proteína de 130 kDa que actúa como elemento de unión entre los extremos de los filamentos de actina y una proteína integral de la membrana plasmática, a la que se adhieren los filamentos de actina.
4. *Cateninas.* Existen tres variedades de cateninas: α, β y γ. Esta última se conoce también como *placoglobina*. Se trata de tres proteínas globulares de unos 100, 90 y 80 kDa de peso molecular, respectivamente. En estas uniones hay dos cateninas: una es siempre la α, que se dispone del lado de los filamentos de actina; la otra es la β o la γ (nunca ambas), dispuesta del lado de la cadherina.

La membrana plasmática en la zona de unión contiene *cadherina E* o *uvomorulina*. Esta proteína sobresale en el espacio intercelular y une ambas células (Fig. 7.23).

Estas uniones aparecen ya en estadios muy primitivos del desarrollo embrionario. Así, la contracción celular causada por los filamentos de actina anclados en uniones intercelulares adherentes es responsable del estrechamiento apical que sufren las células de una zona concreta del ectodermo, estrechamiento que conduce a la formación del surco neural.

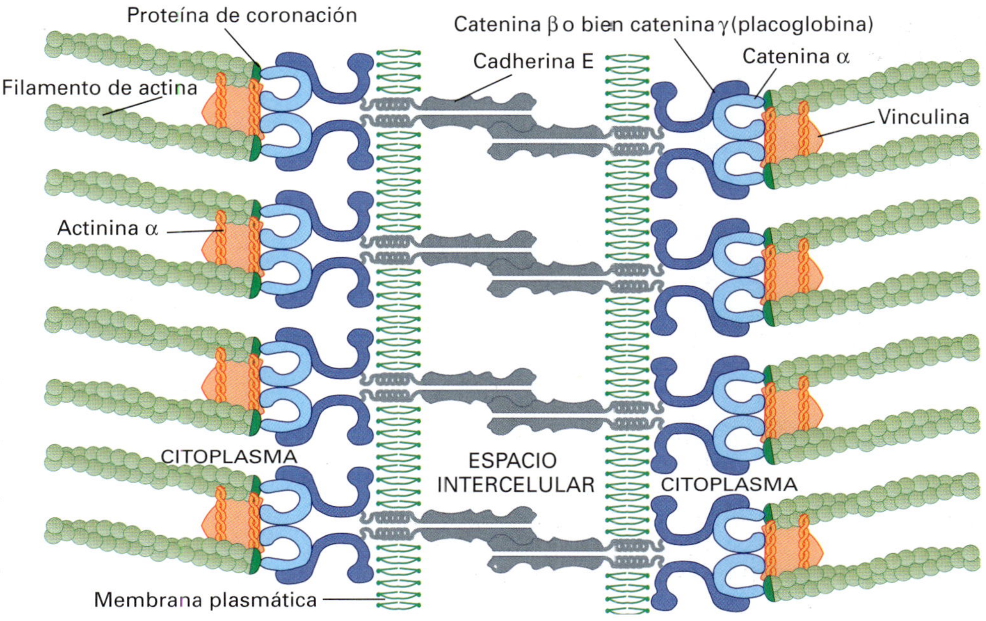


**Figura 7.23.** Esquema de la disposición de los componentes que intervienen en la unión de anclaje de filamentos de actina a la membrana plasmática y entre las membranas plasmáticas adyacentes en la unión intercelular del tipo *zonula adherens*.

### Unión adherente de la célula con la matriz extracelular (contactos focales)

Muchas células de origen mesenquimático, como los fibroblastos y células musculares lisas, presentan bajo su superficie zonas de anclaje de microfilamentos que, por fuera de la célula, no se anclan a otra célula (que puede encontrarse bastante alejada), sino a la matriz extracelular. Estas uniones son muy similares a las intercelulares adherentes, pues también hay un material denso bajo la membrana en el que se anclan los filamentos de actina y que contiene *actinina α*, *proteína de coronación* y *vinculina* (Fig. 7.24); pero este material, en lugar de cateninas, contiene la proteína *talina*. La diferencia mayor con las uniones intercelulares adherentes radica en que la glucoproteína transmembranosa no es una cadherina, sino una integrina, denominada *receptor de la fibronectina*, que sobresale en el espacio extracelular y se une a la *fibronectina*. A su vez, la fibronectina se relaciona con componentes de la matriz extracelular, como fibrillas de *colágeno* y *proteoglucanos*.

## UNIONES DE ANCLAJE DE FILAMENTOS INTERMEDIOS

### Unión intercelular (desmosoma puntual o *macula adherens*)

El tercer componente del complejo de unión se sitúa a continuación de la *zonula adherens* y se denomina *macula adherens, desmosoma puntual* o, simplemente, *desmosoma* (veánse Figs. 7.14 y 7.15). Estas uniones no forman un cinturón alrededor de la célula, sino una *mancha* o área aproximadamente circular, de 0.5 a 1 μm de diámetro, cuya doble misión es el anclaje de filamentos intermedios y aumentar la cohesión entre las células vecinas.

Como en la *zonula adherens*, el espacio intercelular en los desmosomas es de unos 25 nm, y también aparece adosado un material denso en el lado citoplásmico de las membranas (Fig. 7.25). Sin embargo, este material es más fácil de identificar que el de la *zonula adherens* porque consta de dos partes: una externa adosada a la membrana plasmática (*placa*), muy densa y de as-

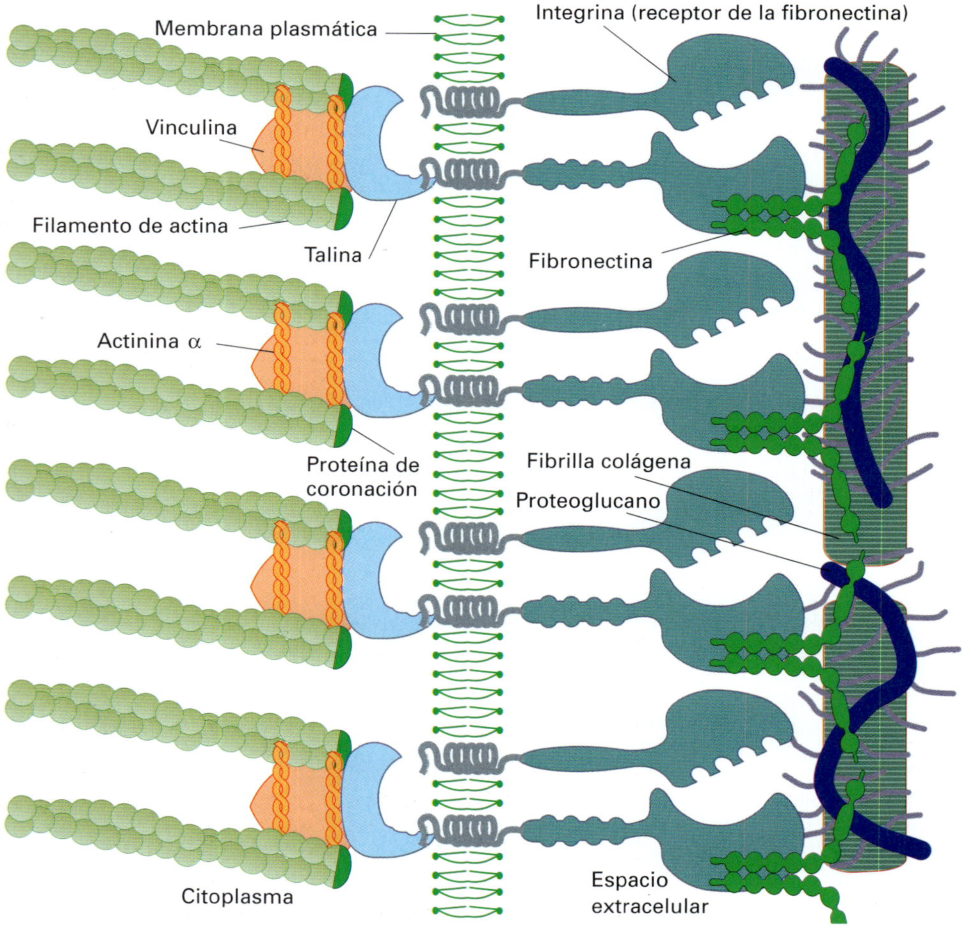


**Figura 7.24.** Esquema de la disposición de los componentes que intervienen en la placa de adhesión de filamentos de actina a la matriz extracelular.

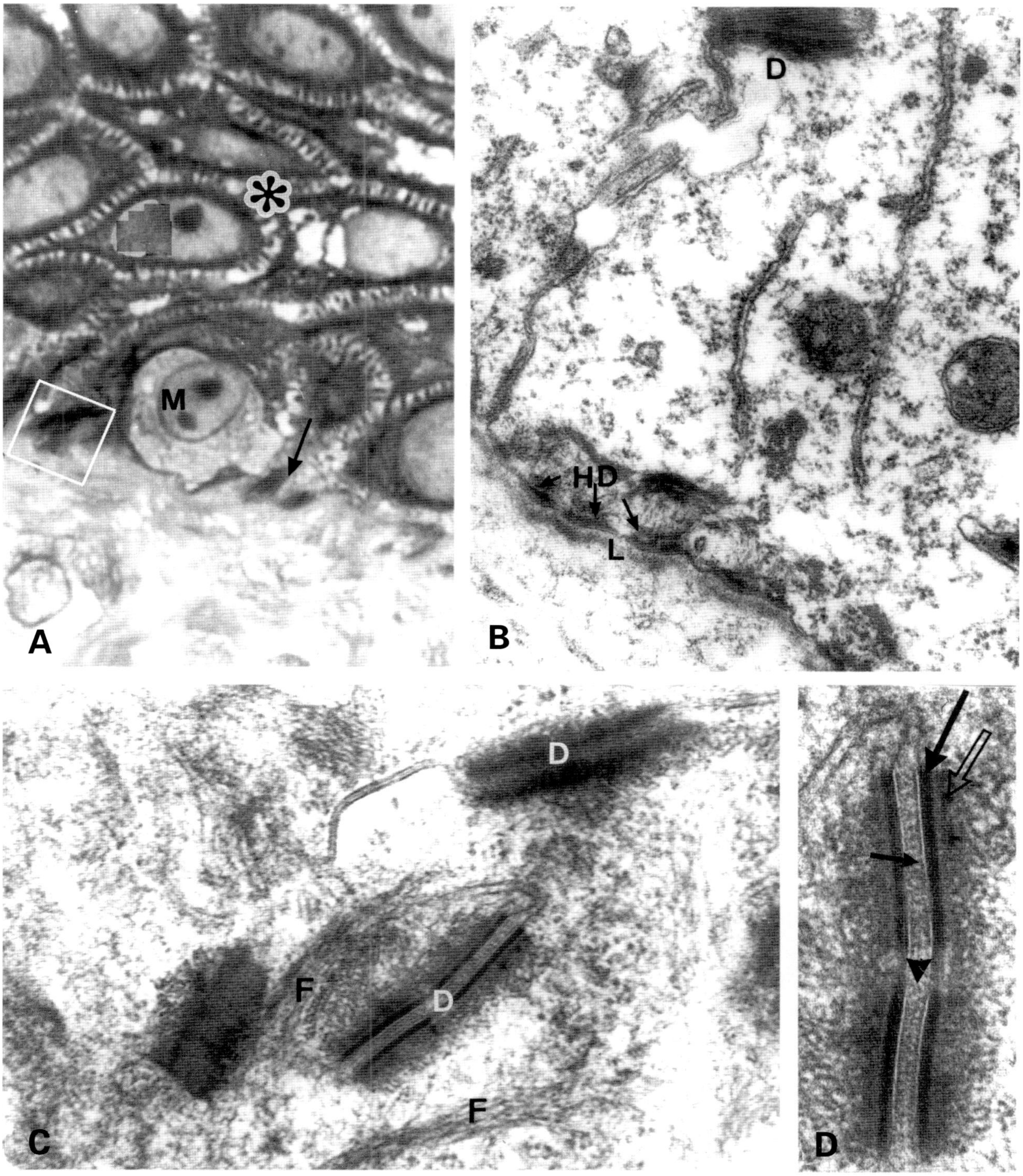


**Figura 7.25.** **A**: Porción basal de epidermis humana que muestra el estrato espinoso, en el que las células aparecen unidas por hileras de desmosomas (asterisco). La célula basal carente de desmosomas es un melanocito (M). En la unión de las células del estrato basal a la lámina basal hay hemidesmosomas (flecha). X700. **B**: Detalle de una zona de la epidermis igual a la delimitada por el rectángulo en la figura anterior. Se observa un desmosoma entre células contiguas (D) y hemidesmosomas (HD) en la cara basal. L: lámina basal. X20 000. **C**: Desmosomas puntuales (D) en el epitelio del esófago humano. F: filamentos de queratina. X55 000. **D**: Uno de los desmosomas anteriores visto a mayor aumento. Flecha pequeña: hemimembrana externa de la membrana plasmática de una de las células adyacentes. Flecha grande: condensación de material denso sobre la hemimembrana interna de esa membrana (placa). Flecha abierta: zona fibrilar de material denso donde llegan los filamentos de queratina. Cabeza de flecha: espacio intercelular atravesado por finos filamentos. X100 000.

pecto homogéneo; y una interna, de aspecto fibrilar (*zona fibrilar*), equivalente a la *placa de fijación* o *de anclaje* de filamentos de la *zonula adherens*. En el espacio intercelular hay a menudo una barra longitudinal de material denso (a veces, dos), llamada *línea intermedia o barra intermedia*, y cruzando el espacio intercelular hay filamentos delgados que forman los denominados *vínculos transmembrana* (Fig. 7.25.D). Los moléculas del desmosoma mejor conocidas son (Fig. 7.26.A):

1. Un complejo de proteínas no glucosiladas localizadas en la placa o en la zona fibrilar y que comprende:
   - *Desmoplaquinas*. Existen dos tipos: I (250 kDa) y II (215 kDa). Están situadas en la zona fibrilar, en contacto con los filamentos.
   - *Placoglobina* (catenina $\gamma$). Se encuentra en la placa, bajo la membrana plasmática. A esta proteína se unen otras como la *queratocalmina*, la proteína *similar a la lámina nuclear B*, la proteína de *banda 6* y la *desmoyoquina*. Esta última forma un anillo en la periferia de la placa.

2. Glucoproteínas transmembranosas del tipo cadherina. Se extienden desde la placa hasta el espacio intercelular, donde establecen una interacción homófila. Comprenden dos tipos: la *desmogleína* (165 kDa) y las *desmocolinas* (tipo I y tipo II, de 115 kDa, 107 kDa, respectivamente).

En las células epiteliales, los filamentos intermedios que alcanzan la placa de fijación son de *queratina* y, a diferencia de los de actina, no terminan en la placa, sino que forman un asa en ella y vuelven hacia el citoplasma. En otros tipos celulares se anclan otros tipos de filamentos intermedios como la *vimentina* (en células gliales) y la *desmina* (discos intercalares del miocardio).

Los desmosomas no son exclusivos de los complejos de unión. Puede haber varios por célula. Una presentación muy llamativa de los desmosomas es la que se da en las células del *estrato espinoso* de la epidermis de mamíferos. Con el microscopio de luz pueden observarse con claridad las *espinas* que unen transversalmente las células de este estrato, que al principio se pensó que serían puentes citoplásmicos (Fig. 7.25.A). Con el microscopio electrónico se vio que, en realidad, correspondían a un elevado número desmosomas establecidos entre prolongaciones celulares interdigitadas que se disponen perpendicularmente a la superficie de estas células (Fig. 7.25.C).

## Unión célula-matriz extracelular (hemidesmosoma)

Así como las placas de fijación de filamentos de actina pueden dar lugar a una unión no sólo entre dos células sino también entre una célula y la matriz extracelular, las placas de fijación de los filamentos intermedios también pueden anclar estos filamentos a la matriz extracelular. En este caso se denominan *hemidesmosomas*. Los que mejor se conocen son los que se establecen entre la superficie basal del *estrato germinativo* de los epitelios planos poliestratificados y la membrana basal que descansa

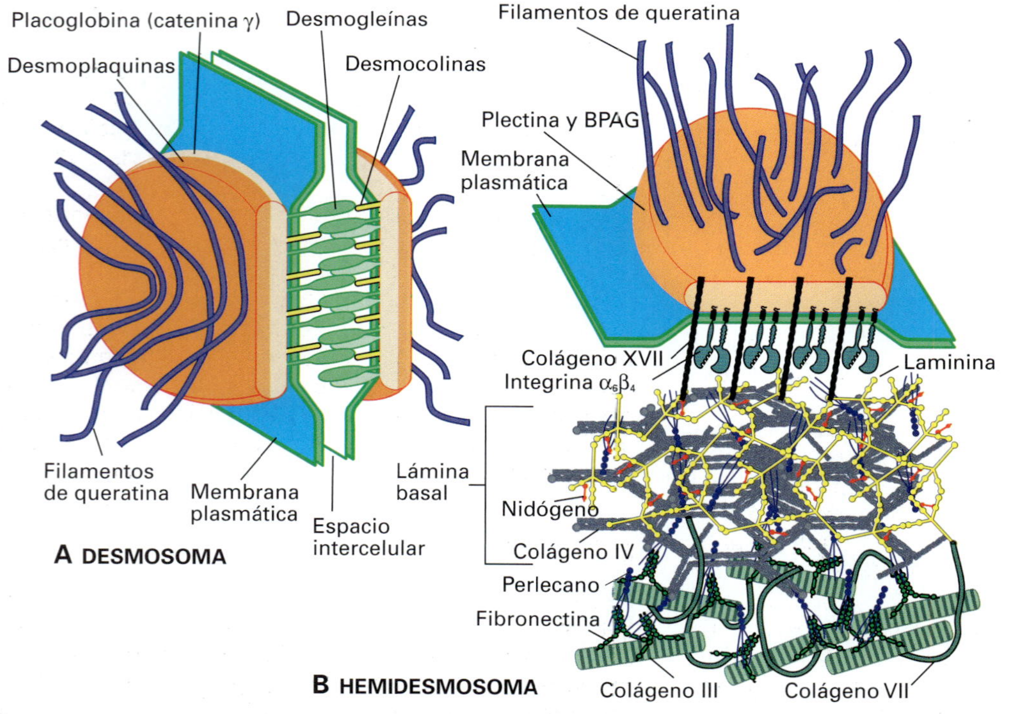


**Figura 7.26.** Representación tridimensional de uniones de filamentos intermedios. **A**: Desmosoma. **B**: Hemidesmosoma de la epidermis de mamífero y su conexión con la dermis.

sobre tejido conjuntivo (Figs. 7.25.A y 7.25.B). Los componentes de estas uniones difieren de los de los desmosomas en los siguientes aspectos (Fig. 7.26.B):

1. Las proteínas del material denso intracelular (homólogas a las desmoplaquinas) son la *plectina* (500 kDa) y la *BPAG1* (230 kDa). Ambas son proteínas asociadas a los filamentos intermedios y se extienden desde éstos hasta el dominio intracelular de las proteínas transmembranosas.
2. Las glucoproteínas transmembranosas son la *integrina* $\alpha_6\beta_4$ y el *colágeno del tipo XVII* (antes denominado proteína *BPAG2* de 180 kDa), cuyo dominio extracelular se une a varios tipos de laminina de la lámina basal.
3. La lámina basal queda conectada a las fibras colágenas de la dermis mediante fibrillas de anclaje constituidas por *colágeno del tipo VII*.
4. Los filamentos de queratina terminan en el material denso y no forman asas.

# PARED CELULAR VEGETAL

## CARACTERÍSTICAS Y COMPONENTES

### COMPOSICIÓN

Las células vegetales presentan, externamente a la membrana plasmática, una pared celular muy gruesa (varios micrómetros), que es básicamente celulósica, aunque también contiene otras sustancias como hemicelulosa, pectatos, proteínas y, a veces, lignina, suberina, cutina, sales minerales y ceras (Fig. 7.27.A).

La *celulosa* forma *microfibrillas* de longitud (de 0.2 a 5 µm) y diámetro (de 5 a 30 nm) variables (Fig. 7.27.B). También forma fibrillas de igual longitud, pero de menor grosor (de 3 a 5 nm), denominadas *fibrillas elementales*, que cuando se adosan lateralmente entre sí forman las microfibrillas. Cada microfibrilla está constituida por 40-70 moléculas de celulosa dispuestas paralelamente (Fig. 7.28). Cada molécula de celulosa comprende entre 500 y 15 000 residuos de glucosa polimerizados linealmente mediante enlaces glucosídicos β-1-4 (Fig. 7.29). Todas las moléculas tienen la misma polaridad y se unen transversalmente entre sí por puentes de hidrógeno.

La *hemicelulosa* es igualmente un polímero de glucosa, también con enlaces glucosídicos β-1-4, pero al que se añaden cadenas laterales formadas por otros monosacáridos, como la manosa y la xilosa (Fig. 7.28). Hay también otros polímeros de la glucosa con enlaces glucosídicos y cadenas laterales muy variables, entre los que se encuentran los xiloglucanos (los más abundantes), los xilanos, los arabinoxilanos, los glucoarabinoxilanos, los galactomananos y la calosa.

Los *pectatos o pectinas* son polímeros del *ácido galacturónico* (enlaces α 1-4), que puede estar esterificado con metanol (Fig. 7.29). Los principales polisacáridos pécticos son el arabinano, el galactano, el arabinogalactano, el homogalacturonano y el ramnogalacturonano.

Las proteínas representan hasta un 10% del peso de la pared celular y muchas de ellas están glucosiladas. Las más abundantes, denominadas *extensinas*, son ricas en hidroxiprolina (1/3 de los aminoácidos) y serina; a estos aminoácidos se unen numerosas cadenas laterales de oligosacáridos. Otras proteínas, no siempre presentes en todos los tipos celulares, son ricas en prolina o en glicina. Las *lectinas* vegetales, utilizadas para la identificación de diversos tipos de oligosacáridos a los que se unen (véase página 13), corresponden a algunas de las proteínas mencionadas. Entre las proteínas de la pared hay también numerosas enzimas, como *hidrolasas* (glucosidasas, proteasas, esterasas y fosfatasas), *transglucosidasas* (rompen enlaces glucosídicos y transfieren el resto del azúcar a un aceptor) y enzimas que participan en *reacciones redox* (peroxidasas y oxidasas). También se encuentran unas proteínas enzimáticas, denominadas *expansinas*, que rompen los puentes de hidrógeno entre las microfibrillas y el xiloglucano.

La *lignina* es una sustancia plástica formada por la deshidrogenación enzimática de varios alcoholes derivados del fenilpropano, principalmente cumarilo, coniferilo y sinapilo. Su presencia y proporción varía de unas especies a otras. Es característica de la pared de las tráqueas, traqueidas y del esclerénquima.

La *suberina* está constituida por un 35% de ácidos grasos insaturados de cadena larga, un 20-30% de lignina y un 35-45% de celulosa y taninos. Se localiza en la pared de las células que forman la capa de *súber* de la corteza de las plantas.

La *cutina* es un polímero complejo de derivados lipídicos impermeable al agua. Se encuentra en la cara externa de la epidermis, formando la *cutícula*, que protege la epidermis y el interior de la planta del medio externo.

En muchas células epidérmicas puede haber también *sales minerales* (principalmente *carbonatos* y *sílice*) y *ceras* (ésteres de ácidos alifáticos, alcoholes de cadena larga y cetonas). Ambas sustancias se encuentran por fuera de la cutícula pero, con frecuencia, también impregnan la cutina e incluso la pared celular.

### ESTRUCTURA

La pared celular comprende tres capas que se desarrollan con la maduración de la célula y que, desde fuera hacia dentro de la célula, son la lámina media, la pared primaria y la pared secundaria (Fig. 7.30). En las células epidérmicas hay otra capa: la cutícula.

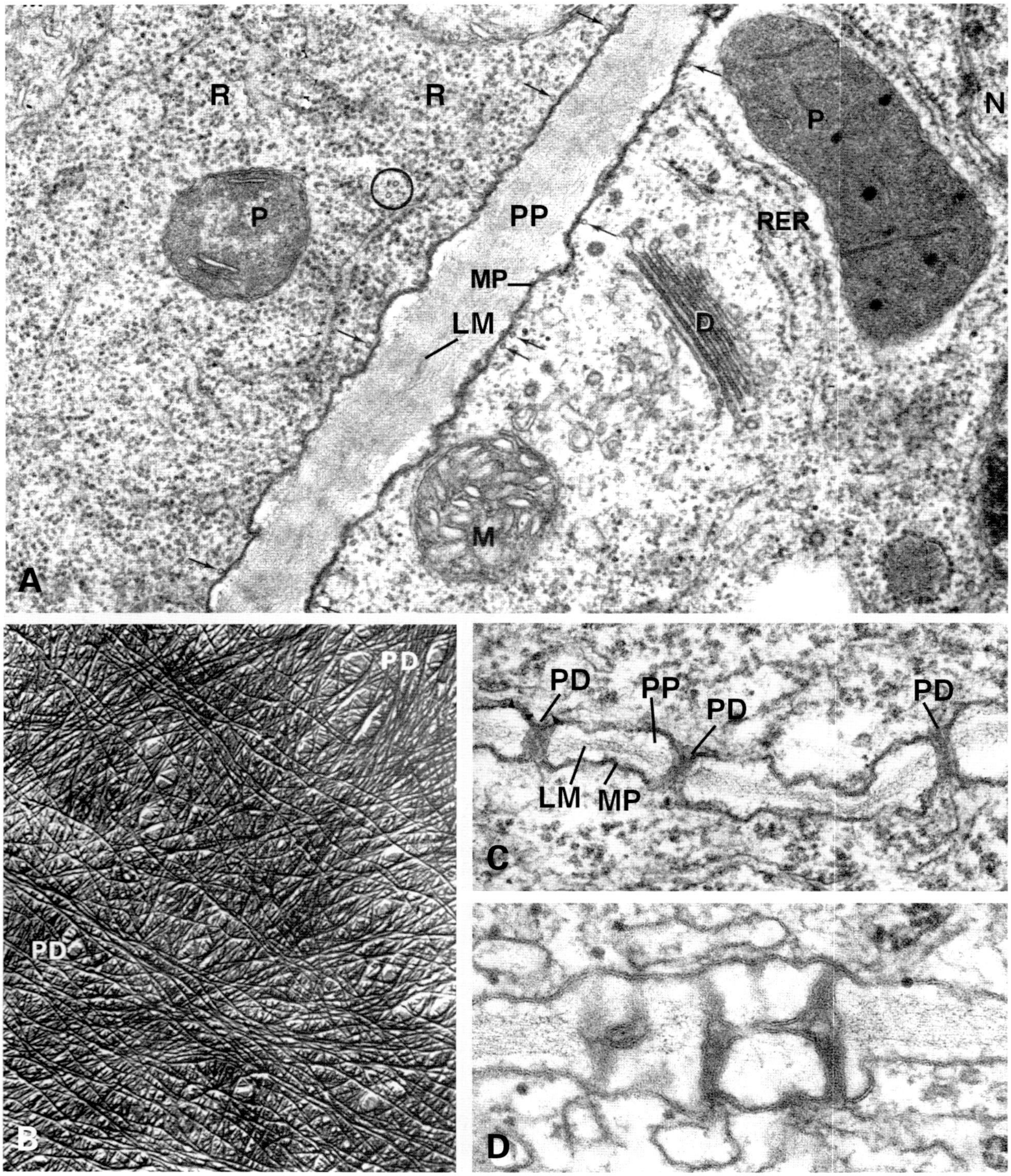


**Figura 7.27.** **A**: Parte de dos células meristemáticas de raíz de *Lepidum sativum* separadas por la pared celular primaria (PP) y lámina media (LM). Las membranas plasmáticas (MP) quedan bordeadas por microtúbulos (flechas pequeñas). También se aprecian microtúbulos situados más internamente en el citoplasma (círculo). Se observan un dictiosoma (D), una pequeña parte del núcleo (N), ribosomas (R), retículo endoplasmático rugoso (RER), mitocondrias (M) y proplastidios (P). X37 000. **B**: Microscopía de barrido de la pared celular primaria en *Ricinus*. Las microfibrillas aparecen desordenadas. Se observan algunos plasmodesmos (PD). X18 000. **C**: Plasmodesmos (flechas) en la raíz de la col. La membrana plasmática está señalada por cabezas de flecha. X37 000. **D**: Plasmodesmo ramificado en una célula parenquimática de tallo de *Polemonium*. X70 000. (Tomado de Gunning BES, Steer MW. *Ultrastructure and the Biology of Plant Cells*. London, Edward Arnold, 1975.)

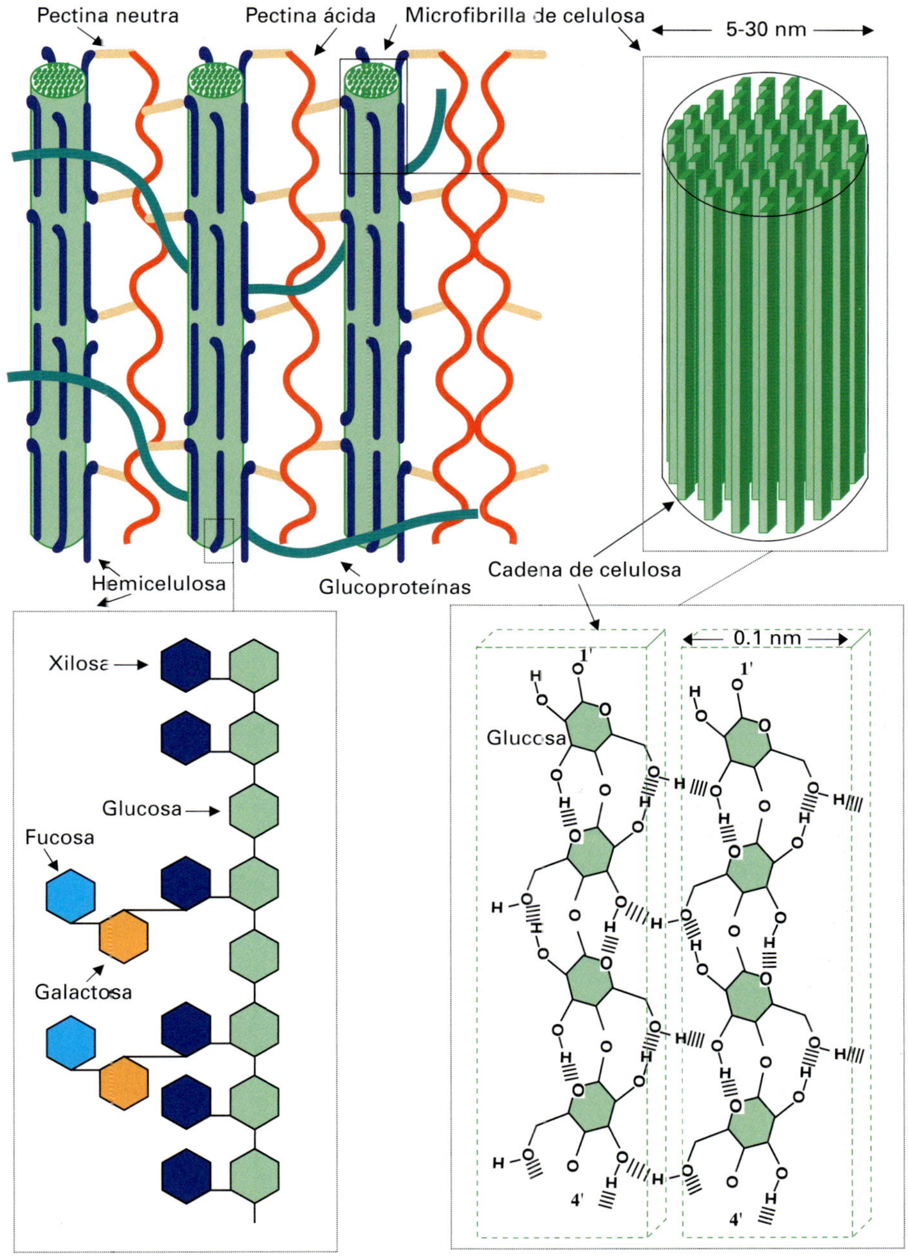


**Figura 7.28.** Organización de la celulosa, hemicelulosa, pectatos y glucoproteínas en la pared celular.

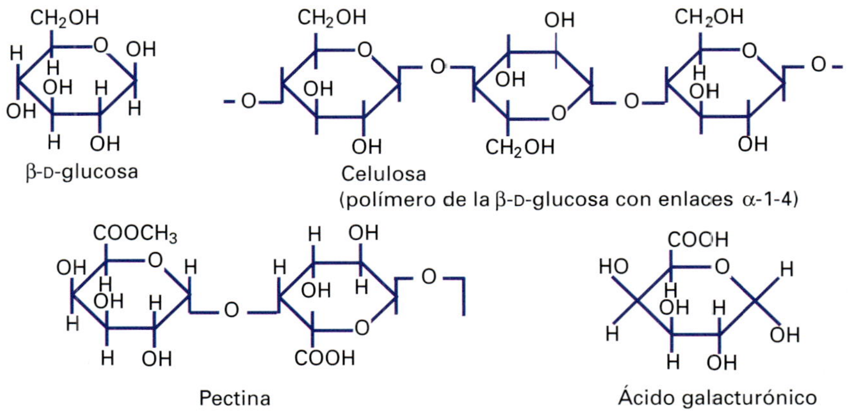


**Figura 7.29.** Composición molecular de los componentes básicos de la pared celular: celulosa y pectatos.

## Lámina media

La *lámina media* es la capa más externa de la pared celular (Fig. 7.30). En la mayor parte de los tejidos vegetales, en los que las células están en contacto unas con otras, la lámina media es compartida por ambas células adyacentes. Con el microscopio óptico, la lámina media es apenas visible; se aprecia como una fina línea que se tiñe con rojo de rutenio. Con el microscopio electrónico muestra un aspecto homogéneo finamente fibrilar (véase Fig. 7.27). Está constituida por pectatos y proteínas. Con el tiempo, la lámina media fragua, es decir, pierde su acidez al unirse a iones $Ca^{2+}$, formándose sales muy insolubles en cuyas moléculas no hay ordenación estructural (una matriz isótropa).

## Pared primaria

La *pared primaria* es más gruesa que la lámina media. Si se observa con el microscopio óptico, no es birrefringente, y con el microscopio de polarización es isótropa. Con el microscopio electrónico aparece formada por numerosas *microfibrillas* de celulosa, entremezcladas o formando planos (Figs. 7.27.B y 7.30). Esta disposición de las microfibrillas facilita el crecimiento de la pared primaria, que es extensible.

Cada molécula de celulosa comprende entre 500 y 5000 residuos de glucosa, lo que determina una longitud de las microfibrillas de hasta 2 μm. Adosadas a las microfibrillas hay moléculas de hemicelulosa, y entre las microfibrillas hay una matriz de pectatos y proteínas. En las células epidérmicas, la pared primaria puede estar impregnada por sales minerales y de ceras.

## Pared secundaria

La *pared secundaria* sólo está presente en algunos tipos celulares aunque éstos son muy abundantes, como es el caso de las tráqueas y traqueidas (componentes del xilema) y las esclereidas y fibras (componentes del esclerénquima). Es mucho más gruesa que la pared primaria y sus moléculas de celulosa son más largas (unos 15 000 residuos de glucosa y unos 5 μm de longitud).

Comprende tres subcapas: $S_1$, $S_2$ y $S_3$, (numeradas de fuera hacia dentro). Las tres son birrefringentes pues, a diferencia de lo que ocurre en la pared primaria, las microfibrillas de celulosa se disponen ordenadamente en varios planos; en cada plano todas las microfibrillas son paralelas, cambiando la orientación de las fibrillas de un plano al siguiente (Fig. 7.30).

La subcapa más birrefringente es la $S_1$, después la $S_3$ y, finalmente, la $S_2$. En la $S_1$ la disposición de las microfibrillas es más bien helicoidal, casi en el plano perpendicular al eje longitudinal de la célula. Comprende, a su vez, cuatro sub-subcapas, en cada una de las cuales cambia la dirección de la hélice (de sentido horario a sentido antihorario). La $S_2$ es la más gruesa, y en ella las microfibrillas se depositan formando una hélice casi vertical. Comprende múltiples sub-subcapas en las que la dirección de la hélice va también alternando. La $S_3$ suele ser delgada e incluso puede faltar. En ella las microfibrillas se disponen como en la $S_1$. A menudo, queda revestida internamente de una película de material no celulósico que forma irregularidades a modo de verrugas (*capa verrugosa o verrucosa*).

Además de celulosa, la pared secundaria suele contener otras sustancias. Las más frecuentes son la lignina (en las tráqueas y traqueidas del xilema y en el esclerénquima) y la suberina (en la corteza suberificada de los tallos y raíces).

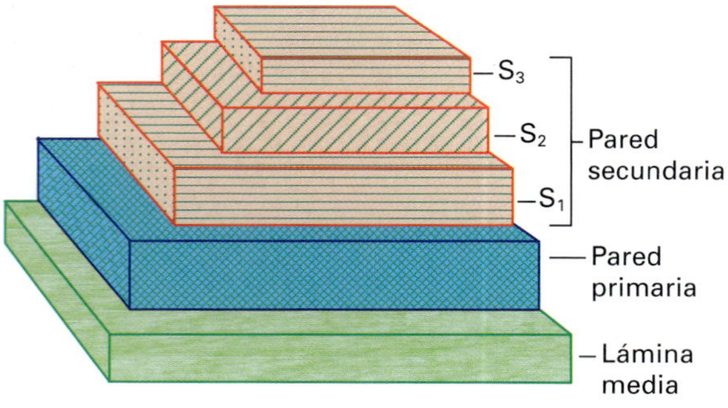


**Figura 7.30.** Esquema de la estructura de la pared celular vegetal. Así como, en la pared primaria, las microfibrillas celulósicas se distribuyen sin organización aparente, en la pared secundaria se ordenan paralelamente y dan lugar a tres capas ($S_1$, $S_2$ y $S_3$) con diferente ordenación de las microfibrillas.

## Cutícula

En la epidermis de las plantas, por fuera de la lámina media, el límite con el exterior lo marca una capa protectora denominada *cutícula*, que está constituida por cutina. Sobre esta capa es frecuente encontrar ceras y sales minerales que pueden extenderse impregnando la cutícula e incluso la pared celular propiamente dicha.

# SÍNTESIS DE LA CELULOSA

Hasta hace algún tiempo se pensaba que todos los componentes de la pared celular se sintetizaban en el citoplasma y eran transportados en vesículas de secreción desde el complejo de Golgi hasta la membrana plasmática. Estos componentes se organizarían en el espacio extracelular; en concreto, las moléculas de celulosa se unirían para formar las microfibrillas. Sin embargo, hoy existen pruebas de que, en la formación de la pared celular, el complejo de Golgi proporciona los pectatos y glucoproteínas e incluso la hemicelulosa; pero no proporciona la celulosa, aunque sí los elementos necesarios para su formación: las moléculas de glucosa y la enzima (*celulosa sintetasa)* que cataliza la síntesis de la celulosa a partir de la glucosa unida al nucleótido UDP. Esta síntesis se realiza en la propia membrana plasmática, donde la celulosa sintetasa forma unas estructuras denominadas *rosetas*, que quedan embebidas

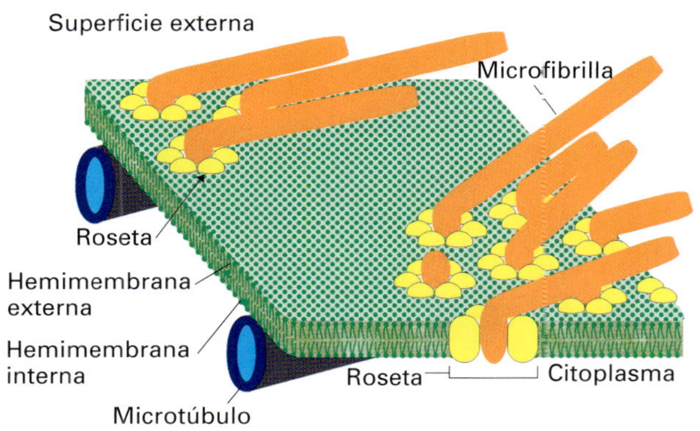


**Figura 7.31.** Síntesis de la celulosa en la membrana plasmática por la enzima celulosa sintetasa. La enzima forma rosetas que se desplazan por la membrana a lo largo de carriles proporcionados por microtúbulos, determinando la orientación de las microfibrillas.

en la bicapa lipídica (Fig. 7.31). Cada roseta es una estructura proteica, de contorno hexagonal, de unos 50 nm de diámetro, constituida por seis subunidades que dejan entre sí un canal central. En el interior de ese canal se polimeriza la glucosa para formar las moléculas de celulosa, que se disponen paralelas y cristalizan inmediatamente dando lugar a la microfibrilla. Así, cada roseta forma una sola microfibrilla que continúa creciendo mientras la roseta se desplaza a lo largo de la membrana plasmática y prosigue la polimerización de la glucosa. Las rosetas suelen agruparse formando hexágonos de hasta 100 rosetas, que se desplazan por la membrana sin que se pierda la configuración del grupo. En este desplazamiento intervienen los microtúbulos, que se disponen en la periferia del citoplasma con una orientación helicoidal, similar a la de las microfibrillas. Donde faltan los microtúbulos corticales no se forman microfibrillas, pues no pueden desplazarse las rosetas.

La hemicelulosa es también un polímero de glucosa por lo que, aparentemente, debería sintetizarse en la membrana plasmática. Sin embargo, hay pruebas de que se sintetiza en el complejo de Golgi como los pectatos. Quizá ello se deba a que no polimeriza en microfibrillas.

La expansión de la pared celular se produce debido a la presión de turgencia sobre la plasticidad de la pared, y es estimulada por la fitohormona *auxina*. En las paredes laterales de la célula en elongación se depositan nuevas microfibrillas que se disponen perpendicularmente (helicoidalmente, en realidad) al eje de elongación de la célula, de tal modo que la hélice formada inicialmente se pueda estirar durante el crecimiento y en sus huecos se puedan depositar nuevas hélices.

### PROPIEDADES

La pared celular es extensible, pero rígida. Al someter las células vegetales a choque hipertónico, se pliega la membrana plasmática, pero no la pared celular. La matriz de la pared celular es un gel polisacárido muy hidratado (80%); por eso, a través de ella difunden rápidamente gases, agua, la sacarosa, iones $K^+$ y pequeñas moléculas solubles. Incluso en células con una pared de 15 μm de espesor, ésta sólo contribuye al 10% de la resistencia al flujo acuoso, siendo la membrana plasmática responsable del 90% restante.

Los espacios que quedan entre las macromoléculas de la pared celular son de tan sólo 5 nm, por lo que las moléculas de peso molecular superior a 20 kDa apenas pueden desplazarse. Eso obliga a las células vegetales a utilizar fundamentalmente pequeñas moléculas. Así, las moléculas que actúan como señales intercelulares y las que regulan el crecimiento (auxinas, citoquininas y giberelinas) tienen pesos moleculares inferiores a 500 daltons. En la membrana plasmática se pueden observar depresiones y vesículas recubiertas que indican un proceso de incorporación de sustancias por endocitosis comparable al que tiene lugar en las células animales; no obstante, debido a las propiedades mencionadas de la pared celular, no se incorporan moléculas de gran tamaño.

Cuando se produce el ataque de insectos y microorganismos patógenos, la pared celular interviene en algunos mecanismos de defensa que complementan la acción de numerosos metabolitos vegetales protectores, como los glucósidos del aceite de mostaza y diversos alcaloides como la colchicina, la cafeína, la morfina, la estricnina, y otros. Cuando los organismos patógenos rompen la pared celular, los polisacáridos de ésta forman moléculas de oligosacáridos de corta longitud (7-12 azúcares), llamados *evocadores*, como una *heptaglucosa* y un *ácido poligalacturónico*. Estos evocadores son activos en bajas concentraciones, y actúan como señales de aviso para la célula, que es estimulada para sintetizar *fitoalexinas*; estas sustancias son unos derivados fenólicos de bajo peso molecular que actúan como antibióticos tóxicos para los hongos y algunas bacterias. Además, los evocadores inducen también la síntesis de *glucosidasa* $\beta$, que hidroliza la pared de los hongos, de cuyos productos resultantes se forman también evocadores como la heptaglucosa mencionada. De esta forma, ciertos productos del propio organismo atacante contribuyen a su destrucción. Además de la síntesis de estas sustancias, otro de los mecanismos de defensa es el reforzamiento de la pared celular mediante la síntesis de la glucoproteína *extensina* y de *lignina*.

## INTERCOMUNICACIONES ENTRE CÉLULAS VEGETALES

### PLASMODESMOS

Durante la formación de la pared celular se establecen entre las células hijas canales o poros que las comunican entre sí (véanse Figs. 7.27.B, 7.27.C y 7.32.A). Estos canales tienen de 20 a 40 nm de diámetro y se denominan *plasmodesmos*. Están presentes en todas las células jóvenes y en algunas células persisten toda la vida.

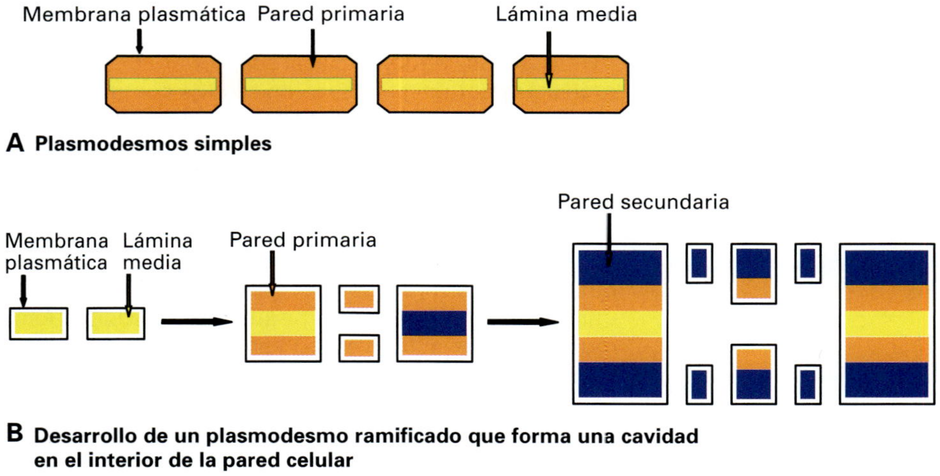


**Figura 7.32.** **A**: Estructura de plasmodesmos simples. **B**: Formación de un plasmodesmo ramificado.

También se forman de nuevo en lugares donde las células establecen contactos con otras células. En algunas células hay hasta 1200 plasmodesmos por 100 $\mu m^2$ de pared celular.

A través de los plasmodesmos se establece la libre circulación de los líquidos y sustancias (solutos y macromoléculas) necesarios para el mantenimiento de la tonicidad de la célula vegetal y sus funciones. En las descripciones clásicas se observa frecuentemente que el plasmodesmo es atravesado por una estructura tubular, denominada *desmotúbulo*, que se sitúa en el centro del plasmodesmo sin ocupar todo el espacio. Algunas imágenes muestran conexiones del desmotúbulo con la membrana plasmática o con el retículo endoplasmático (liso o rugoso), por lo que se ha interpretado que el desmotúbulo pertenece al sistema de membranas celulares. En contra de esta opinión está el hecho de que los desmotúbulos no se eliminan con detergentes, pero sí con proteasas, por lo que algunos autores consideran que estas estructuras son de naturaleza proteica. Se ha encontrado actina rodeando los desmotúbulos. A pesar de su diámetro, los plasmodesmos sólo permiten el paso de moléculas inferiores a los 800 daltons (algo similar a lo que ocurre en las uniones de hendidura de células animales), lo que indica que el paso de sustancias está estrechamente regulado. Los mecanismos de esta regulación no son conocidos, aunque se considera que intervienen el $Ca^{2+}$ y la fosforilación proteica.

Los plasmodesmos suelen agruparse en hileras, pero también se observan distribuidos irregularmente (véase Fig. 7.27.B). Forman grandes grupos muy apretados en las diferenciaciones de la pared denominadas *campos de poros primarios* y *punteaduras*, de las que se tratará a continuación.

En células con paredes gruesas (sólo primarias y, ocasionalmente, también con cierto desarrollo de la pared secundaria), algunos plasmodesmos muy próximos pueden comunicarse entre sí estableciendo conexiones en el interior de la pared celular; esto da lugar a *plasmodesmos ramificados* (véase Fig. 7.27.D). Las conexiones pueden formar cavidades a modo de bolsa en el interior de la pared celular a la que llegan varios plasmodesmos. Se ha sugerido que la formación de estas cavidades se produce del modo siguiente: durante la expansión de la pared en el crecimiento celular, los plasmodesmos quedan inicialmente más anchos, pero, a continuación, en los huecos se producen depósitos de pared primaria y, después, de pared secundaria en algunos casos, dando lugar a la formación de grandes plasmodesmos ramificados con una cavidad interna (Fig. 7.32.B).

## CAMPO DE POROS PRIMARIOS

El *campo de poros primarios* es una depresión en la pared primaria que queda atravesada por un grupo muy numeroso de plasmodesmos. Donde se encuentra ese grupo de plasmodesmos se ha inhibido el depósito celulósico que va engrosando el resto de la pared celular primaria durante el crecimiento y el desarrollo de la célula (Figs. 7.33.A y 7.33.B).

## PUNTEADURAS

Si en una célula con campos de poros primarios se deposita pared secundaria, el depósito de celulosa se inhibe donde hay campos de poros; se denominan estas interrupciones de la pared *punteaduras* (Figs. 7.33.C, 7.33.E y 7.34.A-7.34.C). La célula presenta pared secundaria excepto en las punteaduras, donde quedan lo que eran campos de poros cuando la célula sólo tenía pared primaria. La punteadura es, por tanto, el hueco en la pared celular originado por un conjunto de plasmodesmos (campo de poros), que han inhibido tanto el engrosamiento de la pared primaria como el depósito posterior de la pared secundaria. Las punteaduras facilitan los intercambios en células con gruesas paredes secundarias, como las tráqueas, las traqueidas y las fibras esclerenquimáticas.

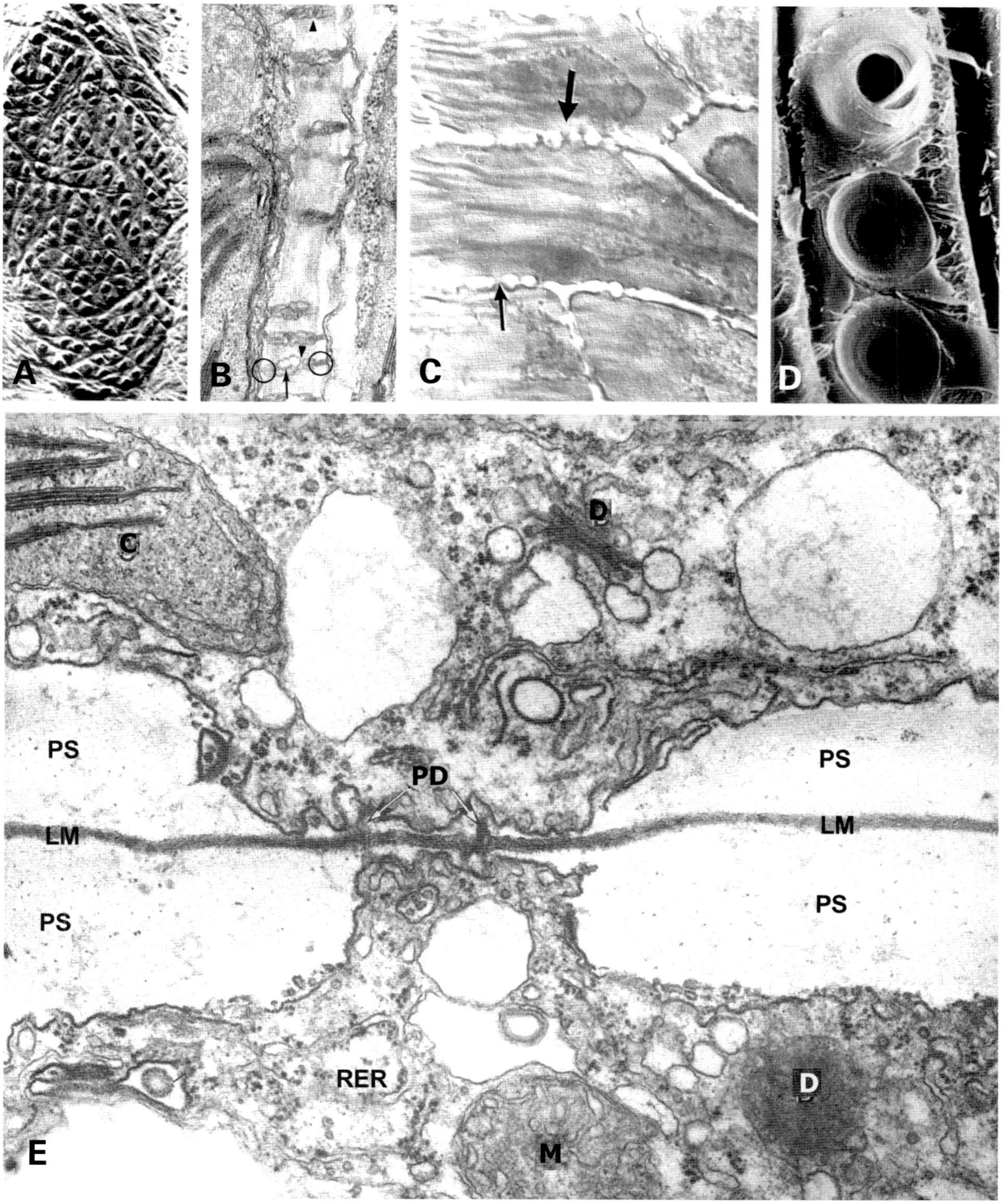


**Figura 7.33.** **A**: Microscopía de barrido de un campo de poros primarios en la raíz del maíz. X13 000. **B**: Sección transversal de un campo de poros primarios en el parénquima de la hoja de avena. Las cabezas de flecha señalan los plasmodesmos. En algunos de ellos (flecha) se aprecia su conexión con la membrana plasmática (círculos). X25 400. **C**: Microscopía óptica del parénquima de la hoja de *Viola* que muestra punteaduras simples (flechas). X250. **D**: Microscopía de barrido de punteaduras areoladas en el xilema del pino. X1200. **E**: Sección transversal de una punteadura simple. C: cloroplasto. D: dictiosoma. LM: lámina media. M: mitocondria. PD: plasmodesmos. PS: pared secundaria. RER: retículo endoplasmático rugoso. Parénquima de hoja de avena. X40 000. (Las figuras A, B, D y E han sido tomadas de Gunning BES, Steer MW. *Ultrastructure and the Biology of Plant Cells*. London, Edward Arnold, 1975.)

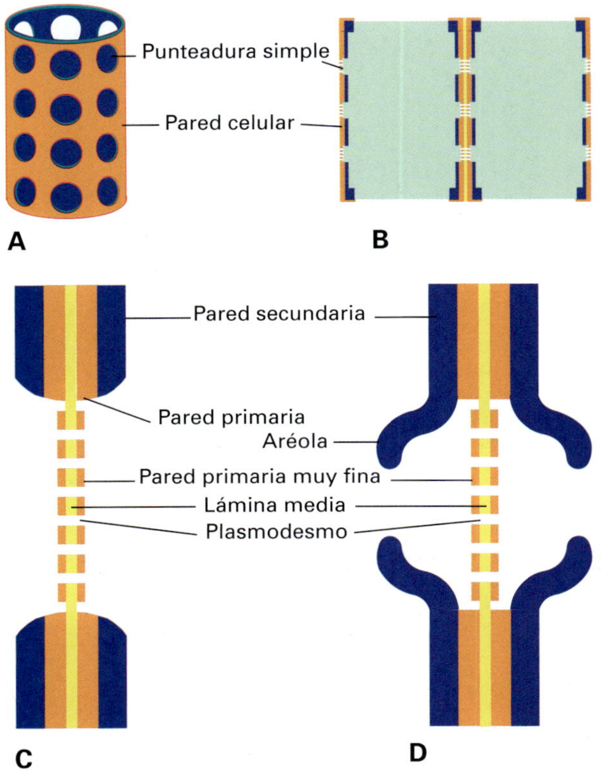


**Figura 7.34.** Estructura de las punteaduras. **A**: Vista frontal de punteaduras simples. **B**: Sección longitudinal de vasos que muestra punteaduras simples. **C**: Punteadura simple. **D**: Punteadura areolada.

Si en el fondo de la punteadura desaparecen la pared primaria y la lámina media, como consecuencia de la hidrólisis de materiales y muerte de la célula, se origina una *perforación*. Las perforaciones se encuentran en las tráqueas del xilema.

En las células parenquimáticas que han desarrollado una pared secundaria, en las fibras esclerenquimáticas y en algunas tráqueas y traqueidas, las punteaduras pueden ser *simples*, sin más características que las descritas. Pero en los elementos traqueales y fibrotraqueales, las punteaduras suelen ser *areoladas*, sobre todo en gimnospermas. En este tipo de punteadura, la pared secundaria engrosada forma un saliente o reborde sobre el campo de poros, sin llegar a establecer contacto con éste ni taparlo completamente (Figs. 7.33.D y 7.34.D).

En el fondo de algunas punteaduras areoladas (pared primaria), existe un engrosamiento de forma lenticular, constituido por pared primaria y lámina media, llamado *toro*. Este engrosamiento es muy característico de las coníferas (Figs. 7.35 y 7.36.A-7.36.D). Cuando hay toro, la pared que lo rodea (*margen del poro*) casi ha desaparecido por completo (la lámina media y la fina pared primaria se han hidrolizado), quedando tan sólo las finas fibrillas celulósicas libres de matriz. Estas fibrillas están dispuestas a modo de radios que unen el toro al borde de la punteadura y le confieren movilidad. Una suspensión de finas partículas de carbón puede atravesar la punteadura y pasar de una traqueida a otra. El toro tiene una gran importancia, pues actúa como válvula ante las diferencias de presión. Cuando dos traqueidas interconectadas están llenas de savia ascendente, el toro está en su sitio y hay transferencia lateral entre ellas. Si una de las traqueidas está vacía, la disminución de

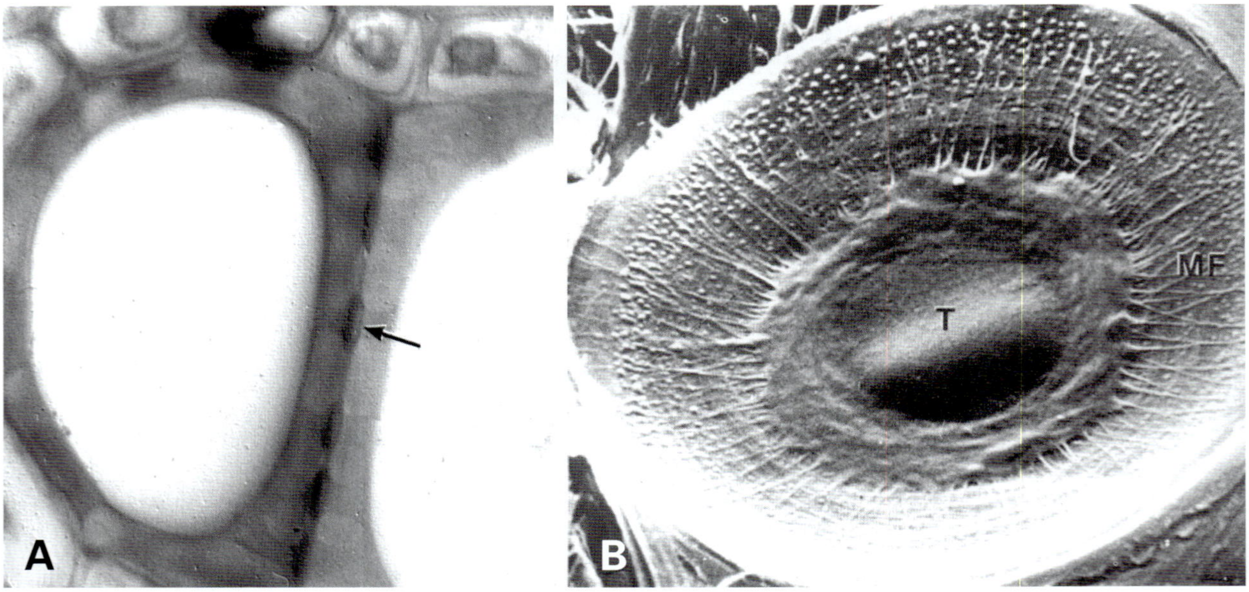


**Figura 7.35.** **A**: Punteaduras areoladas con toro (flecha) en el xilema del pino, vistas mediante microscopía óptica. X600. **B**: Detalle de una punteadura areolada con toro (T) vista en microscopía de barrido. MF: microfibrillas de la pared celular primaria que está parcialmente digerida. X6200. (Tomado de Gunning BES, Steer MW. *Ultrastructure and the Biology of Plant Cells*. London, Edward Arnold, 1975.)

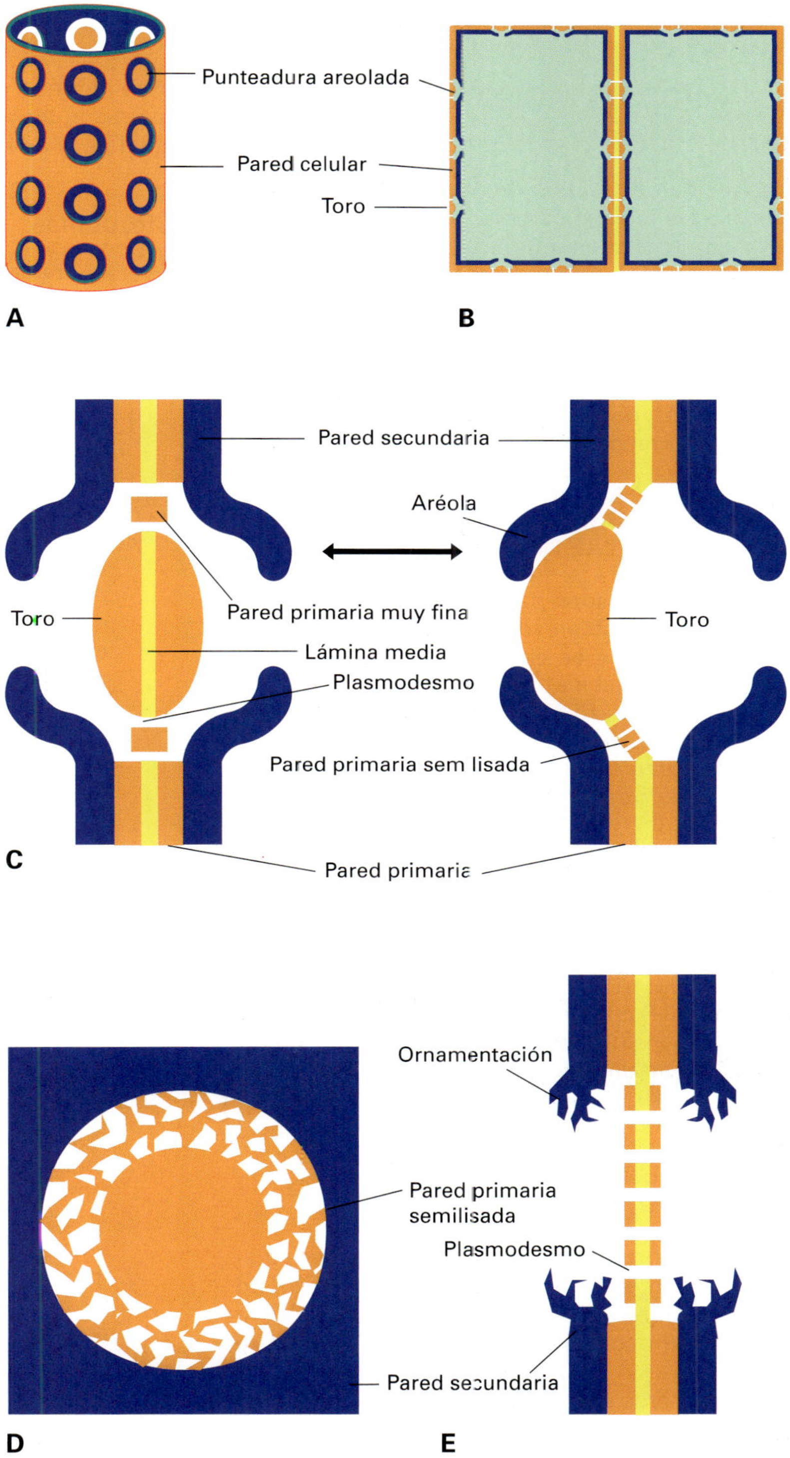


**Figura 7.36.** **A**: Vista frontal de punteaduras areoladas con toro. **B**: Sección longitudinal de punteaduras areoladas con toro. **C**: Movimientos del toro en las punteaduras. **D**: Vista frontal del toro y fibrillas de pared primaria. **E**: Punteadura ornamentada.

presión hace que se desplace el toro, quedando cerrado el paso (Fig. 7.35.C).

En general, una punteadura se corresponde con otra similar en la célula adyacente (par de punteaduras). Pero si, por ejemplo, los elementos conductores de una tráquea limitan con células parenquimáticas, la punteadura es areolada sólo por parte de la tráquea. Por el lado de la célula parenquimática, la punteadura es simple o falta.

En tráqueas de dicotiledóneas se han observado *punteaduras ornamentadas*, en las que la pared secundaria que rodea la punteadura presenta proyecciones irregulares simples o ramificadas (Fig. 7.35.E).

# SEÑALES QUÍMICAS ENTRE CÉLULAS

## TIPOS DE MOLÉCULAS DE SEÑALIZACIÓN

Las células reciben estímulos de otras células. Se trata de señales que les indican cómo proceder, por ejemplo, para liberar una secreción ante un estímulo nervioso u hormonal. Estas señales se transmiten mediante *moléculas de señalización* y actúan como ligandos para las células diana, que poseen receptores para captar estas moléculas e iniciar la respuesta.

Las moléculas de señalización pueden clasificarse en tres grandes grupos, de acuerdo con su distribución: neurotransmisores, hormonas y mediadores químicos locales.

### NEUROTRANSMISORES (SEÑALIZACIÓN SINÁPTICA)

Son producidos y liberados por las neuronas en la terminación sináptica y actúan sólo sobre la célula postsináptica. La señalización es casi instantánea, y la concentración requerida del neurotransmisor, en el caso de la acetilcolina, es de $5 \times 10^{-4}$ M. Es probable que algunas moléculas de señalización liberadas por las terminaciones nerviosas actúen como mediadores químicos locales, y no como neurotransmisores.

### HORMONAS (SECRECIÓN ENDOCRINA)

Desde las glándulas endocrinas, las hormonas se liberan a la sangre, que las transporta hasta las células diana, a veces situadas muy lejos de las células que segregaron la hormona. Por tal motivo, las hormonas pueden tardar minutos, e incluso horas, en alcanzar las células diana, y también actuar en concentraciones muy bajas (inferiores de $10^{-8}$ M).

### MEDIADORES QUÍMICOS LOCALES (SECRECIÓN PARACRINA Y AUTOCRINA)

Esta secreción es producida por muchos tipos celulares y es rápidamente absorbida o destruida, de modo que sólo actúa sobre las células localizadas en su entorno inmediato en concentraciones muy bajas (entre $10^{-9}$ y $10^{-11}$ M).

Este tipo de secreción sirve para que una célula envíe señales a otros tipos celulares de su entorno (*secreción paracrina*). Pero las señales pueden ser para otras células del mismo tipo que la célula emisora: en ese caso se trataría de una *secreción autocrina*. De esta manera, en un grupo de células de un mismo tipo, cuanto mayor sea su número, mayor es la señal. Este mecanismo se utiliza durante el desarrollo embrionario para el control de la población (superado un umbral de concentración de señal, cesa la proliferación).

Entre los mediadores químicos locales figuran las *citoquinas*, y los *eicosanoides*. Las uniones de hendidura, aunque no pueden ser consideradas mediadores químicos locales, también transmiten señales de una célula a la adyacente, acoplándolas eléctricamente.

#### Citoquinas

Forman una familia de proteínas que están involucradas en el control de la proliferación, diferenciación, migración y activación de células mieloides y linfoides; también intervienen en la regeneración y angiogénesis de otros tejidos. Las citoquinas se clasifican en varios grupos:

1. *Factores de crecimiento.* Estimulan la proliferación, diferenciación y crecimiento de células madre, bien multipotenciales o ya definidas en una línea celular característica de un tejido (Tabla 7.3).
2. *Factores estimuladores de colonias de células sanguíneas.* Estimulan la proliferación y diferenciación de células progenitoras de la médula. Dependiendo del factor, estimulan distintos tipos de células desde la célula multipotencial que origina todos los tipos de células sanguíneas, hasta las que dan lugar a un solo tipo (Tabla 7.4).
3. *Factores de necrosis tumoral.* Son producidos fundamentalmente por macrófagos activados que actúan reclutando neutrófilos y monocitos hacia los sitios de infección. Estimulan la expresión de moléculas de adhesión en las células endoteliales y también la secreción de quimioquinas por macrófagos y células endoteliales. Promueven la muerte celular por apoptosis de ciertas células. Inducen la fiebre, la síntesis de proteínas de la fase aguda por el hígado y la caquexia (Tabla 7.4).
4. *Interferones.* Refuerzan la capacidad del organismo para responder a los agentes infecciosos facilitando o inhibiendo la actividad de muchos componentes del sistema inmunitario. Promueven o impiden la diferenciación de ciertas células. Pueden inhibir la mitosis ejerciendo una función antitumoral (Tabla 7.4).
5. *Quimioquinas.* Estimulan la quimiotaxis, adhesión y activación de los leucocitos (Tabla 7.4).
6. *Interleuquinas.* Es el nombre genérico que reciben las citoquinas producidas por los leucocitos. Las interleuquinas estimulan la proliferación celular y diversas acciones específicas de las células linfoides y de otras células relacionadas con la respuesta inmunitaria. Esta acción también la ejercen sobre células hemopoyéticas y de otros muchos tejidos, como el conjuntivo (Tabla 7.5).

#### Eicosanoides

Fueron considerados durante mucho tiempo como hormonas, pero hoy se admite que son mediadores químicos locales que están implicados en respuestas inmediatas y que actúan como secreción autocrina en el organismo ya diferenciado.

TABLA 7.3. **Citoquinas I: factores de crecimiento**

| Factor | Siglas | Acción |
|---|---|---|
| Factores de acción múltiple | | |
| Factor de crecimiento epidérmico o epitelial | EGF | Estimula la proliferación de derivados ectodérmicos y endodérmicos, así como de fibroblastos, condrocitos, osteoblastos y quizá de otros tipos celulares. |
| Factor de crecimiento fibroblástico (ácido y básico) | FGF | Estimulan la proliferación de fibroblastos, células endoteliales y musculares lisas, glándula suprarrenal y próstata. En el desarrollo embrionario induce la formación del mesodermo y la proliferación de los mioblastos hacia el músculo. |
| Factor de crecimiento derivado de las plaquetas | PDGF | Estimula la proliferación de fibroblastos, células musculares lisas, condrocitos, osteoblastos y células gliales. |
| Factores de crecimiento tipo insulina I (somatomedina C) y II | IGF-I e IGF-II | Colaboran con PDGF y EGF. Estimulan la proliferación de células de origen mesodérmico, como tejido conjuntivo y adiposo, cartílago, hueso y músculo. |
| Factor de crecimiento transformante α | TGF-α | Acción similar al EGF. |
| Factor de crecimiento transformante β | TGF-β | Inhibe el desarrollo de células epiteliales y neuroectodérmicas y favorece el de las células de origen mesodérmico. |
| Factores específicos | | |
| Factor de crecimiento de células nerviosas | NGF | Promueve el crecimiento de los axones y el mantenimiento de las neuronas simpáticas y algunas sensitivas del sistema nervioso central. |
| Factor de crecimiento derivado del cartílago | CDGF | Similar al factor IGF-I. Estimula la proliferación de cartílago. |
| Factor de crecimiento derivado del hueso | BDGF | Es una microglobulina $\beta_2$ que estimula la formación de hueso. |
| Factor de crecimiento del esqueleto humano | hSGF | Estimula la formación de hueso. |
| Proteína morfogénica ósea | BMP | Estimula la formación de células y matriz del tejido conjuntivo, cartílago y hueso. |
| Osteogenina | | Estimula la formación de hueso. |
| Factor de crecimiento endotelial vascular | VEGF | Promueve la proliferación vascular en regeneración, inflamación y tumores. |
| Otras citoquinas que actúan como factores de crecimiento | | Los factores estimuladores de colonias de células sanguíneas (CSF), los interferones (IFN), los factores de necrosis tumoral (TNF) y las interleuquinas (IL) (véanse Tablas 7.4 y 7.5). |

Derivan del ácido araquidónico, poseen 20 átomos de carbono y son sintetizados por la casi totalidad de los tejidos de los mamíferos a partir de los ácidos grasos de fosfolípidos liberados de la membrana. Entre otras funciones, actúan en la regulación de la contracción del músculo liso y favorecen la agregación de plaquetas, participando en respuestas inflamatorias.

Comprenden las *prostaglandinas* (varios tipos), los *tromboxanos*, los *leucotrienos* y las *lipoxinas*; estas últimas son sintetizadas sólo en las plaquetas. Se designan con tres letras y un número. Las dos primeras letras indican el tipo de eicosanoide; la tercera, las características estructurales; y el número, cuántos dobles enlaces hay. Así, las prostaglandinas más importantes son $PGD_2$, $PGE_2$ y $PGI_2$ (*prostaciclina*).

## COMPORTAMIENTO DE LAS MOLÉCULAS DE SEÑALIZACIÓN Y SUS RECEPTORES

Las moléculas de señalización se comportan de manera diferente según su solubilidad (*hidrófobas* o *hidrófilas*) y su receptor (*intracitoplásmico* o *de la superficie celular*).

### MOLÉCULAS DE SEÑALIZACIÓN HIDRÓFOBAS. RECEPTORES NUCLEARES

Dentro de este grupo se encuentran las hormonas esteroideas y tiroideas, la vitamina D, los retinoides (derivados de la vitamina A), los eicosanoides, el NO y el CO.

**TABLA 7.4. Citoquinas II. Factores estimuladores de la hemopoyesis, de necrosis tumoral, interferones y quimioquinas**

| Tipo | Fuente | Acción |
|---|---|---|
| Factores estimulantes de colonias de células sanguíneas (CSF) | | |
| SCF (*stem cell factor* o factor *steel*) | Fibroblastos, células del sistema nervioso, células óseas, linfocitos T | Diferenciación de todos los tipos de células madre hemopoyéticas, células madre germinales y melanocitos. |
| Eritropoyetina | Células del riñón | Diferenciación de E-CFC en eritrocitos. |
| GM-CSF | Linfocitos T, macrófagos, células endoteliales, fibroblastos | Diferenciación de GM-CFC en granulocitos (principalmente neutrófilos) y macrófagos. |
| G-CSF | Macrófagos, fibroblastos | Diferenciación de GM-CFC (o de G-CFC) en granulocitos (sobre todo neutrófilos). |
| M-CSF | Macrófagos, fibroblastos, células endoteliales, mastocitos | Diferenciación de GM-CFC en macrófagos. |
| Factores de necrosis tumoral (TNF) | | |
| TNF-α | Neutrófilos, macrófagos, linfocitos T, células NK, mastocitos | Estimulación de adresinas vasculares de las células endoteliales. Activación de neutrófilos, macrófagos y eosinófilos. Desarrollo de vasos sanguíneos y fibroblastos. Inducción de fiebre. Aumento de la síntesis de proteínas séricas en los hepatocitos. Supresión de la división de células madre hemopoyéticas. Citotoxicidad tumoral, caquexia. |
| TNF-β (linfotoxina) | Linfocitos T | Estimulación de adresinas vasculares y de las células endoteliales. Activación de neutrófilos. Citotoxicidad tumoral. Desarrollo de los órganos linfoides. |
| Interferones (IFN) | | |
| IFN-1 (α y β) | Neutrófilos y macrófagos (α), fibroblastos (β) | Actividad antiviral. Expresión de MHC de clase I. Activación de células NK. |
| IFN-γ | Linfocitos T, células NK | Actividad antiviral. Expresión de MHC de las clases I y II. Inducción de adresinas vasculares para reclutamiento de linfocitos $T_H$. Aumento de la síntesis de TNF-α. Diferenciación de linfocitos $T_{H1}$ e inhibición de linfocitos $T_{H2}$. Síntesis de IgG por inmunoblastos B. Activación de fagocitos. Activación de células NK. Antagonismo frente a acciones de IL-4. |
| Quimioquinas | | |
| IL-8, Rantes, MCP-1, eotaxina, linfotaxina y fractalcina | Macrófagos, neutrófilos, linfocitos T, fibroblastos, células endoteliales y plaquetas | Quimiotaxis de todos los tipos de leucocitos, aunque en distinta medida dependiendo del tipo de quimioquina. |

A diferencia de la mayoría de las hormonas, que son hidrosolubles, las hormonas hidrófobas permanecen mucho tiempo en la sangre y actúan como mediadoras en respuestas de larga duración. Al ser liposolubles, pasan fácilmente a través de la membrana plasmática (difusión simple) y se unen de modo reversible a miembros de una familia de proteínas, conocida como *receptores nucleares*, que, en realidad, son *factores de transcripción* (proteínas reguladoras génicas codificadas por genes cuya función es regular la expresión de otros genes). Estos receptores pueden estar también en el citoplasma, pero su activación por unión al ligando tiene lugar en el núcleo. Esta activación provoca un cambio en la configuración del receptor, y el complejo receptor + hormona se une a la cromatina para regular la transcripción de un pequeño número de genes (*respuesta primaria*) (Fig. 7.37). Los productos de estos genes pueden activar otros genes y dar lugar a una *respuesta secundaria retardada*.

En el caso de las hormonas esteroideas, el receptor no unido al ligando tiene bloqueada su unión al DNA por la proteína Hsp90. La unión al ligando libera la Hsp90, y el complejo receptor + ligando forma dímeros que se unen a un coactivador con actividad histona acetilasa para activar la transcripción del DNA (Fig. 7.37.A). Cada hor-

TABLA 7.5. **Citoquinas III. Interleuquinas**

| Tipo | Fuente | Acción |
|---|---|---|
| IL-1 | Macrófagos y células presentadoras de antígeno, fibroblastos | Proliferación de linfocitos B y T activados. Secreción de IL-6, IFN-β1 y GM-CSF. Secreción de citoquinas y prostaglandina E2 por macrófagos. Secreción de proteoglucosidasas y colagenasas por macrófagos y fibroblastos. Inducción de moléculas de adhesión de neutrófilos y linfocitos T a celulas endoteliales. Inducción de fiebre y proteínas de la fase aguda. Reabsorción ósea por osteoclastos. |
| IL-2 | Linfocitos $T_H$ | Diferenciación de linfocitos B y T activados en inmunoblastos. Activación de células NK. |
| IL-3 | Linfocitos T | Diferenciación de todas las células precursoras hemopoyéticas y de mastocitos. |
| IL-4 | Linfocitos $T_H$, mastocitos | Proliferación de mastocitos. Formación de linfocitos T. Activación de linfocitos B por el antígeno y transformación en inmunoblastos. Inducción de la secreción de IgE e IgG. Inducción de MHC de clase II y receptores Fc en linfocitos B y del receptor a IL-2 en linfocitos T. Inducción de adresinas vasculares en células endoteliales. Inhibición de la emigración de macrófagos. |
| IL-5 | Linfocitos $T_H$, mastocitos | Proliferación de linfocitos B activados. Inducción de la secreción de IgM e IgA. Proliferación de eosinófilos. |
| IL-6 | Linfocitos $T_H$, mastocitos, fibroblastos, células endoteliales, macrófagos | Diferenciación de células plasmáticas y linfocitos T activados y de células hemopoyéticas. Inducción de proteínas de la fase aguda. Estimulación de la síntesis de proteínas plasmáticas en hepatocitos. |
| IL-7 | Fibroblastos, células de la médula ósea | Formación de linfocitos B y T a partir de sus células precursoras. |
| IL-8 | Macrófagos, células endoteliales | Quimiotaxis y activación de neutrófilos. Quimiotaxis de linfocitos T. |
| IL-9 | Células de la médula ósea | Proliferación de linfocitos T a partir de sus células precursoras y de mastocitos en la médula ósea. |
| IL-10 | Linfocitos $T_H$, macrófagos | Activación de linfocitos B. Inhibición de la activación de macrófagos. |

mona esteroidea es reconocida por un receptor diferente. A su vez, en diferentes células diana, un mismo receptor para una hormona esteroidea concreta puede regular genes diferentes. Los receptores son también activados por los anticuerpos formados frente a ellos.

En las hormonas tiroideas el receptor no unido al ligando, que también forma dímeros, se encuentra unido al DNA, pero su acción es bloqueada por un correpresor con actividad histona desacetilasa. La unión del ligando libera el correpresor y permite la unión del activador para activar la transcripción del DNA (Fig. 7.37.B).

También actúa como molécula de señalización hidrófoba el *monóxido de nitrógeno u óxido nítrico (NO).* La liberación de la acetilcolina por las terminaciones nerviosas en los vasos sanguíneos incrementa la concentración intracelular de $Ca^{2+}$ en las células endoteliales. Este aumento activa la síntesis de NO mediante la desaminación de la arginina por la *NO sintetasa.* El NO liberado se difunde hasta el músculo liso vascular, donde se une al hierro de la enzima *guanilato ciclasa*, que sintetiza cGMP, el cual produce la relajación muscular. El efecto es contrarrestado por la eliminación del cGMP por parte de la *fosfodiesterasa del cGMP.* La nitroglicerina se usa como relajante muscular al convertirse en NO. En el pene, los nervios del sistema nervioso autónomo producen y liberan NO, que causa la dilatación de los vasos sanguíneos produciendo la erección. El fármaco *viagra* inhibe la fosfodiesterasa del cGMP, por lo que los niveles de cGMP en el pene se mantienen altos durante bastante tiempo, y esto permite la persistencia de la erección.

El *monóxido de carbono (CO)* es un mensajero químico que estimula la producción de cAMP en células específicas y actúa también favoreciendo la dilatación de vasos sanguíneos. Una fuente importante de producción de CO es la degradación de eritrocitos gastados. La enzima *hemoxigenasa* cataliza la destrucción del grupo hemo de estos eritrocitos y origina CO, además de otros productos. En las neuronas olfativas, que aumentan su cAMP para responder a moléculas olorosas, se ha encontrado una elevada concentración de hemoxigenasa.

## MOLÉCULAS DE SEÑALIZACIÓN HIDRÓFILAS. RECEPTORES DE SUPERFICIE

Dentro de este grupo se encuentran los neurotransmisores, las hormonas proteicas y glucoproteicas y mu-

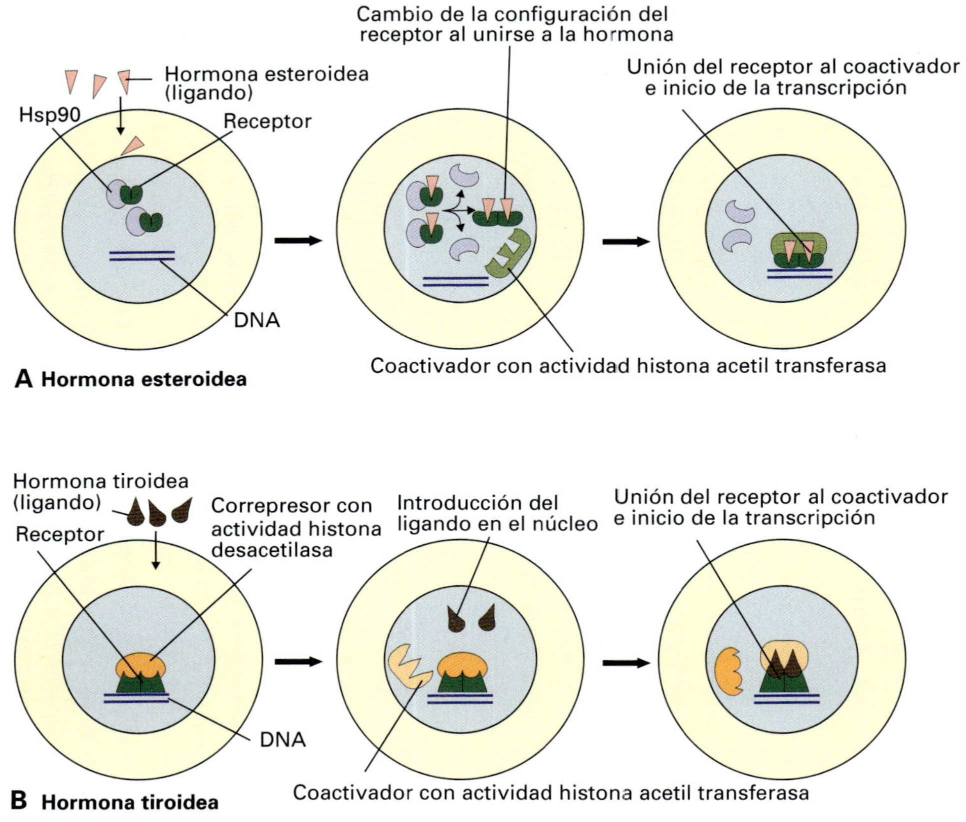


**Figura 7.37.** Moléculas de señalización hidrófobas y receptores nucleares. **A**: Las hormonas esteroideas penetran en la célula y se unen a su receptor, liberando la Hsp90 que lo mantenía bloqueado. El receptor y su ligando forman dímeros que se unen a un coactivador con actividad histona acetil transferasa y activan la transcripción de determinados genes. **B**: En las hormonas tiroideas, el receptor dimerizado se encuentra unido al DNA, pero está inactivado por un correpresor con actividad histona desacetilasa. La unión del ligando libera al correpresor y permite la unión del coactivador para iniciar la transcripción.

chos mediadores químicos locales. Estas moléculas se degradan a los pocos minutos de ser liberadas e intervienen en respuestas de corta duración. Activan proteínas receptoras de la superficie de la membrana plasmática. La unión del receptor al ligando activa una cadena de acontecimientos que alteran la concentración de una o más moléculas señal intracelulares, denominadas *mensajeros intracelulares, mediadores intracelulares* o *segundos mensajeros* (los primeros mensajeros son los ligandos). A su vez, estos mensajeros actúan alterando el comportamiento de otras proteínas diana de la célula. Los dos mensajeros intracelulares más importantes son el cAMP y el $Ca^{2+}$.

Las células diana que han estado expuestas durante un tiempo prolongado a una molécula de señalización pierden su capacidad de respuesta al estímulo. Esto ocurre de dos modos (Fig. 7.38):

1. Por endocitosis de los receptores de superficie, que al pasar al citoplasma son degradados allí en los lisosomas, por lo que tardan en ser reemplazados por otros nuevos (*regulación negativa de los receptores*).
2. Por inhabilitación del receptor tras ejercer su acción. Esto puede deberse a:
   - Inactivación del receptor (p. ej., fosforilación).
   - Modificación de una proteína traductora de la señal.
   - Producción de un inhibidor que se une a una proteína traductora evitando que ésta se una al receptor.

Los receptores de la superficie celular pueden ser de varios tipos: asociados a canales, ligados a proteínas G o ligados a enzimas (catalíticos). Cada tipo interviene en procesos diferentes.

### Receptores asociados a canales

Son proteínas transmembranosas que actúan como canales iónicos regulados por un neurotransmisor. En la transmisión sináptica, los neurotransmisores abren o cierran transitoriamente el canal iónico al que se unen, alterando la permeabilidad de la membrana plasmática y modificando, en consecuencia, la excitabilidad de la célula postsináptica (Fig. 7.39).

### Receptores ligados a proteínas G

Activan o inactivan indirectamente otra molécula, denominada *efector*, que está separada del receptor. La interacción del receptor con el efector está mediada por la *proteína G,* que fosforila el GDP al que está unido a GTP (Fig. 7.40).

El efector puede ser una enzima ligada a la membrana plasmática (la adenilato ciclasa, la fosfolipasa C o la fosfodiesterasa de cGMP, por ejemplo) o bien un canal iónico.

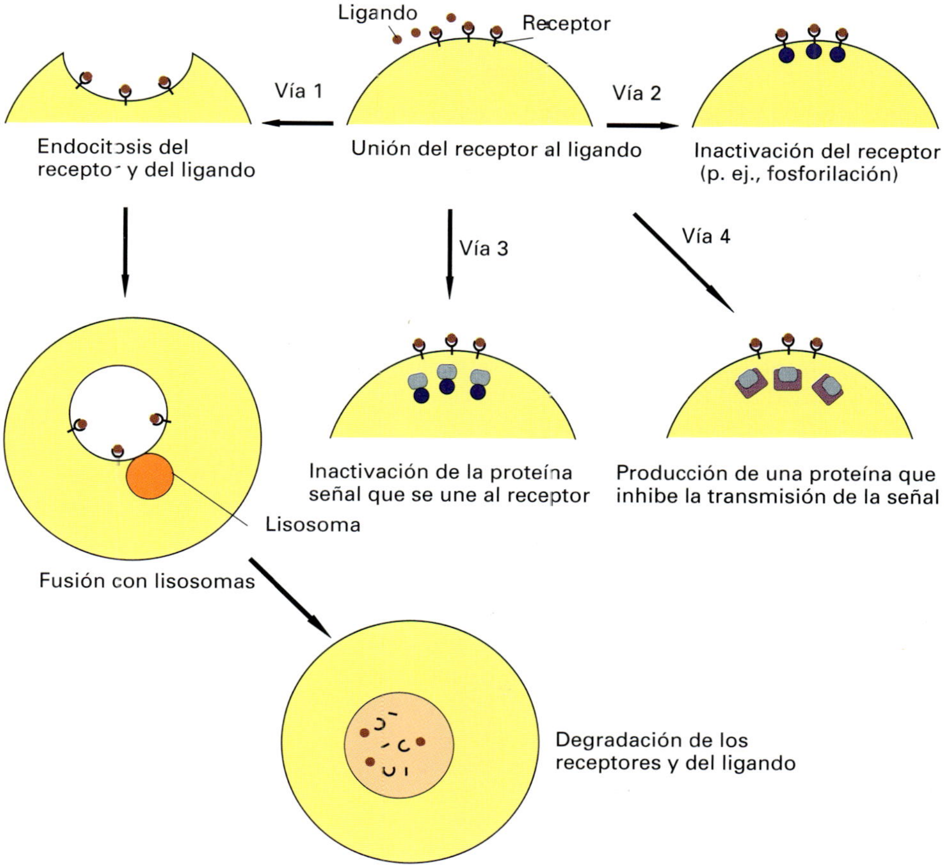


**Figura 7.38.** Para frenar la estimulación por una señal extracelular (ligando), las células utilizan uno de los siguientes mecanismos: eliminación del exceso de receptores de superficie mediante endocitosis y degradación de los receptores y sus ligandos en lisosomas (regulación negativa de los receptores); inactivación del receptor; inactivación de una proteína que recibe la señal del receptor; síntesis de una proteína que se une a la activada por el receptor, evitando dicha activación.

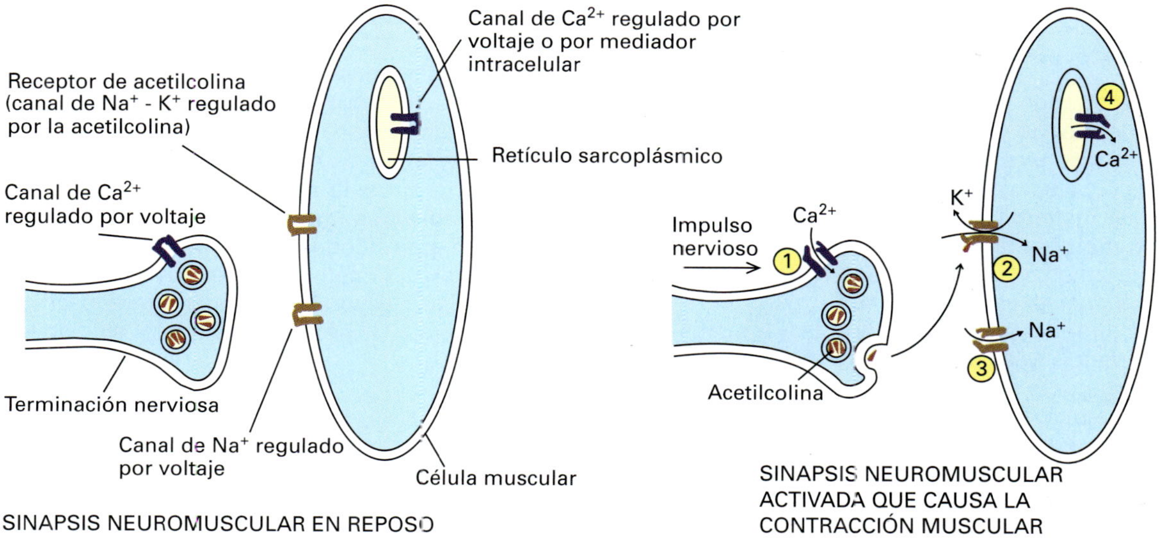


**Figura 7.39.** Cambios en la permeabilidad de la membrana plasmática en la transmisión sináptica de la unión neuromuscular, resultantes de la activación de receptores asociados a canales. El proceso se inicia cuando el impulso nervioso llega a la terminal sináptica. La disminución del potencial de membrana (despolarización) abre los canales de $Ca^{2+}$ (1). La entrada del $Ca^{2+}$ causa la liberación de la acetilcolina. La unión de ésta a los receptores de la membrana de la célula muscular abre los canales que determinan la entrada de $Na^+$ en la célula y la salida de $K^+$ (2), lo que produce una despolarización localizada de la membrana muscular. Esta despolarización abre otros canales para el $Na^+$ en la membrana de la célula muscular (3), dando lugar a una onda de despolarización (potencial de acción). A su vez, esta onda abre los canales de $Ca^{2+}$ del retículo endoplasmático liso permitiendo que salga el $Ca^{2+}$ al citosol. Este aumento del $Ca^{2+}$ provoca la contracción muscular.

## Activación de una enzima ligada a la membrana plasmática

*Activación de la adenilato ciclasa*

La unión del ligando al receptor comporta la unión de la proteína G a ambos y la fosforilación a GTP del GDP unido a ésta. La unidad $\alpha$ de la proteína G (G$\alpha$) se disocia de las otras dos subunidades (G$\beta$ y G$\gamma$) y se une al efector (la *adenilato ciclasa*), activándolo. La activación de esta enzima, que sintetiza cAMP a partir del ATP, incrementa la concentración del cAMP que actúa como segundo mensajero. Más raramente, la G$\alpha$ inhibe la adenilato ciclasa, causando una disminución del cAMP. La vuelta a la normalidad se produce porque la G$\alpha$ hidroliza su GTP a GDP, con lo que se reconstruye la estructura primitiva de la proteína G no activada (Fig. 7.40.A).

El aumento de los niveles de cAMP estimula una proteína quinasa dependiente del cAMP (*quinasa A*), que fosforila específicamente determinadas proteínas diana en residuos de serina o treonina, desencadenando una serie de señales intracelulares. El efecto es reversible. Entre las señales intracelulares mediadas por la quinasa A están la activación de proteínas transportadoras de membrana y la de enzimas implicadas en el desensamblaje o ensamblaje de microtúbulos, la degradación de lípidos (lipasa de triglicéridos), la síntesis (glucógeno sintetasa) o hidrólisis (fosforilasa) del glucógeno, la replicación y transcripción nuclear, y la síntesis proteica en el retículo endoplasmático rugoso.

La alta concentración de cAMP sólo persiste mientras el ligando está presente. El cAMP producido es rápida y continuamente degradado por su hidrólisis a adenosina-5'-monofosfato (5'-AMP) mediante la *fosfodiesterasa de cAMP*.

*Activación de la fosfolipasa C*

La unión del ligando al receptor comporta la unión de la proteína G a ambos y la fosforilación de esta proteína, cuya unidad $\alpha$ se une al efector que, en este caso, es la *fosfolipasa C*. La activación de esta enzima por la G$\alpha$ actúa sobre un fosfatidil inositol de la hemimembrana interna de la membrana plasmática generando dos mensajeros diferentes: el azúcar *inositol trifosfato* (*$IP_3$*) y la cola lipídica *diacilglicerol* (Fig. 7.40.B).

El $IP_3$ se difunde por el citosol y activa los canales de $Ca^{2+}$ de las membranas del retículo endoplasmático liso, donde se encuentra almacenado este ion unido a la proteína *calsecuestrina*. Los iones $Ca^{2+}$ pasan al citosol y actúan como mensajero intracelular en una amplia gama de respuestas celulares, como la secreción y proliferación celular.

El diacilglicerol permanece insertado en la membrana plasmática, donde activa una proteína quinasa llamada *quinasa C*, la cual fosforila diversas proteínas intracelulares. Un grupo de estas quinasas C (las *quinasas CaM*) no son activadas directamente por el $Ca^{2+}$ sino que necesitan que actúe como intermediaria la proteína *calmodulina*. El complejo $Ca^{2+}$ + calmodulina + quinasa CaM fosforila serinas o treoninas de algunas proteínas, como la quinasa de la cadena ligera de miosina (que induce la contracción del músculo liso) o la quinasa de la fosforilasa (que provoca la degradación del glucógeno en glucosa). Un grupo de estas quinasas, las *quinasas CaM II*, presentes en las neuronas, fosforilan quinasas de tirosinas, interviniendo directamente en la formación de neurotransmisores catecolaminérgicos (derivados de la tirosina).

Los iones $Ca^{2+}$ pueden provenir también de fuera de la célula o de las mitocondrias. Al cerrarse los canales que permitían el flujo de $Ca^{2+}$, estos iones son bombeados a su primitivo lugar de origen o amortiguados por el enlace a moléculas que se unen al $Ca^{2+}$.

*Activación de la fosfodiesterasa de cGMP*

Los bastones retinianos son receptores que actúan principalmente en condiciones de baja intensidad de luz, mientras que los conos, que detectan el color y los finos detalles, lo hacen en luz intensa. En los bastones retinianos, el cGMP mantiene abiertos los canales de entrada de $Na^+$ en la oscuridad, y la despolarización de la membrana plasmática mantiene la actividad de estos receptores. Con la luz, las moléculas de *rodopsina* de los bastones se escinden en *opsina* y *11-cis-retinal*. La opsina activa una proteína G (conocida como *transducina*) cuya G$\alpha$ activa una *fosfodiesterasa de cGMP* que hidroliza el cGMP en GMP. Esta hidrólisis cierra los canales de $Na^+$ y se produce la hiperpolarización de los bastones, que dejan de funcionar. Al mismo tiempo, disminuye también el $Ca^{2+}$ pues los canales de $Na^+$ son también permeables al $Ca^{2+}$. La normalidad se recupera cuando el descenso del $Ca^{2+}$ activa la enzima *recoverina;* ésta, a su vez, activa la guanilato ciclasa, la cual convierte el GMP en cGMP, que abre de nuevo los canales de $Na^+$.

## Activación de un canal iónico de membrana

Algunas proteínas G activan directamente canales iónicos de la membrana plasmática. Por ejemplo, en el músculo cardíaco (pero no en el esquelético) la unión de la acetilcolina a su receptor activa una proteína G, que se disocia. En este caso, el complejo activo es el G$\beta\gamma$. Este complejo se une a un canal de $K^+$ de la membrana y lo abre, permitiendo la salida de $K^+$ de la célula, lo que hiperpolariza la célula y disminuye la frecuencia de su contracción. Cuando la subunidad G$\alpha$ se inactiva, la acción del complejo G$\beta\gamma$ finaliza y el canal se cierra de nuevo (Fig. 7.40.C).

## Receptores catalíticos (ligados a enzimas)

Entre estos receptores se encuentran los receptores de insulina y los de varios factores de crecimiento como el epitelial (EGF), el derivado de las plaquetas (PDGF) y el de crecimiento nervioso (NGF). Todos estos ligandos son mediadores locales que actúan en concentraciones muy bajas (entre $10^{-9}$ y $10^{-11}$ M) y ejercen su actividad final en el ámbito génico estimulando la división de muchos tipos celulares. Diversos receptores asociados a enzimas también están implicados en la mediación de efectos directos y rápidos sobre el citoesqueleto.

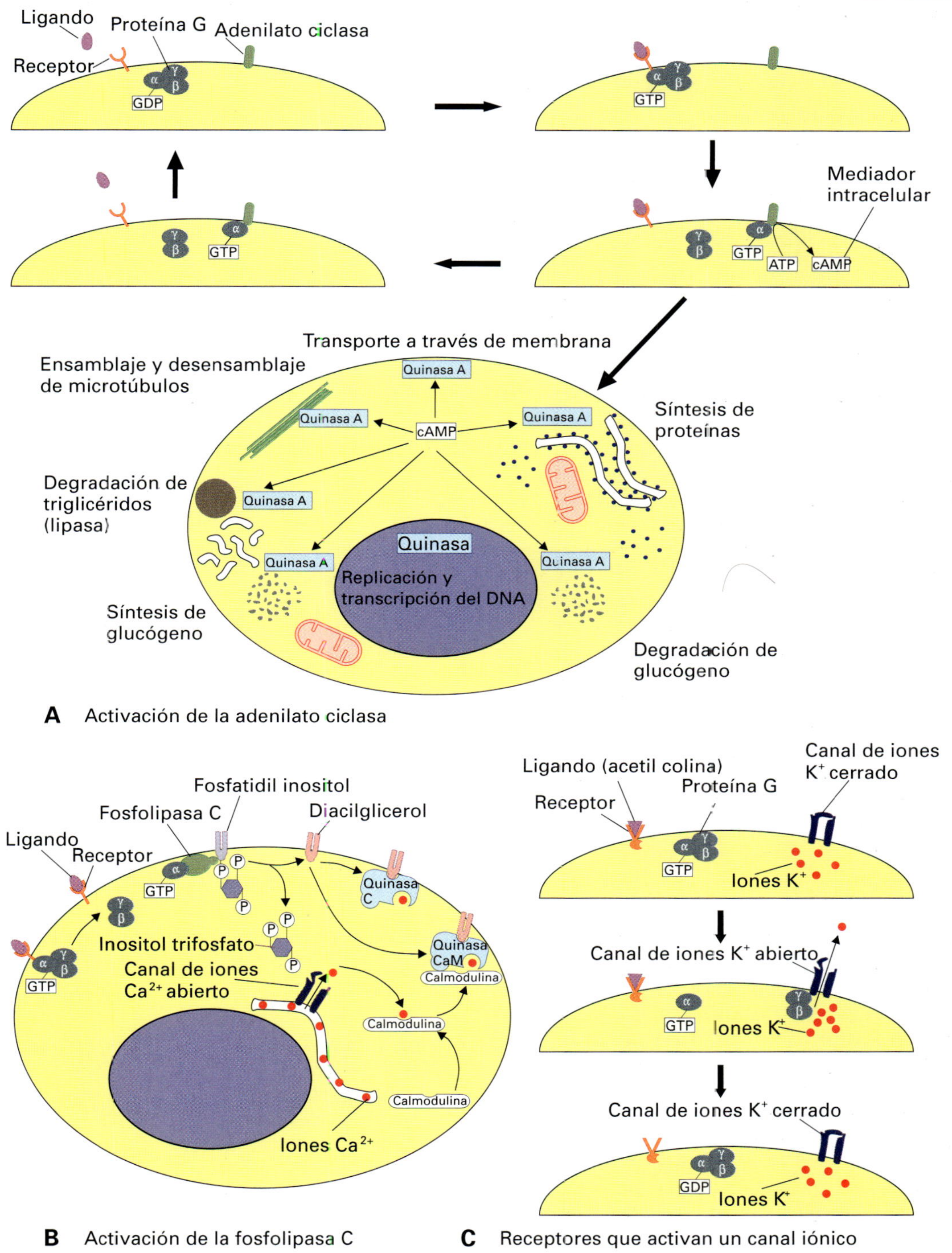


**Figura 7.40.** Receptores asociados a proteínas G. **A**: La unión del ligando al receptor activa la proteína G. La subunidad α de esta proteína altera la actividad de la enzima adenilato ciclasa unida a la membrana plasmática. Esta alteración aumenta la concentración intracelular de cAMP, lo que estimula la fosforilación de proteínas diana específicas por quinasas dependientes de cAMP. **B:** La unión del ligando al receptor activa la proteína G. La subunidad α de esta proteína altera la actividad de la enzima fosfolipasa C, que escinde el fosfatidil inositol de la membrana plasmática en diacil glicerol e inositol trifosfato. El diacil glicerol se une a una quinasa C (que es activada directamente por el $Ca^{2+}$) o a una quinasa CaM (que se activa por el complejo $Ca^{2+}$-calmodulina). El inositol trifosfato abre los canales del $Ca^{2+}$ del retículo endoplasmático liso, y los iones $Ca^{2+}$ que se liberan se unen a la quinasa, la cual es así activada e inicia una serie de fosforilaciones de proteínas diana. **C**: La unión del ligando al receptor activa la proteína G y el complejo de subunidades βγ de esta proteína activa un canal iónico; en este caso, un canal que permite la salida de $K^+$ de una célula muscular cardíaca, cambiando la polaridad de la membrana plasmática y disminuyendo el ritmo de la contracción.

Estos receptores son proteínas transmembranosas con un domino citoplásmico que está íntimamente asociado a una enzima o que actúa directamente como enzima. Esta enzima es generalmente del tipo proteína quinasa específica de tirosinas, y la activación de los receptores al unirse al ligando se produce por la fosforilación de un residuo de tirosina de la enzima a partir del ATP. Con menor frecuencia la enzima puede ser también una proteína quinasa de serina o, más raramente, de treonina; en tal caso la fosforilación tiene lugar en residuos de serina o treonina, respectivamente.

La fosforilación desencadena una cascada de nuevas fosforilaciones proteicas que originan una cadena de señales intracitoplásmicas.

### *Receptores tirosina quinasa*

La unión del ligando al dominio extracelular de los receptores tirosina quinasa provoca la dimerización de éstos. La formación del dímero pone en contacto los dominios intracelulares con actividad quinasa de ambos monómeros, de modo que cada monómero fosforila al otro varias tirosinas de las cadenas laterales. Cada tirosina fosforilada actúa como lugar específico para la unión de una proteína de señalización intracelular diferente, que transmite la señal a otras proteínas, las cuales, a su vez, fosforilan a otras en cadena, generalmente hasta el núcleo, donde controlan proteínas de regulación génica (Fig. 7.41).

Algunas de las proteínas que se unen a estos receptores son proteínas *adaptadoras*, que acoplan el receptor a otras proteínas. Una de las adaptadoras acopla el receptor a una GTPasa *Ras* que actúa como molécula de señalización intracelular; esta molécula se parece a la unidad α de las proteínas G y actúa de una manera similar. La activación de Ras desencadena una cascada de fosforilaciones en muchas quinasas de serinas y treoninas mucho más duraderas que las simples fosforilaciones en las tirosinas. Las tres últimas son el núcleo fundamental de la

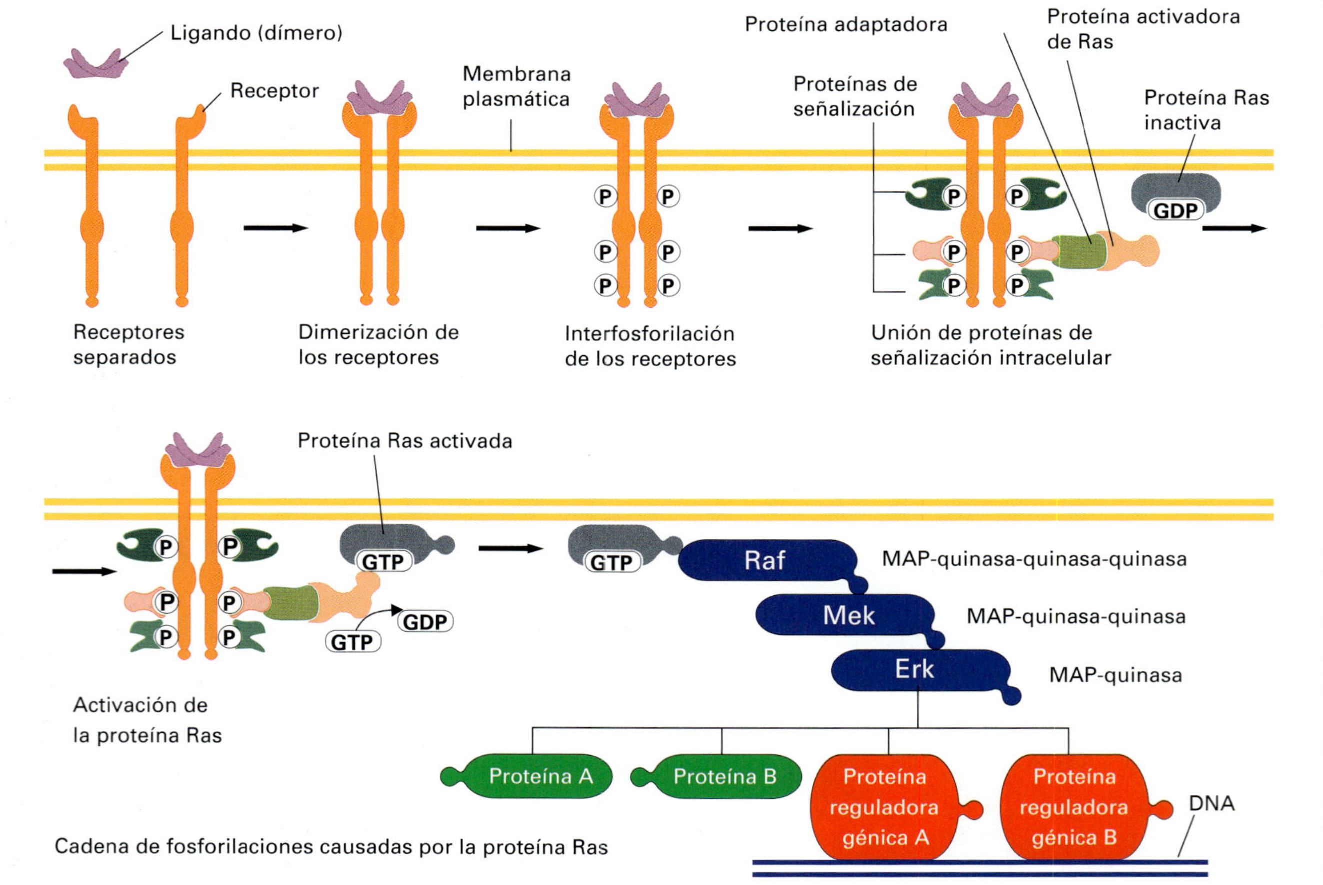


**Figura 7.41.** Los receptores ligados a enzimas (catalíticos) constan de una porción intracitoplásmica, que es una enzima con actividad tirosina quinasa, aunque, más raramente, puede fosforilar serinas o treoninas. La unión del ligando causa la dimerización del receptor y la fosforilación de ambos dominios intracitoplásmicos (cada receptor del dímero fosforila al otro). A las regiones fosforiladas del receptor se unen varias proteínas de señalización intracelular. Una de ellas es una proteína adaptadora que acopla el receptor a otra proteína; ésta, a su vez, activa una proteína dependiente de GTP denominada Ras. La fosforilación de esta proteína desencadena una cascada de fosforilaciones en proteína quinasas que, a su vez, fosforilan proteínas dianas, entre ellas las proteínas de regulación génica.

cascada y se conocen como *MAP quinasas* o *MAPK* (*mitogen-activated protein kinases*). La primera es la proteína *Raf* o *MAP quinasa quinasa quinasa* y fosforila a la segunda, que se llama *Mek* o *MAP quinasa quinasa*, la cual a su vez fosforila a la tercera, denominada *Erk* o *MAP quinasa*. Ésta fosforila una serie de proteínas que siguen en la cadena, incluidas otras quinasas y, finalmente, a proteínas reguladoras génicas del núcleo, de modo que se activan unos genes y se reprimen otros.

### *Receptores guanilato ciclasas*

El músculo cardíaco auricular sintetiza péptidos natriuréticos que producen la relajación del músculo liso vascular y la excreción de $Na^+$ y agua por el riñón. Los receptores para estos péptidos son también receptores catalíticos. Consisten en guanilato ciclasas que generan directamente cGMP, el cual activa una proteína quinasa dependiente de cGMP. A su vez, esta proteína fosforila serinas o treoninas de proteínas intracelulares, desencadenándose la secuencia de señales que conduce a los efectos mencionados.

# MOLÉCULAS DE SEÑALIZACIÓN EN VEGETALES

Las células vegetales comparten con las animales muchas de las características de las moléculas de señalización, como la utilización del $Ca^{2+}$ e $IP_3$. Sin embargo, los nucleótidos cíclicos (cAMP y cGMP) no son importantes en los vegetales.

## RECEPTORES RICOS EN LEUCINA

En las plantas actúan muchos receptores de proteína quinasas de serinas y treoninas. Estos receptores son diferentes de los de los animales. Los más comunes son los llamados *receptores ricos en leucina (LRR)*, que presentan unas secuencias extracelulares en tándem ricas en este aminoácido. En *Arabidopsis* se han encontrado 80 de estos receptores, el más conocido de los cuales es *CLAVATA 1* (*CLV1*), situado en el centro de los meristemos del brote apical. Su acción consiste en suprimir el crecimiento del brote, al inhibir la proliferación de sus células y favorecer su diferenciación. Su mutación causa el alargamiento del brote y de los meristemos florales, con producción extra de órganos florales. El ligando es una molécula (*CLV3*) producida por las células periféricas del meristemo. Su unión a CLV1 provoca la dimerización de éste, o quizá la heterodimerización (en ese caso, el dímero sería CLV1 y CLV2). La activación del dímero activa a su vez una GTPasa *Rho*, que envía hasta el núcleo una señal intracelular en la que intervienen quinasas de serinas y de treoninas (Fig. 7.42.A).

Otro LRR de *Arabidopsis* es *BRII*, al que se unen fitohormonas esteroideas (*brasinoesteroides*). En condiciones normales, la planta crece blanca y delgada en la oscuridad, por efecto de los brasinoesteroides segregados por ella. En ausencia de estas fitohormonas, la planta crece verde, aunque siga en la oscuridad, y la planta madura es enana. Otros receptores LRR son los receptores proteína quinasas que están presentes en algunas lectinas y que se unen a hidratos de carbono.

## ETILENO

El *etileno* interviene en la maduración de los frutos. También es una señal de estrés como respuesta a heridas, infecciones e inundaciones. El receptor es un dímero que tiene un dominio extracelular con cobre, al que se une el etileno, y un dominio intracelular. Este último, activado por el etileno, actúa como una proteína quinasa de histidina que activa una secuencia de proteínas MAPK, las cuales, a su vez, inactivan proteínas reguladoras génicas nucleares responsables de la activación de los genes de respuesta al etileno. En ausencia de etileno, el receptor y las MAPK están activas e inhiben las proteínas reguladoras génicas nucleares responsables de la activación de los genes de respuesta al etileno (Fig. 7.42.B).

## PIGMENTOS FOTORRECEPTORES

Las *fotoproteínas* (término más adecuado que el de *fotorreceptores*, pues evita que se confundan con las células de la retina) son sensibles a la luz porque llevan anexionado covalentemente un pigmento fotosensible (*cromóforo*). En los animales la fotoproteína más conocida es la rodopsina. En los vegetales la más conocida es el *fitocromo*; también están presentes la *fototropina* y el *criptocromo*.

### Fitocromos

El *fitocromo* es un cromoproteido azul-verde de 124 kDa. El grupo cromóforo tiene una estructura tetrapirrólica en cadena abierta, muy semejante a la de la ficobilina de las cianobacterias. La luz roja cercana (660 nm) lo activa, mientras que la luz roja lejana (730 nm) lo inactiva. No está clara la localización celular del fitocromo. Se ha dicho que el citocromo inactivo se encuentra en el citosol y el activo en la membrana plasmática, pero también pudiera encontrarse éste en membranas citoplásmicas. El fitocromo activo forma un dímero que actúa como una proteína quinasa de serina y treonina; esta proteína fosforila una serie de proteínas en cascada que sigue tres vías: 1) una que termina en el citosol, donde se activan proteínas que modifican el comportamiento celular sin intervención del núcleo; 2) otra vía en la que se activan proteínas reguladoras génicas en el citoplasma, y éstas emigran al núcleo, donde regulan la transcripción génica; y 3) una tercera vía que implica la entrada del propio fitocromo en el núcleo, donde regula la transcripción génica (Fig. 7.42.C).

Existen varios tipos de fitocromos dependiendo de la proteína que se une al cromóforo. En general, los fitocromos estimulan la germinación de las semillas, la inducción floral, la síntesis de pigmentos clorofílicos, antocianínicos y flavónicos, el crecimiento de las hojas, la regulación del movimiento intracelular de los cloroplastos, el desarrollo de los cloroplastos y peroxisomas, y el control de numerosas enzimas metabólicas.

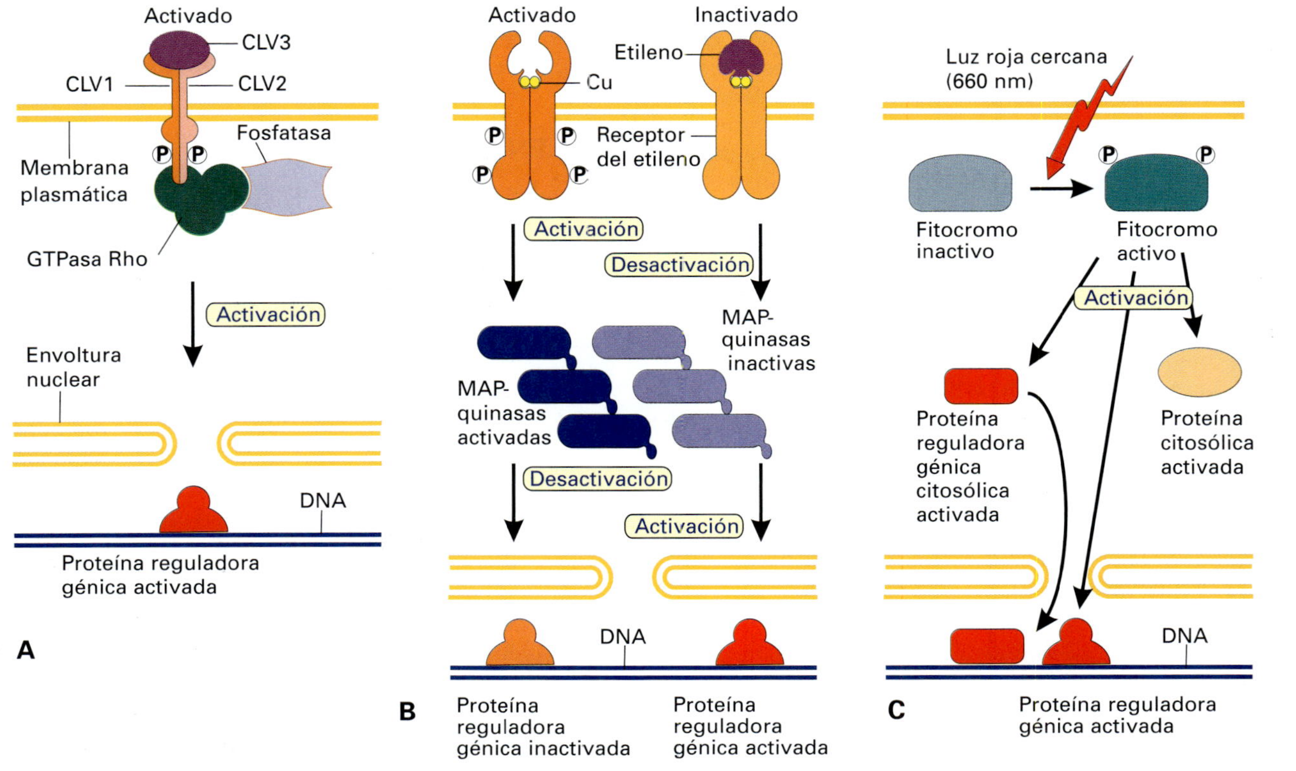


**Figura 7.42.** Receptores de plantas. **A**: El ligando del receptor meristemático CLAVATA 1 (CLV1) es la molécula CLV3 producida por el propio meristemo. Su unión al receptor provoca la heterodimerización de éste (formando el dímero CLV1 y CLV2). La activación del dímero activa una GTPasa Rho que, a través de varias quinasas de serinas y treoninas, termina por activar proteínas reguladoras génicas en el núcleo. **B**: El receptor del etileno es un dímero que tiene un dominio extracelular con cobre, al que se une el etileno, y un dominio intracelular, que es una quinasa de histidina que activa una secuencia de MAP quinasas que, finalmente, regulan proteínas reguladoras génicas en el núcleo. En ausencia de etileno, el receptor y las MAP quinasas están activas e inhiben las proteínas reguladoras génicas nucleares que promueven la respuesta al etileno. En presencia de etileno, el receptor y las MAP quinasas están inactivas y los genes de respuesta al etileno están activos. **C**: La luz roja cercana (660 nm) activa el fitocromo que fosforila una cascada de proteínas, las cuales siguen tres vías: 1) la activación de proteínas citosólicas que no penetran en el núcleo; 2) la activación de proteínas reguladoras génicas citosólicas, que entran en el núcleo, donde regulan la transcripción génica; y 3) la entrada del propio fitocromo en el núcleo, donde regula la transcripción génica.

### Fototropina

El *fototropismo* (crecimiento orientado hacia la luz) es causado por la *auxina*. Los pigmentos que captan la luz y estimulan la producción de auxina son la riboflavina y el caroteno-β, pero también parece implicada la *fototropina*, una flavoproteína sensible a la luz azul asociada a la membrana plasmática y cuyo dominio carboxiterminal actúa como una proteína quinasa de serina y treonina. La actuación de esta fotoproteína es poco conocida.

### Criptocromos

Los criptocromos son también flavoproteínas sensibles a la luz azul y participan igualmente en múltiples procesos, en varios de los cuales intervienen los fitocromos. Sus principales efectos son los siguientes: apertura y cierre de los estomas, fototropismo, síntesis de pigmentos clorofílicos, antocianínicos y flavónicos, desarrollo de los cloroplastos, crecimiento de los cotiledones, regulación de numerosas enzimas metabólicas, e incluso hay indicios de que intervienen en el fotoperiodismo.

Los criptocromos son similares a las *fotoliasas*, unas enzimas que intervienen en la reparación del daño inducido en el DNA por la luz ultravioleta en bacterias, plantas y animales no mamíferos, aunque los criptocromos no intervienen en la reparación del DNA. En los animales actúan pigmentos similares a los criptocromos en los relojes circadianos que regulan los ritmos de muchas células.

## ÁCIDO SALICÍLICO

Otra vía especial de señalización en las plantas es a través del *ácido salicílico*. Este ácido, que se produce ante el ataque de microorganismos patógenos, se propaga por la planta y se une a una enzima del tipo catalasa, a la que inhibe. De esta manera, la catalasa deja de destruir ciertas formas de oxígeno que actúan como segundos mensajeros en respuestas sistémicas de las plantas frente a microorganismos invasores.

# BIBLIOGRAFÍA RECOMENDADA

## FIBRAS COLÁGENAS


Adachi E, Hopkinson I, Hayashi T Basement-membrane Bailey AJ, Paul RG, Knott L. Mechanisms of maturation and ageing of collagen. *Mech Ageing Dev,* 1998; 106: 1-56.

Beck K, Brodsky B. Supercoiled protein motifs: the collagen triple-helix and the alpha-helical coiled coil. *J Struct Biol,* 1998; 122: 17-29.

Chan D, Lamande SR, McQuillan DJ, Bateman JF. In vitro expression analysis of collagen biosynthesis and assembly. *J Biochem Biophys Methods,* 1997; 36: 11-29.

Fichard A, Kleman JP, Ruggiero F. Another look at collagen V and XI molecules. *Matrix Biol,* 1995; 14: 515-531.

Franzke CW, Tasanen K, Schumann H, Bruckner-Tuderman L. Collagenous transmembrane proteins: collagen XVII as a prototype. *Matrix Biol,* 2003; 22: 299-309.

Fratzl P, Misof K, Zizak I, Rapp G, Amenitsch H, Bernstorff S. Fibrillar structure and mechanical properties of collagen. *J Struct Biol,* 1998; 122: 119-122.

Garrone R. Evolution of metazoan collagens. *Prog Mol Subcell Biol,* 1998; 21: 119-139.

Kivirikko KI. Collagen biosynthesis: a mini-review cluster. *Matrix Biol,* 1998; 16: 355-356.

Kuhn K. Basement membrane (type IV) collagen. *Matrix Biol,* 1995; 14: 439-445.

Olsen BR: Collagen IX. *Int J Biochem Cell Biol,* 1997; 29: 555-558.

Prockop DJ, Fertala A. The collagen fibril: the almost crystalline structure. *J Struct Biol,* 1998; 122: 111-118.

Ricard-Blum S, Ruggiero F. The collagen superfamily: from the extracellular matrix to the cell membrane. *Pathol Biol,* 2005; 53: 430-442.

Shuttleworth CA. Type VIII collagen. *Int J Biochem Cell Biol,* 1997; 29: 1145-1148.

Trackman PC. Diverse biological functions of extracellular collagen processing enzymes. *J Cell Biochem,* 2005; 96: 927-937.

Waite JH, Qin XX, Coyne KJ: The peculiar collagens of mussel byssus. *Matrix Biol,* 1998; 17: 93-106.

Wess TJ, Hammersley AP, Wess L, Miller A. A consensus model for molecular packing of type I collagen. *J Struct Biol,* 1998; 122: 92-100.

White D J, Puranen S, Johnson MS, Heino J. The collagen receptor subfamily of the integrins. *Int J Biochem Cell Biol,* 2004; 36: 1405-1410.


## FIBRAS ELÁSTICAS


Borges LF, Taboga SR, Gutierrez PS. Simultaneous observation of collagen and elastin in normal and pathological tissues: analysis of Sirius-red-stained sections by fluorescence microscopy. *Cell Tissue Res,* 2005; 320: 551-552.

Debelle L, Tamburro AM. Elastin: molecular description and function. *Int J Biochem Cell Biol,* 1999; 31: 261-272.

Mecham RP. Elastic fibers. En Crystal R G, West J B (eds.). *Lung Scientific Foundation*, New York, Raven Press, 1991; pp 384-401.

Pasquali-Ronchetti I, Baccarani-Contri M. Elastic fiber during development and aging. *Microsc Res Tech,* 1997; 38: 428-435.

Rodgers UR, Weiss AS. Cellular interactions with elastin. *Pathol Biol,* 2005; 53: 390-398.


## MATRIZ EXTRACELULAR


Boudreau NJ, Jones PL. Extracellular matrix and integrin signalling: the shape of things to come. *Biochem J,* 1999; 339: 481-488.

Chiquet-Ehrismann R. Tenascins, a growing family of extracellular matrix proteins. *Experientia,* 1995; 51: 853-862.

Dogic D, Eckes B, Aumailley M. Extracellular matrix, integrins and focal adhesions. *Curr Top Pathol,* 1999; 93: 75-85.

Ekblom P, Timpl R. Cell-to-cell contact and extracellular matrix. A multifaceted approach emerging. *Curr Opin Cell Biol,* 1996; 8: 599-601.

Engel J. Role of oligomerization domains in thrombospondins and other extracellular matrix proteins. *Int J Biochem Cell Biol,* 2004; 36: 997-1004.

Kinsella MG, Bressler SL, Wight TN. The regulated synthesis of versican, decorin, and biglycan: extracellular matrix proteoglycans that influence cellular phenotype. *Crit Rev Eukaryot Gene Expr*, 2004; 14: 203-234.

Kresse H, Hausser H, Schonherr E. Small proteoglycans. *Experientia,* 1993; 49: 403-416.

Mao Y, Schwarzbauer JE: Fibronectin fibrillogenesis, a cell-mediated matrix assembly process. *Matrix Biol,* 2005; 24: 389-399.

Miner JH, Yurchenco PD. Laminin functions in tissue morphogenesis. *Annu Rev Cell Dev Biol,* 2004; 20: 255-284.

Sandell LJ. Genes and gene regulation of extracellular matrix proteins: an introduction. *Connect Tissue Res,* 1996; 35: 1-6.

Sasaki T, Fassler R, Hohenester E. Laminin: the crux of basement membrane assembly. *J Cell Biol,* 2004; 164: 959-963.

Schenk S, Quaranta V. Tales from the crypt[ic] sites of the extracellular matrix. *Trends Cell Biol,* 2003; 13: 366-375.

Sheetz MP, Felsenfeld DP, Galbraith CG. Cell migration: regulation of force on extracellular-matrix-integrin complexes. *Trends Cell Biol,* 1998; 8: 51-54.

Streuli C: Extracellular matrix remodelling and cellular differentiation. *Curr Opin Cell Biol,* 1999; 11: 634-640.

Taipale J, Keski Oja J: Growth factors in the extracellular matrix. *FASEB J,* 1997; 11: 51-59.

Werb Z, Chin JR. Extracellular matrix remodeling during morphogenesis. *Ann N Y Acad Sci,* 1998; 857: 110-118.


## UNIONES DE CÉLULAS ENTRE SÍ Y CON LA MATRIZ EXTRACELULAR


Barth AI, Nathke IS, Nelson WJ. Cadherins, catenins and APC protein: interplay between cytoskeletal complexes and signaling pathways. *Curr Opin Cell Biol,* 1997; 9: 683-690.

Buckley CD, Rainger GE, Bradfield PF, Nash GB, Simmons DL. Cell adhesion: more than just glue. *Mol Membr Biol,* 1998; 15: 167-176.

Cheng X, Den Z, Koch PJ. Desmosomal cell adhesion in mammalian development. *Eur J Cell Biol,* 2005; 84: 215-223.

Cheng X, Koch PJ. In vivo function of desmosomes. *J Dermatol,* 2004; 31: 171-187.

Chidgey MAJ. Desmosomes and disease. *Histol Histopathol,* 1997; 12: 1159-1168.

Evans WH. Assembly of gap junctions intercellular communication channels. *Biochem Soc Trans,* 1994; 22: 788-792.

Finbow ME. Vertebrate and invertebrate gap junctions: A common molecular basis? *Cell Biol Int,* 1997; 21: 329-331.

Goldberg GS, Valiunas V, Brink PR. Selective permeability of gap junction channels. *Biochim Biophys Acta,* 2004; 1662: 96-101.

Goodwin M, Yap AS. Classical cadherin adhesion molecules: coordinating cell adhesion, signaling and the cytoskeleton. *J Mol Histol,* 2004; 35: 839-844.

Hatzfeld M. The p120 family of cell adhesion molecules. *Eur J Cell Biol,* 2005; 84: 205-214.

Jiang JX, Gu S: Gap junction- and hemichannel-independent actions of connexins. *Biochim Biophys Acta,* 2005; 1711: 208-214.

Johnson LG. Applications of imaging techniques to studies of epithelial tight junctions. *Adv Drug Deliv Rev,* 2005; 57: 111-121.

Koch AW, Manzur KL, Shan W. Structure-based models of cadherin-mediated cell adhesion: the evolution continues. *Cell Mol Life Sci,* 2004; 61: 1884-1895.

Kowalczyk AP, Green KJ. The desmosome: A component system for adhesion and intermediate filament attachment. *Membrane Prot Cytoskel Interact,* 1996; 43: 187-209.

Miyoshi J, Takai Y. Molecular perspective on tight-junction assembly and epithelial polarity. *Adv Drug Deliv Rev,* 2005; 57: 815-855.

Nievers MG, Schaapveld RQJ, Sonnenberg A. Biology and function of hemidesmosomes. *Matrix Biol,* 1999; 18: 5-17.

Schneeberger EE, Lynch RD. The tight junction: a multifunctional complex. *Am J Physiol Cell Physiol,* 2004; 286: C1213-C1228.

Tedder TF, Steeber DA, Chen A, Engel P. The selectins: vascular adhesion molecules. *FASEB J,* 1995; 9: 866-873.

Troyanovsky S. Cadherin dimers in cell-cell adhesion. *Eur J Cell Biol,* 2005; 84: 225-233.

Tsukita S, Furuse M. Occludin and claudins in tight-junction strands: leading or supporting players? *Trends Cell Biol,* 1999; 9: 268-273.

Tsukita S, Furuse M. Pores in the wall: claudins constitute tight junction strands containing aqueous pores. *J Cell Biol,* 2000; 49: 13-16.

Velázquez JLP, Carlen PL. Gap junctions, synchrony and seizures. *Trends Neurosci,* 2000; 23: 68-74.

Zulianello L, Meda P, Michon L, Nlend-Nlend R, Bavamian S, Bischoff L, Boucard N, Caille D, Cancela J, Charollais A, Charpantier E, Klee P, Peyrou M, Populaire C. Involvement of gap junctional communication in secretion. *Biochim Biophys Acta,* 2005; 1719: 82-101.

## PARED CELULAR VEGETAL

Barnett JR, Bonham VA. Cellulose microfibril angle in the cell wall of wood fibres. *Biol Rev Camb Philos Soc,* 2004; 79: 461-472.

Baskin TI. Anisotropic expansion of the plant cell wall. *Annu Rev Cell Dev Biol,* 2005; 21: 203-222.

Boerjan W, Ralph J, Baucher M. Lignin biosynthesis. *Annu Rev Plant Biol,* 2003; 54: 519-546.

Botha CEJ, Cross RHN. Towards reconciliation of structure with function in plasmodesmata - who is the gatekeeper? *Micron,* 2000; 31: 713-721.

Cassab GI. Plant cell wall proteins. *Annu Rev Plant Physiol Plant Mol Biol,* 1998; 49: 281-309.

Cosgrove DJ. Assembly and enlargement of the primary cell wall in plants. *Annu Rev Cell Devel Biol,* 1997; 13: 171-201.

Ding B, Itaya A, Woo YM. Plasmodesmata and cell-to-cell communication in plants. *Int Rev Cytol,* 1999; 190: 263-316.

Emons AMC, Mulder BM. How the deposition of cellulose microfibrils builds cell wall architecture. *Trends Plant Sci,* 2000; 5: 35-40.

Fry SC. Polysaccharide-modifying enzymes in the plant cell wall. *Ann Rev Plant Physiol Plant Mol Biol,* 1995; 46: 497-520.

Ghoshroy S, Lartey R, Sheng JS, Citovsky V. Transport of proteins and nucleic acids through plasmodesmata. *Annu Rev Plant Physiol Plant Mol Biol,* 1997; 48: 25-48.

Hayashi T, Yoshida K, Park YW, Konishi T, Baba K. Cellulose metabolism in plants. *Int Rev Cytol,* 2005; 247: 1-34.

Jamet E, Canut H, Boudart G, Pont-Lezica RF. Cell wall proteins: a new insight through proteomics. *Trends Plant Sci,* 2006; 11: 33-39.

O'Neill MA, Ishii T, Albersheim P, Darvill AG. Rhamnogalacturonan II: structure and function of a borate cross-linked cell wall pectic polysaccharide. *Annu Rev Plant Biol,* 2004; 55: 109-139.

Overall RL, Blackman LM. A model of the macromolecular structure of plasmodesmata. *Trend Plant Sci,* 1996; 1: 307-311.

Wallace G, Fry SC. Phenolic components of the plant cell wall. *Int Rev Cytol,* 1994; 151: 229-267.

## SEÑALES QUÍMICAS ENTRE CÉLULAS

Berridge MJ. Unlocking the secrets of cell signaling. *Annu Rev Physiol,* 2005; 67: 1-21.

Blaise GA, Gauvin D, Gangal M, Authier S. Nitric oxide, cell signaling and cell death. *Toxicology,* 2005; 208: 177-192.

Breitwieser GE. G protein-coupled receptor oligomerization: implications for G protein activation and cell signaling. *Circ Res,* 2004; 94: 17-27.

Cho W, Stahelin RV. Membrane-protein interactions in cell signaling and membrane trafficking. *Annu Rev Biophys Biomol Struct,* 2005; 34: 119-151.

Eungdamrong NJ, Iyengar R. Modeling cell signaling networks. *Biol Cell,* 2004; 96: 355-362.

Fletcher JC, Meyerowitz EM. Cell signaling within the shoot meristem. *Curr Opin Plant Biol,* 2000; 3: 23-30.

Garbers DL, Lowe DG. Guanylyl cyclase receptors. *J Biol Chem,* 1994; 269: 30741-30744.

Jans DA. Nuclear signalling pathways for polypeptide ligands and their membrane receptors?. *FASEB J,* 1994; 8: 841-847.

Kramer KL, Yost HJ. Heparan sulfate core proteins in cell-cell signaling. *Annu Rev Genet,* 2003; 37: 461-484.

Linder ME, Gilman AG. Proteínas G. *Investigación y Ciencia,* 1992; 192: 20-28.

Mannick JB, Schonhoff CM. NO means no and yes: regulation of cell signaling by protein nitrosylation. *Free Radic Res,* 2004; 38: 1-7.

Nairn AC, Picciotto MR. Calcium/calmodulin-dependent protein kinases. *Cancer Biol,* 1994; 5: 295-303.

Rasmussen H. El calcio, mensajero intracelular. *Investigación y Ciencia,* 1989; 159: 46-53.

## Capítulo 8: Ciclo vital de la célula

# CICLO VITAL DE LA CÉLULA

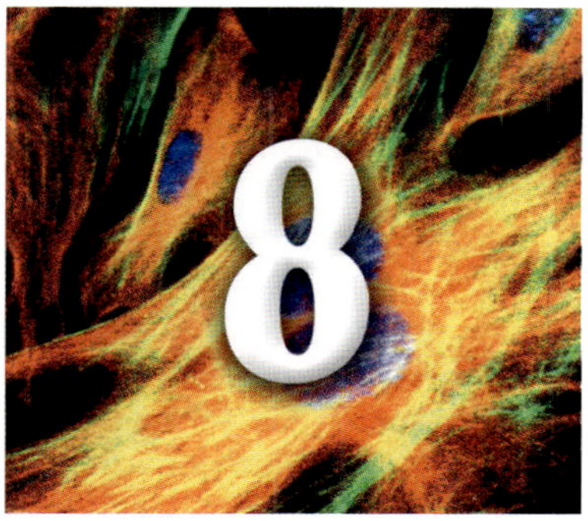


## CICLO CELULAR

### ETAPAS DEL CICLO CELULAR

Las células aparecen en dos estados claramente diferentes: el de división o *mitosis* y el de no división o *interfase*. En este último, la célula realiza sus funciones específicas y, si está destinada a la division celular, la duplicación o replicación del DNA (Fig. 8.1).

Normalmente, la duplicación del DNA va seguida de la mitosis acompañada de la *citocinesis* (división del citoplasma), con lo que se forman dos células hijas. Pero puede ocurrir que se realice la mitosis sin la división del citoplasma, lo que da como resultado una célula binucleada. Si este proceso se repite varias veces se origina un *plasmodio* (a veces denominado también *sincitio*, aunque este término debe reservarse para células multinucleadas que provienen de la fusión de células mononucleadas).

Si se forman cromosomas individualizados pero la mitosis es abortiva, reuniéndose todos los cromosomas hijos en el mismo núcleo, se habla de *endomitosis*. En este proceso la célula duplica sus cromosomas en cada ciclo, obteniéndose células poliploides, es decir, con 4n, 8n, 16n, etcétera. Las endomitosis se producen en los

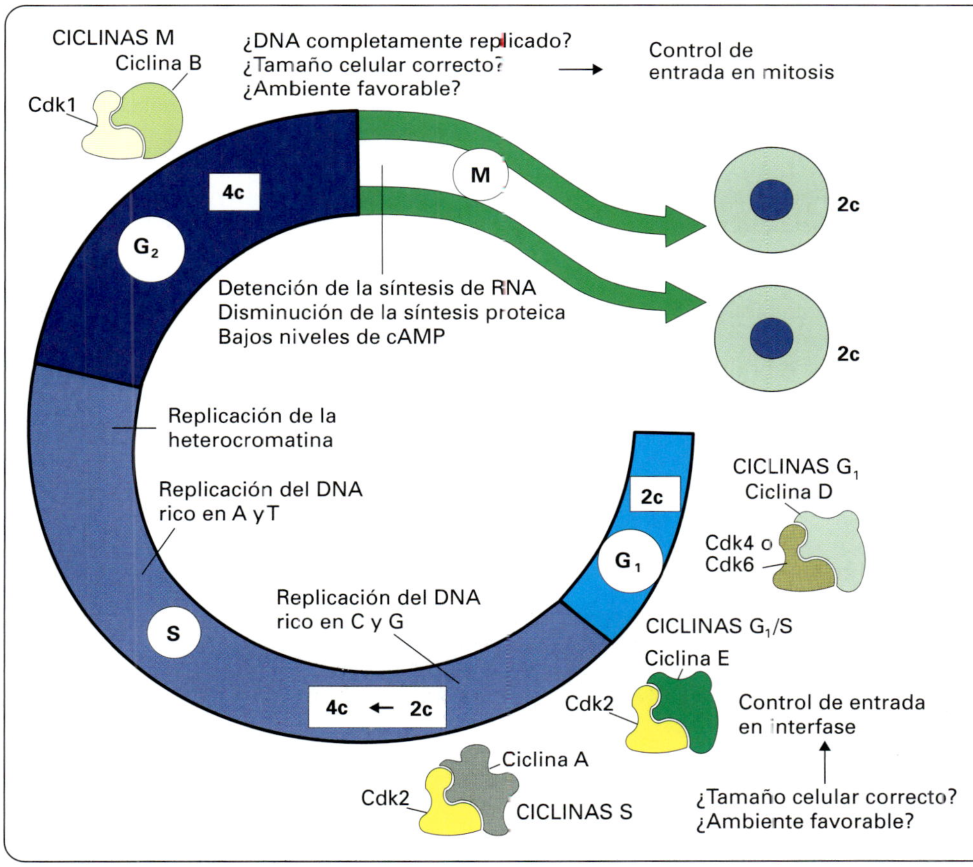


**Figura 8.1.** Etapas del ciclo celular. A lo largo del período S se va produciendo la replicación del DNA (de 2c a 4c). Tras la mitosis se originan dos células con un contenido en DNA igual a 2c que repiten el ciclo. A lo largo del ciclo, especialmente en las entradas en interfase y en mitosis, existen puntos de control regulados por las ciclinas y quinasas dependientes de ciclinas (Cdk).

megacarioblastos, que son las células precursoras de las plaquetas sanguíneas, y también en tejidos somáticos de insectos del género *Gerris* (zapateros, limpiaaguas).

Puede existir duplicación del DNA sin mitosis, lo cual se denomina *endorreduplicación*. Si las cadenas de DNA quedan apareadas formando un cromosoma con múltiples cromátidas estrechamente adosadas, el proceso se denomina *politenia*: éste es el caso de los cromosomas politénicos, que constituye una situación muy especial, pues estos cromosomas no entran en mitosis.

Dentro de la interfase, se denomina fase *S* (síntesis) a la etapa de replicación del DNA. Al principio de la fase S se sintetizan las histonas; después se replica el DNA. Primero lo hace la eucromatina rica en G-C, después la eucromatina rica en A-T y, finalmente, se replica la heterocromatina. Existe una etapa previa, denominada $G_1$ (*gap*) entre la mitosis anterior y la fase S. A la etapa S sigue otra etapa, llamada $G_2$, que es anterior a la mitosis. A continuación tiene lugar la mitosis con el nacimiento de dos nuevas células, y se repite el ciclo (Fig. 8.1). Las células que normalmente no se dividen quedan en un estado $G_1$ permanente que, para distinguirlo del $G_1$ transitorio, se denomina $G_0$.

La determinación de la duración de cada etapa del ciclo celular se realiza a partir de una población sincronizada de células en cultivo. En el cultivo, sólo las células en interfase se adhieren a la placa; las células en mitosis se redondean y quedan sólo lábilmente unidas a la placa. Si se agita la placa, estas células se desprenden, formando una población sincronizada. A partir de esta población se calcula la duración del ciclo contando el tiempo que tarda en duplicarse el número de células de esa población (T horas).

La duración de la fase *M* (mitosis) es = M % × T × factor de corrección, siendo M % el porcentaje de células en mitosis. Del mismo modo, la duración de la interfase será = I % × T x factor de corrección, siendo I % el porcentaje de células en interfase.

Para calcular $G_1$, S y $G_2$ en poblaciones asincrónicas, se administra timidina $^3$H al cultivo de células durante unos minutos. Las primeras mitosis que aparecen (no marcadas) corresponden a las células que se encontraban al final de la etapa $G_2$. Las primeras mitosis marcadas corresponden a las células que se encontraban al final de la etapa S. Las últimas mitosis marcadas corresponden a las células que se encontraban al inicio de la etapa S. Por consiguiente, el tiempo transcurrido entre las primeras mitosis no marcadas y las primeras marcadas corresponde a la duración de la etapa $G_2$. El tiempo transcurrido desde la aparición de las primeras mitosis marcadas y las últimas también marcadas indica la duración de la etapa S. La etapa $G_1$ se calcula restando de la duración de la interfase lo que duran las etapas $G_2$ y S. No obstante, hoy existen métodos mucho más rápidos para determinar el número de células en $G_1$, S y $G_2$, como la medición de la cantidad de DNA de cada núcleo, teñido con un colorante fluorescente, mediante un citofotómetro de flujo que mide la intensidad de fluorescencia.

La duración de las etapas del ciclo celular varía mucho de unas células a otras, como se muestra en la Tabla 8.1. La principal fuente de la variación está en la fase $G_1$. Las fases $G_2$ y M son generalmente rápidas.

## REGULACIÓN DEL CICLO CELULAR

### GENES DEL CICLO DE DIVISIÓN CELULAR

La secuencia de acontecimientos en el ciclo celular está regulada por un sistema de control que vigila cada uno de los pasos que realiza la célula para completar el ciclo, de modo que, si no se cumplen las condiciones para pasar a la siguiente etapa, el ciclo se detiene. Existen cuatro transiciones principales: 1) de $G_0$ a $G_1$, o iniciación de la proliferación; 2) de $G_1$ a S, o iniciación de la replicación; 3) de $G_2$ a M, o iniciación de la mitosis; y 4) de la metafase a la anafase, o iniciación de la segregación cromosómica.

La progresión del ciclo de división celular está controlada por un grupo de genes que pueden dividirse en dos grandes grupos:

1. Los genes que codifican proteínas necesarias para la progresión del ciclo (como las enzimas y precursores de la síntesis de DNA y las enzimas para la síntesis y ensamblaje de las tubulinas del huso).
2. Los genes que codifican proteínas que regulan positiva o negativamente el ciclo celular. Estos genes, a su vez, pueden dividirse en dos tipos:
   — *Genes que regulan positivamente el ciclo*. Son los denominados *protooncogenes* en los mamíferos. Sus productos activan la proliferación celular, consiguiendo que células en $G_0$ salgan de este estado, pasen a la fase S y entren en división. Entre estos genes están los que codifican las proteínas del *sistema de ciclinas y quinasas*

**TABLA 8.1. Duración media (en horas) de las etapas del ciclo celular en diversos tipos de células**

| Tipo celular | $G_1$ | S | $G_2$ | Mitosis |
|---|---|---|---|---|
| Celula media de mamífero | 5 | 7 | 3 | 1 |
| Epitelio intestinal de ratón | 9 | 7 | 1-5 | 1 |
| Fibroblastos de ratón (cultivo) | 6 | 8 | 5 | 0.5-2 |
| Meristemos de raíz (guisante) | 9-12 | 6-8 | 4-8 | 1-3 |

*dependientes de ciclinas.* Algunos protooncogenes se denominan *genes de respuesta temprana,* porque son inducidos tras unos 15 minutos de tratamiento con factores de crecimiento sin necesidad de síntesis proteica. Los demás son *genes de respuesta tardía,* porque son inducidos después de, al menos, una hora de tratamiento con dichos factores. Su inducción requiere síntesis proteica y está causada por los productos de los genes de respuesta temprana. Algunos genes de respuesta tardía pueden actuar como proteínas reguladoras génicas.

— *Genes que regulan negativamente el ciclo.* Se denominan *genes de verificación* o, en los mamíferos, *genes supresores tumorales.*

Existen, además, multitud de señales mitógenas y antimitógenas que actúan sobre estas proteínas reguladoras, como se verá más adelante.

## REGULACIÓN POSITIVA POR PROTOONCOGENES. CICLINAS Y QUINASAS DEPENDIENTES DE CICLINAS

Este sistema de regulación positiva está a cargo de dos grupos de proteínas, que son producidas por protooncogenes y trabajan en asociación: las *ciclinas* y las *quinasas dependientes de ciclinas* (*Cdk*). Las Cdk actúan fosforilando serinas y treoninas de proteínas dianas para desencadenar procesos celulares. A ellas se unen las ciclinas para regular el proceso con intervención de otros factores activadores.

### Ciclinas. Características y tipos

Las ciclinas forman un grupo heterogéneo cuyos pesos moleculares varían entre 36 y 87 kDa. Todas tienen en común una secuencia de un centenar de aminoácidos, denominada *caja de la ciclina,* que interacciona con la Cdk. En la mayoría de las células eucariotas hay cuatro grupos de ciclinas (los tres últimos están en todas las células eucariotas) (Fig. 8.1):

1. *Ciclinas $G_1$.* Actúan al final de la fase $G_1$ y promueven la entrada en fase S (*punto de restricción*). Están representadas principalmente por la *ciclina D.*
2. *Ciclinas $G_1$/S.* Se activan al final de la fase $G_1$ y comienzos de la S. Están representadas por la *ciclina E.*
3. *Ciclinas S.* Actúan durante la fase S y son necesarias para iniciar la replicación del DNA. Su representante es la *ciclina A.*
4. *Ciclinas M.* Promueven la mitosis. Se conoce la *ciclina B.*

### Quinasas dependientes de ciclinas (Cdk). Características y tipos

Las ciclinas son proteínas de vida muy corta y se destruyen tras su unión a las Cdk. En las levaduras parece haber una única Cdk: la Cdk1 que se une a la ciclina B. En los eucariotas superiores se han encontrado numerosas Cdk. La primera identificada recibió el nombre de *factor promotor de la mitosis* (*MPF*); actualmente se denomina *Cdk1.* Esta ciclina interactúa con las ciclinas M (ciclina B). Las otras tres Cdk que activan las ciclinas mencionadas en los vertebrados son la *Cdk2,* que interactúa con las ciclinas $G_1$/S (ciclina E) y S (ciclina A), y las *Cdk4* y *Cdk6,* que interactúan con las ciclinas $G_1$ (ciclina D) (Fig. 8.1).

La estructura de las Cdk es similar a la de otras quinasas. La molécula tiene unos 34 kDa y forma dos lóbulos. En la cavidad interlobular se sitúa el *centro catalítico,* donde se inserta el ATP (Fig. 8.2). A la entrada de dicho centro hay una secuencia de aminoácidos (llamada *lazo T*), que obstruye la entrada al sitio catalítico en la quinasa inactiva y contiene una treonina (Thr161 en la Cdk1 y Thr167 en la Cdk2) cuya fosforilación es esencial para la actividad de la quinasa. Otros aminoácidos importantes son la treonina Thr14 y la tirosina Tyr15, que se localizan en el centro catalítico y cuya fosforilación causa la inactivación de la Cdk, y los que se encuentran en la región de unión a las ciclinas (región *PSTAIRE*). A una región de la Cdk alejada del centro catalítico se une otra proteína denominada *subunidad de quinasa dependiente de ciclinas* (*Cks*), que participa en la regulación de las Cdk de forma todavía no bien conocida.

### Activación y destrucción de los complejos ciclinas-Cdk

La unión ciclina-Cdk elimina el bloqueo producido por el lazo T sobre la cavidad catalítica de la Cdk, y la treonina del lazo queda accesible para ser fosforilada por la quinasa activadora de Cdk (*CAK*). Hay agentes, como la *fosfatasa PP2a,* que desfosforilan esta treonina, por lo que impiden la activación de la Cdk (Fig. 8.2).

En los seres humanos la quinasa CAK está constituida por la Cdk7, una ciclina denominada H, y una tercera proteína denominada MAT (*ménage a trois*). La Cdk7 de este complejo también presenta una treonina en su lazo T (Thr170 en mamíferos), que es fosforilada por la unión de otros complejos ciclinas-Cdk, produciéndose la activación de la CAK, requisito previo para la activación de la Cdk por la CAK.

Los complejos ciclinas-Cdk pueden ser inhibidos por *complejos inhibidores* (*Cki*), como las proteínas *p27* y *p21,* que actúan principalmente sobre las quinasas que controlan $G_1$ y S. Estos Cki se unen a la vez a la ciclina y a la Cdk, bloqueando el sitio activo de la Cdk (Fig. 8.2).

La destrucción de las ciclinas implica su unión a la ubiquitina mediante enzimas *ligasas de ubiquitina.* Una de ellas, el complejo *SCF,* destruye las ciclinas $G_1$/S y ciertas Cki que controlan el inicio de la fase S. El SCF debe su nombre a las tres letras que designan sus tres subunidades, y no debe ser confundido con el *stem cell factor* aunque coincidan las siglas. Otra ligasa de ubiquitina, denominada *APC* (*anafase-promoting complex*), es activada por la proteína *Cdc20* (las siglas Cdc provienen del término *cell division cycle*) y destruye las ciclinas M y otros reguladores de la mitosis (Fig. 8.3).

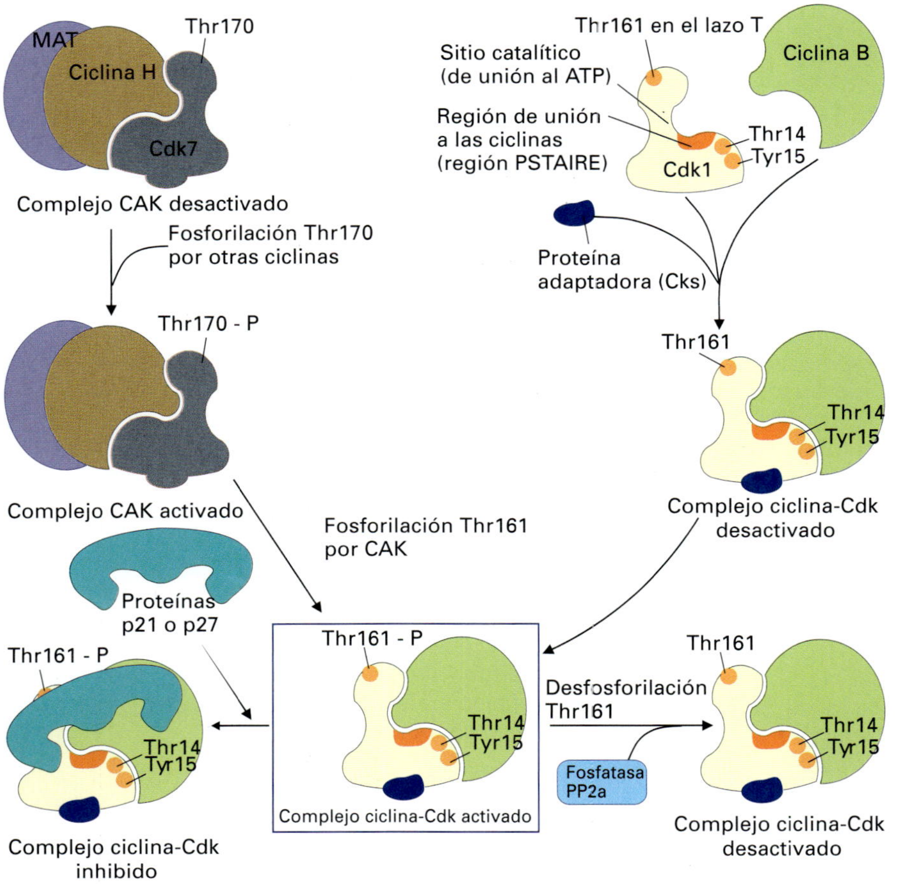


**Figura 8.2.** Representación esquemática de la activación de los complejos ciclinas-quinasas dependientes de ciclinas en el control de la entrada en mitosis. La ciclina mitótica (ciclina B) se une a la Cdk1 y a una proteína adaptadora (Cks). Para que el complejo sea funcionalmente activo, la Cdk1 debe ser fosforilada en la Thr161 por el complejo CAK. Este complejo consta de la Cdk7, una ciclina denominada H y una proteína llamada MAT. Para que el complejo CAK active al complejo Cdk1-ciclina mitótica, debe ser activado a su vez mediante la fosforilación de una Thr170 en la Cdk7. El complejo Cdk1-ciclina mitótica puede ser desactivado por agentes como las fosfatasa PP2a que desfosforila la Thr161, o inhibido por complejos Cki, como las proteínas p27 y p21, que se unen a la vez a la ciclina y a la Cdk, bloqueando el sitio activo de la Cdk.

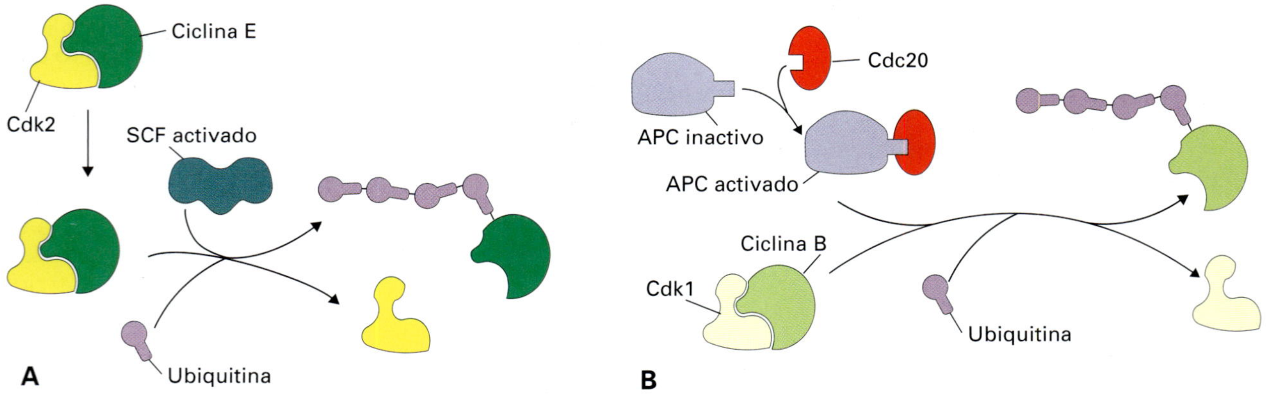


**Figura 8.3.** La destrucción de las ciclinas implica su unión a la ubiquitina por dos tipos de *ligasas de ubiquitina*. **A**: La ligasa SCF destruye las ciclinas $G_1$/S y ciertas Cki que controlan el inicio de la fase S. **B**: La ligasa APC se activa por el factor Cdc20 y destruye las ciclinas M y otros reguladores de la mitosis.

## Acción de las ciclinas $G_1$ y $G_1$/S

Lo que determina que la célula entre en división es el paso de $G_1$ a S, que se produce por la acumulación de ciclinas $G_1$, que actúan sobre el factor de transcripción *E2F*. Esta proteína se une a secuencias específicas de DNA en los promotores de muchos genes que codifican proteínas necesarias para la entrada en la fase S, entre ellas las ciclinas $G_1$/S y S. En $G_1$, E2F se encuentra bloqueado por la proteína *Rb* (proteína del *retinoblastoma*, un gen supresor de tumores). Cuando las células reciben señales para entrar en división, los complejos $G_1$-Cdk se acumulan y fosforilan Rb, que queda inactivada y no puede inactivar a E2F (Fig. 8.4).

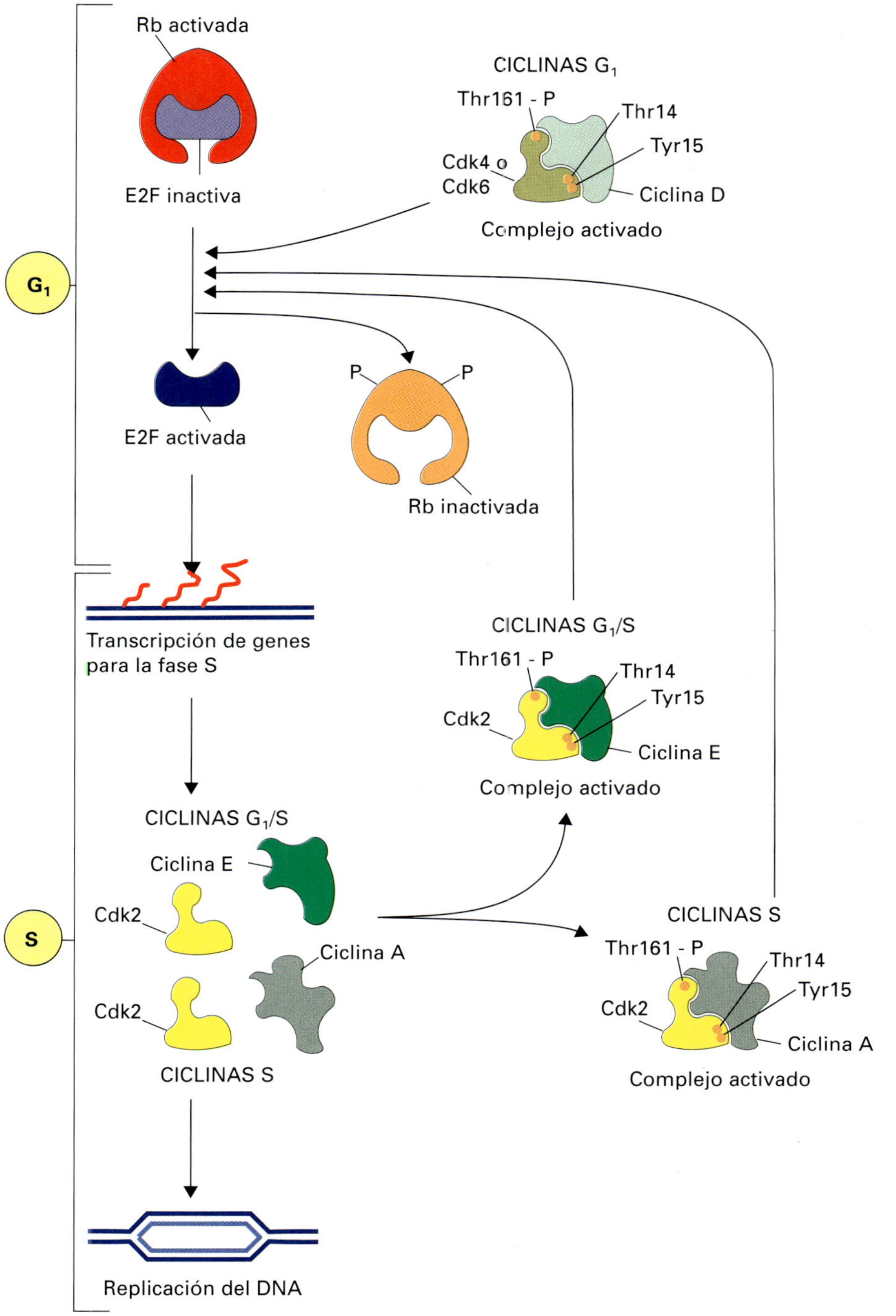


**Figura 8.4.** En $G_1$ la proteína E2F se encuentra inactivada por la proteína Rb. Las ciclinas $G_1$ fosforilan Rb inactivándola, de modo que E2F se torna activa y promueve la transcripción de genes para la entrada en la fase S. Entre los productos de estos genes están ciclinas $G_1$/S y S que fosforilan Rb, manteniendo la actividad de E2F. Además, las ciclinas S promueven el comienzo de la replicación del DNA.

Los complejos $G_1$/S-Cdk y S-Cdk producidos por la actividad de E2F incrementan la fosforilación de Rb favoreciendo aún más la actividad E2F.

## Acción de las ciclinas S

Al inicio de la fase S, los complejos ciclinas S-Cdk acumulados por la acción de la E2F activan la DNA polimerasa y otras proteínas necesarias para la replicación (Fig. 8.4).

Al inicio de $G_1$, en los orígenes de la replicación, se encuentra el denominado *complejo prerreplicativo*, que consta de tres elementos: un complejo proteico llamado *ORC* (*origin recognition complex*), la proteína *Cdc6*, y un grupo de proteínas que forman el anillo *Mcm* (Fig. 8.5). Durante la replicación, las proteínas Mcm emigran a lo largo del DNA que se va a ir replicando y actúan como DNA helicasas, mientras ORC y Cdc6 permanecen en el origen de replicación. El complejo ciclinas S-Cdk, además de promover la replicación, evita una nueva replicación al fosforilar Cdc6 y dejarla accesible a la acción

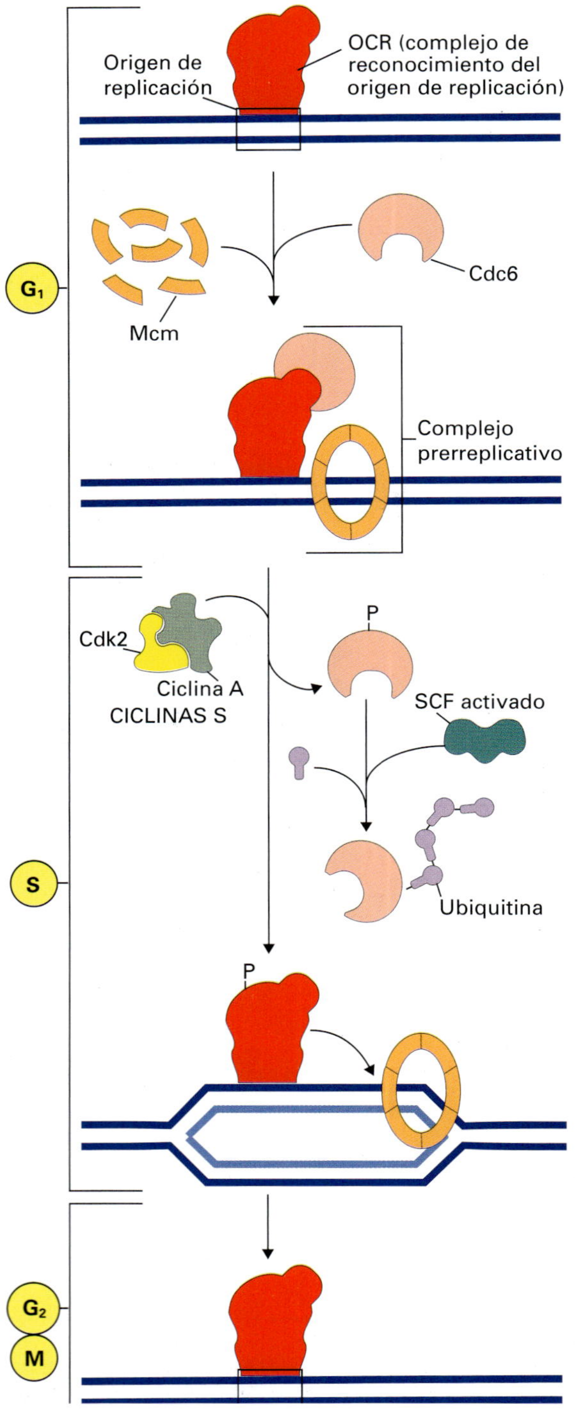


**Figura 8.5.** En $G_1$ el complejo prerreplicativo consta de los complejos proteicos OCR, Cdc6 y Mcm. El anillo formado por el complejo Mcm recorre el DNA durante la replicación actuando como DNA helicasa. Las ciclinas S fosforilan e inactivan el Cdc6 evitando una segunda replicación. El Cdc6 inactivado es eliminado por SCF, mientras que el exceso de Mcm sale del núcleo. OCR permanece en el origen de replicación hasta que en $G_1$ se le vuelvan a asociar Cdc6 y Mcm.

de SCF, que causa su ubiquitinación y destrucción. El exceso de Mcm abandona el núcleo. El complejo ORC permanece asociado al origen de replicación durante todo el ciclo, hasta que en $G_1$ se le vuelvan a asociar Cdc6 y Mcm.

### Acción de las ciclinas M

Desde el final de $G_1$ hay abundantes complejos ciclinas M/Cdk que están activados por el complejo CAK. Sin embargo, esta activación está inhibida porque la quinasa *Wee1* mantiene fosforiladas la Thr14 y Tyr15 de la Cdk (Fig. 8.6). Sólo al final de $G_2$, cuando va a empezar la mitosis, la fosfatasa *Cdc25* desfosforila ambos aminoácidos y el complejo ciclinas M-Cdk se encuentra realmente activado.

Durante la mitosis, los complejos ciclinas M-Cdk fosforilan diversas proteínas entre las que se encuentran: algunas proteínas reguladoras de la organización de los microtúbulos para formar el huso mitótico; las láminas nucleares (al final de la profase, para la disolución de la envoltura nuclear); la proteína *condensina*, que causa la condensación de los cromosomas; el complejo APC (ya explicado como una ligasa de ubiquitina, implicado en la separación de las cromátidas hermanas); y la proteína GM130 de la matriz del complejo de Golgi y del retículo endoplasmático, procediendo a su fragmentación. Las ciclinas M también intervienen en la salida de la mitosis, al ser ubiquitinadas por el complejo Cdc20-APC (Fig. 8.3.B).

En $G_1$ todavía hay ciclinas M, pero su actividad debe ser anulada para evitar que la célula entre prematuramente en mitosis. Esta anulación tiene lugar mediante dos mecanismos que, durante la mitosis, estaban inactivados (Fig. 8.7): 1) la abundante producción de una Cki llamada *Sic1*, que tapa el centro activo de las ciclinas M; y 2) la ubiquitinación por el complejo APC, aunque éste no es ahora activado por el Cdc20, que apenas se produce, sino por la proteína *Hct1*, que también se produce en abundancia.

La activación de los complejos $G_1$-Cdk al final de $G_1$, revierten esos dos mecanismos, pues el complejo $G_1$-Cdk no sólo es resistente a los complejos Hct1-APC y Sic1, sino que también hace que se transcriban ciclinas $G_1$/S y ciclinas S. Los complejos $G_1$/S-Cdk formados fosforilan e inactivan Hct1 y Sic1. Los complejos S-Cdk sólo inactivan Hct1 y son sensibles a Sic1; sin embargo, esto no les afecta, porque Sic1 es eliminada por los complejos $G_1$/S-Cdk (Fig. 8.7).

Ahora, ya durante la fase S, irá aumentando la producción de ciclinas M, que se mantendrán inactivas por la quinasa Wee1 hasta al final de $G_2$.

## REGULACIÓN NEGATIVA POR GENES SUPRESORES DE TUMORES. PROTEÍNAS DE VERIFICACIÓN

Los genes supresores tumorales o, en general, genes de verificación, regulan negativamente el ciclo celular

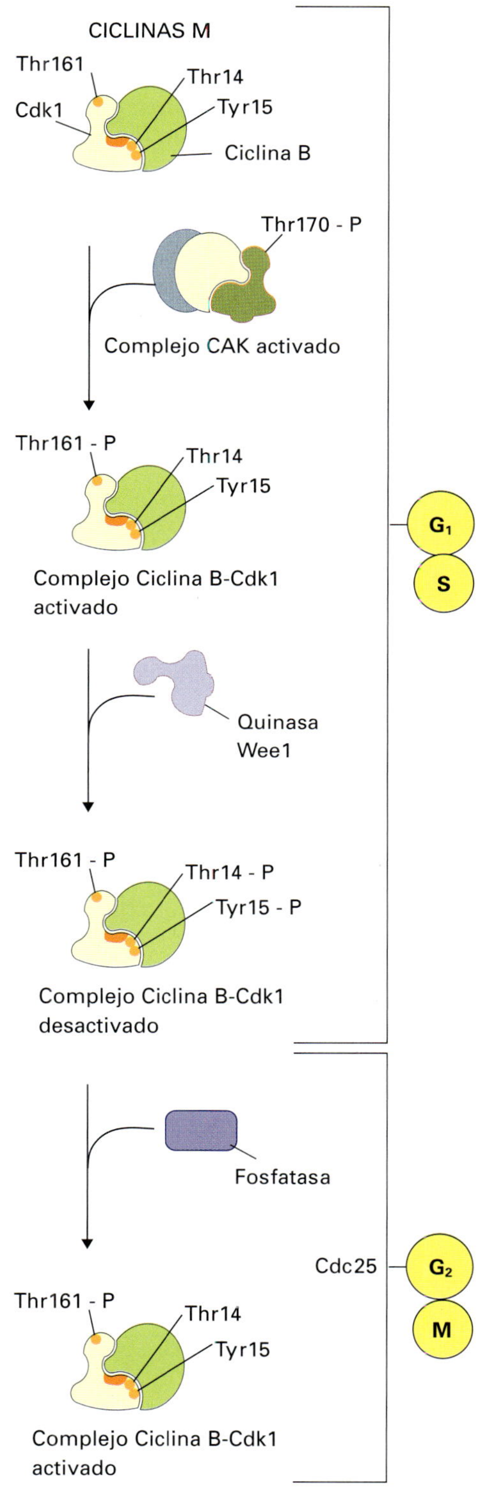


**Figura 8.6.** Los complejos ciclinas M/Cdk están presentes y activados por CAK durante todo el ciclo. Sin embargo, la quinasa Wee1 los mantiene realmente inactivados porque fosforila la Thr14 y Tyr15 de la ciclinas M. En $G_2$, la fosfatasa Cdc25 desfosforila Thr14 y Tyr15 y los complejos ciclinas M/Cdk se hacen realmente activos.

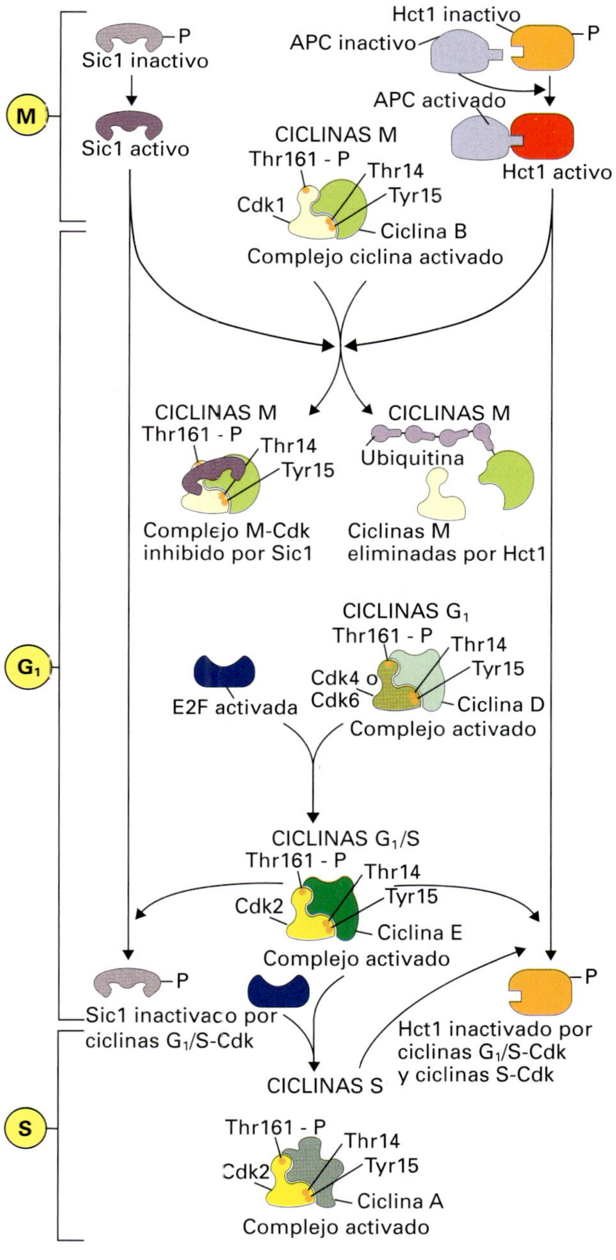


**Figura 8.7.** Las ciclinas M disminuyen su producción al terminar la mitosis y son anuladas en $G_1$ por dos proteínas que abundan en configuración activada en $G_1$: 1) una proteína Cki, denominada Sic1, que inhabilita las ciclinas M; 2) la proteína Hct1, que activa la ligasa de ubiquitina APC, que elimina las ciclinas M. Al final de $G_1$, los complejos ciclinas $G_1$-Cdk promueven que la E2F favorezca la síntesis de ciclinas $G_1$/S Cdk (que inhiben Sic1 y Hct1), y S-Cdk (que inhiben Sic1) anulan esas dos proteínas. Durante la fase S irá aumentando la producción de ciclinas M, que la quinasa Wee1 mantendrán inactivas hasta al final de $G_2$.

asegurando la dependencia entre dos procesos secuenciales del ciclo, es decir, que no continúe el ciclo más allá de un punto si en este punto se ha producido una alteración del proceso normal. Las regiones concretas donde se realizan estas comprobaciones se denominan *puntos de verificación*. La mayoría de las células tienen al menos dos puntos de verificación: $G_1$ tardío (previene la entrada en S) y $G_2$ tardío (previene la entrada en mitosis).

La función principal de los productos de estos genes es asegurar la fidelidad del genoma durante su replicación y segregación, formando rutas de verificación. Algunos de los componentes de estas rutas, además de detectar fallos, como, por ejemplo, roturas en el DNA, también pueden poner en marcha el proceso de reparación. Estas rutas presentan dos características: transitoriedad (desaparecen una vez resuelto el problema que las originó), y adaptación o caducidad (se agotan si el problema no se resuelve al cabo de un tiempo). Entre los genes de verificación se encuentran los que codifican los siguientes productos:

1. Proteínas que previenen mutaciones de genes reguladores del ciclo.
2. Proteínas que inactivan las Cdk por fosforilación/desfosforilación, como la quinasa *Wee1* que fosforila los aminoácidos Thr14 y Tyr15 de las Cdk1, causando su inactivación. Como se ha dicho, la entrada en mitosis se produce porque la fosfatasa Cdc25 desfosforila dichos aminoácidos, frenando esa inactivación. Pero hay otras quinasas que inactivan la fosfatasa Cdc25, con lo que la Cdk1 vuelve a estar inactivada, frenándose la entrada en mitosis hasta que todo esté en orden (véase Fig. 8.2).
3. Proteínas inhibidoras del ciclo como las proteínas *p53*, *p21* y *p16* (denominadas así por su peso molecular), que actúan en el punto de verificación de $G_1$. En los mamíferos el daño al DNA activa la proteína reguladora génica *p53*, la cual estimula la transcripción de varios genes. Uno de estos genes codifica la proteína Cki *p21*, que se une al centro catalítico de las Cdk de los complejos ciclinas $G_1$/S-Cdk y S-Cdk, evitando su activación e impidiendo la entrada en S. En condiciones normales, la proteína la p53 está en concentración muy baja, porque está unida a la proteína *Mdm2*, que actúa como una ligasa de ubiquitina que elimina p53. El daño al DNA fosforila la p53, de modo que esta proteína no puede unirse a Mdm2; por ello, la concentración de p53 aumenta y eso estimula la transcripción de p21 y la inhibición de la entrada en S (Fig. 8.8). En los fibroblastos humanos y en muchas otras células somáticas que no tienen telomerasas, los telómeros se acortan en cada división, y este daño activa la p53, que detiene el ciclo celular. En los ratones con células mutadas que no fabrican telomerasa, los telómeros se hacen más cortos en cada división celular, hasta que en la 5.ª ó 6.ª generación apenas se detectan. A partir de entonces, el ratón muestra varias anomalías, entre ellas una mayor predisposición al cáncer. Ello sugiere que el acortamiento de los telómeros podría estar relacionado con la formación de tumores. Si estos ratones sin telomerasa tienen también alterada una de ambas copias del gen p53, tienen mayor propensión al cáncer. La proteína p53 también induce la salida a la forma de muerte celular por *apoptosis,* de la que se tratará más adelante (véase página 382) mediante la represión del gen *bcl-2*, o la activación de los genes *bad*, *bax* y *bak* (véase Fig. 8.12) y del receptor del ligando *Fas* (un receptor que al unirse al ligando Fas de la superficie celular causa apoptosis) (véase Fig. 8.38.A). La proteína *p16*, producida en situaciones de estrés, inhibe la formación de los complejos ciclinas $G_1$-Cdk.
4. La proteína del *retinoblastoma* (*Rb*) es una fosfoproteína nuclear denominada así porque su alteración genética interviene en el desarrollo del tumor canceroso de retina de ese nombre. La forma no

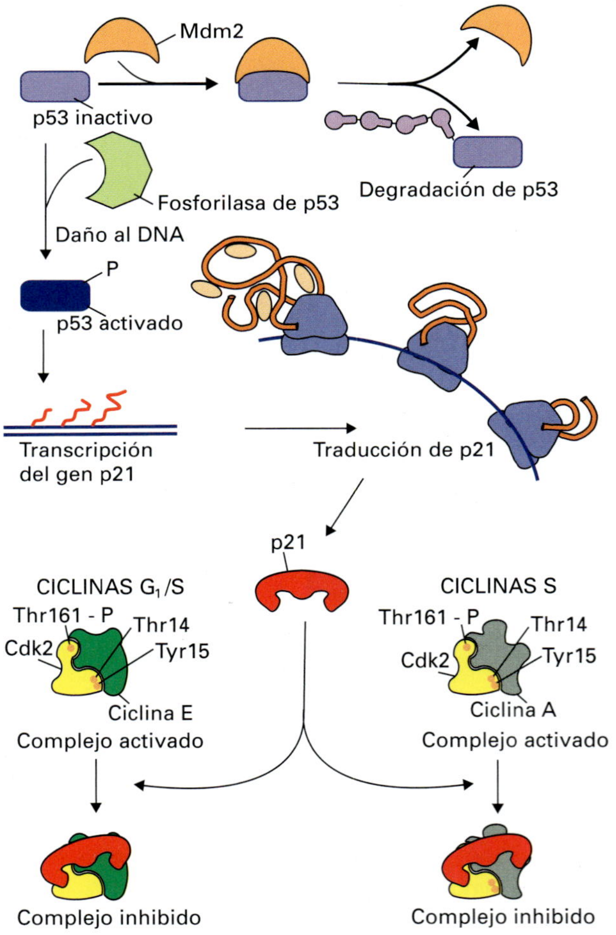


**Figura 8.8.** En condiciones normales, la proteína p53 es degrada por la ligasa de ubiquitina Mdm2. Si se produce daño al DNA, p53 es fosforilada, de modo que no puede unirse a Mdm2; por ello la concentración de p53 aumenta y estimula la transcripción de la proteína Cki p21, que inhibe los complejos ciclinas $G_1$/S-Cdk y S-Cdk y, por tanto, la entrada en S.

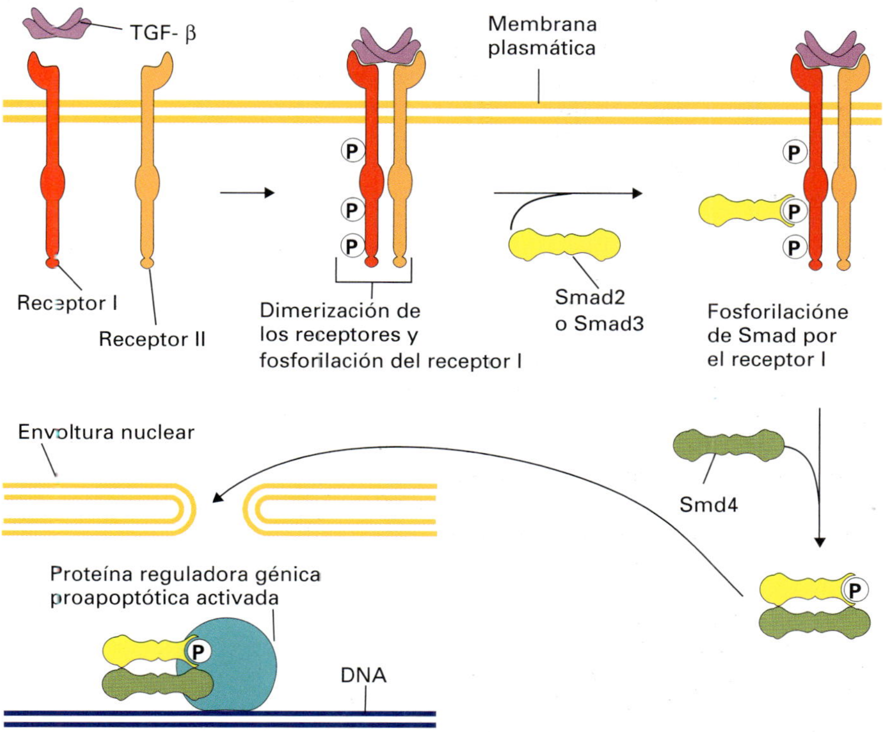


**Figura 8.9.** La unión del TGF-β a su receptor produce la dimerización de éste y la fosforilación de uno de ellos. Este dímero, a su vez, fosforila la proteína reguladora génica Smad (2 ó 3), que se une entonces a la Smad4 para penetrar en el núcleo y activar una proteína reguladora génica proapoptótica, lo que desencadena la apoptosis.

fosforilada de esta proteína actúa como un represor génico al capturar los factores de transcripción (E2F) necesarios para la replicación del DNA; de este modo inhibe el paso de $G_1$ a la fase S. La fosforilación de Rb por los complejos ciclinas $G_1$-Cdk, $G_1$/S-Cdk y S-Cdk provoca la liberación de estos factores, y el DNA puede replicarse (véase Fig. 8.4). Algunos antimitóticos bloquean este proceso.

5. Proteínas que inducen la salida del ciclo bien hacia un estado celular diferenciado o hacia apoptosis. Entre las proteínas cuya activación conduce a la apoptosis se encuentran la *Bad*, la *Bax* y la *Bak* (véase Fig. 8.12) y el receptor del ligando *Fas* (véase Fig. 8.38.A). El *factor de crecimiento transformante β* (*TGF-β*) y las moléculas relacionadas con él inhiben la proliferación celular, bien por bloqueo de la entrada en $G_1$ o porque promueven la apoptosis. El TGF-β se une al receptor de superficie e inicia una vía de señalización en la que participan las proteínas reguladoras génicas *Smad,* que entran en el núcleo y activan proteínas reguladoras génicas proapoptóticas (Fig. 8.9). A la familia TGF-β pertenecen la *proteína morfogénica ósea (BMP)*, que actúa sobre la remodelación ósea, y la *mioestatina*, que inhibe la proliferación de mioblastos.

## MITÓGENOS, FACTORES DE CRECIMIENTO Y FACTORES DE SUPERVIVENCIA

Las ciclinas no se sintetizan y ensamblan con moléculas Cdk espontáneamente. Este proceso está regulado por factores que pueden ser de tres tipos, según el efecto de la señal emitida:

1. *Mitógenos*. Estimulan la división celular.
2. *Factores de crecimiento*. Causan un aumento del tamaño celular al estimular la síntesis proteica.
3. *Factores de supervivencia*. Suprimen la apoptosis.

En general, se utiliza el término *factores de crecimiento* para designar a diversos polipéptidos (de entre unas decenas y centenares de aminoácidos) que modulan la proliferación celular en cualquiera de los tres sentidos mencionados, y no sólo para designar a los que estimulan el aumento del tamaño celular. Algunos de ellos promueven los tres procesos mencionados, pero otros sólo promueven uno o dos, por lo que el término es poco apropiado. La confusión deriva de que el término «crecimiento» se usa a menudo indebidamente para referirse a la proliferación celular. Para mayor confusión, entre los factores de crecimiento se incluyen algunas moléculas que no desarrollan ninguna de las tres actividades mencionadas, sino que son inhibidores de la proliferación.

Los factores de crecimiento son segregados por diferentes tipos celulares y se incluyen entre las citoquinas (véase Tabla 7.3). Para designarlos se utilizan las siglas *GF* (*growth factor*). Además de los factores de crecimiento ya clásicos, designados con estas siglas, existen otras citoquinas que, aunque no se denominen factores de crecimiento, actúan también como tales.

A continuación, se estudiarán los tres tipos de comportamiento mencionados que pueden realizar los denominados globalmente factores de crecimiento.

## Mitógenos

Hay mitógenos que estimulan la proliferación de múltiples tipos celulares, como el *factor de crecimiento derivado de las plaquetas* (*PDGF*) y el *factor de crecimiento epidérmico* (*EGF*). Otros son altamente específicos, como la *eritropoyetina*, que sólo estimula la proliferación de precursores de los eritrocitos.

Los mitógenos actúan activando la GTPasa *Ras*, que inicia la cascada de las MAPK. Éstas activan la proteína reguladora génica *Myc*, que causa la entrada en S al incrementar la transcripción realizada por tres tipos de genes (Fig. 8.10): 1) los que producen ciclinas $G_1$; 2) el que produce la ligasa de ubiquitina SCF, la cual degrada la Cki p27 (inhibidora de los complejos $G_1$/S-Cdk) y permite que los complejos $G_1$-Cdk y $G_1$/S-Cdk estimulen la fosforilación de Rb, lo que causa la activación de E2F; y 3) el que activa directamente E2F.

La excesiva estimulación por mitógenos detiene la proliferación mediante la producción de una proteína inhibitoria, llamada *P19Arf*, que inhibe a Mdm2, evitando la degradación de p53.

## Factores de crecimiento en sentido estricto

En general, los factores que estimulan el crecimiento (aumento de tamaño) celular, como el PDGF, se unen en la superficie celular a receptores tirosina quinasa que actúan por la vía de la quinasa 3 de fosfatidil inositol (*quinasa PI 3*). Ésta a partir del ATP, añade un P a la posición 3 de una molécula de fosfatidil inositol de la hemimembrana P formando fosfatidil inositol trifosfato ($PIP_3$). A éste se une también la *quinasa PDK1* que fosforila la *quinasa B* (también llamada *Atk*). La activación de esta quinasa activa otras quinasas que promueven la síntesis proteica, bien porque activan la quinasa *S6* que fosforila la proteína S6 de los ribosomas, bien porque activan el factor de iniciación de la síntesis proteica eIF4E (Fig. 8.11).

Algunos factores de crecimiento sólo aumentan el tamaño celular sin afectar al número de células; por ejemplo, el tamaño de las neuronas del sistema nervioso simpático depende del *factor de crecimiento nervioso* (*NGF*). Pero muchos otros factores de crecimiento, como el PDGF, incrementan también la producción de Myc, actuando, por tanto, además como mitógenos.

## Factores de supervivencia

En los mamíferos, los factores de supervivencia, como la interleuquina 3 (*IL-3*), el *stem cell factor* (*SCF*), el *factor de crecimiento similar a la insulina tipo 1* (*IGF-I*) y el NGF, se unen también a receptores tirosina quinasa que actúan por la vía de las quinasas PI 3, PDK1 y quinasa B. En el caso de los factores de supervivencia la función de esta última es doble: 1) fosforila e inactiva la proteína *Bad* (un miembro proapoptótico de la familia Bcl-2) suprimiendo la apoptosis; pues cuando Bad no está fosforilado es activo y promueve la apoptosis al unirse a Bcl-2 e inhibirlo: 2) fosforila e inhibe proteínas reguladoras de la familia *Forkhead*, las cuales codifican genes cuyas proteínas promueven la apoptosis (Fig. 8.12).

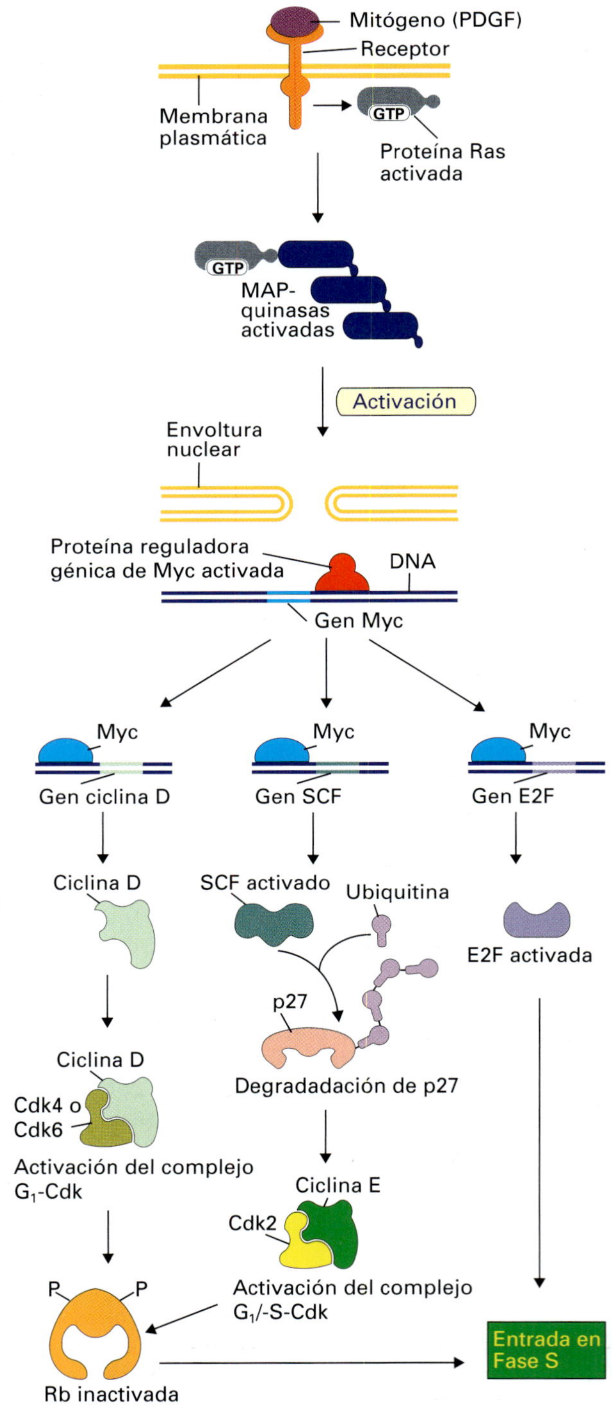


**Figura 8.10.** Los mitógenos estimulan la GTPasa *Ras*, que activa la cascada de las MAP quinasas. Éstas activan la proteína reguladora génica *Myc*, que provoca la entrada en S al incrementar la transcripción realizada por tres tipos de genes: 1) los que producen ciclinas $G_1$; 2) el que produce SCF, que degrada la Cik p27 (inhibidora de los complejos $G_1$/S-Cdk), con lo que los complejos $G_1$-Cdk y $G_1$/S-Cdk estimulan la fosforilación de Rb, y esto produce la activación de E2F; y 3) el que produce directamente E2F.

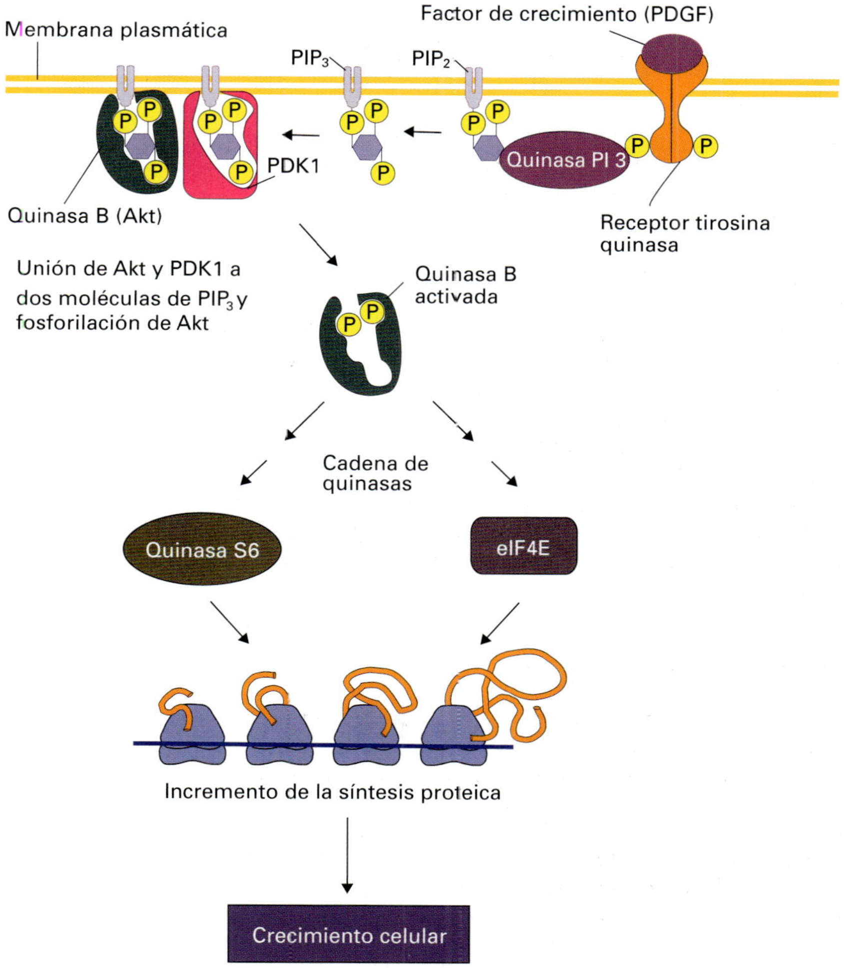


**Figura 8.11.** El factor de crecimiento PDGF se une a su receptor de superficie y activa la quinasa de fosfatidil inositol trifosfato que fosforila el fosfatidil inositol difosfato a trifosfato. A éste se une la quinasa PDK1 que activa la quinasa B (Atk). Ésta a su vez, activa otras quinasas que favorecen la síntesis proteica a través de la quinasa *S6*, que fosforila la proteína S6 de los ribosomas, o por la activación del factor de iniciación de la síntesis proteica eIF4E.

## OTRAS SEÑALES QUE REGULAN EL CICLO CELULAR

Los mecanismos de regulación del ciclo mencionados son desencadenados por una serie de señales extracelulares o intracelulares cuyas vías concretas de actuación no son bien conocidas. Mencionaremos a continuación algunas de ellas.

### Tamaño celular

La importancia del tamaño celular para sobrepasar $G_1$ ha sido destacada desde hace tiempo. Este paso se logra en muchas células cuando alcanzan el tamaño adecuado, que se expresa en la relación de Hertwig ($V_n/V_c$-$V_n$). El factor crítico sería la relación $V_{celular}$/número de copias de DNA. De hecho, las células poliploides mantienen un tamaño proporcional a la cantidad de DNA. Esto no es aplicable a las células que se encuentran en $G_0$. Algunas de ellas, por ejemplo las neuronas, no cumplen la relación de Hertwig, pues pueden alcanzar grandes tamaños del citoplasma sin que se produzca la replicación. En algunas neuronas el tamaño está regulado por el factor de crecimiento nervioso (NGF).

### Anclaje al sustrato

Muchas células en cultivo, además de factores de crecimiento, necesitan estar ancladas a un sustrato para dividirse. La unión de las moléculas de la matriz extracelular a las integrinas de la superficie celular provoca la activación de quinasas como la *quinasa de adhesión focal (FAK)*, que activa señales intracelulares que promueven la supervivencia, crecimiento y división celular. Estos contactos son también decisivos en la ordenación de los filamentos de actina del citoesqueleto, el cual desempeña una función primordial en la mitosis. Las células requieren este anclaje para pasar de $G_1$ aunque no para el resto del ciclo; es más, adquieren forma redondeada y se sueltan al entrar en M.

### Limitación de la expansión por contacto

En los cultivos celulares, las células dejan de crecer y dividirse cuando ocupan toda la superficie de la placa (*inhibición por contacto*). Esto explica por qué, en los cultivos celulares, donde las células se encuentran fuera del ambiente normal de crecimiento, el comportamiento re-

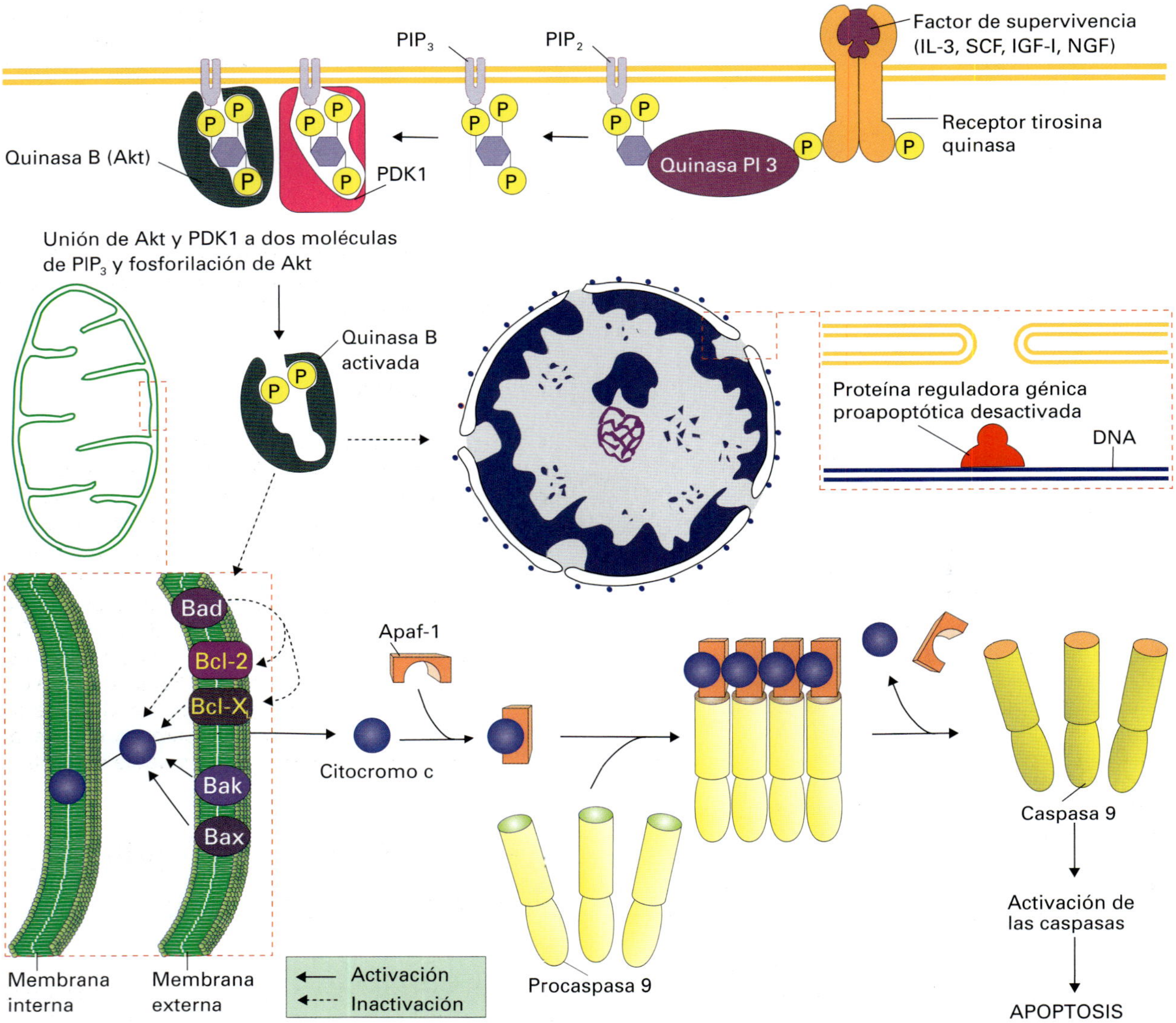


**Figura 8.12.** Una de las formas mediante las que se desencadena la apoptosis es a través de señales intracelulares que parten del citocromo b de la membrana mitocondrial. La salida de esta proteína al citosol y su unión al Apaf-1 activa la procaspasa 9 a caspasa 9, que, a su vez, activa una cascada de quinasas que conducen a la apoptosis. La salida de citocromo c está regulado por otras proteínas que forman la familiar Bcl-2. Algunos miembros de esta familia son antiapoptóticos (suprimen la salida del citocromo c), como Bcl-2, Bad y Bcl-X. Otros son proapoptóticos, como Bax y Bak. Algunos factores de supervivencia se unen a su receptor y actúan por la vía de la quinasa de fosfatidil inositol trifosfato, PDK1 y B (Atk). Esta quinasa fosforila e inhibe proteínas reguladoras de la familia *Forkhead* (las cuales codifican genes cuyas proteínas promueven la apoptosis) y también inhibe la proteína Bad de la membrana mitocondrial, suprimiendo la apoptosis.

sulta diferente del que tienen en su localización normal en el organismo. Así, en cultivo, el cartílago fabrica menos sustancia intercelular y se divide más rápidamente, que cuando está en el organismo, donde las células estaban rodeadas por otras que limitaban su expansión.

Sin embargo esta inhibición por contacto no parece ser simplemente una limitación física a la expansión, pues si se añaden factores de crecimiento continúa la proliferación celular. Parece que el efecto de inhibición se debe a la competencia por los factores de crecimiento, de modo que las células en contacto no reciben los suficientes.

## Temperatura

La temperatura modifica la frecuencia de la división celular. *Amoeba proteus*, a 23 °C se divide cada 36-40 horas, pero a 17 °C lo hace cada 48-55 horas. Por encima o por debajo de temperaturas límites se detiene el ciclo. Experimentos con hongos sugieren que este efecto de la temperatura se ejerce sobre la actividad de las ciclinas y Cdk.

### Características intrínsecas del tipo celular

Las características propias de cada tipo celular determinan su comportamiento en el ciclo. Algunas células, como las células hematopoyéticas y las epiteliales, se dividen continuamente, se diferencian con gran facilidad y, una vez diferenciadas, tienen vida corta. Otras células, como las neuronas y las células musculares cardíacas, no se dividen nunca y, si mueren, su pérdida no puede ser reparada por el individuo. En otros casos, las células no se dividen nunca en principio, pero si se suprime gran parte del tejido entran en división; esto ocurre en el tiroides y el hígado. Una hepatectomía del 70% del hígado induce una rápida actividad mitótica.

Para explicar este último comportamiento se ha propuesto un modelo de secreción autocrina en el que las células que forman un tejido u órgano están siempre produciendo unas sustancias que actúan como inhibidores de la entrada en el ciclo de estas células, manteniéndolas en $G_0$. Cuando se suprime gran parte del tejido, las pocas células que quedan no producen suficiente concentración de estas sustancias como para inhibir la entrada en la fase S y la mitosis. Existen datos que confirman esta posibilidad. Si se conecta la circulación sanguínea de una rata hepatectomizada con otra normal, las células hepáticas comienzan a proliferar en ambas ratas. Es posible que estas sustancias que frenan la mitosis en tejidos con poblaciones celulares abundantes correspondan al producto de genes represores tumorales, factores de crecimiento de acción inhibitoria como el TGF-$\beta$, mediadores químicos locales del tipo eicosanoides (véase página 330) u otros menos conocidos que promueven la activación de genes represores de la proliferación celular.

En la sangre de ratas hepatectomizadas se ha encontrado una proteína considerada responsable de la estimulación de la proliferación celular hepática (que estaría inhibida cuando el número de células hepáticas es alto), a la que se ha denominado *factor de crecimiento hepático*. Este factor actúa del mismo modo en otros tejidos, produciendo una disociación de las células, que se tornan móviles y emigran, por lo que también se le ha denominado *factor de dispersión*.

En general, puede decirse que la frecuencia de la división es inversamente proporcional al grado de diferenciación de las células. Así, las células procariotas se dividen mucho más rápidamente que las eucariotas, y las células cultivadas lo hacen más rápidamente que esas mismas células cuando se encuentran en los tejidos habituales donde están más diferenciadas. Los embriones se dividen rápidamente al principio. Sus células son grandes y, como se dividen sin apenas tiempo para crecer, las células resultantes son cada vez más pequeñas. Pero llega un momento en que las divisiones son cada vez más lentas. Las células tienen más tiempo de crecer, se tornan cada vez mayores y se hacen más diferenciadas.

Estas características intrínsecas pueden residir en el citoplasma, pues se ha comprobado que si se trasplanta el núcleo de una célula al citoplasma enucleado de otra, cambia la frecuencia de división de ese núcleo con respecto a la que tenía en la célula donde originariamente estaba alojado. Así, si se trasplanta el núcleo inactivo de un eritrocito de pollo a un fibroblasto enucleado de pollo en cultivo, el núcleo del eritrocito se vuelve activo e incluso se divide.

### Edad

La edad también interviene en la frecuencia de la división. De este tema se tratará más adelante en este mismo capítulo (véase página 386).

### La especie animal

La especie animal es también determinante. Comparando cultivos de fibroblastos de diversas especies se ha comprobado que cuanto más longeva es la especie, mayor número de divisiones pueden sufrir sus fibroblastos. Esto hace suponer que la senescencia es un hecho programado a un tiempo determinado para cada población celular. Una hipótesis sugestiva para explicar esta programación se basa en las secuencias repetitivas de DNA localizadas en los telómeros de los cromosomas que, como ya se explicó en el Capítulo 3 (véase página 89) se pierden en parte en cada replicación y deben reponerse. Si no se produce esta reposición, llega un momento en que se pierde parte del cromosoma, lo que hace inviable la célula.

# CICLO CELULAR Y CÁNCER

## ALTERACIONES EN LOS GENES QUE CONTROLAN EL CICLO

El cáncer llega a afectar a uno de cada tres individuos a lo largo de su vida y es la causa de la muerte de una de cada cinco personas. El proceso se inicia a partir de una célula normal que se transforma en *neoplásica* (tumoral), proceso conocido como *transformación maligna*. El inicio podría ser una alteración mutagénica no reparada del DNA. Sin embargo, el desarrollo de un tumor maligno (*carcinogénesis*) requiere varias transformaciones genéticas, que reducen cada vez más la capacidad de respuesta de las células al mecanismo normal regulador del organismo. Este conjunto de alteraciones determina que las células proliferen descontroladamente e invadan tejidos normales.

Los genes que participan en la carcinogénesis constituyen un subconjunto específico del genoma cuyos productos proteicos están implicados en la progresión a través del ciclo celular, la reparación de daños en el DNA, la adherencia entre células vecinas y la capacidad de migración.

Estos genes se dividen en dos grandes categorías: *genes supresores de tumores* y *oncogenes*. Para que se produzca un tumor debe haber, al menos, dos mutaciones: una en un gen supresor de tumor y otra que dé lugar a un oncogén. Es más, parece posible que se requieran todavía más mutaciones.

## Oncogenes

Las formas no alteradas (inactivas) de estos genes en las células normales son los *protooncogenes,* que favorecen la división celular. La transformación de estos genes en oncogenes determina la proliferación celular descontrolada, llevando a la célula al estado tumoral. Los oncogenes actúan de forma dominante; es decir, basta la mutación en un cromosoma del par de homólogos para que el oncogén actúe. Se han identificado un centenar de oncogenes, muchos incluidos en el genoma de virus RNA. Según la función de la proteína codificada, se distinguen diferentes tipos de oncogenes:

1. *Oncogenes que codifican factores de crecimiento o sus receptores.* Entre ellos se encuentra el oncogén *sis* (virus del sarcoma de simio), que codifica el PDGF. La alteración de este gen causa la producción de grandes cantidades de este factor, y ello propicia que la proliferación celular esté altamente estimulada (véase Fig. 8.10). Otro de estos oncogenes es el gen *erb* (eritroblastosis aviaria), que codifica un receptor del EGF. La forma alterada de este receptor actúa como la forma normal unida al factor de crecimiento, por lo que la proliferación celular está continuamente estimulada.
2. *Oncogenes que codifican proteínas que transmiten señales de mitógenos.* Muy común en tumores humanos es el oncogén *ras.* Su producto es la GTPasa Ras, localizada en la superficie interna de la membrana plasmática. La unión de mitógenos a su receptor de membrana activa la Ras (convierte el GDP al que está unido en GTP), que transmite señales que favorecen la proliferación celular (véase Fig. 8.10). En condiciones de normalidad genética, la desactivación de la proliferación se produce porque el GTP de Ras es hidrolizado a GDP. En algunos tumores hay una mutación dominante que hace que la proteína Ras persista en su estado activo (no hidroliza el GTP), por lo que continúa la proliferación celular.
3. *Oncogenes que codifican proteínas quinasas de serina-treonina y de tirosina.* Entre ellos están el oncogén *raf,* cuyo producto es la quinasa *Raf,* situada al inicio de la cascada de MAPK, la vía primaria para el control de la proliferación en muchos tipos celulares (véase Fig. 7.41). La forma oncogénica mantiene la proteína en la forma activa, evitando que se desactive la proliferación celular. A este grupo pertenece también el oncogén *src,* que fue el primer oncogén descubierto. Este oncogén codifica una quinasa de tirosina, la cual interviene en la producción de numerosas señales intracelulares, muchas de ellas relacionadas con la proliferación celular.
4. *Oncogenes que codifican factores de transcripción nuclear.* Uno de estos oncogenes es el oncogén *myc,* cuyo producto alterado provoca el paso descontrolado de células en $G_0$ a $G_1$, iniciando una proliferación celular que no debía tener lugar (véase Fig. 8.10).
5. *Oncogenes que codifican productos que afectan a la apoptosis.* Entre ellos figura el oncogén bcl-2, cuya sobreexpresión suprime la apoptosis (Fig. 8.12).

## Alteraciones en genes supresores de tumores

Los genes supresores de tumores codifican proteínas que restringen el crecimiento celular y evitan que las células se malignicen. Son deficientes o faltan en las células tumorales y actúan de forma recesiva; es decir, para que estos genes pierdan su función protectora, la alteración tiene que producirse en ambos cromosomas homólogos. Los más frecuentes son los siguientes:

1. *Retinoblastoma (rb).* De la función de la proteína producto de este gen en el ciclo celular se ha tratado anteriormente (véase página 352 y Fig. 8.4). Su alteración está presente en el tumor retiniano de este nombre. Se ha observado una transmisión hereditaria recesiva. Los sujetos que han heredado un sólo alelo alterado no tienen por qué padecer el tumor, pero poseen una mayor predisposición, ya que basta una mutación del alelo sano para contraer la enfermedad. En muchos pacientes con otros tipos de cáncer, como el de mama, próstata o pulmón, también se ha observado la doble alteración de este gen.
2. *P53.* De la función de este gen en el ciclo celular (véase Fig. 8.8) se ha tratado en la página 352. Se encuentra alterado en la enfermedad de Li-Fraumeni, cuyos pacientes suelen padecer cáncer de mama o leucemia. La mitad de los pacientes con algún tipo de cáncer suelen presentar este gen alterado en ambos alelos.
3. *P16.* La ausencia o inactivación de este gen, que inhibe la formación de los complejos ciclinas $G_1$-Cdk, es frecuente en muchas formas de cáncer humano, situación que favorece la proliferación celular. En algunos tipos de cáncer lo que ocurre es que falla el silenciamiento de este gen por metilación de los genes reguladores.

# AGENTES CARCINÓGENOS

Numerosos agentes físicos, químicos y biológicos pueden transformar los genes convirtiendo una célula normal en neoplásica. A estos agentes se les denomina *mutágenos.* Determinados compuestos, como los alquilantes o la acridina, alteran directamente la secuencia de nucleótidos del DNA; otros agentes químicos se vuelven cancerígenos sólo después de su activación dentro del organismo, donde las distintas oxidasas celulares los convierten en sustancias carcinogénicas. Los carcinógenos son electrofílicos (deficientes en electrones) y se unen covalentemente con el DNA. La aplicación experimental de cancerígenos ha mostrado que generalmente se requiere una aplicación repetida del agente para que ejerza su efecto. Esto ha llevado a distinguir dos fases en la carcinogénesis: *iniciación* y *promoción.* El agente iniciador puede ser diferente del promotor.

Los efectos de estos agentes varían dependiendo de las células sobre las que ejercen su acción. Así, las células del ratón de laboratorio son más vulnerables que las humanas. Es posible que esa diferencia resida en la menor o mayor capacidad de reparación del DNA. Las células transformadas a menudo tienen alteraciones cromosómicas que determinan alteraciones morfológicas: generalmente, el citoesqueleto está desorganizado y hay alteraciones en la superficie celular, con pérdida de componentes de la membrana, aparición de nuevos antígenos y pérdida de la inhibición por contacto que se produce en las células normales.

Entre los agentes causantes de tumores merecen una mención especial los *virus oncogénicos*. Ya en 1908 se dio a conocer la existencia de virus en tumores, y en 1910 Rous inició sus trabajos sobre la propagación de sarcomas inducidos por virus. Actualmente, se conocen muchos virus tumorales que insertan su DNA en el genoma del huésped, transformando la célula. A partir de ese momento los genes víricos pasan a formar parte de la herencia genética de la célula infectada, se replican con el material celular y se expresan en toda su descendencia. La integración del DNA vírico en el genoma del huésped puede provocar cambios en la expresión de algunos de los genes de la célula (*mutagénesis por inserción*), que son heredables. Muchos virus tumorales poseen uno o varios oncogenes (*v-oncogenes*), que son los únicos responsables directos de la transformación tumoral de la célula infectada. En estos casos puede que no sea necesario alterar un gen de la célula huésped para inducir el tumor. Muchos virus oncogénicos DNA (adenovirus, virus del papiloma humano, SV40) codifican proteínas que se unen a la proteína Rb inactivándola y, por tanto, favoreciendo la proliferación celular. La inserción del genoma vírico que causa el cáncer es la que se produce no en las células que permiten la replicación del virus en su interior, pues éstas quedan lisadas, sino en aquellas que dejan entrar al virus pero no permiten su replicación, pues éstas sobreviven a la infección y se convierten en portadoras del gen alterado.

A cada uno de los diferentes oncogenes que se han ido estudiando se le ha dado un nombre de tres letras derivado del virus del que se aisló por primera vez. Así, el oncogén del virus del sarcoma de Rous se denomina scr, y el de la eritroblastosis aviaria se le conoce como erb. El nucleoide de estos virus puede ser tanto DNA (adenovirus como el SV40, el virus del polioma del ratón, el virus de Epstein-Barr, etc.) como RNA (retrovirus como el scr) pero, en este último caso, los retrovirus transcriben el RNA en el DNA que insertan en el huésped.

Los oncogenes víricos tienen un origen celular. En realidad no son genes víricos sino genes celulares que se han incorporado al genoma del virus en una infección previa (*transducción viral*), y que son transmitidos a su progenie, la cual infecta después a otros organismos. La activación del protooncogén a oncogén puede deberse a que la estructura del protooncogén cambie durante la transducción vírica, o a que la alteración no se encuentre en la estructura sino en su expresión, al comportarse de manera diferente por encontrarse en compañía de secuencias del genoma vírico que son diferentes de las de su medio celular normal.

# DIVISIÓN CELULAR

## SIGNIFICADO BIOLÓGICO

El ciclo celular en organismos eucariotas culmina con el proceso de división nuclear, que se denomina *mitosis* (o también cariocinesis). Generalmente, la mitosis va acompañada de la división del citoplasma (*citocinesis*).

La mitosis es un fenómeno muy complejo, mediante el cual el material nuclear se divide en partes iguales entre las células hijas. Antes de iniciarse la mitosis se ha producido la duplicación no sólo del DNA, sino también de todos los orgánulos y componentes fundamentales. En este sentido, la división celular es la separación final de las unidades macromoleculares previamente duplicadas.

La mitosis no se produce del mismo modo en todas las células eucariotas. Por ello, nos centraremos en el estudio de la mitosis de organismos superiores animales y vegetales (*mitosis típica*), para analizar finalmente algunas características de la evolución de este proceso comparando determinadas *mitosis atípicas*.

## MITOSIS TÍPICA

En toda célula en mitosis se presentan dos componentes fundamentales: el aparato cromático y el acromático. El primero lo forman los cromosomas. En cierto sentido, podemos incluir también al nucléolo, ya que participa en el ciclo mitótico. El segundo componente lo forman los centríolos, los ásteres y el *huso*. La mitosis comprende las siguientes etapas: profase, prometafase, metafase, anafase y telofase (Figs. 8.13-8.15).

### PROFASE

#### Desorganización del citoesqueleto

La profase dura aproximadamente un 40% del tiempo total de la mitosis. En $G_2$ y al inicio de la profase hay una reorganización del citoesqueleto responsable de la forma celular. Las células animales pierden su forma habitual

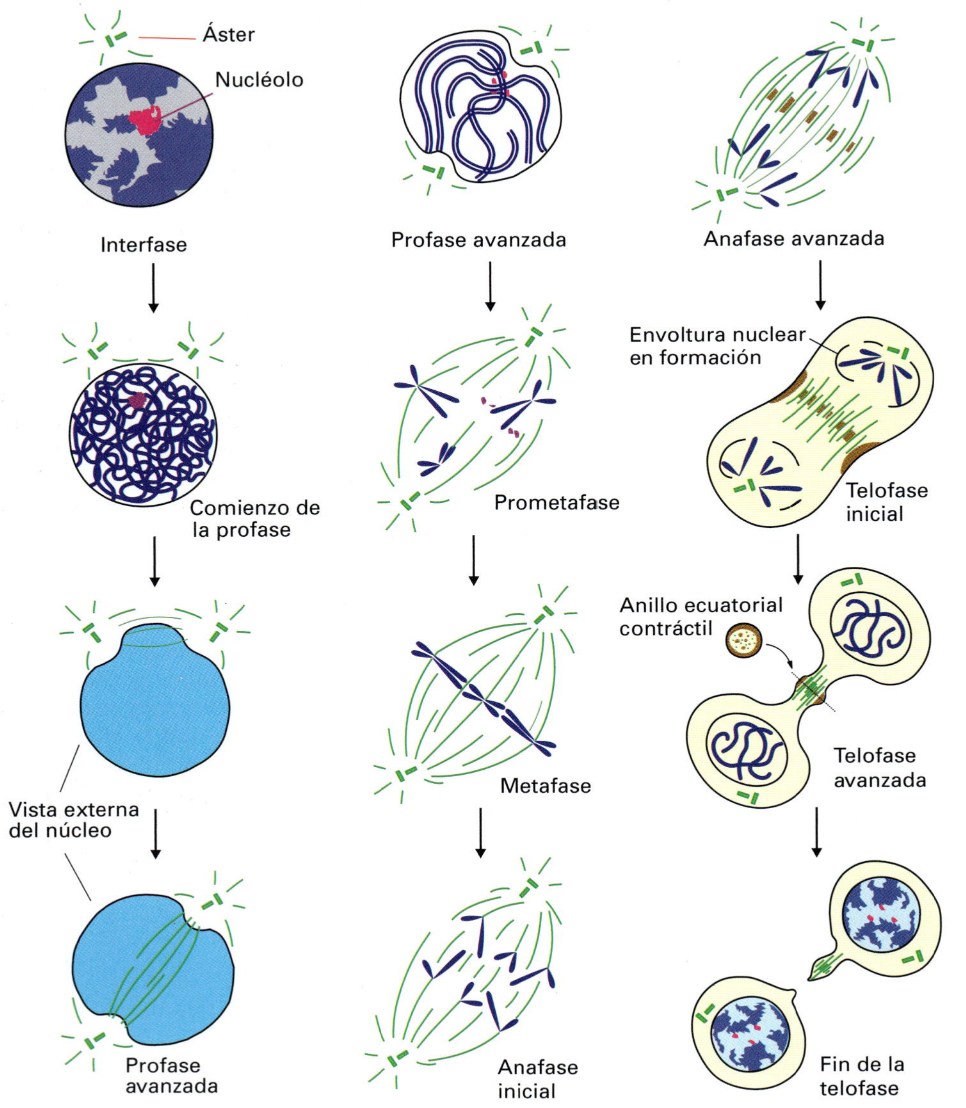


**Figura 8.13.** Evolución de los cromosomas y del huso mitótico durante las etapas de la mitosis. Para mayor claridad, en el ejemplo se representan únicamente tres cromosomas.

(prismática en epitelios, fusiforme en los fibroblastos, estrellada en las células mesenquimáticas), y adoptan forma esférica. La actina y la miosina se dispersan por toda la célula y los microtúbulos se fragmentan y reorganizan para formar el huso. Este proceso puede seguirse mediante técnicas inmunohistoquímicas usando anticuerpos contra la tubulina, actina y miosina. Con el microscopio de contraste de fases se observa que la viscosidad y refringencia del citoplasma aumentan.

Las células vegetales no cambian su forma, porque la pared celular es rígida, pero en el ecuador de la célula se observan bajo la membrana plasmática muchos microtúbulos que forman un anillo (*banda profásica de microtúbulos*). Este anillo parece regir la formación de la futura placa celular, se forma en $G_2$ y desaparece antes de la metafase. A estos microtúbulos se unen filamentos de actina, que se disponen radialmente desde la corteza hacia el interior de la célula. Estos filamentos permanecen durante la mitosis. Se ha sugerido que constituyen la memoria del lugar de emplazamiento de la placa celular.

## Configuración de los cromosomas

Los cromosomas profásicos aparecen como delicados filamentos extendidos o enrollados dentro de la esfera nuclear (Figs. 8.13, 8.14 y 8.15.A). Cada cromosoma consta de dos cromátidas unidas por el centrómero y asociadas íntimamente por un complejo proteico denominado *cohesina*, el cual se dispone a lo largo del eje que va uniendo ambas cromátidas a medida que se replica el DNA. La cohesina es un dímero con ambos monómeros unidos en un extremo por una región en bisagra y con dos dominios, uno de unión al DNA y otro al ATP, en el extremo libre (Fig. 8.16.A). La deposición de la cohesina exige la fosforilación de algunas de sus subunidades a partir de la hidrólisis del ATP.

A medida que la profase progresa, ambas cromátidas se van acortando y engrosando, aumentando los plegamientos de su estructura interna. Esta espiralización de las cromátidas es desencadenada por el complejo ciclinas M-Cdk y va asociada a la condensación de las histo-

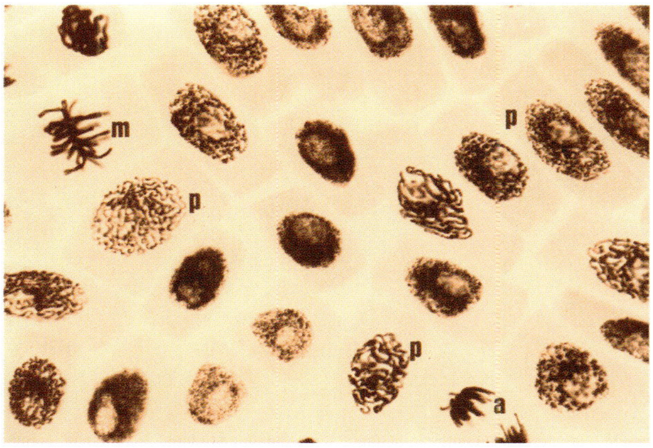


**Figura 8.14.** Meristemos de *Allium cepa* que muestra diferentes etapas de la mitosis. p: profase (en diversos estadios); m: metafase; a: anafase. Tinción con orceína. X1200. (Cortesía de Giménez Abián. Centro de Investigaciones Biológicas, CSIC.)

nas, que pierden agua y sufren una serie de cambios, como la acetilación y fosforilación de la H1 (por el complejo ciclinas M-Cdk) y de la H3 (por la quinasa *aurora B*), y a cambios en la concentración iónica ($Ca^{2+}$, $Mg^{2+}$) del citoplasma. La fosforilación de la H3 induce la deposición de un complejo de cinco proteínas llamado *condensina*, muy similar a la cohesina y que, junto con ella, forma parte del complejo proteico *SMS (structural maitenance system of chromosome)*. Tras las fosforilación de algunas de sus subunidades por el complejo ciclinas M-Cdk a partir del ATP, la condensina espiraliza el nucleofilamento (Fig. 8.16.A). Así, los cromosomas aparecen como cordones cada vez más cortos y más gruesos. Un cromosoma de 10 μm de largo y 1 μm de ancho tiene 80 000 μm de longitud de DNA. Esto significa que el empaquetamiento del doble helicoide de DNA es de 8000 veces. Dado que una hebra de DNA de 7-8 μm de largo forma un nucleofilamento de 1 μm (empaquetamiento de 7-8 veces), para formar un cromosoma, el nucleofilamento se empaqueta unas 1000 veces.

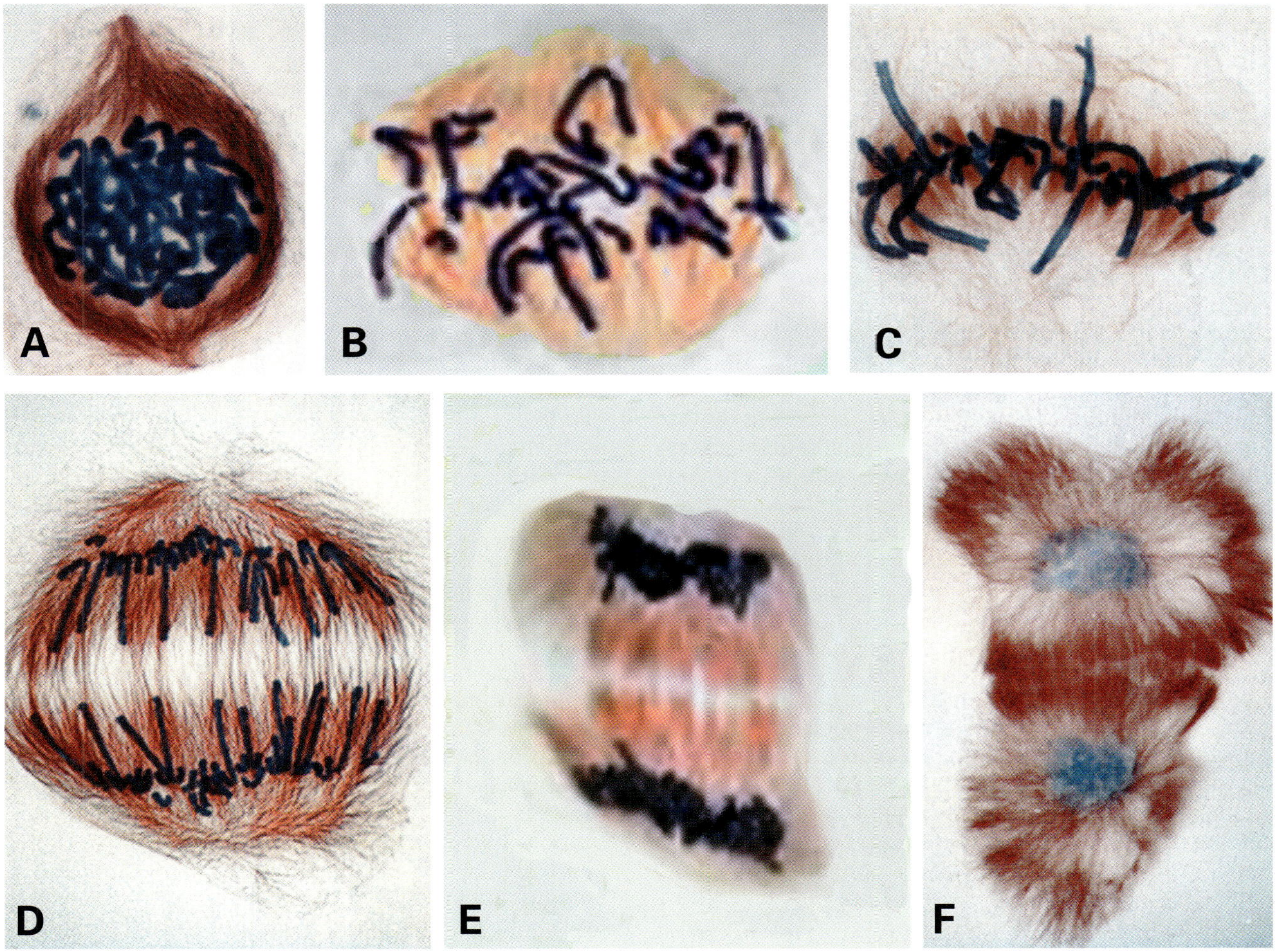


**Figura 8.15.** Mitosis en *Allium cepa*. Micrografías de inmunofluorescencia en las que se observan, en naranja, los microtúbulos del huso y en azul los cromosomas. (Cortesía de Media Portfolio). **A**: Profase. **B**: Prometafase. **C**: Metafase. **D**: Anafase A. **E**: Anafase B. **F**: Telofase. X2500.

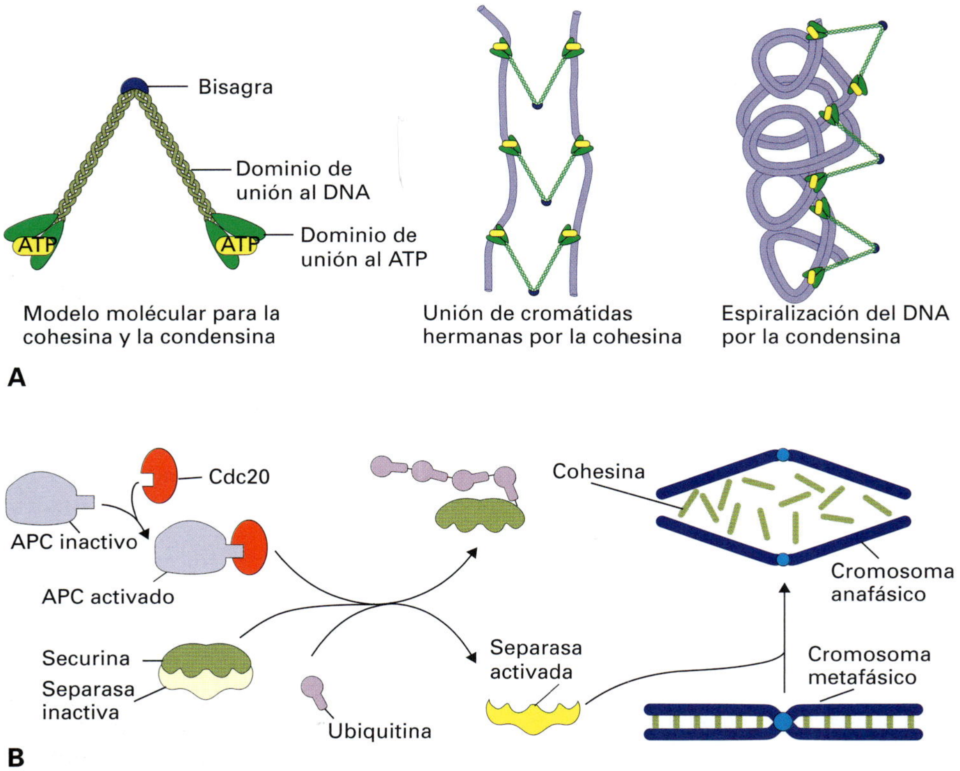


**Figura 8.16.** **A**: La cohesina y la condensina son dos complejos proteicos filamentosos que forman dímeros uniéndose por un extremo. Por el otro extremo se unen a las cromátidas y al ATP. Durante la profase la cohesina interviene en la unión de ambas cromátidas hermanas y la condensina en la condensación de la cromatina. Los dos procesos requieren la hidrólisis del ATP. **B**: Al llegar la anafase, la proteína Cdc20 activa el complejo APC y éste destruye la proteína securina, que inhibe la actividad de la separasa. Esta enzima degrada la cohesina que une ambas cromátidas hermanas, permitiendo la separación de éstas.

En la profase temprana los cromosomas se encuentran distribuidos al azar dentro del núcleo. A medida que progresa la profase los cromosomas se acercan al borde del núcleo. Este movimiento centrífugo de los cromosomas indica que se aproxima el fin de la profase. En este momento se alcanza el máximo plegamiento del nucleofilamento y la configuración completa de los cromosomas. Ambas cromátidas se distinguen ahora claramente, unidas por el centrómero, que se acentúa hasta que en la metafase se aparece como una constricción. El nucléolo, a medida que avanza la profase, va disgregándose en cuerpos pequeños, que pierden sus afinidades tintoriales.

## Formación del huso

Durante la profase se forma el huso acromático. Éste comienza en la vecindad de los centríolos, que se encuentran a un lado de la envoltura nuclear (véase Fig. 8.13). En la interfase había una pareja de centríolos de los que irradiaban largos microtúbulos en todas las direcciones (áster). A mediados del período $G_1$, y estimulados por los complejos ciclinas $G_1$/S-Cdk que inician la replicación del DNA, los dos centríolos se empiezan a separar, e inician la duplicación a finales de $G_1$ o principios de S, y la terminan a finales del $G_2$, dando lugar a una doble pareja de centríolos (Fig. 8.17).

Los microtúbulos del áster son ahora mucho más cortos y numerosos que los que se observan en la interfase, y no establecen contacto con la pareja de centríolos. Se originan del material denso pericentriolar, que es el verdadero centro organizador de los microtúbulos y contiene tubulina $\gamma$, responsable de la nucleación de los microtúbulos del huso. Uniendo ambas parejas de centríolos hay un haz de microtúbulos que se va alargando a medida que las parejas se separan. Una pareja permanece en su lugar, mientras que la otra, con su áster correspondiente, describe alrededor del núcleo un trayecto semicircular, de 180°, para alcanzar el polo opuesto. Los microtúbulos que han crecido entre ambas parejas de centríolos forman los *microtúbulos polares* (véanse Figs. 8.13 y 8.15). El término *fibras del huso*, acuñado a raíz de los estudios con la microscopía óptica, corresponde a haces de microtúbulos. No hay microtúbulos continuos de un polo a otro sino dos casquetes de microtúbulos con polaridades opuestas: los extremos (–) en los polos y los extremos (+) en la zona ecuatorial. Ambos fascículos se solapan en la zona ecuatorial, donde se interconectan mediante proteínas motoras del tipo *quinesina*, que se mueven hacia el extremo (+) de los microtúbulos. Estas proteínas contribuyen a estabilizar la posición de los microtúbulos, y desempeñarán un papel importante en las siguientes etapas de la mitosis. Los microtúbulos polares, a pesar de su apariencia estable, están en continua renovación, perdiendo tubulinas por sus extremos (–) e incorporando tubulinas en sus extremos (+). Esta renovación lenta tiene lugar durante toda la mitosis, con independencia de las incorporaciones o pérdidas rápidas de tubulinas que ca-

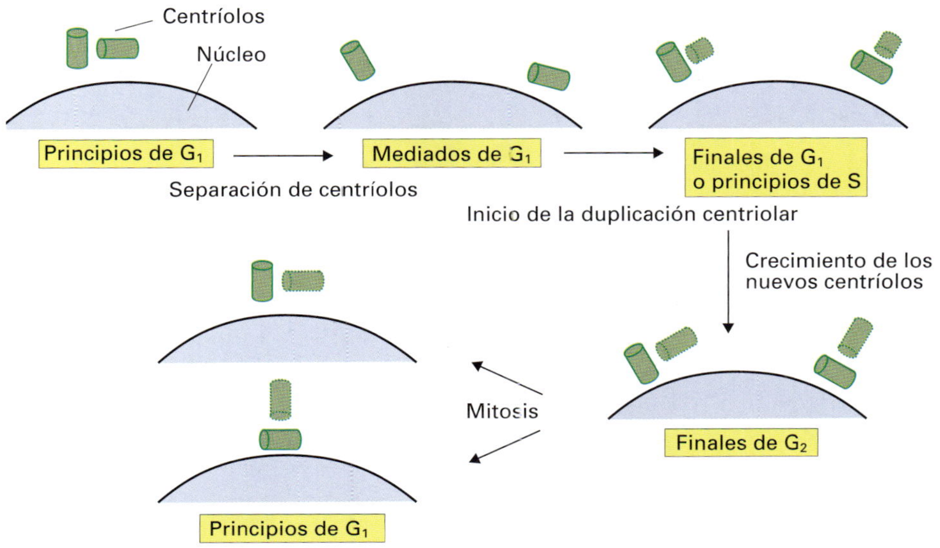


**Figura 8.17.** Ciclo de duplicación de la pareja de centríolos y emigración de una pareja al polo opuesto con miras a la mitosis.

ractericen cada etapa mitótica. En muchas células, la organización del huso mitótico requiere la activación de la familia de proteínas denominadas *quinasas polo*.

Los centríolos no son imprescindibles para la formación del huso, pues para ello basta con la matriz pericentriolar. En los vegetales superiores no hay centríolos ni ásteres, y la mitosis se desarrolla igual que en las células animales. Lo mismo puede decirse de las primeras divisiones del huevo del ratón, en las que se pierden los centríolos, y de experimentos en los que se crean husos tripolares, en uno de cuyos polos faltan los centríolos. Las mitosis cuyo aparato acromático contiene centríolos, ásteres y huso se denominan *astrales* o *anfiastrales*, mientras que las que carecen de centríolos y ásteres, aunque tienen huso y matriz centriolar, como en los vegetales superiores, se llaman *anastrales*.

En la mitosis típica, el huso se forma por fuera de la envoltura nuclear, la cual termina por desaparecer al final de la profase a causa de la fosforilación de las láminas nucleares por el complejo ciclinas M-Cdk (Fig. 8.18). Con el microscopio de contraste de fases se observa que el núcleo se hincha y deshincha varias veces hasta que se rompe la envoltura. Más adelante se describirá el comportamiento del huso y de la envoltura nuclear en las mitosis atípicas de algunos protozoarios.

## PROMETAFASE

La prometafase es la transición entre la profase y la metafase. Dura muy poco tiempo y comienza con la desintegración de la envoltura nuclear. El nucléolo termina de desintegrarse.

El huso se extiende de polo a polo de la célula. Los cromosomas aparecen completamente individualizados (véanse Figs. 8.13 y 8.15.B).

Durante la profase se han diferenciado en cada cromosoma un par de cinetócoros (uno por cromátida), situados uno a cada lado del centrómero. En la prometafase, algunos microtúbulos polares establecen contacto lateral con uno de los dos cinetócoros de un cromosoma situado en su proximidad; pero ese contacto se transforma en una conexión terminal, de modo que el microtúbulo polar queda anclado por su extremo (+) en el cinetócoro. Lo mismo sucede con los demás cromosomas, hasta que todos quedan conectados por un cinetócoro al polo del huso que está situado más próximo. Estos microtúbulos que conectan los cromosomas al huso se denominan *microtúbulos cromosómicos* o *cinetocóricos* (véanse Figs. 3.8.C y 8.19.A). En cada cinetócoro puede haber hasta 40 microtúbulos. Entre éstos y el cinetócoro hay como un anillo corredizo, que rodea los microtúbulos y permite la incorporación o pérdida de tubulinas en esa zona. Entre los microtúbulos y el anillo hay proteínas con actividad ATPasa, del tipo *dineína citoplásmica*, que se mueven hacia el extremo (–) de los microtúbulos y tienden a desplazar la cromátida hacia el polo próximo al cinetócoro (Fig. 8.19).

Sin embargo, los cromosomas se desplazan hacia el ecuador del huso, donde se ordenan, quedando los centrómeros en la placa ecuatorial. Experimentos de micromanipulación con rayos láser muestran que, si se fragmenta un cromosoma, el fragmento con el cinetócoro se desplaza hacia el polo más próximo y los fragmentos sin cinetócoro se alejan de este polo. Utilizando tubulina marcada se aprecia que ésta se incorpora en los cinetócoros. De éstas y otras observaciones realizadas se deduce que el desplazamiento de los cromosomas hacia la placa ecuatorial se realiza mediante: 1) la acción de las quinesinas de los microtúbulos polares, que desplazan el cromosoma hacia el extremo (+) de los microtúbulos, es decir, hacia la placa ecuatorial; y 2) el crecimiento de los microtúbulos cromosómicos que le unen

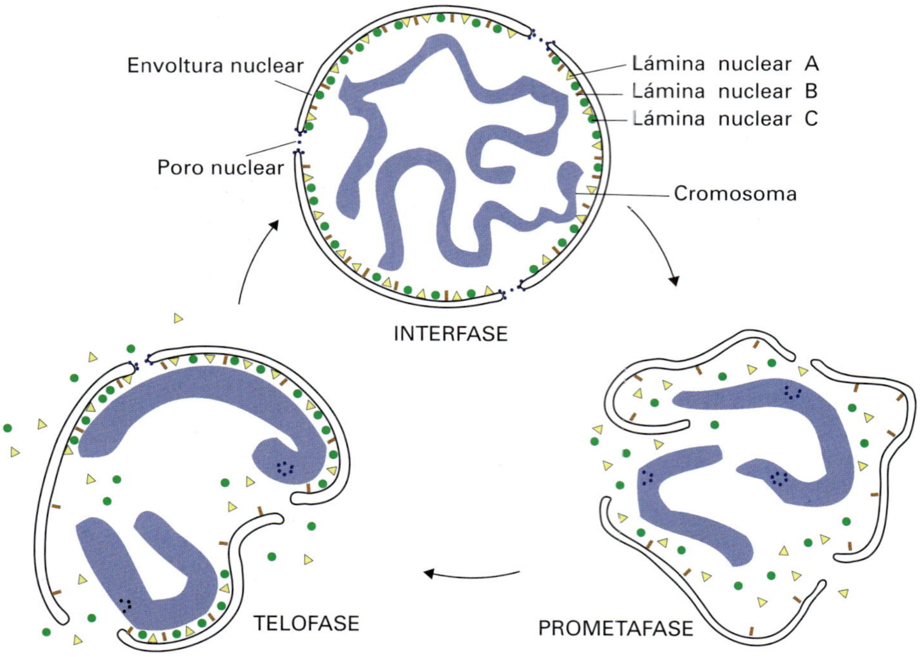


**Figura 8.18.** Ciclo de la membrana nuclear. La lámina nuclear se fragmenta en la prometafase y las láminas nucleares se fosforilan y desensamblan. Las láminas A y C se dispersan, mientras que la lámina B permanece unida a los fragmentos de la envoltura nuclear. En la telofase se reconstruye la envoltura nuclear junto con las láminas nucleares.

al polo más próximo por la incorporación rápida de tubulinas en el cinetócoro (Fig. 8.19.A).

Algunos autores mantienen que el enganche de los microtúbulos cromosómicos a cada cromosoma se da en ambos cinetócoros, de manera que queda unido por una cromátida a un polo del huso y por la otra al polo opuesto. En este caso, el desplazamiento de cada cromosoma hacia la placa ecuatorial implicaría que los microtúbulos cromosómicos que lo unen al polo más lejano se irían acortando durante el desplazamiento (perdiendo tubulinas en el cinetócoro) al tiempo que se alargan los que lo unen al polo más cercano (añadiendo tubulinas en el cinetócoro). Esta hipótesis parece menos probable que la anterior.

## METAFASE

La metafase supone el 20% de la duración de la mitosis y comienza cuando los cromosomas alcanzan el plano ecuatorial (véanse Figs. 8.13, 8.14, 8.15.C, 8.19.B y 8.20.A). Si aceptamos que, hasta ese momento, cada cromosoma sólo se ha unido por un cinetócoro al polo más próximo, al situarse el cromosoma en la placa ecuatorial otros microtúbulos polares alcanzan su cinetócoro libre, quedando el cromosoma conectado a ambos polos. Como cada cromosoma consta de dos cromátidas y cada una de ellas está unida a un polo diferente, las tensiones se anulan.

Si durante la metafase se gira el huso, se gira también, consecuentemente, el plano de división. La actina y la miosina se concentran en la placa ecuatorial. En las células animales los cromosomas tienden a disponerse radialmente en la periferia del huso, como si se rechazaran unos a otros. En las células vegetales los cromosomas se disponen irregularmente y ocupan toda la superficie del plano ecuatorial. La distinción entre ambos tipos de posiciones no siempre es clara. Cuando existen cromosomas pequeños en el conjunto, éstos se disponen más hacia el interior, mientras que los más grandes quedan en posición más periférica.

Estrictamente hablando, son realmente los centrómeros los que se disponen en el plano ecuatorial, de modo que los cromosomas quedan divididos como por un plano, que deja una cromátida a un lado y la otra al otro. A veces los dos cromosomas de cada par de homólogos pueden situarse juntos, pero esto es menos habitual. La vista polar de la metafase permite determinar el número, las dimensiones y la forma de los cromosomas.

En la metafase hay más microtúbulos en los casquetes polares que en el ecuador (la razón es 15:9 en células HeLa) (véase Fig. 8.19.B). En todos los microtúbulos se produce una pérdida lenta pero continua de tubulinas en los polos, compensada con una ganancia lenta en el cinetócoro (microtúbulos cromosómicos) o en el ecuador celular (microtúbulos polares).

## ANAFASE

Representa el 10% de la duración de la mitosis. En el transcurso de esta etapa, los cromosomas hijos, ya individualizados, se mueven hacia los polos. En la anafase se detecta un aumento rápido (de hasta 10 veces) y transitorio de la concentración intracelular de $Ca^{2+}$. Cerca de los polos se observan vesículas que contienen $Ca^{2+}$ y que tal vez intervengan en la citocinesis. En esta etapa se distinguen dos fases, denominadas anafase A y anafase B.

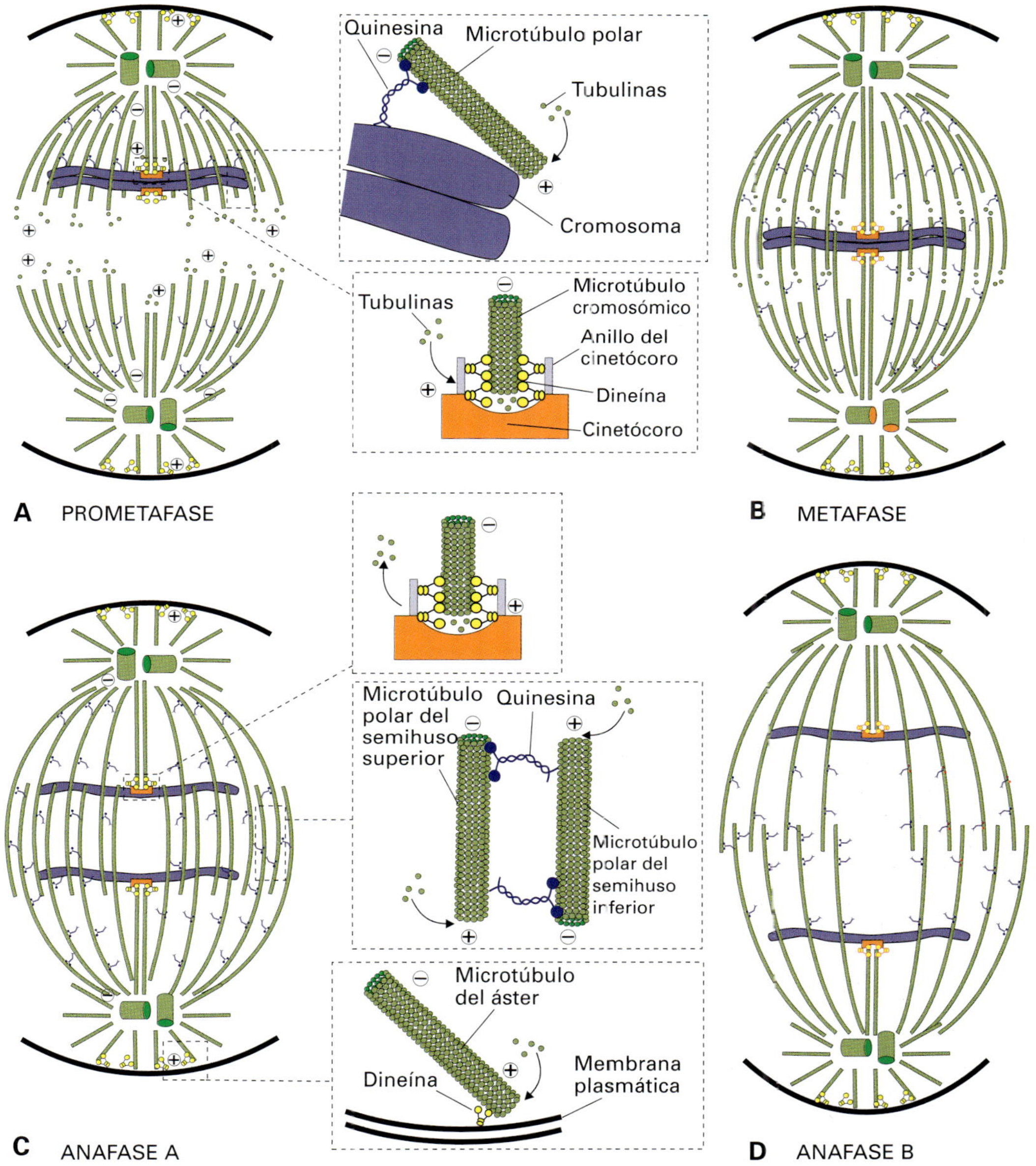


**Figura 8.19.** Función de los microtúbulos del huso mitótico. **A**: Prometafase. Los microtúbulos polares han ido creciendo por incorporación de tubulinas desde los polos, extremo (–), hasta el ecuador, extremo (+) de la célula. Una vez rota la envoltura nuclear, algunos microtúbulos conectan con uno de ambos cinetócoros de los cromosomas más próximos y se convierten en microtúbulos cromosómicos. La conexión de los microtúbulos a los cinetócoros no es fija, sino que se lleva a cabo mediante proteínas de tipo dineína citoplásmica, que forman un anillo corredizo alrededor de los microtúbulos y se mueven sobre éstos de modo que el cinetócoro acompaña el movimiento de los microtúbulos. Aunque las dineínas tienden a desplazar los cromosomas hacia los polos, los microtúbulos cromosómicos siguen creciendo, añadiéndose tubulinas en el cinetócoro, hasta situar el cromosoma en la placa ecuatorial. Este movimiento de los cromosomas es facilitado por proteínas del tipo quinesina, que se asientan sobre los microtúbulos polares y desplazan los cromosomas hacia el ecuador, extremo (+) de los microtúbulos. **B**: Metafase. Los microtúbulos polares de ambos polos se entrecruzan en el ecuador. El otro cinetócoro de cada cromosoma queda también unido al otro polo por microtúbulos cromosómicos, y el cromosoma se detiene en la placa ecuatorial. **C**: Anafase A. En cada cromosoma se separan ambas cromátidas que ahora pueden moverse independientemente. Por acción de la dineína cinetocórica, cada cromátida se desplaza hacia su polo; los microtúbulos cromosómicos se acortan por pérdida de tubulinas en el cinetócoro. Los microtúbulos polares continúan creciendo, aumentando la zona de entrecruzamiento. **D**: Anafase B. El huso se alarga, aumentando la distancia entre los polos, por acción de las quinesinas de los microtúbulos polares, que deslizan los microtúbulos de un casquete respecto a los de otro, moviendo cada casquete hacia su polo. Las dineínas presentes en los microtúbulos del áster empujan la membrana plasmática de los casquetes polares, contribuyendo al alargamiento de la célula. En todo momento, hay una ganancia lenta de tubulinas en los cinetócoros y una pérdida lenta de tubulinas en los polos del huso, con independencia de la fase mitótica de que se trate.

## Anafase A

El equilibrio de fuerzas que se da en la metafase se rompe en la anfase A porque la enzima *separasa* degrada la cohesina que unía ambas cromátidas hermanas. La acción la inicia el complejo APC, que destruye la proteína *securina*, que inhibía la actividad de la separasa (véase Fig. 8.16.B). Por su parte, el complejo APC es activado por la proteína Cdc20, la cual, a su vez, es activada por el complejo ciclinas M-Cdk.

Una vez separadas ambas cromátidas, una emigra a un polo y la otra al polo opuesto (veánse Figs. 8.13, 8.14, 8.15.D, 8.19.C y 8.20.B). Durante el desplazamiento, el centrómero aparece más cercano al polo que el resto de la cromátida, como si el polo correspondiente tirase de él. Las cromátidas, que ahora constituyen los cromosomas hijos, adquieren así forma de V, con brazos iguales o desiguales, dependiendo del tipo de cromosoma (metacéntrico, submetacéntrico, acrocéntrico).

El desplazamiento de las cromátidas se produce al acortarse los microtúbulos cromosómicos (por pérdida de tubulinas en los cinetócoros) (véase Fig. 8.19.C). El desplazamiento de los cinetócoros sobre los microtúbulos que se acortan se realizan mediante proteínas de tipo dineína citoplásmica, que conectan los microtúbulos al cinetócoro y avanzan hacia el extremo (–) de éstos, es decir, hacia los polos. Este proceso requiere hidrólisis del ATP. La velocidad de separación es de 1 a 2 μm por minuto, el recorrido dura de 5 a 10 minutos. Los microtúbulos cromosómicos se acortan hasta 1/3 ó 1/5 de lo que medían en la metafase.

A pesar del acortamiento de los microtúbulos cromosómicos, al final de este período se observan más microtúbulos en el ecuador que en los casquetes. Esto es debido al alargamiento de los microtúbulos polares por adición de nuevas tubulinas en sus extremos (+), con el consiguiente entrecruzamiento de los microtúbulos provenientes de un polo con los que vienen del polo opuesto (véase Fig. 8.19.C).

En esta etapa se inicia la desfosforilación de las histonas H1 y H3 y de las láminas nucleares que fueron fosforiladas en la prometafase.

## Anafase B

Se caracteriza por el alargamiento del huso (véanse Figs. 8.13 y 8.15.E), que adquiere una longitud entre 1.5 y 2 veces mayor de la que tenía en la metafase. En el ecuador celular comienza a depositarse una matriz densa entre los microtúbulos. Esta matriz consiste en actina y miosina, que se han ido concentrado desde la metafase.

El alargamiento del huso se produce por la acción de las proteínas del tipo quinesina, las cuales establecen puentes que unen los microtúbulos polares solapados en el ecuador de la célula y los deslizan hacia el polo del que provienen (véase Fig. 8.19.D). En este proceso de elongación intervienen también otras proteínas motoras, que son del tipo dineína citoplásmica; estas proteínas unen los microtúbulos del áster a la membrana plasmática o a proteínas de la corteza celular subyacente, contribuyendo al desplazamiento de los centríolos y ásteres y al alargamiento de la célula.

## TELOFASE

Abarca el 30% de la duración de la mitosis. Su comienzo queda señalado por el final de la emigración polar de los cromosomas hijos. Los cromosomas comienzan a desenrollarse y se vuelven cada vez menos condensados (véanse Figs. 8.13, 8.15.F y 8.20.C). En cierta manera, este proceso reproduce la profase en sentido inverso. Los cromosomas se agrupan en masas de cromatina rodeadas de vesículas y cisternas que terminan por fusionarse entre sí para formar la envoltura nuclear. Las láminas nucleares, ya totalmente desfosforiladas, se asocian entre sí para formar la lámina nuclear (véase Fig. 8.18). Se piensa que la envoltura nuclear se reconstruye a partir de los fragmentos (vesículas) en que se deshizo en la prometafase y a los cuales permanece unida la lámina B. Sin embargo, también debe de intervenir el retículo endoplasmático rugoso, que, en la célula posmitótica mantiene continuidad con la envoltura nuclear, la cual presenta numerosos ribosomas.

Los cromosomas quedan anclados en la lámina nuclear por los centrómeros y telómeros. Posteriormente, en la mayoría de los núcleos interfásicos la cromatina queda aparentemente desorganizada, pero, en algunas células, mantiene la disposición mitótica, con los centrómeros mirando hacia un polo y los telómeros hacia el opuesto.

En los estadios finales de la anafase reaparecen los nucléolos a partir de los organizadores nucleolares localizados en las constricciones secundarias de los cromosomas que las poseen. El citoesqueleto se reorganiza y reaparece la forma propia de la célula.

# CITOCINESIS

Este término se refiere a la división del citoplasma que acompaña generalmente a la división de los núcleos, dando lugar a dos células hijas. La división comienza en la telofase. Las dos células hijas reciben aproximadamente la misma cantidad de orgánulos citoplásmicos, y éstos se reparten equitativamente, aunque hay excepciones, como ocurre en la división de los ovocitos en la meiosis, en las primeras etapas del desarrollo embrionario en algunos tipos de huevo (formación de micrómeros y macrómeros), en la formación de las células que originarán los pelos radicales o los estomas, etc. En algas con un solo plastidio, éste se divide sincrónicamente con el núcleo. En células con muchas mitocondrias, cloroplastos o peroxisomas, estos orgánulos, que han proliferado antes de la mitosis, se reparten en partes iguales. El complejo ciclinas M-Cdk, que fosforila las láminas nucleares al inicio de la mitosis, también fosforila el retículo endoplasmático y el complejo de Golgi, los cuales se fragmentan en vesículas y fragmentos. Las mitocondrias y el retículo endoplasmático tienden a acumularse alrededor del huso, y los lisosomas en los polos. Parece que los orgánulos y los fragmentos membranosos se unen a microtúbulos del huso mediante proteínas motoras que, durante la anafase, les permiten dirigirse hacia lo que serán las células hijas.

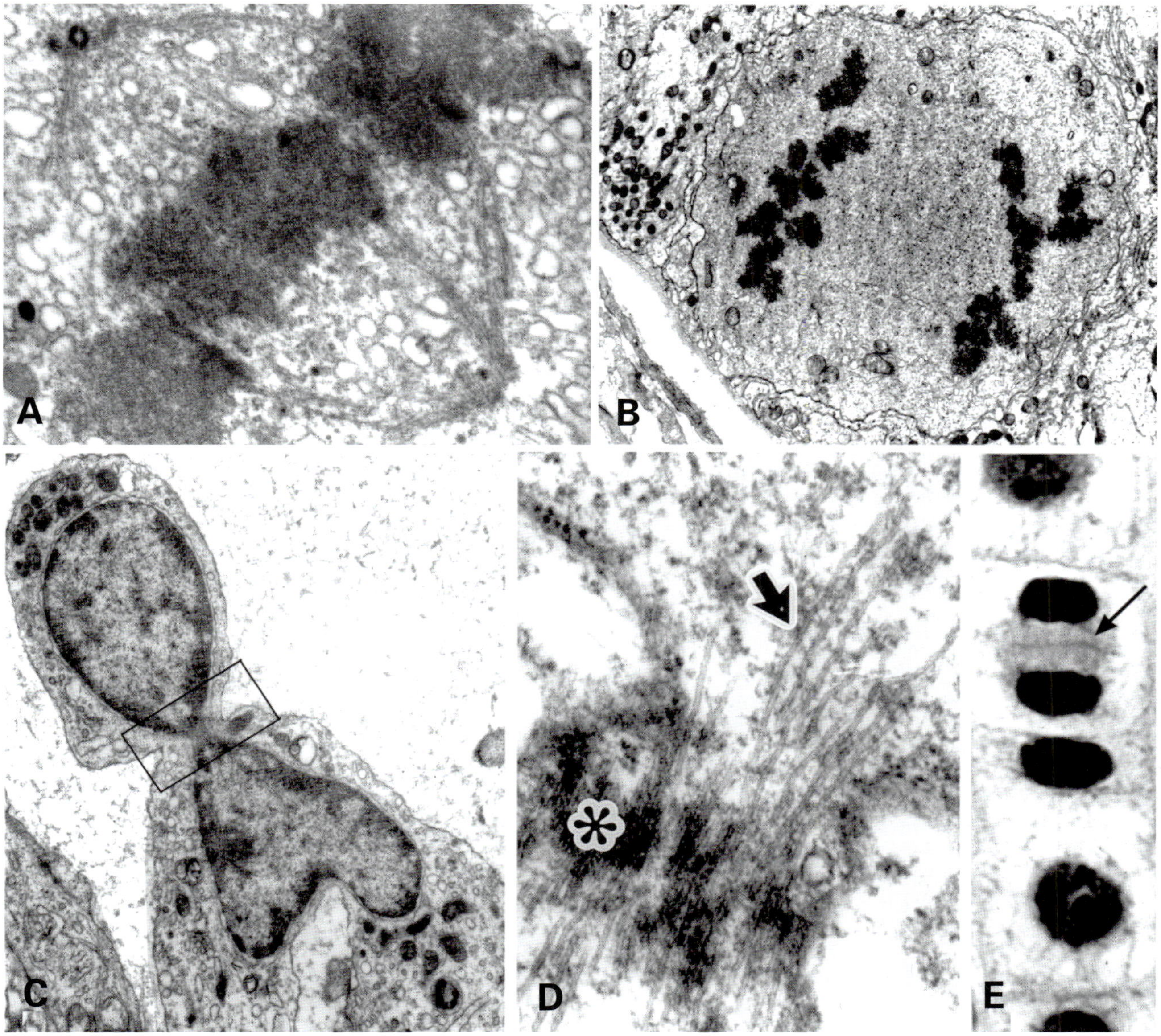


**Figura 8.20.** **A**: Metafase en una célula embrionaria. X10 000. **B**: Anafase en una espermatogonia. X3000. **C**: Citocinesis en una célula de médula ósea. El rectángulo enmarca el anillo ecuatorial. X5000. **D**: Vista, a mayor aumento, del área mostrada por el rectángulo en la figura anterior. Se observan los microtúbulos del huso (flecha) y un material denso (asterisco). X25 000. **E**: Citocinesis en células meristemáticas de cebolla. Entre los dos núcleos hijos se observa el fragmoplasto (flecha), consistente en microtúbulos que unen ambas células y numerosas vesículas situadas donde estaba la placa metafásica. X1200.

En cierto sentido, la citocinesis es independiente de la cariocinesis. Hay células en las que la división del núcleo no implica la del citoplasma, formándose así plasmodios.

## CITOCINESIS EN CÉLULAS ANIMALES

En las células animales la citocinesis se produce por estrangulación del citoplasma a partir de un anillo contráctil que se forma donde se situó la placa ecuatorial metafásica (véanse Figs. 8.13 y 8.20.C). Este proceso requiere, además, la interacción del huso y del áster con la superficie celular, un mecanismo de contracción y la expansión de la membrana celular.

### Anillo ecuatorial contráctil

Es el responsable del estrangulamiento ecuatorial. La célula madre se alarga paulatinamente mientras se constriñe su región ecuatorial adquiriendo la forma típica de reloj de arena (Figs. 8.20.C y 8.21). Con el microscopio electrónico, bajo la membrana plasmática ecuatorial se observa un manguito o collar con alta densidad electrónica que contiene microfilamentos de actina, miosina II y actinina α. Este manguito se cierra como un diafragma a medida que la estrangulación se completa (Figs. 8.20.D y 8.21).

En el citoplasma rodeado por el manguito se observan los microtúbulos remanentes del huso, ensamblados por un material denso no bien conocido. El conjunto formado por el anillo, los microtúbulos y el material denso se denomina *cuerpo de Fleming* o *cuerpo intermedio*. En muchas células, la organización del anillo contráctil, como la del huso, requiere la activación de la familia de proteínas denominadas *quinasas polo*.

### Interacción del huso con la membrana celular

Al estudiar la anafase B ha expuesto el papel impulsor de los microtúbulos del huso, que causan el distanciamiento de los polos y, por ende, el alargamiento de la célula madre. También se ha tratado de la interacción de los microtúbulos del áster con la membrana celular, que asimismo podría contribuir a que los polos celulares se fueran haciendo más esféricos. Sin embargo, la influencia del huso en la citocinesis no está muy clara, puesto que en huevos de erizo de mar se ha visto que, si se extrae el huso después de la metafase, se produce igualmente la citocinesis y en la telofase desaparece el áster.

### Expansión de la membrana

Durante la telofase, el microscopio de contraste de fases muestra un burbujeo del citoplasma y un movimiento muy activo de la superficie celular que, para algunos autores, reflejan la rápida expansión de la membrana. Estos hallazgos concuerdan con el aumento de la síntesis de la membrana justo antes de que comience la división celular. Estas membranas extra se almacenan en vesículas bajo la superficie celular donde permanecen hasta su utilización. Son las burbujas observadas con contraste de fases. Las vesículas con $Ca^{2+}$ observadas en la anafase parecen estar en relación con este proceso, pues este burbujeo puede inducirse en células que no están en división mediante la adición de sustancias que ligan $Ca^{2+}$. Mediante microcinematografía se han visto, en amebas, movimientos activos de tracción hasta la separación de las dos células.

## CITOCINESIS EN CÉLULAS VEGETALES. FORMACIÓN DE LA PARED CELULAR

En la citocinesis de las células vegetales no se produce un estrangulamiento del citoplasma, sino un proceso peculiar comparable a la secreción celular.

La placa celular donde se situaron los cromosomas metafásicos quedó ya determinada en la profase por la formación de una banda periférica de microtúbulos. En el comienzo de la telofase, a ambos lados de esta placa se disponen numerosos complejos de Golgi, que se muestran muy activos y segregan numerosas vesículas. Estas vesículas miden unos 100 nm de diámetro; su contenido posee cierta densidad electrónica y corresponde a pectatos y proteínas (Fig. 8.22). Las vesículas se disponen exactamente en la placa celular. Al principio están desordenadas; después se ordenan, agrupándose desde el centro de la placa a la periferia. Atravesando perpendicularmente la placa se encuentran numerosos microtúbulos, que forman un conjunto que los investigadores de la célula vegetal denominaron *fragmoplasto* (véase

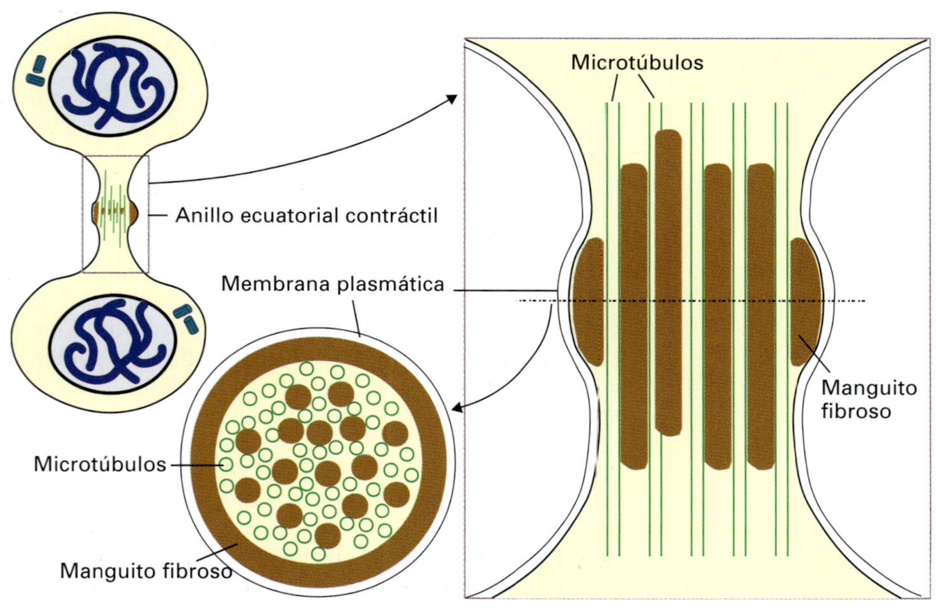


**Figura 8.21.** Esquema de la citocinesis en células animales. En el estrangulamiento que separa los núcleos de las futuras células hijas se observan microtúbulos, un material denso y un anillo periférico de microfilamentos de actina y miosina (manguito fibroso). Este manguito determinará la separación de ambas células.

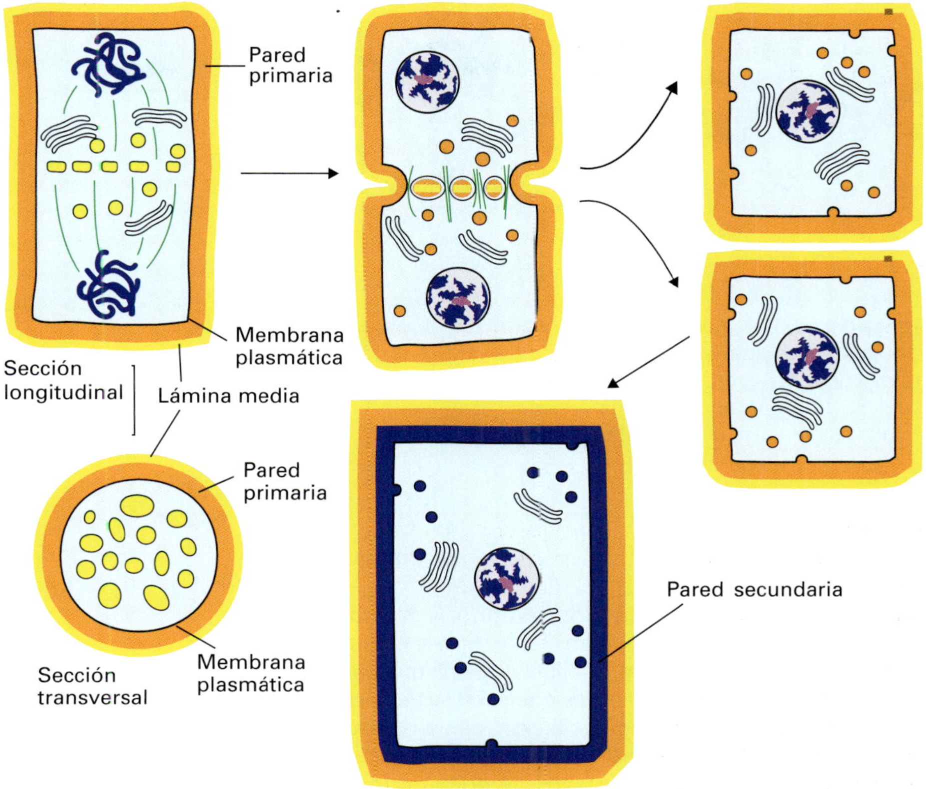


**Figura 8.22.** Esquema de la citocinesis en células vegetales superiores. Las vesículas segregadas por los dictiosomas proporcionan el material para la lámina media y la membrana plasmática en la placa ecuatorial, que se convierte en el plano de división. El crecimiento posterior de la pared celular de las células hijas (con nuevos depósitos de pared primaria y, en su caso, la adición de una pared secundaria), vendría también proporcionado por vesículas del complejo de Golgi.

Fig. 8.20.E). Al principio se pensaba que, en las células animales, estos microtúbulos eran remanentes del huso, pero hoy se considera que se forman a partir de los poros de la envoltura nuclear de los núcleos hijos en la áreas en que quedan enfrentados. Estos microtúbulos crecen por sus extremos (+) orientados hacia el otro núcleo, y su misión consiste en dirigir las vesículas del complejo de Golgi hacia la placa celular (Fig. 8.22).

Las vesículas, cada vez más numerosas, se fusionan entre sí desde el centro de la placa celular hasta los bordes, originando las membranas plasmáticas de ambas células hijas en la placa celular. El contenido de las vesículas queda entre ambas membranas y, al fusionarse las vesículas, da lugar a la primera pared divisoria entre las dos células hijas: la lámina media. Esta lámina establece contacto con la parte más interna de la pared de la célula madre. De este modo, las dos células hijas quedan separadas entre sí por la lámina media. En realidad, la separación no es completa; entre las células hijas quedan numerosas comunicaciones, a modo de canales con un diámetro de unos 40 nm de diámetro: son los *plasmodesmos*, que comunican ambas células (véase página 325). Los plasmodesmos se encuentran inicialmente muy próximos entre sí, pero con el crecimiento celular su densidad va disminuyendo al depositarse pared celular entre ellos (véase Fig. 7.27.C).

Una vez formada la lámina media, los dictiosomas fabrican los componentes de la pared primaria (Fig. 8.22). Del complejo de Golgi se emiten vesículas que transportan estos componentes hacia la membrana plasmática. La propia membrana plasmática participa sintetizando las microfibrillas de celulosa (véase página 324). Al mismo tiempo, las células hijas se van alargando por acción de la fitohormona *auxina*. El alargamiento de las células implica que la pared primaria de las demás caras celulares (que ya existían antes de la mitosis) se adelgace al extenderse. Por eso, las vesículas del complejo de Golgi se dirigen también hacia esas caras a fin de proporcionar un nuevo aporte de pared primaria que rellene los huecos producidos en el alargamiento (*crecimiento por intususcepción*) (Fig. 8.23).

Con la diferenciación de las células aumenta el espesor de sus paredes, por lo que es necesario un nuevo aporte de pared primaria por parte del complejo de Golgi en todas las caras. Estas microfibrillas se adosan a las existentes engrosando las paredes (*crecimiento por aposición*) (Fig. 8.23).

Posteriormente, la lámina media pierde su acidez (fragua) y, en algunos tipos celulares, se forma una pared secundaria (véase Fig. 7.30), que se deposita también a partir del complejo de Golgi y de la propia membrana plasmática.

## CONTROL DE LA CITOCINESIS

A pesar de las diferencias observadas entre los vegetales y los animales, se piensa que el mecanismo básico que gobierna la citocinesis es común a ambos reinos. De hecho, tanto en unos como en otros, la citocinesis se

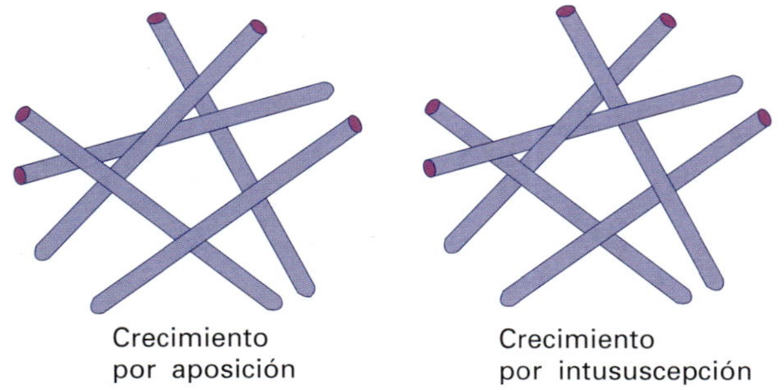


**Figura 8.23.** Dos modalidades de crecimiento de la pared celular. En el crecimiento por aposición, las nuevas microfibrillas se superponen a las depositadas anteriormente. En el crecimiento por intususcepción, las nuevas microfibrillas se entremeten entre las depositadas antes.

puede inhibir utilizando las mismas sustancias, por ejemplo la cafeína.

El proceso de citocinesis obedece a un *programa de tiempo* que se dispara al comenzar la profase y se llevará a cabo en la telofase; mejor dicho, en el momento que correspondería la telofase pues, si el ciclo cromosómico es bloqueado en la profase, la citocinesis se lleva a cabo en el momento en que dicha célula se encontraría normalmente en telofase. En huevos de erizo de mar, si se elimina el núcleo, los centríolos y ásteres continúan duplicándose y se completa la citocinesis, formando células anucleadas con citoplasma y centríolo. Las divisiones se repiten una y otra vez y cada ciclo genera un número doble de fragmentos celulares cada vez más pequeños.

## MITOSIS ATÍPICAS

La división celular de los procariotas no se produce por mitosis, sino mediante una separación de las dos copias del cromosoma acoplada directamente a la división del citoplasma (Fig. 8.24.A). Es *la división binaria o directa (fisión)*. Cada una de estas copias se encuentra unida a una zona especializada de la membrana plasmática. Las dos copias se separan por estrangulación de la membrana entre los puntos de anclaje de una y otra copia, formándose dos células hijas, cada una con una copia del cromosoma. Esta citocinesis depende de una proteína filamentosa, llamada *FtsZ*, que es una GTPasa relacionada con la tubulina y que se organiza como un anillo en el ecuador celular. Esta proteína guía la invaginación de la pared celular y de la membrana plasmática, y la formación del septo que separará ambas células hijas.

Los organismos eucariotas necesitan otra forma de división más acorde con la complejidad de su núcleo. Sin embargo, el paso a la mitosis descrita, con la aparición de un huso complejo y la desaparición de la envoltura nuclear, no es brusco, sino que va precedido por una serie de mecanismos más simples de mitosis que

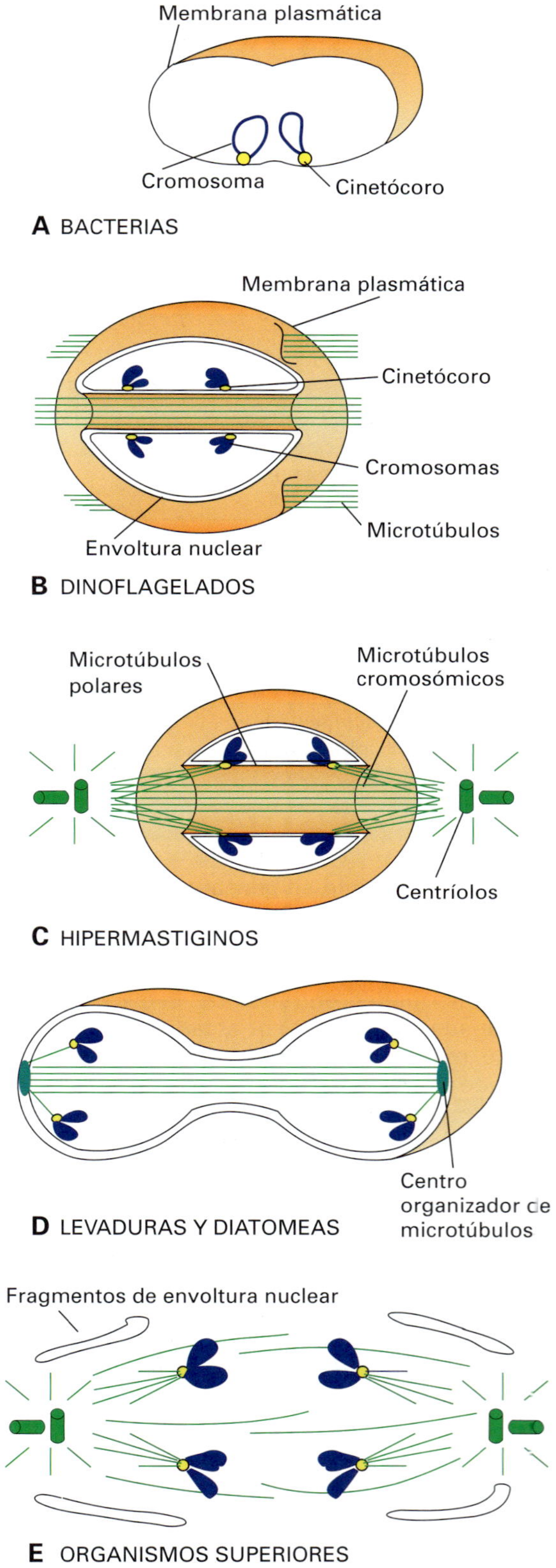


**Figura 8.24.** Mitosis atípicas en dinoflagelados, hipermastiginos, levaduras y diatomeas, en comparación con la mitosis típica de organismos superiores y la división celular en bacterias.

se observan en muchos organismos eucariotas inferiores (Figs. 8.24.B-8.24.D). Estos procesos son, en líneas generales, similares a la mitosis típica (Fig. 8.24.E), pero suponen sucesivas transiciones desde el mecanismo simple de división en los procariotas hasta el mecanismo complejo de los organismos superiores.

En la división celular de muchos organismos inferiores (como amebas, hongos, euglenas y peridíneas), la envoltura nuclear y el citoplasma se dividen por estrangulación, resultando dos células hijas. Estas imágenes llevaron a emplear el término *amitosis* para describir estos procesos de división nuclear. La idea fundamental que subyace en este concepto es el reparto aleatorio del contenido nuclear, por simple estiramiento y estrangulamiento del núcleo, en contraposición a la idea de mitosis, que implica un reparto ordenado e igualitario del material genético (cromosomas). Sin embargo, tras varios años de investigación se llegó a la conclusión de que el concepto de amitosis no se podía mantener, pues, en todos los casos mencionados, los cromosomas dobles se alinean en el ecuador del huso en metafase y los cromosomas hijos producidos por la escisión de los cromosomas duplicados emigran a polos opuestos durante la anafase, hechos básicos de la mitosis que llevan a la producción de dos núcleos con idéntico contenido cromosómico. Para designar a estas mitosis sin desaparición de la envoltura nuclear (y, a veces, sin la desaparición del nucléolo como ocurre en euglenas), se habla de *mitosis cerradas* o *criptomitosis*, en contraposición a *mitosis abiertas*, que serían las de los organismos superiores. En las mitosis cerradas el huso puede formarse por fuera del núcleo (*pleuromitosis*), como ocurre en peridíneas y zooflagelados poli e hipermastiginos; o puede ser intranuclear (*ortomitosis*), como sucede en amebas, euglenas, diatomeas, levaduras y en el micronúcleo de protozoos ciliados.

El único caso conocido de amitosis es el del *macronúcleo* de los protozoos ciliados, pero éste es un núcleo adicional. En efecto estos organismos tienen, además, otro núcleo: el *micronúcleo*, que es un núcleo diploide que se divide por ortomitosis asegurando que las células hijas reciban idéntica información genética. El macronúcleo es un núcleo poliploide que se divide por mera estrangulación, con distribución aleatoria de su contenido, y en el que pueden darse interesantes fenómenos de disminución cromosómica. En estas condiciones, la división del macronúcleo en dos partes aproximadamente iguales parece garantizar que las dos células hijas reciban macronúcleos funcionales sin necesidad de un mecanismo de reparto exacto de los cromosomas. Tras la reproducción sexual se origina un macronúcleo completamente nuevo a partir de micronúcleos, con lo que se garantiza la continuidad funcional del macronúcleo a través de generaciones, aunque no su continuidad genética. Sin esa dualidad nuclear sería impensable un proceso de amitosis.

El mecanismo mitótico más similar al de las bacterias se da en algunos **dinoflagelados típicos** como *Crypthecodinium cohnii* (Fig. 8.24.B). Los cromosomas se unen por sus centrómeros a la membrana interna de la envoltura nuclear. Ésta actúa separando los cromosomas como la membrana plasmática lo hace en las bacterias, y no desaparece durante toda la mitosis. Hay ya un esbozo de huso, formado por microtúbulos que discurren a través de túneles en la envoltura nuclear (sin penetrar nunca dentro del núcleo). Estos microtúbulos no conectan con los cromosomas y son vías rígidas que marcan el desplazamiento de la envoltura nuclear y de los cromosomas conectados a ella.

En **hipermastiginos** y en **algunos dinoflagelados** (Fig. 8.24.C) la envoltura nuclear también permanece intacta durante toda la mitosis, y también los cromosomas se unen a la membrana interna de esta envoltura por los cinetócoros. La separación de los cromosomas se hace siguiendo la elongación de la envoltura nuclear. El huso consiste en un único haz de microtúbulos que discurre por un canal formado en una depresión de la envoltura nuclear. El avance en el mecanismo mitótico radica en la aparición de microtúbulos que unen los centríolos a los centrómeros. Estos microtúbulos se insertan en la envoltura nuclear en unas placas de inserción, que probablemente atraviesan la envoltura nuclear sirviendo de puente de unión entre los microtúbulos y los centrómeros del cromosoma. De este modo, el huso contribuye al desplazamiento de los cromosomas, aunque sólo lo hace en una etapa ya avanzada, cuando los cromosomas ya han iniciado su separación y están cerca de los polos del huso.

El siguiente paso se da en **levaduras** y **diatomeas** (Fig. 8.24.D), mediante la formación de un huso dentro del núcleo. Los cromosomas se unen directamente a los microtúbulos del huso, y no a la envoltura nuclear. Cada cromosoma está unido a uno de los polos por un único microtúbulo que conecta con su cinetócoro. Las placas metafásicas formadas por los cromosomas (*estrellas madre*) son muy similares a las de las mitosis abiertas, salvo por su situación intranuclear y porque los cromosomas son muy pequeños y difíciles de estudiar. La separación de los cromosomas se produce por el alargamiento del huso hasta que el citoplasma y la envoltura nuclear se dividen en dos por tabicación o por gemación.

# MEIOSIS

## LA MEIOSIS EN LA REPRODUCCIÓN SEXUAL

### SIGNIFICADO BIOLÓGICO

Los organismos unicelulares se reproducen habitualmente mediante mitosis, de forma que las células hijas son exactamente iguales a la progenitora. En este mecanismo de reproducción no interviene el sexo, por lo que se denomina *reproducción asexual.* Otras formas de reproducción asexual se dan también en organismos unicelulares e incluso pueden darse en organismos superiores, como ocurre en muchas plantas, en las que es un medio auxiliar de reproducción. Con una rama de un árbol se puede conseguir obtener un árbol entero genéticamente idéntico al original.

Un mecanismo más complejo y perfecto de reproducción es la *reproducción sexual* que acaece en los organismos con diferenciación sexual y está mediada por unas células haploides (con una sola dotación cromosómica), denominadas *gametos*. La unión de dos gametos, uno masculino y otro femenino, se denomina *fecundación,* y determina la formación de un *cigoto* diploide, que reúne genes de ambos progenitores y constituye ya un nuevo individuo. Con la fecundación se restablece el número diploide de cromosomas en el nuevo individuo.

Este mecanismo de reproducción exige un tipo de división especial denominado *meiosis*, mediante el cual células diploides originen células haploides que actúen ellas mismas como gametos o que, mediante una serie de mitosis, originen los gametos. Si los gametos no tuvieran una dotación cromosómica haploide, tras la fecundación se produciría un individuo tetraploide y en la siguiente generación el individuo sería octaploide. Como consecuencia de la reproducción sexual, los hijos son genéticamente diferentes de sus progenitores; pero incluso los gametos procedentes de una misma meiosis difieren genéticamente entre sí debido a los intercambios de material genético (por sobrecruzamiento o recombinación génica general) que se producen durante la meiosis. En su formación, los gametos diferencian su estructura celular adaptándola a las necesidades de la fecundación (formación del flagelo, vaina mitocondrial y acrosoma en el espermatozoide, y de la membrana vitelina en el óvulo) y del posterior desarrollo del embrión (acumulación de vitelo nutritivo en el óvulo).

### DIVISIONES MEIÓTICAS

La meiosis se realiza mediante dos divisiones celulares especiales denominadas primera y segunda divisiones meióticas. La *primera división meiótica* se caracteriza porque, de cada par de cromosomas homólogos replicados (con dos cromátidas), uno emigra a un polo y el otro al opuesto. Con ello se consigue reducir a la mitad el número de cromosomas (de 2n, que es la dotación diploide, se pasa a n, que es la dotación haploide). Antes de iniciarse la meiosis la cantidad de DNA se ha duplicado (ha pasado de 2c a 4c) en el período S, igual que ocurre en las células somáticas que van a entrar en mitosis. Por eso, al final de la primera división meiótica cada célula hija tiene un contenido de DNA igual a 2c (como en las células hijas procedentes de la mitosis), pues aunque hay sólo la mitad de los cromosomas en las células procedentes de la primera división meiótica, cada uno de éstos posee dos cromátidas. Por el contrario, las células hijas de la mitosis poseen dos dotaciones de cromosomas, pero cada cromosoma tiene una sola cromátida. De este modo, tanto en la mitosis como en la meiosis se parte de una célula con 2n cromosomas y 4c de DNA; pero mientras que en la mitosis cada una de las dos células hijas tiene 2n cromosomas y 2c de DNA, en la primera división meiótica cada célula hija tiene n cromosomas y 2c de DNA. La reducción de esta cantidad de DNA a c (que es la que tendrá cada gameto) tiene lugar en la segunda división meiótica (Fig. 8.25).

### MEIOSIS EN ORGANISMOS VEGETALES

En muchos organismos vegetales, tanto en el sexo masculino como en el femenino, tiene lugar una doble generación de individuos: el individuo diploide o *esporofito*, y el haploide o *gametofito*. La meiosis ocurre en el esporofito y da como resultado inmediato esporas haploides que originarán el gametofito. Éste forma gametos mediante mitosis de un grupo de células especializadas y su diferenciación. Al unirse gametos de diferente sexo se forma el cigoto que originará el esporofito, y el proceso se repite.

En las plantas superiores, como las angiospermas, el gametofito queda reducido a su mínima expresión, pues tan sólo consta del *grano de polen* (en el sexo masculino) o del *saco embrionario* (en el sexo femenino). Ambas

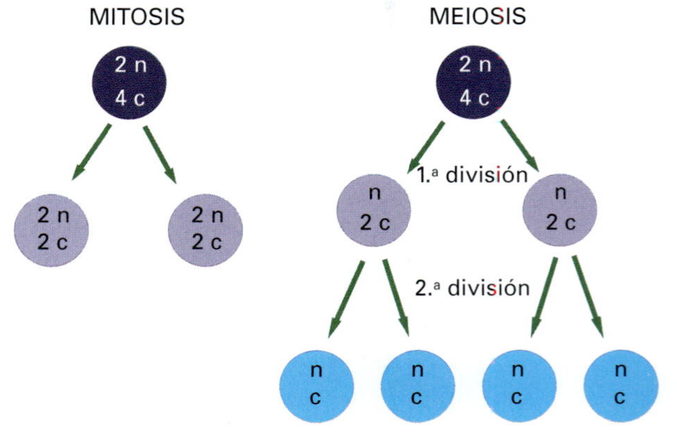


**Figura 8.25.** Diferencias conceptuales biológicas entre mitosis y meiosis. La dotación cromosómica básica se presenta mediante la letra n; 2n significa la dotación cromosómica diploide; 2c la cantidad de DNA tras la mitosis, en el período $G_1$, previo a la replicación.

estructuras comprenden, además del correspondiente gameto, una o varias células haploides no germinales que pueden considerarse el soma del gametofito.

El órgano reproductor masculino de la flor de angiospermas es la antera. En su interior se encuentran las *células madre de las microsporas,* en las que se realiza la meiosis. Cada una de éstas da lugar a cuatro *microsporas.* Cada microspora se divide por mitosis formando dos células: el *núcleo vegetativo* y el *núcleo generativo* o *germinativo* (cada núcleo, con un citoplasma delimitado por membrana plasmática para individualizarlo como el de una célula diferente). Después, el núcleo generativo se divide en dos *núcleos espermáticos*, cada uno rodeado por un citoplasma y una membrana plasmática propios. El conjunto de los tres núcleos queda rodeado por una gruesa pared formando el *grano de polen o gametofito masculino.*

El órgano reproductor femenino de las angiospermas es el ovario. En su interior las *células madre de las macrosporas o megasporas* realizan la meiosis. Cada una da lugar a cuatro *macrosporas o megasporas,* de las que sólo una persiste mientras que las demás desaparecen. Cada macrospora se divide por mitosis tres veces dando lugar a siete células (una binucleada): dos *sinérgidas*, tres *antípodas*, la célula central con dos *núcleos polares*, y la *oosfera*. Su conjunto constituye el *saco embrionario o gametofito femenino.*

## MEIOSIS EN ORGANISMOS ANIMALES

En los animales los gametos se originan directamente por meiosis. Los gametos masculinos se denominan *espermatozoides,* y se forman en los órganos sexuales denominados testículos o gónada masculina. Los gametos femeninos son los *óvulos,* y se forman en la gónada femenina u ovario.

Durante el desarrollo embrionario de las gónadas, las células germinales originan por mitosis células ligeramente diferentes que se denominan gonias (*espermatogonias* u *ovogonias*, según el sexo). Éstas, también mediante sucesivas mitosis, se diferencian hasta convertirse en citos de primer orden (*espermatocitos primarios* u *ovocitos primarios*) (Fig. 8.26).

Cada uno de los citos de primer orden realiza la primera división meiótica, dando lugar a dos citos de segundo orden. En la espermatogénesis, estas divisiones, que son muy rápidas, se inician con la madurez sexual y se repiten a expensas de nuevas espermatogonias que se van diferenciando en los túbulos seminíferos hasta

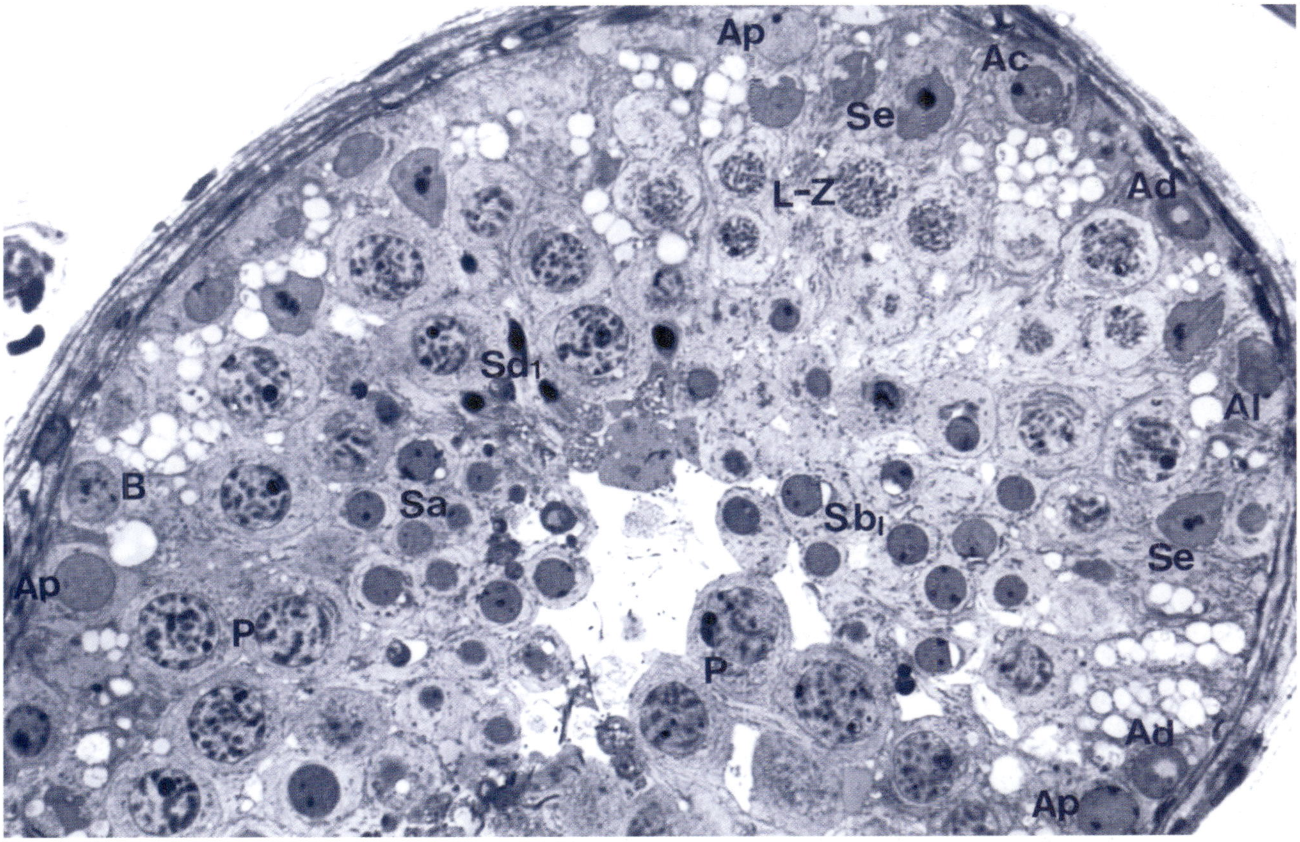


**Figura 8.26.** Meiosis en el testículo humano. Corte semifino teñido con azul de metileno. Se: célula de Sertoli. Ad, Al, Ap y Ac son diferentes tipos de espermatogonias A. B: espermatogonias B. L-Z: espermatocitos en leptoteno-cigoteno. P: espermatocitos en paquiteno. Sa, $Sb_1$, $Sd_1$: estadios progresivos de diferenciación de espermátidas. X900.

una edad muy avanzada. En la ovogénesis, la meiosis puede iniciarse muy pronto (en los mamíferos incluso en el período embrionario) y ser muy larga, terminando siempre en la edad adulta. Esto se debe a que, en general, es el óvulo el que, además del material genético, aporta el citoplasma del futuro embrión, mientras que el espermatozoide sólo aporta el material genético y el centríolo. Por eso, los testículos suelen producir muchos más espermatozoides que óvulos el ovario, ya que cada óvulo es potencialmente un futuro embrión, lo que no ocurre con el espermatozoide, pues muchos espermatozoides deben competir para asegurar que uno de ellos llegue a fecundar al óvulo. El desarrollo más lento de los óvulos y su menor número están relacionados con el considerable tamaño que esta célula adquiere (varios milímetros en anfibios) y con el almacenamiento de vitelo nutritivo para el desarrollo del embrión.

Los citos de segundo orden realizan la segunda división meiótica dando lugar a las *espermátidas* (en la espermatogénesis) o a las *ovótidas* (en la ovogénesis). Las espermátidas son gametos indiferenciados que deben sufrir modificaciones morfológicas y funcionales (*espermatogénesis*) para convertirse en espermatozoides. El núcleo se condensa, almacenando en poco volumen el material genético. El citoplasma se modifica para facilitar el desplazamiento hacia el óvulo (desarrollo del flagelo) y la fecundación (formación del acrosoma con enzimas que permitan atravesar la membrana vitelina del óvulo).

En la espermatogénesis, cada espermatocito primario da lugar a cuatro espermatozoides. En cambio en la *ovogénesis*, aunque cada ovocito primario origina dos ovocitos secundarios, sólo sobrevive uno de ellos, el cual acumula casi todo el citoplasma; el otro ovocito (prácticamente un núcleo) se denomina *primer corpúsculo polar* y degenera. El ovocito secundario realiza la segunda división meiótica y da lugar a una ovótida (que acumula todo el citoplasma) y a un *segundo corpúsculo polar* que también degenera. El término *óvulo*, que no tiene equivalente en el sexo masculino, designa la célula femenina dispuesta para la fecundación. Suele ser el ovocito de primer orden o el de segundo orden, según las especies, y la meiosis se completa entonces después de la fecundación.

## PRIMERA DIVISIÓN MEIÓTICA

En la interfase, durante el período S, la célula germinal que va a sufrir la meiosis ha duplicado su DNA como en cualquier interfase premitótica. Sin embargo, en el período $G_2$ tiene lugar algún fenómeno por el que la célula se dirige hacia la meiosis en vez de hacia la mitosis. En algunas plantas se ha observado que se sintetiza un nuevo tipo de histona que se añade a las habituales.

La profase no coincide con la mitótica. Es muy larga y durante ella los cromosomas homólogos se aparean íntimamente, al tiempo que se acortan y se intercambian material genético. Las etapas en que se desglosa este proceso son leptoteno, cigoteno, paquiteno, diploteno y diacinesis (Figs. 8.27 y 8.28).

### PRELEPTOTENO

Para algunos autores corresponde al período $G_2$ del ciclo. A veces se observa una contracción de los cromosomas hasta el punto de que se observan individualizados (en seres humanos y otros mamíferos), pero luego hay una desespiralización volviéndose a la estructura del principio. En general, en el preleptoteno los cromosomas son todavía muy delgados y difíciles de observar (Fig. 8.28.A).

### LEPTOTENO

Los cromosomas son más delgados y largos que en la mitosis (Fig. 8.28.B). A veces pueden contarse, aunque con mucha dificultad. En ellos se observan varios engrosamientos densos, denominados *cromómeros*. Corresponden a regiones de condensación del DNA e histonas, mediante plegamientos no muy bien conocidos. Los cromómeros permanecerán hasta la constitución del cromosoma, pero entonces ya no se distinguirán bien, pues los diversos plegamientos de la cadena de nucleosomas harán que las cromátidas queden cada vez más densas y no destacarán los cromómeros. En los cromosomas totalmente configurados, algunos cromómeros parecen corresponder a las zonas teñidas con las técnicas de bandas. Cada cromosoma consiste en dos cromátidas íntimamente unidas (véase Fig. 8.27), pero esto sólo puede detectarse con el microscopio electrónico, con el que se ve un eje que correspondería a la línea de separación de las cromátidas. Los cromómeros coinciden en ambas cromátidas, quedando apareados; por eso resaltan con el microscopio óptico.

Los cromosomas suelen estar polarizados y, aunque no se puede generalizar, frecuentemente adoptan una disposición peculiar denominada *bouquet*: asas cuyos extremos se unen a la envoltura nuclear en un punto cercano a los centríolos mediante una estructura especializada llamada *placa de unión*.

Con el microscopio electrónico no se aprecia bien el recorrido de los cromosomas, pues todos quedan seccionados en un plano de escaso grosor. En comparación con las imágenes ultraestructurales de la interfase, la cromatina muestra grumos pequeños y numerosos, que corresponden a secciones de los cromosomas.

Al final del leptoteno se produce la *lateralización de los elementos axiales* que unen las dos cromátidas hermanas apareadas en cada cromosoma (Fig. 8.29). Como consecuencia de ello se facilita el apareamiento de cromosomas homólogos en el cigoteno, proporcionando los elementos laterales del complejo sinaptonémico que se describirá a continuación.

### CIGOTENO

El apareamiento mencionado en el leptoteno tenía lugar entre las cromátidas hermanas. Ahora comienza un apareamiento entre cromosomas homólogos (véanse Figs. 8.27 y 8.28.C). Algunas veces los cromosomas homólogos empiezan a unirse por sus extremos polarizados y continúan apareándose hasta el otro extremo. Otras veces, la unión tiene lugar simultáneamente en varios puntos a lo largo del cromosoma. El apareamiento es exacto y específico; se produce punto por punto en cada homólogo y es favorecido por la polarización.

Con el microscopio electrónico se aprecia que los cromosomas homólogos apareados no se fusionan, pues queda entre ellos un espacio de unos 150 nm (Fig. 8.30). En este espacio se forma la estructura denominada *complejo sinaptonémico,* que representa el apareamiento de los cromosomas homólogos (Figs. 8.30 y 8.31). Estas estructuras hacen posible el intercambio de material genético entre homólogos y se extienden en toda la longitud del par de homólogos, aunque el intercambio sólo se producirá en algunos puntos.

Cada complejo sinaptonémico comprende dos *elementos laterales* y un *elemento central* o *componente medial*. Los elementos laterales provienen de la lateralización de los elementos axiales producida en el leptoteno, y están constituidos por un material denso, consistente en gránulos y fibrillas, en el que se ha demostrado DNA, RNA y proteínas. Cada elemento lateral mide 30-40 nm de espesor y conecta con el cromosoma correspondiente (Fig. 8.31.G). El espacio entre ambos elementos laterales es de unos 60 nm, y en su parte central está recorrido por una línea densa, de unos 15 nm de espesor, que constituye el elemento central. Finas fibrillas perpendiculares al elemento medial unen ambos elementos laterales. Estas fibrillas parecen corresponder a DNA. En los insectos, el componente medial está muy desarrollado; comprende tres líneas densas paralelas y puentes que las cruzan a intervalos de 20-30 nm.

Cada cromátida de un cromosoma está unida por un complejo sinaptonémico a otra cromátida de su cromo-

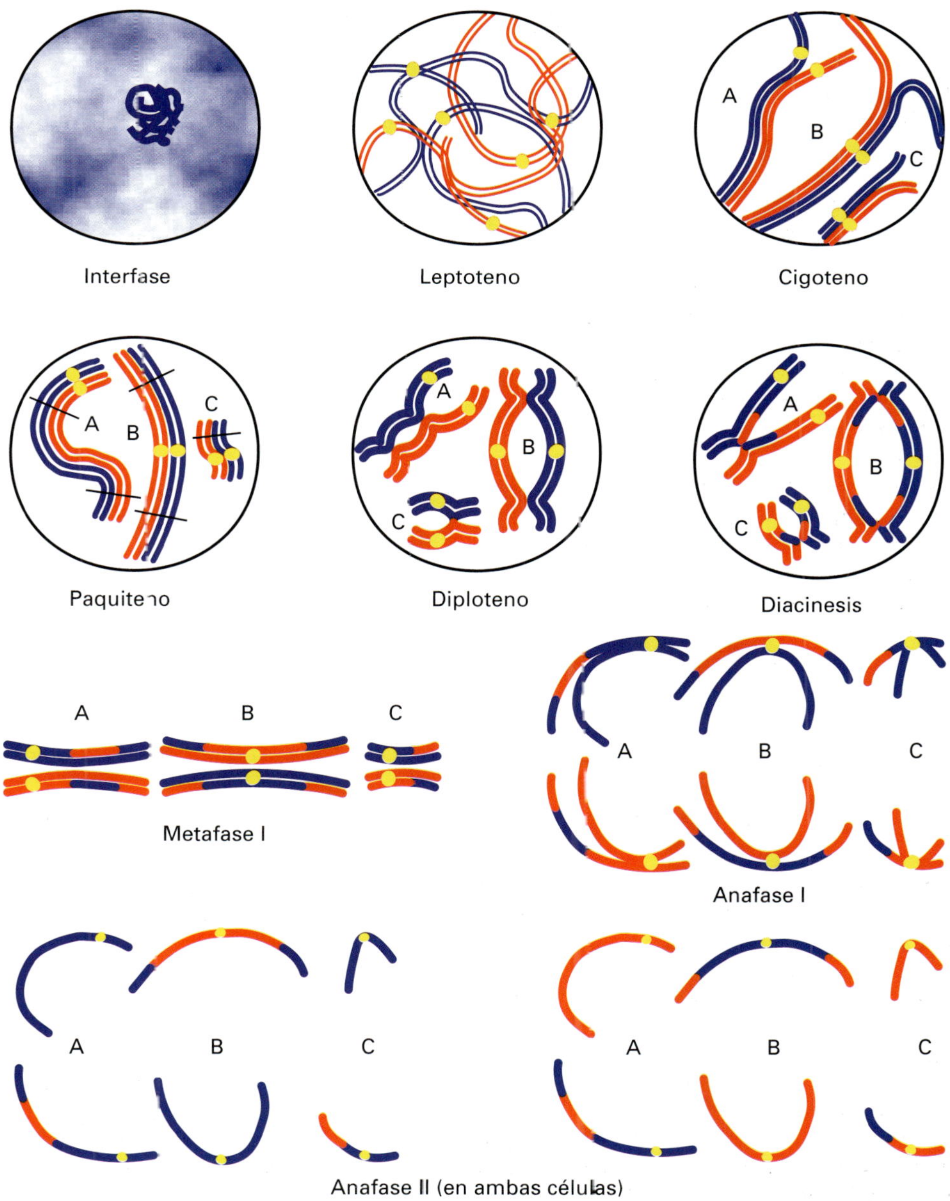


**Figura 8.27.** Esquema de la evolución de los cromosomas homólogos en la meiosis. Para simplificar, se representan únicamente tres pares: A, B y C. En el ejemplo, entre los cromosomas A se establecen dos quiasmas, ambos a un mismo lado del centrómero. Entre los cromosomas B hay dos quiasmas, uno a cada lado del centrómero. Entre los cromosomas C hay un solo quiasma. El intercambio entre cromátidas de cromosomas homólogos de la figura se complementa con las imágenes mostradas en la Figura 3.20 (recombinación genética).

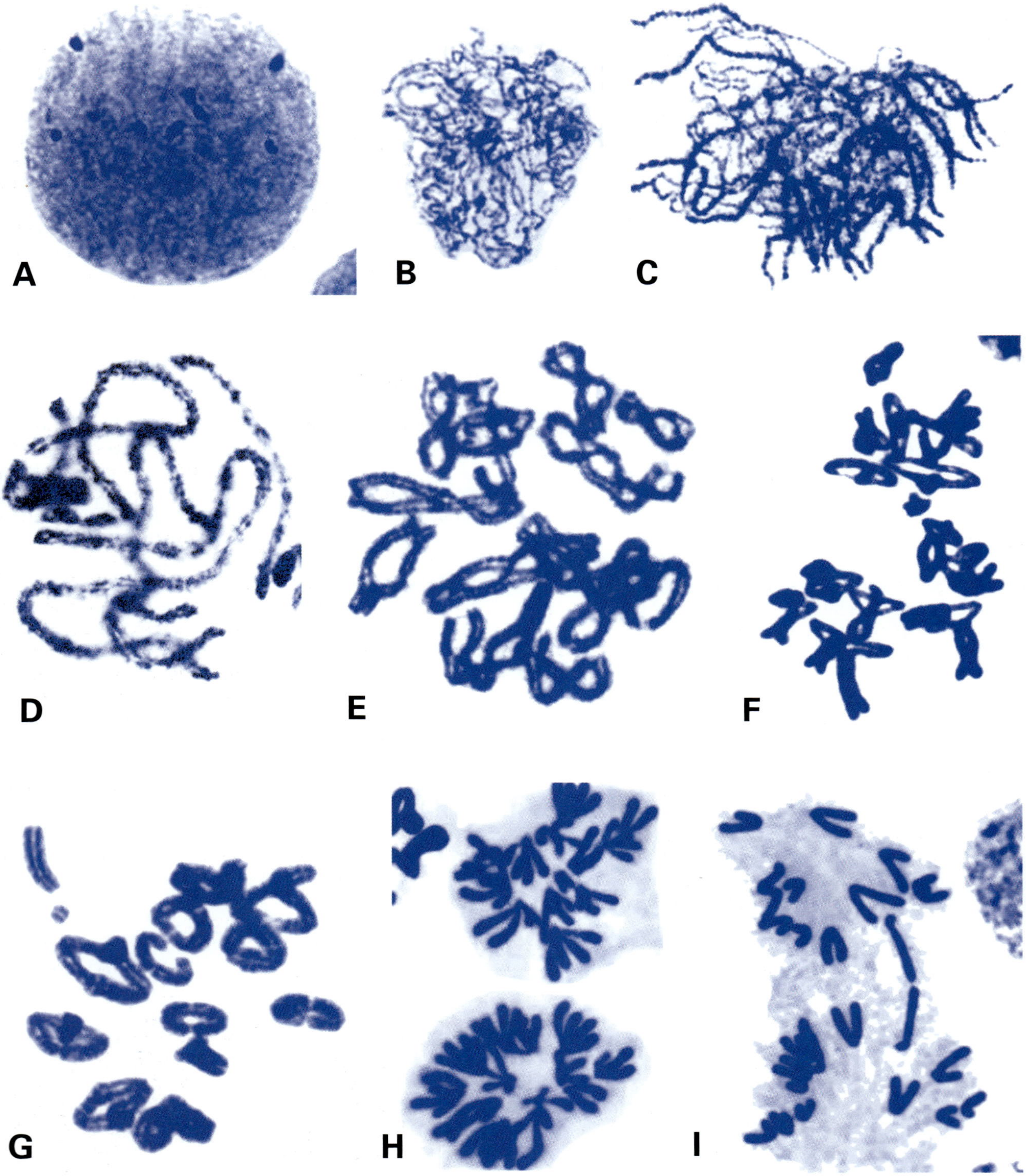


**Figura 8.28.** Meiosis en testículo de salamandra. (Micrografías de E. Novitski.) **A**: Preleptoteno. **B**: Leptoteno. **C**: Cigoteno. **D**: Paquiteno. **E**: Diploteno. Se observan los cromosomas homólogos unidos por los quiasmas. En cada homólogo se aprecian las dos cromátidas apareadas. **F**: Diacinesis en la que se observa el desplazamiento de los quiasmas hacia los extremos de cada par de cromosomas homólogos. **G**: Metafase I en la que algunos homólogos todavía permanecen unidos en sus extremos. **H**: Metafase II en dos espermatocitos de segundo orden. Cada célula contiene un cromosoma de cada par de homólogos; este cromosoma consta de dos cromátidas no apareadas, sino unidas por el centrómero. **I**: Anafase II en un espermatocito de segundo orden. Cada cromosoma de la Figura H se ha dividido en dos cromátidas que emigran a polos opuestos. H.E. X3200.

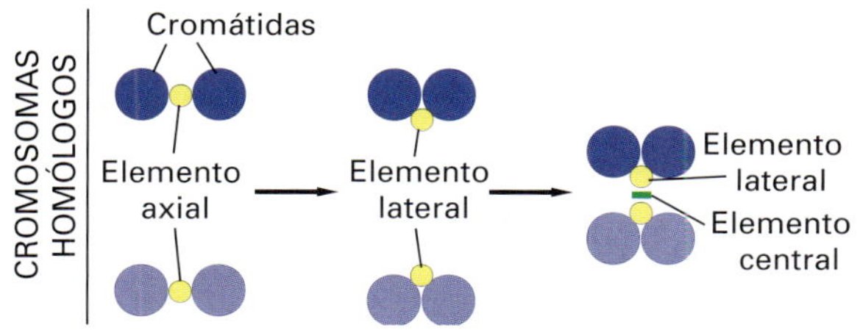


**Figura 8.29.** Esquema que muestra la lateralización de los elementos axiales de los cromosomas homólogos para establecer los complejos sinaptonémicos de unión.

soma homólogo. Hay, por tanto, dos complejos sinaptonémicos por cada par de homólogos, aunque en los dibujos se muestre generalmente sólo uno para simplificar.

Con el microscopio electrónico, los grumos de cromatina se hacen más patentes que en la etapa anterior (Fig. 8.31.A).

## PAQUITENO

En esta etapa se completa el apareamiento entre homólogos. A medida que avanza el proceso tiene lugar una contracción longitudinal de los cromosomas, que se hacen más cortos y gruesos. En ese momento se aprecia la constitución doble (dos homólogos) de cada cromosoma, que ahora se designa con el término *bivalente* (véase Fig. 8.27). Con el microscopio óptico todavía no se distinguen las dos cromátidas de cada homólogo (véase Fig. 8.28.D).

En los citos primarios cuyos cromosomas sexuales son diferentes (por ejemplo, en los espermatocitos primarios de mamíferos), éstos no pueden aparearse completamente al tener muchos segmentos diferentes. Éste apareamiento incompleto da lugar a una estructura denominada *par sexual*, en la que se aprecian los elementos laterales de las porciones cromosómicas no apareadas, que no forman complejos sinaptonémicos (Fig. 8.31.B).

Una vez formados los complejos sinaptonémicos se producen roturas en puntos homólogos de cromátidas homólogas en contacto. Las roturas van seguidas de fusión intercambiada de las cromátidas, de manera que se produce un intercambio recíproco de fragmentos homólogos de cromátidas homólogas. Estos intercambios se denominan *sobrecruzamiento* o *recombinación génica general* e implican cierta síntesis de DNA (véanse Figs. 8.27 y 3.20). El intercambio está mediado por un conjunto de proteínas que forman un *nódulo de recombinación* de unos 90 nm de diámetro (véase Fig. 8.30). Estos nódulos se observan con el microscopio electrónico en el elemento medial del complejo, pero no aparecen a lo largo de todo el complejo, sino sólo en los puntos donde se produce el intercambio de DNA.

El nucléolo es muy patente, aunque en esta etapa se produce una segregación nucleolar: la parte granular se hipertrofia y forma una gruesa esfera, mientras que la parte fibrilar casi desaparece (Figs. 8.31.C-8.31.E). En los espermatocitos, se observan unidas al nucléolo, algunas estructuras peculiares como el *cuerpo redondo o en anillo*, que no parece contener ácidos nucleicos sino proteínas y lípidos (Fig. 8.31.F). Se ha observado cierta síntesis proteica durante esta etapa.

Con el microscopio electrónico el paquiteno se reconoce, además de por la peculiar estructura del nucléolo, por la presencia de gruesos grumos de cromatina. Los complejos sinaptonémicos son más numerosos que en la etapa precedente (véase Fig. 8.33.C).

El paquiteno suele ser la etapa más larga de la profase de la primera división meiótica. Así como el leptoteno y el cigoteno duran pocas horas, el paquiteno puede durar días, semanas e incluso años.

## DIPLOTENO

Esta etapa se denomina así porque con el microscopio óptico se pone en evidencia que cada homólogo de cada bivalente está constituido por dos cromátidas perfectamente individualizadas, por lo que cada bivalente constituye una *tétrada* (véase Fig. 8.27). El inicio de esta etapa viene marcado por el comienzo de la separación de los cromosomas homólogos de cada bivalente, como si se repeliesen (véanse Figs. 8.27 y 8.28.E). Los complejos sinaptonémicos van desapareciendo a medida que se produce la repulsión. Sin embargo, la separación no es completa, ya que los cromosomas homólogos permanecen unidos en aquellos puntos donde se han producido sobrecruzamientos y en los que persisten los complejos sinaptonémicos. Estos puntos se denominan *quiasmas*.

Los quiasmas se observan en todos los animales y vegetales (salvo excepciones). Su número es muy variable pero, incluso en cromosomas pequeños, hay al menos uno por bivalente. La localización de los quiasmas varía de unas células a otras en el mismo cromosoma de un mismo individuo.

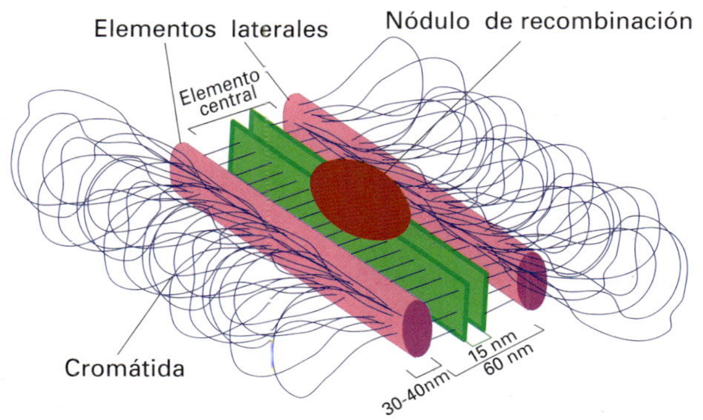


**Figura 8.30.** Esquema tridimensional de un complejo sinaptonémico en el que se ha formado un nódulo de recombinación para el intercambio entre cromátidas de cromosomas homólogos.

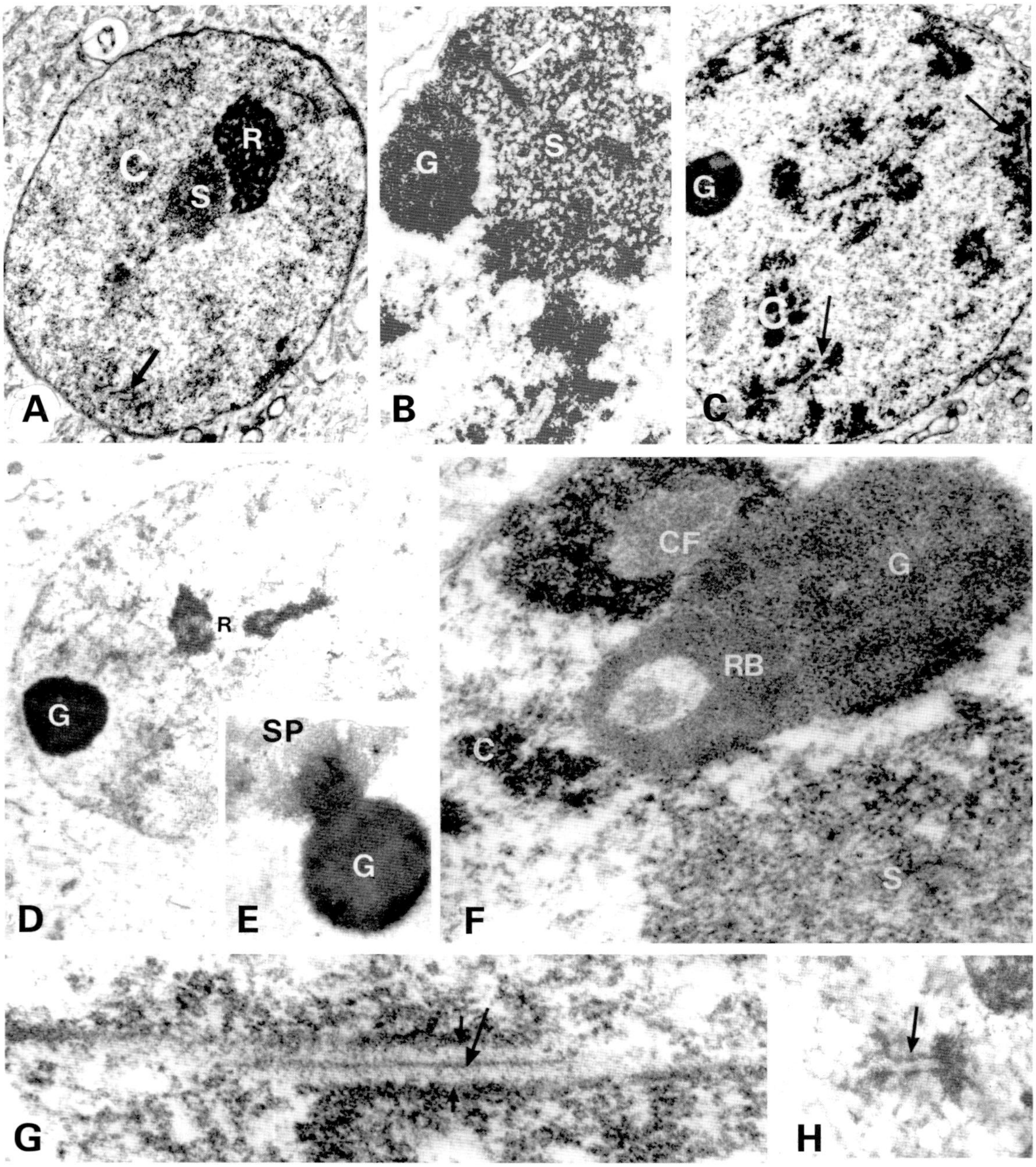


**Figura 8.31.** Meiosis en el testículo humano. **A**: Espermatocito primario humano en el cigoteno. Los cromosomas se aprecian como masas granulosas no muy condensadas (C); una de ellas corresponde al par de cromosomas sexuales (S). El nucléolo aparece como una masa reticular (R). Se observan algunos complejos sinaptonémicos (flecha). X8000. **B**: Par de cromosomas sexuales a mayor aumento (S), en el que se observan elementos laterales (flecha) de cromosomas que no llegan a formar complejos sinaptonémicos. El nucléolo sufre una hipertrofia de la parte granular, la cual adopta una forma esférica (G). X22 000. **C**: Espermatocito primario en el paquiteno. Los cromosomas presentan la cromatina más condensada (C) que en el cigoteno, y se observan más complejos sinaptonémicos (flechas). Se aprecia la hipertrofia de la parte granular del nucléolo (G) X8000. **D**: Tinción con EDTA para la demostración de ribonucleoproteínas de un espermatocito en paquiteno. Se tiñen la parte granular (G) y los restos de la parte reticular (R) del nucléolo. X8000. **E**: Detalle de un nucléolo como el de la figura anterior (G) en contacto con el par de cromosomas sexuales (SP) que no se tiñen con el EDTA. X20 000. **F**: Detalle del complejo nucléolo de los espermatocitos en paquiteno. La parte granular esférica (G) está en contacto con un *cuerpo en anillo* (RB) de composición desconocida, con el centro fibrilar (CF) y con cromatina (C). Parte de esta cromatina se identifica como el par de cromosomas sexuales (S). X25 000. **G**: Detalle de un complejo sinaptonémico. Se aprecian los elementos laterales unidos a la cromatina (flechas pequeñas) y el elemento central (flecha grande). Éste está atravesado por puentes filamentosos que unen ambos elementos laterales. X50 000. **H**: Los elementos laterales del complejo sinaptonémico (flecha) se tiñen con la técnica de EDTA. X20 000.

Con el microscopio electrónico se observan en el diploteno menos grumos de cromatina, pero de mayor tamaño. Esto se debe a que los cromosomas son aún más cortos que en el paquiteno, pero están más condensados.

## DICTIOTENO

Es un período difuso que aparece generalmente en la ovogénesis y que puede ser de larga duración (hasta 40 años en ovocitos humanos). En este período, la cromatina vuelve a adquirir un aspecto laxo y en él se forman los cromosomas plumosos, estudiados principalmente en los ovocitos de anfibios, pero que también aparecen en los humanos y en los de otras muchas especies (véanse Figs. 3.48.B y 3.49).

## DIACINESIS

Es difícil distinguir cuándo empieza este período. En él se produce la *terminalización de los quiasmas*, es decir, los quiasmas se van desplazando hacia los extremos del bivalente. El movimiento se inicia desde los centrómeros en ambas direcciones. Los bivalentes empiezan a perder quiasmas, que se van desplazando hacia los extremos (terminalizando), aunque siempre quedan algunos quiasmas, al menos los terminales, hasta la metafase (véanse Figs. 8.27 y 8.28.F).

Cuando corren los quiasmas, en realidad no se desplazan los puntos de sobrecruzamiento, pues éste ya se ha efectuado. Lo que ocurre es que el punto de contacto entre cromátidas de homólogos se va trasladando hacia los extremos, sin que eso suponga nuevas roturas y reuniones. Al irse separando las cromátidas, su composición genética cambia como consecuencia de la recombinación.

En este período se incrementa de nuevo la contracción longitudinal de los cromosomas. Con el microscopio electrónico se observan menos grumos, dispuestos sobre todo en la periferia del núcleo, y más condensados. Aumenta algo la basofilia por la actividad de los organizadores nucleolares. El nucléolo se fragmenta en pequeños nucléolos.

## PROMETAFASE I

Viene marcada por: 1) la condensación al máximo de los cromosomas, hasta mostrar la estructura del cromosoma metafásico; 2) la disminución progresiva del nucléolo hasta que se desintegra, y 3) la desaparición de la envoltura nuclear (Fig. 8.32.A).

Los microtúbulos del huso se unen a los cinetócoros. Con el microscopio electrónico se ha observado que cada cromosoma homólogo tiene dos cinetócoros (uno por cromátida) por lo que cada bivalente o tétrada tiene cuatro (Fig. 8.33). Sin embargo, mientras que en la mitosis los dos cinetócoros de cada cromosoma quedan en lados opuestos, en la meiosis los dos cinetócoros de cada homólogo quedan del mismo lado. Cada homólogo queda unido por los microtúbulos a un polo (no a ambos polos como en la mitosis), por lo que ambas cromátidas se comportan en cada homólogo como una unidad funcional. Así, puede decirse que en la meiosis, funcionalmente, hay un solo cinetócoro por cromosoma, aunque estructuralmente haya dos colocados del mismo lado.

## METAFASE I

Los bivalentes se disponen en el ecuador, listos para separarse. Todavía hay algunos quiasmas y, por supuesto, los terminales. Si el bivalente es largo, presenta una serie de aberturas entre los quiasmas. Si es corto existe una sola abertura de forma anular (véanse Figs. 8.27 y 8.28.G).

## ANAFASE I

Los cromosomas homólogos de cada bivalente, unidos por su centrómero, se dirigen a los respectivos polos (véase Fig. 8.27). Los cromosomas cortos, conectados casi siempre por un quiasma terminal, se separan rápidamente. Los cromosomas largos, con quiasmas intersticiales y no terminalizados, se retrasan en su separación. Vistos de perfil, los cromosomas anafásicos presentan forma de V, con brazos iguales o de longitud diferente, según la posición del centrómero, que queda representado por el vértice de la V. Debido al intercambio de segmentos entre cromátidas homólogas, ninguna de las dos cromátidas conserva su naturaleza inicial y ambas cromátidas del mismo cromosoma difieren entre sí.

## TELOFASE I

Comienza cuando los grupos anafásicos llegan a sus polos respectivos. Los cromosomas pueden persistir condensados durante algún tiempo, en el que se hacen evidentes todos sus caracteres morfológicos (véanse Figs. 8.27, 8.32.B y 8.32.C).

# SEGUNDA DIVISIÓN MEIÓTICA

Después de la telofase existe un período de interfase, generalmente corto, en el que no hay replicación del DNA (no hay período S). Los cromosomas se encuentran en número haploide (n), pero el contenido en DNA es 2c porque cada cromosoma está constituido por dos cromátidas, es decir, la mitad de los cromosomas de una célula posmitótica, pero la misma cantidad de DNA. La segunda división meiótica separará ambas cromátidas de cada cromosoma dejando dos células haploides (n) con un contenido en DNA igual a c (véase Fig. 8.25). La segunda división meiótica es como una mitosis a la que las células llegan con una dotación haploide, en vez de diploide, de cromosomas (véase Fig. 8.27).

La profase II es corta y similar a la de la mitosis. No presenta los períodos señalados en la profase I. En la metafase II, los cromosomas se disponen en el plano ecuatorial (véase Fig. 8.28.H), el centrómero se rompe, separándose los cinetócoros, y las dos cromátidas hijas se dirigen a los polos opuestos durante la anafase II (véanse Figs. 8.28.I y 8.32.D). Como en esta división se han separado las cromátidas de cada cromosoma, cada uno de los cuatro núcleos de la telofase II tendrá una cromátida de lo que inicialmente fue una tétrada, y una composición genética diferente como resultado del sobrecruzamiento (véase Figs. 8.27). De este modo la meiosis es un mecanismo destinado a la distribución de los genes, sobre la base de la recombinación independiente y al azar.

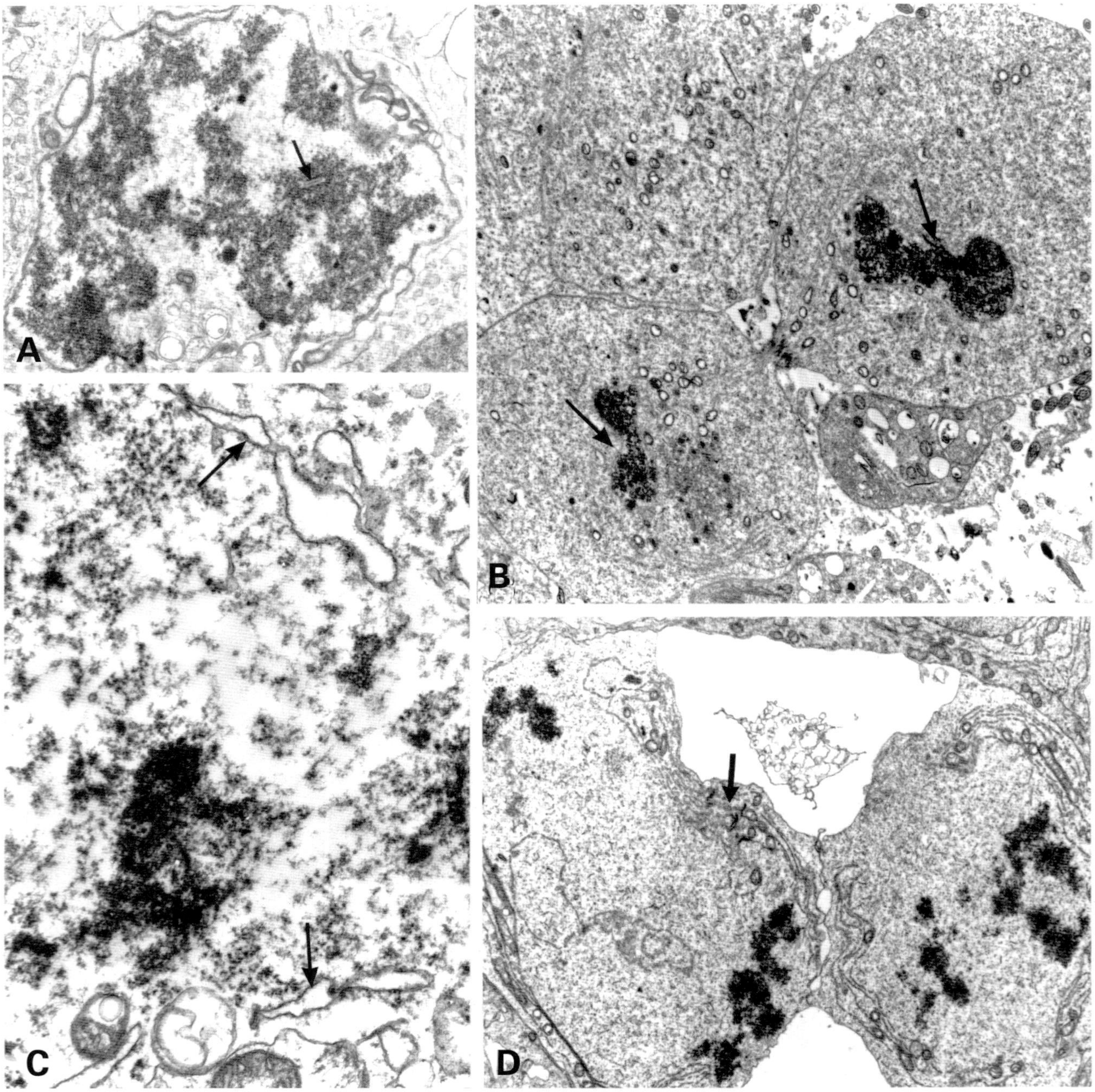


**Figura 8.32.** Meiosis en el testículo humano. **A**: Final de la profase. La envoltura nuclear comienza a deshacerse. La flecha señala un complejo sinaptonémico. X8000. **B**: Telofase. Las flechas señalan los núcleos de los espermatocitos secundarios en formación. X4000. **C**: Detalle de una telofase. Se aprecia la formación de la envoltura nuclear (flechas) alrededor de los cromosomas. X25 000. **D**: Anafase II en dos espermatocitos secundarios contiguos. Nótese la abundancia de retículo endoplasmático rugoso (flecha) que falta en los espermatocitos primarios (véase Figura B). X4000.

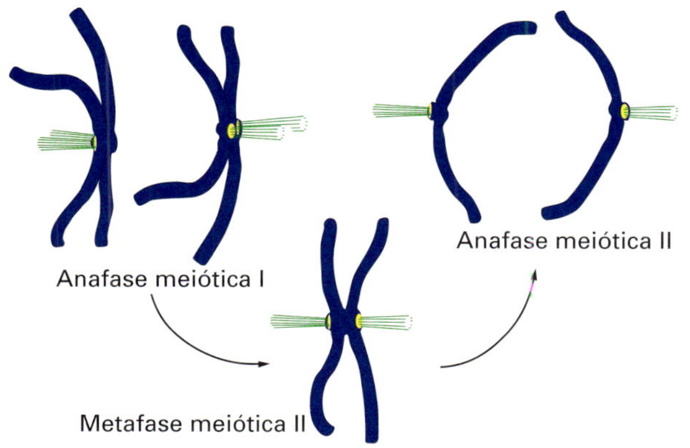


**Figura 8.33.** Tras la primera división meiótica, cada cromosoma homólogo presenta un par de cinetócoros (uno por cromátida), dispuestos en el mismo plano. Tras la segunda división meiótica, al separarse las dos cromátidas en cada cromosoma homólogo, cada cromátida (o cromosoma hijo) queda con su cinetócoro.

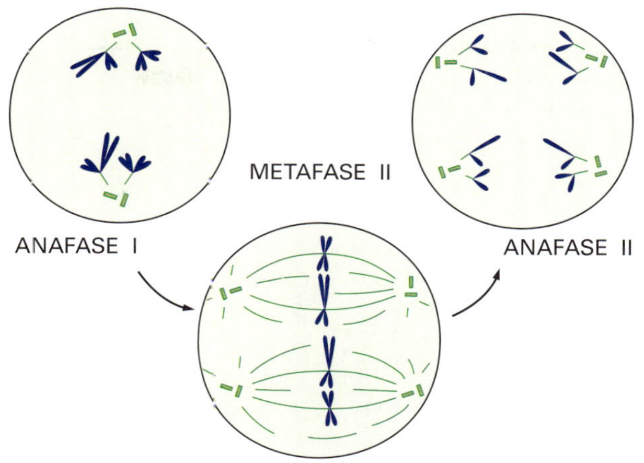


**Figura 8.34.** En la meiosis de algunos insectos se pasa directamente de la anafase I a la metafase II, mediante un reordenamiento de los cromosomas. De esta forma se evitan la telofase I, la interfase y la profase II.

Aunque se admite que en la mayoría de los vegetales y animales hay una interfase entre ambas divisiones meióticas, estas células en interfase suelen ser difíciles de identificar morfológicamente. Se considera que la causa es el poco tiempo que permanecen en ese estado, pero en algunos casos parece que los cromosomas no revierten a una verdadera interfase, puesto que ni siquiera llega a formarse envoltura nuclear (paso directo de telofase I a profase II). En otros casos, como en la espermatogénesis de algunos insectos, se pasa directamente de la anafase I a la metafase II, lo que supone un ahorro de tiempo (Fig. 8.34).

# MUERTE CELULAR

## TIPOS DE MUERTE CELULAR

La homeostasis en organismos eucariotas se mantiene por la existencia de mecanismos que regulan la proliferación, diferenciación y muerte celular. Los dos tipos de muerte celular conocidos en organismos son la *necrosis* y la *apoptosis*. La primera implica un carácter patológico y se desencadena tras un daño celular extremo (por falta de oxígeno o envenenamiento, por ejemplo), que daña irreversiblemente el funcionamiento de la célula. En cambio, la apoptosis responde a la puesta en marcha de un mecanismo interno de la célula para terminar con su vida. Este mecanismo lo induce el propio organismo para la eliminación de células no deseadas, bien por necesidades del desarrollo embrionario, para el mantenimiento fisiológico en la etapa adulta, o bien porque, debido a mutaciones o lesiones, esas células son dañinas para el propio organismo. Tras esbozar brevemente los aspectos esenciales de la necrosis, nos centraremos en la muerte celular programada, que constituye la etapa final del curso fisiológico de la célula normal.

## NECROSIS

El origen de todas las alteraciones necróticas es un desequilibrio osmótico. La permeabilidad de la membrana plasmática se altera, y se establece un flujo anormal de iones hacia el interior (principalmente de iones de calcio), que va acompañado de la entrada pasiva de agua. El volumen celular aumenta (*tumefacción*) y algunas rutas metabólicas se alteran debido a las nuevas concentraciones iónicas que se establecen. Así, la mayor concentración intracelular de calcio inhibe la producción de ATP, a la vez que estimula la síntesis de algunas enzimas proteolíticas. La cromatina nuclear pierde su conformación original y constituye pequeños agregados. Algunos orgánulos membranosos, como el retículo endoplasmático o las mitocondrias, se dilatan por la entrada de agua (tumefacción), los ribosomas se desorganizan y los lisosomas se rompen (Fig. 8.35). Como etapa final, los orgánulos estallan, la membrana plasmática y la envoltura nuclear se fragmentan y el contenido intracelular se vierte al exterior y promueve una respuesta inflamatoria. Las células fagocíticas que acuden al teji-

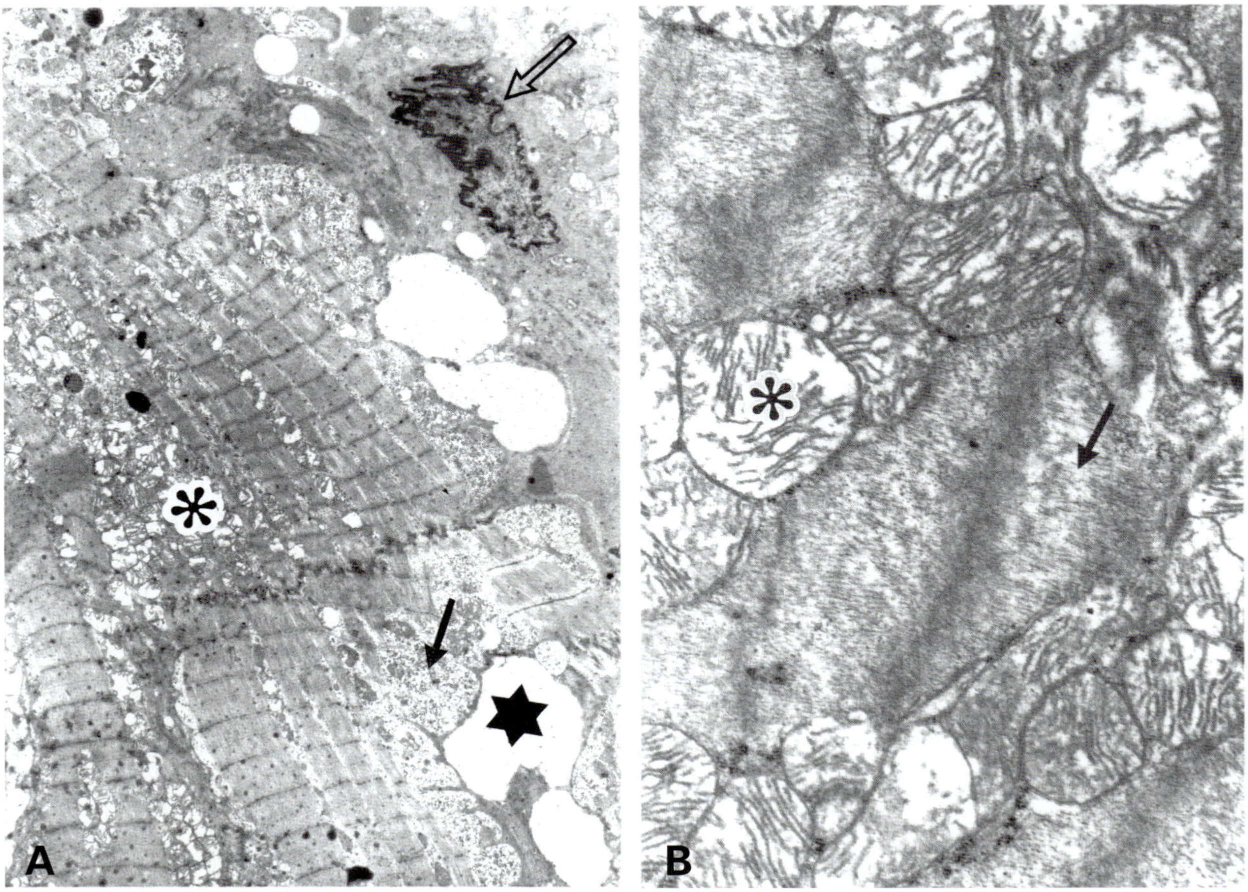


**Figura 8.35.** Necrosis en miocardio de rata. **A**: Vista, a poco aumento, de células miocárdicas que muestran grandes dilataciones en espacios intercelulares (estrella), núcleos contraídos con aumento de la cromatina densa (flecha abierta), tumefacción mitocondrial intensa (asterisco) y zonas de pérdida de material mitocondrial y fibrilar (flecha). X3800. **B**: Detalle de una célula similar a la de la figura anterior que muestra tumefacción mitocondrial de elevada amplitud (asterisco) y pérdida de material fibrilar (flecha). X35 000.

do ingieren y degradan estos restos. Esta salida del contenido celular será la responsable de la extensión del fenómeno necrótico, ya que las células adyacentes van a verse afectadas, bien directamente o de modo indirecto por la reacción inflamatoria.

A diferencia de la apoptosis, la necrosis no requiere síntesis de nuevos mRNA o proteínas. Es un proceso pasivo, que no requiere una activa participación de la célula, y que puede afectar a una zona más o menos amplia de tejido.

## APOPTOSIS

### SIGNIFICADO BIOLÓGICO

La muerte celular durante el desarrollo normal de los animales fue descrita por Glucksmann en 1951. Más tarde, en 1971, Kerr y colaboradores estudiaron la ultraestructura del proceso y lo denominaron *apoptosis*. En la actualidad, este término se usa como sinónimo de muerte celular programada. Sin embargo, esta expresión de *muerte celular programada*, resulta un tanto equívoca, puesto que da a entender que la célula tiene fijada genéticamente una fecha de muerte, lo que no es así, ya que la apoptosis es generalmente inducida por agentes externos a la célula, muchas veces producidos por otras células del propio organismo. Lo que quiere en realidad significar esta expresión es que la célula tiene en sí misma inscrito un programa de autodestrucción, que sólo se pondrá en marcha ante determinados estímulos. Por eso se ha propuesto también la denominación de *suicidio inducido*.

Esta muerte celular es necesaria para el buen funcionamiento del organismo porque se eliminan células funcionalmente anormales y excedentes celulares normales. Ya se ha visto su papel en el control del ciclo celular. Así, en el sistema nervioso de los vertebrados hasta un 50% de algunos tipos neuronales son inducidos muy pronto a morir por apoptosis. En los embriones machos de los mamíferos, las células del conducto de Müller (que en la hembra darán lugar al útero y trompas uterinas) mueren por apoptosis en el momento de la diferenciación de los órganos genitales. La regresión caudal en la metamorfosis de algunos vertebrados, la pérdida de la región interdigital en amniotas y la formación de la región del paladar o de la retina son otros ejemplos de muerte celular programada. Pero la apoptosis también ocurre en células somáticas adultas. Así sucede en los tejidos sometidos a recambio celular continuo, como los epitelios, y ocurre también en la atrofia de próstata tras la castración, en la regresión de las glándulas mamarias después de la lactancia y en la atresia del folículo ovárico. Pero donde la apostosis alcanza tal vez mayores proporciones es en el sistema hematopoyético, donde miles de millones de células mueren diariamente durante su diferenciación en la médula ósea y en los órganos linfoides y, fuera de estos órganos, miles de millones de leucocitos neutrófilos inservibles mueren diariamente de esta manera. La apoptosis es también muy importante en la deleción de poblaciones de linfocitos autorreactivos. Además de tratarse de un proceso fisiológico, la apoptosis interviene en el envejecimiento y en procesos patológicos: los linfocitos T citotóxicos y las células asesinas naturales (NK) inducen apoptosis en sus células diana. Una deficiente regulación de este proceso puede causar múltiples alteraciones. En el hombre, se piensa que esa deficiencia es parte de la etiología de algunos tipos de cáncer, el SIDA, enfermedades autoinmunitarias y algunos trastornos del sistema nervioso central.

## CAMBIOS MORFOLÓGICOS

La célula atraviesa diferentes estadios morfológicos en los que pueden distinguirse tres fases (Figs. 8.36 y 8.37):

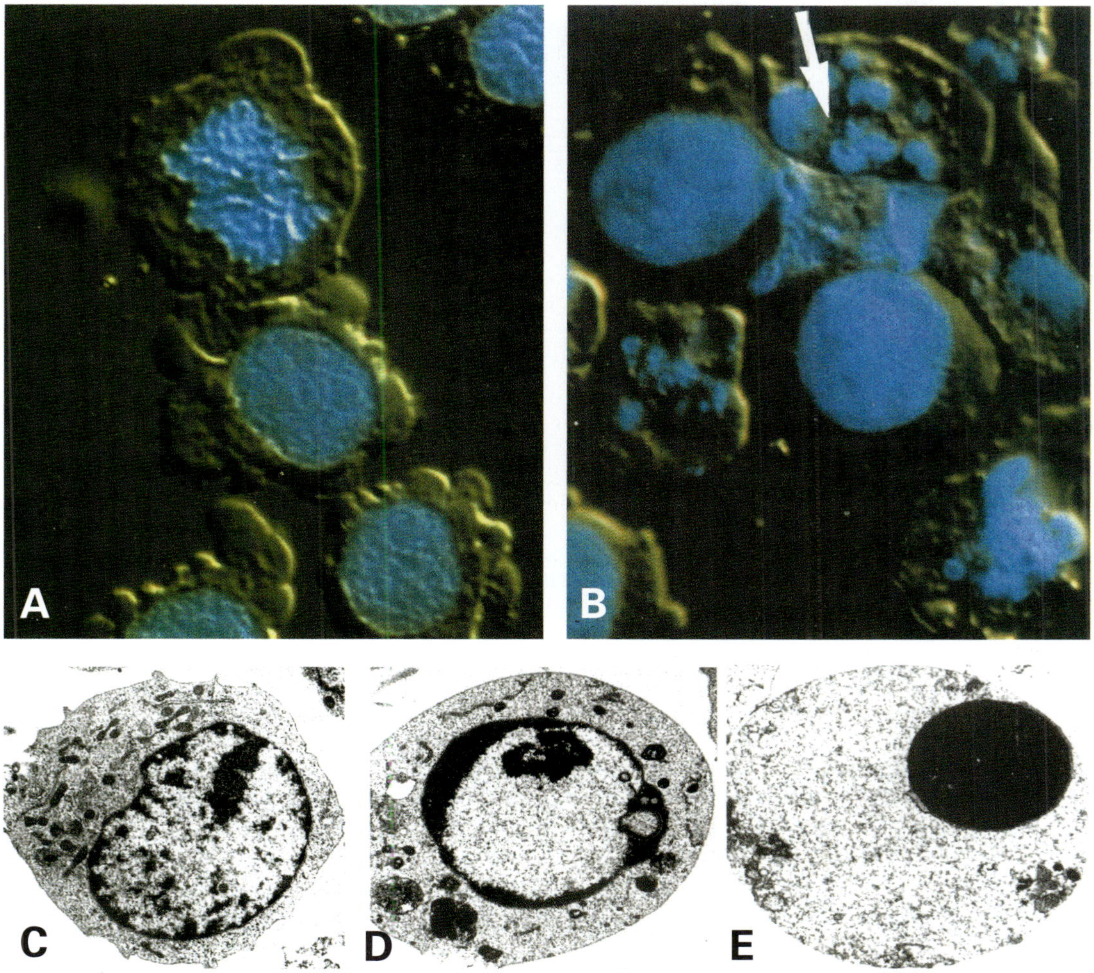


**Figura 8.36.** Apoptosis. **A**: Células mieloides humanas (línea celular U-937) observadas con microscopía de inmunofluorescencia tras teñir el DNA con 4', 6'-diamidino-2-fenilindol (DAPI) X3500. **B**: Células del mismo tipo después de 24 horas de tratamiento con etopósido en una concentración tóxica (3 mM) para inducir la apoptosis. El DNA se ha condensado y fragmentado en grandes masas. Se observan cuerpos apoptóticos (flecha) X3500. **C**: Linfocito B de ratón, correspondiente a la línea celular BAF-3, que muestra la morfología típica de un linfocito. **D**: Célula del mismo tipo después de 18 horas de incubación en ausencia de IL-3, que muestra los primeros rasgos morfológicos de la apoptosis. **E**: Apoptosis avanzada en una célula del mismo tipo. (A-B: Cortesía de L. García Bermejo. Departamento de Biología Celular y Genética. Universidad de Alcalá. X2500. C-E: Micrografías de M. G. Ormero, tomadas de *European Microscopy and Analysis* 1993; 22: 27, X5500.)

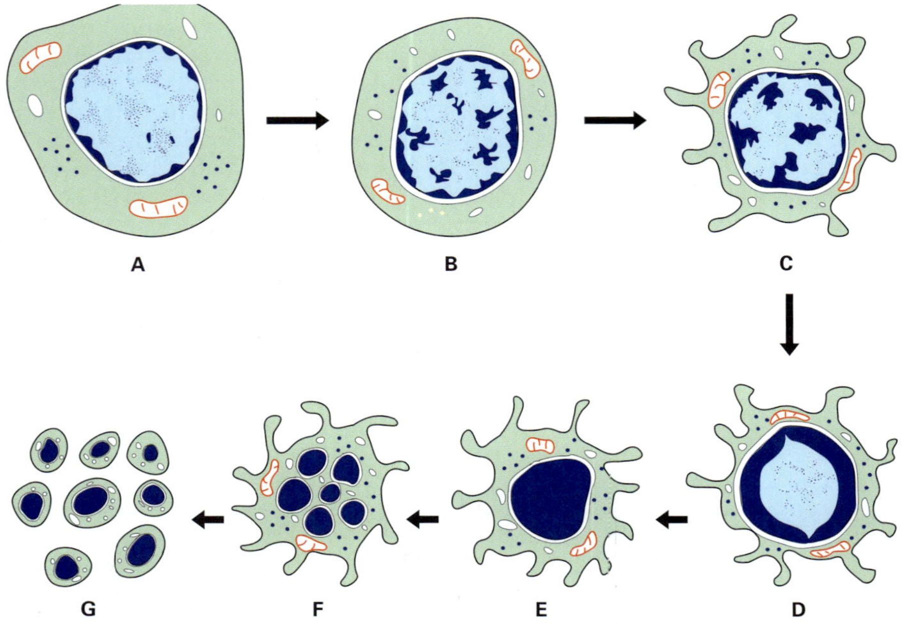


**Figura 8.37.** Fases de la apoptosis en linfocitos humanos. **A**: Célula normal. **B**: La célula muestra un volumen disminuido y los orgánulos quedan más comprimidos. La cromatina comienza a condensarse. **C**: La membrana plasmática se deforma, dando lugar a repliegues. **D**: El volumen celular continúa disminuyendo. La cromatina está muy condensada y se dispone en la periferia del núcleo. **E**: La cromatina se colapsa y la envoltura nuclear continúa presente. **F**: El núcleo se fragmenta. **G**: La célula queda reducida a fragmentos (cuerpos apoptóticos), constituidos por la membrana plasmática que engloba material nuclear y citoplásmico.

1. La célula modifica su forma habitual; su superficie se hace irregular y pierde el contacto con las células que la rodean. El volumen citoplásmico disminuye por la pérdida de agua y la condensación de las proteínas, pero la mayoría de los orgánulos celulares permanecen intactos, sin mostrar alteraciones en las membranas. No hay cambios osmóticos. Lo más llamativo es que la cromatina se condensa y fragmenta, mientras que la envoltura nuclear se mantiene.
2. La célula acaba fragmentándose y se forman los llamados *cuerpos apoptóticos*. Cada uno consiste en material nuclear y citoplásmico rodeado por membrana plasmática, que aparece inalterada. Estos cuerpos poseen gran contenido de proteínas, muy empaquetadas y resistentes a las actividades proteolíticas. A diferencia de la necrosis, no hay ruptura de la membrana plasmática con vertido al exterior de los restos celulares.
3. En la fase final, los macrófagos presentes en el tejido y las células circundantes fagocitan estos cuerpos y los degradan en lisosomas.
4. Todo el proceso es rápido, puede completarse en unas horas y ocurre sin pérdida de material intracelular, daño secundario a las células adyacentes o reacción inflamatoria en el tejido.

## PROCESOS MOLECULARES

En el modelo establecido a partir de los estudios sobre la fragmentación del DNA en la apoptosis inducida en los linfocitos del timo durante su formación, el DNA es fragmentado por tres endonucleasas de nueva síntesis que actúan sucesivamente. La primera rompe el DNA en grandes fragmentos de 190 000-240 000 pares de bases (pb); la segunda rompe estos fragmentos en otros más pequeños (de 30 000 a 50 000); y la tercera rompe el DNA por las zonas de unión entre los nucleosomas y origina los fragmentos apoptóticos más típicos, de 180-200 pb o múltiplos de ese tamaño.

Otras enzimas que intervienen en la apoptosis son: las proteasas, las transglutaminasas dependientes de calcio y las hidrolasas. Las principales proteasas son las *caspasas*, que poseen una cisteína en su sitio activo y fragmentan proteínas en lugares específicos en los que hay ácido aspártico; (de ahí el nombre). Las caspasas fragmentan el citoesqueleto y la matriz nuclear. En el núcleo también son objetivo de las caspasas las proteínas implicadas en la transcripción, replicación y reparación del DNA. En particular la caspasa 3, al fragmentar un inhibidor de la enzima, activa la endonucleasa que fragmenta el DNA nucleosomal.

Las transglutaminasas producen enlaces cruzados entre proteínas citoplásmicas, favoreciendo la formación de cuerpos apoptóticos.

La actividad de las endonucleasas y las transglutaminasas se asocia con niveles altos de calcio citosólico; de ahí que las proteínas que se encargan de la movilización de este ion (calbindina y calmodulina) aparezcan también incrementadas. Aun así, un incremento en los niveles intracelulares de calcio no es un requisito universal para la apoptosis.

El reconocimiento de los cuerpos apoptóticos por parte de los fagocitos parece deberse a que éstos reconocen moléculas de fosfatidil serina expuestas en la membrana de los cuerpos apoptóticos. Ese reconocimiento también puede estar mediado por la interacción de glucoproteínas alteradas expuestas en la membrana de estos cuerpos con los receptores del tipo selectina de la membrana de las células fagocíticas. Otras veces las células fagocíticas segregan a la matriz extracelular trombospondina y vitronectina, que se unen a la membrana de los cuerpos apoptóticos y a ellas se unen, a su vez, receptores del tipo integrina, presentes en la superficie de las células fagocíticas.

## VÍAS DE SEÑALIZACIÓN

La apoptosis se desencadena como una respuesta de la célula a un estímulo del entorno, mediada por una cascada de transducción de señales desde la superficie celular hasta el núcleo, para poner en marcha un nuevo programa genético.

### Señales extracelulares

Una de las señales mejor conocidas es la molécula denominada *ligando del Fas*, que es un miembro de la familia *receptores del factor de necrosis tumoral* (*TNFR*) y que se encuentra, por ejemplo, en la superficie de los linfocitos T citotóxicos y células NK. Esta molécula se une al receptor *Fas* de la superficie de la célula diana (p. ej., una célula tumoral). Al ser estimulado, el Fas se une a unas proteínas adaptadoras denominadas *FADD (Fas receptor-associated death domain)*, que a su vez se unen a una *procaspasa* y la activan a caspasa. A su vez, cada caspasa activa otra procaspasa a caspasa, y ésta a la siguiente, produciendo una reacción en cadena que causa la apoptosis (Fig. 8.38.A).

Otro ligando es el *factor de necrosis tumoral* (*TNF*), que se une a un receptor de la misma familia, el *TNFR-1*; éste se une a unas proteínas activadoras denominadas *TRADD* (*TNF receptor-associated death domain*) que, a su vez, se unen a las FADD, continuando el proceso como en el caso anterior (Fig. 8.38.B). Sin embargo, hay factores intracelulares que pueden unirse a las TRADD de modo que éstas, en vez de activar las FADD, activen el factor de transcripción nuclear *NF-κB*, cuyo efecto es inhibir la apoptosis (Fig. 8.38.C).

De una manera alternativa, los linfocitos T citotóxicos y células NK pueden segregar *perforina*, que forma un poro en la célula diana, y proteasas como la *granzima B*, que penetran por el poro y activan la cadena de caspasas.

### Señales intracelulares

Cuando la célula sufre estrés o daño por el calor, o por radiaciones, hipoxia, agentes víricos, exceso de glucocorticoides u otros factores, etc., la apoptosis puede activarse por una vía intracelular. Estas señales hacen que las mitocondrias liberen *citocromo c* al citosol, donde se une a la proteína *Apaf-1*; esta proteína activa los agregados de procaspasas 9 a caspasas 9, las cuales desencadenan la cascada.

Por el contrario, la proteína *Bcl-2* de la membrana mitocondrial y algunos otros miembros de esta familia, como *Bcl-X*$_L$, inhiben la apoptosis al impedir la salida de citocromo c e inactivar el factor Apaf-1. Sin embargo, otros miembros de la misma familia, como *Bad*, *Bax* y

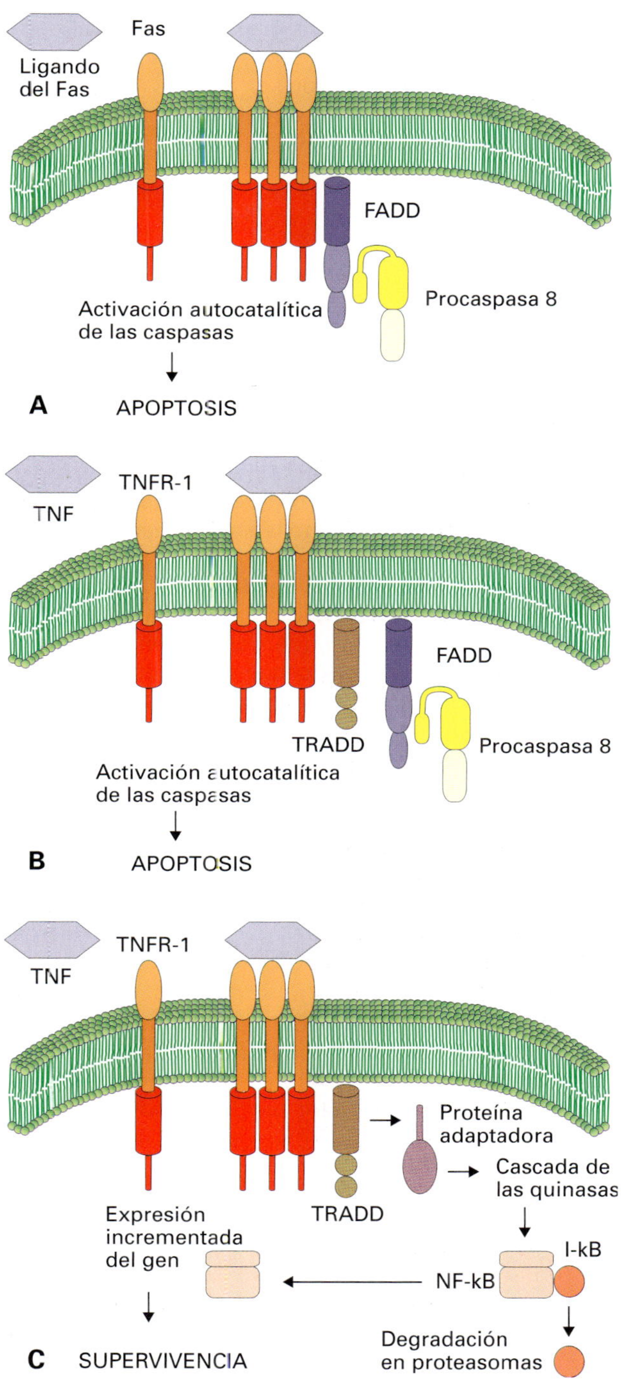


**Figura 8.38.** Vías de señalización en la apoptosis. **A**: El ligando del Fas se une al receptor Fas. Esta unión activa las proteínas adaptadoras FADD, que inician la cadena de activación de las procaspasas en caspasas que culmina en la apoptosis. **B**: El ligando TNF se une a su receptor TNFR-1, el cual, a su vez, se une a las proteínas adaptadoras TRADD, que se unen a las FADD prosiguiendo como en el caso anterior. **C**: La unión del ligando TNF a TNFR-1 puede ser inactivada por otras proteínas adaptadoras que activan el factor de transcripción NF-kB.

*Bak*, promueven la apoptosis. Los dos últimos la promueven al estimular la liberación de citocromo c, y el Bad porque inactiva los miembros de la familia que son inhibidores de la apoptosis (véase Fig. 8.12). La expresión de Bad, Bax y Bak puede ser promovida por la proteína p53, cuya producción aumenta como consecuencia del daño al DNA. Así, la p53, además de inhibir el ciclo celular, induce la apoptosis.

Otra familia de inhibidores apoptóticos intracelulares, denominada *IAP*, actúa inhibiendo ya sea procaspasas (para impedir su activación) o caspasas (para impedir su actividad).

# ENVEJECIMIENTO CELULAR

## CARACTERÍSTICAS GENERALES

Con la edad se producen alteraciones estructurales y fisiológicas en casi todos los órganos y sistemas y se desarrollan enfermedades como la ateroesclerosis, la artrosis y la diabetes.

El envejecimiento parece ser fruto de múltiples causas cuyos efectos se van acumulando. La existencia de enfermedades congénitas que comportan un envejecimiento prematuro acelerado que acaba con la vida del paciente antes de los 50 años (como el *síndrome de Cockayne*, la *ataxia-telangiectasia* y el *síndrome de Werner*) indica que el envejecimiento depende de factores genéticos. Pero es evidente que en el envejecimiento también intervienen otros factores adquiridos, como la dieta y algunos elementos del entorno ambiental y social.

## ALTERACIONES DE LAS CÉLULAS CON LA EDAD

La acción de los diversos factores que intervienen en el envejecimiento se han relacionado con la aparición de diferentes alteraciones celulares que aumentan con la edad. Las alteraciones mejor conocidas son:

1. *Alteraciones morfológicas.* En muchos tipos celulares los núcleos se vuelven hiperlobulados y a veces múltiples, las mitocondrias se hacen pleomórficas y vacuoladas, el retículo endoplasmático rugoso disminuye, el complejo de Golgi se deforma y aumentan las lipofuscinas (pigmento del envejecimiento). Además, se produce un endurecimiento de la matriz extracelular y las fibras elásticas se fragmentan y se desintegran (*elastosis*).
2. *Alteraciones moleculares.* Disminuyen la capacidad de incorporar nutrientes y de reparación del DNA, así como la síntesis de ácidos nucleicos, factores de transcripción (en concreto los de muchas proteínas Hsp), proteínas (estructurales, enzimáticas, receptores celulares, proteínas de estrés), citoquinas y reguladores del ciclo celular, mientras que aumentan las lesiones oxidativas. La bicapa lipídica de la membrana plasmática sufre alteraciones, principalmente la peroxidación de los ácidos grasos insaturados, el aumento de los movimientos *flip-flop*, el incremento del colesterol y la pérdida de la asimetría.
3. *Disminución de la proliferación celular.* La proliferación celular se hace más lenta y el número de células de muchos órganos disminuye. La capacidad de división de las células en cultivo es limitada y, tras varios ciclos celulares, las células alcanzan la senescencia celular. Los fibroblastos de pulmón humano en cultivo se dividen un determinado número de veces, que es inversamente proporcional a la edad del individuo del que han sido tomados. Así, estos fibroblastos se dividen hasta 50 veces si se han tomado de fetos, 40 veces si son de adultos, y 30 veces si pertenecen a ancianos. Las células en cultivo de pacientes con síndrome de Werner se dividen muy pocas veces. Si se intercambian los núcleos entre un fibroblasto de un joven y un fibroblasto de un anciano, el número de divisiones que realiza cada célula depende de la edad del núcleo, no de la del citoplasma. Según estos experimentos, las células de un embrión obtenido por clonación a partir de células somáticas pueden ser células genéticamente viejas aunque se acaben de formar.

## MECANISMOS DE DESARROLLO

Los posibles mecanismos de desarrollo de algunas de las alteraciones celulares mencionadas pueden dividirse en dos grupos: mecanismos que afectan a la función y supervivencia de la célula y mecanismos que dificultan la proliferación celular.

### MECANISMOS QUE AFECTAN A LA FUNCIÓN Y SUPERVIVENCIA DE LA CÉLULA

1. *Glucosilación excesiva de la matriz extracelular.* El exceso de glucosa causaría una glucosilación progresiva, originando productos terminales de glucosilación avanzada (no enzimática) que dan lugar a proteínas con plegamiento anómalo. La glucosilación excesiva del colágeno vuelve a éste más insoluble con la edad, lo que altera la rela-

ción entre las fibras colágenas y entre éstas y otras sustancias de la matriz extracelular. Esto conduce a un endurecimiento de la matriz y a la pérdida del intercambio entre células y sangre. Un ejemplo de este mecanismo son las cataratas, producidas por la glucosilación del colágeno del cristalino.

2. *Disminución de la capacidad de expresar proteínas de estrés.* Con la edad aumenta el número de proteínas malformadas, pero la capacidad de reparación de estas proteínas disminuye porque la síntesis de proteínas de estrés que realizan esta reparación decrece. Esto representa una menor capacidad de defensa frente a agresiones por factores externos o internos.
3. *Acumulación de procesos metabólicos que generan especies reactivas de oxígeno.* El consumo metabólico lleva aneja la producción de metabolitos reactivos del oxígeno, esto es, el *anión superóxido* ($O_2^-$), *iones hidroxilo* ($OH^-$) y el *peróxido de hidrógeno* ($H_2O_2$), que causan modificaciones covalentes de las proteínas, lípidos y ácidos nucleicos. Con la edad, se van acumulando los efectos de estas especies reactivas del oxígeno sobre la célula. Se ha visto que la longevidad de diferentes especies está inversamente relacionada con las tasas de generación de radicales de anión superóxido en las mitocondrias. La lesión oxidativa resulta incrementada por exposiciones repetidas a agentes ambientales tóxicos (como la radiación ionizante) y por la reducción progresiva de los mecanismos de defensa antioxidantes (como la *vitamina E* y las enzimas *glutatión peroxidasa, superóxido dismutasa* y *catalasa*). Por el contrario, la restricción de la ingesta de calorías disminuye los niveles de lesión oxidativa, retrasa las alteraciones relacionadas con la edad e incrementa la duración del ciclo vital en los mamíferos. Las formas transgénicas de *Drosophila* en las que están sobreexpresadas las enzimas antioxidantes incrementan su ciclo vital.
4. *Fallos en la reparación del DNA.* Entre los mecanismos protectores frente a la lesión celular progresiva figura la reparación del DNA. Un defecto en las enzimas que controlan este proceso conduce a una acumulación de lesiones cromosómicas con la edad. Una inestabilidad genética de este tipo se ha observado en enfermedades asociadas al envejecimiento prematuro. En el síndrome de Werner, el producto génico defectuoso es una DNA-helicasa. Ciertas formas mutantes del nematodo *Caenorhabditis elegans* y algunas levaduras que potencian las respuestas frente a la lesión del DNA aumentan la duración de su ciclo vital.

## MECANISMOS QUE DIFICULTAN DIRECTAMENTE LA DIVISIÓN CELULAR

1. *Replicación incompleta de los extremos de los cromosomas (acortamiento de los telómeros).* Como ya se ha explicado (véase página 89), las secuencias de bases en los extremos del cromosoma no pueden ser copiadas porque no hay espacio suficiente para iniciar el último fragmento de Okazaki. Para evitar la pérdida de un fragmento terminal de cromosoma en cada replicación, la secuencia telomérica (GGGTTA) es repetitiva. Como al cabo de varias generaciones esta secuencia también se habría perdido, existe una *telomerasa* que la amplifica para recuperar las copias perdidas en cada generación. Esta enzima no está presente (al menos en forma activa) en todos los tipos celulares; falta en muchas células somáticas que no están sometidas continuamente a división, como los fibroblastos humanos (pero no los del ratón), y la poseen las células madre progenitoras de los diferentes tejidos, incluidas las células precursoras de células sanguíneas y germinales, y las células tumorales. Existen proteínas reguladoras que inactivan la telomerasa evitando que amplifique excesivamente la secuencia. Se ha pensado que estas proteínas inactivadoras incrementarían su actividad con la edad, de modo que se irían perdiendo secuencias teloméricas con las sucesivas divisiones, lo que no ocurriría en las células neoplásicas. Esta ausencia o inactivación de la telomerasa explicaría la mencionada limitación en el número de divisiones celulares que se observa en los fibroblastos humanos en cultivo.
2. *Cambios en la producción de factores que regulan el ciclo celular o en sus receptores.* Los fibroblastos cultivados de pacientes con síndrome de Werner no responden a los factores de crecimiento FGF y PDGF, que estimulan la proliferación de dichas células en circunstancias normales. También hay datos que indican que algunas proteínas inhibidoras del ciclo celular, como la p21, aumentan notablemente en las células envejecidas.
3. *Genes reloj (gerontogenes).* Se ha pensado que podría existir en las células un *reloj biológico* que controlaría el envejecimiento. Existen datos sobre genes que parecen regular, positiva o negativamente, la longevidad en algunas especies inferiores. En el nematodo *C. elegans*, los mutantes carentes del gen *Clk-1* viven el 50% más que los que poseen dicho gen, y se desarrollan y se mueven más lentamente. En las levaduras, el gen *lag-1* (*longevity assurance gene 1*) es más activo en las células jóvenes; y las levaduras mutantes que mantienen activo este gen durante mucho tiempo viven más.

# BIBLIOGRAFÍA RECOMENDADA


## CICLO CELULAR

Bahler J. Cell-cycle control of gene expression in budding and fission yeast. *Annu Rev Genet,* 2005. 39: 69-94.

Cuddihy AR, O'Connell MJ. Cell-cycle responses to DNA damage in G2. *Int Rev Cytol,* 2003; 222: 99-140.

De Jager SM, Maughan S, Dewitte W, Scofield S, Murray JA. The developmental context of cell-cycle control in plants. *Semin Cell Dev Biol,* 2005; 16: 385-396.

Dewitte W, Murray JA. The plant cell cycle. *Annu Rev Plant Biol,* 2003; 54: 235-264.

Fay DS. The cell cycle and development: lessons from C. elegans. *Semin Cell Dev Biol,* 2005;16: 397-406.

Fuss H, Dubitzky W, Downes CS, Kurth MJ. Mathematical models of cell cycle regulation. *Brief Bioinform,* 2005; 6 163-177.

Harper JV, Brooks G. The mammalian cell cycle: an overview. *Methods Mol Biol,* 2005; 296: 113-153.

Inze D. Green light for the cell cycle. *EMBO J,* 2005; 24: 657-662.

Lukas J, Lukas C, Bartek J. Mammalian cell cycle checkpoints: signalling pathways and their organization in space and time. *DNA Repair,* 2004; 3: 997-1007.

Mitchison JM Growth during the cell cycle. *Int Rev Cytol,* 2003; 226: 165-258.

Sanchez I, Dynlacht BD. New insights into cyclins, CDKs, and cell cycle control. *Semin Cell Dev Biol,* 2005; 16: 311-321.

Santella L, Ercolano E, Nusco GA. The cell cycle: a new entry in the field of Ca2+ signaling. *Cell Mol Life Sci,* 2005; 62: 2405-2413.

## MITÓGENOS, FACTORES DE CRECIMIENTO Y FACTORES DE SUPERVIVENCIA

Cunha GR. Growth factors as mediators of androgen action during male urogenital development. *Prostate Suppl,* 1996; 6: 22-25.

Dupont J, Pierre A, Froment P, Moreau C. The insulin-like growth factor axis in cell cycle progression. *Horm Metab Res,* 2003; 35: 740-750.

Kazlauskas A. The priming/completion paradigm to explain growth factor-dependent cell cycle progression. *Growth Factors,* 2005; 23: 203-210.

Ketley NJ, Newland AC. Haemopoietic growth factors. *Postgrad Med J,* 1997; 73: 215-221.

## ONCOGENES

Giehl K. Oncogenic Ras in tumour progression and metastasis. *Biol Chem,* 2005, 386: 193-205.

Harrington EA, Fanidi A, Evan GI. Oncogenes and cell death. *Curr Opin Genet Dev,* 1994; 4: 120-129.

Musgrove EA. Cyclins: roles in mitogenic signaling and oncogenic transformation. *Growth Factors,* 2006; 24: 13-19.

Talal N. Concluding remarks: autogenes and oncogenes. *Clin Immunol Immunopathol,* 1994; 72: 208-209.

## DIVISIÓN CELULAR. MITOSIS

Ault JG, Rieder CL. Centrosome and kinetochore movement during mitosis. *Curr Opin Cell Biol,* 1994; 6: 41-9.

Craig JM, Choo KH. Kiss and break up-a safe passage to anaphase in mitosis and meiosis. *Chromosoma,* 2005; 114: 252-262.

Darenfed H, Mandato CA. Wound-induced contractile ring: a model for cytokinesis. *Biochem Cell Biol,* 2005; 83: 711-720.

Earnshaw WC, Pluta F. Mitosis. *Bioessays,* 1994; 16: 639-643.

Gaglio, T, Sanedi A, Bingham JB, Hasbani MJ, Gill SR, Schroer TA, Compton DA. Opposing motor activities are required for the organization of the mammalian mitotic species in the pole. *J Cell Biol,* 1996; 135: 399-414.

Hauf S, Watanabe Y. Kinetochore orientation in mitosis and meiosis. *Cell,* 2004; 119: 317-327.

Heath B. Variant mitoses in lower eukaryotes: indicators of the evolution of mitosis. *Int Rev Cytol,* 1980; 64: 1-80.

Jurgens G. Cytokinesis in higher plants. *Annu Rev Plant Biol,* 2005; 56: 281-99.

Jurgens G. Plant cytokinesis: fission by fusion. Trends *Cell Biol,* 2005; 15: 277-283.

Kwon M, Scholey JM. Spindle mechanics and dynamics during mitosis in Drosophila. *Trends Cell Biol,* 2004; 14: 194-205.

Le Breton M , Cormier P, Belle R, Mulner-Lorillon O, Morales J. Translational control during mitosis. *Biochimie,* 2005; 87: 805-811.

Lutkenhaus J, Addinall SG. Bacterial cell division and the Z ring. *Ann Rev Biochem,* 1997; 66: 93-116.

Maiato H, Sampaio P, Sunkel CE. Microtubule-associated proteins and their essential roles during mitosis. *Int Rev Cytol,* 2004; 241: 53-153.

Matheson J, Yu X, Fielding AB, Gould GW. Membrane traffic in cytokinesis. *Biochem Soc Trans,* 2005; 33: 1290-1294.

Matsumura F. Regulation of myosin II during cytokinesis in higher eukaryotes. *Trends Cell Biol,* 2005; 15: 371-377.

Piekny A, Werner M, Glotzer M. Cytokinesis: welcome to the Rho zone. *Trends Cell Biol,* 2005; 15: 651-658.

Pines J. Mitosis: a matter of getting rid of the right protein at the right time. *Trends Cell Biol,* 2006; 16: 55-63.

Reichl EM, Effler JC, Robinson DN. The stress and strain of cytokinesis. *Trends Cell Biol,* 2005; 15: 200-206.

Satterwhite LL, Pollard TD. Cytokinesis. *Curr Opin Cell Biol,* 1992; 4: 43-52.

Schweitzer JK, D'Souza-Schorey C. Finishing the job: cytoskeletal and membrane events bring cytokinesis to an end. *Exp Cell Res,* 2004; 295: 1-8.

Uyeda TQ, Nagasaki A, Yumura S. Multiple parallelisms in animal cytokinesis. *Int Rev Cytol,* 2004; 240: 377-432.

## MEIOSIS

Honigberg SM, McCarroll RM, Esposito RE. Regulatory mechanisms in meiosis. *Curr Opin Cell Biol,* 1993; 5: 219-225.

Kohli J. Meiosis. Telomeres lead chromosome movement. *Curr Biol,* 1994; 4: 724-727.

Loidl J. Cytological aspects of meiotic recombination. *Experientia,* 1994; 50: 285-294.

Marston AL, Amon A. Meiosis: cell-cycle controls shuffle and deal. *Nat Rev Mol Cell Biol,* 2004; 5: 983-997.

Meuwissen RL, Meerts I, Hoovers JM, Leschot NJ, Heyting C. Human synaptonemal complex protein 1 (SPC1): isolation and characterization of the cDNA and chromosomal localization of the gene. *Genomics,* 1997; 39: 377-384.

Morelli MA, Cohen PE. Not all germ cells are created equal: aspects of sexual dimorphism in mammalian meiosis. *Reproduction,* 2005; 130: 761-781.

Page SL, Hawley RS. The genetics and molecular biology of the synaptonemal complex. *Annu Rev Cell Dev Biol,* 2004; 20: 525-558.

Petronczki M, Siomos MF, Nasmyth K. Un menage a quatre: the molecular biology of chromosome segregation in meiosis. *Cell,* 2003; 112: 423-440.

Revenkova E, Jessberger R. Keeping sister chromatids together: cohesins in meiosis. *Reproduction,* 2005; 130: 783-790.

Svetlanov A, Cohen PE. Mismatch repair proteins, meiosis, and mice: understanding the complexities of mammalian meiosis. *Exp Cell Res,* 2004; 296: 71-79.

Tarsounas M, Pearlman RE, Gasser PJ, Park Ms, Moens PB. Protein-protein interactions in the synaptonemal complex. *Mol Biol Cell,* 1997; 8: 1405-1414.

## MUERTE CELULAR

Armstrong JS. Mitochondrial membrane permeabilization: the sine qua non for cell death. *Bioessays,* 2006; 28: 253-260.

Brdiczka DG, Zorov DB, Sheu SS. Mitochondrial contact sites: their role in energy metabolism and apoptosis. *Biochim Biophys Acta,* 2006; 1762: 148-163.

Chiarugi A. «Simple but not simpler»: toward a unified picture of energy requirements in cell death. *FASEB J,* 2005; 19: 1783-1788.

Fink SL, Cookson BT. Apoptosis, pyroptosis, and necrosis: mechanistic description of dead and dying eukaryotic cells. *Infect Immun,* 2005; 73: 1907-1916.

Golstein P, Kroemer G. Redundant cell death mechanisms as relics and backups. *Cell Death Differ* 2005; 12: 1490-1496.

Hochman A. Programmed cell death in prokaryotes. *Crit Rev Microbiol,* 1997; 23: 207-214.

Tsujimoto Y, Shimizu S. Another way to die: autophagic programmed cell death. *Cell Death Differ,* 2005; 12: 1528-1534.

Zhivotovsky B, Burgess DH, Vanags DM, Orrenius S. Involvement of cellular proteolytic machinery in apoptosis. *Biochem Biophys Res Com,* 1997; 230: 481-488.

## ENVEJECIMIENTO CELULAR

Stuart JA, Brown MF. Energy, quiescence and the cellular basis of animal life spans. *Comp Biochem Physiol A Mol Integr Physiol,* 2006; 143: 12-23.

Terman A, Brunk UT. Oxidative stress, accumulation of biological «garbage», and aging. *Antioxid Redox Signal,* 2006; 8: 197-204.

Yu BP, Chung HY. Adaptive mechanisms to oxidative stress during aging. *Mech Ageing Dev,* 2006; 127: 436-443.

# Índice analítico